Emanuele Munarini

Analisi e Geometria 1

Società Editrice
ESCULAPIO

ISBN 978-88-9385-265-4

Società Editrice Esculapio s.r.l.
Via Terracini, 30 - 40131 Bologna
www.editrice-esculapio.com - info@editrice-esculapio.it

Impaginazione: Carlotta Lenzi
Layout Copertina: Carlotta Lenzi

Società Editrice
ESCULAPIO

Indice

1
Insiemi, numeri e polinomi

1.1 Insiemi

In questo paragrafo richiameremo brevemente le prime proprietà della teoria elementare degli insiemi, che daremo per nota. Un *insieme* è una qualunque collezione (finita o infinita) di oggetti, detti *elementi* dell'insieme. Ad esempio, un piano può essere pensato come l'insieme di tutti i suoi punti o come l'insieme di tutte le sue rette. Quando un elemento x appartiene a un insieme X, si scrive $x \in X$ (o $X \ni x$).

Un insieme può essere definito esplicitamente elencando tutti gli elementi che contiene. Ad esempio, l'insieme dei numeri interi compresi tra -2 e 4 è $\{-2, -1, 0, 1, 2, 3, 4\}$. Un insieme può anche essere definito implicitamente mediante una proprietà. Più precisamente, se A è l'insieme di tutti gli elementi x appartenenti a un dato insieme X che possiedono una data proprietà P, allora si scrive $A = \{x \in X \ : \ P(x)\}$. Ad esempio, l'insieme $\{n \in \mathbb{N} \ : \ 2 \leq n < 6\}$ è formato dai numeri 2, 3, 4 e 5, mentre l'insieme $\{n \in \mathbb{Z} \ : \ \exists k \in \mathbb{Z}\ (n = 2k)\}$ è formato da tutti i numeri pari. L'*insieme vuoto* è l'insieme che non contiene alcun elemento e può essere definito da una qualunque proposizione falsa. Ad esempio $\varnothing = \{n \in \mathbb{N} \ : \ 0 < n < 1\}$ oppure $\varnothing = \{x \in \mathbb{R} \ : \ x^2 < 0\}$.

1.1.1 Sottoinsiemi

Definizione 1. *Un insieme A è un* sottoinsieme *di un insieme X quando ogni elemento di A è anche un elemento di X. In questo caso, si scrive $A \subseteq X$ (o anche $X \supseteq A$). Due insiemi X e Y sono* uguali *quando hanno esattamente gli stessi elementi, ossia quando $X \subseteq Y$ e $Y \subseteq X$. In particolare, si scrive $A \subset X$ (o $X \supset A$) quando A è un* sottoinsieme proprio *di X, ossia quando $A \subseteq X$ e $A \neq X$.*

ESEMPI

1. L'insieme $\{1, 3, 5\}$ è un sottoinsieme di $\{1, 2, 3, 4, 5, 6\}$, ma non è un sottoinsieme di $\{0, 1, 2, 3, 4\}$. I numeri pari e i numeri dispari sono due sottoinsiemi dell'insieme dei numeri interi.

2. Un punto, un triangolo, un quadrato, una retta o una circonferenza sono tutti sottoinsiemi del piano. Una piano, una sfera, un cilindro o un cono sono tutti sottoinsiemi dello spazio.

3. L'insieme vuoto $\varnothing$ e l'insieme totale X sono sempre sottoinsiemi di X.

L'*insieme delle parti* di un insieme X è l'insieme di tutti i suoi sottoinsiemi e viene indicato con $\mathcal{P}(X)$. Se X è finito, lo è anche $\mathcal{P}(X)$. Ad esempio, se $X = \{1, 2, 3\}$, allora $\mathcal{P}(X)$ è formato dai seguenti 8 sottoinsiemi: $\varnothing$, $\{1\}$, $\{2\}$, $\{3\}$, $\{1,2\}$, $\{1,3\}$, $\{2,3\}$, $\{1,2,3\}$. L'insieme $\mathcal{P}(X)$ può essere visualizzato come nella figura qui a fianco, dove i sottoinsiemi sono rappresentati solo dai loro elementi e le linee indicano la relazione di inclusione tra due sottoinsiemi che differiscono esattamente per un elemento.

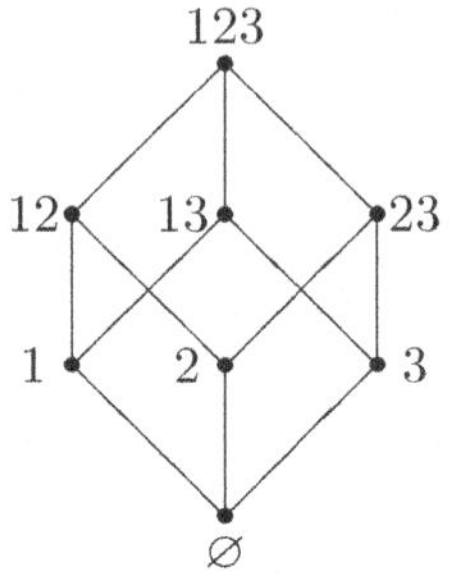

L'insieme $\mathcal{P}(X)$ può essere munito delle seguenti operazioni, rispetto alle quali possiede una struttura di *algebra di Boole* (la struttura algebrica per la logica classica).

Definizione 2. *Sia X un insieme qualsiasi. L'*intersezione *di due sottoinsiemi A e B di X è l'insieme $A \cap B$ formato da tutti gli elementi di X che appartengono sia ad A sia a B, ossia*

$$A \cap B = \{x \in X \ : \ x \in A \text{ e } x \in B\}.$$

In particolare, A e B sono disgiunti *quando non hanno elementi in comune, ossia quando $A \cap B = \varnothing$.*

*Analogamente, l'*unione *di due sottoinsiemi A e B di X è l'insieme $A \cup B$ formato da tutti gli elementi di X che appartengono ad A oppure a B, ossia*

$$A \cup B = \{x \in X \ : \ x \in A \text{ oppure } x \in B\}.$$

Il complementare *di un sottoinsieme A di X è l'insieme di tutti gli elementi di X che non appartengono ad A, ossia*

$$A' = \{x \in X \ : \ x \notin A\}.$$

Teorema 3. *Sia X un insieme qualsiasi. Per ogni $A, B, C \in \mathcal{P}(X)$, valgono le seguenti proprietà.*

1. Idempotenza: $A \cap A = A$ *e* $A \cup A = A$.

2. Commutatività: $A \cap B = B \cap A$ *e* $A \cup B = B \cup A$.

3. Associatività: $A \cap (B \cap C) = (A \cap B) \cap C$ *e* $A \cup (B \cup C) = (A \cup B) \cup C$.

4. Distributività: $A \cap (B \cup C) = (A \cap B) \cup (A \cap C)$ *e* $A \cup (B \cap C) = (A \cup B) \cap (A \cup C)$.

5. Doppia negazione: $(A')' = A$.

6. *Terzo escluso e non contraddizione:* $A \cup A' = X$ *e* $A \cap A' = \varnothing$.
7. *De Morgan:* $(A \cap B)' = A' \cup B'$ *e* $(A \cup B)' = A' \cap B'$.
8. *Minimo (il falso):* $A \cap \varnothing = \varnothing$ *e* $A \cup \varnothing = A$.
9. *Massimo (il vero):* $A \cap X = A$ *e* $A \cup X = X$.

Definizione 4. *Sia* X *un insieme qualsiasi. La* differenza *di due sottoinsiemi* A *e* B *di* X *è l'insieme* $A \setminus B$ *formato da tutti gli elementi di* X *che appartengono ad* A *ma non a* B*, ossia*

$$A \setminus B = \{x \in X \ : \ x \in A,\ x \notin B\} = A \cap B' .$$

1.1.2 Prodotto cartesiano e relazioni binarie

Definizione 5. *Il* prodotto cartesiano *di due insiemi* X *e* Y *è l'insieme* $X \times Y$ *formato da tutte le coppie ordinate* (x, y) *di elementi* $x \in X$ *e* $y \in Y$*, ossia*

$$X \times Y = \{(x, y) \ : \ x \in X \text{ e } y \in Y\} .$$

Definizione 6. *Una* relazione binaria *tra due insiemi* X *e* Y *è un sottoinsieme* R *del prodotto cartesiano* $X \times Y$*. Si scrive* xRy *quando l'elemento* $x \in X$ *è in relazione con l'elemento* $y \in Y$*, ossia quando* $(x, y) \in R$.

Una relazione può possedere varie proprietà. Le più importanti si hanno nel caso in cui i due insiemi X e Y coincidono.

Definizione 7. *Sia* R *una relazione binaria su un insieme* X.

1. *La relazione* R *è* riflessiva *quando ogni elemento è in relazione con se stesso, ossia quando* xRx *per ogni* $x \in X$.
2. *La relazione* R *è* simmetrica *quando* xRy *implica* yRx*, per ogni* $x, y \in X$.
3. *La relazione* R *è* antisimmetrica *quando* xRy *e* yRx *implicano* $x = y$*, per ogni* $x, y \in X$.
4. *La relazione* R *è* transitiva *quando* xRy *e* yRz *implicano* xRz*, per ogni* $x, y, z \in X$.

Esistono molti tipi di relazione. Le più importanti sono le *relazioni d'ordine* (che vedremo più avanti) e le *relazioni di equivalenza*.

Definizione 8. *Una* relazione di equivalenza *su un insieme* X *è una relazione* $\sim$ riflessiva *(*$x \sim x$*, per ogni* $x \in X$*),* simmetrica *(*$x \sim y$ *implica* $y \sim x$*, per ogni* $x, y \in X$*),* transitiva *(*$x \sim y$ *e* $y \sim z$ *implicano* $x \sim z$*, per ogni* $x, y, z \in X$*).*

OSSERVAZIONE 9. Una relazione di equivalenza $\sim$ su un insieme X determina una partizione di X in classi di equivalenza. Una *classe di equivalenza* è l'inseme di tutti gli elementi equivalenti a un dato elemento $x \in X$, ossia è l'insieme $[x] = \{y \in X \ : \ x \sim y\}$. Le classi di equivalenza non sono mai vuote, non hanno elementi in comune e la loro unione coincide con X. In particolare, ogni elemento di X appartiene esattamente a una classe di equivalenza. L'insieme delle classi di equivalenza è detto *insieme quoziente* e viene indicato con $X/\sim$.

ESEMPI

1. La relazione di parallelismo tra le rette del piano (o dello spazio) è una relazione di equivalenza e le classi di equivalenza sono le *direzioni* del piano (o dello spazio). Analogamente, la relazione di parallelismo tra i piani dello spazio è una relazione di equivalenza e le classi di equivalenza sono le *giaciture* dello spazio.

2. Sia $n \in \mathbb{N}$, $n \neq 0$. Sia $\sim$ la relazione definita sull'insieme $\mathbb{Z}$ dei numeri interi ponendo $x \sim y$ quando n divide la differenza $x - y$, ossia quando esiste un numero $k \in \mathbb{Z}$ tale che $x - y = nk$. La relazione $\sim$ è di equivalenza. Infatti, $\sim$ è riflessiva, poiché $x - x = 0 = n \cdot 0$. È simmetrica, poiché se $x-y = nk$ allora $y-x = n(-k)$. È transitiva, poiché se $x-y = nh$ e $y-z = nk$, allora $x-z = (x-y)+(y-z) = nh+nk = n(h+k)$. L'insieme quoziente si indica con $\mathbb{Z}_n$ ed è l'insieme delle *classi di resti modulo* n. Il nome deriva dal fatto che una classe di equivalenza è formata da tutti gli interi che hanno un dato resto nella divisione per n. In questo modo, si ha $\mathbb{Z}_n = \{0, 1, 2, \ldots, n-1\}$.

1.2 Sommatorie

La *somma* di n termini a_k viene indicata nel modo seguente

$$\sum_{k=1}^{n} a_k = a_1 + a_2 + \cdots + a_n .$$

Il simbolo $\sum$ (la lettera greca *sigma*) è detto *simbolo di sommatoria* e permette di indicare una somma in modo compatto. L'indice k è detto *indice di sommatoria* e varia da 1 a n. Più in generale, l'indice di sommatoria k varia da un indice minimo k_0 a un indice massimo k_1. Il nome dell'indice di sommatoria può essere sostituito con un'altro qualsiasi (purché lecito):

$$\sum_{k=-1}^{3} a_k = \sum_{j=-1}^{3} a_j = a_{-1} + a_0 + a_1 + a_2 + a_3$$

ma

$$a + a^2 + a^3 + a^4 = \sum_{k=1}^{4} a^k \neq \sum_{a=1}^{4} a^a = 1 + 2^2 + 3^3 + 4^4 .$$

Se l'indice di sommatoria va da un indice maggiore a un indice inferiore, la somma è per definizione nulla. Ad esempio, si ha

$$\sum_{k=4}^{1} a_k = 0 .$$

ESEMPI

1. Una *somma geometrica* (o di *tipo geometrico*) è una qualunque somma

$$\sum_{k=0}^{n} q^k = 1 + q + q^2 + q^3 + \cdots + q^n \qquad (q \in \mathbb{R}).$$

Ad esempio, se $q = 2$ e $n = 3$, si ha

$$\sum_{k=0}^{3} 2^k = 1 + 2 + 2^2 + 2^3 = 1 + 2 + 4 + 8 = 15.$$

2. I *numeri armonici* sono definiti come la somma dei reciproci dei primi n interi positivi, ossia come la somma

$$\mathcal{H}_n = \sum_{k=1}^{n} \frac{1}{k} = 1 + \frac{1}{2} + \frac{1}{3} + \cdots + \frac{1}{n}.$$

Ad esempio, $\mathcal{H}_0 = 0$, $\mathcal{H}_1 = 1$ e

$$\mathcal{H}_2 = 1 + \frac{1}{2} = \frac{3}{2}, \quad \mathcal{H}_3 = 1 + \frac{1}{2} + \frac{1}{3} = \frac{11}{6}, \quad \mathcal{H}_4 = 1 + \frac{1}{2} + \frac{1}{3} + \frac{1}{4} = \frac{25}{12}.$$

Spesso, una somma è equivalente a un'*espressione chiusa*, ossia un'espressione più semplice che non contiene più il simbolo di sommatoria.

Proposizione 10. *La somma dei primi* n *interi positivi è*

$$\sum_{k=1}^{n} k = \frac{n(n+1)}{2}.$$

Dimostrazione. Indichiamo con s_k la somma $1 + 2 + \cdots + n$. Allora, si ha

$$\begin{array}{ccccccccccccc|c} s_n & = & 1 & + & 2 & + & 3 & + & \cdots & + & n-1 & + & n & + \\ s_n & = & n & + & n-1 & + & n-2 & + & \cdots & + & 2 & + & 1 & \\ \hline 2s_n & = & n+1 & + & n+1 & + & n+1 & + & \cdots & + & n+1 & + & n+1 & \end{array}$$

ossia $2s_n = n(n+1)$, da cui $s_n = n(n+1)/2$. □

Proposizione 11 (Somma geometrica). *Per ogni* $q \neq 1$, *si ha*

$$\sum_{k=0}^{n} q^k = \frac{1 - q^{n+1}}{1 - q}.$$

Dimostrazione. Poniamo $g_n(q) = 1 + q + q^2 + \cdots + q^n$, per ogni $n \in \mathbb{N}$. Allora

$$g_{n+1}(q) = 1 + q + q^2 + \cdots + q^{n+1} = 1 + q(1 + q + \cdots + q^n) = 1 + qg_n(q).$$

Inoltre, si ha

$$g_{n+1}(q) = 1 + q + q^2 + \cdots + q^n + q^{n+1} = (1 + q + q^2 + \cdots + q^n) + q^{n+1} = g_n(q) + q^{n+1}\,.$$

Uguagliando queste due espressioni di $g_{n+1}(q)$, si ha l'identità

$$1 + q g_n(q) = g_n(q) + q^{n+1} \qquad \text{ossia} \qquad (1-q)g_n(q) = 1 - q^{n+1}\,.$$

Se $q \neq 1$, si può dividere ottenendo $g_n(q) = (1 - q^{n+1})/(1-q)$. □

OSSERVAZIONE 12. Per $q = 1$, la somma geometrica si calcola immediatamente, poiché si riduce alla somma

$$g_n(1) = \underbrace{1 + 1 + \cdots + 1}_{n+1 \text{ termini}} = n + 1\,.$$

Teorema 13 (Proprietà di linearità). *Per ogni numero* α *e* β, *si ha*

$$\sum_{k=1}^{n} (\alpha a_n + \beta b_n) = \alpha \sum_{k=1}^{n} a_n + \beta \sum_{k=1}^{n} b_n\,.$$

Dimostrazione. Usando le normali proprietà della somma e del prodotto, si ha

$$\begin{aligned} \sum_{k=1}^{n} (\alpha a_n + \beta b_n) &= (\alpha a_1 + \beta b_1) + (\alpha a_2 + \beta b_2) + \cdots + (\alpha a_n + \beta b_n) \\ &= \alpha(a_1 + a_2 + \cdots + a_n) + \beta(b_1 + b_2 + \cdots + b_n) \\ &= \alpha \sum_{k=1}^{n} a_n + \beta \sum_{k=1}^{n} b_n\,. \end{aligned}$$

□

ESEMPI

1. Calcoliamo la somma dei primi n interi dispari

$$s_n = \sum_{k=1}^{n} (2k - 1) = 1 + 3 + 5 + \cdots + (2n - 1)\,.$$

Usando la proprietà di linearità delle sommatorie (Teorema 13) e la Proposizione 10, si ha

$$s_n = 2\sum_{k=1}^{n} k - \sum_{k=1}^{n} 1 = 2\frac{n(n+1)}{2} - n = n^2 + n - n = n^2\,.$$

2. Consideriamo la somma

$$s_n = \sum_{k=1}^{n} \frac{1}{k(k+1)}.$$

Poiché

$$\frac{1}{k(k+1)} = \frac{(k+1)-k}{k(k+1)} = \frac{1}{k} - \frac{1}{k+1},$$

si ha

$$\begin{aligned} s_n &= \sum_{k=1}^{n} \left(\frac{1}{k} - \frac{1}{k+1} \right) = \sum_{k=1}^{n} \frac{1}{k} - \sum_{k=1}^{n} \frac{1}{k+1} \\ &= 1 + \frac{1}{2} + \frac{1}{3} + \cdots + \frac{1}{n} - \frac{1}{2} - \frac{1}{3} - \cdots - \frac{1}{n} - \frac{1}{n+1} \\ &= 1 - \frac{1}{n+1} = \frac{n}{n+1} \end{aligned}$$

3. Per calcolare la somma

$$s_n = \sum_{k=0}^{n} k^2 = 1 + 4 + 9 + \cdots + n^2$$

si può procedere nel seguente modo. Si considera la somma

$$\sum_{k=0}^{n} (k+1)^3 = \sum_{k=0}^{n} (k^3 + 3k^2 + 3k + 1) = \sum_{k=0}^{n} k^3 + 3 \sum_{k=0}^{n} k^2 + 3 \sum_{k=0}^{n} k + \sum_{k=0}^{n} 1.$$

Sostituendo l'indice k con l'indice $k-1$ nella prima somma e usando la Proposizione 10, si ha

$$\sum_{k=1}^{n+1} k^3 - \sum_{k=0}^{n} k^3 = 3s_n + 3\frac{n(n+1)}{2} + n + 1$$

ossia

$$(n+1)^3 = 3s_n + \frac{(n+1)(3n+2)}{2}$$

da cui

$$s_n = \frac{1}{3} \left((n+1)^3 - \frac{(n+1)(3n+2)}{2} \right) = \frac{(n+1)(2n^2 + 4n + 2 - 3n - 2)}{6}$$

ossia

$$\sum_{k=0}^{n} k^2 = \frac{n(n+1)(2n+1)}{6}.$$

4. Anche per calcolare la somma

$$s_n = \sum_{k=0}^{n} k^3$$

si può procedere come nell'esempio precedente. Infatti, si ha

$$\begin{aligned}\sum_{k=0}^{n}(k+1)^4 &= \sum_{k=0}^{n}(k^4+4k^3+6k^2+4k+1)\\ &= \sum_{k=0}^{n}k^4+4\sum_{k=0}^{n}k^3+6\sum_{k=0}^{n}k^2+4\sum_{k=0}^{n}k+\sum_{k=0}^{n}1\,.\end{aligned}$$

ossia

$$\sum_{k=1}^{n+1}k^4-\sum_{k=0}^{n}k^4=4s_n+6\frac{n(n+1)(2n+1)}{6}+4\frac{n(n+1)}{2}+n+1$$

ossia

$$\begin{aligned}(n+1)^4 &= 4s_n+n(n+1)(2n+1)+2n(n+1)+n+1\\ &= 4s_n+n(n+1)(2n+1)+(n+1)(2n+1)\\ &= 4s_n+(n+1)^2(2n+1)\end{aligned}$$

da cui si ha

$$s_n=\frac{(n+1)^4-(n+1)^2(2n+1)}{4}=\frac{(n+1)^2(n^2+2n+1-2n-1)}{4}$$

ossia

$$\sum_{k=0}^{n}k^3=\frac{n^2(n+1)^2}{4}=\left(\frac{n(n+1)}{2}\right)^2.$$

In particolare, abbiamo la seguente relazione

$$\sum_{k=0}^{n}k^3=\left(\sum_{k=0}^{n}k\right)^2.$$

Abbiamo poi la seguente proprietà che è spesso utile per scambiare tra di loro due sommatorie.

Teorema 14. *Vale la seguente proprietà di scambio*

$$\sum_{j=0}^{n}\sum_{k=0}^{j}a_{jk}=\sum_{k=0}^{n}\sum_{j=k}^{n}a_{jk}$$

e più in generale

$$\sum_{j=j_0}^{n}\sum_{k=j_0}^{j}a_{jk}=\sum_{k=j_0}^{n}\sum_{j=k}^{n}a_{jk}\,.$$

Dimostrazione. Usando le proprietà della somma, si ha

$$\begin{aligned}
\sum_{j=0}^{n}\sum_{k=0}^{j} a_{jk} &= \sum_{j=0}^{n}(a_{j0}+a_{j1}+\cdots+a_{j,j-2}+a_{j,j-1}+a_{jj}) \\
&= a_{00} \\
&\quad a_{10}+a_{11} \\
&\quad a_{20}+a_{21}+a_{22} \\
&\quad a_{30}+a_{31}+a_{32}+a_{33} \\
&\quad \ldots \\
&\quad a_{n0}+a_{n1}+a_{n2}+a_{n3}+\cdots+a_{nn} \\
&= \sum_{j=0}^{n} a_{j0} + \sum_{j=1}^{n} a_{j1} + \sum_{j=2}^{n} a_{j2} + \sum_{j=3}^{n} a_{j3} + \cdots + \sum_{j=n}^{n} a_{jn} \\
&= \sum_{k=0}^{n}\sum_{j=k}^{n} a_{jk}\,.
\end{aligned}$$

La seconda proprietà si dimostra in modo analogo. □

ESEMPIO 15. Calcoliamo la somma

$$s_n = \sum_{k=0}^{n} \mathcal{H}_k\,.$$

Poiché i numeri armonici sono a loro volta delle somme, usando il teorema precedente si ha

$$\begin{aligned}
s_n &= \sum_{k=1}^{n}\sum_{i=1}^{k}\frac{1}{i} = \sum_{i=1}^{n}\sum_{k=i}^{n}\frac{1}{i} = \sum_{i=1}^{n}\frac{1}{i}\sum_{k=i}^{n}1 = \sum_{i=1}^{n}\frac{1}{i}(n-i+1) \\
&= (n+1)\sum_{i=1}^{n}\frac{1}{i} - \sum_{i=1}^{n}1 = (n+1)\mathcal{H}_n - n
\end{aligned}$$

ossia

$$\sum_{k=0}^{n}\mathcal{H}_k = (n+1)\mathcal{H}_n - n\,.$$

1.3 Sistemi numerici

L'obiettivo di questo paragrafo è semplicemente quello di mettere in luce alcune delle strutture fondamentali dei sistemi numerici più comuni (numeri naturali, numeri interi, numeri razionali, numeri reali), che daremo per noti.

L'insieme dei *numeri naturali* viene indicato con $\mathbb{N}$ ed è formato dai numeri interi non negativi: $0,\ 1,\ 2,\ 3, \ldots$ (che possono essere visti come le cardinalità degli insiemi finiti). L'insieme dei *numeri interi* viene indicato con $\mathbb{Z}$ ed è formato dai numeri 0, ± 1, ± 2, ± 3, e così via. L'insieme dei *numeri razionali* viene indicato con $\mathbb{Q}$ ed è formato da tutte le frazioni m/n, dove $m, n \in \mathbb{Z}$, $n > 0$. L'insieme dei *numeri reali* viene indicato con $\mathbb{R}$ ed è formato da tutti i numeri che (nascono come rapporti di grandezze omogenee o, equivalentemente, che) ammettono una rappresentazione decimale, cioé una rappresentazione del tipo $a_0, a_1 a_2 a_3 \cdots$, dove $a_0 \in \mathbb{Z}$ e $a_i \in \{0, 1, 2, \ldots, 8, 9\}$ per ogni $i = 1, 2, 3, \ldots$. Ognuno di questi insiemi è contenuto propriamente in quello precedente, ossia

$$\mathbb{N} \subset \mathbb{Z} \subset \mathbb{Q} \subset \mathbb{R}.$$

Un'altra importante classe di numeri è la classe dei *numeri irrazionali*, ossia dei numeri reali che non sono razionali. Storicamente, la scoperta dei numeri irrazionali nasce dal problema della misura delle grandezze e coincide con la scoperta di grandezze incommensurabili rispetto a una data unità di misura, ossia grandezze la cui misura non può essere espressa mediante un numero razionale. Ad esempio, per il teorema di Pitagora, la lunghezza della diagonale di un quadrato di lato 1 è $\sqrt{2}$, che non è un numero razionale. Più in generale, si ha la seguente proprietà.

Proposizione 16. *Per ogni numero primo* p*, il numero* $\sqrt{p}$ *è irrazionale.*

Dimostrazione. Supponiamo per assurdo che $\sqrt{p}$ sia un numero razionale. Allora esistono due numeri interi a e b, primi tra loro, tali che $\sqrt{p} = a/b$. Elevando a quadrato, si ha $pb^2 = a^2$. Quindi p divide a^2. Poiché p è primo, questo significa che p divide a. Pertanto esiste un intero a_1 tale che $a = p a_1$. Allora l'identità $pb^2 = a^2$ diventa $pb^2 = p^2 a_1^2$, ossia $b^2 = p a_1^2$. Quindi p divide b^2, ossia divide b. Ma questo è impossibile, poiché, per ipotesi, a e b sono primi tra loro. □

Vi sono molti altri numeri irrazionali, come π ed e. In generale, però, dimostrare che un numero è irrazionale può essere piuttosto complicato.

Gli insiemi $\mathbb{N}$, $\mathbb{Z}$, $\mathbb{Q}$ e $\mathbb{R}$ hanno una struttura molto ricca e, in parte, comune. Ad esempio, è sempre possibile sommare e moltiplicare due numeri. Inoltre, tutti questi insiemi possiedono una struttura d'ordine compatibile con le operazioni di somma e di prodotto. Nei prossimi paragrafi studieremo la struttura algebrica e la struttura d'ordine di questi sistemi numerici.

1.3.1 Struttura algebrica

Definizione 17. *Un* gruppo *è un insieme* G *munito di un* prodotto $\cdot : G \times G \to G$ *che possiede le seguenti proprietà:*

1. proprietà associativa*:* $x \cdot (y \cdot z) = (x \cdot y) \cdot z$*, per ogni* $x, y, z \in G$*;*
2. esistenza dell'elemento neutro*: esiste un elemento* $e \in G$ *tale che* $x \cdot e = e \cdot x = x$*, per ogni* $x \in G$*;*
3. esistenza degli elementi inversi*: per ogni elemento* $x \in G$ *esiste un elemento* $y \in G$ *tale che* $x \cdot y = y \cdot x = e$*.*

Un gruppo è abeliano *(o* commutativo*) quando il prodotto è* commutativo*, ossia quando* $x \cdot y = y \cdot x$ *per ogni* $x, y \in G$.

OSSERVAZIONE 18. Non bisogna confondere il prodotto che compare nella definizione di gruppo con l'usuale prodotto di numeri. Questo prodotto è semplicemente un'operazione che possiede certe proprietà. Nel caso particolare dei gruppi abeliani, spesso si usa la notazione additiva, ossia si considera la somma al posto del prodotto (ma anche in questo caso si tratta solo di un'operazione che soddisfa le proprietà che definiscono un gruppo).

ESEMPI

1. Gli insiemi $\mathbb{Z}$, $\mathbb{Q}$ e $\mathbb{R}$ sono gruppi abeliani rispetto alla somma (ma non rispetto al prodotto, poichè 0 non è invertibile). Gli insiemi $\mathbb{Q} \setminus \{0\}$ e $\mathbb{R} \setminus \{0\}$ sono gruppi abeliani rispetto al prodotto, mentre $\mathbb{Z} \setminus \{0\}$ non lo è (gli unici elementi invertibili sono ± 1). L'insieme $\mathbb{N}$ dei numeri naturali non è un gruppo né rispetto alla somma né rispetto al prodotto.

2. I numeri irrazionali non formano un gruppo rispetto alla somma (la somma di due numeri irrazionali può essere un numero razionale: $\sqrt{2} + (1 - \sqrt{2}) = 1$) e non formano un gruppo rispetto al prodotto (il prodotto di due numeri irrazionali può essere un numero razionale: $\sqrt{2} \cdot \sqrt{2} = 2$).

3. Non solo gli insiemi numerici formano gruppi. Talvolta, anche gli oggetti geometrici possono formare un gruppo. Consideriamo, ad esempio, la *circonferenza* Γ centrata nell'origine O e di raggio 1. Si tratta di definire la somma di due punti appartenenti a Γ. Per fare questo, rappresentiamo un punto $P \in \Gamma$ con l'angolo ϑ individuato dall'asse x e dalla retta OP. Dati due punti $P_1, P_2 \in \Gamma$, rappresentati rispettivamente dagli angoli ϑ_1 e ϑ_2, definiamo la somma $P_1 + P_2$ come il punto di Γ rappresentato dall'angolo $\vartheta_1 + \vartheta_2$. La circonferenza Γ è un gruppo rispetto a questa somma. In particolare, l'elemento neutro è il punto $E \equiv (1, 0)$ rappresentato dall'angolo $\vartheta = 0$. L'opposto di un punto P (rappresentato da un angolo ϑ) è il punto $\overline{P}$ (rappresentato da $-\vartheta$) dato dal simmetrico di P rispetto all'asse x.

4. Non tutti i gruppi sono infiniti, come quelli considerati negli esempi precedenti. Ad esempio, l'insieme $\Gamma_4 = \{P_0, P_1, P_2, P_3\}$ formato dai quattro punti della circonferenza Γ dell'esempio precedente rappresentati dagli angoli $\vartheta_0 = 0$, $\vartheta_1 = \pi/2$, $\vartheta_2 = \pi$ e $\vartheta_3 = 3\pi/2$, forma un gruppo rispetto alla stessa somma di Γ. In questo caso, si può scrivere esplicitamente la tabella di composizione:

$+$	P_0	P_1	P_2	P_3
P_0	P_0	P_1	P_2	P_3
P_1	P_1	P_2	P_3	P_0
P_2	P_2	P_3	P_0	P_1
P_3	P_3	P_0	P_1	P_2

5. L'insieme $\mathbb{Z}_n$ delle classi di resti modulo n ha una struttura di gruppo abeliano rispetto alla somma di numeri interi con la condizione che $n = 0$. In $\mathbb{Z}_{24}$, ad esempio, si ha $17+8 = 25 = 24+1 = 1$. Questa è l'usuale aritmetica delle ore. Infatti, se alle cinque del pomeriggio si intraprende un viaggio che durerà otto ore, si arriverà a casa all'una di notte. Inoltre, il gruppo $\mathbb{Z}_4 = \{0, 1, 2, 3\}$ coincide con il gruppo Γ_4 considerato nell'esempio precedente. Infatti, la sua tabella di composizione coincide (sostanzialmente) con quella di Γ_4.

+	0	1	2	3
0	0	1	2	3
1	1	2	3	0
2	2	3	0	1
3	3	0	1	2

OSSERVAZIONE 19. In un qualunque gruppo G valgono le seguenti proprietà.

1. *Esiste un solo elemento neutro.* Infatti, se e_1 ed e_2 sono due elementi neutri di G, allora $e_1 \cdot x = x \cdot e_1 = x$ ed $e_2 \cdot x = x \cdot e_2 = x$ per ogni $x \in G$. Quindi $e_1 = e_1 \cdot e_2 = e_2$.

2. *Ogni elemento possiede esattamente un inverso.* Se un elemento $x \in G$ possiede due inversi y e z, allora $x \cdot y = y \cdot x = e$ e $x \cdot z = z \cdot x = e$. Per l'associatività del prodotto, si ha $y = y \cdot e = y \cdot (x \cdot z) = (y \cdot x) \cdot z = e \cdot z = z$. L'inverso di un elemento x viene indicato con x^{-1}.

Definizione 20. *Un* campo *è un insieme* $\mathbb{K}$ *munito di una* somma $+ : G \times G \to G$ *e di un* prodotto $\cdot : G \times G \to G$ *tali che*

1. $\mathbb{K}$ *sia un gruppo abeliano rispetto alla somma;*
2. $\mathbb{K} \setminus \{0\}$ *sia un gruppo abeliano rispetto al prodotto (dove* 0 *è l'elemento neutro rispetto alla somma);*
3. *il prodotto sia distributivo rispetto alla somma:* $x \cdot (y + z) = x \cdot y + x \cdot z$ *e* $(x + y) \cdot z = x \cdot z + y \cdot z$*, per ogni* $x, y, z \in \mathbb{K}$.

OSSERVAZIONE 21. In un campo $\mathbb{K}$ l'elemento neutro rispetto alla somma viene indicato con 0 e viene detto *zero*, mentre l'elemento neutro rispetto al prodotto viene indicato con 1 e viene detto *uno* (o unità).

ESEMPI

1. Gli insiemi $\mathbb{Q}$ ed $\mathbb{R}$ sono campi rispetto alle usuali operazioni di somma e di prodotto. Inoltre il campo dei numeri reali contiene $\mathbb{Q}$ come *sottocampo*. Questo significa che $\mathbb{Q}$ è un sottoinsieme di $\mathbb{R}$ che possiede la struttura di campo rispetto alle operazioni definite in $\mathbb{R}$. Il campo dei numeri reali contiene molti altri sottocampi. Ad esempio, gli insiemi

$$\mathbb{Q}[\sqrt{3}] = \{a + b\sqrt{3} \ : \ a, b \in \mathbb{Q}\}$$

$$\mathbb{Q}[\sqrt[3]{2}, \sqrt[3]{4}] = \{a + b\sqrt[3]{2} + c\sqrt[3]{4} \ : \ a, b, c \in \mathbb{Q}\}$$
$$\mathbb{Q}[\sqrt{2}, \sqrt{3}, \sqrt{6}] = \{a + b\sqrt{2} + c\sqrt{3} + d\sqrt{6} \ : \ a, b, c, d \in \mathbb{Q}\}$$

sono tutti dei sottocampi di $\mathbb{R}$.

2. Gli insiemi $\mathbb{N}$ e $\mathbb{Z}$ non sono campi rispetto alle usuali operazioni di somma e di prodotto, poiché non tutti gli elementi non nulli sono invertibili.

3. Per ogni primo p, l'insieme $\mathbb{Z}_p$ delle classi di resti nodulo p può essere munito di una somma e di un prodotto rispetto ai quali possiede una struttura di campo. Queste operazioni sono le usuali operazioni tra numeri interi con la condizione che $p = 0$. Se invece n non è primo, allora $\mathbb{Z}_n$ non può essere un campo. Consideriamo, ad esempio, $\mathbb{Z}_4$ dove $2 \cdot 2 = 4 = 0$. Se $\mathbb{Z}_4$ fosse un campo, allora 2 dovrebbe essere invertibile, poiché $2 \neq 0$. Se così fosse, potremmo moltiplicare per 2^{-1} entrambi i membri dell'identità $2 \cdot 2 = 0$, ottenendo $(2 \cdot 2) \cdot 2^{-1} = 0 \cdot 2^{-1}$, ossia $2 = 0$, e questo è impossibile.

4. L'insieme $\mathbb{R}[x]$ di tutti i polinomi a coefficienti reali nell'indeterminata x (vedi il Paragrafo 1.4) è un gruppo abeliano rispetto alla somma di polinomi ma non è un campo rispetto alla somma e al prodotto di polinomi (poiché non tutti i polinomi non nulli sono invertibili). Tuttavia, l'insieme $\mathbb{R}(x) = \{f(x)/g(x) \ : \ f(x),\ g(x) \in \mathbb{R}(x),\ g(x) \neq 0\}$ delle espressioni razionali è un campo (detto *campo dei quozienti*). Abbiamo così un primo esempio di campo non numerico.

OSSERVAZIONE 22. In un qualunque campo $\mathbb{K}$ valgono la seguenti proprietà.

1. *Proprietà di cancellazione rispetto alla somma*: se $x + z = y + z$, allora $x = y$. Infatti, se $x + z = y + z$, basta sommare a ogni membro $-z$: $(x + z) - z = (y + z) - z$. Per la proprietà associativa, si ha $x + (z - z) = y + (z - z)$, ossia $x + 0 = y + 0$, ossia $x = y$.

2. *Proprietà di cancellazione rispetto al prodotto*: se $x \cdot z = y \cdot z$ e $z \neq 0$, allora $x = y$. Essendo diverso da 0, l'elemento z è invertibile. Quindi si può moltiplicare ambo i membri dell'identita $x \cdot z = y \cdot z$ per z^{-1}: $(x \cdot z) \cdot z^{-1} = (y \cdot z) \cdot z^{-1}$. Per la proprietà associativa, si ha $x \cdot (z \cdot z^{-1}) = y \cdot (z \cdot z^{-1})$, ossia $x \cdot 1 = y \cdot 1$, ossia $x = y$.

3. *Proprietà dello zero rispetto al prodotto*: $0 \cdot x = 0$ per ogni $x \in \mathbb{K}$. Infatti, per la proprietà distributiva del prodotto rispetto alla somma, si ha $0 \cdot x = (x - x) \cdot x = x^2 - x^2 = 0$.

4. *Proprietà di annullamento del prodotto*: se $x \cdot y = 0$, allora $x = 0$ oppure $y = 0$. Supponiamo che $x \cdot y = 0$. Se $y = 0$, la proprietà è dimostrata. Se invece $y \neq 0$, allora esiste y^{-1} e quindi si ha $(x \cdot y) \cdot y^{-1} = 0 \cdot y^{-1}$. Per la proprietà associativa del prodotto e per la proprietà dello zero rispetto al prodotto, si ha $x \cdot (y \cdot y^{-1}) = 0$, ossia $x \cdot 1 = 0$, ossia $x = 0$.

1.3.2 Struttura d'ordine

Definizione 23. *Una* relazione d'ordine *(parziale) su un insieme* X *è una relazione binaria* $\leq$ *che possiede le seguenti proprietà:* riflessiva *(*$x \leq x$*, per ogni* $x \in X$*),* antisimmetrica *(*$x \leq y$ *e* $y \leq x$ *implicano* $x = y$*, per ogni* $x, y \in X$*),* transitiva *(*$x \leq y$ *e* $y \leq z$ *implicano* $x \leq z$*, per ogni* $x, y, z \in X$*). Una relazione d'ordine è* totale *quando ogni coppia di elementi è confrontabile, ossia quando, comunque scelti due elementi* $x, y \in X$*, si ha* $x \leq y$ *oppure* $y \leq x$*. Un insieme è* parzialmente ordinato *quando è munito di una relazione d'ordine (parziale), ed è* totalmente ordinato *quando è munito di una relazione d'ordine totale.*

OSSERVAZIONE 24. Si scrive $x < y$ quando $x \leq y$ e $x \neq y$. Analogamente, si scrive $x \geq y$ quando $y \leq x$, e si scrive $x > y$ quando $x \geq y$ e $x \neq y$.

ESEMPI

1. Gli insiemi $\mathbb{N}$, $\mathbb{Z}$, $\mathbb{Q}$ ed $\mathbb{R}$ sono tutti totalmente ordinati, rispetto alla usuale relazione d'ordine definita ponendo $x \leq y$ quando $y - x$ è positivo o nullo.

2. L'insieme $\mathcal{P}(X)$ di tutti i sottoinsiemi di un insieme X è un insieme parzialmente ordinato rispetto all'inclusione. In generale, $\mathcal{P}(X)$ non è totalmente ordinato.

3. Sia $\mathbb{P}$ l'insieme dei numeri interi positivi, ossia $\mathbb{P} = \mathbb{N} \setminus \{0\}$. Siano $d, n \in \mathbb{P}$. Il numero d *divide* il numero n quando esiste un numero intero k tale che $n = dk$. La relazione di divisibilità è una relazione d'ordine parziale su $\mathbb{P}$.

OSSERVAZIONE 25. In un qualunque insieme parzialmente ordinato X è possibile definire un *intervallo* come l'insieme di tutti gli elementi compresi tra due elementi dati. In particolare, in $\mathbb{R}$ considereremo i seguenti tipi di intervallo:

$[a, b] = \{x \in \mathbb{R} \, : \, a \leq x \leq b\}$	intervallo chiuso
$(a, b) = \{x \in \mathbb{R} \, : \, a < x < b\}$	intervallo aperto
$[a, b) = \{x \in \mathbb{R} \, : \, a \leq x < b\}$	intervallo semichiuso (o semiaperto)
$(a, b] = \{x \in \mathbb{R} \, : \, a < x \leq b\}$	intervallo semichiuso (o semiaperto)
$[a, +\infty) = \{x \in \mathbb{R} \, : \, x \geq a\}$	intervallo illimitato superiormente
$(a, +\infty) = \{x \in \mathbb{R} \, : \, x > a\}$	intervallo illimitato superiormente
$(-\infty, b] = \{x \in \mathbb{R} \, : \, x \leq b\}$	intervallo illimitato inferiormente
$(-\infty, b) = \{x \in \mathbb{R} \, : \, x < b\}$	intervallo illimitato inferiormente
$(-\infty, +\infty) = \mathbb{R}$.	

I simboli $+\infty$ e $-\infty$ non sono numeri reali (ossia non appartengono a $\mathbb{R}$). Nel seguito, in genere assumeremo tacitamente che gli intervalli considerati siano non vuoti e che non si riducano a un solo punto.

1.3.3 Valore assoluto, segno, parti intere

Il *valore assoluto* (o *modulo*) e il *segno* di un numero $x \in \mathbb{R}$ sono rispettivamente il numero reale positivo o nullo $|x|$ e il numero $\operatorname{sign}(x)$ definiti da

$$|x| = \begin{cases} x & \text{se } x > 0 \\ 0 & \text{se } x = 0 \\ -x & \text{se } x < 0 \end{cases} \qquad \text{e} \qquad \operatorname{sign}(x) = \begin{cases} 1 & \text{se } x > 0 \\ 0 & \text{se } x = 0 \\ -1 & \text{se } x < 0\,. \end{cases}$$

Queste due quantità non sono indipendenti, poiché $|x| = \operatorname{sign}(x)\,x$ per ogni $x \in \mathbb{R}$. Per il valore assoluto e il segno, si hanno le seguenti proprietà immediatamente dimostrabili:

$$|xy| = |x|\,|y| \qquad |x/y| = |x|/|y| \quad (y \neq 0) \qquad |-x| = |x|$$

$$\operatorname{sign}(xy) = \operatorname{sign}(x)\operatorname{sign}(y) \quad \operatorname{sign}(1/y) = \operatorname{sign}(y) \quad (y \neq 0) \quad \operatorname{sign}(-x) = -\operatorname{sign}(x)\,.$$

Proposizione 26. *Per ogni* $x, a \in \mathbb{R}$*,* $a \geq 0$*, si ha* $|x| \leq a$ *se e solo se* $-a \leq x \leq a$.

Teorema 27. *Per ogni* $x, y \in \mathbb{R}$*, valgono le disuguaglianze*

1. $-|x| \leq x \leq |x|$
2. $|x + y| \leq |x| + |y|$ *(*disuguaglianza triangolare*)*
3. $||x| - |y|| \leq |x - y|$ *(*disuguaglianza triangolare inversa*).*

Dimostrazione. La prima disuguaglianza è immediata. La seconda disuguaglianza è una conseguenza della prima e della proposizione precedente. Infatti, per la Proposizione 26, si ha $|x + y| \leq |x| + |y|$ se e solo se $-|x| - |y| \leq x + y \leq |x| + |y|$, e queste ultime disuguaglianze sono una conseguenza delle disuguaglianze $-|x| \leq x \leq |x|$ e $-|y| \leq y \leq |y|$. Infine, l'ultima disuguaglianza si ottiene applicando la disuguaglianza triangolare. Infatti, si ha $|x| = |(x - y) + y| \leq |x - y| + |y|$, ossia $|x| - |y| \leq |x - y|$. Inoltre, si ha $|y| = |x + (y - x)| \leq |x| + |y - x| = |x| + |x - y|$, ossia $|x| - |y| \geq -|x - y|$. Pertanto, si ha $-|x - y| \leq |x| - |y| \leq |x - y|$, e quindi, per la Proposizione 26, $||x| - |y|| \leq |x - y|$. □

A ogni numero reale è sempre possibile associare un numero intero in almeno due modi. Più precisamente, il *pavimento* (*floor*, in inglese) di un numero $x \in \mathbb{R}$ è il più grande intero minore o uguale a x ed è indicato con $\lfloor x \rfloor$. Quindi, per ogni $n \in \mathbb{Z}$, si ha $\lfloor x \rfloor = n$ se e solo se $n \leq x < n + 1$, ossia $x \in [n, n + 1)$. Analogamente, il *soffitto* (*ceil*, in inglese) di un numero $x \in \mathbb{R}$ è il più piccolo intero maggiore o uguale a x ed è indicato con $\lceil x \rceil$. Quindi, per ogni $n \in \mathbb{Z}$, si ha $\lceil x \rceil = n$ se e solo se $n - 1 < x \leq n$, ossia $x \in (n - 1, n]$. Ad esempio, poiché $\sqrt{2} \approx 1.41$, si ha $\lfloor \sqrt{2} \rfloor = 1$ e $\lceil \sqrt{2} \rceil = 2$. Analogamente, $\lfloor 4/3 \rfloor = 1$, $\lceil 4/3 \rceil = 2$, $\lfloor -4/3 \rfloor = -2$, $\lceil -4/3 \rceil = -1$.

Il pavimento di un numero è usualmente chiamato *parte intera*. La *parte decimale*, o *mantissa*, di un numero $x \in \mathbb{R}$ è il numero $\{x\} = x - \lfloor x \rfloor$. La mantissa è sempre un numero reale appartenete all'intervallo $[0, 1)$.

1.3.4 Principio di induzione

I numeri naturali soddisfano l'*assioma del buon ordinamento*, ossia ogni sottoinsieme non vuoto di $\mathbb{N}$ possiede minimo. Questo significa, che comunque scelto un sottoinsieme S di $\mathbb{N}$, $S \neq \varnothing$, esiste un elemento $m \in S$ tale che $m \leq x$ per ogni $x \in S$. Questa proprietà permette di dimostrare il seguente

Teorema 28 (Principio di induzione). *Sia $P(n)$ una proposizione dipendente da un parametro naturale $n \in \mathbb{N}$. Se*

1. *$P(0)$ è vera, e*
2. *$P(n)$ implica $P(n+1)$, per ogni $n \in \mathbb{N}$,*

allora $P(n)$ è vera per ogni $n \in \mathbb{N}$.

Dimostrazione. Consideriamo l'insieme $S = \{n \in \mathbb{N} \ : \ P(n) \text{ è falsa }\}$. Supponiamo, per assurdo, che S sia non vuoto. Allora, per l'assioma del buon ordinamento, S possiede minimo m. Quindi, poiché $m \in S$, la proposizione $P(m)$ è falsa. Inoltre, poiché $P(0)$ è vera, deve essere $m \geq 1$, ossia $m - 1 \geq 0$. Poiché m è il minimo di S, il numero $m-1$ non può appartenere a S e quindi la proposizione $P(m-1)$ deve essere vera. Ma allora deve essere vera anche la proposizione $P(m)$ e questo è assurdo, poiché abbiamo già dimostrato che questa proposizione è falsa. □

ESEMPI

1. Mostriamo per induzione che $7^n - 3^n$ è divisibile per 4 per ogni $n \in \mathbb{N}$. Per $n = 0$, si ha $7^n - 3^n = 1 - 1 = 0$ e 0 è divisibile per qualsiasi numero. Mostriamo ora che se $7^n - 3^n$ è divisibile per 4, allora lo è anche $7^{n+1} - 3^{n+1}$. Infatti, si ha
$$7^{n+1} - 3^{n+1} = 7 \cdot 7^n - 3 \cdot 3^n = (4+3) \cdot 7^n - 3 \cdot 3^n = 4 \cdot 7^n + 3(7^n - 3^n)$$
e quest'ultimo numero è sicuramente divisibile per 4.

2. Mostriamo per induzione che $2^n > n^2$ per ogni $n \geq 5$. Per $n = 5$, si ha $2^n = 2^5 = 32$ che è strettamente maggiore di $n^2 = 5^2 = 25$. Mostriamo ora che, per $n > 5$, la disuguaglianza $2^n > n^2$ implica la disuguaglianza $2^{n+1} > (n+1)^2$. Infatti, assumendo $2^n > n^2$, si ha $2^{n+1} = 2 \cdot 2^n > 2n^2$ e quindi
$$2^{n+1} - (n+1)^2 > 2n^2 - n^2 - 2n - 1 = n^2 - 2n - 1 \, .$$
Poiché il polinomio $x^2 - 2x - 1$ ha radici $x_{1,2} = 1 \pm \sqrt{2}$, si ha $x^2 - 2x - 1 \geq 0$ per $x < 1 - \sqrt{2}$ e $x > 1 + \sqrt{2}$. Poiché $n > 5 > 1 + \sqrt{2}$, si ha $n^2 - 2n - 1 > 0$, ossia $2^{n+1} > (n+1)^2$.

3. Mostriamo per induzione che vale l'identità
$$\sum_{k=0}^{n} k^2 2^k = (n^2 - 2n + 3)2^{n+1} - 6$$

per ogni $n \in \mathbb{N}$. Indichiamo con $s(n)$ la somma a primo membro e con $f(n)$ l'espressione a secondo membro. Per $n = 0$, si ha $s(0) = 0$ e $f(0) = 3 \cdot 2 - 6 = 0$. Supponiamo che $s(n) = f(n)$ e mostriamo che $s(n+1) = f(n+1)$. Si ha

$$\begin{aligned} s(n+1) &= \sum_{k=0}^{n+1} k^2 2^k = \sum_{k=0}^{n} k^2 2^k + (n+1)^2 2^{n+1} = s(n) + (n+1)^2 2^{n+1} \\ &= f(n) + (n+1)^2 2^{n+1} = (n^2 - 2n + 3)2^{n+1} - 6 + (n+1)^2 2^{n+1} \\ &= (n^2 - 2n + 3 + n^2 + 2n + 1)2^{n+1} - 6 = (2n^2 + 4)2^{n+1} - 6 \\ &= (n^2 + 2)2^{n+2} - 6 \end{aligned}$$

e

$$\begin{aligned} f(n+1) &= ((n+1)^2 - 2(n+1) + 3)2^{n+2} - 6 \\ &= (n^2 + 2n + 1 - 2n - 2 + 3)2^{n+2} - 6 \\ &= (n^2 + 2)2^{n+2} - 6 . \end{aligned}$$

Pertanto $s(n+1) = f(n+1)$.

1.3.5 Campi ordinati

Negli insiemi $\mathbb{Q}$ ed $\mathbb{R}$ la relazione d'ordine è compatibile con la struttura di campo, ossia con le operazioni di somma e di prodotto, nel senso della seguente

Definizione 29. *Un campo* $\mathbb{K}$ è ordinato *quando è munito di una relazione d'ordine totale* $\leq$ *compatibile con la somma e con il prodotto, ossia tale che*

1. *comunque scelti tre elementi* $x, y, z \in \mathbb{K}$, *se* $x \leq y$ *allora* $x + z \leq y + z$;
2. *comunque scelti tre elementi* $x, y, z \in \mathbb{K}$, *con* $z > 0$, *se* $x \leq y$ *allora* $x \cdot z \leq y \cdot z$.

OSSERVAZIONE 30. In un campo ordinato $\mathbb{K}$, un elemento x è *positivo* se $x > 0$ ed è *negativo* se $x < 0$. Poiché la relazione d'ordine in $\mathbb{K}$ è totale, ogni elemento non nullo è positivo o negativo. In $\mathbb{K}$, valgono le seguenti proprietà.

1. *L'opposto di un elemento positivo è un elemento negativo.* Infatti, se $x > 0$, allora $x - x > 0 - x$, ossia $-x < 0$. Analogamente, *l'opposto di un elemento negativo è un elemento positivo.* Infatti, se $x < 0$, allora $x - x < 0 - x$, ossia $-x > 0$.

2. *Il prodotto di due elementi positivi o di due elementi negativi è un elemento positivo.* Se $x, y > 0$, allora $x \cdot y > 0$. Se $x, y < 0$, allora $-x, -y > 0$ e quindi $(-x) \cdot (-y) > 0$, ossia $x \cdot y > 0$. Analogamente, *il prodotto di un elemento positivo per un elemento negativo è un elemento negativo.* Infatti, se $x > 0$ e $y < 0$, allora $-y > 0$ e quindi $x \cdot (-y) > 0$, ossia $-(x \cdot y) > 0$ e quindi $x \cdot y < 0$.

3. *Il quadrato di ogni elemento non nullo è positivo* (più precisamente, $x^2 \geq 0$ e $x^2 = 0$ se e solo se $x = 0$). Infatti, se $x \neq 0$, allora $x > 0$ oppure $x < 0$. Se $x > 0$, allora $x \cdot x > 0$, ossia $x^2 > 0$. Se $x < 0$, allora $-x > 0$ e quindi $(-x) \cdot (-x) > 0$, ossia $x^2 > 0$. Se $x^2 = 0$ e $x \neq 0$, allora esisterebbe l'inverso x^{-1} e quindi $x^2 \cdot x^{-1} = 0 \cdot x^{-1}$, ossia $x = 0$, contro le ipotesi.

4. Poiché $1 = 1^2$, si ha $1 > 0$ e $-1 < 0$.

5. *L'inverso di un elemento positivo è un elemento positivo.* Infatti, se fosse $x > 0$ e $x^{-1} < 0$, allora sarebbe $-x^{-1} > 0$ e quindi $x \cdot (-x^{-1}) > 0$, ossia $-1 > 0$, che è falso.

6. Se $0 < x < y$, allora $0 < y^{-1} < x^{-1}$. Infatti, se $0 < x < y$, allora x^{-1} e y^{-1} sono positivi e quindi $0 \cdot x^{-1} \cdot y^{-1} < x \cdot x^{-1} \cdot y^{-1} < y \cdot x^{-1} \cdot y^{-1}$, ossia $0 < y^{-1} < x^{-1}$.

Definizione 31. *Un sottoinsieme* X *di* $\mathbb{R}$ *è* limitato superiormente *quando esiste un numero reale* M *tale che* $x \leq M$ *per ogni* $x \in X$*, ossia tale che* $X \subseteq (-\infty, M]$. *Analogamente,* X *è* limitato inferiormente *quando esiste un numero reale* m *tale che* $m \leq x$ *per ogni* $x \in X$*, ossia tale che* $X \subseteq [m, +\infty)$. *Infine,* X *è* limitato *quando è limitato superiormente e inferiormente, ossia quando esistono due numeri reali* m *ed* M *tali che* $m \leq x \leq M$ *per ogni* $x \in X$*, ossia tali che* $X \subseteq [m, M]$.

Definizione 32. *Sia* X *un sottoinsieme di* $\mathbb{R}$. *Un elemento* $x_0 \in X$ *è massimo quando* $x \leq x_0$ *per ogni* $x \in X$ *ed è minimo quando* $x \geq x_0$ *per ogni* $x \in X$.

OSSERVAZIONE 33. Se un insieme $X \subseteq \mathbb{R}$ possiede massimo (o minimo), questo è unico. Infatti, se x_1 e x_2 sono due massimi di X, allora si ha $x_1 \leq x_2$ e $x_2 \leq x_1$. Quindi, per la proprietà antisimmetrica, deve essere $x_1 = x_2$. Un insieme (anche limitato) non sempre possiede massimo o minimo, come accade, ad esempio, per $\mathbb{R}$ stesso e per l'intervallo aperto $(0, 1)$.

Definizione 34. *Sia* X *un sottoinsieme di* $\mathbb{R}$. *Un'elemento* $y \in \mathbb{R}$ *è un* maggiorante *di* X *se* $x \leq y$ *per ogni* $x \in X$ *ed è un* minorante *di* X *se* $y \leq x$ *per ogni* $x \in X$. *Un numero* x_0 *è l'*estremo superiore *di* X *se è il minimo dei maggioranti ed è l'*estremo inferiore *di* X *se è il massimo dei minoranti.*

ESEMPI

1. L'insieme $\mathbb{N} = \{0, 1, 2, \ldots\}$ dei numeri naturali è limitato inferiormente ma è illimitato superiormente. Ammette 0 come minimo e come estremo inferiore, ma non possiede massimo né estremo superiore.

2. L'insieme $\mathbb{Z} = \{\ldots, -2, -1, 0, 1, 2, \ldots\}$ dei numeri interi è illimitato inferiormente e superiormente. Non possiede minimo né estremo inferiore e non possiede massimo né estremo superiore.

3. L'insieme $X = \{1, \frac{1}{2}, \frac{1}{3}, \frac{1}{4}, \dots\}$ è limitato. Ammette 1 come massimo e come estremo superiore, ma non ha minimo. Si può dimostrare che ammette 0 come estremo inferiore.

4. L'intervallo $X = (-1, 2]$ è limitato. Non possiede minimo, ma ammette -1 come estremo inferiore. Ammette 2 come massimo e come estremo superiore.

5. L'insieme $X = \{x \in \mathbb{Q} \,:\, 0 \leq x < \sqrt{2}\} = [0, \sqrt{2}) \cap \mathbb{Q}$ è limitato, ammette 0 come minimo (e come estremo inferiore) ma non possiede massimo. Come sottoinsieme di $\mathbb{Q}$, X non possiede estremo superiore (poiché $\sqrt{2}$ è un numero irrazionale), ma come sottoinsieme di $\mathbb{R}$, X possiede estremo superiore (dato da $\sqrt{2}$).

6. Consideriamo l'insieme $X_{\mathbb{K}} = \{x \in \mathbb{K} \,:\, 4 < x^2 \leq 5\} \subseteq \mathbb{K}$, con $\mathbb{K} = \mathbb{R}, \mathbb{Q}, \mathbb{Z}$. Si vede facilmente che $X_{\mathbb{K}} = ([-\sqrt{5}, -2) \cup (2, \sqrt{5}]) \cap \mathbb{K}$. Quindi $X_{\mathbb{R}}$ è un insieme limitato, dove $-\sqrt{5}$ è il minimo (e l'estremo inferiore) e $\sqrt{5}$ è il massimo (e l'estremo superiore). Tuttavia, poiché $\pm\sqrt{5}$ non sono numeri razionali, si ha che $X_{\mathbb{Q}}$ è un insieme limitato che non possiede né estremo inferiore né estremo superiore (e nemmeno minimo né massimo). Infine, poiché $-3 < -\sqrt{5} < -2$ e $2 < \sqrt{5} < 3$, si ha $X_{\mathbb{Z}} = \varnothing$.

Teorema 35 (Assioma di Dedekind). *L'insieme* $\mathbb{R}$ *dei numeri reali è completo, ossia possiede la* proprietà dell'estremo superiore *(inferiore): ogni insieme non vuoto e limitato superiormente (inferiormente) possiede estremo superiore (inferiore).*

OSSERVAZIONE 36. L'*assioma di Dedekind* (o *assioma di completezza*, o *assioma di continuità*) è l'assioma che caratterizza il campo dei numeri reali. Più precisamente, si può dimostrare il seguente teorema che caratterizza il campo dei numeri reali come l'unica possibile estensione del campo dei numeri razionali che soddisfa la proprietà dell'estremo superiore.

Teorema 37. *Esiste un campo ordinato* $\mathbb{K}$ *che possiede la proprietà dell'estremo superiore e che contiene* $\mathbb{Q}$ *come sottocampo. Il campo* $\mathbb{K}$ *è unico (a meno di isomorfismi) e coincide con il campo* $\mathbb{R}$ *dei numeri reali.*

OSSERVAZIONE 38. I campi $\mathbb{Q}$ ed $\mathbb{R}$ possiedono le seguenti proprietà.

1. Sia X un sottoinsieme di $\mathbb{R}$ superiormente limitato. Per l'assioma di Dedekind, X possiede estremo superiore ℓ. Allora, comunque scelto un numero reale $\varepsilon > 0$, esiste un elemento $x \in X$ tale che $\ell - \varepsilon < x$. Se così non fosse, $\ell - \varepsilon$ sarebbe un maggiorante di X minore di ℓ e questo è impossibile (essendo ℓ il minore dei maggioranti di X).

2. *Il campo* $\mathbb{R}$ *è archimedeo*, ossia per ogni $x, y \in \mathbb{R}$, con $x, y > 0$, esiste un numero naturale $n \geq 1$ tale che $nx > y$. Supponiamo per assurdo che esistano due numeri reali positivi x e y per i quali $y \geq nx$ per ogni $n \in \mathbb{P} = \mathbb{N} \setminus \{0\}$. Consideriamo l'insieme $Y = \{nx \,:\, n \in \mathbb{P}\}$. Poiché y è un

maggiorante di Y, per l'assioma di Dedekind (Teorema 35), esiste anche l'estremo superiore y^* di Y. Quindi $y^* \geq nx$ per ogni $n \in \mathbb{P}$, ossia $y^* \geq (m+1)x$ per ogni $m \in \mathbb{N}$. Ma questo significa che $y^* - x \geq mx$ per ogni $m \in \mathbb{N}$, ossia che $y^* - x$ è un maggiorante di Y. Quindi deve essere $y^* \leq y^* - x$, ossia $x \leq 0$, contro l'ipotesi che x sia positivo.

3. *Il campo* $\mathbb{Q}$ *è denso in se*, ossia per ogni $x, y \in \mathbb{Q}$, con $x < y$, esiste un $u \in \mathbb{Q}$ tale che $x < u < y$. Basta scegliere $u = (x+y)/2$.

4. *Il campo* $\mathbb{Q}$ *è denso in* $\mathbb{R}$, ossia per ogni $x, y \in \mathbb{R}$, con $x < y$, esiste un $u \in \mathbb{Q}$ tale che $x < u < y$. Infatti, se $x < y$, si ha $y - x > 0$ e quindi, per la proprietà di Archimede, esiste un numero naturale $n \geq 1$ tale che $n(y-x) > 1$, ossia tale che $1/n < y - x$. Sia ora m il minimo intero per cui $m > nx$. Allora $m/n > x$ e $m - 1 \leq nx$. Quindi $(m-1)/n \leq x$ e
$$\frac{m}{n} = \frac{m-1}{n} + \frac{1}{n} < x + (y-x) = y\,.$$
Pertanto, $u = m/n$ è un numero razionale tale che $x < u < y$.

5. *Ogni numero reale è l'estremo superiore di un insieme di numeri razionali.* Infatti, se $x \in \mathbb{R}$, possiamo considerare l'insieme $X = \{u \in \mathbb{Q} \ : \ u \leq x\}$. Chiaramente x è un maggiorante di X. Supponiamo ora che y sia un'altro maggiorante di X. Se $y < x$, allora, per la proprietà precedente, dovrebbe esistere un numero razionale u tale che $y \leq u \leq x$. Questo, però, è impossibile poiché y è un maggiorante di X. Quindi deve essere $y \geq x$. Di conseguenza, x è il minimo dei maggioranti di X.

6. I campi $\mathbb{Q}$ ed $\mathbb{R}$ sono illimitati.

1.3.6 Potenze, esponenziali e logaritmi

Teorema 39 (Esistenza delle radici aritmetiche in $\mathbb{R}$). *Per ogni numero reale positivo* a *e per ogni numero naturale* $n \geq 1$, *esiste un unico numero reale* $x > 0$ *tale che* $x^n = a$.

OSSERVAZIONE 40. Il Teorema 39 permette di definire la *radice aritmetica* n-*esima* $\sqrt[n]{a} = a^{1/n}$ di un qualunque numero reale positivo a come l'unica soluzione reale positiva dell'equazione $x^n = a$. Più in generale, la *potenza* di base $a \in \mathbb{R}$, $a > 0$, ed esponente razionale $m/n \in \mathbb{Q}$, con $m \in \mathbb{Z}$, $n \geq 1$, $\mathrm{MCD}(m,n) = 1$, è il numero reale definito da
$$a^{m/n} = (a^m)^{1/n} = \sqrt[n]{a^m}\,.$$
In realtà, è possibile definire una potenza anche quando la base è negativa se l'esponente è intero (a^m con $m \in \mathbb{Z}$), oppure se l'esponente è razionale m/n, purché n non sia pari. Infatti, ad esempio, la potenza $(-3)^{2/5} = \sqrt[5]{(-3)^2} = \sqrt[5]{9}$ esiste, mentre la potenza $(-3)^{3/2} = \sqrt{(-3)^3} = \sqrt{-27}$ non esiste.

OSSERVAZIONE 41. Una *potenza* è un'espressione x^α in cui la base è variabile e l'esponente è fisso, mentre un'*esponenziale* è un'espressione a^x in cui la base è fissa e l'esponente è variabile. Per ogni $a, b \in \mathbb{R}$, $a, b > 0$, e per ogni $c, d \in \mathbb{R}$, le potenze e gli esponenziali possiedono le proprietà: $a^0 = 1$, $1^\alpha = 1$, $a^{c+d} = a^c a^d$, $(ab)^c = a^c b^c$, $(a^c)^d = a^{cd}$.

Teorema 42 (Esistenza dei logaritmi). *Per ogni numero reale* $a > 0$, $a \neq 1$, *e per ogni numero reale* $b > 0$ *esiste un unico numero reale* x *tale che* $a^x = b$. *Questo numero è il logaritmo in base* a *del numero* b, *e viene indicato con* $\log_a b$.

OSSERVAZIONE 43. Se $a = 1$, l'equazione $a^x = b$ diventa $1 = b$. Quindi si hanno infinite soluzioni se effettivamente $b = 1$ e non si hanno soluzioni se $b \neq 1$. Analogamente, se $b < 0$, allora si ha $a^x < 0$, che è assurdo poiché $a > 0$.

OSSERVAZIONE 44. Per ogni coppia di numeri reali positivi x e y e per ogni numero reale $a \neq 1$, i logaritmi possiedono le seguenti proprietà

$$\begin{aligned}
&\log_a xy = \log_a x + \log_a y, \qquad \log_a x/y = \log_a x - \log_a y \\
&\log_a x^\alpha = \alpha \log_a x \qquad \forall\, \alpha \in \mathbb{R} \\
&\log_a x = \frac{1}{\log_x a} = -\log_{1/a} x \qquad (x \neq 1) \\
&\log_a x = \frac{\log_b x}{\log_b a} \qquad \forall\, b > 0, \quad b \neq 1.
\end{aligned}$$

L'ultima proprietà permette di esprimere ogni logaritmo in una medesima base. Se si sceglie il numero e come base, si hanno i *logaritmi naturali* (o *neperiani*). In questo caso, si scrive semplicemente $\log x$ o $\ln x$ al posto di $\log_{\mathrm{e}} x$. In particolare, ogni logaritmo può sempre essere ridotto a un logaritmo naturale.

1.4 Polinomi a coefficienti reali

1.4.1 Algebra dei polinomi

Un *polinomio a coefficienti reali* è una qualunque espressione del tipo

$$f(x) = a_0 + a_1 x + \cdots + a_n x^n$$

dove x è un'indeterminata e $a_0, a_1, \ldots, a_n \in \mathbb{R}$. Se $a_n \neq 0$, il polinomio $f(x)$ ha *grado* n e si scrive $\deg f(x) = n$. Se $a_n = 1$, il polinomio $f(x)$ è *monico*. L'insieme di tutti i polinomi a coefficienti reali nell'indeterminata x si indica con $\mathbb{R}[x]$.

I polinomi possono essere sommati e moltiplicati. Se $f(x) = a_0 + a_1 x + a_2 x^2 + \cdots + a_m x^m$ e $g(x) = b_0 + b_1 x + b_2 x^2 + \cdots + b_n x^n$, allora

$$f(x) + g(x) = (a_0 + b_0) + (a_1 + b_1)x + (a_2 + b_2)x^2 + \cdots$$

e

$$f(x)g(x) = a_0b_0 + (a_0b_1 + a_1b_0)x + (a_0b_2 + a_1b_1 + a_2b_0)x^2 + \cdots$$

Queste operazioni sono associative e commutative. Il polinomio nullo $f(x) = 0$ è l'elemento neutro rispetto alla somma e il polinomio $f(x) = 1$ è l'elemento neutro rispetto al prodotto. Ogni polinomio $f(x)$ ammette opposto $-f(x)$. Infine, il prodotto è distributivo rispetto alla somma, ossia $f(x)(g(x) + h(x)) = f(x)g(x) + f(x)h(x)$. L'insieme $\mathbb{R}[x]$ forma un *anello* rispetto a queste operazioni di somma e di prodotto. Tuttavia, non forma un campo, poiché non tutti i polinomi non nulli sono invertibili rispetto al prodotto.

Un polinomio $g(x)$ *divide* un polinomio $f(x)$ quando esiste un polinomio $q(x)$ tale che $f(x) = q(x)g(x)$. Un polinomio costante non nullo divide sempre ogni polinomio. Un polinomio $f(x)$ è divisibile per $\alpha f(x)$ per ogni $\alpha \in \mathbb{R}$, $\alpha \neq 0$. Un polinomio è *irriducibile* quando non è costante ed è divisibile solo per polinomi costanti non nulli e per i polinomi $\alpha f(x)$ con $\alpha \in \mathbb{R}$, $\alpha \neq 0$. Ad esempio, i polinomi $x^2 + 1$ e $x^2 + x + 1$ sono irriducibili su $\mathbb{R}$. Invece il polinomio $f(x) = x^2 + 3x + 2$ è riducibile su $\mathbb{R}$ poiché è il prodotto di due fattori lineari, ossia $f(x) = (x + 1)(x + 2)$. Si può dimostrare che ogni polinomio può essere decomposto nel prodotto di fattori irriducibili e che questa decomposizione è unica a meno dell'ordine dei fattori irriducibili e a meno di fattori costanti non nulli.

In generale, si può dimostrare il seguente

Teorema 45 (Algoritmo della divisione). *Comunque fissati due polinomi* $f(x)$ *e* $g(x)$, *esistono sempre due polinomi* $q(x)$ *e* $r(x)$ *tali che* $f(x) = q(x)g(x) + r(x)$ *e* $\deg r(x) < \deg g(x)$.

1.4.2 Radici di un polinomio

Definizione 46. *Una* radice *di un polinomio* $f(x) \in \mathbb{R}[x]$ *è un numero* $r \in \mathbb{R}$ *tale che* $f(r) = 0$. *Una radice* r *ha* molteplicità m *se esiste un polinomio* $g(x) \in \mathbb{R}[x]$ *tale che* $f(x) = (x - r)^m g(x)$ *e* $g(r) \neq 0$.

Teorema 47. *Sia* $f(x) = a_0 + a_1x + \cdots + a_nx^n$ *un polinomio a coefficienti interi, ossia* $a_0, a_1, \ldots, a_n \in \mathbb{Z}$, *con* $a_n \neq 0$ *e* $n \geq 1$. *Allora le possibili radici razionali di* $f(x)$ *sono i numeri della forma* r/s *con* $r, s \in \mathbb{Z}$, $r|a_0$ *ed* $s|a_n$.

Dimostrazione. Sia $x = r/s$ una radice razionale di $f(x)$, dove la frazione r/s è ridotta ai minimi termini, ossia $r, s \in \mathbb{Z}$ e $\mathrm{MCD}(r, s) = 1$. Poiché $x = r/s$ è una radice di $f(x)$, si ha $f(r/s) = 0$, ossia

$$a_0 + a_1\frac{r}{s} + \cdots + a_{n-1}\left(\frac{r}{s}\right)^{n-1} + a_n\left(\frac{r}{s}\right)^n = 0\,.$$

Moltiplicando ambo i membri per s^n, si ha

$$a_0s^n + a_1rs^{n-1} + \cdots + a_{n-1}r^{n-1}s + a_nr^n = 0\,.$$

Pertanto, si ha

$$a_0 s^n + a_1 r s^{n-1} + \cdots + a_{n-1} r^{n-1} s = -a_n r^n .$$

Poiché il primo membro è divisibile per s, anche il secondo membro deve essere divisibile per s. Poiché $a_n \neq 0$ e $\mathrm{MCD}(r,s) = 1$, si ha che $s | a_n$. Analogamente, si ha

$$a_1 r s^{n-1} + \cdots + a_{n-1} r^{n-1} s + a_n r^n = -a_0 s^n .$$

Poiché il primo membro è divisibile per r, anche il secondo membro deve essere divisibile per r. Poiché $a_n \neq 0$ e $\mathrm{MCD}(r,s) = 1$, si ha che $r | a_0$. □

Teorema 48. *Ogni radice razionale di un polinomio monico a coefficienti interi è un numero intero.*

Dimostrazione. Usando le notazioni del teorema precedente, si ha che le radici razionali di $f(x)$ sono della forma $x = r/s$ con $r, s \in \mathbb{Z}$, $r|a_0$ e $s|a_n$. Se $f(x)$ è monico, allora $a_n = 1$ e di conseguenza anche $s = 1$. □

ESEMPI

1. Consideriamo il polinomio $f(x) = 2x^3 + x^2 + x - 1$. Le possibili radici razionali sono ± 1, $\pm 1/2$. Poiché $f(1) = 3$, $f(-1) = -3$, $f(1/2) = 0$, $f(-1/2) = -3/2$, l'unica radice razionale di $f(x)$ è $x = 1/2$. Il polinomio $f(x)$ può essere facilmente scomposto: $f(x) = 2(x^3 - 1) + (x^2 + x + 1) = (2x - 1)(x^2 + x + 1)$.

2. Le uniche possibili radici razionali del polinomio $f(x) = x^3 + x + 1$ sono ± 1. Poiché $f(1) = 3$ e $f(-1) = -1$, $f(x)$ non possiede radici razionali.

3. I Teoremi 47 e 48 possono anche essere usati per dimostrare l'irrazionalità di numero. Consideriamo, ad esempio, il numero $x = \sqrt{2} + \sqrt[3]{2}$. Allora, elevando alla terza entrambi i membri dell'equazione $\sqrt[3]{2} = x - \sqrt{2}$, si ha

   $$2 = (x - \sqrt{2})^3 = x^3 - 3\sqrt{2}x^2 + 6x - 2\sqrt{2}$$

   ossia $x^3 + 6x - 2 = (3x^2 + 2)\sqrt{2}$. Elevando a quadrato entrambi i membri di questa identità, si ha $(x^3 + 6x - 2)^2 = 2(3x^2 + 2)^2$, ossia

   $$x^6 - 6x^4 - 4x^3 + 12x^2 - 24x - 4 = 0 .$$

   Pertanto, il numero $x = \sqrt{2} + \sqrt[3]{2}$ è una soluzione di questa equazione. Ma le possibili soluzioni razionali di tale equazione sono ± 1, ± 2, ± 4. Di conseguenza, $x = \sqrt{2} + \sqrt[3]{2}$ è irrazionale.

Un numero reale è *algebrico* se è radice di un polinomio a coefficienti interi. Ad esempio, $x = \sqrt{2}$ è algebrico perché è radice del polinomio $x^2 - 2$. Più in generale, tutti i numeri $x = \sqrt{n}$, con $n \in \mathbb{N}$, sono algebrici, perché radici del polinomio $x^2 - n$. Inoltre, anche i numeri razionali $x = p/q$ sono algebrici, perché radici del polinomio $qx - p$. Un numero non algebrico è *trascendente*. Ad esempio, e e π sono entrambi numeri trascendenti.

Teorema 49 (Teorema di Ruffini). *Sia* $a \in \mathbb{R}$. *Un polinomio* $f(x) \in \mathbb{R}[x]$ *è divisibile per* $x - a$ *se e solo se* a *è una radice di* $f(x)$.

Dimostrazione. Supponiamo che $f(x)$ sia divisibile per $x - a$. Allora esiste un polinomio $g(x)$ tale che $f(x) = (x - a)g(x)$. Quindi $f(a) = 0$.

Viceversa, supponiamo che a sia una radice di $f(x)$. Dividendo $f(x)$ per $x - a$ si ha $f(x) = (x - a)q(x) + r(x)$ per due opportuni polinomi $q(x)$ ed $r(x)$. Poiché $r(x)$ ha grado strettamente minore del grado di $x - a$, $r(x)$ ha grado 0 e quindi si riduce a una costante r. Poiché $f(a) = 0$, si ha $r = 0$, ossia $f(x) = (x - a)q(x)$. □

OSSERVAZIONE 50. Dal Teorema 49 si ha il *metodo di Ruffini*, che serve per scomporre un polinomio conoscendo una sua radice. Ad esempio, il polinomio $f(x) = x^4 + 3x^3 - 5x^2 + 3x - 2$ possiede una radice uguale a 1, poiché $f(1) = 0$. Pertanto

	1	3	−5	3	−2
1		1	4	−1	2
	1	4	−1	2	0

e quindi $f(x) = (x - 1)(x^3 + 4x^2 - x + 2)$.

1.4.3 Formula del binomio di Newton

Il *fattoriale* di un numero naturale n è il numero $n! = n \cdot (n-1) \cdot (n-2) \cdots 3 \cdot 2 \cdot 1$. In particolare, $0! = 1$. Inoltre $n! = n \cdot (n-1)!$. Più in generale, per ogni $k \in \mathbb{N}$, $k \leq n$, si ha $n! = n \cdot (n-1) \cdots (n-k+1) \cdot (n-k)!$.

I *coefficienti binomiali* sono definiti dall'espressione

$$\binom{n}{k} = \frac{n!}{k!(n-k)!} = \frac{n(n-1)(n-2)\cdots(n-k+1)}{k!}$$

per ogni $n, k \in \mathbb{N}$, $k \leq n$. Si pone $\binom{n}{k} = 0$ per ogni $n \in \mathbb{N}$ e per ogni $k \in \mathbb{Z}$ tali che $k < 0$ oppure $k > n$. I primi valori dei coefficienti binomiali sono riportati nella seguente tabella, nota come *triangolo di Tartaglia* (o *triangolo di Pascal*):

$$\begin{array}{ccccccccccccc}
 & & & & & & 1 & & & & & & \\
 & & & & & 1 & & 1 & & & & & \\
 & & & & 1 & & 2 & & 1 & & & & \\
 & & & 1 & & 3 & & 3 & & 1 & & & \\
 & & 1 & & 4 & & 6 & & 4 & & 1 & & \\
 & 1 & & 5 & & 10 & & 10 & & 5 & & 1 & \\
1 & & 6 & & 15 & & 20 & & 15 & & 6 & & 1
\end{array}$$

Teorema 51. *I coefficienti binomiali soddisfano la seguente ricorrenza*

$$\binom{n+1}{k+1} = \binom{n}{k+1} + \binom{n}{k}.$$

Dimostrazione. Usando la definizione, si ha

$$\begin{aligned}\binom{n+1}{k+1} &= \frac{(n+1)!}{(k+1)!(n-k)!}\\ &= \frac{n+1}{k+1}\,\frac{n!}{k!(n-k)!}\\ &= \frac{n-k+k+1}{k+1}\,\frac{n!}{k!(n-k)!}\\ &= \frac{n-k}{k+1}\,\frac{n!}{k!(n-k)!}+\frac{n!}{k!(n-k)!}\\ &= \frac{n!}{(k+1)!(n-k-1)!}+\frac{n!}{k!(n-k)!}\\ &= \binom{n}{k+1}+\binom{n}{k}.\end{aligned}$$

□

Come noto, si hanno le seguenti identità

$$\begin{aligned}(x+y)^2 &= x^2+2xy+y^2\\ (x+y)^3 &= x^3+3x^2y+3xy^2+y^3\\ (x+y)^4 &= x^4+4x^3y+6x^2y^2+4y^3x+y^4.\end{aligned}$$

Più in generale, si ha il seguente *teorema binomiale.*

Teorema 52 (Formula del binomio di Newton). *Per ogni* $n \in \mathbb{N}$, *vale l'identità*

$$(x+y)^n = \sum_{k=0}^{n} \binom{n}{k} x^k y^{n-k}.$$

Dimostrazione. Procediamo per induzione su n. Per $n = 0$, sia il primo membro sia il secondo membro si riducono a 1. Supponiamo che l'identità sia vera per n e dimostriamola per $n+1$. Allora, si ha

$$\begin{aligned}(x+y)^{n+1} &= (x+y)(x+y)^n\\ &= (x+y)\sum_{k=0}^{n}\binom{n}{k}x^k y^{n-k}\\ &= \sum_{k=0}^{n}\binom{n}{k}x^{k+1}y^{n-k}+\sum_{k=0}^{n}\binom{n}{k}x^k y^{n-k+1}.\end{aligned}$$

Posto $i = k+1$ nella prima sommatoria e posto $i = k$ nella seconda sommatoria, si ha

$$(x+y)^{n+1} = \sum_{i=1}^{n+1}\binom{n}{i-1}x^i y^{n-i+1}+\sum_{i=0}^{n}\binom{n}{i}x^i y^{n-i+1}$$

$$= \sum_{i=1}^{n}\binom{n}{i-1}x^i y^{n-i+1} + x^{n+1} + y^{n+1} + \sum_{i=1}^{n}\binom{n}{i}x^i y^{n-i+1}$$
$$= x^{n+1} + \sum_{i=1}^{n}\left[\binom{n}{i-1}+\binom{n}{i}\right]x^i y^{n-i+1} + y^{n+1}.$$

Utilizzando la ricorrenza ottenuta nel Teorema 51, si ha

$$(x+y)^{n+1} = x^{n+1} + \sum_{i=1}^{n}\binom{n+1}{i}x^i y^{n-i+1} + y^{n+1} = \sum_{i=0}^{n+1}\binom{n+1}{i}x^i y^{n-i+1}.$$

Poiché questa è la formula di Newton per $n+1$, il teorema è dimostrato. □

OSSERVAZIONE 53. Dal Teorema 52, posto $y = 1$, si ottiene immediatamente la somma

$$\sum_{k=0}^{n}\binom{n}{k}x^k = (1+x)^n.$$

Inoltre, per $x = 1$ e per $x = -1$, si ottengono le somme

$$\sum_{k=0}^{n}\binom{n}{k} = 2^n \quad \text{e} \quad \sum_{k=0}^{n}\binom{n}{k}(-1)^k = \begin{cases}1 & \text{per } n = 0\\ 0 & \text{per } n > 0.\end{cases}$$

OSSERVAZIONE 54. I coefficienti binomiali possono essere interpretati combinatorialmente. Sia $X = \{x_1, x_2, \ldots, x_n\}$ un insieme qualsiasi di n elementi. Per scegliere un sottoinsieme S di X si può considerare ogni elemento x_i e scegliere se metterlo o non metterlo in S. Questa operazione è equivalente a fare il prodotto $(1+x_1)(1+x_2)\cdots(1+x_n)$. Ad esempio, per $n = 3$, si ha l'espressione

$$(1+x_1)(1+x_2)(1+x_3) = 1 + x_1 + x_2 + x_3 + x_1x_2 + x_1x_3 + x_2x_3 + x_1x_2x_3$$

in cui ogni addendo corrisponde a un sottoinsieme di $X = \{x_1, x_2, x_3\}$. Se ora si pone ogni x_i uguale a x, si ottiene esattamente la prima formula ottenuta nell'osservazione precedente. Di conseguenza, il coefficiente binomiale $\binom{n}{k}$ risulta essere il numero di tutti i sottoinsiemi di k elementi di un insieme di n elementi.

Anche la ricorrenza ottenuta nel Teorema 51 e l'espressione in termini dei fattoriali possono essere interpretate combinatorialmente in termini di sottoinsiemi.

1.5 Numeri complessi

1.5.1 Equazioni di secondo grado

In matematica, ogni volta che non è possibile eseguire un'operazione si cerca di estendere tale operazione aggiungendo degli elementi ideali. Ad esempio, i numeri naturali, visti come cardinalità degli insiemi finiti, possiedono una ovvia operazione di somma che deriva dall'unione disgiunta di insiemi. Tuttavia, non ha senso sottrarre un numero naturale a un'altro numero naturale più piccolo, perché in questo modo si ottiene un numero negativo che non può essere la cardinalità alcun insieme finito. Allora, si estende $\mathbb{N}$ introducendo formalmente i numeri negativi in modo che la somma sia ben definita, ottenendo $\mathbb{Z}$. In $\mathbb{Z}$, però, non è possibile dividere un numero per un qualunque altro numero (non nullo). Così si estende $\mathbb{Z}$ introducendo formalmente i reciproci dei numeri interi, in modo da ottenere le frazioni e quindi $\mathbb{Q}$. L'insieme $\mathbb{Q}$ ha buone proprietà algebriche perché è un campo, ma ancora ci sono dei difetti dal punto di vista della struttura d'ordine. In $\mathbb{Q}$ ci sono dei "buchi" che impediscono di avere, ad esempio, la radice quadrata di 2. Per ovviare a inconvenienti di questo tipo, si estende $\mathbb{Q}$ a $\mathbb{R}$ che è ancora un campo e che in più possiede la proprietà dell'estremo superiore. Ma anche $\mathbb{R}$, a sua volta, ha dei difetti. Non tutte le equazioni polinomiali hanno soluzioni. Ad esempio, l'equazione $x^2+1=0$ non ha alcuna soluzione reale. Più in generale, un'equazione di secondo grado $ax^2+bx+c=0$, con $a,b,c\in\mathbb{R}$, $a\neq 0$, possiede due soluzioni reali e distinte se $\Delta>0$, possiede due soluzioni reali e coincidenti se $\Delta=0$, non possiede soluzioni reali se $\Delta<0$, dove $\Delta=b^2-4ac$ è il *discriminante* del polinomio a primo membro dell'equazione. In particolare, quando esistono, le soluzioni sono date dalla formula

$$x_{1,2}=\frac{-b\pm\sqrt{b^2-4ac}}{2a}.$$

Se $\Delta\geq 0$, si ha la radice quadrata di un numero reale positivo o nullo, che è un numero reale ben definito. Se invece $\Delta<0$, allora si ha la radice quadrata di un numero reale negativo che non è definita. Tuttavia, essendo $-\Delta>0$, si può scrivere formalmente

$$x_{1,2}=\frac{-b\pm\sqrt{-(-b^2+4ac)}}{2a}=\frac{-b\pm\sqrt{-b^2+4ac}\,\sqrt{-1}}{2a}$$

dove l'unica quantità non definita è la radice quadrata di -1. Se ora si introduce la quantità immaginaria $\mathrm{i}=\sqrt{-1}$, allora si hanno le soluzioni

$$x_{1,2}=\frac{-b\pm\mathrm{i}\sqrt{-b^2+4ac}}{2a}=-\frac{b}{2a}\pm\mathrm{i}\frac{\sqrt{-b^2+4ac}}{2a}.$$

Entrambe queste soluzioni sono numeri della forma $\alpha+\mathrm{i}\beta$ con $\alpha,\beta\in\mathbb{R}$. Questi numeri estendono i numeri reali (che si ottengono per $\beta=0$) e sono detti *numeri complessi*.

1.5.2 Forma algebrica

Un *numero complesso* z è un'espressione del tipo $a+\mathrm{i}b$ con $a,b\in\mathbb{R}$. Possiamo pensare un numero complesso come se fosse un polinomio a coefficienti reali nell'indeterminata i, dove $\mathrm{i}^2=-1$. Dati due numeri complessi $z_1=a_1+\mathrm{i}\,b_1$ e $z_2=a_2+\mathrm{i}\,b_2$, si ha $z_1=z_2$ se e solo se $a_1=a_2$ e $b_1=b_2$. La somma e il prodotto di numeri complessi sono definiti come la somma e il prodotto di polinomi. Più precisamente, per la somma si ha

$$z_1 + z_2 = (a_1 + \mathrm{i}b_1) + (a_2 + \mathrm{i}b_2) = (a_1 + a_2) + \mathrm{i}(b_1 + b_2).$$

Analogamente, per il prodotto, si ha

$$z_1 z_2 = (a_1 + \mathrm{i}b_1)(a_2 + \mathrm{i}b_2) = a_1a_2 + \mathrm{i}a_1b_2 + \mathrm{i}a_2b_1 + \mathrm{i}^2 b_1b_2.$$

Quindi, dovendo essere $\mathrm{i}^2 = -1$, si ha

$$z_1 z_2 = (a_1a_2 - b_1b_2) + \mathrm{i}(a_1b_2 + a_2b_1).$$

In entrambi i casi si ha sempre un numero complesso, ossia un'espressione della forma $a + \mathrm{i}b$ con $a, b \in \mathbb{R}$. Inoltre, si verifica facilmente che queste operazioni sono associative e commutative. Il numero complesso $z = 0$ è l'elemento neutro rispetto alla somma e il numero complesso $z = 1$ è l'elemento neutro rispetto al prodotto. L'opposto di $z = a + \mathrm{i}\,b$ è $-z = -a - \mathrm{i}\,b$.

Un numero complesso scritto nella forma $z = a + \mathrm{i}\,b$, con $a, b \in \mathbb{R}$, è scritto in *forma algebrica*. Il numero reale a è la *parte reale* di z e viene indicata con $\mathrm{Re}\,z$, mentre il numero reale b è la *parte immaginaria* di z e viene indicata con $\mathrm{Im}\,z$. Il *modulo* di z è il numero reale $|z| = \sqrt{a^2 + b^2}$, mentre il *coniugato* di z è il numero complesso $\bar{z} = a - \mathrm{i}\,b$.

Teorema 55. *Per ogni numero complesso z e w, si hanno le seguenti proprietà*

1. $|z| \geq 0$ *e* $|z| = 0$ *se e solo se* $z = 0$
2. $|z + w| \leq |z| + |w|$ *(*disuguaglianza triangolare*)*
3. $||z| - |w|| \leq |z + w|$ *(*disuguaglianza triangolare inversa*)*
4. $|\mathrm{Re}\,z| \leq |z|$, $|\mathrm{Im}\,z| \leq |z|$, $|z| \leq |\mathrm{Re}\,z| + |\mathrm{Im}\,z|$.

Dimostrazione. Dimostriamo la disuguaglianza triangolare. Posto $z = a + \mathrm{i}\,b$ e $w = c + \mathrm{i}\,d$, con $a, b, c, d \in \mathbb{R}$, si ha

$$\begin{aligned}
&|z + w| \leq |z| + |w| \\
\iff\quad & |(a + c) + \mathrm{i}\,(b + d)| \leq |a + \mathrm{i}\,b| + |c + \mathrm{i}\,d| \\
\iff\quad & \sqrt{(a + c)^2 + (b + d)^2} \leq \sqrt{a^2 + b^2} + \sqrt{c^2 + d^2} \\
\iff\quad & (a + c)^2 + (b + d)^2 \leq a^2 + b^2 + 2\sqrt{(a^2 + b^2)(c^2 + d^2)} + c^2 + d^2 \\
\iff\quad & ac + bd \leq \sqrt{(a^2 + b^2)(c^2 + d^2)} \\
\Longleftarrow\quad & (ac + bd)^2 \leq (a^2 + b^2)(c^2 + d^2) \\
\iff\quad & a^2c^2 + 2abcd + b^2d^2 \leq a^2c^2 + a^2d^2 + b^2c^2 + b^2d^2 \\
\iff\quad & 0 \leq a^2d^2 - 2abcd + b^2c^2 \\
\iff\quad & 0 \leq (ad - bc)^2
\end{aligned}$$

e quest'ultima disuguaglianza è sempre verificata. Tutte le altre proprietà si dimostrano in modo analogo. □

Teorema 56. *Per ogni numero complesso* z *e* w*, si hanno le seguenti identità*

1. $|zw| = |z|\,|w|$, $|\overline{z}| = |z|$, $|-z| = |z|$, $z\overline{z} = |z|^2$
2. $\operatorname{Re} z = \dfrac{z+\overline{z}}{2}$ *e* $\operatorname{Im} z = \dfrac{z-\overline{z}}{2\mathrm{i}}$.
3. $\overline{z+w} = \overline{z} + \overline{w}$ *e* $\overline{z \cdot w} = \overline{z} \cdot \overline{w}$.

Dimostrazione. Poniamo $z = a + \mathrm{i}\,b$, con $a, b \in \mathbb{R}$, e $w = c + \mathrm{i}\,d$, con $c, d \in \mathbb{R}$.

1. Si ha

$$\begin{aligned}
|zw| &= |(a+\mathrm{i}\,b)(c+\mathrm{i}\,d)| = |(ac-bd)+\mathrm{i}(ad+bc)| \\
&= \sqrt{(ac-bd)^2+(ad+bc)^2} \\
&= \sqrt{a^2c^2-2abcd+b^2d^2+a^2d^2+2abcd+b^2c^2} \\
&= \sqrt{a^2c^2+b^2d^2+a^2d^2+b^2c^2} = \sqrt{a^2(c^2+d^2)+b^2(c^2+d^2)} \\
&= \sqrt{(a^2+b^2)(c^2+d^2)} = \sqrt{a^2+b^2}\sqrt{c^2+d^2} = |z|\,|w|
\end{aligned}$$

$$|\overline{z}| = |a-\mathrm{i}\,b| = \sqrt{a^2+(-b)^2} = \sqrt{a^2+b^2} = |a+\mathrm{i}\,b| = |z|$$

$$|-z| = |-a-\mathrm{i}\,b| = \sqrt{(-a)^2+(-b)^2} = \sqrt{a^2+b^2} = |a+\mathrm{i}\,b| = |z|$$

$$z\overline{z} = (a+\mathrm{i}\,b)(a-\mathrm{i}\,b) = a^2-\mathrm{i}^2b^2 = a^2+b^2 = |z|^2.$$

2. Si ha

$$\begin{aligned}
\frac{z+\overline{z}}{2} &= \frac{a+\mathrm{i}\,b+a-\mathrm{i}\,b}{2} = a = \operatorname{Re} z \\
\frac{z-\overline{z}}{2\mathrm{i}} &= \frac{a+\mathrm{i}\,b-a+\mathrm{i}\,b}{2\mathrm{i}} = b = \operatorname{Im} z\,.
\end{aligned}$$

3. Si ha

$$\overline{z+w} = \overline{(a+c)+\mathrm{i}\,(b+d)} = (a+c)-\mathrm{i}\,(b+d) = (a-\mathrm{i}\,b)+(c-\mathrm{i}\,d) = \overline{z}+\overline{w}\,.$$

Infine, essendo

$$\begin{aligned}
\overline{z\cdot w} &= \overline{(a+\mathrm{i}\,b)(c+\mathrm{i}\,d)} = \overline{(ac-bd)+\mathrm{i}\,(ad+bc)} = (ac-bd)-\mathrm{i}\,(ad+bc) \\
\overline{z}\cdot\overline{w} &= (a-\mathrm{i}\,b)(c-\mathrm{i}\,d) = (ac-bd)-\mathrm{i}\,(ad+bc)
\end{aligned}$$

si ha $\overline{z\cdot w} = \overline{z}\cdot\overline{w}$.

□

Teorema 57. *Ogni numero complesso* z *non nullo è invertibile rispetto al prodotto e il suo inverso è*

$$\frac{1}{z} = \frac{\overline{z}}{|z|^2}\,.$$

Dimostrazione. Per il Teorema 56, per ogni numero complesso si ha $z\overline{z} = |z|^2$. Se $z \neq 0$, allora anche $|z| \neq 0$. Quindi, potendo dividere per $|z|$, si ha l'identità

$$z\frac{\overline{z}}{|z|^2} = 1\,.$$

Questo significa che z è invertibile e che $z^{-1} = \overline{z}/|z|^2$. □

Le osservazioni iniziali e il Teorema 57 portano immediatamente al

Teorema 58. *L'insieme* $\mathbb{C}$ *dei numeri complessi forma un campo rispetto alle operazioni di somma e di prodotto.*

OSSERVAZIONE 59. Poiché $\mathbb{C}$ è un campo, possiamo definire il quoziente z/w di due numeri complessi $z, w \in \mathbb{C}$, $w \neq 0$, come il prodotto di z per l'inverso di w. Per il Teorema 57, si ha

$$\frac{z}{w} = zw^{-1} = \frac{z\overline{w}}{|w|^2}\,.$$

In questo modo, possiamo scrivere il quoziente z/w in forma algebrica. Ad esempio, si ha

$$\frac{1+2\mathrm{i}}{1-\mathrm{i}} = \frac{(1+2\mathrm{i})(1+\mathrm{i})}{|1-\mathrm{i}|^2} = \frac{-1+3\mathrm{i}}{2} = -\frac{1}{2} + \frac{3}{2}\,\mathrm{i}\,.$$

OSSERVAZIONE 60. A differenza di quanto accade per $\mathbb{Q}$ ed $\mathbb{R}$, non esiste alcuna relazione d'ordine totale che renda $\mathbb{C}$ un campo ordinato. Infatti, se $\mathbb{C}$ fosse un campo ordinato, allora dovrebbe essere $\mathrm{i}^2 > 0$, ossia $-1 > 0$, e questo è assurdo.

1.5.3 Forma trigonometrica

Ogni numero complesso $z = a + ib$ può essere rappresentato geometricamente come il punto $P \equiv (a, b)$ nell'usuale piano reale della geometria analitica. In questo modo, l'asse delle ascisse rappresenta tutti i numeri complessi con parte immaginaria nulla (ossia i numeri reali) e viene chiamato *asse reale*. Analogamente, l'asse delle ordinate rappresenta tutti i numeri complessi con parte reale nulla (ossia i numeri immaginari puri) e viene chiamato *asse immaginario*. Il piano, visto come rappresentazione geometrica dei numeri complessi, viene chiamato *piano di Gauss* (o *piano di Argand-Gauss*).

Sia z un numero complesso e sia P il punto che lo rappresenta nel piano di Gauss. L'*argomento* di z è la misura (in radianti) dell'angolo formato dal segmento OP con il semiasse positivo delle x (con l'usuale convenzione di orientare gli angoli in senso antiorario) e viene indicato con $\arg z$. Ad esempio, $\arg 1 = 0$, $\arg \mathrm{i} = \frac{\pi}{2}$, $\arg(-1) = \pi$, $\arg(-\mathrm{i}) = \frac{3}{2}\pi$, $\arg(1+\mathrm{i}) = \frac{\pi}{4}$ e $\arg(-1+\mathrm{i}) = \frac{3}{4}\pi$.

Teorema 61 (Forma trigonometrica). *Ogni numero complesso* z *si può rappresentare nella forma* $z = \rho(\cos\vartheta + \mathrm{i}\,\mathrm{sen}\,\vartheta)$, *dove* $\rho, \vartheta \in \mathbb{R}$, $\rho \geq 0$. *In particolare,* $\rho = |z|$ *e* $\vartheta = \arg z$.

Dimostrazione. Sia $z = a + ib$ e sia $P \equiv (a, b)$ il punto che lo rappresenta nel piano di Gauss. Supponiamo che il punto P si trovi nel primo quadrante (un discorso analogo vale se si trova in uno qualsiasi degli altri quadranti). Il punto P è completamente determinato dalla sua distanza dall'origine e dall'angolo formato tra la retta OP e l'asse x. Se H è la proiezione di P sull'asse x, allora si ha

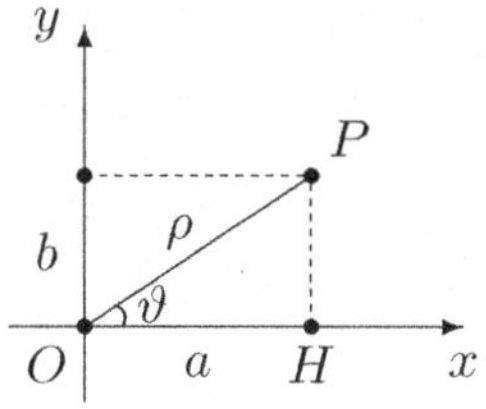

$$\rho = \overline{OP} = \sqrt{a^2 + b^2} = |z|$$

$$\overline{OH} = \overline{OP}\cos\vartheta \qquad a = |z|\cos\vartheta$$

$$\overline{PH} = \overline{OP}\,\mathrm{sen}\,\vartheta \qquad b = |z|\,\mathrm{sen}\,\vartheta$$

Pertanto $z = |z|\cos\vartheta + \mathrm{i}\,|z|\,\mathrm{sen}\,\vartheta = |z|(\cos\vartheta + \mathrm{i}\ \mathrm{sen}\,\vartheta)$. □

OSSERVAZIONE 62. Il modulo e l'argomento di un numero complesso $z = x + \mathrm{i}y$ sono rispettivamente dati da

$$\rho = \sqrt{x^2 + y^2} \qquad \text{e} \qquad \vartheta = \begin{cases} \mathrm{artg}\,\frac{y}{x} & \text{se } x > 0 \\ \mathrm{artg}\,\frac{y}{x} + \pi & \text{se } x < 0\,. \end{cases}$$

Teorema 63. *La somma e il prodotto di due numeri complessi in forma trigonometrica* $z_1 = \rho_1(\cos\vartheta_1 + \mathrm{i}\,\mathrm{sen}\,\vartheta_1)$ *e* $z_2 = \rho_2(\cos\vartheta_2 + \mathrm{i}\,\mathrm{sen}\,\vartheta_2)$, *sono dati da*

$$z_1 z_2 = \rho_1\rho_2(\cos(\vartheta_1 + \vartheta_2) + \mathrm{i}\ \mathrm{sen}(\vartheta_1 + \vartheta_2))$$

$$\frac{z_1}{z_2} = \frac{\rho_1}{\rho_2}\,(\cos(\vartheta_1 - \vartheta_2) + \mathrm{i}\ \mathrm{sen}(\vartheta_1 - \vartheta_2))\,.$$

Dimostrazione. Usando le formule di addizione, si ha

$$\begin{aligned} z_1 z_2 &= \rho_1\rho_2(\cos\vartheta_1 + \mathrm{i}\,\mathrm{sen}\,\vartheta_1)(\cos\vartheta_2 + \mathrm{i}\,\mathrm{sen}\,\vartheta_2) \\ &= \rho_1\rho_2(\cos\vartheta_1\cos\vartheta_2 - \mathrm{sen}\,\vartheta_1\,\mathrm{sen}\,\vartheta_2) + \mathrm{i}\,(\mathrm{sen}\,\vartheta_1\cos\vartheta_2 + \cos\vartheta_1\,\mathrm{sen}\,\vartheta_2) \\ &= \rho_1\rho_2(\cos(\vartheta_1 + \vartheta_2) + \mathrm{i}\ \mathrm{sen}(\vartheta_1 + \vartheta_2))\,. \end{aligned}$$

La formula per il quoziente si trova in modo analogo, oppure, più semplicemente, può essere dedotta dalla formula per il prodotto osservando che

$$\arg\frac{1}{z} = \arg\frac{\overline{z}}{|z|^2} = \arg\overline{z} = -\arg z\,.$$

□

1.5.4 Trasformazioni geometriche

Le operazioni di somma e di prodotto di numeri complessi possiedono una semplice interpretazione geometrica.

Teorema 64. *Fissato un numero complesso* $w = x_0 + y_0\mathrm{i}$, *la funzione* $T_w : \mathbb{C} \to \mathbb{C}$ *definita da* $T_w(z) = z + w$, *per ogni* $z \in \mathbb{C}$, *rappresenta la traslazione* $T_w : \mathbb{R}^2 \to \mathbb{R}^2$ *definita da* $T_w(x, y) = (x + x_0, y + y_0)$.

Dimostrazione. Se $z = x + y\mathrm{i}$, allora si ha

$$T_w(z) = z + w = (x + y\mathrm{i}) + (x_0 + y_0\mathrm{i}) = (x + x_0) + (y + y_0)\mathrm{i}.$$

Questo significa che, nel piano di Gauss, la trasformazione T_w fa passare dal punto $P \equiv (x, y)$ al pinto $P' \equiv (x + x_0, y + y_0)$. □

Dal Teorema 63 si deduce il significato geometrico della moltiplicazione per un numero complesso.

Teorema 65. *Fissato un numero complesso* w *con* $|w| = 1$ *e* $\arg w = \vartheta$, *la funzione* $R_w : \mathbb{C} \to \mathbb{C}$ *definita da* $R_w(z) = wz$, *per ogni* $z \in \mathbb{C}$, *rappresenta la rotazione attorno all'origine, in senso antiorario, di un angolo* ϑ.

Dimostrazione. Sia $z = \rho(\cos\varphi + \mathrm{i}\,\mathrm{sen}\,\varphi)$. Per ipotesi $w = \cos\vartheta + \mathrm{i}\,\mathrm{sen}\,\vartheta$. Allora, per il Teorema 63, si ha

$$R_w(z) = wz = \rho(\cos(\varphi + \vartheta) + \mathrm{i}\,\mathrm{sen}(\varphi + \vartheta)).$$

Quindi $|R_w(z)| = |z|$ e $\arg(R_w(z)) = \arg z + \vartheta$. Questo significa che il punto corrispondente a $R_w(z)$ si ottiene ruotando attorno all'origine, in senso antiorario, di un angolo ϑ il punto corrispondente a z. □

ESEMPIO 66. Moltiplicare per i significa ruotare attorno all'origine, in senso antiorario, di un angolo $\vartheta = \frac{\pi}{2}$. Analogamente, moltiplicare per $-\mathrm{i}$ significa ruotare attorno all'origine, in senso antiorario, di un angolo $\vartheta = -\frac{\pi}{2} = \frac{3}{2}\pi$.

OSSERVAZIONE 67. Dal Teorema 65 si possono ricavare le equazioni di una rotazione. Infatti, se $w = \cos\vartheta + \mathrm{i}\,\mathrm{sen}\,\vartheta$ e $z = x + i\mathrm{y}$, allora si ha

$$R_w(z) = wz = (\cos\vartheta + \mathrm{i}\,\mathrm{sen}\,\vartheta)(x + \mathrm{iy}) = \cos\vartheta\; x - \mathrm{sen}\,\vartheta\; y + \mathrm{i}(\mathrm{sen}\,\vartheta\; x + \cos\vartheta\; y)$$

Di conseguenza, le equazioni della rotazione attorno all'origine, in senso antiorario, di un angolo ϑ sono

$$\begin{cases} x' = \cos\vartheta\; x - \mathrm{sen}\,\vartheta\; y \\ y' = \mathrm{sen}\,\vartheta\; x + \cos\vartheta\; y. \end{cases}$$

Teorema 68. *L'insieme delle rotazioni attorno ad un punto fisso del piano è un gruppo abeliano rispetto alla composizione. In particolare, rappresentando le rotazioni mediante i numeri complessi e indicando con* $\mathbb{S}$ *l'insieme dei numeri complessi di modulo* 1, *si hanno le seguenti proprietà.*

1. $R_{w_1} \circ R_{w_2} = R_{w_1 w_2}$, *per ogni* $w_1, w_2 \in \mathbb{S}$.
2. $R_{w_1} \circ (R_{w_2} \circ R_{w_3}) = (R_{w_1} \circ R_{w_2}) \circ R_{w_3}$, *per ogni* $w_1, w_2, w_3 \in \mathbb{S}$.
3. $R_1 = I$.
4. $R_w^{-1} = R_{\overline{w}}$, *per ogni* $w \in \mathbb{S}$.
5. $R_{w_1} \circ R_{w_2} = R_{w_2} \circ R_{w_1}$, *per ogni* $w_1, w_2 \in \mathbb{S}$.

Dimostrazione. Consideriamo l'insieme $\mathscr{R}$ delle rotazioni attorno all'origine del piano di Gauss. In questo modo, si ha $\mathscr{R} = \{R_w \ : \ w \in \mathbb{S}\}$. Dobbiamo mostrare che $\mathscr{R}$ è un gruppo abeliano rispetto alla composizione.

1. La composizione è un'operazione interna, ossia la composizione di due rotazioni è ancora una rotazione. Infatti, per ogni $z \in \mathbb{C}$, si ha

   $$(R_{w_1} \circ R_{w_2})(z) = R_{w_1}(R_{w_2}(z)) = R_{w_1}(w_2 z) = w_1(w_2 z) = (w_1 w_2)z = R_{w_1 w_2}(z).$$

   Questo significa che $R_{w_1} \circ R_{w_2} = R_{w_1 w_2}$, per ogni $w_1, w_2 \in \mathbb{S}$.

2. La composizione è un'operazione associativa, ossia

   $$R_{w_1} \circ (R_{w_2} \circ R_{w_3}) = (R_{w_1} \circ R_{w_2}) \circ R_{w_3}$$

   per ogni $w_1, w_2, w_3 \in \mathbb{S}$. Questa proprietà deriva dall'analoga proprietà del prodotto di numeri complessi. Infatti, per la proprietà precedente, si ha

   $$\begin{aligned} R_{w_1} \circ (R_{w_2} \circ R_{w_3}) &= R_{w_1} \circ R_{w_2 w_3} = R_{w_1(w_2 w_3)} \\ &= R_{(w_1 w_2) w_3} = R_{w_1 w_2} \circ R_{w_3} = (R_{w_1} \circ R_{w_2}) \circ R_{w_3}. \end{aligned}$$

3. Esiste un elemento neutro, dato dalla rotazione di un angolo nullo, ossia $R_1 = I$,

4. Ogni elemento è invertibile, ossia ogni rotazione è invertibile. Infatti, l'inversa della rotazione attorno all'origine, in senso antiorario, di un angolo ϑ è la rotazione attorno all'origine, in senso antiorario, di un angolo $-\vartheta$ (o, equivalentemente, è la rotazione attorno all'origine, in senso orario, di un angolo ϑ). Pertanto, se $w \in \mathbb{S}$, con $\arg w = \vartheta$, allora il numero complesso che rappresenta la rotazione inversa R_w^{-1} è il coniugato $\overline{w} \in \mathbb{S}$, per il quale si ha $\arg \overline{w} = -\vartheta$. Di conseguenza, si ha $R_w^{-1} = R_{\overline{w}}$, per ogni $w \in \mathbb{S}$.

5. La composizione è commutativa, ossia $R_{w_1} \circ R_{w_2} = R_{w_2} \circ R_{w_1}$, per ogni $w_1, w_2 \in \mathbb{S}$.

In conclusione, quindi, $\mathscr{R}$ è un gruppo abeliano rispetto alla composizione. □

OSSERVAZIONE 69. Se w è un numero complesso qualsiasi (non necessariamente di modulo 1), allora la funzione $T_w : \mathbb{C} \to \mathbb{C}$ definita da $T_w(z) = wz$, per ogni $z \in \mathbb{C}$, rappresenta una *roto-omotetia*, ossia una rotazione (attorno all'origine, in senso antiorario, di un angolo ϑ) seguita da una omotetia (di ragione $|w|$).

Teorema 70. *Fissato un numero complesso* w *con* $|w| = 1$ *e* $\arg w = \vartheta$*, la funzione* $S_w : \mathbb{C} \to \mathbb{C}$ *definita da* $S_w(z) = w^2\overline{z}$*, per ogni* $z \in \mathbb{C}$*, rappresenta la riflessione rispetto alla retta che passa per l'origine e che forma un angolo* ϑ *con l'asse delle* x*.*

Dimostrazione. Sia S_w la riflessione rispetto alla retta r che passa per l'origine e che forma un angolo ϑ con l'asse delle x. Se $w = 1$, allora S_1 è la simmetria rispetto all'asse delle x e ha una semplice equazione: $S_1(z) = \overline{z}$. In generale, possiamo sempre riportarci a questo semplice caso. Infatti, con una rotazione attorno all'origine, in senso orario, di un angolo ϑ possiamo portare la retta r a coincidere con l'asse delle x. Poi possiamo applicare la simmetria S_1 e infine possiamo riportarci alla posizione di partenza con una rotazione attorno all'origine, in senso antiorario, di un angolo ϑ. Questo significa che $S_w = R_w \circ S_1 \circ R_w^{-1}$. Quindi, per ogni $z \in \mathbb{C}$, si ha

$$\begin{aligned} S_w(z) &= (R_w \circ S_1 \circ R_w^{-1})(z) = R_w(S_1(R_w^{-1}(z))) \\ &= R_w(S_1(R_{\overline{w}}(z))) = R_w(S_1(\overline{w}z)) = R_w(\overline{\overline{w}z}) = R_w(w\overline{z}) = w^2\overline{z}\,. \end{aligned}$$

□

ESEMPI

1. La simmetria rispetto all'asse delle y si ottiene per $w = \mathrm{i}$ $\vartheta = \pi/2$). In questo caso, si ha $S_{\mathrm{i}}(z) = \mathrm{i}^2\overline{z} = -\overline{z}$.

2. La simmetria rispetto alla bisettrice del primo-terzo quadrante $y = x$ si ottiene per $w = \frac{1+\mathrm{i}}{\sqrt{2}}$ ($\vartheta = \pi/4$). In questo caso, si ha

$$S_w(z) = \left(\frac{1+\mathrm{i}}{\sqrt{2}}\right)^2 \overline{z} = \frac{1+2\mathrm{i}-1}{2}\,\overline{z} = \mathrm{i}\overline{z}\,.$$

   Pertanto, se $z = x + y\mathrm{i}$, si ha $S_w(z) = \mathrm{i}(x - y\mathrm{i}) = y + x\mathrm{i}$, ossia $S_w(x,y) = (y,x)$.

3. La simmetria rispetto alla bisettrice del secondo-quarto quadrante $y = -x$ si ottiene per $w = \frac{-1+\mathrm{i}}{\sqrt{2}}$ ($\vartheta = \frac{3}{4}\pi$). In questo caso, si ha

$$S_w(z) = \left(\frac{-1+\mathrm{i}}{\sqrt{2}}\right)^2 \overline{z} = \frac{1-2\mathrm{i}-1}{2}\,\overline{z} = -\mathrm{i}\overline{z}\,.$$

   Pertanto, se $z = x+y\mathrm{i}$, si ha $S_w(z) = -\mathrm{i}(x-y\mathrm{i}) = -y-x\mathrm{i}$, ossia $S_w(x,y) = (-y,-x)$

OSSERVAZIONE 71. Dal Teorema 70 si possono ricavare le equazioni di una riflessione. Infatti, se $w = \cos\vartheta + \mathrm{i}\,\mathrm{sen}\,\vartheta$ e $z = x + i\mathrm{y}$, allora si ha

$$S_w(z) = w^2\overline{z} = (\cos 2\vartheta + \mathrm{i}\,\mathrm{sen}\,2\vartheta)(x - \mathrm{iy}) = \cos 2\vartheta\; x + \mathrm{sen}\,2\vartheta\; y + \mathrm{i}(\mathrm{sen}\,2\vartheta\; x - \cos 2\vartheta\; y)$$

Di conseguenza, le equazioni della riflessione rispetto alla retta passante per l'origine e formante un angolo ϑ con il semiasse positivo delle x sono

$$\begin{cases} x' = \cos 2\vartheta\ x + \operatorname{sen} 2\vartheta\ y \\ y' = \operatorname{sen} 2\vartheta\ x - \cos 2\vartheta\ y\,. \end{cases}$$

Teorema 72. *La composizione di due riflessioni rispetto a rette passanti per un punto O è una rotazione attorno al punto O. In particolare, rappresentando queste trasformazioni mediante i numeri complessi, si ha*

$$S_{w_1} \circ S_{w_2} = R_{w_1^2 \overline{w}_2^2}$$

per ogni $w_1, w_2 \in \mathbb{S}$.

Dimostrazione. Per ogni $z \in \mathbb{C}$, si ha

$$(S_{w_1} \circ S_{w_2})(z) = S_{w_1}(S_{w_2}(z)) = S_{w_1}(w_2^2 \overline{z}) = w_1^2 \overline{w_2^2 \overline{z}} = w_1^2 \overline{w_2}^2 z = R_{w_1^2 \overline{w}_2^2}(z)$$

poiché $|w_1^2 \overline{w}_2^2| = |w_1|^2 |\overline{w}_2|^2 = |w_1|^2 |w_2|^2 = 1 \cdot 1 = 1$. □

OSSERVAZIONE 73. La composizione di una rotazione con una riflessione e la composizione di una riflessione con una rotazione sono sempre una riflessione.

OSSERVAZIONE 74. Una trasformazione $F : \mathbb{C} \to \mathbb{C}$ del campo complesso in se stesso agisce anche sui sottoinsiemi di $\mathbb{C}$. Infatti, la trasformazione F associa ad ogni sottoinsieme $A \subseteq \mathbb{C}$ il sottoinsieme $F(A) = \{F(z) : z \in A\} = \{w \in \mathbb{C} : \exists z \in A(w = F(z))\}$, detto *immagine* di A mediante F. Ad esempio, si hanno le seguenti trasformazioni elementari:

1. $-A = \{-z : z \in A\}$ è il simmetrico di A rispetto all'origine.
2. $\overline{A} = \{\overline{z} : z \in A\}$ è il simmetrico di A rispetto all'asse x.
3. $-\overline{A} = \{-\overline{z} : z \in A\}$ è il simmetrico di A rispetto all'asse y.
4. $A + z_0 = \{z + z_0 : z \in A\}$ è il traslato di A di $z_0 \in \mathbb{C}$. In particolare, se $z = x_0 + y_0 \mathrm{i}$, allora l'insieme $A + z_0$ si ottiene traslando A di x_0 lungo l'asse x e poi traslando l'insieme ottenuto di y_0 lungo l'asse y.
5. $wA = \{wz : z \in A\}$, con $w \in \mathbb{S}$, è l'insieme che si ottiene ruotando A attorno all'origine, in senso antiorario, di un angolo $\vartheta = \arg w$.
6. $kA = \{kz : z \in A\}$, con $k \in \mathbb{R}$, $k > 0$, è l'insieme che si ottiene dilatando A di un fattore k.

Tutte queste trasformazioni, tranne l'ultima, sono trasformazioni rigide, ossia sono trasformazioni che conservano le relazioni metriche e che non deformano l'insieme A, ma semplicemente lo spostano nel piano. Ad esempio, se A è una circonferenza di raggio r o un quadrato di lato ℓ, allora anche il trasformato $F(A)$ è ancora una circonferenza di raggio r o un quadrato di lato ℓ.

ESEMPIO 75. Consideriamo i due insiemi

$$A = \{z \in \mathbb{C} : |\mathrm{Re}\, z| \leq 1, |\mathrm{Im}\, z| \leq 1\}$$
$$B = \left\{ w \in \mathbb{C} : w = \frac{1+\sqrt{3}\,\mathrm{i}}{2}\, z, \ z \in A \right\}.$$

L'insieme A è formato da tutti i numeri complessi $z = x + y\mathrm{i}$ con $-1 \leq x \leq 1$ e $-1 \leq y \leq 1$. Quindi A è il quadrato che ha centro nell'origine e cha ha lato $\ell = 2$:

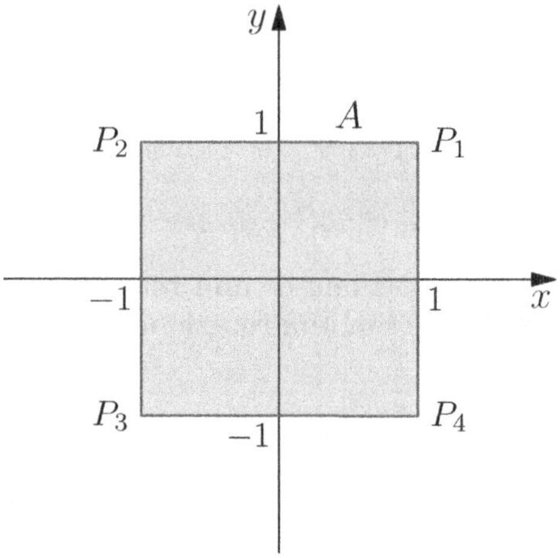

Consideriamo ora il secondo insieme. Poiché $B = \frac{1+\sqrt{3}\mathrm{i}}{2} A$ e $\frac{1+\sqrt{3}\mathrm{i}}{2}$ è un numero complesso di modulo 1 e di argomento $\vartheta = \frac{\pi}{6}$, si ha che B si ottiene ruotando A attorno all'origine, in senso antiorario, di un angolo $\vartheta = \frac{\pi}{6}$. Pertanto, si ha

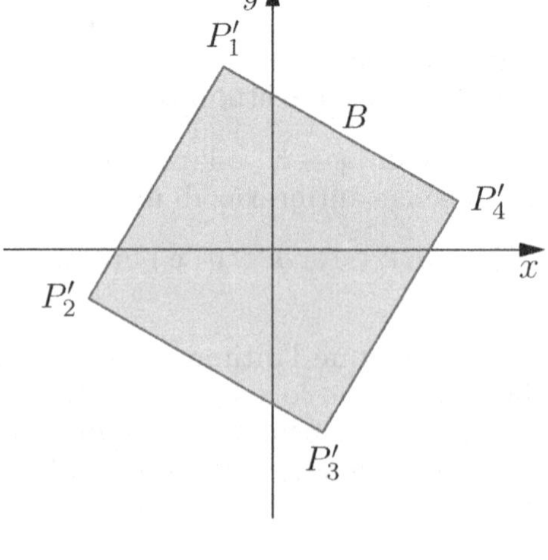

1.5.5 Radici n-esime di un numero complesso

Teorema 76 (Formula di de Moivre). *Per ogni* $n \in \mathbb{N}$, *si ha*

$$(\cos\vartheta + \mathrm{i}\,\mathrm{sen}\,\vartheta)^n = \cos n\vartheta + \mathrm{i}\,\mathrm{sen}\, n\vartheta\,.$$

Dimostrazione. Basta applicare ripetutamente il Teorema 63. □

OSSERVAZIONE 77. Geometricamente, la formula di De Moivre deriva dal fatto che la composizione di n rotazioni di un angolo ϑ è una rotazione di un angolo $n\vartheta$.

Teorema 78 (Radici n-esime di un numero complesso). *Sia* α *un numero complesso di modulo* ρ *e di argomento* ϑ. *Per ogni* $n \in \mathbb{N}$, $n \geq 1$, *l'equazione* $z^n = \alpha$ *possiede esattamente* n *soluzioni, date da*

$$z_k = \sqrt[n]{\rho}\left(\cos\frac{\vartheta + 2k\pi}{n} + \mathrm{i}\,\mathrm{sen}\,\frac{\vartheta + 2k\pi}{n}\right) \qquad \textit{per} \quad k = 0, 1, 2, \ldots, n-1\,.$$

Dimostrazione. Scriviamo in forma trigonometrica sia z sia α, ossia $z = r(\cos\varphi + \mathrm{i}\,\mathrm{sen}\,\varphi)$ e $\alpha = \rho(\cos\vartheta + \mathrm{i}\,\mathrm{sen}\,\vartheta)$. Allora z è una soluzione dell'equazione $z^n = \alpha$ se e solo se

$$r^n(\cos\varphi + \mathrm{i}\,\mathrm{sen}\,\varphi)^n = \rho(\cos\vartheta + \mathrm{i}\,\mathrm{sen}\,\vartheta)\,,$$

ossia, per la formula di De Moivre, se e solo se

$$r^n(\cos n\varphi + \mathrm{i}\,\mathrm{sen}\, n\varphi) = \rho(\cos\vartheta + \mathrm{i}\,\mathrm{sen}\,\vartheta)\,.$$

Questo accade se e solo se $r^n = \rho$ e $n\varphi = \vartheta + 2k\pi$ con $k \in \mathbb{Z}$, ossia $r = \sqrt[n]{\rho}$ e $\varphi = (\vartheta + 2k\pi)/n$ con $k \in \mathbb{Z}$. Pertanto le soluzioni sono date da tutti i numeri

$$z_k = \sqrt[n]{\rho}\left(\cos\frac{\vartheta + 2k\pi}{n} + \mathrm{i}\,\mathrm{sen}\,\frac{\vartheta + 2k\pi}{n}\right) \qquad \text{con} \quad k \in \mathbb{Z}\,.$$

Tuttavia, questi numeri non sono tutti distinti. Infatti, si ha

$$z_{k+n} = \sqrt[n]{\rho}\left(\cos\left(\frac{\vartheta + 2k\pi}{n} + 2\pi\right) + \mathrm{i}\,\mathrm{sen}\left(\frac{\vartheta + 2k\pi}{n} + 2\pi\right)\right) = z_k\,.$$

Possiamo quindi considerare solo le soluzioni che si ottengono per $k = 0, 1, 2, \ldots, n-1$. Queste soluzioni sono effettivamente distinte e si dispongono lungo la circonferenza centrata nell'origine e di raggio $\sqrt[n]{\rho}$, formando i vertici di un poligono regolare di n lati. □

ESEMPI

1. Le radici quadrate di 1 sono ± 1, mentre le radici quadrate di -1 sono $\pm \mathrm{i}$. Per calcolare le radici cubiche di 1 usiamo il Teorema 78. Poiché 1 ha modulo 1 e argomento 0, le tre radici cubiche sono

$$z_k = \cos\frac{2k\pi}{3} + \mathrm{i}\,\mathrm{sen}\,\frac{2k\pi}{3}, \qquad k = 0, 1, 2,$$

ossia

$$\begin{aligned} z_0 &= \cos 0 + \mathrm{i}\,\mathrm{sen}\, 0 = 1 \\ z_1 &= \cos\frac{2\pi}{3} + \mathrm{i}\,\mathrm{sen}\,\frac{2\pi}{3} = -\frac{1}{2} + \frac{\sqrt{3}}{2}\,\mathrm{i} = \frac{-1 + \mathrm{i}\sqrt{3}}{2} \\ z_2 &= \cos\frac{4\pi}{3} + \mathrm{i}\,\mathrm{sen}\,\frac{4\pi}{3} = -\frac{1}{2} - \frac{\sqrt{3}}{2}\,\mathrm{i} = -\frac{1 + \mathrm{i}\sqrt{3}}{2}. \end{aligned}$$

Analogamente, poiché -1 ha modulo 1 e argomento π, le tre radici cubiche di -1 sono

$$z_k = \cos\frac{\pi + 2k\pi}{3} + \mathrm{i}\,\mathrm{sen}\,\frac{\pi + 2k\pi}{3}, \qquad k = 0, 1, 2,$$

ossia

$$\begin{aligned} z_0 &= \cos\frac{\pi}{3} + \mathrm{i}\,\mathrm{sen}\,\frac{\pi}{3} = \frac{1}{2} + \frac{\sqrt{3}}{2}\,\mathrm{i} = \frac{1 + \mathrm{i}\sqrt{3}}{2} \\ z_1 &= \cos\pi + \mathrm{i}\,\mathrm{sen}\,\pi = -1 \\ z_2 &= \cos\frac{5\pi}{3} + \mathrm{i}\,\mathrm{sen}\,\frac{5\pi}{3} = \frac{1}{2} - \frac{\sqrt{3}}{2}\,\mathrm{i} = \frac{1 - \mathrm{i}\sqrt{3}}{2}. \end{aligned}$$

Le radici quadrate e le radici cubiche di ± 1 sono riportate nelle seguenti figure:

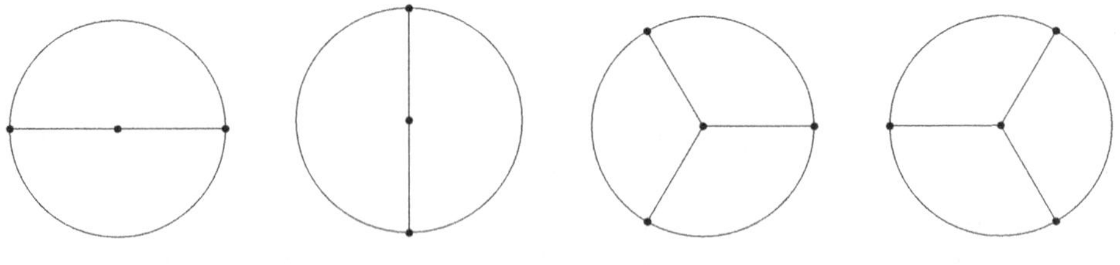

2. Per ottenere le radici quadrate di i, basta osservare che i ha modulo 1 e argomento $\pi/2$. Quindi una radice quadrata avrà modulo 1 e argomento $\pi/4$, ossia sarà $\cos(\pi/4) + \mathrm{i}\ \mathrm{sen}(\pi/4) = (1 + \mathrm{i})/\sqrt{2}$. L'altra radice quadrata è il numero complesso simmetrico rispetto all'origine, ossia $-(1 + \mathrm{i})/\sqrt{2}$. Quindi

$$\sqrt{\mathrm{i}} = \pm\frac{1 + \mathrm{i}}{\sqrt{2}}.$$

In modo del tutto analogo, si ha

$$\sqrt{-\mathrm{i}} = \pm\frac{1-\mathrm{i}}{\sqrt{2}}\,.$$

Calcoliamo le radici cubiche di i usando il Teorema 78. Poiché i ha modulo 1 e argomento $\pi/2$, le tre radici cubiche sono

$$z_k = \cos\vartheta_k + \mathrm{i}\,\mathrm{sen}\,\vartheta_k \qquad \text{dove} \qquad \vartheta_k = \frac{1}{3}\left(\frac{\pi}{2} + 2k\pi\right)\,, \quad k = 0, 1, 2\,.$$

Quindi, essendo

$$\vartheta_0 = \frac{1}{3}\,\frac{\pi}{2} = \frac{\pi}{6}\,, \qquad \vartheta_1 = \frac{1}{3}\left(\frac{\pi}{2} + 2\pi\right) = \frac{5}{6}\,\pi\,, \qquad \vartheta_2 = \frac{1}{3}\left(\frac{\pi}{2} + 4\pi\right) = \frac{3}{2}\,\pi\,,$$

si ha

$$\begin{aligned} z_0 &= \cos\frac{\pi}{6} + \mathrm{i}\,\mathrm{sen}\,\frac{\pi}{6} = \frac{\sqrt{3}}{2} + \frac{1}{2}\,\mathrm{i} = \frac{\sqrt{3}+\mathrm{i}}{2} \\ z_1 &= \cos\frac{5\pi}{6} + \mathrm{i}\,\mathrm{sen}\,\frac{5\pi}{6} = -\frac{\sqrt{3}}{2} + \frac{1}{2}\,\mathrm{i} = \frac{-\sqrt{3}+\mathrm{i}}{2} \\ z_2 &= \cos\frac{3\pi}{2} + \mathrm{i}\,\mathrm{sen}\,\frac{3\pi}{2} = -\mathrm{i}\,. \end{aligned}$$

Analogamente, le radici cubiche di $-\mathrm{i}$ sono

$$z_k = \cos\vartheta_k + \mathrm{i}\,\mathrm{sen}\,\vartheta_k \qquad \text{dove} \qquad \vartheta_k = \frac{1}{3}\left(\frac{3\pi}{2} + 2k\pi\right)\,, \quad k = 0, 1, 2\,,$$

essendo $|-\mathrm{i}| = 1$ e $\arg(-\mathrm{i}) = 3\pi/2$. Poiché si ha

$$\vartheta_0 = \frac{1}{3}\,\frac{3\pi}{2} = \frac{\pi}{2}\,, \quad \vartheta_1 = \frac{1}{3}\left(\frac{3\pi}{2} + 2\pi\right) = \frac{7}{6}\,\pi\,, \quad \vartheta_2 = \frac{1}{3}\left(\frac{3\pi}{2} + 4\pi\right) = \frac{11}{2}\,\pi\,,$$

si ha

$$\begin{aligned} z_0 &= \cos\frac{3\pi}{2} + \mathrm{i}\,\mathrm{sen}\,\frac{3\pi}{2} = \mathrm{i} \\ z_1 &= \cos\frac{7\pi}{6} + \mathrm{i}\,\mathrm{sen}\,\frac{7\pi}{6} = -\frac{\sqrt{3}}{2} - \frac{1}{2}\,\mathrm{i} = -\frac{\sqrt{3}+\mathrm{i}}{2} \\ z_2 &= \cos\frac{11\pi}{6} + \mathrm{i}\,\mathrm{sen}\,\frac{11\pi}{6} = \frac{\sqrt{3}}{2} - \frac{1}{2}\,\mathrm{i} = \frac{\sqrt{3}-\mathrm{i}}{2}\,. \end{aligned}$$

Le radici quadrate e le radici cubiche di i e di $-\mathrm{i}$ sono riportate nelle seguenti figure:

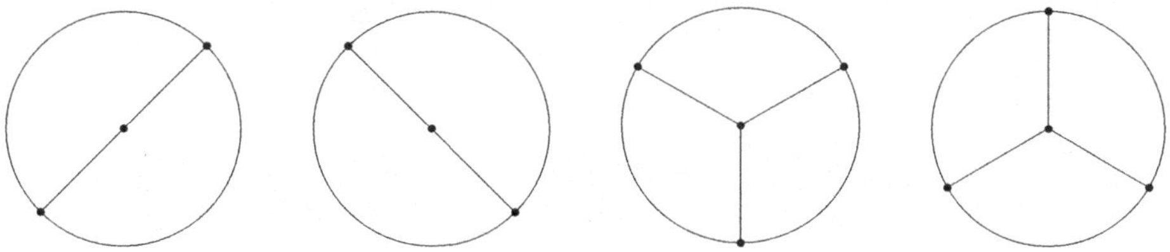

Fissati $\alpha \in \mathbb{C}$ e $n \in \mathbb{N}$, poniamo $I_n(\alpha) = \{z \in \mathbb{C} \,:\, z^n = \alpha\}$. Quando $\alpha = 1$, si hanno le *radici n-esime dell'unità*.

Proposizione 79. *L'insieme $I_n(1)$ delle radici n-esime dell'unità forma un gruppo rispetto al prodotto di numeri complessi.*

Dimostrazione. Come prima cosa, dobbiamo dimostrare che, comunque scelti due numeri z_1 e z_2 appartenenti a $I_n(1)$, il loro prodotto $z_1 z_2$ appartiene ancora a $I_n(1)$. Poiché $z_1, z_2 \in I_n(1)$, si ha $z_1^n = 1$ e $z_2^n = 1$. Quindi $(z_1 z_2)^n = z_1^n z_2^n = 1 \cdot 1 = 1$, ossia $z_1 z_2 \in I_n(1)$. Il prodotto in $I_n(1)$ è associativo poiché lo è in $\mathbb{C}$. Inoltre, $1 \in I_n(1)$, ossia $I_n(1)$ possiede elemento neutro. Infine, se $z \in I_n(1)$, allora $z^n = 1$ e quindi $(1/z)^n = 1/z^n = 1/1 = 1$, ossia $z^{-1} \in I_n(1)$. □

Proposizione 80. *Sia $\alpha = \rho(\cos\vartheta + \mathrm{i}\,\mathrm{sen}\,\vartheta) \in \mathbb{C}$. L'insieme $I_n(\alpha)$ si ottiene ruotando l'insieme $I_n(1)$, in senso antiorario attorno all'origine, di un angolo ϑ/n, ed espandendo poi l'insieme trovato mediante un'omotetia di ragione $\sqrt[n]{\rho}$.*

Dimostrazione. Dal Teorema 78, si ha che le radici n-esime di α si ottengono dalle radici n-esime dell'unità (per $\rho = 1$ e $\vartheta = 0$) aumentando gli argomenti di un angolo ϑ/n (rotazione di ϑ/n) e poi moltiplicando per $\sqrt[n]{\rho}$ (omotetia di ragione $\sqrt[n]{\rho}$). □

OSSERVAZIONE 81. Le radici settime dell'unità si dispongono ai vertici di un poligono regolare di sette lati. Le radici settime di i si dispongono ai vertici di un poligono regolare di sette lati che si ottiene ruotando in senso antiorario di un angolo $\vartheta = \pi/14$, come nella seguente figura:

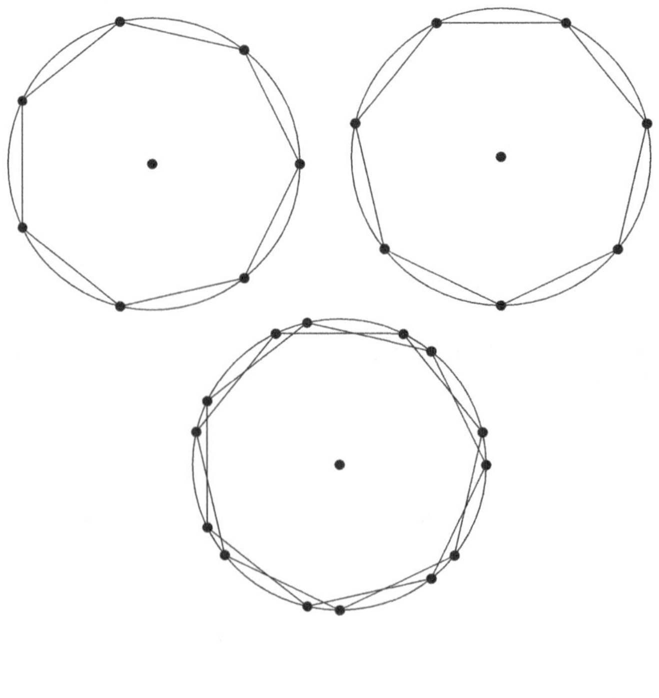

OSSERVAZIONE 82. Sia $z \in \mathbb{C}$ con $|z| = 1$ e $\arg(z) = \vartheta < \vartheta$. Poiché $\arg(-z) = \arg(z) + \pi = \vartheta + \pi$ (dove le uguaglianze sono modulo 2π), si ha $I_n(-z) = R_{(\vartheta+\pi)/n} I_n(1) = R_{\pi/n} R_{\vartheta/n} I_n(1) = R_{\pi/n} I_n(z)$. Quindi le radici n-esime di $-z$ si ottengono ruotando in senso antiorario (attorno all'origine) di un angolo π/n le radici n-esime di z. Analogamente, poiché $\arg(\overline{z}) = -\arg(z) = -\vartheta$ (dove le uguaglianze sono modulo 2π), si ha $I_n(\overline{z}) = R_{-\vartheta/n} I_n(1) = R_{-2\vartheta/n} R_{\vartheta/n} I_n(1) = R_{-2\vartheta/n} I_n(z)$. Quindi le radici n-esime di $1/z = \overline{z}$ si ottengono ruotando attorno all'origine, in senso antiorario, di un angolo $-2\frac{\vartheta}{n}$ le radici n-esime di z.

1.5.6 Polinomi di Chebyshev

Dalla trigonometria elementare, sappiamo che valgono le seguenti *formule di duplicazione* e *di triplicazione*:

$$\begin{cases} \cos 2\vartheta = \cos^2 \vartheta - \operatorname{sen}^2 \vartheta \\ \operatorname{sen} 2\vartheta = 2 \operatorname{sen} \vartheta \cos \vartheta \end{cases} \qquad \begin{cases} \cos 3\vartheta = \cos^3 \vartheta - 3 \cos \vartheta \operatorname{sen}^2 \vartheta \\ \operatorname{sen} 3\vartheta = 3 \cos^2 \vartheta \operatorname{sen} \vartheta - \operatorname{sen}^3 \vartheta . \end{cases}$$

Utilizzando la formula di De Moivre, queste formule possono essere generalizzate nel modo seguente.

Teorema 83. *Per ogni* $n \in \mathbb{N}$, *valgono le formule*

$$\cos n\vartheta = \sum_{k=0}^{\lfloor n/2 \rfloor} \binom{n}{2k} (-1)^k (\cos \vartheta)^{n-2k} (\operatorname{sen} \vartheta)^{2k}$$

$$\operatorname{sen} n\vartheta = \sum_{k=0}^{\lfloor (n-1)/2 \rfloor} \binom{n}{2k+1} (-1)^k (\cos \vartheta)^{n-2k-1} (\operatorname{sen} \vartheta)^{2k+1} .$$

Dimostrazione. Per la formula di De Moivre e per la formula di Newton, si ha

$$\cos n\vartheta + \mathrm{i}\ \operatorname{sen} n\vartheta = (\cos \vartheta + \mathrm{i}\ \operatorname{sen} \vartheta)^n = \sum_{k=0}^{n} \binom{n}{k} (\cos \vartheta)^{n-k} \mathrm{i}^k (\operatorname{sen} \vartheta)^k .$$

Poiché $\mathrm{i}^{2m} = (-1)^m$ e $\mathrm{i}^{2m+1} = (-1)^{2m}\mathrm{i}$, si ha

$$\begin{aligned} \cos n\vartheta + \mathrm{i}\ \operatorname{sen} n\vartheta &= \sum_{k=0}^{\lfloor n/2 \rfloor} \binom{n}{2k} (-1)^k (\cos \vartheta)^{n-2k} (\operatorname{sen} \vartheta)^{2k} \\ &\quad + \mathrm{i} \sum_{k=0}^{\lfloor (n-1)/2 \rfloor} \binom{n}{2k+1} (-1)^k (\cos \vartheta)^{n-2k-1} (\operatorname{sen} \vartheta)^{2k+1} . \end{aligned}$$

Uguagliando le parti reali e le parti immaginarie, si ha la tesi. □

OSSERVAZIONE 84. In qualche caso, le formule ottenute nel Teorema 83 permettono di calcolare il valore esatto del seno e del coseno di un dato angolo. Consideriamo, ad esempio, l'angolo $\vartheta = \pi/5$. Allora $\operatorname{sen} 5\vartheta = \operatorname{sen} \pi = 0$. Del resto, usando la seconda formula del Teorema 83, si ha

$$\operatorname{sen} 5\vartheta = 5\cos^4\vartheta \operatorname{sen}\vartheta - 10\cos^2\vartheta \operatorname{sen}^3\vartheta + \operatorname{sen}^5\vartheta\,,$$

ossia $0 = (5\cos^4\vartheta - 10\cos^2\vartheta\operatorname{sen}^2\vartheta + \operatorname{sen}^4\vartheta)\operatorname{sen}\vartheta$. Poiché $\operatorname{sen}\vartheta \neq 0$, si deve avere

$$5\cos^4\vartheta - 10\cos^2\vartheta\operatorname{sen}^2\vartheta + \operatorname{sen}^4\vartheta = 0\,.$$

Posto $x = \cos\vartheta$ e $y = \operatorname{sen}\vartheta$, si ha il seguente sistema algebrico

$$\begin{cases} 5x^4 - 10x^2y^2 + y^4 = 0 \\ x^2 + y^2 = 0\,. \end{cases}$$

Inoltre, poiché $\vartheta = \pi/5 \in (0, \pi/2)$, deve essere $x, y > 0$. Dalla seconda equazione si ha $y^2 = 1 - x^2$. Sostituendo nella prima equazione, si ottiene $5x^4 - 10x^2(1 - x^2) + (1 - x^2)^2 = 0$, ossia $16x^4 - 12x^2 + 1 = 0$. Pertanto

$$x^2 = \frac{6 + \sqrt{20}}{16} = \frac{1 + 2\sqrt{5} + 5}{16} = \frac{(1 + \sqrt{5})^2}{16} \qquad \text{e quindi} \qquad x = \frac{1 + \sqrt{5}}{4}\,.$$

Di conseguenza, si ha

$$y = \sqrt{1 - x^2} = \sqrt{1 - \frac{6 + 2\sqrt{5}}{16}} = \sqrt{\frac{10 - 2\sqrt{5}}{16}} = \frac{1}{2}\sqrt{\frac{5 - \sqrt{5}}{2}}\,.$$

In conclusione, si ha

$$\cos\frac{\pi}{5} = \frac{1 + \sqrt{5}}{4} \qquad \text{e} \qquad \operatorname{sen}\frac{\pi}{5} = \frac{1}{2}\sqrt{\frac{5 - \sqrt{5}}{2}}\,.$$

Usando le formule di duplicazione per il coseno, si ha

$$\cos\frac{2\pi}{5} = \cos^2\frac{\pi}{5} - \operatorname{sen}^2\frac{\pi}{5} = \frac{3 + \sqrt{5}}{8} - \frac{5 - \sqrt{5}}{8} = \frac{-1 + \sqrt{5}}{4}\,.$$

Inoltre, si ha

$$\operatorname{sen}\frac{2\pi}{5} = \sqrt{1 - \cos^2\frac{2\pi}{5}} = \sqrt{1 - \frac{3 - \sqrt{5}}{8}} = \frac{1}{2}\sqrt{\frac{5 + \sqrt{5}}{2}}\,.$$

Da queste identità si possono poi ottenere il seno e il coseno di ogni angolo $\vartheta_k = k\pi/5$.

OSSERVAZIONE 85. Il Teorema 83 mostra che esistono dei polinomi $T_n(x)$ e $U_n(x)$ tali che

$$T_n(\cos\vartheta) = \cos n\vartheta \qquad \text{e} \qquad U_n(\cos\vartheta) = \frac{\operatorname{sen}(n+1)\vartheta}{\operatorname{sen}\vartheta}\,.$$

Infatti, posto $x = \cos\vartheta$, si ha $\operatorname{sen}^2 x = 1 - \cos^2\vartheta = 1 - x^2$ e quindi

$$T_n(x) = \sum_{k=0}^{\lfloor n/2 \rfloor} \binom{n}{2k} (-1)^k x^{n-2k} (1-x^2)^k$$

$$U_n(x) = \sum_{k=0}^{\lfloor n/2 \rfloor} \binom{n+1}{2k+1} (-1)^k x^{n-2k} (1-x^2)^k .$$

I polinomi $T_n(x)$ sono i *polinomi di Chebyshev di prima specie*, mentre i polinomi $U_n(x)$ sono i *polinomi di Chebyshev di seconda specie.*

1.5.7 Forma esponenziale

L'usuale funzione esponenziale e^x, dove $x \in \mathbb{R}$, può essere estesa a una funzione e^z, dove $z \in \mathbb{C}$. Si può dimostrare che l'esponenziale sul campo complesso possiede le stesse proprietà dell'esponenziale reale. In particolare, per ogni $z_1, z_2 \in \mathbb{C}$, si ha

$$\begin{cases} e^0 = 1 \\ e^{z_1+z_2} = e^{z_1} e^{z_2} . \end{cases}$$

Si può poi dimostrare che, per ogni $\vartheta \in \mathbb{R}$, vale la seguente identità

$$e^{i\vartheta} = \cos\vartheta + i \operatorname{sen}\vartheta .$$

Questo permette di ottenere la *rappresentazione esponenziale* di un numero complesso. Più precisamente, un numero complesso $z = \rho(\cos\vartheta + i\operatorname{sen}\vartheta)$ può essere espresso nella forma più compatta

$$z = \rho e^{i\vartheta} .$$

Più in generale, se $z = a + ib$, con $a, b, \in \mathbb{R}$, allora si ha

$$e^z = e^{a+ib} = e^a e^{ib} = e^a(\cos b + i \operatorname{sen} b) .$$

Pertanto, si ha $|e^z| = e^{\operatorname{Re} z}$ e $\arg e^z = \operatorname{Im} z$.

In particolare, vale la seguente *identità di Eulero*

$$e^{2\pi i} = 1 .$$

ESEMPIO 86. Determinare tutti i numeri complessi z per i quali

$$|e^{z+i\bar{z}}| = 1 .$$

Posto $z = x + iy$, si ha

$$z + i\bar{z} = x + iy + i(x - iy) = (x + y) + i(x + y) .$$

Pertanto, si ha

$$|e^{z+i\bar{z}}| = e^{\operatorname{Re}(z+i\bar{z})} = e^{x+y}$$

e quindi

$$|e^{z+i\bar z}| = 1 \iff e^{x+y} = 1 \iff x + y = 0\,.$$

Si ottengono così tutti i numeri complessi $z = a(1 - i)$ con $a \in \mathbb{R}$.

La forma esponenziale dei numeri complessi permette di scrivere il seno e il coseno in funzione dell'esponenziale complesso.

Teorema 87 (Formule di Eulero). *Per ogni* $\vartheta \in \mathbb{R}$, *valgono le identità*

$$\cos\vartheta = \frac{e^{i\vartheta} + e^{-i\vartheta}}{2} \qquad e \qquad \operatorname{sen}\vartheta = \frac{e^{i\vartheta} - e^{-i\vartheta}}{2i}\,.$$

Dimostrazione. Le formule di Eulero si ottengono immediatamente sommando e sottraendo tra di loro le identità

$$\begin{cases} e^{i\vartheta} = \cos\vartheta + i\operatorname{sen}\vartheta \\ e^{-i\vartheta} = \cos\vartheta - i\operatorname{sen}\vartheta \end{cases}$$

la seconda delle quali si ottiene dalla prima sostituendo ϑ con $-\vartheta$ e utilizzando la proprietà che il coseno è una funzione pari e il seno è una funzione dispari. □

ESEMPIO 88. L'equazione

$$\operatorname{sen} 2\vartheta + \cos 3\vartheta = 0\,,$$

dove $\vartheta \in \mathbb{R}$, può essere risolta utilizzando le formule di Eulero. Infatti, mediante tali formule, l'equazione iniziale diventa

$$\frac{e^{2i\vartheta} - e^{-2i\vartheta}}{2i} + \frac{e^{3i\vartheta} + e^{-3i\vartheta}}{2} = 0$$

ossia

$$e^{2i\vartheta} - e^{-2i\vartheta} + ie^{3i\vartheta} + ie^{-3i\vartheta} = 0\,.$$

Moltiplicando per $e^{3i\vartheta}$ ambo i membri e ordinando i termini, si ha

$$ie^{6i\vartheta} + e^{5i\vartheta} - e^{i\vartheta} + i = 0\,.$$

Raccogliendo $ie^{5i\vartheta}$ tra i primi due termini, si ha

$$ie^{5i\vartheta}(e^{i\vartheta} - i) - (e^{i\vartheta} - i) = 0$$

ossia

$$(ie^{5i\vartheta} - 1)(e^{i\vartheta} - i) = 0$$

ossia

$$e^{5i\vartheta} = \frac{1}{i} = -i \qquad \text{oppure} \qquad e^{i\vartheta} = i\,.$$

Per risolvere la prima equazione $e^{5i\vartheta} = -i$ basta determinare gli angoli che determinano le radici quinte di $-i$. Poiché $\arg(-i) = \frac{3}{2}\pi$, tali angoli sono

$$\vartheta_k = \frac{1}{5}\left(\frac{3}{2}\pi + 2k\pi\right) = \frac{4k+3}{10}\pi \qquad k = 0, 1, \ldots, 4\,.$$

Analogamente, per la seconda equazione $e^{i\vartheta} = i$ si ha solo la soluzione $\vartheta = \arg(i) = \frac{\pi}{2}$. In conclusione, l'equazione iniziale ammette le seguenti soluzioni:

$$\vartheta_0 = \frac{3}{10}\,, \quad \vartheta_1 = \frac{7}{10}\pi\,, \quad \vartheta_2 = \frac{11}{10}\pi\,, \quad \vartheta_3 = \frac{3}{2}\pi\,, \quad \vartheta_4 = \frac{17}{10}\pi\,, \quad \vartheta_5 = \frac{\pi}{2}\,.$$

1.6 Polinomi a coefficienti complessi

Un *polinomio a coefficienti complessi* è una qualunque espressione del tipo

$$f(z) = a_n z^n + \cdots + a_1 z + a_0$$

dove $a_0, a_1, \ldots, a_n \in \mathbb{C}$. L'insieme di tutti i polinomi a coefficienti nel campo $\mathbb{C}$ nell'indeterminata z si indica con $\mathbb{C}[z]$. Quanto visto per i polinomi a coefficienti reali, vale anche per i polinomi a coefficienti complessi. Tuttavia, a differenza di quanto accade per il campo reale, il campo complesso è *algebricamente chiuso*, ossia ogni radice di un polinomio a coefficienti complessi è un numero complesso. Più precisamente, si possono dimostrare i seguenti teoremi.

Teorema 89 (Teorema fondamentale dell'algebra). *Ogni polinomio non costante a coefficienti complessi ammette almeno una radice.*

Come immediata conseguenza del Teorema 89, si ha che ogni polinomio è *completamente riducibile* sul campo complesso, cioé può essere sempre fattorizzato nel prodotto di polinomi di primo grado. Più precisamente, si ha il

Teorema 90. *Se* $f(z) = a_n z^n + \cdots + a_1 z + a_0$ *è un polinomio di grado* n *a coefficienti complessi, allora* f *possiede esattamente* n *radici complesse* $r_1, \ldots,$ r_n *(non necessariamente distinte) e* $f(z) = a_n(z - r_1) \cdots (z - r_n)$.

Teorema 91. *Sia* $f(x) \in \mathbb{R}[x]$ *un polinomio a coefficienti reali. Allora* $z \in \mathbb{C}$ *è una radice di* $f(x)$ *se e solo se lo è anche* $\overline{z}$*, con la medesima molteplicità. In particolare,* $f(x)$ *ha sempre un numero pari di radici complesse non reali.*

Dimostrazione. Se $f(x) = a_n x^n + \cdots + a_1 x + a_0$, con $a_n, \ldots, a_1, a_0 \in \mathbb{R}$, allora

$$f(\overline{z}) = a_n \overline{z}^n + \cdots + a_1 \overline{z} + a_0 = \overline{a_n z^n + \cdots + a_1 z + a_0} = \overline{f(z)}\,.$$

Quindi $f(\overline{z}) = 0$ se e solo se $f(z) = 0$. Se $z_0 \in \mathbb{C}$ è una radice non reale di $f(x)$, allora $f(x) = (x - z_0)(x - \overline{z}_0)g(x)$. Poiché $(x - z_1)(x - \overline{z}_1) = x^2 - 2\mathrm{Re}\,(z_1)x + |z_1|^2$ è un polinomio a coefficienti reali, lo è anche $g(x)$. Continuando in questo modo si trova che $f(x)$ può essere fattorizzato nella forma

$$f(x) = (x - x_1) \cdots (x - x_h)(x - z_1)(x - \overline{z}_1) \cdots (x - z_k)(x - \overline{z}_k)$$

dove x_1, ..., x_h sono le radici reali di $f(x)$ e z_1, $\overline{z}_1$, ... z_k, $\overline{z}_k$ sono le radici complesse non reali di $f(x)$, che compaiono a coppie coniugate. Pertanto, le radici complesse non reali sono in numero pari. □

Come immediata conseguenza della dimostrazione del teorema precedente abbiamo il seguente teorema di fattorizzazione dei polinomi a coefficienti reali.

Teorema 92. *Ogni polinomio a coefficienti reali si decompone in fattori lineari o in fattori quadratici con discriminante negativo.*

Dimostrazione. Per le osservazioni fatte nella dimostrazione del teorema precedente, ogni polinomio $f(x) \in \mathbb{R}[x]$ si fattorizza nella forma seguente

$$f(x) = (x - x_1) \cdots (x - x_h)(x^2 - 2\mathrm{Re}\,(z_1)x + |z_1|^2) \cdots (x^2 - 2\mathrm{Re}\,(z_k)x + |z_k|^2)$$

dove ogni fattore quadratico $x^2 - 2\mathrm{Re}\,(z_i)x + |z_1|^2$ ha discriminante negativo avendo radici complesse coniugate. □

Teorema 93. *Ogni polinomio a coefficienti reali di grado dispari possiede almeno una radice reale.*

Dimostrazione. Ogni polinomio a coefficienti reali possiede sempre un numero pari di radici complesse non reali. Di conseguenza, se ha grado dispari, deve necessariamente avere almeno una radice reale. □

2
Funzioni

2.1 Funzioni tra insiemi

2.1.1 Definizione

Definizione 94. *Una* funzione $f : X \to Y$ *tra due insiemi* X *e* Y *è una legge che a ogni elemento* $x \in X$ *associa uno e un solo elemento* $y = f(x)$ *di* Y*. L'insieme* X *è il* dominio *della funzione, mentre l'insieme* Y *è il* codominio. *L'elemento* $f(x) \in Y$ *che la funzione* f *associa all'elemento* $x \in X$ *è l'*immagine di x mediante f*. L'*immagine *della funzione* f *è l'insieme delle immagini degli elementi del dominio, ossia è l'insieme* $f(X) = \{f(x) : x \in X\} \subseteq Y$.

Il dominio e il codominio di una funzione sono parte integrante della funzione. Cambiando il dominio o il codominio, si può ottenere una funzione completamente diversa (ossia con proprietà completamente diverse). L'immagine di una funzione è contenuta nel codominio, ma non è detto che coincida con esso.

Definizione 95. *Due funzioni* $f_1 : X_1 \to Y_1$ *e* $f_2 : X_2 \to Y_2$ *sono* uguali *quando hanno lo stesso dominio (ossia* $X_1 = X_2$*), hanno lo stesso codominio (ossia* $Y_1 = Y_2$*) e sono definite dalla stessa legge (ossia* $f_1(x) = f_2(x)$ *per ogni* $x \in X_1 = X_2$*).*

ESEMPI

1. Le due funzioni $f : \mathbb{R} \to \mathbb{R}$ e $g : \mathbb{R} \to \mathbb{R}$, definite da $f(x) = x^2 + 2x + 1$ e $g(x) = (x+1)^2$ per ogni $x \in \mathbb{R}$, sono uguali poiché hanno uguale dominio, uguale codominio e stessa legge. In questo caso, cambia solo il modo (la procedura) con cui si calcola l'immagine di un elemento, ma il risultato finale del calcolo è il medesimo in entrambi i casi.

2. Le due funzioni $f : \{-1, 0, 1\} \to \mathbb{R}$ e $g : \{-1, 0, 1\} \to \mathbb{R}$, definite da $f(x) = x^3 + 3x^2 + 4x + 2$ e $g(x) = 2x^3 + 3x^2 + 3x + 2$ per ogni $x \in \mathbb{R}$, sono uguali poiché hanno uguale dominio, uguale codominio e stessa legge (poiché $f(-1) = g(-1) = 0$, $f(0) = g(0) = 2$, $f(1) = g(1) = 10$). Le leggi che definiscono le funzioni f e g sono uguali sul dominio considerato, ma sono diverse su domini più ampi.

3. Le due funzioni $f : \mathbb{R} \to \mathbb{R}$ e $g : \mathbb{R} \to [0, +\infty)$, definite da $f(x) = e^x$ e $g(x) = e^x$ per ogni $x \in \mathbb{R}$, sono diverse perché hanno codominio diverso (anche se la legge è la medesima).

2.1.2 Composizione di funzioni e funzioni invertibili

Due funzioni $f : X \to Y$ e $g : Z \to W$ sono *componibili* quando il codominio della prima coincide con il dominio della seconda, ossia quando $Y = Z$. In questo caso, le funzioni possono essere composte. Più precisamente, si ha la seguente

Definizione 96. *Date due funzioni componibili* $f : X \to Y$ *e* $g : Y \to Z$*, la* funzione composta *è la funzione* $g \circ f : X \to Z$ *definita da* $(g \circ f)(x) = g(f(x))$ *per ogni* $x \in X$.

Definizione 97. *La* funzione identità *relativa a un insieme* X *è la funzione* $1_X : X \to X$*, definita ponendo* $1_X(x) = x$ *per ogni* $x \in X$.

Proposizione 98. *La composizione di funzioni possiede le seguenti proprietà.*

1. *Associatività. Per ogni funzione* $f : X \to Y$, $g : Y \to Z$ *e* $h : Z \to W$*, si ha*

$$(h \circ g) \circ f = h \circ (g \circ f).$$

2. *Elemento neutro. Per ogni funzione* $f : X \to Y$*, si ha* $1_Y \circ f = f$ *e* $f \circ 1_X = f$.

Dimostrazione. 1. Le funzioni $(h \circ g) \circ f$ e $h \circ (g \circ f)$ hanno lo stesso dominio X e lo stesso codominio W. Inoltre, sono definite dalla medesima legge, poiché, per ogni $x \in X$, si ha

$$((h \circ g) \circ f)(x) = (h \circ g)(f(x)) = h(g(f(x))) = h((g \circ f)(x)) = (h \circ (g \circ f))(x).$$

2. Per ogni $x \in X$, si ha $(1_Y \circ f)(x) = 1_Y(f(x)) = f(x)$. Analogamente, per ogni $x \in X$, si ha $(f \circ 1_X)(x) = f(1_X(x)) = f(x)$.

□

ESEMPI

1. Consideriamo le funzioni $f : \mathbb{R} \to \mathbb{R}$ e $g : \mathbb{R} \to \mathbb{R}$, definite da $f(x) = x^2 + 2$ e $g(x) = x^2 + x + 1$ per ogni $x \in \mathbb{R}$. Poiché sono componibili in entrambi i sensi, possiamo considerare le funzioni composte $g \circ f$ e $f \circ g$, date da

$$g(f(x)) = f(x)^2 + f(x) + 1 = (x^2 + 2)^2 + (x^2 + 2) + 1 = x^4 + 5x^2 + 7$$

$$f(g(x)) = g(x)^2 + 2 = (x^2 + x + 1)^2 + 2 = x^4 + 2x^3 + 3x^2 + 2x + 3.$$

Come si vede in questo caso particolare, in generale $f \circ g \neq g \circ f$.

2. Consideriamo le funzioni $f:\mathbb{R}\to\mathbb{R}$ e $g:\mathbb{R}\to\mathbb{R}$, definite da $f(x)=x^2-x-2$ e $g(x)=\operatorname{sign}(x)$ per ogni $x\in\mathbb{R}$. Allora $g(f(x))=\operatorname{sign}(x^2-x-2)=\operatorname{sign}((x+1)(x-2))$. Poiché $(x+1)(x-2)\geq 0$ per $x\leq -1$ e $x\geq 2$, si ha

$$g(f(x))=\begin{cases}1 & \text{se} \quad x\in(-\infty,-1)\cup(2,+\infty)\\ 0 & \text{se} \quad x\in\{-1,2\}\\ -1 & \text{se} \quad x\in(-1,2)\,.\end{cases}$$

Definizione 99. *Una funzione* $f:X\to Y$ è invertibile *quando esiste una funzione* $g:Y\to X$ *tale che* $g\circ f=1_X$, *ossia* $g(f(x))=x$ *per ogni* $x\in X$, *e* $f\circ g=1_Y$, *ossia* $f(g(y))=y$ *per ogni* $y\in Y$.

Proposizione 100. *Una funzione invertibile possiede una sola inversa.*

Dimostrazione. Sia $f:X\to Y$ una funzione invertibile e siano $g_1:Y\to X$ e $g_2:Y\to X$ due sue inverse (non necessariamente distinte). Allora, $g_1\circ f=1_X$ e $f\circ g_1=1_Y$, a $g_2\circ f=1_X$ e $f\circ g_2=1_Y$. Pertanto, utilizzando la proprietà associativa e la proprietà dell'elemento neutro, si ha

$$g_1=g_1\circ 1_Y=g_1\circ(f\circ g_2)=(g_1\circ f)\circ g_2=1_X\circ g_2=g_2\,.$$

□

Se $f:X\to Y$ è una funzione invertibile, allora indicheremo[1] con $\widehat{f}:Y\to X$ la sua inversa (che è unica per la proprietà precedente). Quindi, per la funzione $\widehat{f}$ si ha $\widehat{f}(f(x))=x$ per ogni $x\in X$ e $f(\widehat{f}(y))=y$ per ogni $y\in Y$. Equivalentemente, la funzione inversa $\widehat{f}$ è caratterizzata dalla proprietà

$$\forall\, x\in X\;\forall\, y\in Y\;\;(\;y=f(x)\iff \widehat{f}(y)=x\;)\,.$$

Una funzione $f:X\to X$ è una *involuzione* quando $f(f(x))=x$, per ogni $x\in X$, ossia quando $f\circ f=1_X$. Una involuzione è sempre invertibile e coincide con la propria inversa, ossia $\widehat{f}=f$.

ESEMPI

1. Le funzioni $f:[0,+\infty)\to[0,+\infty)$ e $g:[0,+\infty)\to[0,+\infty)$, definite da $f(x)=x^2$ e $g(x)=\sqrt{x}$ per ogni $x\in[0,+\infty)$, sono una l'inversa dell'altra. Infatti $g(f(x))=\sqrt{x^2}=|x|=x$ e $f(g(x))=(\sqrt{x})^2=x$ per ogni $x\in[0,+\infty)$.

2. Le funzioni $f:\mathbb{R}\to(0,+\infty)$ e $g:(0,+\infty)\to\mathbb{R}$, definite da $f(x)=\mathrm{e}^x$ e $g(x)=\log x$, sono una l'inversa dell'altra. Infatti $g(f(x))=\log \mathrm{e}^x=x$ per ogni $x\in\mathbb{R}$ e $f(g(x))=\mathrm{e}^{\log x}=x$ per ogni $x\in(0,+\infty)$.

[1] Spesso la funzione inversa si indica con f^{-1}.

3. Le funzioni razionali $f : \mathbb{R}\setminus\{1\} \to \mathbb{R}\setminus\{-1\}$ e $g : \mathbb{R}\setminus\{-1\} \to \mathbb{R}\setminus\{1\}$, rispettivamente definite da

$$f(x) = \frac{x}{1-x} \qquad \text{e} \qquad g(x) = \frac{x}{1+x},$$

sono una l'inversa dell'altra (come può essere verificato facilmente).

4. La funzione razionale $f : \mathbb{R}\setminus\{1\} \to \mathbb{R}\setminus\{1\}$, definita da

$$f(x) = \frac{x+1}{x-1},$$

è un'involuzione e coincide con la propria inversa. Infatti, per ogni $x \in \mathbb{R}\setminus\{1\}$ si ha

$$f(f(x)) = \frac{f(x)+1}{f(x)-1} = \frac{\dfrac{x+1}{x-1}+1}{\dfrac{x+1}{x-1}-1} = \frac{x+1+x-1}{x+1-x+1} = \frac{2x}{2} = x\,.$$

2.1.3 Funzioni iniettive, suriettive e biunivoche

Definizione 101. *Sia* $f : X \to Y$ *una funzione tra due insiemi* X *e* Y.

1. *La funzione* f *è* iniettiva *quando ogni elemento del codominio ammette* al più *una controimmagine.*
2. *La funzione* f *è* suriettiva *quando ogni elemento del codominio ammette* almeno *una controimmagine.*
3. *La funzione* f *è* biunivoca *quando ogni elemento del codominio ammette* esattamente *una controimmagine.*

OSSERVAZIONE 102. Le definizioni di iniettività, suriettività e biunivocità possono essere riformulate nel modo seguente.

1. La funzione f è *iniettiva* quando a elementi distinti corrispondono elementi distinti, ovvero quando $f(x_1) = f(x_2)$ implica $x_1 = x_2$, per ogni $x_1, x_2 \in X$.
2. La funzione f è *suriettiva* quando la sua immagine coincide con tutto il codominio, ossia quando $f(X) = Y$.
3. La funzione f è *biunivoca* quando è iniettiva e suriettiva.

Le funzioni biunivoche sono anche chiamate *corrispondenze biunivoche* o *bijezioni*.

ESEMPI

1. La funzione $f : \mathbb{R} \to \mathbb{R}$, definita da $f(x) = x^2$, non è iniettiva (poiché, ad esempio, si ha $f(1) = f(-1) = 1$) e non è suriettiva (poiché nessuno numero negativo possiede controimmagine). La funzione $g : \mathbb{R} \to [0, +\infty)$, definita da $g(x) = x^2$, non è iniettiva (come nel caso precedente), ma è suriettiva (poiché il codominio coincide con l'immagine). La funzione $h : [0, +\infty) \to [0, +\infty)$, definita da $h(x) = x^2$, è iniettiva e suriettiva. Quindi è anche biunivoca. Benché la legge che definisce queste tre funzioni sia la medesima, le tre funzioni possiedono proprietà molto diverse tra loro.

2. La funzione $f : \mathbb{R} \to \mathbb{R}$, definita da $f(x) = e^x$, è iniettiva ma non suriettiva. La funzione $g : (0, +\infty) \to \mathbb{R}$, definita da $g(x) = \log x$, è suriettiva e iniettiva.

Proposizione 103. *La composizione possiede le seguenti proprietà.*

1. *La composizione di due funzioni iniettive è una funzione iniettiva.*
2. *La composizione di due funzioni suriettive è una funzione suriettiva.*

Dimostrazione. Siano $f : X \to Y$ e $g : Y \to Z$ due funzioni e sia $g \circ f : X \to Z$ la loro composizione.

1. Dobbiamo dimostrare che, per ogni $x_1, x_2 \in X$, se $(g \circ f)(x_1) = (g \circ f)(x_2)$, allora $x_1 = x_2$. Fissati $x_1, x_2 \in X$, supponiamo che $(g \circ f)(x_1) = (g \circ f)(x_2)$, ossia $g(f(x_1)) = g(f(x_2))$. Poiché g è iniettiva, si ha $f(x_1) = f(x_2)$. Poiché f è iniettiva, si ha $x_1 = x_2$.
2. Dobbiamo dimostrare che, per ogni $z \in Z$, esiste un $x \in X$ tale che $z = (g \circ f)(x)$. Fissato $z \in Z$, esiste un $y \in Y$ tale che $z = g(y)$, essendo g suriettiva. Quindi, per l'elemento $y \in Y$ trovato, esiste un $x \in X$ tale che $y = f(x)$, essendo f suriettiva. Abbiamo così trovato un $x \in X$ per il quale $z = g(y) = g(f(x)) = (g \circ f)(x)$.

□

L'invertibilità di una funzione può essere caratterizzata nel modo seguente.

Teorema 104. *Una funzione $f : X \to Y$ è invertibile se e solo se è biunivoca.*

Dimostrazione. Dividiamo la dimostrazione in due parti.

1. Assumiamo che $f : X \to Y$ sia invertibile e dimostriamo che è biunivoca.
   (a) f è iniettiva. Infatti, per ogni $x_1, x_2 \in X$, se $f(x_1) = f(x_2)$, allora si ha $\widehat{f}(f(x_1)) = \widehat{f}(f(x_2))$, ossia $x_1 = x_2$.
   (b) f è suriettiva. Infatti, per ogni $y \in Y$, si ha che l'elemento $x = \widehat{f}(y) \in X$ è tale che $f(x) = f(\widehat{f}(y)) = y$.
2. Assumiamo ora che $f : X \to Y$ sia biunivoca e dimostriamo che è invertibile. Per la biunivocità di f, si ha che per ogni $y \in Y$ esiste un unico $x \in X$ tale che $y = f(x)$. Questa proprietà permette di definire la funzione

$g : Y \to X$ associando a ogni elemento $y \in Y$ l'unico elemento $x \in X$ tale che $y = f(x)$. Quindi, si ha $g(y) = x$ se e solo se $y = f(x)$. Di conseguenza $g = \widehat{f}$.

□

ESEMPI

1. La funzione $f : [0, +\infty) \to [0, +\infty)$, definita da $f(x) = x^2$, è biunivoca e quindi è invertibile. La sua inversa è la funzione $g : [0, +\infty) \to [0, +\infty)$, definita da $g(x) = \sqrt{x}$.

2. La funzione $f : \mathbb{R} \to (0, +\infty)$, definita da $f(x) = e^x$, è biunivoca e quindi è invertibile. Analogamente, la funzione $g : (0, +\infty) \to \mathbb{R}$, definita da $g(x) = \log x$, è biunivoca e quindi è invertibile. Infatti, come già abbiamo osservato, queste funzioni sono una l'inversa dell'altra.

2.2 Cardinalità

Due insiemi sono equivalenti quando possono essere posti in corrispondenza biunivoca. In questo caso, i due insiemi sono sostanzialmente identici (tranne, eventualmente, per il nome degli elementi). Ad esempio, gli insiemi $X = \{1, 2, 3, 4\}$ e $Y = \{a, b, c, d\}$ sono equivalenti, poiché i loro elementi possono essere messi in corrispondenza biunivoca: $1 \leftrightsquigarrow a$, $2 \leftrightsquigarrow b$, $3 \leftrightsquigarrow c$, $4 \leftrightsquigarrow d$ (in realtà, questa è solo una delle 24 corrispondenze biunivoche possibili tra gli elementi di X e gli elementi di Y). In questo caso, si dice che gli insiemi X e Y hanno cardinalità 4, poiché entrambi sono formati da 4 elementi. Due insiemi finiti qualsiasi sono equivalenti quando sono formati dallo stesso numero di elementi. Ma cosa accade quando gli insiemi sono infiniti? Anche in questo caso è sufficiente contare gli elementi. Ma cosa significa contare gli elementi di un insieme infinito? Significa stabilire una corrispondenza biunivoca tra l'insieme dato e un insieme di riferimento. In generale, si ha la seguente

Definizione 105. *Due insiemi* X *e* Y *sono* equivalenti *(o* equinumerosi*) quando esiste una corrispondenza biunivoca* $f : X \to Y$.

La relazione di equinumerosità è una relazione di equivalenza e le classi di equivalenza sono le *cardinalità* degli insiemi. Questo significa che due insiemi sono equinumerosi quando hanno la stessa cardinalità.

Definizione 106. *La* cardinalità del numerabile *è la cardinalità dell'insieme* $\mathbb{N}$ *dei numeri naturali. Un insieme* X *è* numerabile *quando ha la cardinalità del numerabile, ossia quando può essere posto in corrispondenza biunivoca con l'insieme* $\mathbb{N}$.

Un insieme X è numerabile quando è formato da infiniti elementi che possono essere scritti in successione come gli elementi di $\mathbb{N}$: x_0, x_1, x_2, x_3, ..., x_n, e così via.

Proposizione 107. *L'insieme $\mathbb{Z}$ dei numeri interi è numerabile.*

Dimostrazione. Per mostrare che $\mathbb{Z}$ è numerabile, bisogna mostrare che esiste almeno una corrispondenza biunivoca tra $\mathbb{Z}$ e $\mathbb{N}$. In questo caso, basta considerare la corrispondenza biunivoca $f : \mathbb{N} \to \mathbb{Z}$ definita da

$$f(n) = (-1)^{n+1} \left\lfloor \frac{n+1}{2} \right\rfloor$$

per ogni $n \in \mathbb{N}$, ossia la corrispondenza

$$\begin{array}{ccccccccccc} \mathbb{N} & : & 0 & 1 & 2 & 3 & 4 & 5 & 6 & 7 & 8 & \cdots \\ & & \updownarrow & \updownarrow & \updownarrow & \updownarrow & \updownarrow & \updownarrow & \updownarrow & \updownarrow & \updownarrow & \cdots \\ \mathbb{Z} & : & 0 & 1 & -1 & 2 & -2 & 3 & -3 & 4 & -4 & \cdots \end{array}$$

□

Proposizione 108. *L'insieme $\mathbb{Q}$ dei numeri razionali è numerabile.*

Dimostrazione. Sia $x = m/n$ un numero razionale con $m \in \mathbb{Z}$, $n \in \mathbb{N}$, $n \geq 1$, $\mathrm{MCD}(m,n) = 1$, e poniamo $\ell(x) = |m| + n$. Chiaramente, $\ell(x) \geq 1$ per ogni $x \in \mathbb{Q}$. Inoltre, per ogni $k \in \mathbb{N}$ esiste un numero finito di numeri razionali $x \in \mathbb{Q}$ tali che $\ell(x) = k + 1$. Infatti:

$$\begin{array}{llll} k = 0 & (\ell = 1) & : & x = 0/1 \\ k = 1 & (\ell = 2) & : & x = \pm 1/1 \\ k = 2 & (\ell = 3) & : & x = \pm 2/1, \pm 1/2 \\ k = 3 & (\ell = 4) & : & x = \pm 3/1, \pm 1/3 \\ k = 4 & (\ell = 5) & : & x = \pm 4/1, \pm 3/2, \pm 2/3, \pm 1/4 \\ \cdots & & & \end{array}$$

Poiché gli elementi di un insieme finito possono sempre essere scritti in successione, si ha che anche gli elementi $\mathbb{Q}$ possono essere scritti in successione: si scrivono prima gli elementi con $\ell = 1$, poi gli elementi con $\ell = 2$, e così via. Ad esempio, si ha la corrispondenza biunivoca

$$\begin{array}{ccccccccccccccccc} \mathbb{N} & : & 0 & 1 & 2 & 3 & 4 & 5 & 6 & 7 & 8 & 9 & 10 & 11 & 12 & 13 & 14 & \cdots \\ & & \updownarrow & \updownarrow & \updownarrow & \updownarrow & \updownarrow & \updownarrow & \updownarrow & \updownarrow & \updownarrow & \updownarrow & \updownarrow & \updownarrow & \updownarrow & \updownarrow & \updownarrow & \cdots \\ \mathbb{Q} & : & 0 & 1 & -1 & 2 & -2 & 1/2 & -1/2 & 3 & -3 & 1/3 & -1/3 & 4 & -4 & 3/2 & -3/2 & \cdots \end{array}$$

□

OSSERVAZIONE 109. Benché gli insiemi $\mathbb{N}$, $\mathbb{Z}$ e $\mathbb{Q}$ siano uno strettamente contenuto nell'altro (ossia $\mathbb{N} \subset \mathbb{Z} \subset \mathbb{Q}$) hanno tutti la medesima cardinalità.

Teorema 110. *L'unione di due insiemi (disgiunti) numerabili è un insieme numerabile.*

Dimostrazione. Siano $X = \{x_0, x_1, x_2, \ldots\}$ e $Y = \{y_0, y_1, y_2, \ldots\}$ due insiemi numerabili. Gli elementi dell'unione $X \cup Y$, possono essere scritti in successione nel modo seguente: $x_0, y_0, x_1, y_1, x_2, y_2, \ldots$. □

Teorema 111. *Un sottoinsieme infinito di un insieme numerabile è anch'esso numerabile.*

Dimostrazione. Sia X un sottoinsieme numerabile di (un insieme numerabile, che possiamo identificare con) $\mathbb{N}$. Per l'assioma del buon ordinamento (vedi paragrafo 1.3.4), ogni sottoinsieme non vuoto di $\mathbb{N}$ possiede minimo. Allora sia x_0 il minimo di X. Siano poi x_1 il minimo di $X \setminus \{x_0\}$, x_2 il minimo di $X \setminus \{x_0, x_1\}$ e così via. In generale, x_{n+1} sarà definito come il minimo dell'insieme $X \setminus \{x_0, x_1, \dots, x_n\}$. □

Teorema 112. *Il prodotto cartesiano di due insiemi numerabili è anch'esso numerabile.*

Dimostrazione. Siano $X = \{x_0, x_1, x_2, \dots\}$ e $Y = \{y_0, y_1, y_2, \dots\}$ due insiemi numerabili. Gli elementi del prodotto cartesiano $X \times Y$ possono essere scritti in successione seguendo, ad esempio, le antidiagonali:

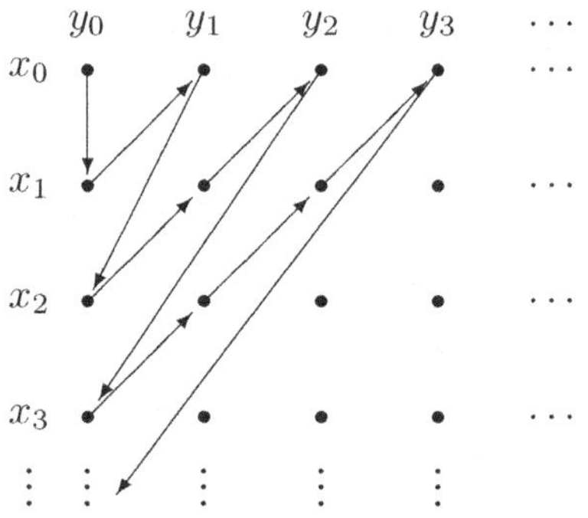

ossia nel modo seguente: (x_0, y_0), (x_0, y_1), (x_1, y_0), (x_2, y_0), (x_1, y_1), (x_0, y_2), (x_3, y_0), (x_2, y_1), (x_1, y_2), (x_0, y_3), ... □

Come immediata conseguenza del teorema precedente, si ha la seguente

Proposizione 113. *Gli insiemi* $\mathbb{N} \times \mathbb{N}$, $\mathbb{Z} \times \mathbb{Z}$, $\mathbb{Q} \times \mathbb{Q}$ *sono numerabili. Più in generale, gli insiemi* $\mathbb{N}^k$, $\mathbb{Z}^k$, $\mathbb{Q}^k$ *sono numerabili, per ogni* $k \in \mathbb{N}$, $k \geq 1$.

Fin qui abbiamo visto solo insiemi infiniti numerabili. Tuttavia, non tutti gli infiniti sono equivalenti, come dimostra il seguente

Teorema 114 (Cantor). *L'insieme* $\mathbb{R}$ *dei numeri reali non è numerabile.*

Dimostrazione. Consideriamo l'insieme X formato da tutti i numeri reali appartenenti all'intervallo $[0, 1)$ la cui rappresentazione decimale contenga solo le due cifre 0 e 1. Supponiamo, per assurdo, che l'insieme X sia numerabile. Allora i suoi elementi possono essere scritti in successione: $x_0, x_1, x_2, \dots$, dove

$$x_0 = 0, x_{01} x_{02} x_{03} \cdots$$
$$x_1 = 0, x_{11} x_{12} x_{13} \cdots$$

$$x_2 = 0, x_{21}x_{22}x_{23}\cdots$$
$$\cdots$$

con $x_{ij} \in \{0,1\}$ per ogni $i \geq 0$ e $j \geq 1$. Sia $y = 0, y_1, y_2, y_3 \cdots$, dove $y_i = 1$ se $x_{ii} = 0$ e $y_i = 0$ se $x_{ii} = 1$, per ogni $i \geq 1$. Questo numero appartiene a X ma evidentemente è diverso da ogni x_k. Pertanto X è un insieme infinito non numerabile.

Se $\mathbb{R}$ fosse numerabile, allora, per il Teorema 111, anche X, che è un suo sottoinsieme infinito, dovrebbe essere numerabile. Poiché questo non accade, anche $\mathbb{R}$ è non numerabile. □

Definizione 115. *La* cardinalità del continuo *è la cardinalità dell'insieme* $\mathbb{R}$ *dei numeri reali. Un insieme* X *ha la cardinalità del continuo quando può essere posto in corrispondenza biunivoca con l'insieme* $\mathbb{R}$.

Teorema 116. *L'insieme dei numeri irrazionali ha la cardinalità del continuo.*

Dimostrazione. Iniziamo con l'osservare che l'insieme J dei numeri irrazionali non è numerabile. Infatti, $\mathbb{R} = \mathbb{Q} \cup J$, $\mathbb{Q} \cap J = \varnothing$ e $\mathbb{Q}$ è numerabile (Proposizione 108). Se anche J fosse numerabile, allora anche $\mathbb{R}$ sarebbe numerabile (Teorema 110) e questo è impossibile. Mostriamo ora che esiste una corrispondenza biunivoca tra J e $\mathbb{R}$. Poiché $\mathbb{Q}$ è numerabile, possiamo scrivere i suoi elementi in successione: x_0, x_1, x_2 e così via. Consideriamo l'insieme numerabile $J_1 = \{x_0 + \sqrt{2}, x_1 + \sqrt{2}, x_2 + \sqrt{2}, \ldots\} \subseteq J$ e l'insieme $J_2 = J \setminus J_1$. Chiaramente $J = J_1 \cup J_2$ e $\mathbb{R} = \mathbb{Q} \cup J_1 \cup J_2$, dove $J_1 \cap J_2 = \varnothing$, $\mathbb{Q} \cap J_1 = \varnothing$, $\mathbb{Q} \cap J_2 = \varnothing$. L'insieme $\mathbb{Q} \cup J_1$ è ancora numerabile e i suoi elementi possono essere allineati nel modo seguente: $y_0 = x_0$, $y_1 = x_0 + \sqrt{2}$, $y_2 = x_1$, $y_3 = x_1 + \sqrt{2}$, $y_4 = x_2$, $y_5 = x_2 + \sqrt{2}$ e così via. Questo allineamento stabilisce una corrispondenza biunivoca tra J_1 e $\mathbb{Q} \cup J_1$, definita da $x_i + \sqrt{2} \rightsquigarrow y_i$ per $i = 0, 1, 2, \ldots$. Quindi la funzione $\varphi : J \to \mathbb{R}$, definita ponendo $\varphi(x_i + \sqrt{2}) = y_i$ per ogni elemento di J_1 e ponendo $\varphi(x) = x$ per ogni $x \in J_2$, è una bijezione. Di conseguenza J ha la stessa cadinalità di $\mathbb{R}$. □

Teorema 117. *L'intervallo* $(-1, 1)$ *ha la cardinalità del continuo.*

Dimostrazione. Identifichiamo $\mathbb{R}$ con l'asse x del piano cartesiano $\mathbb{R}^2 = \mathbb{R} \times \mathbb{R}$ e identifichiamo l'intervallo $(-1, 1)$ con il segmento aperto $Y = \{(0, y) \ : \ y \in (-1, 1)\}$ giacente all'asse y. La proiezione dei punti di Y sull'asse x dai punti $V_1 \equiv (-1, 1)$ e $V_2 \equiv (1, -1)$

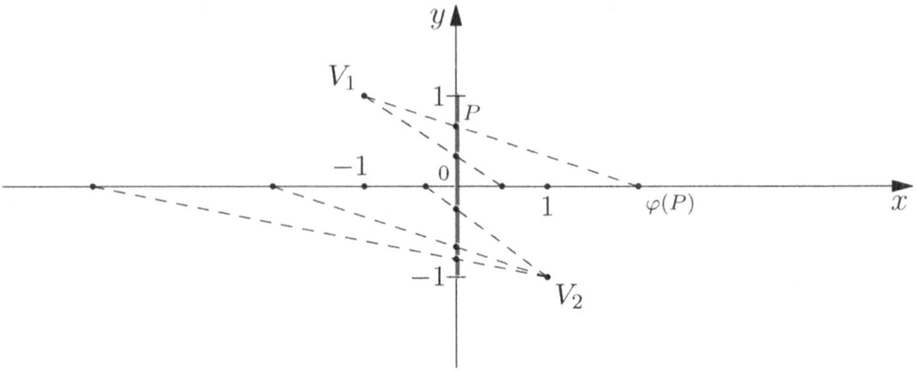

è una corrispondenza biunivoca. □

OSSERVAZIONE 118. Se nella dimostrazione del teorema precedente si considera solo la proiezione dal punto V_1, si ottiene una corrispondenza biunivoca tra i punti dell'intervallo $[0,1)$ e i punti dell'intervallo $[0,+\infty)$. Pertanto, anche l'intervallo $[0,+\infty)$ ha la cardinalità del continuo. Più in generale, per ogni $a<b$, l'intervallo (a,b) di $\mathbb{R}$ ha la cardinalità del continuo. Infatti, ogni intervallo I, aperto non vuoto, può essere proiettato nell'intervallo $(-1,1)$:

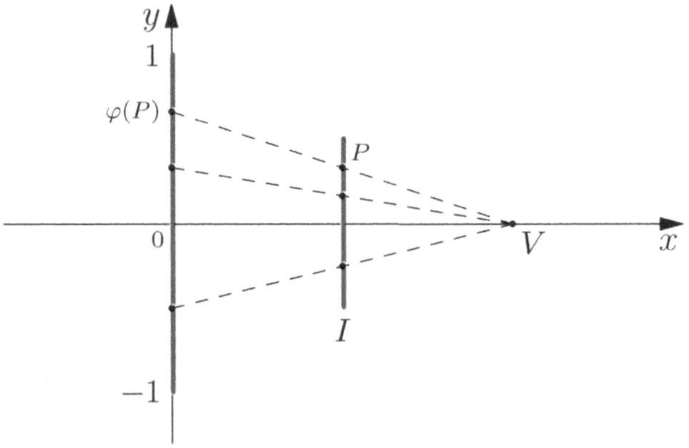

Se a un insieme infinito si aggiungono o si tolgono k elementi (con $k\in\mathbb{N}$), la cardinalità dell'insieme rimane la stessa. Quindi, anche gli intervalli chiusi o semichiusi hanno la cardinalità del continuo.

OSSERVAZIONE 119. Si può dimostrare che l'insieme $\mathcal{P}(\mathbb{N})$ delle parti di $\mathbb{N}$ ha la potenza del continuo. Più in generale, si può dimostrare che l'insieme $\mathcal{P}(X)$ delle parti di un qualsiasi insieme X ha sempre cardinalità maggiore della cardinalità di X. Questa proprietà permette di costruire insiemi che hanno cardinalità maggiore di quella del continuo.

2.3 Funzioni reali di variabile reale

Una funzione reale di variabile reale è una funzione del tipo $f : X \to \mathbb{R}$, dove X è un sottoinsieme di $\mathbb{R}$. Spesso, X si riduce a un intervallo (finito o infinito), o a un unione di intervalli di $\mathbb{R}$. La funzione f associa a un numero reale $x \in X$ un numero reale $y = f(x)$. Il numero x può variare liberamente nell'insieme X, mentre il corrispondente numero $y = f(x)$ varia in funzione di x. Per questo motivo, si dice che x è la *variabile indipendente* e che y è la *variabile dipendente*.

2.3.1 Operazioni algebriche

Le operazioni di somma e di prodotto definite in $\mathbb{R}$ permettono di definire operazioni analoghe per le funzioni reali di variabile reale. Più precisamente, la *somma* di due funzioni $f : I \to \mathbb{R}$ e $g : I \to \mathbb{R}$ è la funzione $f + g : I \to \mathbb{R}$ definita da

$$(f + g)(x) = f(x) + g(x) \qquad \forall x \in I\,.$$

Il prodotto di un numero $\lambda \in \mathbb{R}$ per una funzione $f : I \to \mathbb{R}$ è la funzione $\lambda f : I \to \mathbb{R}$ per cui

$$(\lambda f)(x) = \lambda f(x) \qquad \forall x \in I\,.$$

Più in generale, una *combinazione lineare* di due funzioni $f : I \to \mathbb{R}$ e $g : I \to \mathbb{R}$ mediante due numeri reali α e β è la funzione $\alpha f + \beta g : I \to \mathbb{R}$ definita da

$$(\alpha f + \beta g)(x) = \alpha f(x) + \beta g(x) \qquad \forall x \in I\,.$$

ESEMPIO 120. Una *funzione polinomiale* è una qualunque come combinazione lineare (finita) di potenze, ossia è una funzione $f : \mathbb{R} \to \mathbb{R}$ definita da

$$f(x) = a_n x^n + a_{n-1} x^{n-1} + \cdots + a_1 x + a_0$$

per ogni $x \in \mathbb{R}$, dove $a_0, a_1, \ldots, a_{n-1}, a_n \in \mathbb{R}$. Nel caso delle funzioni reali di variabile reale, le funzioni polinomiali sono equivalenti ai polinomi a coefficienti reali in una indeterminata. (In generale, però questo è falso. Ad esempio, su $\mathbb{Z}_2$, i polinomi $f(x) = x+1$ e $g(x) = x^2+1$ sono diversi, ma definiscono la medesima funzione $h : \mathbb{Z}_2 \to \mathbb{Z}_2$, con $h(0) = 1$ e $h(1) = 0$.)

Il *prodotto* di due funzioni $f : I \to \mathbb{R}$ e $g : I \to \mathbb{R}$ è la funzione $fg : I \to \mathbb{R}$ definita da

$$(fg)(x) = f(x)g(x) \qquad \forall x \in I\,.$$

Analogamente, il *quoziente* (o rapporto) di due funzioni $f : I \to \mathbb{R}$ e $g : I \to \mathbb{R}$, con $g(x) \neq 0$ per ogni $x \in I$, è la funzione $f/g : I \to \mathbb{R}$ definita da

$$\left(\frac{f}{g}\right)(x) = \frac{f(x)}{g(x)} \qquad \forall x \in I\,.$$

ESEMPIO 121. Una *funzione razionale* è il quoziente di due funzioni polinomiali, ossia è una funzione $f : \mathbb{R} \setminus Z \to \mathbb{R}$ definita da

$$f(x) = \frac{a_m x^m + a_{m-1}x^{m-1} + \cdots + a_1 x + a_0}{b_n x^n + b_{n-1}x^{n-1} + \cdots + b_1 x + b_0}$$

dove Z è l'insieme dei valori di x che annullano il denominatore.

Infine, date due funzioni $f : I \to \mathbb{R}$ e $g : I \to \mathbb{R}$, con $f(x) > 0$ per ogni $x \in I$, si può definire la funzione $f^g : I \to \mathbb{R}$ ponendo

$$(f^g)(x) = f(x)^{g(x)} = \mathrm{e}^{g(x)\log f(x)} \qquad \forall x \in I .$$

2.3.2 Grafico di una funzione

Per visualizzare l'andamento di una funzione reale di variabile reale, spesso è utile rappresentare la funzione mediante il suo *grafico*, ossia mediante la *curva piana* definita dall'equazione $y = f(x)$, rispetto a un fissato sistema di riferimento cartesiano ortogonale monometrico.

Definizione 122. *Il* grafico *di una funzione* $f : X \to \mathbb{R}$ *è l'insieme dei punti del piano le cui coordinate soddisfano l'equazione* $y = f(x)$, *ossia è l'insieme* $G_f = \{(x, y) \in X \times \mathbb{R} \ : \ y = f(x)\} = \{(x, f(x)) \ : \ x \in X\}$.

ESEMPI

1. Le funzioni x^2 (con $x \in \mathbb{R}$) e $\sqrt{x}$ (con $x \in [0, +\infty)$) hanno grafico

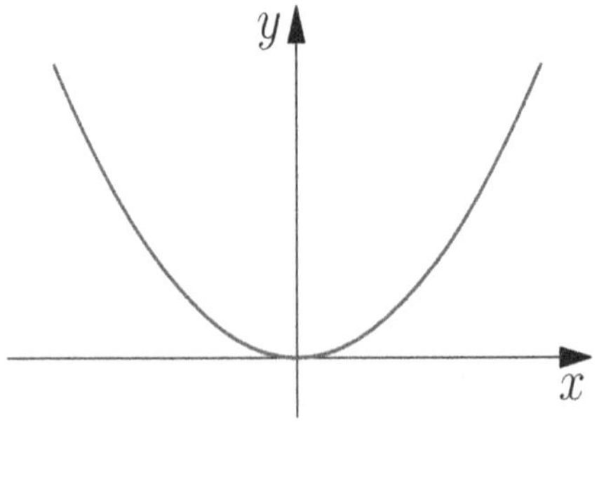

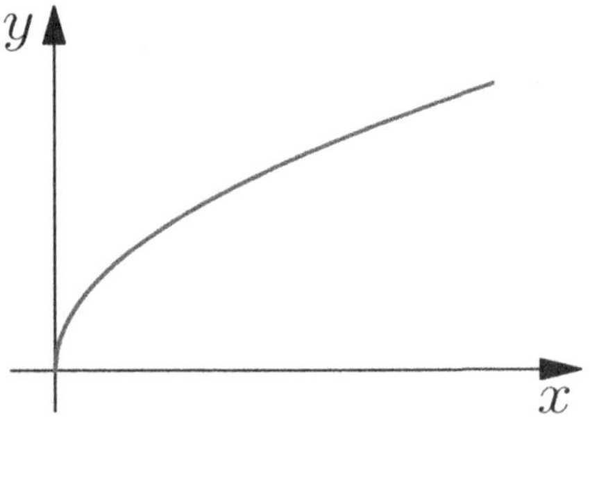

Grafici di alcune altre potenze:

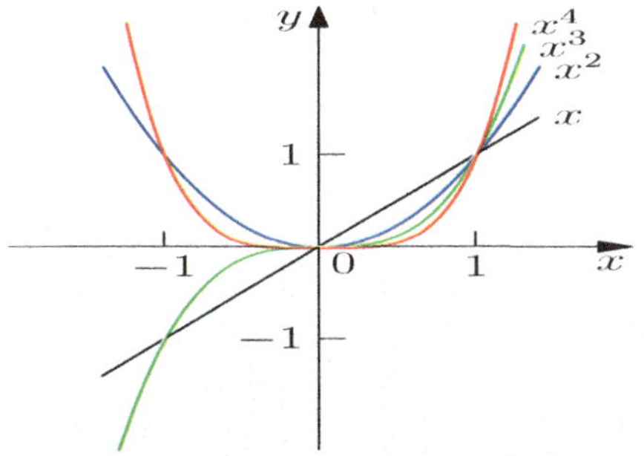

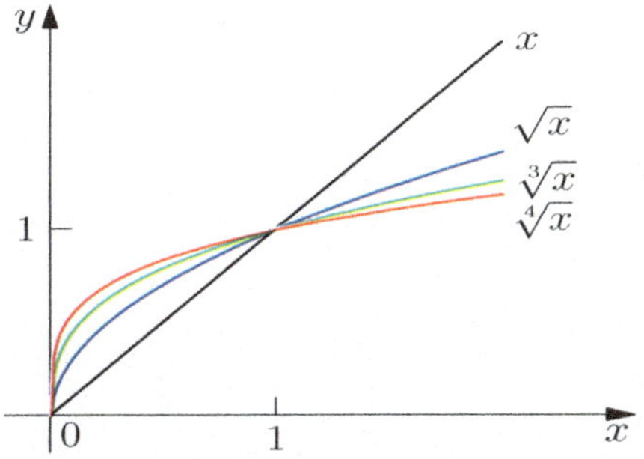

2. Alcune funzioni esponenziali:

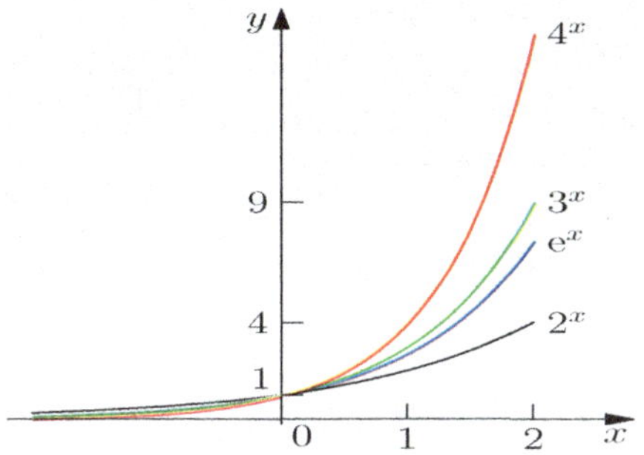

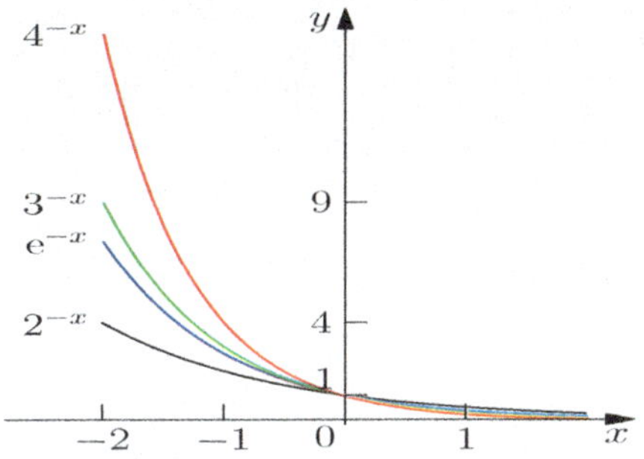

e alcune funzioni logaritmiche:

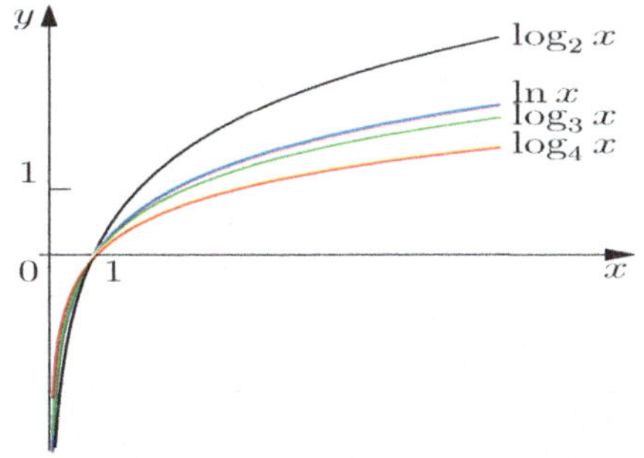

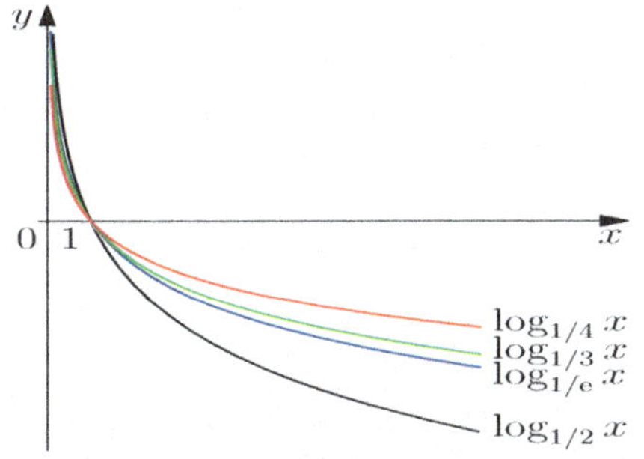

3. Le funzioni $\operatorname{sen} x$ e $\cos x$ hanno grafici uguali ma traslati di $\pi/2$:

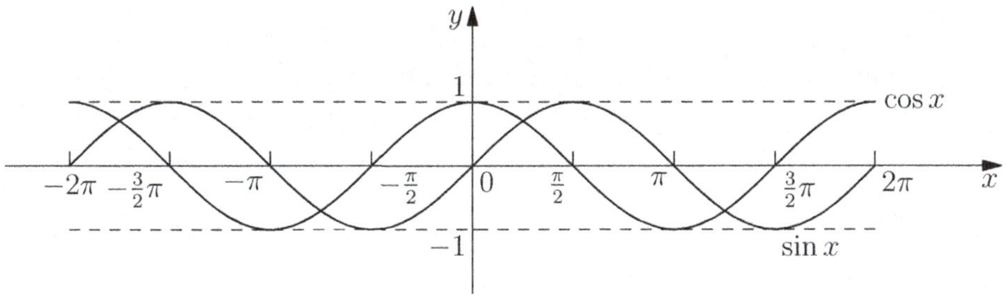

4. Le funzioni $\operatorname{tg} x$ e $\operatorname{ctg} x$ hanno i seguenti grafici (che si ripetono indefinitamente a sinistra e a destra):

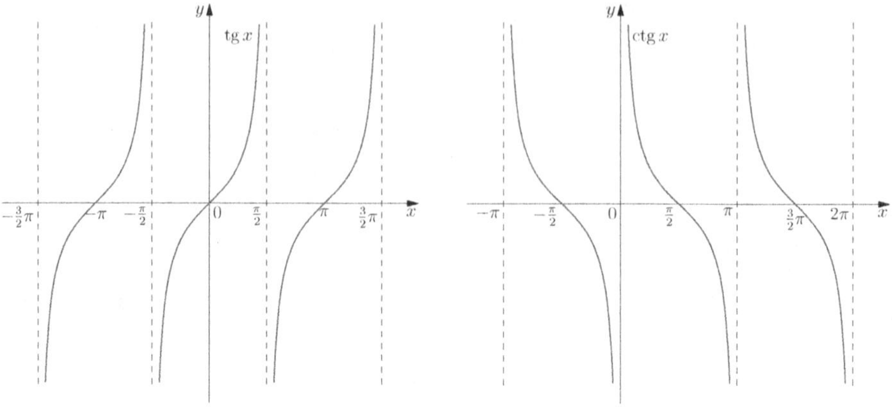

5. Le funzioni $\operatorname{artg} x$ e $\operatorname{arctg} x$ hanno grafico:

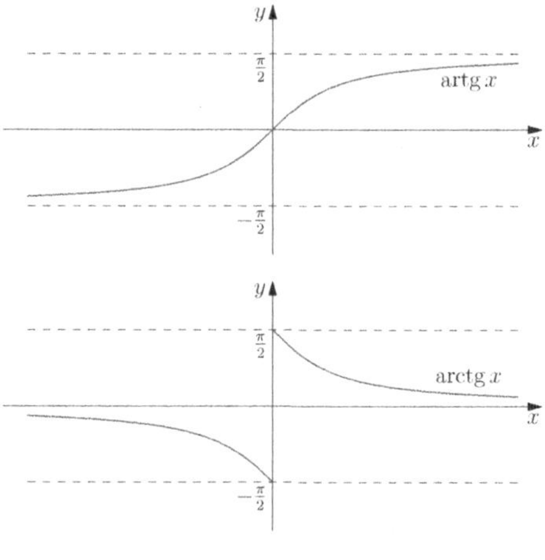

Teorema 123. *Sia* $f : X \to Y$ *una funzione invertibile. Allora il grafico della funzione inversa* $\widehat{f} : Y \to X$ *è il simmetrico del grafico di* f *rispetto alla bisettrice del primo-terzo quadrante.*

Dimostrazione. Sia $\sigma : \mathbb{R}^2 \to \mathbb{R}^2$ la simmetria rispetto alla bisettrice del primo-terzo quadrante, ossia la funzione definita da $\sigma(x, y) = (y, x)$, per ogni $(x, y) \in \mathbb{R}^2$. Allora

$$\begin{aligned} G_{\widehat{f}} &= \{(y, x) \in Y \times X \ : \ x = \widehat{f}(y)\} = \{(y, x) \in Y \times X \ : \ f(x) = y\} \\ &= \{(f(x), x) \ : \ x \in X\} = \{\sigma(x, f(x)) \ : \ x \in X\} = \sigma\{(x, f(x)) \ : \ x \in X\} \end{aligned}$$

ossia $G_{\widehat{f}} = \sigma(G_f)$. □

ESEMPI

1. Le funzioni $f : [0,+\infty) \to [0,+\infty)$ e $g : [0,+\infty) \to [0,+\infty)$, definite da $f(x) = x^2$ e $g(x) = \sqrt{x}$, sono una l'inversa dell'altra. Analogamente, le funzioni $f : \mathbb{R} \to [0,+\infty)$ e $g : [0,+\infty) \to \mathbb{R}$, definite da $f(x) = \mathrm{e}^x$ e $g(x) = \log x$, sono una l'inversa dell'altra. Pertanto i loro grafici sono l'uno il simmetrico dell'altro rispetto alla bisettrice del primo-terzo quadrante:

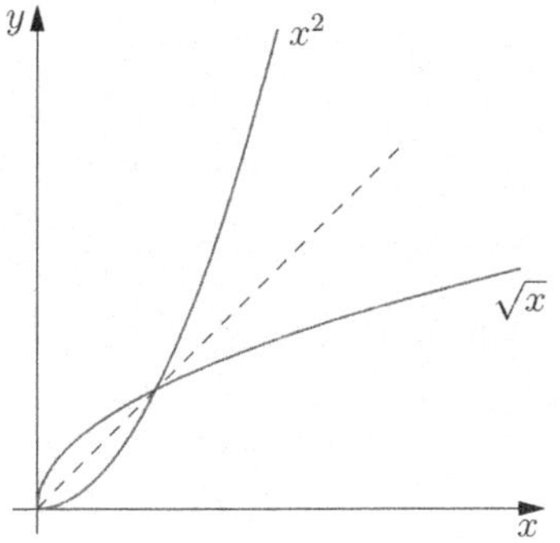

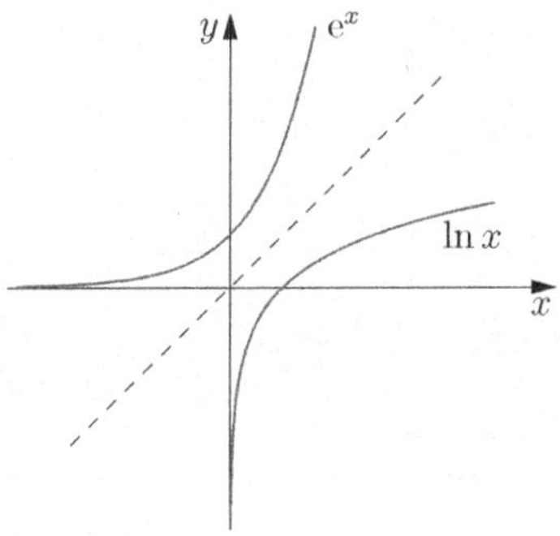

2. Le funzioni $f : [-\pi/2, \pi/2] \to [-1,1]$ e $g : [-1,1] \to [-\pi/2, \pi/2]$, definite da $f(x) = \operatorname{sen} x$ e $g(x) = \operatorname{arsen} x$, sono una l'inversa dell'altra. Analogamente, le funzioni $f : [0,\pi] \to [-1,1]$ e $g : [-1,1] \to [0,\pi]$, definite da $f(x) = \cos x$ e $g(x) = \arccos x$, sono una l'inversa dell'altra. Quindi i loro grafici sono l'uno il simmetrico dell'altro rispetto alla bisettrice del primo-terzo quadrante:

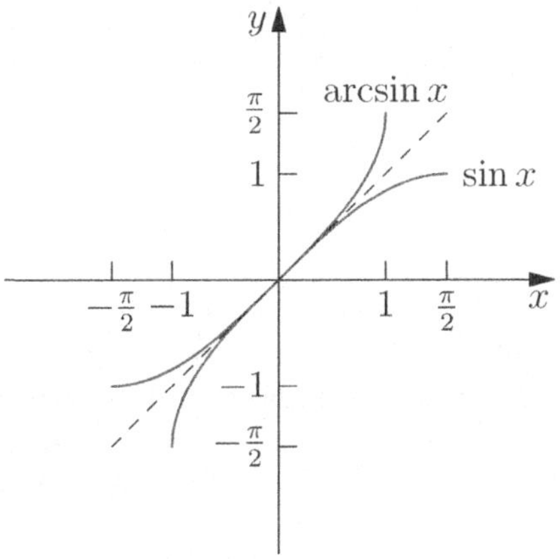

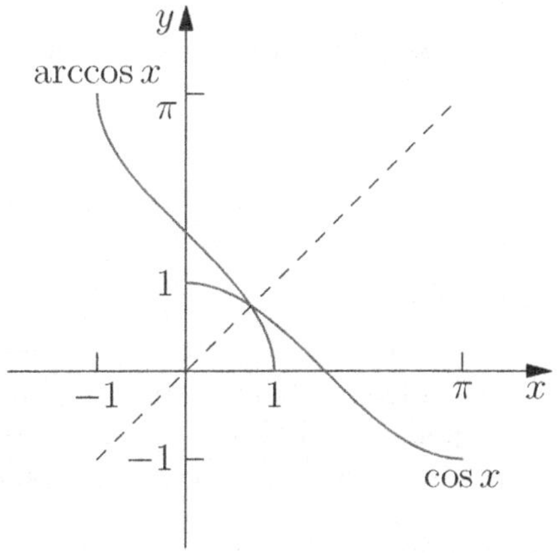

3. Le funzioni $f : (-\pi/2, \pi/2) \to \mathbb{R}$ e $g : \mathbb{R} \to (-\pi/2, \pi/2)$, definite da $f(x) = \operatorname{tg} x$ e $g(x) = \operatorname{artg} x$, sono una l'inversa dell'altra. In modo analogo, le funzioni $f : (-\pi/2, 0) \cup (0, \pi/2) \to \mathbb{R} \setminus \{0\}$ e $g : \mathbb{R} \setminus \{0\} \to (-\pi/2, 0) \cup (0, \pi/2)$, definite da $f(x) = \operatorname{ctg} x$ e $g(x) = \operatorname{arctg} x$, sono una l'inversa dell'altra. Pertanto i loro grafici sono uno il simmetrico dell'altro rispetto alla bisettrice del primo-terzo quadrante:

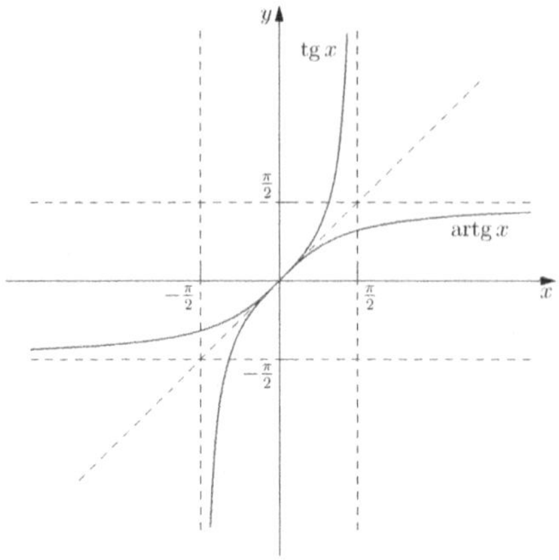

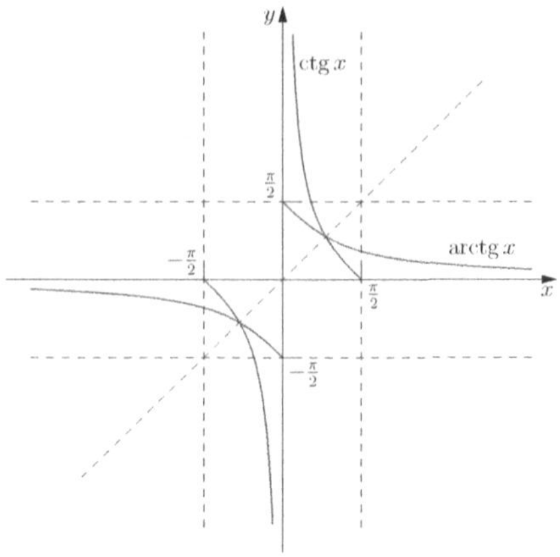

2.3.3 Funzioni pari e funzioni dispari

Definizione 124. *Sia I un intervallo di $\mathbb{R}$ simmetrico rispetto all'origine. Una funzione $f : I \to \mathbb{R}$ è* pari *quando $f(-x) = f(x)$ per ogni $x \in I$. Analogamente, una funzione $f : I \to \mathbb{R}$ è* dispari *quando $f(-x) = -f(x)$ per ogni $x \in I$.*

Geometricamente, una funzione è pari quando il suo grafico è simmetrico rispetto all'asse y, mentre una funzione è dispari quando è simmetrica rispetto all'origine.

ESEMPI

1. Sia $n \in \mathbb{N}$. La funzione definita da $f(x) = x^n$ è pari quando n è pari ed è dispari quando n è dispari. Infatti, se $n = 2k$, si ha
$$f(-x) = (-x)^{2k} = x^{2k} = f(x)$$
per ogni $x \in \mathbb{R}$. Analogamente, se $n = 2k+1$, si ha
$$f(-x) = (-x)^{2k+1} = -x^{2k+1} = f(x)$$
per ogni $x \in \mathbb{R}$. In generale, un polinomio è una funzione pari quando contiene solo potenze pari ed è una funzione dispari quando contiene solo potenze dispari. Ad esempio, $f(x) = x^8 - 12x^6 + 5x^4 + 7$ è pari, $f(x) = 4x^9 + 2x^5 + 3x^3 - x$ è dispari e $f(x) = x^4 - 2x^3 + 3x^2 + x - 2$ non è né pari né dispari.

2. La funzione f definita da
$$f(x) = \frac{1 - e^x}{1 + e^x}$$
è una funzione dispari definita su tutto $\mathbb{R}$. Infatti, per ogni $x \in \mathbb{R}$, si ha
$$f(-x) = \frac{1 - e^{-x}}{1 + e^{-x}} = \frac{e^x - 1}{e^x + 1} = -\frac{1 - e^x}{e^x + 1} = -f(x).$$

3. Il coseno è una funzione pari ($\cos(-x) = \cos x$), mentre il seno, la tangente e l'arcotangente sono funzioni dispari ($\operatorname{sen}(-x) = -\operatorname{sen} x$, $\operatorname{tg}(-x) = -\operatorname{tg} x$, $\operatorname{artg}(-x) = -\operatorname{artg} x$).

Teorema 125. *Ogni funzione $f : \mathbb{R} \to \mathbb{R}$ può essere decomposta, in modo unico, nella somma di una funzione pari e di una funzione dispari.*

Dimostrazione. Supponiamo che esistano una funzione pari $p : \mathbb{R} \to \mathbb{R}$ e una funzione dispari $d : \mathbb{R} \to \mathbb{R}$ tali che $f(x) = p(x) + d(x)$ per ogni $x \in \mathbb{R}$. Allora, si ha

$$\begin{cases} f(x) = p(x) + d(x) \\ f(-x) = p(x) - d(x) \,. \end{cases}$$

Sommando e sottraendo queste due equazioni si ottengono le identità

$$p(x) = \frac{f(x) + f(-x)}{2} \qquad \text{e} \qquad q(x) = \frac{f(x) - f(-x)}{2} \,.$$

Si verifica facilmente che queste due funzioni sono rispettivamente pari e dispari e che la loro somma è la funzione f di partenza. □

Le funzioni p e d definite nella dimostrazione del teorema precedente sono rispettivamente la *parte pari* e la *parte dispari* della funzione f.

ESEMPI

1. Se f è una funzione polinomiale, allora la sua parte pari è data dalla somma dei termini contenenti le potenze pari, mentre la sua parte disperi è data dalla somma dei termini contenenti le potenze dispari. Ad esempio, se $f(x) = 3x^5 + 2x^4 - x^3 - 3x^2 + 6$, allora $p(x) = 2x^4 - 3x^2 + 6$ e $d(x) = 3x^5 - x^3$.

2. Se f è una funzione razionale definita da $f(x) = a(x)/b(x)$, dove $a(x)$ e $b(x)$ sono due funzioni polinomiali con $b(x) \neq 0$, allora si ha

$$p(x) = \frac{a(x)b(-x) + a(-x)b(x)}{2b(x)b(-x)} \qquad \text{e} \qquad d(x) = \frac{a(x)b(-x) - a(-x)b(x)}{2b(x)b(-x)} \,.$$

Ad esempio, se

$$f(x) = \frac{3x+1}{x+2}, \qquad \text{allora} \qquad p(x) = \frac{2-3x^2}{4-x^2} \qquad \text{e} \qquad d(x) = \frac{5x}{4-x^2} \,.$$

3. La parte pari e la parte dispari della funzione esponenziale e^x sono rispettivamente il *coseno iperbolico* e il *seno iperbolico*:

$$\cosh x = \frac{e^x + e^{-x}}{2} \qquad \text{e} \qquad \operatorname{senh} x = \frac{e^x - e^{-x}}{2} \,.$$

Queste due funzioni soddisfano l'identità fondamentale $\cosh^2 x - \operatorname{senh}^2 x = 1$.

Le funzioni pari e dispari si possono generalizzare a funzioni simmetriche rispetto a un qualunque punto sull'asse x. Più precisamente, si ha il

Teorema 126. *Una funzione* $f : \mathbb{R} \to \mathbb{R}$ *è simmetrica rispetto alla retta di equazione* $x = x_0$ *se e solo se* $f(2x_0 - x) = f(x)$ *per ogni* $x \in \mathbb{R}$*, ed è simmetrica rispetto al punto* $P_0 \equiv (x_0, 0)$ *se e solo se* $f(2x_0 - x) = -f(x)$ *per ogni* $x \in \mathbb{R}$.

Dimostrazione. Sia $P_0 \equiv (x_0, 0)$ un punto fissato sull'asse x. Il punto $P' \equiv (x', 0)$ simmetrico del punto $P \equiv (x, 0)$ rispetto a P_0 se e solo se $(x'+x)/2 = x_0$, ossia $x' = 2x_0 - x$.

La simmetria rispetto all'asse $x = x_0$ manda un punto $P \equiv (x, y)$ del piano nel punto $P' \equiv (x', y') \equiv (2x_0 - x, y)$. Quindi, la funzione f è simmetrica rispetto all'asse $x = x_0$ se e solo se comunque scelto un punto $P \equiv (x, f(x))$ appartenente al suo grafico anche il punto simmetrico $P' \equiv (2x_0 - x, f(x))$ appartiene al suo grafico e questo accade se e soltanto se $f(2x_0 - x) = f(x)$.

Analogamente, la simmetria rispetto al punto P_0 manda un punto $P \equiv (x, y)$ del piano nel punto $P' \equiv (x', y') \equiv (2x_0 - x, -y)$. Quindi, la funzione f è simmetrica rispetto al punto P_0 se e solo se comunque scelto un punto $P \equiv (x, f(x))$ appartenente al suo grafico anche il punto simmetrico $P' \equiv (2x_0 - x, -f(x))$ appartiene al suo grafico e questo accade se e soltanto se $f(2x_0 - x) = -f(x)$. □

2.3.4 Funzioni limitate

Definizione 127. *Una funzione* $f : I \to \mathbb{R}$ è limitata *quando è limitata la sua immagine, ossia quando esiste un numero reale* $M > 0$ *tale che* $|f(x)| \leq M$ *per ogni* $x \in I$*. Analogamente, la funzione* f è limitata superiormente *quando è limitata superiormente la sua immagine, ossia quando esiste un numero reale* M *tale che* $f(x) \leq M$ *per ogni* $x \in I$*, mentre* è limitata inferiormente *quando è limitata inferiormente la sua immagine, ossia quando esiste un numero reale* m *tale che* $f(x) \geq m$ *per ogni* $x \in I$.

ESEMPI

1. Una funzione costante è sempre limitata.

2. Le funzioni $f(x) = \operatorname{sen} x$ e $g(x) = \cos x$ sono limitate su tutto $\mathbb{R}$, poiché $|\operatorname{sen} x| \leq 1$ e $|\cos x| \leq 1$ per ogni $x \in \mathbb{R}$. Anche la funzione $h(x) = \operatorname{artg} x$ è limitata su tutto $\mathbb{R}$, poiché $|\operatorname{artg} x| \leq \pi/2$ per ogni $x \in \mathbb{R}$.

3. La funzione $f : \mathbb{R} \to \mathbb{R}$, definita da $f(x) = x^2$, è limitata inferiormente (poiché $x^2 \geq 0$ per ogni $x \in \mathbb{R}$) ma è illimitata superiormente. Invece, la funzione $g : \mathbb{R} \to \mathbb{R}$, definita da $g(x) = x^3$ è illimitata sia inferiormente sia superiormente.

4. La funzione $f : \mathbb{R} \to \mathbb{R}$, definita da $f(x) = e^x$, è limitata inferiormente (poiché $e^x > 0$ per ogni $x \in \mathbb{R}$) ma è illimitata superiormente. Invece, la funzione $g : (0, +\infty) \to \mathbb{R}$, definita da $g(x) = \log x$, è illimitata sia inferiormente sia superiormente.

5. La funzione $f : \mathbb{R} \to \mathbb{R}$, definita da $f(x) = \mathrm{e}^{-x^2}$, è limitata inferiormente poiché $f(x) = \mathrm{e}^{-x^2} > 0$ per ogni $x \in \mathbb{R}$. Inoltre, f è limitata superiormente poiché $f(x) \leq 1$ per ogni $x \in \mathbb{R}$. Infatti, si ha $\mathrm{e}^{-x^2} \leq 1$ se e solo se $-x^2 \leq \log 1 = 0$, e questa seconda condizione è sempre vera.

2.3.5 Funzioni monotone

Definizione 128. *Sia $f : I \to \mathbb{R}$ una funzione definita su un intervallo I (finito o infinito) di $\mathbb{R}$. La funzione f è*

1. crescente *quando $x_1 \leq x_2$ implica $f(x_1) \leq f(x_2)$, per ogni $x_1, x_2 \in I$.*
2. strettamente crescente *quando $x_1 < x_2$ implica $f(x_1) < f(x_2)$, per ogni $x_1, x_2 \in I$.*
3. decrescente *quando $x_1 \leq x_2$ implica $f(x_1) \geq f(x_2)$, per ogni $x_1, x_2 \in I$.*
4. strettamente decrescente *quando $x_1 < x_2$ implica $f(x_1) > f(x_2)$, per ogni $x_1, x_2 \in I$.*

Una funzione è monotona *quando è crescente o decrescente ed è* strettamente monotona *quando è strettamente crescente o strettamente decrescente.*

ESEMPI

1. Una funzione costante è monotona ma non strettamente monotona.
2. La funzione $f(x) = x$ è strettamente crescente su tutto $\mathbb{R}$.
3. La funzione $f(x) = x^2$ è strettamente decrescente sull'intervallo $[-1, 0]$, è strettamente crescente sull'intervallo $[0, 1]$ e non è monotona sull'intervallo $[-1, 1]$ (dove decresce e poi cresce).
4. La funzione esponenziale e^x e la funzione logaritmica $\log x$ sono funzioni strettamente monotone (più precisamente, strettamente crescenti). In particolare, $\mathrm{e}^{x_1} < \mathrm{e}^{x_2}$ se e solo se $x_1 < x_2$ e, analogamente, $\log x_1 < \log x_2$ se e solo se $x_1 < x_2$.
5. Le funzioni $\operatorname{sen} x$ e $\cos x$ non sono monotone su $\mathbb{R}$, poiché continuano a oscillare.

Proposizione 129. *La composizione di due funzioni (strettamente) monotone è una funzione (strettamente) monotona. Più precisamente, date due funzioni $f : I \to J$ e $g : J \to K$, si ha*

1. *se f è (strettamente) crescente e g è (strettamente) crescente, allora $g \circ f$ è (strettamente) crescente;*
2. *se f è (strettamente) crescente e g è (strettamente) decrescente, allora $g \circ f$ è (strettamente) decrescente;*
3. *se f è (strettamente) decrescente e g è (strettamente) crescente, allora $g \circ f$ è (strettamente) decrescente;*

4. *se* f *è (strettamente) decrescente e* g *è (strettamente) decrescente, allora* $g \circ f$ *è (strettamente) crescente.*

Dimostrazione. Dimostriamo solo la prima proprietà (le altre si dimostrano in modo analogo). Per ogni $x_1, x_2 \in I$, con $x_1 \leq x_2$, si ha $f(x_1) \leq f(x_1)$ (essendo f crescente). Quindi, si ha $g(f(x_1)) \leq g(f(x_2))$ (essendo g crescente). Pertanto, abbiamo dimostrato che $x_1 \leq x_2$ implica $(g \circ f)(x_1) \leq (g \circ f)(x_2)$, per ogni $x_1, x_2 \in I$. □

Proposizione 130. *Una funzione strettamente monotona è iniettiva.*

Dimostrazione. Se la funzione è strettamente monotona, a valori distinti corrispondono valori distinti. □

Proposizione 131. *Se* $f : I \to J$ *è una funzione invertibile strettamente crescente (strettamente decrescente), allora anche la funzione inversa* $\widehat{f} : J \to I$ *è strettamente crescente (strettamente decrescente).*

Dimostrazione. Siano $y_1, y_2 \in J$, con $y_1 < y_2$. Dobbiamo dimostrare che $\widehat{f}(y_1) < \widehat{f}(y_2)$. Assumiamo, per assurdo, che sia $\widehat{f}(y_1) > \widehat{f}(y_2)$. Allora, essendo $\widehat{f}(y_1), \widehat{f}(y_2) \in I$ ed essendo f crescente, si avrebbe $f(\widehat{f}(y_1)) > f(\widehat{f}(y_2))$, ossia $y_1 > y_2$. Ma questo è assurdo, poiché per ipotesi si ha $y_1 < y_2$. □

ESEMPI

1. La funzione $f(x) = x^2$ è strettamente crescente sull'intervallo $[0, +\infty)$ e la sua funzione inversa, data da $g(x) = \sqrt{x}$, è anch'essa strettamente crescente sull'intervallo $[0, +\infty)$.

2. La funzione esponenziale e^x è strettamente crescente su $\mathbb{R}$ e la sua funzione inversa, data dal logaritmo $\log x$, è strettamente crescente sull'intervallo $(0, +\infty)$.

3. La funzione $\operatorname{arsen} x$ è strettamente crescente sull'intervallo $[-1, 1]$, poiché la finzione $\operatorname{sen} x$ è strettamente crescente sull'intervallo $[-\pi/2, \pi/2]$. Analogamente, la funzione $\arccos x$ è strettamente decrescente sull'intervallo $[-1, 1]$, poiché la funzione $\cos x$ è strettamente decrescente sull'intervallo $[0, \pi]$.

4. La funzione $\operatorname{artg} x$ è strettamente crescente su tutto $\mathbb{R}$, poiché la funzione $\operatorname{tg} x$ è strettamente crescente su tutto l'intervallo $[-\pi/2, \pi/2]$. In particolare, $\operatorname{artg} x_1 < \operatorname{artg} x_2$ se e solo se $x_1 < x_2$.

OSSERVAZIONE 132. Una funzione può essere invertibile anche senza essere strettamente monotona. Ad esempio, la funzione $f : [0, 2] \to [0, 2]$, definita da

$$f(x) = \begin{cases} x & \text{se } x \in [0, 1) \\ 3 - x & \text{se } x \in [1, 2], \end{cases}$$

è invertibile, essendo iniettiva e suriettiva. tuttavia, la funzione non è strettamente crescente.

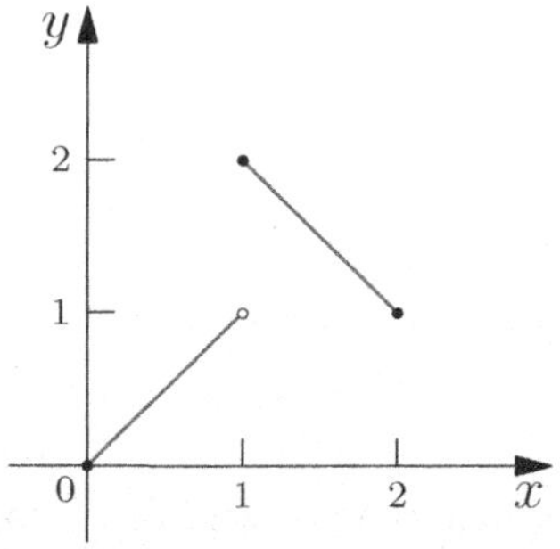

In questo caso, la funzione considerata è anche un'involuzione, ossia si ha $f(f(x)) = x$, per ogni $x \in [0,2]$. Questo significa, che l'inversa di f coincide con f stessa, ossia $\widehat{f}(x) = f(x)$, per ogni $x \in [0,2]$.

2.3.6 Funzioni periodiche

Definizione 133. *Una funzione (non costante) $f : X \to \mathbb{R}$ è periodica di periodo p quando $f(x+p) = f(x)$ per ogni $x \in X$ e p è il minimo numero reale positivo per cui vale questa proprietà.*

OSSERVAZIONE 134. Se f è una funzione periodica di periodo p, allora $f(x + 2p) = f(x)$ per ogni $x \in X$. Infatti, si ha $f(x + 2p) = f((x + p) + p) = f(x + p) = f(x)$. Inoltre, si ha $f(x - p) = f(x)$ per ogni $x \in X$. Infatti, si ha $f(x - p) = f((x - p) + p) = f(x)$. In generale, $f(x + kp) = f(x)$ per ogni $k \in \mathbb{Z}$ e per ogni $x \in X$. Questo implica che il dominio di una funzione periodica è illimitato (anche se può non coincidere con tutto $\mathbb{R}$).

OSSERVAZIONE 135. Una funzione $f : X \to \mathbb{R}$ periodica di periodo p può essere limitata a un *intervallo di periodicità* $[x_0, x_0+p]$, dove x_0 è un qualunque elemento fissato di X. Se la funzione è pari o dispari, può essere conveniente scegliere un intervallo di periodicità simmetrico rispetto all'origine.

ESEMPI

1. Le funzioni $\cos x$ e $\operatorname{sen} x$ sono periodiche di periodo 2π. Più in generale le funzioni $\cos nx$ e $\operatorname{sen} nx$, con $n \in \mathbb{N}$, $n \neq 0$, sono periodiche di periodo $\frac{2\pi}{n}$.

2. Le funzioni $\operatorname{tg} x$ e $\operatorname{ctg} x$ sono periodiche di periodo π.

3. La funzione mantissa $f(x) = x - \lfloor x \rfloor$ è periodica di periodo 1.

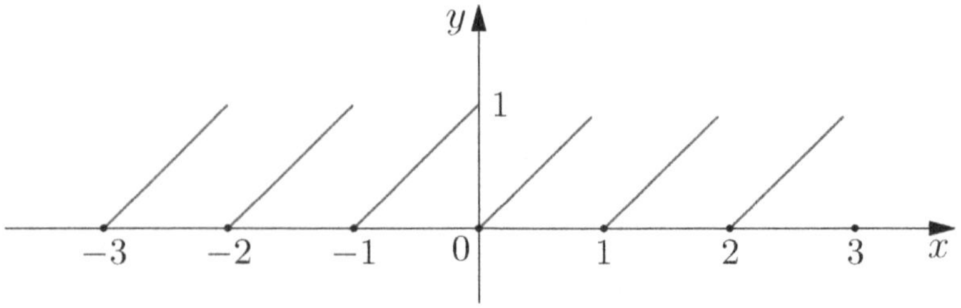

4. La somma di funzioni periodiche è, in generale, ancora una funzione periodica. Ad esempio, la funzione $f : \mathbb{R} \to \mathbb{R}$ definita da

$$f(x) = \operatorname{sen} x - 2 \operatorname{sen} 2x + 2 \cos 3x$$

è periodica di periodo 2π.

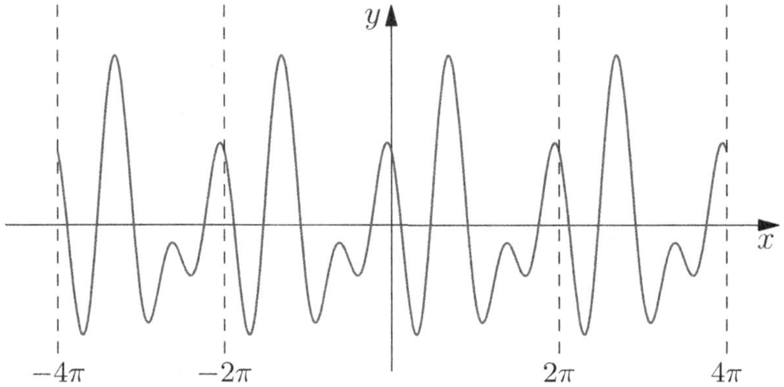

3

Successioni numeriche

3.1 Definizione e grafico

Una *successione* a termini reali è una funzione $f : \mathbb{N} \to \mathbb{R}$. Usualmente, una successione viene indicata elencando esplicitamente i suoi elementi:

$$f = \{f_n\}_{n\in\mathbb{N}} = \{f_0, f_1, f_2, f_3, \dots, f_n, \dots\},$$

dove $f_n = f(n) \in \mathbb{R}$ è il *termine generale* della successione. Ad esempio, si hanno le seguenti successioni

$$\{n\}_{n\in\mathbb{N}} = \{0, 1, 2, 3, \dots, n, \dots\} \qquad \{1\}_{n\in\mathbb{N}} = \{1, 1, 1, 1, \dots, 1, \dots\}$$

$$\{n^2\}_{n\in\mathbb{N}} = \{0, 1, 4, 9, \dots, n^2, \dots\} \qquad \{(-1)^n\}_{n\in\mathbb{N}} = \{1, -1, 1, -1, \dots, (-1)^n, \dots\}$$

$$\{\sqrt{n}\}_{n\in\mathbb{N}} = \{0, 1, \sqrt{2}, \sqrt{3}, \dots, \sqrt{n}, \dots\} \qquad \{(-1)^n n\}_{n\in\mathbb{N}} = \{0, -1, 2, -3, 4, -5, \dots, (-1)^n n, \dots\}.$$

Dal punto di vista teorico, le successioni partiranno sempre dall'indice 0. Nella pratica, però, a volte conviene partire da altri indici, come ad esempio nella successione

$$\left\{\frac{1}{n}\right\}_{n\geq 1} = \left\{1, \frac{1}{2}, \frac{1}{3}, \frac{1}{4}, \dots, \frac{1}{n}, \dots\right\}.$$

Naturalmente, a meno di una traslazione, ci si può sempre ricondurre all'indice 0. Nell'esempio precedente, si ha

$$\left\{\frac{1}{n+1}\right\}_{n\geq 0} = \left\{1, \frac{1}{2}, \frac{1}{3}, \frac{1}{4}, \dots, \frac{1}{n}, \dots\right\}.$$

Spesso, per comodità, una successione viene indicata semplicemente dal sue termine generale f_n. Così, ad esempio, possiamo considerare la successione $\{1/n\}_{n\geq 1}$ può essere semplicemente indicata con $1/n$.

Poiché una successione è una funzione $f : \mathbb{N} \to \mathbb{R}$, possiamo sempre rappresentare una successione mediante un grafico discreto formato dai punti $P_n \equiv (n, f_n)$ per $n \in \mathbb{N}$. Si vedano le Figure 3.1 e 3.2 per alcuni esempi.

Iniziamo a dare alcune semplici definizioni che ricalcano quelle analoghe che abbiamo visto per le funzioni.

Definizione 136. *Sia* $\{f_n\}_{n\in\mathbb{N}}$ *una successione di numeri reali. Allora*

1. $\{f_n\}_{n\in\mathbb{N}}$ è non negativa *quando* $f_n \geq 0$ *per ogni* $n \in \mathbb{N}$

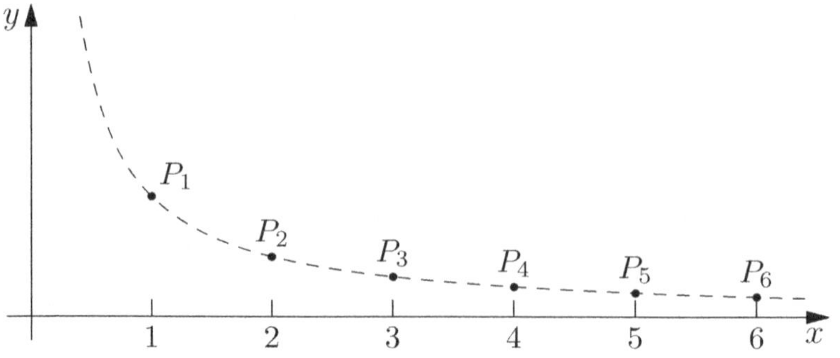

Figura 3.1: Grafico della successione $\{1/n\}_{n\geq 1}$.

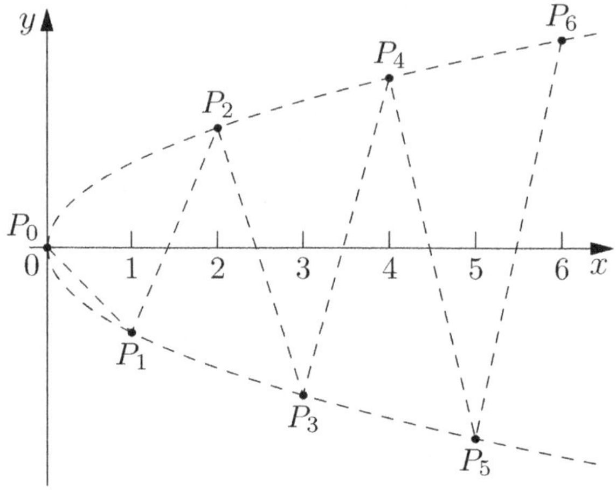

Figura 3.2: Grafico della successione $\{(-1)^n\sqrt{n}\}_{n\geq 0}$.

2. $\{f_n\}_{n\in\mathbb{N}}$ è non positiva *quando* $f_n \leq 0$ *per ogni* $n \in \mathbb{N}$
3. $\{f_n\}_{n\in\mathbb{N}}$ è positiva *quando* $f_n > 0$ *per ogni* $n \in \mathbb{N}$
4. $\{f_n\}_{n\in\mathbb{N}}$ è negativa *quando* $f_n < 0$ *per ogni* $n \in \mathbb{N}$
5. $\{f_n\}_{n\in\mathbb{N}}$ è a segni alterni *quando esiste una successione* $\{g_n\}_{n\in\mathbb{N}}$ *positiva o negativa tale che* $f_n = (-1)^n g_n$ *per ogni* $n \in \mathbb{N}$.

Ad esempio, la successione di Figura 3.1 è positiva, mentre la successione di Figura 3.2 è a segni alterni.

Definizione 137. *Sia* $\{f_n\}_{n\in\mathbb{N}}$ *una successione di numeri reali. Allora*

1. $\{f_n\}_{n\in\mathbb{N}}$ è limitata superiormente *quando esiste un* $M \in \mathbb{R}$ *tale che* $f_n \leq M$ *per ogni* $n \in \mathbb{N}$
2. $\{f_n\}_{n\in\mathbb{N}}$ è limitata inferiormente *quando esiste un* $m \in \mathbb{R}$ *tale che* $f_n \geq m$ *per ogni* $n \in \mathbb{N}$
3. $\{f_n\}_{n\in\mathbb{N}}$ è limitata *quando è limitata superiormente e inferiormente, ossia quando esistono due numeri* $m, M \in \mathbb{R}$ *tali che* $m \leq f_n \leq M$ *per ogni*

$n \in \mathbb{N}$, o, equivalentemente, quando esiste un numero reale $M \geq 0$ tale che $|f_n| \leq M$ per ogni $n \in \mathbb{N}$.

Ad esempio, la successione di Figura 3.1 è limitata, poiché $0 < f_n \leq 1$ per ogni $n \geq 1$, mentre la successione di Figura 3.2 è illimitata, sia superiormente sia inferiormente. Una successione costante $\{a, a, a, \ldots\}$ è sempre limitata. La successione $f_n = \operatorname{sen} n$ è limitata, poiché $|\operatorname{sen} n| \leq 1$ per ogni $n \in \mathbb{N}$. Analogamente, la successione $f_n = \operatorname{artg} n$ è limitata, poiché $-\frac{\pi}{2} < \operatorname{artg} n < \frac{\pi}{2}$ per ogni $n \in \mathbb{N}$.

Nello studio delle successioni spesso è importante che tutti i termini di una successione, tranne al più un numero finito di essi, possiedano una data proprietà. Più precisamente, una successione f possiede *definitivamente* una proprietà P quando esiste un indice $n_0 \in \mathbb{N}$ tale che P sia vera per ogni $n \geq n_0$.

Ad esempio, la successione $\{-3, -2, -1, 0, 1, 2, 3, 4, 4, 4, \ldots, 4, \ldots\}$ non è positiva, ma è definitivamente positiva (e definitivamente non negativa). Inoltre, non è costante, ma è definitivamente costante.

3.2 Successioni convergenti e divergenti

Uno dei concetti fondamentali dell'analisi è quello di limite. Qui iniziamo a studiare i limiti di successioni che, come vedremo, giocano un ruolo fondamentale anche nel caso dei limiti di funzioni. Iniziamo col dare la definizione di successione convergente.

Definizione 138. *Una successione $f = \{f_n\}_{n \in \mathbb{N}}$ è* convergente *quando esiste un numero $\ell \in \mathbb{R}$ tale che, comunque scelto un numero $\varepsilon \in \mathbb{R}$, $\varepsilon > 0$, esiste un indice $n_0 \in \mathbb{N}$ (dipendente da ε) tale che $|f_n - \ell| < \varepsilon$ per ogni $n \geq n_0$. In questo caso, si dice che la successione f converge a ℓ e si scrive $f_n \to \ell$ per $n \to +\infty$, oppure*

$$\lim_{n \to +\infty} f_n = \ell .$$

Il numero ℓ è detto limite *della successione f.*

Geometricamente, una successione $\{f_n\}_{n \in \mathbb{N}}$ converge a un numero reale ℓ quando, comunque fissato un intorno $(\ell - \varepsilon, \ell + \varepsilon)$ di ℓ, i punti (n, f_n) si trovano definitivamente all'interno della striscia orizzontale delimitata dalle due rette $y = \ell - \varepsilon$ e $y = \ell + \varepsilon$. Quanto più ε diventa piccolo, tanto più la striscia orizzontale si restringe attorno alla retta $y = \ell$ e tanto più i punti (n, f_n) si avvicinano a questa retta. Si veda la Figura 3.3.

ESEMPI

1. Una successione definitivamente costante è sempre convergente. Più precisamente, se $f_n = c$ per ogni $n \geq n_0$, allora $f_n \to c$ per $n \to +\infty$. Infatti $|f_n - c| = |c - c| = 0 < \varepsilon$ per ogni $n \geq n_0$.

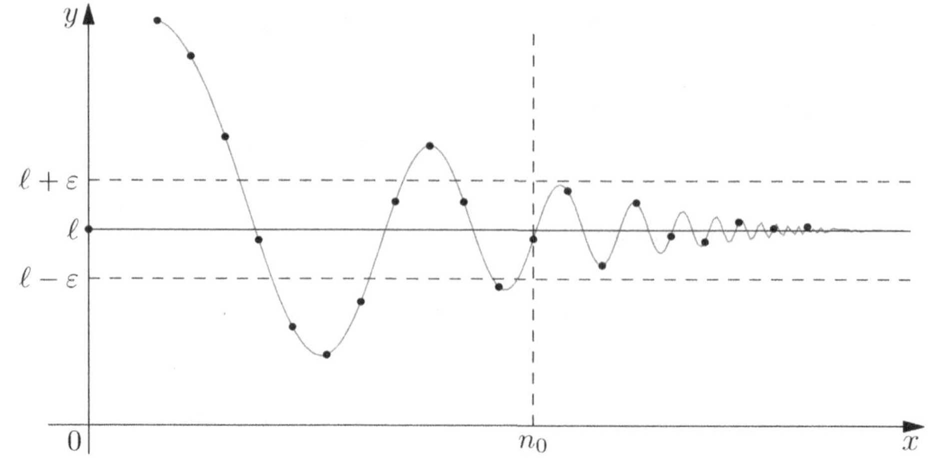

Figura 3.3: Significato geometrico del limite di una successione.

2. Verifichiamo, mediante la definizione, che la successione $f_n = \frac{2n+1}{n+1}$ tende a 2 per $n \to +\infty$. Dobbiamo dimostrare che per ogni $\varepsilon > 0$ esiste un indice $n_0 \in \mathbb{N}$ tale che per ogni $n \geq n_0$ si abbia

$$\left|\frac{2n+1}{n+1} - 2\right| < \varepsilon\,.$$

Poiché

$$\left|\frac{2n+1}{n+1} - 2\right| < \varepsilon \quad\Longleftrightarrow\quad \frac{1}{n+1} < \varepsilon \quad\Longleftrightarrow\quad n > \frac{1}{\varepsilon} - 1\,,$$

basta scegliere un qualunque $n_0 > \frac{1}{\varepsilon} - 1$, ad esempio $n_0 = \lceil \frac{1}{\varepsilon} - 1 \rceil$. Si osservi che l'indice n_0 dipende da ε.

3. Verifichiamo, mediante la definizione, che la successione $f_n = \frac{2^n}{2^n+1}$ tende a 1 per $n \to +\infty$. Dobbiamo dimostrare che per ogni $\varepsilon > 0$ esiste un indice $n_0 \in \mathbb{N}$ tale che per ogni $n \geq n_0$ si abbia

$$\left|\frac{2^n}{2^n+1} - 1\right| < \varepsilon\,.$$

Poiché

$$\left|\frac{2^n}{2^n+1} - 1\right| < \varepsilon \iff \frac{1}{2^n+1} < \varepsilon \iff 2^n > \frac{1}{\varepsilon} - 1 \iff n > \log_2\left(\frac{1}{\varepsilon} - 1\right),$$

basta scegliere $n_0 = \lceil \log_2\left(\frac{1}{\varepsilon} - 1\right) \rceil$.

4. Verifichiamo, infine, che la successione $f_n = \sqrt[n]{3}$ tende a 1 per $n \to +\infty$. Dobbiamo dimostrare che per ogni $\varepsilon > 0$ esiste un indice $n_0 \in \mathbb{N}$ tale

che per ogni $n \geq n_0$ si abbia $|\sqrt[n]{3} - 1| < \varepsilon$, ossia $1 - \varepsilon < 3^{1/n} < 1 + \varepsilon$. Se $\varepsilon \geq 1$, la prima disuguaglianza è sempre verificata e basta studiare la seconda. Assumendo $0 < \varepsilon < 1$, si ha

$$\begin{aligned} 1 - \varepsilon < 3^{1/n} < 1 + \varepsilon \quad &\iff \quad \log(1-\varepsilon) < \frac{\log 3}{n} < \log(1+\varepsilon) \\ &\iff \quad n \log(1-\varepsilon) < \log 3\,, \quad \log 3 < n \log(1+\varepsilon) \\ &\iff \quad n > \frac{\log 3}{\log(1-\varepsilon)}\,, \quad n > \frac{\log 3}{\log(1+\varepsilon)} \end{aligned}$$

poiché $\log(1-\varepsilon) < 0$ e $\log(1+\varepsilon) > 0$. Quindi, basta scegliere $n > \max\left(\frac{\log 3}{\log(1-\varepsilon)}, \frac{\log 3}{\log(1+\varepsilon)}\right) = \frac{\log 3}{\log(1+\varepsilon)}$.

Come vedremo in seguito, esistono delle tecniche di tipo algebrico per calcolare i imiti di una successione, senza passare attraverso la definizione. La definizione di limite, però, resta fondamentale per dimostrare proprietà generali riguardanti i limiti di successioni.

Vediamo ora la definizione di successione divergente.

Definizione 139. *Una successione* $f = \{f_n\}_{n\in\mathbb{N}}$ diverge *a* $+\infty$ *quando, comunque scelto un numero reale* $M > 0$*, esiste un indice* $n_0 \in \mathbb{N}$ *tale che* $f_n > M$ *per ogni* $n \geq n_0$*. In questo caso, si scrive*

$$\lim_{n\to+\infty} f_n = +\infty \qquad \textit{oppure} \qquad f_n \to +\infty \quad \textit{per } n \to +\infty\,.$$

Analogamente, una successione $f = \{f_n\}_{n\in\mathbb{N}}$ diverge *a* $-\infty$ *quando, comunque scelto un numero reale* $M > 0$*, esiste un indice* $n_0 \in \mathbb{N}$ *tale che* $f_n < -M$ *per ogni* $n \geq n_0$*. In questo caso, si scrive*

$$\lim_{n\to+\infty} f_n = -\infty \qquad \textit{oppure} \qquad f_n \to -\infty \quad \textit{per } n \to +\infty\,.$$

In entrambi i casi, si dice che la successione f *è* divergente.

ESEMPIO 140. Verifichiamo che la successione $f_n = \frac{n^2}{n+1}$ diverge a $+\infty$. Dobbiamo dimostrare che per ogni $M > 0$ esiste un indice $n_0 \in \mathbb{N}$ tale che per ogni $n \geq n_0$ si abbia

$$\frac{n^2}{n+1} > M\,.$$

Quest'ultima disuguaglianza si ha quando $n^2 - Mn - M > 0$. Quindi, per n_0, basta scegliere un qualunque $n > \frac{M+\sqrt{M^2+4M}}{2}$.

Vediamo infine la definizione di successione regolare.

Definizione 141. *Una successione è* regolare *quando è convergente o divergente (ossia quando ammette limite, finito o infinito), ed è* irregolare *in caso contrario (ossia quando non ammette limite).*

ESEMPI

1. $\{(-1)^n\}_{n\in\mathbb{N}} = \{1, -1, 1, -1, \ldots\}$ è irregolare.
2. $\left\{\dfrac{(-1)^n}{n}\right\}_{n\geq 1} = \{-1, \frac{1}{2}, -\frac{1}{3}, \frac{1}{4}, \ldots\}$ è regolare poiché converge a 0.
3. $\{(-1)^n n\}_{n\in\mathbb{N}} = \{0, -1, 2, -3, 4, \ldots\}$ è irregolare.
4. $\{\operatorname{sen} n\}_{n\in\mathbb{N}}$ è irregolare.
5. $\left\{\dfrac{n}{2+(-1)^n}\right\}_{n\geq 1} = \{1, \frac{2}{3}, 3, \frac{4}{3}, 5, 2, 7, \frac{8}{3}, \ldots\}$ è regolare poiché diverge a $+\infty$.

OSSERVAZIONI

1. Se una successione diverge a $+\infty$, allora è superiormente illimitata. Tuttavia, se una successione è superiormente limitata, non è necessariamente divergente $+\infty$. Ad esempio, la successione $\{(-1)^n n\}_{n\in\mathbb{N}}$ è superiormente illimitata, ma è irregolare.
2. Analogamente, se $\{f_n\}_{n\in\mathbb{N}}$ è una successione limitata e $\{g_n\}_{n\in\mathbb{N}}$ è una successione divergente, la successione prodotto $\{f_n g_n\}_{n\in\mathbb{N}}$ non è necessariamente divergente. Per avere un controesempio, basta considerare le successioni $f_n = (-1)^n$ e $g_n = n$.

3.3 Proprietà delle successioni convergenti

3.3.1 Proprietà elementari

Dalla definizione 138, si hanno immediatamente le seguenti semplici, ma utili proprietà

$$\lim_{n\to+\infty} f_n = \ell \iff \lim_{n\to+\infty}(f_n - \ell) = 0 \quad \text{e} \quad \lim_{n\to+\infty}|f_n| = 0 \iff \lim_{n\to+\infty} f_n = 0\,.$$

Si ha poi la seguente fondamentale properità.

Teorema 142 (Unicità del limite). *Il limite di una successione, se esiste, è unico.*

Dimostrazione. Sia $\{f_n\}_{n\in\mathbb{N}}$ una successione convergente e siano ℓ_1 ed ℓ_2 due suoi limiti (non necessariamente distinti). Allora, per la definizione di limite, comunque fissato un numero reale $\varepsilon > 0$, esiste un indice $n_1 \in \mathbb{N}$ tale che $|f_n - \ell_1| < \varepsilon$ per ogni $n \geq n_1$, ed esiste un indice $n_2 \in \mathbb{N}$ tale che $|f_n - \ell_2| < \varepsilon$ per ogni $n \geq n_2$. Pertanto, per la disuguaglianza triangolare, si ha

$$|\ell_1 - \ell_2| = |\ell_1 - f_n + f_n - \ell_2| \leq |\ell_1 - f_n| + |f_n - \ell_2| < \varepsilon + \varepsilon = 2\varepsilon$$

per ogni $n \geq n_0 = \max(n_1, n_2)$. Poiché ε è un numero reale positivo arbitrario, si ha $|\ell_1 - \ell_2| = 0$, ossia $\ell_1 = \ell_2$. □

Abbiamo poi la seguente semplice, ma importante, properità.

Teorema 143. *Ogni successione convergente è limitata.*

Dimostrazione. Sia $\{f_n\}_{n\in\mathbb{N}}$ una successione convergente a un numero reale ℓ, ossia $f_n \to \ell$ per $n \to +\infty$. Fissato $\varepsilon = 1$, esiste un indice $n_0 \in \mathbb{N}$ tale che $|f_n - \ell| < 1$, ossia $\ell - 1 < f_n < \ell + 1$, per ogni $n \geq n_0$. Restano esclusi i primi termini f_0, f_1, ..., f_{n_0-1}, che però sono in numero finito. Allora, possiamo considerare $m = \min\{f_0, f_1, \dots, f_{n_0-1}\}$ e $M = \max\{f_0, f_1, \dots, f_{n_0-1}\}$. Abbiamo così $\min(m, \ell - 1) \leq f_n \leq \max(M, \ell + 1)$ per ogni $n \in \mathbb{N}$. La successione è pertanto limitata. □

Abbiamo inoltre la seguente proprietà spesso utile nel calcolo dei limiti.

Teorema 144. *Sia* $\{f_n\}_{n\in\mathbb{N}}$ *una successione limitata e sia* $\{g_n\}_{n\in\mathbb{N}}$ *una successione infinitesima, ossia tale che* $g_n \to 0$ *per* $n \to +\infty$. *Allora, anche la successione* $\{f_n g_n\}_{n\in\mathbb{N}}$ *è infinitesima, ossia*

$$\lim_{n\to+\infty} f_n g_n = 0\,.$$

Dimostrazione. Poiché la successione $\{f_n\}_{n\in\mathbb{N}}$ è limitata, esiste un numero reale positivo M tale che $|f_n| < M$ per ogni $n \in \mathbb{N}$. Inoltre, poiché $g_n \to 0$ per $n \to +\infty$, per ogni $\varepsilon > 0$ esiste un indice $n_0 \in \mathbb{N}$ tale che $|g_n| < \varepsilon$ per ogni $n \geq n_0$. Pertanto, $|f_n g_n| < M\varepsilon$ per ogni $n \geq n_0$. Per l'arbitrarietà di ε, si ha che $f_n g_n \to 0$ per $n \to +\infty$. □

ESEMPI

1. Consideriamo il limite
$$\lim_{n\to+\infty} \frac{\operatorname{sen} n}{n}\,.$$
Poiché la successione $\operatorname{sen} n$ è limitata, essendo $|\operatorname{sen} n| < 1$ per ogni $n \in \mathbb{N}$, ed essendo $1/n$ una successione infinitesima, possiamo concludere che il limite dato è 0.

2. Consideriamo il limite
$$\lim_{n\to+\infty} \frac{\operatorname{artg} n}{\sqrt{n}}\,.$$
Poiché la successione $\operatorname{artg} n$ è limitata, essendo $-\frac{\pi}{2} < \operatorname{artg} n < \frac{\pi}{2}$ per ogni $n \in \mathbb{N}$, ed essendo $1/\sqrt{n}$ una successione infinitesima, possiamo concludere che il limite dato è 0.

3. Consideriamo il limite
$$\lim_{n\to+\infty} \frac{(-1)^n}{n^2}\,.$$
Poiché la successione $(-1)^n$ è limitata ed essendo $1/n^2$ una successione infinitesima, possiamo concludere che il limite dato è 0.

3.3.2 Proprietà algebriche

Nel caso delle successioni convergenti, i limiti posseggono buone proprietà algebriche, ossia conservano le combinazioni lineari, i prodotti e i quozienti.

Teorema 145. *Siano* $\{f_n\}_{n\in\mathbb{N}}$ *e* $\{g_n\}_{n\in\mathbb{N}}$ *due successioni convergenti tali che*

$$\lim_{n\to+\infty} f_n = \ell_1 \qquad e \qquad \lim_{n\to+\infty} g_n = \ell_2 .$$

Allora, per ogni $\alpha, \beta \in \mathbb{R}$, *anche la successione* $\{\lambda f_n + \mu g_n\}_{n\in\mathbb{N}}$ *è convergente e*

$$\lim_{n\to+\infty} (\alpha f_n + \beta g_n) = \alpha\ell_1 + \beta\ell_2 .$$

Dimostrazione. Per ipotesi $f_n \to \ell_1$ e $g_n \to \ell_2$ per $n \to +\infty$. Allora, per la definizione di limite, comunque fissato un $\varepsilon > 0$ esiste un indice $n_1 \in \mathbb{N}$ tale che per ogni $n \geq n_1$ si abbia $|f_n - \ell_1| < \varepsilon$, e, analogamente, esiste un indice $n_2 \in \mathbb{N}$ tale che per ogni $n \geq n_2$ si abbia $|g_n - \ell_2| < \varepsilon$. Pertanto, posto $n_0 = \max(n_1, n_2)$, per ogni $n \geq n_0$ si ha

$$\begin{aligned} |(\lambda f_n + \mu g_n) - (\lambda\ell_1 + \mu\ell_2)| &= |\lambda(f_n - \ell_1) + \mu(g_n - \ell_2)| \leq |\lambda(f_n - \ell_1)| + |\mu(g_n - \ell_2)| \\ &= |\lambda||f_n - \ell_1| + |\mu||g_n - \ell_2| < |\lambda|\,\varepsilon + |\mu|\,\varepsilon = (|\lambda| + |\mu|)\,\varepsilon . \end{aligned}$$

Poiché ε è un arbitrario numero reale positivo, si ha che anche $\eta = (|\lambda| + |\mu|)\,\varepsilon$ è un arbitrario numero reale positivo. Abbiamo così trovato che per ogni $\eta > 0$ esiste un indice $n_0 \in \mathbb{N}$ tale che per ogni $n \geq n_0$ si ha $|(\lambda f_n + \mu g_n) - (\lambda\ell_1 + \mu\ell_2)| < \eta$. □

Teorema 146. *Siano* $\{f_n\}_{n\in\mathbb{N}}$ *e* $\{g_n\}_{n\in\mathbb{N}}$ *due successioni convergenti tali che*

$$\lim_{n\to+\infty} f_n = \ell_1 \qquad e \qquad \lim_{n\to+\infty} g_n = \ell_2 .$$

Allora, anche la successione $\{f_n g_n\}_{n\in\mathbb{N}}$ *è convergente e*

$$\lim_{n\to+\infty} f_n g_n = \ell_1\ell_2 .$$

Dimostrazione. Poiché $f_n \to \ell_1$ e $g_n \to \ell_2$ per $n \to +\infty$, comunque fissato un $\varepsilon > 0$ esiste un indice $n_1 \in \mathbb{N}$ tale che per ogni $n \geq n_1$ si abbia $|f_n - \ell_1| < \varepsilon$, ed esiste un indice $n_2 \in \mathbb{N}$ tale che per ogni $n \geq n_2$ si abbia $|g_n - \ell_2| < \varepsilon$. Pertanto, posto $n_0 = \max(n_1, n_2)$, per ogni $n \geq n_0$ si ha

$$\begin{aligned} |f_n g_n - \ell_1\ell_2| &= |f_n g_n - f_n\ell_2 + f_n\ell_2 - \ell_1\ell_2| = |f_n(g_n - \ell_2) + (f_n - \ell_1)\ell_2| \\ &\leq |f_n(g_n - \ell_2)| + |(f_n - \ell_1)\ell_2| < |f_n||g_n - \ell_2| + |f_n - \ell_1||\ell_2| . \end{aligned}$$

Poiché la successione $\{f_n\}_{n\in\mathbb{N}}$ è convergente, essa è anche limitata e quindi esiste un $M > 0$ tale che $|f_n| \leq M$ per ogni $n \in \mathbb{N}$. Pertanto, per ogni $n \geq n_0$ abbiamo

$$|f_n g_n - \ell_1\ell_2| < M\varepsilon + \varepsilon|\ell_2| = (M + |\ell_2|)\,\varepsilon .$$

Poiché ε è un arbitrario numero reale positivo, si ha che anche $\eta = (M + |\ell_2|)\,\varepsilon$ è un arbitrario numero reale positivo. Abbiamo così trovato che per ogni $\eta > 0$ esiste un indice $n_0 \in \mathbb{N}$ tale che per ogni $n \geq n_0$ si ha $|f_n g_n - \ell_1\ell_2| < \eta$. □

Teorema 147. *Sia* $\{g_n\}_{n\in\mathbb{N}}$ *una successione convergente tale che* $g_n \neq 0$ *per ogni* $n \in \mathbb{N}$ *e*

$$\lim_{n\to+\infty} g_n = \ell \neq 0 .$$

Allora, anche la successione $\{1/g_n\}_{n\in\mathbb{N}}$ *è convergente e*

$$\lim_{n\to+\infty} \frac{1}{g_n} = \frac{1}{\ell} .$$

Dimostrazione. Poiché $g_n \to \ell$ per $n \to +\infty$, scelto $\varepsilon = \frac{1}{2}|\ell| > 0$ (essendo $\ell \neq 0$), esiste un indice $n_1 \in \mathbb{N}$ tale che per ogni $n \geq n_1$ si abbia $|g_n - \ell| < \frac{1}{2}|\ell|$. Inoltre, per la disuguaglianza triangolare inversa, si ha sempre $|g_n - \ell| > ||g_n| - |\ell||$. Pertanto, abbiamo $||g_n| - |\ell|| < \frac{1}{2}|\ell|$, ossia $-\frac{1}{2}|\ell| < |g_n| - |\ell| < \frac{1}{2}|\ell|$ per ogni $n \geq n_1$. Di conseguenza, si ha $|g_n| - |\ell| > -\frac{1}{2}|\ell|$, ossia $|g_n| > |\ell| - \frac{1}{2}|\ell| = \frac{1}{2}|\ell|$ per ogni $n \geq n_1$.

Inoltre, sempre perché $g_n \to \ell$ per $n \to +\infty$, comunque scelto $\varepsilon > 0$, essendo $\frac{1}{2}|\ell|^2\varepsilon > 0$, esiste un indice $n_2 \in \mathbb{N}$ tale che per ogni $n \geq n_2$ si abbia $|g_n - \ell| < \frac{1}{2}|\ell|^2\varepsilon$.

Pertanto, posto $n_0 = \max(n_1, n_2)$, per ogni $n \geq n_0$ si ha

$$\left|\frac{1}{g_n} - \frac{1}{\ell}\right| = \frac{|g_n - \ell|}{|g_n||\ell|} < \frac{1}{2}|\ell|^2\varepsilon\frac{2}{|\ell|^2} = \varepsilon .$$

In conclusione, abbiamo trovato che per ogni $\varepsilon > 0$ esiste un indice $n_0 \in \mathbb{N}$ tale che per ogni $n \geq n_0$ si ha $|1/g_n - 1/\ell| < \varepsilon$. □

Teorema 148. *Siano* $\{f_n\}_{n\in\mathbb{N}}$ *e* $\{g_n\}_{n\in\mathbb{N}}$ *due successioni convergenti tali che* $g_n \neq 0$ *per ogni* $n \in \mathbb{N}$ *e*

$$\lim_{n\to+\infty} f_n = \ell_1 \qquad e \qquad \lim_{n\to+\infty} g_n = \ell_2 \neq 0 .$$

Allora, anche la successione $\{f_n/g_n\}_{n\in\mathbb{N}}$ *è convergente e*

$$\lim_{n\to+\infty} \frac{f_n}{g_n} = \frac{\ell_1}{\ell_2} .$$

Dimostrazione. Immediata conseguenza dei Teoremi 147 e 146. □

OSSERVAZIONI

1. Applicando ripetutamente il Teorema 146, si ottiene la seguente proprietà. Se $\{f_n\}_{n\in\mathbb{N}}$ è una successione convergente tale che $f_n \to \ell$ per $n \to +\infty$, allora
$$\lim_{n\to+\infty} f_n^m = \ell^m \qquad \text{per ogni } m \in \mathbb{N} .$$

2. Applicando ripetutamente il Teorema 146, si ottiene la seguente proprietà. Se $\{g_n\}_{n\in\mathbb{N}}$ è una successione convergente tale che $g_n \neq 0$ per ogni $n \in \mathbb{N}$ e $f_n \to \ell$ per $n \to +\infty$, allora
$$\lim_{n\to+\infty} \frac{1}{g_n^m} = \frac{1}{\ell^m} \qquad \text{per ogni } m \in \mathbb{N} .$$

Nell'osservazione precedente abbiamo visto che, nel caso delle successioni convergenti, l'operazione di limite conserva anche le potenze con esponente intero. Cosa si può dire quando l'esponente è reale? Anche in questo caso, il limite preserva le potenze. Per il momento limitiamoci a vedere cosa accade per le radici quadrate.

Teorema 149. *Sia* $\{f_n\}_{n\in\mathbb{N}}$ *una successione convergente tale che* $f_n \geq 0$ *per ogni* $n \in \mathbb{N}$ *e*

$$\lim_{n\to+\infty} f_n = \ell \geq 0\,.$$

Allora, anche la successione $\{\sqrt{f_n}\}_{n\in\mathbb{N}}$ *è convergente e*

$$\lim_{n\to+\infty} \sqrt{f_n} = \sqrt{\ell}\,.$$

Dimostrazione. Poiché $f_n \to \ell$ per $n \to +\infty$, comunque scelto $\varepsilon > 0$, scelto $\sqrt{\ell}\,\varepsilon > 0$, esiste un indice $n_0 \in \mathbb{N}$ tale che per ogni $n \geq n_0$ si abbia $|f_n - \ell| < \sqrt{\ell}\,\varepsilon$. Pertanto, per ogni $n \geq n_0$ si ha

$$|\sqrt{f_n} - \sqrt{\ell}| = \left|\frac{f_n - \ell}{\sqrt{f_n} + \sqrt{\ell}}\right| = \frac{|f_n - \ell|}{\sqrt{f_n} + \sqrt{\ell}} < \frac{\sqrt{\ell}\,\varepsilon}{\sqrt{\ell}} = \varepsilon$$

poiché $\sqrt{f_n} + \sqrt{\ell} \geq \sqrt{\ell}$ per ogni $n \in \mathbb{N}$. In conclusione, abbiamo trovato che per ogni $\varepsilon > 0$ esiste un indice $n_0 \in \mathbb{N}$ tale che per ogni $n \geq n_0$ si ha $|\sqrt{f_n} - \sqrt{\ell}| < \varepsilon$. □

La proprietà precedente è un caso particolare di una proprietà generale di grande utilità nel calcolo dei limiti. Vedremo meglio questa proprietà quando studieremo le funzioni continue. Per il momento accontentiamoci di osservare che se F è una funzione continua, allora

$$\lim_{n\to+\infty} F(f_n) = F\Big(\lim_{n\to+\infty} f_n\Big)\,.$$

Questa proprietà vale per tutte le funzioni elementari:

$$\lim_{n\to+\infty} f_n^\alpha = \Big(\lim_{n\to+\infty} f_n\Big)^\alpha$$

$$\lim_{n\to+\infty} \mathrm{e}^{f_n} = \exp\Big(\lim_{n\to+\infty} f_n\Big)$$

$$\lim_{n\to+\infty} \log f_n = \log\Big(\lim_{n\to+\infty} f_n\Big)$$

$$\lim_{n\to+\infty} \operatorname{sen} f_n = \operatorname{sen}\Big(\lim_{n\to+\infty} f_n\Big)$$

$$\lim_{n\to+\infty} \cos f_n = \cos\Big(\lim_{n\to+\infty} f_n\Big)$$

$$\lim_{n\to+\infty} \operatorname{artg} f_n = \operatorname{artg}\Big(\lim_{n\to+\infty} f_n\Big)\,.$$

Si osservi che questa proprietà non vale per tutte le funzioni, ma solo per le funzioni continue. Consideriamo, ad esempio, la funzione definita da

$$F(x) = \begin{cases} 1 & \text{se } x = 0 \\ 0 & \text{se } x \neq 0 \end{cases}$$

e la successione $f_n = 1/n$. In questo caso, si ha

$$\lim_{n\to+\infty} F\Big(\frac{1}{n}\Big) = \lim_{n\to+\infty} 0 = 0\,, \qquad \text{ma} \qquad F\Big(\lim_{n\to+\infty} f_n\Big) = F\Big(\lim_{n\to+\infty} \frac{1}{n}\Big) = F(0) = 1\,.$$

3.3.3 Proprietà d'ordine

Vediamo ora alcune importanti proprietà del limiti relative alla struttura d'ordine di $\mathbb{R}$. Nel caso delle successioni convergenti, l'operazione di limite preserva l'ordine.

Teorema 150 (Teorema di monotonia). *Siano* $\{f_n\}_{n\in\mathbb{N}}$ *e* $\{g_n\}_{n\in\mathbb{N}}$ *due successioni convergenti tali che* $f_n \to \ell_1$ *e* $g_n \to \ell_2$ *per* $n \to +\infty$. *Se* $f_n \le g_n$ *(o* $f_n < g_n$*) per ogni* $n \in \mathbb{N}$, *allora* $\ell_1 \le \ell_2$.

Dimostrazione. Fissiamo un $\varepsilon > 0$. Poiché $f_n \to \ell_1$ per $n \to +\infty$, esiste un indice $n_1 \in \mathbb{N}$ tale che per ogni $n \ge n_1$ si ha $|f_n - \ell_1| < \varepsilon$, ossia $\ell_1 - \varepsilon < f_n < \ell_1 + \varepsilon$. Analogamente, poiché $g_n \to \ell_2$ per $n \to +\infty$, esiste un indice $n_2 \in \mathbb{N}$ tale che per ogni $n \ge n_2$ si ha $|g_n - \ell_2| < \varepsilon$, ossia $\ell_2 - \varepsilon < g_n < \ell_2 + \varepsilon$. Pertanto, per ogni $n \ge n_0 = \max(n_1, n_2)$ si ha

$$\ell_1 - \varepsilon < f_n \le g_n < \ell_2 + \varepsilon$$

e quindi $\ell_1 < \ell_2 + 2\varepsilon$. Per l'arbitrarietà di ε, si ha $\ell_1 \le \ell_2$. □

Abbiamo poi la seguente importante proprietà.

Teorema 151 (Permanenza del segno). *Sia* $\{f_n\}_{n\in\mathbb{N}}$ *una successione convergente tale che* $f_n \to \ell$ *per* $n \to +\infty$.

1. *(a) Se* $\ell > 0$, *allora* $f_n > 0$ *definitivamente.*
   (b) Se $\ell < 0$, *allora* $f_n < 0$ *definitivamente.*
2. *(a) Se* $f_n \ge 0$ *per ogni* $n \in \mathbb{N}$ *(o definitivamente), allora* $\ell \ge 0$.
   (b) Se $f_n \le 0$ *per ogni* $n \in \mathbb{N}$ *(o definitivamente), allora* $\ell \le 0$.

Dimostrazione. Dimostriamo solo le proprietà (a). Le proprietà (b) si dimostrano in modo del tutto analogo.

1. Fissiamo $\varepsilon = \frac{1}{2}\ell > 0$. Allora, poiché $f_n \to \ell$ per $n \to +\infty$, esiste un indice n_0 tale che per ogni $n \ge n_0$ si abbia $|f_n - \ell| < \varepsilon = \frac{1}{2}\ell$, ossia $\frac{1}{2}\ell < f_n < \frac{1}{2}\ell$. Quindi, per ogni $n \ge n_0$ si ha $f_n > \frac{1}{2}\ell > 0$.

2. Se non avessimo $\ell \geq 0$, allora dovremmo avere $\ell < 0$. Quindi, per la proprietà precedente, dovrebbe essere $f_n < 0$ definitivamente, contro le ipotesi.

□

Osservazione 152. Se una successione convergente è strettamente positiva, non è possibile garantire che anche il suo limite sia strettamente positivo. Ad esempio, la successione $\{1/n\}_{n\geq 1}$ è strettamente positiva, ma $1/n \to 0$ per $n \to +\infty$.

Abbiamo infine il seguente teorema che spesso risulta di grande utilità nel calcolo dei limiti, soprattutto dal punto di vista teorico. Questo teorema, che qui chiameremo teorema del confronto, è anche noto come *teorema dei carabinieri* o come *teorema del sandwich* (o come *squeeze theorem*, in inglese).

Teorema 153 (Teorema del confronto). *Siano $\{f_n\}_{n\in\mathbb{N}}$, $\{g_n\}_{n\in\mathbb{N}}$ e $\{h_n\}_{n\in\mathbb{N}}$ tre successioni tali che $f_n \leq g_n \leq h_n$ per ogni $n \in \mathbb{N}$ (o definitivamente). Se le due successioni $\{f_n\}_{n\in\mathbb{N}}$ e $\{h_n\}_{n\in\mathbb{N}}$ convergono a uno stesso limite, allora anche la successione $\{g_n\}_{n\in\mathbb{N}}$ converge e converge allo stesso limite, ossia se $f_n \to \ell$ e $h_n \to \ell$ per $n \to +\infty$, allora $g_n \to \ell$ per $n \to +\infty$.*

Dimostrazione. Fissiamo un $\varepsilon > 0$. Poiché $f_n \to \ell$ per $n \to +\infty$, esiste un indice $n_1 \in \mathbb{N}$ tale che per ogni $n \geq n_1$ si abbia $|f_n - \ell| < \varepsilon_1$, ossia $\ell - \varepsilon < f_n < \ell + \varepsilon$. Analogamente, poiché $h_n \to \ell$ per $n \to +\infty$, esiste un indice $n_2 \in \mathbb{N}$ tale che per ogni $n \geq n_2$ si abbia $|h_n - \ell| < \varepsilon_2$, ossia $\ell - \varepsilon < h_n < \ell + \varepsilon$.

Pertanto, per ogni $n \geq n_0 = \max(n_1, n_2)$, si ha

$$\ell - \varepsilon < f_n \leq g_n \leq h_n < \ell + \varepsilon, \qquad \text{ossia} \qquad |g_n - \ell| < \varepsilon.$$

Abbiamo così trovato che per ogni $\varepsilon > 0$ esiste un indice $n_0 \in \mathbb{N}$ tale che per ogni $n \geq n_0$ si ha $|g_n - \ell| < \varepsilon$. □

Il teorema del confronto ci permette di calcolare direttamente il seguente limite.

Teorema 154. *La successione $\{\sqrt[n]{n}\}_{n\geq 1}$ è convergente e*

$$\lim_{n\to+\infty} \sqrt[n]{n} = 1.$$

Dimostrazione. Poniamo $s_n = \sqrt[n]{n} - 1 = n^{1/n} - 1 \geq 0$ per ogni $n \geq 1$. Allora, si ha $1 + s_n = n^{1/n}$, ossia $(1 + s_n)^n = n$. Usando il teorema binomiale, si ha

$$n = (1 + s_n)^n = \sum_{k=0}^{n} \binom{n}{k} s_k^n = 1 + ns_n + \binom{n}{2} s_n^2 + \binom{n}{3} s_n^3 + \cdots$$

Poiché, per $n \geq 2$, si ha $1 + ns_n > 0$ e $\binom{n}{3} s_n^3 + \cdots \geq 0$, abbiamo

$$n > \binom{n}{2} s_n^2 = \frac{n(n-1)}{2} s_n^2 \qquad \text{ossia} \qquad 1 > \frac{n-1}{2} s_n^2 \qquad \text{ossia} \qquad s_n < \sqrt{\frac{2}{n-1}}.$$

Pertanto, abbiamo

$$0 \le s_n < \sqrt{\frac{2}{n-1}} \qquad \text{per } n \ge 2$$

ossia la successione s_n è schiacciata tra due successioni che convergono entrambe a 0. Quindi, per il teorema del confronto, anche la successione $\{s_n\}_{\ge 1}$ converge e converge a 0. □

Il teorema precedente permette di ottenere quest'altro limite.

Teorema 155. *Per ogni* $a \in \mathbb{R}$, $a > 0$, *la successione* $\{\sqrt[n]{a}\}_{n \ge 1}$ *è convergente e*

$$\lim_{n \to +\infty} \sqrt[n]{a} = 1\,.$$

Dimostrazione. Se $a \ge 1$, allora $\sqrt[n]{a} = a^{1/n} \ge 1$ per ogni $n \ge 1$. Inoltre, per $n \ge a$, si ha $\sqrt[n]{a} \le \sqrt[n]{n}$. Pertanto, risulta

$$1 \le \sqrt[n]{a} \le \sqrt[n]{n} \qquad \text{per } n \ge a\,.$$

Abbiamo così che le due successioni agli estremi convergono entrambe a 1. Quindi, per il teorema del confronto, anche la successione nel mezzo converge e converge anch'essa a 1.

Infine, se $0 < a < 1$, allora si ha $1/a > 1$, e quindi

$$\lim_{n \to +\infty} \sqrt[n]{a} = \lim_{n \to +\infty} \frac{1}{\sqrt[n]{1/a}} = \frac{1}{\lim\limits_{n \to +\infty} \sqrt[n]{1/a}} = 1\,.$$

□

3.4 Successioni divergenti e forme di indeterminazione

Le proprietà che abbiamo visto per le successioni convergenti possono essere estese alle successioni divergenti solo parzialmente. Iniziamo col vedere alcune semplici proprietà.

Teorema 156. *Valgono le seguenti proprietà di scambio.*

1. *Se la successione* $\{f_n\}_{n \ge 0}$ *diverge a* $+\infty$, *allora la successione* $\{-f_n\}_{n \ge 0}$ *diverge a* $-\infty$.
2. *Se la successione* $\{f_n\}_{n \ge 0}$ *diverge a* $+\infty$ *(o a* $-\infty$*), allora la successione* $\{1/f_n\}_{n \ge 0}$ *converge a* 0.

Dimostrazione.

1. Se $f_n \to +\infty$ per $n \to +\infty$, allora per ogni $M > 0$ esiste un indice $n_0 \in \mathbb{N}$ tale che per ogni $n \ge n_0$ si ha $f_n > M$, ossia $-f_n < -M$.

2. Se $f_n \to +\infty$ per $n \to +\infty$, allora per ogni $M > 0$ esiste un indice $n_0 \in \mathbb{N}$ tale che per ogni $n \geq n_0$ si ha $f_n > M$, ossia $\frac{1}{f_n} < \frac{1}{M}$. Poiché M é un numero reale positivo arbitrario, anche $\varepsilon = 1/M$ é un numero reale positivo arbitrario. Pertanto, essendo f_n definitivamente positivo, si ha che per ogni $\varepsilon > 0$ esiste un indice $n_0 \in \mathbb{N}$ tale che per ogni $n \geq n_0$ si ha $\left|\frac{1}{f_n}\right| < \varepsilon$, ossia $1/f_n \to 0$ per $n \to +\infty$.

□

Teorema 157. *Siano $\{f_n\}_{n\geq 0}$ e $\{g_n\}_{n\geq 0}$ sono due successioni tali che $f_n \geq g_n$ per ogni $n \in \mathbb{N}$. Se $g_n \to +\infty$ per $n \to +\infty$, allora anche $f_n \to +\infty$ per $n \to +\infty$.*

Dimostrazione. Se $g_n \to +\infty$ per $n \to +\infty$, allora per ogni $M > 0$ esiste un indice $n_0 \in \mathbb{N}$ tale che per ogni $n \geq n_0$ si ha $g_n > M$, e quindi $f_n \geq g_n > M$. □

Teorema 158. *Se $\{f_n\}_{n\geq 0}$ e $\{g_n\}_{n\geq 0}$ sono due successioni divergenti a $+\infty$, allora anche la successione $\{f_n g_n\}_{n\geq 0}$ diverge a $+\infty$.*

Dimostrazione. Poiché $f_n \to +\infty$ e $g_n \to +\infty$ per $n \to +\infty$, si ha che per ogni $M > 0$ esiste un indice $n_1 \in \mathbb{N}$ tale che per ogni $n \geq n_1$ si ha $f_n > \sqrt{M}$ e, analogamente, esiste un indice $n_2 \in \mathbb{N}$ tale che per ogni $n \geq n_2$ si ha $g_n > \sqrt{M}$. Pertanto, posto $n_0 = \max(n_1, n_2)$, possiamo dire che per ogni $M > 0$ esiste un indice $n_0 \in \mathbb{N}$ tale che per ogni $n \geq n_0$ si ha $f_n g_n > M$. □

Teorema 159. *Sia $\{f_n\}_{n\geq 0}$ una successione convergente a un numero reale $\ell \neq 0$ e sia $\{g_n\}_{n\geq 0}$ una successione divergente a $+\infty$. Allora, la successione $\{f_n g_n\}_{n\geq 0}$ diverge a $+\infty$ se $\ell > 0$ e diverge a $-\infty$ se $\ell < 0$.*

Dimostrazione. Supponiamo $\ell > 0$. Poiché $f_n \to \ell$ per $n \to +\infty$, fissato $\varepsilon = \ell/2 > 0$, esiste un indice $n_1 \in \mathbb{N}$ tale che per ogni $n \geq n_1$ si ha $|f_n - \ell| < \varepsilon = \ell/2$, ossia $\frac{1}{2}\ell < f_n < \frac{3}{2}\ell$. Inoltre, poiché $g_n \to +\infty$ per $n \to +\infty$, per ogni $M > 0$, essendo $\frac{2M}{\ell} > 0$, esiste un indice $n_2 \in \mathbb{N}$ tale che per ogni $n \geq n_2$ si ha $g_n > \frac{2M}{\ell}$. Pertanto, per ogni $n \geq n_0 = \max(n_1, n_2)$ si ha

$$f_n g_n > \frac{1}{2}\ell \frac{2M}{\ell} = M .$$

Abbiamo così trovato che per ogni $M > 0$ esiste un indice $n_0 \in \mathbb{N}$ tale che per ogni $n \geq n_0$ si ha $f_n g_n > M$.

Supponiamo $\ell < 0$. Allora $-f_n \to -\ell > 0$ per $n \to +\infty$. Quindi, per il punto precedente, si ha $-f_n g_n \to +\infty$ per $n \to +\infty$, ossia $f_n g_n \to -\infty$ per $n \to +\infty$. □

Valgono molte altre proprietà di questo tipo, la cui dimostrazione è lasciata come esercizio. Qui di seguito faremo un elenco di tutte queste proprietà relative al limite di somme, prodotti ed esponenziali. Per semplictà, utilizzando un linguaggio puramente simbolico (dove a primo membro $\pm\infty$ indica una qualunque successione divergente ed ℓ una qualunque successione convergente, e dove a secondo membro si ha il risultato del limite). Si ha

$$\ell+\infty=+\infty\,,\qquad \ell-\infty=-\infty\,,\qquad +\infty+\infty=+\infty\,,\qquad -\infty-\infty=-\infty$$

$$\ell\cdot(\pm\infty)=\pm\infty\quad(\ell>0)\,,\qquad \ell\cdot(\pm\infty)=\mp\infty\quad(\ell<0)$$

$$(+\infty)\cdot(+\infty)=+\infty\,,\qquad (+\infty)\cdot(-\infty)=-\infty\,,\qquad (-\infty)\cdot(-\infty)=+\infty$$

$$\frac{\ell}{\pm\infty}=0\,,\qquad \frac{\pm\infty}{\ell}=\pm\infty\quad(\ell>0)\,,\qquad \frac{\pm\infty}{\ell}=\mp\infty\quad(\ell<0)$$

$$(+\infty)^{\ell}=+\infty\quad(\ell>0)\,,\qquad (+\infty)^{\ell}=0\quad(\ell<0)\,,$$

$$\ell^{+\infty}=0\;(0<\ell<1)\,,\ \ell^{+\infty}=+\infty\;(\ell>1)\,,\ \ell^{-\infty}=+\infty\;(0<\ell<1)\,,\ \ell^{-\infty}=0\;(\ell>1)$$

$$(+\infty)^{+\infty}=+\infty\,,\qquad (+\infty)^{-\infty}=0\,,\qquad 0^{+\infty}=0\,,\qquad 0^{-\infty}=+\infty\,.$$

Invece, a priori, non si può dire nulla nei seguenti casi:

$$+\infty-\infty\,,\qquad -\infty+\infty\,,\qquad 0\cdot(\pm\infty)\,,\qquad \frac{0}{0}\,,\qquad \frac{\pm\infty}{\pm\infty}$$

$$1^{\pm\infty}\,,\qquad 0^0\,,\qquad (+\infty)^0\,,\qquad \log_0 0\,,\qquad \log_1 1\,,\qquad \log_0(+\infty)\,,\qquad \log_{+\infty}(+\infty)\,.$$

In tutti questi casi, si ha una *forma di indeterminazione*, che deve essere studiata di volta in volta. Si osservi che molte di queste forme di indeterminazione si riducono a forme di indeterminazione più elementari. Si ricordi, inoltre, che per gli esponenziali e per i logaritmi, valgono la formule

$$(f_n)^{g_n}=\mathrm{e}^{g_n\log f_n}\qquad\text{e}\qquad \log_{f_n} g_n=\frac{\log g_n}{\log f_n}\,.$$

ESEMPI

1. Consideriamo la forma di indeterminazione del tipo $+\infty-\infty$.

   (a) Consideriamo la successione

   $$f_n=\sqrt{n+2}-\sqrt{n+1}$$

   data dalla differenza di due successioni che divergono entrambe a $+\infty$. Poiché

   $$f_n=\sqrt{n+2}-\sqrt{n+1}=\frac{n+2-n-1}{\sqrt{n+2}+\sqrt{n+1}}=\frac{1}{\sqrt{n}}\frac{1}{\sqrt{1+2/n}+\sqrt{1+1/n}}\,,$$

   abbiamo che la successione f_n è il prodotto di due successioni convergenti e quindi

   $$\lim_{n\to+\infty}(\sqrt{n+2}-\sqrt{n+1})=0\,.$$

(b) Consideriamo la successione

$$f_n = \sqrt{n^2 + n} - n$$

data anch'essa dalla differenza di due successioni che divergono entrambe a $+\infty$. Questa volta abbiamo

$$f_n = \sqrt{n^2 + n} - n = \frac{n^2 + n - n^2}{\sqrt{n^2 + n} + n} = \frac{n}{n} \frac{1}{\sqrt{1 + 2/n} + 1} = \frac{1}{\sqrt{1 + 2/n} + 1}$$

e quindi

$$\lim_{n \to +\infty} (\sqrt{n^2 + n} - n) = \frac{1}{2}.$$

(c) Consideriamo infine la successione

$$f_n = (n + 1)\sqrt{n} - n\sqrt{n + 1}$$

data sempre dalla differenza di due successioni divergenti a $+\infty$. Questa volta abbiamo

$$\begin{aligned} f_n = (n + 1)\sqrt{n} - n\sqrt{n + 1} &= \frac{(n + 1)^2 n - n^2(n + 1)}{(n + 1)\sqrt{n} + n\sqrt{n + 1}} \\ &= \frac{n(n + 1)}{(n + 1)\sqrt{n} + n\sqrt{n + 1}} = \frac{n(n + 1)}{(n + 1)n} \frac{1}{\frac{1}{\sqrt{n}} + \frac{1}{\sqrt{n+1}}} = \frac{1}{\frac{1}{\sqrt{n}} + \frac{1}{\sqrt{n+1}}}. \end{aligned}$$

Poiché $f_n > 0$ per ogni $n \geq 0$ e

$$\lim_{n \to +\infty} \left(\frac{1}{\sqrt{n}} + \frac{1}{\sqrt{n + 1}} \right) = 0,$$

si ha

$$\lim_{n \to +\infty} ((n + 1)\sqrt{n} - n\sqrt{n + 1}) = +\infty.$$

Come si vede da questi esempi, il limite di una successione che presenta una forma di indeterminazione $+\infty - \infty$ può essere un numero reale (nullo o non nullo) oppure $\pm\infty$. A priori, quindi, non si può dire nulla. Il risultato finale dipende dalla natura delle due successioni che danno origine alla forma di indeterminazione.

2. Consideriamo la forma di indeterminazione del tipo $\frac{\infty}{\infty}$. In questo caso, l'esempio tipico è dato dal quoziente di due successioni polinomiali, ossia da un limite del tipo

$$\lim_{n \to +\infty} \frac{a_p n^p + a_{p-1} n^{p-1} + \cdots + a_1 n + a_0}{b_q n^q + b_{q-1} n^{q-1} + \cdots + b_1 n + b_0} \qquad a_p, b_q \neq 0\,, \; p, q \in \mathbb{N}\,, \; p, q \geq 1\,.$$

Il valore di questo limite dipende dai gradi p e q. Per calcolarlo basta raccogliere n^p a numeratore e n^q a denominatore. Infatti, si ha

$$\lim_{n\to+\infty} \frac{n^p}{n^q} \frac{a_p + \dfrac{a_{p-1}}{n} + \cdots + \dfrac{a_1}{n^{p-1}} + \dfrac{a_0}{n^p}}{b_q + \dfrac{b_{q-1}}{n} + \cdots + \dfrac{b_1}{n^{q-1}} + \dfrac{b_0}{n^q}} = \frac{a_p}{b_q} \lim_{n\to+\infty} \frac{n^p}{n^q} = \begin{cases} \pm\infty & \text{se } p > q \\ \dfrac{a_p}{b_q} & \text{se } p = q \\ 0 & \text{se } p < q\,. \end{cases}$$

Come si vede, il valore del limite può essere un numero reale (nullo o non nullo) oppure $\pm\infty$. Anche in questo caso, non si può dire nulla a priori.

3. La forma di indeterminazione $\frac{0}{0}$ può essere ridotta a una forma di indeterminazione del tipo $\frac{\infty}{\infty}$, poiché $\frac{0}{0} = \frac{1/0}{1/0} = \frac{\infty}{\infty}$. Così, ad esempio, si ha

$$\lim_{n\to+\infty} \frac{e^{-2n+1/n}}{e^{-n}} = \lim_{n\to+\infty} e^{-n+1/n} = 0$$
$$\lim_{n\to+\infty} \frac{e^{-2n+1/n}}{e^{-3n}} = \lim_{n\to+\infty} e^{n+1/n} = +\infty$$
$$\lim_{n\to+\infty} \frac{e^{-n+1/n}}{e^{-n+1/n^2}} = \lim_{n\to+\infty} e^{1/n-1/n^2} = 1\,.$$

4. La forma di indeterminazione $0\cdot\infty$ può essere ridotta a una forma di indeterminazione del tipo $\frac{0}{0}$ o del tipo $\frac{\infty}{\infty}$. Infatti, si ha $0\cdot\infty = \frac{0}{1/\infty} = \frac{0}{0}$ oppure $0\cdot\infty = \frac{\infty}{1/0} = \frac{\infty}{\infty}$. Ad esempio, si ha

$$\lim_{n\to+\infty} \frac{1}{n}(n^2+n+1) = \lim_{n\to+\infty} \left(n+1+\frac{1}{n}\right) = +\infty$$
$$\lim_{n\to+\infty} \frac{1}{n^2}(n^2+n+1) = \lim_{n\to+\infty} \left(1+\frac{1}{n}+\frac{1}{n^2}\right) = 1$$
$$\lim_{n\to+\infty} \frac{1}{n^3}(n^2+n+1) = \lim_{n\to+\infty} \left(\frac{1}{n}+\frac{1}{n^2}+\frac{1}{n^3}\right) = 0\,.$$

5. La forma di indeterminazione $(+\infty)^0$ può essere ridotta a una forma di indeterminazione del tipo $0\cdot(+\infty)$. Infatti, si ha (in notazione simbolica)

$$(+\infty)^0 = e^{\log(+\infty)^0} = e^{0\cdot\log(+\infty)} = e^{0\cdot(+\infty)}\,.$$

Ad esempio, come abbiamo visto, si ha

$$\lim_{n\to+\infty} n^{1/n} = \lim_{n\to+\infty} \sqrt[n]{n} = 1\,.$$

Inoltre, si ha

$$\lim_{n\to+\infty} \sqrt[n]{n^n+1} = \lim_{n\to+\infty} n\sqrt[n]{1+\frac{1}{n^n}} = +\infty$$

poiché

$$\lim_{n\to+\infty} \sqrt[n]{1+\frac{1}{n^n}} = \lim_{n\to+\infty} \left(1+\frac{1}{n^n}\right)^{1/n} = \lim_{n\to+\infty} e^{\frac{1}{n}\log(1+\frac{1}{n^n})} = 1$$

poiché

$$\lim_{n\to+\infty} \frac{1}{n}\log\left(1+\frac{1}{n^n}\right) = 0 .$$

6. La forma di indeterminazione $1^{+\infty}$ può essere ridotta a una forma di indeterminazione del tipo $0\cdot(+\infty)$. Infatti, si ha (in notazione simbolica)

$$1^{+\infty} = e^{\log 1^{+\infty}} = e^{+\infty \log 1} = e^{0\cdot(+\infty)} .$$

Vedremo degli esempi di questa forma di indeterminazione quando studieremo il numero e.

3.5 Successioni infinitesime e infinite

Una successione $\{f_n\}_{n\in\mathbb{N}}$ è *infinitesima* se $f_n \to 0$ per $n \to +\infty$. Analogamente, una successione $\{f_n\}_{n\in\mathbb{N}}$ è *infinita* se $f_n \to \pm\infty$ per $n \to +\infty$.

Possiamo confrontare due successioni infinitesime o due successioni infinte considerando il limite del loro rapporto. In entrambi i casi, avremo una forma di indeterminazione (del tipo $\frac{0}{0}$ o del tipo $\frac{\infty}{\infty}$). Questo limite, quindi, può essere finito (uguale o diverso da zero), può essere infinito oppure può non esistere. Possiamo così dare le seguenti definizioni.

Definizione 160. *Siano* $\{f_n\}_{n\in\mathbb{N}}$ *e* $\{g_n\}_{n\in\mathbb{N}}$ *due successioni definitivamente non nulle e sia*

$$\ell = \lim_{n\to+\infty} \frac{f_n}{g_n} .$$

Se le due successioni sono infinitesime, allora si hanno i seguenti casi

1. $\ell = 0$*:* $\{f_n\}_{n\in\mathbb{N}}$ *è un* infinitesimo di ordine superiore *rispetto a* $\{g_n\}_{n\in\mathbb{N}}$
2. $\ell \in \mathbb{R}$, $\ell \neq 0$*:* $\{f_n\}_{n\in\mathbb{N}}$ *e* $\{g_n\}_{n\in\mathbb{N}}$ *sono* infinitesimi dello stesso ordine
3. $\ell = \pm\infty$*:* $\{f_n\}_{n\in\mathbb{N}}$ *è un* infinitesimo di ordine inferiore *rispetto a* $\{g_n\}_{n\in\mathbb{N}}$
4. *il limite* ℓ *non esiste:* $\{f_n\}_{n\in\mathbb{N}}$ *e* $\{g_n\}_{n\in\mathbb{N}}$ *sono* infinitesimi non confrontabili.

Se le due successioni sono infinitesime, allora si hanno i seguenti casi

1. $\ell = 0$*:* $\{f_n\}_{n\in\mathbb{N}}$ *è un* infinito di ordine inferiore *rispetto a* $\{g_n\}_{n\in\mathbb{N}}$
2. $\ell \in \mathbb{R}$, $\ell \neq 0$*:* $\{f_n\}_{n\in\mathbb{N}}$ *e* $\{g_n\}_{n\in\mathbb{N}}$ *sono* infiniti dello stesso ordine
3. $\ell = \pm\infty$*:* $\{f_n\}_{n\in\mathbb{N}}$ *è un* infinito di ordine superiore *rispetto a* $\{g_n\}_{n\in\mathbb{N}}$
4. *il limite* ℓ *non esiste:* $\{f_n\}_{n\in\mathbb{N}}$ *e* $\{g_n\}_{n\in\mathbb{N}}$ *sono* infiniti non confrontabili.

ESEMPI

1. Le successioni $f_n = \frac{1}{n}$ e $g_n = \frac{1}{n^2}$ sono infinitesime. Poiché

$$\lim_{n\to+\infty} \frac{f_n}{g_n} = \lim_{n\to+\infty} \frac{1/n}{1/n^2} = \lim_{n\to+\infty} \frac{n^2}{n} = \lim_{n\to+\infty} n = +\infty\,,$$

si ha che $1/n$ è un infinitesimo di ordine inferiore rispetto a $1/n^2$, ossia $1/n$ tende a 0 più lentamente di $1/n^2$.

Analogamente, le successioni $f_n = n$ e $g_n = n^2$ sono infinite. Poiché

$$\lim_{n\to+\infty} \frac{f_n}{g_n} = \lim_{n\to+\infty} \frac{n}{n^2} = \lim_{n\to+\infty} \frac{1}{n} = 0\,,$$

si ha che n è un infinito di ordine inferiore rispetto a n^2, ossia n diverge più lentamente di n^2.

2. Le successioni $f_n = \sqrt{3n^5 + 2n^3 + n}$ e $g_n = 3\sqrt{n^5} + 2\sqrt{n^3} + \sqrt{n}$ sono infinite. Poiché

$$\lim_{n\to+\infty} \frac{f_n}{g_n} = \lim_{n\to+\infty} \frac{\sqrt{3n^5 + 2n^3 + n}}{3\sqrt{n^5} + 2\sqrt{n^3} + \sqrt{n}} = \lim_{n\to+\infty} \frac{\sqrt{n^5}}{\sqrt{n^5}} \frac{\sqrt{3 + \frac{2}{n^2} + \frac{1}{n^4}}}{3 + \frac{2}{n} + \frac{1}{n^2}} = \frac{\sqrt{3}}{3} = \frac{1}{\sqrt{3}}\,,$$

le due successioni sono infiniti dello stesso ordine.

3. Le successioni $f_n = \dfrac{3^n}{6^{n+1} + 1}$ e $g_n = \dfrac{2^n}{4^n + 1}$ sono infinitesime. Infatti, per $n \to +\infty$, si ha

$$f_n = \frac{3^n}{6^{n+1} + 1} = \frac{3^n}{6^n} \frac{1}{6 + 6^{-n}} = \frac{1}{2^n} \frac{1}{6 + 6^{-n}} \to 0$$

e

$$g_n = \frac{2^n}{4^n + 1} = \frac{2^n}{4^n} \frac{1}{1 + 4^{-n}} = \frac{1}{2^n} \frac{1}{1 + 4^{-n}} \to 0$$

Inoltre, si ha

$$\lim_{n\to+\infty} \frac{f_n}{g_n} = \lim_{n\to+\infty} \frac{1}{2^n} \frac{1}{6 + 6^{-n}} \cdot 2^n(1 + 4^{-n}) = \lim_{n\to+\infty} \frac{1 + 4^{-n}}{6 + 6^{-n}} = \frac{1}{6}\,.$$

Pertanto, le due successioni sono infinitesimi dello stesso ordine.

4. Le successioni $f_n = \frac{(-1)^n}{n}$ e $g_n = \frac{1}{n}$ sono infinitesime, ma il limite

$$\lim_{n\to+\infty} \frac{f_n}{g_n} = \lim_{n\to+\infty} (-1)^n$$

non esiste. Quindi, le due successioni sono infinitesimi non confrontabili.

5. Le successioni $f_n = n$ e $g_n = \frac{n}{2+\operatorname{sen} n}$ sono infinite. Per la seconda successione si ha $2 + \operatorname{sen} n \leq 1$ per ogni $n \in \mathbb{N}$ e quindi

$$g_n = \frac{n}{2 + \operatorname{sen} n} \geq n \to +\infty \qquad \text{per } n \to +\infty .$$

Di conseguenza, anche la successione g_n diverge (per il Teorema 157). Tuttavia, il limite

$$\lim_{n\to+\infty} \frac{f_n}{g_n} = \lim_{n\to+\infty} (2 + \operatorname{sen} n)$$

non esiste. Quindi, le due successioni sono infiniti non confrontabili.

Nel confronto tra due successioni infinitesime o infinite possiamo essere più precisi e definire un ordine di infinitesimo (rispetto a in infinitesimo campione) e un ordine di infinito (rispetto a in infinito campione). Più precisamente, abbiamo le seguenti definizioni.

Definizione 161. *Siano* $\{f_n\}_{n\in\mathbb{N}}$ *e* $\{g_n\}_{n\in\mathbb{N}}$ *due successioni infinitesime (infinite). Sia* $\alpha \in \mathbb{R}$, $\alpha > 0$. *La successione* $\{f_n\}_{n\in\mathbb{N}}$ *è un* infinitesimo *(*infinito*)* d'ordine α *rispetto all'*infinitesimo *(*infinito*)* campione $\{g_n\}_{n\in\mathbb{N}}$ *quando* $\{f_n\}_{n\in\mathbb{N}}$ *e* $\{g_n^\alpha\}_{n\in\mathbb{N}}$ *sono infinitesimi (infiniti) dello stesso ordine, ossia quando esiste un* $K \in \mathbb{R}$, $K \neq 0$, *tale che*

$$\lim_{n\to+\infty} \frac{f_n}{g_n^\alpha} = K .$$

In questo caso, la parte principale *dell'infinitesimo (infinito)* $\{f_n\}_{n\in\mathbb{N}}$ *rispetto all'infinitesimo (infinito) campione* $\{f_n\}_{n\in\mathbb{N}}$ *è la successione* $\{K g_n^\alpha\}_{n\geq 0}$.

Naturalmente, una successione infinitesima (infinita) e la sua parte principale sono infinitesimi (infiniti) dello stesso ordine.

ESEMPI

1. Le due successioni $f_n = \dfrac{\sqrt{n}+1}{2n^2+n+1}$ e $g_n = \dfrac{1}{n}$ sono infinitesime. Per determinare l'ordine di infinitesimo della successione f_n rispetto alla successione g_n dobbiamo considerare il limite

$$\lim_{n\to+\infty} \frac{f_n}{g_n^\alpha} = \lim_{n\to+\infty} \frac{n^\alpha(\sqrt{n}+1)}{2n^2+n+1} = \lim_{n\to+\infty} \frac{n^\alpha\sqrt{n}}{n^2}\,\frac{1+\frac{1}{\sqrt{n}}}{2+\frac{1}{n}+\frac{1}{n^2}} =$$

$$= \lim_{n\to+\infty} n^{\alpha-\frac{3}{2}}\,\frac{1+\frac{1}{\sqrt{n}}}{2+\frac{1}{n}+\frac{1}{n^2}}$$

e determinare il parametro $\alpha > 0$ in modo che tale limite sia finito e non nullo. Questo accade se e solo se $\alpha = \frac{3}{2}$. In questo caso, si ha

$$\lim_{n\to+\infty} \frac{f_n}{g_n^\alpha} = \frac{1}{2} .$$

Pertanto, rispetto all'infinitesimo campione dato dalla successione g_n, la successione f_n ha ordine di infinitesimo $\alpha = \frac{3}{2}$ e ha parte principale $\frac{1}{2n^{3/2}}$.

Se invece consideriamo la successione $g'_n = \frac{1}{n^2}$ come infinitesimo campione, allora abbiamo

$$\lim_{n\to+\infty} \frac{f_n}{{g'_n}^{\alpha}} = \lim_{n\to+\infty} \frac{n^{2\alpha}(\sqrt{n}+1)}{2n^2+n+1} = \lim_{n\to+\infty} \frac{n^{2\alpha}\sqrt{n}}{n^2} \frac{1+\frac{1}{\sqrt{n}}}{2+\frac{1}{n}+\frac{1}{n^2}} =$$

$$= \lim_{n\to+\infty} n^{2\alpha-\frac{3}{2}} \frac{1+\frac{1}{\sqrt{n}}}{2+\frac{1}{n}+\frac{1}{n^2}} = \frac{1}{2}$$

per $\alpha = \frac{3}{4}$. Pertanto, rispetto all'infinitesimo campione dato dalla successione g'_n, la successione f_n ha ordine di infinitesimo $\alpha = \frac{3}{4}$ e ha parte principale $\frac{1}{2n^{3/2}}$.

2. Consideriamo le due successioni infinite $f_n = \dfrac{4^n}{2^n + 3^n}$ e $g_n = 5^n$. Per determinare l'ordine di infinito della successione f_n rispetto alla successione g_n dobbiamo considerare il limite

$$\lim_{n\to+\infty} \frac{f_n}{g_n^{\alpha}} = \lim_{n\to+\infty} \frac{1}{(5^n)^{\alpha}} \frac{4^n}{2^n+3^n} = \lim_{n\to+\infty} \frac{4^n}{3^n(5^{\alpha})^n} \frac{1}{1+(2/3)^n} =$$

$$= \lim_{n\to+\infty} \left(\frac{4}{3\cdot 5^{\alpha}}\right)^n \frac{1}{1+(2/3)^n}$$

e determinare il parametro $\alpha > 0$ in modo che tale limite sia finito e non nullo. Questo accade se e solo se

$$\frac{4}{3\cdot 5^{\alpha}} = 1 \iff 5^{\alpha} = \frac{4}{3} \iff \alpha \log 5 = \log\frac{4}{3} \iff \alpha = \frac{\log\frac{4}{3}}{\log 5}.$$

In questo caso, si ha

$$\lim_{n\to+\infty} \frac{f_n}{g_n^{\alpha}} = 1.$$

Pertanto, rispetto all'infinito campione dato dalla successione g_n, la successione f_n ha ordine di infinito $\alpha = \frac{\log\frac{4}{3}}{\log 5}$ e ha parte principale $5^{\frac{\log\frac{4}{3}}{\log 5}n}$.

Per gli infiniti si può stabilire la seguente gerarchia, che dimostreremo più avanti usando tecniche di calcolo più avanzate. Si ha

$$\log_a n \prec n^{\alpha} \prec b^n \prec n! \prec n^n \qquad \text{per ogni } a, b > 1,\ \alpha > 0.$$

ossia

$$\lim_{n\to+\infty} \frac{\log_a n}{n^{\alpha}} = 0, \quad \lim_{n\to+\infty} \frac{n^{\alpha}}{b^n} = 0, \quad \lim_{n\to+\infty} \frac{b^n}{n!} = 0, \quad \lim_{n\to+\infty} \frac{n!}{n^n} = 0 \qquad a, b > 1,\ \alpha > 0.$$

In particolare, si ha che il logaritmo $\log n$ è un infinito di ordine inferiore rispetto a ogni potenza n^{α} con esponente positivo e che l'esponenziale e^n è un infinito di ordine superiore rispetto a ogni potenza n^{α} con esponente positivo.

3.6 Successioni monotone

Definizione 162. *Sia* $f = \{f_n\}_{n\in\mathbb{N}}$ *una successione a termini reali.*

1. *La successione* f *è* costante *quando tutti i suoi elementi assumono lo stesso valore, ossia quando*
$$f_0 = f_1 = f_2 = \cdots = f_n = \cdots.$$
2. *La successione* f *è* crescente *quando* $f_{n+1} \geq f_n$ *per ogni* $n \in \mathbb{N}$, *ossia quando*
$$f_0 \leq f_1 \leq f_2 \leq \cdots \leq f_n \leq \cdots.$$
3. *La successione* f *è* strettamente crescente *quando* $f_{n+1} > f_n$ *per ogni* $n \in \mathbb{N}$, *ossia quando*
$$f_0 < f_1 < f_2 < \cdots < f_n < \cdots.$$
4. *La successione* f *è* decrescente *quando* $f_{n+1} \leq f_n$ *per ogni* $n \in \mathbb{N}$, *ossia quando*
$$f_0 \geq f_1 \geq f_2 \geq \cdots \geq f_n \geq \cdots.$$
5. *La successione* f *è* strettamente decrescente *quando* $f_{n+1} < f_n$ *per ogni* $n \in \mathbb{N}$, *ossia quando*
$$f_0 > f_1 > f_2 > \cdots > f_n > \cdots.$$
6. *La successione* f *è* monotona *quando è crescente o decrescente ed è* strettamente monotona *quando è strettamente crescente o strettamente decrescente.*

OSSERVAZIONE 163. Si può facilmente verificare che le definizioni appena date sono equivalenti alle definizioni che abbiamo dato per le funzioni. Infatti, si hanno le seguenti equivalenze.

1. Una successione $f = \{f_n\}_{n\in\mathbb{N}}$ è crescente se e solo se per ogni $m, n \in \mathbb{N}$, se $m \leq n$, allora $f_m \leq f_n$.
2. Una successione $f = \{f_n\}_{n\in\mathbb{N}}$ è strettamente crescente se e solo se per ogni $m, n \in \mathbb{N}$, se $m < n$, allora $f_m < f_n$.
3. Una successione $f = \{f_n\}_{n\in\mathbb{N}}$ è decrescente se e solo se per ogni $m, n \in \mathbb{N}$, se $m \leq n$, allora $f_m \geq f_n$.
4. Una successione $f = \{f_n\}_{n\in\mathbb{N}}$ è strettamente decrescente se e solo se per ogni $m, n \in \mathbb{N}$, se $m < n$, allora $f_m > f_n$.

Si osservi, però, che le definizioni che abbiamo dato per le successioni non possono essere estese alle funzioni.

OSSERVAZIONE 164. Una successione strettamente crescente (strettamente decrescente) è anche crescente (decrescente), ma non vale il viceversa, ossia una successione crescente (decrescente) non è necessariamente strettamente crescente (strettamente decrescente). Ad esempio, la successione $\{1, 2, 2, 3, 3, 3, 4, 4, 4, 4, \cdots\}$ è crescente, ma non è strettamente crescente.

OSSERVAZIONE 165. Esistono successioni che siano sia crescenti sia decrescenti? Una successione di questo tipo è una successione $\{f_n\}_{n\in\mathbb{N}}$ tale che $f_{n+1} \geq f_n$ e $f_{n+1} \leq f_n$ per ogni $n \in \mathbb{N}$, ossia tale che $f_{n+1} = f_n$ per ogni $n \in \mathbb{N}$. Pertanto, una successione è crescente e decrescente se e solo se è costante. Una successione costante, però, non è strettamente crescente né strettamente decrescente.

ESEMPI

1. La successione $\{n!\}_{n\in\mathbb{N}}$ è crescente poiché $f_{n+1} = (n+1)! = (n+1)n! \geq n! = f_n$ per ogni $n \in \mathbb{N}$. La successione, però, non è strettamente crescente, ma solo definitivamente strettamente crescente.

2. La successione $\{\frac{1}{n}\}_{n\geq 1}$ è strettamente decrescente. Infatti, essendo $n+1 > n$ per ogni $n \geq 1$, si ha $f_{n+1} = \frac{1}{n+1} < \frac{1}{n} = f_n$ per ogni $n \in \mathbb{N}$.

3. La successione $\{\frac{n-1}{n+1}\}_{n\geq 0}$ è strettamente crescente. Infatti, si ha

$$\begin{aligned} f_{n+1} > f_n \quad &\Longleftrightarrow \quad \frac{n}{n+2} > \frac{n-1}{n+1} \\ &\Longleftrightarrow \quad n(n+1) > (n-1)(n+2) \\ &\Longleftrightarrow \quad n^2 + n > n^2 + n - 2 \\ &\Longleftrightarrow \quad 0 > -2 \end{aligned}$$

e quest'ultima condizione è sempre verificata.

4. Cosa possiamo dire sulla monotonia della successione $\{\sqrt{n+1} - \sqrt{n}\}_{n\geq 0}$? Guardando i primi termi della successione, sembra che sia strettamente decrescente. Infatti, si ha

$$\begin{aligned} f_{n+1} < f_n \quad &\Longleftrightarrow \quad \sqrt{n+2} - \sqrt{n+1} < \sqrt{n+1} - \sqrt{n} \\ &\Longleftrightarrow \quad \frac{1}{\sqrt{n+2} + \sqrt{n+1}} < \frac{1}{\sqrt{n+1} + \sqrt{n}} \\ &\Longleftrightarrow \quad \sqrt{n+1} + \sqrt{n} < \sqrt{n+2} + \sqrt{n+1} \\ &\Longleftrightarrow \quad \sqrt{n} < \sqrt{n+2} \\ &\Longleftrightarrow \quad n < n+2 \end{aligned}$$

e quest'ultima condizione è sempre verificata.

5. Naturalmente, non tutte le successioni sono monotone. Ad esempio, la successione $\{(-1)^n\}_{n\in\mathbb{N}}$ non è né crescente né decrescente.

Vediamo ora alcune semplici proprietà delle successioni monotone.

Teorema 166. *Le successioni monotone possiedono le seguenti proprietà algebriche.*

1. *Una successione $\{f_n\}_{n\in\mathbb{N}}$ è crescente (decrescente) se e solo se la successione $\{-f_n\}_{n\in\mathbb{N}}$ è decrescente (crescente).*

2. *Una successione positiva* $\{f_n\}_{n\in\mathbb{N}}$ *è crescente (decrescente) se e solo se la successione* $\{\frac{1}{f_n}\}_{n\in\mathbb{N}}$ *è decrescente (crescente).*
3. *Se* $\{f_n\}_{n\in\mathbb{N}}$ *e* $\{g_n\}_{n\in\mathbb{N}}$ *sono due successioni crescenti (decrescenti), allora anche la successione* $\{f_n + g_n\}_{n\in\mathbb{N}}$ *è crescente (decrescente).*
4. *Se* $\{f_n\}_{n\in\mathbb{N}}$ *e* $\{g_n\}_{n\in\mathbb{N}}$ *sono due successioni non negative crescenti (decrescenti), allora anche la successione* $\{f_n g_n\}_{n\in\mathbb{N}}$ *è crescente (decrescente).*

Dimostrazione. Ci limitiamo a dimostrare il caso delle successioni crescenti.

1. La successione $\{f_n\}_{n\in\mathbb{N}}$ è crescente se e solo se $f_{n+1} \geq f_n$ per ogni $n \in \mathbb{N}$, ossia se e solo se $-f_{n+1} \leq -f_n$ per ogni $n \in \mathbb{N}$, ossia se e solo se la successione $\{-f_n\}_{n\in\mathbb{N}}$ è decrescente.
2. Poiché $f_n > 0$ per ogni $n \in \mathbb{N}$, abbiamo che la successione $\{f_n\}_{n\in\mathbb{N}}$ è crescente se e solo se $f_{n+1} \geq f_n$ per ogni $n \in \mathbb{N}$, ossia se e solo se $\frac{1}{f_n} \leq \frac{1}{f_{n+1}}$ per ogni $n \in \mathbb{N}$, ossia se e solo se la successione $\{\frac{1}{f_n}\}_{n\in\mathbb{N}}$ è decrescente.
3. Se le due successioni sono crescenti, allora si ha $f_{n+1} \geq f_n$ e $g_{n+1} \geq g_n$ per ogni $n \in \mathbb{N}$, e quindi $f_{n+1} + g_{n+1} \geq f_n + g_n$ per ogni $n \in \mathbb{N}$.
4. Se le due successioni sono crescenti, allora si ha $f_{n+1} \geq f_n$ e $g_{n+1} \geq g_n$ per ogni $n \in \mathbb{N}$. Poiché $g_{n+1} \geq 0$, dalla prima disuguaglianza si ha $f_{n+1}g_{n+1} \geq f_n g_{n+1}$. Analogamente, poiché $f_n \geq 0$, dalla seconda disuguaglianza si ha $f_n g_{n+1} \geq f_n g_n$. Quindi, per transitività, si ha $f_{n+1}g_{n+1} \geq f_n g_n$ per ogni $n \in \mathbb{N}$.

Il caso delle successioni decrescenti è del tutto analogo. □

OSSERVAZIONI

1. Il teorema procedente vale anche nel caso delle disuguaglianze strette.

2. Si osservi che, in generale, il prodotto di due successioni crescenti (decrescenti) non è necessariamente una successione crescente (decrescente). Consideriamo, ad esempio le due successioni crescenti $f_n = n^2$ e $g_n = -\frac{1}{n}$. Allora, il loro prodotto $f_n g_n = -n$ è una successione decrescente.

Le successioni monotone sono successioni molto particolari. Infatti, vale il seguente importante risultato.

Teorema 167 (Teorema delle successioni monotone)**.** *Ogni successione monotona è regolare. Più precisamente, si hanno i seguenti casi*

1. *Una successione crescente e limitata superiormente converge a un numero reale.*
2. *Una successione crescente e illimitata superiormente diverge a* $+\infty$.
3. *Una successione decrescente e limitata inferiormente converge a un numero reale.*
4. *Una successione decrescente e illimitata inferiormente diverge a* $-\infty$.

Dimostrazione. Dimostriamo il caso delle successioni crescenti.

1. Sia $\{f_n\}_{n\in\mathbb{N}}$ una successione crescente limitata superiormente. Allora, l'insieme $X = \{f_0, f_1, f_2, \ldots\}$ formato dagli elementi della successione (eliminando le eventuali ripetizioni), è a sua volta un insieme limitato superiormente e ovviamente è non vuoto. Quindi, per l'assioma di Dedekind, l'insieme X possiede estremo superiore ℓ. Per le proprietà dell'estremo superiore, abbiamo che $f_n \leq \ell$ per ogni $n \in \mathbb{N}$. Inoltre, per ogni $\varepsilon > 0$, esiste un indice $n_0 \in \mathbb{N}$ tale che $\ell - \varepsilon < f_{n_0} \leq \ell$. Poiché la successione è crescente, si ha $f_n \geq f_{n_0}$ per ogni $n \geq n_0$. Quindi $\ell - \varepsilon < f_{n_0} \leq f_n \leq \ell < \ell + \varepsilon$, ossia $|f_n - \ell| < \varepsilon$, per ogni $n \geq n_0$. Abbiamo così trovato che per ogni $\varepsilon > 0$ esiste un indice $n_0 \in \mathbb{N}$ tale che per ogni $n \geq n_0$ si ha $|f_n - \ell| < \varepsilon$, ossia $f_n \to \ell$ per $n \to +\infty$.
2. Sia $\{f_n\}_{n\in\mathbb{N}}$ una successione crescente illimitata superiormente. Allora, per ogni $M > 0$, esiste un indice $n_0 \in \mathbb{N}$ tale che $f_{n_0} > M$. Poiché la successione è crescente, per ogni $n \geq n_0$ si ha $f_n \geq f_{n_0}$. Di conseguenza, per ogni $n \geq n_0$ si ha $f_n \geq f_{n_0} \geq M$. In conclusione, per ogni $M > 0$, esiste un indice $n_0 \in \mathbb{N}$ tale che per ogni $n \geq n_0$ si ha $f_n \geq M$, ossia $f_n \to +\infty$ per $n \to +\infty$.

Il caso delle successioni decrescenti è del tutto analogo. □

OSSERVAZIONE 168. Dalla dimostrazione del teorema precedente, si ha che se $\{f_n\}_{n\in\mathbb{N}}$ è una successione crescente, allora

$$\lim_{n\to+\infty} f_n = \sup_{n\in\mathbb{N}}\{f_n\},$$

Analogamente, se $\{f_n\}_{n\in\mathbb{N}}$ è una successione decrescente, allora

$$\lim_{n\to+\infty} f_n = \inf_{n\in\mathbb{N}}\{f_n\}.$$

In entrambi i casi, il sup e l'inf sono presi in $\mathbb{R}^* = \mathbb{R} \cup \{\pm\infty\}$.

ESEMPIO 169. Consideriamo la successione $f_n = n^\alpha$, con $\alpha \in \mathbb{R}$. Se $\alpha = 0$, la successione è costante e tende a 1. Se $\alpha > 0$, la successione è crescente ($(n+1)^\alpha > n^\alpha$ per ogni $n \in \mathbb{N}$) ed è illimitata superiormente ($n^\alpha > M$ per ogni $n > M^{1/\alpha}$). Quindi $f_n \to +\infty$ per $n \to +\infty$. Infine, se $\alpha < 0$, la successione è decrescente e limitata inferiormente (poiché positiva). Quindi la successione è convergente e si ha $f_n \to 0$ per $n \to +\infty$.

ESEMPIO 170. Per la successione geometrica $\{q^n\}_{n\in\mathbb{N}}$, si ha

$$\lim_{n\to+\infty} q^n = \begin{cases} +\infty & \text{per } q > 1 \\ 1 & \text{per } q = 1 \\ 0 & \text{per } |q| < 1 \\ \text{non esiste} & \text{per } q \leq -1. \end{cases}$$

Se $q > 1$, la successione è monotona crescente. Infatti, moltiplicando entrambi i membri della disuguaglianza $q > 1$ per $q^n > 0$, si ha $q^{n+1} > q^n$ per ogni

$n \in \mathbb{N}$. Inoltre, la successione è illimitata ($q^n \geq M$ per ogni $n \geq \frac{\log M}{\log q}$). Quindi, per il Teorema 167, la successione diverge a $+\infty$.

Se $q = 1$, la successione è costante di valore 1. Quindi converge a 1.

Se $0 < q < 1$, la successione è monotona decrescente, poiché $q^{n+1} < q^n$ per ogni $n \in \mathbb{N}$. Inoltre, la successione è limitata inferiormente, poichè $0 < q^n$ per ogni $n \in \mathbb{N}$. Quindi, per il Teorema 167, la successione è convergente. Il limite a cui converge è $\ell = 0$. Infatti, comunque fissato $\varepsilon > 0$, esiste un indice n_0 tale che $|q^n| < \varepsilon$ per ogni $n \geq n_0$. Poichè q è positivo, deve essere $q^n < \varepsilon$, ossia $n \log q < \log \varepsilon$. Poichè $q < 1$, si ha $\log q < 0$ e quindi $n > \frac{\log \varepsilon}{\log q}$. Di conseguenza, basta scegliere $n_0 = \lceil \log \varepsilon / \log q \rceil$.

Se $q = 0$, la successione è definitivamente nulla e quindi converge a 0.

Se $-1 < q < 0$, la successione non è monotona, essendo a segni alterni. Tuttavia, posto $q = -\overline{q}$, si ha una successione $\{(-1)^n \overline{q}^n\}_{n\in\mathbb{N}}$ con $0 < \overline{q} < 1$. Pertanto $\overline{q}^n \to 0$ per $n \to +\infty$. Poiché la successione $\{(-1)^n\}_{n\in\mathbb{N}}$ è limitata (benché irregolare), per il Teorema 144 si ha che $q^n \to 0$ per $n \to 0$.

Se $q \leq -1$, la successione non è monotona, essendo a segni alterni. Inoltre, al crescere di n, i valori della successione si avvicinano sempre di più, alternativamente, a $+\infty$ e a $-\infty$. Di conseguenza, la successione non converge e non diverge, ossia non possiede limite.

ESEMPIO 171. Come sappiamo, la rappresentazione decimale di un numero $x \in \mathbb{R}$ è un espressione del tipo $a_0, a_1 a_2 a_3 \cdots$ dove $a_0 \in \mathbb{Z}$ e $a_k \in \{0, 1, 2, \ldots, 9\}$ per $k \geq 1$. Ma cosa significa esattamente quest'espressione? In realtà, essa rappresenta una somma infinita (una serie più precisamente), ossia un'espressione del tipo

$$a_0, a_1 a_2 a_3 \cdots = a_0 + \frac{a_1}{10} + \frac{a_2}{10^2} + \frac{a_3}{10^3} + \cdots = a_0 + \sum_{k\geq 1} \frac{a_k}{10^k}.$$

A questo punto, si tratta di dare un significato a questa somma infinita. Procediamo un passo per volta. Poiché sappiamo sommare un numero finito di termini, consideriamo la successione $\{x_n\}_{n\geq 0}$ dove

$$x_n = a_0 + \frac{a_1}{10} + \frac{a_2}{10^2} + \frac{a_3}{10^3} + \cdots + \frac{a_n}{10^n} = a_0 + \sum_{k=1}^{n} \frac{a_k}{10^k}.$$

Come vedremo, queste sono le somme parziali della serie. Questa successione possiede le seguenti proprietà.

1. La successione $\{x_n\}_{n\geq 0}$ è crescente. Infatti, si ha
$$x_{n+1} = a_0 + \frac{a_1}{10} + \frac{a_2}{10^2} + \cdots + \frac{a_n}{10^n} + \frac{a_{n+1}}{10^{n+1}} = x_n + \frac{a_{n+1}}{10^{n+1}} \geq x_n$$
poiché $a_{n+1} \geq 0$ per ogni $n \in \mathbb{N}$.
2. La successione $\{x_n\}_{n\geq 0}$ è superiormente limitata. Infatti, poiché $a_k \leq 9$ per ogni $n \geq 1$, si ha
$$x_n = a_0 + \sum_{k=1}^{n} \frac{a_k}{10^k} \leq a_0 + \sum_{k=1}^{n} \frac{9}{10^k} = a_0 + 9 \sum_{k=1}^{n} \frac{1}{10^k} = a_0 + 9 \left(\sum_{k=0}^{n} \frac{1}{10^k} - 1 \right)$$

$$= a_0 + 9\left(\frac{1-(\frac{1}{10})^{n+1}}{1-\frac{1}{10}} - 1\right) = a_0 + 9\left(\frac{10}{9}\left(1 - \frac{1}{10^{n+1}}\right) - 1\right) = a_0 + 1 - \frac{1}{10^n}$$

e quindi

$$x_n \leq a_0 + 1 \qquad \text{per ogni } n \geq 1 .$$

3. La successione $\{x_n\}_{n\geq 0}$ è convergente. Infatti, essendo crescente e superiormente limitata, per il teorema delle successioni monotone, la successione converge.

A questo punto, possiamo dire che la rappresentazione decimale di x corrisponde alla seguente identità

$$x = \lim_{n\to+\infty} x_n .$$

Si noti che in questo modo ogni numero reale può essere visto come limite di una successione razionale. Questa rappresentazione, quindi, permette di avere un'approssimazione razionale di x considerando le somme parziali x_n. L'errore che si commette approssimando x con x_n è

$$|x - x_n| \leq \frac{1}{10^n} .$$

Cosa posiamo dire quando la rappresentazione è periodica? Si ottiene un numero razionale. Ad esempio, se $x = a_0, \overline{9}$, procedendo esattamente come nel punto 2, si ha

$$x_n = a_0 + 1 - \frac{1}{10^n}$$

e quindi

$$x = \lim_{n\to+\infty} x_n = a_0 + 1 .$$

ESEMPIO 172. Consideriamo l'espressione

$$\sqrt{2+\sqrt{2+\sqrt{2+\cdots}}}$$

e chiediamoci se è possibile darle un senso. Si tratta di iterare una medesima operazione infinite volte. Possiamo considerare la funzione $f : [0,2] \to [0,2]$ definita da

$$f(x) = \sqrt{2+x} .$$

Si osservi che f è strettamente crescente e suriettiva. A questo punto, possiamo considerare la successione delle funzioni composte valutate in 0, ossia

$$f_1 = f(0) = \sqrt{2} \approx 1.41421$$

$$f_2 = f(f(0)) = \sqrt{2+\sqrt{2}} \approx 1.84776$$

$$f_3 = f(f(f(0))) = \sqrt{2+\sqrt{2+\sqrt{2}}} \approx 1.96157$$

$$\ldots$$

Pertanto, indicando con $f^{\langle n \rangle} = f \circ f \circ \cdots \circ f$ la funzione composta n-esima, abbiamo la successione $\{f_n\}_{n\in\mathbb{N}}$ dove

$$f_n = f^{\langle n \rangle}(0) \,.$$

A questo punto, possiamo definire l'espressione considerata come il seguente limite

$$\sqrt{2 + \sqrt{2 + \sqrt{2 + \cdots}}} = \lim_{n\to+\infty} f^{\langle n \rangle}(0) \,.$$

In questo modo, il problema si riduce a calcolare questo limite. Per calcolare questo limite, osserviamo che la successione $\{f_n\}_{n\in\mathbb{N}}$ può essere definita in modo ricorsivo. Infatti, si ha

$$f_{n+1} = f^{\langle n+1 \rangle}(0) = f(f^{\langle n \rangle}(0)) = f(f_n) = \sqrt{2 + f_n} \,.$$

Inoltre, poiché $f^{\langle 0 \rangle}$ è la funzione identità, si ha la condizione iniziale $f_0 = f^{\langle 0 \rangle}(0) = 0$. Pertanto, la successione $\{f_n\}_{n\in\mathbb{N}}$ è completamente caratterizzata dal sistema

$$\begin{cases} f_{n+1} = \sqrt{2 + f_n} \\ f_0 = 0 \,. \end{cases}$$

A questo punto, usando questa ricorrenza, possiamo stabilire le seguenti proprietà.

1. La successione $\{f_n\}_{n\in\mathbb{N}}$ è non negativa, ossia $f_n \geq 0$ per ogni $n \in \mathbb{N}$.
2. La successione $\{f_n\}_{n\in\mathbb{N}}$ è superiormente limitata. Più precisamente, si ha $f_n \leq 2$ per ogni $n \in \mathbb{N}$. Procediamo per induzione su n. Per $n = 0$, $f_0 = 0 \leq 2$. Supponiamo ora che $f_n \leq 2$ per un dato n. Allora, si ha

$$f_{n+1} \leq 2 \quad \Longleftrightarrow \quad \sqrt{2 + f_n} \leq 2 \quad \Longleftrightarrow \quad 2 + f_n \leq 4 \quad \Longleftrightarrow \quad f_n \leq 2$$

   e quest'ultima disuguaglianza è verificata per l'ipotesi di induzione.
3. La successione $\{f_n\}_{n\in\mathbb{N}}$ è crescente. Infatti, essendo $f_n \geq 0$ per ogni $n \in \mathbb{N}$, si ha

$$\begin{aligned} f_{n+1} \geq f_n \quad &\Longleftrightarrow \quad \sqrt{2 + f_n} \geq f_n \\ &\Longleftrightarrow \quad 2 + f_n \geq f_n^2 \\ &\Longleftrightarrow \quad f_n^2 - f_n - 2 \leq 0 \\ &\Longleftrightarrow \quad (f_n + 1)(f_n - 2) \leq 0 \end{aligned}$$

   e quest'ultima disuguaglianza è vera poiché $0 \leq f_n \leq 2$.
4. La successione $\{f_n\}_{n\in\mathbb{N}}$ è convergente. Infatti, per il teorema delle successioni monotone una successione crescente e limitata superiormente è convergente, ossia esiste un numero reale ℓ tale che $f_n \to \ell$ per $n \to +\infty$.

Resta da determinare il valore del limite ℓ. Dalla relazione di ricorrenza che definisce la successione $\{f_n\}_{n\in\mathbb{N}}$, elevando a quadrato, si ha $f_{n+1}^2 = 2 + f_n$.

Passando al limite, per $n \to +\infty$, si ottiene l'equazione $\ell^2 = 2 + \ell$, ossia $\ell^2 - \ell - 2 = 0$, le cui soluzioni sono $\ell_1 = 2$ ed $\ell_2 = -1$. Poiché $\{f_n\}_{n\in\mathbb{N}}$ è una successione non negativa, per la permanenza del segno si ha $\ell \geq 0$. Pertanto $\ell = \ell_1 = 2$. In conclusione, abbiamo trovato che

$$\sqrt{2 + \sqrt{2 + \sqrt{2 + \cdots}}} = 2 .$$

Come ulteriore esercizio, si calcoli

$$\sqrt{1 + \sqrt{1 + \sqrt{1 + \cdots}}} .$$

3.7 Il numero e

Il numero e è una delle costanti più importanti della matematica e compare implicitamente per la prima volta nel 1618 in un lavoro di John Napier (Nepero) sui logaritmi, come base del logaritmo naturale, ossia come il numero reale per cui $\log \mathrm{e} = 1$. Dal punto di vista geometrico, questo significa che e può essere definito come l'unico numero reale maggiore di 1 in corrispondenza del quale l'area sotto l'iperbole equilatera $y = 1/x$, con $1 \leq x \leq \mathrm{e}$, vale 1. Il numero e fu definito esplicitamente da Jacob Bernoulli, nello studio dell'interesse composto, come il seguente limite

$$\mathrm{e} = \lim_{n\to+\infty} \left(1 + \frac{1}{n}\right)^n .$$

Infine, il numero e fu ampiamente studiato da Eulero che per primo usò, nel 1727, il simbolo e per indicarlo. Per questi motivi e è detto *numero di Eulero*, o *numero di Nepero*.

Consideriamo la definizione data da Bernoulli, secondo la quale il numero e è il limite di una successione di numeri razionali. A questo punto, dobbiamo dimostrare che questa definizione è ben data, ossia che il limite in questione esiste finito.

Teorema 173. *La successione* $\{x_n\}_{n\geq 1}$, *dove*

$$x_n = \left(1 + \frac{1}{n}\right)^n ,$$

è convergente.

Dimostrazione. Mostreremo che la successione $\{x_n\}_{n\geq 1}$ è crescente e limitata. Per il teorema delle successioni monotone (Teorema 167), questo è sufficiente per dire che la nostra successione converge.

1. Iniziamo col dimostrare che la successione $\{x_n\}_{n\geq 1}$ è strettamente crescente. Usando la formula del binomio di Newton (Teorema 52), si ha

$$x_n = \left(1+\frac{1}{n}\right)^n = \sum_{k=0}^{n}\binom{n}{k}\frac{1}{n^k} = \sum_{k=0}^{n}\frac{n(n-1)(n-2)\cdots(n-k+1)}{k!}\frac{1}{n^k}$$
$$= \sum_{k=0}^{n}\frac{1}{k!}\frac{n}{n}\frac{n-1}{n}\frac{n-2}{n}\cdots\frac{n-k+1}{n} = \sum_{k=0}^{n}\frac{1}{k!}\left(1-\frac{1}{n}\right)\left(1-\frac{2}{n}\right)\cdots\left(1-\frac{k-1}{n}\right).$$

Pertanto, si ha

$$\begin{aligned} x_{n+1} &= \sum_{k=0}^{n+1}\frac{1}{k!}\left(1-\frac{1}{n+1}\right)\left(1-\frac{2}{n+1}\right)\cdots\left(1-\frac{k-1}{n+1}\right) \\ &> \sum_{k=0}^{n}\frac{1}{k!}\left(1-\frac{1}{n+1}\right)\left(1-\frac{2}{n+1}\right)\cdots\left(1-\frac{k-1}{n+1}\right) \\ &> \sum_{k=0}^{n}\frac{1}{k!}\left(1-\frac{1}{n}\right)\left(1-\frac{2}{n}\right)\cdots\left(1-\frac{k-1}{n}\right) \\ &= x_n\,. \end{aligned}$$

2. Dimostriamo ora che la successione $\{x_n\}_{n\geq 1}$ è limitata. Usando la formula del binomio di Newton, per $n \geq 2$, si ha

$$x_n = \binom{n}{0} + \binom{n}{1}\frac{1}{n} + \text{termini positivi} = 2 + \text{termini positivi} > 2\,.$$

Inoltre, si ha

$$x_n = \sum_{k=0}^{n}\frac{1}{k!}\left(1-\frac{1}{n}\right)\left(1-\frac{2}{n}\right)\cdots\left(1-\frac{k-1}{n}\right) < \sum_{k=0}^{n}\frac{1}{k!}\,.$$

Poiché $k! = k(k-1)\cdots 3\cdot 2 \geq 2\cdot 2\cdots 2\cdot 2 = 2^{k-1}$, per ogni $k \geq 1$, si ha

$$x_n < 1+\sum_{k=1}^{n}\frac{1}{k!} \leq 1+\sum_{k=1}^{n}\frac{1}{2^{k-1}} = 1+\sum_{k=0}^{n-1}\frac{1}{2^k} < 1+\frac{1-(1/2)^n}{1-1/2} = 1+2-\frac{1}{2^{n-1}} =$$
$$= 3-\frac{1}{2^{n-1}} < 3\,.$$

In conclusione, abbiamo trovato che $2 < x_n < 3$ per ogni $n \geq 2$.

□

Nella dimostrazione del teorema precedente abbiamo visto che $2 < x_n < 3$ per ogni $n \geq 2$. Questo implica che il numero e è compreso tra 2 e 3. In realtà, si possono ottenere delle disuguaglianze più stringenti. Iniziamo col premettere il seguente lemma dove dimostreremo la disuguaglianza di Bernoulli [9].

Lemma 174 (Disuguaglianza di Bernoulli, 1689). *Per ogni $x \in \mathbb{R}$, $x > -1$, e per ogni $n \in \mathbb{N}$, vale la disuguaglianza*

$$(1+x)^n \geq 1+nx\,. \tag{3.1}$$

Inoltre, per ogni $x \in \mathbb{R}$, $x > -1$, $x \neq 0$, *e per ogni* $n \geq 2$, *vale la disuguaglianza stretta*

$$(1+x)^n > 1 + nx\,. \tag{3.2}$$

Dimostrazione. Procediamo per induzione su n. Per $n = 0, 1$, vale l'uguaglianza in (3.1). Per $n = 2$, si ha $(1+x)^2 = 1 + 2x + x^2 > 1 + 2x$ poiché $x^2 > 0$, essendo $x \neq 0$. Assumiamo ora che la disuguaglianza (3.2) sia vera per un $n \geq 2$ e dimostriamo che è vera anche per $n+1$. Infatti, essendo $1 + x > 0$, si ha

$$(1+x)^{n+1} = (1+x)(1+x)^n > (1+x)(1+nx) = 1 + (n+1)x + nx^2 > 1 + (n+1)x$$

essendo $x^2 > 0$. Per il principio di induzione, pertanto, la disuguaglianza (3.2) risulta essere vera per ogni $n \geq 2$. Segue poi anche la disuguaglianza (3.1) per ogni $n \geq 0$. □

A questo punto, possiamo dimostrare il seguente teorema.

Teorema 175. *Per ogni* $n \geq 2$, *valgono le disuguaglianze*

$$\left(1 + \frac{1}{n}\right)^n < \mathrm{e} < \left(1 + \frac{1}{n}\right)^{n+1}. \tag{3.3}$$

Dimostrazione. Consideriamo le successioni $\{x_n\}_{n\geq 1}$ e $\{x'_n\}_{n\geq 1}$, dove

$$x_n = \left(1 + \frac{1}{n}\right)^n \qquad \text{e} \qquad x'_n = \left(1 + \frac{1}{n}\right)^{n+1}.$$

Il teorema deriva dal fatto che la prima successione è strettamente crescente, mentre la seconda successione è strettamente decrescente. Anche se abbiamo già dimostrato che la prima successione è strettamente crescente, qui ridimostreremo questa proprietà usando la disuguaglianza di Bernoulli, in analogia a quanto faremo per dimostrare la proprietà relativa alla seconda successione.

1. La successione $\{x_n\}_{n\geq 1}$ è strettamente crescente. Infatti, per ogni $n \geq 1$, si ha

$$\begin{aligned}\frac{x_{n+1}}{x_n} &= \frac{\left(1 + \frac{1}{n+1}\right)^{n+1}}{\left(1 + \frac{1}{n}\right)^n} = \frac{\left(\frac{n+2}{n+1}\right)^{n+1}}{\left(\frac{n+1}{n}\right)^n} = \left(\frac{n+2}{n+1}\right)^{n+1}\left(\frac{n}{n+1}\right)^n \\ &= \left(\frac{n^2+2n}{(n+1)^2}\right)^{n+1}\frac{n+1}{n} = \left(\frac{(n+1)^2-1}{(n+1)^2}\right)^{n+1}\frac{n+1}{n} \\ &= \left(1 - \frac{1}{(n+1)^2}\right)^{n+1}\frac{n+1}{n}\end{aligned}$$

Poiché $-1 < -\frac{1}{(n+1)^2} < 0$ e $n + 1 \geq 2$, possiamo usare la disuguaglianza di Bernoulli (3.2) e ottenere

$$\frac{x_{n+1}}{x_n} > \left(1 - \frac{n+1}{(n+1)^2}\right)\frac{n+1}{n} = \left(1 - \frac{1}{n+1}\right)\frac{n+1}{n} = \frac{n}{n+1}\,\frac{n+1}{n} = 1\,.$$

Pertanto, abbiamo $x_{n+1} > x_n$ per ogni $n \geq 1$.

2. La successione $\{x'_n\}_{n\geq 1}$ è strettamente decrescente. Infatti, per ogni $n \geq 1$, si ha

$$\begin{aligned}\frac{x'_n}{x'_{n+1}} &= \frac{\left(1+\frac{1}{n}\right)^{n+1}}{\left(1+\frac{1}{n+1}\right)^{n+2}} = \frac{\left(\frac{n+1}{n}\right)^{n+1}}{\left(\frac{n+2}{n+1}\right)^{n+2}} = \left(\frac{n+1}{n}\right)^{n+1}\left(\frac{n+1}{n+2}\right)^{n+2} \\ &= \left(\frac{(n+1)^2}{n^2+2n}\right)^{n+2}\frac{n}{n+1} = \left(\frac{n^2+2n+1}{n^2+2n}\right)^{n+2}\frac{n}{n+1} \\ &= \left(1+\frac{1}{n^2+2n}\right)^{n+2}\frac{n}{n+1}.\end{aligned}$$

Poiché $0 < \frac{1}{n^2+2n} < 1$ e $n+1 \geq 2$, possiamo usare la disuguaglianza di Bernoulli (3.2) e ottenere

$$\frac{x'_n}{x'_{n+1}} > \left(1+\frac{n+2}{n^2+2n}\right)\frac{n}{n+1} = \left(1+\frac{1}{n}\right)\frac{n}{n+1} = \frac{n+1}{n}\,\frac{n}{n+1} = 1.$$

Pertanto, abbiamo $x'_{n+1} < x'_n$ per ogni $n \geq 1$.

Infine, osserviamo che anche la successione $\{x'_n\}_{n\geq 1}$ converge a e, poiché

$$\lim_{n\to+\infty}\left(1+\frac{1}{n}\right)^{n+1} = \lim_{n\to+\infty}\left(1+\frac{1}{n}\right)\left(1+\frac{1}{n}\right)^n = \lim_{n\to+\infty}\left(1+\frac{1}{n}\right)\lim_{n\to+\infty}\left(1+\frac{1}{n}\right)^n = \mathrm{e}.$$

In conclusione, la successione $\{x_n\}_{n\geq 1}$ tende a e da sinistra, mentre la successione $\{x'_n\}_{n\geq 1}$ tende a e da destra. □

Usando il teorema precedente, possiamo ottenere delle approssimazioni di e sempre più precise. Ad esempio, er $n = 20$, si ha $2.6533 < \mathrm{e} < 2.78596$. Le due successioni $\{x_n\}_{n\geq 1}$ e $\{x'_n\}_{n\geq 1}$ convergono però molto lentamente. Per calcolare e in modo efficiente si usano altre successioni. Con gli strumenti di calcolo che abbiamo oggi a disposizione (*Mathematica*) si può ottenere facilmente la seguente approssimazione a 80 cifre decimali

$$\mathrm{e} \approx 2.71828182845904523536028747135266249775724709369995957496696762772407663035354 76.$$

In generale, naturalmente, è sufficiente ricordare che $\mathrm{e} \approx 2.718$.

Consideriamo la successione $\{x''_n\}_{n\geq 1}$ dove

$$x''_n = \left(1-\frac{1}{n}\right)^{-n}$$

Anche questa successione converge a e. Infatti, si ha

$$x''_n = \left(1-\frac{1}{n}\right)^{-n} = \left(\frac{n-1}{n}\right)^{-n} = \left(\frac{n}{n-1}\right)^n = \left(\frac{n-1+1}{n-1}\right)^n = \left(1+\frac{1}{n-1}\right)^n = x'_{n-1}$$

e quindi

$$\lim_{n\to+\infty}\left(1-\frac{1}{n}\right)^{-n} = \mathrm{e}$$

A questo punto possiamo combinare alcune dei risultati ottenuti. Così, ad esempio, si ha

$$\lim_{n\to+\infty} \frac{1}{2}\left(\left(1+\frac{1}{n}\right)^n + \left(1-\frac{1}{n}\right)^{-n}\right) = \mathrm{e}$$

Questa successione converge un po' più rapidamente. Esistono molte altre successioni di questo tipo [16], come ad esempio

$$\lim_{n\to+\infty} \left(\frac{2n+1}{2n-1}\right)^n = \mathrm{e}\,, \qquad \lim_{n\to+\infty} \left(\frac{(n+1)^{n+1}}{n^n} - \frac{n^n}{(n-1)^{n-1}}\right) = \mathrm{e}\,,$$

$$\lim_{n\to+\infty} \left(\frac{1+2^{-n}}{1-2^{-n}}\right)^{2^{n-1}} = \mathrm{e}\,.$$

Esiste poi un'altra importante successione che converge a e. Si tratta della successione $\{e_n\}_{n\geq 0}$, dove

$$e_n = \sum_{k=0}^{n} \frac{1}{k!} = 1 + 1 + \frac{1}{2} + \frac{1}{6} + \frac{1}{24} + \cdots + \frac{1}{n!}\,.$$

Poiché gli e_n sono somme di numeri positivi, la successione $\{e_n\}_{n\geq 0}$ è strettamente crescente. Inoltre, è superiormente limata, poiché $e_n < 3$ per ogni $n \geq 2$ (come abbiamo visto nella seconda parte della dimostrazione del Teorema 173. Quindi, per il teorema delle successioni monotone, la successione $\{e_n\}_{n\geq 0}$ è convergente. Si tratta ora di dimostrare che converge anch'essa al numero e. Per fare questo, useremo la seguente generalizzazione della disuguaglianza di Bernoulli.

Lemma 176 (Disuguaglianza di Bernoulli generalizzata). *Per ogni* $x_1, x_2, \ldots, x_n \in \mathbb{R}$, $x_1, x_2, \ldots, x_n > -1$, x_1, x_2, …, x_n *tutti dello stesso segno, e per ogni* $n \in \mathbb{N}$, *vale la disuguaglianza*

$$(1+x_1)(1+x_2)\cdots(1+x_n) \geq 1 + x_1 + x_2 + \cdots + x_n\,. \tag{3.4}$$

Inoltre, $x_1, x_2, \ldots, x_n \in \mathbb{R}$, $x_1, x_2, \ldots, x_n > -1$, $x_1 x_2 \cdots x_n \neq 0$, x_1, x_2, …, x_n *tutti dello stesso segno, e per ogni* $n \geq 2$, *vale la disuguaglianza stretta*

$$(1+x_1)(1+x_2)\cdots(1+x_n) > 1 + x_1 + x_2 + \cdots + x_n\,. \tag{3.5}$$

Dimostrazione. Procediamo per induzione su n. Per $n = 0, 1$, vale l'uguaglianza in (3.4). Per $n = 2$, si ha

$$(1+x_1)(1+x_2) = 1 + x_1 + x_2 + x_1 x_2 > 1 + x_1 + x_2$$

poiché $x_1 x_2 > 0$ (x_1 e x_2 sono non nulli e hanno lo stesso segno). Assumiamo ora che la disuguaglianza (3.5) sia vera per un $n \geq 2$ e dimostriamo che è vera anche per $n+1$. Infatti, essendo $1 + x_{n+1} > 0$, possiamo moltiplicare entrambi i membri di (3.5) per $1 + x_{n+1}$ senza cambiare il verso della disuguaglianza, e quindi

$$\begin{aligned}(1+x_1)(1+x_2)\cdots(1+x_n)(1+x_{n+1}) &> (1+x_1+x_2+\cdots+x_n)(1+x_{n+1})\\ &= 1+x_1+x_2+\cdots+x_n+x_{n+1}+x_1x_{n+1}+x_2x_{n+1}+\cdots+x_nx_{n+1}\\ &> 1+x_1+x_2+\cdots+x_n+x_{n+1}\end{aligned}$$

essendo $x_1x_{n+1}, x_2x_{n+1}, \ldots, x_nx_{n+1} > 0$. Abbiamo, così, per il principio di induzione, la disuguaglianza (3.5) per ogni $n \geq 2$. e, di conseguenza, la disuguaglianza (3.4) per ogni $n \geq 0$. □

A questo punto, possiamo dimostrare la seguente proprietà.

Teorema 177. *Per ogni $n \geq 2$, valgono le disuguaglianze*

$$e_n - \frac{3}{2n} < x_n < e_n . \tag{3.6}$$

Dimostrazione. Nella prima parte della dimostrazione del Teorema 173, abbiamo ottenuto l'identità

$$x_n = \sum_{k=0}^{n} \frac{1}{k!}\Big(1-\frac{1}{n}\Big)\Big(1-\frac{2}{n}\Big)\cdots\Big(1-\frac{k-1}{n}\Big)$$

dalla quale abbiamo ottenuto la disuguaglianza $x_n < e_n$ per ogni $n \geq 2$. Inoltre, per la disuguaglianza di Bernoulli (3.5), abbiamo che per ogni $n \geq 2$.

$$\Big(1-\frac{1}{n}\Big)\Big(1-\frac{2}{n}\Big)\cdots\Big(1-\frac{k-1}{n}\Big) > 1-\frac{1}{n}-\frac{2}{n}-\cdots-\frac{k-1}{n} = 1-\frac{1+2+\cdots+k-1}{n} = 1-\frac{1}{n}\binom{k}{2}.$$

Pertanto, si ha

$$\begin{aligned}x_n &= 1+1+\sum_{k=2}^{n}\frac{1}{k!}\Big(1-\frac{1}{n}\Big)\Big(1-\frac{2}{n}\Big)\cdots\Big(1-\frac{k-1}{n}\Big) > 2+\sum_{k=2}^{n}\frac{1}{k!}\Big(1-\frac{1}{n}\binom{k}{2}\Big)\\ &= 2+\sum_{k=2}^{n}\frac{1}{k!}-\frac{1}{2n}\sum_{k=2}^{n}\frac{k(k-1)}{k!} = \sum_{k=0}^{n}\frac{1}{k!}-\frac{1}{2n}\sum_{k=2}^{n}\frac{1}{(k-2)!} = e_n-\frac{1}{2n}\sum_{k=0}^{n-2}\frac{1}{k!}\\ &= e_n-\frac{1}{2n}e_{n-2}.\end{aligned}$$

Poiché $e_n < 3$ per ogni $n \geq 1$, si ha

$$x_n < e_n - \frac{3}{2n} \qquad \text{per ogni } n \geq 2 .$$

In conclusione, abbiamo le disuguaglianze (3.6). □

Come immediata conseguenza del teorema procedente abbiamo il seguente risultato.

Teorema 178. *Le due successioni $\{x_n\}_{n\geq 1}$ ed $\{e_n\}_{n\geq 0}$ convergono entrambe allo stesso limite, ossia*

$$\mathrm{e} = \lim_{n\to+\infty}\Big(1+\frac{1}{n}\Big)^n \qquad e \qquad \mathrm{e} = \lim_{n\to+\infty}\sum_{k=0}^{n}\frac{1}{k!} = \sum_{n\geq 0}\frac{1}{n!} .$$

Dimostrazione. Poiché entrambe le successioni $e_n - \frac{3}{2n}$ ed e_n, che compaiono nelle disuguaglianze (3.6), convergono allo stesso limite, anche la successione x_n converge a quel limite, in virtù del teorema del confronto. Pertanto, si ha

$$\lim_{n \to +\infty} e_n = \lim_{n \to +\infty} x_n = \mathrm{e}\,.$$

□

Sebbene le due successioni $\{x_n\}_{n \geq 1}$ ed $\{e_n\}_{n \geq 0}$ convergano entrame ad e, la successione $\{e_n\}_{n \geq 0}$ converge molto più rapidamente della successione $\{x_n\}_{n \geq 1}$. Ad esempio, usando la successione $\{e_n\}_{n \geq 0}$, si ottiene una buona approssimazione di e già per $n = 6$, essendo $e_6 \approx 2.71806$. Se invece, usiamo la successione $\{x_n\}_{n \geq 1}$, per avere un'approssimazione altrettanto buona, bisogna arrivare almeno a $n = 4800$, essendo $x_{4800} \approx 2.717999$.

Concludiamo osservando che le formule che definiscono il numero e possono essere generalizzate (come faremo in seguito). Infatti, si ha

$$\mathrm{e}^x = \lim_{n \to +\infty} \left(1 + \frac{x}{n}\right)^n \qquad \text{e} \qquad \mathrm{e}^x = \sum_{n \geq 0} \frac{x^n}{n!} \qquad \text{per ogni } x \in \mathbb{R}\,.$$

In realtà, valgono le disuguaglianze

$$\left(1 + \frac{1}{n}\right)^n < \sum_{k=0}^{n} \frac{1}{k!} < \left(1 - \frac{1}{n}\right)^{-n} \qquad n \geq 2\,.$$

3.8 Sottosuccessioni

Definizione 179. *Sia* $\{f_n\}_{n \in \mathbb{N}}$ *una successione e sia* $\{n_k\}_{k \in \mathbb{N}}$ *una successione strettamente crescente di indici. Allora la successione* $\{f_{n_k}\}_{k \in \mathbb{N}}$ *è una* sottosuccessione *della successione iniziale.*

Data una successione $\{f_n\}_{n \in \mathbb{N}}$, possiamo sempre considerare la sottosuccessione $\{f_{2n}\}_{n \in \mathbb{N}}$ dei termini di indice pari e la sottosuccessione $\{f_{2n+1}\}_{n \in \mathbb{N}}$ dei termini di indice dispari.

Le sottosuccessioni di una successione possono essere utili per stabilire il carattere della successione stessa. Innanzitutto, abbiamo la seguente proprietà.

Teorema 180. *Se* $\{f_n\}_{n \in \mathbb{N}}$ *è una successione convergente (divergente), allora ogni sua successione* $\{f_{n_k}\}_{k \in \mathbb{N}}$ *è convergente (divergente) e ha lo stesso limite.*

Dimostrazione. Supponiamo che la successione $\{f_n\}_{n \in \mathbb{N}}$ sia convergente a un numero reale ℓ. Allora, per ogni $\varepsilon > 0$ esiste un indice $n_0 \in \mathbb{N}$ tale che per ogni $n \geq n_0$ si ha $|f_n - \ell| < \varepsilon$. Poiché la successione $\{n_k\}_{k \in \mathbb{N}}$ degli indici è strettamente crescente, esiste un indice $k_0 \in \mathbb{N}$ tale che $n_{k_0} > n_0$ e tale che $n_k \geq n_{k_0} > n_0$ per ogni $k \geq k_0$. Pertanto, per ogni $\varepsilon > 0$ esiste un indice $k_0 \in \mathbb{N}$ tale che per ogni $k \geq k_0$ si ha $|f_{n_k} - \ell| < \varepsilon$, ossia $f_{n_k} \to \ell$ per $n \to +\infty$.

Supponiamo ora che la successione $\{f_n\}_{n\in\mathbb{N}}$ sia divergente a $+\infty$. Allora, per ogni $M > 0$ esiste un indice $n_0 \in \mathbb{N}$ tale che per ogni $n \geq n_0$ si ha $f_n > M$. Poiché la successione $\{n_k\}_{k\in\mathbb{N}}$ degli indici è strettamente crescente, esiste un indice $k_0 \in \mathbb{N}$ tale che $n_{k_0} > n_0$ e tale che $n_k \geq n_{k_0} > n_0$ per ogni $k \geq k_0$. Pertanto, per ogni $M > 0$ esiste un indice $k_0 \in \mathbb{N}$ tale che per ogni $k \geq k_0$ si ha $f_{n_k} > M$, ossia $f_{n_k} \to +\infty$ per $n \to +\infty$.

Infine, si ha una dimostrazione del tutto analoga quando la successione divergente a $-\infty$. □

Come immediata conseguenza di questo teorema, abbiamo che se una successione possiede due sottosuccessioni aventi limiti diversi, allora tale successione non può essere regolare. Ad esempio, la successione $\{(-1)^n n\}_{n\in\mathbb{N}}$ possiede due sottosuccessioni $\{2n\}_{n\in\mathbb{N}}$ e $\{-(2n+1)\}_{n\in\mathbb{N}}$ che divergono rispettivamente a $+\infty$ e a $-\infty$. Di conseguenza, non può essere regolare.

Abbiamo poi la seguente utile proprietà.

Teorema 181. *Sia* $\{a_n\}_{n\geq 0}$ *una successione di numeri reali. Se le sottosuccessioni* $\{a_{2n}\}_{n\geq 0}$ *e* $\{a_{2n+1}\}_{n\geq 0}$ *convergono entrambe a uno stesso valore* ℓ*, allora anche la successione* $\{a_n\}_{n\geq 0}$ *converge e converge anch'essa a* ℓ.

Dimostrazione. Fissiamo un $\varepsilon > 0$. Poiché $a_{2n} \to \ell$ per $n \to +\infty$, esiste un indice $n_1 \in \mathbb{N}$ tale che per ogni $m \geq n_1$ si ha $|s_{2m} - \ell| < \varepsilon$. Quindi, per ogni $n = 2m \geq 2n_1$ si ha $|s_n - \ell| < \varepsilon$. Analogamente, poiché $a_{2n+1} \to \ell$ per $n \to +\infty$, esiste un indice $n_2 \in \mathbb{N}$ tale che per ogni $m \geq n_2$ si ha $|s_{2m+1} - \ell| < \varepsilon$. Quindi, per ogni $n = 2m+1 \geq 2n_2 + 1$ si ha $|s_n - \ell| < \varepsilon$. Pertanto, scelto $n_0 = \max(2n_1, 2n_2 + 1)$, per ogni $n \geq n_0$ si ha $|s_n - \ell| < \varepsilon$. Abbiamo così dimostrato che per ogni $\varepsilon > 0$ esiste un indice $n_0 \in \mathbb{N}$ tale che per ogni $n \geq n_0$ si ha $|s_n - \ell| < \varepsilon$, ossia abbiamo dimostrato che $a_n \to \ell$ per $n \to +\infty$. □

3.9 Equivalenza asintotica

Definizione 182. *Due successioni* $\{f_n\}_{n\in\mathbb{N}}$ *e* $\{g_n\}_{n\in\mathbb{N}}$*, con* g_n *definitivamente diversa da* 0*, sono* asintoticamente equivalenti *quando*

$$\lim_{n\to+\infty} \frac{f_n}{g_n} = 1\,.$$

In questo caso, si scrive $f_n \sim g_n$ *per* $n \to +\infty$.

ESEMPI

1. Le due successioni $f_n = n^2 + n$ e $g_n = n^2$ divergono entrambe a $+\infty$ e sono asintoticamente equivalenti, poiché

$$\lim_{n\to+\infty} \frac{f_n}{g_n} = \lim_{n\to+\infty} \frac{n^2+n}{n^2} = \lim_{n\to+\infty} \left(1 + \frac{1}{n}\right) = 1\,.$$

Al crescere di n, il termine n cresce molto più lentamente del termine n^2 al punto di essere trascurabile rispetto al termine dominate n^2.

Analogamente, le due successioni $f_n = \frac{1}{n} + \frac{1}{n^2} = \frac{n+1}{n^2}$ e $g_n = \frac{1}{n}$ sono entrambe infinitesime e sono asintoticamente equivalenti, poiché

$$\lim_{n\to+\infty} \frac{f_n}{g_n} = \lim_{n\to+\infty} \frac{n^2+n}{n^2} = \lim_{n\to+\infty} \left(1 + \frac{1}{n}\right) = 1 .$$

In questo caso, al crescere di n, il termine $1/n^2$ decresce molto più rapidamente del termine $1/n$ al punto di essere trascurabile rispetto al termine dominate $1/n$.

2. Le due successioni $f_n = \dfrac{n^2+n}{n+2}$ e $g_n = n$ sono asintoticamente equivalenti, poiché

$$\lim_{n\to+\infty} \frac{f_n}{g_n} = \lim_{n\to+\infty} \frac{n^2+n}{n^2+2n} = \lim_{n\to+\infty} \frac{1+1/n}{1+2/n} = 1 .$$

3. Si ha $\sqrt{n^3+2n+3} \sim n\sqrt{n}$ per $n \to +\infty$, poiché

$$\lim_{n\to+\infty} \frac{\sqrt{n^3+2n+3}}{n\sqrt{n}} = \lim_{n\to+\infty} \sqrt{\frac{n^3+2n+3}{n^3}} = \lim_{n\to+\infty} \sqrt{1 + \frac{2}{n^2} + \frac{3}{n^3}} = 1 .$$

4. Si ha $3n^3 + n^2 2^n + 3^2 \sim 3^n$ per $n \to +\infty$, poiché

$$\lim_{n\to+\infty} \frac{3n^3 + n^2 2^n + 3^n}{3^n} = \lim_{n\to+\infty} \left(\frac{n^3}{3^{n-1}} + \frac{n^2 2^n}{3^n} + 1\right) = 1 .$$

5. Si ha $\dfrac{1}{n+\sqrt{n^2+1}} \sim \dfrac{1}{2n}$ per $n \to +\infty$, poiché

$$\lim_{n\to+\infty} \frac{2n}{n+\sqrt{n^2+1}} = \lim_{n\to+\infty} \frac{2}{1+\sqrt{1+1/n^2}} = 1 .$$

6. Si ha $\log(n+1) \sim \log n$ per $n \to +\infty$, poiché

$$\lim_{n\to+\infty} \frac{\log(n+1)}{\log n} = \lim_{n\to+\infty} \frac{\log n(1+1/n)}{\log n} = \lim_{n\to+\infty} \frac{\log n + \log(1+1/n)}{\log n} = 1 .$$

OSSERVAZIONE 183. Data una successione $\{f_n\}_{n\in\mathbb{N}}$ definitivamente non nulla, si ha $f_{n+1} \sim f_n$ per $n \to +\infty$? Dipende dalla successione. Questa proprietà è vera per $f_n = n^2$, poiché

$$\lim_{n\to+\infty} \frac{f_{n+1}}{f_n} = \lim_{n\to+\infty} \frac{(n+1)^2}{n^2} = 1 ,$$

ma è falsa per $f_n = \mathrm{e}^n$, poiché

$$\lim_{n\to+\infty} \frac{f_{n+1}}{f_n} = \lim_{n\to+\infty} \frac{\mathrm{e}^{n+1}}{\mathrm{e}^n} = \mathrm{e} .$$

Teorema 184. *La relazione di equivalenza asintotica è una relazione di equivalenza sullo spazio delle successioni definitivamente non nulle.*

Dimostrazione. Dobbiamo mostrare che la relazione di equivalenza asintotica è riflessiva, simmetrica e transitiva.

1. Riflessività: data una successione $\{f_n\}_{n\in\mathbb{N}}$ definitivamente non nulla, si ha $f_n \sim f_n$ per $n \to +\infty$, poiché ovviamente
$$\lim_{n\to+\infty} \frac{f_n}{f_n} = 1 .$$
2. Simmetria: date due successioni $\{f_n\}_{n\in\mathbb{N}}$ e $\{g_n\}_{n\in\mathbb{N}}$ definitivamente non nulle, se $f_n \sim g_n$ per $n \to +\infty$, allora $g_n \sim f_n$ per $n \to +\infty$. Infatti, se $f_n \sim g_n$ per $n \to +\infty$, allora
$$\lim_{n\to+\infty} \frac{f_n}{g_n} = 1$$
e quindi
$$\lim_{n\to+\infty} \frac{g_n}{f_n} = \lim_{n\to+\infty} \frac{1}{f_n/g_n} = \frac{1}{\lim\limits_{n\to+\infty} f_n/g_n} = 1 .$$
3. Transitività: date tre successioni $\{f_n\}_{n\in\mathbb{N}}$, $\{g_n\}_{n\in\mathbb{N}}$ e $\{h_n\}_{n\in\mathbb{N}}$ definitivamente non nulle, se $f_n \sim g_n$ e $g_n \sim h_n$ per $n \to +\infty$, allora $f_n \sim h_n$ per $n \to +\infty$. Infatti, se $f_n \sim g_n$ e $g_n \sim h_n$ per $n \to +\infty$, allora
$$\lim_{n\to+\infty} \frac{f_n}{g_n} = 1 \qquad \text{e} \qquad \lim_{n\to+\infty} \frac{g_n}{h_n} = 1$$
e quindi
$$\lim_{n\to+\infty} \frac{f_n}{h_n} = \lim_{n\to+\infty} \frac{f_n}{g_n}\frac{g_n}{h_n} = \lim_{n\to+\infty} \frac{f_n}{g_n} \lim_{n\to+\infty} \frac{g_n}{h_n} = 1 .$$

□

Due successioni asintoticamente equivalenti presentano lo stesso comportamento per $n \to +\infty$, ossia convergono entrambe allo stesso limite, divergono entrambe a $+\infty$ o a $-\infty$, o entrambe non hanno limite.

Teorema 185. *Siano $\{f_n\}_{n\in\mathbb{N}}$ e $\{g_n\}_{n\in\mathbb{N}}$ due successioni definitivamente non nulle tali che $f_n \sim g_n$ per $n \to +\infty$.*

1. *Se la successione $\{f_n\}_{n\in\mathbb{N}}$ converge a $\ell \in \mathbb{R}$, allora anche la successione $\{g_n\}_{n\in\mathbb{N}}$ converge a ℓ.*
2. *Se la successione $\{f_n\}_{n\in\mathbb{N}}$ diverge a $+\infty$, allora anche la successione $\{g_n\}_{n\in\mathbb{N}}$ diverge a $+\infty$.*

Dimostrazione. Poiché $f_n \sim g_n$ per $n \to +\infty$, si ha

$$\lim_{n\to+\infty} \frac{f_n}{g_n} = 1\,.$$

Se la successione $\{f_n\}_{n\in\mathbb{N}}$ converge a $\ell \in \mathbb{R}$, allora

$$\lim_{n\to+\infty} g_n = \lim_{n\to+\infty} \frac{g_n}{f_n} f_n = \lim_{n\to+\infty} \frac{g_n}{f_n} \lim_{n\to+\infty} f_n = 1 \cdot \ell = \ell\,.$$

Se la successione $\{f_n\}_{n\in\mathbb{N}}$ diverge a $+\infty$, allora

$$\lim_{n\to+\infty} g_n = \lim_{n\to+\infty} \frac{g_n}{f_n} f_n = +\infty$$

poiché il prodotto di una successione limitata per una successione infinita è ancora una successione infinita. □

Come immediata conseguenza del teorema precedente, si ha che due successioni convergenti a limiti diversi non possono essere asintoticamente equivalenti. Analogamente, una successione convergente e una successione divergente non possono essere asintoticamente equivalenti, una successione regolare e una successione irregolare non possono essere asintoticamente equivalenti, e così via.

Le equivalenze asintotiche permettono di semplificare il calcolo dei limiti. In particolare, è utile la seguente proprietà.

Teorema 186. *Siano $\{f_n\}_{n\in\mathbb{N}}$, $\{g_n\}_{n\in\mathbb{N}}$, $\{a_n\}_{n\in\mathbb{N}}$ e $\{b_n\}_{n\in\mathbb{N}}$ quattro successioni definitivamente non nulle. Se $f_n \sim a_n$ e $g_n \sim b_n$ per $n \to +\infty$, allora si ha*

$$f_n g_n \sim a_n b_n \qquad \text{e} \qquad \frac{f_n}{g_n} \sim \frac{a_n}{b_n} \qquad \text{per } n \to +\infty\,.$$

Dimostrazione. Se $f_n \sim a_n$ e $g_n \sim b_n$ per $n \to +\infty$, allora

$$\lim_{n\to+\infty} \frac{f_n}{a_n} = 1 \qquad \text{e} \qquad \lim_{n\to+\infty} \frac{g_n}{b_n} = 1\,.$$

Quindi, si ha

$$\lim_{n\to+\infty} \frac{f_n g_n}{a_n b_n} = \lim_{n\to+\infty} \frac{f_n}{a_n}\frac{g_n}{b_n} = \lim_{n\to+\infty} \frac{f_n}{a_n} \lim_{n\to+\infty} \frac{g_n}{b_n} = 1$$

e, analogamente,

$$\lim_{n\to+\infty} \frac{f_n/g_n}{a_n/b_n} = \lim_{n\to+\infty} \frac{f_n}{a_n}\frac{b_n}{g_n} = \lim_{n\to+\infty} \frac{f_n}{a_n} \lim_{n\to+\infty} \frac{b_n}{g_n} = 1\,.$$

□

OSSERVAZIONE 187. Il teorema precedente dice che la relazione di equivalenza asintotica è compatibile con il prodotto e con il quoziente. Questo però non è vero per la somma. Ad esempio, si ha

$$n^2 + 2n \sim n^2 + 2n + 1 \qquad \text{e} \qquad -n^2 + n \sim -n^2 - 2n + 1 \qquad \text{per } n \to +\infty\,,$$

ma

$$3n = (n^2 + 2n) + (-n^2 + n) \not\sim (n^2 + 2n + 1) + (-n^2 - 2n + 1) = 2 \qquad \text{per } n \to +\infty\,.$$

L'equivalenza asintotica, in generale, non si conserva passando alle immagini delle successioni mediante una funzione. In altre parole, data una funzione $F : \mathbb{R} \to \mathbb{R}$, se $f_n \sim g_n$ per $n \to +\infty$, allora non è detto che $F(f_n) \sim F(g_n)$ per $n \to +\infty$. Ad esempio, si ha $n \sim n+1$ per $n \to +\infty$, ma $\mathrm{e}^n \not\sim \mathrm{e}^{n+1}$ per $n \to +\infty$.

Abbiamo poi la seguente semplice, ma utile, proprietà.

Teorema 188. *Siano $\{f_n\}_{n\in\mathbb{N}}$ e $\{g_n\}_{n\in\mathbb{N}}$ due successioni definitivamente non nulle tale che $f_n \sim g_n$ per $n \to +\infty$. Sia $\{n_k\}_{k\in\mathbb{N}}$ una successione strettamente crescente di numeri naturali. Allora, si ha $f_{n_k} \sim g_{n_k}$ per $k \to +\infty$.*

Dimostrazione. Per ipotesi, la successione $\{f_n/g_n\}_{n\in\mathbb{N}}$ converge a 1. poiché ogni sottosuccessione di una successione convergente è a sua volta una successione convergente allo stesso limite, s ha che la sottosuccessione $\{f_{n_k}/g_{n_k}\}_{k\in\mathbb{N}}$ converge anch'essa a 1. □

ESEMPIO 189. Se $f_n \sim g_n$ per $n \to +\infty$, allora abbiamo anche le seguenti equivalenze asintotiche

$$f_{2n} \sim g_{2n} \qquad \text{e} \qquad f_{2n+1} \sim g_{2n+1} \qquad \text{per } n \to +\infty$$

$$f_{3n} \sim g_{3n}\,, \qquad f_{3n+1} \sim g_{3n+1} \qquad \text{e} \qquad f_{3n+2} \sim g_{3n+2} \qquad \text{per } n \to +\infty$$

e così via.

Vediamo ora una prima applicazione non banale delle equivalenze asintotiche. Consideriamo i *numeri armonici* definita da

$$\mathcal{H}_n = \sum_{k=1}^{n} \frac{1}{n} = 1 + \frac{1}{2} + \frac{1}{3} + \cdots + \frac{1}{n}\,.$$

Questi numeri compaiono in svariati ambiti, come la teoria analitica dei numeri, l'analisi combinatoria e l'analisi degli algoritmi [39]. Qui, ci chiediamo quale sia il loro comportamento asintotico. Iniziamo con dimostrare le seguenti disuguaglianze.

Teorema 190. *Per ogni $n \geq 2$, valgono le disuguaglianze*

$$\mathcal{H}_n - 1 < \log n < \mathcal{H}_n - \frac{1}{n}\,. \tag{3.7}$$

Dimostrazione. Per le disuguaglianze 3.3, si ha

$$\left(1 + \frac{1}{n}\right)^n < \mathrm{e} < \left(1 + \frac{1}{n}\right)^{n+1} \qquad n \geq 2\,.$$

Poiché il logaritmo è una funzione strettamente crescente, si ha

$$n \log\left(1+\frac{1}{n}\right) < \log \mathrm{e} < (n+1)\log\left(1+\frac{1}{n}\right) \qquad n \geq 2\,.$$

ossia

$$n \log \frac{n+1}{n} < 1 < (n+1) \log \frac{n+1}{n} \qquad n \geq 2\,.$$

ossia

$$\log(n+1) - \log n < \frac{1}{n} \qquad \text{e} \qquad \log(n+1) - \log n > \frac{1}{n+1} \qquad n \geq 2\,.$$

Pertanto, sommando, si ha

$$\sum_{k=1}^{n}(\log(k+1)-\log k) < \sum_{k=1}^{n}\frac{1}{k} = \mathcal{H}_n \quad \text{e} \quad \sum_{k=1}^{n}(\log(k+1)-\log k) > \sum_{k=1}^{n}\frac{1}{k+1} = \mathcal{H}_{n+1}-1$$

$$n \geq 2\,.$$

La somma che contiene i logaritmi è una somma telescopica e si calcola molto semplicemente. Infatti, si ha

$$\begin{aligned}\sum_{k=1}^{n}(\log(k+1) - \log k) &= \sum_{k=1}^{n}\log(k+1) - \sum_{k=1}^{n}\log k \\ &= \log 2 + \log 3 + \cdots + \log n + \log(n+1) - \log 1 - \log 2 - \log 3 - \cdots - \log n \\ &= \log(n+1)\,.\end{aligned}$$

Abbiamo quindi le disuguaglianze

$$\log(n+1) < \mathcal{H}_n \qquad \text{e} \qquad \log(n+1) > \mathcal{H}_{n+1} - 1 \qquad n \geq 2\,,$$

ossia

$$\log n < \mathcal{H}_{n-1} = \mathcal{H}_n - \frac{1}{n} \qquad \text{e} \qquad \log n > \mathcal{H}_n - 1 \qquad n \geq 3\,,$$

ossia

$$\mathcal{H}_n - 1 < \log n < \mathcal{H}_n - \frac{1}{n} \qquad n \geq 3\,.$$

Infine, si verifica facilmente che queste disuguaglianze valgono anche per $n = 2$. □

Usando il teorema precedente, possiamo trovare una stima asintotica dei numeri armonici.

Teorema 191. *Si ha la stima asintotica*

$$\mathcal{H}_n \sim \log n \qquad \textit{per } n \to +\infty\,. \tag{3.8}$$

Dimostrazione. Nella dimostrazione del Teorema 190 abbiamo trovato che $\mathcal{H}_n > \log(n+1)$ per $n \geq 2$. Poiché $\log n \to +\infty$ per $n \to +\infty$, si ha che anche $\log n \to +\infty$ per $n \to +\infty$. Inoltre, per le disuguaglianze 3.7, abbiamo

$$\mathcal{H}_n - 1 < \log n < \mathcal{H}_n - \frac{1}{n} \qquad n \geq 2$$

e quindi

$$1 - \frac{1}{\mathcal{H}_n} < \frac{\log n}{\mathcal{H}_n} < 1 - \frac{1}{n \cdot \mathcal{H}_n} \qquad n \geq 2 .$$

Poiché le successioni agli estremi convergono entrambe a 1, abbiamo che anche la successione di mezzo converge e converge allo stesso limite, in virtù del teorema del confronto. Quindi, abbiamo

$$\lim_{n \to +\infty} \frac{\log n}{\mathcal{H}_n} = 1$$

ossia $\mathcal{H}_n \sim \log n$ per $n \to +\infty$. □

Quando studieremo gli integrali vedremo un altro modo di ottenere questa stima asintotica (e quando studieremo le serie numeriche vedremo un metodo generale per ottenere stime asintotiche di questo tipo).

Le equivalenze asintotiche sono utili nel calcolo dei limiti e nello studio delle serie numeriche. In particolare, è utile la seguente formula, che ci limitiamo a enunciare, che dà una stima asintotica del fattoriale.

Teorema 192 (Formula di Stirling, 1730). *Si ha la stima asintotica*

$$n! \sim n^n \mathrm{e}^{-n} \sqrt{2n\pi} \qquad \text{per } n \to +\infty .$$

ESEMPI

1. Sia X_n un qualunque insieme di n elementi. Sia F_n l'insieme delle funzioni $f : X_n \to X_n$ e sia P_n l'insieme delle permutazioni (ossia funzioni biunivoche) $f : X_n \to X_n$. Qual è la probabilità p_n di scegliere una permutazione tra tutte le funzioni in F_n? In questo caso, è il rapporto tra il numero dei casi favorevoli e il numero dei casi possibili, ossia

$$p_n = \frac{|P_n|}{|F_n|} = \frac{n!}{n^n} .$$

Questa probabilità è alta o bassa? Usando la formula di Stirling, abbiamo

$$p_n = \frac{n!}{n^n} \sim \frac{\sqrt{2n\pi}}{\mathrm{e}^n} \qquad \text{per } n \to +\infty$$

e quindi

$$\lim_{n \to +\infty} p_n = \lim_{n \to +\infty} \frac{\sqrt{2n\pi}}{\mathrm{e}^n} = 0 .$$

Questo significa che, al crescere di n, la probabilità p_n diventa molto bassa.

Si osservi che la formula di Stirling ci ha permesso di dimostrare che

$$\lim_{n\to+\infty}\frac{n!}{n^n}=0$$

ossia che il fattoriale $n!$ è un infinito di ordine inferiore a n^n.

2. Per la successione dei coefficienti binomiali centrali, per $n \to +\infty$, si ha

$$\binom{2n}{n}=\frac{(2n)!}{n!\,n!}\sim\frac{(2n)^{2n}\mathrm{e}^{-2n}\sqrt{4n\pi}}{(n^n\mathrm{e}^{-n}\sqrt{2n\pi})^2}=\frac{2^{2n}n^{2n}\mathrm{e}^{-2n}2\sqrt{n\pi}}{n^{2n}\mathrm{e}^{-2n}2n\pi}=\frac{2^{2n}}{\sqrt{n\pi}}.$$

Analogamente, per $n \to +\infty$, si ha

$$\binom{3n}{n}=\frac{(3n)!}{n!\,(2n)!}\sim\frac{(3n)^{3n}\mathrm{e}^{-3n}\sqrt{6n\pi}}{n^n\mathrm{e}^{-n}\sqrt{2n\pi}(2n)^{2n}\mathrm{e}^{-2n}\sqrt{4n\pi}}=\frac{3^{3n}n^{3n}\sqrt{3}}{n^n2^{2n}n^{2n}\sqrt{4n\pi}}=\frac{3^{3n}\sqrt{3}}{2^{2n+1}\sqrt{n\pi}}.$$

Così, ad esempio, abbiamo il limite

$$\lim_{n\to+\infty}\frac{\binom{4n}{2n}}{2^{2n}\binom{2n}{n}}=\lim_{n\to+\infty}\frac{1}{2^{2n}}\frac{2^{4n}}{\sqrt{2n\pi}}\frac{\sqrt{n\pi}}{2^{2n}}=\frac{1}{\sqrt{2}}$$

OSSERVAZIONE 193. Esistono molte altre formule asintotiche. Ne ricorderemo due importanti nell'ambito della teoria analitica dei numeri, a titolo puramente esemplificativo.

1. Sia p_n l'n-esimo numero primo. Allora, come conseguenza del *teorema dei numeri primi*, si ha la stima asintotica

$$p_n \sim n\log n \qquad n \to +\infty.$$

2. Una *partizione* di un numero naturale n è una lista $\lambda=(\lambda_1,\lambda_2,\lambda_3\ldots,\lambda_k)$ di numeri interi positivi tale che $\lambda_1\geq\lambda_2\geq\lambda_3\ldots\geq\lambda_k$ e $\lambda_1+\lambda_2+\lambda_3+\cdots+\lambda_k=n$. Ad esempio, le partizioni di $n=4$ sono (4), $(3,1)$, $(2,2)$, $(2,1,1)$ e $(1,1,1,1)$. Indichiamo con $p(n)$ il numero delle partizioni di n. I primi valori di $p(n)$, per $n=0,1,\ldots,20$, sono

$$1,\ 1,\ 2,\ 3,\ 5,\ 7,\ 11,\ 15,\ 22,\ 30,\ 42,$$

$$56,\ 77,\ 101,\ 135,\ 176,\ 231,\ 297,\ 385,\ 490,\ 627.$$

In questo caso, si ha la stima asintotica

$$p(n)\sim\frac{\mathrm{e}^{\pi\sqrt{\frac{2n}{3}}}}{4\sqrt{3}\,n}\qquad n\to+\infty.$$

ESEMPIO 194. Finora abbiamo prevalentemente considerato successioni in cui i termini sono definiti esplicitamente. Spesso, però, i termini di una successione sono definiti ricorsivamente in modo che un dato termine possa essere calcolato a partire da alcuni termini precedenti. Le successioni definite in questo modo sono importanti poché hanno applicazioni in moltissimi ambiti. Qui ci limitiamo a vedere un semplice esempio, dato dai numeri di Fibonacci e di Lucas. Questi numeri furono introdotti da Leonardo Fibonacci nel suo famoso *Liber abaci* (1202) e possiedono innumerevoli proprietà di tipo algebrico e combinatorio [39]. Qui ci accontenteremo di determinare una loro stima asintotica.

I *numeri di Fibonacci* F_n sono definiti dalla ricorrenza lineare $F_{n+2} = F_{n+1} + F_n$ e dai valori iniziali $F_0 = 0$ e $F_1 = 1$. Analogamente, i *numeri di Lucas* L_n sono definiti dalla stessa ricorrenza $L_{n+2} = L_{n+1} + L_n$ e dai valori iniziali $L_0 = 2$ e $L_1 = 1$. In entrambi i casi, ogni numero della successione (tranne i primi due) si ottiene dalla somma dei due precedenti. Per i primi valori di n abbiamo i seguenti numeri

$$F_2 = 1\,,\ F_3 = 2\,,\ F_4 = 3\,,\ F_5 = 5\,,\ F_6 = 8\,,\ F_7 = 13\,,\ F_8 = 21\,,$$

$$F_9 = 34\,,\ F_{10} = 55\,,\ F_{11} = 89\,,\ F_{12} = 144$$

$$L_2 = 3\,,\ L_3 = 4\,,\ L_4 = 7\,,\ L_5 = 11\,,\ L_6 = 18\,,\ L_7 = 29\,,\ L_8 = 47\,,$$

$$L_9 = 76\,,\ L_{10} = 123\,,\ L_{11} = 199\,,\ L_{12} = 322\,.$$

Consideriamo la ricorrenza $x_{n+2} = x_{n+1} + x_n$ e cerchiamo le eventuali soluzioni della forma $x_n = q^n$, $q \neq 0$. Se $x_n = q^n$ è una soluzione, allora deve essere $q^{n+2} = q^{n+1} + q^n$ per ogni $n \in \mathbb{N}$. Dividendo per q^n, si ottiene l'equazione $q^2 - q - 1 = 0$, che ha due soluzioni reali e distinte:

$$q_1 = \varphi = \frac{1+\sqrt{5}}{2} \approx 1.61803 \qquad \text{e} \qquad q_2 = \widehat{\varphi} = \frac{1-\sqrt{5}}{2} \approx -0.618034\,.$$

Abbiamo così due soluzioni distinte della ricorrenza $x_{n+2} = x_{n+1} + x_n$, date da $x_n = \varphi^n$ e da $x_n = \widehat{\varphi}^n$. Una qualunque combinazione lineare di queste due soluzioni, ossia una qualunque successione della forma $x_n = \alpha\varphi^n + \beta\widehat{\varphi}^n$, con $\alpha, \beta \in \mathbb{R}$, è ancora una soluzione della ricorrenza $x_{n+2} = x_{n+1} + x_n$. Infatti, si ha

$$\begin{aligned} x_{n+2} &= \alpha\varphi^{n+2} + \beta\widehat{\varphi}^{n+2} \\ &= \alpha(\varphi^{n+1} + \varphi^n) + \beta(\widehat{\varphi}^{n+1} + \widehat{\varphi}^n) \\ &= (\alpha\varphi^{n+1} + \beta\widehat{\varphi}^{n+1}) + (\alpha\varphi^n + \beta\widehat{\varphi}^n) \\ &= x_{n+1} + x_n\,. \end{aligned}$$

Supponiamo ora che anche i numeri di Fibonacci possano essere espressi in questa forma, ossia che esistano due numeri reali α e β per cui $F_n = \alpha\varphi^n + \beta\widehat{\varphi}^n$ per ogni $n \in \mathbb{N}$. Perché valga questa identità è sufficiente che essa valga per i valori iniziali, ossia per $n = 0$ ed $n = 1$ (due successioni che soddisfano la medesima ricorrenza e che hanno i medesimi valori iniziali, sono uguali). Nel nostro caso, deve essere

$$\begin{cases} \alpha + \beta = F_0 = 0 \\ \alpha\varphi + \beta\widehat{\varphi} = F_1 = 1 \,. \end{cases}$$

Tenuto conto che $\varphi - \widehat{\varphi} = \sqrt{5}$, si ha $\alpha = 1/\sqrt{5}$ e $\beta = -1/\sqrt{5}$.

Anche i numeri di Lucas possano essere espressi in una forma analoga, ossia $L_n = \alpha\varphi^n + \beta\widehat{\varphi}^n$ per ogni $n \in \mathbb{N}$, per due opportuni numeri reali α e β. In questo caso, deve essere

$$\begin{cases} \alpha + \beta = L_0 = 2 \\ \alpha\varphi + \beta\widehat{\varphi} = L_1 = 1 \end{cases}$$

ossia $\alpha = \beta = 1$.

Abbiamo così trovato le seguenti identità, dette *formule di Binet*[1]:

$$F_n = \frac{\varphi^n - \widehat{\varphi}^n}{\sqrt{5}} \qquad \text{e} \qquad L_n = \varphi^n + \widehat{\varphi}^n \qquad \text{per ogni } n \in \mathbb{N}\,.$$

Le formule di Binet permettono di determinare una equivalenza asintotica per i numeri di Fibonacci e di Lucas. Infatti, tenuto conto che $|\widehat{\varphi}/\varphi| < 1$, si ha

$$\lim_{n\to+\infty} \frac{F_n}{\varphi^n} = \lim_{n\to+\infty} \frac{1 - (\widehat{\varphi}/\varphi)^n}{\sqrt{5}} = \frac{1}{\sqrt{5}}$$

e

$$\lim_{n\to+\infty} \frac{L_n}{\varphi^n} = \lim_{n\to+\infty} \left(1 - (\widehat{\varphi}/\varphi)^n\right) = 1\,.$$

Di conseguenza, si ha

$$F_n \sim \frac{\varphi^n}{\sqrt{5}} \qquad \text{e} \qquad L_n \sim \varphi^n \qquad \text{per } n \to +\infty\,.$$

Così, ad esempio, si hanno i seguenti limiti

$$\lim_{n\to+\infty} \frac{F_{n+1}}{F_n} = \lim_{n\to+\infty} \frac{\varphi^{n+1}}{\sqrt{5}} \frac{\sqrt{5}}{\varphi^n} = \varphi\,, \qquad \lim_{n\to+\infty} \frac{L_{n+1}}{L_n} = \lim_{n\to+\infty} \frac{\varphi^{n+1}}{\varphi^n} = \varphi$$

$$\lim_{n\to+\infty} \frac{F_n^2}{F_{2n}} = \lim_{n\to+\infty} \frac{\varphi^{2n}}{5} \frac{\sqrt{5}}{\varphi^{2n}} = \frac{1}{\sqrt{5}}\,, \qquad \lim_{n\to+\infty} \frac{L_n^2}{L_{2n}} = \lim_{n\to+\infty} \frac{\varphi^{2n}}{\varphi^{2n}} = 1\,.$$

Concludiamo osservando che il numero φ è la famosa *sezione aurea* (*sectio aurea*) [14, p. 56] [35, pp. 5-12], nota fin dall'antichità. Questa constante compare in innumerevoli contesti geometrici e naturali ed è stata ampiamente utilizzata nell'arte figurativa e nell'architettura. Qui ricordiamo solo che la diagonale di un pentagono regolare di lato 1 ha lunghezza φ. Questo risultato fu scoperto dalla scuola pitagorica (VI secolo a.C.) e fu uno dei motivi che mandarono in crisi la teoria pitagorica secondo cui tutto può esprimersi in modo razionale, ossia mediante rapporti di numeri naturali. Infatti, il numero φ (come $\sqrt{2}$, la diagonale di un quadrato unitario) è un numero irrazionale.

[1] Queste formule furono dimostrate da Jacques Binet nel 1843, sebbene fossero già note a Eulero, de Moivre e Daniel Bernoulli.

3.10 Relazione di o piccolo

Definizione 195. *Siano* $\{f_n\}_{n\in\mathbb{N}}$ *e* $\{g_n\}_{n\in\mathbb{N}}$ *due successioni, dove* $\{g_n\}_{n\in\mathbb{N}}$ *è definitivamente non nulla. Allora* $f_n = o(g_n)$ *per* $n \to +\infty$ *quando*

$$\lim_{n\to+\infty} \frac{f_n}{g_n} = 0\,.$$

In particolare, se $f_n = o(1)$ per $n \to +\infty$, allora la successione $\{f_n\}_{n\in\mathbb{N}}$ è infinitesima. Invece, dire che $f_n = o(0)$ per $n \to +\infty$ non ha senso, poiché deve essere $g_n \neq 0$ definitivamente. In generale, se $f_n = o(g_n)$ per $n \to +\infty$, allora, al crescere di n, il termine f_n può essere trascurato rispetto al termine g_n.

ESEMPI

1. Si ha $n = o(n^2)$ per $n \to +\infty$, poiché

   $$\lim_{n\to+\infty} \frac{n}{n^2} = \lim_{n\to+\infty} \frac{1}{n} = 0\,.$$

   In generale, per $\alpha < \beta$, si ha $n^\alpha = o(n^\beta)$ per $n \to +\infty$, poiché

   $$\lim_{n\to+\infty} \frac{n^\alpha}{n^\beta} = \lim_{n\to+\infty} \frac{1}{n^{\beta-\alpha}} = 0\,.$$

   Se invece $\alpha \geq \beta$, allora $n^\alpha \neq o(n^\beta)$ per $n \to +\infty$.

2. Si ha $\frac{1}{n^2} = o(\frac{1}{n})$ per $n \to +\infty$, poiché

   $$\lim_{n\to+\infty} \frac{1/n^2}{1/n} = \lim_{n\to+\infty} \frac{n}{n^2} = \lim_{n\to+\infty} \frac{1}{n} = 0\,.$$

   In generale, per $\alpha > \beta$, si ha $\frac{1}{n^\alpha} = o(\frac{1}{n^\beta})$ per $n \to +\infty$, poiché

   $$\lim_{n\to+\infty} \frac{1/n^\alpha}{1/n^\beta} = \lim_{n\to+\infty} \frac{n^\beta}{n^\alpha} = \lim_{n\to+\infty} \frac{1}{n^{\alpha-\beta}} = 0\,.$$

   Se invece $\alpha \leq \beta$, allora $\frac{1}{n^\alpha} \neq o(\frac{1}{n^\beta})$ per $n \to +\infty$.

3. Si ha $\frac{(-1)^n}{n+\sqrt{n}} = o(\frac{1}{\sqrt{n}})$ per $n \to +\infty$, poiché

   $$\lim_{n\to+\infty} \frac{(-1)^n\sqrt{n}}{n+\sqrt{n}} = \lim_{n\to+\infty} \frac{(-1)^n}{1+\sqrt{n}} = 0\,.$$

4. Si ha $\log^3 2n = o(n)$ per $n \to +\infty$, poiché

   $$\lim_{n\to+\infty} \frac{\log^3 2n}{n} = 0\,.$$

   Invece $\log n^2 \neq o(\log n)$ per $n \to +\infty$, poiché

   $$\lim_{n\to+\infty} \frac{\log n^2}{\log n} = \lim_{n\to+\infty} \frac{2\log n}{\log n} = 2\,.$$

5. Si ha $e^{\sqrt{n}} = o(e^n)$ per $n \to +\infty$, poiché

$$\lim_{n\to+\infty} \frac{e^{\sqrt{n}}}{e^n} = \lim_{n\to+\infty} \frac{1}{e^{n-\sqrt{n}}} = \lim_{n\to+\infty} \frac{1}{e^{n(1-\frac{1}{\sqrt{n}})}} = 0\,.$$

6. Si ha $n! = o(n^n)$ per $n \to +\infty$. Infatti, per la formula di Stirling, si ha

$$\lim_{n\to+\infty} \frac{n!}{n^n} = \lim_{n\to+\infty} \frac{n^n e^{-n}\sqrt{2n\pi}}{n^n} = \lim_{n\to+\infty} \frac{\sqrt{2n\pi}}{e^n} = 0\,.$$

Il simbolo di o piccolo può essere manipolato algebricamente usando le seguenti proprietà.

Teorema 196. *Siano* $\{g_n\}_{n\in\mathbb{N}}$ *e* $\{g'_n\}_{n\in\mathbb{N}}$ *due successioni definitivamente non nulle. Allora, per* $n \to +\infty$*, valgono le seguenti identità*

1. $o(g_n) = g_n o(1)$

2. $\lambda o(g_n) = o(\lambda g_n) = o(g_n)$ *per ogni* $\lambda \in \mathbb{R},\ \lambda \neq 0$

3. $o(g_n)\, o(g'_n) = o(g_n g'_n)$

Dimostrazione. Dimostriamo la prima proprietà. Per $n \to +\infty$, si ha

$$f_n = o(g_n) \iff \lim_{n\to+\infty} \frac{f_n}{g_n} = 0 \iff \frac{f_n}{g_n} = o(1) \iff f_n = g_n o(1)\,.$$

Per ottenere le altre proprietà, basta usare la prima. □

Si noti che in generale non si può dire che $o(g_n) - o(g_n) = 0$. Si può soltanto dire che $o(g_n) - o(g_n) = o(g_n)$. Ad esempio, se si hanno due successioni infinitesime, allora la loro differenza è ancora una successione infinitesima, ma non necessariamente la successione identicamente nulla, ossia $o(1) - o(1) = o(1)$.

Si ha poi la seguente proprietà che lega la relazione di equivalenza asintotica con la relazione di o piccolo.

Teorema 197. *Siano* $\{f_n\}_{n\in\mathbb{N}}$ *e* $\{g_n\}_{n\in\mathbb{N}}$ *due successioni definitivamente non nulle. Allora*

$$f_n \sim g_n \quad \textit{per } n \to +\infty \qquad \iff \qquad f_n = g_n + o(g_n) \quad \textit{per } n \to +\infty\,.$$

Dimostrazione. Si ha

$$\begin{aligned} f_n \sim g_n \quad \text{per } n \to +\infty \quad &\iff \lim_{n\to+\infty} \frac{f_n}{g_n} = 1 \\ &\iff \lim_{n\to+\infty} \left(\frac{f_n}{g_n} - 1\right) = 0 \\ &\iff \frac{f_n}{g_n} - 1 = o(1) \quad \text{per } n \to +\infty \\ &\iff f_n = g_n + g_n o(1) = g_n + o(g_n) \quad \text{per } n \to +\infty\,. \end{aligned}$$

□

4

Limiti di funzioni

4.1 Limiti

4.1.1 Limiti finiti e funzioni convergenti

Un *intorno* di punto $x_0 \in \mathbb{R}$ è un qualunque intervallo aperto (a, b) contenete x_0. Spesso, si considerano gli intorni simmetrici $(x_0 - \delta, x_0 + \delta)$, dove $\delta \in \mathbb{R}$, $\delta > 0$. Un *intorno destro* di x_0 è un intervallo aperto (x_0, b), mentre *intorno sinistro* di x_0 è un intervallo aperto (a, x_0). Un punto $x_0 \in \mathbb{R}$ è un *punto di accumulazione* per un insieme $\mathcal{D} \subseteq \mathbb{R}$ quando ogni suo intorno contiene almeno un punto di $\mathcal{D}$ diverso da x_0 (o, equivalentemente, quando ogni suo intorno contiene infiniti punti di $\mathcal{D}$). Ad esempio, i punti di accumulazione di un intervallo (a, b) sono i punti interni e i due estremi a e b. Analogamente, i punti di accumulazione dell'insieme $(a, b) \cup (b, c)$ sono i punti interni e i punti di frontiera, ossia a, b e c. Tuttavia, i punti di accumulazione dell'insieme $(0, 1) \cup \{2\}$ sono solo i punti dell'intervallo $[0, 1]$.

Definizione 198 (Definizione metrica di limite). *Sia $\mathcal{D} \subseteq \mathbb{R}$ e sia $x_0 \in \mathbb{R}$ un punto di accumulazione di $\mathcal{D}$. Una funzione $f : \mathcal{D} \to \mathbb{R}$* converge *a un numero reale ℓ per $x \to x_0$ quando, comunque scelto un numero reale $\varepsilon > 0$, esiste un numero reale $\delta > 0$ (dipendente da ε) tale che $|f(x) - \ell| < \varepsilon$ per ogni $x \in \mathcal{D}$, $x \neq x_0$, $|x - x_0| < \delta$. In questo caso, si scrive $f(x) \to \ell$ per $x \to x_0$, oppure*

$$\lim_{x \to x_0} f(x) = \ell .$$

Formalmente, possiamo dire che $f(x) \to \ell$ per $x \to x_0$ se e solo se

$$\forall\, \varepsilon > 0\ \exists\, \delta > 0\ \forall\, x \in \mathcal{D},\ x \neq x_0\ \ (|x - x_0| < \delta \implies |f(x) - \ell| < \varepsilon).$$

In questa scrittura è sottinteso che ε e δ sono numeri reali e che δ dipende da ε.

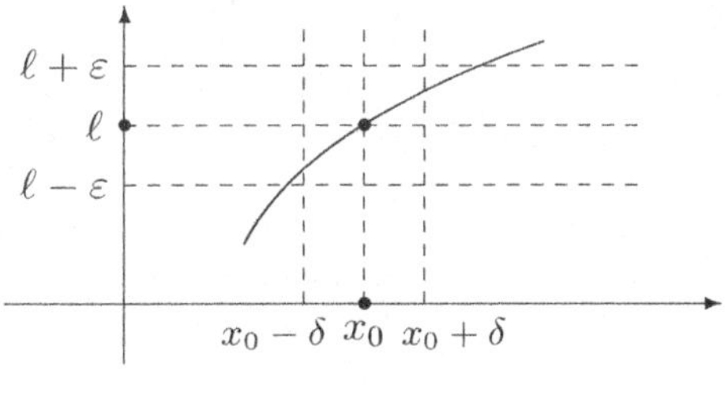

Geometricamente, $f(x) \to \ell$ per $x \to x_0$ quando, comunque scelto un intorno $V = (\ell - \varepsilon, \ell + \varepsilon)$ di ℓ, esiste un intorno $U = (x_0 - \delta, x_0 + \delta)$ di x_0 tale che ogni punto $x \in U \setminus \{x_0\}$ viene mandato in un punto $f(x) \in V$ (si veda la figura a lato). Il punto $x = x_0$ è escluso, perché la funzione f può convergere a un valore $\ell \neq f(x_0)$. Intuitivamente, questo significa che quando x si avvicina indefinitamente a x_0, i corrispondenti punti $f(x)$ si avvicinano indefinitamente a ℓ.

ESEMPI

1. Siano $a, b \in \mathbb{R}$, $a \neq 0$. La funzione $f(x) = ax + b$ tende a $ax_0 + b$ per $x \to x_0$, per ogni $x_0 \in \mathbb{R}$. Infatti, comunque fissato un numero reale $\varepsilon > 0$, si ha $|f(x) - ax_0 - b| < \varepsilon$ se e solo se $|a|\,|x - x_0| < \varepsilon$, ossia se e solo se $|x - x_0| < \varepsilon/|a|$. Quindi, basta scegliere $\delta = \varepsilon/|a|$.

2. Consideriamo la funzione $f(x) = x \operatorname{sen} \frac{1}{x}$, definita sull'insieme $\mathcal{D} = \mathbb{R} \setminus \{0\}$. Il punto $x_0 = 0$ è di accumulazione per $\mathcal{D}$. Quindi si può considerare il limite di $f(x)$ per $x \to 0$ e, più precisamente, si può dimostrare che $f(x) \to 0$ per $x \to 0$. Infatti, poiché $|\operatorname{sen} 1/x| \leq 1$ per ogni $x \neq 0$, si ha
$$\left| x \operatorname{sen} \frac{1}{x} \right| = |x| \left| \operatorname{sen} \frac{1}{x} \right| \leq |x| < \delta$$
per ogni $x \neq 0$ con $|x| < \delta$. Quindi, per ogni numero reale $\varepsilon > 0$, esiste un numero reale $\delta = \varepsilon > 0$ tale che $|x \operatorname{sen} 1/x| < \varepsilon$ per ogni $x \neq 0$, $|x| < \delta$.

Le seguenti proprietà sono immediate.

Proposizione 199. *Se f è una funzione definita in un intorno di un punto x_0, allora*
$$\lim_{x \to x_0} f(x) = \ell \iff \lim_{x \to x_0} (f(x) - \ell) = 0$$
$$\lim_{x \to x_0} f(x) = \ell \neq 0 \iff \lim_{x \to x_0} \frac{f(x)}{\ell} = 1$$
$$\lim_{x \to x_0} |f(x)| = 0 \iff \lim_{x \to x_0} f(x) = 0 .$$

Teorema 200. *Il limite di una funzione, se esiste, è unico.*

Dimostrazione. Supponiamo che $f(x) \to \ell_1$ e $f(x) \to \ell_2$ per $x \to x_0$. Allora, comunque fissato un numero reale positivo ε, esiste un numero reale positivo δ_1 tale che $|f(x) - \ell_1| < \varepsilon$ per ogni $x \neq x_0$, $|x - x_0| < \delta_1$, e analogamente esiste un numero reale positivo δ_2 tale che $|f(x) - \ell_2| < \varepsilon$ per ogni $x \neq x_0$ tale che $|x - x_0| < \delta_2$. Quindi, per la disuguaglianza triangolare, si ha
$$|\ell_1 - \ell_2| = |(\ell_1 - f(x)) + (f(x) - \ell_2)| \leq |\ell_1 - f(x)| + |f(x) - \ell_2)| < 2\varepsilon$$
per ogni $x \neq x_0$, $|x - x_0| < \delta = \min(\delta_1, \delta_2)$. Poiché ε può essere scelto arbitrariamente piccolo, deve essere $|\ell_1 - \ell_2| = 0$, ossia $\ell_1 = \ell_2$. □

I limiti di funzione possono essere caratterizzati (o definiti) anche in termini di successioni. Più precisamente, abbiamo il seguente teorema che permette di ridurre i limiti di funzione a limiti di successioni.

Teorema 201 (Definizione successionale di limite). *Sia* $\mathcal{D} \subseteq \mathbb{R}$ *e sia* $x_0 \in \mathbb{R}$ *un punto di accumulazione di* $\mathcal{D}$. *Una funzione* $f : \mathcal{D} \to \mathbb{R}$ *converge per* $x \to x_0$ *a un numero reale* ℓ *se e solo se per ogni successione* $\{a_n\}_{n\in\mathbb{N}}$ *tale che* $a_n \in \mathcal{D} \setminus \{x_0\}$ *per ogni* $n \in \mathbb{N}$, *se* $a_n \to x_0$ *per* $n \to +\infty$ *allora* $f(a_n) \to \ell$ *per* $n \to +\infty$.

Dimostrazione. Supponiamo che $f(x) \to \ell$ per $x \to x_0$. Sia $\{a_n\}_{n\in\mathbb{N}}$ una successione con $a_n \in \mathcal{D} \setminus \{x_0\}$ per ogni $n \in \mathbb{N}$, tale che $a_n \to x_0$ per $n \to +\infty$. Dobbiamo dimostrare che $f(a_n) \to \ell$ per $n \to +\infty$. Poiché $f(x) \to \ell$ per $x \to x_0$, per ogni numero reale $\varepsilon > 0$, esiste un numero reale $\delta > 0$ tale che $|f(x) - \ell| < \varepsilon$ per ogni $x \neq x_0$, $|x - x_0| < \delta$. Poiché $a_n \to x_0$ per $n \to +\infty$, in corrispondenza del numero reale $\delta > 0$, esiste un indice $n_0 \in \mathbb{N}$ per il quale $|a_n - x_0| < \delta$ per ogni $n \geq n_0$. Di conseguenza, $|f(a_n) - \ell| < \varepsilon$ per ogni $n \geq n_0$. In conclusione, per ogni numero reale $\varepsilon > 0$ esiste sempre un indice $n_0 \in \mathbb{N}$ per il quale $|f(a_n) - \ell| < \varepsilon$ per ogni $n \geq n_0$. Quindi $f(a_n)$ converge a ℓ per $n \to +\infty$.

Viceversa, supponiamo che per ogni successione $\{a_n\}_{n\in\mathbb{N}}$ con $a_n \in \mathcal{D} \setminus \{x_0\}$ per ogni $n \in \mathbb{N}$, se $a_n \to x_0$ per $n \to +\infty$ allora $f(a_n) \to \ell$ per $n \to +\infty$. Dobbiamo dimostrare che $f(x) \to \ell$ per $x \to x_0$. Supponiamo, per assurdo, che $f(x)$ non converga a ℓ per $x \to x_0$. Allora esiste un numero reale $\varepsilon > 0$ tale che per ogni numero reale $\delta > 0$ esiste un numero $x \in \mathbb{R}$ tale che $0 < |x - x_0| < \delta$ e $|f(x) - \ell| \geq \varepsilon > 0$. Per ogni $n \in \mathbb{N}$, $n \geq 1$, sia $\delta_n = 1/n$ e sia x_n un numero reale per cui $0 < |x_n - x_0| < \delta_n = 1/n$ e $|f(x_n) - \ell| \geq \varepsilon$. Poiché $|x_n - x_0| < 1/n$ per ogni $n \geq 1$, si ha che $x_n \to x_0$ per $n \to +\infty$. Tuttavia, per il valore ε fissato, si ha $|f(x_n) - \ell| \geq \varepsilon$ per ogni $n \geq 1$, e quindi la successione $f(x_n)$ non può convergere a ℓ per $n \to +\infty$, contro le ipotesi. □

ESEMPI

1. Siano $f(x) = \mathrm{e}^{-1/x}$, $\mathcal{D} = \mathbb{R} \setminus \{0\}$ e $x_0 = 0$. Per la successione $a_n = 1/n$ si ha che $a_n \to 0$ per $n \to +\infty$ e $f(a_n) = \mathrm{e}^{-n} \to 0$ per $n \to +\infty$. Per la successione $a_n = -1/n$ si ha che $a_n \to 0$ per $n \to +\infty$ e $f(a_n) = \mathrm{e}^{n} \to +\infty$ per $n \to +\infty$. Abbiamo quindi due successioni che tendono entrambe a x_0 in corrispondenza delle quali $f(a_n)$ tende a due limiti diversi. Di conseguenza, la funzione $f(x)$ non possiede limite per $x \to x_0$.

2. Siano $f(x) = \operatorname{sen}(1/x)$, $\mathcal{D} = \mathbb{R} \setminus \{0\}$ e $x_0 = 0$. Per la successione $a_n = \frac{1}{\pi/2+2n\pi}$ si ha che $a_n \to 0$ per $n \to +\infty$ e $f(a_n) = \operatorname{sen}(\pi/2 + 2n\pi) = \operatorname{sen}(\pi/2) \to 1$ per $n \to +\infty$. Per la successione $b_n = \frac{1}{3\pi/2+2n\pi}$ si ha che $b_n \to 0$ per $n \to +\infty$ e $f(b_n) = \operatorname{sen}(3\pi/2 + 2n\pi) = \operatorname{sen}(3\pi/2) \to -1$ per $n \to +\infty$. Quindi, la funzione $f(x)$ non possiede limite per $x \to x_0$.

4.1.2 Limite destro e limite sinistro

Scriveremo $x \to x_0^+$ per indicare che x si avvicina a x_0 da destra, ossia rimanendo in un intervallo $(x_0, x_0 + \delta)$. Analogamente, scriveremo $x \to x_0^-$ per indicare che x si avvicina a x_0 da sinistra, ossia rimanendo in un intervallo $(x_0 - \delta, x_0)$.

Definizione 202. *Sia* $\mathcal{D} \subseteq \mathbb{R}$ *e sia* $x_0 \in \mathbb{R}$ *un punto di accumulazione di* $\mathcal{D}$.

Una funzione $f : \mathcal{D} \to \mathbb{R}$ converge *a un numero reale* ℓ *per* $x \to x_0^+$ *quando, comunque scelto un numero reale* $\varepsilon > 0$, *esiste un numero reale* $\delta > 0$ *(dipendente da* ε*) tale che* $(x_0, x_0 + \delta) \subseteq \mathcal{D}$ *e* $|f(x) - \ell| < \varepsilon$ *per ogni* $x \in (x_0, x_0 + \delta)$. *In questo caso, si scrive* $f(x) \to \ell$ *per* $x \to x_0^+$, *oppure*

$$\lim_{x \to x_0^+} f(x) = \ell .$$

Una funzione $f : \mathcal{D} \to \mathbb{R}$ converge *a un numero reale* ℓ *per* $x \to x_0^-$ *quando, comunque scelto un numero reale* $\varepsilon > 0$, *esiste un numero reale* $\delta > 0$ *(dipendente da* ε*) tale che* $(x_0 - \delta, x_0) \subseteq \mathcal{D}$ *e* $|f(x) - \ell| < \varepsilon$ *per ogni* $x \in (x_0 - \delta, x_0)$. *In questo caso, si scrive* $f(x) \to \ell$ *per* $x \to x_0^-$, *oppure*

$$\lim_{x \to x_0^-} f(x) = \ell .$$

Non è detto che il limite destro e il limite sinistro di una funzione esistano entrambi e se esistono, non è detto che siano uguali. Tuttavia, se esistono entrambi questi due limiti e sono uguali, allora la funzione è convergente.

Proposizione 203. *Sia* $\mathcal{D} \subseteq \mathbb{R}$ *e sia* $x_0 \in \mathbb{R}$ *un punto di accumulazione di* $\mathcal{D}$. *Una funzione* $f : \mathcal{D} \to \mathbb{R}$ *converge a un numero reale* ℓ *per* $x \to x_0$ *se e solo se converge a* ℓ *per* $x \to x_0^+$ *e per* $x \to x_0^-$.

Dimostrazione. Se f converge a ℓ per $x \to x_0$, dalle definizioni 198 e 202, segue immediatamente che f converge a ℓ per $x \to x_0^+$ e per $x \to x_0^-$.

Se f converge a ℓ per $x \to x_0^+$ e per $x \to x_0^-$, allora valgono le proprietà

$$\forall\, \varepsilon > 0\ \exists\, \delta > 0\ \forall\, x \in \mathcal{D}\ \ (x \in (x_0, x_0 + \delta) \implies |f(x) - \ell| < \varepsilon)$$
$$\forall\, \varepsilon > 0\ \exists\, \delta > 0\ \forall\, x \in \mathcal{D}\ \ (x \in (x_0 - \delta, x_0) \implies |f(x) - \ell| < \varepsilon) .$$

Allora, fissato uno stesso $\varepsilon > 0$, esistono due numeri reali $\delta_1 > 0$ e $\delta_2 > 0$ tali che

$$\forall\, x \in \mathcal{D}\ \ (x \in (x_0, x_0 + \delta_1) \implies |f(x) - \ell| < \varepsilon)$$
$$\forall\, x \in \mathcal{D}\ \ (x \in (x_0 - \delta_2, x_0) \implies |f(x) - \ell| < \varepsilon) .$$

Posto $\delta = \min(\delta_1, \delta_2)$, dalle due proprietà precedenti si ha che

$$\forall\, x \in \mathcal{D} \setminus \{x_0\}\ \ (x \in (x_0 - \delta, x_0 + \delta) \implies |f(x) - \ell| < \varepsilon) .$$

Quindi, per l'arbitrarietà di ε, si ha che f converge a ℓ per $x \to x_0$. □

ESEMPI

1. La funzione $f : \mathbb{R} \setminus \{0\} \to \mathbb{R}$, definita da

$$f(x) = x + \frac{x}{|x|} = \begin{cases} x+1 & \text{per} \quad x > 0 \\ x-1 & \text{per} \quad x < 0, \end{cases}$$

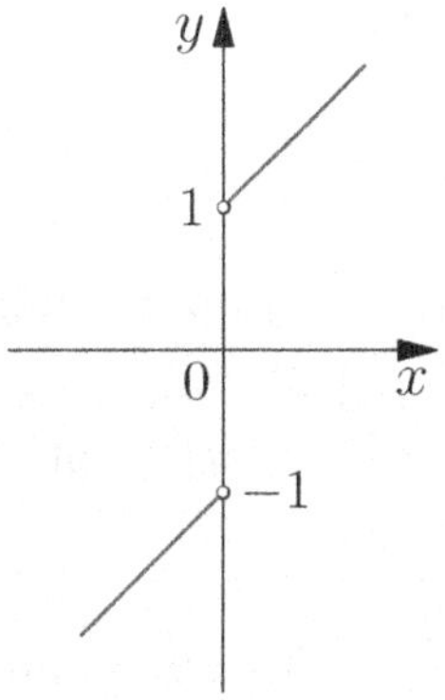

possiede sia il limite destro sia il limite sinistro per $x \to 0$:

$$\lim_{x \to 0^+} f(x) = \lim_{x \to 0^+} (x+1) = 1$$
$$\lim_{x \to 0^-} f(x) = \lim_{x \to 0^-} (x-1) = -1,$$

ma non possiede limite per $x \to 0$, poiché i due limiti precedenti sono diversi.

2. La funzione parte intera $f : \mathbb{R} \to \mathbb{R}$, definita da $f(x) = \lfloor x \rfloor$, possiede sia il limite destro sia il limite sinistro per $x \to n$, con $n \in \mathbb{Z}$, poiché

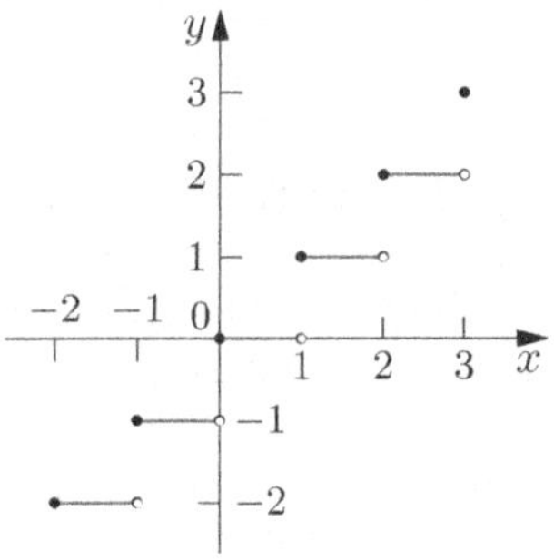

$$\lim_{x \to n^+} f(x) = \lim_{x \to n^+} \lfloor x \rfloor = n$$
$$\lim_{x \to n^-} f(x) = \lim_{x \to n^-} \lfloor x \rfloor = n-1,$$

ma non possiede limite per $x \to n$, poiché i due limiti precedenti sono diversi.

4.1.3 Limiti infiniti e limiti all'infinito

La definizione di limite può essere estesa anche al caso in cui il valore limite ℓ è $+\infty$ oppure $-\infty$ e al caso in cui $x \to +\infty$ oppure $x \to -\infty$.

Definizione 204. *Sia $\mathcal{D} \subseteq \mathbb{R}$ e sia $x_0 \in \mathbb{R}$ un punto di accumulazione di $\mathcal{D}$. Una funzione $f : \mathcal{D} \to \mathbb{R}$* diverge a *$+\infty$ per $x \to x_0$ quando, comunque scelto un numero reale M, esiste un numero reale $\delta > 0$ (dipendente da M) tale che $(x_0 - \delta, x_0 + \delta) \subseteq \mathcal{D}$ e $f(x) > M$ per ogni $x \neq x_0$, $|x - x_0| < \delta$.*

Analogamente, una funzione $f : \mathcal{D} \to \mathbb{R}$ diverge a *$-\infty$ per $x \to x_0$ quando, comunque scelto un numero reale M, esiste un numero reale $\delta > 0$ (dipendente da M) tale che $(x_0 - \delta, x_0 + \delta) \subseteq \mathcal{D}$ e $f(x) < -M$ per ogni $x \neq x_0$, $|x - x_0| < \delta$.*

In questo casi, si scrive $f(x) \to +\infty$ per $x \to x_0$ e $f(x) \to -\infty$ per $x \to x_0$, oppure

$$\lim_{x \to x_0} f(x) = +\infty \qquad e \qquad \lim_{x \to x_0} f(x) = -\infty.$$

ESEMPI

1. La funzione $f(x) = 1/x^2$ diverge a $+\infty$ per $x \to 0$. Infatti, per $x \neq 0$, si ha
$$\frac{1}{x^2} > M \iff x^2 < \frac{1}{M} \iff -\frac{1}{\sqrt{M}} < x < \frac{1}{\sqrt{M}} \iff |x| < \frac{1}{\sqrt{M}}.$$
Quindi, basta scegliere $\delta = 1/\sqrt{M}$.

2. La funzione $f(x) = 1/x$, definita per ogni $x \neq 0$, non possiede limite per $x \to 0$, poiché
$$\lim_{x \to 0^+} f(x) = +\infty \qquad \text{e} \qquad \lim_{x \to 0^-} f(x) = -\infty.$$
Infatti, comunque fissato $M \in \mathbb{R}$, $M > 0$, si ha $1/x > M$ per ogni $0 < x < \delta = 1/M$, e si ha $1/x < -M$ per ogni $-\delta < x < 0$ dove $\delta = 1/M$.

3. Consideriamo la funzione $f(x) = \log_a x$, dove $a \in \mathbb{R}$, $a > 0$, $a \neq 1$. Se $a > 1$ allora $f(x)$ diverge a $-\infty$ per $x \to 0^+$, poiché $\log_a x < -M$ per ogni $0 < x < \delta = a^{-M}$. Analogamente, se $0 < a < 1$, allora $f(x)$ diverge a $+\infty$ per $x \to 0^+$, poiché $\log_a x > M$ per ogni $0 < x < \delta = a^M$.

Definizione 205. *Sia $\mathcal{D}$ un intervallo di $\mathbb{R}$ illimitato superiormente. Una funzione $f : \mathcal{D} \to \mathbb{R}$* converge *a un numero reale ℓ per $x \to +\infty$ quando, comunque scelto un numero reale $\varepsilon > 0$, esiste un numero reale $N > 0$ (dipendente da ε) tale che $|f(x) - \ell| < \varepsilon$ per ogni $x > N$.*

Sia $\mathcal{D}$ un intervallo di $\mathbb{R}$ illimitato inferiormente. Una funzione $f : \mathcal{D} \to \mathbb{R}$ converge *a un numero reale ℓ per $x \to -\infty$ quando, comunque scelto un numero reale $\varepsilon > 0$, esiste un numero reale $N > 0$ (dipendente da ε) tale che $|f(x) - \ell| < \varepsilon$ per ogni $x < -N$.*

In questi casi, si scrive $f(x) \to \ell$ per $x \to +\infty$ e $f(x) \to \ell$ per $x \to -\infty$, oppure
$$\lim_{x \to +\infty} f(x) = \ell \qquad e \qquad \lim_{x \to -\infty} f(x) = \ell.$$

Definizione 206. *Sia $\mathcal{D}$ un intervallo di $\mathbb{R}$ illimitato superiormente. Una funzione $f : \mathcal{D} \to \mathbb{R}$* diverge *a $+\infty$ per $x \to +\infty$ quando, comunque scelto un numero reale $M > 0$, esiste un numero reale $N > 0$ (dipendente da M) tale che $f(x) > M$ per ogni $x > N$. Analogamente, la funzione $f : \mathcal{D} \to \mathbb{R}$* diverge *a $-\infty$ per $x \to +\infty$ quando, comunque scelto un numero reale $M > 0$, esiste un numero reale $N > 0$ (dipendente da M) tale che $f(x) < -M$ per ogni $x > N$.*

Sia $\mathcal{D}$ un intervallo di $\mathbb{R}$ illimitato inferiormente. Una funzione $f : \mathcal{D} \to \mathbb{R}$ diverge *a $+\infty$ per $x \to -\infty$ quando, comunque scelto un numero reale $M > 0$, esiste un numero reale $N > 0$ (dipendente da M) tale che $f(x) > M$ per ogni $x < -N$. Analogamente, la funzione $f : \mathcal{D} \to \mathbb{R}$* diverge *a $-\infty$ per $x \to -\infty$ quando, comunque scelto un numero reale $M > 0$, esiste un numero reale $N > 0$ (dipendente da M) tale che $f(x) < -M$ per ogni $x < -N$.*

In questi casi, si scrive $f(x) \to \pm\infty$ per $x \to \pm\infty$, oppure
$$\lim_{x \to \pm\infty} f(x) = \pm\infty.$$

4.1.4 Definizione generale di limite

Le definizioni di limite che abbiamo considerato nei paragrafi precedenti sono tutte casi particolari della seguente definizione generale che utilizza gli intorni di un punto.

Indichiamo con $\mathcal{I}(x_0)$ l'insieme di tutti gli intorni del punto x_0. Se $x_0 \in \mathbb{R}$, allora un suo intorno è un qualunque intervallo aperto $(x_0-\delta, x_0+\delta)$, con $\delta \in \mathbb{R}$, $\delta > 0$. Se invece $x_0 = +\infty$, un suo intorno è un qualunque intervallo aperto $(M, +\infty)$, con $M \in \mathbb{R}$. Infine, se $x_0 = -\infty$, un suo intorno è un qualunque intervallo aperto $(-\infty, M)$, con $M \in \mathbb{R}$.

Definizione 207. *Una funzione* $f : \mathcal{D} \to \mathbb{R}$ *una funzione e siano* $x_0, \ell \in \mathbb{R} \cup \{\pm\infty\}$*, Se* x_0 *è un punto di accumulazione per* $\mathcal{D}$*, allora si ha*

$$\lim_{x\to x_0} f(x) = \ell \iff \forall\, V \in \mathcal{I}(\ell)\ \exists\, U \in \mathcal{I}(x_0)\ (\, f((U \cap \mathcal{D}) \setminus \{x_0\}) \subseteq V\,)$$

$$\iff \forall\, V \in \mathcal{I}(\ell)\ \exists\, U \in \mathcal{I}(x_0)\ \forall x \in (U \cap \mathcal{D}) \setminus \{x_0\}\ (\, f(x) \in V\,)\,.$$

4.2 Proprietà delle funzioni convergenti

Teorema 208. *Le seguenti proprietà determinano l'algebra delle funzioni convergenti.*

1. *Se* f *e* g *sono due funzioni convergenti per* $x \to x_0$*, allora anche la funzione* $\alpha f + \mu g$ *è convergente per* $x \to x_0$*, per ogni* $\alpha, \beta \in \mathbb{R}$*, e*

$$\lim_{x\to x_0} (\alpha f(x) + \beta g(x)) = \alpha \lim_{x\to x_0} f(x) + \beta \lim_{x\to x_0} g(x)\,.$$

   In particolare, la somma di due funzioni convergenti è una funzione convergente e il prodotto di una costante per una funzione convergente è una funzione convergente.

2. *Se* f *e* g *sono due funzioni convergenti per* $x \to x_0$*, allora anche la funzione prodotto* $f \cdot g$ *è convergente per* $x \to x_0$ *e*

$$\lim_{x\to x_0} f(x) \cdot g(x) = \lim_{x\to x_0} f(x) \cdot \lim_{x\to x_0} g(x)\,.$$

   In particolare, per ogni $n \in \mathbb{N}$*, si ha*

$$\lim_{x\to x_0} f(x)^n = \Big(\lim_{x\to x_0} f(x)\Big)^n\,.$$

3. *Se* f *è una funzione convergente per* $x \to x_0$ *e converge a un numero non nullo, allora anche la funzione reciproca* $1/f$ *è convergente per* $x \to x_0$ *e*

$$\lim_{x\to x_0} \frac{1}{f(x)} = \frac{1}{\lim\limits_{x\to x_0} f(x)} \qquad \Big(\textit{dove } \lim_{x\to x_0} f(x) \neq 0\Big).$$

4. *Se f e g sono due funzioni convergenti per $x \to x_0$ e g converge a un numero non nullo, allora anche la funzione quoziente f/g è convergente per $x \to x_0$ e*

$$\lim_{x \to x_0} \frac{f(x)}{g(x)} = \frac{\lim_{x \to x_0} f(x)}{\lim_{x \to x_0} g(x)} \qquad \Big(\textit{dove } \lim_{x \to x_0} g(x) \neq 0\Big).$$

Dimostrazione. Supponiamo che $f(x) \to \ell_1$ e $g(x) \to \ell_2$ per $x \to x_0$. Allora, comunque fissato un numero reale $\varepsilon > 0$, esiste un numero reale $\delta_1 > 0$ tale che $|f(x) - \ell_1| < \varepsilon$ per ogni $x \neq x_0$ tale che $|x - x_0| < \delta_1$, ed esiste un numero reale $\delta_2 > 0$ tale che $|g(x) - \ell_2| < \varepsilon$ per ogni $x \neq x_0$, $|x - x_0| < \delta_2$. Quindi, per la disuguaglianza triangolare, si ha

$$\begin{aligned} |(\alpha f(x) + \beta g(x)) - (\alpha \ell_1 + \beta \ell_2)| &= |\alpha(f(x) - \ell_1) + \beta(g(x) - \ell_2)| \\ &\leq |\alpha(f(x) - \ell_1)| + |\beta(g(x) - \ell_2)| = |\alpha|\,|f(x) - \ell_1| + |\beta|\,|g(x) - \ell_2| \\ &< |\alpha|\,\varepsilon + |\beta|\,\varepsilon = (|\alpha| + |\beta|)\,\varepsilon \end{aligned}$$

per ogni $x \neq x_0$, $|x - x_0| < \delta = \min(\delta_1, \delta_2)$. Per l'arbitrarietà di ε, segue la tesi.

Per il limite del prodotto, osserviamo che si può sempre scrivere

$$\begin{aligned} f(x)g(x) - \ell_1\ell_2 &= f(x)g(x) - \ell_1 g(x) + \ell_1 g(x) + \ell_1\ell_2 \\ &= (f(x) - \ell_1)g(x) + \ell_1(g(x) + \ell_2) \\ &= (f(x) - \ell_1)(g(x) - \ell_2 + \ell_2) + \ell_1(g(x) + \ell_2) \\ &= (f(x) - \ell_1)(g(x) - \ell_2) + \ell_2(f(x) - \ell_1) + \ell_1(g(x) + \ell_2). \end{aligned}$$

Pertanto, usando la disuguaglianza triangolare, si ha

$$\begin{aligned} |f(x)g(x) - \ell_1\ell_2| &\leq |f(x) - \ell_1|\,|g(x) - \ell_2| + |\ell_2|\,|f(x) - \ell_1| + |\ell_1|\,|g(x) + \ell_2| \\ &< \varepsilon^2 + |\ell_2|\varepsilon + |\ell_1|\varepsilon \end{aligned}$$

per ogni $x \neq x_0$ tale che $|x - x_0| < \delta = \min(\delta_1, \delta_2)$. Per l'arbitrarietà di ε, segue la tesi. Infine, le altre proprietà possono essere dimostrate in modo analogo. □

OSSERVAZIONE 209. In generale, può esistere il limite della somma, della differenza, del prodotto o del quoziente di due funzioni senza che esistano i limiti delle singole funzioni. Ad esempio, le funzioni $f(x) = \operatorname{sen}^2 1/x$ e $g(x) = \cos^2 1/x$ non possiedono limite per $x \to 0$. Tuttavia, la loro somma $f(x) + g(x)$ è la funzione costante che vale 1 per ogni $x \neq 0$ e quindi ha limite 1 per $x \to 0$. Analogamente, il prodotto delle funzioni $f(x) = x$ e $g(x) = \operatorname{sen} 1/x$ tende a 0 per $x \to 0$, anche se la funzione $g(x)$ non possiede limite per $x \to 0$.

Teorema 210 (Locale limitatezza). *Sia f una funzione convergente a un numero reale ℓ per $x \to x_0$. Allora f si mantiene limitata in tutto un intorno di x_0, escluso al più x_0.*

Dimostrazione. Poiché $f \to \ell$ per $x \to x_0$, si ha che

$$\forall\, \varepsilon > 0\, \exists\, \delta > 0\, \forall\, x \in \mathbb{R}\ \ (x \in (x_0 - \delta, x_0 + \delta)\,,\ x \neq x_0 \implies \ell - \varepsilon < f(x) < \ell + \varepsilon)\,.$$

Quindi, scelto $\varepsilon = 1$, esiste un numero reale positivo δ per il quale $\ell - 1 < f(x) < \ell + 1$ per ogni $x \in (x_0 - \delta, x_0 + \delta)$, $x \neq x_0$. La funzione f risulta pertanto limitata su $(x_0 - \delta, x_0 + \delta) \setminus \{x_0\}$. □

Teorema 211 (Permanenza del segno). *Sia f una funzione convergente a un numero reale $\ell \neq 0$ per $x \to x_0$. Allora esiste un intorno U di x_0 tale che il segno di $f(x)$ è uguale al segno di ℓ per ogni $x \in U$, $x \neq x_0$.*

Dimostrazione. Poiché $f \to \ell \neq 0$ per $x \to x_0$, comunque scelto un numero reale positivo ε, esiste un numero reale positivo δ tale che per ogni $x \in (x_0 - \delta, x_0 + \delta)$, $x \neq x_0$, si ha $|f(x) - \ell| < \varepsilon$, ossia $\ell - \varepsilon < f(x) < \ell + \varepsilon$. Se $\ell > 0$, basta scegliere $\varepsilon < \ell$ (ad esempio $\varepsilon = \ell/2$). In questo modo, si ha $f(x) > \ell - \varepsilon > 0$ per ogni $x \in (x_0 - \delta, x_0 + \delta)$, $x \neq x_0$, Se invece $\ell < 0$, basta scegliere $\varepsilon > -\ell$ (ad esempio $\varepsilon = -\ell/2$). In questo modo, si ha $f(x) < f(x_0) + \varepsilon < 0$ per ogni $x \in (x_0 - \delta, x_0 + \delta)$, $x \neq x_0$, □

Teorema 212. *Sia f una funzione convergente a un numero reale ℓ per $x \to x_0$.*

1. *Se esiste un intorno U di x_0 tale che $f(x) \geq 0$ per ogni $x \in U$, $x \neq x_0$, allora $\ell \geq 0$.*
2. *Se esiste un intorno U di x_0 tale che $f(x) \leq 0$ per ogni $x \in U$, $x \neq x_0$, allora $\ell \leq 0$.*

Dimostrazione. Supponiamo per assurdo che, nel primo caso, si abbia $\ell < 0$. Allora, per il teorema della permanenza del segno, esiste un intorno V di x_0 tale che $f(x) < 0$ per ogni $x \in V$, $x \neq x_0$. Pertanto, si avrebbe $f(x) < 0$ per ogni $x \in U \cap V$, $x \neq x_0$, contro l'ipotesi. Quindi deve essere $\ell > 0$.

Il secondo caso si dimostra in modo del tutto analogo. □

Teorema 213 (Teorema di monotonia). *Siano f e g due funzioni convergenti tali che $f(x) \to \ell_1$ e $g \to \ell_2$ per $x \to x_0$. Se $\ell_1 < \ell_2$, allora esiste un intorno U di x_0 tale che $f(x) < g(x)$ per ogni $x \in U$, $x \neq x_0$.*

Dimostrazione. La funzione $\varphi = g - f$ è convergente per $x \to x_0$ e $\varphi(x) \to \ell_2 - \ell_1 > 0$. Per il teorema della permanenza del segno, esiste un intorno U di x_0 tale che $\varphi(x) > 0$ per ogni $x \in U$, $x \neq x_0$, ossia tale che $g(x) > f(x)$ per ogni $x \in U$, $x \neq x_0$. □

Teorema 214 (Teorema del confronto). *Siano g_1 e g_2 due funzioni convergenti che tendono a uno stesso limite ℓ per $x \to x_0$. Sia f una funzione tale che $g_1(x) \leq f(x) \leq g_2(x)$ in tutti i punti di un introno U di x_0, escluso al più x_0. Allora anche la funzione f è convergente e $f(x) \to \ell$ per $x \to x_0$.*

Dimostrazione. Per ipotesi esiste un numero reale positivo δ_0 tale che $g_1(x) \leq f(x) \leq g_2(x)$ per ogni $x \in (x_0 - \delta_0, x_0 + \delta_0)$, $x \neq x_0$. Inoltre, poiché $g_1 \to \ell$ e $g_2 \to \ell$ per $x \to x_0$, si hanno le seguenti proprietà

$$\forall \varepsilon > 0 \, \exists \delta_1 > 0 \, \forall x \in \mathbb{R} \; (x \in (x_0 - \delta_1, x_0 + \delta_1), \; x \neq x_0 \implies \ell - \varepsilon < g_1(x) < \ell + \varepsilon)$$
$$\forall \varepsilon > 0 \, \exists \delta_2 > 0 \, \forall x \in \mathbb{R} \; (x \in (x_0 - \delta_2, x_0 + \delta_2), \; x \neq x_0 \implies \ell - \varepsilon < g_2(x) < \ell + \varepsilon).$$

Pertanto, comunque fissato $\varepsilon > 0$ e posto $\delta = \min(\delta_0, \delta_1, \delta_2)$, si ha

$$\ell - \varepsilon < g_1(x) \leq f(x) \leq g_2(x) < \ell + \varepsilon$$

per ogni $x \in (x_0 - \delta, x_0 + \delta)$, $x \neq x_0$. Abbiamo così dimostrato che

$$\forall \varepsilon > 0 \, \exists \delta > 0 \, \forall x \in \mathbb{R} \; (x \in (x_0 - \delta, x_0 + \delta), \; x \neq x_0 \implies \ell - \varepsilon < f(x) < \ell + \varepsilon)$$

ossia che $f \to \ell$ per $x \to x_0$. □

Teorema 215. *Siano f e g due funzioni tali che $|f(x)| \leq |g(x)|$ in tutti i punti di un introno U di x_0, escluso al più x_0. Se $g(x) \to 0$ per $x \to x_0$, allora anche $f(x) \to 0$ per $x \to x_0$.*

Dimostrazione. Per ipotesi, esiste un numero reale $\delta_1 > 0$ tale che $|f(x)| \leq |g(x)|$ per ogni $x \in (x_0 - \delta_1, x_0 + \delta_1)$, $x \neq x_0$. Inoltre, poiché $g(x) \to 0$ per $x \to x_0$, si ha che

$$\forall \varepsilon > 0 \, \exists \delta_2 > 0 \, \forall x \in \mathbb{R} \; (x \in (x_0 - \delta_2, x_0 + \delta_2), \; x \neq x_0 \implies |g(x)| < \varepsilon).$$

Pertanto, comunque fissato $\varepsilon > 0$, posto $\delta = \min(\delta_1, \delta_2)$ si ha $|f(x)| \leq |g(x)| < \varepsilon$ per ogni $x \in (x_0 - \delta, x_0 + \delta)$, $x \neq x_0$. Pertanto, si ha che

$$\forall \varepsilon > 0 \, \exists \delta > 0 \, \forall x \in \mathbb{R} \; (x \in (x_0 - \delta, x_0 + \delta), \; x \neq x_0 \implies |f(x)| < \varepsilon),$$

ossia si ha che $f(x) \to 0$ per $x \to x_0$. □

Teorema 216. *Se f converge a un numero reale ℓ per $x \to x_0$, allora*

$$\lim_{x \to x_0} |f(x)| = |\ell|.$$

Dimostrazione. Per ipotesi, per ogni numero reale $\varepsilon > 0$, esiste un numero reale $\delta > 0$ tale che $|f(x) - \ell| < \varepsilon$ per ogni $x \neq x_0$, $|x - x_0| < \delta$. Di conseguenza, si ha anche $||f(x)| - |\ell|| \leq |f(x) - \ell| < \varepsilon$ per ogni $x \neq x_0$, $|x - x_0| < \delta$. □

Teorema 217 (Cambiamento di variabile)**.** *Sia $f(t)$ una funzione convergente per $t \to t_0$ e sia $g(x)$ una funzione convergente a t_0 per $x \to x_0$. Se la funzione composta $f(g(x))$ è definita in un intorno di x_0 (tranne al più in x_0) e in tale intorno $g(x) \neq t_0$, allora*

$$\lim_{x \to x_0} f(g(x)) = \lim_{t \to t_0} f(t).$$

Dimostrazione. Supponiamo che $f(t)$ converga a un numero ℓ per $t \to t_0$. Allora, comunque fissato un numero reale $\varepsilon > 0$, esiste un numero reale $\delta^* > 0$ tale che $|f(t) - \ell| < \varepsilon$ per ogni $t \neq t_0$, $|t - t_0| < \delta^*$. Poiché $g(x)$ converge a t_0 per $x \to x_0$, fissato $\delta^* > 0$, esiste un numero reale $\delta > 0$ tale che $|g(x) - t_0| < \delta^*$ per ogni $x \neq x_0$, $|x - x_0| < \delta$. Pertanto, posto $t = g(x)$, si ha che, comunque fissato un numero reale $\varepsilon > 0$, esiste un numero reale $\delta > 0$ tale che $|f(g(x)) - \ell| < \varepsilon$ per ogni $x \neq x_0$, $|x - x_0| < \delta$. Infatti, se $x \neq x_0$, $|x - x_0| < \delta$, allora si ha $t \neq t_0$, $|t - t_0| < \delta^*$ e quindi $|f(t) - \ell| < \varepsilon$. □

OSSERVAZIONE 218. Le proprietà precedenti continuano a valere anche quando $x \to \pm\infty$ e per i limiti destri e sinistri. Nel caso delle funzioni divergenti, queste proprietà possono non essere vere. Continuano ad essere vere in accordo alla seguente algebrizzazione parziale dei simboli $+\infty$ e $-\infty$. Per ogni numero reale $x \in \mathbb{R}$, si ha $x + \infty = +\infty$, $x - \infty = -\infty$, $+\infty + \infty = +\infty$, $-\infty - \infty = -\infty$, $x \cdot (\pm\infty) = \pm\,\mathrm{sign}(x)\infty$ (purché $x \neq 0$), $x/(\pm\infty) = 0$, Quindi, ad esempio, il limite della somma di due funzioni che divergono entrambe a $+\infty$ è $+\infty$. Tuttavia, a priori non si può dire nulla nei seguenti casi: $+\infty - \infty$, $-\infty + \infty$, $0 \cdot (\pm\infty)$, $0/0$, $\pm\infty/\pm\infty$. In questi casi, abbiamo una *forma di indeterminazione*, che deve essere studiata di volta in volta. Oltre a queste forme di indeterminazione, si hanno anche le seguenti altre: $1^{\pm\infty}$, 0^0, $(+\infty)^0$, $\log_0 0$, $\log_1 1$, $\log_0(+\infty)$, $\log_{+\infty}(+\infty)$. Invece, le forme $(+\infty)^{\pm\infty}$ e $0^{\pm\infty}$ non sono indeterminate (poiché, usando l'identità $f(x)^{g(x)} = \mathrm{e}^{g(x)\log f(x)}$, si riducono alle forme determinate $\mathrm{e}^{\pm\infty}$ e $\mathrm{e}^{\mp\infty}$).

4.3 Funzioni monotone

La classe delle funzioni monotone è importante perché queste funzioni possiedono molte proprietà. Una di queste è che le funzioni monotone possiedono sempre limite (finito o infinito). Questa proprietà è ovviamente analoga alla proprietà delle successioni monotone (Teorema 167).

Teorema 219 (Teorema fondamentale sulle funzioni monotone). *Sia* $f : (a, b) \to \mathbb{R}$ *una funzione monotona. Allora, per ogni punto interno* $x_0 \in (a, b)$, *esistono finiti i limiti sinistro e destro*

$$\lim_{x \to x_0^-} f(x) \qquad e \qquad \lim_{x \to x_0^+} f(x)\,.$$

Inoltre, esistono (finiti o infiniti) anche i limiti agli estremi

$$\lim_{x \to a^+} f(x) \qquad e \qquad \lim_{x \to b^-} f(x)\,.$$

Dimostrazione. Supponiamo che f sia crescente (la dimostrazione è an analoga se f è decrescente). Sia $x_0 \in (a, b)$. L'insieme $X = \{f(x) \ : \ x \in (a, x_0)\}$ è non vuoto ed è superiormente limitato da $f(x_0)$, essendo f crescente. Quindi, l'insieme X possiede un estremo superiore ℓ. Fissiamo ora un numero reale $\varepsilon > 0$. Allora esiste un $x_1 \in (a, x_0)$ tale che $\ell - \varepsilon < f(x_1) \leq \ell$, poiché in caso contrario $\ell - \varepsilon$ sarebbe un maggiorante di X e quindi ℓ non potrebbe essere l'estremo superiore di X. Posto $\delta = x_0 - x_1 > 0$, si ha che per ogni $x \in (x_0 - \delta, x_0)$ si ha $\ell - \varepsilon < f(x_1) < f(x) \leq \ell \leq \ell + \varepsilon$. Quindi abbiamo trovato che

$$\forall\, \varepsilon > 0\; \exists\, \delta > 0\; \forall x \in (a,b)\; (\, x \in (x_0 - \delta, x_0) \implies |f(x) - \ell| < \varepsilon\,)$$

e questo significa che $f(x) \to \ell$ per $x \to x_0^-$.

Sia ora $x_0 = b$. Se f è superiormente limitata in un intorno di b, allora la dimostrazione è analoga a quella precedente. Se invece f è superiormente illimitata in un intorno di b, allora per ogni $M > 0$ esiste un $x_0 \in (a,b)$ tale che $f(x) > M$. Poiché f è crescente, per ogni $x > x_0$ si ha $f(x) \geq f(x_0) > M$. Pertanto, si ha che per ogni $M > 0$ esiste un $\delta > 0$ tale che per ogni $x \in (b - \delta, b)$ si ha $f(x) > M$, dove $\delta = b - x_0 > 0$. Di conseguenza, $f \to +\infty$ per $x \to b^-$.

I casi restanti si dimostrano in modo analogo. □

Si ha anche il

Teorema 220. *Sia* $f : [a, +\infty) \to \mathbb{R}$ *una funzione crescente. Allora, esiste (finito o infinito) il limite*

$$\lim_{x \to +\infty} f(x)\,.$$

Più precisamente, se f *è crescente e superiormente limitata, allora* f *è convergente per* $x \to +\infty$. *Se invece* f *è crescente e superiormente illimitata, allora* f *è divergente per* $x \to +\infty$.

4.4 Funzioni continue

4.4.1 Definizione

Definizione 221. *Una funzione* $f : (a,b) \to \mathbb{R}$ è continua *in un punto* $x_0 \in (a,b)$ *quando il valore che assume in* x_0 *è uguale al limite a cui tende per* $x \to x_0$, *ossia quando*

$$\lim_{x \to x_0} f(x) = f(x_0)\,.$$

La funzione f *è continua su tutto l'intervallo* (a,b) *quando è continua in ogni punto di* (a,b).

OSSERVAZIONE 222. Utilizzando la definizione metrica di limite, si ha che una funzione f è continua in un punto x_0 quando vale la seguente proprietà:

$$\forall\, \varepsilon > 0\;\; \exists\, \delta > 0\;\; \forall\, x \in \mathbb{R}\;\; (\,|x - x_0| < \delta \implies |f(x) - f(x_0)| < \varepsilon\,)\,.$$

Non si chiede più, come nella definizione generale di limite, che $x \neq x_0$, poiché in questo caso la funzione f è definita in x_0.

Equivalentemente, utilizzando gli intorni, si ha che f è continua in un punto x_0 quando vale la seguente proprietà:

$$\forall\, V \in \mathcal{I}(f(x_0))\; \exists\, U \in \mathcal{I}(x_0)\; (f(U) \subseteq V)\,.$$

OSSERVAZIONE 223. Se una funzione f è continua in un punto x_0, allora è anche convergente in quel punto. Il viceversa, tuttavia, è falso. Ad esempio la funzione $f : \mathbb{R} \to \mathbb{R}$, definita da

$$f(x) = \begin{cases} 1 & \text{se } x \neq 0 \\ 0 & \text{se } x = 0 \,, \end{cases}$$

è convergente in $x_0 = 0$, poiché

$$\lim_{x \to x_0} f(x) = 1 \,,$$

ma non è continua in tale punto, poiché

$$\lim_{x \to x_0} f(x) \neq f(0) = 0 \,.$$

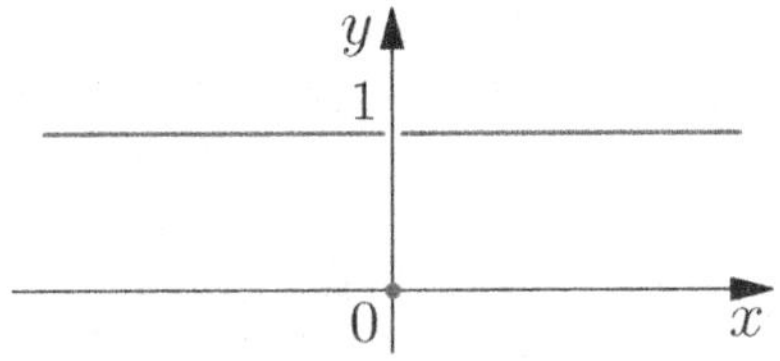

Poiché le funzioni continue sono funzioni convergenti, per le funzioni continue valgono tutte le proprietà delle funzioni convergenti.

Intuitivamente, una funzione è continua in un punto x_0 quando a piccole variazioni di x attorno al valore x_0 corrispondono piccole variazioni di $f(x)$ attorno al valore $f(x_0)$. Equivalentemente, una funzione è continua quando il suo grafico può essere tracciato senza mai staccare la matita dal foglio (non ci sono salti di alcun tipo).

Si può dimostrare facilmente che vale la seguente utile proprietà.

Teorema 224. *Una funzione* $f : (a, b) \to \mathbb{R}$ *è continua in un punto* $x_0 \in (a, b)$ *se e solo se*

$$\lim_{h \to 0} f(x_0 + h) = f(x_0) \,.$$

Si può anche definire la continuità da destra e da sinistra.

Definizione 225. *Una funzione* $f : (a, b] \to \mathbb{R}$ *è* continua a sinistra *di un punto* $x_0 \in (a, b]$ *quando*

$$\lim_{x \to x_0^-} f(x) = f(x_0) \,.$$

Analogamente, una funzione $f : [a, b) \to \mathbb{R}$ *è* continua a destra *di un punto* $x_0 \in [a, b)$ *quando*

$$\lim_{x \to x_0^+} f(x) = f(x_0) \,.$$

Teorema 226. *Una funzione* $f : (a,b) \to \mathbb{R}$ *è continua in un punto* $x_0 \in (a,b)$ *se e solo se è continua a sinistra e a destra di* x_0*, ossia se e solo se*

$$\lim_{x \to x_0^-} f(x) = f(x_0) = \lim_{x \to x_0^+} f(x).$$

La continuità di una funzione può essere caratterizzata anche mediante le successioni.

Teorema 227. *Una funzione* $f : (a,b) \to \mathbb{R}$ *è continua in un punto* $x_0 \in (a,b)$ *se e solo se per ogni successione* $\{a_n\}_{n \in \mathbb{N}}$*, con* $a_n \in (a,b)$ *per ogni* $n \in \mathbb{N}$*, si ha*

$$\textit{se} \lim_{n \to +\infty} a_n = x_0\,, \textit{ allora } \lim_{n \to +\infty} f(a_n) = f(x_0).$$

Dimostrazione. Immediata conseguenza del Teorema 201. □

Dal Teorema 227 si ha immediatamente la seguente proprietà.

Teorema 228. *Sia* $f : (a,b) \to \mathbb{R}$ *una funzione continua e sia* $\{a_n\}_{n \in \mathbb{N}}$ *una successione che converge a un punto di* (a,b)*. Allora, si ha*

$$\lim_{n \to +\infty} f(a_n) = f\Big(\lim_{n \to +\infty} a_n\Big).$$

4.4.2 Punti di discontinuità

Definizione 229. *Sia* $X \subseteq \mathbb{R}$ *un sottoinsieme, sia* $f : X \to \mathbb{R}$ *una funzione, e sia* $x_0 \in X$*. La funzione* f *presenta un* punto di discontinuità *in* x_0 *quando non è continua in* x_0*. Si hanno i seguenti tipi di discontinuità.*

1. *La funzione* f *presenta in* x_0 *un* punto di discontinuità eliminabile *quando esistono finiti e sono uguali i limiti destro e sinistro per* $x \to x_0$*, ma*

$$\lim_{x \to x_0^-} f(x) = \lim_{x \to x_0^+} f(x) \neq f(x_0).$$

2. *La funzione* f *presenta in* x_0 *un* punto di discontinuità di prima specie*,* o di salto*, quando esistono finiti e sono diversi i limiti destro e sinistro per* $x \to x_0$*, ossia*

$$\lim_{x \to x_0^-} f(x) \neq \lim_{x \to x_0^+} f(x).$$

In questo caso, la funzione f *presenta un* salto *nel punto* x_0 *dato dalla differenza*

$$\Delta = \lim_{x \to x_0^+} f(x) - \lim_{x \to x_0^-} f(x).$$

3. *La funzione* f *presenta in* x_0 *un* punto di discontinuità di seconda specie *quando almeno uno dei limiti destro e sinistro per* $x \to x_0$ *non esiste o è infinito.*

ESEMPI

1. La funzione $f : \mathbb{R} \to \mathbb{R}$, definita da

$$f(x) = \begin{cases} 1 & \text{se} \quad x \neq 0 \\ 2 & \text{se} \quad x = 0 \,, \end{cases}$$

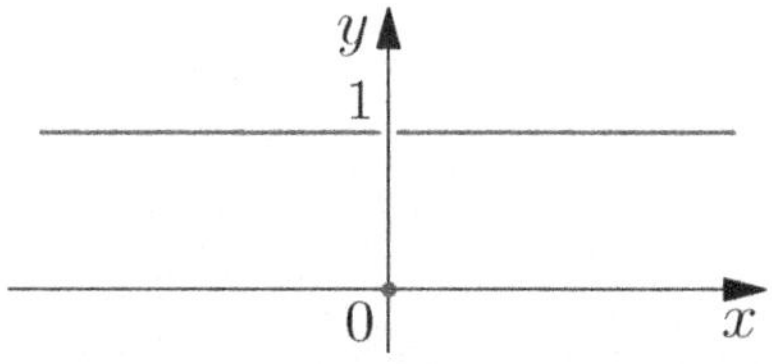

presenta una discontinuità eliminabile nel punto $x_0 = 0$, poiché

$$\lim_{x \to 0^-} f(x) = \lim_{x \to 0^+} f(x) = 1 \neq f(0) = 2 \,.$$

2. La funzione $f : \mathbb{R} \to \mathbb{R}$, definita da

$$f(x) = \begin{cases} x + 1 & \text{per} \quad x \geq 0 \\ -x & \text{per} \quad x < 0 \,, \end{cases}$$

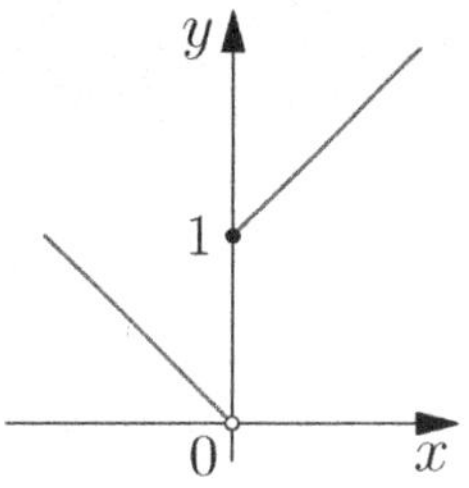

presenta una discontinutà di prima specie (ossia un salto) nel punto $x_0 = 0$, poiché

$$\lim_{x \to 0^-} f(x) = \lim_{x \to 0^-} (-x) = 0$$
$$\lim_{x \to 0^+} f(x) = \lim_{x \to 0^+} (x + 1) = 1 \,.$$

Il salto di f in $x_0 = 0$ è $\Delta = 1 - 0 = 1$.

3. La funzione pavimento (o parte intera) è definita in modo che $\lfloor x \rfloor = n$ se e solo se $x \in [n, n+1)$, con $n \in \mathbb{Z}$. Quindi la funzione pavimento presenta una discontinuità di prima specie (ed è continua da destra) in ogni punto $x = n \in \mathbb{Z}$, poiché

$$\lim_{x \to n^-} \lfloor x \rfloor = n - 1 \qquad \text{e} \qquad \lim_{x \to n^+} \lfloor x \rfloor = n \,.$$

In modo analogo, la funzione soffitto è definita in modo che $\lceil x \rceil = n$ se e solo se $x \in (n-1, n]$, con $n \in \mathbb{Z}$. Quindi la funzione soffitto presenta una discontinuità di prima specie (ed è continua da sinistra) in ogni punto $x = n \in \mathbb{Z}$, poiché

$$\lim_{x \to n^-} \lceil x \rceil = n \qquad \text{e} \qquad \lim_{x \to n^+} \lceil x \rceil = n + 1 \,.$$

In entrambi i casi, il salto è $\Delta = 1$.

4. La funzione $f : \mathbb{R} \to \mathbb{R}$, definita da

$$f(x) = \begin{cases} \operatorname{artg} \frac{1}{x} & \text{se} \quad x \neq 0 \\ 0 & \text{se} \quad x = 0 , \end{cases}$$

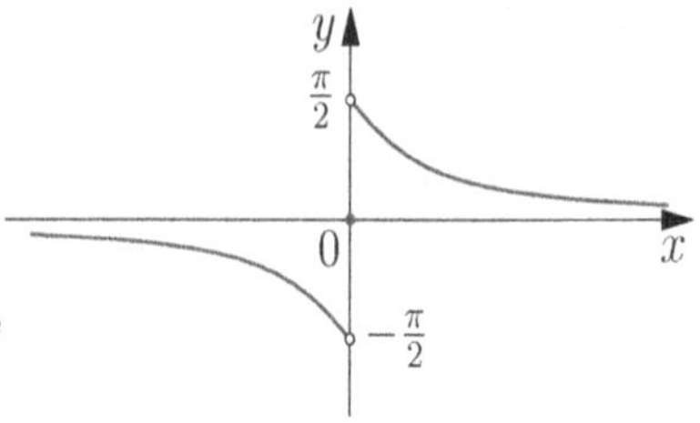

presenta una discontinuità di prima specie nel punto $x_0 = 0$, poiché

$$\lim_{x\to 0^-} f(x) = \lim_{x\to 0^-} \operatorname{artg} \frac{1}{x} = -\frac{\pi}{2}$$
$$\lim_{x\to 0^+} f(x) = \lim_{x\to 0^+} \operatorname{artg} \frac{1}{x} = \frac{\pi}{2} .$$

Il salto di f in $x_0 = 0$ è $\Delta = \frac{\pi}{2} - \left(-\frac{\pi}{2}\right) = \pi$.

5. La funzione $f : \mathbb{R} \to \mathbb{R}$, definita da

$$f(x) = \begin{cases} e^{-1/x} & \text{per} \quad x \neq 0 \\ 0 & \text{per} \quad x = 0 , \end{cases}$$

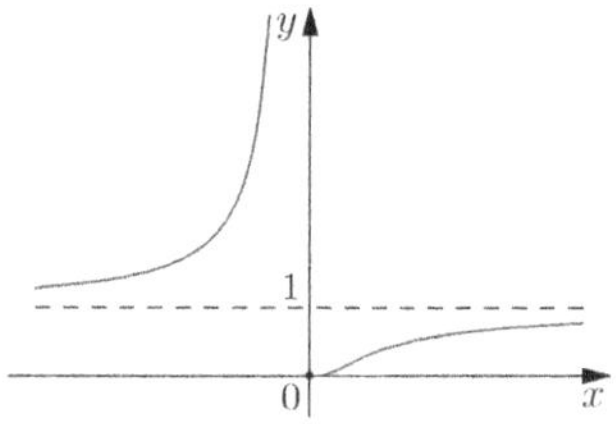

presenta una discontinutà di seconda specie nel punto $x_0 = 0$, poiché

$$\lim_{x\to 0^-} f(x) = +\infty \qquad \text{e} \qquad \lim_{x\to 0^+} f(x) = 0 .$$

6. La funzione $f : \mathbb{R} \to \mathbb{R}$, definita da

$$f(x) = \begin{cases} \log |x| & \text{per} \quad x \neq 0 \\ 0 & \text{per} \quad x = 0 , \end{cases}$$

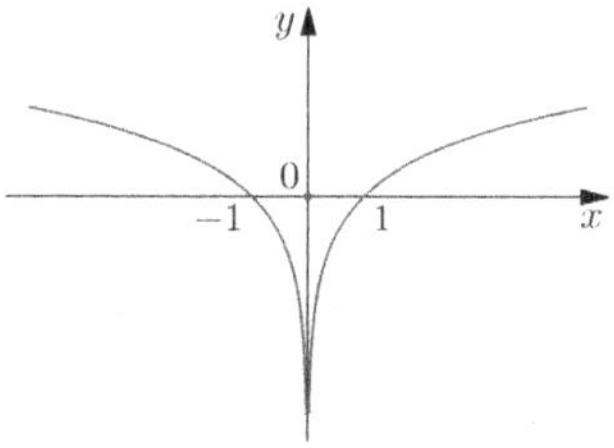

presenta una discontinutà di seconda specie nel punto $x_0 = 0$, poiché

$$\lim_{x\to 0^-} f(x) = -\infty \qquad \text{e} \qquad \lim_{x\to 0^+} f(x) = -\infty .$$

7. La funzione $f : \mathbb{R} \to \mathbb{R}$, definita da

$$f(x) = \begin{cases} \operatorname{sen} \frac{1}{x} & \text{per} \quad x \neq 0 \\ 0 & \text{per} \quad x = 0 , \end{cases}$$

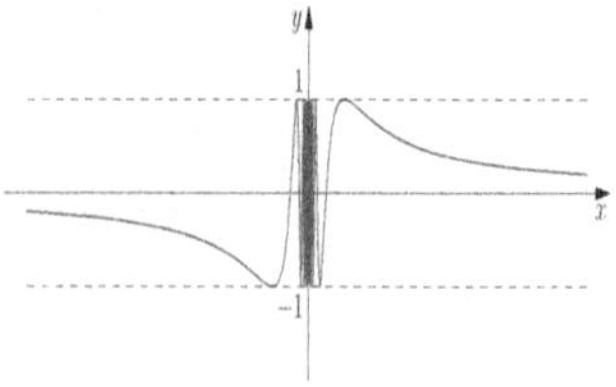

presenta una discontinutà di seconda specie nel punto $x_0 = 0$, poiché il limite di $f(x)$ non esiste né per $x \to 0^-$ né per $x \to 0^+$ (la funzione continua a oscillare tra -1 e 1).

8. La *funzione di Dirichlet* $f : \mathbb{R} \to \mathbb{R}$, definita da

$$f(x) = \begin{cases} 1 & \text{se} \quad x \in \mathbb{Q} \\ 0 & \text{se} \quad x \in \mathbb{R} \setminus \mathbb{Q}, \end{cases}$$

non è continua in alcun punto. Infatti, in ogni intervallo $(x_0 - \delta, x_0 + \delta)$ di $\mathbb{R}$ si possono sempre trovare infiniti punti razionali e infiniti punti irrazionali. In questo caso, la funzione f presenta una discontinuità di seconda specie in ogni punto $x \in \mathbb{R}$.

9. La funzione $f : \mathbb{R} \to \mathbb{R}$, definita da

$$f(x) = \begin{cases} x & \text{se} \quad x \in \mathbb{Q} \\ 0 & \text{se} \quad x \in \mathbb{R} \setminus \mathbb{Q}, \end{cases}$$

è continua in $x_0 = 0$ e presenta un punto di discontinuita di seconda specie in ogni punto di $\mathbb{R}$.

Le funzioni monotone non possono presentare punti di discontinuità di seconda specie. Più precisamente, si ha il

Teorema 230. *Se $I \subseteq \mathbb{R}$ è un intervallo, allora una funzione monotona $f : I \to \mathbb{R}$ può presentare solo punti di discontinuità di prima specie (o eliminabili se si trovano agli estremi dell'intervallo).*

Dimostrazione. Supponiamo che x_0 un punto interno a I. Per la monotonia di f, esistono finiti entrambi i limiti destro e sinistro di f per $x \to x_0$. Se questi due limiti sono uguali, allora la funzione è continua in x_0. Se invece sono diversi, allora la funzione presenta in x_0 un punto di discontinuità di prima specie.

Supponiamo ora che x_0 sia un estremo di I. Se $x_0 = a$ è l'estremo sinistro, allora, sempre per la monotonia di f, esiste finito il limite sinistro di f per $x \to a^+$. Se questo limite coincide con $f(a)$, allora la funzione è continua da destra in a. In caso contrario, f presenta in a un punto di discontinuità eliminabile. Infine, se $x_0 = b$ è l'estremo destro, si procede in modo del tutto analogo. □

Si può anche dimostrare il seguente

Teorema 231. *Sia $I \subseteq \mathbb{R}$ un intervallo. Se $f : I \to \mathbb{R}$ è una funzione monotona, allora l'insieme dei punti di discontinuità di f è numerabile.*

4.4.3 Proprietà elementari delle funzioni continue

Poiché la funzioni continue sono particolari funzioni convergenti, si hanno immediatamente le seguenti proprietà (vedi la sezione 4.2).

Teorema 232. *Le operazioni algebriche conservano la continuità.*

1. *Una combinazione lineare di due funzioni continue è una funzione continua. Più precisamente, comunque scelti due numeri reali* α *e* β *e comunque scelte due funzioni* $f : (a,b) \to \mathbb{R}$ *e* $g : (a,b) \to \mathbb{R}$ *continue in un punto* $x_0 \in (a,b)$, *si ha*

$$\lim_{x \to x_0} (\alpha f(x) + \beta g(x)) = \alpha f(x_0) + \beta g(x_0) .$$

In particolare, la somma di due funzioni continue è continua e il prodotto di uno scalare per una funzione continua è una funzione continua.

2. *Il prodotto e il quoziente di due funzioni continue sono funzioni continue. Più precisamente, comunque scelte due funzioni* $f : (a,b) \to \mathbb{R}$ *e* $g : (a,b) \to \mathbb{R}$ *continue in un punto* $x_0 \in (a,b)$, *si ha*

$$\lim_{x \to x_0} f(x)g(x) = f(x_0)g(x_0) .$$

In particolare, per ogni $n \in \mathbb{N}$, *si ha*

$$\lim_{x \to x_0} f(x)^n = f(x_0)^n .$$

Inoltre, se $g(x_0) \neq 0$, *si ha*

$$\lim_{x \to x_0} \frac{f(x)}{g(x)} = \frac{f(x_0)}{g(x_0)} .$$

Teorema 233 (Locale limitatezza). *Una funzione* $f : (a,b) \to \mathbb{R}$ *continua in un punto* $x_0 \in (a,b)$ *si mantiene limitata in tutto un intorno di* x_0.

Teorema 234 (Permanenza del segno). *Se* f *è una funzione continua in un punto* x_0 *e* $f(x_0) \neq 0$, *allora il segno di* $f(x)$ *è uguale al segno di* $f(x_0)$ *per ogni* x *appartenente a un opportuno intorno di* x_0.

Teorema 235. *Sia* f *una funzione continua in un punto* x_0.

1. *Se esiste un intorno* U *di* x_0 *tale che* $f(x) \geq 0$ *per ogni* $x \in U$, *allora* $f(x_0) \geq 0$.
2. *Se esiste un intorno* U *di* x_0 *tale che* $f(x) \leq 0$ *per ogni* $x \in U$, *allora* $f(x_0) \leq 0$.

Teorema 236 (Teorema di monotonia). *Siano* f *e* g *due funzioni continue in un punto* x_0. *Se* $f(x_0) < g(x_0)$, *allora* $f(x) < g(x)$ *per ogni* x *appartenente a un opportuno intorno di* x_0.

Teorema 237 (Teorema del confronto). *Siano* g_1 *e* g_2 *due funzioni continue in un punto* x_0. *Sia* f *una funzione tale che* $g_1(x) \leq f(x) \leq g_2(x)$ *in tutti i punti di un introno* U *di* x_0. *Allora anche la funzione* f *è continua in* x_0.

Teorema 238 (Composizione di funzioni continue). *Sia* $f : (a,b) \to (c,d)$ *una funzione continua in un punto* $x_0 \in (a,b)$ *e sia* $g : (c,d) \to \mathbb{R}$ *una funzione continua nel punto* $y_0 = f(x_0)$. *Allora la funzione composta* $g \circ f : (a,b) \to \mathbb{R}$ *è continua in* x_0. *In particolare, si ha*

$$\lim_{x \to x_0} g(f(x)) = g(f(x_0)).$$

Dimostrazione. Il teorema può essere dimostrato in vari modi. Qui di seguito ne vediamo alcuni di essi.

1. *Dimostrazione mediante gli intorni*. Poiché la funzione f è continua in x_0, si ha

   $$\lim_{x \to x_0} f(x) = f(x_0) \qquad \text{ossia} \qquad \forall\, V \in \mathcal{I}(f(x_0))\ \exists\, U \in \mathcal{I}(x_0)\ (f(U) \subseteq V).$$

   Analogamente, poiché la funzione g è continua in $y_0 = f(x_0)$, si ha

   $$\lim_{x \to x_0} g(x) = g(y_0) \qquad \text{ossia} \qquad \forall\, V \in \mathcal{I}(g(y_0))\ \exists\, U \in \mathcal{I}(y_0)\ (g(U) \subseteq V).$$

   Per la continuità di g, ossia per questa seconda proprietà, comunque scelto un intorno $V \in \mathcal{I}(g(y_0)) = \mathcal{I}(g(f(x_0)))$, esiste un intorno $U \in \mathcal{I}(y_0) = \mathcal{I}(f(x_0))$ tale che $g(U) \subseteq V$. Per la continuità di f, ossia per la prima proprietà, in corrispondenza dell'intorno $U \in \mathcal{I}(f(x_0))$ esiste un intorno $T \in \mathcal{I}(x_0)$ tale che $f(T) \subseteq U$. Pertanto, si ha $g(f(T)) \subseteq g(U)$. Poiché $g(U) \subseteq V$, si ha $g(f(T)) \subseteq V$.

   Abbiamo così dimostrato che, comunque scelto un intorno $V \in \mathcal{I}(g(f(x_0)))$, esiste un intorno $T \in \mathcal{I}(x_0)$ tale che $g(f(T)) \subseteq V$, ossia che $g(f(x)) \to g(f(x_0))$ per $x \to x_0$, ossia che $g \circ f$ è continua in x_0.

2. *Dimostrazione successionale*. Poiché la funzione f è continua in x_0, si ha (per il Teorema 227) che per ogni successione a_n contenuta in (a,b) e convergente ad x_0, anche la successione $f(a_n)$ è convergente e converge a $f(x_0) = y_0$. Quindi, poiché la funzione g è continua in $y_0 = f(x_0)$, si ha (sempre per il Teorema 227) che anche la successione $g(f(a_n))$ è convergente e converge a $g(y_0) = g(f(x_0))$. Abbiamo così dimostrato che, per ogni successione a_n contenuta in (a,b) e convergente ad x_0, la successione $g(f(a_n))$ converge a $g(f(x_0))$. Quindi, per il Teorema 227, si ha che la funzione composta $g \circ f$ è continua in x_0.

3. Il teorema può anche essere visto come caso particolare del Teorema 217.

□

4.4.4 Continuità delle funzioni elementari

Teorema 239. *Le funzioni elementari sono continue in ogni punto del loro campo di esistenza.*

1. *Le funzioni polinomiali sono continue in ogni punto di* $\mathbb{R}$.
2. *Le funzioni razionali* $\frac{p(x)}{q(x)}$, *dove* $p(x), q(x) \in \mathbb{R}[x]$ *e* $q(x) \neq 0$, *sono continue in ogni punto di* $\mathbb{R}$ *in cui non si annulla il denominatore.*
3. *La funzione modulo* $|x|$ *è continua su tutto* $\mathbb{R}$.
4. *Le funzioni trigonometriche* $\operatorname{sen} x$ *e* $\cos x$ *sono continue su tutto* $\mathbb{R}$.
5. *La funzione tangente* $\operatorname{tg} x$ *è continua in ogni punto* $x \neq \frac{\pi}{2} + k\pi$, $k \in \mathbb{Z}$.
6. *La funzione cotangente* $\operatorname{ctg} x$ *è continua in ogni punto* $x \neq k\pi$, $k \in \mathbb{Z}$.
7. *Le funzioni esponenziali* e^x *e* a^x, *con* $a \in \mathbb{R}$, $a > 0$, *sono continue in ogni punto di* $\mathbb{R}$.
8. *La funzioni logaritmiche* $\log x$ *e* $\log_b x$, *con* $b \in \mathbb{R}$, $b > 0$, $b \neq 1$, *sono continue in ogni* $x > 0$.
9. *Le potenze* x^α, *con esponente* $\alpha \in \mathbb{R}$, *è continua in ogni* $x > 0$.

Dimostrazione. 1. Una funzione costante $f(x) = k$ è continua ovunque, poiché $|f(x) - f(x_0)| = |k - k| = 0 < \varepsilon$ per ogni $\varepsilon > 0$. Analogamente, la funzione identità $f(x) = x$ è continua in un qualunque punto $x_0 \in \mathbb{R}$. Infatti, comunque fissato $\varepsilon > 0$, si ha $|f(x) - f(x_0)| = |x - x_0| < \varepsilon$ per ogni x tale che $|x - x_0| < \delta = \varepsilon$. Quindi, per il Teorema 232, sono continue anche le potenze x^n, con $n \in \mathbb{N}$, e di conseguenza ogni loro combinazione lineare, ossia le funzioni polinomiali.

2. Le funzioni razionali sono continue essendo rapporto di funzioni polinomiali, ossia di funzioni continue (Teorema 232).

3. Dalla continuità delle funzioni x e $-x$ e dalla Proposizione 199.

4. Iniziamo a dimostrare che la funzione $\operatorname{sen}\vartheta$ è continua in $\vartheta = 0$, ossia che $\operatorname{sen}\vartheta \to 0$ per $\vartheta \to 0$. Poiché $|\vartheta| \to 0$, possiamo supporre che $\vartheta < \pi/2$. In questo caso, si ha $|\operatorname{sen}\vartheta| \leq |\vartheta|$. Infatti, considerando la circonferenza trigonometrica di centro l'origine e di raggio $r = 1$, si ha che la corda $\operatorname{sen}\vartheta = BH$ è minore della corda AB che a sua volta è minore dell'arco $AB = r\vartheta = \vartheta$. Pertanto, possiamo dire che per ogni numero reale $\varepsilon > 0$, esiste un numero reale $\delta = \varepsilon > 0$ tale che se $|\vartheta| < \delta$, allora si ha $|\operatorname{sen}\vartheta| \leq |\vartheta| < \delta = \varepsilon$. Questo mostra che $\operatorname{sen}\vartheta \to 0$ per $\vartheta \to 0$.

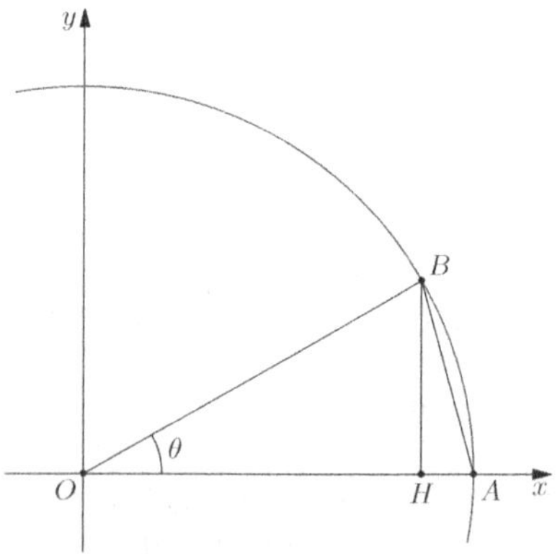

Dimostriamo ora che la funzione $\cos x$ è continua in 0. Utilizzando il risultato precedente e il Teorema 232, si ha

$$\lim_{x \to x_0} \cos x = \lim_{x \to x_0} \left(1 - 2\operatorname{sen}^2 \frac{x}{2}\right) = 1 - 2 \lim_{x \to x_0} \operatorname{sen}^2 \frac{x}{2} = 1 .$$

Dimostriamo infine che le funzioni $\operatorname{sen} x$ e $\operatorname{sen} x$ sono continue in un generico punto $x_0 \in \mathbb{R}$. Utilizzando i risultati precedenti, il Teorema 232 e le formule di addizione, si ha

$$\begin{aligned}\lim_{x\to x_0} \operatorname{sen} x &= \lim_{h\to 0} \operatorname{sen}(x_0+h) = \lim_{h\to 0}(\operatorname{sen} x_0 \cos h + \cos x_0 \operatorname{sen} h)\\ &= \operatorname{sen} x_0 \lim_{h\to 0}\cos h + \cos x_0 \lim_{h\to 0}\operatorname{sen} h = \operatorname{sen} x_0\\ \lim_{x\to x_0} \cos x &= \lim_{h\to 0} \cos(x_0+h) = \lim_{h\to 0}(\cos x_0 \cos h - \operatorname{sen} x_0 \operatorname{sen} h)\\ &= \cos x_0 \lim_{h\to 0}\cos h - \operatorname{sen} x_0 \lim_{h\to 0}\operatorname{sen} h = \cos x_0\,.\end{aligned}$$

5. La funzione $\operatorname{tg} x = \frac{\operatorname{sen} x}{\cos x}$ è continua essendo rapporto di funzioni continue.
6. La funzione $\operatorname{cotg} x = \frac{\cos x}{\operatorname{sen} x}$ è continua essendo rapporto di funzioni continue.
7. Dimostriamo la continuità della funzione e^x in $x = 0$. Si tratta di dimostrare che $e^x \to 1$ per $x \to 0$, ossia che

$$\forall\, \varepsilon > 0\; \exists\, \delta > 0\; \forall x \in \mathbb{R}\;\; (\,|x| < \delta \implies |e^x - 1| < \varepsilon\,)\,.$$

Poiché $|x| < \delta$ se e solo se $-\delta < x < \delta$ e (assumendo $\varepsilon < 1$)

$$\begin{aligned}|e^x - 1| < \varepsilon \quad &\iff \quad 1-\varepsilon < e^x < 1+\varepsilon\\ &\iff \quad \log(1-\varepsilon) < x < \log(1+\varepsilon)\\ &\iff \quad -(-\log(1-\varepsilon)) < x < \log(1+\varepsilon)\,,\end{aligned}$$

e poiché $-\log(1-\varepsilon) > 0$, $\log(1+\varepsilon) > 0$ e $\log(1+\varepsilon) < -\log(1-\varepsilon)$, basta scegliere $\delta = \min(-\log(1-\varepsilon), \log(1+\varepsilon)) = \log(1+\varepsilon)$.

Per dimostrare la continuità di e^x in un generico punto $x_0 \in \mathbb{R}$, basta osservare che

$$\lim_{x\to x_0} e^x = e^{x_0} \iff \lim_{x\to x_0}\frac{e^x}{e^{x_0}} = 1 \iff \lim_{x\to x_0} e^{x-x_0} = 1 \iff \lim_{t\to 0} e^t = 1$$

e utilizzare la continuità di e^x in 0. Infine, per dimostrare la continuità di a^x in un generico punto $x_0 \in \mathbb{R}$, basta osservare che

$$\lim_{x\to x_0} a^x = \lim_{x\to x_0} e^{x\log a} = e^{x_0 \log a} = a^{x_0}\,.$$

8. Dimostriamo la continuità della funzione $\log x$ in $x = 1$. Si tratta di dimostrare che $\log x \to 0$ per $x \to 1$, ossia che

$$\forall\, \varepsilon > 0\; \exists\, \delta > 0\; \forall x \in \mathbb{R}\;\; (\,|x-1| < \delta \implies |\log x| < \varepsilon\,)\,.$$

Poiché $|x-1| < \delta$ se e solo se $1-\delta < x < 1+\delta$ e

$$\begin{aligned}|\log x| < \varepsilon \quad &\iff \quad -\varepsilon < \log x < \varepsilon\\ &\iff \quad e^{-\varepsilon} < x < e^{\varepsilon}\end{aligned}$$

$$\iff \quad 1-(1-e^{-\varepsilon}) < x < 1+(e^{\varepsilon}-1),$$

e poiché $1-e^{-\varepsilon} > 0$, $e^{\varepsilon}-1 > 0$ e $1-e^{-\varepsilon} < e^{\varepsilon}-1$, basta scegliere $\delta = \min(1-e^{-\varepsilon}, e^{\varepsilon}-1) = 1-e^{-\varepsilon}$.

Per dimostrare la continuità di $\log x$ in un generico punto $x_0 > 0$, basta osservare che

$$\begin{aligned}\lim_{x\to x_0} \log x = \log x_0 \quad &\iff \quad \lim_{x\to x_0} (\log x - \log x_0) = 0 \\ &\iff \quad \lim_{x\to x_0} \log \frac{x}{x_0} = 0 \\ &\iff \quad \lim_{t\to 1} \log t = 0\end{aligned}$$

e utilizzare la continuità di $\log x$ in 1. Infine, per dimostrare la continuità di $\log_b x$ in un generico punto $x_0 > 0$, basta osservare che

$$\lim_{x\to x_0} \log_b x = \lim_{x\to x_0} \frac{\log x}{\log b} = \frac{\log x_0}{\log b} = \log_b x_0 .$$

9. La continuità delle potenze con esponente reale deriva dal teorema 238, dalla continuità della funzione esponenziale e della funzione logaritmica e dal fatto che $x^{\alpha} = e^{\alpha \log x}$.

□

La continuita delle funzioni elementari permette anche di calcolare i limiti di successioni.

ESEMPIO 240. Calcolare il limite

$$\lim_{n\to+\infty} \log\left(e^{\cos\frac{1}{n}} - \operatorname{sen} \frac{n+1}{\sqrt{n^3+1}}\right).$$

Poiché la funzione $\cos x$ è continua, si ha

$$\lim_{n\to+\infty} \cos\frac{1}{n} = \cos\left(\lim_{n\to+\infty} \frac{1}{n}\right) = \cos 0 = 1 .$$

Quindi, poiché anche la funzione e^x è continua, si ha

$$\lim_{n\to+\infty} e^{\cos\frac{1}{n}} = e^{\lim\limits_{n\to+\infty} \cos\frac{1}{n}} = e^1 = e .$$

Analogamente, poiché la funzione $\operatorname{sen} x$ è continua, si ha

$$\lim_{n\to+\infty} \operatorname{sen} \frac{n+1}{\sqrt{n^3+1}} = \operatorname{sen}\left(\lim_{n\to+\infty} \frac{n+1}{\sqrt{n^3+1}}\right) = \operatorname{sen} 0 = 0 .$$

Pertanto, si ha

$$\lim_{n\to+\infty} \left(e^{\cos\frac{1}{n}} - \operatorname{sen} \frac{n+1}{\sqrt{n^3+1}}\right) = \lim_{n\to+\infty} e^{\cos\frac{1}{n}} - \lim_{n\to+\infty} \operatorname{sen} \frac{n+1}{\sqrt{n^3+1}} = e + 0 = e .$$

Infine, essendo $\log x$ continua, si ha

$$\lim_{n\to+\infty} \log\left(e^{\cos\frac{1}{n}} - \operatorname{sen} \frac{n+1}{\sqrt{n^3+1}}\right) = \log \lim_{n\to+\infty} \left(e^{\cos\frac{1}{n}} - \operatorname{sen} \frac{n+1}{\sqrt{n^3+1}}\right) = \log e = 1 .$$

4.4.5 Alcuni limiti notevoli

Proposizione 241. *Se* $a_m, b_n \neq 0$, *allora*

$$\lim_{x\to\pm\infty} \frac{a_m x^m + a_{m-1}x^{m-1} + \cdots + a_1 x + a_0}{b_n x^n + b_{n-1}x^{n-1} + \cdots + b_1 x + b_0} = \begin{cases} \pm\infty & \textit{se} \quad m > n \quad \textit{e} \quad a_m b_n > 0 \\ \mp\infty & \textit{se} \quad m > n \quad \textit{e} \quad a_m b_n < 0 \\ a_n/b_n & \textit{se} \quad m = n \\ 0 & \textit{se} \quad m < n\,. \end{cases}$$

Dimostrazione. Se $m = n$, dividendo numeratore e denominatore per x^n, si ha

$$\lim_{x\to\pm\infty} f(x) = \lim_{x\to\pm\infty} \frac{a_n + \frac{a_{n-1}}{x} + \cdots + \frac{a_1}{x^{n-1}} + \frac{a_0}{x^n}}{b_n + \frac{b_{n-1}}{x} + \cdots + \frac{b_1}{x^{n-1}} + \frac{b_0}{x^n}} = \frac{a_n}{b_n}\,.$$

Se $m > n$, si ha

$$\lim_{x\to\pm\infty} f(x) = \lim_{x\to\pm\infty} x^{m-n} \frac{a_m + \frac{a_{m-1}}{x} + \cdots + \frac{a_1}{x^{m-1}} + \frac{a_0}{x^m}}{b_n + \frac{b_{n-1}}{x} + \cdots + \frac{b_1}{x^{n-1}} + \frac{b_0}{x^n}} = \pm\,\mathrm{sign}(a_m b_n)\infty\,.$$

Infine, se $m < n$, si ha

$$\lim_{x\to\pm\infty} f(x) = \lim_{x\to\pm\infty} \frac{1}{x^{n-m}} \frac{a_m + \frac{a_{m-1}}{x} + \cdots + \frac{a_1}{x^{m-1}} + \frac{a_0}{x^m}}{b_n + \frac{b_{n-1}}{x} + \cdots + \frac{b_1}{x^{n-1}} + \frac{b_0}{x^n}} = 0\,.$$

□

Proposizione 242. *Per le funzioni trigonometriche, si hanno i limiti notevoli*

$$\lim_{x\to 0} \frac{\operatorname{sen} x}{x} = 1\,, \qquad \lim_{x\to 0} \frac{1-\cos x}{x^2} = \frac{1}{2} \qquad e \qquad \lim_{x\to 0} \frac{\operatorname{tg} x}{x} = 1$$

(dove x *è espresso in radianti).*

Dimostrazione. Iniziamo col dimostrare il primo limite. Consideriamo la circonferenza di raggio 1 con centro nell'origine e un angolo ϑ (espresso in radianti) tale che $0 < \vartheta < \varepsilon$, dove ε è un numero reale positivo (piccolo a piacere). Il segmento HB è minore dell'arco di circonferenza AB, che a sua volta è minore del segmento AT. Poiché il raggio della circonferenza è 1, la lunghezza dell'arco AB è uguale a ϑ. Quindi $\operatorname{sen}\vartheta \leq \vartheta \leq \operatorname{tg}\vartheta$. Poiché $\vartheta > 0$, si ha $\operatorname{sen}\vartheta > 0$ e quindi, dividendo per $\operatorname{sen}\vartheta$, la disuguaglianza precedente diventa

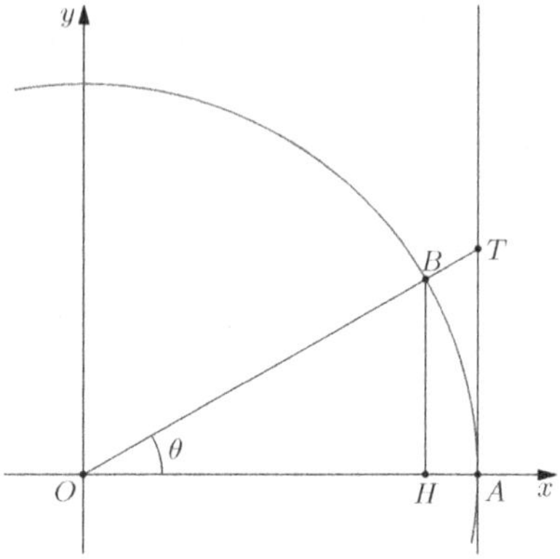

$$1 \leq \frac{\vartheta}{\operatorname{sen}\vartheta} \leq \frac{1}{\cos\vartheta}.$$

Passando al limite, si ha

$$1 \leq \lim_{\vartheta\to 0^+} \frac{\vartheta}{\operatorname{sen}\vartheta} \leq \lim_{\vartheta\to 0^+} \frac{1}{\cos\vartheta} = 1.$$

Quindi

$$\lim_{\vartheta\to 0^+} \frac{\vartheta}{\operatorname{sen}\vartheta} = 1 \qquad \text{ossia} \qquad \lim_{\vartheta\to 0^+} \frac{\operatorname{sen}\vartheta}{\vartheta} = 1.$$

Poiché la funzione $\frac{\operatorname{sen}\vartheta}{\vartheta}$ è pari, si ha il medesimo risultato per $\vartheta \to 0^-$, ossia

$$\lim_{\vartheta\to 0^-} \frac{\operatorname{sen}\vartheta}{\vartheta} = 1.$$

Quindi, in conclusione, vale il primo limite notevole. A questo punto, gli altri due limiti si trovano come immediata conseguenza del primo. Infatti, per il secondo limite, si ha

$$\lim_{x\to 0} \frac{1-\cos x}{x^2} = \lim_{x\to 0} \frac{1-\cos^2 x}{x^2(1+\cos x)} = \lim_{x\to 0} \left(\frac{\operatorname{sen} x}{x}\right)^2 \frac{1}{1+\cos x} = \frac{1}{2}.$$

Infine, per il terzo limite, si ha

$$\lim_{x\to 0} \frac{\operatorname{tg} x}{x} = \lim_{x\to 0} \frac{\operatorname{sen} x}{x} \frac{1}{\cos x} = 1.$$

□

ESEMPIO 243. Usando la Proposizione 242, si hanno immediatamente i seguenti limiti

$$\lim_{x\to 0} \frac{x \operatorname{sen} 5x}{\cos 2x - 1} = \frac{5}{4} \lim_{x\to 0} \frac{\operatorname{sen} 5x}{5x} \frac{4x^2}{\cos 2x - 1} = -\frac{5}{2}$$

$$\lim_{x\to 0} \frac{1-\cos 7x}{\operatorname{sen} 3x \operatorname{tg} 4x} = \frac{49}{12} \lim_{x\to 0} \frac{1-\cos 7x}{49x^2} \frac{3x}{\operatorname{sen} 3x} \frac{4x}{\operatorname{tg} 4x} = \frac{49}{24}$$

$$\lim_{x\to 0} \frac{\operatorname{sen} 5x^3 \operatorname{tg} 6x}{\cos 2x^2 - 1} = \frac{30}{4} \lim_{x\to 0} \frac{\operatorname{sen} 5x^3}{5x^3} \frac{\operatorname{tg} 6x}{6x} \frac{4x^4}{\cos 2x^2 - 1} = -15.$$

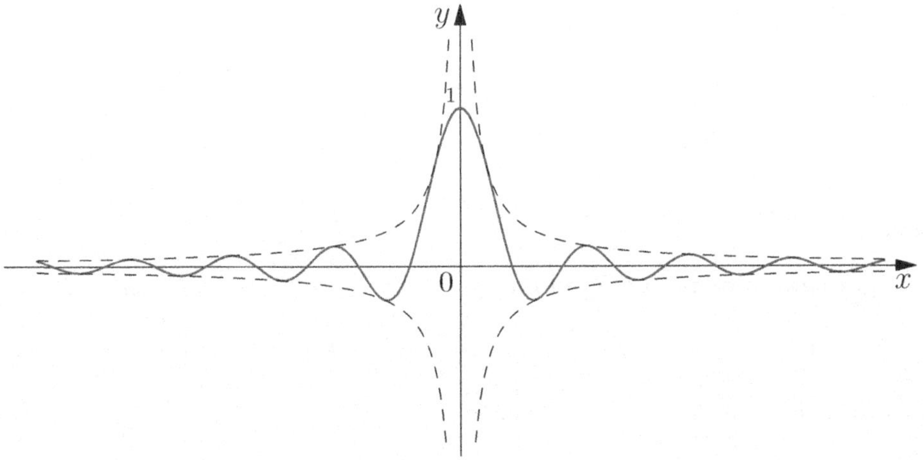

Figura 4.1: Grafico della funzione $f(x) = \dfrac{\operatorname{sen} x}{x}$.

Proposizione 244. *Si hanno i limiti notevoli*

$$\lim_{x\to+\infty}\left(1+\frac{1}{x}\right)^x = \mathrm{e}\,, \qquad \lim_{x\to-\infty}\left(1+\frac{1}{x}\right)^x = \mathrm{e}\,, \qquad \lim_{x\to0}(1+x)^{1/x} = \mathrm{e}\,.$$

Dimostrazione. Consideriamo la funzione $(1+1/x)^x$ sull'intervallo $[n, n+1)$, per $n \in \mathbb{N}$, $n \geq 1$. Su questo intervallo, ossia per $n \leq x < n+1$, vale la limitazione

$$\left(1+\frac{1}{n+1}\right)^n < \left(1+\frac{1}{x}\right)^x < \left(1+\frac{1}{n}\right)^{n+1}$$

ossia

$$\left(1+\frac{1}{n+1}\right)^{n+1}\left(1+\frac{1}{n+1}\right)^{-1} < \left(1+\frac{1}{x}\right)^x < \left(1+\frac{1}{n}\right)^n\left(1+\frac{1}{n}\right).$$

Passando al limite per $x \to +\infty$, si deve avere anche $n \to +\infty$ e quindi, per il teorema del confronto e per il Teorema 173, si ha

$$\mathrm{e} \leq \lim_{x\to+\infty}\left(1+\frac{1}{x}\right)^x \leq \mathrm{e} \qquad \text{ossia} \qquad \lim_{x\to+\infty}\left(1+\frac{1}{x}\right)^x = \mathrm{e}\,.$$

Per calcolare il limite per $x \to -\infty$, poniamo $t = -x$. Allora, si ha

$$\begin{aligned}\lim_{x\to-\infty}\left(1+\frac{1}{x}\right)^x &= \lim_{t\to+\infty}\left(1-\frac{1}{t}\right)^{-t} = \lim_{t\to+\infty}\left(\frac{t}{t-1}\right)^t \\ &= \lim_{t\to+\infty}\left(1+\frac{1}{t-1}\right)^{t-1}\left(1+\frac{1}{t-1}\right) = \lim_{t\to+\infty}\left(1+\frac{1}{t-1}\right)^{t-1} = \mathrm{e}\,.\end{aligned}$$

Infine, posto $t = 1/x$, si ha

$$\lim_{x\to 0^+}(1+x)^{1/x} = \lim_{t\to+\infty}\left(1+\frac{1}{t}\right)^t = \mathrm{e} \qquad \text{e} \qquad \lim_{x\to 0^-}(1+x)^{1/x} = \lim_{t\to-\infty}\left(1+\frac{1}{t}\right)^t = \mathrm{e}\,.$$

□

ESEMPI

1. Per ogni numero $\alpha \in \mathbb{R}$, si ha

$$\lim_{x\to+\infty}\left(1+\frac{\alpha}{x}\right)^x = \mathrm{e}^\alpha\,, \qquad \lim_{x\to-\infty}\left(1+\frac{\alpha}{x}\right)^x = \mathrm{e}^\alpha\,, \qquad \lim_{x\to 0}(1+\alpha x)^{1/x} = \mathrm{e}^\alpha\,.$$

Infatti, si ha

$$\lim_{x\to\pm\infty}\left(1+\frac{\alpha}{x}\right)^x = \lim_{x\to\pm\infty}\left(\left(1+\frac{\alpha}{x}\right)^{x/\alpha}\right)^\alpha = \left(\lim_{x\to\pm\infty}\left(1+\frac{\alpha}{x}\right)^{x/\alpha}\right)^\alpha = \mathrm{e}^\alpha$$

$$\lim_{x\to 0}(1+\alpha x)^{1/x} = \lim_{x\to 0}\left((1+\alpha x)^{1/\alpha x}\right)^\alpha = \left(\lim_{x\to 0}(1+\alpha x)^{1/\alpha x}\right)^\alpha = \mathrm{e}^\alpha\,.$$

2. I limiti

$$L_1 = \lim_{x\to+\infty}\left(\frac{x+3}{x-1}\right)^x \qquad \text{e} \qquad L_2 = \lim_{x\to-\infty}\left(\frac{x-5}{x+3}\right)^x$$

possono essere calcolati usando la Proposizione 244. Infatti, si ha

$$L_1 = \lim_{x\to+\infty}\left(1+\frac{4}{x-1}\right)^x = \lim_{x\to+\infty}\left(1+\frac{4}{x-1}\right)^{x-1}\left(1+\frac{4}{x-1}\right) = \mathrm{e}^4$$

$$L_2 = \lim_{x\to-\infty}\left(1-\frac{8}{x+3}\right)^x = \lim_{x\to-\infty}\left(1-\frac{8}{x+3}\right)^{x+3}\left(1-\frac{8}{x+3}\right)^{-3} = \mathrm{e}^{-8}\,.$$

Proposizione 245. *Per la funzione logaritmica e per la funzione esponenziale, si hanno i limiti notevoli*

$$\lim_{x\to 0}\frac{\log(1+x)}{x} = 1 \qquad e \qquad \lim_{x\to 0}\frac{\mathrm{e}^x-1}{x} = 1\,.$$

Dimostrazione. Il primo limite può essere calcolato usando la continuità della funzione logaritmica e la Proposizione 244:

$$\lim_{x\to 0}\frac{\log(1+x)}{x} = \lim_{x\to 0}\log(1+x)^{1/x} = \log\lim_{x\to 0}(1+x)^{1/x} = \log e = 1\,.$$

Per calcolare il secondo limite, poniamo $t = \mathrm{e}^x - 1$. Allora $x = \log(1+x)$ e $t \to 0$ per $x \to 0$. Quindi, usando il limite precedente, si ha

$$\lim_{x\to 0}\frac{\mathrm{e}^x-1}{x} = \lim_{t\to 0}\frac{t}{\log(1+t)} = 1\,.$$

□

ESEMPI

1. Per la Proposizione 245, si ha

$$\lim_{x\to 0}\frac{e^{3x}-1}{\log(1+4x)}=\frac{3}{4}\lim_{x\to 0}\frac{e^{3x}-1}{3x}\,\frac{4x}{\log(1+4x)}=\frac{3}{4}$$

$$\lim_{x\to 0}\frac{\log(1-4x^3)}{(e^{-2x^2}-1)(e^{2x}-1)}=\lim_{x\to 0}\frac{\log(1-4x^3)}{-4x^3}\,\frac{-2x^2}{e^{-2x^2}-1}\,\frac{2x}{e^{2x}-1}=1\,.$$

2. La Proposizione 245 permette di calcolare anche i seguenti limiti

$$\lim_{x\to+\infty}\left(1+\frac{1}{x}\right)^{x^2}=\lim_{x\to+\infty}e^{x^2\log\left(1+\frac{1}{x}\right)}=\lim_{x\to+\infty}e^{x^2\cdot\frac{1}{x}}=\lim_{x\to+\infty}e^{x}=+\infty$$

$$\lim_{x\to+\infty}\left(1-\frac{1}{x}\right)^{x^2}=\lim_{x\to+\infty}e^{x^2\log\left(1-\frac{1}{x}\right)}=\lim_{x\to+\infty}e^{x^2\left(-\frac{1}{x}\right)}=\lim_{x\to+\infty}e^{-x}=0\,.$$

Proposizione 246. *Si hanno i limiti notevoli*

$$\lim_{x\to 0}\frac{\operatorname{senh}x}{x}=1 \qquad e \qquad \lim_{x\to 0}\frac{\cosh x-1}{x^2}=\frac{1}{2}\,.$$

Dimostrazione. Usando la Proposizione 245, si ha

$$\lim_{x\to 0}\frac{\operatorname{senh}x}{x}=\lim_{x\to 0}\frac{e^{x}-e^{-x}}{2x}=\lim_{x\to 0}e^{-x}\,\frac{e^{2x}-1}{2x}=1\cdot 1=1\,.$$

Per calcolare il secondo limite, utilizziamo l'identità fondamentale $\cosh^2 x-\operatorname{senh}^2 x=1$. Infatti, si ha

$$\lim_{x\to 0}\frac{\cosh x-1}{x^2}=\lim_{x\to 0}\frac{\cosh^2 x-1}{x^2(\cosh x+1)}=\lim_{x\to 0}\frac{\operatorname{senh}^2 x}{x^2(\cosh x+1)}=\lim_{x\to 0}\left(\frac{\operatorname{senh}x}{x}\right)^2\frac{1}{\cosh x+1}=\frac{1}{2}\,.$$

□

Proposizione 247. *Per ogni* $\alpha\in\mathbb{R}$*, si ha il limite notevole*

$$\lim_{x\to 0}\frac{(1+x)^\alpha-1}{x}=\alpha\,.$$

Dimostrazione. Posto $t=\log(1+x)$, si ha $x=e^t-1$ e $t\to 0$ per $x\to 0$. Usando la Proposizione 245, si ha

$$\lim_{x\to 0}\frac{(1+x)^\alpha-1}{x}=\lim_{x\to 0}\frac{e^{\alpha\log(1+x)}-1}{x}=\lim_{t\to 0}\frac{e^{\alpha t}-1}{e^t-1}=\alpha\lim_{t\to 0}\frac{e^{\alpha t}-1}{\alpha t}\cdot\frac{t}{e^t-1}=\alpha\,.$$

□

ESEMPI

1. Usando le Proposizioni 247 e 245, si ha

$$\lim_{x\to 0} \frac{\sqrt{1+3x}-1}{e^{2x}-1} = \lim_{x\to 0} \frac{3}{2} \frac{\sqrt{1+3x}-1}{3x} \frac{2x}{e^{2x}-1} = \frac{3}{4}.$$

2. Usando la Proposizione 247, si ha

$$\lim_{x\to 0} \frac{\sqrt[3]{1-4x}-1}{\sqrt[5]{1+3x}-1} = -\frac{4}{3} \lim_{x\to 0} \frac{\sqrt[3]{1-4x}-1}{-4x} \frac{3x}{\sqrt[5]{1+3x}-1} = -\frac{4}{3}\frac{1}{3}5 = -\frac{20}{9}.$$

4.4.6 Prolungamento per continuità di una funzione

Le discontinuità eliminabili, come dice il nome stesso, possono essere eliminate ridefinendo la funzione in x_0 in modo che assuma il valore dei due limiti destro e sinistro. Più precisamente, se la funzione $f : X \to \mathbb{R}$ presenta una discontinuità eliminabile in un punto x_0, allora si ha

$$\lim_{x\to x_0} f(x) = \ell \neq f(x_0)$$

dove ℓ è un numero reale (finito). La funzione $F : X \to \mathbb{R}$ definita da

$$F(x) = \begin{cases} f(x) & \text{se } x \in X\,,\ x \neq x_0 \\ \ell & \text{se } x \neq x_0\,. \end{cases}$$

coincide con f su tutto X tranne che in x_0 dove però risulta continua.

Supponiamo ora di avere una funzione $f : X \setminus \{x_0\} \to \mathbb{R}$ che non sia definita in un punto x_0, ma per la quale esistono finiti e uguali i due limiti destro e sinistro:

$$\lim_{x\to x_0^+} f(x) = \lim_{x\to x_0^-} f(x) = \ell \qquad (\ell \in \mathbb{R}).$$

In questo caso, la funzione f può essere estesa a una funzione $F : X \to \mathbb{R}$ che sia continua in x_0. Per ottenere questa estensione, basta definire la funzione F ponendo

$$F(x) = \begin{cases} f(x) & \text{se } x \in X\,,\ x \neq x_0 \\ \ell & \text{se } x \neq x_0\,. \end{cases}$$

La funzione F cosè definita è continua in x_0 poiché

$$\lim_{x\to x_0^+} F(x) = \lim_{x\to x_0^+} f(x) = \ell = F(x_0)$$
$$\lim_{x\to x_0^-} F(x) = \lim_{x\to x_0^-} f(x) = \ell = F(x_0)\,.$$

Per questo motivo, si dice che la funzione f può essere *prolungata*, o *estesa*, *con continuità* nel punto x_0.

ESEMPI

1. La funzione $f : \mathbb{R} \setminus \{0\} \to \mathbb{R}$, definita da $f(x) = x \log |x|$, è continua su tutto $\mathbb{R}$, tranne che nel punto $x_0 = 0$ dove non è definita. Tuttavia, esistono finiti il limite sinistro e il limite destro per $x \to 0$:

$$\lim_{x \to 0^-} f(x) = \lim_{x \to 0^+} f(x) = 0 .$$

Questo significa che la funzione f può essere prolungata con continutà su tutto $\mathbb{R}$, Tale prolungamento è la funzione $F : \mathbb{R} \to \mathbb{R}$ definita da

$$F(x) = \begin{cases} x \log |x| & \text{se} \quad x \neq 0 \\ 0 & \text{se} \quad x = 0 . \end{cases}$$

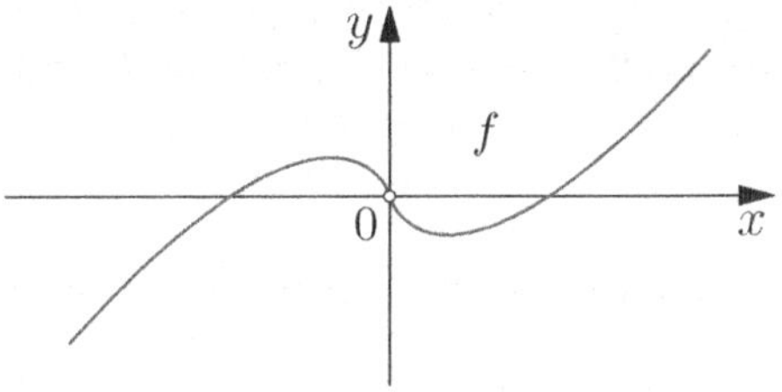

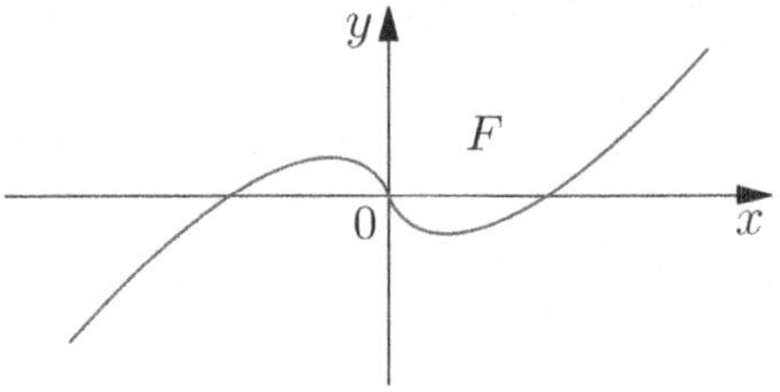

2. La funzione $f : \mathbb{R} \setminus \{0\} \to \mathbb{R}$, definita da

$$f(x) = \frac{\operatorname{sen} x}{x} ,$$

è continua su tutto $\mathbb{R}$ tranne che in $x_0 = 0$, dove non è definita. Tuttavia, per la Proposizione 242, si ha

$$\lim_{x \to 0} \frac{\operatorname{sen} x}{x} = 1 .$$

La funzione f può pertanto essere estesa con continuità a tutto $\mathbb{R}$, considerando la funzione $f : \mathbb{R} \to \mathbb{R}$ definita da

$$F(x) = \begin{cases} \frac{\operatorname{sen} x}{x} & \text{per} \quad x \neq 0 \\ 1 & \text{per} \quad x = 0 . \end{cases}$$

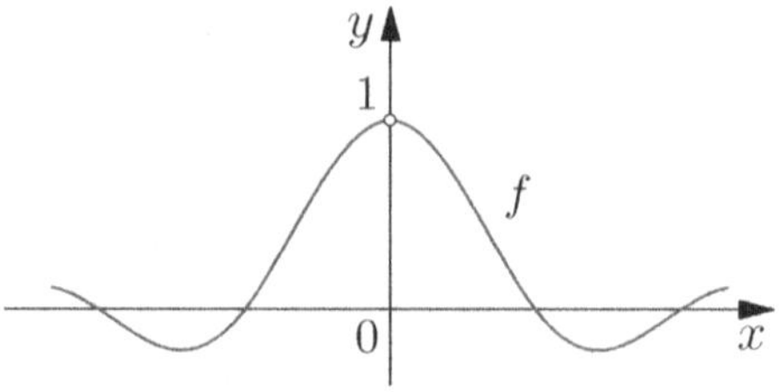

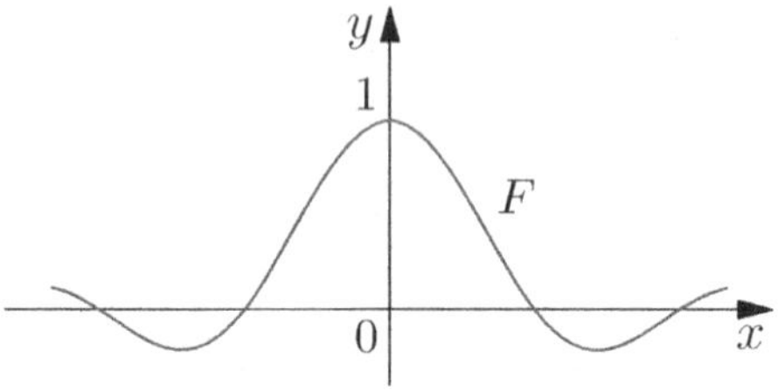

Per la Proposizione 242, si ha che anche le funzioni definite da

$$g(x) = \frac{\cos x - 1}{x^2} \qquad \text{e} \qquad h(x) = \frac{\operatorname{tg} x}{x}.$$

possono essere prolungate con continuita in $x_0 = 0$.

3. La funzione definita da $f : [0, \frac{\pi}{2}) \cup (\frac{\pi}{2}, \pi] \to \mathbb{R}$, definita da

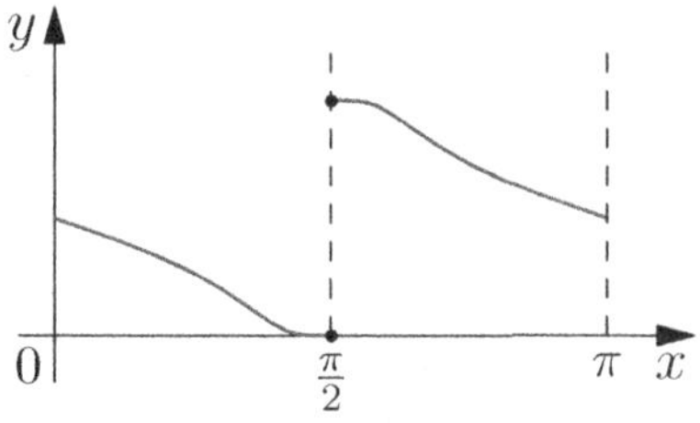

$$f(x) = \frac{1}{1 + e^{\operatorname{tg} x}},$$

non può essere prolungata con continuità in $x_0 = \frac{\pi}{2}$. Infatti, in $x_0 = \frac{\pi}{2}$ si ha un salto. Infatti, il limite sinistro e il limite destro esistono finiti, ma sono diversi:

$$\lim_{x \to x_0^-} f(x) = \lim_{x \to (\pi/2)^-} \frac{1}{1 + e^{\operatorname{tg} x}} = 0 \quad \text{e} \quad \lim_{x \to x_0^+} f(x) = \lim_{x \to (\pi/2)^+} \frac{1}{1 + e^{\operatorname{tg} x}} = 1$$

4.4.7 Teorema degli zeri

Teorema 248 (Teorema degli zeri; Bolzano, 1817; Cauchy, 1821). *Sia* $f : [a, b] \to \mathbb{R}$ *una funzione continua tale che* $f(a)f(b) < 0$. *Allora esiste un punto* $x_0 \in (a, b)$ *tale che* $f(x_0) = 0$.

Dimostrazione. Il teorema può essere dimostrato con il seguente metodo di bisezione. Sia $c_1 = (a + b)/2$ il punto medio dell'intervallo $[a, b]$. Se $f(c_1) = 0$, allora $x_0 = c_1$ e il teorema è dimostrato. Se invece $f(c_1) \neq 0$, allora si ha uno dei seguenti casi.

1. Se $f(a)f(c_1) < 0$, si considera l'intervallo $[a_1, b_1] = [a, c_1]$.

2. Se $f(a)f(c_1) > 0$, allora $f(c_1)$ ha lo stesso segno di $f(a)$ e quindi $f(c_1)f(b) < 0$. In questo caso, si considera l'intervallo $[a_1, b_1] = [c_1, b]$.

In entrambi i casi, il nuovo intervallo $[a_1, b_1]$ è contenuto nell'intervallo $[a, b]$ di partenza e la funzione f soddisfa le medesime condizioni del teorema sul nuovo intervallo $[a_1, b_1]$. Procedendo in questo modo, si arriva a uno zero della funzione oppure si definisce una successione di intervalli inscatolati $[a_n, b_n]$, dove $a_0 = a$ e $b_0 = b$. In particolare, si hanno le seguenti proprietà.

1. La successione $\{a_n\}_{n\in\mathbb{N}}$ è crescente (poiché $a_{n+1} \geq a_n$, per ogni $n \in \mathbb{N}$) e la successione $\{b_n\}_{n\in\mathbb{N}}$ è decrescente (poiché $b_{n+1} \leq b_n$, per ogni $n \in \mathbb{N}$).

2. Le successioni $\{a_n\}_{n\in\mathbb{N}}$ e $\{b_n\}_{n\in\mathbb{N}}$ sono limitate, essendo contenute nell'intervallo $[a, b]$ di partenza.

3. L'ampiezza dell'intervallo $[a_n, b_n]$ è $b_n - a_n = (b-a)/2^n$. Infatti, si ha $b_n - a_n = (b_{n-1} - a_{n-1})/2 = (b_{n-2} - a_{n-2})/4 = \cdots = (b-a)/2^n$.

4. La funzione f è continua sull'intervallo $[a_n, b_n]$ e $f(a_n)f(b_n) < 0$ per costruzione.

Poiché le successioni $\{a_n\}_{n\in\mathbb{N}}$ e $\{b_n\}_{n\in\mathbb{N}}$ sono monotone limitate, per il Teorema 167 ammettono un limite finito, ossia esistono due numeri reali ℓ_1 ed ℓ_2 tali che $a_n \to \ell_1$ e $b_n \to \ell_2$ per $n \to +\infty$. Poiché $b_n - a_n = (b-a)/2^n$, si ha che $b_n - a_n \to 0$ per $n \to +\infty$. Pertanto i due limiti ℓ_1 ed ℓ_2 devono essere uguali: $\ell_1 = \ell_2 = \ell$. Per la continuità di f (e per il Teorema 228), si ha che

$$\lim_{n\to+\infty} f(a_n) = f\Big(\lim_{n\to+\infty} a_n\Big) = f(\ell)$$
$$\lim_{n\to+\infty} f(b_n) = f\Big(\lim_{n\to+\infty} b_n\Big) = f(\ell).$$

Pertanto, le due successioni $\{f(a_n)\}_{n\in\mathbb{N}}$ e $\{f(b_n)\}_{n\in\mathbb{N}}$ sono convergenti e convergono entrambe allo steso limite $f(\ell)$. Quindi $f(a_n)f(b_n) \to f(\ell)^2$ per $n \to +\infty$. Poiché $f(a_n)f(b_n) < 0$ per ogni $n \in \mathbb{N}$, per il teorema della permanenza del segno si ha che il limite della successione $f(a_n)f(b_n)$ deve essere negativo o nullo, ossia $f(\ell)^2 \leq 0$. Quest'ultima disuguaglianza, ovviamente, è verificata solo quando $f(\ell) = 0$. Abbiamo così trovato che $x_0 = \ell$ è uno zero della funzione f su (a, b). □

OSSERVAZIONE 249. Le ipotesi del teorema degli zeri sono tutte necessarie.

1. Se la funzione f non è continua, allora il teorema degli zeri può essere falso. Consideriamo, ad esempio, la funzione $f : [-1, 1] \to \mathbb{R}$ definita da

$$f(x) = \begin{cases} -1 & \text{se } x \in [-1, 0) \\ 1 & \text{se } x \in [0, 1]. \end{cases}$$

   Allora $f(-1) = -1 < 0$ e $f(1) = 1 > 0$, ma la funzione non ha zeri.

2. Se la funzione f non assume valori discordi agli estremi dell'intervallo, allora può non avere zeri, come accade, ad esempio, alla funzione $f(x) = x^2 + 1$ sull'intervallo $[-1, 1]$.

Al contrario, una funzione può avere degli zeri anche quando le ipotesi del teorema degli zeri non sono verificate, come avviene, ad esempio, per la funzione $f(x) = x^2$ sull'intervallo $[-1, 1]$.

Inoltre, questo teorema è strettamente legato alla completezza di $\mathbb{R}$. Ad esempio, non vale su $\mathbb{Q}$, che non è completo. La funzione $f : [0, 2] \to \mathbb{R}$ definita da $f(x) = x^2 - 2$ assume valori discordi agli estremi dell'intervallo, $f(0) = -2$ e $f(2) = 2$, ma non possiede zeri (poiché $\sqrt{2}$ è irrazionale).

Esempio 250. La funzione $f : [-1, 1] \to \mathbb{R}$, definita da

$$f(x) = (x+1)\,\mathrm{sen}^3(x-1) - (x-1)^2(\mathrm{e}^{x+1} - 1) + x\,\mathrm{e}^{\cos(\pi x)},$$

è continua. Inoltre $f(-1) = -\mathrm{e}^{-1} < 0$ e $f(1) = \mathrm{e}^{-1} > 0$, ossia $f(-1)f(1) < 0$. Quindi, per il teorema degli zeri, esiste almeno un numero $x_0 \in (-1, 1)$ tale che $f(x_0) = 0$.

Osservazione 251. La dimostrazione del Teorema 248 fornisce un algoritmo per calcolare esplicitamente una soluzione x_0 dell'equazione $f(x) = 0$ sull'intervallo $[a, b]$. Se ci si ferma al passo n-esimo si avrà un'approssimazione di x_0 con un errore inferiore a $(b-a)/2^n$. Tuttavia, se l'equazione $f(x) = 0$ ammette più soluzioni sull'intervallo $[a, b]$, questo algoritmo non dice quale zero si sta considerando. Se però la funzione è strettamente monotona, allora si ha un solo zero e questo algoritmo permette di ottenere una sua approssimazione con la precisione che si desidera.

Come semplice esempio, consideriamo la funzione $f : [0, 2] \to \mathbb{R}$ definita da $f(x) = x^2 - 2$. In questo caso, possiamo dire immediatamente che la funzione possiede esattamente uno zero dato da $x_0 = \sqrt{2}$. L'algoritmo che deriva dalla dimostrazione del teorema degli zeri può essere usato, in questo caso, per approssimare $\sqrt{2}$. Applicando la procedure descritta per $n = 10$, otteniamo la successione di intervalli $[0, 2]$, $[1, 2]$, $[1, \frac{3}{2}]$, $[\frac{5}{4}, \frac{3}{2}]$, $[\frac{11}{8}, \frac{3}{2}]$, $[\frac{11}{8}, \frac{23}{16}]$, $[\frac{45}{32}, \frac{23}{16}]$, $[\frac{45}{32}, \frac{91}{64}]$, $[\frac{181}{128}, \frac{91}{64}]$, $[\frac{181}{128}, \frac{363}{256}]$, $[\frac{181}{128}, \frac{725}{512}]$. Pertanto $\sqrt{2} \in [\frac{181}{128}, \frac{725}{512}]$ e possiamo approssimare $\sqrt{2}$ con un qualsiasi numero appartenente all'intervallo $[\frac{181}{128}, \frac{725}{512}]$ commettendo un errore inferiore a 2^{-10}. Ad esempio, possiamo approssimare $\sqrt{2} \approx 1.41421$ con

$$\frac{1}{2}\left(\frac{181}{128}, \frac{725}{512}\right) = \frac{1449}{1024} \approx 1.41504\,.$$

Il teorema degli seri può essere generalizzato nel modo seguente.

Teorema 252. *Siano $f : [a, b] \to \mathbb{R}$ e $g : [a, b] \to \mathbb{R}$ due funzioni continue tali che $f(a) > g(a)$ e $f(b) < g(b)$, oppure $f(a) < g(a)$ e $f(b) > g(b)$. Allora esiste almeno una soluzione $x_0 \in (a, b)$ dell'equazione $f(x) = g(x)$.*

Dimostrazione. Consideriamo la funzione $F : [a, b] \to \mathbb{R}$ definita ponendo $F(x) = f(x) - g(x)$. Poiché f e g sono funzioni continue, anche F è una funzione continua. Inoltre $F(a) = f(a) - g(a) > 0$ e $F(b) = f(b) - g(b) < 0$ (nel primo caso), oppure $F(a) = f(a) - g(a) < 0$ e $F(b) = f(b) - g(b) > 0$ (nel secondo caso). In ogni caso, si ha $F(a)F(b) < 0$. Pertanto, per il teorema degli zeri, esiste almeno un numero $x_0 \in (a,b)$ tale che $F(x_0) = 0$, ossia tale che $f(x_0) = g(x_0)$. □

ESEMPIO 253. L'equazione $\sqrt{2x^2(x-1)^2+9} - \log(1+x+x^2) = 4^x$ possiede almeno una soluzione sull'intervallo $[0,1]$. Infatti, se consideriamo la funzione $F : [0,1] \to \mathbb{R}$, definita da

$$F(x) = \sqrt{2x^2(x-1)^2+9} - \log(1+x+x^2) - 4^x ,$$

abbiamo una funzione continua tale che $F(0) = 3 - 1 = 2 > 0$ e $F(1) = 3 - \log 3 - 4 = -1 - \log 3 < 0$. Quindi, per il teorema degli zeri, esiste almeno un numero $x_0 \in (0,1)$ tale che $F(x_0) = 0$.

4.4.8 Teorema di Weierstrass e teorema dei valori intermedi

Teorema 254 (Weierstrass, 1860). *Se $f : [a,b] \to \mathbb{R}$ è una funzione continua, allora f è limitata e assume valore massimo e valore minimo (assoluti) su $[a,b]$, ossia esistono due punti $x_1, x_2 \in [a,b]$ tali che $f(x_1) \leq f(x) \leq f(x_2)$ per ogni $x \in [a,b]$.*

Dimostrazione. Iniziamo col dimostrare che la funzione f è limitata. Consideriamo l'insieme

$$\Omega = \{y \in [a,b) \ : \ f \text{ è limitata su } [a,y)\} .$$

Poiché è continua in a, la funzione f è localmente limitata in a, ossia è limitata in intorno destro (a,c) di a (Teorema 233). Di conseguenza, se $y \in (a,c)$, allora f è limitata su $[a,y)$ e quindi $y \in \Omega$. Pertanto $\Omega \neq \varnothing$.

L'insieme Ω è limitato superiormente, essendo contenuto nell'intervallo $[a,b]$, e non è vuoto, per l'osservazione precedente. Pertanto, per il Teorema 35, Ω possiede estremo superiore $\ell = \sup \Omega$. Mostreremo ora che ℓ coincide con il massimo di Ω, ossia con b. Supponiamo che $a < \ell < b$. In questo caso, la funzione f è continua in ℓ e quindi è limitata in intorno aperto $(\ell - \delta, \ell + \delta)$ di ℓ (Teorema 233), contenuto in $[a,b]$, dove $\delta \in \mathbb{R}$, $\delta > 0$. Di conseguenza, la funzione f risulta essere limita su tutto l'intervallo $[a, \ell + \delta/2)$ e quindi $\ell + \delta/2 \in \Omega$. Ma questo è impossibile, essendo ℓ l'estremo superiore di Ω. Pertanto la supposizione iniziale $a < \ell < b$ non può essere vera e quindi deve essere $\ell \geq 0$. Poiché è continua in b, la funzione f è localmente limitata in b (Teorema 233), e quindi $b \in \Omega$, ossia $\ell = b$.

Per concludere, dimostriamo che f ammette massimo. Sia

$$M = \sup_{x \in [a,b]} f(x) .$$

Se M non fosse il massimo, allora si dovrebbe avere $f(x) < M$ per ogni $x \in [a,b]$. Allora la funzione $g : [a,b] \to \mathbb{R}$, definita da

$$g(x) = \frac{1}{M - f(x)} ,$$

è definita ed è continua su tutto l'intervallo $[a,b]$. Pertanto, per la parte precedente, g risulta essere limitata. Per la definizione di M, per ogni numero reale $\varepsilon > 0$ esiste almeno un punto $x \in [a,b]$ tale che $f(x) > M - \varepsilon$, ossia tale che $\varepsilon > M - f(x)$. Pertanto, essendo ε e $M - f(x)$ entrambi positivi, si ha $g(x) > \frac{1}{\varepsilon}$. Per l'arbitrarietà di ε, la funzione g non può essere limitata e questo è assurdo. Pertanto, M è il massimo di f su $[a,b]$.

In modo analogo si dimostra che f ammette minimo. □

OSSERVAZIONE 255. Come conseguenza del teorema di Weierstrass, l'immagine di una funzione continua definita su un intervallo chiuso e limitato è contenuta in un intervallo chiuso e limitato, ossia $f([a,b]) \subseteq [m,M]$. Di conseguenza, tale immagine è limitata. Tuttavia, se la funzione non è definita su un intervallo chiuso e limitato, non è detto che la funzione ammetta un massimo assoluto e un minimo assoluto.

OSSERVAZIONE 256. Le ipotesi del teorema di Weierstrass sono tutte necessarie, come si vede dai seguenti controesempi.

1. La funzione $f : [0,1] \to \mathbb{R}$, definita da $f(x) = x^2$, possiede esattamente un minimo assoluto in $x = 0$ e un massimo assoluto in $x = 1$. Invece, sull'intervallo aperto $(0,1)$ non possiede né massimo né minimo. Analogamente, sull'intervallo $(0,1]$ non possiede minimo e sull'intervallo $[0,1)$ non possiede massimo.
2. La funzione $f : \mathbb{R} \to \mathbb{R}$, definita da $f(x) = x$, non possiede né massimo assoluto né minimo assoluto. In questo caso, il dominio della funzione è un intervallo illimitato.
3. La funzione $f : [0,1] \to \mathbb{R}$, definita da $f(x) = x$ per $x \in (0,1)$ e da $f(x) = 1/2$ per $x = 0,1$, non possiede né massimi né minimi. In questo caso, la funzione non è continua.

Teorema 257 (Teorema dei valori intermedi; Bolzano, 1817). *Sia $f : [a,b] \to \mathbb{R}$ una funzione continua e siano m ed M rispettivamente il valore minimo e il valore massimo che la funzione f assume sull'intervallo $[a,b]$. Allora, per ogni $y_0 \in [m,M]$ esiste almeno un $x_0 \in [a,b]$ tale che $y_0 = f(x_0)$.*

Dimostrazione. Iniziamo con l'osservare che la funzione f assume valore minimo e massimo (assoluti) sull'intervallo $[a,b]$ per il teorema di Weierstrass (essendo f continua su un intervallo chiuso e limitato). Si tratta ora di dimostrare che ogni elemento y_0 appartenente all'intervallo $[m,M]$ possiede almeno una controimmagine mediante f. Per l'osservazione iniziale, gli elementi $y_0 = m$ e $y_0 = M$ ammettono sicuramente almeno una controimmagine mediante f. Siano $x_1, x_2 \in [a,b]$ due elementi tali che $m = f(x_1)$ e $M = f(x_2)$, e assumiamo che $x_1 < x_2$ (un discorso analogo vale se $x_1 > x_2$). Fissato ora un qualsiasi elemento $y_0 \in (m,M)$, consideriamo la funzione $F : [x_1,x_2] \to \mathbb{R}$ definita da $F(x) = f(x) - y_0$. La funzione F è continua (essendo differenza di funzioni continue). Inoltre, essendo $F(x_1) = f(x_1) - y_0 = m - y_0 < 0$ e $F(x_2) = f(x_2) - y_0 = M - y_0 > 0$, si ha $F(x_1)F(x_2) < 0$. Per il teorema degli zeri esiste almeno un $x_0 \in (x_1, x_2) \subseteq [a,b]$ tale che $F(x_0) = 0$, ossia tale che $y_0 = f(x_0)$. □

OSSERVAZIONI

1. Per il teorema precedente, una funzione continua definita su un intervallo chiuso e limitato possiede la proprietà dei valori intermedi. Tuttavia, esistono anche funzioni non continue che soddisfano tale proprietà. Ad esempio, la funzione $f : [-1,1] \to \mathbb{R}$, definita da
$$f(x) = \begin{cases} \operatorname{sen} \frac{1}{x} & \text{se } x \neq 0 \\ 0 & \text{se } x = 0, \end{cases}$$
non è continua in $x_0 = 0$ (dove presenta una discontinuità di seconda specie), ma assume tutti i valori compresi tra -1 e 1. Si veda la Figura 4.2.
2. La validità del teorema dei valori intermedi si basa sulla continutà del campo reale $\mathbb{R}$. Ad esempio, la funzione $f : \mathbb{Q} \to \mathbb{Q}$, definita da $f(x) = x^2$, non possiede la proprietà dei valori intermedi sull'intervallo $[1,2]$ di $\mathbb{Q}$. Infatti, scelto $y_0 = 3 \in [f(1), f(2)] = [1,4]$, non esiste alcun numero razione $x_0 \in [1,2]$ tale che $f(x_0) = y_0$, ossia tale che $x_0^2 = 3$.

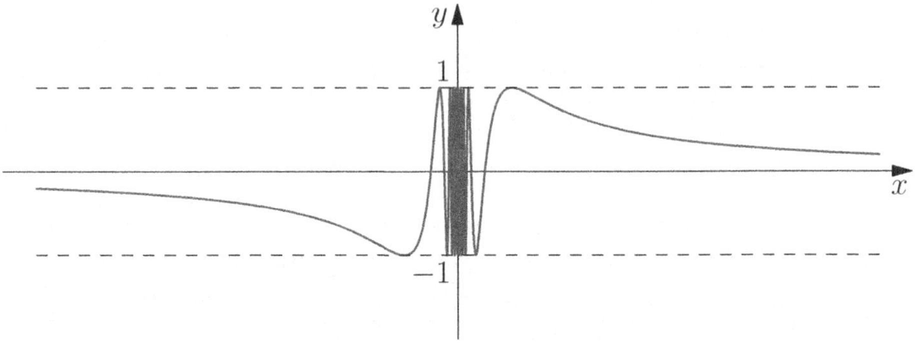

Figura 4.2: Grafico della funzione $\operatorname{sen} \frac{1}{x}$.

Teorema 258. *Se* $f : [a,b] \to \mathbb{R}$ *è una funzione continua, allora la sua immagine è un intervallo chiuso e limitato, dato da* $[\min f, \max f]$.

Dimostrazione. La funzione f è continua su un intervallo chiuso e limitato. Quindi, per il teorema di Weierstrass, f assume un valore minimo m e un valore massimo M e $f([a,b]) \subseteq [m,M]$. Inoltre, per il teorema dei valori intermedi, si ha $[m,M] \subseteq f([a,b])$. Di conseguenza, si ha $f([a,b]) = [m,M]$, ossia l'immagine di f è un intervallo, □

Per il Teorema 258, una funzione continua porta intervalli chiusi e limitati in intervalli chiusi e limitati. Più in generale, una funzione continua porta intervalli in intervalli.

Teorema 259. *Se* $f : I \to \mathbb{R}$ *è una funzione continua definita su un intervallo* $I \subseteq \mathbb{R}$*, allora la sua immagine* $f(I)$ *è un intervallo.*

Dimostrazione. Siano $y_1, y_2 \in f(I)$, con $y_1 < y_2$. Allora esistono due elementi $x_1, x_2 \in I$ tali che $y_1 = f(x_1)$ e $y_2 = f(x_2)$. Assumiamo che $x_1 < x_2$ (un discorso analogo vale se $x_1 > x_2$). Poiché I è un intervallo e $x_1, x_2 \in I$, si ha $[x_1, x_2] \subseteq I$. Possiamo allora considerare la funzione $f : [x_1, x_2] \to \mathbb{R}$ data dalla restrizione della funzione di partenza all'intervallo $[x_1, x_2]$. Questa funzione è ancora continua. Sia $y_0 \in (x_1, x_2)$. Consideriamo la funzione $F : [x_1, x_2] \to \mathbb{R}$ definita da $F(x) = f(x) - y_0$. La funzione F è continua (essendo differenza di funzioni continue) e $F(x_1) = f(x_1) - y_0 = m - y_0 < 0$ e $F(x_2) = f(x_2) - y_0 = M - y_0 > 0$. Quindi $F(x_1)F(x_2) < 0$. Per il teorema degli zeri esiste almeno un $x_0 \in (x_1, x_2)$ tale che $F(x_0) = 0$, ossia tale che $y_0 = f(x_0)$. Questo significa che ogni valore compreso tra y_1 e y_2 è assunto almeno una volta dalla funzione f. Pertanto, l'immagine $f(I)$ è un intervallo. □

ESEMPI

1. La funzione $f(x) = e^{\sqrt{1-\log^2 x}}$ è definita solo per $1 - \log^2 x \geq 0$ e $x > 0$, ossia solo per $e^{-1} \leq x \leq e$. Pertanto, si ha una funzione $f : [e^{-1}, e] \to \mathbb{R}$ continua e definita su un intervallo chiuso e limitato. Quindi, per il Teorema 258, l'immagine di f è a sua volta un intervallo chiuso e limitato. Si può dimostrare che $\operatorname{Im} f = [1, e]$.

2. La funzione $f(x) = \log(1 - x^2)$ è definita solo per $1 - x^2 > 0$, ossia solo per $-1 < x < 1$. Pertanto, si ha una funzione $f : (-1, 1) \to \mathbb{R}$ continua e definita su un intervallo aperto e limitato. Per il Teorema 259, possiamo affermare che l'immagine di f è ancora un intervallo. Poiché $f(x) \leq 0$ per ogni $x \in (-1, 1)$ e $f(0) = 0$, il punto $(0, 0)$ è un punto di massimo assoluto. Quindi, poiché $f(x) \to -\infty$ per $x \to -1^+$ e per $x \to 1^-$, si ha $\operatorname{Im} f = (-\infty, 0]$.

3. La funzione $f(x) = \log(1 - \log x)$ è definita solo per $1 - \log x > 0$ e $x > 0$, ossia solo per $0 < x < e$. Pertanto, si ha una funzione $f : (0, e) \to \mathbb{R}$ continua e definita su un intervallo aperto e limitato. Per il Teorema 259, possiamo affermare che l'immagine di f è ancora un intervallo. Tuttavia, si può dimostrare facilmente che la funzione f è decrescente. Quindi, poiché $f(x) \to +\infty$ per $x \to 0^+$ e $f(x) \to -\infty$ per $x \to e^-$, si ha $\operatorname{Im} f = \mathbb{R}$.

Teorema 260. *Se* $f : [a, b] \to \mathbb{R}$ *è una funzione monotona che assume ogni valore compreso tra* $f(a)$ *e* $f(b)$*, allora* f *è continua.*

Dimostrazione. Supponiamo che f sia crescente. Per il Teorema 230, in un punto interno $x_0 \in (a, b)$ la funzione f è continua oppure presenta una discontinuità di prima specie. Se f avesse una discontinuità di prima specie, allora in x_0 ci sarebbe un salto e f, essendo monotona, non potrebbe assumere tutti i valori tra $f(a)$ e $f(b)$. Quindi f è continua in x_0.

Analogamente, sempre per il Teorema 230, in $x_0 = a$ e in $x_0 = b$ la funzione f è continua oppure presenta una discontinuità eliminabile. Se f avesse una discontinuità eliminabile, allora in x_0 ci sarebbe un salto e f, essendo monotona, non potrebbe assumere tutti i valori tra $f(a)$ e $f(b)$. Quindi f è continua anche negli estremi dell'intervallo. □

4.4.9 Funzioni continue invertibili

Teorema 261. *Sia $I \subseteq \mathbb{R}$ un intervallo e sia $f : I \to \mathbb{R}$ una funzione continua e iniettiva. Allora f è strettamente monotona.*

Dimostrazione. Se f è strettamente monotona, allora comunque scelti tre elementi $x, y, z \in I$, con $x < y < z$, si ha $f(x) < f(y) < f(z)$. Supponiamo, per assurdo, che f non sia strettamente monotona.

Allora, esistono tre punti $x, y, z \in I$, con $x < y < z$, per i quali è falso che $f(x) < f(y) < f(z)$. Supponiamo, ad esempio, che sia $f(z) < f(y) < f(x)$ (gli altri casi si trattano allo stesso modo). Essendo una funzione continua, f trasforma l'intervallo $[y, z]$ nell'intervallo $[\min f, \max f] = [f(z), f(y)]$ (per il Teorema 258). Poiché $f(x) \in (f(z), f(y))$, per il teorema dei valori intermedi esiste almeno un punto $x_0 \in (y, z)$ tale che $f(x_0) = f(x)$. Poiché $x \neq x_0$, la funzione f non può essere iniettiva. Di conseguenza, la funzione deve essere strettamente monotona. □

Come immediata conseguenza del teorema precedente, si ha la seguente caratterizzazione delle funzioni continue iniettive.

Teorema 262. *Sia $I \subseteq \mathbb{R}$ un intervallo e sia $f : I \to \mathbb{R}$ una funzione continua. Allora f è iniettiva se e solo se è strettamente monotona.*

Dimostrazione. Ogni funzione strettamente monotona è iniettiva (Proposizione 130). Viceversa, una funzione continua iniettiva è strettamente monotona (Teorema 261). □

Teorema 263 (Inversa di una funzione continua)**.** *Siano $I \subseteq \mathbb{R}$ un intervallo e sia $J \subseteq \mathbb{R}$ un sottoinsieme. Se $f : I \to J$ è una funzione continua invertibile, allora anche la funzione inversa $\widehat{f} : J \to I$ è continua.*

Dimostrazione. Poiché f è continua e I è un intervallo, si ha che $f(I)$ è ancora un intervallo (Teorema 259). Poiché f è biunivoca (essendo invertibile), si ha che $f(I) = J$. Di conseguenza, J è necessariamente un intervallo.

Essendo continua e invertibile (e quindi iniettiva), f è strettamente monotona (Teorema 261). Pertanto, essendo $f : I \to J$ una funzione invertibile strettamente monotona, la sua inversa $\widehat{f} : J \to I$ è anch'essa strettamente monotona (Proposizione 131). Pertanto, la funzione $\widehat{f}$ può avere solo discontinutà di prima specie, ossia dei salti (Teorema 230). In questo caso, però, la sua immagine non potrebbe essere un intervallo. Quindi anche $\widehat{f}$ è continua. □

ESEMPI

1. La funzione $\exp : \mathbb{R} \to (0, +\infty)$ è continua e invertibile. Quindi anche la funzione inversa $\log : (0, +\infty) \to \mathbb{R}$ è continua.
2. La funzione $\operatorname{sen} : [-\frac{\pi}{2}, \frac{\pi}{2}] \to [-1, 1]$ è continua e invertibile. Quindi la funzione inversa $\operatorname{arsen} : [-1, 1] \to [-\frac{\pi}{2}, \frac{\pi}{2}]$ è continua. Analogamente, la funzione $\cos : [0, \pi] \to [-1, 1]$ è continua e invertibile e quindi la funzione inversa $\arccos : [-1, 1] \to [0, \pi]$ è continua.
3. La funzione $\operatorname{tg} : (-\frac{\pi}{2}, \frac{\pi}{2}) \to \mathbb{R}$ è continua e invertibile. Quindi la funzione inversa $\operatorname{artg} : \mathbb{R} \to (-\frac{\pi}{2}, \frac{\pi}{2})$ è continua.

OSSERVAZIONE 264. Una funzione invertibile non è necessariamente continua né strettamente monotona. Ad esempio, la funzione $f : \mathbb{R} \to \mathbb{R}$, definita da

$$f(x) = \begin{cases} x & \text{se } x \in \mathbb{Q} \\ -x & \text{se } x \in \mathbb{R} \setminus \mathbb{Q}, \end{cases}$$

è invertibile (essendo iniettiva e suriettiva), ma non è continua e non è strettamente monotona.

4.5 Equivalenza asintotica

Definizione 265. *Siano f e g due funzioni definite in un intorno U di un punto $x_0 \in \mathbb{R} \cup \{\pm\infty\}$, con $g(x) \neq 0$ per ogni $x \neq x_0$ appartenente all'intorno U. Le due funzioni f e g sono* asintoticamente equivalenti *per $x \to x_0$ quando*

$$\lim_{x \to x_0} \frac{f(x)}{g(x)} = 1 .$$

In questo caso, si scrive $f \sim g$ per $x \to x_0$.

OSSERVAZIONE 266. La relazione di equivalenza asintotica è una relazione di equivalenza, ossia possiede la seguenti proprietà.

1. Riflessività: $f \sim f$. Infatti $\frac{f(x)}{f(x)} \to 1$ per $x \to x_0$.
2. Simmetria: se $f \sim g$ allora $g \sim f$, Infatti se $\frac{f(x)}{g(x)} \to 1$ per $x \to x_0$, allora $\frac{g(x)}{f(x)} \to 1$ per $x \to x_0$.
3. Transitività: se $f \sim g$ e $g \sim h$ allora $f \sim h$. Infatti se $f(x)/g(x) \to 1$ e $g(x)/h(x) \to 1$ per $x \to x_0$, allora $\frac{f(x)}{h(x)} = \frac{f(x)}{g(x)} \cdot \frac{g(x)}{h(x)} \to 1$ per $x \to x_0$.

ESEMPI

1. Le due funzioni
$$f(x) = x^2 \qquad \text{e} \qquad g(x) = \frac{2x^4+1}{2x^2+1}$$
sono asintoticamente equivalenti per $x \to \pm\infty$. Infatti, si ha
$$\lim_{x\to\pm\infty} \frac{f(x)}{g(x)} = \lim_{x\to\pm\infty} \frac{2x^4+1}{x^2(2x^2+1)} = \lim_{x\to\pm\infty} \frac{2+1/x^4}{2+1/x^2} = \frac{2}{2} = 1\,.$$

2. Se $f(x) = x + x^2$, allora $f(x) \sim x$ per $x \to 0$ e $f(x) \sim x^2$ per $x \to +\infty$. Infatti, si ha
$$\lim_{x\to 0} \frac{f(x)}{x} = \lim_{x\to 0} \frac{x+x^2}{x} = \lim_{x\to 0}(1+x) = 1$$
$$\lim_{x\to+\infty} \frac{f(x)}{x^2} = \lim_{x\to+\infty} \frac{x+x^2}{x^2} = \lim_{x\to 0}\left(\frac{1}{x}+1\right) = 1\,.$$

Proposizione 267. *Sia* $f(x) = a_n x^n + a_{n-1}x^{n-1} + \cdots + a_{k+1}x^{k+1} + a_k x^k$, *con* $a_n \neq 0$, $a_k \neq 0$. *Allora* $f(x) \sim a_k x^k$ *per* $x \to 0$ *e* $f(x) \sim a_n x^n$ *per* $x \to \pm\infty$.

Dimostrazione. Poiché $k \leq n$, si ha
$$\begin{aligned}\lim_{x\to 0} \frac{f(x)}{a_k x^k} &= \lim_{x\to 0} \frac{a_n x^n + a_{n-1}x^{n-1} + \cdots + a_{k+1}x^{k+1} + a_k x^k}{a_k x^k} \\ &= \lim_{x\to 0} \frac{a_n x^{n-k} + a_{n-1}x^{n-k-1} + \cdots + a_{k+1}x + a_k}{a_k} = 1\,.\end{aligned}$$

Analogamente, si ha
$$\begin{aligned}\lim_{x\to\pm\infty} \frac{f(x)}{a_n x^n} &= \lim_{x\to\pm\infty} \frac{a_n x^n + a_{n-1}x^{n-1} + \cdots + a_{k+1}x^{k+1} + a_k x^k}{a_n x^n} \\ &= \lim_{x\to\pm\infty} \left(1 + \frac{a_{n-1}}{a_n}\frac{1}{x} + \cdots + \frac{a_{k+1}}{a_n}\frac{1}{x^{n-k+1}} + \frac{a_k}{a_n}\frac{1}{x^{n-k}}\right) = 1\,.\end{aligned}$$

□

Teorema 268. *Se* $f_1 \sim g_1$ *e* $f_2 \sim g_2$ *per* $x \to x_0$, *allora si ha anche* $f_1 f_2 \sim g_1 g_2$ *e* $f_1/f_2 \sim g_1/g_2$ *per* $x \to x_0$ *(se* $f_2(x) \neq 0$ *e* $g_2(x) \neq 0$ *in un intorno di* x_0, *escluso* x_0*). Analogamente, se* $f \sim g$ *per* $x \to x_0$, *allora* $f^\alpha \sim g^\alpha$ *per* $x \to x_0$, *per ogni* $\alpha \in \mathbb{R}$, $\alpha > 0$ *(se* $f(x) > 0$ *e* $g(x) > 0$ *in un interno di* x_0, *escluso* x_0*).*

Dimostrazione. Se $f_1 \sim g_1$ e $f_2 \sim g_2$ per $x \to x_0$, allora $f_1(x)/g_1(x) \to 1$ e $f_2(x)/g_2(x) \to 1$ per $x \to x_0$. Applicando le proprietà dei limiti di funzioni convergenti, si ha
$$\lim_{x\to x_0} \frac{f_1(x)f_2(x)}{g_1(x)g_2(x)} = \lim_{x\to x_0} \frac{f_1(x)}{g_1(x)} \cdot \frac{f_2(x)}{g_2(x)} = \lim_{x\to x_0} \frac{f_1(x)}{g_1(x)} \cdot \lim_{x\to x_0} \frac{f_2(x)}{g_2(x)} = 1 \cdot 1 = 1\,,$$

ossia $f_1 f_2 \sim g_1 g_2$ per $x \to x_0$. Analogamente, si ha

$$\lim_{x \to x_0} \frac{f_1(x)\, g_2(x)}{f_2(x)\, g_1(x)} = \lim_{x \to x_0} \frac{f_1(x)}{g_1(x)} \cdot \frac{g_2(x)}{f_2(x)} = \lim_{x \to x_0} \frac{f_1(x)}{g_1(x)} \cdot \lim_{x \to x_0} \frac{g_2(x)}{f_2(x)} = 1 \cdot 1 = 1\,,$$

ossia $f_2(x)/g_2(x) \to 1$ per $x \to x_0$. In modo analogo, si dimostra anche l'ultima proprietà. □

OSSERVAZIONE 269. Per la somma non vale una proprietà analoga a quelle precedenti. Infatti, per $x \to 0$, si ha $x^3 - x \sim x^2 - x$ e $x^3 + x \sim x^2 + x$, ma $2x^3 \not\sim 2x^2$.

4.6 Funzioni infinitesime e infinite

4.6.1 Infinitesimi e confronto di infinitesimi

Definizione 270. *Una funzione è* infinitesima *per* $x \to x_0$, *dove* $x_0 \in \mathbb{R} \cup \{\pm\infty\}$, *quando tende a* 0 *per* $x \to x_0$. *Un* infinitesimo *è una qualunque funzione infinitesima.*

Spesso è necessario confrontare tra di loro gli infinitesimi. Si tratta di considerare il rapporto $f(x)/g(x)$ di due funzioni infinitesime (e mai nulle) per $x \to x_0$. Il limite di tale rapporto, per $x \to x_0$, presenta una forma di indeterminazione del tipo $0/0$ e può esistere finito, essere infinito o non esistere. In ognuno di questi casi, si hanno delle informazioni sugli infinitesimi. Più precisamente, si ha la seguente

Definizione 271. *Siano* f *e* g *due funzioni infinitesime per* $x \to x_0$, *dove* $x_0 \in \mathbb{R} \cup \{\pm\infty\}$, *e sia*

$$L = \lim_{x \to x_0} \frac{f(x)}{g(x)}\,.$$

1. *Se* L *è un numero reale (finito) non nullo, allora* f *e* g *sono* infinitesimi dello stesso ordine.
2. *Se* $L = 0$, *allora* f *è un* infinitesimo di ordine superiore *rispetto a* g *(ossia* $f(x)$ *tende a* 0 *più rapidamente di* $g(x)$*).*
3. *Se* $L = +\infty$ *o* $L = -\infty$, *allora* f *è un* infinitesimo di ordine inferiore *rispetto a* g *(ossia* $f(x)$ *tende a* 0 *più lentamente di* $g(x)$*).*
4. *Se il limite* L *non esiste, allora* f *e* g *sono* infinitesimi non confrontabili.

ESEMPI

1. Le funzioni $f(x) = x^2$ e $g(x) = x$ sono due infinitesimi per $x \to 0$. Poiché

$$\lim_{x \to 0} \frac{f(x)}{g(x)} = \lim_{x \to 0} x = 0\,,$$

$f(x)$ è un infinitesimo di ordine superiore rispetto a $g(x)$, ossia $f(x)$ tende a 0 più rapidamente di $g(x)$.

2. Le funzioni $f(x) = \operatorname{sen} x$ e $g(x) = x$ sono infinitesimi dello stesso ordine per $x \to 0$, poiché $f(x)/g(x) \to 1$ per $x \to 0$.

3. Le funzioni $f(x) = x \operatorname{sen} \frac{1}{x}$ e $g(x) = x$ sono infinitesimi non confrontabili per $x \to 0$. Infatti, il limite

$$\lim_{x \to 0} \frac{f(x)}{g(x)} = \lim_{x \to 0} \operatorname{sen} \frac{1}{x}$$

non esiste.

4.6.2 Ordine e parte principale di un infinitesimo

Definizione 272. *Siano* f *e* g *due funzioni infinitesime per* $x \to x_0$, *dove* $x_0 \in \mathbb{R} \cup \{\pm\infty\}$. *Sia* $\alpha \in \mathbb{R}$, $\alpha > 0$. *La funzione* f *è un* infinitesimo d'ordine α *rispetto all'*infinitesimo campione *(o* principale*)* g *quando* $f(x)$ *e* $g(x)^\alpha$ *sono infinitesimi dello stesso ordine, ossia quando*

$$\lim_{x \to x_0} \frac{f(x)}{g(x)^\alpha} = K \neq 0, \pm\infty .$$

OSSERVAZIONE 273. In generale, come infinitesimo campione si prende $g(x) = x - x_0$ se $x_0 \neq \pm\infty$ e si prende $g(x) = 1/x$ se $x_0 = \pm\infty$.

ESEMPI

1. L'infinitesimo $f(x) = \operatorname{sen} x$ ha ordine 1 rispetto all'infinitesimo campione $g(x) = x$ per $x \to 0$, poiché

$$\lim_{x \to 0} \frac{f(x)}{g(x)} = \lim_{x \to 0} \frac{\operatorname{sen} x}{x} = 1 \neq 0 .$$

2. L'infinitesimo $f(x) = 1 - \cos x$ ha ordine 2 rispetto all'infinitesimo campione $g(x) = x$ per $x \to 0$, poiché

$$\lim_{x \to 0} \frac{f(x)}{g(x)} = \lim_{x \to 0} \frac{1 - \cos x}{x^2} = \frac{1}{2} \neq 0 .$$

3. L'infinitesimo

$$f(x) = \frac{3x - 1}{x^4 + x + 1}$$

ha ordine 3 rispetto all'infinitesimo campione $g(x) = 1/x$, per $x \to +\infty$. Infatti, si ha

$$\lim_{x \to +\infty} \frac{f(x)}{g(x)^\alpha} = \lim_{x \to +\infty} \frac{3x^{\alpha+1} - x^\alpha}{x^4 + x + 1} = K \neq 0 \quad \Longleftrightarrow \quad \alpha + 1 = 4 \quad \Longleftrightarrow \quad \alpha = 3 .$$

Definizione 274. *Siano* f *e* g *due funzioni infinitesime per* $x \to x_0$*, dove* $x_0 \in \mathbb{R} \cup \{\pm\infty\}$*. La* parte principale *dell'infinitesimo* f *rispetto all'*infinitesimo campione g *per* $x \to x_0$ *è la funzione* $Kg(x)^\alpha$*, dove* α *è l'ordine di infinitesimo di* f *rispetto a* g *e*

$$K = \lim_{x \to x_0} \frac{f(x)}{g(x)^\alpha} \neq 0\,.$$

OSSERVAZIONE 275. La parte principale di un infinitesimo è ancora un infinitesimo dello stesso ordine.

ESEMPIO 276. Consideriamo l'infinitesimo $f(x) = 1 - \cos 2x$ rispetto all'infinitesimo campione $g(x) = \operatorname{sen} 3x$, per $x \to 0$. Allora, il limite

$$\lim_{x\to 0} \frac{f(x)}{g(x)^\alpha} = \lim_{x\to 0} \frac{1-\cos 2x}{(\operatorname{sen} 3x)^\alpha} = \frac{4}{3^\alpha} \lim_{x\to 0} \frac{1-\cos 2x}{4x^2} \left(\frac{3x}{\operatorname{sen} 3x}\right)^\alpha \frac{1}{x^{\alpha-2}} = \frac{2}{3^\alpha} \lim_{x\to 0} \frac{1}{x^{\alpha-2}}$$

esiste finito e diverso da 0 se e solo se $\alpha = 2$. Quindi, $f(x)$ ha ordine 2 rispetto a $g(x)$ e la parte principale di $f(x)$ rispetto a $g(x)$ è $\frac{2}{9} \operatorname{sen}^2 3x$.

4.6.3 Infiniti e confronto di infiniti

Definizione 277. *Una funzione è* infinita *per* $x \to x_0$*, dove* $x_0 \in \mathbb{R} \cup \{\pm\infty\}$*, quando tende a* $+\infty$ *o a* $-\infty$ *per* $x \to x_0$*. Un* infinito *è una qualunque funzione infinita.*

Definizione 278. *Siano* f *e* g *due funzioni infinite per* $x \to x_0$ *e sia*

$$L = \lim_{x \to x_0} \frac{f(x)}{g(x)}\,.$$

1. *Se* L *è un numero reale (finito) non nullo, allora* f *e* g *sono* infiniti dello stesso ordine.
2. *Se* $L = 0$*, allora* f *è un* infinito di ordine inferiore *rispetto a* g.
3. *Se* $L = +\infty$ *o* $L = -\infty$*, allora* f *è un* infinito di ordine superiore *rispetto a* g.
4. *Se il limite* L *non esiste, allora* f *e* g *sono* infiniti non confrontabili.

ESEMPIO 279. Si può dimostrare che il logaritmo $\log x$ è un infinito di ordine inferiore a ogni potenza x^α a esponente positivo (Proposizione **??**), e che l'esponenziale e^x è un infinito di ordine superiore a ogni potenza x^α a esponente positivo (Proposizione **??**). Più precisamente, per ogni $\alpha, \beta > 0$, si ha

$$\lim_{x\to+\infty} \frac{(\log x)^\beta}{x^\alpha} = 0 \qquad \text{e} \qquad \lim_{x\to+\infty} \frac{e^{\beta x}}{x^\alpha} = +\infty\,.$$

4.6.4 Ordine e parte principale di un infinito

Definizione 280. *Siano* f *e* g *due funzioni infinite per* $x \to x_0$*, dove* $x_0 \in \mathbb{R} \cup \{\pm\infty\}$*, e sia* $\alpha \in \mathbb{R}$*,* $\alpha > 0$*. La funzione* f *è un* infinito d'ordine α *rispetto* *all'*infinito campione *(o* principale*)* g *quando* $f(x)$ *e* $g(x)^\alpha$ *sono infiniti dello stesso ordine, ossia quando*

$$\lim_{x \to x_0} \frac{f(x)}{g(x)^\alpha} = K \neq 0, \pm\infty .$$

OSSERVAZIONE 281. In generale, se non è altrimenti specificato, come infinito campione si prende $g(x) = \frac{1}{x-x_0}$ se $x_0 \neq \pm\infty$ e si prende $g(x) = x$ se $x_0 = \pm\infty$.

Definizione 282. *Siano* f *e* g *due funzioni infinite per* $x \to x_0$*, dove* $x_0 \in \mathbb{R} \cup \{\pm\infty\}$. *La* parte principale *dell'infinito* f *rispetto all'*infinito campione g *per* $x \to x_0$ *è la funzione* $Kg(x)^\alpha$*, dove* α *è l'ordine di infinito di* f *rispetto a* g *e*

$$K = \lim_{x \to x_0} \frac{f(x)}{g(x)^\alpha} \neq 0 .$$

OSSERVAZIONE 283. La parte principale di un infinito è ancora un infinito dello stesso ordine.

ESEMPIO 284. La funzione $f(x) = 5x^4 - 3x^2\sqrt{x} + \log(x+1)$ è un infinito di ordine 3 rispetto all'infinito campione x e ha parte principale $5x^4$.

4.6.5 Relazione di rapporto infinitesimo (o piccolo)

Definizione 285. *Siano* f *e* g *due funzioni definite in un intorno* $U(x_0)$ *di un punto* x_0*, con* $g(x) \neq 0$ *in tutto* $U(x_0) \setminus \{x_0\}$. *La funzione* f *è* "o piccolo" *della funzione* g *per* $x \to x_0$*, ossia* $f(x) = o(g(x))$ *per* $x \to x_0$*, quando*

$$\lim_{x \to x_0} \frac{f(x)}{g(x)} = 0 .$$

OSSERVAZIONE 286. Se f e g sono due funzioni infinitesime tali che $f(x) = o(g(x))$ per $x \to x_0$, allora la funzione f è un infinitesimo di ordine superiore rispetto a g.

OSSERVAZIONE 287. Il simbolo $o(g(x))$ non indica una singola funzione, ma una qualunque funzione $f(x)$ per la quale il rapporto $f(x)/g(x)$ tenda a 0 al tendere di x a x_0. Questo fa sì che il simbolo di o piccolo abbia proprietà diverse da quelle usuali delle funzioni.

Con la notazione introdotta, il simbolo $o(1)$ indica una qualunque funzione che tende a 0 per $x \to x_0$, ossia indica la classe di tutte le funzioni infinitesime per $x \to x_0$.

Proposizione 288 (Proprietà fondamentali degli infinitesimi)**.** *Per* $x \to x_0$*, si hanno le seguenti proprietà.*

1. *La somma e la differenza di due infinitesimi è un infinitesimo:* $o(1) \pm o(1) = o(1)$.
2. *Il prodotto di uno scalare non nullo per un infinitesimo è un infinitesimo:* $\lambda\, o(1) = o(1)$ *per ogni* $\lambda \in \mathbb{R}$, $\lambda \neq 0$.
3. *Il prodotto di due infinitesimi è un infinitesimo:* $o(1)o(1) = o(1)$.

OSSERVAZIONE 289. Si osservi che, in generale, $o(1) - o(1) \neq 0$. Infatti, il simbolo $o(1) - o(1)$ indica semplicemente la differenza di due infinitesimi, che, in generale, è ancora un infinitesimo. Analogamente, in generale, $o(1)/o(1) \neq 1$.

Proposizione 290. *Siano* f, g, g_1 *e* g_2 *funzioni definite in un intorno* $U(x_0)$ *di un punto* x_0, *con* $g(x), g_1(x), g_2(x) \neq 0$ *in* $U(x_0) \setminus \{x_0\}$. *Per* $x \to x_0$, *si hanno le seguenti proprietà:*

1. $o(g(x)) = g(x)o(1)$
2. $o(g(x)) + o(g(x)) = o(g(x))$
3. $o(g_1(x))o(g_2(x)) = o(g_1(x)g_2(x))$, $o(g(x))^2 = o(g(x)^2)$, $o(g(x))o(1) = o(g(x))$
4. $f(x)o(g(x)) = o(f(x)g(x))$
5. $o(o(g(x))) = o(g(x))$.

Dimostrazione. La prima proprietà deriva direttamente dalla definizione di rapporto infinitesimo. Le altre possono essere dedotte da questa prima proprietà.

1. $f(x) = o(g(x))$ sse $\lim_{x \to x_0} \dfrac{f(x)}{g(x)} = 0$ sse $\dfrac{f(x)}{g(x)} = o(1)$ sse $f(x) = g(x)o(1)$.

2. $o(g(x)) + o(g(x)) = g(x)o(1) + g(x)o(1) = g(x)(o(1) + o(1)) = g(x)o(1) = o(g(x))$.

3. $o(g_1(x))o(g_2(x)) = g_1(x)o(1)g_2(x)o(1) = g_1(x)g_2(x)o(1)^2 = g_1(x)g_2(x)o(1) = o(g_1(x)g_2(x))$.

4. $f(x)o(g(x)) = f(x)g(x)o(1) = o(f(x)g(x))$.

5. $o(o(g(x))) = o(g(x))o(1) = g(x)o(1)o(1) = g(x)o(1) = o(g(x))$.

□

OSSERVAZIONE 291. In particolare, si hanno le seguenti regole di calcolo per $x \to 0$:

1. $o(x^m) \pm o(x^n) = o(x^m)$, per ogni $m, n \in \mathbb{N}$, $m \leq n$.

2. $\lambda\, o(x^n) = o(x^n)$, per ogni $\lambda \in \mathbb{R}$, $\lambda \neq 0$, e per ogni $n \in \mathbb{N}$.

3. $x^m o(x^n) = o(x^{m+n})$, per ogni $m, n \in \mathbb{N}$.

4. $\dfrac{o(x^n)}{x^m} = o(x^{n-m})$, per ogni $m, n \in \mathbb{N}$, $n \geq m$.

5. $o(x^m)o(x^n) = o(x^{m+n})$, per ogni $m, n \in \mathbb{N}$.

6. $o(x^n)^m = o(x^{mn})$, per ogni $m, n \in \mathbb{N}$.

Proposizione 292. *Per ogni* $m, n \in \mathbb{N}$*, si ha*

1. $x^m = o(x^n)$ *per* $x \to 0$ *se e solo se* $m > n$
2. $x^m = o(x^n)$ *per* $x \to +\infty$ *se e solo se* $m < n$.

La relazione di equivalenza asintotica e la relazione di rapporto infinitesimo sono legate nel modo seguente.

Teorema 293. *Siano* f *e* g *due funzioni definite in un intorno di un punto* x_0*. Allora* $f(x) \sim g(x)$ *per* $x \to x_0$ *se e solo se* $f(x) = g(x) + o(g(x))$ *per* $x \to x_0$*.*

Dimostrazione. Si ha

$$\begin{aligned} f(x) \sim g(x) \text{ per } x \to x_0 \quad &\iff \quad \lim_{x \to x_0} \frac{f(x)}{g(x)} = 1 \\ &\iff \quad \lim_{x \to x_0} \left(\frac{f(x)}{g(x)} - 1 \right) = 0 \\ &\iff \quad \frac{f(x)}{g(x)} - 1 = o(1) \text{ per } x \to x_0 \\ &\iff \quad f(x) = g(x) + o(g(x)) \text{ per } x \to x_0 . \end{aligned}$$

□

Teorema 294. *Sia* g *una funzione infinitesima per* $x \to 0$ *e sia* Kx^n *la sua parte principale rispetto all'infinitesimo campione* x*. Allora* $o(g(x)) = o(x^n)$ *per* $x \to 0$*.*

Dimostrazione. Se Kx^n è la parte principale di $g(x)$ rispetto all'infinitesimo campione x per $x \to 0$, allora $g(x) \sim Kx^n$ per $x \to 0$. Quindi, per il Teorema 293, si ha $g(x) = kx^n + o(x^n)$. Pertanto $o(g(x)) = g(x)o(1) = (Kx^n + o(x^n))o(1) = o(x^n) + o(x^n)o(1) = o(x^n) + o(x^n) = o(x^n)$. □

4.7 Asintoti

4.7.1 Asintoti orizzontali

Definizione 295. *Una funzione* f *ha un* asintoto orizzontale *per* $x \to +\infty$ *quando esiste finito il limite*

$$\lim_{x \to +\infty} f(x) = a .$$

In questo caso, l'equazione dell'asintoto è $y = a$*. Analogamente, la funzione* f *ha un* asintoto orizzontale *per* $x \to -\infty$ *quando esiste finito il limite*

$$\lim_{x \to -\infty} f(x) = b .$$

In questo caso, l'equazione dell'asintoto è $y = b$*.*

ESEMPI

1. La funzione $f(x) = \mathrm{e}^x$ è definita su tutto $\mathbb{R}$. Poiché

$$\lim_{x\to+\infty} f(x) = \lim_{x\to+\infty} \mathrm{e}^x = +\infty \qquad \text{e} \qquad \lim_{x\to-\infty} f(x) = \lim_{x\to-\infty} \mathrm{e}^x = 0\,,$$

la funzione f ammette la retta $y = 0$ come asintoto orizzontale per $x \to -\infty$, mentre non possiede asintoti orizzontali per $x \to +\infty$.

2. La funzione $f(x) = \mathrm{e}^{-x^2}$ è definita su tutto $\mathbb{R}$. Poiché

$$\lim_{x\to\pm\infty} f(x) = \lim_{x\to\pm\infty} \mathrm{e}^{-x^2} = 0\,,$$

la funzione f ammette la retta $y = 0$ come asintoto orizzontale per $x \to \pm\infty$.

3. La funzione $f(x) = \operatorname{artg} x$ è definita su tutto $\mathbb{R}$. Poiché

$$\lim_{x\to+\infty} f(x) = \lim_{x\to+\infty} \operatorname{artg} x = \frac{\pi}{2} \qquad \text{e} \qquad \lim_{x\to-\infty} f(x) = \lim_{x\to-\infty} \operatorname{artg} x = -\frac{\pi}{2}\,,$$

la funzione f ammette la retta $y = \pi/2$ come asintoto orizzontale per $x \to +\infty$ e ammette la retta $y = -\pi/2$ come asintoto orizzontale per $x \to -\infty$.

4.7.2 Asintoti verticali

Definizione 296. *Sia f una funzione definita in tutto un intorno di un punto $x_0 \in \mathbb{R}$, tranne in x_0. La funzione f ha un* asintoto verticale a sinistra*Asintoto verticale di x_0 quando*

$$\lim_{x\to x_0^-} f(x) = +\infty \qquad \textit{oppure} \qquad \lim_{x\to x_0^-} f(x) = -\infty\,.$$

Analogamente, la funzione f ha un asintoto verticale a destra *di x_0 quando*

$$\lim_{x\to x_0^+} f(x) = +\infty \qquad \textit{oppure} \qquad \lim_{x\to x_0^+} f(x) = -\infty\,.$$

In questi casi, l'equazione dell'asintoto è $x = x_0$.

ESEMPI

1. La funzione $f(x) = 1/x$ non è definita per $x = 0$. Poiché

$$\lim_{x\to 0^-} f(x) = \lim_{x\to 0^-} \frac{1}{x} = -\infty \qquad \text{e} \qquad \lim_{x\to 0^+} f(x) = \lim_{x\to 0^+} \frac{1}{x} = +\infty\,,$$

la funzione f ammette la retta $x = 0$ come asintoto verticale.

2. La funzione $f(x) = 1/x^2$ non è definita per $x = 0$. Poiché

$$\lim_{x\to 0^\pm} f(x) = \lim_{x\to 0^\pm} \frac{1}{x^2} = +\infty\,,$$

la funzione f ammette la retta $x = 0$ come asintoto verticale.

3. La funzione $f(x) = \mathrm{e}^{1/x}$ non è definita per $x = 0$. Poiché

$$\lim_{x\to 0^-} f(x) = \lim_{x\to 0^-} \mathrm{e}^{1/x} = 0 \qquad \text{e} \qquad \lim_{x\to 0^+} f(x) = \lim_{x\to 0^+} \mathrm{e}^{1/x} = +\infty\,,$$

la funzione f ammette asintoto verticale a destra di $x = 0$, ma non a sinistra.

4.7.3 Asintoti obliqui

Definizione 297. *Sia f una funzione definita su un intervallo illimitato superiormente (o inferiormente). Una retta è un* asintoto obliquo *della funzione f per $x \to +\infty$ (o per $x \to -\infty$) quando la distanza tra la retta e il grafico di f tende a 0 al tendere di x a $+\infty$ (o a $-\infty$).*

Teorema 298. *Una funzione f definita su un intervallo illimitato superiormente possiede un asintoto obliquo per $x \to +\infty$ quando esistono finiti i limiti*

$$\lim_{x\to+\infty} \frac{f(x)}{x} = m_1 \neq 0 \qquad e \qquad \lim_{x\to+\infty} (f(x) - m_1 x) = q_1\,.$$

In questo caso, l'asintoto è la retta di equazione $y = m_1 x + q_1$. Analogamente, una funzione f definita su un intervallo illimitato inferiormente possiede un asintoto obliquo per $x \to -\infty$ quando esistono finiti i limiti

$$\lim_{x\to-\infty} \frac{f(x)}{x} = m_2 \neq 0 \qquad e \qquad \lim_{x\to-\infty} (f(x) - m_2 x) = q_2\,.$$

In questo caso, l'asintoto è la retta di equazione $y = m_2 x + q_2$.

Dimostrazione. Supponiamo che la retta r di equazione $y = mx + q$ sia un asintoto obliquo per $x \to +\infty$ (un discorso analogo vale per $x \to -\infty$). Sia $P \equiv (x, f(x))$ un punto appartenente al grafico di f e sia $Q \equiv (x, mx + q)$ il corrispondente punto appartenente alla retta r. La distanza tra P ed r è proporzionale alla distanza tra P e Q e quindi tende a zero se e solo se tende a zero la distanza tra P e Q, ossia se e solo se

$$\lim_{x\to+\infty} (mx + q - f(x)) = 0\,.$$

Se vale questo limite, allora si ha immediatamente

$$\lim_{x\to+\infty} (f(x) - mx) = q\,.$$

Inoltre, si ha anche

$$\lim_{x \to +\infty} \frac{mx + q - f(x)}{x} = 0 \qquad \text{ossia} \qquad \lim_{x \to +\infty} \left(m + \frac{q}{x} - \frac{f(x)}{x} \right) = 0 \, .$$

Poiché $q/x \to 0$ per $x \to +\infty$, si deve avere

$$\lim_{x \to +\infty} \frac{f(x)}{x} = m \, .$$

Viceversa, se $f(x)/x \to m \neq 0$ e $f(x) - mx \to q$ per $x \to +\infty$, si ha immediatamente che $mx + q - f(x) \to 0$ per $x \to +\infty$ e quindi che la retta di equazione $y = mx + q$ è un asintoto obliquo di f. □

OSSERVAZIONE 299. Una funzione definita su un intervallo illimitato superiormente e inferiormente può non ammettere asintoti obliqui, può ammetterne uno solo per $x \to +\infty$ o per $x \to -\infty$, può ammetterne uno sia per $x \to +\infty$ sia per $x \to -\infty$. In quest'ultimo caso, però, non è detto che l'asintoto obliquo sia il medesimo, ossia può ammettere due asintoti obliqui distinti.

ESEMPI

1. La funzione $f(x) = \sqrt{x^2 - 1}$ è definita sull'insieme illimitato $(-\infty, -1] \cup [1, +\infty)$. Poiché

$$\lim_{x \to \pm\infty} \frac{f(x)}{x} = \lim_{x \to \pm\infty} \frac{\sqrt{x^2 - 1}}{x} = \lim_{x \to \pm\infty} \frac{|x|}{x} \sqrt{1 - \frac{1}{x^2}} = \pm 1$$

$$\lim_{x \to \pm\infty} (f(x) \mp x) = \lim_{x \to \pm\infty} (\sqrt{x^2 - 1} \mp x) = \lim_{x \to \pm\infty} \frac{x^2 - 1 - x^2}{\sqrt{x^2 - 1} \pm x} = 0$$

la funzione f possiede asintoto obliquo sia per $x \to +\infty$ sia per $x \to -\infty$. Più precisamente, ammette la retta di equazione $y = x$ come asintoto obliquo per $x \to +\infty$ e ammette la retta di equazione $y = -x$ come asintoto obliquo per $x \to -\infty$.

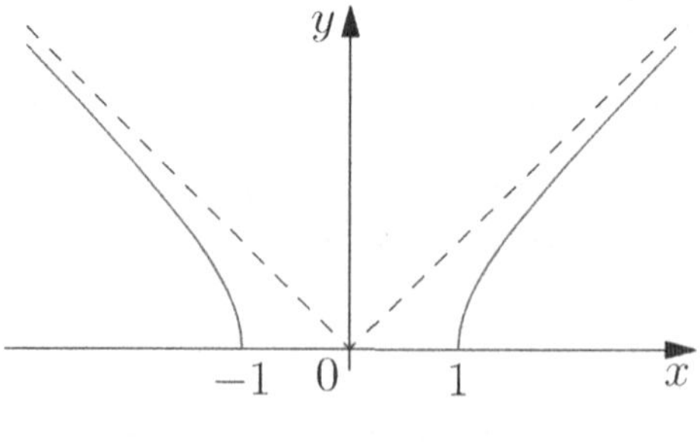

La funzione f descrive i rami positivi dell'iperbole equilatera di equazione $x^2 - y^2 = 1$, che ha come asintoti le rette di equazioni $y = \pm x$.

2. La funzione
$$f(x) = \frac{x^3 - 1}{x^3 + 1}$$
è definita sull'insieme illimitato $\mathbb{R} \setminus \{-1\}$. Poiché
$$\lim_{x\to\pm\infty} \frac{f(x)}{x} = \lim_{x\to\pm\infty} \frac{x^3 - 1}{x^4 + x} = 0$$
La funzione f non possiede asintoti obliqui per $x \to \pm\infty$. In questo caso, f possiede un asintoto orizzontale per $x \to \pm\infty$.

3. La funzione $f(x) = \sqrt[3]{8x^3 + 3x^2 + 1}$ è definita su tutto $\mathbb{R}$. Poiché
$$\lim_{x\to\pm\infty} \frac{f(x)}{x} = \lim_{x\to\pm\infty} \frac{\sqrt[3]{8x^3 + 3x^2 + 1}}{x} = \lim_{x\to\pm\infty} \frac{x\sqrt[3]{8 + 3/x + 1/x^3}}{x} = \sqrt[3]{8} = 2$$
e
$$\begin{aligned}\lim_{x\to\pm\infty} (f(x) - 2x) &= \lim_{x\to\pm\infty} (\sqrt[3]{8x^3 + 3x^2 + 1} - 2x)\\ &= \lim_{x\to\pm\infty} \frac{8x^3 + 3x^2 + 1 - 8x^3}{\sqrt[3]{(8x^3 + 3x^2 + 1)^2} + 2x\sqrt[3]{8x^3 + 3x^2 + 1} + 4x^2}\\ &= \lim_{x\to\pm\infty} \frac{x^2(3 + 1/x^2)}{x^2\sqrt[3]{(8 + 3/x + 1/x^3)^2} + 2x^2\sqrt[3]{8 + 3/x + 1/x^3} + 4x^2}\\ &= \lim_{x\to\pm\infty} \frac{3 + 1/x^2}{\sqrt[3]{(8 + 3/x + 1/x^3)^2} + 2\sqrt[3]{8 + 3/x + 1/x^3} + 4}\\ &= \frac{3}{\sqrt[3]{8^2} + 2\sqrt[3]{8} + 4} = \frac{3}{12} = \frac{1}{4}\end{aligned}$$
la funzione f ammette la retta di equazione $y = 2x + 1/4$ come asintoto obliquo sia per $x \to +\infty$ sia per $x \to -\infty$.

4. La funzione
$$f(x) = \frac{x\sqrt{x^2 + 1}}{x + \sqrt{x^2 + 1}}$$
è definita su tutto $\mathbb{R}$. Poiché
$$\lim_{x\to+\infty} \frac{f(x)}{x} = \lim_{x\to+\infty} \frac{\sqrt{x^2 + 1}}{x + \sqrt{x^2 + 1}} = \lim_{x\to+\infty} \frac{\sqrt{1 + 1/x^2}}{1 + \sqrt{1 + 1/x^2}} = \frac{1}{2}$$
e
$$\begin{aligned}\lim_{x\to+\infty} (f(x) - x/2) &= \lim_{x\to+\infty} \left(\frac{x\sqrt{x^2 + 1}}{x + \sqrt{x^2 + 1}} - \frac{x}{2}\right) = \lim_{x\to+\infty} \frac{x}{2}\,\frac{-x + \sqrt{x^2 + 1}}{x + \sqrt{x^2 + 1}}\\ &= \lim_{x\to+\infty} \frac{x}{2}\,\frac{-x^2 + x^2 + 1}{(x + \sqrt{x^2 + 1})^2} = \lim_{x\to+\infty} \frac{x}{2}\,\frac{1}{x^2(1 + \sqrt{1 + 1/x^2})^2} = 0\,,\end{aligned}$$

la funzione f possiede un asintoto obliquo per $x \to +\infty$, di equazione $y = x/2$. Tuttavia, poiché

$$\lim_{x\to-\infty} \frac{f(x)}{x} = \lim_{x\to-\infty} \frac{\sqrt{x^2+1}}{x+\sqrt{x^2+1}} = \lim_{x\to-\infty} (-x+\sqrt{x^2+1})\sqrt{x^2+1} = +\infty,$$

la funzione f non ammette asintoto obliquo per $x \to -\infty$.

OSSERVAZIONE 300. Per ammettere asintoto obliquo (per $x \to +\infty$ o per $x \to -\infty$) una funzione f deve essere un infinito del primo ordine, ossia $f(x) \sim mx$ (per $x \to +\infty$ o per $x \to -\infty$). Questa condizione è necessaria ma non è sufficiente. Ad esempio, la funzione $f(x) = 3x + \log x$ è un infinito del primo ordine per $x \to +\infty$ ma non ammette asintoto obliquo per $x \to +\infty$. Infatti, $f(x) \sim 3x$ per $x \to +\infty$, ma

$$\lim_{x\to+\infty} (f(x) - 3x) = \lim_{x\to+\infty} \log x = +\infty.$$

Proposizione 301. *Una funzione razionale $f(x) = p(x)/q(x)$, dove $p(x)$ e $q(x)$ sono due polinomi primi tra loro, ammette un asintoto obliquo per $x \to +\infty$ (o per $x \to -\infty$) se e soltanto se $\deg p(x) = \deg q(x) + 1$. In questo caso, se $p(x) = a_{n+1}x^{n+1} + \cdots + a_1x + a_0$ e $q(x) = b_nx^n + \cdots + b_1x + b_0$, con $a_{n+1}, b_n \neq 0$, l'asintoto obliquo è la retta di equazione*

$$y = \frac{a_{n+1}}{b_n}\,x + \frac{a_nb_n - a_{n+1}b_{n-1}}{b_n^2}.$$

Dimostrazione. Il limite

$$\lim_{x\to+\infty} \frac{f(x)}{x} = \lim_{x\to+\infty} \frac{p(x)}{xq(x)} = \lim_{x\to+\infty} \frac{a_mx^m + \cdots + a_1x + a_0}{b_nx^{n+1} + \cdots + b_1x^2 + b_0x}$$

esiste finito e diverso da 0 se e solo se $m = n + 1$. In questo caso, si ha

$$\lim_{x\to+\infty} \frac{f(x)}{x} = \frac{a_{n+1}}{b_n}.$$

Inoltre, si ha

$$\begin{aligned}
\lim_{x\to+\infty} \left(f(x) - \frac{a_{n+1}}{b_n}\,x\right) &= \lim_{x\to+\infty} \left(\frac{a_{n+1}x^{n+1} + a_nx^n + \cdots + a_0}{b_nx^n + b_{n-1}x^{n-1} + \cdots + b_0} - \frac{a_{n+1}}{b_n}\,x\right) \\
&= \lim_{x\to+\infty} \frac{a_{n+1}b_nx^{n+1} + a_nb_nx^n + \cdots - a_{n+1}b_nx^{n+1} - a_{n+1}b_{n-1}x^n - \cdots}{b_n(b_nx^n + b_{n-1}x^{n-1} + \cdots + b_0)} \\
&= \lim_{x\to+\infty} \frac{(a_nb_n - a_{n+1}b_{n-1})x^n + \cdots}{b_n^2x^n + b_nb_{n-1}x^{n-1} + \cdots + b_nb_0} \\
&= \frac{a_nb_n - a_{n+1}b_{n-1}}{b_n^2}.
\end{aligned}$$

Per il Teorema 298, si ha la tesi. □

5

Calcolo differenziale

5.1 Esempi preliminari

La derivata è uno degli operatori più importanti della matematica, della fisica e dell'ingegneria per le sue innumerevoli applicazioni. Storicamente, l'operazione di derivazione di una funzione fu introdotta (da Leibniz e da Newton) per risolvere alcuni problemi nell'ambito della geometria e della meccanica. Qui di seguito, vedremo il problema della determinazione dell'equazione della retta tangente in un dato punto di una curva e il problema della determinazione della velocità istantanea di una particella che si muove di moto rettilineo. Anche se questi due problemi sono molto diversi tra di loro, entrambi portano alla medesima definizione di derivata.

5.1.1 Retta tangente a una curva

Sia γ la curva data dal grafico di una funzione continua $f : (a,b) \to \mathbb{R}$. Supponiamo che γ possieda una retta tangente t nel punto $P \equiv (x_0, f(x_0))$, dove $x_0 \in (a,b)$. Per determinare l'equazione della tangente t, scegliamo un secondo punto $Q \equiv (x_0 + h, f(x_0 + h))$ di γ e consideriamo la retta PQ, che ha equazione

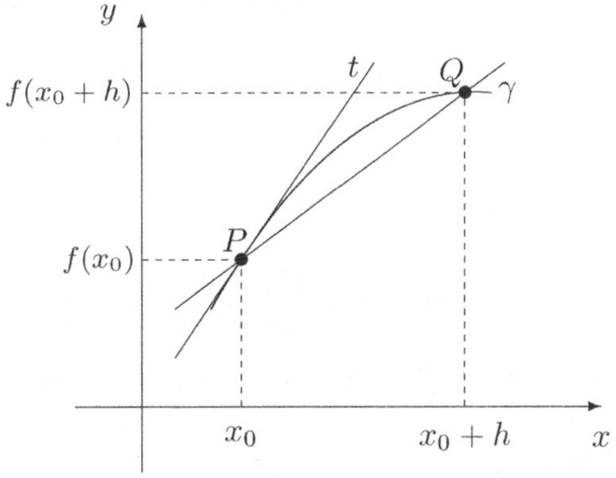

$$\frac{y - f(x_0)}{f(x_0 + h) - f(x_0)} = \frac{x - x_0}{(x_0 + h) - x_0}$$

ossia

$$y = f(x_0) + \frac{f(x_0 + h) - f(x_0)}{h} (x - x_0).$$

Facendo tendere h a 0, il punto Q si avvicina al punto P e la retta PQ tende a una retta limite. Questa retta limite è la retta tangente t e ha equazione

$$y = f(x_0) + m(x - x_0)$$

dove il coefficiente angolare è dato dal limite

$$m = \lim_{h \to 0} \frac{f(x_0 + h) - f(x_0)}{h}.$$

Questo limite è, per definizione, la *derivata* della funzione f nel punto x_0 e viene indicato con $f'(x_0)$.

OSSERVAZIONE 302. Posto $x = x_0 + h$, si ha che $x \to x_0$ per $h \to 0$ e

$$\lim_{h\to 0} \frac{f(x_0+h) - f(x_0)}{h} = \lim_{x\to x_0} \frac{f(x) - f(x_0)}{x - x_0}.$$

La quantità

$$\frac{f(x) - f(x_0)}{x - x_0}$$

è il *rapporto incrementale* della funzione f nel punto x_0. Poiché questo rapporto è uguale alla tangente dell'angolo formato dalla retta PQ con l'asse x, si ha che $f'(x_0) = \operatorname{tg}\alpha$, dove α è l'angolo tra la retta tangente t e l'asse x.

5.1.2 Velocità e accelerazione istantanea

Consideriamo una particella (punto materiale) che si muove lungo una retta r mediante una *legge oraria* descritta da una funzione s (che dà lo spazio in funzione del tempo). Fissata un'origine sulla retta r, all'istante di tempo t la particella si troverà in un dato punto $s(t)$ di r. Dopo un lasso di tempo h, la particella si troverà in un punto $s(t+h)$ di r.

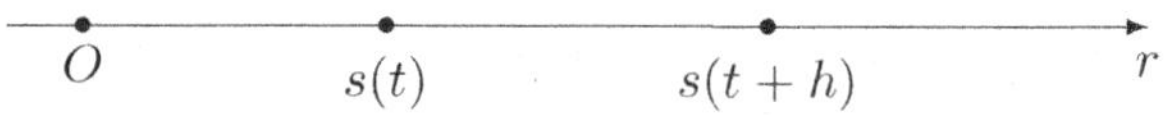

Lo *spazio percorso* dalla particella nel lasso di tempo h è dato dalla differenza $s(t+h) - s(t)$, mentre la *velocità media* dalla particella nel lasso di tempo h è data dal rapporto

$$v_h(t) = \frac{s(t+h) - s(t)}{(t+h) - t} = \frac{s(t+h) - s(t)}{h}.$$

Facendo tendere h a 0, si ottiene la *velocità istantanea* della particella all'istante di tempo t:

$$v(t) = \lim_{h\to 0} v_h(t) = \lim_{h\to 0} \frac{s(t+h) - s(t)}{h} = s'(t).$$

L'*accelerazione media* della particella nel lasso di tempo h è data dal rapporto

$$a_h(t) = \frac{v(t+h) - v(t)}{h}.$$

Facendo tendere h a 0, si ottiene l'*accelerazione istantanea* della particella all'istante di tempo t:

$$a(t) = \lim_{h\to 0} a_h(t) = \lim_{h\to 0} \frac{v(t+h) - v(t)}{h} = v'(t).$$

In conclusione, la velocità istantanea è la derivata della legge oraria e l'accelerazione istantanea è la derivata della velocità istantanea.

5.2 Derivabilità

Definizione 303. *Una funzione* $f:(a,b)\to\mathbb{R}$ *è* derivabile *in un punto* $x_0\in(a,b)$ *quando esiste finito il limite*

$$f'(x_0)=\lim_{x\to x_0}\frac{f(x)-f(x_0)}{x-x_0}=\lim_{h\to 0}\frac{f(x_0+h)-f(x_0)}{h}.$$

In questo caso, il numero reale $f'(x_0)$ *è la derivata prima di* f *nel punto* x_0.

Definizione 304. *Una funzione* $f:(a,b)\to\mathbb{R}$ *è* derivabile *su tutto l'intervallo* (a,b) *quando è derivabile in ogni suo punto. In questo caso, la derivata di* f *è la una funzione* $f':(a,b)\to\mathbb{R}$ *definita, per ogni* $x\in(a,b)$, *dall'identità*

$$f'(x)=\lim_{h\to 0}\frac{f(x+h)-f(x)}{h}.$$

Definizione 305. *Una funzione* $f:(a,b)\to\mathbb{R}$ *possiede* derivata destra *nel punto* $x_0\in(a,b)$ *quando esiste ed è finito il limite seguente*

$$f'_+(x_0)=\lim_{x\to x_0^+}\frac{f(x)-f(x_0)}{x-x_0}=\lim_{h\to 0^+}\frac{f(x_0+h)-f(x_0)}{h}.$$

Analogamente, la funzione $f:(a,b)\to\mathbb{R}$ *possiede* derivata sinistra *nel punto* $x_0\in(a,b)$ *quando esiste ed è finito il limite seguente*

$$f'_-(x_0)=\lim_{x\to x_0^-}\frac{f(x)-f(x_0)}{x-x_0}=\lim_{h\to 0^-}\frac{f(x_0+h)-f(x_0)}{h}.$$

La derivata destra e la derivata sinistra di una funzione in un dato punto possono non esistere e se esistono possono assumere valori distinti. Tuttavia, per la Proposizione 203, una funzione è derivabile in un punto se e solo se in quel punto possiede derivata destra e derivata sinistra e il valore di queste due derivate è uguale.

Teorema 306. *Una funzione* $f:(a,b)\to\mathbb{R}$ *è derivabile in un punto* $x_0\in(a,b)$ *se e solo se è derivabile in* $x_0\in(a,b)$ *da destra e da sinistra.*

Abbiamo poi la seguente importante proprietà delle funzioni derivabili.

Teorema 307. *Se la funzione* $f:(a,b)\to\mathbb{R}$ *è derivabile in un punto* $x_0\in(a,b)$, *allora è anche continua in quel punto.*

Dimostrazione. Per la derivabilità di f in x_0, si ha

$$\lim_{x\to x_0}(f(x)-f(x_0))=\lim_{x\to x_0}\frac{f(x)-f(x_0)}{x-x_0}(x-x_0)=f'(x_0)\cdot 0=0.$$

Pertanto $f(x)\to f(x_0)$ per $x\to x_0$, cioé f è continua in x_0. □

OSSERVAZIONE 308. Una funzione continua in un punto non è necessariamente derivabile in quel punto. Ad esempio, la funzione $f : \mathbb{R} \to \mathbb{R}$, definita da $f(x) = |x|$, è continua su tutto $\mathbb{R}$ ma non è derivabile in $x = 0$. Infatti, si ha

$$\lim_{x\to 0^-} \frac{f(x) - f(0)}{x - 0} = \lim_{x\to 0^-} \frac{-x}{x} = -1 \qquad \text{e} \qquad \lim_{x\to 0^+} \frac{f(x) - f(0)}{x - 0} = \lim_{x\to 0^+} \frac{x}{x} = 1 .$$

Analogamente, la funzione $f : [0, +\infty) \to \mathbb{R}$, definita da $f(x) = \sqrt{x}$, è continua per ogni $x \geq 0$, ma non è derivabile in $x = 0$. Infatti, si ha

$$\lim_{x\to 0^+} \frac{f(x) - f(0)}{x - 0} = \lim_{x\to 0^+} \frac{\sqrt{x}}{x} = \lim_{x\to 0^+} \frac{1}{\sqrt{x}} = +\infty .$$

Nell'osservazione precedente abbiamo considerato due funzioni continue su tutto il loro dominio e derivabili su tutto il dominio tranne che in un punto. Naturalmente, possono esistere più punti (anche infiniti) in cui una funzione continua non è derivabile. In realtà, esistono anche casi patologici di funzioni che sono continue in ogni punto di $\mathbb{R}$ senza essere derivabili in alcun punto (o quasi in alcun punto). Una di queste funzioni è la *funzione di Riemann* $R : \mathbb{R} \to \mathbb{R}$ definita da

$$R(x) = \sum_{n\geq 1} \frac{\operatorname{sen}(n^2 \pi x)}{n^2} .$$

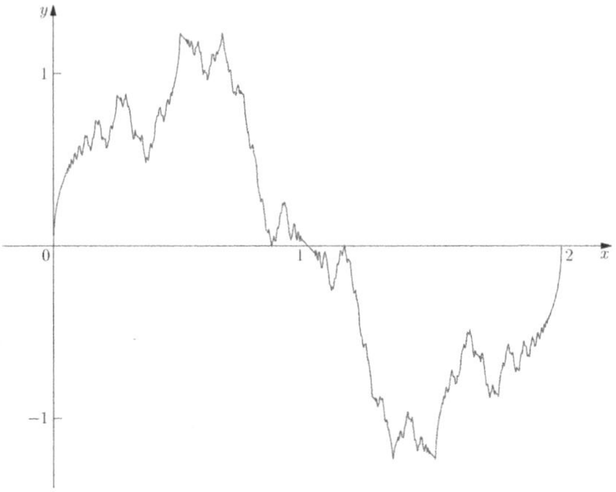

Figura 5.1: La funzione di Riemann $R(x)$.

La funzione R non è una funzione elementare ed è definita mediante una serie di funzioni. Il suo grafico (approssimato) è riportato nella Figura 5.1 qui accanto. Più avanti studieremo in dettaglio le serie numeriche e vedremo che esiste anche una funzione zeta di Riemann che ha un ruolo importante nella teoria analitica dei numeri e che non deve essere confusa con questa funzione.

5.3 Differenziabilità

La richiesta dell'esistenza della retta tangente in un dato punto del grafico di una funzione può essere riformulata nel modo seguente.

Definizione 309. *Una funzione* $f : (a, b) \to \mathbb{R}$ *è* differenziabile *in un punto* $x_0 \in (a, b)$ *quando esiste un numero* m *(dipendente da* x_0*) tale che*

$$f(x) = f(x_0) + m(x - x_0) + o(x - x_0) \qquad \textit{per } x \to x_0 .$$

Una funzione f *è differenziabile su tutto l'intervallo* (a,b) *quando è differenziabile in tutti i suoi punti.*

OSSERVAZIONE 310. Se una funzione è differenziabile in un punto x_0, allora il suo grafico ammette retta tangente in $P \equiv (x_0, f(x_0))$ e, in un opportuno intorno di P, è approssimato dalla retta tangente stessa.

Nel caso delle funzioni reali di una sola variabile reale, la differenziabilità coincide con la derivabilità (anche se questo non è più vero per le funzioni di più variabili).

Teorema 311. *Una funzione* $f : (a,b) \to \mathbb{R}$ *è differenziabile in un punto* $x_0 \in (a,b)$ *se e solo se è derivabile in* x_0.

Dimostrazione. Supponiamo che f sia differenziabile in x_0. Allora esiste un numero $m \in \mathbb{R}$ tale che $f(x) = f(x_0) + m(x - x_0) + o(x - x_0)$ per $x \to x_0$. Quindi

$$\lim_{x \to x_0} \frac{f(x) - f(x_0)}{x - x_0} = \lim_{x \to x_0} \frac{m(x - x_0) + o(x - x_0)}{x - x_0} = \lim_{x \to x_0} (m + o(1)) = m.$$

Poiché questo limite esiste finito, la funzione f è derivabile in x_0 e $f'(x_0) = m$.

Viceversa, supponiamo che f sia derivabile in x_0. Allora, possiamo dimostrare che

$$f(x) = f(x_0) + f'(x_0)(x - x_0) + o(x - x_0) \qquad \text{per } x \to x_0,$$

ossia che

$$\frac{f(x) - f(x_0) - f'(x_0)(x - x_0)}{x - x_0} = o(1) \qquad \text{per } x \to x_0.$$

Infatti, si ha

$$\lim_{x \to x_0} \frac{f(x) - f(x_0) - f'(x_0)(x - x_0)}{x - x_0} = \lim_{x \to x_0} \left(\frac{f(x) - f(x_0)}{x - x_0} - f'(x_0) \right) = f'(x_0) - f'(x_0) = 0.$$

Quindi la funzione f è differenziabile in x_0 e $m = f'(x_0)$. □

5.4 Punti angolosi, flessi a tangente verticale, cuspidi e semicuspidi

Definizione 312 (Punti angolosi). *Una funzione continua* $f : (a,b) \to \mathbb{R}$ *possiede un* punto angoloso *in corrispondenza di un punto* $x_0 \in (a,b)$ *quando esistono, diverse tra loro, la derivata destra e la derivata sinistra di* f *in* x_0.

ESEMPIO 313. Una funzione $f : (a,b) \to \mathbb{R}$ possiede un punto angoloso in $x_0 \in (a,b)$ quando in x_0 è continua e derivabile da destra e da sinistra, ma non è derivabile. Da un punto di vista geometrico, questo significa che il grafico di f possiede nel punto $P_0 \equiv (x_0, f(x_0))$ due tangenti diverse non verticali.

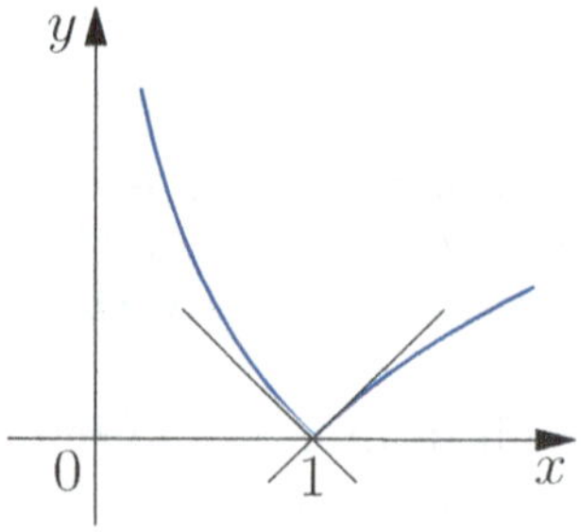

Ad esempio, la funzione $f:(0,+\infty)\to\mathbb{R}$ definita da

$$f(x)=|\log x|=\begin{cases}-\log x & \text{per } 0<x<1\\ \log x & \text{per } x\geq 1\,,\end{cases}$$

è derivabile in tutti i punti di $(0,+\infty)$ tranne che nel punto di raccordo, ossia in $x_0=1$, dove presenta un punto angoloso. Più precisamente, nel punto $(1,0)$ si hanno due tangenti distinte: la retta di equazione $y=-x+1$ a sinistra e la retta di equazione $y=x-1$ a destra. Infatti, la derivata sinistra e la derivata destra di f in $x_0=1$ sono date da

$$f'_-(1)=\lim_{h\to 0^-}\frac{f(1+h)-f(1)}{h}=\lim_{h\to 0^-}\frac{-\log(1+h)}{h}=-1$$
$$f'_+(1)=\lim_{h\to 0^+}\frac{f(1+h)-f(1)}{h}=\lim_{h\to 0^+}\frac{\log(1+h)}{h}=1\,.$$

Definizione 314 (Flessi a tangente verticale). *Una funzione continua* $f:(a,b)\to\mathbb{R}$ *possiede un* flesso a tangente verticale *in corrispondenza di un punto* $x_0\in(a,b)$ *quando esiste il limite*

$$\lim_{h\to 0}\frac{f(x_0+h)-f(x_0)}{h}$$

e vale $+\infty$ *o* $-\infty$.

ESEMPIO 315. Una funzione $f:(a,b)\to\mathbb{R}$ possiede un flesso a tangente verticale in $x_0\in(a,b)$ quando in x_0 è continua, ma non è derivabile perché il limite del rapporto incrementale esiste ma è infinito. Da un punto geometrico, questo significa che il grafico di f possiede nel punto $P_0\equiv(x_0,f(x_0))$ una tangente verticale e che il grafico di f attraversa questa tangente.

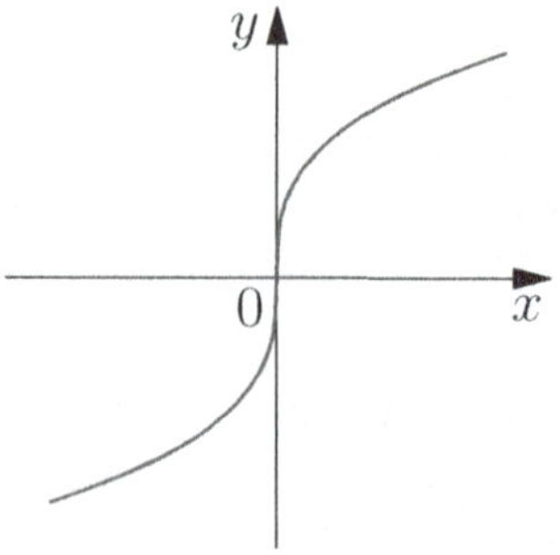

Ad esempio, la funzione $f : \mathbb{R} \to \mathbb{R}$, definita da $f(x) = \sqrt[3]{x}$, è derivabile su tutto $\mathbb{R}$ tranne che in $x_0 = 0$, dove presenta un flesso a tangente verticale. Infatti, si ha

$$\lim_{h \to 0} \frac{f(h) - f(0)}{h} = \lim_{h \to 0} \frac{\sqrt[3]{h} - \sqrt[3]{0}}{h} = \lim_{h \to 0} \frac{1}{\sqrt[3]{h^2}} = +\infty .$$

OSSERVAZIONE 316. Il modo in cui il grafico di una funzione f attraversa la retta tangente in un punto di flesso a tangente verticale dipende dal segno del limite

$$\lim_{h \to 0} \frac{f(x_0 + h) - f(x_0)}{h} .$$

Più precisamente, indicando per semplicità ancora con $f'(x_0)$ il limite precendente, si hanno i due casi seguenti

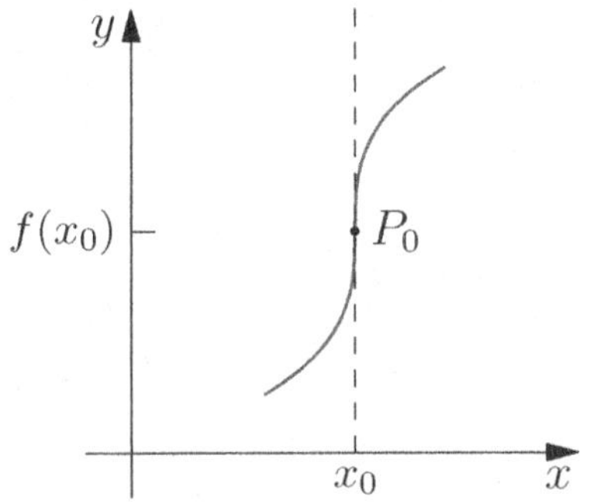

$f'(x_0) = +\infty$

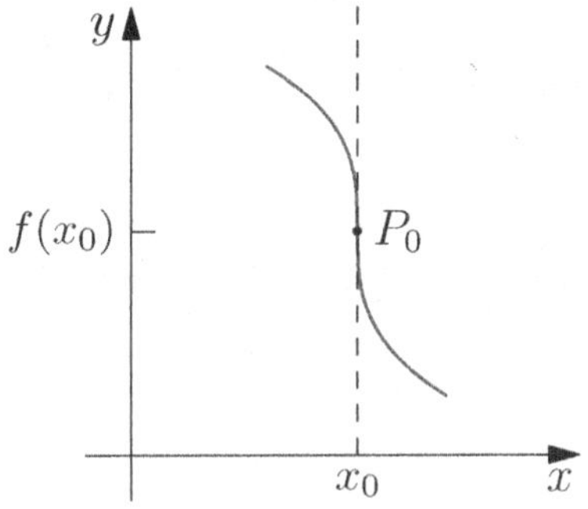

$f'(x_0) = -\infty$

Definizione 317 (Cuspidi). *Una funzione continua* $f : (a, b) \to \mathbb{R}$ *possiede una* cuspide *in corrispondenza di un punto* $x_0 \in (a, b)$ *quando*

$$\lim_{h \to 0^-} \frac{f(x_0 + h) - f(x_0)}{h} = +\infty \qquad e \qquad \lim_{h \to 0^+} \frac{f(x_0 + h) - f(x_0)}{h} = -\infty$$

oppure

$$\lim_{h \to 0^-} \frac{f(x_0 + h) - f(x_0)}{h} = -\infty \qquad e \qquad \lim_{h \to 0^+} \frac{f(x_0 + h) - f(x_0)}{h} = +\infty .$$

ESEMPIO 318. Una funzione $f : (a, b) \to \mathbb{R}$ possiede una cuspide in $x_0 \in (a, b)$ quando in x_0 è continua, ma non è derivabile perché i limiti da destra e da sinistra del rapporto incrementale esistono ma sono infiniti e di segno opposto. Anche in questo caso, geometricamente, il grafico di f possiede nel punto $P_0 \equiv (x_0, f(x_0))$ una tangente verticale. Ad esempio, la funzione $f : \mathbb{R} \to \mathbb{R}$, definita da $f(x) = \sqrt{|x|}$, è derivabile su tutto $\mathbb{R}$ tranne che in $x_0 = 0$, dove presenta una cuspide, essendo la tangente verticale.

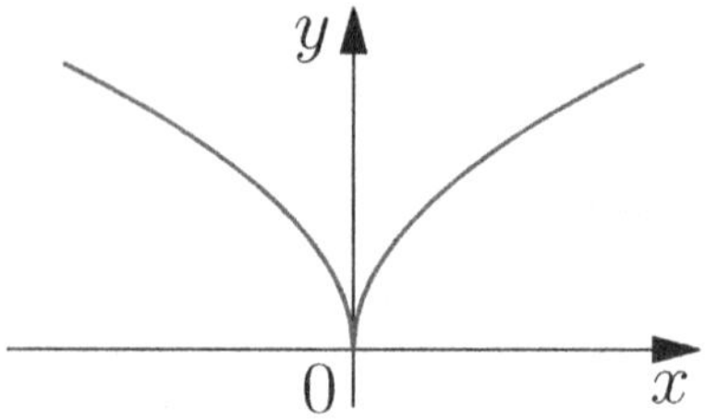

Infatti, si ha

$$\lim_{h\to 0^-} \frac{f(h)-f(0)}{h} = \lim_{h\to 0^-} \frac{\sqrt{|h|}-\sqrt{|0|}}{h}$$
$$= \lim_{h\to 0^-} \frac{\sqrt{-h}}{h} = \lim_{h\to 0^-} \frac{-1}{\sqrt{-h}} = -\infty$$

$$\lim_{h\to 0^+} \frac{f(h)-f(0)}{h} = \lim_{h\to 0^+} \frac{\sqrt{|h|}-\sqrt{|0|}}{h} = \lim_{h\to 0^+} \frac{\sqrt{h}}{h} = -\lim_{h\to 0^+} \frac{1}{\sqrt{h}} = +\infty\,.$$

OSSERVAZIONE 319. Per le cuspidi si hanno i due casi seguenti

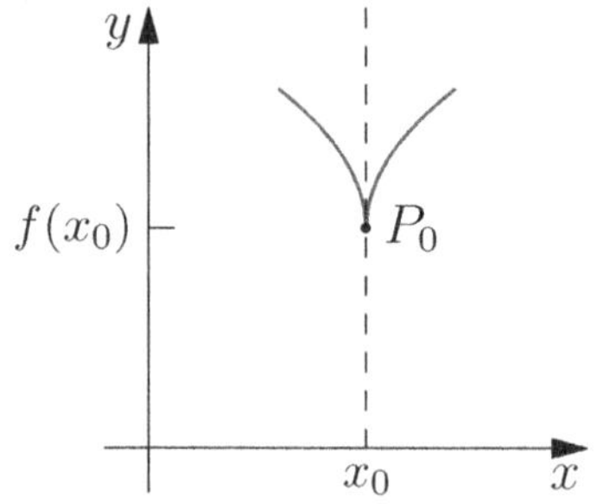

$f'_-(x_0) = -\infty$
$f'_+(x_0) = +\infty$

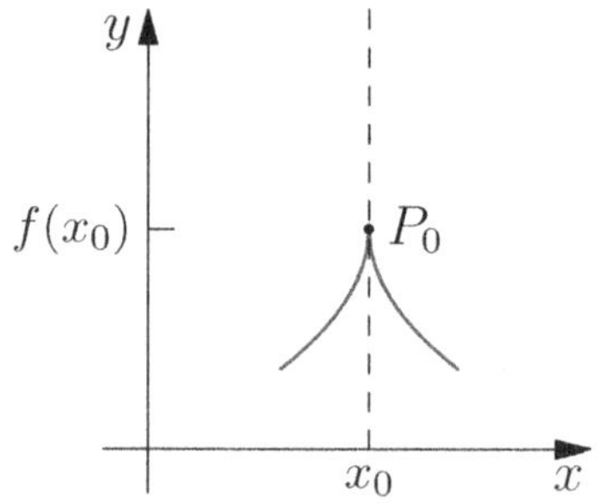

$f'_-(x_0) = +\infty$
$f'_+(x_0) = -\infty$

Definizione 320 (Semicuspidi). *Una funzione continua* $f : (a,b) \to \mathbb{R}$ *possiede una* semicuspide *in corrispondenza di un punto* $x_0 \in (a,b)$ *quando uno dei due limiti*

$$\lim_{h\to 0^-} \frac{f(x_0+h)-f(x_0)}{h} \qquad e \qquad \lim_{h\to 0^+} \frac{f(x_0+h)-f(x_0)}{h}$$

è finito e l'altro è infinito.

ESEMPIO 321. La funzione $f : \mathbb{R} \to \mathbb{R}$, definita da $f(x) = \sqrt{x+|x|}$, è derivabile su tutto $\mathbb{R}$ tranne che in $x_0 = 0$, dove presenta una semicuspide, essendoci due tangenti, una con pendenza finita e l'altra con pendenza infinita.

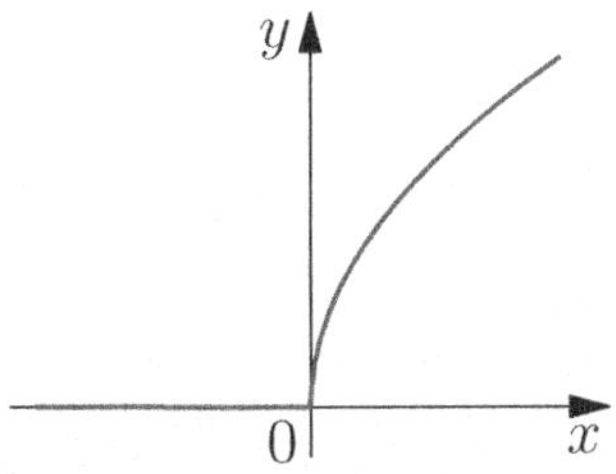

Infatti, si ha

$$\lim_{h\to 0^-}\frac{f(h)-f(0)}{h}=\lim_{h\to 0^-}\frac{\sqrt{h+|h|}-\sqrt{0+|0|}}{h}=\lim_{h\to 0^-}\frac{\sqrt{h-h}}{h}=\lim_{h\to 0^-}\frac{0}{h}=0$$

$$\lim_{h\to 0^+}\frac{f(h)-f(0)}{h}=\lim_{h\to 0^+}\frac{\sqrt{h+|h|}-\sqrt{0+|0|}}{h}=\lim_{h\to 0^+}\frac{\sqrt{2h}}{h}=-\lim_{h\to 0^+}\sqrt{\frac{2}{h}}=+\infty\,.$$

5.5 Derivate di alcune funzioni elementari

Proposizione 322. *Una funzione costante è derivabile su tutto* $\mathbb{R}$ *e la sua derivata è identicamente nulla.*

Dimostrazione. Sia $f(x)=c$ con $c\in\mathbb{R}$ costante. Allora, per ogni $x\in\mathbb{R}$, si ha

$$\lim_{h\to 0}\frac{f(x+h)-f(x)}{h}=\lim_{h\to 0}\frac{c-c}{h}=0\,.$$

□

Proposizione 323. *La funzione esponenziale* $f(x)=\mathrm{e}^x$ *è derivabile su tutto* $\mathbb{R}$ *e la sua derivata è* $f'(x)=\mathrm{e}^x$.

Dimostrazione. Per ogni $x\in\mathbb{R}$, si ha

$$\lim_{h\to 0}\frac{f(x+h)-f(x)}{h}=\lim_{h\to 0}\frac{\mathrm{e}^{x+h}-\mathrm{e}^x}{h}=\lim_{h\to 0}\frac{\mathrm{e}^x(\mathrm{e}^h-1)}{h}=\mathrm{e}^x\lim_{h\to 0}\frac{\mathrm{e}^h-1}{h}=\mathrm{e}^x\,.$$

□

Proposizione 324. *La funzione logaritmica* $f(x)=\log x$ *è derivabile per ogni* $x>0$ *e la sua derivata è* $f'(x)=1/x$.

Dimostrazione. Per ogni $x>0$, si ha

$$\lim_{h\to 0}\frac{f(x+h)-f(x)}{h}=\lim_{h\to 0}\frac{\log(x+h)-\log x}{h}=\lim_{h\to 0}\frac{\log x(1+h/x)-\log x}{h}$$

$$=\lim_{h\to 0}\frac{\log x+\log(1+h/x)-\log x}{h}=\lim_{h\to 0}\frac{\log(1+h/x)}{h}=\lim_{h\to 0}\frac{h/x}{h}=\frac{1}{x}\,.$$

□

Proposizione 325. *La funzione seno* $f(x) = \operatorname{sen} x$ *è derivabile su tutto* $\mathbb{R}$ *e la sua derivata è* $f'(x) = \cos x$.

Dimostrazione. Per ogni $x \in \mathbb{R}$, usando le formule di addizione, si ha

$$\begin{aligned}\lim_{h\to 0}\frac{f(x+h)-f(x)}{h} &= \lim_{h\to 0}\frac{\operatorname{sen}(x+h)-\operatorname{sen} x}{h} = \lim_{h\to 0}\frac{\operatorname{sen} x\cos h+\cos x\operatorname{sen} h-\operatorname{sen} x}{h}\\ &= \lim_{h\to 0}\frac{\operatorname{sen} x(\cos h-1)+\cos x\operatorname{sen} h}{h} = \lim_{h\to 0}\left(\operatorname{sen} x\,\frac{\cos h-1}{h}+\cos x\,\frac{\operatorname{sen} h}{h}\right)\\ &= \operatorname{sen} x\lim_{h\to 0}\frac{\cos h-1}{h}+\cos x\lim_{h\to 0}\frac{\operatorname{sen} h}{h} = \cos x\,.\end{aligned}$$

□

Proposizione 326. *La funzione coseno* $f(x) = \cos x$ *è derivabile su tutto* $\mathbb{R}$ *e la sua derivata è* $f'(x) = -\operatorname{sen} x$.

Dimostrazione. Per ogni $x \in \mathbb{R}$, usando le formule di addizione, si ha

$$\begin{aligned}\lim_{h\to 0}\frac{f(x+h)-f(x)}{h} &= \lim_{h\to 0}\frac{\cos(x+h)-\cos x}{h} = \lim_{h\to 0}\frac{\cos x\cos h-\operatorname{sen} x\operatorname{sen} h-\cos x}{h}\\ &= \lim_{h\to 0}\frac{\cos x(\cos h-1)-\operatorname{sen} x\operatorname{sen} h}{h} = \lim_{h\to 0}\left(\cos x\,\frac{\cos h-1}{h}-\operatorname{sen} x\,\frac{\operatorname{sen} h}{h}\right)\\ &= \cos x\lim_{h\to 0}\frac{\cos h-1}{h}-\operatorname{sen} x\lim_{h\to 0}\frac{\operatorname{sen} h}{h} = -\operatorname{sen} x\,.\end{aligned}$$

□

Proposizione 327. *Per ogni* $n \in \mathbb{N}$, *la funzione* $f(x) = x^n$ *è derivabile su tutto* $\mathbb{R}$ *e la sua derivata è* $f'(x) = nx^{n-1}$.

Dimostrazione. Per la formula del binomio di Newton, si ha $(x+h)^n = x^n + nhx^{n-1} + h^2p(x,h)$, dove $p(x,h)$ è un polinomio in x e in h. Quindi, per ogni $x \in \mathbb{R}$, si ha

$$\begin{aligned}\lim_{h\to 0}\frac{f(x+h)-f(x)}{h} &= \lim_{h\to 0}\frac{(x+h)^n-x^n}{h} = \lim_{h\to 0}\frac{x^n+nhx^{n-1}+h^2p(x,h)-x^n}{h}\\ &= \lim_{h\to 0}\frac{nhx^{n-1}+h^2p(x,h)}{h} = \lim_{h\to 0}(nx^{n-1}+hp(x,h)) = nx^{n-1}\,.\end{aligned}$$

□

Proposizione 328. *Per ogni* $\alpha \in \mathbb{R}$, *la funzione* $f(x) = x^\alpha$ *è derivabile per ogni* $x > 0$ *e ha derivata* $f'(x) = \alpha x^{\alpha-1}$.

Dimostrazione. Usando la Proposizione 247, per ogni $x > 0$, si ha

$$\begin{aligned}\lim_{h\to 0}\frac{f(x+h)-f(x)}{h} &= \lim_{h\to 0}\frac{(x+h)^\alpha-x^\alpha}{h}\\ &= \lim_{h\to 0}\frac{x^\alpha(1+h/x)^\alpha-x^\alpha}{h} = x^\alpha\lim_{h\to 0}\frac{(1+h/x)^\alpha-1}{h} = x^\alpha\frac{\alpha}{x} = \alpha x^{\alpha-1}\,.\end{aligned}$$

□

5.6 Proprietà della derivata

La derivata definisce un'operatore D che a ogni funzione derivabile $f(x)$ associa la sua derivata $f'(x)$, ossia $Df(x) = f'(x)$. Qui di seguito vedremo la proprietà più importanti di questo operatore.

Teorema 329 (Linearità). *La derivata è un* operatore lineare, *ossia, comunque scelte due funzioni f e g derivabili su un intervallo (a,b) e comunque scelti due numeri reali α e β, la funzione $\alpha f + \beta g$ è anch'essa derivabile su (a,b) e*

$$(\alpha f + \beta g)'(x) = \alpha f'(x) + \beta g'(x)$$

per ogni $x \in (a,b)$.

Dimostrazione. Per ogni $x \in (a,b)$, per le proprietà delle funzioni continue, si ha

$$\begin{aligned}
(\alpha f + \beta g)'(x) &= \lim_{h \to 0} \frac{(\alpha f + \beta g)(x+h) - (\alpha f + \beta g)(x)}{h} \\
&= \lim_{h \to 0} \frac{\alpha f(x+h) + \beta g(x+h) - \alpha f(x) - \beta g(x)}{h} \\
&= \lim_{h \to 0} \left(\alpha \frac{f(x+h) - f(x)}{h} + \beta \frac{g(x+h) - g(x)}{h} \right) \\
&= \alpha \lim_{h \to 0} \frac{f(x+h) - f(x)}{h} + \beta \lim_{h \to 0} \frac{g(x+h) - g(x)}{h} \\
&= \alpha f'(x) + \beta g'(x) .
\end{aligned}$$

□

OSSERVAZIONE 330. Applicando ripetutamente la proprietà di linearità per due funzioni, si può dimostrare la proprietà di lineraità per un qualunque numero finito n di funzioni:

$$(\alpha_1 f_1(x) + \cdots + \alpha_n f_n(x))' = \alpha_1 f_1'(x) + \cdots + \alpha_n f_n'(x) .$$

Proposizione 331. *Una funzione polinomiale è derivabile su tutto $\mathbb{R}$.*

Dimostrazione. Poiché ogni funzione polinomiale è una combinazione lineare di potenze, la tesi segue immediatamente dalle Proposizioni 327 e 329. □

Teorema 332 (Regola di Leibniz). *La derivata soddisfa la* regola di Leibniz, *ossia, comunque scelte due funzioni f e g derivabili su un intervallo (a,b), la funzione fg è anch'essa derivabile su (a,b) e*

$$(f(x)g(x))' = f'(x)g(x) + f(x)g'(x)$$

per ogni $x \in (a,b)$.

Dimostrazione. Per ogni $x \in (a, b)$, per le proprietà delle funzioni continue, si ha

$$\begin{aligned}
(f(x)g(x))' &= \lim_{h\to 0} \frac{(fg)(x+h)-(fg)(x)}{h} \\
&= \lim_{h\to 0} \frac{f(x+h)g(x+h)-f(x)g(x)}{h} \\
&= \lim_{h\to 0} \frac{f(x+h)g(x+h)-f(x)g(x+h)+f(x)g(x+h)-f(x)g(x)}{h} \\
&= \lim_{h\to 0} \left(\frac{f(x+h)-f(x)}{h}\, g(x+h) + f(x)\, \frac{g(x+h)-g(x)}{h} \right) \\
&= f'(x)g(x)+f(x)g'(x)\,,
\end{aligned}$$

dove $g(x+h) \to g(x)$ per $h \to 0$, perché la funzione g è continua. □

OSSERVAZIONE 333. La regola di Leibniz si estende immediatamente a n funzioni:

$$(f_1(x)f_2(x)\cdots f_n(x))' = f_1'(x)f_2(x)\cdots f_n(x)+f_1(x)f_2'(x)\cdots f_n(x)+\cdots+f_1(x)f_2(x)\cdots f_n'(x)\,.$$

Teorema 334 (Regola di derivazione di un quoziente). *Comunque scelte due funzioni f e g derivabili su un intervallo (a, b), con $g(x) \neq 0$ per ogni $x \in (a, b)$, la funzione f/g è anch'essa derivabile su (a, b) e*

$$\left(\frac{f(x)}{g(x)}\right)' = \frac{f'(x)g(x)-f(x)g'(x)}{g(x)^2}$$

per ogni $x \in (a, b)$.

Dimostrazione. Derivando, mediante la regola di Leibniz, l'identità $g(x)g(x)^{-1} = 1$, si ha

$$g'(x)g(x)^{-1} + g(x)(g(x)^{-1})' = 0\,,$$

da cui

$$(g(x)^{-1})' = -g'(x)g(x)^{-2}\,.$$

Pertanto, usando ancora la regola di Leibniz, si ha

$$\left(\frac{f(x)}{g(x)}\right)' = (f(x)g^{-1}(x))' = f'(x)g^{-1}(x) + f(x)(g^{-1}(x))' = \frac{f'(x)}{g(x)} - \frac{f(x)g'(x)}{g(x)^2}$$

da cui segue la tesi. □

ESEMPIO 335. Utilizzando la regola di derivazione di un quoziente, si può calcolare la derivata della tangente. Infatti, si ha

$$(\operatorname{tg} x)' = \left(\frac{\operatorname{sen} x}{\cos x}\right)' = \frac{(\operatorname{sen} x)'\cos x - (\cos x)'\operatorname{sen} x}{\cos^2 x} = \frac{\cos^2 x + \operatorname{sen}^2 x}{\cos^2 x}\,.$$

Questa espressione può essere semplificata in due modi. Se utilizziamo la relazione fondamentale che lega le funzioni trigonometriche, si ha

$$(\operatorname{tg} x)' = \frac{1}{\cos^2 x}\,.$$

Oppure, si ha

$$(\operatorname{tg} x)' = \frac{\cos^2 x + \operatorname{sen}^2 x}{\cos^2 x} = \frac{\cos^2 x}{\cos^2 x} + \frac{\operatorname{sen}^2 x}{\cos^2 x},$$

ossia

$$(\operatorname{tg} x)' = 1 + \operatorname{tg}^2 x\,.$$

Allo stesso modo si può calcolare la derivata prima della cotangente. Oppure, si può utilizzare il fatto che la cotangente è il reciproco della tangente:

$$(\operatorname{ctg} x)' = \left(\frac{1}{\operatorname{tg} x}\right)' = -\frac{(\operatorname{tg} x)'}{\operatorname{tg}^2 x}\,.$$

Anche questa espressione può essere semplificata in due modi. Infatti, si ha

$$(\operatorname{ctg} x)' = -\frac{1}{\cos^2 x}\frac{\cos^2 x}{\operatorname{sen}^2 x} = -\frac{1}{\operatorname{sen}^2 x}$$

oppure

$$(\operatorname{ctg} x)' = -\frac{1 + \operatorname{tg}^2 x}{\operatorname{tg}^2 x} = -1 - \operatorname{ctg}^2 x\,.$$

Proposizione 336. *Una funzione razionale è derivabile in tutti i punti in cui è definita.*

Dimostrazione. Poiché una funzione razionale è il quoziente di due polinomi, la tesi segue dalla Proposizione 331 e dal Teorema 334. □

Teorema 337 (Regola di derivazione della funzione composta)**.** *Se* g *è una funzione derivabile in un punto* x *e* f *è una funzione derivabile nel punto* $g(x)$, *allora la funzione composta* $g \circ f$ *è derivabile nel punto* x *e*

$$g(f(x))' = f'(x)g'(f(x))\,.$$

Dimostrazione. Posto $y_0 = f(x)$ e $y = f(x+h)$, si ha che $y \to f(x) = y_0$ per $h \to 0$. Quindi, per le ipotesi di derivabilità delle funzioni f e g, si ha

$$\begin{aligned}
\lim_{h\to 0} \frac{g(f(x+h)) - g(f(x))}{h} &= \lim_{h\to 0} \frac{g(f(x+h)) - g(f(x))}{f(x+h) - f(x)} \frac{f(x+h) - f(x)}{h} \\
&= \lim_{h\to 0} \frac{g(y) - g(y_0)}{y - y_0} \frac{f(x+h) - f(x)}{h} \\
&= \lim_{y\to y_0} \frac{g(y) - g(y_0)}{y - y_0} \lim_{h\to 0} \frac{f(x+h) - f(x)}{h} \\
&= g'(y)f'(x)\,.
\end{aligned}$$

Quindi, la funzione composta $g(f(x))$ è derivabile in x e $g(f(x))' = f'(x)g'(f(x))$. □

OSSERVAZIONE 338. Il teorema precedente può anche essere dimostrato usando l'equivalenza tra derivabilità e differenziabilità (Teorema 311). Infatti, posto $\varphi(x) = g(f(x))$, per la differenziabilità di f, per $h \to 0$ si ha

$$\varphi(x+h) = g(f(x+h)) = g(f(x) + hf'(x) + o(h)) = g(f(x) + k)$$

dove $k = hf'(x) + o(h)$. Se $h \to 0$ allora $k \to 0$. Quindi, per la differenziabilità di g, si ha

$$\varphi(x+h) = g(f(x)) + kg'(f(x)) + o(k) = g(f(x)) + hf'(x)g'(f(x)) + o(h).$$

Pertanto anche φ è differenziabile in x e $\varphi'(x) = f'(x)g'(f(x))$.

ESEMPI

1. La funzione $\varphi(x) = \cos\sqrt{x}$ è composta da due funzioni elementari. Infatti, si ha $\varphi(x) = g(f(x))$ con $f(x) = \sqrt{x}$ e $g(x) = \cos x$. Pertanto, applicando la regola di derivazione delle funzioni composte, si ha

$$(\cos\sqrt{x})' = g(f(x))' = f'(x)g'(f(x)) = \frac{1}{2\sqrt{x}}\,(-\operatorname{sen}\sqrt{x}) = -\frac{\operatorname{sen}\sqrt{x}}{2\sqrt{x}}.$$

2. La funzione $\varphi(x) = \mathrm{e}^{\frac{1+x}{1+x^2}}$ è composta da una funzione esponenziale e da una funzione razionale. Applicando prima la regola di derivazione delle funzioni composte e poi la regola di derivazione di un quoziente, si ha

$$\varphi'(x) = \left(\frac{1+x}{1+x^2}\right)' \mathrm{e}^{\frac{1+x}{1+x^2}} = \frac{1-2x-x^2}{(1+x^2)^2}\,\mathrm{e}^{\frac{1+x}{1+x^2}}.$$

3. La funzione

$$\varphi(x) = \sqrt{\frac{1+\operatorname{sen} x}{1+\cos x}}$$

è composta da varie funzioni elementari. In questo caso, dovremo applicare la regola di derivazione delle funzioni composte più volte. Infatti, si ha

$$\varphi'(x) = \frac{1}{2}\sqrt{\frac{1+\cos x}{1+\operatorname{sen} x}}\left(\frac{1+\operatorname{sen} x}{1+\cos x}\right)' = \frac{1}{2}\sqrt{\frac{1+\cos x}{1+\operatorname{sen} x}}\,\frac{1+\operatorname{sen} x+\cos x}{(1+\cos x)^2}.$$

4. La funzione $\varphi(x) = |f(x)|$ è composta dalla funzione modulo e da una funzione $f(x)$ che assumiamo derivabile. La funzione $|x|$ è derivabile in ogni punto tranne in $x = 0$. Quindi la funzione $\varphi(x)$ sarà derivabile in ogni punto x in cui $f(x) \neq 0$. In questi punti si ha

$$|f(x)|' = (\operatorname{sign}(f(x))\,f(x))' = \operatorname{sign}(f(x))\,f'(x).$$

In generale, nei punti in cui la funzione $f(x)$ si annulla, la funzione $\varphi(x)$ presenta dei punti angolosi.

5. Consideriamo la funzione $\varphi(x) = \log|f(x)|$, dove f è una funzione derivabile tale che $f(x) \neq 0$ per ogni $x \in (a,b)$. La funzione φ è derivabile e
$$(\log|f(x)|)' = \frac{1}{|f(x)|}\,|f(x)|' = \frac{1}{\operatorname{sign}(f(x))\,f(x)}\,\operatorname{sign}(f(x))\,f'(x) = \frac{f'(x)}{f(x)}\,.$$
Derivando il valore assoluto è scomparso. In particolare, si ha
$$(\log|x|)' = \frac{1}{x}\,.$$

Teorema 339. *Se* f *e* g *sono funzioni derivabili in un intervallo* (a,b) *e* $f(x) > 0$ *per ogni* $x \in (a,b)$, *allora*
$$(f(x)^{g(x)})' = \left(g'(x)\log f(x) + g(x)\frac{f'(x)}{f(x)}\right) f(x)^{g(x)}$$
per ogni $x \in (a,b)$.

Dimostrazione. Basta osservare che $f(x)^{g(x)} = \mathrm{e}^{g(x)\log f(x)}$ e applicare la regola di derivazione delle funzioni composte. □

ESEMPIO 340. Consideriamo la funzione esponenziale $f(x) = a^x$, dove $a > 0$. Allora
$$f'(x) = D\mathrm{e}^{\log a^x} = D\mathrm{e}^{x\log a} = \log a\; \mathrm{e}^{x\log a} = \log a\; a^x\,.$$
Quindi, si ha $Da^x = (\log a)\,a^x$.

Teorema 341 (Regola di derivazione della funzione inversa)**.** *Sia* f *una funzione invertibile in un intorno di un punto* x. *Se* f *è derivabile in* x *e* $f'(x) \neq 0$, *allora la funzione inversa* $\widehat{f}$ *è derivabile nel punto* $y = f(x)$ *e*
$$\widehat{f}'(y) = \frac{1}{f'(x)}\,.$$

Dimostrazione. Posto $x_0 = \widehat{f}(y)$ e $x = \widehat{f}(y+h)$, si ha $y = f(x_0)$ e $y+h = f(x)$. Inoltre, se $h \to 0$, allora $x \to f(y) = x_0$. Quindi, si ha
$$\lim_{h\to 0}\frac{\widehat{f}(y+h) - \widehat{f}(y)}{y} = \lim_{h\to 0}\frac{1}{\dfrac{(y+h)-y}{\widehat{f}(y+h)-\widehat{f}(y)}} = \frac{1}{\displaystyle\lim_{x\to x_0}\frac{f(x)-f(x_0)}{x-x_0}} = \frac{1}{f'(x)}\,.$$
Pertanto, la funzione inversa $\widehat{f}$ è derivabile in y e la sua derivata è $\widehat{f}'(y) = 1/f'(x)$. □

OSSERVAZIONE 342. Se si sa che $\widehat{f}(x)$ è derivabile, la derivata della funzione inversa può essere ottenuta derivando l'identità $f(\widehat{f}(x)) = x$ mediante la regola di derivazione delle funzioni composte. In questo modo, si ha $\widehat{f}'(x)f'(\widehat{f}(x)) = 1$ e quindi
$$\widehat{f}'(x) = \frac{1}{f'(\widehat{f}(x))}\,.$$

ESEMPI

1. La funzione $f : \mathbb{R} \to (0, +\infty)$, definita da $f(x) = \mathrm{e}^x$, è invertibile e la sua inversa è la funzione $\widehat{f} : \mathbb{R} \to (0, +\infty)$, definita da $\widehat{f}(x) = \log x$. Pertanto, applicando la regola di derivazione della funzione inversa, si ha
$$\widehat{f}'(x) = \frac{1}{f'(\widehat{f}(x))} = \frac{1}{\mathrm{e}^{\log x}} = \frac{1}{x}.$$
Abbiamo così ritrovato, per altra via, la derivata del logaritmo: $(\log x)' = 1/x$.
2. La funzione $f(x) = \operatorname{sen} x$ è invertibile sull'intervallo $[-\pi/2, \pi/2]$ e la sua inversa è $\widehat{f}(x) = \operatorname{arsen} x$. Poiché $f'(x) = \cos x$, si ha
$$\widehat{f}'(x) = \frac{1}{f'(\widehat{f}(x))} = \frac{1}{\cos \operatorname{arsen} x} = \frac{1}{\sqrt{1 - \operatorname{sen}^2 \operatorname{arsen} x}} = \frac{1}{\sqrt{1 - x^2}},$$
ossia
$$(\operatorname{arsen} x)' = \frac{1}{\sqrt{1 - x^2}}.$$
3. La funzione $f(x) = \cos x$ è invertibile sull'intervallo $[0, \pi]$ e la sua inversa è $\widehat{f}(x) = \arccos x$. Poiché $f'(x) = -\operatorname{sen} x$, si ha
$$\widehat{f}'(x) = \frac{1}{f'(\widehat{f}(x))} = -\frac{1}{\operatorname{sen} \arccos x} = -\frac{1}{\sqrt{1 - \cos^2 \arccos x}} = -\frac{1}{\sqrt{1 - x^2}},$$
ossia
$$(\arccos x)' = -\frac{1}{\sqrt{1 - x^2}}.$$
4. La funzione $f(x) = \operatorname{tg} x$ è invertibile sull'intervallo $(-\pi/2, \pi/2)$ e la sua inversa è $\widehat{f}(x) = \operatorname{artg} x$. Poiché $f'(x) = 1 + \operatorname{tg}^2 x$, si ha
$$\widehat{f}'(x) = \frac{1}{f'(\widehat{f}(x))} = \frac{1}{1 + \operatorname{tg}^2(\operatorname{artg} x)} = \frac{1}{1 + x^2}$$
ossia
$$(\operatorname{artg} x)' = \frac{1}{1 + x^2}.$$

Teorema 343. *Sia $f : \mathbb{R} \to \mathbb{R}$ una funzione derivabile. Se f è pari, allora f' è dispari. Analogamente, se f è dispari, allora f' è pari.*

Dimostrazione. Se f è pari, allora $f(-x) = f(x)$ per ogni $x \in \mathbb{R}$. Derivando, si ha $-f'(-x) = f'(x)$, ossia $f'(-x) = -f'(x)$ per ogni $x \in \mathbb{R}$. Quindi f' è dispari. Analogamente, se f è dispari, allora $f(-x) = -f(x)$ per ogni $x \in \mathbb{R}$. Derivando, si ha $-f'(-x) = -f'(x)$, ossia $f'(-x) = f'(x)$ per ogni $x \in \mathbb{R}$. Quindi f' è pari. □

5.7 Derivate successive

Se una funzione $f(x)$ è derivabile su un intervallo (a, b), allora la sua derivata $f'(x)$ definisce una nuova funzione su (a, b). Se $f'(x)$ è anch'essa derivabile, la sua derivata definisce una nuova funzione $f''(x)$ che viene detta *derivata seconda* di $f(x)$. Se ora anche $f''(x)$ è derivabile, si ha la *derivata terza* $f'''(x)$ di $f(x)$. Continuando in questo modo, si hanno le *derivate successive* di $f(x)$. In generale, la *derivata n-esima* di $f(x)$ è la funzione $f^{(n)}(x)$ che si ottiene derivando la derivata $(n-1)$-esima di $f(x)$, ossia $f^{(n)}(x) = (f^{(n-1)}(x))' = Df^{(n-1)}(x)$. In particolare, la derivata 0-esima di $f(x)$ è la funzione $f(x)$ stessa, ossia $f^{(0)}(x) = f(x)$. Chiaramente, la derivata n-esima si ottiene derivando n-volte la funzione di partenza, ossia $f^{(n)}(x) = D^n f(x)$. Si ha così l'operatore D^n di derivazione n-esima. In particolare, l'operatore D^0 è l'operatore identità che a ogni funzione associa la funzione stessa. Come l'operatore di derivazione, anche l'operatore di derivazione n-esima è lineare e soddisfa una regola di Leibniz generalizzata. Applicando ripetutamente la proprietà di linearità della derivata ordinaria, si ha immediatamente il

Teorema 344 (Linearità della derivata n-esima). *Per ogni $n \in \mathbb{N}$, la derivata n-esima è un operatore lineare, ossia, comunque scelte due funzioni f e g derivabili n volte su un intervallo (a, b) e comunque scelti due numeri reali α e β, la funzione $\alpha f + \beta g$ è derivabile n volte su (a, b) e*

$$(\alpha f(x) + \beta g(x))^{(n)} = \alpha f^{(n)}(x) + \beta g^{(n)}(x)$$

per ogni $x \in (a, b)$.

Osservazione 345. Applicando ripetutamente la proprietà di linearità della derivata n-esima per due funzioni, si può dimostrare la proprietà di lineraità della derivata n-esima per un qualunque numero finito k di funzioni:

$$(\alpha_1 f_1(x) + \cdots + \alpha_k f_k(x))^{(n)} = \alpha_1 f_1^{(n)}(x) + \cdots + \alpha_k f_k^{(n)}(x).$$

Teorema 346 (Regola di Leibniz per la derivata n-esima). *Siano f e g due funzioni derivabili n volte su un intervallo (a, b). Allora anche il prodotto fg è derivabile n volte su (a, b) e*

$$(f(x)g(x))^{(n)} = \sum_{k=0}^{n} \binom{n}{k} f^{(k)}(x) g^{(n-k)}(x)$$

per ogni $x \in (a, b)$.

Dimostrazione. Procediamo per induzione su n. Per $n = 0$ si ha semplicemente l'identità $f(x)g(x) = f(x)g(x)$, che è ovviamente vera. Per $n = 1$ si ha la regola di Leibniz ordinaria, dimostrata nel Teorema 332. Supponiamo che l'identità valga per un dato $n \geq 2$. Allora, per ipotesi di induzione, si ha

$$(f(x)g(x))^{(n+1)} = \left((f(x)g(x))^{(n)}\right)' = \left(\sum_{k=0}^{n} \binom{n}{k} f^{(k)}(x) g^{(n-k)}(x)\right)'$$

Per la linearità della derivata, si ha

$$(f(x)g(x))^{(n+1)} = \sum_{k=0}^{n} \binom{n}{k} \left(f^{(k)}(x)g^{(n-k)}(x)\right)' .$$

Per la regola di Leibniz ordinaria, si ha

$$\begin{aligned}
(f(x)g(x))^{(n+1)} &= \sum_{k=0}^{n} \binom{n}{k} \left(f^{(k+1)}(x)g^{(n-k)}(x) + f^{(k)}(x)g^{(n-k+1)}(x)\right) \\
&= \sum_{k=0}^{n} \binom{n}{k} f^{(k+1)}(x)g^{(n-k)}(x) + \sum_{k=0}^{n} \binom{n}{k} f^{(k)}(x)g^{(n-k+1)}(x) \\
&= \sum_{k=1}^{n+1} \binom{n}{k-1} f^{(k)}(x)g^{(n-k+1)}(x) + \sum_{k=0}^{n} \binom{n}{k} f^{(k)}(x)g^{(n-k+1)}(x) \\
&= \sum_{k=0}^{n+1} \left[\binom{n}{k-1} + \binom{n}{k}\right] f^{(k)}(x)g^{(n-k+1)}(x) .
\end{aligned}$$

Infine, usando la ricorrenza dei coefficienti binomiali, si ha

$$(f(x)g(x))^{(n+1)} = \sum_{k=0}^{n+1} \binom{n+1}{k} f^{(k)}(x)g^{(n-k+1)}(x) .$$

Abbiamo così ottenuto la regola di Leibniz per $n+1$. □

Introduciamo ora una classificazione della regolarità delle funzioni che si basa sulla loro differenzibilità. L'idea di fondo, è che una funzione è tanto più regolare quanto più è derivabile con continutà. Questa classificazione è importante perché molti teoremi si basano proprio su questo tipo di proprietà.

Definizione 347. *Una funzione* $f : (a,b) \to \mathbb{R}$ *è di classe* $\mathcal{C}^k$ *sull'intervallo* (a,b) *quando è derivabile* k *volte su* (a,b) *e la derivata k-esima* $f^{(k)}$ *è continua su* (a,b). *In particolare, la funzione* f *è* liscia, *o è di classe* $\mathcal{C}^\infty$, *sull'intervallo* (a,b) *quando è derivabile un numero qualsiasi di volte su tutto* (a,b). *L'insieme di tutte le funzioni di classe* $\mathcal{C}^k$ *su* (a,b) *viene indicato con* $\mathcal{C}^k(a,b)$. *Analogamente, l'insieme di tutte le funzioni lisce su* (a,b) *viene indicato con* $\mathscr{L}(a,b)$, *o con* $\mathcal{C}^\infty(a,b)$.

Osservazioni

1. Per $k=0$ si hanno le funzioni continue. Pertanto, l'insieme di tutte le funzioni continue su un intervallo $I \subseteq \mathbb{R}$ viene indicato semplicemente con $\mathcal{C}(I)$ o con $\mathcal{C}^0(I)$. Poiché le funzioni derivabili sono continue, si ha che $\mathcal{C}^1(I) \subseteq \mathcal{C}^0(I)$. Più in generale, si ha che $\mathcal{C}^{k+1}(I) \subseteq \mathcal{C}^k(I)$ e $\mathscr{L}(I) \subseteq \mathcal{C}^k(I)$ per ogni $k \in \mathbb{N}$. Si ha così la catena di inclusioni

$$\mathcal{C}^0(I) \supseteq \mathcal{C}^1(I) \supseteq \mathcal{C}^2(I) \supseteq \cdots \supseteq \mathcal{C}^k(I) \supseteq \mathcal{C}^{k+1}(I) \supseteq \cdots \supseteq \mathscr{L}(I) .$$

Inoltre, si ha

$$\mathscr{L}(I) = \bigcap_{k\in\mathbb{N}} C^k(I)\,.$$

2. Una qualunque combinazione lineare di funzioni di classe C^k è ancora una funzione di classe C^k. Analogamente, una qualunque combinazione lineare di funzioni lisce è ancora una funzione liscia. Questo significa che gli insiemi $C^k(I)$ e $\mathscr{L}(I)$ sono spazi vettoriali reali. Inoltre, la derivata definisce un'operatore lineare $D : C^{k+1}(I) \to C^k(I)$ per ogni $k \in \mathbb{N}$ e l'operatore lineare $D : \mathscr{L}(I) \to \mathscr{L}(I)$ (per $n = +\infty$).

3. Nell'osservazione precedente abbiamo visto che le classi di regolarità sono chiuse rispetto alle combinazioni lineari. In realtà, esse sono chiuse anche rispetto al prodotto e alla composizione. Più precisamente, il prodotto e la composizione di funzioni di classe C^k sono ancora funzioni di classe C^k. Inoltre, il reciproco di una funzione di classe C^k che non si annulla mai, è ancora una funzione della stessa classe. Una analoga proprieta vale anche per l'inversa di una funzione di classe invertibile C^k, purché abbia una derivata che non nulla mai.

4. In genere, le funzioni elementari sono funzioni lisce. Ad esempio, sono lisce, sul loro dominio naturale, le funzioni polinomiali, le funzioni razionali, la funzione esponenziale, la funzione logaritmica e le funzioni trigonometriche (seno,coseno, tangente), la funzione arcotangente. Come vedremo nei prossimi esempi, non tutte le funzioni sono lisce.

ESEMPI

1. La funzione $f : \mathbb{R} \to \mathbb{R}$, definita da

$$f(x) = \begin{cases} x \,\mathrm{sen}\, \dfrac{1}{x} & \text{per } x \neq 0 \\ 0 & \text{per } x = 0\,, \end{cases}$$

è derivabile in ogni punto $x \neq 0$, e la derivata prima è

$$f'(x) = \mathrm{sen}\, \frac{1}{x} - \frac{1}{x} \cos \frac{1}{x}\,.$$

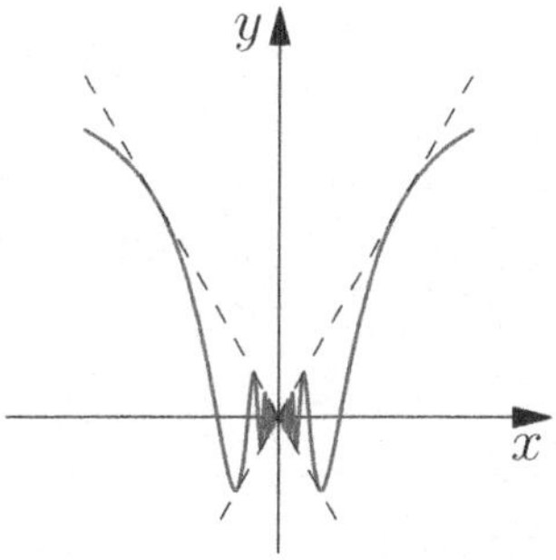

In $x = 0$, invece, la funzione non è derivabile, poiché il limite

$$\lim_{x\to 0} \frac{f(x) - f(0)}{x} = \lim_{x\to 0} \mathrm{sen}\, \frac{1}{x}$$

non esiste.

2. Non tutte la funzioni derivabili sono di classe C^1, ossia non è detto che la derivata prima di una funzione derivabile sia necessariamente continua. Ad esempio, la funzione $f : \mathbb{R} \to \mathbb{R}$, definita da

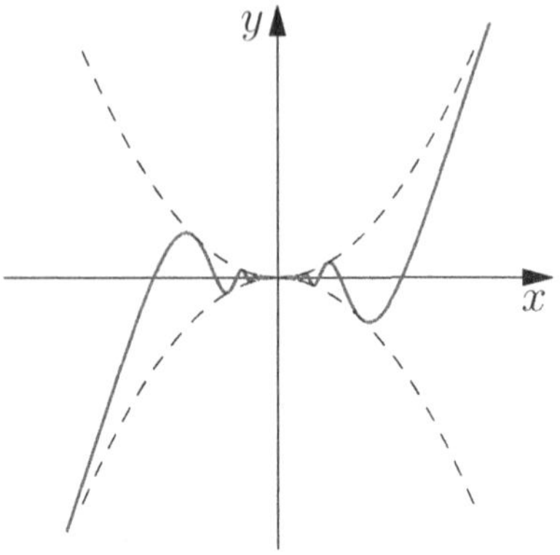

$$f(x) = \begin{cases} x^2 \operatorname{sen} \dfrac{1}{x} & \text{per } x \neq 0 \\ 0 & \text{per } x = 0\,, \end{cases}$$

è continua su tutto $\mathbb{R}$ ed è derivabile in ogni punto $x \neq 0$, dove

$$f'(x) = 2x \operatorname{sen} \frac{1}{x} - \cos \frac{1}{x}\,.$$

Inoltre, f è derivable anche in $x = 0$, poiché

$$\lim_{x \to 0} \frac{f(x) - f(0)}{x} = \lim_{x \to 0} x \operatorname{sen} \frac{1}{x} = 0\,.$$

Pertanto, la funzione f è derivabile su tutto $\mathbb{R}$ e la sua derivata prima è la funzione $f' : \mathbb{R} \to \mathbb{R}$, definita da

$$f'(x) = \begin{cases} 2x \operatorname{sen} \dfrac{1}{x} - \cos \dfrac{1}{x} & \text{per } x \neq 0 \\ 0 & \text{per } x = 0\,. \end{cases}$$

Questa funzione è certamente continua in ogni punto $x \neq 0$, ma non è continua in $x = 0$ poiché il limite

$$\lim_{x \to 0} f'(x) = \lim_{x \to 0} \left(2x \operatorname{sen} \frac{1}{x} - \cos \frac{1}{x} \right)$$

non esiste, in quanto la funzione $\cos \frac{1}{x}$ continua a oscillare per $x \to 0$.

5.8 Proprietà delle funzioni derivabili

5.8.1 Teorema di Fermat e teorema di Rolle

Definizione 348. *Una funzione* $f : [a, b] \to \mathbb{R}$ *presenta in* $x_0 \in [a, b]$

1. *un punto di* massimo assoluto *se* $f(x) \leq f(x_0)$ *per ogni* $x \in [a, b]$,
2. *un punto di* minimo assoluto *se* $f(x) \geq f(x_0)$ *per ogni* $x \in [a, b]$,
3. *un punto di* massimo locale *(o* relativo*) se esiste un numero reale* $\delta > 0$ *tale che* $f(x) \leq f(x_0)$ *per ogni* $x \in (x_0 - \delta, x_0 + \delta) \cap [a, b]$,

4. *un punto di* minimo locale *(o* relativo*) se esiste un numero reale* $\delta > 0$ *tale che* $f(x) \geq f(x_0)$ *per ogni* $x \in (x_0 - \delta, x_0 + \delta) \cap [a, b]$.

La funzione f *presenta in* x_0 *un* estremo locale *(o* relativo*) se in quel punto presenta in massimo o un minimo locale.*

I valori di massimo e di minimo assoluti (se esistono) sono unici, mentre i valori di massimo e di minimo locali possono anche essere molteplici. Un estremo assoluto è anche locale, ma un estremo locale non è detto sia assoluto.

Definizione 349. *Una funzione* $f : [a, b] \to \mathbb{R}$ *derivabile su* (a, b) *presenta un* punto stazionario *(o* punto di stazionarietà*) in* $x_0 \in (a, b)$ *quando* $f'(x_0) = 0$.

I punti stazionari sono i punti in cui la retta tangente al grafico della funzione è orizzontale. Come vedremo nel seguente teorema, un punto di massimo o di minimo locale di una funzione derivabile è necessariamente un punto stazionario. Tuttavia, un punto stazionario non è necessariamente un estremo locale.

Teorema 350 (Fermat, 1638). *Sia* $f : [a, b] \to \mathbb{R}$ *una funzione continua, derivabile in* (a, b). *Se la funzione* f *presenta un estremo locale in un punto* $x_0 \in (a, b)$, *allora* $f'(x_0) = 0$.

Dimostrazione. Supponiamo che in x_0 si abbia un massimo locale (un discorso del tutto analogo vale quando in x_0 si ha un minimo locale). Allora esiste un opportuno intorno U di x_0 tale che $f(x) \leq f(x_0)$ per ogni $x \in U$. Sia $x \in U$. Se $x < x_0$, allora

$$\frac{f(x) - f(x_0)}{x - x_0} \geq 0.$$

Quindi, per la proprietà della permanenza del segno di una funzione continua, passando al limite per $x \to x_0^-$, si ha $f'_-(x_0) \geq 0$. Analogamente, se $x > x_0$, allora

$$\frac{f(x) - f(x_0)}{x - x_0} \leq 0.$$

Quindi, per la proprietà della permanenza del segno di una funzione continua, passando al limite per $x \to x_0^+$, si ha $f'_+(x_0) \leq 0$. Poiché la funzione è derivabile nel punto x_0, si ha $f'_-(x_0) = f'(x_0) = f'_+(x_0)$. Di conseguenza, deve essere $0 \leq f'(x_0) \leq 0$, ossia $f'(x_0) = 0$. Quindi, in x_0 la funzione f presenta un punto stazionario. □

Teorema 351 (Rolle, 1690; Dini, 1878). *Sia* $f : [a, b] \to \mathbb{R}$ *una funzione continua, derivabile in* (a, b). *Se* $f(a) = f(b)$, *allora esiste un punto* $x_0 \in (a, b)$ *tale che* $f'(x_0) = 0$.

Dimostrazione. Poiché la funzione f è continua su un intervallo chiuso e limitato, per il teorema di Weierstrass, essa ammette minimo assoluto m e massimo assoluto M su $[a, b]$. Se $m = M$, allora la funzione f è costante su tutto l'intervallo $[a, b]$ e quindi $f'(x) = 0$ per ogni $x \in [a, b]$. Se invece $m \neq M$, allora, poiché $f(a) = f(b)$, almeno uno dei due punti non si trova agli estremi dell'intervallo. Quindi f possiede almeno un punto di estremo locale interno all'intervallo $[a, b]$. Di conseguenza, per il teorema di Fermat, esiste almeno un punto $x_0 \in (a, b)$ in cui $f'(x_0) = 0$. □

5.8.2 Teorema del valor medio di Lagrange

Dimostriamo ora un teorema classico dell'analisi, piuttosto importante per le sue svariate applicazioni. Iniziamo col vedere il suo significato geometrico. Consideriamo una funzione f definita su un intervallo $[a, b]$ chiuso e limitato. Consideriamo il grafico γ di f e i suoi punti estremi $A \equiv (a, f(a))$ e $B \equiv (b, f(b))$. Consideriamo poi la retta AB che passa per questi due punti estremi e che ha equazione

$$\frac{y - f(a)}{f(b) - f(a)} = \frac{x - a}{b - a}, \qquad \text{ossia} \qquad y = f(a) + \frac{f(b) - f(a)}{b - a}(x - a).$$

Ci chiediamo se esistono dei punti $P \in \gamma$, diversi dai punti estremi A e B, in cui la tangente si parallela alla retta AB. Si veda la Figura 5.2.

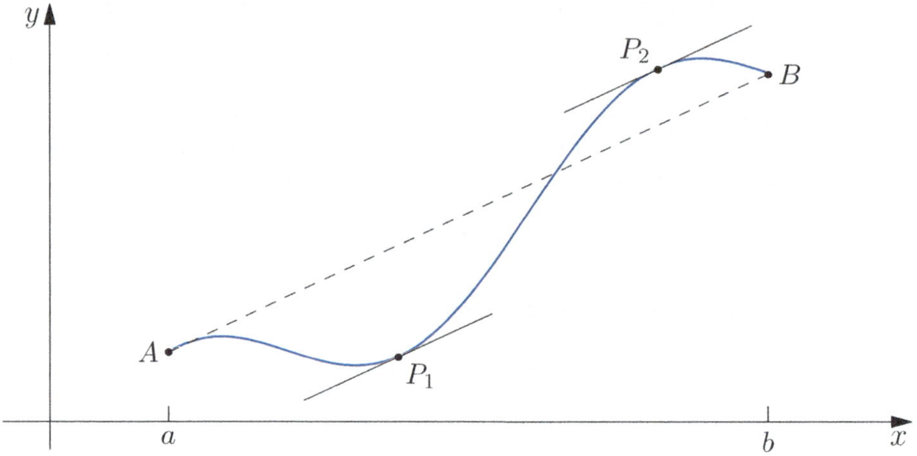

Figura 5.2: Problema di Lagrange sulle tangenti parallele alla retta AB.

In generale, questo problema non ha soluzioni. Consideriamo, ad esempio, le due funzioni $f, g : [-1, 1] \to \mathbb{R}$ definite da $f(x) = \text{sign}(x)$ e $g(x) = |x|$. In entrambi i casi non esistono rette tangenti alla retta AB. Questo risultato negativo deriva dal fatto che le due funzioni non sono sufficientemente regolari. La prima funzione non è continua, mentre la seconda funzione non è derivabile. Il teorema di Lagrange garantisce l'esistenza di almeno una retta tangente nel caso in cui la funzione sia sufficientemente regolare. Più precisamente, abbiamo la seguente proprietà.

Teorema 352 (Teorema del valor medio di Lagrange; Cauchy, 1823). *Sia* $f : [a, b] \to \mathbb{R}$ *una funzione continua, derivabile in* (a, b). *Allora esiste un punto* $x_0 \in (a, b)$ *tale che*

$$\frac{f(b) - f(a)}{b - a} = f'(x_0).$$

Dimostrazione. Consideriamo la funzione ausiliaria $F : [a,b] \to \mathbb{R}$ definita prendendo la differenza tra la funzione f e la funzione che definisce la retta AB (si faccia sempre riferimento alla Figura 5.2). Pertanto, si ha

$$F(x) = f(x) - f(a) - \frac{f(b) - f(a)}{b - a}\,(x - a)\,.$$

La funzione F è continua in $[a,b]$ ed è derivabile in (a,b), essendo una combinazione lineare di funzioni che possiedono queste proprietà. Inoltre, si ha $F(a) = 0$ e $F(b) = 0$. Quindi, per il teorema di Rolle, esiste un punto $x_0 \in (a,b)$ tale che $F'(x_0) = 0$. Poiché

$$F'(x) = f'(x) - \frac{f(b) - f(a)}{b - a}\,,$$

si ha

$$0 = F'(x_0) = f'(x_0) - \frac{f(b) - f(a)}{b - a}\,,$$

da cui segue la tesi. □

I *punti di Lagrange* di una funzione $f : [a,b] \to \mathbb{R}$ continua, e derivabile in (a,b), sono i punti $x \in (a,b)$ tali che

$$\frac{f(b) - f(a)}{b - a} = f'(x)\,.$$

Geometricamente, i punti di Lagrange sono i punti $x_0 \in (a,b)$ in corrispondenza dei quali la retta tangente in $(x_0, f(x_0))$ al grafico γ di f è parallela alla retta AB (si veda sempre la Figura 5.2). Per il teorema di Lagrange, ogni funzione $f : [a,b] \to \mathbb{R}$ continua, e derivabile in (a,b), possiede sempre almeno un punto di Lagrange interno all'intervallo (a,b). In generale, però, il problema di determinare i punti di Lagrange di una funzione è piuttosto complicato. Qui di seguito vedremo qualche semplice esempio in cui i punti di Lagrange possono essere determinati esplicitamente mediante tecniche algebriche.

ESEMPI

1. Consideriamo la funzione $f : [a,b] \to \mathbb{R}$ definita da $f(x) = x^2$. I punti di Lagrange si ottengono risolvendo l'equazione

$$f'(x) = \frac{f(b) - f(a)}{b - a}\,, \qquad \text{ossia} \quad 2x = \frac{b^2 - a^2}{b - a} = a + b\,, \qquad \text{ossia} \quad x = \frac{a + b}{2}\,.$$

   Abbiamo così che la funzione f possiede un solo punto di Lagrange sull'intervallo $[a,b]$ ed esso coincide con il punto medio dell'intervallo. Si veda la Figura 5.3a. Questa semplice proprietà era già nota ad Archimede nel III secolo a.C.

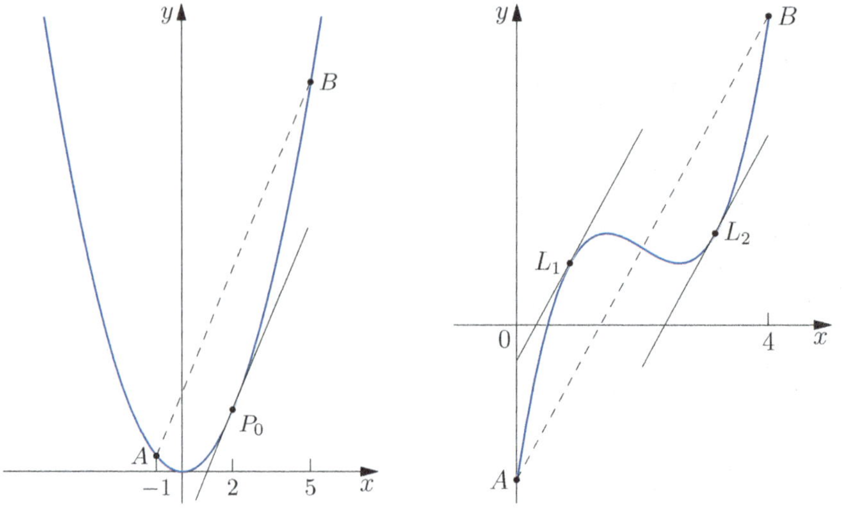

(a) $f(x) = x^2$. (b) $f(x) = x^3 - 6x^2 + 11x - 4$.

Figura 5.3: Punti di Lagrange.

2. Consideriamo la funzione $f : [a,b] \to \mathbb{R}$ definita da $f(x) = 1/x$, dove a e b sono entrambi diversi da 0 e possiedono lo stesso segno. I punti di Lagrange si ottengono risolvendo l'equazione

$$f'(x) = \frac{f(b) - f(a)}{b - a}, \quad \text{ossia} \quad -\frac{1}{x^2} = \frac{1/b - 1/a}{b - a} = \frac{a - b}{ab}\,\frac{1}{b - a} = -\frac{1}{ab},$$

$$\text{ossia} \quad x^2 = ab$$

e quindi

$$x = \pm\sqrt{ab}\,.$$

Le soluzioni sono ben definite perché a e b hanno lo stesso segno. Tuttavia, la funzione f possiede un solo punto di Lagrange sull'intervallo $[a,b]$: il punto $x_0 = \sqrt{ab}$ se $a, b > 0$, oppure il punto $x_0 = -\sqrt{ab}$ se $a, b < 0$. Se $a, b > 0$, il punto di Lagrange coincide con la media geometrica degli estremi dell'intervallo.

3. Consideriamo la funzione $f : [0,4] \to \mathbb{R}$ definita da $f(x) = x^3 - 6x^2 + 11x - 4$. Poiché $f(0) = -4$ e $f(4) = 8$, i punti estremi sono $A \equiv (0,-4)$ e $B \equiv (4,8)$. I punti di Lagrange di f si trovano risolvendo l'equazione

$$f'(x) = \frac{f(4) - f(0)}{4 - 0}, \quad \text{ossia} \quad 3x^2 - 12x + 11 = \frac{8 + 4}{4 - 0} = \frac{12}{4} = 3,$$

$$\text{ossia} \quad 3x^2 - 12x + 8 = 0\,.$$

Questa equazione ha due soluzioni reali

$$x_{1,2} = \frac{6 \pm 2\sqrt{3}}{3} = 2 \pm \frac{2}{\sqrt{3}},$$

entrambe appartenenti all'intervallo $(0, 4)$. Pertanto, la funzione f possiede due punti di Lagrange, dati da

$$L_1 \equiv \left(2 - \frac{2}{\sqrt{3}}, 2 - \frac{2}{3\sqrt{3}}\right) \qquad \text{e} \qquad L_2 \equiv \left(2 + \frac{2}{\sqrt{3}}, 2 + \frac{2}{3\sqrt{3}}\right).$$

Si veda la Figura 5.3b.

4. Consideriamo la funzione $f : [2, 6] \to \mathbb{R}$ definita da $f(x) = x - \operatorname{sen} \frac{\pi}{2}x$. I punti di Lagrange di f si trovano risolvendo l'equazione

$$f'(x) = \frac{f(6) - f(2)}{6 - 2}, \quad \text{ossia} \quad 1 - \frac{\pi}{2}\cos\frac{\pi}{2}x = \frac{6-2}{4} = 1, \quad \text{ossia} \quad \cos\frac{\pi}{2}x = 0.$$

Questa equazione è verificata quando

$$\frac{\pi}{2}x = (2k + 1)\frac{\pi}{2} \qquad k \in \mathbb{Z},$$

e quindi abbiamo le infinite soluzioni

$$x_k = 2k + 1 \qquad k \in \mathbb{Z}.$$

Tuttavia, le soluzioni appartenenti all'intervallo $(0, 4)$ sono solo $x_1 = 3$ e $x_2 = 5$. Pertanto, la funzione f possiede due punti di Lagrange, dati da $P_1 \equiv (3, 2)$ e $P_2 \equiv (5, 6)$.

Naturalmente, se si cambia l'intervallo, in generale cambiamo anche i punti di Lagrange. Consideriamo l'intervallo $[2m, 2n]$ con $m, n \in \mathbb{N}$, $m < n$. Allora $f(2m) = 2m$ e $f(2n) = 2n$. La situazione è pertanto del tutto simile a quella che abbiamo appena visto e ancora abbiamo le soluzioni $x_k = 2k + 1$, $k \in \mathbb{Z}$. Questa volta deve essere $x_k \in (2m, 2n)$, ossia $2m < 2k+1 < 2n$, ossia $2m+1 \le 2k+1 \le 2n-1 = 2(n-1)+1$, ossia $m \le k \le n-1$. In questo caso, quindi, ci sono $n - m$ punti di Lagrange.

OSSERVAZIONE 353. Il teorema di Lagrange ammette anche una interpretazione cinematica. Infatti, se interpretiamo la variabile x come il tempo t e la funzione $f(x)$ come la legge oraria $s(t)$ del moto di un punto, allora il rapporto

$$v_m = \frac{s(t_1) - s(t_0)}{t_1 - t_0}$$

è la velocità media nell'intervallo di tempo $[t_0, t_1]$ mentre la derivata prima $s'(t)$ è la velocità istantanea nell'istante di tempo t. Il teorema di Lagrange afferma che esiste almeno un istante $t_m \in (t_0, t_1)$ in cui la velocità istantanea uguaglia la velocità media, ossia $s'(t_m) = v_m$.

Come abbiamo già osservato, il teorema di Lagrange ha svariate applicazioni. Qui ne vediamo una molto semplice in cui il teorema di Lagrange permette di ottenere delle disuguaglianze non banali.

Teorema 354. *Vale la* disuguaglianza di Nepero

$$\frac{1}{b} < \frac{\log b - \log a}{b - a} < \frac{1}{a} \qquad \textit{per ogni } 0 < a < b$$

e vale la disuguaglianza

$$\sqrt{ab} < \frac{b - a}{\log b - \log a} < \frac{a + b}{2} \qquad \textit{per ogni } 0 < a < b$$

che mette in relazione la media geometrica con la media logaritmica e la media aritmetica di due numeri.

Dimostrazione. Consideriamo la funzione $f : [a, b] \to \mathbb{R}$, definita da $f(x) = \log x$. Applicando il teorema di Lagrange, abbiamo

$$\frac{\log b - \log a}{b - a} = \frac{1}{x}$$

per un opportuno $x \in (a, b)$. Pertanto, abbiamo $a < x < b$, ossia $\frac{1}{x} < \frac{1}{a}$ e $\frac{1}{x} > \frac{1}{b}$, ossia $\frac{1}{b} < \frac{1}{x} < \frac{1}{a}$. Si ha così la disuguaglianza di Nepero. Inoltre, dalla disuguaglianza $a < x < b$, si ha

$$a < \frac{b - a}{\log b - \log a} < b$$

dalla quale si ottiene la seconda disuguaglianza, essendo $\sqrt{ab} < a$ e $b < \frac{a+b}{2}$ per ogni a e b con $0 < a < b$. □

5.8.3 Funzioni crescenti e decrescenti

Il teorema di Lagrange permette di caratterizzare completamente le funzioni derivabili crescenti e decrescenti.

Teorema 355 (Teorema di monotonia)**.** *Sia* $f : (a, b) \to \mathbb{R}$ *una funzione derivabile. Allora*

1. f *è crescente su* (a, b) *se e solo se* $f'(x) \geq 0$ *per ogni* $x \in (a, b)$.

2. f *è decrescente su* (a, b) *se e solo se* $f'(x) \leq 0$ *per ogni* $x \in (a, b)$.

Dimostrazione. Supponiamo che f sia crescente. Sia $x_0 \in (a, b)$. Se $x > x_0$, allora $f(x) \geq f(x_0)$ e

$$\frac{f(x) - f(x_0)}{x - x_0} \geq 0 .$$

Passando al limite, per $x \to x_0$, per la permanenza del segno dei limiti di funzioni continue, si ha $f'_+(x_0) \geq 0$. Analogamente, se $x < x_0$, allora $f(x) \leq f(x_0)$ e

$$\frac{f(x) - f(x_0)}{x - x_0} \geq 0 .$$

Passando al limite, per $x \to x_0$, per la permanenza del segno dei limiti di funzioni continue, si ha $f'_-(x_0) \geq 0$. Poiché f è derivabile in x_0, si ha $f'(x_0) = f'_-(x_0) = f'_+(x_0)$ e quindi $f'(x_0) \geq 0$. Per l'arbitrarietà di x_0, si ha $f'(x) \geq 0$ per ogni $x \in (a,b)$.

Viceversa, supponiamo che $f'(x) \geq 0$ per ogni $x \in (a,b)$. Dobbiamo mostrare che f è crescente. Fissiamo $x_1, x_2 \in (a,b)$, con $x_1 < x_2$. Allora la funzione f risulta continua sull'intervallo chiuso $[x_1, x_2]$ e derivabile sull'intervallo aperto (x_1, x_2). Quindi, per il teorema di Lagrange, esiste un punto $x_0 \in (x_1, x_2)$ tale che

$$\frac{f(x_2) - f(x_1)}{x_2 - x_1} = f'(x_0).$$

Poiché, per ipotesi, $f'(x) \geq 0$ per ogni $x \in (a,b)$, si ha

$$\frac{f(x_2) - f(x_1)}{x_2 - x_1} \geq 0.$$

Poiché $x_1 < x_2$, deve essere $f(x_2) - f(x_1) \geq 0$, ossia $f(x_2) \geq f(x_1)$.

La caratterizzazione delle funzioni decrescenti si ottiene in modo analogo. □

OSSERVAZIONE 356. Non è necessario che la funzione sia definita agli estremi dell'intervallo. Ad esempio, la funzione $f(x) = \operatorname{tg} x$ è definita sull'intervallo $(-\pi/2, \pi/2)$ ma non nei suoi estremi. Tuttavia, $f'(x) = 1 + \operatorname{tg}^2 x \geq 0$ e quindi f è crescente su tutto $(-\pi/2, \pi/2)$.

Teorema 357 (Teorema di invertibilità locale). *Sia* $f : (a,b) \to \mathbb{R}$ *una funzione derivabile. Se la derivata prima* f' *è continua in un punto* $x_0 \in (a,b)$ *e* $f'(x_0) \neq 0$, *allora esiste un intorno di* x_0 *in cui la funzione* f *è invertibile.*

Dimostrazione. Per ipotesi $f'(x_0) \neq 0$. Supponiamo che $f'(x_0) > 0$ (un discorso del tutto analogo vale se $f'(x_0) < 0$). Poiché f' è continua in x_0, per il teorema della permanenza del segno, si ha $f'(x) > 0$ in tutto un intorno U di x_0. Quindi in U la funzione f è strettamente crescente e di conseguenza invertibile. □

Il teorema di monotonia permette di caratterizzazione completamente le funzioni a derivata nulla.

Teorema 358. *Sia* $f : (a,b) \to \mathbb{R}$ *una funzione derivabile. Allora* $f'(x) = 0$ *per ogni* $x \in (a,b)$ *se e solo se* f *è costante su tutto* (a,b).

Dimostrazione. La funzione f è costante su tutto (a,b) se e solo se è crescente e decrescente su tutto (a,b), ossia se e solo se (per il teorema di monotonia) $f'(x) \geq 0$ e $f'(x) \leq 0$ per ogni $x \in (a,b)$, ossia se e solo se $f'(x) = 0$ per ogni $x \in (a,b)$. □

OSSERVAZIONE 359. Il teorema 358 vale solo se il dominio della funzione è connesso, ossia se si riduce a un intervallo (anche illimitato). Consideriamo, ad esempio, la funzione

$$f(x) = \operatorname{artg} x + \operatorname{artg} \frac{1}{x}$$

definita su $\mathbb{R}\setminus\{0\}$. Derivando, si ha

$$f'(x) = \frac{1}{1+x^2} - \frac{1}{x^2}\,\frac{1}{1+1/x^2} = \frac{1}{1+x^2} - \frac{1}{1+x^2} = 0\,.$$

Tuttavia $f(1) = \pi/4 + \pi/4 = \pi/2$ e $f(-1) = -\pi/4 - \pi/4 = -\pi/2$. La funzione, quindi, non è costante su tutto il suo dominio. È costante solo sull'intervallo $(-\infty, 0)$ e sull'intervallo $(0, +\infty)$. Più precisamente, si ha

$$f(x) = \begin{cases} -\pi/2 & \text{per } x < 0 \\ \pi/2 & \text{per } x > 0\,. \end{cases}$$

Teorema 360. *Siano* $f : (a,b) \to \mathbb{R}$ *e* $g : (a,b) \to \mathbb{R}$ *due funzioni derivabili tali che* $f'(x) = g'(x)$ *per ogni* $x \in (a,b)$. *Allora esiste una costante* $c \in \mathbb{R}$ *tale che* $f(x) = g(x) + c$ *per ogni* $x \in (a,b)$.

Dimostrazione. Consideriamo la funzione ausiliaria φ definita ponendo $\varphi(x) = f(x) - g(x)$ per ogni $x \in (a,b)$. Allora $\varphi'(x) = f'(x) - g'(x) = 0$ su tutto (a,b). Quindi, per il Teorema 358, φ è costante su tutto (a,b), ossia esiste un numero reale c per cui $\varphi(x) = c$, ossia $f(x) - g(x) = c$, per ogni $x \in (a,b)$. □

5.8.4 Teorema degli incrementi finiti di Cauchy

Il teorema di Lagrange può essere generalizzato nel modo seguente.

Teorema 361 (Teorema degli incrementi finiti di Cauchy, 1823)**.** *Siano* $f : [a,b] \to \mathbb{R}$ *e* $g : [a,b] \to \mathbb{R}$ *due funzioni continue, derivabili sull'intervallo aperto* (a,b), *con* $g'(x) \neq 0$ *per ogni* $x \in (a,b)$. *Allora esiste un punto* $x_0 \in (a,b)$ *tale che*

$$\frac{f(b) - f(a)}{g(b) - g(a)} = \frac{f'(x_0)}{g'(x_0)}\,.$$

Dimostrazione. Iniziamo con l'osservare che $g(a) \neq g(b)$. Supponiamo, per assurdo, che $g(a) = g(b)$. In questo caso, la funzione g soddisfa le ipotesi del teorema di Rolle e quindi dovrebbe esistere almeno un punto $\widetilde{x} \in (a,b)$ tale che $g'(\widetilde{x}) = 0$, contro l'ipotesi $g'(x) \neq 0$ per ogni $x \in (a,b)$.

Consideriamo ora la funzione ausiliaria $F : [a,b] \to \mathbb{R}$ definita ponendo

$$F(x) = f(x) - f(a) - \frac{f(b) - f(a)}{g(b) - g(a)}\,(g(x) - g(a))$$

per ogni $x \in [a,b]$. La funzione F è continua sull'intervallo chiuso $[a,b]$ ed è derivabile sull'intervallo aperto (a,b). Inoltre $F(a) = 0$ e $F(b) = 0$. Quindi, per il teorema di Rolle, esiste un punto $x_0 \in (a,b)$ tale che $F'(x_0) = 0$. Poiché

$$F'(x) = f'(x) - \frac{f(b) - f(a)}{g(b) - g(a)}\,g'(x)\,,$$

si ha

$$0 = F'(x_0) = f'(x_0) - \frac{f(b) - f(a)}{g(b) - g(a)}\, g'(x_0)\,,$$

da cui si ricava l'identità asserita. □

OSSERVAZIONE 362. Per $g(x) = x$, il teorema di Cauchy si riduce al teorema di Lagrange. Inoltre, anche il teorema di Cauchy ammette una interpretazione geometrica analoga a quella che abbiamo visto per il teorema di Lagrange. La vedremo più in dettaglio in seguito quando studieremo le curve piane (vedi paragrafo 11.2.4).

5.8.5 Teoremi di de l'Hôpital

Una delle applicazioni più importanti del teorema di Cauchy è la seguente *regola di de l'Hôpital*, che risulta estremamente utile nel calcolo dei limiti. Infatti, tale regola spesso permette di passare da un limite complicato che non si è in grado di calcolare immediatamente (perché presenta una qualche forma di indeterminazione) a un limite più semplice che si è in grado di calcolare.

Teorema 363 (de l'Hôpital, 1696; Johann Bernoulli, 1694)**.** *Sia* $x_0 \in [a,b]$ *e siano* $f : [a,b] \to \mathbb{R}$ *e* $g : [a,b] \to \mathbb{R}$ *due funzioni continue su tutto* $[a,b]$ *e derivabili su* (a,b) *(escluso al più in* x_0*), tali che* $f(x_0) = 0$ *e* $g(x_0) = 0$ *e* $g'(x) \neq 0$ *per ogni* x *appartenente a un opportuno intorno di* x_0 *(escluso al più* x_0*). Se esiste (finito o infinito) il limite di* $f'(x)/g'(x)$ *per* $x \to x_0$*, allora*

$$\lim_{x \to x_0} \frac{f(x)}{g(x)} = \lim_{x \to x_0} \frac{f'(x)}{g'(x)}\,.$$

In particolare, se le funzioni f' *e* g' *sono continue in* x_0 *e* $g'(x_0) \neq 0$*, allora*

$$\lim_{x \to x_0} \frac{f(x)}{g(x)} = \frac{f'(x_0)}{g'(x_0)}\,.$$

Dimostrazione. Per ipotesi, $g'(x) \neq 0$ in un opportuno intorno $(x_0 - \delta, x_0 + \delta)$ di x_0. Per ogni $x \in (x_0, x_0 + \delta)$, le funzioni f e g sono continue sull'intervallo chiuso $[x_0, x]$ e sono derivabili sull'intervallo aperto (x_0, x). Quindi, per il teorema di Cauchy (Teorema 361), esiste un punto $\xi \in (x_0, x)$ tale che

$$\frac{f(x) - f(x_0)}{g(x) - g(x_0)} = \frac{f'(\xi)}{g'(\xi)}\,.$$

Poiché $f(x_0) = g(x_0) = 0$, questa identità si riduce a

$$\frac{f(x)}{g(x)} = \frac{f'(\xi)}{g'(\xi)}\,.$$

Se $x \to x_0^+$, allora anche $\xi \to x_0^+$ e quindi

$$\lim_{x \to x_0^+} \frac{f(x)}{g(x)} = \lim_{x \to x_0^+} \frac{f'(\xi)}{g'(\xi)} = \lim_{\xi \to x_0^+} \frac{f'(\xi)}{g'(\xi)}\,.$$

In modo del tutto analogo, si dimostra che

$$\lim_{x\to x_0^-}\frac{f(x)}{g(x)}=\lim_{x\to x_0^-}\frac{f'(x)}{g'(x)}\,.$$

In conclusione, quindi, si ha l'identità enunciata. Infine, se f' e g' sono continue in x_0 e $g'(x_0)\neq 0$, allora $f'(x)/g'(x)\to f'(x_0)/g'(x_0)$ per $x\to x_0$. □

OSSERVAZIONE 364. Dalla dimostrazione precedente, si vede che il teorema vale anche per i limiti destri e per i limiti sinistri.

ESEMPI

1. I seguenti limiti presentano tutti una forma indeterminata del tipo $0/0$. Applicando la regola di de l'Hôpital, si ha

$$\lim_{x\to 0}\frac{\operatorname{sen}4x-\operatorname{sen}x}{\operatorname{sen}3x+\operatorname{sen}2x}\underset{\text{DH}}{=}\lim_{x\to 0}\frac{4\cos 4x-\cos x}{3\cos 3x+2\cos 2x}=\frac{3}{5}$$

$$\lim_{x\to 0}\frac{e^{3x}-e^{2x}}{e^{5x}-e^{x}}\underset{\text{DH}}{=}\lim_{x\to 0}\frac{3e^{3x}-2e^{2x}}{5e^{5x}-e^{x}}=\frac{1}{4}$$

$$\lim_{x\to 0}\frac{1-\cos x}{\operatorname{sen}^2 x}\underset{\text{DH}}{=}\lim_{x\to 0}\frac{\operatorname{sen}x}{2\operatorname{sen}x\cos x}=\lim_{x\to 0}\frac{1}{2\cos x}=\frac{1}{2}\,.$$

Scriviamo $\underset{\text{DH}}{=}$ per indicare un passaggio effettuato mediante la regola di de l'Hôpital.

2. Talvolta, applicando la regola di de l'Hôpital, si perviene a un limite che presenta ancora una forma di indeterminazione del tipo $0/0$. In questo caso, se possible, si riapplica la regola di de l'Hôpital e si continua in questo modo finché non si arriva a un limite che non presenta forme di indeterminazione. I seguenti limiti presentano tutti una forma indeterminata del tipo $0/0$, ma applicando[1] la regola di de l'Hôpital si ha

$$\lim_{x\to 0}\frac{x\operatorname{sen}x}{1-\cos x}\underset{\text{DH}}{=}\lim_{x\to 0}\frac{\operatorname{sen}x+x\cos x}{\operatorname{sen}x}\underset{\text{DH}}{=}\lim_{x\to 0}\frac{2\cos x-x\operatorname{sen}x}{\cos x}=2$$

$$\lim_{x\to 0^+}\frac{\log\operatorname{sen}x}{\log x}\underset{\text{DH}}{=}\lim_{x\to 0^+}\frac{x\cos x}{\operatorname{sen}x}\underset{\text{DH}}{=}\lim_{x\to 0^+}\frac{\cos x-x\operatorname{sen}x}{\cos x}=1$$

$$\lim_{x\to 0^+}\frac{2x-\operatorname{sen}2x}{2\operatorname{sen}x-\operatorname{sen}2x}\underset{\text{DH}}{=}\lim_{x\to 0^+}\frac{1-\cos 2x}{\cos x-\cos 2x}\underset{\text{DH}}{=}\lim_{x\to 0^+}\frac{2\operatorname{sen}2x}{-\operatorname{sen}x+2\operatorname{sen}2x}$$
$$\underset{\text{DH}}{=}\lim_{x\to 0^+}\frac{4\cos 2x}{-\cos x+4\cos 2x}=\frac{4}{3}$$

$$\lim_{x\to 0^+}\left(\frac{\cos x}{\operatorname{sen}x}-\frac{1}{x}\right)=\lim_{x\to 0^+}\frac{x\cos x-\operatorname{sen}x}{x\operatorname{sen}x}\underset{\text{DH}}{=}\lim_{x\to 0^+}\frac{-x\operatorname{sen}x}{\operatorname{sen}x+x\cos x}$$
$$\underset{\text{DH}}{=}\lim_{x\to 0^+}\frac{-\operatorname{sen}x-x\cos x}{2\cos x-x\operatorname{sen}x}=0\,.$$

[1]Naturalmente, un limite può essere calcolato in modi diversi. Si tratta di scegliere, di volta in volta, il modo più semplice per effettuare il calcolo.

3. Si noti che i vari limiti notevoli che abbiamo visto in precedenza possono essere calcolati immediatamente con la regola di de l'Hôpital:

$$\lim_{x\to 0}\frac{\operatorname{sen}x}{x} \underset{\mathrm{DH}}{=} \lim_{x\to 0}\cos x = 1 \qquad \lim_{x\to 0}\frac{1-\cos x}{x^2} \underset{\mathrm{DH}}{=} \lim_{x\to 0}\frac{\operatorname{sen}x}{2x} = \frac{1}{2}$$

$$\lim_{x\to 0}\frac{e^x-1}{x} \underset{\mathrm{DH}}{=} \lim_{x\to 0} e^x = 1 \qquad \lim_{x\to 0}\frac{\log(1+x)}{x} \underset{\mathrm{DH}}{=} \lim_{x\to 0}\frac{1}{1+x} = 1$$

In questo modo si possono trovare molti altri *limiti notevoli*. Ad esempio, si ha

$$\lim_{x\to 0}\frac{\operatorname{sen}x - x}{x^3} \underset{\mathrm{DH}}{=} \lim_{x\to 0}\frac{\cos x - 1}{3x^2} = -\frac{1}{6}$$

$$\lim_{x\to 0}\frac{e^x-1-x}{x^2} \underset{\mathrm{DH}}{=} \lim_{x\to 0}\frac{e^x-1}{2x} \underset{\mathrm{DH}}{=} \lim_{x\to 0}\frac{e^x}{2} = \frac{1}{2}$$

$$\lim_{x\to 0}\frac{\operatorname{artg}x}{x} \underset{\mathrm{DH}}{=} \lim_{x\to 0}\frac{1}{1+x^2} = 1$$

$$\lim_{x\to 0}\frac{\operatorname{artg}x - x}{x^2} \underset{\mathrm{DH}}{=} \lim_{x\to 0}\frac{\frac{1}{1+x^2}-1}{2x} = \lim_{x\to 0}\frac{-x}{2(1+x^2)} = 0\,.$$

OSSERVAZIONE 365. Se il limite di $f'(x)/g'(x)$ per $x \to x_0$ non esiste, allora in generale non si può dire nulla sul limite di $f(x)/g(x)$ per $x \to x_0$. Consideriamo, ad esempio, il limite

$$L = \lim_{x\to 0}\frac{x^2 \operatorname{sen}\frac{1}{x}}{\operatorname{sen}x}$$

che presenta una forma di indeterminazione del tipo $0/0$. In questo caso, però, non si può applicare la regola di de l'Hôpital poiché il limite del rapporto delle derivate

$$\lim_{x\to 0}\frac{2x\operatorname{sen}\frac{1}{x} - \cos\frac{1}{x}}{\cos x}$$

non esiste (la funzione $\cos\frac{1}{x}$ continua a oscillare). Il limite L, però, può essere calcolato direttamente usando i limiti notevoli e ricordando che una funzione infinitesima per una funzione limitata é ancora una funzione infinitesima:

$$L = \lim_{x\to 0}\frac{x}{\operatorname{sen}x}\cdot x\operatorname{sen}\frac{1}{x} = \lim_{x\to 0}\frac{x}{\operatorname{sen}x}\ \lim_{x\to 0} x\operatorname{sen}\frac{1}{x} = 0\,.$$

Il Teorema 363 può essere esteso anche al caso di un quoziente di funzioni che presenta una forma di indeterminazione del tipo ∞/∞.

Teorema 366 (Secondo teorema di de l'Hôpital). *Siano* f *e* g *due funzioni continue e derivabili in un intorno* $(x_0, x_0+\delta)$ *di un punto* $x_0 \in \mathbb{R}$*, tali che*

$$\lim_{x\to x_0^+} f(x) = +\infty \qquad e \qquad \lim_{x\to x_0^+} g(x) = +\infty$$

e $g'(x) \neq 0$ *per ogni* $x \in (x_0, x_0+\delta)$. *Se esiste (finito o infinito) il limite di* $f'(x)/g'(x)$ *per* $x \to x_0^+$*, allora*

$$\lim_{x\to x_0^+}\frac{f(x)}{g(x)} = \lim_{x\to x_0^+}\frac{f'(x)}{g'(x)}\,.$$

Osservazione 367. I Teoremi 363, 366 valgono anche quando $x \to +\infty$ o $x \to -\infty$. Infatti, in questi casi, basta porre $t = 1/x$. In questo modo, ci si riporta al caso finito per $t \to 0$. Quindi, per entrambe le forme di indeterminazione, si ha

$$\lim_{x\to\pm\infty} \frac{f(x)}{g(x)} = \lim_{t\to 0^\pm} \frac{f(1/t)}{g(1/t)} \underset{\text{DH}}{=} \lim_{t\to 0^\pm} \frac{-f'(1/t)/t^2}{-g'(1/t)/t^2} = \lim_{t\to 0^\pm} \frac{f'(1/t)}{g'(1/t)} = \lim_{x\to\pm\infty} \frac{f'(x)}{g'(x)} .$$

Osservazione 368. A questo punto, usando la regola di de l'Hôpital, possiamo dimostrare la gerarchia degli infiniti che abbiamo già visto, ma senza dimostrazione.

1. Per $x \to +\infty$, il logaritmo $\log x$ è un infinito di ordine inferiore a ogni potenza x^α a esponente positivo.
   Infatti, per ogni numero reale $\alpha > 0$, il quoziente $\log x / x^\alpha$ presenta una forma di indeterminazione del tipo ∞/∞, per $x \to +\infty$. Applicando la regola di de l'Hôpital, si ha

   $$\lim_{x\to+\infty} \frac{\log x}{x^\alpha} = \lim_{x\to+\infty} \frac{1/x}{\alpha\, x^{\alpha-1}} = \lim_{x\to+\infty} \frac{1}{\alpha\, x^\alpha} = 0 .$$

   Allo stesso modo, possiamo vedere che le potenze prevalgono sui logaritmi anche quando si ha una forma di indeterminazione del tipo $0 \cdot \infty$. Più precisamente, per ogni numero reale $\alpha > 0$, si ha

   $$\lim_{x\to 0^+} x^\alpha \log x = \lim_{x\to 0^+} \frac{\log x}{x^{-\alpha}} \underset{\text{DH}}{=} \lim_{x\to 0^+} \frac{1/x}{-\alpha x^{-\alpha-1}} = -\frac{1}{\alpha} \lim_{x\to 0^+} x^\alpha = 0 .$$

   Si noti che, per applicare la regola di de l'Hôpital, abbiamo trasformato la forma di indeterminazione $0 \cdot \infty$ nella forma di indeterminazione ∞/∞.
2. Per $x \to +\infty$, l'esponenziale e^x è un infinito di ordine superiore a ogni potenza x^α a esponente positivo.
   Infatti, per ogni numero reale $\alpha > 0$, il quoziente e^x/x^α presenta una forma di indeterminazione del tipo ∞/∞, per $x \to +\infty$. Usando la continuità delle potenze e applicando ripetutamente la regola di de l'Hôpital, si ha

   $$\lim_{x\to+\infty} \frac{x^\alpha}{e^x} = \lim_{x\to+\infty} \left(\frac{x}{e^{x/\alpha}}\right)^\alpha = \left(\lim_{x\to+\infty} \frac{x}{e^{x/\alpha}}\right)^\alpha \underset{\text{DH}}{=} \left(\lim_{x\to+\infty} \frac{\alpha}{e^{x/\alpha}}\right)^\alpha = 0^\alpha = 0 .$$

   Ovviamente, l'esponenziale prevale sulle potenze anche quando si ha una forma di indeterminazione del tipo $0 \cdot \infty$. Più precisamente, per ogni numero reale $\alpha > 0$, si ha

   $$\lim_{x\to+\infty} x^\alpha e^{-x} = \lim_{x\to+\infty} \frac{x^\alpha}{e^x} = 0 .$$

Come conseguenza dei precedenti risultati, il logaritmo $\log x$ e l'esponenziale e^x non hanno ordine di infinito rispetto all'infinito campione x.

ESEMPI

1. Consideriamo il limite

$$\lim_{x\to+\infty}\frac{f(x)}{g(x)}=\lim_{x\to+\infty}\frac{x}{x+\operatorname{sen}x}\,.$$

In questo caso non si può applicare la regola di de l'Hôpital, poiché il limite

$$\lim_{x\to+\infty}\frac{f'(x)}{g'(x)}=\lim_{x\to+\infty}\frac{1}{1+\cos x}$$

non esiste. Tuttavia, il limite si può calcolare in modo elementare:

$$\lim_{x\to+\infty}\frac{x}{x+\operatorname{sen}x}=\lim_{x\to+\infty}\frac{1}{1+\frac{\operatorname{sen}x}{x}}=1\,.$$

2. Consideriamo i limiti

$$L_1=\lim_{x\to0^+}x^x\,,\qquad L_2=\lim_{x\to0}(1+\operatorname{sen}x)^x\,,\qquad L_3=\lim_{x\to+\infty}(\log x)^{1/x}$$

che presentano rispettivamente una forma di indeterminazione del tipo 0^0, 1^0 e ∞^0. Usando l'identità $f(x)^{g(x)}=\exp(g(x)\log f(x))$, la continuità della funzione esponenziale e la regola di de l'Hôpital, si ha

$$L_1=\lim_{x\to0^+}\exp(x\log x)=\exp\Big(\lim_{x\to0^+}x\log x\Big)=\mathrm{e}^0=1$$

$$L_2=\lim_{x\to0}\exp\Big(\frac{\log(1+\operatorname{sen}x)}{x}\Big)=\exp\Big(\lim_{x\to0}\frac{\log(1+\operatorname{sen}x)}{x}\Big)\underset{\text{DH}}{=}\exp\Big(\lim_{x\to0}\frac{\cos x}{1+\operatorname{sen}x}\Big)=\mathrm{e}$$

$$L_3=\lim_{x\to+\infty}\exp\Big(\frac{\log\log x}{x}\Big)=\exp\Big(\lim_{x\to+\infty}\frac{\log\log x}{x}\Big)\underset{\text{DH}}{=}\exp\Big(\lim_{x\to+\infty}\frac{1}{x\log x}\Big)=\mathrm{e}^0=1\,.$$

3. Abbiamo visto che a volte bisogna applicare più volte la regola di de l'Hôpital prima di arrivare al risultato. In alcuni casi, però, l'applicazione di questa regola non porta a nulla. Ad esempio, si ha

$$\lim_{x\to+\infty}\frac{\operatorname{senh}x}{\cosh x}\underset{\text{DH}}{=}\lim_{x\to+\infty}\frac{\cosh x}{\operatorname{senh}x}\underset{\text{DH}}{=}\lim_{x\to+\infty}\frac{\operatorname{senh}x}{\cosh x}\,.$$

In questo modo siamo tornati alla funzione di partenza e quindi la regola di de l'Hôpital risulta inconcludente. Il limite, però, può essere facilmente calcolato in modo elementare:

$$\lim_{x\to+\infty}\frac{\operatorname{senh}x}{\cosh x}=\lim_{x\to+\infty}\frac{\mathrm{e}^x-\mathrm{e}^{-x}}{\mathrm{e}^x+\mathrm{e}^{-x}}=\lim_{x\to+\infty}\frac{1-\mathrm{e}^{-2x}}{1+\mathrm{e}^{-2x}}=1\,.$$

Analogamente, si ha

$$\lim_{x\to+\infty}\frac{x}{\sqrt{1+x^2}}\underset{\text{DH}}{=}\lim_{x\to+\infty}\frac{\sqrt{1+x^2}}{x}\underset{\text{DH}}{=}\lim_{x\to+\infty}\frac{x}{\sqrt{1+x^2}}\,.$$

Anche in questo caso si ritorna alla funzione di partenza, ma il limite può comunque essere calcolato direttamente, poiché

$$\lim_{x\to+\infty}\frac{x}{\sqrt{1+x^2}}=\lim_{x\to+\infty}\frac{x}{x\sqrt{1+\frac{1}{x^2}}}=\lim_{x\to+\infty}\frac{1}{\sqrt{1+\frac{1}{x^2}}}=1\,.$$

OSSERVAZIONE 369. Nel teorema di de l'Hôpital si richiede che $g'(x) \neq 0$ per ogni $x \in U \setminus \{x_0\}$, per un opportuno intorno di x_0. Se questa condizione non è soddisfatta, il teorema di de l'Hôpital può essere falso, come accade nel seguente esempio dovuto a Otto Stolz (1879). Consideriamo le funzioni

$$f(x) = x + \operatorname{sen} x \cos x \qquad \text{e} \qquad g(x) = f(x)\mathrm{e}^{\operatorname{sen} x}.$$

Allora, si ha

$$f'(x) = 1 + \cos^2 x - \operatorname{sen}^2 x = 2\cos^2 x$$

e

$$g'(x) = f'(x)\mathrm{e}^{\operatorname{sen} x} + f(x)\cos x\, \mathrm{e}^{\operatorname{sen} x} = (x + 2\cos x + \operatorname{sen} x \cos x)\cos x\, \mathrm{e}^{\operatorname{sen} x}.$$

Il limite

$$\lim_{x\to 0} \frac{f(x)}{g(x)} = \lim_{x\to 0} \frac{f(x)}{f(x)\,\mathrm{e}^{\operatorname{sen} x}} = \lim_{x\to 0} \frac{1}{\mathrm{e}^{\operatorname{sen} x}}$$

non esiste, ma il limite

$$\begin{aligned}\lim_{x\to 0} \frac{f'(x)}{g'(x)} &= \lim_{x\to 0} \frac{2\cos x}{(x + 2\cos x + \operatorname{sen} x\cos x)\,\mathrm{e}^{\operatorname{sen} x}} \\ &= \lim_{x\to 0} \frac{2\cos x\,\mathrm{e}^{-\operatorname{sen} x}}{x} \frac{1}{1 + \dfrac{2\cos x + \operatorname{sen} x \cos x}{x}} = 0\end{aligned}$$

esiste finito (si ricordi che il prodotto di una funzione limitata per una funzione infinitesima è ancora una funzione infinitesima). Abbiamo così che il teorema di de l'Hôpital non vale e questo è dovuto al fatto che $g'(x)$ si annulla infinite volte in un interno di $+\infty$.

OSSERVAZIONE 370. Se una funzione f possiede un asintoto obliquo per $x \to +\infty$, allora, in genere, esso è il limite a cui tende la retta tangente al grafico di f in un punto $(x, f(x))$ quando $x \to +\infty$. Infatti, il coefficiente angolare dell'asintoto obliquo è dato dal limite

$$m = \lim_{x\to+\infty} \frac{f(x)}{x}$$

che presenta una forma di indeterminazione del tipo $\frac{\infty}{\infty}$. Per il teorema di de l'Hôpital, si ha

$$m = \lim_{x\to+\infty} f'(x).$$

Perché questa uguaglianza sia vera, il limite della derivata prima di f deve esistere e questo non sempre è vero. Ad esempio, la funzione definita da

$$f(x) = \frac{x + x^2 + \operatorname{sen} x^2}{x}$$

ammette la retta di equazione $y = x + 1$ come asintoto obliquo per $x \to \pm\infty$, poiché

$$\lim_{x\to\pm\infty} \frac{f(x)}{x} = \lim_{x\to\pm\infty} \frac{x + x^2 + \operatorname{sen} x^2}{x^2} = 1$$

$$\lim_{x\to\pm\infty}(f(x)-x)=\lim_{x\to\pm\infty}\frac{x+\operatorname{sen}x^2}{x}=1\,.$$

Tuttavia, il limite della derivata prima

$$\lim_{x\to\pm\infty}f'(x)=\lim_{x\to\pm\infty}\left(1+2\cos x^2-\frac{\operatorname{sen}x^2}{x^2}\right)$$

non esiste. La funzione si avvicina all'asintoto continuando a oscillare attorno a esso

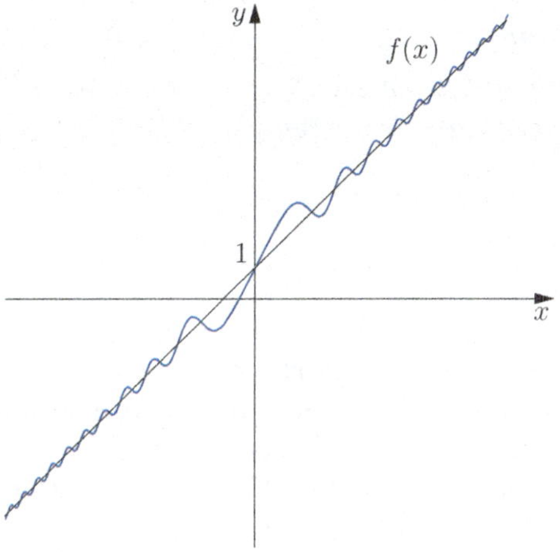

e la retta tangente continua a cambiare pendenza, sempre più rapidamente ma senza tendere a nulla.

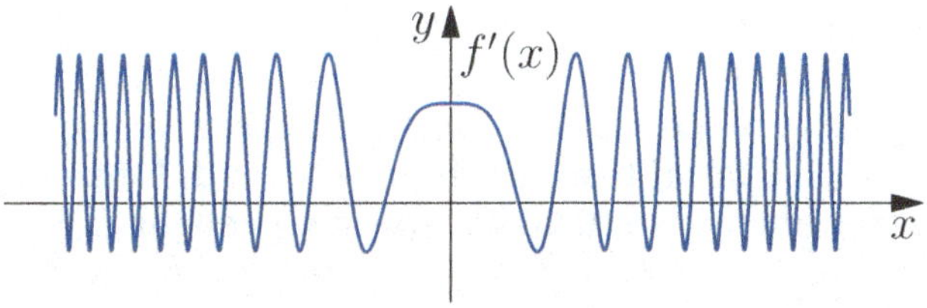

5.8.6 Massimi e minimi

Definizione 371. *Sia* f *una funzione che ammette retta tangente in un punto* x_0. *Allora* f *possiede un* flesso crescente *in corrispondenza di* x_0 *quando esiste un intorno* $(x_0-\delta,x_0+\delta)$ *di* x_0 *tale che il grafico di* f *stia sotto la retta tangente per ogni* $x\in(x_0-\delta,x_0)$ *e stia sopra la retta tangente per ogni* $x\in(x_0,x_0+\delta)$. *Analogamente,* f *possiede un* flesso decrescente *in corrispondenza di* x_0 *quando esiste un intorno* $(x_0-\delta,x_0+\delta)$ *di* x_0 *tale che il grafico di* f *stia sopra la retta tangente per ogni* $x\in(x_0-\delta,x_0)$ *e stia sotto la retta tangente per ogni* $x\in(x_0,x_0+\delta)$. *Il flesso è orizzontale quando la tangente è orizzontale.*

OSSERVAZIONE 372. Un punto stazionario può essere un massimo, un minimo o anche un flesso a tangente orizzontale, quando il grafico attraversa la tangente. Tuttavia, esistono punti stazionari che non sono estremi né flessi (vedi l'osservazione dopo il Teorema 5.9.4).

Teorema 373. *Sia* $f:(a,b)\to\mathbb{R}$ *una funzione continua, derivabile con continuità almeno tre volte. Se* $x_0\in(a,b)$ *è un punto stazionario di* f, *allora in corrispondenza di tale punto si ha*

1. *un massimo locale se* $f'(x_0)=0$ *e* $f''(x_0)<0$
2. *un minimo locale se* $f'(x_0)=0$ *e* $f''(x_0)>0$
3. *un flesso orizzontale se* $f'(x_0)=0,\ f''(x_0)=0$ *e* $f'''(x_0)\neq 0$, *ossia*
   (a) *un flesso orizzontale crescente se* $f'(x_0)=0,\ f''(x_0)=0$ *e* $f'''(x_0)>0$
   (b) *un flesso orizzontale decrescente se* $f'(x_0)=0,\ f''(x_0)=0$ *e* $f'''(x_0)<0$.

Dimostrazione.

1. Supponiamo che $f'(x_0)=0$ e $f''(x_0)<0$. Poiché, per ipotesi, f'' è continua su (a,b) e $f''(x_0)<0$, per la permanenza del segno di funzioni continue, $f''(x)<0$ per ogni x appartenente a un opportuno intorno U di x_0, $U\subseteq(a,b)$. Per il teorema di monotonia di funzioni derivabili, f' è strettamente decrescente su tutto U. Quindi, per ogni $h>0$ sufficientemente piccolo, si ha $f'(x_0-h)>f'(x_0)>f'(x_0+h)$, ossia $f'(x_0-h)>f'(x_0)$ e $f'(x_0+h)<f'(x_0)$. Poiché $f'(x_0)=0$ per ipotesi, si ha $f'(x_0-h)>0$ e $f'(x_0+h)<0$ per ogni $h>0$ sufficientemente piccolo. Pertanto, la funzione f cresce strettamente prima di x_0 e decresce strettamente dopo di x_0, ossia presenta un punto di massimo locale stretto in corrispondenza di x_0.
2. Supponiamo che $f'(x_0)=0$ e $f''(x_0)>0$. Poiché, per ipotesi, f'' è continua su (a,b) e $f''(x_0)>0$, per la permanenza del segno di funzioni continue, $f''(x)>0$ per ogni x appartenente a un opportuno intorno U di x_0, $U\subseteq(a,b)$. Per il teorema di monotonia di funzioni derivabili, f' è crescente strettamente su tutto U. Quindi, per ogni $h>0$ sufficientemente piccolo, si ha $f'(x_0-h)<f'(x_0)<f'(x_0+h)$, ossia $f'(x_0-h)<f'(x_0)$ e $f'(x_0+h)>f'(x_0)$. Poiché $f'(x_0)=0$ per ipotesi, si ha $f'(x_0-h)<0$ e $f'(x_0+h)>0$ per ogni $h>0$ sufficientemente piccolo. Pertanto, la funzione f decresce strettamente prima di x_0 e cresce strettamente dopo di x_0, ossia presenta un punto di minimo locale stretto in corrispondenza di x_0.
3. (a) Supponiamo che $f'(x_0)=f''(x_0)=0$ e $f'''(x_0)>0$. Poiché $f''(x_0)=0$ e $f'''(x_0)>0$, la funzione f' ha un punto di minimo locale stretto in corrispondenza di x_0. Poiché $f'(x_0)=0$, questo significa che f' è strettamente positiva in tutto un opportuno intorno di x_0, tranne in x_0. Di conseguenza, la funzione f è crescente strettamente in tutto un intorno di x_0, ossia presenta un flesso orizzontale crescente in corrispondenza di x_0.

(b) Supponiamo che $f'(x_0) = f''(x_0) = 0$ e $f'''(x_0) < 0$. Poiché $f''(x_0) = 0$ e $f'''(x_0) < 0$, la funzione f' ha un punto di massimo locale stretto in corrispondenza di x_0. Poiché $f'(x_0) = 0$, questo significa che f' è strettamente negativa in tutto un opportuno intorno di x_0, tranne in x_0. Di conseguenza, la funzione f è decrescente strettamente in tutto un intorno di x_0, ossia presenta un flesso orizzontale decrescente in corrispondenza di x_0.

□

Il Teorema 373 può essere generalizzato, come faremo più avanti (vedi il Teorema 393).

5.8.7 Massimi e minimi assoluti su un intervallo chiuso e limitato

Sia $f : [a, b] \to \mathbb{R}$ una funzione continua su un insieme chiuso e limitato. Allora, per il teorema di Weierstrass, f ammette un massimo M ed un minimo m (assoluti) sull'intervallo $[a, b]$. Tali valori, naturalmente, possono essere assunti in punti interni all'intervallo $[a, b]$ e agli estremi a e b dell'intervallo stesso. Se la funzione f è derivabile in (a, b), allora possiamo cercare i punti di massimo e di minimo locali di f nell'intervallo (a, b) utilizzando il Teorema 373.

ESEMPI

1. Sia $f : [0, 2] \to \mathbb{R}$ la funzione polinomiale definita da $f(x) = 2x^3 - 9x^2 + 12x + 2$. Poiché $f'(x) = 6x^2 - 18x + 12 = 6(x-1)(x-2)$, si ha che f' si annulla in corrispondenza di $x = 1$ e $x = 2$. Poiché $f''(x) = 12x - 18 = 6(2x - 3)$, si ha $f''(1) = -6 < 0$ e $f''(2) = 6 > 0$. Pertanto, la funzione f possiede un massimo locale nel punto $A \equiv (1, 7)$ e un minimo locale nel punto $B \equiv (2, 6)$. Inoltre, essendo crescente in un intorno destro di $x = 0$, la funzione f presenta anche un minimo nel punto $C \equiv (0, 2)$. Il punto A è un massimo assoluto, il punto C è un minimo assoluto, mentre B è solo un minimo locale. Inoltre, C è un punto di minimo solo relativamente all'intervallo considerato. Se considerassimo la funzione f su tutto $\mathbb{R}$, allora il punto C non sarebbe più un punto di minimo e il punto A non sarebbe più un punto di massimo assoluto (ma solo di massimo locale).

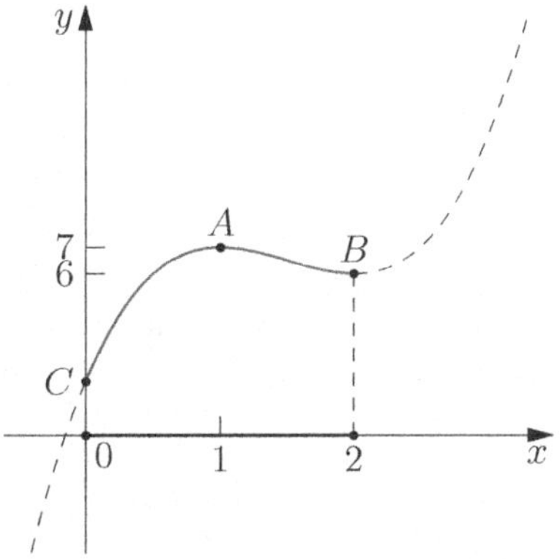

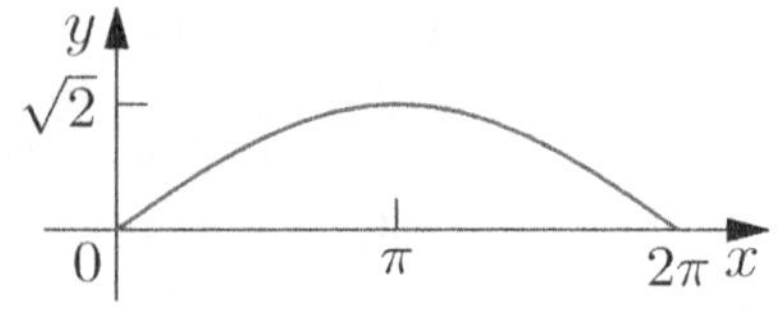

2. Sia $f : [0, 2\pi] \to \mathbb{R}$ la funzione definita da $f(x) = \sqrt{1 - \cos x}$. Poiché $f(x) \geq 0$ per ogni $x \in [0, 2\pi]$ e $f(0) = f(2\pi) = 0$, la funzione f presenta agli estremi dell'intervallo, ossia in $x = 0$ e in $x = 2\pi$, due punti di minimo assoluto. Come si vede dalla figura accanto, la funzione è simmetrica rispetto alla retta di equazione $x_0 = \pi$. Infatti, si ha

$$f(2x_0 - x) = \sqrt{1 - \cos(2\pi - x)} = \sqrt{1 - \cos x} = f(x).$$

La derivata prima della funzione è

$$f'(x) = \frac{\operatorname{sen} x}{2\sqrt{1 - \cos x}} \qquad x \neq 0, 2\pi.$$

Poiché $f'(x) = 0$ per $x = \pi$ e $f'(x) > 0$ per $0 < x < \pi$, si ha che in $(\pi, \sqrt{2})$ la funzione f presenta un punto di massimo assoluto.
L'espressione per trovata per $f'(x)$ non è definita agli estremi dell'intervallo. Tuttavia, usando la definizione di derivata, si ha

$$f'_+(0) = \lim_{x \to 0^+} \frac{f(x) - f(0)}{x - 0} = \lim_{x \to 0^+} \frac{\sqrt{1 - \cos x}}{x} = \lim_{x \to 0^+} \sqrt{\frac{1 - \cos x}{x^2}} = \frac{1}{\sqrt{2}}.$$

Quindi, la funzione f è derivabile (da destra) anche nel punto $x_0 = 0$. Per simmetria, un risultato analogo vale anche nel punto $x_1 = 2\pi$, dove però la derivata prima varrà $-\frac{1}{\sqrt{2}}$. Questo significa che, se considerassimo la funzione definita su tutto $\mathbb{R}$, allora f non sarebbe derivabile nei punti $2k\pi$, $k \in \mathbb{R}$, dove avremmo dei punti angolosi.

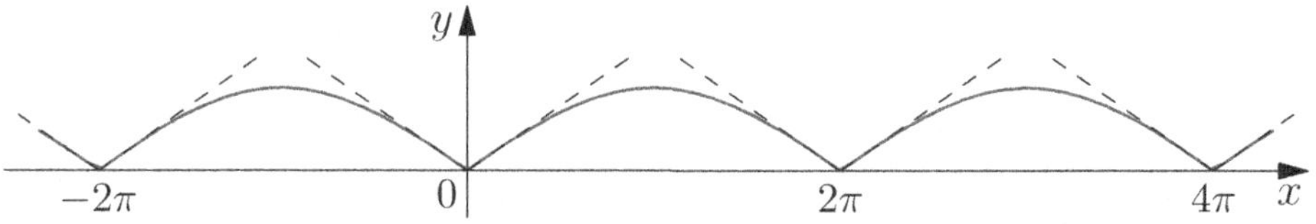

5.8.8 Concavità

Definizione 374. *Sia* $f : [a, b] \to \mathbb{R}$ *una funzione continua, derivabile in* (a, b). *Sia* $x_0 \in (a, b)$ *e sia* t *la retta tangente al grafico di* f *nel punto* $P_0 \equiv (x_0, f(x_0))$.

1. *In* x_0 *la funzione* f *ha* concavità rivolta verso l'alto *se in un intorno di* x_0 *il grafico di* f *si trova tutto al di sopra della retta tangente* t.
2. *In* x_0 *la funzione* f *ha* concavità rivolta verso il basso *se in un intorno di* x_0 *il grafico di* f *si trova tutto al di sotto della retta tangente* t.
3. *In* x_0 *la funzione* f *ha un* punto di flesso *se in un intorno di* x_0 *il grafico di* f *attraversa la retta tangente* t.

Teorema 375. *Sia* $f : [a, b] \to \mathbb{R}$ *una funzione continua, derivabile con continuità almeno tre volte su* (a, b). *In un punto* $x_0 \in (a, b)$, *la funzione* f *ha*

1. *concavità rivolta verso l'alto se* $f''(x_0) > 0$,
2. *concavità rivolta verso il basso se* $f''(x_0) < 0$,
3. *un punto di flesso se* $f''(x_0) = 0$ *e* $f'''(x_0) \neq 0$.

Dimostrazione. Sia $P \equiv (x_0, f(x_0))$. La retta t, tangente al grafico di f nel punto P, ha equazione $y = f(x_0) + f'(x_0)(x - x_0)$. Sia $A \equiv (x, f(x))$ un punto appartenente al grafico di f e sia $B \equiv (x, f(x_0) + f'(x_0)(x - x_0))$ il corrispondente punto appartenente alla retta tangente t, come nella seguente figura:

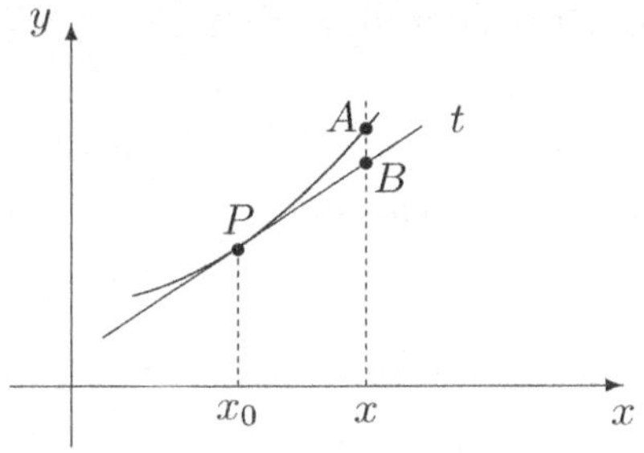

Consideriamo la funzione $d(x) = y_A(x) - y_B(x) = f(x) - f(x_0) - f'(x_0)(x - x_0)$ che dà la distanza tra i punti A e B. Questa funzione è derivabile con continuità tre volte, come la funzione f. Più precisamente, si ha $d'(x) = f'(x) - f'(x_0)$, $d''(x) = f''(x)$, $d'''(x) = f'''(x)$. Quindi $d(x_0) = d'(x_0) = 0$, $d''(x_0) = f''(x_0)$, $d'''(x_0) = f'''(x_0)$.

1. Se $f''(x_0) > 0$, allora $d'(x_0) = 0$ e $d''(x_0) > 0$: la funzione d ha un minimo locale stretto in x_0. Poiché $d(x_0) = 0$, si ha $d(x) > 0$ in tutto un intorno di x_0 (tolto x_0).

2. Se $f''(x_0) < 0$, allora $d'(x_0) = 0$ e $d''(x_0) < 0$: la funzione d ha un massimo locale stretto in x_0. Poiché $d(x_0) = 0$, si ha $d(x) < 0$ in tutto un intorno di x_0 (tolto x_0).

3. Se $f''(x_0) = 0$ e $f'''(x_0) \neq 0$, allora $d'(x_0) = d''(x_0) = 0$ e $d'''(x_0) \neq 0$: la funzione d ha un flesso a tangente orizzontale in x_0. Poiché $d(x_0) = 0$, $d(x)$ cambia di segno in un intorno di x_0. Quindi f ha un flesso in x_0. □

OSSERVAZIONE 376. Le condizioni date nel Teorema 375 non caratterizzano la concavità e i flessi, ossia sono solo condizioni sufficienti ma non necessarie. Come vedremo più avanti, nel Teorema 396, queste condizioni possono essere generalizzate.

5.9 Approssimazione polinomiale

Se una funzione f è derivabile in un punto x_0, allora il grafico di f ammette retta tangente nel punto $P_0 \equiv (x_0, f(x_0))$ e tale grafico è approssimato da questa tangente in un intorno infinitesimo del primo ordine di x_0. Più in generale, se f è sufficientemente regolare (ossia se è derivabile n volte) nel punto x_0, allora è possibile approssimarla mediante un polinomio di grado (al più) n in tutto un opportuno intorno di x_0. Questa approssimazione polinomiale è data dagli *sviluppi di MacLaurin* (per $x_0 = 0$) e di *Taylor* (per x_0 arbitrario).

5.9.1 Formula di Taylor e di MacLaurin

Teorema 377. *Se $f : (a,b) \to \mathbb{R}$ una funzione derivabile n volte in un punto $x_0 \in (a,b)$, allora esiste esattamente un polinomio $T_n(x)$ di grado al più n tale che*

$$T_n(x_0) = f(x_0), \qquad T_n'(x_0) = f'(x_0), \qquad \dots, \qquad T_n^{(n)}(x_0) = f^{(n)}(x_0).$$

Dimostrazione. Consideriamo un polinomio $T_n(x)$ di grado al più n e consideriamolo scritto nella forma

$$T_n(x) = \sum_{k=0}^{n} a_k\,(x-x_0)^k = a_0 + a_1(x-x_0) + a_2(x-x_0)^2 + \cdots + a_n(x-x_0)^n.$$

Derivando $T_n(x)$ k volte, si ha

$$T_n^{(k)}(x) = \sum_{i=k}^{n} i(i-1)(i-2)\cdots(i-k+1)\,a_i\,(x-x_0)^{i-k}.$$

Chiaramente, per $k > n$ si ottiene sempre il polinomio identicamente nullo. Inoltre, valutando $T_n^{(k)}(x)$ in x_0, si annullano tutti i termini tranne (eventualmente) il primo termine corrispondente a $i = k$. Quindi, si ha

$$T_n^{(k)}(x_0) = k!\,a_k \qquad \text{per ogni } k = 0, 1, \dots, n.$$

Utilizzando ora le ipotesi, si ottiene

$$a_k = \frac{T_n^{(k)}(x_0)}{k!} = \frac{f^{(k)}(x_0)}{k!} \qquad \text{per ogni } k = 0, 1, \dots, n.$$

In questo modo, il polinomio $T_n(x)$ è univocamente determinato, ed è dato da

$$T_n(x) = \sum_{k=0}^{n} \frac{f^{(k)}(x_0)}{k!}\,(x-x_0)^k.$$

□

Il teorema precedente ci permette di dare la seguente definizione.

Definizione 378. *Sia* $f : (a,b) \to \mathbb{R}$ *una funzione derivabile* n *volte in un punto* $x_0 \in (a,b)$. *Il* polinomio di Taylor *di ordine* n *di* f *centrato nel punto* x_0 *è il polinomio*

$$T_n(f, x_0; x) = \sum_{k=0}^{n} \frac{f^{(k)}(x_0)}{k!} (x - x_0)^k .$$

Se $x_0 = 0$, *si ha il* polinomio di MacLaurin *di ordine* n *di* f, *ossia si ha il polinomio*

$$T_n(f; x) = \sum_{k=0}^{n} \frac{f^{(k)}(0)}{k!} x^k .$$

Il polinomio di Taylor di ordine n di una funzione f in un punto x_0 non ha necessariamente grado n, poiché è sempre possibile che $f^{(n)}(x_0) = 0$.

Teorema 379. *Il polinomio di Taylor possiede le seguenti proprietà.*

1. *Siano* $f : (a,b) \to \mathbb{R}$ *e* $g : (a,b) \to \mathbb{R}$ *due funzioni derivabili* n *volte in un punto* $x_0 \in (a,b)$. *Allora, per ogni* $\lambda, \mu \in \mathbb{R}$, *si ha*

$$T_n(\lambda f + \mu g, x_0; x) = \lambda T_n(f, x_0; x) + \mu T_n(g, x_0; x) .$$

2. *Sia* $f : (a,b) \to \mathbb{R}$ *una funzione derivabile* n *volte in un punto* $x_0 \in (a,b)$, *con* $n \geq 1$. *Allora*

$$T_n'(f, x_0, x) = T_{n-1}(f', x_0; x) .$$

Dimostrazione. 1. Poiché f e g sono derivabili n volte in x_0, anche $\lambda f + \mu g$ è derivabile n in x_0. Inoltre, per la linearità dell'operatore di derivazione, si ha

$$\begin{aligned}
T_n(\lambda f + \mu g, x_0; x) &= \sum_{k=0}^{n} \frac{(\lambda f + \mu g)^{(k)}(x_0)}{k!} (x - x_0)^k \\
&= \sum_{k=0}^{n} \frac{\lambda f^{(k)}(x_0) + \mu g^{(k)}(x_0)}{k!} (x - x_0)^k \\
&= \lambda \sum_{k=0}^{n} \frac{f^{(k)}(x_0)}{k!} (x - x_0)^k + \mu \sum_{k=0}^{n} \frac{g^{(k)}(x_0)}{k!} (x - x_0)^k \\
&= \lambda T_n(f, x_0; x) + \mu T_n(g, x_0; x) .
\end{aligned}$$

2. Sia $g : (a,b) \to \mathbb{R}$ la funzione definita da $g(x) = f'(x)$. Allora g è derivabile $n-1$ volte in x_0 e

$$g(x_0) = f'(x_0), \quad g'(x_0) = f''(x_0), \quad \ldots, \quad g^{(n-1)}(x_0) = f^{(n)}(x_0) .$$

Quindi, per la linearità dell'operatore di derivazione, si ha

$$T_{n-1}(f', x_0; x) = T(g, x_0; x) = \sum_{k=0}^{n-1} \frac{g^{(k)}(x_0)}{k!} (x - x_0)^k = \sum_{k=0}^{n-1} \frac{f^{(k+1)}(x_0)}{k!} (x - x_0)^k$$

$$= \sum_{k=1}^{n} \frac{f^{(k)}(x_0)}{(k-1)!}\,(x-x_0)^{k-1} = \sum_{k=1}^{n} \frac{f^{(k)}(x_0)}{k!}\,k(x-x_0)^{k-1} = T_n'(f,x_0;x)\,.$$

□

Teorema 380 (Formula di Taylor con resto secondo Peano). *Sia* $f:(a,b)\to\mathbb{R}$ *una funzione derivabile* n *(* $n \geq 1$ *) volte in un punto* $x_0 \in (a,b)$. *Allora*

$$f(x) = \sum_{k=0}^{n} \frac{f^{(k)}(x_0)}{k!}\,(x-x_0)^k + o((x-x_0)^n) \qquad \textit{per} \quad x \to x_0\,.$$

Dimostrazione. Procediamo per induzione su n. Per $n=1$, si ha $T_1(f,x_0;x) = f(x_0) + f'(x_0)(x-x_0)$ e quindi la formula di Taylor

$$f(x) = f(x_0) + f'(x_0)(x-x_0) + o(x-x_0) \qquad \text{per} \quad x \to x_0$$

è equivalente alla differenziabilità di f in x_0, ossia alla derivabilità di f in x_0 (Teorema 311).

Supponiamo ora che la formula di Taylor sia vera per ogni funzione g derivabile $n-1$ in x_0 e dimostriamola per n. Dobbiamo dimostrare che

$$f(x) - T_n(f,x_0;x) = o((x-x_0)^n) \qquad \text{per } x \to x_0\,,$$

ossia che

$$\frac{f(x) - T_n(f,x_0;x)}{(x-x_0)^n} = o(1) \qquad \text{per } x \to x_0\,,$$

ossia che

$$\lim_{x\to x_0} \frac{f(x) - T_n(f,x_0;x)}{x^n} = 0\,.$$

Utilizzando la regola di de l'Hôpital e il Teorema 379, si ha

$$\lim_{x\to x_0} \frac{f(x) - T_n(f,x_0;x)}{x^n} \underset{\text{DH}}{=} \lim_{x\to x_0} \frac{f'(x) - T_n'(f,x_0;x)}{nx^{n-1}} = \frac{1}{n} \lim_{x\to x_0} \frac{f'(x) - T_{n-1}(f',x_0;x)}{x^{n-1}}\,.$$

Poiché, per ipotesi di induzione, la formula di Taylor è vera per la funzione $g(x) = f'(x)$, che è derivabile $n-1$ in x_0, si ha che quest'ultimo limite è nullo. □

Come caso particolare del teorema precedente, si ha il

Teorema 381 (Formula di MacLaurin). *Sia* $f:(a,b)\to\mathbb{R}$ *una funzione derivabile* n *volte nel punto* $x_0 = 0 \in (a,b)$. *Allora*

$$f(x) = \sum_{k=0}^{n} \frac{f^{(k)}(0)}{k!}\,x^k + o(x^n) \qquad \textit{per} \quad x \to 0\,.$$

ESEMPI

1. La funzione $f : \mathbb{R} \to \mathbb{R}$, definita da $f(x) = e^{x-x^2}$, è derivabile un numero arbitrario di volte in $x = 0$. Pertanto, possiamo scrivere lo sviluppo di MacLaurin di f di qualsiasi ordine n. Per $n = 3$, abbiamo lo sviluppo

$$f(x) = f(0) + f'(0)\,x + \frac{f''(0)}{2}\,x^2 + \frac{f'''(0)}{6}\,x^3 + o(x^3) \qquad \text{per} \quad x \to 0.$$

Calcolando le derivate successive di f fino al terzo ordine, abbiamo

$$\begin{aligned} f(x) &= e^{x-x^2} & f'(0) &= 1 \\ f'(x) &= (1-2x)e^{x-x^2} & f'(0) &= 1 \\ f''(x) &= (-1-4x+4x^2)e^{x-x^2} & f''(0) &= -1 \\ f'''(x) &= (-5+6x+12x^2-8x^3)e^{x-x^2} & f'''(0) &= -5\,. \end{aligned}$$

Si ha così lo sviluppo

$$f(x) = 1 + x - \frac{x^2}{2} - \frac{5}{6}\,x^3 + o(x^3) \qquad \text{per} \quad x \to 0\,.$$

In un intorno di $x = 0$, la funzione f è approssimata dai polinomi di MacLaurin

$$\begin{aligned} T_1(x) &= 1 + x \\ T_2(x) &= 1 + x - \frac{x^2}{2} \\ T_3(x) &= 1 + x - \frac{x^2}{2} - \frac{5}{6}\,x^3\,. \end{aligned}$$

Più alto è il grado del polinomio, migliore è l'approssimazione. Tale approssimazione, tuttavia, vale solo in un opportuno intorno di $x_0 = 0$.

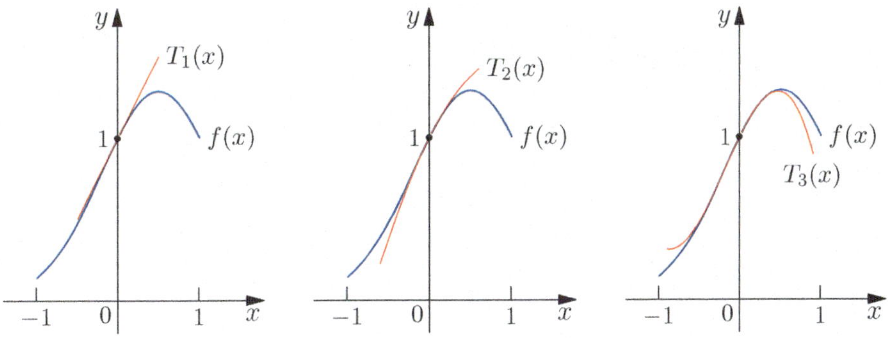

2. La funzione razionale

$$f(x) = \frac{1 - x - x^2}{1 + x^2}\,.$$

è derivabile un numero arbitrario di volte in $x = 0$. Quindi possiamo scrivere lo sviluppo di MacLaurin di f di qualsiasi ordine n. Per $n = 4$, si ha

$$f(x) = f(0) + f'(0)\,x + \frac{f''(0)}{2}\,x^2 + \frac{f'''(0)}{3}\,x^3 + \frac{f^{iv}(0)}{24}\,x^4 + o(x^4) \quad \text{per } x \to 0\,.$$

Poiché

$$\begin{aligned}
f(x) &= \frac{1 - x - x^2}{1 + x^2} && f'(0) = 1 \\
f'(x) &= \frac{-1 - 4x + x^2}{(1 + x^2)^2} && f'(0) = -1 \\
f''(x) &= \frac{-2(2 - 3x - 6x^2 + x^3)}{(1 + x^2)^3} && f''(0) = -4 \\
f'''(x) &= \frac{6(1 + 8x - 6x^2 - 8x^3 + x^4)}{(1 + x^2)^4} && f'''(0) = 6 \\
f^{iv}(x) &= \frac{24(2 - 5x - 20x^2 + 10x^3 + 10x^4 - x^5)}{(1 + x^2)^5} && f^{iv}(0) = 48\,,
\end{aligned}$$

si ha

$$f(x) = 1 - x - 2x^2 + x^3 + 2x^4 + o(x^4) \qquad \text{per} \quad x \to 0\,.$$

In questo caso, abbiamo i polinomi di MacLaurin

$$\begin{aligned}
T_1(x) &= 1 - x \\
T_2(x) &= 1 - x - 2x^2 \\
T_3(x) &= 1 - x - 2x^2 + x^3 \\
T_4(x) &= 1 - x - 2x^2 + x^3 + 2x^4
\end{aligned}$$

e le seguenti approssimazioni

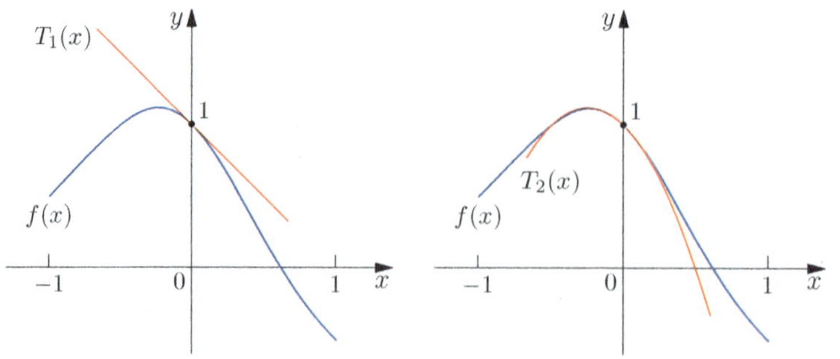

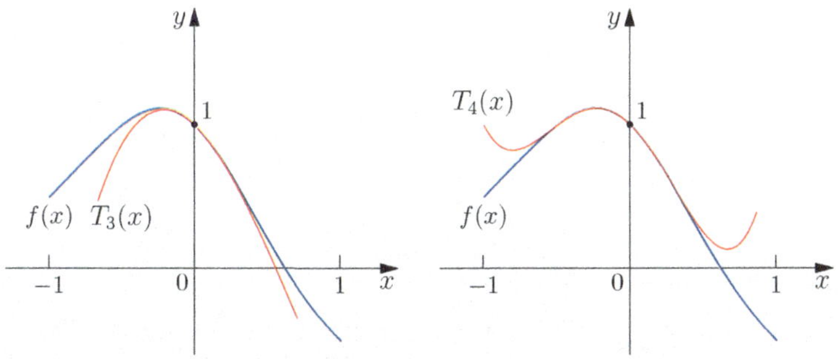

Gli sviluppi di MacLaurin permettono anche lo studio locale della funzione f.

Il Teorema 380 afferma che una funzione (sufficientemente regolare in un opportuno intorno U di un punto x_0) può essere approssimata da un polinomio (nell'intorno U di x_0). L'errore che si commette facendo questa approssimazione è trascurabile (nell'intorno U di x_0). In questa formulazione, dove il resto è secondo Peano, la parte che si trascura è una funzione infinitesima per $x \to x_0$ che tende a zero più rapidamente di $(x-x_0)^n$. Il resto secondo Peano è utile nello studio qualitativo delle funzioni (come nel calcolo dei limiti che abbiamo visto nel paragrafo 5.9.3 o nella ricerca di massimi e minimi e nello studio della concavità che vedremo nel paragrafo 5.9.4), ma non dà alcuna valutazione quantitativa sull'errore che si commette. In realtà, è possibile ottenere altre forme del resto, come nel seguente teorema, che generalizza il teorema di Lagrange.

Teorema 382 (Formula di Taylor con resto secondo Lagrange). *Sia* $f : [a,b] \to \mathbb{R}$ *una funzione derivabile* $n+1$ *volte su* (a,b) *e sia* $x_0 \in (a,b)$. *Allora, per ogni punto* $x \in (x_0, b)$, *esiste un punto* $\xi \in (x_0, x)$ *tale che*

$$f(x) = \sum_{k=0}^{n} \frac{f^{(k)}(x_0)}{k!}(x-x_0)^k + \frac{f^{(n+1)}(\xi)}{(n+1)!}(x-x_0)^{n+1}.$$

Dimostrazione. Fissato $x > x_0$, consideriamo l'intervallo $[x_0, x]$. Consideriamo poi le funzioni ausiliarie φ e ψ definite da

$$\varphi(t) = \sum_{k=0}^{n} \frac{f^{(k)}(t)}{k!}(x-t)^k \qquad \text{e} \qquad \psi(t) = (x-t)^{n+1}.$$

Entrambe queste funzioni sono continue e derivabili sull'intervallo $[x_0, x]$ e $\psi(t) \neq 0$ per $t \neq x$. Quindi, per il teorema degli incrementi finiti di Cauchy, esiste un punto $\xi \in (x_0, x)$ tale che

$$\frac{\varphi(x) - \varphi(x_0)}{\psi(x) - \psi(x_0)} = \frac{\varphi'(\xi)}{\psi'(\xi)}.$$

Poiché

$$\varphi(x) = \sum_{k=0}^{n} \frac{f^{(k)}(x)}{k!} 0^k = f(x), \qquad \varphi(x_0) = \sum_{k=0}^{n} \frac{f^{(k)}(x_0)}{k!}(x-x_0)^k = T_n(x),$$

$$\begin{aligned}
\varphi'(t) &= \sum_{k=0}^{n} \frac{f^{(k+1)}(t)}{k!}(x-t)^k - \sum_{k=1}^{n} \frac{f^{(k)}(t)}{(k-1)!}(x-t)^{k-1} \\
&= \sum_{k=0}^{n} \frac{f^{(k+1)}(t)}{k!}(x-t)^k - \sum_{k=0}^{n-1} \frac{f^{(k+1)}(t)}{k!}(x-t)^k \\
&= \frac{f^{(n+1)}(t)}{n!}(x-t)^n ,
\end{aligned}$$

$\psi(x) = 0$, $\psi(x_0) = (x - x_0)^{n+1}$ e $\psi'(t) = -(n+1)(x-t)^n$, si ha

$$\frac{f(x) - T_n(x)}{-(x-x_0)^{n+1}} = \frac{f^{(n+1)}(\xi)}{n!}(x-\xi)^n \frac{1}{-(n+1)(x-\xi)^n} = -\frac{f^{(n+1)}(\xi)}{(n+1)!} ,$$

da cui segue la tesi. □

OSSERVAZIONE 383. Il teorema vale anche per un intorno $[x, x_0]$. In particolare, per $n = 0$, la formula di Taylor con resto secondo Lagrange diventa $f(x) = f(x_0) + f'(\xi)(x - x_0)$, per un opportuno elemento $\xi \in (x_0, x)$ (o $\xi \in (x, x_0)$).

OSSERVAZIONE 384. La formula di Taylor con resto secondo Lagrange permette, a volte, di ottenere una approssimazione del valore che una funzione assume in un dato punto. Supponiamo, ad esempio, di voler valutare la funzione esponenziale e^x per $0 < x \leq 1$. Per la formula di Taylor con resto secondo Lagrange si ha

$$e^x = 1 + x + \frac{x^2}{2} + \frac{x^3}{6} + \cdots + \frac{x^n}{n!} + e^{\xi}\frac{x^{n+1}}{(n+1)!}$$

per un opportuno punto $\xi \in (0, x)$. Poiché $|x| \leq 1$, per il resto si ha

$$\left| e^{\xi}\frac{x^{n+1}}{(n+1)!} \right| < \frac{e}{(n+1)!} < \frac{3}{(n+1)!} .$$

Quindi, se $|x| \leq 1$, l'errore E_n che si commette approssimando e^x con il suo polinomio di Taylor di ordine n è

$$E_n < \frac{3}{(n+1)!} .$$

Ad esempio, per $n = 7$, si ha

$$E_7 < \frac{3}{8!} = \frac{1}{13440} < 10^{-4} .$$

Pertanto, si ha

$$e = e^1 \approx \sum_{k=0}^{7} \frac{1}{k!} = \frac{685}{252} \approx 2.718$$

con un errore inferiore a 10^{-4}.

5.9.2 Sviluppi di MacLaurin di alcune funzioni elementari

Vediamo ora gli sviluppi di MacLaurin di alcune funzioni elementari che saranno particolarmente utili nel calcolo dei limiti, come vedremo in seguito.

Proposizione 385. *Per ogni* $n \in \mathbb{N}$, *la funzione esponenziale ammette il seguente sviluppo di MacLaurin*

$$\mathrm{e}^x = \sum_{k=0}^{n} \frac{x^k}{k!} + o(x^n) = 1 + x + \frac{x^2}{2} + \frac{x^3}{6} + \frac{x^4}{24} + \cdots + \frac{x^n}{n!} + o(x^n) \qquad \textit{per } x \to 0 .$$

Dimostrazione. Se $f(x) = \mathrm{e}^x$, allora $f^{(k)}(x) = \mathrm{e}^x$ per ogni $k \in \mathbb{N}$. Quindi $f^{(k)}(0) = 1$ per ogni $k \in \mathbb{N}$. Pertanto

$$\mathrm{e}^x = \sum_{k=0}^{n} \frac{f^{(k)}(0)}{k!} x^k + o(x^n) = \sum_{k=0}^{n} \frac{x^k}{k!} + o(x^n) .$$

□

Proposizione 386. *Per ogni* $n \in \mathbb{N}$, *le funzioni circolari ammettono gli sviluppi di MacLaurin*

$$\cos x = \sum_{k=0}^{n} (-1)^k \frac{x^{2k}}{(2k)!} + o(x^{2n}) = 1 - \frac{x^2}{2} + \frac{x^4}{24} - \frac{x^6}{720} + \cdots + (-1)^n \frac{x^{2n}}{(2n)!} + o(x^{2n})$$

$$\begin{aligned} \operatorname{sen} x &= \sum_{k=0}^{n} (-1)^k \frac{x^{2k+1}}{(2k+1)!} + o(x^{2n+1}) = \\ &= x - \frac{x^3}{6} + \frac{x^5}{120} - \frac{x^7}{5040} + \cdots + (-1)^n \frac{x^{2n+1}}{(2n+1)!} + o(x^{2n+1}) \end{aligned}$$

per $x \to 0$.

Dimostrazione. Se $f(x) = \cos x$, allora si ha

$$\begin{array}{llll} f(x) = \cos x & f'(x) = -\operatorname{sen} x & f''(x) = -\cos x & f'''(x) = \operatorname{sen} x \\ f^{(4)}(x) = \cos x & f^{(5)}(x) = -\operatorname{sen} x & f^{(6)}(x) = -\cos x & f^{(7)}(x) = \operatorname{sen} x \end{array}$$

e così via. In generale, si ha

$$f^{(2k)}(x) = (-1)^k \cos x \qquad \text{e} \qquad f^{(2k+1)}(x) = (-1)^{k+1} \operatorname{sen} x$$

per ogni $k \in \mathbb{N}$. Quindi $f^{(2k)}(0) = (-1)^k$ e $f^{(2k+1)}(0) = 0$ per ogni $k \in \mathbb{N}$. Analogamente, se $g(x) = \operatorname{sen} x$, allora si ha

$$\begin{array}{llll} g(x) = \operatorname{sen} x & g'(x) = \cos x & g''(x) = -\operatorname{sen} x & g'''(x) = -\cos x \\ g^{(4)}(x) = \operatorname{sen} x & g^{(5)}(x) = \cos x & g^{(6)}(x) = -\operatorname{sen} x & g^{(7)}(x) = -\cos x \end{array}$$

e così via. In generale, si ha

$$g^{(2k)}(x) = (-1)^k \operatorname{sen} x \qquad \text{e} \qquad g^{(2k+1)}(x) = (-1)^k \cos x$$

per ogni $k \in \mathbb{N}$. Quindi $f^{(2k)}(0) = (-1)^k$ e $f^{(2k+1)}(0) = 0$ per ogni $k \in \mathbb{N}$. □

OSSERVAZIONE 387. In modo del tutto analogo, per $x \to 0$, si trovano gli sviluppi

$$\cosh x = \sum_{k=0}^{n} \frac{x^{2k}}{(2k)!} + o(x^{2n}) \qquad \text{e} \qquad \operatorname{senh} x = \sum_{k=0}^{n} \frac{x^{2k+1}}{(2k+1)!} + o(x^{2n+1}) .$$

Proposizione 388. *Per ogni $n \in \mathbb{N}$, la funzione logaritmica ammette lo sviluppo di MacLaurin*

$$\log(1+x) = \sum_{k=1}^{n} (-1)^{k-1} \frac{x^k}{k} + o(x^n) = x - \frac{x^2}{2} + \frac{x^3}{3} - \frac{x^4}{4} + \cdots + (-1)^{n-1} \frac{x^n}{n} + o(x^n)$$

per $x \to 0$

Dimostrazione. Posto $f(x) = \log(1+x)$, si ha

$$f'(x) = \frac{1}{1+x}, \quad f''(x) = \frac{-1}{(1+x)^2}, \quad f'''(x) = \frac{2}{(1+x)^3}, \quad f^{iv}(x) = \frac{-6}{(1+x)^4}, \quad \ldots$$

In generale, per $k \geq 1$, si ha

$$f^{(k)}(x) = \frac{(-1)^{k-1}(k-1)!}{(1+x)^k} .$$

Quindi, essendo $f(0) = 0$ e $f^{(k)}(0) = (-1)^{k-1}(k-1)!$ per $k \geq 1$, si ha

$$f(x) = \sum_{k=0}^{n} \frac{f^{(k)}(0)}{k!} x^k + o(x^n) = \sum_{k=1}^{n} \frac{(-1)^{k-1}(k-1)!}{k!} x^k + o(x^n) = \sum_{k=1}^{n} (-1)^{k-1} \frac{x^k}{k} + o(x^n) .$$

□

Proposizione 389. *Sia $\alpha \in \mathbb{R}$. Per ogni $n \in \mathbb{N}$, si ha lo sviluppo di MacLaurin*

$$(1+x)^\alpha = \sum_{k=0}^{n} \binom{\alpha}{k} x^k + o(x^n) = 1 + \alpha x + \frac{\alpha(\alpha-1)}{2} x^2 + \cdots + \binom{\alpha}{n} x^n + o(x^n) \quad \textit{per } x \to 0$$

dove i coefficienti

$$\binom{\alpha}{k} = \frac{\alpha(\alpha-1)(\alpha-2)\cdots(\alpha-k+1)}{k!}$$

sono i coefficienti binomiali generalizzati.

Dimostrazione. Derivando successivamente la funzione $f(x) = (1+x)^\alpha$, si ha

$$f(x) = (1+x)^\alpha , \qquad f'(x) = \alpha(1+x)^{\alpha-1} , \qquad f''(x) = \alpha(\alpha-1)(1+x)^{\alpha-2} ,$$

$$f'''(x) = \alpha(\alpha-1)(\alpha-2)(1+x)^{\alpha-3} , \; \ldots , \; f^{(n)}(x) = \alpha(\alpha-1)(\alpha-2)\cdots(\alpha-n+1)(1+x)^{\alpha-n}$$

e quindi

$$f(0) = 1 , \qquad f'(0) = \alpha , \qquad f''(0) = \alpha(\alpha-1) ,$$

$$f'''(0) = \alpha(\alpha-1)(\alpha-2)\,, \qquad \cdots\,, \qquad f^{(n)}(0) = \alpha(\alpha-1)(\alpha-2)\cdots(\alpha-n+1)\,.$$

Pertanto, essendo

$$\frac{f^{(k)}(0)}{k!} = \frac{\alpha(\alpha-1)(\alpha-2)\cdots(\alpha-k+1)}{k!} = \binom{\alpha}{k}\,,$$

si ottiene lo sviluppo enunciato. □

Dallo sviluppo precedente si possono ricavare molti altri sviluppi come casi particolari. Qui di seguito ne vediamo alcuni di essi.

ESEMPI

1. Per $\alpha = -1$, si ha

$$\binom{-1}{k} = \frac{-1(-1-1)(-1-2)\cdots(-1-k+1)}{k!} = -(1)^k\frac{k!}{k!} = 1$$

e quindi

$$\frac{1}{1+t} = \sum_{k=0}^{n}(-1)^k x^k + o(x^n) \qquad \text{per } x \to 0\,.$$

Sostituendo t con $-t$, si ha

$$\frac{1}{1-t} = \sum_{k=0}^{n} x^k + o(x^n) \qquad \text{per } x \to 0\,.$$

2. In generale, si ha

$$\binom{\alpha}{0} = 1\,, \qquad \binom{\alpha}{1} = \alpha\,, \qquad \binom{\alpha}{2} = \frac{\alpha(\alpha-1)}{2}\,.$$

Quindi, abbiamo il seguente sviluppo del secondo ordine

$$(1+x)^\alpha = 1 + \alpha x + \frac{\alpha(\alpha-1)}{2}x^2 + o(x^2) \qquad x \to 0\,.$$

In particolare, per $x \to 0$, abbiamo gli sviluppi

$$\sqrt{1+x} = 1 + \frac{1}{2}x - \frac{1}{8}x^2 + o(x^2) \qquad \sqrt{1-x} = 1 - \frac{1}{2}x - \frac{1}{8}x^2 + o(x^2)$$

$$\sqrt[3]{1+x} = 1 + \frac{1}{2}x - \frac{1}{9}x^2 + o(x^2) \qquad \sqrt[3]{1-x} = 1 - \frac{1}{2}x - \frac{1}{9}x^2 + o(x^2)\,.$$

3. Per $\alpha = -1/2$, si ha

$$\frac{1}{\sqrt{1+x}} = \sum_{k=0}^{n}\binom{-1/2}{k}x^k + o(x^n) \qquad \text{per } x \to 0\,.$$

In questo caso, il coefficiente binomiale generalizzato può essere espresso come un coefficiente binomiale ordinario. Infatti, si ha

$$\begin{aligned}\binom{-1/2}{k} &= \frac{1}{k!}\Big(-\frac{1}{2}\Big)\Big(-\frac{1}{2}-1\Big)\Big(-\frac{1}{2}-2\Big)\cdots\Big(-\frac{1}{2}-k+1\Big)\\ &= \frac{1}{k!}\Big(-\frac{1}{2}\Big)\Big(-\frac{3}{2}\Big)\Big(-\frac{5}{2}\Big)\cdots\Big(-\frac{2k-1}{2}\Big)\\ &= \frac{(-1)^k}{k!}\frac{1\cdot 3\cdot 5\cdots(2k-1)}{2^k} = \frac{(-1)^k}{k!2^k}\frac{1\cdot 2\cdot 3\cdot 4\cdot 5\cdots(2k-1)\cdot(2k)}{2\cdot 4\cdots(2k)}\\ &= \frac{(-1)^k}{k!2^k}\frac{(2k)!}{2^k(1\cdot 2\cdots k)} = \frac{(-1)^k}{k!2^{2k}}\frac{(2k)!}{k!} = \frac{(-1)^k}{2^{2k}}\frac{(2k)!}{k!\cdot k!}\end{aligned}$$

ossia

$$\binom{-1/2}{k} = \frac{(-1)^k}{2^{2k}}\binom{2k}{k}.$$

Pertanto, abbiamo lo sviluppo

$$\frac{1}{\sqrt{1+x}} = \sum_{k=0}^{n}\frac{(-1)^k}{2^{2k}}\binom{2k}{k}x^k + o(x^n) \qquad \text{per } x\to 0\,.$$

Se ora sostituiamo x con $-4x$, abbiamo

$$\frac{1}{\sqrt{1-4x}} = \sum_{k=0}^{n}\binom{2k}{k}x^k + o(x^n) \qquad \text{per } x\to 0\,.$$

In modo analogo, per $\alpha = 1/2$, si ha

$$\sqrt{1+x} = \sum_{k=0}^{n}\binom{2k}{k}\frac{(-1)^{k-1}}{(2k-1)4^k}\,x^k + o(x^n) \qquad \text{per } x\to 0\,.$$

5.9.3 Calcolo dei limiti

Limiti di funzioni

Una prima applicazione degli sviluppi di MacLaurin si ha nel calcolo dei limiti. Naturalmente, questo metodo non si applica sempre, ma solo nel caso di funzioni sviluppabili secondo MacLaurin.

ESEMPIO 390. Il limite

$$L = \lim_{x\to 0}\frac{x\,\operatorname{sen}^2 x}{x-\operatorname{sen} x}$$

presenta una forma di indeterminazione del tipo $0/0$ e non può essere calcolato direttamente utilizzando i limiti notevoli. Invece, può essere calcolato sviluppando in modo opportuno il numeratore e il denominatore:

$$L = \lim_{x\to 0}\frac{x(x+o(x))^2}{x-(x-x^3/6+o(x^3))} = \lim_{x\to 0}\frac{x(x^2+o(x^2))}{x^3/6+o(x^3)}$$

$$= \lim_{x\to 0} \frac{x^3 + o(x^3)}{x^3/6 + o(x^3)} = \lim_{x\to 0} \frac{1 + o(1)}{1/6 + o(1)} = 6\,.$$

Questo limite può anche essere calcolato usando la regola di de l'Hôpital e poi i limiti notevoli. In genere, però, è più semplice sviluppare le singole funzioni.

ESEMPIO 391. Consideriamo il limite

$$L = \lim_{x\to 0} \frac{(1 + \log(1+x) - \sqrt{1+x})(2\,\mathrm{e}^x - 2\sqrt{1-x} - 3\,\mathrm{sen}\,x)}{\mathrm{tg}\,x\,(\mathrm{e}^x - \cos x - x)}$$

che presenta una forma di indeterminazione del tipo $0/0$. Sviluppiamo le singole funzioni:

$$1 + \log(1+x) - \sqrt{1+x} = (1 + x + o(x)) - \Big(1 + \frac{x}{2} + o(x)\Big) = \frac{x}{2} + o(x)$$

$$\begin{aligned}
2\,\mathrm{e}^x - 2\sqrt{1-x} - 3\,\mathrm{sen}\,x &= \\
&= 2\left(1 + x + \frac{x^2}{2} + o(x^2)\right) - 2\left(1 - \frac{x}{2} - \frac{x^2}{8} + o(x^2)\right) - 3\left(x + o(x^2)\right) \\
&= 2 + 2x + x^2 - 2 + x + \frac{x^2}{4} - 3x + o(x^2) = \frac{5x^2}{4} + o(x^2)
\end{aligned}$$

$$\mathrm{e}^x - \cos x - x = \left(1 + x + \frac{x^2}{2} + o(x^2)\right) - \left(1 - \frac{x^2}{2} + o(x^2)\right) - x = x^2 + o(x^2)\,.$$

Pertanto, si ha

$$L = \lim_{x\to 0} \frac{(x/2 + o(x))(5x^2/4 + o(x^2))}{x(x^2 + o(x^2))} = \lim_{x\to 0} \frac{5x^3/8 + o(x^3)}{x^3 + o(x^3)} = \lim_{x\to 0} \frac{5/8 + o(1)}{1 + o(1)} = \frac{5}{8}\,.$$

ESEMPIO 392. Il limite

$$L = \lim_{x\to 0} \frac{(\mathrm{e}^x + \sqrt[3]{1-3x} - 2\cos x)(\cos 2x - \cos x)}{(2\sqrt{1+2x} - \sqrt{1+4x} - \cos x)(x\,\mathrm{e}^x - \log(1+x))}$$

presenta una forma di indecisione del tipo $0/0$. Sviluppando le singole funzioni, si ha:

$$\begin{aligned}
\mathrm{e}^x + \sqrt[3]{1-3x} - 2\cos x &= \\
&= \left(1 + x + \frac{x^2}{2} + o(x^2)\right) + \left(1 - \frac{3x}{3} - \frac{9x^2}{9} + o(x^2)\right) - 2\left(1 - \frac{x^2}{2} + o(x^2)\right) \\
&= 1 + x + \frac{x^2}{2} + 1 - x - x^2 - 2 + x^2 + o(x^2) \\
&= \frac{1}{2}\,x^2 + o(x^2)
\end{aligned}$$

$$\cos 2x - \cos x = \left(1 - \frac{4x^2}{2} + o(x^2)\right) - \left(1 - \frac{x^2}{2} + o(x^2)\right) = -\frac{3}{2}\,x^2 + o(x^2)$$

$$\begin{aligned}
2\sqrt{1+2x}-\sqrt{1+4x}-\cos x &= \\
&= 2\left(1+\frac{2x}{2}-\frac{4x^2}{8}+o(x^2)\right)-\left(1+\frac{4x}{2}-\frac{16x^2}{8}+o(x^2)\right)-\left(1-\frac{x^2}{2}+o(x^2)\right) \\
&= 2+2x-x^2-1-2x+2x^2-1+\frac{x^2}{2}+o(x^2) \\
&= \frac{3}{2}\,x^2+o(x^2)
\end{aligned}$$

$$x\,\mathrm{e}^x-\log(1+x)=x(1+x+o(x))-\left(x-\frac{x^2}{2}+o(x^2)\right)=\frac{3}{2}\,x^2+o(x^2)$$

Pertanto, si ha

$$\begin{aligned}
L &= \lim_{x\to 0}\frac{(x^2/2+o(x^2))(-3x^2/2+o(x^2))}{(3x^2/2+o(x^2))^2}=\lim_{x\to 0}\frac{-3x^4/4+o(x^4)}{9x^4/4+o(x^4)} \\
&= \lim_{x\to 0}\frac{-3/4+o(1)}{9/4+o(1)}=-\frac{3}{4}\cdot\frac{4}{9}=-\frac{1}{3}\,.
\end{aligned}$$

Limiti di successioni

Gli sviluppi di MacLaurin possono essere utilizzati anche per il calcolo dei limiti di successioni. Se si ha uno sviluppo di MacLaurin

$$f(x)=f_0+f_1x+f_2\frac{x^2}{2}+\cdots+f_m\frac{x^m}{m!}+o(x^m)\qquad x\to 0$$

e una successione $a_n\to 0$ per $n\to+\infty$, allora si ha

$$f(a_n)=f_0+f_1a_n+f_2\frac{a_n^2}{2}+\cdots+f_m\frac{a_n^m}{m!}+o(x^m)\qquad n\to+\infty\,.$$

Uno dei casi più frequenti è dato da una successione del tipo $a_n=\frac{1}{n^p}$, $p>0$. Così, ad esempio, $n\to+\infty$, abbiamo

$$\mathrm{e}^{1/n}=1+\frac{1}{n}+\frac{1}{2n^2}+\frac{1}{6n^3}+\frac{1}{24n^4}+o\Big(\frac{1}{n^4}\Big)\qquad \mathrm{e}^{-1/n^2}=1-\frac{1}{n^2}+\frac{1}{2n^4}-\frac{1}{6n^6}+\frac{1}{24n^8}+o\Big(\frac{1}{n^8}\Big)$$

$$\log\Big(1+\frac{1}{n}\Big)=\frac{1}{n}-\frac{1}{2n^2}+\frac{1}{3n^3}-\frac{1}{4n^4}+o\Big(\frac{1}{n^4}\Big)\qquad \log\Big(1-\frac{1}{n}\Big)=-\frac{1}{n}-\frac{1}{2n^2}-\frac{1}{3n^3}-\frac{1}{4n^4}+o\Big(\frac{1}{n^4}\Big)$$

$$\operatorname{sen}\frac{1}{n}=\frac{1}{n}-\frac{1}{6n^3}+\frac{1}{120n^5}-\frac{1}{5040n^7}+o\Big(\frac{1}{n^7}\Big)\qquad \cos\frac{1}{\sqrt{n}}=1-\frac{1}{2n}+\frac{1}{24n^2}-\frac{1}{720n^3}+o\Big(\frac{1}{n^3}\Big)$$

$$\sqrt{1+\frac{1}{n}}=1+\frac{1}{2n}-\frac{1}{8n^2}+\frac{1}{16n^3}+o\Big(\frac{1}{n^3}\Big)\qquad \sqrt[3]{1+\frac{1}{n}}=1+\frac{1}{3n}-\frac{1}{9n^2}+\frac{5}{81n^3}+o\Big(\frac{1}{n^3}\Big).$$

ESEMPI

1. Consideriamo il limite

$$\lim_{n\to+\infty}\left(\sqrt{n^2+n}-\sqrt[3]{n^3+n^2}\right).$$

Questo limite presenta una forma di indeterminazione del tipo $\infty - \infty$. Tuttavia, per $n \to +\infty$, abbiamo

$$\begin{aligned}\sqrt{n^2+n} - \sqrt[3]{n^3+n^2} &= n\sqrt{1+\frac{1}{n}} - n\sqrt[3]{1+\frac{1}{n}}\\ &= n\left(1+\frac{1}{2n}+o\Big(\frac{1}{n}\Big)\right) - n\left(1+\frac{1}{3n}+o\Big(\frac{1}{n}\Big)\right)\\ &= n\left(1+\frac{1}{2n}-1-\frac{1}{3n}+o\Big(\frac{1}{n}\Big)\right) = \frac{1}{6n}+o\Big(\frac{1}{n}\Big) \to \frac{1}{6}.\end{aligned}$$

2. Consideriamo il limite

$$\lim_{n\to+\infty} n\left(\sqrt{n^2+1} - \sqrt[3]{n^3+2n}\right).$$

Anche questo limite presenta una forma di indeterminazione del tipo $\infty - \infty$, ma, per $n \to +\infty$, abbiamo

$$\begin{aligned}n\left(\sqrt{n^2+1} - \sqrt[3]{n^3+2n}\right) &= n\left(n\sqrt{1+\frac{1}{n^2}} - n\sqrt[3]{1+\frac{2}{n^2}}\right)\\ &= n^2\left(1+\frac{1}{2n^2}-1-\frac{2}{3n^2}+o\Big(\frac{1}{n^2}\Big)\right)\\ &= n^2\left(-\frac{1}{6n^2}+o\Big(\frac{1}{n^2}\Big)\right) = -\frac{1}{6}+o(1) \to -\frac{1}{6}.\end{aligned}$$

3. Consideriamo il limite

$$\lim_{n\to+\infty} \frac{\sqrt[n]{e} - \cos\frac{1}{n} - \frac{1}{n}}{\sqrt{\operatorname{sen}\frac{1}{n} - \log\left(1+\frac{1}{n}\right)}}.$$

Per $n \to +\infty$, abbiamo gli sviluppi

$$\begin{aligned}\sqrt[n]{e} - \cos\frac{1}{n} - \frac{1}{n} &= e^{1/n} - \cos\frac{1}{n} - \frac{1}{n}\\ &= 1+\frac{1}{n}+\frac{1}{2n^2}+o\Big(\frac{1}{n^2}\Big) - 1 + \frac{1}{2n^2}+o\Big(\frac{1}{n^2}\Big) - \frac{1}{n}\\ &= \frac{1}{n^2}+o\Big(\frac{1}{n^2}\Big)\end{aligned}$$

e

$$\operatorname{sen}\frac{1}{n} - \log\left(1+\frac{1}{n}\right) = \frac{1}{n}+o\Big(\frac{1}{n^2}\Big) - \frac{1}{n} + \frac{1}{2n^2} + o\Big(\frac{1}{n^2}\Big) = \frac{1}{2n^2}+o\Big(\frac{1}{n^2}\Big).$$

Poiché

$$\sqrt{\operatorname{sen}\frac{1}{n} - \log\left(1+\frac{1}{n}\right)} = \frac{1}{\sqrt{2}n}\sqrt{1+o(1)},$$

il limite iniziale diventa

$$\lim_{n\to+\infty} \frac{\frac{1}{n^2}(1+o(1))}{\frac{1}{\sqrt{2}n}\sqrt{1+o(1)}} = \lim_{n\to+\infty} \frac{\sqrt{2}}{n}\,\frac{1+o(1)}{\sqrt{1+o(1)}} = 0.$$

4. Consideriamo il limite

$$\lim_{n\to+\infty}\left(\frac{\sqrt[n]{a}+\sqrt[n]{b}}{2}\right)^n \qquad a,b\in\mathbb{R}\,,\ a,b>0\,.$$

Iniziamo con l'osservare che

$$\left(\frac{\sqrt[n]{a}+\sqrt[n]{b}}{2}\right)^n=\exp\left(n\log\frac{\sqrt[n]{a}+\sqrt[n]{b}}{2}\right)$$

e che

$$\log\frac{\sqrt[n]{a}+\sqrt[n]{b}}{2}=\log\frac{a^{1/n}+b^{1/n}}{2}=\log\frac{e^{\frac{1}{n}\log a}+e^{\frac{1}{n}\log b}}{2}\,.$$

Poiché $n\to+\infty$, abbiamo che $1/n\to 0$ e quindi

$$\begin{aligned}\log\frac{\sqrt[n]{a}+\sqrt[n]{b}}{2}&=\log\frac{1+\frac{1}{n}\log a+o(\frac{1}{n})+1+\frac{1}{n}\log b+o(\frac{1}{n})}{2}\\&=\log\left(1+\frac{1}{2n}\log ab+o\Big(\frac{1}{n}\Big)\right).\end{aligned}$$

Poiché

$$\frac{1}{2n}\log ab+o\Big(\frac{1}{n}\Big)\to 0 \qquad \text{per } n\to+\infty\,,$$

si ha

$$\log\frac{\sqrt[n]{a}+\sqrt[n]{b}}{2}\sim\frac{1}{2n}\log ab+o\Big(\frac{1}{n}\Big) \qquad \text{per } n\to+\infty$$

e quindi

$$n\log\frac{\sqrt[n]{a}+\sqrt[n]{b}}{2}\sim\frac{1}{2}\log ab+o(1)\to\frac{1}{2}\log ab=\log\sqrt{ab} \qquad \text{per } n\to+\infty\,.$$

In conclusione, per la continuità dell'esponenziale, si ha

$$\begin{aligned}\lim_{n\to+\infty}\left(\frac{\sqrt[n]{a}+\sqrt[n]{b}}{2}\right)^n&=\lim_{n\to+\infty}\exp\left(n\log\frac{\sqrt[n]{a}+\sqrt[n]{b}}{2}\right)\\&=\exp\left(\lim_{n\to+\infty}n\log\frac{\sqrt[n]{a}+\sqrt[n]{b}}{2}\right)=e^{\log\sqrt{ab}}\end{aligned}$$

ossia

$$\lim_{n\to+\infty}\left(\frac{\sqrt[n]{a}+\sqrt[n]{b}}{2}\right)^n=\sqrt{ab}\,.$$

Come ulteriore esercizio, si calcolino i limiti

$$\lim_{n\to+\infty}\left(\frac{\sqrt[n]{a}+\sqrt[n]{b}+\sqrt[n]{c}}{3}\right)^n \qquad a,b,c\in\mathbb{R}\,,\ a,b,c>0$$

$$\lim_{n\to+\infty}\left(\frac{\sqrt[n]{a}+\sqrt[n]{b}+\sqrt[n]{c}+\sqrt[n]{d}}{4}\right)^n \qquad a,b,c,d\in\mathbb{R}\,,\ a,b,c,d>0\,.$$

5.9.4 Massimi, minimi e flessi

I Teoremi 373 e 375 possono essere generalizzati nel modo seguente.

Teorema 393. *Sia* $f : (a, b) \to \mathbb{R}$ *una funzione derivabile* n *volte in un punto* $x_0 \in (a, b)$, *tale che* $f'(x_0) = f''(x_0) = \cdots = f^{(n-1)}(x_0) = 0$ *e* $f^{(n)}(x_0) \neq 0$. *Allora*

1. se n *è pari*

(a) in x_0 *si ha un massimo locare se* $f^{(n)}(x_0) < 0$

(b) in x_0 *si ha un minimo locare se* $f^{(n)}(x_0) > 0$

2. se n *è dispari*

(a) in x_0 *si ha un flesso crescente (a tangente orizzontale) se* $f^{(n)}(x_0) > 0$

(b) in x_0 *si ha un flesso decrescente (a tangente orizzontale) se* $f^{(n)}(x_0) < 0$.

Dimostrazione. Per la formula di Taylor con resto secondo Peano, si ha

$$f(x) = f(x_0) + \sum_{k=1}^{n-1} \frac{f^{(k)}(x_0)}{k!} (x - x_0)^k + \frac{f^{(n)}(x_0)}{n!} (x - x_0)^n + o((x - x_0)^n).$$

Poiché, per ipotesi, $f'(x_0) = f''(x_0) = \cdots = f^{(n-1)}(x_0) = 0$, si ha

$$f(x) = f(x_0) + \frac{f^{(n)}(x_0)}{n!} (x - x_0)^n + o((x - x_0)^n).$$

Pertanto, in un opportuno intorno U di x_0 dove si può trascurare il resto, si ha

$$f(x) - f(x_0) = \frac{f^{(n)}(x_0)}{n!} (x - x_0)^n.$$

1. Se n è pari, allora $(x - x_0)^n \geq 0$. Inoltre

   (a) se $f^{(n)}(x_0) < 0$, si ha $f(x) - f(x_0) < 0$, ossia $f(x) < f(x_0)$ in tutto l'intorno U. Quindi in x_0 si ha un massimo.

   (b) Se $f^{(n)}(x_0) > 0$, si ha $f(x) - f(x_0) > 0$, ossia $f(x) > f(x_0)$ in tutto l'intorno U. Quindi in x_0 si ha un minimo.

2. Se n è dispari, allora $(x - x_0)^n$ cambia di segno in U. Più precisamente, si ha $(x - x_0)^n < 0$ a sinistra di x_0 e $(x - x_0)^n > 0$ a destra di x_0. Inoltre

   (a) se $f^{(n)}(x_0) > 0$, si ha $f(x) < f(x_0)$ a sinistra di x_0 e $f(x) > f(x_0)$ a destra di x_0. Quindi in x_0 si ha un flesso crescente (a tangente orizzontale).

   (b) Se $f^{(n)}(x_0) < 0$, si ha $f(x) > f(x_0)$ a sinistra di x_0 e $f(x) < f(x_0)$ a destra di x_0. Quindi in x_0 si ha un flesso decrescente (a tangente orizzontale).

□

OSSERVAZIONE 394. Per poter applicare il Teorema 393, è necessario che esista almeno una derivata successiva di f che non si annulli nel punto x_0. Questo, tuttavia, non sempre accade. Consideriamo, ad esempio, la funzione f definita da

$$f(x) = \begin{cases} x^6 \operatorname{sen} \dfrac{1}{x} & \text{per } x \neq 0 \\ 0 & \text{per } x = 0 . \end{cases}$$

In questo caso, le derivate $f'(0)$, $f''(0)$ e $f'''(0)$ esistono e sono nulle, mentre la derivata $f^{(4)}(0)$ non esiste. Visto che la funzione f si annulla infinite volte in un intorno dell'origine, ossia attraversa infinite volte la retta tangente (data dall'asse x), il punto $x = 0$ non è un massimo, né un minimo, né un flesso.

In questo caso, la funzione f possiede un numero finito di derivate e tutte sono nulle in x_0. Ma cosa succede, se la funzione possiede derivate di ogni ordine? Anche in questo caso, le derivate possono essere tutte nulle, come accade negli esempi che vedremo nel paragrafo 5.9.5.

OSSERVAZIONE 395. Per cercare i massimi e i minimi di una funzione f su un intervallo $[a, b]$ non è sufficiente andare a considerare i punti in cui la funzione soddisfa le condizioni del Teorema 393. Bisogna considerare anche i punti in cui la funzione non è derivabile (dove, ad esempio, si può avere un punto angoloso o una cuspide) e i punti in cui si annullano tutte le derivate successive. Infine, bisogna tener conto anche dei valori che la funzione assume negli estremi dell'intervallo $[a, b]$, ossia di $f(a)$ e $f(b)$.

Consideriamo, ad esempio, la funzione $f : [-2, 2] \to \mathbb{R}$ definita da

$$f(x) = x|x^2 - 1| = \begin{cases} x^3 - x & \text{per } x \leq -1 \,,\ x \geq 1 \\ x - x^3 & \text{per } -1 \leq x \leq 1 . \end{cases}$$

Poiché

$$f'(x) = \begin{cases} 3x^2 - 1 & \text{per } x < -1 \,,\ x > 1 \\ 1 - 3x^2 & \text{per } -1 < x < 1 , \end{cases}$$

la funzione f non è derivabile in $x = -1$ né in $x = 1$ ($f'_-(-1) = 2$, $f'_+(-1) = -2$, $f'_-(1) = -2$, $f'_+(1) = 2$). Per $-1 < x < 1$, si ha $f'(x) \geq 0$ per $-1/\sqrt{3} \leq x \leq 1/\sqrt{3}$. Quindi la funzione f possiede un minimo e un massimo (locali) rispettivamente nei punti

$$m_1 \equiv \left(-\frac{1}{\sqrt{3}}, -\frac{2}{3\sqrt{3}} \right) \qquad \text{e} \qquad M_1 \equiv \left(\frac{1}{\sqrt{3}}, \frac{2}{3\sqrt{3}} \right)$$

Per $x < -1$ e $x > 1$, la funzione è sempre crescente. Quindi, f possiede un minimo e un massimo (assoluti) anche nei punti $m_2 \equiv (-1, -6)$ e $M_2 \equiv (1, 6)$ corrispondenti agli estremi dell'intervallo su cui la funzione è definita. Infine, restano i due punti $m_3 \equiv (-1, 0)$ e $M_3 \equiv (1, 0)$ in cui la funzione non è derivabile che corrispondono, rispettivamente, a un punto di massimo e a un punto di minimo (locali). In tutto, quindi, la funzione f possiede tre punti di minimo e tre punti di massimo.

Teorema 396. *Sia* $f : (a,b) \to \mathbb{R}$ *una funzione derivabile* n *volte in un punto* $x_0 \in (a,b)$, *tale che* $f''(x_0) = \cdots = f^{(n-1)}(x_0) = 0$ *e* $f^{(n)}(x_0) \neq 0$. *Allora*

1. *se* n *è pari*
   (a) *in* x_0 *la funzione* f *ha concavità verso l'alto se* $f^{(n)}(x_0) > 0$
   (b) *in* x_0 *la funzione* f *ha concavità verso il basso se* $f^{(n)}(x_0) < 0$
2. *se* n *è dispari*
   (a) *in* x_0 *la funzione* f *ha un flesso crescente se* $f^{(n)}(x_0) > 0$
   (b) *in* x_0 *la funzione* f *ha un flesso decrescente se* $f^{(n)}(x_0) < 0$.

Dimostrazione. Per la formula di Taylor con resto secondo Peano, tenuto conto delle ipotesi $f''(x_0) = \cdots = f^{(n-1)}(x_0) = 0$, si ha

$$f(x) = f(x_0) + f'(x_0)(x - x_0) + \frac{f^{(n)}(x_0)}{n!}(x - x_0)^n + o((x - x_0)^n).$$

Quindi, in un opportuno intorno U di x_0 dove si può trascurare il resto, si ha

$$d(x) = f(x) - f(x_0) - f'(x_0)(x - x_0) = \frac{f^{(n)}(x_0)}{n!}(x - x_0)^n.$$

La funzione $d(x)$ dà la differenza tra le ordinate del punto $(x, f(x))$ appartenente al grafico di f e del corrispondente punto appartenente alla tangente al grafico di f nel punto $(x_0, f(x_0))$ (come nel Teorema 375).

1. Se n è pari, allora $(x - x_0)^n > 0$ in $U \setminus \{x_0\}$.
   (a) Se $f^{(n)}(x_0) > 0$, si ha $d(x) > 0$ in tutto $U \setminus \{x_0\}$ e quindi la cocavità è rivolta verso l'alto.
   (b) Se $f^{(n)}(x_0) < 0$, si ha $d(x) < 0$ in tutto $U \setminus \{x_0\}$ e quindi la cocavità è rivolta verso il basso.
2. Se n è dispari, allora $(x - x_0)^n$ cambia di segno in U. Più precisamente, si ha $(x - x_0)^n < 0$ a sinistra di x_0 e $(x - x_0)^n > 0$ a destra di x_0.
   (a) Se $f^{(n)}(x_0) > 0$, si ha $d(x) < 0$ a sinistra di x_0 e $d(x) > 0$ a destra di x_0. Quindi si ha un flesso crescente.
   (b) Se $f^{(n)}(x_0) < 0$, si ha $d(x) > 0$ a sinistra di x_0 e $d(x) < 0$ a destra di x_0. Quindi si ha un flesso decrescente.

□

5.9.5 Funzioni lisce non sviluppabili

Come abbiamo visto nel Teorema 381, se una funzione f è derivabile n volte in $x_0 = 0$, allora è sempre possibile approssimarla mediante il suo polinomio di MacLaurin di ordine n. In particolare, se la funzione f è liscia, ossia derivabile un numero qualsiasi di volte, allora è possibile scrivere il polinomio di

MacLaurin di ordine n, per ogni $n \in \mathbb{N}$. In alcuni casi, tuttavia, anche quando la funzione è arbitrariamente derivabile, il polinomio di MacLaurin può essere identicamente nullo. In altre parole, esistono funzioni arbitrariamente derivabili, non identicamente nulle, con $f^{(n)}(0) = 0$ per ogni $n \in \mathbb{N}$. In particolare, lo sviluppo di MacLaurin di f è $f(x) = o(x^n)$, per ogni $n \in \mathbb{N}$, e quindi non è significativo.

ESEMPI

1. Un primo esempio classico è dato dalla funzione $f : \mathbb{R} \to \mathbb{R}$, definita da

$$f(x) = \begin{cases} e^{-1/x} & \text{se } x > 0 \\ 0 & \text{se } x \leq 0 . \end{cases}$$

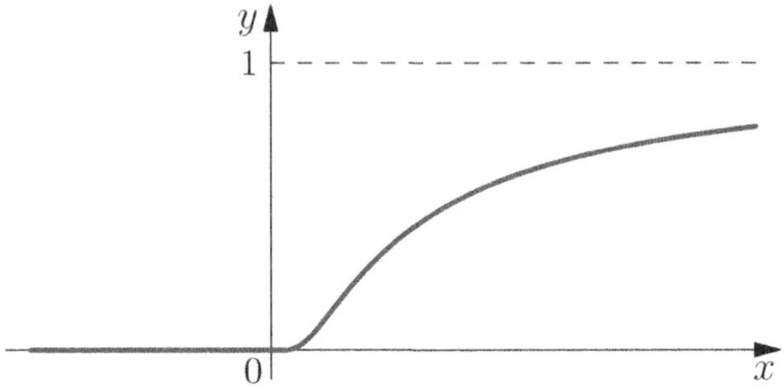

La funzione f è arbitrariamente derivabile per ogni $x \neq 0$. Bisogna vedere come si comporta nel punto di raccordo, ossia in $x_0 = 0$. In questo punto f è continua, poiché

$$\lim_{x \to 0^+} f(x) = \lim_{x \to 0^+} e^{-1/x} = 0 \qquad \text{e} \qquad \lim_{x \to 0^-} f(x) = 0 .$$

Inoltre, in $x_0 = 0$, la funzione f è derivabile. Infatti, poiché gli esponenziali prevalgono sulle potenze, si ha

$$f'_+(0) = \lim_{x \to 0^+} \frac{f(x) - f(0)}{x - 0} = \lim_{x \to 0^+} \frac{e^{-1/x}}{x} = 0$$

e

$$f'_-(0) = \lim_{x \to 0^-} \frac{f(x) - f(0)}{x - 0} = \lim_{x \to 0^+} \frac{0 - 0}{x - 0} = 0 .$$

Pertanto, abbiamo

$$f'(x) = \begin{cases} \dfrac{e^{-1/x}}{x^2} & \text{se } x > 0 \\ 0 & \text{se } x \leq 0 . \end{cases}$$

Consideriamo ora la funzione $\varphi(x) = e^{-1/x}$, definita per $x > 0$, e osserviamo che ha derivate

$$\varphi'(x) = \frac{1}{x^2}\, e^{-1/x} , \qquad \varphi''(x) = \frac{1 - 2x}{x^4}\, e^{-1/x} , \qquad \varphi'''(x) = \frac{1 - 6x + 6x^2}{x^6}\, e^{-1/x}$$

$$\varphi^{(4)}(x) = \frac{1 - 12x + 36x^2 - 24x^3}{x^8} \, e^{-1/x}$$

$$\varphi^{(5)}(x) = \frac{1 - 20x + 120x^2 - 240x^3 + 120x^4}{x^{10}} \, e^{-1/x} .$$

In generale, si avrà

$$\varphi^{(n)}(x) = \frac{p_n(x)}{x^{2n}} \, e^{-1/x}$$

dove $p_n(x)$ è un polinomio di grado $n-1$ per $n \geq 1$. Poiché

$$\varphi^{(n+1)}(x) = \left(\varphi^{(n)}(x)\right)' = \left(\frac{p_n(x)}{x^{2n}} \, e^{-1/x}\right)' = \frac{x^2 p_n'(x) - 2nx p_n(x) + p_n(x)}{x^{2n+2}} \, e^{-1/x} ,$$

si ha che i polinomi $p_n(x)$ sono definiti dalla ricorrenza

$$p_{n+1}(x) = x^2 p_n'(x) - (2nx - 1) p_n(x)$$

e dal valore iniziale $p_0(x) = 1$. Inoltre, si ha $p_n(0) = p_{n-1}(0) = \cdots = p_0(0)$, ossia $p_n(0) = 1$ per ogni $n \in \mathbb{N}$.

A questo punto, possiamo dimostrare, per induzione, che

$$f^{(n)}(x) = \begin{cases} \dfrac{p_n(x) \, e^{-1/x}}{x^{2n}} & \text{se } x > 0 \\ 0 & \text{se } x \leq 0 . \end{cases}$$

Per $n = 0, 1$, abbiamo già verificato questa formula. Supponiamo che sia vera per $n \geq 1$ e dimostriamo che è vera anche per $n+1$. L'unico problema è sempre nel punto di raccordo $x_0 = 0$, dove dobbiamo dimostrare che la funzione $f^{(n)}$ è derivabile. Poiché gli esponenziali prevalgono sulle potenze, si ha

$$f_+^{(n)}(0) = \lim_{x \to 0^+} \frac{f^{(n)}(x) - f^{(n)}(0)}{x - 0} = \lim_{x \to 0^+} \frac{p_n(x) \, e^{-1/x}}{x^{2n}} = 0$$

e

$$f_-^{(n)}(0) = \lim_{x \to 0^-} \frac{f^{(n)}(x) - f^{(n)}(0)}{x - 0} = \lim_{x \to 0^-} \frac{0 - 0}{x^{2n}} = 0 .$$

In conclusione, la funzione f è derivabile su tutto $\mathbb{R}$ e $f^{(n)}(0) = 0$ per ogni $n \in \mathbb{N}$.

Un esempio del tutto analogo è dato dalla funzione $f : \mathbb{R} \to \mathbb{R}$, definita da

$$f(x) = \begin{cases} e^{-1/|x|} & \text{se } x \neq 0 \\ 0 & \text{se } x = 0 . \end{cases}$$

2. Un secondo esempio classico è dato dalla *funzione di Cauchy*, ossia dalla funzione $f : \mathbb{R} \to \mathbb{R}$, definita da

$$f(x) = \begin{cases} e^{-1/x^2} & \text{se } x \neq 0 \\ 0 & \text{se } x = 0 . \end{cases}$$

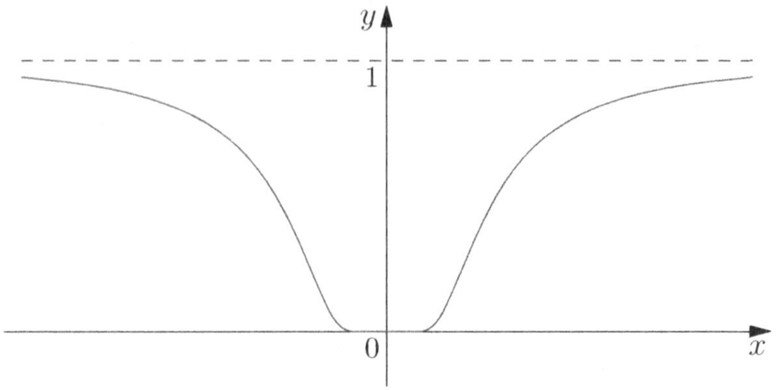

Procedendo come nell'esempio precedente, si trova che

$$f^{(n)}(x) = \begin{cases} \dfrac{p_n(x)\,\mathrm{e}^{-1/x^2}}{x^{3n}} & \text{se } x \neq 0 \\ 0 & \text{se } x = 0 \end{cases}$$

dove i $p_n(x)$ sono polinomi di grado n definiti dalla ricorrenza

$$p_{n+1}(x) = x^3 p_n'(x) - (3nx^2 - 2)p_n(x)$$

con il valore iniziale $p_0(x) = 1$. In particolare, si ha $p_n(0) = 2p_{n-1}(0) = 4p_{n-2}(0) = \cdots = 2^n p_0(0)$, ossia $p_n(0) = 2^n$ per ogni $n \in \mathbb{N}$.

Anche in questo caso, si trova che la funzione f è derivabile su tutto $\mathbb{R}$ e che $f^{(n)}(0) = 0$ per ogni $n \in \mathbb{N}$.

OSSERVAZIONE 397. Per le funzioni considerate negli esempi precedenti non si possono usare i Teoremi 393 e 396, dove si assume che almeno una derivata sia non nulla. In entrambi i casi, però, la funzione f ha un minimo in $x_0 = 0$ (anche se in quel punto tutte le derivate sono nulle).

5.10 Il differenziale

Sia f una funzione derivabile in un intorno di un punto x_0. Indichiamo con $\mathrm{d}x$ un incremento infinitesimo della variabile indipendente. Il corrispondente incremento della funzione è

$$\Delta f(x_0) = f(x_0 + \mathrm{d}x) - f(x_0).$$

Per il teorema di Taylor, per $\mathrm{d}x \to 0$, si ha

$$\Delta f(x_0) = f(x_0) + f'(x_0)\mathrm{d}x + o(\mathrm{d}x) - f(x_0) = f'(x_0)\mathrm{d}x + o(\mathrm{d}x).$$

Pertanto, $f'(x_0)\mathrm{d}x$ è l'incremento della funzione approssimato al primo ordine, mentre la restante parte $o(\mathrm{d}x)$ è l'errore che si commette nell'approssimazione al primo ordine.

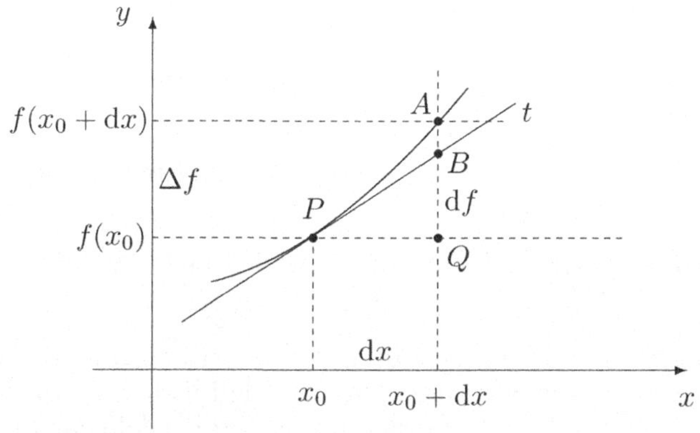

Il *differenziale* di f nel punto x_0 è dato da

$$\mathrm{d}f(x_0) = f'(x_0)\,\mathrm{d}x\,.$$

Il differenziale di f nel punto x_0 è l'approssimazione lineare dell'incremento di f in x_0, ossia è l'approssimazione di f lungo la tangente in $(x_0, f(x_0))$. Si ha

$$\Delta f(x_0) = \mathrm{d}f(x_0) + o(\mathrm{d}x) \qquad \text{per } \mathrm{d}x \to 0\,.$$

Inoltre, poiché $\mathrm{d}f(x_0) = f'(x_0)\,\mathrm{d}x$, si scrive anche

$$\frac{\mathrm{d}f}{\mathrm{d}x} = f'\,.$$

5.11 Grafico di una funzione

Per studiare il grafico γ di una funzione definita dall'equazione $y = f(x)$ si può procedere nel modo seguente (anche se sempre necessariamente tutto in quest'ordine).

1. Si determina il campo di esistenza $\mathcal{D}$ della funzione (ossia il più ampio sottoinsieme di $\mathbb{R}$ su cui la funzione ha senso). In genere, il campo di esistenza viene assunto come dominio della funzione e si riduce a un intervallo o a un'unione (finita o numerabile) di intervalli.

2. Si determinano le eventuali simmetrie. In particolare, si determina se la funzione è pari (grafico simmetrico rispetto all'asse y) o se è dispari (grafico simmetrico rispetto all'origine). In questi due casi, è sufficiente studiare la funzione per $x \geq 0$.

3. Si determina l'eventuale periodicità della funzione. Se la funzione è periodica di periodo p, allora è sufficiente studiare il grafico solo sull'intervallo di periodicità $[0, p]$. Se la funzione è pari o dispari, allora può essere conveniente scegliere l'intervallo di periodicità $[-p/2, p/2]$ simmetrico rispetto all'origine.

4. Si determinano le eventuali intersezioni con gli assi cartesiani. Per determinare le intersezioni con l'asse x si risolve l'equazione $f(x) = 0$, con $x \in \mathcal{D}$. Se $0 \in \mathcal{D}$, il grafico passa per il punto $(0, f(0))$ appartenente all'asse y.

5. Si determina la positività e la negatività della funzione, andando a studiare la disuguaglianza $f(x) \geq 0$, con $x \in \mathcal{D}$.

6. Si determina l'insieme di continuità, ossia i punti in cui la funzione è continua.

7. Si studia il comportamento della funzione agli estremi del dominio. In particolare se la funzione è continua ed è definita in tutto un intorno di un punto x_0, ma non in x_0, allora (se possibile) si calcolano i limiti

$$\lim_{x \to x_0^-} f(x) \qquad \text{e} \qquad \lim_{x \to x_0^+} f(x) .$$

Se almeno uno di questi limiti è infinito, allora si ha un asintoto verticale. Inoltre, se il dominio della funzione è illimitato inferiormente oppure è illimitato superiormente, allora si calcolano anche i limiti

$$\lim_{x \to -\infty} f(x) \qquad \text{o} \qquad \lim_{x \to +\infty} f(x) .$$

Se questi limiti sono finiti, allora di ha un asintoto orizzontale.

8. Si determinano gli eventuali asintoti obliqui. In particolare, la retta di equazione $y = mx + q$ è un asintoto obliquo per $x \to \pm\infty$ quando esistono finiti i limiti

$$m = \lim_{x \to \pm\infty} \frac{f(x)}{x} \neq 0 \qquad q = \lim_{x \to \pm\infty} (f(x) - mx) .$$

Possono esistere due asintoti obliqui distinti, uno per $x \to -\infty$ e uno per $x \to +\infty$. Se esiste un asintoto obliquo, si determinano le eventuali intersezioni tra l'asintoto e il grafico della funzione e la posizione del grafico rispetto all'asintoto.

9. Si determinano i punti in cui la funzione è derivabile e si calcola la derivata prima. In particolare, se la funzione è continua e derivabile in tutto un intorno di un punto x_0, ma non è derivabile in quel punto, allora si calcolano i limiti

$$\lim_{x \to x_0^-} f'(x) \qquad \text{e} \qquad \lim_{x \to x_0^+} f'(x)$$

per stabilire se si ha un punto angoloso, una cuspide o un flesso a tangente verticale.

10. Si determinano i tratti in cui la funzione è crescente e quelli in cui è decrescente. Dove la funzione è derivabile, basta studiare la disuguaglianza $f'(x) \geq 0$. In particolare, si determinano i punti di massimo e di minimo (locali e assoluti).

11. Si determinano i punti in cui la funzione è derivabile due volte e si calcola la derivata seconda.

12. Si determina la concavità della funzione. Dove la funzione è derivabile almeno due volte con continuità, basta studiare la disequazione $f''(x) \geq 0$. Inoltre, si determinano gli eventuali flessi.

13. Si determina l'immagine della funzione, ossia l'insieme di tutti i punti di $\mathbb{R}$ che provengono da qualche punto del dominio $\mathcal{D}$ mediante la funzione f. In genere, l'immagine viene assunta come codominio della funzione.

14. Infine, utilizzando le informazioni ottenute nel punti precedenti, si disegna un grafico approssimativo della funzione.

ESEMPIO 398. Si consideri la funzione polinomiale

$$f(x) = (x^2-1)^2(x^2-4)^2 = x^8 - 10x^6 + 33x^4 - 40x^2 + 16\,.$$

La funzione f è definita su tutto $\mathbb{R}$. È pari, ossia è simmetrica rispetto all'asse y. Non è mai negativa, si annulla per $x = \pm 1, \pm 2$ e incontra l'asse y nel punto $(0,16)$. Inoltre, $f(x) \to +\infty$ per $x \to \pm\infty$. Più precisamente, $f(x) \sim x^8$ per $x \to \pm\infty$. La derivata prima è

$$\begin{aligned} f'(x) &= 4x(x^2-1)(x^2-4)^2 + (x^2-1)^2 4x(x^2-4) \\ &= 4x(x^2-1)(x^2-4)(x^2-4+x^2-1) \\ &= 4x(x^2-1)(x^2-4)(2x^2-5)\,. \end{aligned}$$

Pertanto, $f'(x) \geq 0$ se e solo se $4x(x^2-1)(x^2-4)(2x^2-5) \geq 0$. Quindi si ha

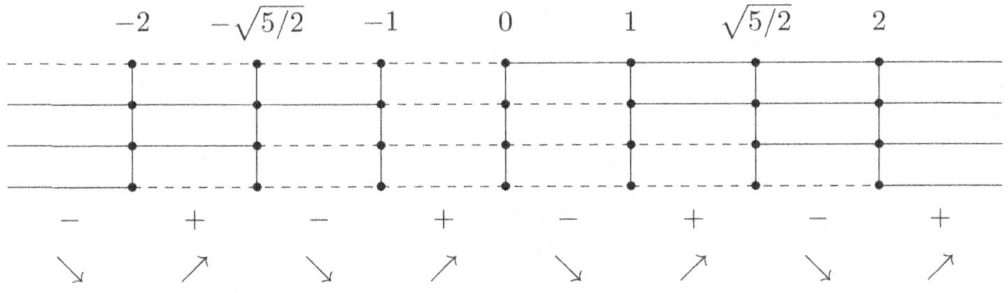

Pertanto, la funzione f decresce sugli intervalli $(-\infty,-2)$, $(-\sqrt{5/2},-1)$, $(0,1)$, $(\sqrt{5/2},2)$, mentre cresce sugli intervalli $(-2,-\sqrt{5/2})$, $(-1,0)$, $(1,\sqrt{5/2})$, $(2,+\infty)$. In particolare, si hanno i seguenti punti di minimo (assoluto): $m_1 \equiv (-2,0)$, $m_2 \equiv (-1,0)$, $m_3 \equiv (1,0)$, $m_4 \equiv (2,0)$, e i seguenti punti di massimo (locale) $M_1 \equiv (-\sqrt{5/2}, 81/16)$, $M_2 \equiv (0,16)$, $M_3 \equiv (\sqrt{5/2}, 81/16)$. La derivata seconda di f è

$$f''(x) = 4(14x^6 - 75x^4 + 99x^2 - 20)\,.$$

Non sembra essere agevole determinare le radici di questo polinomio. Tuttavia, sappiamo che $f'(x)$ possiede 7 radici reali (il numero massimo di radici che può avere). Poiché $f'(x)$ è una funzione continua, per il teorema di Rolle, f''

possiede almeno una radice in ogni intervallo che ha per estremi due radici consecutive di f'. Quindi, $f''(x)$ possiede almeno 6 radici reali. Poiché $f''(x)$ ha grado 6, queste sono tutte e solo le radici di $f''(x)$. Di conseguenza, f possiede un flesso in ogni intervallo che ha per estremi due radici consecutive di f'. Non possiede altri flessi. Infine, il grafico della funzione f è

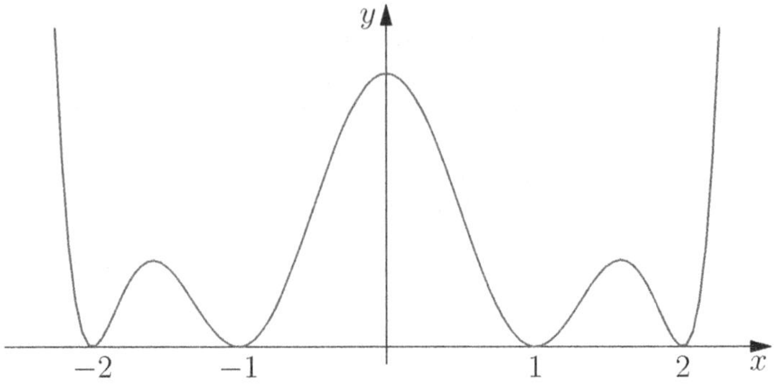

ESEMPIO 399. Si consideri la funzione razionale

$$f(x) = \frac{x^2 - 4}{x^4 - 8x^2 + 20}.$$

Poiché il polinomio a denominatore ha discriminate negativo, esso non si annulla mai. Quindi la funzione f è definita su tutto $\mathbb{R}$. Inoltre è continua e derivabile su tutto $\mathbb{R}$. Poiché compaiono solo potenze pari di x, la funzione f è pari, ossia simmetrica rispetto all'asse y. Si ha $f(x) = 0$ se e solo se $x^2 - 4 = 0$, ossia se e solo se $x = \pm 2$. Quindi, il grafico di f incontra l'asse x nei due punti $A \equiv (-2, 0)$ e $B \equiv (2, 0)$. Mentre incontra l'asse y nel punto $C \equiv (0, -1/5)$. Poiché il denominatore è sempre positivo, si ha $f(x) \geq 0$ se e solo se $x^2 - 4 \geq 0$, ossia se e solo se $x \leq -2$ e $x \geq 2$. Per $x \to \pm\infty$ si ha $f(x) \to 0$. Quindi la retta di equazione $y = 0$ è un asintoto orizzontale per $x \to \pm\infty$. Non possono esserci altri asintoti. La derivata prima di f risulta essere

$$f'(x) = \frac{-2x(x^4 - 8x^2 + 4)}{(x^4 - 8x^2 + 20)^2}.$$

Quindi $f'(x) \geq 0$ se e solo se $x(x^4 - 8x^2 + 4) \geq 0$. Si ha $x^4 - 8x^2 + 4 = x^4 - 8x^2 + 16 - 12 = (x^2 - 4)^2 - 12 = (x^2 - 4 - 2\sqrt{3})(x^2 - 4 + 2\sqrt{3})$. Poiché $4 \pm 2\sqrt{3}$ sono entrambi numeri reali positivi, si ha

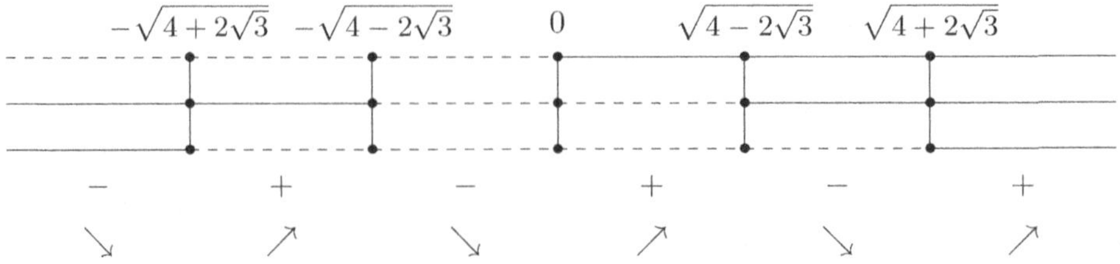

La funzione f è crescente sugli intervalli $(-\sqrt{4+2\sqrt{3}}, -\sqrt{4-2\sqrt{3}})$, $(0, \sqrt{4-2\sqrt{3}})$, $(\sqrt{4+2\sqrt{3}}, +\infty)$, ed è decrescente sugli intervalli $(-\infty, -\sqrt{4+2\sqrt{3}})$, $(-\sqrt{4-2\sqrt{3}}, 0)$, $(\sqrt{4-2\sqrt{3}}, \sqrt{4+2\sqrt{3}})$. In particolare, f possiede due massimi assoluti nei punti $(\pm\sqrt{4+2\sqrt{3}}, \sqrt{3}/8)$, un massimo locale nel punto $(0, -1/5)$, due minimi assoluti nei punti $(\pm\sqrt{4-2\sqrt{3}}, -\sqrt{3}/8)$. La derivata seconda di f è

$$f''(x) = \frac{2(3x^8 - 32x^6 + 48x^4 + 192x^2 - 240)}{(x^4 - 8x^2 + 20)^3}.$$

Senza studiare la derivata seconda, si ha che la funzione deve presentare almeno 6 flessi. Infine, il grafico della funzione f è

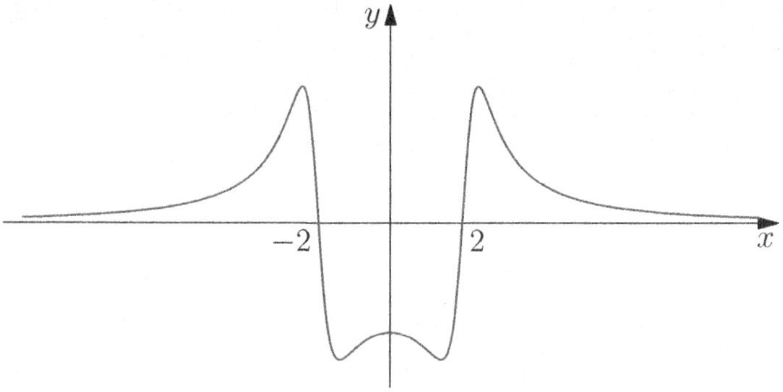

ESEMPIO 400. Si consideri la funzione definita da

$$f(x) = \operatorname{artg} \frac{x}{1+x^2}.$$

Questa funzione è composta della funzione arcotangente, definita e continua su tutto $\mathbb{R}$, e da una funzione razionale, anch'essa definita e continua su tutto $\mathbb{R}$. Quindi la funzione f è definita e continua su tutto $\mathbb{R}$. In particolare, poiché sia funzione arcotangente sia la funzione razionale in questione sono dispari, si ha che anche la funzione f è dispari. Inoltre, $f(0) = \operatorname{artg} 0 = 0$ e $f(x) = 0$ se e solo se $x = 0$. Quindi il grafico di f interseca gli assi cartesiani solo nell'origine. Poiché $f(x) \geq 0$ se e solo se $x \geq 0$, la funzione f è negativa sul semiasse negativo ed è positiva sul semiasse positivo. Per quanto riguarda i limiti all'infinito, si ha

$$\lim_{x\to\pm\infty} f(x) = \lim_{x\to\pm\infty} \operatorname{artg} \frac{x}{1+x^2} = 0.$$

Quindi l'asse delle ascisse $y = 0$ è un asintoto orizzontale per $x \to \pm\infty$. Non possono esserci altri asintoti. La derivata prima della funzione f è data da

$$f'(x) = \frac{1}{1 + \dfrac{x^2}{(1+x^2)^2}} \, \frac{1 + x^2 - 2x^2}{(1+x^2)^2} = \frac{1 - x^2}{(1+x^2)^2 + x^2}.$$

Pertanto la funzione f è derivabile su tutto $\mathbb{R}$. Inoltre, $f'(x) \geq 0$ se e solo se $1 - x^2 \geq 0$, ossia $x^2 - 1 \leq 0$, ossia $-1 \leq x \leq 1$. Quindi la funzione f è decrescente prima di $x = -1$ e dopo $x = 1$, mentre è crescente tra questi due punti. Di conseguenza, si ha un punto di minimo in $M_1 \equiv (-1, -\operatorname{artg}(1/2))$ e si ha un punto di massimo in $M_2 \equiv (1, \operatorname{artg}(1/2))$. In particolare, essendo $f'(0) = 1$, il grafico di f ha come tangente nell'origine la retta di equazione $y = x$. Poiché la derivata seconda risulta essere

$$f''(x) = \frac{2x(x^4 - 2x^2 - 4)}{(1 + 3x^2 + x^4)^2},$$

si ha $f''(x) \geq 0$ se e solo se $x(x^4 - 2x^2 - 4) \geq 0$. Il polinomio $x^4 - 2x^2 - 4$ si può decomporre nel modo seguente:

$$x^4 - 2x^2 - 4 = x^4 - 2x^2 + 1 - 5 = (x^2 - 1)^2 - 5 = (x^2 - 1 - \sqrt{5})(x^2 - 1 + \sqrt{5}).$$

Poiché $1 - \sqrt{5}$ è negativo, il polinomio $x^2 - 1 + \sqrt{5}$ è sempre positivo. Quindi il segno della derivata seconda di f è equivalente al segno di $x(x^2 - 1 - \sqrt{5})$. Poiché

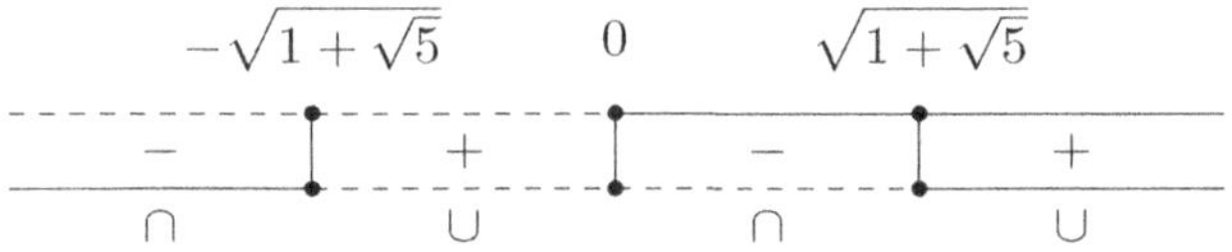

la funzione f presenta concavità verso il basso sugli intervalli $(-\infty, -\sqrt{1+\sqrt{5}})$ e $(0, \sqrt{1+\sqrt{5}})$, mentre presenta concavità verso l'alto sugli intervalli $(-\sqrt{1+\sqrt{5}}, 0)$ e $(\sqrt{1+\sqrt{5}}, +\infty)$. In particolare, si hanno i seguenti tre flessi:

$$F_{1,2} \equiv \left(\pm\sqrt{1+\sqrt{5}},\ \pm \operatorname{artg} \frac{\sqrt{1+\sqrt{5}}}{2+\sqrt{5}} \right), \qquad O \equiv (0,0).$$

Infine, si ottiene il seguente grafico

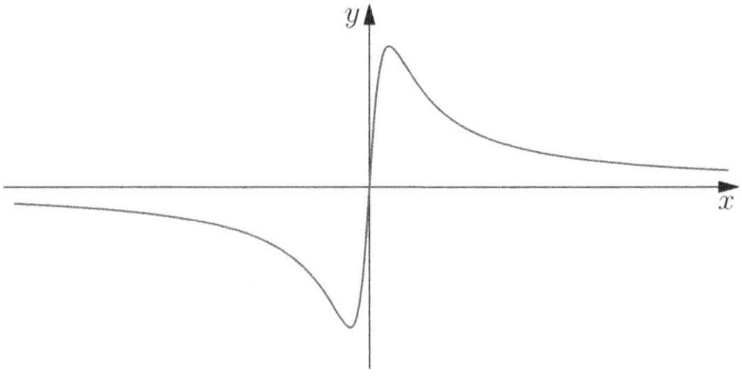

ESEMPIO 401. Consideriamo la funzione $f(x) = |x|e^{-|x-1|}$. Essa è definita ed è continua su tutto $\mathbb{R}$. Inoltre $f(x) \geq 0$ per ogni $x \in \mathbb{R}$. Pertanto, il punto $x = 0$,

l'unico punto in cui la funzione si annulla, è certamente un minimo assoluto. La funzione non presenta simmetrie. Inoltre $f(x) \to 0$ per $x \to \pm\infty$. La derivata prima è

$$f'(x) = \operatorname{sign}(x)\, \mathrm{e}^{-|x-1|} - |x| \operatorname{sign}(x-1)\, \mathrm{e}^{-|x-1|} = \operatorname{sign}(x)(1 - x \operatorname{sign}(x-1))\, \mathrm{e}^{-|x-1|}.$$

La funzione f è derivabile ovunque tranne che in $x = 0$ e in $x = 1$, dove presenta due punti angolosi. Infatti, si ha

$$\lim_{x\to 0^-} f'(x) = \lim_{x\to 0^-} -(1+x)\, \mathrm{e}^{x-1} = -\frac{1}{\mathrm{e}}, \qquad \lim_{x\to 0^+} f'(x) = \lim_{x\to 0^-} (1+x)\, \mathrm{e}^{x-1} = \frac{1}{\mathrm{e}}$$

$$\lim_{x\to 1^-} f'(x) = \lim_{x\to 1^-} (1+x)\, \mathrm{e}^{x-1} = 2, \qquad \lim_{x\to 1^+} f'(x) = \lim_{x\to 1^-} (1-x)\, \mathrm{e}^{1-x} = 0.$$

Inoltre, si ha

1. per $x < 0$, si ha $f'(x) = -(1+x)\mathrm{e}^{x-1} \geq 0$ se e solo se $x \leq -1$;
2. per $0 < x < 1$, si ha $f'(x) = (1+x)\mathrm{e}^{x-1} \geq 0$ se e solo se $x \geq -1$, ossia mai;
3. per $x > 1$, si ha $f'(x) = (1-x)\mathrm{e}^{1-x} \geq 0$ se e solo se $x \leq 1$, ossia mai.

Si ha pertanto il seguente andamento

Quindi, la funzione f cresce sugli intervalli $(-\infty, -1)$ e $(0, 1)$, mentre decresce sugli intervalli $(-1, 0)$ e $(1, +\infty)$. In particolare, possiede un massimo relativo nel punto $M_1 \equiv (-1, \mathrm{e}^{-1})$, un massimo assoluto nel punto $M_2 \equiv (1, 1)$ e un minimo assoluto nel punto $m \equiv (0, 0)$. La derivata seconda di f è

$$\begin{aligned} f''(x) &= -\operatorname{sign}(x) \operatorname{sign}(x-1)\, \mathrm{e}^{-|x-1|} - \operatorname{sign}(x)(1 - x \operatorname{sign}(x-1)) \operatorname{sign}(x-1)\, \mathrm{e}^{-|x-1|} \\ &= -\operatorname{sign}(x) \operatorname{sign}(x-1)\, (2 - x \operatorname{sign}(x-1))\mathrm{e}^{-|x-1|}. \end{aligned}$$

Allora

1. per $x < 0$, si ha $f''(x) = -(2+x)\mathrm{e}^{x-1} \geq 0$ se e solo se $x \leq -2$;
2. per $0 < x < 1$, si ha $f''(x) = (2+x)\mathrm{e}^{x-1} \geq 0$ se e solo se $x \geq -2$, ossia mai;
3. per $x > 1$, si ha $f''(x) = -(2-x)\mathrm{e}^{1-x} \geq 0$ se e solo se $x \geq 2$.

Si ha pertanto il seguente andamento

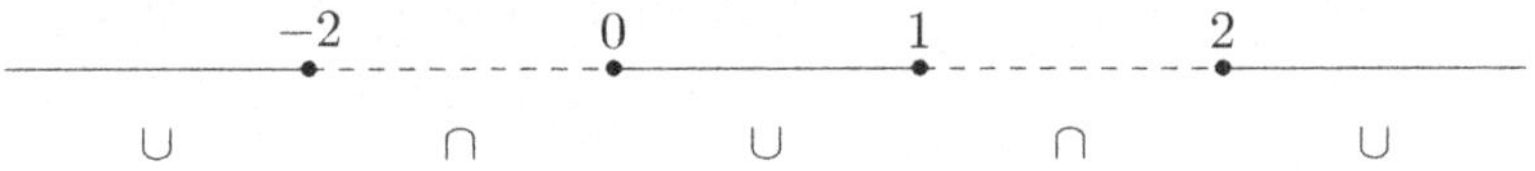

In particolare, la funzione f ha due flessi: $F_1 \equiv (-2, 2\mathrm{e}^{-3})$, $F_2 \equiv (2, 2\mathrm{e}^{-1})$. Inoltre, nel punto di minimo $m \equiv (0, 0)$ e nel punto di massimo $M_2 \equiv (1, 1)$ si ha un cambiamento di concavità (in questi punti la funzione non è derivabile). Infine, si ha il grafico

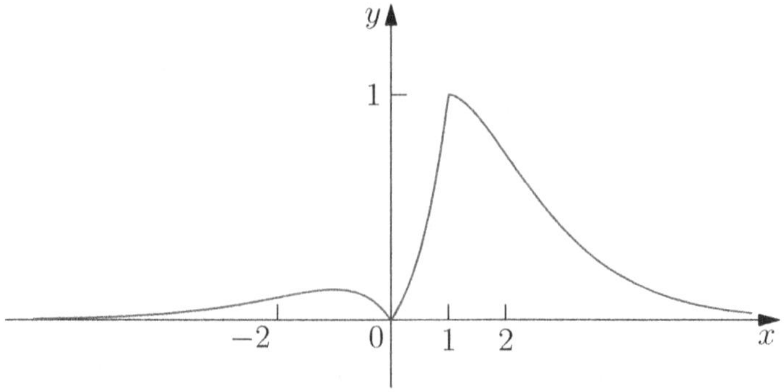

ESEMPIO 402. La funzione $f(x) = \sqrt[3]{x^3 - 2x^2 - x + 2} = \sqrt[3]{(x+1)(x-1)(x-2)}$ è definita ed è continua su tutto $\mathbb{R}$. Incontra l'asse x nei tre punti $A \equiv (-1, 0)$, $B \equiv (1, 0)$ e $C \equiv (2, 0)$, mentre incontra l'asse y nel punto $D \equiv (0, \sqrt[3]{2})$. Si ha $f(x) \geq 0$ se e solo se $(x+1)(x-1)(x-2) \geq 0$, ossia se e solo se $-1 \leq x \leq 1$ e $x \geq 2$. Inoltre, si ha $f(x) \to \pm\infty$ per $x \to \pm\infty$. In particolare, si ha

$$\lim_{x\to\pm\infty} \frac{f(x)}{x} = \lim_{x\to\pm\infty} \frac{\sqrt[3]{x^3 - 2x^2 - x + 2}}{x} = \lim_{x\to\pm\infty} \sqrt[3]{1 - \frac{2}{x} - \frac{1}{x^2} + \frac{2}{x^3}} = 1$$

$$\begin{aligned} \lim_{x\to\pm\infty} (f(x) - x) &= \lim_{x\to\pm\infty} (\sqrt[3]{x^3 - 2x^2 - x + 2} - x) \\ &= \lim_{x\to\pm\infty} \left(x\sqrt[3]{1 - \frac{2}{x} - \frac{1}{x^2} + \frac{2}{x^3}} - x \right) = \lim_{x\to\pm\infty} \left(x\left(1 - \frac{1}{3}\frac{2}{x} + o\left(\frac{1}{x}\right)\right) - x \right) \\ &= \lim_{x\to\pm\infty} \left(x - \frac{2}{3} + o\left(\frac{1}{x}\right) - x \right) = -\frac{2}{3}. \end{aligned}$$

Quindi, la retta di equazione $y = x - 2/3$ è un asintoto obliquo per $x \to \pm\infty$. Non ci sono altri asintoti. Per studiare la posizione del grafico di f rispetto all'asintoto obliquo basta studiare la disuguaglianza $f(x) \geq 0$, ossia $\sqrt[3]{x^3 - 2x^2 - x + 2} \geq x - 2/3$. Si trova facilmente che questo accade per $x \leq 62/63$. In particolare, il grafico della funzione interseca l'asintoto obliquo nel punto $(62/63, 20/63)$. La derivata prima di f è

$$f'(x) = \frac{3x^2 - 4x - 1}{3\sqrt[3]{(x+1)^2(x-1)^2(x-2)^2}}.$$

Poiché non è definita per $x = -1, 1, 2$, la funzione f in tali punti non è derivabile. Poiché

$$\lim_{x\to -1^\pm} f'(x) = +\infty, \qquad \lim_{x\to 1^\pm} f'(x) = -\infty, \qquad \lim_{x\to 2^\pm} f'(x) = +\infty,$$

in questi punti f ha tangente verticale. Inoltre, $f'(x) \geq 0$ se e solo se $3x^2 - 4x - 1 \geq 0$, ossia se e solo se $x \leq (2 - \sqrt{7})/2$ o $x \geq (2 + \sqrt{7})/2$. Pertanto, la funzione f possiede un massimo locale e un minimo locale rispettivamente nei punti

$$M \equiv \left(\frac{2-\sqrt{7}}{2}, \frac{\sqrt[3]{20+14\sqrt{7}}}{3} \right), \qquad m \equiv \left(\frac{2+\sqrt{7}}{2}, \frac{\sqrt[3]{20-14\sqrt{7}}}{3} \right).$$

La derivata seconda di f è

$$f''(x) = -\frac{2(7x^2-16x+13)}{9\sqrt[3]{(x+1)^5(x-1)^5(x-2)^5}}.$$

Poiché il numeratore ha discriminante negativo e termine noto positivo, esso è sempre positivo. Quindi $f''(x) \geq 0$ se e solo se $(x+1)(x-1)(x-2) \leq 0$. Pertanto, la funzione f ha concavità rivolta verso l'alto dove è negativa e ha concavità rivolta verso il basso dove è positiva. In particolare, nei punti A, B e C si ha un cambiamento di concavità. Infine, si ha il grafico

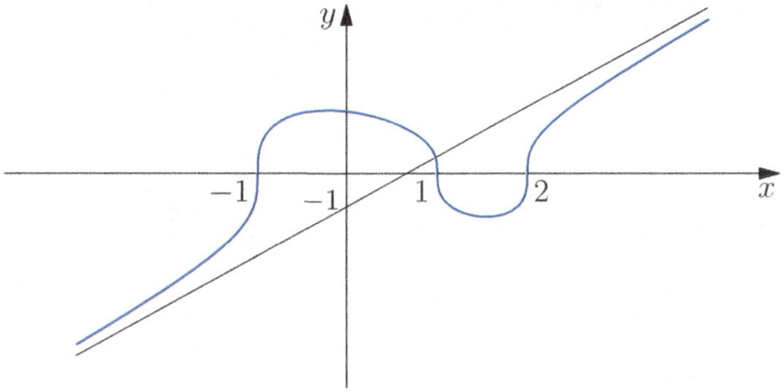

ESEMPIO 403. La funzione $f(x) = \operatorname{sen}^3 x + \cos^3 x$ è definita ed è continua su tutto $\mathbb{R}$. Inoltre è periodica di periodo 2π. Quindi possiamo limitarci a studiarla sull'intervallo di periodicità $[0, 2\pi]$. Agli estremi di questo intervallo si ha $f(0) = f(2\pi) = 1$. Per trovare le intersezioni con l'asse x possiamo riscrivere la funzione nella forma $f(x) = (\operatorname{sen} x + \cos x)(\operatorname{sen}^2 x + \operatorname{sen} x \cos x + \cos^2 x) = (\operatorname{sen} x + \cos x)(2 + \operatorname{sen} 2x)/2$. Quindi, la funzione si annulla solo quando $\operatorname{sen} x = -\cos x$, ossia solo per $x = 3\pi/4$ e per $x = 7\pi/4$. Inoltre, si ha $f(x) \geq 0$ se e solo se $\operatorname{sen} x \geq -\cos x$, ossia se e solo se $0 \leq x \leq 3\pi/4$ e $7\pi/4 \leq x \leq 2\pi$. La derivata prima è $f'(x) = 3\operatorname{sen}^2 x \cos x - 3\cos^2 x \operatorname{sen} x = 3 \operatorname{sen} x \cos x(\operatorname{sen} x - \cos x)$. Quindi $f'(x) \geq 0$ se e solo se $\operatorname{sen} x \cos x(\operatorname{sen} x - \cos x)$. Studiamo il segno di ogni singolo fattore. Si ha $\operatorname{sen} x \geq 0$ per $0 \leq x \leq \pi$, $\cos x \geq 0$ per $0 \leq x \leq \pi/2$ e $3\pi/2 \leq x \leq 2\pi$, $\operatorname{sen} x \geq \cos x$ per $\pi/4 \leq x \leq 5\pi/4$. Mettendo questi risultati in un solo grafico, si ha

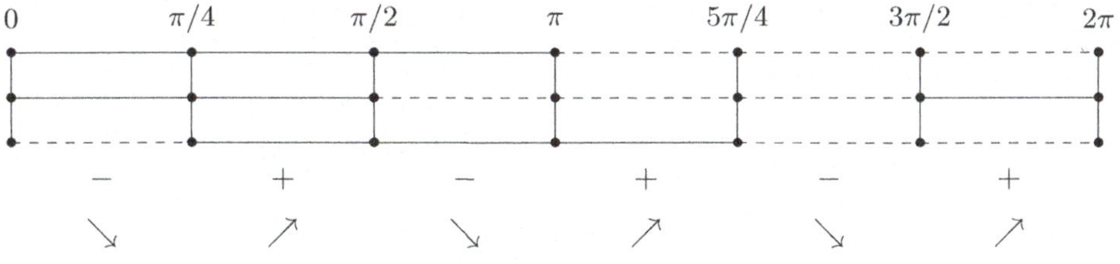

Pertanto i punti $M_1 = (0, 1)$, $M_2 = (\pi/2, 1)$, $M_3 = (5\pi/4, -1/\sqrt{2})$, $M_4 = (2\pi, 1)$ sono di massimo, mentre i punti $m_1 = (\pi/4, 1/\sqrt{2})$, $m_2 = (\pi, -1)$, $m_3 = (3\pi/2, -1)$ sono di minimo. La derivata seconda è $f''(x) = 3(\operatorname{sen} x + \cos x)(\frac{3}{2} \operatorname{sen} 2x - 1)$. Quindi $f''(x) \geq 0$ quando $(\operatorname{sen} x + \cos x)(\frac{3}{2} \operatorname{sen} 2x - 1) \geq 0$. Studiamo il segno di entrambi i fattori: si ha $\operatorname{sen} x \geq -\cos x$ per $0 \leq x \leq 3\pi/4$ e $7\pi/4 \leq x \leq 2\pi$ e si ha $\operatorname{sen} 2x \geq 2/3$ per $a/2 \leq x \leq (\pi - a)/2$ e $(\pi + a/2) \leq x \leq (3\pi - a)/2$. Mettendo il tutto in uno stesso grafico, si ha

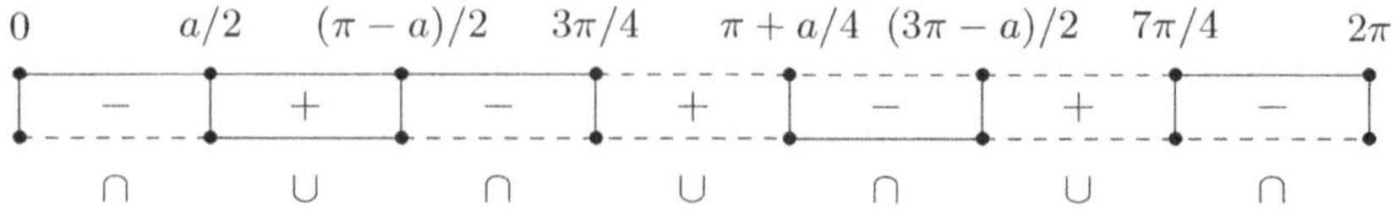

Quindi, si hanno i seguenti punti di flesso: $F_1 \equiv (\frac{a}{2}, \frac{2\sqrt{15}}{9})$, $F_2 \equiv (\frac{\pi - a}{2}, \frac{2\sqrt{15}}{9})$, $F_3 \equiv (\frac{3}{4}\pi, 0)$, $F_4 \equiv (\pi + \frac{a}{2}, -\frac{2\sqrt{15}}{9})$, $F_5 \equiv (\frac{3\pi - a}{2}, -\frac{2\sqrt{15}}{9})$, $F_6 \equiv (\frac{7}{4}\pi, 0)$.

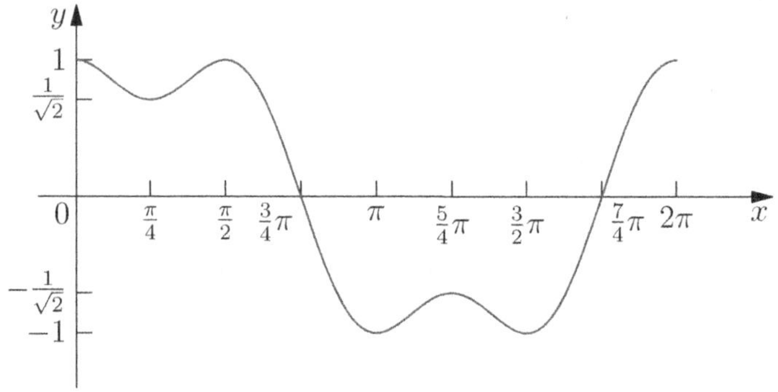

Il grafico suggerisce che la funzione f sia simmetrica rispetto al punto $(3\pi/4, 0)$. Infatti si ha $f(3\pi/2 - x) = -f(x)$ per ogni $x \in \mathbb{R}$.

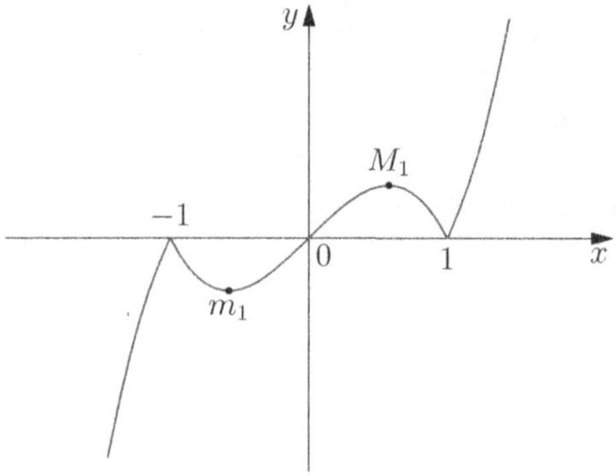

6
Calcolo integrale

Il calcolo integrale nasce da due problemi distinti. Il primo problema consiste nella determinazione di tutte le primitive di una funzione, ossia di tutte le funzioni che hanno la medesima derivata. Il secondo problema consiste nella determinazione di uno strumento analitico per calcolare la misura delle grandezze geometriche e fisiche. Il primo problema porta agli integrali indefiniti mentre il secondo problema porta agli integrali definiti che, a posteriori, risultano strettamente legati tra di loro.

6.1 Integrale indefinito

6.1.1 Primitive

Definizione 404. *Sia* $f : (a,b) \to \mathbb{R}$ *una funzione continua. Una funzione* $F : (a,b) \to \mathbb{R}$ *è una* primitiva *di* f *sull'intervallo* (a,b) *se* F *è derivabile su* (a,b) *e* $F'(x) = f(x)$ *per ogni* $x \in (a,b)$.

OSSERVAZIONE 405. Si può dimostrare (come faremo più avanti nel Teorema 474) che ogni funzione continua possiede sempre almeno una primitiva. Tuttavia, una funzione non continua può non ammettere primitive. Consideriamo, ad esempio, la funzione definita da $f(x) = 0$ per $x \neq 0$ e $f(x) = 1$ per $x = 0$. Supponiamo che f ammetta una primitiva F. Allora $F(x) = c_1$ per ogni $x < 0$ (poiché $F'(x) = f(x) = 0$ sull'intervallo $(-\infty, 0)$) e $F(x) = c_2$ per ogni $x > 0$ (poiché $F'(x) = f(x) = 0$ sull'intervallo $(0, +\infty)$). Poiché F è continua, si ha

$$c_1 = \lim_{x \to 0^-} F(x) = \lim_{x \to 0^+} F(x) = c_2 .$$

Quindi $F(x) = c$ per ogni $x \in \mathbb{R}$ e di conseguenza $f(x) = F'(x) = 0$ per ogni $x \in \mathbb{R}$. Ma questo non può accadere, perché f non è identicamente nulla.

Proposizione 406. *Sia* $f : (a,b) \to \mathbb{R}$ *una funzione continua senza discontinuità di seconda specie. Due primitive di* f*, sull'intervallo* (a,b)*, differiscono al più per una costante additiva.*

Dimostrazione. Siano $F(x)$ e $G(x)$ due primitive di $f(x)$ su (a,b). Allora $F'(x) = f(x)$ e $G'(x) = f(x)$. Quindi $F'(x) - G'(x) = f(x) - f(x) = 0$, ossia $F'(x) = G'(x)$. Pertanto, esiste una costante $c \in \mathbb{R}$ tale che $F(x) = G(x) + c$ per ogni $x \in (a,b)$. □

Definizione 407. L'integrale indefinito *di una funzione* $f : (a, b) \to \mathbb{R}$ *definita su un intervallo è l'insieme di tutte le sue primitive e viene indicato con il simbolo*

$$\int f(x)\, \mathrm{d}x\,.$$

OSSERVAZIONE 408. L'integrazione è l'operazione inversa della derivazione. Tuttavia, a differenza della derivazione che a una funzione associa esattamente una sola funzione (la sua derivata), l'integrazione associa a una funzione una famiglia di funzioni. Ciò è dovuto al fatto che due funzioni con uguale derivata differiscono per una costante additiva. Quindi, se F è una primitiva di f su un intervallo, allora

$$\int f(x)\, \mathrm{d}x = F(x) + c$$

dove c è una costante reale arbitraria.

Teorema 409. *L'integrale indefinito è un* operatore lineare, *ossia, comunque scelti due numeri reali* α *e* β *e comunque scelte due funzioni continue* f *e* g, *si ha*

$$\int (\alpha f(x) + \beta g(x))\, \mathrm{d}x = \alpha \int f(x)\, \mathrm{d}x + \beta \int g(x)\, \mathrm{d}x\,.$$

In particolare, l'integrale indefinito è additivo, *ossia, comunque scelte due funzioni continue* f *e* g, *si ha*

$$\int (f(x) + g(x))\, \mathrm{d}x = \int f(x)\, \mathrm{d}x + \int g(x)\, \mathrm{d}x\,.$$

Inoltre, l'integrale indefinito è omogeneo, *ossia, comunque scelto un numero reale* α *e comunque scelta una funzione continua* f, *si ha*

$$\int \alpha f(x)\, \mathrm{d}x = \alpha \int f(x)\, \mathrm{d}x\,.$$

Dimostrazione. Supponiamo che F sia una primitiva di f e che G sia una primitiva di g. Allora $\alpha F + \beta G$ è una primitiva di $\alpha f + \beta g$. Infatti, essendo $F' = f$ e $G' = g$, per la linearità della derivata, si ha

$$(\alpha F + \beta G)' = \alpha F' + \beta G' = \alpha f + \beta g\,.$$

In modo analogo si possono dimostrare le proprietè di additività e di omogeneità. □

OSSERVAZIONE 410. La proprietà di linearità è equivalente alle proprietè di additività e di omogeneità. Infatti, se vale la linearità, basta scegliere $\alpha = \beta = 1$ per avere l'additività e basta scegliere $\beta = 0$ per avere l'omogeneità. Viceversa, se vale l'additività e l'omogeneità, basta applicarle in successione per avere la linearità.

6.1.2 Integrali immediati

Se si conosce la derivata $f'(x)$ di una funzione $f(x)$, allora si ha l'identità

$$\int f'(x)\,\mathrm{d}x = f(x) + c$$

dove c è una costante reale arbitraria. Questa semplice osservazione, ci porta ad avere immediatamente i seguenti integrali

$$\int x^a\,\mathrm{d}x = \frac{x^{a+1}}{a+1} + c \qquad (a \in \mathbb{R}, a \neq -1) \qquad \int \frac{1}{x}\,\mathrm{d}x = \log|x| + c$$

$$\int \mathrm{e}^x\,\mathrm{d}x = \mathrm{e}^x + c \qquad \int a^x\,\mathrm{d}x = \frac{a^x}{\log a} + c$$

$$\int \cos x\,\mathrm{d}x = \operatorname{sen} x + c \qquad \int \operatorname{sen} x\,\mathrm{d}x = -\cos x + c$$

$$\int \frac{1}{\cos^2 x}\,\mathrm{d}x = \operatorname{tg} x + c \qquad \int \frac{1}{\operatorname{sen}^2 x}\,\mathrm{d}x = \operatorname{ctg} x + c$$

$$\int \frac{1}{1+x^2}\,\mathrm{d}x = \operatorname{artg} x + c \qquad \int \frac{1}{\sqrt{1-x^2}}\,\mathrm{d}x = \operatorname{arsen} x + c$$

Più in generale, si hanno le seguenti identità

$$\int f'(x) f(x)^a\,\mathrm{d}x = \frac{f(x)^{a+1}}{a+1} + c \quad (a \neq -1) \qquad \int \frac{f'(x)}{f(x)}\,\mathrm{d}x = \log|f(x)| + c$$

$$\int f'(x)\,\mathrm{e}^{f(x)}\,\mathrm{d}x = \mathrm{e}^{f(x)} + c \qquad \int f'(x)\,a^{f(x)}\,\mathrm{d}x = \frac{a^{f(x)}}{\log a} + c$$

$$\int f'(x)\,\cos f(x)\,\mathrm{d}x = \operatorname{sen} f(x) + c \qquad \int f'(x)\,\operatorname{sen} f(x)\,\mathrm{d}x = -\cos f(x) + c$$

$$\int \frac{f'(x)}{\cos^2 f(x)}\,\mathrm{d}x = \operatorname{tg} f(x) + c \qquad \int \frac{f'(x)}{\operatorname{sen}^2 f(x)}\,\mathrm{d}x = \operatorname{ctg} f(x) + c$$

$$\int \frac{f'(x)}{1+f(x)^2}\,\mathrm{d}x = \operatorname{artg} f(x) + c \qquad \int \frac{f'(x)}{\sqrt{1-f(x)^2}}\,\mathrm{d}x = \operatorname{arsen} f(x) + c$$

Alcuni integrali possono essere ridotti con semplici passaggi a integrali immediati.

ESEMPI

1. Fissati due numeri reali positivi α e β, consideriamo l'integrale

$$I = \int \frac{1}{\alpha^2 + (x+\beta)^2}\, dx\,.$$

Raccogliendo α^2, si ha

$$I = \frac{1}{\alpha^2} \int \frac{1}{1 + \left(\frac{x+\beta}{\alpha}\right)^2}\, dx = \frac{1}{\alpha} \int \frac{\left(\frac{x+\beta}{\alpha}\right)'}{1 + \left(\frac{x+\beta}{\alpha}\right)^2}\, dx = \frac{1}{\alpha}\, \mathrm{artg}\, \frac{x+\beta}{\alpha} + c\,.$$

2. Fissato un numero naturale $n \geq 1$, consideriamo gli integrali

$$I_1 = \int \frac{\log^n x}{x}\, dx \qquad \text{e} \qquad I_2 = \int \frac{\mathrm{artg}^n\, x}{1+x^2}\, dx\,.$$

In entrambi i casi, abbiamo un integrale del tipo $\int f'(x) f(x)^n\, dx$. Infatti, si ha

$$I_1 = \int \frac{1}{x} \log^n x\, dx = \int (\log x)' \log^n x\, dx = \frac{\log^{n+1} x}{n+1} + c$$

$$I_2 = \int \frac{1}{1+x^2}\, \mathrm{artg}^n\, x\, dx = \int (\mathrm{artg}\, x)'\, \mathrm{artg}^n\, x\, dx = \frac{\mathrm{artg}^{n+1}\, x}{n+1} + c\,.$$

3. Consideriamo gli integrali

$$I_1 = \int x^2 \sqrt{1+3x^3}\, dx \qquad \text{e} \qquad I_2 = \int \frac{x^3}{\sqrt[3]{3+2x^4}}\, dx\,.$$

Anche in questo caso abbiamo integrali del tipo $\int f'(x) f(x)^\alpha\, dx$. Infatti, si ha

$$\begin{aligned} I_1 &= \frac{1}{9} \int 9x^2 \sqrt{1+3x^3}\, dx = \frac{1}{9} \int (1+3x^3)'(1+3x^3)^{1/2}\, dx \\ &= \frac{1}{9}\, \frac{(1+3x^3)^{1/2+1}}{1/2+1} + c = \frac{2}{27}\, (1+3x^3)^{3/2} + c \\ I_2 &= \frac{1}{8} \int \frac{8x^3}{\sqrt[3]{3+2x^4}}\, dx = \frac{1}{8} \int (3+2x^4)'(3+2x^4)^{-1/3}\, dx \\ &= \frac{1}{8}\, \frac{(3+2x^4)^{-1/3+1}}{-1/3+1} + c = \frac{3}{16}\, \sqrt[3]{(3+2x^4)^2} + c\,. \end{aligned}$$

4. Anche gli integrali

$$I_1 = \int \mathrm{tg}\, x\, dx \qquad \text{e} \qquad I_2 = \int \frac{1}{\mathrm{tg}\, x}\, dx$$

sono della forma $\int f'(x) f(x)^\alpha\, dx$. Infatti, si ha

$$I_1 = \int \frac{\mathrm{sen}\, x}{\cos x}\, dx = -\int \frac{(\cos x)'}{\cos x}\, dx = -\log|\cos x| + c$$

$$I_2 = \int \frac{\cos x}{\mathrm{sen}\, x}\, dx = \int \frac{(\mathrm{sen}\, x)'}{\mathrm{sen}\, x}\, dx = \log|\mathrm{sen}\, x| + c\,.$$

5. Anche l'integrale

$$I = \int \frac{1}{x^2}\sqrt{4 + \frac{3}{2x}}\, \mathrm{d}x$$

è immediato, essendo della forma $\int f'(x)f(x)^\alpha \,\mathrm{d}x$. Infatti, si ha

$$I = -\frac{2}{3}\int \left(-\frac{3}{2x^2}\right)\sqrt{4 + \frac{3}{2x}} = -\frac{2}{3}\int \left(\frac{3}{2x}\right)'\sqrt{4 + \frac{3}{2x}} = -\frac{4}{9}\left(4 + \frac{3}{2x}\right)^{3/2} + c\,.$$

6. Per calcolare gli integrali

$$I_1 = \int \frac{x}{\sqrt{x+1} - 1}\,\mathrm{d}x \qquad \text{e} \qquad I_2 = \int \frac{1}{\sqrt{x+2} - \sqrt{x+1}}\,\mathrm{d}x$$

è sufficiente eliminare le radici che compaiono al denominatore. Infatti, si ha

$$I_1 = \int \frac{x(\sqrt{x+1} - 1)}{x + 1 - 1}\,\mathrm{d}x = \int (\sqrt{x+1} + 1)\,\mathrm{d}x = \frac{2}{3}\,(x+1)^{3/2} + x + c$$

$$\begin{aligned} I_2 &= \int \frac{\sqrt{x+2} + \sqrt{x+1}}{x + 2 - x - 1}\,\mathrm{d}x = \int \sqrt{x+2}\,\mathrm{d}x + \int \sqrt{x+1}\,\mathrm{d}x \\ &= \int (x+2)^{1/2}\,\mathrm{d}x + \int (x+1)^{1/2}\,\mathrm{d}x = \frac{2}{3}\,(x+2)^{3/2} + \frac{2}{3}\,(x+1)^{3/2} + c\,. \end{aligned}$$

7. Consideriamo gli integrali immediati

$$\int (\cos^2 x + \operatorname{sen}^2 x)\,\mathrm{d}x = \int \mathrm{d}x = x + c_1$$

$$\int (\cos^2 x - \operatorname{sen}^2 x)\,\mathrm{d}x = \int \cos 2x\,\mathrm{d}x = \frac{1}{2}\operatorname{sen} 2x + c_2\,.$$

Se sommiamo e sottraiamo tra di loro questi integrali, si ottengono le seguenti identità

$$\int \cos^2 x\,\mathrm{d}x = \frac{x}{2} + \frac{1}{2}\operatorname{sen} x \cos x + c$$

$$\int \operatorname{sen}^2 x\,\mathrm{d}x = \frac{x}{2} - \frac{1}{2}\operatorname{sen} x \cos x + c\,.$$

In generale, l'integrazione è un'operazione molto più complessa della derivazione. Tuttavia, esistono alcuni metodi (che vedremo nei prossimi paragrafi) che permettono di integrare esplicitamente in molte situazioni. Non sempre, però, è possibile esprimere l'integrale di una funzione elementare in termini di funzioni elementari. Ad esempio, si può dimostrare che l'integrale della funzione e^{ax^2} ($a \in \mathbb{R}$, $a \neq 0$) non è esprimibile mediante funzioni elementari. Analogamente, anche le funzioni $\operatorname{sen} x^2$, $\cos x^2$, $(\operatorname{sen} x)/x$ e $(\cos x)/x$ non sono integrabili in modo elementare.

6.1.3 Integrazione per parti

Teorema 411 (Integrazione per parti). *Siano* f *e* g *due funzioni di classe* C^1 *su un intervallo* I. *Allora*

$$\int f(x)g'(x)\,\mathrm{d}x = f(x)g(x) - \int f'(x)g(x)\,\mathrm{d}x\,.$$

Dimostrazione. Per la regola di Leibniz, si ha

$$(f(x)g(x))' = f'(x)g(x) + f(x)g'(x)$$

ossia

$$f(x)g'(x) = (f(x)g(x))' - f'(x)g(x)\,.$$

Integrando ambo i membri di questa identità, si ha

$$\int f(x)g'(x)\,\mathrm{d}x = \int (f(x)g(x))'\,\mathrm{d}x - \int f'(x)g(x)\,\mathrm{d}x = f(x)g(x) - \int f'(x)g(x)\,\mathrm{d}x\,.$$

□

OSSERVAZIONE 412. Nella formula che dà l'integrazione per parti, la funzione f viene chiamato *fattore finito*, mentre la parte $g(x)\,\mathrm{d}x$ viene chiamata *fattore differenziale*. Quando in un passaggio integreremo per parti, scriveremo $\underset{\text{pp}}{=}$.

ESEMPI

1. Consideriamo l'integrale

$$I = \int x\mathrm{e}^x\,\mathrm{d}x\,.$$

In questo caso, si può integrare per parti considerando x come fattore finito e $\mathrm{e}^x\,\mathrm{d}x$ come fattore differenziale. Infatti, si ha

$$I \underset{\text{pp}}{=} x\mathrm{e}^x - \int \mathrm{e}^x\,\mathrm{d}x = x\mathrm{e}^x - \mathrm{e}^x + c$$

dove c è una costante reale arbitraria.

2. Consideriamo gli integrali

$$I = \int \log x\,\mathrm{d}x \qquad \text{e} \qquad J = \int \operatorname{artg} x\,\mathrm{d}x\,.$$

In questo caso, si può integrare per parti scrivendo $f(x) = 1 \cdot f(x)$ e considerando 1 come fattore finito e $f(x)\,\mathrm{d}x$ come fattore differenziale:

$$I = \int 1 \cdot \log x\,\mathrm{d}x \underset{\text{pp}}{=} x\log x - \int \frac{x}{x}\,\mathrm{d}x = x\log x - \int \mathrm{d}x = x\log x - x + c$$

$$J = \int 1 \cdot \operatorname{artg} x\,\mathrm{d}x = x\operatorname{artg} x - \frac{1}{2}\int \frac{2x}{1+x^2}\,\mathrm{d}x = x\operatorname{artg} x - \frac{1}{2}\,\log(1+x^2) + c\,.$$

3. Consideriamo ancora gli integrali

$$I = \int \cos^2 x \, \mathrm{d}x \qquad \text{e} \qquad J = \int \operatorname{sen}^2 x \, \mathrm{d}x \,.$$

Scrivendo $\cos^2 x = \cos x \cos x$ e considerando $\cos x$ come fattore finito e $\cos x \, \mathrm{d}x$ come fattore differenziale, si può integrare per parti:

$$\begin{aligned} I \underset{\text{pp}}{=} & \operatorname{sen} x \cos x - \int \operatorname{sen} x \, (-\operatorname{sen} x) \, \mathrm{d}x \\ = & \operatorname{sen} x \cos x + \int \operatorname{sen}^2 x \, \mathrm{d}x \\ = & \operatorname{sen} x \cos x + \int (1 - \cos^2 x) \, \mathrm{d}x \\ = & \operatorname{sen} x \cos x + \int \mathrm{d}x - \int \cos^2 x \, \mathrm{d}x \\ = & \operatorname{sen} x \cos x + x - I + k \end{aligned}$$

dove k è una costante reale arbitraria. Quindi si ha $2I = \operatorname{sen} x \cos x + x + k$, ossia

$$I = \frac{x}{2} + \frac{1}{2} \operatorname{sen} x \cos x + c$$

dove c è una costante reale arbitraria. Per calcolare J si può procedere nello stesso modo, oppure si può procedere nel modo seguente utilizzando la relazione fondamentale:

$$J = \int (1 - \cos^2 x) \, \mathrm{d}x = \int \mathrm{d}x - \int \cos^2 x \, \mathrm{d}x = x - I$$

ossia

$$J = \frac{x}{2} - \frac{1}{2} \operatorname{sen} x \cos x + c \,.$$

4. Fissato un numero reale dove $a > 0$, consideriamo l'integrale

$$I = \int \sqrt{a^2 - x^2} \, \mathrm{d}x \,.$$

Anche in questo caso si può integrare per parti, considerando $\sqrt{a^2 - x^2}$ come fattore finito e $\mathrm{d}x$ come fattore differenziale. In questo modo, si ha

$$\begin{aligned} I \underset{\text{pp}}{=} & x\sqrt{a^2 - x^2} - \int x \frac{-2x}{2\sqrt{a^2 - x^2}} \, \mathrm{d}x \\ = & x\sqrt{a^2 - x^2} - \int \frac{a^2 - x^2 + a^2}{\sqrt{a^2 - x^2}} \, \mathrm{d}x \\ = & x\sqrt{a^2 - x^2} - \int \sqrt{a^2 - x^2} \, \mathrm{d}x + \int \frac{a^2}{\sqrt{a^2 - x^2}} \, \mathrm{d}x \\ = & x\sqrt{a^2 - x^2} - I + \int \frac{a}{\sqrt{1 - (x/a)^2}} \, \mathrm{d}x \end{aligned}$$

$$= \quad x\sqrt{a^2 - x^2} - I + a^2 \operatorname{arsen} \frac{x}{a} + k\,,$$

ossia

$$2I = x\sqrt{a^2 - x^2} + a^2 \operatorname{arsen} \frac{x}{a} + k$$

ossia

$$I = \frac{x}{2}\,\sqrt{a^2 - x^2} + \frac{a^2}{2}\,\operatorname{arsen} \frac{x}{a} + c\,.$$

6.1.4 Integrazione per sostituzione

Il metodo di integrazione per sostituzione spesso permette di sostituire la variabile x di partenza con una nuova variabile che rende l'integrale più facilmente calcolabile. In alcuni casi, esistono delle sostituzioni canoniche che permettono di semplificare l'integrale di partenza.

Teorema 413. *Sia* $f : [a, b] \to \mathbb{R}$ *una funzione continua e sia* $\varphi : [\alpha, \beta] \to [a, b]$ *una funzione invertibile di classe* C^1 *su* $[\alpha, \beta]$. *Allora, vale l'identità*

$$\int f(x)\,\mathrm{d}x = \int \varphi'(t) f(\varphi(t))\,\mathrm{d}t\,.$$

Dimostrazione. Sia F una primitiva di f su $[a, b]$. Allora, posto $x = \varphi(t)$, si ha

$$\mathrm{d}F(x) = \mathrm{d}F(\varphi(t)) = \varphi'(t)F'(\varphi(t))\,\mathrm{d}t = \varphi'(t)f(\varphi(t))\,\mathrm{d}t\,.$$

Del resto, si ha anche

$$\mathrm{d}F(x) = F'(x)\,\mathrm{d}x = f(x)\,\mathrm{d}x\,.$$

Pertanto, si ha

$$f(x)\,\mathrm{d}x = \varphi'(t)f(\varphi(t))\,\mathrm{d}t$$

e quindi

$$\int f(x)\,\mathrm{d}x = \int \varphi'(t) f(\varphi(t))\,\mathrm{d}t\,.$$

□

ESEMPI

1. Consideriamo ancora l'integrale

$$I = \int \sqrt{a^2 - x^2}\,\mathrm{d}x \qquad (a > 0)\,.$$

Posto $x = a\ \operatorname{sen}\vartheta$, si ha $\mathrm{d}x = a\cos\vartheta\mathrm{d}\vartheta$ e

$$I = \int \sqrt{a^2 - a^2\operatorname{sen}^2}\ a\cos\vartheta\,\mathrm{d}\vartheta = a^2 \int \cos^2\vartheta\,\mathrm{d}\vartheta\,.$$

A questo punto, si può procedere integrando per parti, come abbiamo già fatto secondo degli esempi del paragrafo precedente, ottenendo

$$I = \frac{a^2}{2}\,(\vartheta + \operatorname{sen}\vartheta\cos\vartheta) + c = \frac{a^2}{2}\left(\vartheta + \operatorname{sen}\vartheta\sqrt{1-\operatorname{sen}^2\vartheta}\right) + c.$$

Questa espressione, però, dipende dalla nuova variabile ϑ e non dalla variabile x di partenza. Bisogna sostituire a ϑ la sua espressione in x, che si ottiene dall'identità $x = a\ \operatorname{sen}\vartheta$, ossia $\vartheta = \operatorname{arsen} x/a$. Pertanto, si ha

$$\begin{aligned} I &= \frac{a^2}{2}\left(\operatorname{arsen}\frac{x}{a} + \operatorname{sen}\operatorname{arsen}\frac{x}{a}\sqrt{1-\operatorname{sen}^2\operatorname{arsen}\frac{x}{a}}\right) + c \\ &= \frac{a^2}{2}\left(\operatorname{arsen}\frac{x}{a} + \frac{x}{a}\sqrt{1-\frac{x^2}{a^2}}\right) + c \end{aligned}$$

ossia

$$I = \frac{x}{2}\sqrt{a^2-x^2} + \frac{a^2}{2}\ \operatorname{arsen}\frac{x}{a}\,.$$

2. Consideriamo l'integrale

$$I = \int \operatorname{tg}^4 x\,\mathrm{d}x\,.$$

Posto $t = \operatorname{tg} x$, si ha $\mathrm{d}t = (1+\operatorname{tg}^2 x)\,\mathrm{d}x = (1+t^2)\,\mathrm{d}x$ e quindi

$$I = \int \frac{t^4}{1+t^2}\,\mathrm{d}t = \int \frac{1-(1-t^4)}{1+t^2}\,\mathrm{d}t = \int\left(\frac{1}{1+t^2} - 1 + t^2\right)\mathrm{d}t$$

ossia

$$I = \operatorname{artg} t - t + \frac{t^3}{3} + c\,.$$

A questo punto, essendo $t = \operatorname{tg} x$, si ha

$$I = x - \operatorname{tg} x + \frac{1}{3}\ \operatorname{tg}^3 x + c\,.$$

6.1.5 Integrazione di funzioni razionali

Un'*espressione razionale*, o *frazione*, è il quoziente $R(x) = f(x)/g(x)$ di due polinomi, dove $g(x) \neq 0$. La frazione $f(x)/g(x)$ è *propria* quando il grado del numeratore è minore del grado del denominatore, ossia $\deg f(x) < \deg g(x)$.

Definizione 414. *Siano* $f(x)$ *e* $g(x)$ *due polinomi a coefficienti reali. La frazione* $f(x)/g(x)$ *è* semplice *quando*

$$\frac{f(x)}{g(x)} = \frac{A}{(x-a)^m} \qquad \textit{oppure} \qquad \frac{f(x)}{g(x)} = \frac{Bx+C}{(x^2+bx+c)^n}$$

dove $A, B, C, a, b, c \in \mathbb{R}$, $A \neq 0$, $(B,C) \neq (0,0)$, $m, n \in \mathbb{N}\setminus\{0\}$ *e* x^2+bx+c *è un polinomio con discriminante negativo (ossia con radici complesse coniugate).*

Teorema 415. *Un'espressione razionale può sempre essere scritta come somma di un polinomio e di una frazione propria.*

Dimostrazione. Dati due polinomi $f(x)$ e $g(x)$, esistono sempre due polinomi $q(x)$ e $r(x)$ tale che $f(x) = q(x)g(x) + r(x)$ e $\deg r(x) < \deg g(x)$. Pertanto, si ha la decomposizione

$$\frac{f(x)}{g(x)} = \frac{q(x)g(x) + r(x)}{g(x)} = q(x) + \frac{r(x)}{g(x)}$$

dove $r(x)/g(x)$ è una frazione propria. □

Teorema 416. *Ogni espressione razionale propria $f(x)/g(x)$, dove il denominatore possiede solo radici semplici, può essere decomposta (in modo unico) in una somma di frazioni semplici del tipo*

$$\frac{f(x)}{g(x)} = \frac{A_1}{x - r_1} + \frac{A_2}{x - r_2} + \cdots + \frac{A_n}{x - r_n}$$

dove A_1, $A_2, \ldots, A_n$ sono opportuni numeri reali e r_1, $r_2, \ldots, r_n$ sono le radici di $g(x)$.

OSSERVAZIONE 417. Supponiamo che valga la decomposizione del Teorema 416. Se r_1, $r_2, \ldots, r_n$ sono le radici di $g(x)$, allora $g(x) = \alpha(x-r_1)(x-r_2)\cdots(x-r_n)$, per una opportuna costante $\alpha \neq 0$. Moltiplicando per $x - r_1$, si ha

$$\frac{f(x)}{\alpha(x - r_2)\cdots(x - r_n)} = A_1 + \frac{x - r_1}{x - r_2} A_2 + \cdots + \frac{x - r_1}{x - r_n} A_n .$$

Poiché $r_1 \neq r_i$ per ogni $i \neq k$, si ha

$$\lim_{x \to r_1} \frac{f(x)}{\alpha(x - r_2)\cdots(x - r_n)} = A_1 .$$

Infine, poiché la funzione $(x - r_1)f(x)/g(x)$ è continua, si ha

$$A_1 = \frac{f(r_1)}{\alpha(r_1 - r_2)\cdots(r_1 - r_n)} .$$

Un discorso del tutto analogo vale anche per gli altri coefficienti. Quindi, per calcolare il coefficiente A_k è sufficiente eliminare il fattore $x - r_k$ dal denominatore e valutare l'espressione così ottenuta in r_k. Consideriamo, ad esempio, l'espressione razionale

$$R(x) = \frac{2x + 1}{x(x - 1)(x + 2)} .$$

Il denominatore ha tre radici reali distinte $r_1 = 0$, $r_2 = 1$ e $r_3 = -2$. Allora, per il Teorema 416, questa espressione razionale può essere scritta nella forma

$$R(x) = \frac{A_1}{x} + \frac{A_2}{x - 1} + \frac{A_2}{x + 2} .$$

Per calcolare i coefficienti A_1, A_2 e A_3 possiamo utilizzare la procedura descritta qui sopra:

$$A_1 = \left[\frac{2x+1}{(x-1)(x+2)}\right]_{x=0} = -\frac{1}{2}, \qquad A_2 = \left[\frac{2x+1}{x(x+2)}\right]_{x=1} = 1$$

$$A_3 = \left[\frac{2x+1}{x(x-1)}\right]_{x=-2} = -\frac{1}{2}.$$

Quindi, in conclusione, si ha la decomposizione

$$R(x) = -\frac{1}{2}\frac{1}{x} + \frac{1}{x-1} - \frac{1}{2}\frac{1}{x+2}.$$

In generale, si vale il seguente

Teorema 418 (Teorema di decomposizione in frazioni semplici). *Una qualunque espressione razionale può sempre essere scritta in modo unico come somma di un polinomio e di frazioni semplici. Più precisamente, se un polinomio* $g(x)$ *ha la forma*

$$g(x) = \alpha(x-r_1)^{m_1}\cdots(x-r_h)^{m_h}(x^2+b_1x+c_1)^{n_1}\cdots(x^2+b_kx+c_k)^{n_k}$$

dove α *è un numero reale non nullo,* $r_1, \ldots, r_h$ *sono le radici reali distinte di* $g(x)$, *rispettivamente di molteplicità* $m_1, \ldots, m_h$, *e i polinomi* $x^2+b_1x+c_1$, $\ldots$ $x^2+b_kx+c_k$ *sono tutti diversi tra di loro e hanno tutti discriminate negativo, allora l'espressione razionale* $f(x)/g(x)$ *si decompone in modo unico nella forma*

$$\begin{aligned}\frac{f(x)}{g(x)} &= q(x) + \sum_{i=1}^{h}\left(\frac{A_{i1}}{x-r_i} + \frac{A_{i2}}{(x-r_i)^2} + \cdots + \frac{A_{im_i}}{(x-r_i)^{m_i}}\right)\\ &\quad + \sum_{i=1}^{k}\left(\frac{B_{i1}x+C_{i1}}{x^2+b_ix+c_i} + \frac{B_{i2}x+C_{i1}}{(x^2+b_ix+c_i)^2} + \cdots + \frac{B_{im_i}x+C_{i1}}{(x^2+b_ix+c_i)^{n_i}}\right)\end{aligned}$$

per un opportuno polinomio $q(x) \in \mathbb{R}[x]$ *e per opportuni coefficienti* $A_{ij}, B_{ij}, C_{ij} \in \mathbb{R}$.

OSSERVAZIONE 419. Come caso particolare del teorema precedente, si ha che ogni frazione propria può sempre essere decomposta, in modo unico, nella somma di frazioni semplici. Se le radici del denominatore sono tutte reali e semplici, abbiamo visto nell'osservazione precedente come ottenere la decomposizione. Se invece il denominatore possiede anche radici complesse coniugate o radici non semplici, allora si può utilizzare il seguente metodo. Si suppone che l'espressione razionale abbia la decomposizione descritta nel Teorema 418, si semplifica questa espressione facendo il denominatore comune e si uguagliano il numeratore dell'espressione razionale ottenuta con il numeratore dell'espressione razionale di partenza. Perché i due polinomi siano uguali, per il principio di identità dei polinomi, occorre che i coefficienti dei termini dello stesso grado siano uguali. In questo modo, si ottiene un sistema lineare che ammette sempre un'unica soluzione.

ESEMPI

1. Consideriamo l'espressione razionale

$$R(x) = \frac{3x+1}{(x-1)(x^2+1)}\,.$$

Il denominatore possiede una radice reale e due radici complesse coniugate. Per il Teorema 418, $R(x)$ si decompone nel modo seguente

$$R(x) = \frac{A}{x-1} + \frac{Bx+C}{x^2+1}\,.$$

Semplificando l'espressione a secondo membro, si ha

$$\begin{aligned} \frac{3x+1}{(x-1)(x^2+1)} &= \frac{A(x^2+1)+(Bx+C)(x-1)}{(x-1)(x^2+1)} \\ &= \frac{(A+B)x^2+(-B+C)x+(A-C)}{(x-1)(x^2+1)}\,. \end{aligned}$$

Perchè la frazione a primo membro coincida con la frazione a ultimo membro, devono essere uguali i numeratori, ossia, per il principio di identità dei polinomi, deve essere

$$\begin{cases} A+B=0 \\ -B+C=3 \\ A-C=1 \end{cases} \qquad \begin{cases} B=-A \\ C=A-1 \\ A+A-1=3 \end{cases} \qquad \begin{cases} A=2 \\ B=-2 \\ C=1\,. \end{cases}$$

In conclusione, si ha la decomposizione

$$\frac{3x+1}{(x-1)(x^2+1)} = \frac{2}{x-1} + \frac{1-2x}{1+x^2}\,.$$

2. Consideriamo l'espressione razionale

$$R(x) = \frac{x^2+3x+4}{(x-1)^3}\,.$$

Questa volta il denominatore possiede un'unica radice reale ma di molteplicità 3. Per il Teorema 418, si ha la decomposizione

$$R(x) = \frac{A}{x-1} + \frac{B}{(x-1)^2} + \frac{C}{(x-1)^3}\,.$$

Quindi, semplificando, si ha

$$R(x) = \frac{A(x-1)^2+B(x-1)+C}{(x-1)^3} = \frac{Ax^2+(-2A+B)x+(A-B+C)}{(x-1)^3}\,.$$

Allora, si ha il sistema

$$\begin{cases} A = 1 \\ -2A + B = 3 \\ A - B + C = 4 \end{cases} \qquad \begin{cases} A = 1 \\ B = 3 + 2A = 5 \\ C = 4 - A + B = 8 \,. \end{cases}$$

Pertanto, si ha la decomposizione

$$\frac{x^2 + 3x + 4}{(x-1)^3} = \frac{1}{x-1} + \frac{5}{(x-1)^2} + \frac{8}{(x-1)^3} \,.$$

3. Consideriamo l'espressione razionale

$$R(x) = \frac{x^2 + 3x + 4}{(x-1)(x^2+1)^2} \,.$$

Questa volta il denominatore possiede una radice reale semplice e due radici complesse coniugate doppie. Per il Teorema 418, si ha la decomposizione

$$R(x) = \frac{A}{x-1} + \frac{Bx + C}{x^2+1} + \frac{Dx + E}{(x^2+1)^2} \,.$$

Semplificando, si ha

$$R(x) = \frac{A(x^2+1)^2 + (Bx+C)(x-1)(x^2+1) + (Dx+E)(x-1)}{(x-1)(x^2+1)^2}$$

e quindi

$$\begin{cases} A + B = 0 \\ -B + C = 0 \\ 2A + B - C + D = 1 \\ -B + C + E - D = 3 \\ A - B - E = 4 \end{cases} \qquad \begin{cases} A = -B \\ C = B \\ D = 1 + 2B \\ E = 3 + D = 4 + 2B \\ -B - B - 4 - 2B = 4 \end{cases} \qquad \begin{cases} A = 2 \\ B = -2 \\ C = -2 \\ D = -3 \\ E = 0 \,. \end{cases}$$

In conclusione, si ha la decomposizione

$$\frac{x^2 + 3x + 4}{(x-1)(x^2+1)^2} = \frac{2}{x-1} - \frac{2(x+1)}{x^2+1} - \frac{3x}{(x^2+1)^2} \,.$$

Per il Teorema 418, il problema dell'integrazione di una funzione razionale si riduce al problema dell'integrazione delle frazioni semplici. Le frazioni semplici in cui il denominatore ha una sola radice reale si integrano immediatamente.

Teorema 420. *L'integrale di una frazione semplice in cui il denominatore ha una sola radice reale di molteplicità* m *è ancora una frazione semplice dello stesso tipo se* $m \neq 1$ *ed è una funzione logaritmica se* $m = 1$. *Più precisamente, si ha*

$$\int \frac{A}{(x-r)^m}\, \mathrm{d}x = \begin{cases} \dfrac{A}{1-m}\, \dfrac{1}{(x-r)^{m-1}} + c & \textit{se} \quad m \neq 1 \\ A \log|x - r| + c & \textit{se} \quad m = 1 \end{cases}$$

dove c *è una costante reale arbitraria.*

Il caso delle frazioni semplici in cui il denominatore ha due radici complesse coniugate è più complicato. Iniziamo col vedere il seguente

Teorema 421. *Siano* $B, C \in \mathbb{R}$, $a, b, c \in \mathbb{R}$, $a > 0$, $b^2 - 4ac < 0$. *Allora, si ha*

$$\int \frac{Bx + C}{ax^2 + bx + c}\, dx = \frac{B}{2a} \log |ax^2 + bx + c| - \frac{bB - 2aC}{a\sqrt{4ac - b^2}} \operatorname{artg} \frac{2ax + b}{\sqrt{4ac - b^2}} + k\,.$$

Dimostrazione. Iniziamo col cercare due numeri λ e μ tali che $Bx + C = \lambda(2ax + b) + \mu$. Si deve avere

$$\begin{cases} 2a\lambda = B \\ b\lambda + \mu = C \end{cases} \qquad \text{ossia} \qquad \begin{cases} \lambda = \dfrac{B}{2a} \\ \mu = C - b\lambda = \dfrac{2aC - bB}{2a}\,. \end{cases}$$

Allora, si ha la seguente decomposizione dell'integrale

$$\begin{aligned} I &= \int \frac{Bx + C}{ax^2 + bx + c}\, dx = \int \frac{\lambda(2ax + b) + \mu}{ax^2 + bx + c}\, dx \\ &= \lambda \int \frac{2ax + b}{ax^2 + bx + c}\, dx + \mu \int \frac{1}{ax^2 + bx + c}\, dx \\ &= \lambda I_1 + \mu I_2\,. \end{aligned}$$

L'integrale I_1 è immediato (poiché il numeratore è la derivata del denominatore):

$$I_1 = \int \frac{2ax + b}{ax^2 + bx + c}\, dx = \log |ax^2 + bx + c| + k_1$$

Per calcolare l'integrale I_2, iniziamo con l'osservare che (essendo $a \neq 0$) il denominatore della funzione integranda può essere scritto nella forma seguente

$$\begin{aligned} ax^2 + bx + c &= \frac{1}{a}\left(x^2 + \frac{b}{a}x + \frac{c}{a}\right) = \frac{1}{a}\left(x^2 + \frac{b}{a}x + \frac{b^2}{4a^2} - \frac{b^2}{4a^2} + \frac{c}{a}\right) \\ &= \frac{1}{a}\left(\left(x + \frac{b}{2a}\right)^2 + \frac{4ac - b^2}{4a^2}\right) = \frac{1}{a}\left(\alpha^2 + (x + \beta)^2\right), \end{aligned}$$

dove

$$\alpha = \frac{\sqrt{4ac - b^2}}{2a} \qquad \text{e} \qquad \beta = \frac{b}{2a}\,.$$

Quindi, si ha

$$\begin{aligned} I_2 &= \int \frac{1}{ax^2 + bx + c}\, dx = \frac{1}{a} \int \frac{1}{\alpha^2 + (x + \beta)^2}\, dx \\ &= \frac{1}{a\alpha} \operatorname{artg} \frac{x + \beta}{\alpha} + k_2 = \frac{2}{\sqrt{4ac - b^2}} \operatorname{artg} \frac{ax + b}{\sqrt{4ac - b^2}} + k_2\,. \end{aligned}$$

L'integrale I è pertanto completamente determinato. □

Prima di passare al caso generale, premettiamo il seguente

Teorema 422. *Gli integrali*

$$I_n = \int \frac{\mathrm{d}t}{(1+t^2)^n} \qquad (n \in \mathbb{N}, \quad n \geq 1)$$

soddisfano la ricorrenza

$$I_{n+1} = \frac{1}{2n} \frac{t}{(1+t^2)^n} + \left(1 - \frac{1}{2n}\right) I_n$$

con la condizione iniziale $I_1 = \operatorname{artg} t + c$. *In particolare, per ogni* $n \geq 1$, *l'integrale* I_n *è somma di una funzione razionale e di una funzione arcotangente.*

Dimostrazione. Per $n = 1$ l'integrale è immediato:

$$I_1 = \int \frac{\mathrm{d}t}{1+t^2} = \operatorname{artg} t + c$$

Negli altri casi, l'integrale I_{n+1} può sempre essere riscritto nel modo seguente

$$\begin{aligned} I_{n+1} &= \int \frac{\mathrm{d}t}{(1+t^2)^{n+1}} = \int \frac{1+t^2-t^2}{(1+t^2)^{n+1}} \,\mathrm{d}t \\ &= \int \frac{1}{(1+t^2)^n} \,\mathrm{d}t - \int \frac{t^2}{(1+t^2)^{n+1}} \,\mathrm{d}t \\ &= I_n - J_{n+1} \,. \end{aligned}$$

Integrando per parti, si ha

$$\begin{aligned} J_{n+1} &= \int t \cdot \frac{t}{(1+t^2)^{n+1}} \,\mathrm{d}t \\ &\underset{\mathrm{pp}}{=} -\frac{t}{2n} \frac{1}{(1+t^2)^n} + \frac{1}{2n} \int \frac{1}{(1+t^2)^n} \,\mathrm{d}t \\ &= -\frac{1}{2n} \frac{t}{(1+t^2)^n} + \frac{1}{2n} I_n \,. \end{aligned}$$

Quindi, si ha

$$I_{n+1} = I_n - J_{n+1} = I_n + \frac{1}{2n} \frac{t}{(1+t^2)^n} - \frac{1}{2n} I_n = \frac{1}{2n} \frac{t}{(1+t^2)^n} + \left(1 - \frac{1}{2n}\right) I_n \,.$$

Questa ricorrenza, con la condizione iniziale, permette di calcolare ogni integrale I_n. In particolare, l'espressione finale di I_n sarà una somma di funzioni razionali (che provengono dalla ricorrenza) e di una funzione arcotangente (che proviene dalla condizione iniziale). □

Teorema 423. *Siano* $B, C \in \mathbb{R}$, $a, b, c \in \mathbb{R}$, $a > 0$, $b^2 - 4ac < 0$. *Allora, per ogni* $n \in \mathbb{N}$, $n \geq 1$, *si ha che l'integrale*

$$I = \int \frac{Bx + C}{(ax^2 + bx + c)^n} \,\mathrm{d}x$$

è al più somma di funzioni razionali, di funzioni logaritmiche e di funzioni arcotangente.

Dimostrazione. Decomponendo il numeratore della funzione integranda come nella dimostrazione del Teorema 421, si ha

$$\begin{aligned} I &= \int \frac{Bx+C}{(ax^2+bx+c)^n}\,\mathrm{d}x = \int \frac{\lambda(2ax+b)+\mu}{(ax^2+bx+c)^n}\,\mathrm{d}x \\ &= \lambda \int \frac{2ax+b}{(ax^2+bx+c)^n}\,\mathrm{d}x + \mu \int \frac{1}{(ax^2+bx+c)^n}\,\mathrm{d}x \\ &= \lambda I_1 + \mu I_2\,. \end{aligned}$$

L'integrale I_1 è immediato:

$$I_1 = \begin{cases} \log|ax^2+bx+c| + k & \text{se} \quad n=1 \\ -\dfrac{1}{n-1}\,\dfrac{1}{(ax^2+bx+c)^{n-1}} + k & \text{se} \quad n \geq 2\,. \end{cases}$$

L'integrale I_2 può essere ricondotto a uno degli integrali considerati nel Teorema 422. Infatti, procedendo come nella dimostrazione del Teorema 421, si ha

$$I_2 = \frac{1}{a^n}\int \frac{1}{(\alpha^2+(x+\beta)^2)^n}\,\mathrm{d}x = \frac{1}{a^n}\frac{1}{\alpha^{2n}}\int \frac{1}{(1+(\frac{x+\beta}{\alpha})^2)^n}\,\mathrm{d}x\,.$$

Posto

$$t = \frac{x+\beta}{\alpha} = \frac{2ax+b}{\sqrt{4ac-b^2}} \qquad \left(\mathrm{d}t = \frac{2a\mathrm{d}x}{\sqrt{4ac-b^2}}\right),$$

si ha

$$I_2 = \frac{1}{a^n}\left(\frac{2a}{\sqrt{4ac-b^2}}\right)^{2n-1}\int \frac{\mathrm{d}t}{(1+t^2)^n}\,\mathrm{d}t\,.$$

Poiché t dipende razionalmente da x, per il Teorema 422, si ha che I_2 è somma di una funzione razionale e di una funzione arcotangente. □

OSSERVAZIONE 424. La dimostrazione del Teorema 423, fornisce una procedura esplicita per calcolare l'integrale di una qualunque frazione semplice avente denominatore con radici complesse coniugate. Consideriamo, ad esempio, l'integrale

$$I = \int \frac{\mathrm{d}x}{(x^2+2x+2)^3} = \int \frac{\mathrm{d}x}{((x+1)^2+1)^3}\,.$$

Posto $t = x+1$, si ha l'integrale

$$I_3 = \int \frac{\mathrm{d}x}{(1+t^2)^3}\,.$$

Usando la ricorrenza del Teorema 422, si ha

$$I_3 = \frac{1}{4}\frac{t}{(1+t^2)^2} + \frac{3}{4} I_2$$

$$\begin{aligned} &= \frac{1}{4}\frac{t}{(1+t^2)^2} + \frac{3}{4}\left(\frac{1}{2}\frac{t}{1+t^2} + \frac{1}{2}I_1\right) \\ &= \frac{1}{4}\frac{t}{(1+t^2)^2} + \frac{3}{8}\frac{t}{1+t^2} + \frac{3}{8}\operatorname{artg} t + k\,. \end{aligned}$$

Quindi

$$I = \frac{1}{4}\frac{x+1}{(x^2+2x+2)^2} + \frac{3}{8}\frac{x+1}{x^2+2x+2} + \frac{3}{8}\operatorname{artg}(x+1) + k\,.$$

Teorema 425. *Le primitive di una qualunque funzione razionale possono sempre essere scritte come somma di una funzione razionale, di funzioni logaritmiche e di funzioni arcotangente.*

Dimostrazione. Poiché le primitive di un polinomio sono polinomi, basta applicare i Teoremi 418, 420 e 423. □

6.1.6 Integrali razionalizzabili

Un *integrale* è *razionalizzabile* quando, mediante un'opportuno cambiamento di variabile, è possibile trasformarlo nell'integrale di una funzione razionale. Chiaramente, per gli integrali razionalizzabili si possono usare tutti i risultati ottenuti per gli integrali di funzioni razionali.

I metodi di razionalizazione che seguono si basano essenzialmente sul fatto che la somma e il prodotto di funzioni razionali è ancora una funzione razionale e sulla seguente proprietà: se $R(u,v)$ è una funzione razionale nelle due variabili u e v, e se $f(t)$ e $g(t)$ sono due funzioni razionali nella variabile t, allora $R(f(t),g(t))$ è una funzione razionale nella variabile t.

Teorema 426. *Se* $R(u)$ *è una funzione razionale, allora l'integrale*

$$I = \int R(\mathrm{e}^x)\,\mathrm{d}x$$

può essere razionalizzato mediante la sostituzione $t = \mathrm{e}^x$.

Dimostrazione. Se $t = \mathrm{e}^x$, si ha $\mathrm{d}t = \mathrm{e}^x\mathrm{d}x = t\mathrm{d}x$, ossia $\mathrm{d}x = \mathrm{d}t/t$. Quindi $I = \int R(t)/t\,\mathrm{d}t$. Poiché $R(t)/t$ è una funzione razionale, il teorema è dimostrato. □

ESEMPIO 427. Consideriamo l'integrale

$$I = \int \frac{1+\mathrm{e}^x+2\mathrm{e}^{2x}}{1+\mathrm{e}^{2x}}\,\mathrm{d}x\,.$$

Poiché la funzione integranda è un'espressione razionale di e^x, poniamo $t = \mathrm{e}^x$. Allora $\mathrm{d}t = \mathrm{e}^x\mathrm{d}x$, ossia $\mathrm{d}x = \mathrm{d}t/t$, e quindi

$$\begin{aligned} I &= \int \frac{1+t+2t^2}{t(1+t^2)}\,\mathrm{d}t = \int \frac{1+t^2+(t+t^2)}{t(1+t^2)}\,dt \\ &= \int \frac{1}{t}\,\mathrm{d}t + \int \frac{1}{1+t^2}\,\mathrm{d}t + \frac{1}{2}\int \frac{2t}{1+t^2}\,\mathrm{d}t \end{aligned}$$

$$\begin{aligned} &= \log|t| + \operatorname{artg} t + \frac{1}{2}\log|1+t^2| + k \\ &= x + \operatorname{artg} e^x + \frac{1}{2}\log(1+e^{2x}) + k\,. \end{aligned}$$

OSSERVAZIONE 428. L'integrale di un'espressione razionale nelle funzioni iperboliche può sempre essere ridotto all'integrale di un'espressione razionale nella sola funzione esponenziale. Basta usare le identità $\cosh x = (e^x + e^{-x})/2$ e $\operatorname{senh} x = (e^x - e^{-x})/2$.

Teorema 429. *Siano* $n \in \mathbb{N}$, $n \geq 2$, $a, b \in \mathbb{R}$, $a \neq 0$. *Se* $R(u,v)$ *è una funzione razionale, allora l'integrale*

$$I = \int R(x, \sqrt[n]{ax+b})\,dx$$

può essere razionalizzato mediante la sostituzione $t = \sqrt[n]{ax+b}$.

Dimostrazione. Se $t = \sqrt[n]{ax+b}$, allora $ax + b = t^n$, $x = (t^n - b)/a$ e $a dx = nt^{n-1}dt$. Quindi, l'integrale I diventa

$$I = \int R\left(\frac{t^n - b}{a}, t\right)\frac{n}{a}\,t^{n-1}\,dt\,,$$

dove la funzione integranda è un'espressione razionale in t. □

ESEMPIO 430. Consideriamo l'integrale

$$I = \int \frac{dx}{1+\sqrt{x}}\,.$$

Poiché la funzione integranda è un'espressione razionale in $\sqrt{x}$, possiamo porre $t = \sqrt{x}$. Allora $x = t^2$, $dx = 2t dt$ e quindi

$$\begin{aligned} I &= \int \frac{2t}{1+t}\,dt = 2\int \frac{1+t-1}{1+t}\,dt = 2\int\left(1 - \frac{1}{1+t}\right)dt \\ &= 2t - 2\log|1+t| + c = 2\sqrt{x} - 2\log(1+\sqrt{x}) + c\,. \end{aligned}$$

Teorema 431. *Siano* $n \in \mathbb{N}$, $n \geq 2$, $a, b, c, d \in \mathbb{R}$, $ad - bc \neq 0$. *Se* $R(u,v)$ *è una funzione razionale, allora l'integrale*

$$I = \int R\left(x, \sqrt[n]{\frac{ax+b}{cx+d}}\right)dx$$

può essere razionalizzato mediante la sostituzione $t = \sqrt[n]{\frac{ax+b}{cx+d}}$.

Dimostrazione. Elevando alla n e ricavando la x, si ottiene

$$x = \frac{b - dt^n}{ct^n - a} \qquad \text{e} \qquad dx = \frac{ad - bc}{(ct^n - a)^2}\,nt^{n-1}dt\,.$$

Pertanto, l'integrale I diventa

$$I = n(ad - bc) \int R\left(\frac{b - dt^n}{ct^n - a}, t\right) \frac{t^{n-1}}{(ct^n - a)^2} \, dt\,,$$

dove la funzione integranda è un'espressione razionale in t. □

ESEMPI

1. Consideriamo l'integrale

$$I = \int \sqrt{\frac{1-x}{1+x}} \, dx\,.$$

Ponendo

$$t = \sqrt{\frac{1-x}{1+x}}\,, \qquad \text{si ha} \qquad x = \frac{1-t^2}{1+t^2} \qquad \text{e} \qquad dx = -\frac{4t}{(1+t^2)^2} \, dt\,.$$

Quindi

$$I = -\int t \frac{4t}{(1+t^2)^2} \, dt = -4 \int \frac{1+t^2-1}{(1+t^2)^2} \, dt = -4 \int \left(\frac{1}{1+t^2} - \frac{1}{(1+t^2)^2}\right) dt\,.$$

Usando la ricorrenza data nel Teorema 422, si ha

$$\int \frac{1}{(1+t^2)^2} \, dt = I_2 = \frac{1}{2} \frac{t}{1+t^2} + \frac{1}{2} \operatorname{artg} t + c\,.$$

Quindi, in conclusione, si ha

$$\begin{aligned} I &= -4 \operatorname{artg} t + \frac{2t}{1+t^2} + 2 \operatorname{artg} t + c \\ &= \frac{2t}{1+t^2} - 2 \operatorname{artg} t + c \\ &= \frac{2}{1 + \frac{1-x}{1+x}} \sqrt{\frac{1-x}{1+x}} - 2 \operatorname{artg} \sqrt{\frac{1-x}{1+x}} + c \\ &= (1+x)\sqrt{\frac{1-x}{1+x}} - 2 \operatorname{artg} \sqrt{\frac{1-x}{1+x}} + c \\ &= \sqrt{1-x^2} - 2 \operatorname{artg} \sqrt{\frac{1-x}{1+x}} + c\,. \end{aligned}$$

2. Fissato un numero $n \in \mathbb{N}$, consideriamo l'integrale

$$I = \int \frac{1}{(1+x)^{n+2}} \sqrt[3]{\frac{1-x}{1+x}} \, dx\,.$$

Ponendo

$$t = \sqrt[3]{\frac{1-x}{1+x}}, \qquad \text{si ha} \qquad x = \frac{1-t^3}{1+t^3} \qquad \text{e} \qquad \mathrm{d}x = -\frac{6t^2}{(1+t^3)^2}\,\mathrm{d}t\,.$$

Quindi, si ha

$$\begin{aligned} I &= -6\int \frac{1}{\left(1+\dfrac{1-t^3}{1+t^3}\right)^{n+2}}\,\frac{t^3}{(1+t^3)^2}\,\mathrm{d}t = -\frac{6}{2^{n+2}}\int (1+t^3)^{n+2}\,\frac{t^3}{(1+t^3)^2}\,\mathrm{d}t \\ &= -\frac{3}{2^{n+1}}\int (1+t^3)^n\,t^3\,\mathrm{d}t\,. \end{aligned}$$

Usando lo sviluppo del binomio e la linearità dell'integrale, si ha

$$I = -\frac{3}{2^{n+1}}\sum_{k=0}^{n}\binom{n}{k}\int t^{3k+3}\,\mathrm{d}t = -\frac{3}{2^{n+1}}\sum_{k=0}^{n}\binom{n}{k}\frac{t^{3k+4}}{4k+3} + c\,.$$

Pertanto, si ha

$$I = -\frac{3}{2^{n+1}}\,\frac{1-x}{1+x}\sqrt[3]{\frac{1-x}{1+x}}\sum_{k=0}^{n}\binom{n}{k}\frac{1}{4k+3}\left(\frac{1-x}{1+x}\right)^k + c\,.$$

Teorema 432. *Se* $R(u,v)$ *è una funzione razionale, allora l'integrale*

$$I = \int R(\cos x, \operatorname{sen} x)\,\mathrm{d}x$$

può essere razionalizzato mediante la sostituzione $t = \operatorname{tg}\frac{x}{2}$.

Dimostrazione. Posto $t = \operatorname{tg}\frac{x}{2}$, si hanno le formule parametriche

$$\cos x = \frac{1-t^2}{1+t^2} \qquad \text{e} \qquad \operatorname{sen} x = \frac{2t}{1+t^2}\,.$$

Inoltre, si ha

$$\mathrm{d}t = \frac{1}{2}\left(1+\operatorname{tg}^2\frac{x}{2}\right)\mathrm{d}x = \frac{1+t^2}{2}\,\mathrm{d}x \qquad \text{ossia} \qquad \mathrm{d}x = \frac{2}{1+t^2}\,\mathrm{d}t\,.$$

Pertanto, l'integrale di partenza diventa

$$I = \int R\left(\frac{1-t^2}{1+t^2}, \frac{2t}{1+t^2}\right)\frac{2}{1+t^2}\,\mathrm{d}t\,.$$

Quindi I è l'integrale di una funzione razionale. □

ESEMPI

1. Consideriamo gli integrali

$$I_1 = \int \frac{1}{\operatorname{sen} x}\,\mathrm{d}x \quad \text{e} \quad I_2 = \int \frac{1}{\cos x}\,\mathrm{d}x\,.$$

In entrambi i casi abbiamo un'espressione razionale nelle funzioni circolari. Quindi possiamo porre $t = \operatorname{tg}\frac{x}{2}$. Allora, si ha

$$I_1 = \int \frac{1+t^2}{2t}\,\frac{2}{1+t^2}\,\mathrm{d}t = \int \frac{1}{t}\,\mathrm{d}t = \log|t| + c = \log\left|\operatorname{tg}\frac{x}{2}\right| + c\,.$$

$$\begin{aligned} I_2 &= \int \frac{1+t^2}{1-t^2}\,\frac{2}{1+t^2}\,\mathrm{d}t = \int \frac{2}{1-t^2}\,\mathrm{d}t = \int \frac{2}{(1+t)(1-t)}\,\mathrm{d}t \\ &= \int \left(\frac{1}{1+t} + \frac{1}{1-t}\right)\mathrm{d}t = \log|1+t| - \log|1-t| + c \\ &= \log\left|\frac{1+t}{1-t}\right| + c = \log\left|\frac{1+\operatorname{tg}\frac{x}{2}}{1-\operatorname{tg}\frac{x}{2}}\right| + c\,. \end{aligned}$$

Quest'ultima espressione può essere ulteriormente semplificata. Infatti, si ha

$$\frac{1+\operatorname{tg}\frac{x}{2}}{1-\operatorname{tg}\frac{x}{2}} = \frac{\cos\frac{x}{2}+\operatorname{sen}\frac{x}{2}}{\cos\frac{x}{2}-\operatorname{sen}\frac{x}{2}} = \frac{(\cos\frac{x}{2}+\operatorname{sen}\frac{x}{2})^2}{\cos^2\frac{x}{2}-\operatorname{sen}^2\frac{x}{2}} = \frac{1+2\operatorname{sen}\frac{x}{2}\cos\frac{x}{2}}{\cos x} = \frac{1+\operatorname{sen} x}{\cos x}$$

e quindi

$$\int \sec x\,\mathrm{d}x = \log|\sec x + \operatorname{tg} x| + c\,.$$

Teorema 433. *Se* $R(u,v)$ *è una funzione razionale, allora l'integrale*

$$I = \int R(x, \sqrt{1-x^2})\,\mathrm{d}x$$

può essere razionalizzato mediante la sostituzione $x = \cos t$ *(o* $x = \operatorname{sen} t$*).*

Dimostrazione. Posto $x = \cos t$, si ha $\sqrt{1-x^2} = \sqrt{1-\cos^2 t} = \operatorname{sen} t$ (purché $0 \le t \le \pi$). Inoltre, si ha $\mathrm{d}x = -\operatorname{sen} t\,\mathrm{d}t$. Quindi, si ha

$$I = -\int R(\cos t, \operatorname{sen} t)\,\operatorname{sen} t\,\mathrm{d}t\,.$$

L'integrale ottenuto non è razionale, ma, per il Teorema 432, è razionalizzabile.

□

ESEMPI

1. Consideriamo l'integrale

$$I = \int \frac{x^2}{\sqrt{1-x^2}}\,\mathrm{d}x\,.$$

Poiché la funzione integranda è un'espressione razionale in x e $\sqrt{1-x^2}$, possiamo porre $x = \cos t$. Quindi l'integrale diventa

$$\begin{aligned} I &= -\int \frac{\cos^2 t}{\operatorname{sen} t}\operatorname{sen} t\,\mathrm{d}t = -\int \cos^2 t\,\mathrm{d}t = \frac{t}{2} + \frac{1}{2}\operatorname{sen} t\cos t + c \\ &= \frac{t}{2} + \frac{1}{2}\sqrt{1-\cos^2 t}\cos t + c = \frac{1}{2}\arccos x + \frac{x}{2}\sqrt{1-x^2} + c\,. \end{aligned}$$

2. Consideriamo l'integrale

$$I = \int \frac{1+\sqrt{1-x^2}}{1-\sqrt{1-x^2}}\,\mathrm{d}x\,.$$

Come prima cosa, conviene semplificare l'integrale eliminando la radice dal denominatore:

$$\begin{aligned} I &= \int \frac{(1+\sqrt{1-x^2})^2}{1-1+x^2}\,\mathrm{d}x = \int \frac{2-x^2+2\sqrt{1-x^2}}{x^2}\,\mathrm{d}x \\ &= \int \left(\frac{2}{x^2} - 1 - 2\frac{\sqrt{1-x^2}}{x^2}\right)\mathrm{d}x = -\frac{2}{x} - x + 2\int \frac{\sqrt{1-x^2}}{x^2}\,\mathrm{d}x\,. \end{aligned}$$

A questo punto, si tratta di calcolare l'integrale

$$J = \int \frac{\sqrt{1-x^2}}{x^2}\,\mathrm{d}x\,.$$

Posto $x = \cos t$, si ha

$$\begin{aligned} J &= -\int \frac{\operatorname{sen} t}{\cos^2 t}\operatorname{sen} t\,\mathrm{d}t = -\int \frac{\operatorname{sen}^2 t}{\cos^2 t}\,\mathrm{d}t = \int \frac{\cos^2 t - 1}{\cos^2 t}\,\mathrm{d}t \\ &= \int \left(1 - \frac{1}{\cos^2 t}\right)\mathrm{d}t = t - \operatorname{tg} t + c = t - \frac{\operatorname{sen} t}{\cos t} + c \\ &= t - \frac{\sqrt{1-\cos^2 t}}{\cos t} + c = \arccos x - \frac{\sqrt{1-x^2}}{x} + c\,. \end{aligned}$$

In conclusione, si ha

$$I = -\frac{2}{x} - x + 2\arccos x - 2\frac{\sqrt{1-x^2}}{x} + c\,.$$

Teorema 434. *Se* $R(u,v)$ *è una funzione razionale, allora l'integrale*

$$I = \int R(x, \sqrt{x^2-1})\, \mathrm{d}x$$

può essere razionalizzato mediante la sostituzione $x = \sec t = 1/\cos t$.

Dimostrazione. Posto $x = 1/\cos t$, si ha

$$\sqrt{x^2-1} = \sqrt{\frac{1}{\cos^2 t} - 1} = \sqrt{\frac{1-\cos^2 t}{\cos^2 t}} = \sqrt{\frac{\operatorname{sen}^2 t}{\cos^2 t}} = \operatorname{tg} t$$

(purché $0 \le t < \pi/2$). Inoltre, si ha $\mathrm{d}x = \operatorname{tg} t \sec t\, \mathrm{d}t$. Quindi, si ha

$$I = \int R(\cos t, \operatorname{tg} t)\ \operatorname{tg} t \sec t\, \mathrm{d}t\,.$$

L'integrale così ottenuto può essere razionalizzato per il Teorema 432. □

OSSERVAZIONE 435. L'integrale $I = \int R(x, \sqrt{x^2-1})\, \mathrm{d}x$ può essere razionalizzato anche utilizzando la sostituzione $x = \cosh t$.

ESEMPIO 436. Consideriamo l'integrale

$$I = \int \frac{1}{x^3\sqrt{x^2-1}}\, \mathrm{d}x\,.$$

Posto $x = \frac{1}{\cos t}$, l'integrale diventa

$$\begin{aligned} I &= -\int \frac{\cos^3 t}{\sqrt{\frac{1}{\cos^2 t} - 1}} \frac{\operatorname{sen} t}{\cos^2 t}\, \mathrm{d}t = -\int \frac{\cos^2 t}{\operatorname{sen} t} \operatorname{sen} t\, \mathrm{d}t = -\int \cos^2 t\, \mathrm{d}t \\ &= -\frac{t}{2} - \frac{1}{2} \operatorname{sen} t \cos t + c = -\frac{t}{2} - \frac{1}{2}\sqrt{1-\cos^2 t} \cos t + c \\ &= -\frac{1}{2} \arccos x - \frac{1}{2x}\sqrt{1 - \frac{1}{x^2}} + c = -\frac{1}{2}\arccos x - \frac{\sqrt{x^2-1}}{2x} + c \end{aligned}$$

Teorema 437. *Se* $R(u,v)$ *è una funzione razionale, allora l'integrale*

$$I = \int R(x, \sqrt{1+x^2})\, \mathrm{d}x$$

può essere razionalizzato mediante la sostituzione $x = \operatorname{tg} t$.

Dimostrazione. Poiché $x = \operatorname{tg} t$ (con $-\pi/2 < t < \pi/2$), si ha

$$\sqrt{1+x^2} = \sqrt{1 + \frac{\operatorname{sen}^2 t}{\cos^2 t}} = \frac{1}{|\cos t|} = \frac{1}{\cos t} = \sec t\,.$$

Inoltre, $\mathrm{d}x = (1 + \operatorname{tg}^2 t)\, \mathrm{d}t = \sec^2 t\, \mathrm{d}t$ e quindi

$$I = \int R(\operatorname{tg} t, \sec t)\ \sec^2 t\, \mathrm{d}t\,.$$

Questo integrale può essere razionalizzato per il Teorema 432. □

Osservazione 438. L'integrale $I = \int R(x, \sqrt{1+x^2})\,\mathrm{d}x$ può essere razionalizzato anche utilizzando la sostituzione $x = \operatorname{senh} t$.

Esempio 439. Consideriamo l'integrale

$$I = \int \frac{1}{\sqrt{1+x^2}}\,\mathrm{d}x .$$

Posto $x = \operatorname{tg} t$, si ha $\mathrm{d}x = \sec^2 t\,\mathrm{d}t$ e

$$I = \int \frac{1}{\sqrt{1+\operatorname{tg}^2 t}}\,\frac{\mathrm{d}t}{\cos^2 t} = \int \frac{\cos t}{\cos^2 t}\,\mathrm{d}t = \int \frac{1}{\cos t}\,\mathrm{d}t = \log|\sec t + \operatorname{tg} t| + c .$$

Poiché $\sec t = \sqrt{1+x^2}$, si ha $I = \log|x + \sqrt{1+x^2}| + c$.

Teorema 440. *Se $R(u,v)$ è una funzione razionale, allora l'integrale*

$$I = \int R(x, \sqrt{ax^2+bx+c})\,\mathrm{d}x \qquad (a \neq 0,\ b^2-4ac \neq 0)$$

può essere razionalizzato.

Dimostrazione. Usando il metodo del completamento a un quadrato, si ha

$$ax^2+bx+c = a\left(x+\frac{b}{2a}\right)^2 + \frac{4ac-b^2}{4a} = \frac{(2ax+b)^2}{4a} + \frac{4ac-b^2}{4a} .$$

Se $b^2-4ac<0$, allora deve essere $a>0$. Inoltre, si ha

$$\sqrt{ax^2+bx+c} = \sqrt{\frac{4ac-b^2}{4a}}\,\sqrt{\left(\frac{2ax+b}{\sqrt{4ac-b^2}}\right)^2+1} .$$

Quindi, posto

$$t = \frac{2ax+b}{\sqrt{4ac-b^2}}, \qquad \mathrm{d}t = \frac{2a\,\mathrm{d}x}{\sqrt{4ac-b^2}},$$

ci si riduce a un integrale del tipo trattato nel Teorema 437.

Se $b^2-4ac>0$, allora si ha

$$\sqrt{ax^2+bx+c} = \sqrt{\frac{b^2-4ac}{4a}\left[\left(\frac{2ax+b}{\sqrt{b^2-4ac}}\right)^2-1\right]} .$$

Posto

$$t = \frac{2ax+b}{\sqrt{b^2-4ac}}, \qquad \mathrm{d}t = \frac{2a\,\mathrm{d}x}{\sqrt{b^2-4ac}},$$

ci si riduce a un integrale di quelli trattati nel Teorema 433 o nel Teorema 434, a seconda che sia $a<0$ oppure $a>0$. □

Osservazione 441. Se $b^2-4ac=0$, l'integrale è già razionale.

ESEMPI

1. Consideriamo l'integrale

$$I = \int \frac{\mathrm{d}x}{\sqrt{x^2+x+1}} = \int \frac{\mathrm{d}x}{\sqrt{(x+1/2)^2+3/4}} = \frac{2}{\sqrt{3}} \int \frac{\mathrm{d}x}{\sqrt{(\frac{2x+1}{\sqrt{3}})^2+1}}\,.$$

Posto $t = \frac{2x+1}{\sqrt{3}}$, si ha

$$I = \int \frac{1}{\sqrt{1+t^2}}\,\mathrm{d}t = \log|t+\sqrt{1+t^2}| + k = \log|2x+1+2\sqrt{x^2+x+1}| + c\,.$$

2. Consideriamo l'integrale

$$I = \int \frac{\mathrm{d}x}{\sqrt{x^2+4x+3}} = \int \frac{\mathrm{d}x}{\sqrt{(x+2)^2-1}} = \int \frac{1}{\sqrt{t^2-1}}$$

dove si è posto $t = x+2$. Poniamo ora $t = 1/\cos\vartheta$. Allora, si ha

$$\begin{aligned} I &= \int \frac{\cos\vartheta}{\operatorname{sen}\vartheta}\,\frac{\operatorname{sen}\vartheta}{\cos^2\vartheta}\,\mathrm{d}\vartheta = \int \frac{\mathrm{d}\vartheta}{\cos\vartheta} = \log|\sec\vartheta + \operatorname{tg}\vartheta| + c \\ &= \log|t+\sqrt{t^2-1}| + c = \log|x+2+\sqrt{x^2+4x+3}| + c\,. \end{aligned}$$

Teorema 442. *Se* $R(u_0, u_1, \ldots, u_k)$ *è una funzione razionale, allora l'integrale*

$$I = \int R(x, x^{m_1/n_1}, \ldots, x^{m_k/n_k})\,\mathrm{d}x$$

può essere razionalizzato con la sostituzione $x = t^n$, *dove* $n = \mathrm{mcm}(n_1, \ldots, n_k)$.

Dimostrazione. Poiché $\mathrm{d}x = nt^{n-1}\mathrm{d}t$, l'integrale diventa

$$I = n \int R\left(t^n, t^{\frac{nm_1}{n_1}}, \ldots, t^{\frac{nm_k}{n_k}}\right) t^{n-1}\,\mathrm{d}t\,.$$

Poiché $\frac{nm_1}{n_1}, \ldots, \frac{nm_k}{n_k}$ sono numeri interi, si ha l'integrale di un'espressione razionale in t. □

ESEMPI

1. Consideriamo l'integrale

$$I = \int \frac{\sqrt{x}}{1+\sqrt[3]{x}}\,\mathrm{d}x\,.$$

Poniamo $x = t^n$, con $n = \mathrm{mcm}(2,3) = 6$. Allora $\mathrm{d}x = 6t^5\mathrm{d}t$ e

$$I = \int \frac{t^3}{1+t^2}\,6t^5\,\mathrm{d}t = 6\int \frac{t^8}{1+t^2}\,\mathrm{d}t = 6\int \frac{1-(1-t^8)}{1+t^2}\,\mathrm{d}t$$

$$
\begin{aligned}
&= 6\int \frac{1-(1+t^4)(1+t^2)(1-t^2)}{1+t^2}\,\mathrm{d}t = 6\int\left(\frac{1}{1+t^2}-(1-t^2)(1+t^4)\right)\mathrm{d}t\\
&= 6\int\left(\frac{1}{1+t^2}-1+t^2-t^4+t^6\right)\mathrm{d}t = 6\left(\operatorname{artg} t - t + \frac{t^3}{3}-\frac{t^5}{5}+\frac{t^7}{7}\right)+c\\
&= 6\operatorname{artg}\sqrt[6]{x} - 6\sqrt[6]{x} + 2\sqrt{x} - \frac{6}{5}\sqrt[6]{x^5} + \frac{6}{7}\,x\sqrt[6]{x} + c\,.
\end{aligned}
$$

2. Consideriamo l'integrale

$$
I = \int \frac{1+\sqrt[3]{x}}{(1+\sqrt[6]{x})\sqrt{x}}\,\mathrm{d}x\,.
$$

Poniamo $x = t^n$, con $n = \mathrm{mcm}(2,3,6) = 6$. Allora $\mathrm{d}x = 6t^5\mathrm{d}t$ e

$$
\begin{aligned}
I &= \int \frac{1+t^2}{(1+t)t^3}\,6t^5\,\mathrm{d}t = 6\int \frac{t^2+t^4}{1+t}\,\mathrm{d}t\\
&= 6\int\left(t^3-t^2+2t-2+\frac{2}{1+t}\right)\mathrm{d}t\\
&= 6\left(\frac{t^4}{4}-\frac{t^3}{3}+t^2-2t+2\log|1+t|\right)+c\\
&= \frac{3}{2}\,x^{2/3} - 2x^{1/2} + 6x^{1/3} - 12x^{1/6} + 12\log(1+x^{1/6}) + c\,.
\end{aligned}
$$

6.2 Integrale definito

6.2.1 Esempio introduttivo

Gli integrali definiti vengono introdotti per calcolare l'area di regioni piane limitate. Iniziamo col considerare un semplice esempio. Sia P la regione piana contenuta nel primo quadrante e compresa tra la parabola di equazione $y = ax^2$, con $a \in \mathbb{R}$, $a > 0$, e la retta orizzontale di equazione $y = ak^2$. La regione P è pertanto una porzione di segmento parabolico (figura (a) seguente)

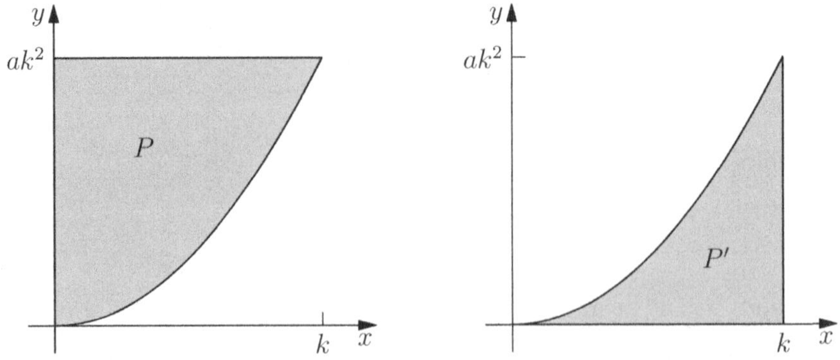

(a) (b)

Invece di calcolare direttamente l'area di P, calcoleremo l'area della regione P' compresa tra la parabola in questione e l'asse delle x (figura (b) precedente). Se R è il rettangolo $[0,k] \times [0, ak^2]$, allora si ha $\mathscr{A}(P) = \mathscr{A}(P') - \mathscr{A}(R) = \mathscr{A}(P') - ak^3$.

Per calcolare l'area di P', consideriamo la funzione $f : [0,k] \to \mathbb{R}$ definita da $f(x) = ax^2$ e suddividiamo l'intervallo $[0,k]$ in intervalli più piccoli, tutti della medesima ampiezza. Per fare questa suddivisione possiamo considerare i punti $\{x_0, x_1, \ldots, x_{n-1}, x_n\}$, dove $x_i = i \cdot \frac{k}{n} \in [0,k]$ per $i = 0, 1, \ldots, n-1, n$, $n \geq 1$. In particolare, $x_0 = 0$ è il primo estremo dell'intervallo $[0,k]$, mentre $x_n = k$ è il secondo estremo dell'intervallo $[0,k]$. In questo modo, l'intervallo $[0,k]$ viene suddiviso negli n intervalli $[x_0, x_1]$, $[x_1, x_2]$, ..., $[x_{n-1}, x_n]$, ognuno di ampiezza $\frac{k}{n}$.

A questo punto possiamo approssimare l'area di P' in vari modi. Iniziamo ad approssimare tale area per difetto. Per ogni $i \in \{0, 1, \ldots, n-1\}$, consideriamo il rettangolo $R'_i = [x_i, x_{i+1}] \times [0, f(x_i)]$ che ha per vertici i punti $(x_i, 0)$, $(x_{i+1}, 0)$, $(x_{i+1}, f(x_i))$ e $(x_i, f(x_i))$, come in figura

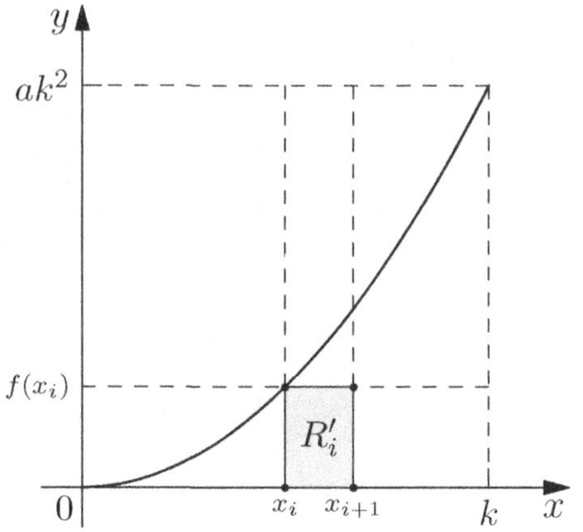

Abbiamo pertanto la seguente approssimazione

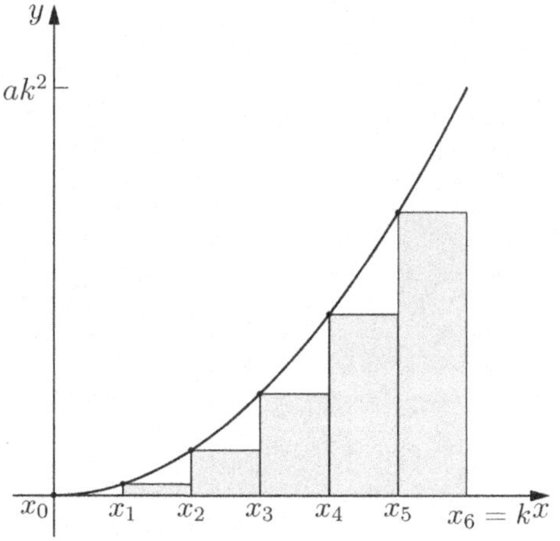

Sommando l'area dei vari rettangoli, si ottiene l'area

$$\mathscr{A}'_n = \sum_{i=0}^{n-1} \mathscr{A}(R'_i) = \sum_{i=0}^{n-1}(x_{i+1}-x_i)f(x_i) = \frac{k}{n}\sum_{i=0}^{n-1} ax_i^2 = \frac{k}{n}\sum_{i=0}^{n-1} a\left(i\cdot\frac{k}{n}\right)^2 = a\,\frac{k^3}{n^3}\sum_{i=0}^{n-1} i^2 .$$

Utilizzando il risultato ottenuto nell'Esempio 3 a pagina 7, si ha

$$\mathscr{A}'_n = a\,\frac{k^3}{n^3}\,\frac{(n-1)n(2n-1)}{6} = \frac{ak^3}{6}\,\frac{(n-1)(2n-1)}{n^2} = \frac{ak^3}{6}\Big(1-\frac{1}{n}\Big)\Big(2-\frac{1}{n}\Big).$$

Pertanto, passando al limite, si ha

$$\mathscr{A}' = \lim_{n\to+\infty}\mathscr{A}'_n = \lim_{n\to+\infty}\frac{ak^3}{6}\Big(1-\frac{1}{n}\Big)\Big(2-\frac{1}{n}\Big) = \frac{1}{3}\,ak^3 .$$

Analogamente, possiamo approssimare l'area di P' per eccesso. Per ogni $i \in \{0,1,\ldots,n-1\}$, consideriamo il rettangolo $R''_i = [x_i, x_{i+1}] \times [0, f(x_{i+1})]$ che ha per vertici i punti $(x_i, 0)$, $(x_{i+1}, 0)$, $(x_{i+1}, f(x_{i+1}))$ e $(x_i, f(x_{i+1}))$, come in figura

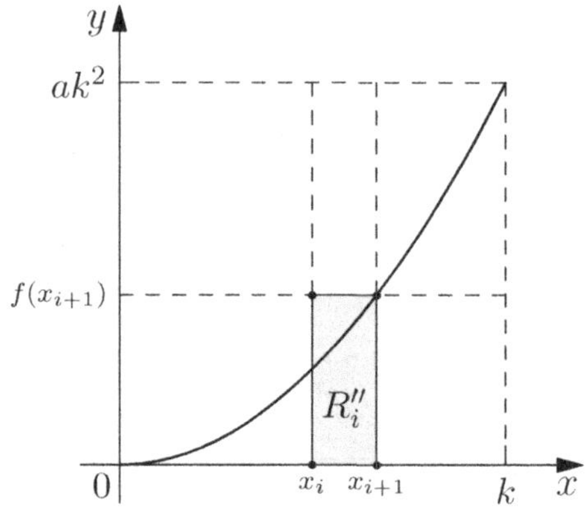

Abbiamo pertanto la seguente approssimazione

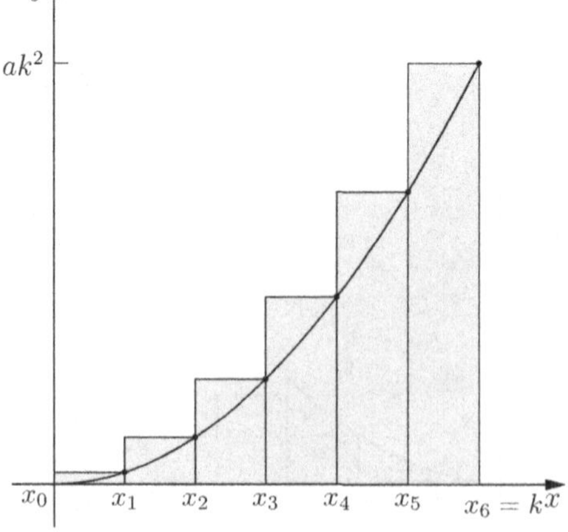

Sommando l'area dei vari rettangoli, si ottiene l'area

$$\begin{aligned}\mathscr{A}''_n &= \sum_{i=0}^{n-1} \mathscr{A}(R''_i) = \sum_{i=0}^{n-1}(x_{i+1}-x_i)f(x_{i+1}) = \frac{k}{n}\sum_{i=0}^{n-1} a x_{i+1}^2 \\ &= \frac{k}{n}\sum_{i=0}^{n-1} a\left((i+1)\cdot\frac{k}{n}\right)^2 = a\,\frac{k^3}{n^3}\sum_{i=0}^{n-1}(i+1)^2 = a\,\frac{k^3}{n^3}\sum_{i=1}^{n} i^2 \\ &= a\,\frac{k^3}{n^3}\,\frac{n(n+1)(2n+1)}{6} = \frac{ak^3}{6}\,\frac{(n+1)(2n+1)}{n^2} = \frac{ak^3}{6}\Big(1+\frac{1}{n}\Big)\Big(2+\frac{1}{n}\Big).\end{aligned}$$

Pertanto, passando al limite, si ha

$$\mathscr{A}'' = \lim_{n\to+\infty}\mathscr{A}''_n = \lim_{n\to+\infty}\frac{ak^3}{6}\Big(1+\frac{1}{n}\Big)\Big(2+\frac{1}{n}\Big) = \frac{1}{3}\,ak^3\,.$$

In entrambi i casi, quando si passa al limite per $n \to +\infty$, si ottiene lo stesso risultato, ossia $\mathscr{A}' = \mathscr{A}''$. In realtà, si perviene a questo stesso risultato anche quando si approssima P' in modo più generale. Per ogni $i \in \{0, 1, \dots, n-1\}$, scegliamo un punto qualsiasi $\xi_i \in [x_i, x_{i+1}]$ e consideriamo il rettangolo $R_i = [x_i, x_{i+1}] \times [0, f(\xi_i)]$ che ha per vertici i punti $(x_i, 0)$, $(x_{i+1}, 0)$, $(x_{i+1}, f(\xi_i))$ e $(x_i, f(\xi_i))$, come in figura

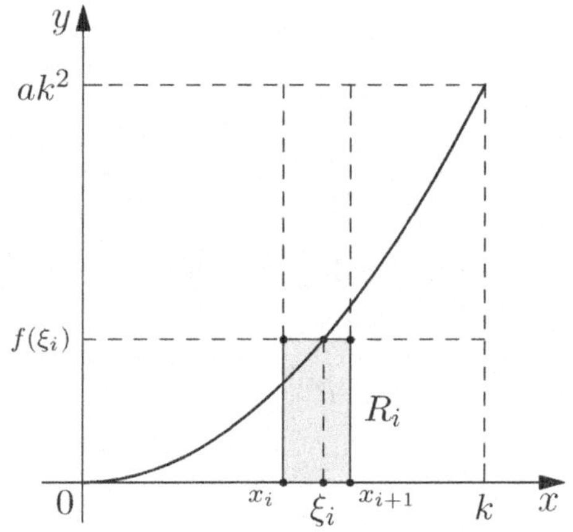

In questo caso, abbiamo la seguente approssimazione

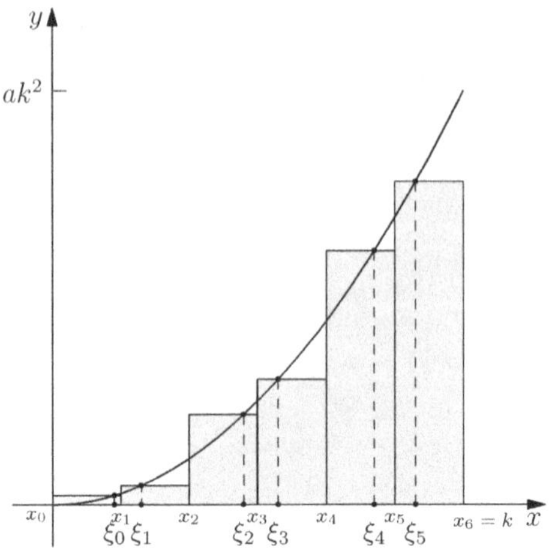

e l'area totale dei rettangoli è

$$\mathscr{A}_n = \sum_{i=0}^{n-1}(x_{i+1} - x_i)f(\xi_i) = a\,\frac{k}{n}\sum_{i=0}^{n-1}\xi_i^2\,.$$

Poiché $x_i \leq \xi_i \leq x_{i+1}$, per ogni $i = 0, 1, \ldots, n-1$, ed essendo f una funzione crescente, si ha $f(x_i) \leq f(\xi_i) \leq f(x_{i+1})$, per ogni $i = 0, 1, \ldots, n-1$. Poiché $x_{i+1} - x_i = \frac{k}{n} > 0$, si ha

$$\sum_{i=0}^{n-1}(x_{i+1} - x_i)f(x_i) \leq \sum_{i=0}^{n-1}(x_{i+1} - x_i)f(\xi_i) \leq \sum_{i=0}^{n-1}(x_{i+1} - x_i)f(x_{i+1})$$

ossia

$$\mathscr{A}'_n \leq \mathscr{A}_n \leq \mathscr{A}''_n\,.$$

Poiché le successioni $\mathscr{A}'_n$ e $\mathscr{A}''_n$ sono convergenti e convergono allo stesso valore, anche la successione $\mathscr{A}'_n$ è convergente e converge allo stesso limite (Teorema 153 a pagina 80). Quindi, si ha

$$\mathscr{A} = \lim_{n\to+\infty}\mathscr{A}_n = \frac{1}{3}\,ak^3\,.$$

Questo valore non dipende dalla scelta dei punti ξ_i che viene fatta per costruire i vari rettangoli R_i. Abbiamo quindi

$$\mathscr{A}(P') = \frac{1}{3}\,ak^3$$

e

$$\mathscr{A}(P) = \mathscr{A}(P') - ak^3 = \frac{2}{3}\,ak^3 = \frac{2}{3}\,\mathscr{A}(R)\,.$$

Questo risultato è sostanzialmente un caso particolare del *teorema di Archimede*, che afferma che l'area di un segmento parabolico P è pari ai $\frac{2}{3}$ dell'area del rettangolo R circoscritto a P.

6.2.2 Funzioni integrabili

Generalizzando quanto fatto nell'esempio precedente, possiamo definire l'integrale di una funzione nel modo seguente.

Definizione 443. *Sia* $f : [a, b] \to \mathbb{R}$ *una funzione limitata. Sia* $\{x_0, x_1, \dots, x_{n-1}, x_n\}$ *una suddivisione dell'intervallo* $[a, b]$ *dove* $x_i = a + ih$, *per* $i = 0, 1, \dots, n$, *e* $h = (b - a)/n$. *Sia* ξ_i *un punto qualunque dell'intervallo* $[x_i, x_{i+1}]$, *per ogni* $i = 0, 1, \dots, n - 1$. *La* somma di Cauchy-Riemann *della funzione* f *relativa alla suddivisione fissata è*

$$S_n(f) = \sum_{i=0}^{n-1} (x_{i+1} - x_i) f(\xi_i) = \frac{b-a}{n} \sum_{i=0}^{n-1} f(\xi_i) .$$

Definizione 444. *Una* funzione *limitata* $f : [a, b] \to \mathbb{R}$ *è* integrabile *quando il limite*

$$\lim_{n \to +\infty} S_n(f) = \lim_{n \to +\infty} \frac{b-a}{n} \sum_{i=0}^{n-1} f(\xi_i)$$

esiste finito e non dipende dalla scelta dei punti ξ_i. *In questo caso, l'*integrale definito *della funzione* f *sull'intervallo* $[a, b]$ *è*

$$\int_a^b f(x)\, dx = \lim_{n \to +\infty} S_n(f) .$$

L'intervallo $[a, b]$ *è detto* intervallo di integrazione.

Non tutte le funzioni limitate sono integrabili. In particolare, se le somme di Cauchy-Riemann dipendono dalla scelta dei punti ξ_i, la funzione non è integrabile. Ad esempio, per la *funzione di Dirichlet* $f : [0, 1] \to \mathbb{R}$, definita da

$$f(x) = \begin{cases} 1 & \text{per } x \in \mathbb{Q} \\ 0 & \text{per } x \in \mathbb{R} \setminus \mathbb{Q} , \end{cases}$$

si ha

$$S_n(f) = \frac{1}{n} \sum_{i=0}^{n-1} f(\xi_i) = \frac{n}{n} = 1 \qquad \text{per ogni } \xi_i \in \mathbb{Q}$$

$$S_n(f) = \frac{1}{n} \sum_{i=0}^{n-1} f(\xi_i) = 0 \qquad \text{per ogni } \xi_i \in \mathbb{R} \setminus \mathbb{Q} .$$

Si noti che in ogni intervallo $[x_i, x_{i+1}]$ possiamo sempre scegliere un punto razionale ξ_i oppure un punto irrazionale ξ_i. Di conseguenza, si ha

$$\lim_{n \to +\infty} S_n(f) = 1 \qquad \text{per ogni } \xi_i \in \mathbb{Q}$$

$$\lim_{n \to +\infty} S_n(f) = 0 \qquad \text{per ogni } \xi_i \in \mathbb{R} \setminus \mathbb{Q}$$

e quindi la funzione f non è integrabile.

Per alcune classi di funzioni, tuttavia, è possibile dimostrare che si ha sempre l'integrabilità. Il caso che per noi sarà più importante è quello delle funzioni continue:

Teorema 445. *Ogni funzione continua* $f : [a, b] \to \mathbb{R}$ *è integrabile.*

Esistono anche funzioni integrabili non continue.

Definizione 446. *Una* funzione $f : [a, b] \to \mathbb{R}$ *è* continua a tratti *quando è continua su tutto l'intervallo* $[a, b]$ *tranne che in un numero finito di punti* $x_1, \ldots, x_k \in [a, b]$ *dove possiede una discontnuità eliminabile o di prima specie (salto).*

ESEMPI

1. La funzione $f : [-1, 2] \to \mathbb{R}$ definita da

$$f(x) = \begin{cases} 3/2 - x^2 & \text{se } -1 \leq x < 0 \\ 1 + x^2 & \text{se } 0 \leq x \leq 1 \\ \sqrt{x-1} & \text{se } 1 < x \leq 2 \,. \end{cases}$$

è continua in ogni punto dell'intervallo $[-1, 2]$ tranne che in $x_1 = 0$ e in $x_2 = 1$, dove presenta dei punti di discontnuità di prima specie. Pertanto, la funzione f è continua a tratti, ma non è continua.

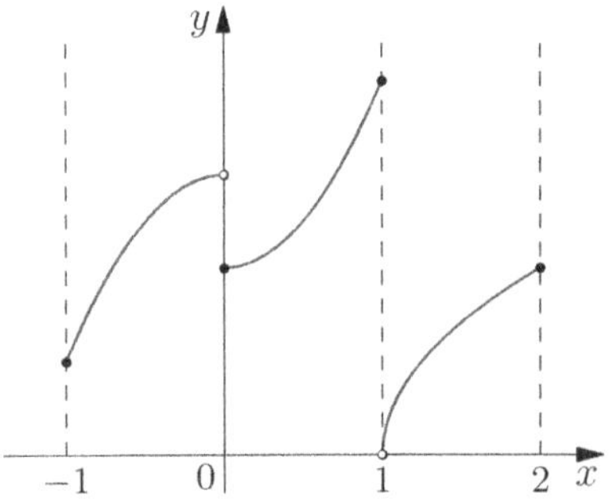

2. La funzione $f : [-1, 1] \to \mathbb{R}$ definita da

$$f(x) = \begin{cases} \dfrac{1}{\sqrt{|x|}} & \text{se } x \in [-1, 0) \cup (0, 1] \\ 0 & \text{se } x = 0 \end{cases}$$

è continua in tutti i punti dell'intervallo $[-1, 1]$ tranne che in $x_1 = 0$, dove presenta una discontinuità di seconda specie. Pertanto, f non è continua a tratti.

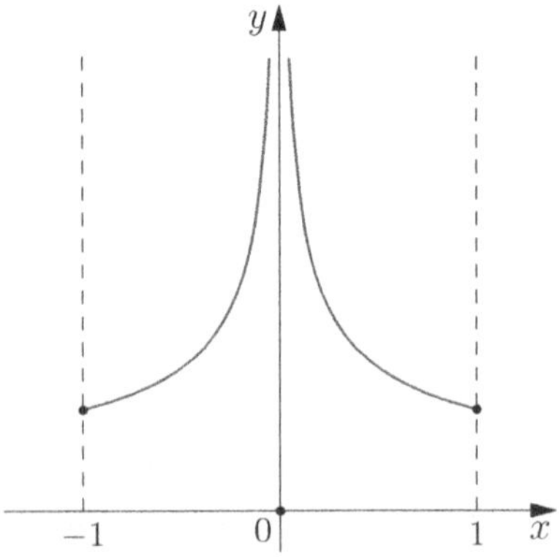

Si può dimostrare il

Teorema 447. *Ogni funzione continua a tratti* $f : [a,b] \to \mathbb{R}$ *è integrabile.*

Infine, si può anche dimostrare il

Teorema 448. *Ogni funzione monotona e limitata* $f : [a,b] \to \mathbb{R}$ *è integrabile.*

6.2.3 Interpretazione geometrica

Come abbiamo visto nell'esempio introduttivo, l'integrale definito corrisponde all'area di una regione limitata del piano. Più precisamente, a partire dalla definizione di integrale definito, si ha che l'integrale definito di una funzione continua con segno costante dà *l'area con segno* della regione piana individuata dal grafico della funzione e dall'asse x. Il segno è positivo se la funzione è positiva ed è negativo se la funzione è negativa.

Proposizione 449. *Sia* $f : [a,b] \to \mathbb{R}$ *una funzione continua.*

1. *Se* $f(x) \geq 0$ *per ogni* $x \in [a,b]$*, allora*

$$\int_a^b f(x)\,\mathrm{d}x = \mathscr{A}(\Omega)$$

dove

$$\Omega = \{(x,y) \in \mathbb{R}^2 \ : \ x \in [a,b]\,,\ 0 \leq y \leq f(x)\}\,.$$

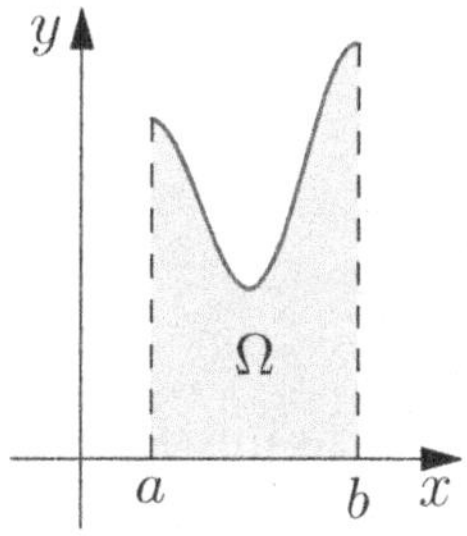

2. *Se* $f(x) \leq 0$ *per ogni* $x \in [a,b]$*, allora*

$$\int_a^b f(x)\,\mathrm{d}x = -\mathscr{A}(\Omega)$$

dove

$$\Omega = \{(x,y) \in \mathbb{R}^2 \ : \ x \in [a,b]\,,\ f(x) \leq y \leq 0\}\,.$$

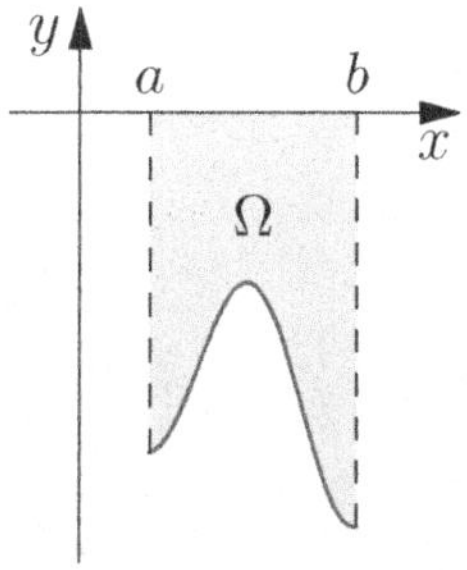

ESEMPIO 450. L'integrale definito di una funzione costante $f : [a,b] \to \mathbb{R}$, definita da $f(x) = h$, è semplicemente l'area del rettangolo $R = [a,b] \times [0,h]$, ossia

$$\int_a^b f(x)\,\mathrm{d}x = (b-a)h\,.$$

Se la funzione $f : [a,b] \to \mathbb{R}$ è continua e cambia di segno (e possiede solo zeri isolati), allora possiamo suddividere l'intervallo $[a,b]$ in intervalli $[x_0, x_1] =$

$[a, x_1]$, $[x_1, x_2]$, ..., $[x_{k-2}, x_{k-1}]$ e $[x_{k-1}, x_k] = [x_{k-1}, b]$ sui quali la funzione f è continua e ha segno costante (ossia è non negativa o non positiva), in modo che su due intervalli consecutivi f assuma segni opposti. Sia Ω_i la regione delimitata dal grafico della funzione $f : [x_i, x_{i+1}] \to \mathbb{R}$ e dall'asse x. Pertanto, se $f(x) \geq 0$ per ogni $x \in [x_i, x_{i+1}]$, allora

$$\Omega_i = \{(x, y) \in \mathbb{R}^2 \ : \ x \in [x_i, x_{i+1}], \quad 0 \leq y \leq f(x)\}.$$

Se invece $f(x) \leq 0$ per ogni $x \in [x_i, x_{i+1}]$, allora

$$\Omega_i = \{(x, y) \in \mathbb{R}^2 \ : \ x \in [x_i, x_{i+1}], \quad f(x) \leq y \leq 0\}.$$

Se f è non negativa sul primo intervallo $[x_0, x_1]$, allora si ha

$$\int_a^b f(x)\,dx = \sum_{i=0}^{k} (-1)^i \mathscr{A}(\Omega_i) = \mathscr{A}(\Omega_0) - \mathscr{A}(\Omega_1) + \mathscr{A}(\Omega_2) - \cdots + (-1)^k \mathscr{A}(\Omega_k).$$

Analogamente, se f è non positiva sul primo intervallo $[x_0, x_1]$, allora si ha

$$\int_a^b f(x)\,dx = \sum_{i=0}^{k} (-1)^{i+1} \mathscr{A}(\Omega_i) = -\mathscr{A}(\Omega_0) + \mathscr{A}(\Omega_1) - \mathscr{A}(\Omega_2) + \cdots + (-1)^{k+1} \mathscr{A}(\Omega_k).$$

ESEMPI

1. Per la funzione $f : [a, b] \to \mathbb{R}$ avente grafico

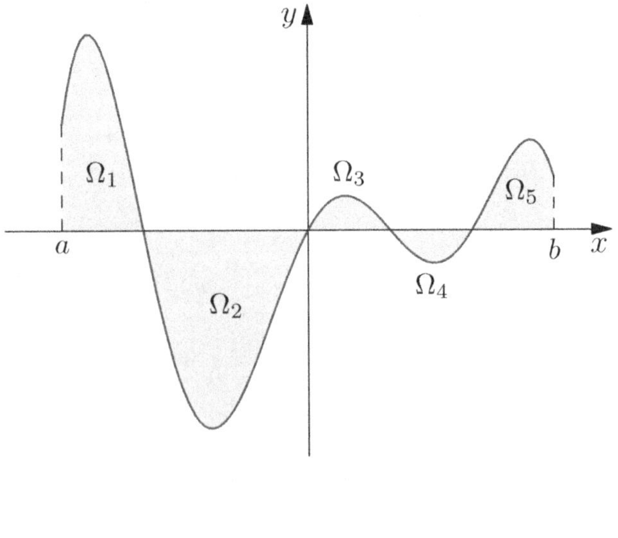

si ha

$$\int_a^b f(x)\,dx = \mathscr{A}(\Omega_1) - \mathscr{A}(\Omega_2) + \mathscr{A}(\Omega_3) - \mathscr{A}(\Omega_4) + \mathscr{A}(\Omega_5).$$

2. Analogamente, per la funzione $f : [a, b] \to \mathbb{R}$ avente grafico

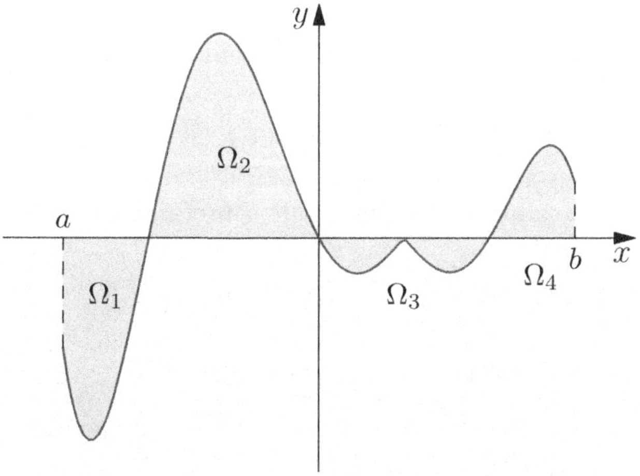

si ha

$$\int_a^b f(x)\,\mathrm{d}x = -\mathscr{A}(\Omega_1) + \mathscr{A}(\Omega_2) - \mathscr{A}(\Omega_3) + \mathscr{A}(\Omega_4)\,.$$

3. L'integrale definito di una funzione continua può essere nullo anche se la funzione non è identicamente nulla. Ad esempio, per la funzione $f : [0, 2\pi] \to \mathbb{R}$ definita da $f(x) = \operatorname{sen} x$,

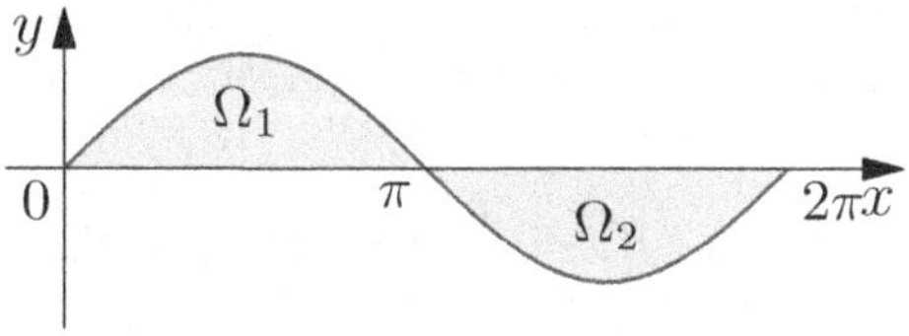

si ha

$$\int_0^{2\pi} f(x)\,\mathrm{d}x = \mathscr{A}(\Omega_1) - \mathscr{A}(\Omega_2) = 0\,.$$

6.2.4 Proprietà elementari

L'integrale definito possiede le seguenti proprietà.

Teorema 451 (Linearità)**.** *L'integrale definito è un* operatore lineare*, ossia, comunque scelti due numeri reali* α *e* β *e comunque scelte due funzioni* f *e* g *continue su un intervallo* $[a, b]$*, si ha*

$$\int_a^b (\alpha f(x) + \beta g(x))\,\mathrm{d}x = \alpha \int_a^b f(x)\,\mathrm{d}x + \beta \int_a^b g(x)\,\mathrm{d}x\,.$$

In particolare, l'integrale definito è additivo*, ossia, comunque scelte due funzioni* f *e* g *continue su un intervallo* $[a, b]$*, si ha*

$$\int_a^b (f(x) + g(x))\,\mathrm{d}x = \int_a^b f(x)\,\mathrm{d}x + \int_a^b g(x)\,\mathrm{d}x\,.$$

Inoltre, l'integrale definito è omogeneo, *ossia, comunque scelto un numero reale* α *e comunque scelta una funzione* f *continua su un intervallo* $[a,b]$*, si ha*

$$\int_a^b \alpha f(x)\,\mathrm{d}x = \alpha \int_a^b f(x)\,\mathrm{d}x\,.$$

Dimostrazione. Usando la linearità delle somme, si ha

$$\begin{aligned} S_n(\alpha f + \beta g) &= \frac{b-a}{n} \sum_{i=0}^{n-1} (\alpha f(\xi_i) + \beta g(\xi_i)) \\ &= \alpha\, \frac{b-a}{n} \sum_{i=0}^{n-1} f(\xi_i) + \beta\, \frac{b-a}{n} \sum_{i=0}^{n-1} g(\xi_i) = \alpha S_n(f) + \beta S_n(g) \end{aligned}$$

per ogni $n \in \mathbb{N}$. Passando al limite e usando la proprietà di linearità dei limiti di successioni convergenti, si ha

$$\lim_{n\to+\infty} S_n(\alpha f + \beta g) = \alpha \lim_{n\to+\infty} S_n(f) + \beta \lim_{n\to+\infty} S_n(g)\,.$$

Si ha così la tesi. □

Teorema 452 (Additività rispetto all'intervallo di integrazione). *L'integrale definito è* additivo rispetto all'intervallo di integrazione, *ossia, comunque scelta una funzione* f *continua su un intervallo* $[a,b]$ *e comunque scelto un elemento* $u \in [a,b]$*, si ha*

$$\int_a^b f(x)\,\mathrm{d}x = \int_a^u f(x)\,\mathrm{d}x + \int_u^b f(x)\,\mathrm{d}x\,.$$

Teorema 453 (Dipendenza dall'orientazione). *L'integrale definito dipende dal-l'*orientazione *dell'intervallo di integrazione, ossia, comunque scelta una funzione* f *continua su un intervallo* $[a,b]$*, si ha*

$$\int_b^a f(x)\,\mathrm{d}x = -\int_a^b f(x)\,\mathrm{d}x\,.$$

OSSERVAZIONE 454. Se f è una funzione continua, allora vale l'identità

$$\int_a^b f(x)\,\mathrm{d}x + \int_b^c f(x)\,\mathrm{d}x + \int_c^a f(x)\,\mathrm{d}x = 0\,.$$

Infatti, usando l'additività rispetto all'intervallo di integrazione e la dipendenza dall'orientazione, si ha

$$\begin{aligned} &\int_a^b f(x)\,\mathrm{d}x + \int_b^c f(x)\,\mathrm{d}x + \int_c^a f(x)\,\mathrm{d}x = \\ &\quad = \int_a^b f(x)\,\mathrm{d}x + \int_b^a f(x)\,\mathrm{d}x = \int_a^b f(x)\,\mathrm{d}x - \int_a^b f(x)\,\mathrm{d}x = 0\,. \end{aligned}$$

Teorema 455 (Monotonia). *L'integrale definito è un'operatore* monotono, *ossia, comunque scelte due funzioni* f *e* g *continue su un intervallo* $[a,b]$, *se* $f(x) \leq g(x)$ *per ogni* $x \in [a,b]$, *allora si ha*

$$\int_a^b f(x)\,\mathrm{d}x \leq \int_a^b g(x)\,\mathrm{d}x\,.$$

Dimostrazione. Per ogni suddivisione dell'intervallo $[a,b]$ e per ogni scelta degli elementi $\xi_i \in [x_i, x_{i+1}]$, si ha sempre $f(\xi_i) \leq g(\xi_i)$. Quindi, per ogni $n \in \mathbb{N}$, si ha

$$S_n(f) = \frac{b-a}{n}\sum_{i=0}^{n-1} f(\xi_i) \leq \frac{b-a}{n}\sum_{i=0}^{n-1} g(\xi_i) = S_n(g)\,.$$

Pertanto, per la proprietà di monotonia dei limiti di successioni convergenti, si ha

$$\lim_{n\to+\infty} S_n(f) \leq \lim_{n\to+\infty} S_n(g)\,.$$

Si ha così la tesi. □

Teorema 456 (Maggiorazione del modulo). *Se* f *è una funzione continua su un intervallo* $[a,b]$, *allora vale la disuguaglianza*

$$\left|\int_a^b f(x)\,\mathrm{d}x\right| \leq \int_a^b |f(x)|\,\mathrm{d}x\,.$$

Dimostrazione. Poiché $f(x) \leq |f(x)|$ per ogni $x \in [a,b]$, per la proprietà di monotonia, si ha

$$\int_a^b f(x)\,\mathrm{d}x \leq \int_a^b |f(x)|\,\mathrm{d}x\,.$$

Analogamente, poiché $-f(x) \leq |f(x)|$ per ogni $x \in [a,b]$, per la proprietà di monotonia e per la proprietà di omogeneità, si ha

$$-\int_a^b f(x)\,\mathrm{d}x \leq \int_a^b |f(x)|\,\mathrm{d}x \qquad \text{ossia} \qquad -\int_a^b |f(x)|\,\mathrm{d}x \leq \int_a^b f(x)\,\mathrm{d}x\,.$$

Pertanto, si ha

$$-\int_a^b |f(x)|\,\mathrm{d}x \leq \int_a^b f(x)\,\mathrm{d}x \leq \int_a^b |f(x)|\,\mathrm{d}x\,,$$

da cui segue immediatamente la tesi. □

Teorema 457 (Disuguaglianza di Schwarz). *Siano* $a, b \in \mathbb{R}$, $a < b$. *Siano* $f : [a,b] \to \mathbb{R}$ *e* $g : [a,b] \to \mathbb{R}$ *due funzioni continue. Allora, vale la disuguaglianza*

$$\left|\int_a^b f(x)g(x)\,\mathrm{d}x\right| \leq \sqrt{\int_a^b f(x)^2\,\mathrm{d}x \int_a^b g(x)^2\,\mathrm{d}x}\,.$$

Dimostrazione. Per ogni numero reale λ, si ha

$$\begin{aligned} 0 &\leq \int_a^b (\lambda f(x) + g(x))^2 \, \mathrm{d}x \\ &= \int_a^b (\lambda^2 f(x)^2 + 2\lambda f(x)g(x) + g(x)^2) \, \mathrm{d}x \\ &= \lambda^2 \int_a^b f(x)^2 \, \mathrm{d}x + 2\lambda \int_a^b f(x)g(x) \, \mathrm{d}x + \int_a^b g(x)^2 \, \mathrm{d}x \,. \end{aligned}$$

Abbiamo pertanto un'espressione polinomiale in λ che è sempre positiva o al più nulla. Questo é possibile solo se il discriminante è positivo, ossia se

$$\left(\int_a^b f(x)g(x) \, \mathrm{d}x \right)^2 - \int_a^b f(x)^2 \, \mathrm{d}x \int_a^b g(x)^2 \, \mathrm{d}x \leq 0 \,.$$

Eliminando il quadrato, si ottiene la tesi. □

OSSERVAZIONE 458. Come immediata conseguenza della disuguaglianza di Schwarz (posto $g(x) = 1$), si ha la disuguaglianza

$$\left| \int_a^b f(x) \, \mathrm{d}x \right| \leq \sqrt{(b-a) \int_a^b f(x)^2 \, \mathrm{d}x} \,.$$

6.2.5 Teorema della media

Teorema 459 (Teorema della media). *Sia* $a < b$. *Se* $f : [a,b] \to \mathbb{R}$ *una funzione continua, allora esiste un punto* $\xi \in [a,b]$ *tale che*

$$\int_a^b f(x) \, \mathrm{d}x = (b-a) f(\xi) \,.$$

Dimostrazione. Poiché la funzione f è continua sull'intervallo chiuso e limitato $[a,b]$, per il teorema di Weierstrass, su tale intervallo essa assume valore massimo assoluto M e valore minimo assoluto m. Pertanto, $f(x) \leq M$ per ogni $x \in [a,b]$. Quindi, per la proprietà di monotonia e per la proprietà di omogeneità, si ha

$$\int_a^b f(x) \, \mathrm{d}x \leq \int_a^b M \, \mathrm{d}x = M \int_a^b \mathrm{d}x = (b-a)M \,.$$

Analogamente, $f(x) \geq m$ per ogni $x \in [a,b]$. Quindi, per la proprietà di monotonia e per la proprietà di omogeneità, si ha

$$\int_a^b f(x) \, \mathrm{d}x \geq \int_a^b m \, \mathrm{d}x = m \int_a^b \mathrm{d}x = (b-a)m \,.$$

Di conseguenza, si ha

$$(b-a)m \leq \int_a^b f(x)\,\mathrm{d}x \leq (b-a)M\,.$$

Poiché $b-a>0$, si può dividere senza cambiare il verso delle disuguaglianze:

$$m \leq \frac{1}{b-a}\int_a^b f(x)\,\mathrm{d}x \leq M\,.$$

Poiché la funzione f è continua sull'intervallo $[a,b]$, per il teorema dei valori intermedi, esiste un punto $\xi \in [a,b]$ tale che

$$\frac{1}{b-a}\int_a^b f(x)\,\mathrm{d}x = f(\xi)\,.$$

□

ESEMPI

1. Consideriamo la funzione $f(x)=x^2$ sull'intervallo $[a,b]$, con $a<b$. I punti che verificano il teorema della media integrale si ottengono risolvendo l'equazione

$$\int_a^b f(x)\,\mathrm{d}x = (b-a)f(\xi) \qquad \text{ossia} \qquad \int_a^b x^2\,\mathrm{d}x = (b-a)\xi^2\,.$$

   Poiché

$$(b-a)\xi^2 = \int_a^b x^2\,\mathrm{d}x = \left[\frac{x^3}{3}\right]_a^b = \frac{b^3-a^3}{3}\,,$$

   si ha

$$\xi^2 = \frac{1}{3}\,\frac{b^3-a^3}{b-a} = \frac{a^2+ab+b^2}{3}$$

   e quindi

$$\xi = \pm\sqrt{\frac{a^2+ab+b^2}{3}}\,.$$

   Si hanno così due soluzioni. Tuttavia, non è detto che entrambe siano accettabili. Ad esempio, se l'intervallo è $[0,1]$, si ha solo il punto $\xi = 1/\sqrt{3}$. Se invece l'intervallo è $[-1,1]$, si hanno i due punti $\xi_{1,2} = \pm 1/\sqrt{3}$.

2. Consideriamo la funzione $f(x)=1/x$ sull'intervallo $[a,b]$, con $0<a<b$. I punti che verificano il teorema della media integrale si ottengono risolvendo l'equazione

$$\int_a^b f(x)\,\mathrm{d}x = (b-a)f(\xi) \qquad \text{ossia} \qquad \int_a^b \frac{1}{x}\,\mathrm{d}x = (b-a)\frac{1}{\xi}\,.$$

Poiché

$$\frac{b-a}{\xi} = \int_a^b \frac{1}{x}\,\mathrm{d}x = [\log|x|]_a^b = \log|b| - \log|a|,$$

si ha

$$\xi = \frac{b-a}{\log b - \log a}.$$

OSSERVAZIONE 460. Se la funzione f non è continua, allora il Teorema 459 può non valere. Consideriamo, ad esempio, la funzione $f:[0,1]\to\mathbb{R}$ definita da

$$f(x) = \begin{cases} 0 & \text{se } x \in [0,1/2) \\ 1 & \text{se } x \in [1/2,1]. \end{cases}$$

Allora

$$\int_0^1 f(x)\,\mathrm{d}x = \int_0^{1/2} f(x)\,\mathrm{d}x + \int_{1/2}^1 f(x)\,\mathrm{d}x = \frac{1}{2}.$$

Se valesse il teorema della media, allora dovrebbe esistere un punto $\xi \in [0,1]$ tale che

$$\int_0^1 f(x)\,\mathrm{d}x = (1-0)f(\xi),$$

ossia tale che $f(\xi) = 1/2$. Ma questo non accade.

OSSERVAZIONE 461. Il teorema del valor medio di Lagrange e il teorema della media integrale possono valere per una stessa funzione per punti distinti. Consideriamo, ad esempio, la funzione $f(x) = \sqrt{x}$ sull'intervallo $[0,1]$. I punti di Lagrange di f si ottengono risolvendo l'equazione

$$\frac{f(1)-f(x)}{1-0} = f'(x) \qquad \text{ossia} \qquad 1 = \frac{1}{2\sqrt{x}}.$$

Quindi, si ha $x = 1/4$. I punti che soddisfano il teorema della media integrale si ottengono invece nel modo seguente:

$$\int_0^1 f(x)\,\mathrm{d}x = (1-0)f(\xi) \iff \int_0^1 \sqrt{x}\,\mathrm{d}x = \sqrt{\xi} \iff \left[\frac{2}{3}\,x\sqrt{x}\right]_0^1 = \sqrt{\xi}.$$

Pertanto si ha $2/3 = \sqrt{\xi}$, da cui $\xi = 4/9$. In conclusione, sull'intervallo $[0,1]$ esiste un solo punto ξ_1 che verifica il teorema di Lagrange, esiste un solo punto ξ_2 che verifica il teorema della media integrale e $\xi_1 \neq \xi_2$.

Il Teorema 459 può essere generalizzato nel modo seguente.

Teorema 462 (Teorema della media generalizzato)**.** *Siano* $a,b \in \mathbb{R}$, $a < b$. *Sia* $f:[a,b]\to\mathbb{R}$ *una funzione continua e sia* $p:[a,b]\to\mathbb{R}$ *una funzione continua strettamente positiva. Allora esiste un punto* $\xi \in (a,b)$ *tale che*

$$\int_a^b p(x)f(x)\,\mathrm{d}x = f(\xi)\int_a^b p(x)\,\mathrm{d}x.$$

Dimostrazione. Poiché la funzione f è continua sull'intervallo chiuso e limitato $[a, b]$, per il teorema di Weierstrass, su tale intervallo essa assume valore massimo assoluto M e valore minimo assoluto m. Pertanto, $f(x) \leq M$ per ogni $x \in [a, b]$. Poiché $p(x) > 0$ per ogni $x \in [a, b]$, si ha $p(x)f(x) \leq Mp(x)$ per ogni $x \in [a, b]$. Quindi, per la proprietà di monotonia e per la proprietà di omogeneità, si ha

$$\int_a^b p(x)f(x)\,\mathrm{d}x \leq \int_a^b Mp(x)\,\mathrm{d}x = M\int_a^b p(x)\,\mathrm{d}x\,.$$

Analogamente, essendo $f(x) \geq m$ per ogni $x \in [a, b]$, si ha $p(x)f(x) \geq mp(x)$ per ogni $x \in [a, b]$. Quindi, per la proprietà di monotonia e per la proprietà di omogeneità, si ha

$$\int_a^b p(x)f(x)\,\mathrm{d}x \geq \int_a^b mp(x)\,\mathrm{d}x = m\int_a^b p(x)\,\mathrm{d}x\,.$$

Di conseguenza, si hanno le disuguaglianze

$$m\int_a^b p(x)\,\mathrm{d}x \leq \int_a^b p(x)f(x)\,\mathrm{d}x \leq M\int_a^b p(x)\,\mathrm{d}x\,.$$

Poiché $p(x) > 0$ per ogni $x \in [a, b]$ e $b < a$, si ha

$$\int_a^b p(x)\,\mathrm{d}x > 0\,.$$

Quindi, si può dividere senza cambiare il verso delle disuguaglianze:

$$m \leq \frac{\displaystyle\int_a^b p(x)f(x)\,\mathrm{d}x}{\displaystyle\int_a^b p(x)\,\mathrm{d}x} \leq M\,.$$

Poiché la funzione f è continua sull'intervallo $[a, b]$, per il teorema dei valori intermedi, esiste un punto $\xi \in (a, b)$ tale che

$$\frac{\displaystyle\int_a^b p(x)f(x)\,\mathrm{d}x}{\displaystyle\int_a^b p(x)\,\mathrm{d}x} = f(\xi)\,.$$

□

OSSERVAZIONE 463. Il Teorema 462 continua a valere anche quando p è strettamente negativa su tutto l'intervallo di integrazione.

6.2.6 Primo teorema fondamentale

Teorema 464 (Primo teorema fondamentale del calcolo). *Sia* $f : [a, b] \to \mathbb{R}$ *una funzione continua. Se* F *è una primitiva di* f *sull'intervallo* $[a, b]$, *allora*

$$\int_a^b f(x)\,\mathrm{d}x = F(b) - F(a)\,.$$

Dimostrazione. Sia $\{x_0, x_1, \ldots, x_n\}$ una suddivisione dell'intervallo $[a, b]$. Allora

$$\begin{aligned} F(b) - F(a) &= F(x_n) - F(x_0) \\ &= (F(x_n) - F(x_{n-1})) + (F(x_{n-1}) - F(x_0)) \\ &\ldots \\ &= (F(x_n) - F(x_{n-1})) + \cdots + (F(x_1) - F(x_0)) \\ &= \sum_{i=0}^{n-1} (F(x_{i+1}) - F(x_i))\,. \end{aligned}$$

Poiché F è una funzione continua e derivabile sull'intervallo $[a, b]$, per il teorema di Lagrange, esiste almeno un punto $\xi_i \in (x_i, x_{i+1})$ tale che

$$\frac{F(x_{i+1}) - F(x_i)}{x_{i+1} - x_i} = F'(\xi_i) = f(\xi_i)\,,$$

ossia

$$F(x_{i+1}) - F(x_i) = (x_{i+1} - x_i) f(\xi_i)\,.$$

Pertanto, si ha

$$F(b) - F(a) = \sum_{i=0}^{n-1} (F(x_{i+1}) - F(x_i)) = \sum_{i=0}^{n-1} (x_{i+1} - x_i) f(\xi_i) = S_n(f)\,.$$

Poiché f è una funzione continua, passando al limite, si ha

$$F(b) - F(a) = \lim_{n \to +\infty} S_n(f) = \int_a^b f(x)\,\mathrm{d}x\,.$$

□

OSSERVAZIONE 465. Il Teorema 464 non dipende dalla primitiva F considerata. Infatti, se G è una seconda primitiva di f, allora, per la Proposizione 406, esiste una costante $c \in \mathbb{R}$ tale che $G(x) = F(x) + c$ per ogni $x \in [a, b]$. Quindi, si ha

$$\int_a^b f(x)\,\mathrm{d}x = G(b) - G(a) = F(b) - c - F(a) + c = F(b) - F(a)\,.$$

ESEMPIO 466. Usando i risultati già ottenuti per gli integrali indefiniti, si ha

$$\int_0^{\pi} \operatorname{sen}^2 x \, \mathrm{d}x = \left[\frac{1}{2}\, x - \frac{1}{2}\, \operatorname{sen} x \cos x\right]_0^{\pi} = \frac{\pi}{2}$$

$$\int_0^{\pi/4} \cos^2 x \, \mathrm{d}x = \left[\frac{1}{2}\, x + \frac{1}{2}\, \operatorname{sen} x \cos x\right]_0^{\pi/4} = \frac{\pi}{8} + \frac{1}{4}\,.$$

I Teoremi 411 e 413 valgono anche nel caso degli integrali definiti.

Teorema 467 (Integrazione per parti). *Siano* f *e* g *due funzioni di classe* $\mathcal{C}^1$ *su un intervallo* $[a, b]$. *Allora*

$$\int_a^b f(x)g'(x) \, \mathrm{d}x = \Big[f(x)g(x)\Big]_a^b - \int_a^b f'(x)g(x) \, \mathrm{d}x\,.$$

Teorema 468 (Integrazione per sostituzione). *Sia* $f : [a, b] \to \mathbb{R}$ *una funzione continua e sia* $\varphi : [\alpha, \beta] \to [a, b]$ *una funzione invertibile di classe* $\mathcal{C}^1$ *su* $[\alpha, \beta]$. *Allora, vale l'identità*

$$\int_a^b f(x) \, \mathrm{d}x = \int_\alpha^\beta \varphi'(t) f(\varphi(t)) \, \mathrm{d}t \qquad \textit{se} \quad \varphi(\alpha) = a \quad \textit{e} \quad \varphi(\beta) = b$$

oppure vale l'identità

$$\int_a^b f(x) \, \mathrm{d}x = \int_\beta^\alpha \varphi'(t) f(\varphi(t)) \, \mathrm{d}t \qquad \textit{se} \quad \varphi(\alpha) = b \quad \textit{e} \quad \varphi(\beta) = a\,.$$

Proposizione 469. *Sia* f *una funzione continua su un intervallo* $[-a, a]$, *con* $a > 0$, *Se* f *è pari, allora*

$$\int_{-a}^a f(x) \, \mathrm{d}x = 2 \int_0^a f(x) \, \mathrm{d}x\,.$$

Analogamente, se f *è dispari, allora*

$$\int_{-a}^a f(x) \, \mathrm{d}x = 0\,.$$

Dimostrazione. L'integrale di f può sempre essere spezzato nel modo seguente

$$\int_{-a}^a f(x) \, \mathrm{d}x = \int_{-a}^0 f(x) \, \mathrm{d}x + \int_0^a f(x) \, \mathrm{d}x\,.$$

Consideriamo il cambiamento di variabile $t = -x$, $\mathrm{d}t = -\mathrm{d}x$. Se f è pari, si ha

$$\int_{-a}^0 f(x) \, \mathrm{d}x = -\int_a^0 f(-t) \, \mathrm{d}t = \int_0^a f(-t) \, \mathrm{d}t = \int_0^a f(t) \, \mathrm{d}t\,.$$

Se f è dispari, si ha

$$\int_{-a}^0 f(x) \, \mathrm{d}x = -\int_a^0 f(-t) \, \mathrm{d}t = \int_a^0 f(t) \, \mathrm{d}t = -\int_0^a f(t) \, \mathrm{d}t\,.$$

□

6.2.7 Secondo teorema fondamentale

Definizione 470. *Sia* $f : I \to \mathbb{R}$ *una funzione continua su un intervallo* $I \subseteq \mathbb{R}$. *Sia* $x_0 \in I$. *La* funzione integrale *di* f *sull'intervallo* I, *relativa al punto* x_0, *è la funzione* $F : I \to \mathbb{R}$ *definita da*

$$F(x) = \int_{x_0}^{x} f(t)\, \mathrm{d}t$$

per ogni $x \in I$.

OSSERVAZIONE 471. Geometricamente, il valore della funzione integrale $F(x)$ dà l'area (con segno) della regione piana compresa tra la porzione dell'asse delle ascisse delimitata da x_0 e x e il grafico della funzione f. Nel seguente esempio

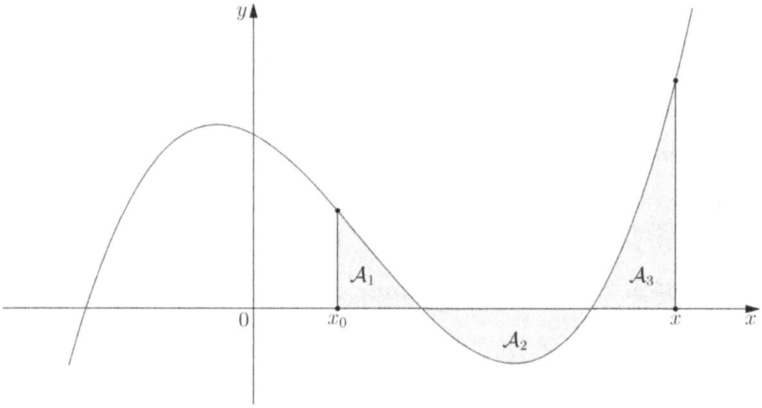

il valore di $F(x)$ è dato dal valore dell'area (con segno) della regione colorata, ossia $F(x) = \mathscr{A}_1 - \mathscr{A}_2 + \mathscr{A}_3$.

Teorema 472 (Secondo teorema fondamentale del calcolo, Torricelli-Barrow). *Sia* $f : I \to \mathbb{R}$ *una funzione continua su un intervallo* $I \subseteq \mathbb{R}$ *e sia* $x_0 \in I$. *Sia* $F : I \to \mathbb{R}$ *la funzione integrale di* f *relativa al punto* x_0. *Allora la funzione* F *è derivabile su tutto l'intervallo* I *e* $F'(x) = f(x)$ *per ogni* $x \in I$.

Dimostrazione. Il rapporto incrementale di F in un generico punto $x \in I$ è

$$\begin{aligned} \frac{F(x+h) - F(x)}{h} &= \frac{1}{h}\left[\int_{x_0}^{x+h} f(t)\, \mathrm{d}t - \int_{x_0}^{x} f(t)\, \mathrm{d}t\right] \\ &= \frac{1}{h}\left[\int_{x_0}^{x} f(t)\, \mathrm{d}t + \int_{x}^{x+h} f(t)\, \mathrm{d}t - \int_{x_0}^{x} f(t)\, \mathrm{d}t\right] \\ &= \frac{1}{h}\int_{x}^{x+h} f(t)\, \mathrm{d}t\,. \end{aligned}$$

Poiché la funzione f è continua sull'intervallo $[x, x+h]$, per il teorema della media integrale, esiste un punto $\xi \in (x, x+h)$ tale che

$$\int_x^{x+h} f(t)\,\mathrm{d}t = (x+h-x)f(\xi) = hf(\xi)\,.$$

Pertanto, si ha

$$\frac{F(x+h)-F(x)}{h} = f(\xi)$$

per un opportuno punto $\xi \in (x, x+h)$, che, in generale, dipende da h (ossia $\xi = \xi(h)$). Chiaramente, $\xi \to x$ per $h \to 0$. Quindi, per la continuità di f, si ha

$$\lim_{h\to 0} \frac{F(x+h)-F(x)}{h} = \lim_{h\to 0} f(\xi(h)) = f\left(\lim_{h\to 0} \xi(h)\right) = f(x)\,.$$

Questo significa che la funzione F è derivabile in un qualunque punto dell'intervallo I, ossia che è derivabile su tutto I, e che $F' = f$ su tutto I. □

OSSERVAZIONE 473. La funzione F è una particolare primitiva di f sull'intervallo I. Inoltre, la funzione F non solo è derivabile su tutto l'intervallo I, ma è derivabile con continiutà su tutto I. Infatti, $F'(x) = f(x)$ per ogni $x \in I$ e, per ipotesi, f è continua su tutto I. Più in generale, se $f \in \mathcal{C}^k(I)$, allora $F \in \mathcal{C}^{k+1}(I)$.

ESEMPI

1. Consideriamo la funzione $f(x) = x^n$, con $n \in \mathbb{N}$, su un qualunque intervallo contenente l'origine. Allora

$$F(x) = \int_0^x t^n\,\mathrm{d}t = \left[\frac{t^{n+1}}{n+1}\right]_0^x = \frac{x^{n+1}}{n+1}\,.$$

2. Consideriamo la funzione $f(x) = |x|$ su un intervallo I contenete l'origine (si può anche considerare $I = \mathbb{R}$). La funzione f è continua su tutto I e, per $x_0 = 0$, la sua funzione integrale è

$$F(x) = \int_0^x |x|\,\mathrm{d}x = \begin{cases} -\displaystyle\int_0^x x\,\mathrm{d}x = -\frac{x^2}{2} & \text{se } x \le 0 \\ \displaystyle\int_0^x x\,\mathrm{d}x = \frac{x^2}{2} & \text{se } x \ge 0\,, \end{cases}$$

ossia

$$F(x) = \frac{1}{2}\,\mathrm{sign}(x)x^2\,.$$

Questa funzione è ovviamente continua su tutto $\mathbb{R}$. Inoltre è anche derivabile su tutto $\mathbb{R}$ (poiché $F'_-(0) = F'_+(0)$) e la sua derivata è continua (essendo $f(x)$). Tuttavia, $F(x)$ non è derivabile due volte, poiché $f(x)$ non è derivabile in $x = 0$.

Teorema 474. *Ogni funzione* $f : I \to \mathbb{R}$ *continua su un intervallo* $I \subseteq \mathbb{R}$ *possiede almeno una primitiva.*

Dimostrazione. Poiché f è continua, è sempre possibile definire una sua funzione integrale F e, per il Teorema 472, la funzione F è una primitiva di f. □

OSSERVAZIONE 475. Per il Teorema 474, ogni funzione continua su un intervallo I possiede almeno una primitiva. Più precisamente, le primitive di una funzione $f \in \mathcal{C}(I)$ sono tutte della forma

$$\int f(x)\,\mathrm{d}x = F(x) + c$$

dove F è una qualunque funzione integrale di f su I e c è una costante reale arbitraria.

Teorema 476. *L'operatore di derivazione* $D : \mathcal{C}^1(I) \to \mathcal{C}(I)$ *non è iniettivo, ma è suriettivo.*

Dimostrazione. L'operatore D non è iniettivo, poiché due funzioni che differiscono per una costante hanno la medesima derivata. Tuttavia, l'operatore D è suriettivo poiché, per il Teorema 474, ogni funzione continua su I possiede una primitiva su I. □

Teorema 477. *Sia* $f : I \to \mathbb{R}$ *una funzione continua non negativa (non positiva) su un intervallo* $I \subseteq \mathbb{R}$ *e sia* $x_0 \in I$. *Sia* $F : I \to \mathbb{R}$ *la funzione integrale di* f *relativa al punto* x_0. *Allora* F *è crescente (decrescente).*

Dimostrazione. Supponiamo che f sia non negativa, ossia che $f(x) \geq 0$ per ogni $x \in I$. Allora, si ha $F'(x) = f(x) \geq 0$ per ogni $x \in I$, ossia la funzione integrale F è crescente.

In modo analogo, si dimostra che se f è non positiva, allora F è decrescente. □

Il secondo teorema fondamentale del calcolo permette anche di determinare il polinomio di Taylor di una funzione integrale.

Teorema 478. *Sia* $f : I \to \mathbb{R}$ *una funzione di classe* $\mathcal{C}^n$ *su un intervallo* I *e sia* $x_0 \in I$, *tale che*

$$f(x) = \sum_{k=0}^{n} a_k\,(x - x_0)^k + o((x - x_0)^n) \qquad \textit{per } x \to x_0 .$$

Allora, la funzione integrale $F : I \to \mathbb{R}$, *definita da*

$$F(x) = \int_{x_0}^{x} f(t)\,\mathrm{d}t ,$$

è derivabile $n + 1$ *e*

$$F(x) = \sum_{k=0}^{n} a_k\,\frac{(x - x_0)^{k+1}}{k+1} + o((x - x_0)^{n+1}) \qquad \textit{per } x \to x_0 .$$

Dimostrazione. Poiché f è derivabile n volte, la funzione integrale F è derivabile $n+1$ volte. Inoltre, si ha $F'(x) = f(x)$, $F''(x) = f'(x)$, ..., $F^{(n+1)}(x) = f^{(n)}(x)$, e quindi $F(x_0) = 0$, $F'(x_0) = f(x_0)$, $F''(x_0) = f'(x_0)$, ..., $F^{(n+1)}(x_0) = f^{(n)}(x_0)$. Pertanto, lo sviluppo di Taylor di ordine $n+1$ di F è

$$\begin{aligned} F(x) &= \sum_{k=0}^{n+1} \frac{F^{(k)}(x_0)}{k!}(x-x_0)^k + o((x-x_0)^{n+1}) \\ &= \sum_{k=1}^{n+1} \frac{f^{(k-1)}(x_0)}{k!}(x-x_0)^k + o((x-x_0)^{n+1}) \\ &= \sum_{k=0}^{n} \frac{f^{(k)}(x_0)}{(k+1)!}(x-x_0)^{k+1} + o((x-x_0)^{n+1}) \\ &= \sum_{k=0}^{n} \frac{f^{(k)}(x_0)}{k!}\,\frac{(x-x_0)^{k+1}}{k+1} + o((x-x_0)^{n+1}) \end{aligned}$$

per $x \to x_0$. Poiché $\frac{f^{(k)}(x_0)}{k!} = a_k$, si ottiene la formula enunciata. □

OSSERVAZIONE 479. Possiamo vedere lo sviluppo della funzione integrale F come l'integrale dello sviluppo della funzione f.

ESEMPI

1. Per trovare lo sviluppo di MacLaurin di una funzione di cui non conosciamo le derivate successive possiamo cercare di rappresentare questa funzione come la funzione integrale di una funzione di cui conosciamo lo sviluppo e applicare il teorema precedente. Per illustrare questo procedimento, iniziamo con un semplice esempio. Il logaritmo $\log(1+x)$ può essere visto come una funzione integrale

   $$\log(1+x) = \int_0^x \frac{\mathrm{d}t}{1+t}.$$

   A questo punto, poiché

   $$\frac{1}{1+t} = \sum_{k=0}^{n-1}(-1)^k t^k + o(t^{n-1}) \qquad \text{per } t \to 0,$$

   si ha

   $$\log(1+x) = \sum_{k=0}^{n-1}(-1)^k \frac{x^{k+1}}{k+1} + o(x^n) = \sum_{k=1}^{n}(-1)^{k-1}\frac{x^k}{k} + o(x^n) \qquad \text{per } x \to 0.$$

   Abbiamo così ritrovato lo sviluppo di MacLaurin di ordine n per il logaritmo.

Consideriamo ora l'arcotangente $\operatorname{artg} x$. Questa volta è più complicato calcolare le derivate successive e quindi calcolare direttamente lo sviluppo di questa funzione. Anche l'arcotangente, però, può essere vista come a funzione integrale di una funzione razionale più elementare. Infatti, si ha

$$\operatorname{artg} x = \int_0^x \frac{\mathrm{d}t}{1+t^2}$$

dove

$$\frac{1}{1+t^2} = \sum_{k=0}^{n} (-1)^k t^{2k} + o(t^{2n}) \qquad \textbf{per } t \to 0\,.$$

A questo punto, applicando il teorema precedente, abbiamo lo sviluppo

$$\operatorname{artg} x = \sum_{k=0}^{n} (-1)^k \frac{x^{2k+1}}{2k+1} + o(x^{2n+1}) \qquad \textbf{per } x \to 0\,.$$

Un altro esempio è dato dall'arcoseno $\operatorname{arsen} x$, che può essere rappresentato nel modo seguente

$$\operatorname{arsen} x = \int_0^x \frac{\mathrm{d}t}{\sqrt{1-t^2}}$$

Questa volta, la funzione integranda è più complicata, ma il suo sviluppo può essere dedotto dallo sviluppo della funzione

$$\frac{1}{1-4t} = \sum_{k=0}^{n} \binom{2k}{k} t^k + o(t^n) \qquad \textbf{per } x \to 0$$

che abbiamo già ottenuto in precedenza. Infatti, si ha

$$\frac{1}{1-t^2} = \sum_{k=0}^{n} \binom{2k}{k} \frac{t^{2k}}{4^k} + o(t^{2n}) \qquad \textbf{per } x \to 0$$

e quindi

$$\operatorname{arsen} x = \sum_{k=0}^{n} \binom{2k}{k} \frac{1}{2^{2k}} \frac{x^{2k+1}}{2k+1} + o(x^{2n+1}) \qquad \textbf{per } x \to 0\,.$$

2. Gli *integrali di Fresnel* sono definiti come le funzioni integrali

$$C(x) = \int_0^x \cos t^2 \,\mathrm{d}t \qquad \text{e} \qquad S(x) = \int_0^x \operatorname{sen} t^2 \,\mathrm{d}t\,.$$

Qui di seguito sono riportati i rispettivi grafici:

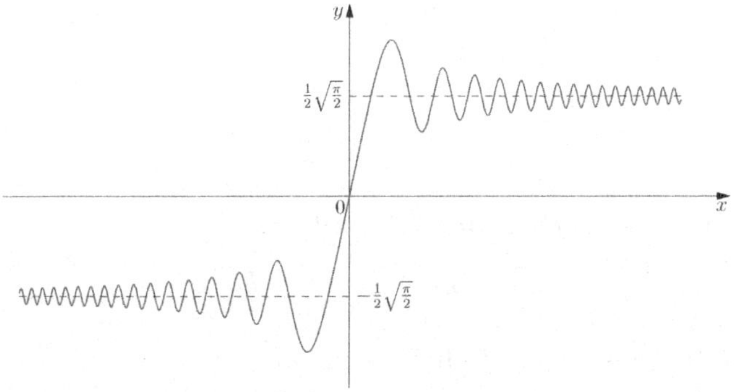

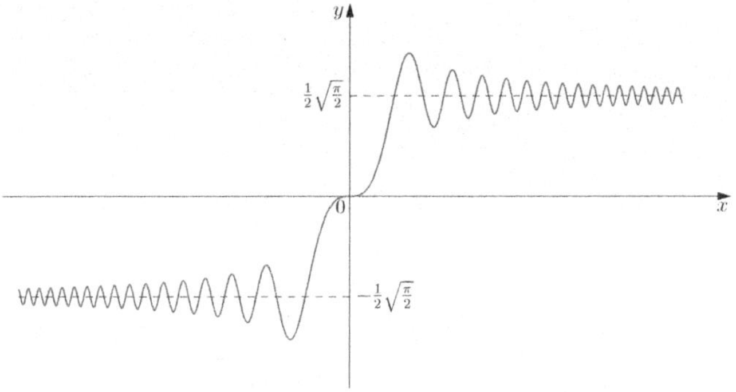

Poiché si hanno i seguenti sviluppi di MacLaurin

$$\cos t^2 = \sum_{k=0}^{n}(-1)^k \frac{t^{4k}}{(2k)!} + o(t^{4n})$$

$$\operatorname{sen} t^2 = \sum_{k=0}^{n}(-1)^k \frac{t^{4k+2}}{(2k+1)!} + o(t^{4n+2}),$$

integrando, si hanno gli sviluppi di MacLaurin degli integrali di Fresnel:

$$C(x) = \sum_{k=0}^{n}(-1)^k \frac{x^{4k+1}}{(4k+1)(2k)!} + o(t^{4n+1})$$

$$S(x) = \sum_{k=0}^{n}(-1)^k \frac{x^{4k+3}}{(4k+3)(2k+1)!} + o(t^{4n+3}).$$

6.3 Lunghezza del grafico di una funzione

Sia $f : [a,b] \to \mathbb{R}$ una funzione continua e sia γ la curva data dal grafico di f. Sia $\{x_0, x_1, \ldots, x_n\}$ una suddivisione dell'intervallo $[a,b]$ in n parti uguali. Consideriamo i punti $P_k \equiv (x_k, f(x_k)) \in \gamma$, per $k = 0, 1, \ldots, n$. Questi punti individuano una poligonale $P_0P_1 \cdots P_n$ formata da n segmenti (si veda la Figura 6.1), che ha lunghezza

$$L_n(f) = \sum_{k=0}^{n-i} \mathrm{d}(P_k, P_{k+1}) .$$

La curva γ è *rettificabile* quando il limite

$$L(\gamma) = \lim_{n \to +\infty]} L_n(f)$$

esiste finito. In questo caso, la lunghezza di γ è $L(\gamma)$.

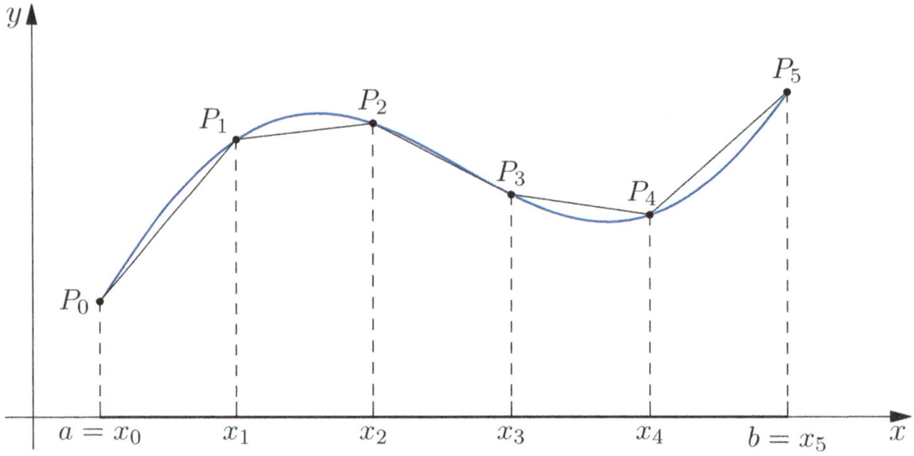

Figura 6.1: La poligonale $P_0P_1 \cdots P_n$ per $n = 5$.

La continuità della funzione f non basta a garantire la rettificabilità del suo grafico. Tuttavia, se la funzione f è di classe C^1, allora il suo grafico è rettificabile ed esiste una formula integrale per la sua lunghezza.

Teorema 480. *Sia* $f : [a, b] \to \mathbb{R}$ *una funzione di classe* C^1. *Allora il grafico* γ *di* f *è rettificabile e la sua lunghezza è*

$$L(\gamma) = \int_a^b \sqrt{1 + f'(x)^2}\, \mathrm{d}x . \tag{6.1}$$

Dimostrazione. Data una suddivisione $\{x_0, x_1, \ldots, x_n\}$ dell'intervallo $[a, b]$ in n parti uguali, consideriamo la poligonale individuata dai punti $P_k \equiv (x_k, f(x_k))$, $k = 0, 1, \ldots, n$. La lunghezza di questa poligonale è

$$\begin{aligned} L_n(\gamma) &= \sum_{k=0}^{n-1} \mathrm{d}(P_k, P_{k+1}) = \sum_{k=0}^{n-1} \sqrt{(x_{k+1} - x_k)^2 + (f(x_{k+1}) - f(x_k))^2} \\ &= \sum_{k=0}^{n-1} (x_{k+1} - x_k) \sqrt{1 + \left(\frac{f(x_{k+1}) - f(x_k)}{x_{k+1} - x_k} \right)^2} . \end{aligned}$$

Consideriamo ora la funzione $f : [x_k, x_{k+1}] \to \mathbb{R}$ ottenuta restringendo f all'intervallo $[x_k, x_{k+1}]$, per $k = 0, 1, \ldots, n-1$. Poiché questa funzione è derivabile, possiamo applicare il teorema di Lagrange. Quindi, esiste un punto $\xi_k \in [x_k, x_{k+1}]$ tale che

$$\frac{f(x_{k+1}) - f(x_k)}{x_{k+1} - x_k} = f'(\xi_k).$$

Allora, abbiamo

$$L_n(\gamma) = \sum_{k=0}^{n-1} (x_{k+1} - x_k)\sqrt{1 + f'(\xi_k)^2} = \sum_{k=0}^{n-1} (x_{k+1} - x_k) F(\xi_k) = S_n(F)$$

dove $F : [a, b] \to \mathbb{R}$ è la funzione definita da

$$F(x) = \sqrt{1 + f'(x)^2}.$$

e dove le $S_n(F)$ sono somme di cauchy-Riemann di F. Poiché f è di classe C^1, la funzione F è continua (essendo composizione di funzioni continue). Pertanto, il seguente limite

$$\lim_{n \to +\infty} L_n(\gamma) = \lim_{n \to +\infty} S_n(F)$$

esiste finito e non dipende dalla scelta dei punti ξ_k. Questo significa che la curva γ è rettificabile e che la sua lunghezza è data dalla (6.1). □

ESEMPIO 481. Consideriamo la funzione $f : [1, \alpha] \to \mathbb{R}$, con $\alpha > 1$, definita da

$$f(x) = \log \frac{e^x + 1}{e^x - 1}.$$

Poiché questa funzione è di classe C^1, possiamo calcolare la lunghezza $L(\alpha)$ del suo grafico mediante la formula (6.1). Si ha

$$f'(x) = \frac{e^x - 1}{e^x + 1} \frac{-2e^x}{(e^x - 1)^2} = \frac{-2e^x}{e^{2x} - 1}$$

e

$$1 + f'(x)^2 = 1 + \frac{4e^{2x}}{(e^{2x} - 1)^2} = \frac{(e^{2x} + 1)^2}{(e^{2x} - 1)^2}.$$

Pertanto

$$L(\alpha) = \int_1^\alpha \frac{e^{2x} + 1}{e^{2x} - 1} \, dx.$$

Posto $t = e^{2x}$, si ha $dt = 2e^{2x} dx$, ossia $dx = \frac{dt}{2t}$, e

$$L(\alpha) = \frac{1}{2} \int_{e^2}^{e^{2\alpha}} \frac{t + 1}{t(t - 1)} \, dt. = \frac{1}{2} \int_{e^2}^{e^{2\alpha}} \left(\frac{2}{t - 1} - \frac{1}{t} \right) dt. = \frac{1}{2} \big[2 \log |t - 1| - \log |t| \big]_{e^2}^{e^{2\alpha}}$$

ossia

$$L(\alpha) = \log \frac{e^{2\alpha} - 1}{e^2 - 1} + 1 - \alpha.$$

Ad esempio, per $\alpha = 2, 3, 4$, si ha

$$L(2) = \log(e^2 + 1) - 1, \quad L(3) = \log(e^4 + e^2 + 1) - 2, \quad L(4) = \log(e^2 + 1) + \log(e^4 + 1) - 3.$$

OSSERVAZIONE 482. Se la funzione f non è di classe C^1, il suo grafico può non essere rettificabile. Consideriamo, ad esempio, la funzione $f:[0,1]\to\mathbb{R}$ definita da

$$f(x)=\begin{cases} x\operatorname{sen}\dfrac{1}{x} & \text{se } x\in(0,1]\\ 0 & \text{se } x=0\,. \end{cases}$$

In $x_0=0$, la funzione f è continua, ma non è derivabile. In questo caso, non si può applicare il Teorema 480 e si può dimostrare che la lunghezza è infinita. Infatti, il grafico γ della funzione f è compreso tra le due rette di equazione $y=\pm x$ e tocca queste rette esattamente nei punti $P_k\equiv(x_k,(-1)^k x_k)$, dove $x_k=\frac{2}{(2k+1)\pi}$, $k\in\mathbb{N}$.

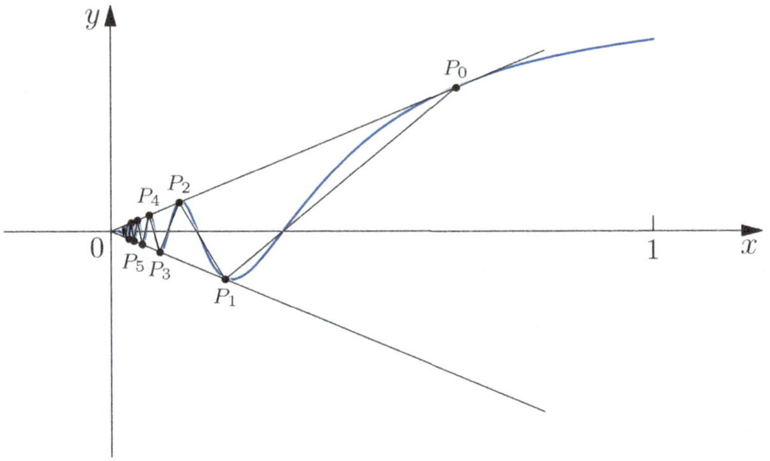

Chiaramente la lunghezza di γ è maggiore della lunghezza della poligonale di lati P_kP_{k+1}, ossia

$$L(\gamma)>\sum_{k\geq 0}\mathbf{d}(P_k,P_{k+1})=\frac{8}{\pi}\sum_{k\geq 0}\frac{k+1}{(2k+1)(2k+3)}\,.$$

Come vedremo quando studieremo le serie numeriche, la serie ottenuta diverge.

6.4 Alcune stime asintotiche

Il calcolo integrale può essere usato anche per ottenere una stima asintotica di alcune somme numeriche. In questo paragrafo, ci limiteremo a vedere alcuni semplici esempi. Vedremo un approccio più generale quando studieremo le serie numeriche.

ESEMPIO 483. Per determinare una stima asintotica della somma

$$s_n=\sum_{k=1}^{n}\sqrt{k}=1+\sqrt{2}+\sqrt{3}+\cdots+\sqrt{n}$$

consideriamo la funzione $f : [0, +\infty) \to \mathbb{R}$ definita da $f(x) = \sqrt{x}$, che è continua, non negativa e strettamente crescente. Fissato $n \in \mathbb{N}$, consideriamo l'intervallo $[0, n]$ e spezziamolo negli intervalli $[0, 1]$, $[1, 2]$, ..., $[n - 1, n]$, come nella seguente figura

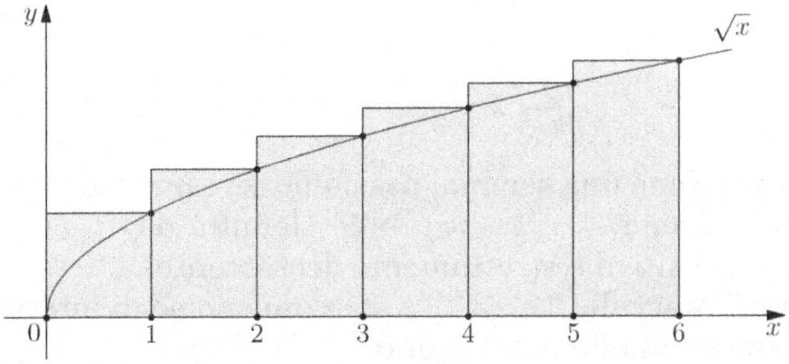

Poiché l'area totale dei rettangoli è maggiore dell'area sottesa al grafico di f, si ha

$$s_n = 1 + \sqrt{2} + \sqrt{3} + \cdots + \sqrt{n} > \int_0^n \sqrt{x}\, \mathrm{d}x = \left[\frac{2}{3}\, x^{3/2}\right]_0^n = \frac{2}{3}\, n^{3/2}\,.$$

Analogamente, consideriamo l'intervallo $[0, n + 1]$ e spezziamolo negli intervalli $[0, 1]$, $[1, 2]$, ..., $[n, n + 1]$, come nella seguente figura

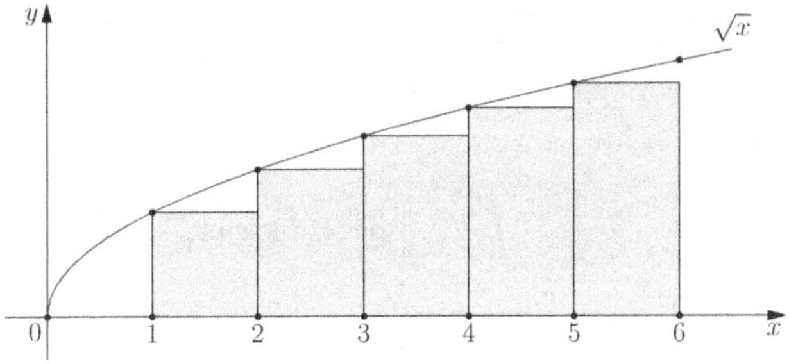

Poiché l'area totale dei rettangoli è minore dell'area sottesa al grafico di f, si ha

$$s_n = 1 + \sqrt{2} + \sqrt{3} + \cdots + \sqrt{n} < \int_0^{n+1} \sqrt{x}\, \mathrm{d}x = \left[\frac{2}{3}\, x^{3/2}\right]_0^{n+1} = \frac{2}{3}\, (n + 1)^{3/2}\,.$$

Quindi, per ogni $n \in \mathbb{N}$, $n \geq 1$, si hanno le disuguaglianze

$$\frac{2}{3}\, n^{3/2} < s_n < \frac{2}{3}\, (n + 1)^{3/2},$$

ossia

$$1 < \frac{3}{2}\frac{s_n}{n^{3/2}} < \left(\frac{n + 1}{n}\right)^{3/2}.$$

Poiché le successioni agli estremi convergono allo stesso limite 1, per il teorema del confronto (Teorema 153) anche la successione di mezzo converge e converge allo stesso limite, ossia

$$\lim_{n\to+\infty} \frac{3}{2}\frac{s_n}{n^{3/2}} = 1\,.$$

Si ha così la stima asintotica

$$s_n \sim \frac{2}{3}\, n^{3/2} \qquad \text{per } n \to +\infty\,.$$

ESEMPIO 484. Consideriamo i *numeri armonici*

$$\mathcal{H}_n = \sum_{k=1}^{n} \frac{1}{k} = 1 + \frac{1}{2} + \frac{1}{3} + \cdots + \frac{1}{n}\,.$$

Poiché sono definiti come una somma, possiamo cercare una loro stima asintotica consideriamo la funzione $f : [1, +\infty) \to \mathbb{R}$ definita da $f(x) = 1/x$, che è una funzione continua, positiva e strettamente decrescente.

Consideriamo l'intervallo $[1, n+1]$ e spezziamolo negli intervalli $[1, 2]$, $[2, 3]$, $\ldots$, $[n, n+1]$, come nella figura seguente

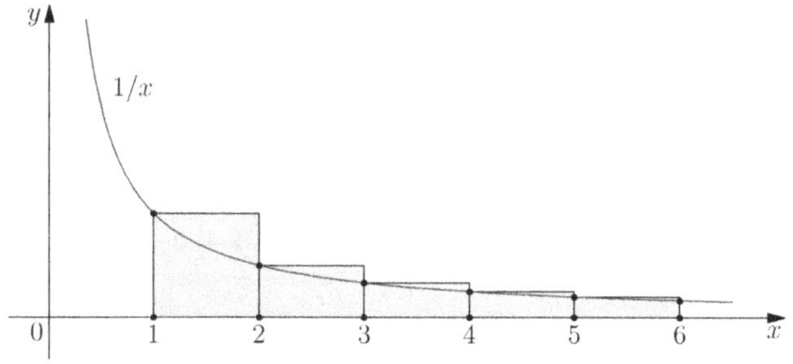

Confrontando le aree, si ha

$$\mathcal{H}_n = 1 + \frac{1}{2} + \frac{1}{3} + \cdots + \frac{1}{n} > \int_1^{n+1} \frac{1}{x}\, dx = \big[\log x\big]_1^{n+1} = \log(n+1) \geq \log n\,.$$

Analogamente, consideriamo l'intervallo $[1, n]$ e spezziamolo negli intervalli $[1, 2]$, $[2, 3]$, $\ldots$, $[n-1, n]$, come nella figura seguente

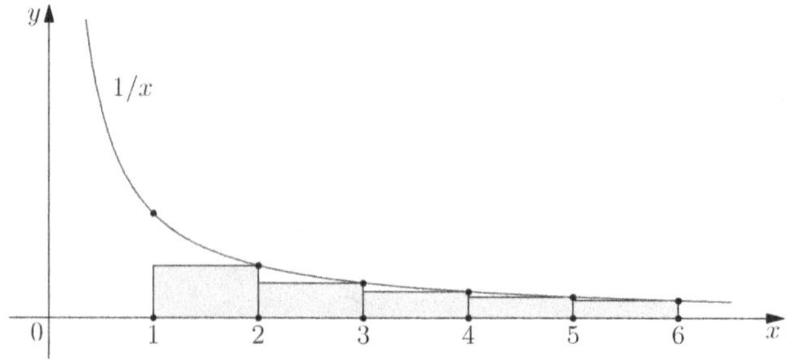

Confrontando le aree, si ha

$$\frac{1}{2} + \frac{1}{3} + \cdots + \frac{1}{n} < \int_1^{n} \frac{1}{x}\, dx = \big[\log x\big]_1^{n} = \log n\,,$$

ossia

$$\mathcal{H}_n < \log n + 1\,.$$

Quindi, per ogni $n \in \mathbb{N}$, $n \geq 2$, si hanno le disuguaglianze

$$\log n \leq \mathcal{H}_n \leq \log n + 1\,,$$

ossia

$$1 < \frac{\mathcal{H}_n}{\log n} < 1 + \frac{1}{\log n}\,.$$

Poiché le successioni agli estremi convergono allo stesso limite 1, per il teorema del confronto (Teorema 153) anche la successione di mezzo converge e converge allo stesso limite, ossia

$$\lim_{n\to+\infty} \frac{\mathcal{H}_n}{\log n} = 1\,.$$

Si ha così la stima asintotica

$$\mathcal{H}_n \sim \log n \qquad \text{per } n \to +\infty\,.$$

Questo risultato, permette di ottenere la stima asintotica di altre espressioni contenenti i numeri armonici. Consideriamo, ad esempio, la somma

$$s_n = \sum_{k=1}^{n} \mathcal{H}_n\,.$$

Questa somma può essere riscritta nel modo seguente

$$\begin{aligned} s_n &= \sum_{k=1}^{n}\sum_{i=1}^{k} \frac{1}{i} = \sum_{i=1}^{n}\sum_{k=i}^{n} \frac{1}{i} = \sum_{i=1}^{n} \frac{n-i+1}{i} = \sum_{i=1}^{n}\left(\frac{n+1}{i} - 1\right) \\ &= (n+1)\sum_{i=1}^{n} \frac{1}{i} - n = (n+1)\mathcal{H}_n - n\,. \end{aligned}$$

Quindi, usando la stima asintotica dei numeri armonici, si ha $s_n \sim (n+1)\log n - n$, ossia

$$\sum_{k=1}^{n} \mathcal{H}_n \sim n\log n \qquad \text{per } n \to +\infty\,.$$

ESEMPIO 485. Consideriamo la somma

$$s_n = \sum_{k=1}^{n} \log k = \log 1 + \log 2 + \log 3 + \cdots + \log n = \log(1\cdot 2\cdot 3 \cdots n) = \log n!\,.$$

Per determinare una stima asintotica di s_n, consideriamo la funzione $f : [1,+\infty) \to \mathbb{R}$ definita da $f(x) = \log x$, che è continua, non negativa e strettamente crescente. consideriamo l'intervallo $[1,n]$ e spezziamolo negli intervalli $[1,2]$, $[2,3]$, ..., $[n-1,n]$, come nella seguente figura

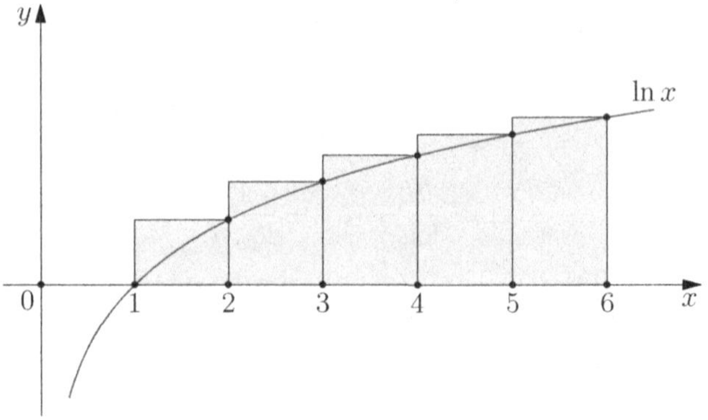

Confrontando le aree, si ha

$$s_n = \log 2 + \log 3 + \cdots + \log n > \int_1^n \log x \, \mathrm{d}x = \big[x \log x - x\big]_1^n = n \log n - n + 1 \, .$$

Analogamente, consideriamo l'intervallo $[1, n+1]$ e spezziamolo negli intervalli $[1,2]$, $[2,3]$, ..., $[n, n+1]$, come nella seguente figura

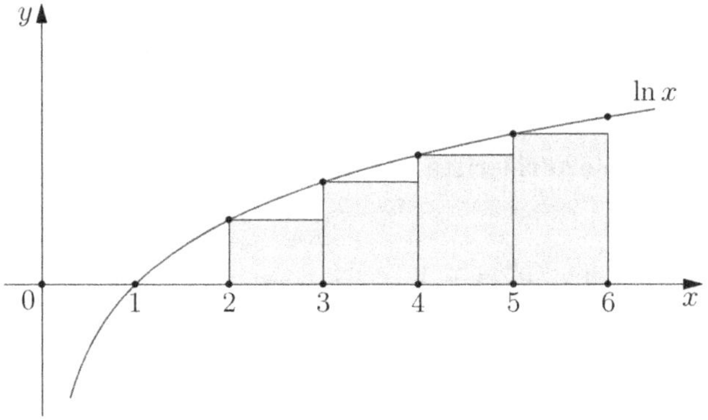

Confrontando le aree, si ha

$$s_n = \log 2 + \log 3 + \cdots + \log n < \int_1^{n+1} \log x \, \mathrm{d}x = \big[x \log x - x\big]_1^{n+1} = (n+1) \log(n+1) - n \, .$$

Pertanto, per ogni $n \in \mathbb{N}$, $n \geq 1$, si hanno le disuguaglianze

$$n \log n - n + 1 < \log n! < (n+1) \log(n+1) - n \, ,$$

ossia

$$1 - \frac{n-1}{n \log n} < \frac{\log n!}{n \log n} < \frac{n+1}{n} \, \frac{\log(n+1)}{\log n} - \frac{1}{\log n} \, .$$

Poiché le successioni agli estremi convergono allo stesso limite 1, per il teorema del confronto (Teorema 153) anche la successione di mezzo converge e converge allo stesso limite, ossia

$$\lim_{n \to +\infty} \frac{\log n!}{n \log n} = 1 \, .$$

Si ha così la stima asintotica

$$\log n! \sim n \log n \qquad \text{per } n \to +\infty .$$

Concludiamo questo paragrafo introducendo una nuova costante

6.5 La costante di Eulero-Mascheroni

Nel paragrafo precedente, per trovare una stima asintotica dei numeri armonici abbiamo approssimato per eccesso l'area sottesa al grafico della funzione $1/x$, come si vede nella figura seguente

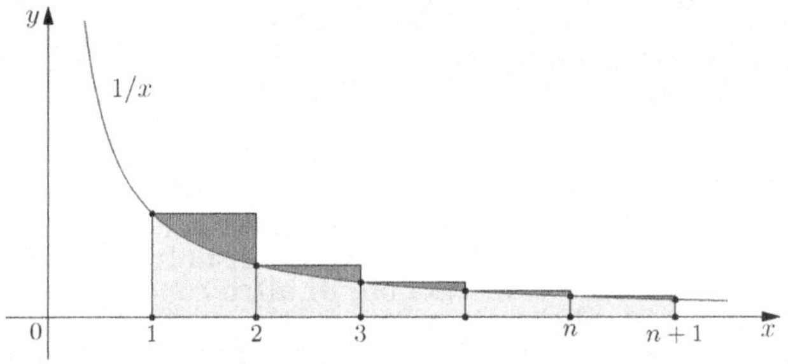

Cosa si può dire dell'area eccedente quando $n \to +\infty$? Poiché l'area eccedente è $\mathcal{H}_n - \log n$, si tratta di calcolare il limite

$$\lim_{n\to+\infty} (\mathcal{H}_n - \log n) .$$

Poiché $\mathcal{H}_n \sim \log n$ per $n \to +\infty$, a priori non si può dire nulla. Questo limite non può essere calcolato con metodi elementari. Tuttavia si ò ottenere il seguente risultato.

Teorema 486. *La successione* $\{\mathcal{H}_n - \log n\}_{n\geq 1}$ *converge a un numero reale* $\gamma \in (0, 1)$.

Dimostrazione. Consideriamo successione $\{a_n\}_{n\geq 1}$ dove $a_n = \mathcal{H}_n - \log n$.

1. La successione $\{a_n\}_{n\geq 1}$ è decrescente. Infatti, si ha

$$\begin{aligned} a_{n+1} - a_n = \mathcal{H}_{n+1} - \log(n+1) - \mathcal{H}_n + \log n &= \mathcal{H}_n + \frac{1}{n+1} - \mathcal{H}_n + \log \frac{n}{n+1} \\ &= \frac{1}{n+1} + \log\left(1 - \frac{1}{n+1}\right). \end{aligned}$$

   Consideriamo ora la funzione $f(x) = x + \log(1 - x)$ definita per $x < 1$. Poiché la funzione $\log(1 - x)$ ha retta tangente di equazione $y = -x$ per $x_0 = 0$, si ha che $\log(1 - x) \leq 0$ per ogni $x < 1$. Di conseguenza, si ha $f(x) = x + \log(1 - x) \leq x - x = 0$ per ogni $x < 1$. Quindi $a_{n+1} \leq a_n$ per ogni $n \geq 1$.

2. La successione $\{a_n\}_{n\geq 1}$ è limitata. Infatti, nel paragrafo precedente abbiamo trovato le disuguaglianze

$$\log n < \mathcal{H}_n < \log n + 1 \qquad n \geq 2$$

ossia

$$0 < \mathcal{H}_n - \log n < 1 \qquad n \geq 2$$

ossia

$$0 < a_n < 1 \qquad n \geq 2\,.$$

A questo punto, per il teorema delle successioni monotone, possiamo concludere che la successione $\{a_n\}_{n\geq 1}$ converge. Inoltre, per le limitazioni trovate, abbiamo che il limite γ è compreso tra 0 e 1 ,. □

La costante γ definita dal limite

$$\gamma = \lim_{n\to+\infty} (\mathcal{H}_n - \log n)$$

è la *costante di Eulero-Mascheroni* che fu studiata per la prima volta da Eulero nel 1734 [28] e in seguito da Lorenzo Mascheroni nel 1790 [55], che introdusse il simbolo γ. Questa costante, meno nota di altre come π ed e, ha un importante ruolo nella teoria analitica dei numeri [35, pp. 28-40] [37, 38, 42]. Usando *Mathematica*, si può ottenere facilmente la seguente approssimazione a 80 cifre decimali

$$\gamma \approx 0.57721566490153286060651209008240243104215933593992359880576723488486772677766467.$$

A tutt'oggi, però, non si sa se questa costante sia un numero irrazionale, né se sia un numero trascendente.

6.6 Integrali impropri

6.6.1 Integrazione di funzioni illimitate

La definizione di integrale proprio di una funzione continua su un intervallo limitato può essere estesa al caso in cui la funzione sia illimitata in uno o in entrambi gli estremi dell'intervallo o in un punto interno all'intervallo.

Definizione 487. *Una funzione continua* $f : [a,b) \to \mathbb{R}$*, tale che* $f(x) \to \pm\infty$ *per* $x \to b^-$, *è* integrabile in senso improprio, *o* generalizzato, *sull'intervallo* $[a,b)$ *quando esiste finito il limite*

$$L = \lim_{\beta\to b^-} \int_a^\beta f(x)\,\mathrm{d}x\,.$$

*In questo caso, l'*integrale improprio *(o* generalizzato*) di* f *sull'intervallo* $[a,b)$ *è*

$$I = \int_a^b f(x)\,\mathrm{d}x = \lim_{\beta\to b^-} \int_a^\beta f(x)\,\mathrm{d}x\,.$$

Analogamente, una funzione continua $f : (a, b] \to \mathbb{R}$, *tale che* $f(x) \to \pm\infty$ *per* $x \to a^-$, è integrabile in senso improprio, o generalizzato, *sull'intervallo* $(a, b]$ *quando esiste finito il limite*

$$L = \lim_{\alpha \to a^+} \int_\alpha^b f(x)\,\mathrm{d}x\,.$$

*In questo caso, l'*integrale improprio *(o* generalizzato*) di* f *sull'intervallo* $(a, b]$ *è*

$$I = \int_a^b f(x)\,\mathrm{d}x = \lim_{\alpha \to a^-} \int_\alpha^b f(x)\,\mathrm{d}x\,.$$

In entrambi i casi, se il limite L *esiste ed è finito, allora si dice che l'integrale* I è convergente. *Se invece il limite* L *esiste ed è* $\pm\infty$, *allora si dice che l'integrale* I è divergente. *Infine, se il limite* L *non esiste, allora non esiste nemmeno l'integrale* I.

Definizione 488. *Una funzione continua* $f : (a, b) \to \mathbb{R}$, *tale che* $f(x) \to \pm\infty$ *sia per* $x \to a^+$ *sia per* $x \to b^-$, è integrabile in senso improprio, o generalizzato, *sull'intervallo* (a, b) *quando, comunque scelto un punto* $\xi \in (a, b)$, *esistono finiti i due limiti*

$$L_1 = \lim_{\alpha \to a^+} \int_\alpha^\xi f(x)\,\mathrm{d}x \qquad e \qquad L_2 = \lim_{\beta \to b^-} \int_\xi^\beta f(x)\,\mathrm{d}x\,.$$

*In questo caso, l'*integrale improprio *(o* generalizzato*) di* f *sull'intervallo* (a, b) *è*

$$I = \int_a^b f(x)\,\mathrm{d}x = \lim_{\alpha \to a^+} \int_\alpha^\xi f(x)\,\mathrm{d}x + \lim_{\beta \to b^-} \int_\xi^\beta f(x)\,\mathrm{d}x\,.$$

OSSERVAZIONE 489. La funzione f è integrabile sull'intervallo (a, b) quando è integrabile su entrambi gli intervalli $(a, \xi]$ e $[\xi, b)$. In questo caso, però, l'integrale improprio I non dipende dalla scelta del punto $\xi \in (a, b)$. Infatti, se si sceglie un altro punto $\xi' \in (a, b)$, si ha

$$\begin{aligned}
&\lim_{\alpha \to a^+} \int_\alpha^\xi f(x)\,\mathrm{d}x + \lim_{\beta \to b^-} \int_\xi^\beta f(x)\,\mathrm{d}x = \\
&= \lim_{\alpha \to a^+} \left(\int_\alpha^{\xi'} f(x)\,\mathrm{d}x + \int_{\xi'}^\xi f(x)\,\mathrm{d}x \right) + \lim_{\beta \to b^-} \left(\int_\xi^{\xi'} f(x)\,\mathrm{d}x + \int_{\xi'}^\beta f(x)\,\mathrm{d}x \right) \\
&= \lim_{\alpha \to a^+} \int_\alpha^{\xi'} f(x)\,\mathrm{d}x + \int_{\xi'}^\xi f(x)\,\mathrm{d}x + \int_\xi^{\xi'} f(x)\,\mathrm{d}x + \lim_{\beta \to b^-} \int_{\xi'}^\beta f(x)\,\mathrm{d}x \\
&= \lim_{\alpha \to a^+} \int_\alpha^{\xi'} f(x)\,\mathrm{d}x + \lim_{\beta \to b^-} \int_{\xi'}^\beta f(x)\,\mathrm{d}x\,.
\end{aligned}$$

Definizione 490. *Sia* $f : [a, c) \cup (c, b] \to \mathbb{R}$ *una funzione continua su entrambi gli intervalli* $[a, c)$ *e* $(c, b]$, *illimitata per* $x \to c^-$ *e per* $x \to c^+$. *Allora* *la funzione* f è integrabile in senso improprio *sull'intervallo* $[a, b]$ *quando è integrabile in senso improprio su entrambi gli intervalli* $[a, c)$ *e* $(c, b]$. *In questo caso, si ha*

$$\int_a^b f(x)\,\mathrm{d}x = \int_a^c f(x)\,\mathrm{d}x + \int_c^b f(x)\,\mathrm{d}x = \lim_{\beta\to c^-}\int_a^\beta f(x)\,\mathrm{d}x + \lim_{\alpha\to c^+}\int_\alpha^b f(x)\,\mathrm{d}x\,.$$

ESEMPI

1. Consideriamo gli integrali

$$I_1 = \int_0^1 \frac{1}{x}\,\mathrm{d}x \qquad \text{e} \qquad I_2 = \int_0^1 \frac{1}{\sqrt{x}}\,\mathrm{d}x\,.$$

In entrambi i casi, le funzioni integrande sono continue sull'intervallo $(0, 1]$ e sono illimitate per $x \to 0^-$. Pertanto I_1 e I_2 sono entrambi integrali impropri. Usando la definizione di integrale improprio, si ha

$$I_1 = \lim_{a\to 0^+}\int_a^1 \frac{1}{x}\,\mathrm{d}x = \lim_{a\to 0^+}\big[\log x\big]_a^1 = -\lim_{a\to 0^+}\log a = +\infty$$
$$I_2 = \lim_{a\to 0^+}\int_a^1 \frac{1}{\sqrt{x}}\,\mathrm{d}x = \lim_{a\to 0^+}\big[2\sqrt{x}\big]_a^1 = \lim_{a\to 0^+}(2 - 2\sqrt{a}) = 2\,,$$

l'integrale I_1 non converge in senso generalizzato, mentre l'integrale I_2 converge in senso generalizzato.

2. Consideriamo l'integrale

$$I = \int_0^1 \log x\,\mathrm{d}x\,.$$

La funzione integranda è continua su tutto l'intervallo $(0, 1]$ e tende a $-\infty$ per $x \to 0^+$. Quindi I è un integrale improprio. Usando la definizione di integrale improprio, si ha

$$I = \lim_{a\to 0^+}\int_a^1 \log x\,\mathrm{d}x \underset{\text{pp}}{=} \lim_{a\to 0^+}\left([x\log x]_a^1 - \int_a^1 \mathrm{d}x\right)$$
$$= \lim_{a\to 0^+}(-a\log a - 1 + a) = -1\,.$$

Pertanto, l'integrale I è pertanto convergente.

3. Consideriamo l'integrale

$$I = \int_0^1 \frac{1}{x^2}\cos\frac{1}{x}\,\mathrm{d}x\,.$$

La funzione integranda f è continua su $(0, 1]$ ed è illimitata per $x \to 0^+$. Quindi l'integrale I è improprio e si ha

$$I = \lim_{a\to 0^+}\int_a^1 \frac{1}{x^2}\cos\frac{1}{x}\,\mathrm{d}x = \lim_{a\to 0^+}\left[-\operatorname{sen}\frac{1}{x}\right]_a^1 = \lim_{a\to 0^+}\left(\operatorname{sen}\frac{1}{a} - \operatorname{sen} 1\right).$$

Poiché quest'ultimo limite non esiste, non esiste nemmeno l'integrale improprio I, ossia la funzione f non è integrabile in senso improprio sull'intervallo $(0,1]$.

4. Consideriamo l'integrale

$$I = \int_0^1 \frac{x}{\sqrt{1-x}}\,\mathrm{d}x\,.$$

La funzione integranda è continua su $[0,1)$ e tende a $+\infty$ per $x \to 1^-$. Quindi l'integrale è improprio e

$$\begin{aligned} I &= \lim_{b\to 1^-} \int_0^b \frac{1-(1-x)}{\sqrt{1-x}}\,\mathrm{d}x = \lim_{b\to 1^-} \int_0^b \left(\frac{1}{\sqrt{1-x}} - \sqrt{1-x}\right)\mathrm{d}x \\ &= \lim_{b\to 1^-} \left[-2\sqrt{1-x} + \frac{2}{3}\,(1-x)^{2/3}\right]_0^b = \lim_{b\to 1^-} \left[-\frac{2}{3}\,(2+x)\sqrt{1-x}\right]_0^b \\ &= \lim_{b\to 1^-} \left(-\frac{2}{3}\,(2+b)\sqrt{1-b} - \frac{4}{3}\right) = \frac{4}{3}\,. \end{aligned}$$

L'integrale I, pertanto, converge.

5. Consideriamo l'integrale

$$I = \int_{-1}^1 \frac{1}{\sqrt{1-x^2}}\,\mathrm{d}x\,.$$

La funzione integranda è continua solo sull'intervallo aperto $(-1,1)$ e tende a $+\infty$ per $x \to \pm 1$. In questo caso, scelto il punto $\xi = 0 \in (-1,1)$, si ha

$$\begin{aligned} I &= \int_{-1}^0 \frac{1}{\sqrt{1-x^2}}\,\mathrm{d}x + \int_0^1 \frac{1}{\sqrt{1-x^2}}\,\mathrm{d}x \\ &= \lim_{a\to -1^+} \int_a^0 \frac{1}{\sqrt{1-x^2}}\,\mathrm{d}x + \lim_{b\to 1^-} \int_0^b \frac{1}{\sqrt{1-x^2}}\,\mathrm{d}x \\ &= \lim_{a\to -1^+} \left[\operatorname{arsen} x\right]_a^0 + \lim_{b\to 1^-} \left[\operatorname{arsen} x\right]_0^b \\ &= \lim_{a\to -1^+} (-\operatorname{arsen} a) + \lim_{b\to 1^-} \operatorname{arsen} b = \frac{\pi}{2} + \frac{\pi}{2} = \pi\,. \end{aligned}$$

Pertanto, l'integrale I converge in senso improprio.

OSSERVAZIONE 491. I due limiti che compaiono nel calcolo dell'integrale improprio devono essere calcolati l'uno indipendentemente dall'altro.

Consideriamo l'integrale

$$I = \int_{-1}^1 \frac{1}{x}\,\mathrm{d}x\,.$$

La funzione integranda f è continua sugli intervalli $[-1,0)$ e $(0,1]$ ed è illimitata per $x \to 0^{\pm}$. Affinché f sia integrabile in senso improprio su $[-1,1]$, la funzione f deve essere integrabile sui due intervalli $[-1,0)$ e $(0,1]$ in modo indipendente. Questo, però, non accade, poiché la funzione $1/x$ non è integrabile in senso improprio né sull'intervallo $[-1,0)$ né sull'intervallo $(0,1]$. Si osservi che la funzione $1/x$ non è integrabile in senso improprio sull'intervallo $[-1,1]$ anche se sia la funzione sia l'intervallo risultano simmetrici rispetto all'origine.

Consideriamo l'integrale

$$I = \int_0^2 \frac{1}{\sqrt[3]{x-1}}\, \mathrm{d}x\,.$$

La funzione integranda è continua sugli intervalli $[0,1)$ e $(1,2]$ ed è illimitata per $x \to 1^{\pm}$. Utilizzando la definizione di integrale improprio, si ha

$$\begin{aligned}
I &= \int_0^1 \frac{1}{\sqrt[3]{x-1}}\, \mathrm{d}x + \int_1^2 \frac{1}{\sqrt[3]{x-1}}\, \mathrm{d}x \\
&= \lim_{b\to 1^-} \int_0^b \frac{1}{\sqrt[3]{x-1}}\, \mathrm{d}x + \lim_{a\to 1^+} \int_a^2 \frac{1}{\sqrt[3]{x-1}}\, \mathrm{d}x \\
&= \lim_{b\to 1^-} \left[\frac{3}{2}(x-1)^{2/3}\right]_0^b + \lim_{a\to 1^+} \left[\frac{3}{2}(x-1)^{2/3}\right]_a^2 \\
&= \frac{3}{2}\lim_{b\to 1^-}\left((b-1)^{2/3}-1\right) + \frac{3}{2}\lim_{a\to 1^+}\left(1-(a-1)^{2/3}\right) \\
&= -\frac{3}{2}+\frac{3}{2} = 0\,.
\end{aligned}$$

Pertanto, l'integrale I converge in senso improprio.

Teorema 492. *Sia* $\alpha \in \mathbb{R}$, $\alpha > 0$, *e siano* $a, b \in \mathbb{R}$, $a < b$. *Gli integrali impropri*

$$I = \int_a^b \frac{1}{(b-x)^\alpha}\, \mathrm{d}x \qquad e \qquad J = \int_a^b \frac{1}{(x-a)^\alpha}\, \mathrm{d}x$$

sono convergenti per $\alpha < 1$ *e sono divergenti per* $\alpha \geq 1$.

Dimostrazione. Per $\alpha = 1$, si ha

$$\begin{aligned}
I &= \int_a^b \frac{1}{b-x}\, \mathrm{d}x = \lim_{\varepsilon\to 0^+} \int_a^{b-\varepsilon} \frac{1}{b-x}\, \mathrm{d}x \\
&= \lim_{\varepsilon\to 0^+} \left[\log\frac{1}{b-x}\right]_a^{b-\varepsilon} = \lim_{\varepsilon\to 0^+}\left(\log\frac{1}{\varepsilon} - \log\frac{1}{b-a}\right) = +\infty\,.
\end{aligned}$$

Per $\alpha \neq 1$, si ha

$$I = \int_a^b \frac{1}{(b-x)^\alpha}\, \mathrm{d}x = \lim_{\varepsilon\to 0^+} \int_a^{b-\varepsilon} \frac{1}{(b-x)^\alpha}\, \mathrm{d}x = \lim_{\varepsilon\to 0^+} \left[\frac{1}{\alpha-1}\,\frac{1}{(b-x)^{\alpha-1}}\right]_a^{b-\varepsilon}$$

$$= \frac{1}{\alpha-1} \lim_{\varepsilon\to 0^+} \left(\frac{1}{\varepsilon^{\alpha-1}} - \frac{1}{(b-a)^{\alpha-1}} \right) = \begin{cases} +\infty & \text{se } \alpha > 1 \\ \dfrac{(b-a)^{1-\alpha}}{1-\alpha} & \text{se } \alpha < 1 \,. \end{cases}$$

In conclusione, l'integrale I converge per $\alpha < 1$ e diverge per $\alpha \geq 1$. Una dimostrazione del tutto analoga vale per l'integrale J. □

Per le funzioni con segno costante (ossia non negative o non positive) vale la seguente proprietà.

Teorema 493. *Se* $f : [a,b) \to \mathbb{R}$ *è una funzione continua non negativa (o non positiva), allora l'integrale improprio*

$$\int_a^b f(x)\,\mathrm{d}x$$

è regolare, ossia converge o diverge.

Dimostrazione. Per definizione, si ha

$$\int_a^b f(x)\,\mathrm{d}x = \lim_{\beta\to b^-} \int_a^\beta f(x)\,\mathrm{d}x = \lim_{\beta\to b^-} F(\beta)\,,$$

dove $F : [a,b) \to \mathbb{R}$, definita da

$$F(\beta) = \int_a^\beta f(x)\,\mathrm{d}x$$

è la funzione integrale di f. Poiché f è non negativa (non positiva), allora F è crescente (decrescente), per il Teorema 477. Di conseguenza, F è monotona e quindi, per il Teorema 219, ammette limite (finito o infinito) per $\beta \to b^-$. □

Se le funzioni hanno segno costante, allora valgono i seguenti *criteri di integrabilità*.

Teorema 494 (Criterio del confronto). *Siano* $f : [a,b) \to \mathbb{R}$ *e* $g : [a,b) \to \mathbb{R}$ *due funzioni continue tali che*

$$\lim_{x\to b^-} f(x) = +\infty \qquad e \qquad \lim_{x\to b^-} g(x) = +\infty$$

e $0 \leq f(x) \leq g(x)$ *per ogni* $x \in [a,b)$.

1. *Se l'integrale* $\int_a^b g(x)\,\mathrm{d}x$ *converge, allora anche l'integrale* $\int_a^b f(x)\,\mathrm{d}x$ *converge.*

2. *Se l'integrale* $\int_a^b f(x)\,\mathrm{d}x$ *diverge, allora anche l'integrale* $\int_a^b g(x)\,\mathrm{d}x$ *diverge.*

Dimostrazione. Se $0 \leq f(x) \leq g(x)$ per ogni $x \in [a, b)$, allora, per la proprietà di monotonia dell'integrale definito (Teorema 455), si ha

$$0 \leq \int_a^\beta f(x)\, dx \leq \int_a^\beta g(x)\, dx$$

per ogni $\beta \in [a, b)$. Poiché le funzione f e g sono continue, anche le corrispondenti funzioni integrali sono continue. Quindi, passando al limite per $\beta \to b^-$, si ha

$$0 \leq \int_a^b f(x)\, dx \leq \int_a^b g(x)\, dx$$

da cui segue la tesi. □

Teorema 495 (Criterio del confronto asintotico). *Siano* $f : [a, b) \to \mathbb{R}$ *e* $g : [a, b) \to \mathbb{R}$ *due funzioni continue tali che* $f(x), g(x) > 0$ *per ogni* $x \in [a, b)$ *e*

$$\lim_{x \to b^-} f(x) = +\infty \qquad e \qquad \lim_{x \to b^-} g(x) = +\infty .$$

Se $f(x) \sim g(x)$ *per* $x \to b^-$*, allora si ha*

$$\int_a^b f(x)\, dx \quad \textit{converge (diverge)} \quad \iff \quad \int_a^b g(x)\, dx \quad \textit{converge (diverge)} .$$

Dimostrazione. Poiché f e g sono positive, i corrispondenti integrali impropri sono regolari (Teorema 493). Poiché $f(x) \sim g(x)$ per $x \to b^-$, si ha

$$\lim_{x \to b^-} \frac{f(x)}{g(x)} = 1 ,$$

ossia

$$\forall\, \varepsilon > 0\ \exists\, \delta > 0\ \forall\, x \in [a, b) \quad \left(x \in (b - \delta, b) \implies \left| \frac{f(x)}{g(x)} - 1 \right| < \varepsilon \right) .$$

Poiché $g(x) \geq 0$ per ogni $x \in [a, b)$, si ha

$$\begin{aligned} \left| \frac{f(x)}{g(x)} - 1 \right| < \varepsilon &\iff 1 - \varepsilon < \frac{f(x)}{g(x)} < 1 + \varepsilon \\ &\iff (1 - \varepsilon) g(x) < f(x) < (1 + \varepsilon) g(x) . \end{aligned}$$

Pertanto, scelto $\varepsilon = 1/2$, si ha

$$\exists\, \delta > 0\ \forall\, x \in [a, b) \quad \left(x \in (b - \delta, b) \implies \frac{1}{2}\, g(x) < f(x) < \frac{3}{2}\, g(x) \right) .$$

Allora, si ha $[a, b) = [a, b - \delta] \cup (b - \delta, b)$ e

$$\int_a^b f(x)\, dx = \int_a^{b-\delta} f(x)\, dx + \int_{b-\delta}^b f(x)\, dx$$

$$\int_a^b g(x)\,dx = \int_a^{b-\delta} g(x)\,dx + \int_{b-\delta}^b g(x)\,dx\,.$$

Sull'intervallo chiuso e limitato $[a, b-\delta]$ le funzioni f e g sono continue e quindi integrabili (in senso proprio). Pertanto, l'integrabilità di f e g sull'intervallo $[a, b)$ è equivalente alla loro integrabilità sull'intervallo $(b-\delta, b)$. Per stabilire l'integrabilità di f e g sull'intervallo $(b-\delta, b)$ basta osservare che le due funzioni sono limitate in un intorno del primo estremo (essendo in quel punto continue) e utilizzare il criterio del confronto.

Se l'integrale $\int_{b-\delta}^b g(x)\,dx$ converge, allora, essendo $f(x) < \frac{3}{2}\,g(x)$ per ogni $x \in (b-\delta, b)$, segue che anche l'integrale $\int_{b-\delta}^b f(x)\,dx$ converge.

Se invece l'integrale $\int_{b-\delta}^b g(x)\,dx$ diverge, allora, essendo $f(x) > \frac{1}{2}\,g(x)$ per ogni $x \in (b-\delta, b)$, segue che anche l'integrale $\int_{b-\delta}^b f(x)\,dx$ diverge. □

I due criteri precedenti possono essere utilizzati solo quando le funzioni hanno segno costante, ma non quando hanno segno variabile. Se il segno varia, tuttavia, esiste un semplice, ma utile, criterio che enunceremo dopo aver dato la seguente

Definizione 496. *Una funzione continua* $f : [a, b) \to \mathbb{R}$ *è assolutamente integrabile quando è integrabile la funzione* $|f| : [a, b) \to \mathbb{R}$. *Equivalentemente, l'integrale* $\int_a^b f(x)\,dx$ converge assolutamente *quando converge l'integrale* $\int_a^b |f(x)|\,dx$.

Teorema 497 (Criterio della convergenza assoluta). *Sia* $f : [a, b) \to \mathbb{R}$ *una funzione continua. Se* f *è assolutamente integrabile, allora è anche integrabile. Equivalentemente, se l'integrale* $\int_a^b f(x)\,dx$ *converge assolutamente, allora converge anche semplicemente.*

Dimostrazione. Ogni funzione f può sempre essere decomposta nella sua parte positiva f^+ e nella sua parte negativa f^-, rispettivamente definite da

$$f^+(x) = \begin{cases} f(x) & \text{se } f(x) \geq 0 \\ 0 & \text{se } f(x) < 0 \end{cases} \qquad \text{e} \qquad f^-(x) = \begin{cases} -f(x) & \text{se } f(x) \leq 0 \\ 0 & \text{se } f(x) > 0\,. \end{cases}$$

Entrambe le funzioni f^+ e f^- sono non negative, ossia $f^+(x) \geq 0$ e $f^-(x) \geq 0$ per ogni $x \in [a, b)$, e valgono le seguenti identità

$$\begin{cases} f(x) = f^+(x) - f^-(x) \\ |f(x)| = f^+(x) + f^-(x)\,. \end{cases} \qquad \forall\, x \in [a, b)\,.$$

Inoltre, se f è continua, allora anche f^+ e f^- sono continue. Nel nostro caso, quindi, f^+ e f^- sono due funzioni continue non negative per le quali $f^+(x) \leq |f(x)|$ e $f^-(x) \leq |f(x)|$ per ogni $x \in [a, b)$. Poichè per ipotesi la funzione $|f|$ è integrabile su $[a, b)$, per il criterio del confronto si ha che anche le funzioni f^+ e f^- sono integrabili su $[a, b)$. Di conseguenza, essendo $f = f^+ - f^-$, anche f è integrabile su $[a, b)$. □

Una funzione assolutamente integrabile è integrabile, ma una funzione integrabile non è necessariamente assolutamente integrabile.

I criteri precedenti valgono anche (con le dovute modifiche) per funzioni definite su intervalli del tipo $(a, b]$.

ESEMPI

1. Consideriamo l'integrale improprio

$$I = \int_0^1 \frac{\mathrm{e}^{\operatorname{sen} 1/x}}{\sqrt{x}} \, \mathrm{d}x .$$

La funzione integranda è continua e positiva sull'intervallo $(0, 1]$ di integrazione e tende a $+\infty$ per $x \to 0^-$. Poiché $\operatorname{sen} 1/x \leq 1$ per ogni $x \in (0, 1]$, si ha

$$0 \leq \frac{\mathrm{e}^{\operatorname{sen} 1/x}}{\sqrt{x}} \leq \frac{\mathrm{e}}{\sqrt{x}}$$

per ogni $x \in (0, 1]$. Per il Teorema 492, la funzione $\mathrm{e}/\sqrt{x} = \mathrm{e}/x^{1/2}$ è integrabile sull'intervallo $(0, 1]$. Quindi, per il criterio del confronto, l'integrale I converge.

2. Fissato $\alpha \in \mathbb{R}$, $\alpha > 1$, consideriamo l'integrale improprio

$$I = \int_0^1 \frac{\operatorname{sen} x}{x^\alpha} \, \mathrm{d}x .$$

La funzione integranda è continua e positiva sull'intervallo $(0, 1]$ di integrazione e tende a $+\infty$ per $x \to 0^+$. Per $x \to 0^+$, si ha

$$\frac{\operatorname{sen} x}{x^\alpha} \sim \frac{x}{x^\alpha} = \frac{1}{x^{\alpha - 1}} .$$

Per il Teorema 492, la funzione $1/x^{\alpha-1}$ è integrabile per $\alpha - 1 < 1$, ossia per $\alpha < 2$. Quindi, per il criterio del confronto asintotico, l'integrale I converge per $1 < \alpha < 2$.

3. Consideriamo l'integrale improprio

$$I = \int_0^1 \frac{1}{\sqrt[3]{1 - x^4}} \, \mathrm{d}x .$$

La funzione integranda è continua e positiva sull'intervallo $[0, 1)$ di integrazione e tende a $+\infty$ per $x \to 1^-$. Per $x \to 1^-$, si ha

$$\frac{1}{\sqrt[3]{1 - x^4}} = \frac{1}{\sqrt[3]{1 - x}} \frac{1}{\sqrt[3]{1 + x}} \frac{1}{\sqrt[3]{1 + x^2}} \sim \frac{1}{\sqrt[3]{4}} \, \frac{1}{(1 - x)^{1/3}} .$$

Poiché la funzione ottenuta è integrabile in un intorno di 1, l'integrale I converge.

4. Consideriamo l'integrale improprio

$$I = \int_0^1 \frac{1}{\sqrt{x}} \operatorname{sen} \frac{1}{x} \, \mathrm{d}x \, .$$

In questo caso, la funzione integranda f è continua sull'intervallo $(0, 1]$, ma non è positiva, poiché in un introno di 0 continua a cambiare di segno. Inoltre è illimitata per $x \to 0^+$, anche se non tende né a $+\infty$ né a $-\infty$. Tuttavia, si ha

$$\left| \frac{1}{\sqrt{x}} \operatorname{sen} \frac{1}{x} \right| \leq \frac{1}{\sqrt{x}} \, .$$

Poiché la funzione $1/\sqrt{x}$ è integrabile in un intorno di 0, per il criterio del confronto si ha che anche la funzione a primo membro è integrabile, ossia la funzione f è integrabile assolutamente. Di conseguenza, per il criterio della convergenza assoluta, anche la funzione f è anche integrabile e l'integrale I converge.

5. Consideriamo l'integrale improprio

$$I = \int_0^1 \frac{4(\mathrm{e}^x - 1 - x) - 2x^2}{x^3 \sqrt{x^2 + x}} \, \mathrm{d}x \, .$$

La funzione è continua sull'intervallo $(0, 1]$. Inoltre, per $x \to 0^-$, si ha

$$\begin{aligned} f(x) &= \frac{4(1 + x + \frac{x^2}{2} + \frac{x^3}{6} + o(x^3) - 1 - x) - 2x^2}{x^3 \sqrt{x} \sqrt{x+1}} \\ &= \frac{\frac{2}{3}x^3 + o(x^3)}{x^3 \sqrt{x} \sqrt{x+1}} \sim \frac{\frac{2}{3}x^3}{x^3 \sqrt{x}} = \frac{2}{3} \frac{1}{\sqrt{x}} \, . \end{aligned}$$

Poiché la funzione $1/x^{1/2}$ è integrable in senso improprio in un intorno destro di $x = 0$, per il criterio del confronto asintotico anche la funzione f è integrable in senso improprio in un intorno destro di $x = 0$ e quindi l'integrale I converge.

6.6.2 Integrazione su intervalli illimitati

L'integrale definito di una funzione continua può essere esteso anche a intervalli illimitati superiormente, illimitati inferiormente o illimitati.

Definizione 498. *Una funzione continua* $f : [a, +\infty) \to \mathbb{R}$ *è* integrabile in senso improprio, *o* generalizzato, *sull'intervallo* $[a, +\infty)$ *quando esiste finito il limite*

$$L = \lim_{b \to +\infty} \int_a^b f(x) \, \mathrm{d}x \, .$$

*In questo caso, l'*integrale improprio *(o* generalizzato*) di* f *sull'intervallo* $[a, +$ *è*

$$I = \int_a^{+\infty} f(x) \, \mathrm{d}x = \lim_{b \to +\infty} \int_a^b f(x) \, \mathrm{d}x \, .$$

Analogamente, una funzione continua $f : (-\infty, b] \to \mathbb{R}$ *è* integrabile in senso improprio, *o* generalizzato, *sull'intervallo* $(-\infty, b]$ *quando esiste finito il limite*

$$L = \lim_{a \to -\infty} \int_a^b f(x)\,\mathrm{d}x\,.$$

*In questo caso, l'*integrale improprio *(o* generalizzato*) di* f *sull'intervallo* $(-\infty, b]$ *è*

$$I = \int_{-\infty}^b f(x)\,\mathrm{d}x = \lim_{a \to -\infty} \int_a^b f(x)\,\mathrm{d}x\,.$$

In entrambi i casi, se il limite L *esiste ed è finito, allora l'integrale* I *è* convergente. *Se il limite* L *esiste ed è* $\pm\infty$, *allora l'integrale* I *è* divergente. *Infine, se il limite* L *non esiste, allora non esiste nemmeno l'integrale generalizzato* I.

Definizione 499. *Una funzione continua* $f : (-\infty, +\infty) \to \mathbb{R}$ *è* integrabile in senso improprio, *o* generalizzato, *sull'intervallo* $(-\infty, +\infty)$ *quando, comunque scelto un punto* $\xi \in \mathbb{R}$, *esistono finiti i due limiti*

$$L_1 = \lim_{\alpha \to -\infty} \int_\alpha^\xi f(x)\,\mathrm{d}x \qquad e \qquad L_2 = \lim_{\beta \to +\infty} \int_\xi^\beta f(x)\,\mathrm{d}x\,.$$

*In questo caso, l'*integrale improprio *(o* generalizzato*) di* f *sull'intervallo* $(-\infty, +\infty)$ *è*

$$I = \int_a^b f(x)\,\mathrm{d}x = \lim_{\alpha \to -\infty} \int_\alpha^\xi f(x)\,\mathrm{d}x + \lim_{\beta \to +\infty} \int_\xi^\beta f(x)\,\mathrm{d}x\,.$$

OSSERVAZIONE 500. Anche in questo caso, l'integrale improprio I non dipende dalla scelta del punto $\xi \in \mathbb{R}$. Infatti, se si sceglie un altro punto $\xi' \in \mathbb{R}$, si ha

$$\begin{aligned}
&\lim_{\alpha \to -\infty} \int_\alpha^\xi f(x)\,\mathrm{d}x + \lim_{\beta \to +\infty} \int_\xi^\beta f(x)\,\mathrm{d}x = \\
&= \lim_{\alpha \to -\infty} \left(\int_\alpha^{\xi'} f(x)\,\mathrm{d}x + \int_{\xi'}^\xi f(x)\,\mathrm{d}x \right) + \lim_{\beta \to +\infty} \left(\int_\xi^{\xi'} f(x)\,\mathrm{d}x + \int_{\xi'}^\beta f(x)\,\mathrm{d}x \right) \\
&= \lim_{\alpha \to -\infty} \int_\alpha^{\xi'} f(x)\,\mathrm{d}x + \int_{\xi'}^\xi f(x)\,\mathrm{d}x + \int_\xi^{\xi'} f(x)\,\mathrm{d}x + \lim_{\beta \to +\infty} \int_{\xi'}^\beta f(x)\,\mathrm{d}x \\
&\quad \text{'im}_{-\infty} \int_\alpha^{\xi'} f(x)\,\mathrm{d}x + \lim_{\beta \to +\infty} \int_{\xi'}^\beta f(x)\,\mathrm{d}x\,.
\end{aligned}$$

'E 501. Se F è una primitiva di f, allora scriveremo

$$\ldots f(x)\,\mathrm{d}x = \left[F(x)\right]_a^{+\infty} = \lim_{x \to +\infty} F(x) - F(a)$$

$$\ldots x = \left[F(x)\right]_{-\infty}^b = F(b) - \lim_{x \to -\infty} F(x)$$

$$\ldots \mathrm{d}x = \left[F(x)\right]_{-\infty}^{+\infty} = \lim_{x \to +\infty} F(x) - \lim_{x \to -\infty} F(x)\,.$$

ESEMPI

1. I due integrali impropri

$$I = \int_{-\infty}^{0} \mathrm{e}^x \, \mathrm{d}x \qquad \text{e} \qquad J = \int_0^{+\infty} \frac{1}{1+x^2} \, \mathrm{d}x$$

possono essere calcolati immediatamente. Infatti, si ha

$$I = \left[\mathrm{e}^x\right]_{-\infty}^{0} = 1 - \lim_{x\to-\infty} \mathrm{e}^x = 1$$

$$J = \left[\operatorname{artg} x\right]_0^{+\infty} = \lim_{x\to+\infty} \operatorname{artg} x - \operatorname{artg} 0 = \frac{\pi}{2}\,.$$

Quindi I e J sono entrambi convergenti, ossia le seguenti regioni

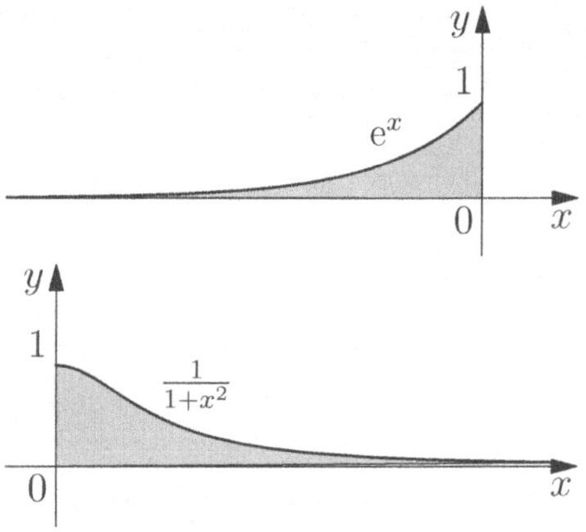

hanno area finita (uguale a 1), anche se sono illimitate.

2. Consideriamo l'integrale improprio

$$I = \int_2^{+\infty} \frac{\mathrm{d}x}{x \log^2 x}\,.$$

La funzione integranda è continua su tutto l'intervallo $[2, +\infty)$. Pertanto, si ha

$$I = \int_2^{+\infty} \frac{1}{x} \, (\log x)^{-2} \, \mathrm{d}x = \left[-\frac{1}{\log x}\right]_2^{+\infty} = -\left(\lim_{x\to+\infty} \frac{1}{\log x}\right) + \frac{1}{\log 2} = \frac{1}{\log 2}\,.$$

3. Consideriamo l'integrale improprio

$$I = \int_0^{+\infty} x\mathrm{e}^{-x} \, \mathrm{d}x\,.$$

Integrando per parti, si ha

$$I = \left[-x\mathrm{e}^{-x}\right]_0^{+\infty} + \int_0^{+\infty} \mathrm{e}^{-x} \, \mathrm{d}x = 0 + \left[-\mathrm{e}^{-x}\right]_0^{+\infty} = 1\,.$$

4. Consideriamo l'integrale improprio

$$I = \int_{-\infty}^{+\infty} \frac{1}{x^2+4x+9}\,\mathrm{d}x\,.$$

In base alla definizione, abbiamo

$$\begin{aligned} I &= \int_{-\infty}^{0} \frac{1}{x^2+4x+9}\,\mathrm{d}x + \int_{0}^{+\infty} \frac{1}{x^2+4x+9}\,\mathrm{d}x \\ &= \lim_{u\to-\infty} \int_{u}^{0} \frac{1}{x^2+4x+9}\,\mathrm{d}x + \lim_{t\to+\infty} \int_{0}^{t} \frac{1}{x^2+4x+9}\,\mathrm{d}x\,. \end{aligned}$$

Poiché

$$\begin{aligned} \int \frac{1}{x^2+4x+9}\,\mathrm{d}x &= \int \frac{1}{(x^2+4x+4)+5}\,\mathrm{d}x \\ &= \int \frac{1}{5+(x+2)^2}\,\mathrm{d}x = \frac{1}{5}\int \frac{1}{1+\left(\frac{x+2}{\sqrt{5}}\right)^2}\,\mathrm{d}x = \frac{\sqrt{5}}{5}\operatorname{artg}\frac{x+2}{\sqrt{5}} \end{aligned}$$

si ha

$$I = -\frac{\sqrt{5}}{5}\lim_{u\to-\infty}\operatorname{artg}\frac{u+2}{\sqrt{5}} + \frac{\sqrt{5}}{5}\lim_{t\to+\infty}\operatorname{artg}\frac{t+2}{\sqrt{5}} = \frac{\pi}{\sqrt{5}}\,.$$

Teorema 502. *Sia* $\alpha \in \mathbb{R}$, $\alpha > 0$. *L'integrale improprio*

$$I = \int_{1}^{+\infty} \frac{1}{x^\alpha}\,\mathrm{d}x$$

converge per $\alpha > 1$ *e diverge per* $\alpha \leq 1$.

Dimostrazione. Per $\alpha = 1$, si ha

$$I = \int_{1}^{+\infty} \frac{1}{x}\,\mathrm{d}x = \lim_{b\to+\infty}\int_{1}^{b} \frac{1}{x}\,\mathrm{d}x = \lim_{b\to+\infty}\,[\log x]_1^b = \lim_{b\to+\infty}\log b = +\infty\,.$$

1, si ha

$$\begin{aligned} \int_{1}^{+\infty} \frac{1}{x^\alpha}\,\mathrm{d}x &= \lim_{b\to+\infty}\int_{1}^{b} \frac{1}{x^\alpha}\,\mathrm{d}x = \lim_{b\to+\infty}\left[-\frac{1}{\alpha-1}\,\frac{1}{x^{\alpha-1}}\right]_1^b \\ & \frac{1}{\ \ 1}\lim_{b\to+\infty}\left(\frac{1}{b^{\alpha-1}}-1\right) = \begin{cases} +\infty & \text{se } \alpha < 1 \\ \dfrac{1}{\alpha-1} & \text{se } \alpha > 1\,. \end{cases} \end{aligned}$$

I converge per $\alpha > 1$ e diverge per $\alpha \leq 1$. □

r le funzioni con segno costante (ossia non negative o
nte proprietà di regolarità.

Teorema 503. *Se* $f : [a, +\infty) \to \mathbb{R}$ *è una funzione continua non negativa (o non positiva), allora l'integrale improprio*

$$\int_a^{+\infty} f(x)\, \mathrm{d}x$$

è regolare, ossia converge o diverge.

Se le funzioni hanno segno costante, allora valgono i seguenti *criteri di integrabilità*.

Teorema 504 (Criterio del confronto). *Siano* $f : [a, +\infty) \to \mathbb{R}$ *e* $g : [a, +\infty) \to \mathbb{R}$ *due funzioni continue tali che* $0 \le f(x) \le g(x)$ *per ogni* $x \in [a, +\infty)$.

1. *Se l'integrale* $\int_a^{+\infty} g(x)\, \mathrm{d}x$ *converge, allora anche l'integrale* $\int_a^{+\infty} f(x)\, \mathrm{d}x$ *converge.*

2. *Se l'integrale* $\int_a^{+\infty} f(x)\, \mathrm{d}x$ *diverge, allora anche l'integrale* $\int_a^{+\infty} g(x)\, \mathrm{d}x$ *diverge.*

Teorema 505 (Criterio del confronto asintotico). *Siano* $f : [a, +\infty) \to \mathbb{R}$ *e* $g : [a, +\infty) \to \mathbb{R}$ *due funzioni continue tali che* $f(x), g(x) > 0$ *per ogni* $x \in [a, +\infty)$. *Se* $f(x) \simeq g(x)$ *per* $x \to +\infty$, *allora*

$$\int_a^{+\infty} f(x)\, \mathrm{d}x \quad \textit{converge (diverge)} \quad \Longleftrightarrow \quad \int_a^{+\infty} g(x)\, \mathrm{d}x \quad \textit{converge (diverge)}.$$

Definizione 506. *Una funzione continua* $f : [a, +\infty) \to \mathbb{R}$ *è* assolutamente integrabile *quando è integrabile la funzione* $|f| : [a, +\infty) \to \mathbb{R}$. *Equivalentemente, l'integrale* $\int_a^{+\infty} f(x)\, \mathrm{d}x$ converge assolutamente *quando converge l'integrale* $\int_a^{+\infty} |f(x)|\, \mathrm{d}x$.

Teorema 507 (Criterio della convergenza assoluta). *Sia* $f : [a, +\infty) \to \mathbb{R}$ *una funzione continua. Se* f *è assolutamente integrabile, allora è anche integrabile. Equivalentemente, se l'integrale* $\int_a^{+\infty} f(x)\, \mathrm{d}x$ *converge assolutamente, allora converge anche semplicemente.*

Una funzione assolutamente integrabile è integrabile, ma una funzione integrabile non è necessariamente assolutamente integrabile.

I criteri precedenti valgono anche (con le dovute modifiche) per funzioni definite su intervalli del tipo $(-\infty, b]$.

ESEMPI

1. Consideriamo l'integrale improprio

$$I = \int_0^{+\infty} \mathrm{e}^{-x^2}\, \mathrm{d}x.$$

In questo caso, conviene spezzare l'integrale in due parti

$$I = \int_0^1 e^{-x^2}\, dx + \int_1^{+\infty} e^{-x^2}\, dx = I_1 + I_2 .$$

L'integrale I_1 è un integrale proprio e quindi non dà problemi. L'integrale I_2 è improprio e bisogna stabilire se converge o meno. Poiché ora stiamo integrando per $x > 1$, possiamo utilizzare la disuguaglianza $x^2 > x$ (che non vale per $0 \leq x \leq 1$). Quindi $e^{x^2} > e^x$, ossia $e^{-x^2} < e^{-x}$. Pertanto si ha

$$I_2 = \int_1^{+\infty} e^{-x^2}\, dx < \int_1^{+\infty} e^{-x}\, dx = \left[-e^{-x} \right]_1^{+\infty} = -\lim_{x \to +\infty} e^{-x} + e = e .$$

Quindi, per il criterio del confronto, l'integrale I_2 converge. Di conseguenza, converge anche l'integrale I di partenza.

2. Consideriamo l'integrale improprio

$$I = \int_0^{+\infty} \frac{1}{\sqrt{1+x^2}}\, dx .$$

La funzione integranda è continua ed è positiva su tutto l'intervallo di integrazione. Poiché, per $x \to +\infty$, si ha

$$\frac{1}{\sqrt{1+x^2}} \sim \frac{1}{\sqrt{x^2}} = \frac{1}{x} \qquad (\alpha = 1),$$

l'integrale I non converge.

3. Consideriamo l'integrale improprio

$$I = \int_0^{+\infty} \frac{2x+3}{(x+1)^2\sqrt{x+2}}\, dx .$$

La funzione integranda è continua ed è positiva su tutto l'intervallo di integrazione. Poiché, per $x \to +\infty$, si ha

$$\frac{2x+3}{(x+1)^2\sqrt{x+2}} \sim \frac{2x}{x^2\sqrt{x}} = \frac{2}{x\sqrt{x}} \qquad (\alpha = 3/2 > 1),$$

l'integrale I converge.

4. Consideriamo l'integrale improprio

$$I = \int_1^{+\infty} e^{-x}\sqrt{2+\log x}\, dx .$$

La funzione integranda è continua e positiva su tutto l'intervallo di integrazione. Per $x \to +\infty$, si ha

$$e^{-x}\sqrt{2+\log x} \sim e^{-x}\sqrt{\log x} .$$

Poiché la funzione $e^{-x}\sqrt{\log x}$ è un infinitesimo di ordine superiore a $1/x^2$ per $x \to +\infty$, l'integrale I converge.

5. Consideriamo l'*integrale di Dirichlet*

$$I = \int_0^{+\infty} \frac{\operatorname{sen} x}{x} \, \mathrm{d}x .$$

La funzione integranda $f(x)$ è continua su tutto l'intervallo $(0, +\infty)$, ma non è definita per $x = 0$. Tuttavia, poiché $f(x) \to 1$ per $x \to 0^+$, $f(x)$ è integrabile in un intorno di $x = 0$. La funzione $f(x)$ non è positiva sull'intervallo di integrazione, dove continua a cambiare di segno, come si vede dalla seguente figura.

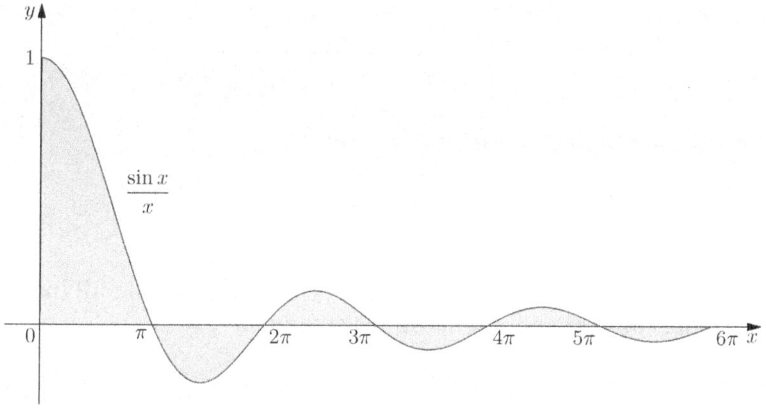

Per stabilire se l'integrale I converge, conviene modificare l'integrale nel modo seguente. Integrando per parti, si ha

$$\begin{aligned} I &= \left[\frac{1-\cos x}{x}\right]_0^{+\infty} + \int_0^{+\infty} \frac{1-\cos x}{x^2} \, \mathrm{d}x \\ &= \lim_{x\to 0^+} \frac{1-\cos x}{x} - \lim_{x\to +\infty} \frac{1-\cos x}{x} + \int_0^{+\infty} \frac{1-\cos x}{x^2} \, \mathrm{d}x \\ &= \int_0^{+\infty} \frac{1-\cos x}{x^2} \, \mathrm{d}x \end{aligned}$$

Poiché

$$0 \le \frac{1-\cos x}{x^2} \le \frac{2}{x^2}$$

per ogni $x > 0$ e poiché la funzione $1/x^2$ è integrabile a $+\infty$, per il criterio del confronto, l'integrale I converge. In particolare, si può dimostrare che

$$\int_0^{+\infty} \frac{\operatorname{sen} x}{x} \, \mathrm{d}x = \frac{\pi}{2} .$$

Inoltre, si può dimostrare che l'integrale improprio non converge assolutamente. Più precisamente, si può dimostrare (vedi figura seguente) che

$$\int_0^{+\infty} \frac{|\operatorname{sen} x|}{x} \, \mathrm{d}x = +\infty .$$

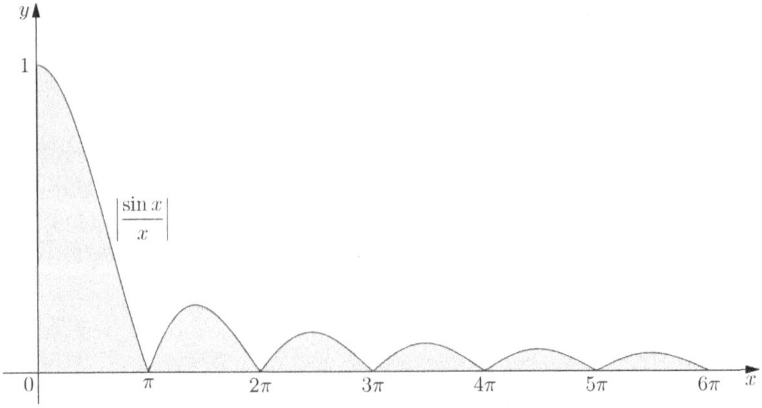

6. Consideriamo gli *integrali di Fresnel*

$$I = \int_0^{+\infty} \operatorname{sen} x^2 \, dx \qquad \text{e} \qquad J = \int_0^{+\infty} \cos x^2 \, dx \, .$$

Le funzioni integrande continuano a cambiare segno sull'intervallo di integrazione, come si vede nelle figure seguenti.

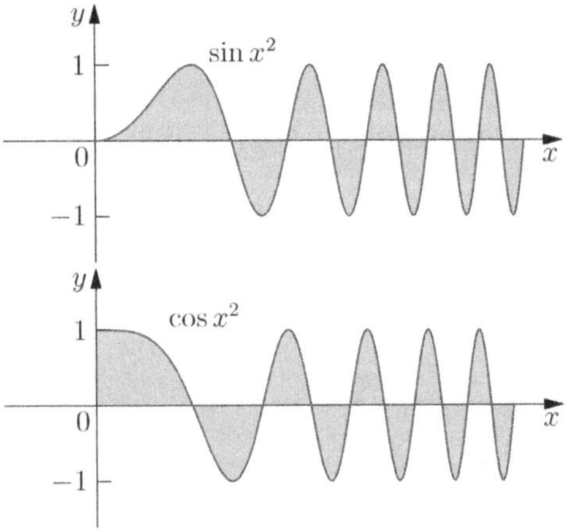

Per stabilire se gli integrali I e J convergono, conviene porre $u = x^2$. In questo modo, si ha $du = 2x\, dx$, ossia $dx = \frac{du}{2\sqrt{u}}$, e quindi

$$I = \frac{1}{2} \int_0^{+\infty} \frac{\operatorname{sen} u}{\sqrt{u}} \, du \, .$$

Integrando per parti, si ha

$$I = \frac{1}{2} \left[\frac{1 - \cos u}{\sqrt{u}} \right]_0^{+\infty} + \frac{1}{2} \cdot \frac{2}{3} \int_0^{+\infty} \frac{1 - \cos u}{u\sqrt{u}} \, du$$

$$
\begin{aligned}
&= \frac{1}{2}\lim_{u\to+\infty}\frac{1-\cos u}{\sqrt{u}} - \frac{1}{2}\lim_{u\to 0^-}\frac{1-\cos u}{\sqrt{u}} + \frac{1}{3}\int_0^{+\infty}\frac{1-\cos u}{u\sqrt{u}}\,\mathrm{d}u \\
&= \frac{1}{3}\int_0^{+\infty}\frac{1-\cos u}{u\sqrt{u}}\,\mathrm{d}u\,.
\end{aligned}
$$

Poiché

$$0 \le \frac{1-\cos u}{u\sqrt{u}} \le \frac{2}{u\sqrt{u}}$$

per ogni $u > 0$, l'integrale I converge. Infine, si può dimostrare che $I = J$ e che

$$\int_0^{+\infty} \operatorname{sen} x^2\,\mathrm{d}x = \int_0^{+\infty} \cos x^2\,\mathrm{d}x = \frac{1}{2}\sqrt{\frac{\pi}{2}}\,.$$

7. Consideriamo gli integrali

$$I_n = \int_0^{+\infty} x^n \mathrm{e}^{-x}\,\mathrm{d}x$$

dipendenti da un parametro naturale n. Poiché la funzione esponenziale è un infinito di ordine superiore rispetto a ogni potenza, per x sufficientemente grande si ha $\mathrm{e}^x > x^{n+2}$ e quindi

$$x^n\mathrm{e}^{-x} = \frac{x^n}{\mathrm{e}^x} < \frac{x^n}{x^{n+2}} = \frac{1}{x^2}\,.$$

Così, per x sufficientemente grande, la funzione $x^n\mathrm{e}^{-x}$ è positiva ed è maggiorata da una funzione integrabile a $+\infty$. Quindi, per il criterio del confronto, anch'essa è integrabile a $+\infty$. Per calcolare I_n possiamo procedere per induzione. Per $n = 0$, si ha

$$I_0 = \int_0^{+\infty} \mathrm{e}^{-x}\,\mathrm{d}x = \big[-\mathrm{e}^{-x}\big]_0^{+\infty} = 1\,.$$

In generale, per $n \ge 1$, integrando per parti, si ha

$$I_n = \int_0^{+\infty} x^n\mathrm{e}^{-x}\,\mathrm{d}x \underset{\text{pp}}{=} \big[-x^n\mathrm{e}^{-x}\big]_0^{+\infty} + \int_0^{+\infty} n x^{n-1}\mathrm{e}^{-x}\,\mathrm{d}x = nI_{n-1}\,.$$

Pertanto, si ha $I_n = nI_{n-1} = n(n-1)I_{n-2} = n(n-1)(n-2)I_{n-3}$ e così via fino a $I_n = n(n-1)(n-2)\cdots 1\cdot I_0 = n!\,I_0$. Poiché $I_0 = 1$, si ha

$$\int_0^{+\infty} x^n\mathrm{e}^{-x}\,\mathrm{d}x = n!\,.$$

8. La *funzione gamma* di Eulero è definita dall'integrale improprio

$$\Gamma(x) = \int_0^{+\infty} t^{x-1}\mathrm{e}^{-t}\,\mathrm{d}t \qquad (x > 0).$$

Come prima cosa bisogna verificare che l'integrale dato converge per ogni $x > 0$. Poiché la funzione esponenziale è un infinito di ordine superiore rispetto a ogni potenza, per t sufficientemente grande si ha $e^t > t^{x+1}$ e quindi

$$t^{x-1}e^{-t} = \frac{t^{x-1}}{e^t} < \frac{t^{x-1}}{t^{x+1}} = \frac{1}{t^2}\,.$$

Così, per t sufficientemente grande, la funzione $t^{x-1}e^{-t}$ è positiva ed è maggiorata da una funzione integrabile a $+\infty$. Quindi, per il criterio del confronto, anch'essa è integrabile a $+\infty$. Per $0 < x \leq 1$ l'integrale non è improprio in $t = 0$, ma per $x > 1$ lo è. Quando $x > 1$, per $t \to 0^+$, si ha $e^t > 1$ e quindi

$$t^{x-1}e^{-t} = \frac{t^{x-1}}{e^t} < t^{x-1} = \frac{1}{t^{1-x}}\,.$$

Poiché $1 - x < 0$, la funzione $t^{x-1}e^{-t}$ è minore di una funzione integrabile in un intorno di 0 e quindi è anch'essa integrabile in un intorno (destro) di 0.

La funzione Gamma generalizza il fattoriale di un numero naturale. Infatti, per ogni $n \in \mathbb{N}$, per l'esempio precedente, si ha

$$\Gamma(n+1) = \int_0^{+\infty} t^n e^{-t}\,dt = n!\,.$$

Inoltre, per ogni $x > 1$, vale l'identità

$$\Gamma(x) = (x-1)\Gamma(x-1)\,.$$

Infatti, poiché, per $x > 1$, si ha che $t^{x-1} \to 0$ per $t \to 0$, integrando per parti, si ha

$$\Gamma(x) = \left[-t^{x-1}e^{-t}\right]_0^{+\infty} + \int_0^{+\infty} \frac{x-1}{t}\,t^{x-1}e^{-t}\,dt = (x-1)\int_0^{+\infty} t^{x-2}e^{-t}\,dt$$

ossia $\Gamma(x) = (x-1)\Gamma(x-1)$.

6.7 Funzioni integrali

6.7.1 Proprietà generali

Teorema 508. *Sia $f : \mathbb{R} \to \mathbb{R}$ una funzione continua. Sia $x_0 \in \mathbb{R}$ e sia F la funzione integrale di f su $\mathbb{R}$, ossia la funzione definita da*

$$F(x) = \int_{x_0}^{x} f(t)\,dt\,.$$

1. *Se f è pari e $x_0 = 0$, allora la funzione F è dispari.*

2. *Se f è dispari, allora la funzione F è pari.*

Dimostrazione. Posto $u = -t$, si ha $\mathrm{d}t = -\mathrm{d}u$ e

$$F(-x) = \int_{x_0}^{-x} f(t)\,\mathrm{d}t = -\int_{-x_0}^{x} f(-u)\,\mathrm{d}u\,.$$

Se f è pari e $x_0 = 0$, allora si ha

$$F(-x) = -\int_0^x f(-u)\,\mathrm{d}u = -\int_0^x f(u)\,\mathrm{d}u = -F(x)\,.$$

Poiché questa identità è vera per ogni $x \in \mathbb{R}$, la funzione F è dispari.

Se invece f è dispari, allora si ha

$$F(-x) = \int_{-x_0}^{x} f(u)\,\mathrm{d}u = \int_{-x_0}^{x_0} f(u)\,\mathrm{d}u + \int_{x_0}^{x} f(u)\,\mathrm{d}u\,.$$

Poiché f è dispari e l'intervallo $[-x_0, x_0]$ è simmetrico rispetto all'origine, si ha

$$\int_{-x_0}^{x_0} f(u)\,\mathrm{d}u = 0$$

e quindi $F(-x) = F(x)$. Poiché questa identità è vera per ogni $x \in \mathbb{R}$, la funzione F è pari. □

OSSERVAZIONE 509. Se la funzione f è pari e $x_0 \neq 0$, non è detto che la funzione F sia dispari. Infatti, la funzione $f(t) = t^2$ è pari, ma la funzione integrale

$$F(x) = \int_1^x t^2\,\mathrm{d}t = \left[\frac{t^3}{3}\right]_1^x = \frac{x^3}{3} - \frac{1}{3}$$

non è dispari.

Proposizione 510. *Sia $f : I \to \mathbb{R}$ una funzione continua e sia $F : I \to \mathbb{R}$ una sua funzione integrale. Se $f(t) > 0$ per ogni $t \in I$, allora la funzione F è localmente invertibile e, localmente, la sua funzione inversa è derivabile.*

Dimostrazione. Poiché f è continua, per il secondo teorema fondamentale del calcolo abbiamo che la funzione F è derivabile e $F'(x) = f(x)$ per ogni $x \in I$. Quindi, risulta $F'(x) > 0$ per ogni $x \in I$. Quindi F è strettamente crescente, ossia è localmente invertibile. Infine, essendo $F'(x) \neq 0$ per ogni $x \in I$, per il Teorema 341 risulta derivabile anche la funzione inversa. □

Proposizione 511. *Sia f una funzione continua e sia F una sua funzione integrale. Se la funzione f cambia di segno in un intorno del punto x_1 (mantenendo segno costante a destra di x_1 e a sinistra di x_1), allora la funzione integrale F possiede un punto di massimo o di minimo in x_1.*

Dimostrazione. Se $f(x) < 0$ per $x < x_1$ e $f(x) > 0$ per $x > x_1$, allora, essendo $F'(x) = f(x)$, si ha $F'(x) < 0$ per $x < x_1$ e $F'(x) > 0$ per $x > x_1$. Quindi F possiede un minimo in x_1.

Se $f(x) < 0$ per $x < x_1$ e $f(x) > 0$ per $x > x_1$, allora si ha $F'(x) < 0$ per $x < x_1$ e $F'(x) > 0$ per $x > x_1$, ossia F possiede un massimo in x_1. □

OSSERVAZIONE 512. Se la funzione f si annulla in un punto x_1, allora la funzione integrale F ha tangente orizzontale in corrispondenza di x_1, ma non è detto che abbia un punto di massimo o di minimo.

ESEMPI

1. Consideriamo la funzione integrale
$$F(x) = \int_1^x (t-2)\log t \, \mathrm{d}t\,.$$
Poiché $f(t) \geq 0$ per $0 < t \leq 1$ e per $t \geq 2$, la funzione F possiede un punto di massimo in $x = 1$ e un punto di minimo in $x = 2$.

2. Consideriamo la funzione integrale
$$F(x) = \int_0^x t^2\,\mathrm{e}^{t^2}\,\mathrm{d}t\,.$$
In questo caso, si ha $f(t) \geq 0$ per ogni $t \in \mathbb{R}$ e $f(0) = 0$. In $x = 0$, tuttavia, non vi è un punto di massimo o di minimo, ma vi è un punto di flesso a tangente orizzontale.

6.7.2 Asintoti di una funzione integrale

Teorema 513. *Sia $f : \mathbb{R} \to \mathbb{R}$ una funzione continua. Sia $x_0 \in \mathbb{R}$ e sia F la funzione integrale di f su $\mathbb{R}$, ossia la funzione definita da*
$$F(x) = \int_{x_0}^x f(t)\,\mathrm{d}t\,.$$
La funzione integrale F ammette un asintoto orizzontale per $x \to +\infty$ se e solo se la funzione f è integrabile in senso improprio per $x \to +\infty$. Analogamente, la funzione integrale F ammette un asintoto orizzontale per $x \to -\infty$ se e solo se la funzione f è integrabile in senso improprio per $x \to -\infty$.

Dimostrazione. La funzione integrale F ammette un asintoto orizzontale per $x \to +\infty$ quando esiste finito il limite
$$\lim_{x\to+\infty} F(x) = \lim_{x\to+\infty} \int_{x_0}^x f(t)\,\mathrm{d}t = \int_{x_0}^{+\infty} f(t)\,\mathrm{d}t$$
e questo accade quando la funzione f è integrabile in senso improprio per $x \to +\infty$. Un discorso analogo vale per $x \to -\infty$. □

Teorema 514. *Sia* $f : \mathbb{R} \to \mathbb{R}$ *una funzione continua. Sia* $x_0 \in \mathbb{R}$ *e sia* F *la funzione integrale di* f *su* $\mathbb{R}$, *ossia la funzione definita da*

$$F(x) = \int_{x_0}^{x} f(t)\,\mathrm{d}t\,.$$

La funzione integrale F *ammette un asintoto obliquo per* $x \to +\infty$ *se e solo se la funzione* f *ammette un asintoto orizzontale* $y = m$, *con* $m \neq 0$, *per* $x \to +\infty$ *e la funzione* $f(x) - m$ *è integrabile in senso improprio per* $x \to +\infty$. *Un risultato analogo vale per* $x \to -\infty$.

Dimostrazione. La funzione integrale F ammette asintoto obliquo per $x \to +\infty$ se e solo se esistono finiti i seguenti limiti:

$$m = \lim_{x\to+\infty} \frac{F(x)}{x} \underset{\text{DH}}{=} \lim_{x\to+\infty} F'(x) = \lim_{x\to+\infty} f(x) \qquad (\text{con } m \neq 0)$$

e

$$\begin{aligned} q &= \lim_{x\to+\infty} (F(x) - mx) = \lim_{x\to+\infty} \left(\int_{x_0}^{x} f(t)\,\mathrm{d}t - mx \right) \\ &= \lim_{x\to+\infty} \left(\int_{x_0}^{x} f(t)\,\mathrm{d}t - m \int_{x_0}^{x} \mathrm{d}t - mx_0 \right) \\ &= \lim_{x\to+\infty} \left(\int_{x_0}^{x} (f(t) - m)\,\mathrm{d}t - mx_0 \right) \\ &= \int_{x_0}^{+\infty} (f(t) - m)\,\mathrm{d}t - mx_0 \end{aligned}$$

e questo accade quando la funzione f ammette un asintoto orizzontale $y = m$, con $m \neq 0$, per $x \to +\infty$ e la funzione $f(x) - m$ è integrabile in senso improprio per $x \to +\infty$. □

ESEMPI

1. Consideriamo la funzione integrale

$$F(x) = \int_0^x \frac{\sqrt{1+t} + 2\mathrm{e}^{t^2}}{1 + \mathrm{e}^{t^2}}\,\mathrm{d}t\,.$$

La funzione integranda f ha un asintoto orizzontale, poiché

$$\lim_{t\to+\infty} f(t) = \lim_{t\to+\infty} \frac{\sqrt{1+t} + 2\mathrm{e}^{t^2}}{1 + \mathrm{e}^{t^2}} = 2\,.$$

Inoltre, la funzione

$$f(t) - 2 = \frac{\sqrt{1+t} + 2\mathrm{e}^{t^2}}{1 + \mathrm{e}^{t^2}} - 2 = \frac{\sqrt{1+t} - 2}{1 + \mathrm{e}^{t^2}}$$

è integrabile per $t \to +\infty$, poiché, per $t \to +\infty$, si ha

$$f(t) - 2 \sim \frac{\sqrt{t}}{e^{t^2}} = t^2\sqrt{t}e^{-t^2} \cdot \frac{1}{t^2} \leq \frac{1}{t^2}.$$

Quindi, la funzione F ammette un asintoto obliquo per $x \to +\infty$, dato dalla retta di equazione $y = 2x + q$, dove

$$q = \int_0^{+\infty} (f(t) - 2)\, dt = \int_0^{+\infty} \frac{\sqrt{1+t} - 2}{1 + e^{t^2}}\, dt.$$

Usando tecniche di calcolo numerico, si può dimostrare che $q \approx -0.39$.

2. Consideriamo la funzione integrale

$$F(x) = \int_1^x \frac{1+\sqrt{t}}{\sqrt{t}}\, dt.$$

In questo caso, la funzione integranda f ha un asintoto orizzontale, poiché

$$\lim_{t\to+\infty} f(t) = \lim_{t\to+\infty} \frac{1+\sqrt{t}}{\sqrt{t}} = 1,$$

ma la funzione

$$f(t) - 1 = \frac{1+\sqrt{t}}{\sqrt{t}} - 1 = \frac{1}{\sqrt{t}}$$

non è integrabile per $t \to +\infty$. Pertanto, la funzione F non ammette asintoto obliquo per $x \to +\infty$.

6.7.3 Grafico di una funzione integrale

Una funzione integrale può essere studiata come ogni altra funzione, anche se, in generale, il suo studio è più complicato. Naturalmente, se l'integrale che definisce la funzione $F(x)$ può essere calcolato esplicitamente, il problema si riduce allo studio di una funzione ordinaria. Ad esempio, se

$$F(x) = \int_0^x te^t\, dt,$$

allora, integrando (per parti), si ottiene

$$F(x) = \left[te^t\right]_0^x - \int_0^x e^t\, dt = xe^x - \left[e^t\right]_0^x = (x-1)\,e^x + 1.$$

Vediamo qui di seguito alcuni esempi di funzioni integrali in cui la funzione f non può essere integrata esplicitamente.

ESEMPIO 515. Consideriamo la funzione integrale

$$F(x) = \int_0^x e^{t^2-t}\,dt$$

definita per ogni $x \in \mathbb{R}$. La funzione $f(t) = e^{t^2-t}$ non può essere integrata esplicitamente. Quindi, per studiare la funzione integrale F, iniziamo a studiare la funzione integranda f. Essa è definita su tutto $\mathbb{R}$ e $f(t) > 0$ per ogni $t \in \mathbb{R}$. Inoltre, si ha $f'(t) = (2t-1)e^{t^2-t} \geq 0$ per $t \geq 1/2$. Quindi, la funzione f possiede in minimo per $t = 1/2$. Inoltre, si trova che $f''(t) > 0$ per ogni $t \in \mathbb{R}$. Il grafico di $f(t)$ è rappresentato nella seguente figura (a).

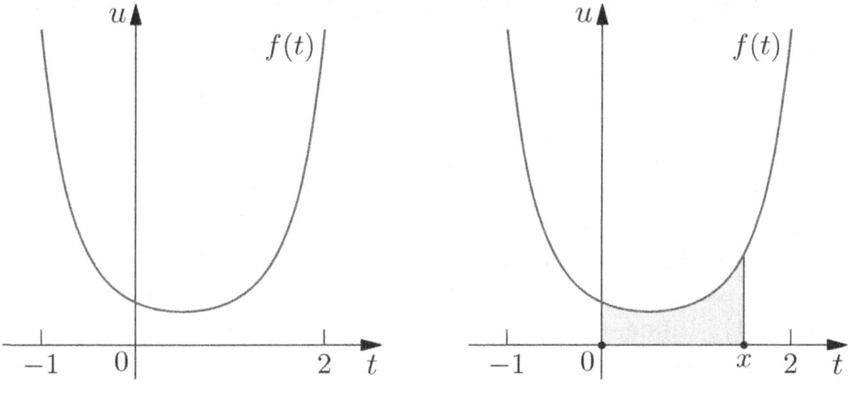

(a) (b)

L'area della regione compresa tra l'asse x e il grafico della funzione f, delimitata dall'intervallo $[0, x]$, con $x > 0$, cresce indefinitamente al crescere di x (vedi figura (b)). Analogamente, l'area della regione determinata dall'intervallo $[x, 0]$ cresce indefinitamente al decrescere di x. Pertanto, si hanno i limiti

$$\lim_{x\to\pm\infty} F(x) = \pm\infty\,.$$

Ovviamente $F(0) = 0$, ossia il grafico di F passa per l'origine. Poiché $F'(x) = e^{x^2-x} > 0$ per ogni $x \in \mathbb{R}$, la funzione F è strettamente crescente. In particolare, $F'(0) = 1$, ossia il grafico di F ha tangente $y = x$ nell'origine. Inoltre, $F''(x) = (2x-1)e^{x^2-x} \geq 0$ per $x \geq 1/2$. Quindi, la funzione F possiede un flesso per $x = 1/2$. In conclusione, con le informazioni che abbiamo a disposizione, possiamo tracciare il seguente grafico per la funzione F:

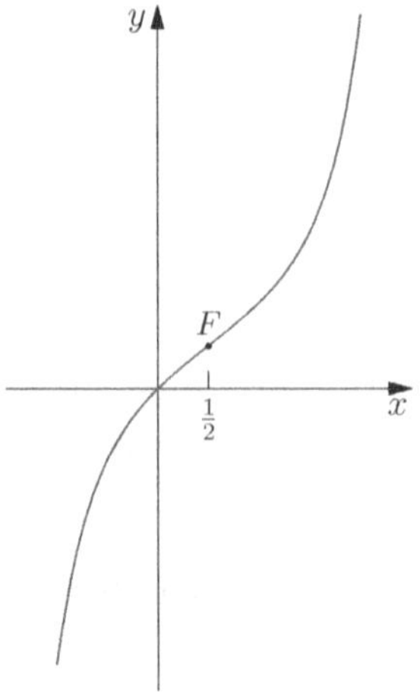

Esempio 516. Consideriamo la funzione integrale

$$F(x) = \int_0^x e^{-t^2} \mathrm{d}t \,.$$

La funzione e^{-t^2} non può essere integrata in modo esplicito. Pertanto la funzione F deve essere studiata utilizzando le proprietà delle funzioni integrali. Iniziamo a studiare la funzione $f(t) = e^{-t^2}$. Si tratta di una funzione pari e positiva definita su tutto $\mathbb{R}$. Inoltre $f(t) \to 0$ per $t \to \pm\infty$. Poiché $f'(t) = -2te^{-t^2}$, si ha $f'(t) \geq 0$ se e solo se $t \geq 0$. Pertanto, la funzione f presenta un massimo nel punto $(0, 1)$. Infine, si ha $f''(t) = 2(2t^2 - 1)e^{-t^2}$. Pertanto, la funzione f possiede due punti di flesso $F_{1,2} \equiv (\mp\frac{1}{\sqrt{2}}, \frac{1}{\sqrt{e}})$. Il grafico della funzione f è

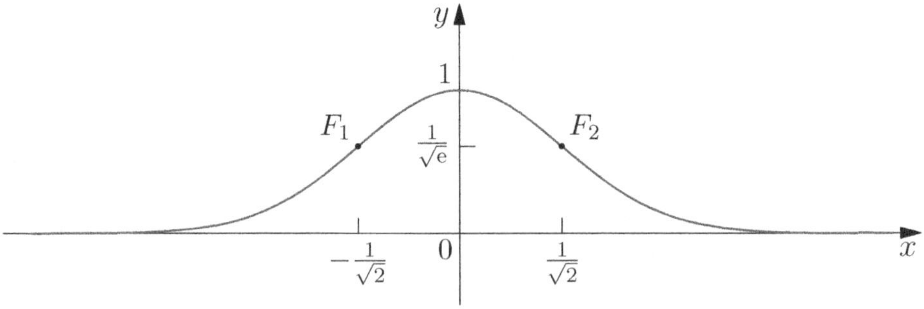

Passiamo ora a studiare la funzione integrale F. Poiché la funzione f è pari, la funzione F è dispari. Si ha $F(0) = 0$, $F(x) > 0$ per $x > 0$ e $F(x) < 0$ per $x < 0$. Poiché la funzione $f(t) = e^{-t^2}$ è integrabile in senso improprio per $x \to \pm\infty$, la funzione F ammette un asintoto orizzontale sia per $x \to +\infty$ sia per $x \to -\infty$. Si può dimostrare che si hanno i seguenti *integrali gaussiani*:

$$\int_{-\infty}^{-\infty} e^{-t^2} \, \mathrm{d}t = \sqrt{\pi} \qquad \text{e} \qquad \int_0^{-\infty} e^{-t^2} \, \mathrm{d}t = \frac{\sqrt{\pi}}{2} \,.$$

Utilizzando questo risultato, possiamo dire che F ammette la retta di equazione $y = \frac{\sqrt{\pi}}{2}$ come asintoto orizzontale per $x \to +\infty$ e la retta di equazione $y = -\frac{\sqrt{\pi}}{2}$ come asintoto orizzontale per $x \to -\infty$. Inoltre, essendo $F'(x) = f(x) = e^{-x^2} > 0$ per ogni $x \in \mathbb{R}$, la funzione F è strettamente crescente. Infine, essendo $F''(x) = f'(x) = -2xe^{-x^2}$, la funzione F possiede un flesso nell'origine. In conclusione, il grafico della funzione integrale F è

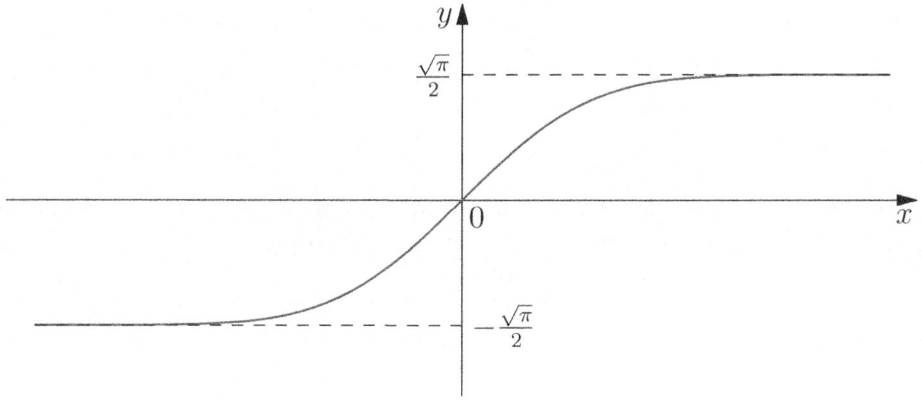

OSSERVAZIONE 517. La funzione f può essere sviluppata secondo MacLaurin per ogni ordine n:

$$e^{-t^2} = \sum_{k=0}^{n} (-1)^k \frac{t^{2k}}{k!} + o(t^{2n}) \qquad t \to 0 .$$

Integrando, si ottiene lo sviluppo di MacLaurin della funzione integrale, ossia

$$F(x) = \sum_{k=0}^{n} (-1)^k \frac{t^{2k+1}}{(2k+1)k!} + o(x^{2n+1}) \qquad x \to 0 .$$

OSSERVAZIONE 518. Opportunamente normalizzata, la funzione F coincide con la *funzione degli errori*, ossia con la funzione

$$\text{erf}(x) = \frac{2}{\sqrt{\pi}} \int_0^x e^{-t^2} \, dt .$$

ESEMPIO 519. Consideriamo la funzione integrale

$$F(x) = \int_0^x (t-1)\, e^{-t^2} \, dt$$

definita su tutto $\mathbb{R}$. Anche in questo caso, non è possibile integrare esplicitamente. La funzione $f(t) = (t-1)e^{-t^2}$ è definita su tutto $\mathbb{R}$, incontra l'asse x nel punto $(1, 0)$ e incontra l'asse y nel punto $(0, -1)$. Inoltre $f(t) \geq 0$ per $t \geq 1$, e $f(t) \to 0$ per $t \to \pm\infty$. Poiché $f'(t) = (1 + 2t - 2t^2)e^{-t^2}$, la funzione f presenta un minimo in $x = (1-\sqrt{3})/2$ e presenta un massimo in $x = (1+\sqrt{3})/2$. L'andamento di f è rappresentato nel grafico seguente.

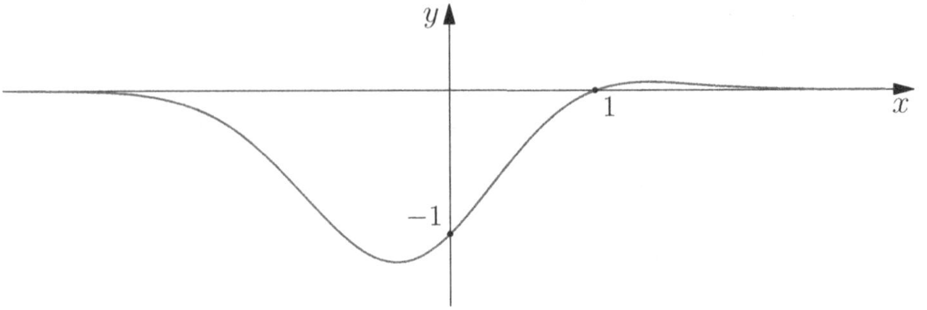

Consideriamo ora la funzione F. Quando x varia tra 0 e 1, l'area è negativa e quindi $F(x)$ assume valori negativi. Quando x oltrepassa 1, l'area negativa viene incrementata di quantità positive (sempre più piccole). Analogamente, quando x assume valori negativi, la funzione f assume valori negativi e quindi la funzione F assume valori positivi (e al decrescere di x si hanno incrementi sempre più piccoli). Utilizzando gli integrali gaussiani visti nell'esempio precedente, si ha

$$\begin{aligned}\lim_{x\to+\infty} F(x) &= \int_0^{+\infty} (t-1)\,\mathrm{e}^{-t^2}\,dt = \int_0^{+\infty} t\,\mathrm{e}^{-t^2}\,dt - \int_0^{+\infty} \mathrm{e}^{-t^2}\,dt \\ &= \left[-\frac{1}{2}\,\mathrm{e}^{-t^2}\right]_0^{+\infty} - \frac{\sqrt{\pi}}{2} = \frac{1}{2} - \frac{\sqrt{\pi}}{2}\,.\end{aligned}$$

Pertanto, F ammette la retta di equazione $y = \frac{1-\sqrt{\pi}}{2}$ come asintoto orizzontale per $x \to +\infty$. Analogamente, posto $u = -t$, si ha

$$\begin{aligned}\lim_{x\to-\infty} F(x) &= \int_0^{-\infty} (t-1)\,\mathrm{e}^{-t^2}\,dt = \int_0^{+\infty} (u+1)\,\mathrm{e}^{-u^2}\,du \\ &= \int_0^{+\infty} u\,\mathrm{e}^{-u^2}\,du + \int_0^{+\infty} \mathrm{e}^{-u^2}\,du = \frac{1}{2} + \frac{\sqrt{\pi}}{2}\end{aligned}$$

Pertanto, F ammette la retta di equazione $y = \frac{1+\sqrt{\pi}}{2}$ come asintoto orizzontale per $x \to -\infty$. Inoltre, essendo $F'(x) = (x-1)\mathrm{e}^{-x^2}$, la funzione F possiede un minimo per $x = 1$. Infine, essendo $F''(x) = f'(x)$, la funzione F presenta due punti di flesso A e B per $x = (1 \pm \sqrt{3})/2$. Con le informazioni che abbiamo a disposizione, possiamo tracciare il seguente grafico per la funzione F:

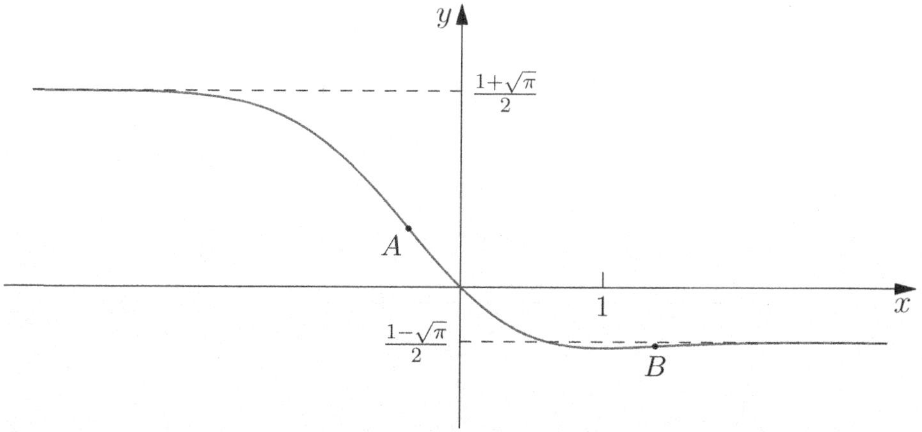

6.7.4 Secondo teorema fondamentale

Il Teorema 472 può essere generalizzato a funzioni integrabili in senso generalizzato.

Teorema 520 (Secondo teorema fondamentale del calcolo). *Sia* $f : I \to \mathbb{R}$ *una funzione continua tranne al più in un numero finito di punti dove è integrabile in senso improprio. Sia* $x_0 \in I$ *e sia* F *la funzione integrale di* f *sull'intervallo* I*, ossia la funzione definita da*

$$F(x) = \int_{x_0}^{x} f(t)\,\mathrm{d}t\,.$$

Allora la funzione F *è definita ed è continua su tutto l'intervallo* I.

In un punto x_1 in cui la funzione f è integrabile in senso improprio, la funzione integrale F è continua per il teorema precedente, ma non è detto che sia derivabile.

ESEMPIO 521. Consideriamo la funzione integrale

$$F(x) = \int_{1}^{x} \frac{1 - \mathrm{e}^{-t^2}}{t^2 \sqrt[3]{t}}\,\mathrm{d}t\,.$$

La funzione integranda

$$f(t) = \frac{1 - \mathrm{e}^{-t^2}}{t^2 \sqrt[3]{t}}$$

è definita ed è continua per ogni $t \neq 0$. Il grafico di f è riportato qui di seguito:

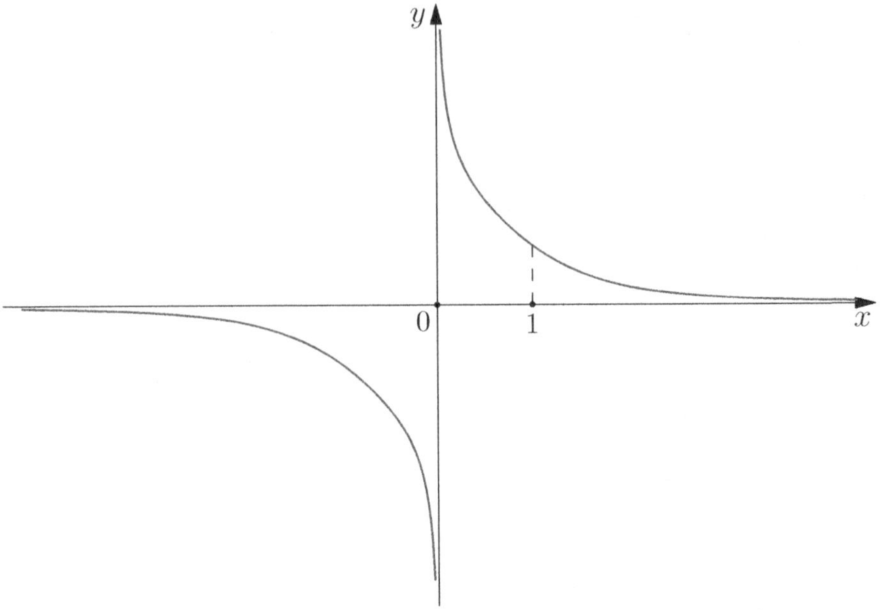

Per $x \to 0$, la funzione f è illimitata. Più precisamente, si ha

$$\lim_{x\to 0^\pm} f(t) = \lim_{x\to 0^\pm} \frac{1-e^{-t^2}}{t^2\sqrt[3]{t}} = \pm\infty .$$

Tuttavia, la funzione f è integrabile in senso improprio per $x \to 0^\pm$. Infatti, per $x \to 0^\pm$, si ha

$$f(t) = \frac{1-(1-t^2+o(t^2))}{t^2\sqrt[3]{t}} = \frac{t^2+o(t^2)}{t^2\sqrt[3]{t}} = \frac{1+o(1)}{\sqrt[3]{t}} \sim \frac{1}{t^{1/3}} .$$

Pertanto, la funzione F è definita e continua su tutto $\mathbb{R}$. In particolare, questo significa che esiste un $\alpha \in \mathbb{R}$ tale che

$$\alpha = F(0) = \int_1^0 \frac{1-e^{-t^2}}{t^2\sqrt[3]{t}}\,dt = -\int_0^1 \frac{1-e^{-t^2}}{t^2\sqrt[3]{t}}\,dt < 0 .$$

Si può dimostrare che $\alpha \approx -1.343$. Inoltre, poiché la funzione f è dispari, la funzione F è pari.

La funzione f è integrabile in senso improprio per $x \to \pm\infty$. Infatti, per $x \to \pm\infty$, si ha

$$f(t) \sim \frac{1}{t^2\sqrt[3]{t}} = \frac{1}{t^{7/3}} .$$

Pertanto, la funzione F ammette la retta di equazione $y = \alpha$, per un opportuno $\beta > 0$, come asintoto orizzontale per $x \to \pm\infty$. L'asintoto è lo stesso in entrambi i casi perché F è pari. Osservando che $1 - e^{-t^2} < 1$ per ogni $t \in \mathbb{R}$, si ha

$$\beta = \int_1^{+\infty} \frac{1-e^{-t^2}}{t^2\sqrt[3]{t}}\,dt < \int_1^{+\infty} \frac{1}{t^{7/3}}\,dt = \left[-\frac{3}{4}\frac{1}{t^{4/3}}\right]_1^{+\infty} = \frac{3}{4} .$$

Abbiamo così le limitazioni $0 < \alpha < \frac{3}{4}$. Si può dimostrare che $\beta \approx 0.666$.

Poiché $F'(x) = f(x) = \frac{1-e^{-x^2}}{x^2\sqrt[3]{x}}$, si ha che la funzione F non è derivabile in $x = 0$, dove presenta una cuspide. Infatti, si ha

$$\lim_{x\to0^\pm} F'(x) = \lim_{x\to0^\pm} \frac{1-e^{-x^2}}{x^2\sqrt[3]{x}} = \lim_{x\to0^\pm} \frac{1}{\sqrt[3]{x}} = \pm\infty .$$

Inoltre, si ha $F'(x) < 0$ per $x < 0$ e $F'(x) > 0$ per $x > 0$, cioé si ha che F è decrescente per $x < 0$ ed è decrescente per $x > 0$. Pertanto, il punto $(0, \alpha)$ è un punto di minimo.

Infine, si può calcolare la derivata seconda di F e si può dimostrare che $F''(x) < 0$ per ogni $x \neq 0$, ossia che F ha sempre concavità rivolta verso il basso.

A questo punto, possiamo disegnare il grafico della funzione F.

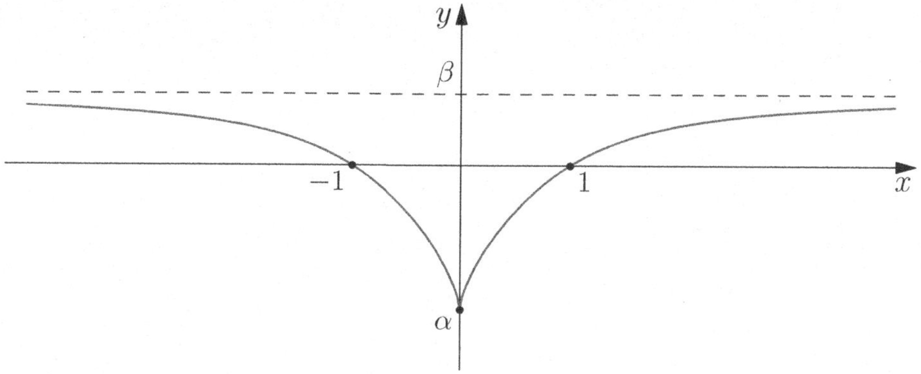

6.8 Integrali dipendenti da un parametro

A volte la funzione integranda o gli estremi di integrazione di un integrale definito dipendono da un parametro reale che varia con continuità in un dato intervallo, come nel caso, ad esempio, della funzione integrale. In questi casi, l'integrale definisce una funzione che, sotto opportune condizioni, è continua e derivabile. Questo metodo è utile, ad esempio, per definire e studiare nuove funzioni non elementari.

Teorema 522. *Sia* $f : [a, b] \times [c, d] \to \mathbb{R}$, $(t, x) \mapsto f(t, x)$, *una funzione di due variabili continua e derivabile con continutà rispetto al secondo argomento (ossia rispetto a* x*). Allora la funzione integrale* $F : [c, d] \to \mathbb{R}$ *definita da*

$$F(x) = \int_a^b f(t, x)\,dt$$

è continua e derivabile (con continutà). Inoltre, si ha

$$F'(x) = \int_a^b f'_x(t, x)\,dt$$

dove $f'_x(t,x)$ *è la derivata della funzione* $f(t,x)$ *rispetto a* x.

Più in generale, quando anche gli estremi di integrazione dipendono dal parametro, si ha il seguente

Teorema 523. *Sia* $f : [a,b] \times [c,d] \to \mathbb{R}$, $(t,x) \mapsto f(t,x)$, *una funzione di due variabili continua e derivabile con continuità rispetto al secondo argomento (ossia rispetto a* x*). Siano* $\alpha : [c,d] \to \mathbb{R}$ *e* $\beta : [c,d] \to \mathbb{R}$ *due funzioni derivabili con continuità tali che* $a \leq \alpha(x), \beta(x) \leq b$ *per ogni* $x \in [c,d]$. *Allora la funzione integrale* $F : [c,d] \to \mathbb{R}$ *definita da*

$$F(x) = \int_{\alpha(x)}^{\beta(x)} f(t,x)\, \mathrm{d}t$$

è continua e derivabile (con continuità). Inoltre, si ha

$$F'(x) = \int_{\alpha(x)}^{\beta(x)} f'_x(t,x)\, \mathrm{d}t + \beta'(x) f(\beta(x),x) - \alpha'(x) f(\alpha(x),x)$$

dove $f'_x(t,x)$ *è la derivata della funzione* $f(t,x)$ *rispetto a* x.

ESEMPI

1. La derivata prima della funzione integrale

$$F(x) = \int_{x}^{x^2} \mathrm{e}^{-t^2}\, \mathrm{d}t$$

è $F'(x) = 2x\mathrm{e}^{-x^4} - \mathrm{e}^{-x^2}$.

2. La derivata prima della funzione integrale

$$F(x) = \int_0^{x^2} \frac{\operatorname{sen}(xt)}{t}\, \mathrm{d}t$$

è

$$F'(x) = \int_0^{x^2} \cos(xt)\, \mathrm{d}t + 2x\frac{\operatorname{sen}(x^3)}{x^2} = \left[\frac{\operatorname{sen}(xt)}{x}\right]_0^{x^2} + 2\frac{\operatorname{sen} x^3}{x} = 3\frac{\operatorname{sen} x^3}{x}.$$

3. Consideriamo l'integrale

$$I = \int_0^1 \frac{1}{(x^2+t^2)^2}\, \mathrm{d}t$$

dipendente dal parametro x. Esso può essere calcolato usando la formula di derivazione data nel Teorema 522. Infatti, si ha

$$I = -\frac{1}{2x}\int_0^1 \frac{\partial}{\partial x}\left(\frac{1}{x^2+t^2}\right) \mathrm{d}t = -\frac{1}{2x}\frac{\mathrm{d}}{\mathrm{d}x}\int_0^1 \frac{1}{x^2+t^2}\, \mathrm{d}t$$

$$
\begin{aligned}
&= -\frac{1}{2x}\frac{\mathrm{d}}{\mathrm{d}x}\left[\frac{1}{x}\operatorname{artg}\frac{t}{x}\right]_0^1 = -\frac{1}{2x}\frac{\mathrm{d}}{\mathrm{d}x}\left(\frac{1}{x}\operatorname{artg}\frac{1}{x}\right) \\
&= -\frac{1}{2x}\left(-\frac{1}{x^2}\operatorname{artg}\frac{1}{x} - \frac{1}{x^3}\frac{1}{1+(1/x)^2}\right) \\
&= \frac{1}{2x}\left(\frac{1}{x^2}\operatorname{artg}\frac{1}{x} + \frac{1}{x}\frac{1}{1+x^2}\right)
\end{aligned}
$$

ossia

$$
\int_0^1 \frac{1}{(x^2+t^2)^2}\,\mathrm{d}t = \frac{1}{2x^3}\left(\operatorname{artg}\frac{1}{x} + \frac{x}{1+x^2}\right).
$$

Per gli integrali impropri, si ha il seguente

Teorema 524. *Sia* $f : [a, +\infty) \times [c, d] \to \mathbb{R}$, $(t, x) \mapsto f(t, x)$, *una funzione di due variabili continua e derivabile con continuità rispetto al secondo argomento (ossia rispetto a* x*). Sia* $F : [c, d] \to \mathbb{R}$ *la funzione integrale definita da*

$$
F(x) = \int_a^{+\infty} f(t, x)\,\mathrm{d}t
$$

(supposto che l'integrale converga per ogni valore del parametro $x \in [c, d]$*). Se esiste una funzione positiva* $g : [a, +\infty) \to \mathbb{R}$ *tale che*

1. $|f'_x(t, x)| \leq g(t)$ *per ogni* $t \geq a$,
2. $\int_a^{+\infty} g(t)\,\mathrm{d}t$ *converge,*

allora la funzione F *è continua e derivabile (con continuità). Inoltre, si ha*

$$
F'(x) = \int_a^{+\infty} f'_x(t, x)\,\mathrm{d}t\,.
$$

7

Serie numeriche

7.1 Serie numeriche

7.1.1 Definizione e primi esempi

Data una successione reale $\{a_n\}_{n\geq 0}$, la serie di termine generale a_n è un'espressione del tipo

$$\sum_{n=0}^{\infty} a_n = \sum_{n\geq 0} a_n = a_0 + a_1 + a_2 + \cdots$$

che pensiamo come la somma degli infiniti elementi della successione data. Si tratta ora di dire in che senso una serie è da intendersi come somma generalizzata di infiniti termini. Per fare questo, osserviamo che a una successione $\{a_n\}_{n\geq 0}$ si può sempre associare la successione $\{s_n\}_{n\geq 0}$ delle *somme parziali* definite da

$$s_n = \sum_{k=0}^{n} a_k = a_0 + a_1 + \cdots + a_n\,.$$

In questo modo, ci siamo ridotti a delle somme finite che sono sempre ben definite e che possono essere pensate come una approssimazione della corrispondente serie che potrà quindi essere definita attraverso un processo di limite. Più precisamente, la serie numerica $\sum_{n\geq 0} a_n$ è definita come il limite della successione $\{s_n\}_{n\geq 0}$ delle somme parziali, ossia

$$\sum_{n\geq 0} a_n = \lim_{n\to+\infty} s_n\,,$$

Pertanto, la serie $\sum_{n\geq 0} a_n$ ha lo stesso carattere del limite $\lim_{n\to+\infty} s_n$. Abbiamo così i seguenti casi.

1. La serie $\sum_{n\geq 0} a_n$ è *convergente* se il limite $\lim_{n\to+\infty} s_n$ esiste finito. Se $\lim_{n\to+\infty} s_n = S$, la serie converge al numero reale S e

   $$\sum_{n\geq 0} a_n = S\,.$$

   In questo caso, si dice che S è la *somma della serie*.

2. La serie $\sum_{n\geq 0} a_n$ è *divergente* (a $+\infty$ o a $-\infty$) se il limite $\lim_{n\to+\infty} s_n$ è esiste infinito (e vale $+\infty$ o $-\infty$). Più precisamente, se $\lim_{n\to+\infty} s_n = +\infty$, la serie diverge a $+\infty$ e $\sum_{n\geq 0} a_n = +\infty$, e se $\lim_{n\to+\infty} s_n = -\infty$, la serie diverge a $-\infty$ e $\sum_{n\geq 0} a_n = -\infty$.
3. La serie $\sum_{n\geq 0} a_n$ è *indeterminata*indexSerie! indeterminata (o *oscillante*) se il limite $\lim_{n\to+\infty} s_n$ non esiste.

Inoltre, la serie è *regolare* quando converge o diverge. Quando la serie è regolare, il valore del limite $\lim_{n\to+\infty} s_n$ è detto *somma della serie* $\sum_{n\geq 0} a_n$.

OSSERVAZIONE 525. Nella trattazione generale delle serie, la successione dei termini generali verrà fatta partire dall'indice 0. Spesso, però, può essere più comodo partire da un altro indice n_0. In questo caso, la serie verrà indicata nel modo seguente

$$\sum_{n=n_0}^{\infty} a_n = \sum_{n\geq n_0} a_n = a_{n_0} + a_{n_0+1} + a_{n_0+2} + \cdots$$

A meno di un cambiamento di indice, ci si può sempre ricondurre alla notazione iniziale

Vediamo ora qualche primo esempio in cui le serie possono essere studiate calcolando esplicitamente il limite delle somme parziali.

ESEMPI

1. La *serie geometrica* di ragione q, con $q \in \mathbb{R}$, è la serie

$$\sum_{n\geq 0} q^n = 1 + q + q^2 + q^3 + \cdots$$

associata alla successione $\{q^n\}_{n\geq 0}$. In questo caso, le somme parziali sono date da

$$s_n = \sum_{k=0}^{n} q^k = 1 + q + q^2 + \cdots + q^n .$$

Se $q = 1$, allora $s_n = n + 1 \to +\infty$ per $n \to +\infty$. Invece, per $q \neq 1$, si ha

$$s_n = \sum_{k=0}^{n} q^k = \frac{1 - q^{n+1}}{1 - q}$$

e quindi

$$\lim_{n\to+\infty} s_n = \lim_{n\to+\infty} \frac{1 - q^{n+1}}{1 - q} = \begin{cases} +\infty & \text{se } q > 1 \\ \frac{1}{1-q} & \text{se } |q| < 1 \\ \text{non esiste} & \text{se } q \leq -1. \end{cases}$$

In conclusione, abbiamo che la serie geometrica

- diverge a $+\infty$ per $q \geq 1$
- converge a $\frac{1}{1-q}$ per $|q| < 1$
- è indeterminata per $q \leq -1$.

In particolare, abbiamo trovato l'identità

$$\sum_{n\geq 0} q^n = \frac{1}{1-q} \qquad |q| < 1 .$$

2. La *rappresentazione decimale di un numero reale* $x \in \mathbb{R}$ è un'espressione del tipo $x = a_0, a_1a_2a_3\ldots$, dove $a_0 \in \mathbb{Z}$ e $a_1, a_2, a_3, \ldots \in \{0, 1, 2, \ldots, 9\}$. Abbiamo visto che questo significa considerare le successione $\{x_n\}_{n\geq 0}$, dove

$$x_n = a_0 + \frac{a_1}{10} + \frac{a_2}{10^2} + \cdots + \frac{a_n}{10^n} = \sum_{k=0}^{n} \frac{a_k}{10^k},$$

e porre

$$x = \lim_{n\to+\infty} x_n = \sum_{n\geq 0} \frac{a_n}{10^n} .$$

In questo modo, quindi, definiamo il numero reale x come una serie di numeri razionali. Poiché il limite delle somme parziali (ossia il limite precedente) è finito, la serie che abbiamo appena definito è convergente.

3. Abbiamo già visto che il numero e può essere espresso come serie nel modo seguente

$$\mathrm{e} = \sum_{n\geq 0} \frac{1}{n!} = 1 + 1 + \frac{1}{2} + \frac{1}{6} + \frac{1}{24} + \cdots .$$

Più in generale, si può dimostrare, come faremo nel prossimo capitolo, che

$$\mathrm{e}^x = \sum_{n\geq 0} \frac{x^n}{n!} \qquad \text{per ogni } x \in \mathbb{R} .$$

4. La *serie armonica* è la serie dei reciproci dei numeri naturali positivi

$$\sum_{n\geq 1} \frac{1}{n} = 1 + \frac{1}{2} + \frac{1}{3} + \frac{1}{4} + \cdots .$$

In questo caso, le somme parziali sono date dai numeri armonici

$$s_n = \sum_{k=1}^{n} \frac{1}{k} = \mathcal{H}_n .$$

Come abbiamo visto, si ha $\mathcal{H}_n \sim \log n$ per $n \to +\infty$. Di conseguenza, si ha che $s_n \to +\infty$ per $n \to +\infty$, ossia la serie armonica diverge a $+\infty$.

5. Nel 1650, Pietro Mengoli [56, Proposizione 17] calcolò la somma della serie

$$\sum_{n\geq 1} \frac{1}{n(n+1)} = \frac{1}{1\cdot 2} + \frac{1}{2\cdot 3} + \frac{1}{3\cdot 4} + \cdots$$

che, per questo motivo, oggi è chiamata *serie di Mengoli*. Le somme parziali sono

$$\begin{aligned} s_n &= \sum_{k=1}^{n} \frac{1}{k(k+1)} = \sum_{k=1}^{n} \left(\frac{1}{k} - \frac{1}{k+1}\right) = \sum_{k=1}^{n} \frac{1}{k} - \sum_{k=1}^{n} \frac{1}{k+1} = \sum_{k=1}^{n} \frac{1}{k} - \sum_{k=2}^{n+1} \frac{1}{k} \\ &= 1 + \sum_{k=2}^{n} \frac{1}{k} - \sum_{k=2}^{n} \frac{1}{k} - \frac{1}{n+1} = 1 - \frac{1}{n+1} \end{aligned}$$

e quindi

$$\lim_{n\to+\infty} s_n = \lim_{n\to+\infty} \left(1 - \frac{1}{n+1}\right) = 1\,.$$

Pertanto, la serie di Mengoli è convergente e converge a 1, ossia

$$\sum_{n\geq 1} \frac{1}{n(n+1)} = 1\,.$$

Dopo aver ottenuto questo risultato, Mengoli considerò la serie più generale

$$\sum_{n\geq 1} \frac{1}{n(n+m)} \qquad m \in \mathbb{N},\ m \geq 1\,.$$

In questo caso, le somme parziali sono

$$\begin{aligned} s_n &= \sum_{k=1}^{n} \frac{1}{k(k+m)} = \sum_{k=1}^{n} \left(\frac{1}{m}\frac{1}{k} - \frac{1}{m}\frac{1}{k+m}\right) = \frac{1}{m}\left(\sum_{k=1}^{n} \frac{1}{k} - \sum_{k=1}^{n} \frac{1}{k+m}\right) \\ &= \frac{1}{m}\left(\mathcal{H}_n - \sum_{k=m+1}^{m+n} \frac{1}{k}\right) = \frac{1}{m}\left(\mathcal{H}_n - \sum_{k=1}^{m+n} \frac{1}{k} + \sum_{k=1}^{m} \frac{1}{k}\right) \\ &= \frac{1}{m}(\mathcal{H}_m + \mathcal{H}_n - \mathcal{H}_{m+n}). \end{aligned}$$

Prendendo il limite per $n \to +\infty$, si ha

$$\lim_{n\to+\infty} s_n = \frac{1}{m}\mathcal{H}_m - \frac{1}{m} \lim_{n\to+\infty} (\mathcal{H}_{m+n} - \mathcal{H}_n).$$

Poiché

$$\begin{aligned} \mathcal{H}_{m+n} - \mathcal{H}_n &= \mathcal{H}_{m+n} - \log(n+m) - \mathcal{H}_n + \log(n+m) \\ &= \mathcal{H}_{m+n} - \log(n+m) - \mathcal{H}_n + \log n\Big(1 + \frac{m}{n}\Big) \end{aligned}$$

$$= (\mathcal{H}_{m+n} - \log(n+m)) - (\mathcal{H}_n - \log n) + \log\left(1 + \frac{m}{n}\right),$$

si ha (usando la definizione della costante di Eulero-Mascheroni)

$$\lim_{n\to+\infty} (\mathcal{H}_{m+n} - \mathcal{H}_n) = \gamma - \gamma = 0\,.$$

Quindi, in conclusione, si ha

$$\sum_{n\geq 1} \frac{1}{n(n+m)} = \frac{1}{m}\mathcal{H}_m \qquad m \in \mathbb{N},\ m \geq 1\,.$$

Mengoli calcolò anche la seguente somma

$$\sum_{n\geq 1} \frac{1}{n(n+1)(n+2)} = \frac{1}{4}$$

e cercò di calcolare anche la somma della serie

$$\sum_{n\geq 1} \frac{1}{n^2}$$

senza però ottenere alcun risultato. Vedremo più avanti la storia di quest'ultima serie.

6. Consideriamo la serie

$$\sum_{n\geq 1} \left(\frac{1}{n} - \log\left(1 + \frac{1}{n}\right)\right).$$

Le somme parziali sono

$$\begin{aligned} s_n &= \sum_{k=1}^{n} \left(\frac{1}{k} - \log\left(1 + \frac{1}{k}\right)\right) = \sum_{k=1}^{n} \frac{1}{k} - \sum_{k=1}^{n} \log\frac{k+1}{k} \\ &= \mathcal{H}_n - \sum_{k=1}^{n} \log(k+1) + \sum_{k=1}^{n} \log k = \mathcal{H}_n - \sum_{k=2}^{n+1} \log k + \sum_{k=2}^{n} \log k \\ &= \mathcal{H}_n - \log(n+1) - \sum_{k=2}^{n} \log k + \sum_{k=2}^{n} \log k \\ &= \mathcal{H}_n - \log n\left(1 + \frac{1}{n}\right) = \mathcal{H}_n - \log n - \log\left(1 + \frac{1}{n}\right). \end{aligned}$$

Pertanto, si ha

$$\lim_{n\to+\infty} s_n = \lim_{n\to+\infty} (\mathcal{H}_n - \log n) = \gamma$$

dove γ è la costante di Eulero-Mascheroni. In conclusione, abbiamo la seguente identità dovuta ad Eulero

$$\sum_{n\geq 1} \left(\frac{1}{n} - \log\left(1 + \frac{1}{n}\right)\right) = \gamma\,.$$

7. Le somme parziali la serie

$$\sum_{n\geq 0}(-1)^n = 1-1+1-1+1-1+\cdots,$$

detta *serie di Grandi*, sono

$$s_n = \sum_{k=0}^{n}(-1)^k = 1-1+1-1+\cdots+(-1)^n = \begin{cases} 1 & \text{per } n \text{ pari} \\ 0 & \text{per } n \text{ dispari.} \end{cases}$$

Quindi il limite $\lim_{n\to+\infty} s_n$ non esiste e la serie è indeterminata.

Analogamente, le somme parziali della serie

$$\sum_{n\geq 1}(-1)^{n-1}n = 1-2+3-4+5-6+\cdots$$

sono $s_1 = 1$, $s_2 = 1-2 = -1$, $s_3 = -1+3 = 2$, $s_4 = 2-4 = -2$, $s_5 = -2+5 = 3$, $s_6 = 3-6 = -3$, $s_7 = -3+7 = 4$, $s_8 = 4-8 = -4, \ldots$ A questo punto, possiamo facilmente congetturare che vale la formula

$$s_n = (-1)^{n-1}\left\lceil \frac{n}{2} \right\rceil \qquad n \in \mathbb{N}$$

che possiamo poi facilmente dimostrarla per induzione. Anche in questo caso, quindi, il limite $\lim_{n\to+\infty} s_n$ non esiste e la serie è indeterminata.

7.1.2 Serie telescopiche

In generale, il problema di calcolare il valore esatto di una serie è piuttosto complesso. Tuttavia, per alcune serie particolari, come abbiamo visto negli esempi iniziali, è possibile calcolare esplicitamente il loro valore. Questo accade quando le somme parziali non sono troppo complicate ed è possibile calcolarle in modo esplicito, come nel caso delle serie geometriche. Un secondo caso, in cui questo calcolo è molto semplice, è quello delle serie telescopiche (e delle serie telescopiche generalizzate).

Una serie $\sum_{n\geq 0} a_n$ è *telescopica* quando esiste una successione $\{b_n\}_{n\geq 0}$ tale che $a_n = b_n - b_{n+1}$.

Teorema 526. *La serie telescopica* $\sum_{n\geq n_0} a_n$, *con* $a_n = b_n - b_{n+1}$, *ha lo stesso carattere della successione* $\{b_n\}_{n\geq n_0}$. *Più precisamente, si ha*

$$\sum_{n\geq n_0} a_n = b_{n_0} - \lim_{n\to+\infty} b_n .$$

In particolare, la serie telescopica converge se e solo se converge la successione $\{b_n\}_{n\geq 0}$.

Dimostrazione. Per semplicità assumiamo $n_0 = 0$ (a meno di un cambiamento dell'indice possiamo sempre ricondurci a questa situazione). Le somme parziali sono

$$s_n = \sum_{k=0}^{n} a_k = \sum_{k=0}^{n}(b_k - b_{k+1}) = \sum_{k=0}^{n} b_k - \sum_{k=0}^{n} b_{k+1} = \sum_{k=0}^{n} b_k - \sum_{k=1}^{n+1} b_k$$

$$= b_0 + \sum_{k=1}^{n} b_k - \sum_{k=1}^{n} b_k - b_{n+1} = b_0 - b_{n+1}$$

e quindi

$$\lim_{n\to+\infty} s_n = b_0 - \lim_{n\to+\infty} b_{n+1} = b_0 - \lim_{n\to+\infty} b_n\,.$$

Pertanto, il carattere della successione delle somme parziali coincide con quello della successione $\{b_n\}_{n\geq n_0}$. □

ESEMPI

1. La serie di Mengoli è un esempio di serie telescopica, come abbiamo visto negli esempi iniziali. La serie geometrica è un secondo esempio di serie telescopica. Infatti, per $q \neq 1$, il termine generale può essere scritto come

$$a_n = q^n = q^n \frac{1-q}{1-q} = \frac{q^n - q^{n+1}}{1-q} = \frac{1 - q^{n+1} - 1 + q^n}{1-q} = \frac{q^n}{1-q} - \frac{q^{n+1}}{1-q}\,.$$

Do conseguenza, la serie geometrica di ragione q è una serie telescopica con

$$b_n = \frac{q^n}{1-q}\,.$$

Quindi, come abbiamo già visto, il carattere della serie $\sum_{n\geq 0} q^n$ è equivalente al carattere della successione $\{q^n\}_{n\geq 0}$. In particolare, quando $|q| < 1$, su ritrova che

$$\sum_{n\geq 0} q^n = b_0 - \lim_{n\to+\infty} b_n = \frac{1}{1-q}\,.$$

2. Consideriamo la serie

$$\sum_{n\geq 1} \frac{1}{4n^2 - 1}\,.$$

Usando la decomposizione di una espressione razionale (con denominatore a radici distinte) in frazioni semplici, il termine generale della serie può essere scritto nel modo seguente

$$a_n = \frac{1}{4n^2-1} = \frac{1}{(2n-1)(2n+1)} = \frac{1}{2}\frac{1}{2n-1} - \frac{1}{2}\frac{1}{2n+1}\,.$$

Abbiamo così una serie telescopica con $b_n = \frac{1}{2}\frac{1}{2n-1}$ e quindi

$$\sum_{n\geq 1} \frac{1}{4n^2-1} = b_1 - \lim_{n\to+\infty} b_n = \frac{1}{2}\,.$$

3. Consideriamo la serie
$$\sum_{n\geq 1} \frac{\sqrt{n+1}-\sqrt{n}}{\sqrt{n^2+n}}\,.$$
Poiché il termine generale è
$$a_n = \frac{\sqrt{n+1}-\sqrt{n}}{\sqrt{n(n+1)}} = \frac{\sqrt{n+1}}{\sqrt{n(n+1)}} - \frac{\sqrt{n}}{\sqrt{n(n+1)}} = \frac{1}{\sqrt{n}} - \frac{1}{\sqrt{n+1}}\,,$$
abbiamo una serie telescopica rispetto a $b_n = \frac{1}{\sqrt{n}}$. Quindi, si ha
$$\sum_{n\geq 1} \frac{\sqrt{n+1}-\sqrt{n}}{\sqrt{n^2+n}} = b_1 - \lim_{n\to+\infty} b_n = 1\,.$$

4. Consideriamo la serie
$$\sum_{n\geq 1} \frac{n^2+3n}{(n^2+1)(n^2+2n+2)}\,.$$
Usando la decomposizione di una frazione in frazioni semplici, si ha che il termine generale può essere scritto nel modo seguente
$$a_n = \frac{n^2+3n}{(n^2+1)(n^2+2n+2)} = \frac{n+1}{n^2+1} - \frac{n+2}{(n+1)^2+1}\,.$$
Quindi, anche in questo caso si ha una serie telescopica, con $b_n = \frac{n+1}{n^2+1}$, e
$$\sum_{n\geq 1} \frac{n^2+3n}{(n^2+1)(n^2+2n+2)} = b_0 - \lim_{n\to+\infty} b_n = 1\,.$$

5. Consideriamo la serie
$$\sum_{n\geq 1} \log\Big(1+\frac{1}{n}\Big)\,.$$
In questo caso, il termine generale è
$$a_n = \log\Big(1+\frac{1}{n}\Big) = \log\frac{n+1}{n} = \log(n+1) - \log n\,.$$
Abbiamo quindi una serie telescopica con $b_n = -\log n$. Di conseguenza, la serie è divergente, essendo
$$\sum_{n\geq 1} \log\Big(1+\frac{1}{n}\Big) = b_1 - \lim_{n\to+\infty} b_n = +\infty\,.$$

Ci sono molte serie che a prima vista non sembrano telescopiche, ma che possono essere facilmente ricondotte a serie telescopiche. Un primo semplice, ma utile, caso è il seguente.

Teorema 527. *Sia* $\{b_n\}_{n\geq n_0}$ *una successione infinitesima. Allora la serie* $\sum_{n\geq n_0}(-1)^n a_n$*, dove* $a_n = b_n + b_{n+1}$*, è convergente e converge a* b_{n_0}.

Dimostrazione. Poiché il termine generale della serie è

$$A_n = (-1)^n a_n = (-1)^n(b_n + b_{n+1}) = (-1)^n b_n - (-1)^{n+1} b_{n+1} = B_n - B_{n+1},$$

si ha una serie telescopica per $B_n = (-1)^n b_n$. Pertanto, essendo $\{b_n\}_{n\geq 0}$ una successione infinitesima, si ha

$$\sum_{n\geq n_0}(-1)^n a_n = B_{n_0} - \lim_{n\to+\infty} B_n = b_{n_0}.$$

□

ESEMPIO 528. Consideriamo la serie

$$\sum_{n\geq 1}(-1)^n \frac{2n^2+2n+1}{n^2(n+1)^2}.$$

Poiché

$$a_n = \frac{2n^2+2n+1}{n^2(n+1)^2} = \frac{n^2+(n+1)^2}{n^2(n+1)^2} = \frac{1}{(n+1)^2} + \frac{1}{n^2}.$$

Si ha così una serie telescopica rispetto a $b_n = \frac{(-1)^n}{n^2}$. Poiché $b_n \to 0$ per $n \to +\infty$ e $b_0 = 1$, si ha

$$\sum_{n\geq 1}(-1)^n \frac{2n^2+2n+1}{n^2(n+1)^2} = 1.$$

Vediamo ora alcuni casi più elaborati di serie che possono essere ricondotte a serie telescopiche. Sia $m \in \mathbb{N}$, $m \geq 1$. Una serie $\sum_{n\geq 0} a_n$ è m-*telescopica* quando esiste una successione $\{b_n\}_{n\geq 0}$ tale che $a_n = b_n - b_{n+m}$. Per $m = 1$, si ha il caso delle serie telescopiche già considerate. In realtà, anche per $m \geq 2$ si hanno ancora delle serie telescopiche, come dimostreremo nel seguente teorema.

Teorema 529. *La serie* m*-telescopica* $\sum_{n\geq n_0} a_n$*, con* $a_n = b_n - b_{n+m}$*, ha lo stesso carattere della successione* $\{b_n\}_{n\geq n_0}$*. Più precisamente, si ha*

$$\sum_{n\geq n_0} a_n = b_{n_0} + b_{n_0+1} + \cdots + b_{n_0+m-1} - m \lim_{n\to+\infty} b_n.$$

Dimostrazione. Il termine generale della serie m-telescopica può essere scritto nel seguente modo

$$a_n = b_n - b_{n+m} = b_n + b_{n+1} + \cdots + b_{n+m-1} - b_{n+1} - \cdots - b_{n+m-1} - b_{n+m} = B_n - B_{n+1}$$

dove $B_n = b_n + b_{n+1} + \cdots + b_{n+m-1}$. Abbiamo così, anche in questo caso, una serie telescopica. Quindi

$$\begin{aligned}\sum_{n\geq n_0} a_n &= B_{n_0} - \lim_{n\to+\infty} B_n \\ &= b_{n_0} + b_{n_0+1} + \cdots + b_{n_0+m-1} - \lim_{n\to+\infty}(b_n + b_{n+1} + \cdots + b_{n+m-1}) \\ &= b_{n_0} + b_{n_0+1} + \cdots + b_{n_0+m-1} - \Big(\lim_{n\to+\infty} b_n + \lim_{n\to+\infty} b_{n+1} + \cdots + \lim_{n\to+\infty} b_{n+m-1}\Big) \\ &= b_{n_0} + b_{n_0+1} + \cdots + b_{n_0+m-1} - m \lim_{n\to+\infty} b_n\,.\end{aligned}$$

Pertanto, il carattere della serie m-telescopica coincide con il carattere della successione $\{b_n\}_{n\geq n_0}$. □

ESEMPIO 530. Fissato $m \in \mathbb{N}$, $m \geq 1$, consideriamo la serie

$$\sum_{n\geq m+1} \frac{1}{n^2 - m^2}\,.$$

Il termine generale è

$$a_n = \frac{1}{n^2 - m^2} = \frac{1}{(n-m)(n+m)} = \frac{1}{2m}\,\frac{1}{n-m} - \frac{1}{2m}\,\frac{1}{n+m}\,.$$

Abbiamo così una serie $2m$-telescopica con $b_n = \frac{1}{2m}\,\frac{1}{n-m}$, e quindi

$$\begin{aligned}\sum_{n\geq m+1} \frac{1}{n^2 - m^2} &= b_{m+1} + \cdots + b_{m+1+2m-1} - m \lim_{n\to+\infty} b_n = b_{m+1} + \cdots + b_{3m} \\ &= \sum_{k=1}^{2m} b_{m+k} = \sum_{k=1}^{2m} \frac{1}{2m}\,\frac{1}{m+k-m} = \frac{1}{2m} \sum_{k=1}^{2m} \frac{1}{k} = \frac{1}{2m}\,\mathcal{H}_{2m}\,.\end{aligned}$$

Un altro caso interessante è il seguente. Una serie $\sum_{n\geq 0} a_n$ è Δ^2-*telescopica* quando esiste una successione $\{b_n\}_{n\geq 0}$ tale che $a_n = b_n - 2b_{n+1} + b_{n+2}$. In realtà, anche queste serie sono serie telescopiche, come vedremo nel seguente teorema.

Teorema 531. *La serie Δ^2-telescopica $\sum_{n\geq n_0} a_n$, con $a_n = b_n - 2b_{n+1} + b_{n+2}$, ha lo stesso carattere della successione $\{b_n - b_{n+1}\}_{n\geq n_0}$. Più precisamente, si ha*

$$\sum_{n\geq n_0} a_n = b_{n_0} - b_{n_0+1} - \lim_{n\to+\infty}(b_n - b_{n+1})\,.$$

Dimostrazione. Il termine generale della serie Δ^2-telescopica può essere scritto nel seguente modo

$$a_n = b_n - 2b_{n+1} + b_{n+2} = (b_n - b_{n+1}) - (b_{n+1} - b_{n+2}) = B_n - B_{n+1}$$

dove $B_n = b_n - b_{n+1}$. Abbiamo così una serie telescopica rispetto a B_n. Quindi

$$\sum_{n\geq n_0} a_n = B_{n_0} - \lim_{n\to+\infty} B_n = b_{n_0} - b_{n_0+1} - \lim_{n\to+\infty}(b_n - b_{n+1})\,.$$

Pertanto, il carattere della serie Δ^2-telescopica coincide con il carattere della successione $\{b_n - b_{n+1}\}_{n\geq n_0}$. □

ESEMPIO 532. Consideriamo la serie

$$\sum_{n\geq 2} \log\left(1-\frac{1}{n^2}\right).$$

Poiché il termine generale è

$$a_n = \log\left(1-\frac{1}{n^2}\right) = \log\frac{n^2-1}{n^2} = \log(n^2-1)-\log n^2 = \log(n-1)-2\log n+\log(n+1),$$

abbiamo una serie Δ^2-telescopica rispetto a $b_n = \log(n-1)$. Pertanto, abbiamo

$$\begin{aligned}\sum_{n\geq 2} \log\left(1-\frac{1}{n^2}\right) &= b_2 - b_3 - \lim_{n\to+\infty}(b_n - b_{n+1}) \\ &= \log 1 - \log 2 - \lim_{n\to+\infty}(\log(n-1) - \log n) \\ &= -\log 2 - \lim_{n\to+\infty} \log\frac{n-1}{n} = -\log 2 - \log 1\end{aligned}$$

ossia

$$\sum_{n\geq 2} \log\left(1-\frac{1}{n^2}\right) = -\log 2.$$

In generale possiamo dire che una serie $\sum_{n\geq 0} a_n$ è Δ^m-*telescopica*, con $m \in \mathbb{N}$, $m \geq 1$, quando esiste una successione $\{b_n\}_{n\geq 0}$ tale che

$$a_n = \Delta^m b_n = \sum_{k=0}^{m} \binom{m}{k}(-1)^k b_{n+k}.$$

Così, per $m = 1$, abbiamo le serie telescopiche. Per $m = 2$, abbiamo le serie che abbiamo appena considerato qui sopra. Per $m = 3$, abbiamo le serie il cui termine generale è

$$a_n = b_n - 3b_{n+1} + 3b_{n+2} - b_{n+3} = (b_n - 2b_{n+1} + b_{n+2}) - (b_{n+1} - 2b_{n+2} + b_{n+3}).$$

Per $m = 4$, abbiamo le serie il cui termine generale è

$$\begin{aligned}a_n &= b_n - 4b_{n+1} + 6b_{n+2} - 4b_{n+3} + b_{n+4} \\ &= (b_n - 3b_{n+1} + 3b_{n+2} - b_{n+4}) - (b_{n+1} - 3b_{n+2} + 3b_{n+3} - b_{n+4}).\end{aligned}$$

In tutti questi esempi, possiamo sempre ridurci a una serie telescopica. Questo è sempre vero, grazie a una proprietà dei coefficienti binomiali.

Teorema 533. *La serie* Δ^m*-telescopica* $\sum_{n\geq n_0} a_n$*, con* $a_n = \Delta^m b_n$*, ha lo stesso carattere della successione* $\{\Delta^{m-1} b_n\}_{n\geq n_0}$*. Più precisamente, si ha*

$$\sum_{n\geq n_0} a_n = \Delta^{m-1} b_{n_0} - \lim_{n\to+\infty} \Delta^{m-1} b_n.$$

Dimostrazione. Usando la ricorrenza fondamentale dei coefficienti binomiali, possiamo scrivere il termine generale della serie Δ^m-telescopica nel seguente modo

$$\begin{aligned}
a_n = \Delta^m b_n &= \sum_{k=0}^{m} \binom{m}{k} (-1)^k b_{n+k} = \sum_{k=0}^{m} \left(\binom{m-1}{k} + \binom{m-1}{k-1} \right) (-1)^k b_{n+k} \\
&= \sum_{k=0}^{m-1} \binom{m-1}{k} (-1)^k b_{n+k} + \sum_{k=1}^{m} \binom{m-1}{k-1} (-1)^k b_{n+k} \\
&= \sum_{k=0}^{m-1} \binom{m-1}{k} (-1)^k b_{n+k} - \sum_{k=0}^{m-1} \binom{m-1}{k} (-1)^k b_{n+1+k} \\
&= \Delta^{m-1} b_n - \Delta^{m-1} b_{n+1} = B_n - B_{n+1} \,.
\end{aligned}$$

Abbiamo così una serie telescopica rispetto a $B_n = \Delta^{m-1} b_n$. Quindi

$$\sum_{n \geq n_0} a_n = B_{n_0} - \lim_{n \to +\infty} B_n = \Delta^{m-1} b_{n_0} - \lim_{n \to +\infty} \Delta^{m-1} b_n \,.$$

Pertanto, il carattere della serie Δ^m-telescopica coincide con il carattere della successione $\{\Delta^{m-1} b_n\}_{n \geq n_0}$. □

7.1.3 Il teorema di Archimede

Nel terzo secolo a.C., Archimede scrive un trattato intitolato *Quadratura della parabola* dove calcola l'area di un segmento parabolico. Nella prima parte del trattato, Archimede dimostra che l'area del segmento parabolico è uguale a quattro terzi dell'area di un triangolo avente la stessa base e uguale altezza usando il metodo di esaustione[1]. Questa dimostrazione, però, è piuttosto lunga e complessa. Nell'ultima parte del trattato, invece, usa un approccio diverso che gli consente di riottenere lo stesso risultato, ma in modo molto più semplice. Decompone il segmento parabolico in infiniti triangoli, di cui conosce l'area, e poi somma le aree di tutti questi triangoli, ottenendo l'area del segmento parabolico. Dunque, calcola la somma di una serie, che, come vedremo, è una serie geometrica.

Naturalmente, questo problema oggi può essere facilmente risolto usando il calcolo integrale. Qui, però, ci interessa il metodo di Archimede e vedere come un problema geometrico può portare in modo naturale al calcolo di una serie. La dimostrazione che verdiremo qui di seguito non è quella originale di Archimede, perché usa il calcolo differenziale e la geometria analitica, ma l'approccio è lo stesso.

Iniziamo col ricordare che un *segmento parabolico* è la regione P individuata da una parabola γ e da una retta r che passa per due suoi punti A e B

[1] Il *metodo di esaustione* era il metodo rigoroso che nell'antichità era comunemente usato per calcolare l'area di una figura piana F. Il metodo consisteva nel costruire una successione di poligoni P_n che, al crescere di n, approssimassero sempre di più la figura F, in modo che $\mathscr{A}(P_n) \to \mathscr{A}(F)$ per $n \to +\infty$. Questo metodo è alla base del moderno calcolo integrale.

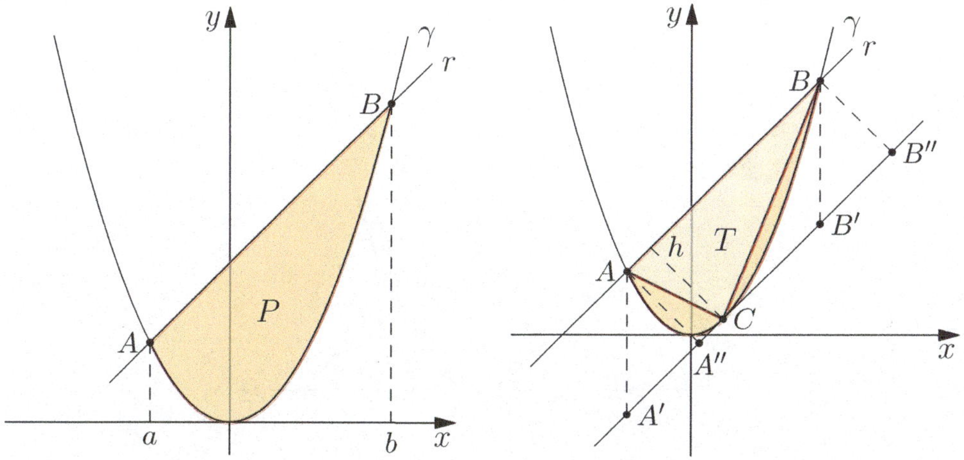

(a) Segmento parabolico.

(b) Il triangolo inscritto nel segmento parabolico.

Figura 7.1: Teorema di Archimede

(si veda la Figura 7.1a). Per semplicità, fissiamo un sistema di riferimento in modo che la parabola γ abbia equazione $y = mx^2$ e che i due punti siano $A \equiv (a, ma^2)$ e $B \equiv (b, mb^2)$, con $a < b$.

Si tratta ora di scegliere un opportuno triangolo inscritto nel segmento parabolico. Per far questo, consideriamo la retta tangente a γ parallela alla retta r (si veda la Figura 7.1b). Per come abbiamo fissato il sistema di riferimento, la parabola γ è descritta dalla funzione $f : [a, b] \to \mathbb{R}$, definita da $f(x) = mx^2$. Per il teorema di Lagrange sappiamo che la retta r esiste e che, nel caso della parabola, è unica. Inoltre, sappiamo che il punto di tangenza è il punto

$$C \equiv \left(\frac{a+b}{2}, m\left(\frac{a+b}{2}\right)^2\right).$$

Consideriamo ora il triangolo T di vertici ABC, il parallelogrammo G di vertici $ABB'A'$ e il rettangolo R di vertici $ABB''A''$. Allora, l'area del triangolo T è data da

$$\mathscr{A}(T) = \frac{1}{2}\,\mathrm{d}(A, B)\,h = \frac{1}{2}\,\mathscr{A}(G) = \frac{1}{2}\,\mathscr{A}(R)$$

dove h è la distanza di C dalla retta r, ossia è l'altezza del segmento parabolico P e del rettangolo R.

A questo punto, posto $T_0 = T$, consideriamo i due segmenti parabolici P_1' e P_1'' individuati rispettivamente dalle rette AC e BC, e consideriamo i due triangoli T_1' e T_1'' costruiti come nel passo precedente. Pertanto, T_1' è il triangolo di vertici ACC' e T_2' è il triangolo di vertici BCC'', dove

$$C' \equiv \left(\frac{3a+b}{4}, m\left(\frac{3a+b}{4}\right)^2\right) \quad \text{e} \quad C'' \equiv \left(\frac{a+3b}{4}, m\left(\frac{a+3b}{4}\right)^2\right).$$

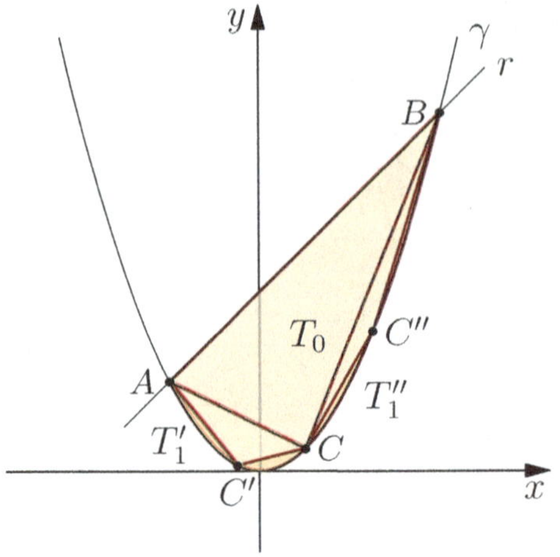

Figura 7.2: I triangoli T_1' e T_2'.

Si tratta ora di calcolare l'area di questi tre triangoli.

Come vedremo in seguito (quando studieremo i vettori), l'area (con segno) di un triangolo T di vertici $A \equiv (a_1, a_2)$, $B \equiv (b_1, b_2)$ e $C \equiv (c_1, c_2)$ può essere espressa mediante la seguente formula determinantale

$$\mathscr{A}(T) = \frac{1}{2}\begin{vmatrix} a_1 & a_2 & 1 \\ b_1 & b_2 & 1 \\ c_1 & c_2 & 1 \end{vmatrix} = \frac{1}{2}(a_1b_2 + a_2c_1 + b_1c_2 - a_2b_1 + a_1c_2 - b_2c_1)\,.$$

Per avere l'area senza segno, basta prendere il valore assoluto di $\mathscr{A}(T)$ (o ordinare i vertici in senso antiorario).

Iniziamo a calcolare l'area del triangolo T_0, di vertici ABC. Posto $c = (a+b)/2$, si ha

$$\begin{aligned}
\mathscr{A}(T_0) = \mathscr{A}(ABC) &= -\frac{1}{2}\begin{vmatrix} a & ma^2 & 1 \\ b & mb^2 & 1 \\ c & mc^2 & 1 \end{vmatrix} = -\frac{m}{2}\begin{vmatrix} a & a^2 & 1 \\ b & b^2 & 1 \\ c & c^2 & 1 \end{vmatrix} \\
&= -\frac{m}{2}(ab^2 + a^2c + bc^2 - a^2b - ac^2 - b^2c) \\
&= -\frac{m}{2}(a^2(c-b) + b^2(a-c) + c^2(b-a)) \\
&= -\frac{m}{2}\left(a^2\,\frac{a-b}{2} + b^2\,\frac{a-b}{2} + \left(\frac{a+b}{2}\right)^2(b-a)\right) \\
&= \frac{m}{8}\,(b-a)\,(2(a^2+b^2) - (a+b)^2) = \frac{m}{8}\,(b-a)\,(a^2 - 2ab + b^2) = \frac{m}{8}\,(b-a)^3\,.
\end{aligned}$$

Si noti che questa formula dipende solo dalle ascisse dei due punti A e B. Di conseguenza, si ha

$$\mathscr{A}(T_1') = \mathscr{A}(ACC') = \frac{m}{8}\left(\frac{a+b}{2} - a\right)^3 = \frac{m}{64}\,(b-a)^3 = \frac{1}{8}\,\mathscr{A}(T_0)$$

$$\mathscr{A}(T_1'') = \mathscr{A}(BCC') = \frac{m}{8}\left(b - \frac{a+b}{2}\right)^3 = \frac{m}{64}(b-a)^3 = \frac{1}{8}\mathscr{A}(T_0).$$

Pertanto, i due triangoli T_1' e T_1'' hanno la stessa area e questa area è un ottavo dell'area del triangolo iniziale T_0.

Ripetiamo ora questa procedura a partire dai segmenti parabolici P_1' e P_1'' e andiamo avanti in questo modo. Al passo n-esimo avremo 2^n triangoli T_n che hanno tutti la stessa area uguale a un ottavo dell'area dei triangoli ottenuti al passo precedente. Pertanto, abbiamo

$$\mathscr{A}(T_n) = \frac{1}{8}\mathscr{A}(T_{n-1}) = \frac{1}{8^2}\mathscr{A}(T_{n-2}) = \cdots = \frac{1}{8^n}\mathscr{A}(T_0)$$

e quindi

$$\mathscr{A}(P) = \sum_{n\geq 0} 2^n \mathscr{A}(T_n) = \sum_{n\geq 0} 2^n \frac{1}{8^n}\mathscr{A}(T_0) = \sum_{n\geq 0} \frac{1}{4^n}\mathscr{A}(T_0).$$

Abbiamo così una serie geometrica di ragione $1/4$. Questa serie converge e quindi si ha

$$\mathscr{A}(P) = \frac{1}{1-1/4}\mathscr{A}(T_0) = \frac{4}{3}\mathscr{A}(T_0).$$

Poiché $\mathscr{A}(T) = \frac{1}{2}\mathscr{A}(R)$, abbiamo il teorema di Arhimede

$$\mathscr{A}(P) = \frac{2}{3}\mathscr{A}(R).$$

Ma come ha fatto Archimede a calcolare la serie geometrica che abbiamo ottenuto? La calcolò in un modo puramente geometrico decomponendo opportunamente un quadrato Q di lato 1. Suddividiamo Q in quattro quadrati e continuiamo

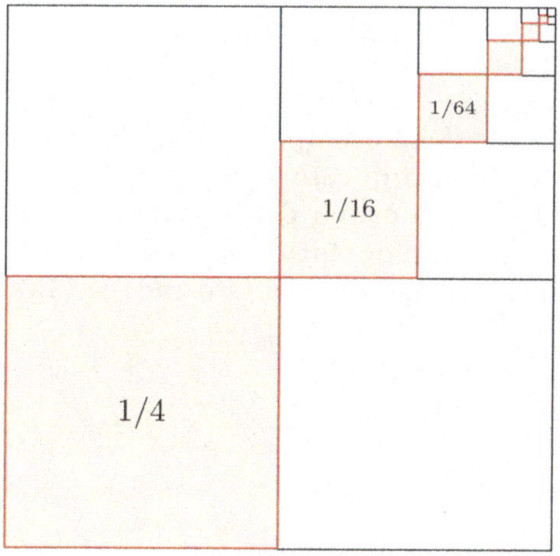

Figura 7.3: Calcolo della serie geometrica.

in questo modo a partire dal quadrato in alto a destra (si veda la Figura 7.3). Si ottiene così una successione di quadrati Q_1, Q_2, Q_3, ... (i quadrati colorati in figura), che hanno rispettivamente area $1/4$, $1/16$, $1/64$, ... In generale, il quadrato Q_n ha area $1/4^n$. Si ottiene anche una successione di coppie di quadrati (Q_1', Q_1''), (Q_2', Q_2''), (Q_3', Q_3''), ... (i quadrati in alto a sinistra e in basso a desrta), tali che $\mathscr{A}(Q_1') + \mathscr{A}(Q_1'') = 2\mathscr{A}(Q_n) = 2/4^n$. L'insieme di tutti questi quadrati realizza una copertura del quadrato Q di partenza. Quindi, si ha

$$\sum_{n\geq 1} \frac{1}{4^n} + \sum_{n\geq 1} \frac{2}{4^n} = 1, \qquad \text{ossia} \quad 3\sum_{n\geq 0} \frac{1}{4^n} = 1 + 3,$$

da cui si ricava

$$\sum_{n\geq 0} \frac{1}{4^n} = \frac{4}{3}.$$

7.1.4 Serie armoniche e numeri armonici

La serie armonica

$$\sum_{n\geq 1} \frac{1}{n}$$

ha come somme parziali i numeri armonici

$$\mathcal{H}_n = \sum_{k=1}^{n} \frac{1}{k} = 1 + \frac{1}{2} + \frac{1}{3} + \cdots + \frac{1}{n}.$$

I primi valori di questi numeri (per $1 \leq n \leq 15$) sono

$$1, \frac{3}{2}, \frac{11}{6}, \frac{25}{12}, \frac{137}{60}, \frac{49}{20}, \frac{363}{140}, \frac{761}{280}, \frac{7129}{2520}, \frac{7381}{2520}, \frac{83711}{27720}, \frac{86021}{27720}, \frac{1145993}{360360},$$

$$\frac{1171733}{360360}, \frac{1195757}{360360}.$$

Come abbiamo visto in uno degli esempi iniziali, la serie armonica diverge poiché divergono le somme parziali e questo è dovuto al fatto che $\mathcal{H}_n \sim \log n$ per $n \to +\infty$. La serie armonica è una delle prime serie che è stata studiata ed esistono svariate dimostrazioni del fatto che essa diverge [46]. La dimostrazione più antica di questo fatto risale a Nicola Oresme (ca. 1323-1382) [64, 7]. Poiché $\log(1+x) \leq x$ per ogni $x \geq 0$, si ha

$$\sum_{k=1}^{n} \frac{1}{k} \geq \sum_{k=1}^{n} \log\left(1 + \frac{1}{k}\right) = \sum_{k=1}^{n} \log \frac{k+1}{k} = \sum_{k=1}^{n} (\log(k+1) - \log k) = \log(n+1)$$

e quindi

$$\sum_{k\geq 1} \frac{1}{k} \geq \lim_{n\to+\infty} \log(n+1) = +\infty.$$

Abbiamo poi visto che esistono anche serie simili alla serie armonica che invece convergono, come accade, ad esempio, con la serie di Mengoli

$$\sum_{m\geq 1} \frac{1}{n(n+1)} = 1\,.$$

Questo accade anche per la serie

$$\sum_{n\geq 1} \frac{1}{n^2}\,.$$

Infatti, per $n \geq 2$, si ha

$$s_n = \sum_{k=1}^{n} \frac{1}{k^2} = 1 + \sum_{k=2}^{n} \frac{1}{k^2} \leq 1 + \sum_{k=2}^{n} \frac{1}{k(k-1)} = 1 + \sum_{k=1}^{n-1} \frac{1}{k(k+1)}$$

e quindi, facendo tendere n a $+\infty$,

$$\sum_{n\geq 1} \frac{1}{k^2} \leq 1 + \sum_{n\geq 1} \frac{1}{n(n+1)}\,.$$

A secondo membro compare la serie di Mengoli che, come abbiamo visto, vale 1. Pertanto

$$\sum_{n\geq 1} \frac{1}{k^2} \leq 2\,.$$

In modo analogo, si ha

$$s_n = \sum_{k=1}^{n} \frac{1}{k^2} \geq \sum_{k=1}^{n} \frac{1}{k(k+1)}$$

e quindi, facendo tendere n a $+\infty$ e usando ancora la serie di Mengoli, si ha

$$\sum_{n\geq 1} \frac{1}{n^2} \geq \sum_{n\geq 1} \frac{1}{n(n+1)} = 1\,.$$

Abbiamo così le seguenti limitazioni

$$1 \leq \sum_{n\geq 1} \frac{1}{k^2} \leq 2\,.$$

Lo stesso Pietro Mengoli, nel 1644, propose il problema di calcolare esplicitamente la somma di questa serie. Fu poi reso popolare da Jacob Bernoulli nel 1689 e oggi è noto come *problema di Basilea*. I migliori matematici del tempo cercarono di risolverlo, senza però riuscirvi. Il problema fu risolto da Eulero nel 1734, con un elaborato calcolo, non del tutto rigoroso per quei tempi, con cui ottenne l'identità

$$\sum_{n\geq 1} \frac{1}{n^2} = \frac{\pi^2}{6} \approx 1.644934\,.$$

Oggi esistono numerose dimostrazioni rigorose di questa identità. Una delle dimostrazioni classiche è quella che usa la teoria delle serie di Fourier. Un'altra, più elementare ma più laboriosa, usa gli integrali doppi.

Dopo il successo che ebbe nel calcolare la serie precedente, Eulero cercò di calcolare anche la somma della serie

$$\sum_{n\geq 1} \frac{1}{n^3} .$$

Questa volta, però, non ci riuscì. Riuscì soltanto a calcolare la serie

$$\sum_{n\geq 1} \frac{(-1)^n}{(2n+1)^3} = \frac{\pi^3}{32} .$$

La somma della serie $\sum_{n\geq 1} \frac{1}{n^3}$ si indica con $\zeta(3)$ e si chiama *costante di Apéry*. Il nome deriva dal fatto che Roger Apéry, nel 1979, ha dimostrato che questa costante è un numero irrazionale. Invece, il problema di esprimere $\zeta(3)$ mediante costanti matematiche note è tuttora aperto (cosa che giustifica ampiamente l'insuccesso di Eulero). Esistono molte rappresentazioni di $\zeta(3)$ mediante altre serie o mediante integrali. Ad esempio, si ha

$$\zeta(3) = \frac{8}{7} \sum_{n\geq 0} \frac{1}{(2n+1)^3} \qquad \text{e} \qquad \zeta(3) = \frac{4}{3} \sum_{n\geq 0} \frac{(-1)^n}{(n+1)^3} .$$

In realtà, Eulero studiò, più in generale, le serie *serie armoniche generalizzate*

$$\sum_{n\geq 1} \frac{1}{n^t} \qquad t \in \mathbb{R}$$

che, come vedremo più avanti, convergono per $t > 1$ e divergono per $t \leq 1$. L'interesse di Eulero per queste serie deriva dal fatto che esse svolgono un ruolo importante nella teoria dei numeri. Infatti, nel 1737, Eulero dimostrò che questa serie può essere espressa come un prodotto infinito sull'insieme $\mathcal{P}$ dei numeri primi. Più precisamente, dimostrò la seguente identità (*prodotto di Eulero*)

$$\sum_{n\geq 1} \frac{1}{n^t} = \prod_{p\in\mathcal{P}} \frac{1}{1-p^{-t}} .$$

Dimostrò anche, sempre nel 1737, che la serie dei reciproci dei numeri primi diverge anch'essa come la serie armonica, ossia

$$\sum_{p\in\mathcal{P}} \frac{1}{p} = +\infty .$$

Queste serie furono poi riprese da Bertrand Riemann che nel 1859 mostrò l'esistenza di una relazione tra gli zeri della funzione

$$\zeta(s) = \sum_{n\geq 1} \frac{1}{n^s} \qquad s \in \mathbb{C}$$

e la distribuzione dei numeri primi. Per questo motivo, la funzione $\zeta(s)$ è detta *funzione zeta di Riemann.*. Si può dimostrare che la serie $\zeta(s)$ converge quando $\mathrm{Re}\,(s) > 1$ e si può dimostrare che la funzione definita da questa serie si puè estendere ad un'unica funzione analitica $\zeta(s)$ definita per ogni $s \in \mathbb{C}$, $s \neq 1$. La funzione di Riemann è poi legata alla famosa *ipotesi di Riemann* (o *congettura di Riemann*), tuttora aperta. Senza entrare troppo nei dettagli, questa ipotesi congettura che gli zeri non banali della funzione $\zeta(s)$ si trovano tutti sulla retta di equazione $x = 1/2$. Gli zeri banali di $\zeta(s)$ si trovano nei punti $s = -2n$ con $n \in \mathbb{N}$, $n \geq 2$. Si conoscono altri valori della funzione di Riemann. Ad esempio, nel 1740 Eulero [29] trovò la seguente identità

$$\zeta(2n) = (-1)^{n+1}\frac{(2\pi)^{2n}}{2(2n)!}B_{2n} \qquad n \in \mathbb{N}, n \geq 1 \tag{7.1}$$

dove i B_n sono i *numeri di Bernoulli*. Questi numeri furono introdotti da Jacob Bernuolli nel 1713 nel famoso trattato *Ars Conjectandi* sull'analisi combinatoria e il calcolo delle probabilità, e possono essere definiti mediante la seguente ricorrenza

$$\sum_{k=0}^{n}\binom{n}{k}B_k = B_n + \delta_{n,1}$$

con la condizione iniziale $B_0 = 1$, dove il simbolo $\delta_{i,j}$ indica la *delta di Kronecker* definita da

$$\delta_{i,j} = \begin{cases} 1 & \text{se } i = j \\ 0 & \text{se } i \neq j\,. \end{cases}$$

Si hanno così i seguenti numeri di Bernoulli (per $0 \leq n \leq 20$)

$$1, -\frac{1}{2}, \frac{1}{6}, 0, -\frac{1}{30}, 0, \frac{1}{42}, 0, -\frac{1}{30}, 0, \frac{5}{66}, 0, -\frac{691}{2730}, 0, \frac{7}{6}, 0,$$

$$-\frac{3617}{510}, 0, \frac{43867}{798}, 0, -\frac{174611}{330}\,.$$

Di conseguenza, si hanno le seguenti identità

$$\zeta(2) = \sum_{n\geq 1}\frac{1}{n^2} = \frac{\pi^2}{6}, \qquad \zeta(4) = \sum_{n\geq 1}\frac{1}{n^4} = \frac{\pi^4}{90}, \qquad \zeta(6) = \sum_{n\geq 1}\frac{1}{n^6} = \frac{\pi^6}{945}$$

$$\zeta(8) = \sum_{n\geq 1}\frac{1}{n^8} = \frac{\pi^8}{9450}, \quad \zeta(10) = \sum_{n\geq 1}\frac{1}{n^{10}} = \frac{\pi^{10}}{93555}, \quad \zeta(12) = \sum_{n\geq 1}\frac{1}{n^{12}} = \frac{691\pi^{12}}{638512875}\,.$$

Usando la funzione zeta possiamo ottenere in modo esplicito la somma di alcune serie analoghe. Infatti, se la serie $\zeta(s)$ è convergente, allora abbiamo[2]

[2]In seguito, vedremo che tutti i passaggi sono leciti.

$$\zeta(s)=\sum_{n\geq 1}\frac{1}{n^s}=\sum_{n\geq 1}\frac{1}{(2n)^s}+\sum_{n\geq 0}\frac{1}{(2n+1)^s}=\frac{1}{2^s}\sum_{n\geq 1}\frac{1}{n^s}+\sum_{n\geq 0}\frac{1}{(2n+1)^s}$$
$$=\frac{1}{2^s}\zeta(s)+\sum_{n\geq 0}\frac{1}{(2n+1)^s}$$

e quindi

$$\sum_{n\geq 0}\frac{1}{(2n+1)^s}=\Big(1-\frac{1}{2^s}\Big)\zeta(s)\,. \tag{7.2}$$

Abbiamo così le seguenti identità

$$\sum_{n\geq 0}\frac{1}{(2n+1)^2}=\frac{\pi^2}{8}\,,\qquad \sum_{n\geq 0}\frac{1}{(2n+1)^4}=\frac{\pi^4}{96}\,,\qquad \sum_{n\geq 0}\frac{1}{(2n+1)^6}=\frac{\pi^6}{960}$$

$$\sum_{n\geq 0}\frac{1}{(2n+1)^8}=\frac{17\pi^8}{161280}\,,\ \sum_{n\geq 0}\frac{1}{(2n+1)^{10}}=\frac{31\pi^{10}}{2903040}\,,\ \sum_{n\geq 0}\frac{1}{(2n+1)^{12}}=\frac{691\pi^{12}}{638668800}\,.$$

Un'altra importante funzione che compare nella teoria analitica dei numeri è la *funzione eta di Dirichlet*, definita mediante la serie

$$\eta(s)=\sum_{n\geq 1}\frac{(-1)^{n-1}}{n^s}\qquad s\in\mathbb{C}\,,\ \mathrm{Re}\,s>0\,.$$

Questa serie si chiama anche *serie armonica a segni alterni* e si può dimostrare che converge per $\mathrm{Re}\,(s)>0$. In realtà, questa funzione era già nota a Eulero che la introdusse in un articolo del 1749 e che dimostrò che può essere espressa mediante la funzione zeta. Infatti, quando tutte le serie convergono, si ha

$$\eta(s)=\sum_{n\geq 1}\frac{(-1)^{n-1}}{n^s}=-\sum_{n\geq 1}\frac{1}{(2n)^s}+\sum_{n\geq 0}\frac{1}{(2n+1)^s}=-\frac{1}{2^s}\sum_{n\geq 1}\frac{1}{n^s}+\sum_{n\geq 0}\frac{1}{(2n+1)^s}\,.$$

Usando la formula (7.2), abbiamo

$$\eta(s)=-\frac{1}{2^s}\zeta(s)+\Big(1-\frac{1}{2^s}\Big)\zeta(s)$$

ossia

$$\eta(s)=\Big(1-\frac{1}{2^{s-1}}\Big)\zeta(s)\,.$$

Abbiamo così le seguenti identità

$$\eta(2)=\sum_{n\geq 1}\frac{(-1)^{n-1}}{n^2}=\frac{\pi^2}{12}\,,\qquad \eta(4)=\sum_{n\geq 1}\frac{(-1)^{n-1}}{n^4}=\frac{7\pi^4}{720}\,,$$

$$\eta(6)=\sum_{n\geq 1}\frac{(-1)^{n-1}}{n^6}=\frac{31\pi^6}{30240}\qquad \eta(8)=\sum_{n\geq 1}\frac{(-1)^{n-1}}{n^8}=\frac{127\pi^8}{1209600}\,,$$

$$\eta(10) = \sum_{n\geq 1} \frac{(-1)^{n-1}}{n^{10}} = \frac{73\pi^{10}}{6842880}, \quad \eta(12) = \sum_{n\geq 1} \frac{(-1)^{n-1}}{n^{12}} = \frac{1414477\pi^{12}}{1307674368000}.$$

Come abbiamo osservato, la serie che definisce la funzione eta converge anche per $s = 1$. Per questo valore del parametro, si ha la seguente importante identità

$$\sum_{n\geq 1} \frac{(-1)^{n-1}}{n} = \log 2$$

che risulta essere un caso particolare dello sviluppo del logaritmo

$$\log(1+x) = \sum_{n\geq 1} (-1)^{n-1} \frac{x^n}{n} \qquad -1 < x \leq 1.$$

Questo risultato risale a Isaac Newton, che lo ottenne intorno al 1667 (senza, però, pubblicarlo), e a Nicolaus Mercator, che lo ottenne indipendentemente e che per primo lo pubblicò nel 1668 nel suo trattato sui logaritmi intitolato *Logarithmo-technica*, [43].

Un'analoga funzione è la *funzione beta di Dirichlet*, definita dalla serie

$$\beta(s) = \sum_{n\geq 0} \frac{(-1)^n}{(2n+1)^s} \qquad s \in \mathbb{C}, \ \mathrm{Re}\, s > 0.$$

Anche in questo caso, esistono dei valori esatti. Infatti, per $s = 2n+1$, $n \in \mathbb{N}$, si ha

$$\beta(2n+1) = (-1)^n \frac{\pi^{2n+1}}{4^{n+1}(2n)!} E_{2n}$$

dove gli E_n sono i *numeri di Eulero*, definiti dalla seguente identità

$$\sum_{n\geq 0} E_n \frac{t^n}{n!} = \frac{1}{\cosh x}.$$

I primi numeri di Eulero ($0 \leq n \leq 16$) sono

$1,\ 0,\ -1,\ 0,\ 5,\ 0,\ -61,\ 0,\ 1385,\ 0,\ -50521,\ 0,\ 2702765,\ 0,\ -199360981,\ 0,\ 19391512145.$

Abbiamo quindi le identità

$$\beta(3) = \sum_{n\geq 0} \frac{(-1)^n}{(2n+1)^3} = \frac{\pi^3}{32}, \qquad \beta(5) = \sum_{n\geq 0} \frac{(-1)^n}{(2n+1)^5} = \frac{5\pi^5}{1536},$$

$$\beta(7) = \sum_{n\geq 0} \frac{(-1)^n}{(2n+1)^7} = \frac{61\pi^7}{184320}$$

$$\beta(9) = \sum_{n\geq 0} \frac{(-1)^n}{(2n+1)^9} = \frac{277\pi^9}{8257536} \beta(11) = \sum_{n\geq 0} \frac{(-1)^n}{(2n+1)^{11}} = \frac{50521\pi^{11}}{14863564800}.$$

In particolare, per $s=1$, abbiamo la *formula di Leibniz per* π

$$\beta(1)=\sum_{n\geq 0}\frac{(-1)^n}{2n+1}=\frac{\pi}{4},$$

una delle più antiche formule usate per il calcolo delle cifre decimali di π. In realtà, questa formula fu pubblicata per la prima volta da James Gregory nel 1671 e fu poi riscoperta da Leibniz nel 1674 [24, p. 214]. Anche questo risultato può essere visto come un caso particolare dello sviluppo di una funzione elementare, ossia

$$\operatorname{artg} x=\sum_{n\geq 0}(-1)^n\frac{x^{2n+1}}{2n+1}\qquad -1\leq x\leq 1.$$

Inoltre, per $s=2$, abbiamo la *costante di Catalan* [18, 19]

$$\beta(2)=\sum_{n\geq 0}\frac{(-1)^n}{(2n+1)^2}=G,$$

una constate poco nota, ma importante nella teoria analitica dei numeri [2, pp. 807-808] [35, pp. 53-59]. Ammette innumerevoli rappresentazioni mediante serie e integrali definiti [3, 71]. Ad esempio, si hanno le seguenti rappresentazioni integrali

$$G=\int_0^1\frac{\operatorname{artg} x}{x}\,\mathrm{d}x,\quad G=-\int_0^1\frac{\log x}{1+x^2}\,\mathrm{d}x,\quad G=\frac{1}{2}\int_0^{\pi/2}\frac{\log x}{1+x^2}\,\mathrm{d}x,$$

$$G=-\int_0^{\pi/2}\log\Big(2\operatorname{sen}\frac{x}{2}\Big)\mathrm{d}x.$$

Come semplice applicazione, calcoliamo le serie

$$A=\sum_{n\geq 0}\frac{1}{(4n+1)^2}\qquad\text{e}\qquad B=\sum_{n\geq 0}\frac{1}{(4n+3)^2}.$$

Iniziamo a osservare che, dalla definizione della costante di Catalan, abbiamo

$$G=\sum_{n\geq 0}\frac{(-1)^n}{(2n+1)^2}=\sum_{n\geq 0}\frac{1}{(4n+1)^2}-\sum_{n\geq 0}\frac{1}{(4n+3)^2}=A-B.$$

Analogamente, usando la formula (7.2), abbiamo

$$\begin{aligned}\zeta(2)&=\sum_{n\geq 1}\frac{1}{n^2}=\sum_{n\geq 1}\frac{1}{(4n)^2}+\sum_{n\geq 0}\frac{1}{(4n+1)^2}+\sum_{n\geq 0}\frac{1}{(4n+2)^2}+\sum_{n\geq 0}\frac{1}{(4n+3)^2}\\&=\frac{1}{16}\zeta(2)+A+\frac{1}{4}\sum_{n\geq 0}\frac{1}{(2n+1)^2}+B=\frac{1}{16}\zeta(2)+A+\frac{1}{4}\Big(1-\frac{1}{4}\Big)\zeta(2)+B\end{aligned}$$

$$= \frac{1}{4}\zeta(2) + A + B$$

ossia

$$\frac{3}{4}\zeta(2) = A + B\,.$$

Abbiamo così il sistema lineare

$$\begin{cases} A + B = \frac{3}{4}\zeta(2) \\ A - B = G \end{cases}$$

dal quale si ottiene

$$A = \frac{1}{2}\Big(\frac{3}{4}\zeta(2) + G\Big) \qquad \text{e} \qquad B = \frac{1}{2}\Big(\frac{3}{4}\zeta(2) - G\Big)$$

ossia

$$\sum_{n\geq 0} \frac{1}{(4n+1)^2} = \frac{\pi^2}{16} + \frac{1}{2}G \qquad \text{e} \qquad \sum_{n\geq 0} \frac{1}{(4n+3)^2} = \frac{\pi^2}{16} - \frac{1}{2}G\,.$$

Infine, ricordiamo che ci sono ancora vari problemi aperti relativi alla costante di Catalan. Ad esempio, non si sa se G sia un numero irrazionale né se sia un numero trascendente.

Concludiamo questa panoramica sulle serie armoniche generalizzate con un risultato non banale che però può essere dimostrato con gli strumenti elementari che abbiamo introdotto fin qui (e assumendo la convergenza di $\zeta(s)$ per $s > 1$). Iniziamo con l'osservare che le somme parziali delle serie armoniche generalizzate $\zeta(s)$ sono i *numeri armonici generalizzati*

$$\mathcal{H}_n^{(s)} = \sum_{k=1}^{n} \frac{1}{k^s} = 1 + \frac{1}{2^s} + \frac{1}{3^s} + \cdots + \frac{1}{n^s}\,.$$

Pertanto, si ha

$$\lim_{n\to+\infty} \mathcal{H}_n^{(s)} = \zeta(s)\,.$$

Poiché la serie $\zeta(s)$ converge per ogni valore reale $s > 1$, abbiamo

$$\mathcal{H}_n^{(s)} \sim \zeta(s) \qquad \text{per } n \to +\infty\,.$$

In particolare, per i risultati visti in precedenza, si ha

$$\mathcal{H}_n^{(2)} \sim \frac{\pi^2}{6}\,, \qquad \mathcal{H}_n^{(4)} \sim \frac{\pi^4}{90}\,, \qquad \mathcal{H}_n^{(6)} \sim \frac{\pi^6}{945} \qquad \text{per } n \to +\infty\,.$$

Si osservi che i numeri armonici generalizzati soddisfano la ricorrenza

$$\mathcal{H}_{n+1}^{(s)} = \mathcal{H}_n^{(s)} + \frac{1}{(n+1)^s} \qquad n \in \mathbb{N}\,.$$

Teorema 534. *Per ogni* $p, q > 1$*, si ha l'identità*

$$\sum_{n\geq 1} \frac{\mathcal{H}_n^{(p)}}{n^q} + \sum_{n\geq 1} \frac{\mathcal{H}_n^{(q)}}{n^p} = \zeta(p)\zeta(q) + \zeta(p+q) \,. \tag{7.3}$$

In particolare, per $s > 1$*, si ha*

$$\sum_{n\geq 1} \frac{\mathcal{H}_n^{(s)}}{n^s} = \frac{1}{2}(\zeta(s)^2 + \zeta(2s)) \,. \tag{7.4}$$

Dimostrazione. Consideriamo la serie $\sum_{n\geq 1} \frac{\mathcal{H}_n^{(p)}}{n^q}$. Le sue somme parziali sono

$$\begin{aligned}
\sum_{k=1}^{n} \frac{\mathcal{H}_k^{(p)}}{k^q} &= \sum_{k=1}^{n} \frac{1}{k^q} \sum_{i=1}^{k} \frac{1}{i^p} = \sum_{i=1}^{n} \frac{1}{i^p} \sum_{k=i}^{n} \frac{1}{k^q} = \sum_{i=1}^{n} \frac{1}{i^p} (\mathcal{H}_n^{(q)} - \mathcal{H}_{i-1}^{(q)}) \\
&= \sum_{i=1}^{n} \frac{1}{i^p} \mathcal{H}_n^{(q)} - \sum_{i=1}^{n} \frac{1}{i^p} \mathcal{H}_{i-1}^{(q)} = \mathcal{H}_n^{(p)} \mathcal{H}_n^{(q)} - \sum_{i=1}^{n} \frac{1}{i^p} \left(\mathcal{H}_i^{(q)} - \frac{1}{i^q} \right) \\
&= \mathcal{H}_n^{(p)} \mathcal{H}_n^{(q)} - \sum_{i=1}^{n} \frac{1}{i^p} \mathcal{H}_i^{(q)} + \sum_{i=1}^{n} \frac{1}{i^{p+q}} = \mathcal{H}_n^{(p)} \mathcal{H}_n^{(q)} - \sum_{i=1}^{n} \frac{1}{i^p} \mathcal{H}_i^{(q)} + \mathcal{H}_n^{(p+q)}
\end{aligned}$$

ossia

$$\sum_{k=1}^{n} \frac{\mathcal{H}_k^{(p)}}{k^q} + \sum_{k=1}^{n} \frac{\mathcal{H}_k^{(q)}}{k^p} = \mathcal{H}_n^{(p)} \mathcal{H}_n^{(q)} + \mathcal{H}_n^{(p+q)} \,.$$

Il termine a secondo membro converge poiché $p, q > 1$. Poiché sono positive, le due somme a primo membro devono convergere anch'esse. Quindi, facendo tendere n a $+\infty$, si ottiene l'identità (7.3). Infine, ponendo $p = q = s$, si ottiene l'identità (7.4). □

Si noti che, per $s = 2m$, $m \in \mathbb{N}$, $m \geq 1$, possiamo usare l'identità (7.1) per trovare un'espressione esplicita della somma della serie che compare in (7.4). Infatti, si ha

$$\sum_{n\geq 1} \frac{\mathcal{H}_n^{(2m)}}{n^{2m}} = \frac{1}{2}(\zeta(2m)^2 + \zeta(4m)) = \frac{1}{2} \left(\frac{(2\pi)^{4m}}{4(2m)!^2} B_{2m}^2 - \frac{(2\pi)^{4m}}{2(4m)!} B_{4m} \right)$$

ossia

$$\sum_{n\geq 1} \frac{\mathcal{H}_n^{(2m)}}{n^{2m}} = 2^{4m-2} \pi^{4m} \left(\frac{B_{2m}^2}{2(2m)!^2} - \frac{B_{4m}}{(4m)!} \right) .$$

Ad esempio, per $m = 1, 2, 3, 4$, si ha

$$\sum_{n\geq 1} \frac{\mathcal{H}_n^{(2)}}{n^2} = \frac{7\pi^4}{360}, \quad \sum_{n\geq 1} \frac{\mathcal{H}_n^{(4)}}{n^4} = \frac{13\pi^8}{113400}, \quad \sum_{n\geq 1} \frac{\mathcal{H}_n^{(6)}}{n^6} = \frac{703\pi^{12}}{638512875},$$

$$\sum_{n\geq 1} \frac{\mathcal{H}_n^{(8)}}{n^8} = \frac{14527\pi^{16}}{1302566265000} .$$

7.2 Proprietà elementari

A questo punto, possiamo iniziare a studiare le prime proprietà generali delle serie. Innanzitutto, abbiamo la seguente semplice, ma fondamentale, proprietà che fornisce una condizione necessaria, anche se non sufficiente, per la convergenza di una serie.

Teorema 535. *Se la serie* $\sum_{n\geq 0} a_n$ *converge, allora la successione* $\{a_n\}_{n\geq 0}$ *è infinitesima.*

Dimostrazione. Consideriamo le somme parziali s_n e osserviamo che $s_{n+1} = s_n + a_{n+1}$, ossia $a_{n+1} = s_{n+1} - s_n$. Poiché, per ipotesi, la serie data è convergente, si ha che la successione delle somme parziali converge ad un numero reale S. Di conseguenza, si ha

$$\lim_{n\to+\infty} a_n = \lim_{n\to+\infty} a_{n+1} = \lim_{n\to+\infty} (s_{n+1} - s_n) = S - S = 0\,.$$

□

Come abbiamo già osservato, il Teorema 535 fornisce una condizione necessaria, ma non sufficiente, per la convergenza di una serie. Questo significa che esistono serie con termine generale infinitesimo che non convergono. Questo è quanto accade, per esempio, nel caso della serie armonica.

Inoltre, il Teorema 535 permette di dire immediatamente che una serie $\sum_{n\geq 0} a_n$ non può convergere quando il termine generale a_n non è infinitesimo, come accade, ad esempio, nelle seguenti serie

$$\sum_{n\geq 0} \frac{2^n + n}{2^n + n^2}\,, \quad \sum_{n\geq 1} \cos\frac{1}{n^2}\,, \quad \sum_{n\geq 1} \sqrt[n]{n}\,, \quad \sum_{n\geq 1} \frac{1}{\sqrt[n]{n}}\,, \quad \sum_{n\geq 1} (-1)^{n-1} \frac{\sqrt{n}+2}{\sqrt{n}+4}\,,$$

$$\sum_{n\geq 1} (-1)^{n-1} \cos^2 \frac{1}{n}\,.$$

Abbiamo poi la seguente proprietà algebrica delle serie convergenti.

Teorema 536 (Proprietà di linearità). *Se* $\sum_{n\geq 0} a_n$ *e* $\sum_{n\geq 0} b_n$ *sono due serie convergenti, allora, per ogni* $\lambda, \mu \in \mathbb{R}$*, anche la serie* $\sum_{n\geq 0} (\lambda a_n + \mu b_n)$ *converge e*

$$\sum_{n\geq 0} (\lambda a_n + \mu b_n) = \lambda \sum_{n\geq 0} a_n + \mu \sum_{n\geq 0} b_n\,.$$

Dimostrazione. Le somme parziali delle due serie $\sum_{n\geq 0} a_n$ e $\sum_{n\geq 0} b_n$ sono

$$s_n = \sum_{k=0}^{n} a_k \qquad \text{e} \qquad t_n = \sum_{k=0}^{n} b_k\,.$$

Poiché le due serie date convergono, convergono anche le successioni delle somme parziali, ossia esistono due numeri reali A e B tali che

$$\lim_{n\to+\infty} s_n = A \qquad \text{e} \qquad \lim_{n\to+\infty} t_n = B\,.$$

Allora, le somme parziali della serie $\sum_{n\geq 0}(\lambda a_n + \mu b_n)$ sono

$$S_n = \sum_{k=0}^{n}(\lambda a_k + \mu b_k) = \lambda \sum_{k=0}^{n} a_k + \mu \sum_{k=0}^{n} b_k = \lambda s_n + \mu t_n \, .$$

Essendo una combinazione lineare di due successioni convergenti, anche la successione $\{S_n\}_{n\geq 0}$ converge. Inoltre, si ha

$$\lim_{n\to+\infty} S_n = \lim_{n\to+\infty}(\lambda s_n + \mu t_n) = \lambda \lim_{n\to+\infty} s_n + \mu \lim_{n\to+\infty} t_n = \lambda A + \mu B \, .$$

□

ESEMPI

1. Consideriamo la serie

$$\sum_{n\geq 1} \frac{1}{n^2(n+1)} \, .$$

Il termine generale si può scomporre nel modo seguente

$$a_n = \frac{1}{n^2(n+1)} = \frac{n+1-n}{n^2(n+1)} = \frac{1}{n^2} - \frac{1}{n(n+1)} \, .$$

Poiché le due serie

$$\sum_{n\geq 1} \frac{1}{n^2} = \zeta(2) = \frac{\pi^2}{6} \text{ (serie di Eulero) e } \sum_{n\geq 1} \frac{1}{n(n+1)} = 1 \text{ (serie di Mengoli)}$$

convergono, per la proprietà di linearità abbiamo

$$\sum_{n\geq 1} \frac{1}{n^2(n+1)} = \sum_{n\geq 1} \frac{1}{n^2} - \sum_{n\geq 1} \frac{1}{n(n+1)} = \frac{\pi^2}{6} - 1 \, .$$

2. Consideriamo la serie

$$\sum_{n\geq 1} \frac{1}{n(n+1)^2} \, .$$

Il termine generale si può scomporre nel modo seguente

$$a_n = \frac{1}{n(n+1)^2} = \frac{n+1-n}{n(n+1)^2} = \frac{1}{n(n+1)} - \frac{1}{(n+1)^2} \, .$$

Poiché le due serie

$$\sum_{n\geq 1} \frac{1}{n(n+1)} = 1 \qquad \text{e} \qquad \sum_{n\geq 1} \frac{1}{(n+1)^2} = \sum_{n\geq 2} \frac{1}{n^2} = \zeta(2) - 1 = \frac{\pi^2}{6} - 1$$

convergono, per la proprietà di linearità abbiamo

$$\sum_{n\geq 1} \frac{1}{n(n+1)^2} = \sum_{n\geq 1} \frac{1}{n(n+1)} - \sum_{n\geq 1} \frac{1}{(n+1)^2} = 2 - \frac{\pi^2}{6} \, .$$

3. Infine, consideriamo la serie

$$\sum_{n\geq 1} \frac{1}{n^2(n+1)^2}\,.$$

Questa volta, il termine generale si scomporre nel modo seguente

$$\begin{aligned} a_n &= \frac{1}{n^2(n+1)^2} = \frac{n+1-n}{n^2(n+1)^2} = \frac{1}{n^2(n+1)} - \frac{1}{n(n+1)^2} \\ &= \frac{1}{n^2} - \frac{1}{n(n+1)} - \frac{1}{n(n+1)} + \frac{1}{(n+1)^2} \end{aligned}$$

ossia

$$a_n = \frac{1}{n^2} - \frac{2}{n(n+1)} + \frac{1}{(n+1)^2}\,.$$

Poiché le tre serie

$$\sum_{n\geq 1} \frac{1}{n^2} = \zeta(2) = \frac{\pi^2}{6}\,, \quad \sum_{n\geq 1} \frac{1}{n(n+1)} = 1 \quad \text{e} \quad \sum_{n\geq 1} \frac{1}{(n+1)^2} = \zeta(2)-1 = \frac{\pi^2}{6}-1$$

convergono, per la proprietà di linearità abbiamo

$$\sum_{n\geq 1} \frac{1}{n^2(n+1)^2} = \sum_{n\geq 1} \frac{1}{n^2} - 2\sum_{n\geq 1} \frac{1}{n(n+1)} + \sum_{n\geq 1} \frac{1}{(n+1)^2} = \frac{\pi^2}{3} - 3\,.$$

Il *resto m-esimo* di una serie $\sum_{n\geq 0} a_n$ è dato da

$$R_n = \sum_{n\geq m+1} a_n\,.$$

In questo modo, la serie può essere scritta come

$$\sum_{n\geq 0} a_n = \sum_{n=0}^{m} a_n + \sum_{n\geq m+1} a_n = s_m + R_m\,.$$

Pertanto, il resto R_m può essere considerato come l'errore che si commette approssimando la serie con la sua somma parziale m-esima. Questo errore ha lo stesso carattere della serie.

Teorema 537. *Per ogni $m \in \mathbb{N}$, la serie $\sum_{n\geq 0} a_n$ e il resto $R_m = \sum_{n\geq m+1} a_n$ hanno lo stesso carattere.*

Dimostrazione. Siano s_n le somme parziali della serie $\sum_{n\geq 0} a_n$. Allora, le somme parziali della serie data dal resto $R_m = \sum_{n\geq m+1} a_n$ sono

$$S_{m,n} = \sum_{k=m+1}^{n} a_k = \sum_{k=0}^{n} a_k - \sum_{k=0}^{m} a_k = s_n - s_m$$

e quindi

$$\lim_{n\to+\infty} S_{m,n} = \lim_{n\to+\infty} s_n - s_m \,.$$

Le successioni delle somme parziali hanno pertanto lo stesso carattere e quindi questo è vero anche per le corrispondenti serie. □

Teorema 538. *Se* $\sum_{n\geq 0} a_n$ *è una serie convergente, allora la successione dei resti* $\{R_m\}_{m\geq 0}$ *è convergente e, più precisamente, è infinitesima.*

Dimostrazione. Poiché la serie $\sum_{n\geq 0} a_n$ converge, si ha

$$\sum_{n\geq 0} a_n = \lim_{n\to+\infty} = S \,.$$

Inoltre, per il Teorema 537 la serie data dal resto R_m converge per ogni $m \in \mathbb{N}$. Pertanto, dalla relazione

$$\lim_{n\to+\infty} S_{m,n} = \lim_{n\to+\infty} s_n - s_m \qquad \forall m \in \mathbb{N}$$

si ha

$$R_m = S - s_m \qquad \forall m \in \mathbb{N}$$

e quindi

$$\lim_{m\to+\infty} R_m = S - \lim_{m\to+\infty} s_m = S - S = 0 \,.$$

□

OSSERVAZIONE 539. Se due serie $\sum_{n\geq 0} a_n$ e $\sum_{n\geq 0} b_n$ differiscono per un numero finito di termini, allora hanno lo stesso carattere. Infatti, se R_m e T_m indicano i resti m-esimi di queste due serie, esisterà un indice m tale $R_m = T_m$. Di conseguenza, per il Teorema 537, anche le due serie dovranno avere lo stesso carattere.

7.3 Serie a termini con segno costante

La serie $\sum_{n\geq 0} a_n$ è *a termini non negativi* quando $a_n \geq 0$ per ogni $n \in \mathbb{N}$, mentre è *a termini positivi* quando $a_n > 0$ per ogni $n \in \mathbb{N}$. Analogamente, la serie $\sum_{n\geq 0} a_n$ è *a termini non positivi* quando $a_n \leq 0$ per ogni $n \in \mathbb{N}$, mentre è *a termini negativi* quando $a_n < 0$ per ogni $n \in \mathbb{N}$. Infine, la serie $\sum_{n\geq 0} a_n$ è *a termini con segno costante* quando è a termini non positivi oppure a termini non negativi.

Le proprietà delle serie a termini non negativi (positivi) sono equivalenti alle proprietà delle serie a termini non positivi (negativi). Infatti, una serie $\sum_{n\geq 0} a_n$ a termini non positivi (negativi) può sempre essere ricondotta ad una serie non negativi (positivi), poiché $\sum_{n\geq 0} a_n = -\sum_{n\geq 0}(-a_n)$. Per questo motivo tratteremo solo il caso delle serie a termini non positivi (negativi).

Le serie a termini non negativi, o positivi, hanno la seguente importante proprietà.

Teorema 540. *Una serie a termini non negativi è regolare.*

Dimostrazione. Sia $\sum_{n\geq 0} a_n$ una serie a termini non negativi e sia $\{s_n\}_{n\geq 0}$ la successione delle somme parziali. Poiché $s_{n+1} = s_n + a_{n+1} \geq s_n$ per ogni $n \in \mathbb{N}$, la successione $\{s_n\}_{n\geq 0}$ risulta essere crescente e quindi regolare (per il teorema sulle successioni monotone). Di conseguenza, anche la serie data è regolare. □

Per le serie a termi non negativi o positivi esistono vari criteri che permettono di stabilire il carattere della serie senza dover calcolare esplicitamente la sua somma. Come nel caso degli integrali impropri, questi criteri si basano sul confronto del termine generale della serie con il termine generale di una serie che si ritiene più semplice (della quale, in genere, si conosce il carattere), oppure si basano su un'analisi del termine generale della serie che garantisce la convergenza o la divergenza della serie stessa.

7.3.1 Criterio integrale

Il primo criterio che vediamo mostra un legame fondamentale tra le serie e gli integrali impropri, nel caso in cui il termine generale della serie derivi da una funzione positiva continua e decrescente. Questo criterio è stato trovato inizialmente da MacLaurin nella prima metà del settecento [53] ed è stato poi riscoperto da Cauchy all'inizio dell'ottocento.

Teorema 541 (Criterio integrale, MacLaurin 1742, Cauchy 1837)**.** *Sia* $n_0 \in \mathbb{N}$ *e sia* $f : [n_0, +\infty) \to \mathbb{R}$ *una funzione positiva, continua e decrescente. Allora, la serie e l'integrale improprio seguenti*

$$\sum_{n\geq n_0} f(n) \qquad e \qquad \int_{n_0}^{+\infty} f(x)\,\mathrm{d}x$$

hanno lo stesso carattere. Inoltre, si hanno le limitazioni

$$\int_{n_0}^{+\infty} f(x)\,\mathrm{d}x \leq \sum_{n\geq n_0} f(n) \leq f(n_0) + \int_{n_0}^{+\infty} f(x)\,\mathrm{d}x\,.$$

Infine, per il resto n*-esimo della serie si hanno le limitazioni*

$$\int_{n+1}^{+\infty} f(x)\,\mathrm{d}x \leq R_n \leq \int_{n}^{+\infty} f(x)\,\mathrm{d}x\,. \tag{7.5}$$

Dimostrazione. Consideriamo le somme parziali $s_n = f(n_0) + \cdots + f(n)$. Consideriamo l'intervallo $[n_0, n+1]$ e suddividiamolo negli intervalli $[k, k+1]$ di ampiezza 1, per $k = n_0, \ldots, n$. Allora, l'area di f sull'intervallo $[n_0, n+1]$ è approssimata per eccesso dalla somma parziale s_n (si veda la Figura 7.4). Quindi

$$s_n = f(n_0) + \cdots + f(n) \geq \int_{n_0}^{n+1} f(x)\,\mathrm{d}x\,.$$

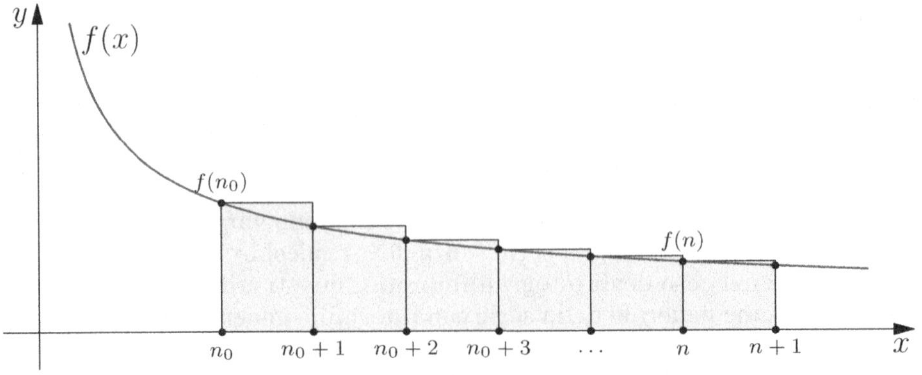

Figura 7.4: Approssimazione per eccesso dell'area della regione sottostante il grafico della funzione.

Analogamente, consideriamo l'intervallo $[n_0, n]$ e suddividiamolo negli intervalli $[k, k+1]$ di ampiezza 1, per $k = n_0, \dots, n-1$. Allora, l'area di f sull'intervallo $[n_0, n]$ è approssimata per difetto da $s_n - f(n_0)$ (si veda la Figura 7.5). Quindi

$$s_n - f(n_0) = f(n_0+1) + \cdots + f(n) \leq \int_{n_0}^{n} f(x)\,\mathrm{d}x\,, \qquad \text{ossia} \qquad s_n \leq f(n_0) + \int_{n_0}^{n} f(x)\,\mathrm{d}x\,.$$

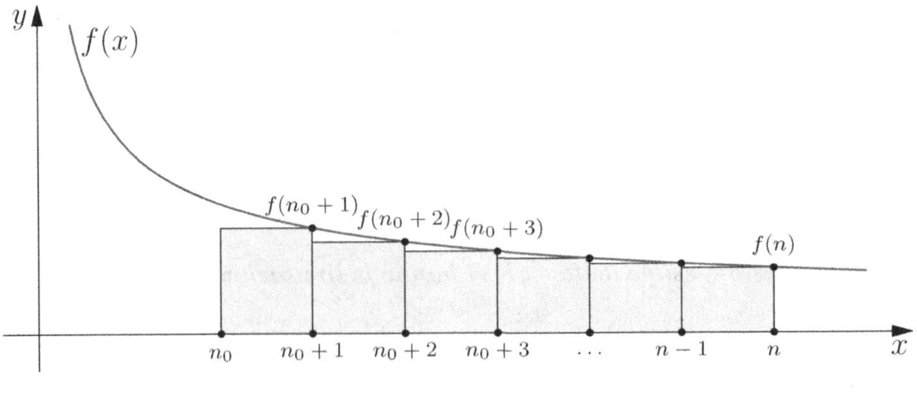

Figura 7.5: Approssimazione per difetto dell'area della regione sottostante il grafico della funzione.

Pertanto, si hanno le limitazioni

$$\int_{n_0}^{n+1} f(x)\,\mathrm{d}x \leq s_n \leq f(n_0) + \int_{n_0}^{n} f(x)\,\mathrm{d}x\,.$$

Supponiamo che l'integrale $\int_{n_0}^{+\infty} f(x)\,\mathrm{d}x$ sia convergente, ossia che assuma un valore finito I. Poichè la funzione f è positiva, si ha $\int_{n_0}^{n} f(x)\,\mathrm{d}x \leq \int_{n_0}^{+\infty} f(x)\,\mathrm{d}x = I$, e quindi $s_n \leq f(n_0) + I$ per ogni $n \geq n_0$. Di conseguenza, la successione delle somme parziali è convergente (essendo crescente e superiormente limitata), ossia la serie $\sum_{n \geq n_0} f(n)$ è convergente.

Supponiamo ora che l'integrale $\int_{n_0}^{+\infty} f(x)\,\mathrm{d}x$ sia divergente. Poichè la funzione f è positiva, si ha la successione degli integrali $\int_{n_0}^{n+1} f(x)\,\mathrm{d}x$ dovrà tendere a $+\infty$. Poiché $s_n \geq \int_{n_0}^{n+1} f(x)\,\mathrm{d}x$ per ogni $n \geq n_0$, si ha che la successione delle somme parziali è superiormente illimitata e quindi divergente a $+\infty$, ossia la serie $\sum_{n \geq n_0} f(n)$ è divergente.

Il resto n-esimo $R_n = f(n+1) + f(n+2) + \cdots$ può essere visto come la somma delle aree dei rettangoli di base $[k, k+1]$ e altezza $f(k+1)$ (si veda la Figura 7.6). Poiché questa somma approssima per difetto l'area della regione individuata dal grafico della funzione f ristretta all'intervallo $[n, +\infty)$, abbiamo la disuguaglianza

$$R_n = \sum_{k \geq n+1} f(k) < \int_{n}^{+\infty} f(x)\,\mathrm{d}x\,.$$

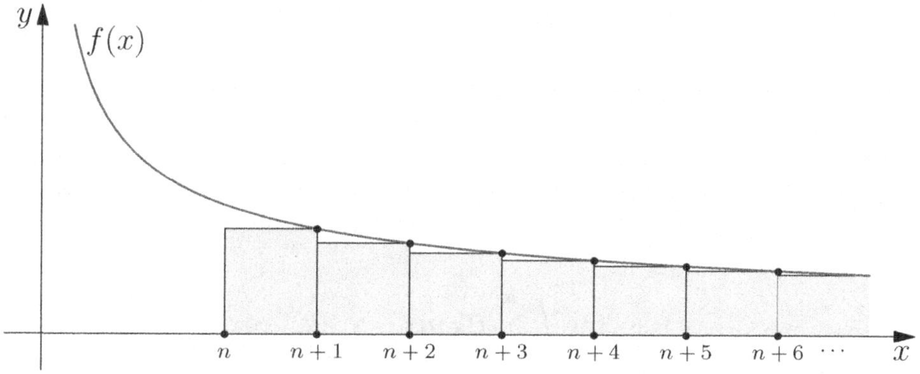

Figura 7.6: Approssimazione per difetto dell'area della regione sottostante il grafico della funzione.

Analogamente, il resto n-esimo $R_n = f(n+1) + f(n+2) + \cdots$ può essere visto come la somma delle aree dei rettangoli di base $[k, k+1]$ e altezza $f(k)$ (si veda la Figura 7.7). Poiché questa somma approssima per eccesso l'area della regione individuata dal grafico della funzione f ristretta all'intervallo $[n+1, +\infty)$, abbiamo la disuguaglianza

$$R_n = \sum_{k \geq n+1} f(k) > \int_{n+1}^{+\infty} f(x)\,\mathrm{d}x\,.$$

Mettendo insieme le due disuguaglianze trovate, si ottengono le limitazioni (7.5). □

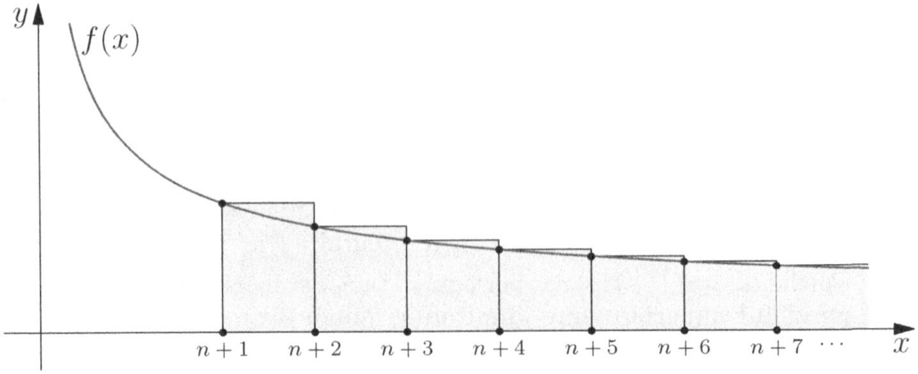

Figura 7.7: Approssimazione per eccesso dell'area della regione sottostante il grafico della funzione.

ESEMPI

1. Consideriamo le *serie armoniche generalizzate*

$$\zeta(p) = \sum_{n \geq 1} \frac{1}{n^p} \qquad p \in \mathbb{R}\,.$$

Per $p = 1$ ritroviamo la serie armonica che, come abbiamo visto, diverge. Per $p < 0$ il termine generale non tende a 0 per $n \to +\infty$, e quindi la serie diverge. Per stabilire il carattere della serie negli altri casi possiamo utilizzare il criterio integrale. Infatti, possiamo considerare la funzione $f : [1, +\infty) \to \mathbb{R}$ definita da $f(x) = \frac{1}{x^p}$ che è continua, positiva e decrescente. L'integrale improprio

$$I = \int_1^{+\infty} f(x)\,\mathrm{d}x = \int_1^{+\infty} \frac{1}{x^p}\,\mathrm{d}x$$

converge per $p > 1$ e diverge per $p \leq 1$. Di conseguenza, anche la serie armonica generalizzata converge per $p > 1$ e diverge per $p \leq 1$. Nel caso in cui la serie converga, il criterio integrale permette anche di ottenere una prima limitazione della somma della serie. Infatti, si ha $I \leq S \leq f(2) + I$, dove $I = \frac{1}{p-1}$, ossia

$$\frac{1}{p-1} \leq \zeta(p) \leq 1 + \frac{1}{p-1} = \frac{p}{p-1}\,.$$

2. Consideriamo la serie

$$\sum_{n \geq 2} \frac{1}{n \log^p n} \qquad p \in \mathbb{R}\,.$$

In questo caso, possiamo considerare la funzione definita da $f(x) = \frac{1}{x \log^p x}$ che è continua e positiva. Inoltre, è definitivamente decrescente. Infatti, si ha

$$f'(x) = -\frac{\log x + p}{x^2(\log x)^{p+1}} < 0 \qquad \text{per } x > \mathrm{e}^{-p}.$$

Pertanto, per il criterio integrale, la serie ha lo stesso carattere dell'integrale improprio

$$I = \int_{n_0}^{+\infty} f(x)\,\mathrm{d}x = \int_{n_0}^{+\infty} \frac{\mathrm{d}x}{x\log^p x}$$

per un $n_0 \in \mathbb{N}$ sufficientemente grande. Posto $t = \log x$, abbiamo l'integrale improprio

$$I = \int_{\log n_0}^{+\infty} \frac{1}{t^p}\,\mathrm{d}t$$

che converge per $p > 1$ e diverge per $p \leq 1$. Quindi, anche la serie converge per $p > 1$ e diverge per $p \leq 1$.

Nel caso in cui la serie converga, ossia per $p > 1$, possiamo usare il criterio integrale per ottenere una prima limitazione della somma della serie. Infatti, si ha $I \leq S \leq f(2) + I$, dove

$$f(2) = \frac{1}{2\log^p 2} \qquad \text{e} \qquad I = \left[\frac{1}{(1-p)(\log x)^{p-1}}\right]_2^{+\infty} = \frac{1}{(p-1)(\log 2)^{p-1}}.$$

Pertanto, si ha

$$\frac{1}{(p-1)(\log 2)^{p-1}} \leq S \leq \frac{1}{2\log^p 2} + \frac{1}{(p-1)(\log 2)^{p-1}}.$$

3. Consideriamo la serie

$$\sum_{n\geq 1} \frac{\operatorname{artg} n}{n^2+1}.$$

Allora, possiamo considerare la funzione $f : [1, +\infty) \to \mathbb{R}$ definita da $f(x) = \frac{\operatorname{artg} x}{1+x^2}$ che è continua, positiva e decrescente. Per il criterio integrale, la serie ha lo stesso carattere dell'integrale improprio

$$\begin{aligned} I &= \int_1^{+\infty} f(x)\,\mathrm{d}x = \int_1^{+\infty} \frac{\operatorname{artg} x}{1+x^2}\,\mathrm{d}x = \int_1^{+\infty} (\operatorname{artg} x)' \operatorname{artg} x\,\mathrm{d}x \\ &= \left[\frac{1}{2}\operatorname{artg}^2 x\right]_1^{+\infty} = \frac{1}{2}\frac{\pi^2}{4} - \frac{1}{2}\frac{\pi^2}{16} = \frac{3\pi^2}{32}. \end{aligned}$$

Pertanto, la serie converge. Inoltre, per la somma della serie abbiamo $I \leq S \leq f(1) + I$, ossia

$$\frac{3\pi^2}{32} \leq S \leq \frac{\pi}{8} + \frac{3\pi^2}{32}.$$

Approssimativamente, abbiamo $0.925275 \leq S \leq 1.31797$. In realtà, si ha $S \approx 1.13558$.

4. Abbiamo visto in uno degli esempi iniziali che la costante di Eulero-Mascheroni ammette la seguente rappresentazione

$$\gamma = \sum_{n \geq 1} \left(\frac{1}{n} - \log\left(1 + \frac{1}{n}\right) \right).$$

Poiché questa serie converge, possiamo usare il Teorema 541 per ottenere un limite inferiore e un limite superiore per γ. Iniziamo col considerare la funzione $f : [1, +\infty) \to \mathbb{R}$ definita da

$$f(x) = \frac{1}{x} - \log\left(1 + \frac{1}{x}\right) = \frac{1}{x} - \log\frac{1+x}{x}$$

e osserviamo che è continua e positiva. Tale funzione è anche decrescente, essendo

$$f'(x) = -\frac{1}{x^2(1+x)} < 0 \qquad \text{per } x \geq 1\,.$$

Allora, $I \leq \gamma \leq f(1) + I$, dove $f(1) = 1 - \log 2$ e

$$\begin{aligned} I = \int_1^{+\infty} f(x)\,\mathrm{d}x &= \int_1^{+\infty} \left(\frac{1}{x} - \log(1+x) + \log x \right) \mathrm{d}x \\ &= \big[\log x - (1+x)\log(1+x) + x + x\log x - x \big]_1^{+\infty} \\ &= \left[-(1+x)\log\left(1 + \frac{1}{x}\right) \right]_1^{+\infty} = -1 + 2\log 2\,. \end{aligned}$$

Pertanto, abbiamo le limitazioni

$$2\log 2 - 1 \leq \gamma \leq \log 2\,.$$

Approssimativamente, abbiamo $0.386294 \leq \gamma \leq 0.693147$. A questo punto, possiamo usare il Teorema 541 per ottenere un valore approssimato di γ. Ad esempio, se volgiamo approssimare γ usando una serie parziale s_n commettendo un errore inferiore a 10^{-4}, basta scegliere n in modo che $R_n < 10^{-4}$. Poiché

$$R_n < \int_n^{+\infty} f(x)\,\mathrm{d}x = \left[-(1+x)\log\left(1 + \frac{1}{x}\right) \right]_n^{+\infty} = -1 + (n+1)\log\left(1 + \frac{1}{n}\right),$$

basta imporre

$$-1 + (n+1)\log\left(1 + \frac{1}{n}\right) \leq 10^{-4}\,.$$

Poiché $\log\left(1 + \frac{1}{n}\right) < \frac{1}{n}$ per ogni $n \geq 1$, basta imporre

$$-1 + (n+1)\frac{1}{n} \leq 10^{-4}, \qquad \text{ossia} \qquad \frac{1}{n} \leq 10^{-4}, \qquad \text{ossia} \qquad n \geq 10^4\,.$$

Pertanto, scelto $n = 10^4$, si ha $s_n \approx 0.577166$. In realtà, si ha $\gamma \approx 0.577216$.

Dal Teorema 541 si hanno le seguenti proprietà che generalizzano i risultati ottenuti nel caso dei numeri armonici e della costante di Eulero-Mascheroni. Innanzitutto, abbiamo il seguente teorema.

Teorema 542. *Sia* $n_0 \in \mathbb{N}$ *e sia* $f : [n_0, +\infty) \to \mathbb{R}$ *una funzione positiva, continua e decrescente. Sia* $F : [n_0, +\infty) \to \mathbb{R}$ *la funzione integrale definita da*

$$F(x) = \int_{n_0}^{x} f(t)\mathrm{d}t .$$

Se $F(x) \to +\infty$ *e* $f(x+1) \sim f(x)$ *per* $x \to +\infty$*, allora*

$$\sum_{k=n_0}^{n} f(n) \sim F(n) \qquad \text{per } n \to +\infty .$$

Dimostrazione. Poniamo $s_n = \sum_{k=n_0}^{n} f(n)$. Nella dimostrazione del Teorema 541, abbiamo trovato le disuguaglianze

$$\int_{n_0}^{n+1} f(x)\,\mathrm{d}x \le s_n \le f(n_0) + \int_{n_0}^{n} f(x)\,\mathrm{d}x \qquad n \ge n_0 .$$

o, equivalentemente,

$$F(n+1) \le s_n \le f(n_0) + F(n) \qquad n \ge n_0 .$$

Dividendo per $F(n) > 0$, si ha

$$\frac{F(n+1)}{F(n)} \le \frac{s_n}{F(n)} \le \frac{f(n_0)}{F(n)} + 1 \qquad n \ge n_0 .$$

Poiché la funzione f è continua, la funzione integrale F è derivabile. Quindi, si ha

$$\lim_{n\to+\infty} \frac{F(n+1)}{F(n)} = \lim_{x\to+\infty} \frac{F(x+1)}{F(x)} = \lim_{x\to+\infty} \frac{f(x+1)}{f(x)} = 1 \quad \text{e} \quad \lim_{n\to+\infty} \left(\frac{f(n_0)}{F(n)} + 1\right)$$

dove nel primo limite, essendoci una forma di indeterminazione $\frac{\infty}{\infty}$, abbiamo usato la regola di de l'Hôpital. Pertanto, per il teorema del confronto, anche la successione $\frac{s_n}{F(n)}$ è convergente e

$$\lim_{n\to+\infty} \frac{s_n}{F(n)} = 1 .$$

Questo significa che $s_n \sim F(n)$ per $n \to +\infty$. □

ESEMPI

1. Consideriamo i numeri armonici generalizzati

$$\mathcal{H}_n^{(p)} = \sum_{k=1}^{n} \frac{1}{k^p} \qquad p \leq 1\,.$$

Per $p = 1$, abbiamo le funzioni

$$f(x) = \frac{1}{x} \qquad \text{e} \qquad F(x) = \int_1^x \frac{\mathrm{d}t}{t} = \log x\,.$$

Poichè $F(x) \to +\infty$ e $f(x+1) \sim f(x)$ per $x \to +\infty$, ritroviamo che

$$\mathcal{H}_n \sim \log n \qquad \text{per } n \to +\infty\,.$$

Per $p < 1$, abbiamo le funzioni

$$f(x) = \frac{1}{x^p} \quad \text{e} \quad F(x) = \int_1^x \frac{\mathrm{d}t}{t^p} = \frac{x^{1-p}}{1-p} - \frac{1}{1-p}\,.$$

Poichè $F(x) \to +\infty$ e $f(x+1) \sim f(x)$ per $x \to +\infty$, abbiamo

$$\mathcal{H}_n^{(p)} \sim \frac{n^{1-p}}{1-p} \qquad \text{per } n \to +\infty\,.$$

Così, ad esempio, abbiamo per $p = 1/2$ e $p = 2$

$$\sum_{k=1}^{n} \frac{1}{\sqrt{k}} \sim 2\sqrt{n}\,, \qquad \sum_{k=1}^{n} k^2 \sim \frac{n^3}{3} \qquad \text{per } n \to +\infty\,.$$

2. Consideriamo le somme

$$s_n = \sum_{k=2}^{n} \frac{1}{k \log^p k} \qquad p \leq 1\,.$$

Per $p = 1$, abbiamo le funzioni

$$f(x) = \frac{1}{x \log x} \qquad \text{e} \qquad F(x) = \int_2^x \frac{\mathrm{d}t}{t \log t} = \log\log x - \log\log 2\,.$$

Poichè $F(x) \to +\infty$ e $f(x+1) \sim f(x)$ per $x \to +\infty$, si ha

$$\sum_{k=2}^{n} \frac{1}{k \log k} \sim \log\log n \qquad \text{per } n \to +\infty\,.$$

Per $p < 1$, abbiamo le funzioni

$$f(x) = \frac{1}{x \log^p x} \qquad \text{e} \qquad F(x) = \int_2^x \frac{\mathrm{d}t}{t \log^p t} = \frac{(\log x)^{1-p}}{1-p} - \frac{(\log 2)^{1-p}}{1-p}\,.$$

Poichè $F(x) \to +\infty$ e $f(x+1) \sim f(x)$ per $x \to +\infty$, si ha

$$\sum_{k=2}^{n} \frac{1}{k \log^p k} \sim \frac{(\log n)^{1-p}}{1-p} \qquad \text{per } n \to +\infty\,.$$

3. Per le somme
$$s_n = \sum_{k=3}^{n} \frac{1}{k \log k \log\log k}$$
abbiamo le funzioni
$$f(x) = \frac{1}{x \log x \log\log x} \text{ e } F(x) = \int_3^x \frac{\mathrm{d}t}{t \log t \log\log t} = \log\log\log x - \log\log\log 3\,.$$
Poichè $F(x) \to +\infty$ e $f(x+1) \sim f(x)$ per $x \to +\infty$, si ha
$$\sum_{k=3}^{n} \frac{1}{k \log k \log\log k} \sim \log\log\log n \qquad \text{per } n \to +\infty\,.$$

Abbiamo poi la seguente proprietà.

Teorema 543. *Sia* $n_0 \in \mathbb{N}$ *e sia* $f : [n_0, +\infty) \to \mathbb{R}$ *una funzione positiva, continua e decrescente. Sia* $\{S(n)\}_{n \geq n_0}$ *la successione dove*
$$S(n) = \sum_{k=n_0}^{n} f(n) - \int_{n_0}^{n} f(x)\mathrm{d}x\,.$$
Allora, esiste finito il limite
$$\lim_{n \to +\infty} S(n) = L$$
e valgono le limitazioni
$$0 \leq L \leq f(n_0)\,.$$

Dimostrazione. Poniamo $s_n = \sum_{k=n_0}^{n} f(n)$. Nella dimostrazione del Teorema 541, abbiamo trovato che
$$\int_{n_0}^{n+1} f(x)\,\mathrm{d}x \leq s_n \leq f(n_0) + \int_{n_0}^{n} f(x)\,\mathrm{d}x \qquad n \geq n_0\,.$$
Pertanto, abbiamo
$$\int_{n_0}^{n+1} f(x)\,\mathrm{d}x - \int_{n_0}^{n} f(x)\,\mathrm{d}x \leq s_n - \int_{n_0}^{n} f(x)\,\mathrm{d}x \leq f(n_0) \qquad n \geq n_0\,.$$
ossia
$$0 \leq \int_{n}^{n+1} f(x)\,\mathrm{d}x \leq S(n) \leq f(n_0) \qquad n \geq n_0\,.$$
Abbiamo così che $S(n) \geq 0$ per ogni $n \geq n_0$. Inoltre, si ha
$$S(n) - S(n+1) = s_n - \int_{n_0}^{n} f(x)\mathrm{d}x - s_{n+1} + \int_{n_0}^{n+1} f(x)\mathrm{d}x = \int_{n}^{n+1} f(x)\mathrm{d}x - a_{n+1} \geq 0$$
$$n \geq n_0$$
(per l'ultima disuguaglianza si veda la Figura 7.6), ossia $S(n) \geq S(n+1)$ per ogni $n \geq n_0$. Pertanto, la successione $\{S(n)\}_{n \geq n_0}$ è non negativa e decrescente. Quindi, in conclusione, è convergente in virtù del teorema sulle successioni monotone. □

OSSERVAZIONE 544. Se $f(x) = 1/x$, allora si riottiene la costante di Eulero-Mascheroni

$$\lim_{n\to+\infty} (\mathcal{H}_n - \log n) = \gamma\,, \qquad 0 < \gamma < 1\,.$$

7.3.2 Criteri del confronto

Nel caso delle serie a termini non negativi valgono i seguenti criteri di convergenza, del tutto simili a quelli per gli integrali impropri. Innanzitutto, abbiamo il seguente criterio.

Teorema 545 (Criterio del confronto). *Siano $\sum_{n\geq 0} a_n$ e $\sum_{n\geq 0} b_n$ due serie tali che $0 \leq a_n \leq b_n$ per ogni $n \in \mathbb{N}$ (o definitivamente). Allora*

1. *se la serie $\sum_{n\geq 0} b_n$ converge, allora anche la serie $\sum_{n\geq 0} a_n$ converge.*
2. *se la serie $\sum_{n\geq 0} a_n$ diverge, allora anche la serie $\sum_{n\geq 0} b_n$ diverge.*

Se le due serie convergono, allora

$$\sum_{n\geq 0} a_n \leq \sum_{n\geq 0} b_n\,.$$

Dimostrazione. Consideriamo le somme parziali delle due serie: $s_n = a_0 + a_1 + \cdots + a_n$ e $t_n = b_0 + b_1 + \cdots + b_n$. Poiché $0 \leq a_n \leq b_n$ per ogni $n \in \mathbb{N}$, si ha $0 \leq s_n \leq t_n$ per ogni $n \in \mathbb{N}$.

1. Se la serie $\sum_{n\geq 0} b_n$ converge, allora converge anche la successione $\{t_n\}_{n\geq 0}$ che pertanto risulta superiormente limitata, ossia esiste un $M > 0$ tale che $t_n \leq M$ per ogni $n \in \mathbb{N}$. di conseguenza, si ha $s_n \leq t_n \leq M$ per ogni $n \in \mathbb{N}$, ossia la successione $\{s_n\}_{n\geq 0}$ è superiormente limitata. per il teorema delle successioni monotone, tale successione è convergente e quindi è convergente anche la serie $\sum_{n\geq 0} a_n$.
2. Se la serie $\sum_{n\geq 0} a_n$ diverge, allora anche la successione $\{s_n\}_{n\geq 0}$ diverge e quindi è superiormente illimitata. Poiché $t_n \geq s_n$ per ogni $n \in \mathbb{N}$, si ha che anche la successione $\{t_n\}_{n\geq 0}$ è superiormente limitata. Per il teorema delle successioni monotone, tale successione diverge e quindi diverge anche la serie $\sum_{n\geq 0} b_n$.

Se le due serie convergono, dalla disuguaglianza $s_n \leq t_n$ per ogni $n \in \mathbb{N}$ si ha $\lim_{n\to+\infty} s_n \leq \lim_{n\to+\infty} t_n$, per la proprietà di monotonia delle successioni convergenti, ossia si ha $\sum_{n\geq 0} a_n \leq \sum_{n\geq 0} b_n$. □

ESEMPI

1. Consideriamo la serie a termini positivi

$$\sum_{n\geq 2} \frac{1}{\log n}\,.$$

Poiché $\log n < n$ per ogni $n \geq 2$, abbiamo

$$a_n = \frac{1}{\log n} > \frac{1}{n} \qquad \text{per ogni } n \geq 2 .$$

Poiché $\frac{1}{n}$ è il termine generale della serie armonica, che diverge, possiamo dire che anche la serie data diverge, per il criterio del confronto.

2. Consideriamo la serie a termini positivi

$$\sum_{n \geq 0} n^3 \mathrm{e}^{-n} .$$

Poiché l'esponenziale e^n è un infinito di ordine superiore a ogni potenza, si ha che $n^5 \mathrm{e}^{-n} \to 0$ per $n \to +\infty$. Quindi, dovrà essere $n^5 \mathrm{e}^{-n} \leq 1$ definitivamente e di conseguenza avremo

$$a_n = n^3 \mathrm{e}^{-n} = (n^5 \mathrm{e}^{-n}) \frac{1}{n^2} \leq \frac{1}{n^2}$$

definitivamente. Poiché $\frac{1}{n^2}$ è il termine generale di una serie armonica convergente ($2 > 1$), anche la serie di partenza sarà convergente, per il criterio del confronto.

3. Consideriamo la serie a termini positivi

$$\sum_{n \geq 1} \frac{(\operatorname{artg} n)^n}{n 2^n} .$$

La funzione arcotangente è superiormente limitata da $\frac{\pi}{2}$. Quindi si ha $\operatorname{artg} n < \frac{\pi}{2}$ e $(\operatorname{artg} n)^n < \left(\frac{\pi}{2}\right)^n$ per ogni $n \geq 1$. Inoltre, si ha $n2^n \geq 2^n$ per ogni $n \geq 1$. Di conseguenza, si ha la disuguaglianza

$$a_n = \frac{(\operatorname{artg} n)^n}{n 2^n} < \left(\frac{\pi}{2}\right)^n \frac{1}{2^n} = \left(\frac{\pi}{4}\right)^n \qquad \text{per ogni } n \geq 1 .$$

Poiché $\left(\frac{\pi}{4}\right)^n$ è il termine generale di una serie geometrica convergente, essendo di ragione positiva $q = \frac{\pi}{4} < 1$, si ha che anche la serie di partenza è convergente, per il criterio del confronto.

4. Consideriamo la serie $\sum_{n \geq 1} a_n$, dove

$$a_n = \int_0^n \frac{\mathrm{d}x}{x^3 + n^3} \qquad n \geq 1 .$$

Poiché la funzione integranda è positiva per $x > 0$, si ha $a_n > 0$ per ogni $n \geq 1$. Abbiamo quindi una serie a termini positivi. A questo punto, però, per stabilire il carattere della serie non è necessario calcolare l'integrale che definisce il termine a_n. Infatti, basta osservare che $x^3 + n^3 \geq n^3$ per ogni $x \geq 0$ e $n \geq 1$, ossia

$$\frac{1}{x^3 + n^3} \leq \frac{1}{n^3} \qquad \forall x \in [0, n]$$

Quindi, per la proprietà di monotonia degli integrali definiti, si ha

$$a_n = \int_0^n \frac{\mathrm{d}x}{x^3 + n^3} \leq \int_0^n \frac{\mathrm{d}x}{n^3} = \frac{1}{n^3} \int_0^n \mathrm{d}x = \frac{n}{n^3} = \frac{1}{n^2}.$$

Poiché $\frac{1}{n^2}$ è il termine generale di una serie armonica convergente, anche la serie di partenza è convergente, per il criterio del confronto.

Abbiamo poi il seguente criterio.

Teorema 546 (Criterio del confronto asintotico). *Siano* $\sum_{n \geq 0} a_n$ *e* $\sum_{n \geq 0} b_n$ *due serie tali che* $a_n, b_n > 0$ *per ogni* $n \in \mathbb{N}$ *(o definitivamente) e* $a_n \sim b_n$ *per* $n \to +\infty$. *Allora le due serie hanno lo stesso carattere, ossia la serie* $\sum_{n \geq 0} a_n$ *converge (diverge) se e solo se la serie* $\sum_{n \geq 0} b_n$ *converge (diverge).*

Dimostrazione. Se $a_n \sim b_n$ per $n \to +\infty$, allora si ha

$$\lim_{n \to +\infty} \frac{a_n}{b_n} = 1.$$

pertanto, per la definizione di limite, si ha che, comunque fissato $\varepsilon > 0$, esiste un indice $n_0 \in \mathbb{N}$ tale che per ogni $n \geq n_0$ si abbia

$$\left| \frac{a_n}{b_n} - 1 \right| < \varepsilon \qquad \text{ossia} \qquad 1 - \varepsilon < \frac{a_n}{b_n} < 1 + \varepsilon \qquad \text{ossia} \qquad (1 - \varepsilon) b_n < a_n < (1 + \varepsilon) b_n$$

essendo $b_n > 0$. Scelto $\varepsilon = 1/2$, esiste un indice $n_0 \in \mathbb{N}$ tale che

$$\frac{1}{2} b_n < a_n < \frac{3}{2} b_n \qquad \text{per ogni } n \geq n_0 .$$

Se la serie $\sum_{n \geq 0} b_n$ converge, allora, essendo $a_n < \frac{3}{2} b_n$ definitivamente, converge anche la serie $\sum_{n \geq 0} a_n$, per il precedente criterio del confronto.

Se la serie $\sum_{n \geq 0} b_n$ diverge, allora, essendo $a_n > \frac{1}{2} b_n$ definitivamente, anche la serie $\sum_{n \geq 0} a_n$ diverge, per il criterio del confronto. □

ESEMPI

1. Consideriamo la serie a termini positivi

$$\sum_{n \geq 1} \frac{n^3 + n^2 + 3^n + 2^n}{n^5 + 2^n + 1}.$$

Per $n \to +\infty$, si ha

$$a_n = \frac{n^3 + n^2 + 3^n + 2^n}{n^5 + 2^n + 1} \sim \frac{3^n}{2^n} = \left(\frac{3}{2}\right)^n .$$

Poiché $\left(\frac{3}{2}\right)^n$ è il termine generale di una serie geometrica divergente, essendo di ragione $q = 3/2 > 1$, anche la serie di partenza è divergente, per il criterio del confronto asintotico.

2. Consideriamo la serie

$$\sum_{n\geq 1} (n\sqrt{n} - \sqrt{n^3 - 1}) .$$

Poiché

$$a_n = n\sqrt{n} - \sqrt{n^3 - 1} = \frac{n^3 - n^3 + 1}{n\sqrt{n} + \sqrt{n^3 - 1}} = \frac{1}{n\sqrt{n} + \sqrt{n^3 - 1}} > 0$$

la serie è a temini positivi. Inoltre, per $n \to +\infty$, si ha

$$a_n \sim \frac{1}{2n\sqrt{n}} .$$

Poiché $\frac{1}{n^{3/2}}$ è il termine generale di una serie armonica generalizzata convergente ($3/2 > 1$), anche la serie di partenza è convergente, per il criterio del confronto asintotico.

3. Consideriamo la serie a termini positivi

$$\sum_{n\geq 1} \frac{e^{1/\sqrt{n}} - 1}{n} .$$

Per $n \to +\infty$, si ha

$$a_n = \frac{e^{1/\sqrt{n}} - 1}{n} \sim \frac{1}{n\sqrt{n}} = \frac{1}{n^{3/2}} .$$

Poiché $\frac{1}{n^{3/2}}$ è il termine generale di una serie armonica generalizzata convergente ($3/2 > 1$), anche la serie di partenza è convergente, per il criterio del confronto asintotico.

4. Consideriamo la serie a termini positivi

$$\sum_{n\geq 1} \sqrt{n+1}\,\operatorname{sen}\frac{1}{n} .$$

Per $n \to +\infty$, si ha

$$a_n = \sqrt{n+1}\,\operatorname{sen}\frac{1}{n} \sim \sqrt{n}\,\frac{1}{n} = \frac{1}{\sqrt{n}} .$$

Poiché $\frac{1}{\sqrt{n}}$ è il termine generale di una serie armonica generalizzata divergente ($1/2 < 1$), anche la serie di partenza è divergente, per il criterio del confronto asintotico.

5. Consideriamo la serie a termini negativi

$$\sum_{n\geq 1} \frac{\log(n^2+1) - 2\log n}{\operatorname{artg} \frac{1}{\sqrt{n}}} .$$

Per $n \to +\infty$, si ha

$$\begin{aligned} a_n &= \frac{\log(n^2+1) - 2\log n}{\operatorname{artg} \frac{1}{\sqrt{n}}} = \frac{\log(n^2+1) - \log n^2}{\operatorname{artg} \frac{1}{\sqrt{n}}} = \frac{\log \frac{n^2+1}{n^2}}{\operatorname{artg} \frac{1}{\sqrt{n}}} \\ &= \frac{\log(1+\frac{1}{n^2})}{\operatorname{artg} \frac{1}{\sqrt{n}}} \sim \frac{\frac{1}{n^2}}{\frac{1}{\sqrt{n}}} = \frac{\sqrt{n}}{n^2} = \frac{1}{n\sqrt{n}} . \end{aligned}$$

Poiché $\frac{1}{n^{3/2}}$ è il termine generale di una serie armonica generalizzata convergente ($3/2 > 1$), anche la serie di partenza è convergente, per il criterio del confronto asintotico.

6. Consideriamo la serie a termini negativi

$$\sum_{n\geq 1} \log\left(\cos\frac{1}{3^n}\right) .$$

Per $n \to +\infty$, si ha

$$a_n = \log\left(\cos\frac{1}{3^n}\right) = \log\left(1 + \left(\cos\frac{1}{3^n} - 1\right)\right) \sim \cos\frac{1}{3^n} - 1 \sim \frac{1}{2}\frac{1}{3^{2n}} .$$

Poiché $\frac{1}{3^{2n}}$ è il termine generale di una serie geometrica convergente, essendo di ragione positiva $q = 1/9$, anche la serie di partenza è convergente, per il criterio del confronto asintotico.

7. Consideriamo la serie a termini positivi

$$\sum_{n\geq 1} \left(\frac{1}{2} - \frac{1}{\pi}\operatorname{artg} n\right) .$$

Iniziamo con l'osservare che il termine generale

$$a_n = \frac{1}{2} - \frac{1}{\pi}\operatorname{artg} n$$

tende a zero per $n \to +\infty$. A questo punto, però, non possiamo ancora dire nulla sul carattere della serie. Tuttavia si ha che $\operatorname{artg} x + \operatorname{artg} \frac{1}{x} = \frac{\pi}{2}$ per ogni $x > 0$. Quindi, per $n \to +\infty$, si ha

$$a_n = \frac{1}{\pi}\left(\frac{\pi}{2} - \operatorname{artg} n\right) = \frac{1}{\pi}\operatorname{artg}\frac{1}{n} \sim \frac{1}{\pi}\frac{1}{n} .$$

Poiché la serie armonica è divergente, anche la serie iniziale è divergente, per il criterio del confronto asintotico.

7.3.3 Criteri del rapporto e della radice

Nel caso delle serie a termini non negativi o positivi, esistono anche dei criteri che si basano sull'analisi del termine generale della serie e che non hanno un corrispettivo negli integrali impropri.

Teorema 547 (Criterio del rapporto, d'Alembert). *Sia* $\sum_{n\geq 0} a_n$ *una serie a termini positivi, (ossia* $a_n > 0$ *per ogni* $n \in \mathbb{N}$*), per la quale esiste finito il limite*

$$\lim_{n\to+\infty} \frac{a_{n+1}}{a_n} = \ell \in \mathbb{R}\,.$$

Allora, si ha

1. *se* $\ell < 1$, *la serie* $\sum_{n\geq 0} a_n$ *converge*
2. *se* $\ell > 1$, *la serie* $\sum_{n\geq 0} a_n$ *diverge*
3. *se* $\ell = 1$, *il criterio è inconcludente.*

Dimostrazione. Per la definizione di limite di una successione, si ha che per ogni numero reale $\varepsilon > 0$ esiste un indice $n_0 \in \mathbb{N}$ tale che per ogni $n \geq n_0$ si ha $|\frac{a_{n+1}}{a_n} - \ell| < \varepsilon$, ossia

$$\ell - \varepsilon < \frac{a_{n+1}}{a_n} < \ell + \varepsilon\,,$$

ossia (essendo $a_n > 0$)

$$(\ell - \varepsilon)\, a_n < a_{n+1} < (\ell + \varepsilon)\, a_n\,.$$

Poiché $a_{n+1} < (\ell + \varepsilon)\, a_n$ per ogni $n \geq n_0$, si ha

$$\begin{aligned}
&a_{n_0+1} < (\ell + \varepsilon)\, a_{n_0}\\
&a_{n_0+2} < (\ell + \varepsilon)\, a_{n_0+1} < (\ell + \varepsilon)^2 a_{n_0}\\
&a_{n_0+3} < (\ell + \varepsilon)\, a_{n_0+2} < (\ell + \varepsilon)^3 a_{n_0}\\
&\dots
\end{aligned}$$

ossia

$$a_n < (\ell + \varepsilon)^{n-n_0} a_{n_0} = \frac{a_{n_0}}{(\ell + \varepsilon)^{n_0}} (\ell + \varepsilon)^n \qquad \text{per ogni } n \geq n_0\,.$$

Analogamente, poiché $a_{n+1} > (\ell - \varepsilon)\, a_n$ per ogni $n \geq n_0$, si ha

$$\begin{aligned}
&a_{n_0+1} > (\ell - \varepsilon)\, a_{n_0}\\
&a_{n_0+2} > (\ell - \varepsilon)\, a_{n_0+1} > (\ell - \varepsilon)^2 a_{n_0}\\
&a_{n_0+3} > (\ell - \varepsilon)\, a_{n_0+2} > (\ell - \varepsilon)^3 a_{n_0}\\
&\dots
\end{aligned}$$

ossia

$$a_n > (\ell - \varepsilon)^{n-n_0} a_{n_0} = \frac{a_{n_0}}{(\ell - \varepsilon)^{n_0}} (\ell - \varepsilon)^n \qquad \text{per ogni } n \geq n_0\,.$$

Pertanto, si ha

$$\frac{a_{n_0}}{(\ell-\varepsilon)^{n_0}}(\ell-\varepsilon)^n < a_n < \frac{a_{n_0}}{(\ell+\varepsilon)^{n_0}}(\ell+\varepsilon)^n \qquad \text{per ogni } n \geq n_0 .$$

1. Se $\ell < 1$, possiamo scegliere ε in modo che $\ell + \varepsilon < 1$. Quindi, si ha

$$a_n < \frac{a_{n_0}}{(\ell+\varepsilon)^{n_0}}(\ell+\varepsilon)^n = \lambda\, q^n \qquad \text{per ogni } n \geq n_0 ,$$

dove $\lambda = \frac{a_{n_0}}{(\ell+\varepsilon)^{n_0}}$ è una costante e $q = \ell + \varepsilon$. Poiché abbiamo scelto ε in modo che $0 < q < 1$, la serie geometrica di ragione q converge. Di conseguenza, per il criterio del confronto, anche la serie $\sum_{n\geq 0} a_n$ converge.

2. Se $\ell > 1$, possiamo scegliere ε in modo che $\ell - \varepsilon > 1$. Quindi, si ha

$$a_n > \frac{a_{n_0}}{(\ell-\varepsilon)^{n_0}}(\ell-\varepsilon)^n = \lambda\, q^n \qquad \text{per ogni } n \geq n_0 ,$$

dove $\lambda = \frac{a_{n_0}}{(\ell-\varepsilon)^{n_0}}$ è una costante e $q = \ell - \varepsilon$. Poiché abbiamo scelto ε in modo che $q > 1$, la serie geometrica di ragione q diverge. Di conseguenza, per il criterio del confronto, anche la serie $\sum_{n\geq 0} a_n$ diverge.

3. Se $\ell = 1$, non possiamo dire nulla sul carattere della serie $\sum_{n\geq 0} a_n$, poiché tale serie può essere convergente oppure può essere divergente. Ad esempio, la serie armonica $\sum_{n\geq 0} \frac{1}{n}$ è divergente e

$$\lim_{n\to+\infty} \frac{a_{n+1}}{a_n} = \lim_{n\to+\infty} \frac{n}{n+1} = 1 ,$$

mentre la serie armonica generalizzata $\sum_{n\geq 0} \frac{1}{n^2}$ è convergente e ancora

$$\lim_{n\to+\infty} \frac{a_{n+1}}{a_n} = \lim_{n\to+\infty} \frac{n^2}{(n+1)^2} = 1 .$$

In questo caso, quindi, non si può dire nulla a priori.

□

Teorema 548 (Criterio della radice). *Sia* $\sum_{n\geq 0} a_n$ *una serie a termini non negativi (ossia* $a_n \geq 0$ *per ogni* $n \in \mathbb{N}$*), per la quale esiste finito il limite*

$$\lim_{n\to+\infty} \sqrt[n]{a_n} = \ell \in \mathbb{R} .$$

Allora, si ha

1. *se* $\ell < 1$*, la serie* $\sum_{n\geq 0} a_n$ *converge*
2. *se* $\ell > 1$*, la serie* $\sum_{n\geq 0} a_n$ *diverge*
3. *se* $\ell = 1$*, il criterio è inconcludente.*

Dimostrazione. Per la definizione di limite di una successione, si ha che per ogni numero reale $\varepsilon > 0$ esiste un indice $n_0 \in \mathbb{N}$ tale che per ogni $n \geq n_0$ si ha $|\sqrt[n]{a_n} - \ell| < \varepsilon$, ossia

$$\ell - \varepsilon < \sqrt[n]{a_n} < \ell + \varepsilon \qquad \text{per ogni } n \geq n_0 .$$

1. Se $\ell < 1$, possiamo scegliere ε in modo che $\ell + \varepsilon < 1$. Quindi, si ha

$$a_n < (\ell + \varepsilon)^n = q^n \qquad \text{per ogni } n \geq n_0 ,$$

dove $q = \ell + \varepsilon$. Poiché abbiamo scelto ε in modo che $0 < q < 1$, la serie geometrica di ragione q converge. Di conseguenza, per il criterio del confronto, anche la serie $\sum_{n\geq 0} a_n$ converge.

2. Se $\ell > 1$, possiamo scegliere ε in modo che $\ell - \varepsilon > 1$. Quindi, si ha

$$a_n > (\ell - \varepsilon)^n = q^n \qquad \text{per ogni } n \geq n_0 ,$$

dove $q = \ell - \varepsilon$. Poiché abbiamo scelto ε in modo che $q > 1$, la serie geometrica di ragione q diverge. Di conseguenza, per il criterio del confronto, anche la serie $\sum_{n\geq 0} a_n$ diverge.

3. Se $\ell = 1$, non possiamo dire nulla sul carattere della serie $\sum_{n\geq 0} a_n$, poiché tale serie può essere convergente oppure può essere divergente. Ad esempio, la serie armonica $\sum_{n\geq 0} \frac{1}{n}$ è divergente e

$$\lim_{n\to+\infty} \sqrt[n]{a_n} = \lim_{n\to+\infty} \frac{1}{\sqrt[n]{n}} = 1 ,$$

mentre la serie armonica generalizzata $\sum_{n\geq 0} \frac{1}{n^2}$ è convergente e ancora

$$\lim_{n\to+\infty} \sqrt[n]{a_n} = \lim_{n\to+\infty} \frac{1}{\sqrt[n]{n^2}} = 1 .$$

In questo caso, quindi, non si può dire nulla a priori.

□

Questi due criteri non sono indipendenti. Infatti, se vale il criterio del rapporto, allora vale anche il criterio della radice. Questo fatto è una conseguenza del seguente teorema.

Teorema 549. *Sia* $\{a_n\}_{n\geq 0}$ *una successione di numeri reali positivi. Se la successione dei rapporti* $\{a_{n+1}/a_n\}_{n\geq 0}$ *converge e*

$$\lim_{n\to+\infty} \frac{a_{n+1}}{a_n} = \ell \geq 0$$

allora anche la successione delle radici $\{\sqrt[n]{a_n}\}_{n\geq 0}$ *converge e*

$$\lim_{n\to+\infty} \sqrt[n]{a_n} = \ell .$$

Dimostrazione. Supponiamo che la successione dei rapporti $\{a_{n+1}/a_n\}_{n\geq 0}$ converga a un numero reale $\ell > 0$. Allora, procedendo esattamente come nella dimostrazione del Teorema 547, si ha che scelto un numero reale $\varepsilon > 0$ tale che $\varepsilon < \ell$, esiste un indice $n_0 \in \mathbb{N}$ tale che per ogni $n \geq n_0$ si ha

$$\frac{a_{n_0}}{(\ell-\varepsilon)^{n_0}}(\ell-\varepsilon)^n < a_n < \frac{a_{n_0}}{(\ell+\varepsilon)^{n_0}}(\ell+\varepsilon)^n$$

ossia

$$\sqrt[n]{\frac{a_{n_0}}{(\ell-\varepsilon)^{n_0}}}(\ell-\varepsilon) < \sqrt[n]{a_n} < \sqrt[n]{\frac{a_{n_0}}{(\ell+\varepsilon)^{n_0}}}(\ell+\varepsilon).$$

Poiché, per ogni $\alpha > 0$, si ha $\sqrt[n]{\alpha} \to 1$ per $n \to +\infty$, si ha che $\sqrt[n]{\alpha} < 1$ definitivamente. Quindi esistono due numeri δ_1 e δ_2 tali che

$$\sqrt[n]{\frac{a_{n_0}}{(\ell-\varepsilon)^{n_0}}} = 1+\delta_1 \qquad \text{con } |\delta_1| < \frac{\varepsilon}{\ell-\varepsilon}, \qquad \text{ossia} \quad |\delta_1(\ell-\varepsilon)| < \varepsilon$$

$$\sqrt[n]{\frac{a_{n_0}}{(\ell+\varepsilon)^{n_0}}} = 1+\delta_2 \qquad \text{con } |\delta_2| < \frac{\varepsilon}{\ell+\varepsilon}, \qquad \text{ossia} \quad |\delta_2(\ell+\varepsilon)| < \varepsilon$$

definitivamente. Pertanto, si ha

$$(1+\delta_1)(\ell-\varepsilon) < \sqrt[n]{a_n} < (1+\delta_2)(\ell+\varepsilon)$$

ossia

$$\ell-\varepsilon+\delta_1(\ell-\varepsilon) < \sqrt[n]{a_n} < \ell+\varepsilon+\delta_2(\ell+\varepsilon)$$

ossia

$$-\varepsilon+\delta_1(\ell-\varepsilon) < \sqrt[n]{a_n}-\ell < \varepsilon+\delta_2(\ell+\varepsilon)$$

definitivamente. Peratnto, si ha

$$-2\varepsilon < \sqrt[n]{a_n}-\ell < 2\varepsilon$$

definitivamente, ossia $|\sqrt[n]{a_n}-\ell| < 2\varepsilon$ definitivamente. Per l'arbitrarietà di ε, si ha che $\sqrt[n]{a_n} \to \ell$ per $n \to +\infty$.

Infine, se $\ell = 0$, la dimostrazione è del tutto analoga (basta trascurare i membri di sinistra delle disuguaglianze). □

OSSERVAZIONE 550. Il criterio della radice è effettivamente più forte del criterio rapporto, poiché il limite della radice può esistere anche quando il limite del rapporto non esiste. Consideriamo, ad esempio, la successione

$$a_n = \frac{1}{2^{n+1+(-1)^n}} = \begin{cases} \dfrac{1}{2^{n+2}} & \text{per } n \text{ pari} \\ \dfrac{1}{2^n} & \text{per } n \text{ dispari}. \end{cases}$$

Allora si ha

$$\frac{a_{n+1}}{a_n} = \begin{cases} \dfrac{2^{n+2}}{2^{n+1}} = 2 & \text{per } n \text{ pari} \\ \dfrac{2^n}{2^{n+3}} = \dfrac{1}{8} & \text{per } n \text{ dispari}. \end{cases}$$

Pertanto, il limite del rapporto non esiste. Invece, il limite della radice esiste, poiché

$$\lim_{n\to+\infty} \sqrt[n]{a_n} = \lim_{n\to+\infty} \frac{1}{2^{1+\frac{1+(-1)^n}{n}}} = \frac{1}{2}\,.$$

Concludiamo con il seguente criterio di Raabe che generalizza il criterio della radice.

Teorema 551 (Criterio di Raabe, 1832). *Sia* $\sum_{n\geq 0} a_n$ *una serie a termini positivi per la quale esista finito il limite*

$$\lim_{n\to+\infty} n\Big(\frac{a_n}{a_{n+1}} - 1\Big) = \ell \in \mathbb{R}\,.$$

Allora, si ha

1. *se* $\ell > 1$, *la serie* $\sum_{n\geq 0} a_n$ *converge*
2. *se* $\ell < 1$, *la serie* $\sum_{n\geq 0} a_n$ *diverge*
3. *se* $\ell = 1$, *il criterio è inconcludente, ossia la serie* $\sum_{n\geq 0} a_n$ *può convergere o diverge.*

Dimostrazione. Poiché, per ipotesi, il limite ℓ è un numero reale, abbiamo i seguenti tre casi possibili.

1. Supponiamo che $\ell > 1$, ossia $\ell - 1 > 0$. Possiamo scegliere $\varepsilon = \frac{\ell-1}{2} > 0$. Per la definizione di limite, esiste un indice $n_0 \in \mathbb{N}$ tale che per ogni $n \geq n_0$ si ha

$$\left| n\Big(\frac{a_n}{a_{n+1}} - 1\Big) - \ell \right| < \varepsilon = \frac{\ell - 1}{2}$$

ossia

$$\frac{\ell + 1}{2} < n\Big(\frac{a_n}{a_{n+1}} - 1\Big) < \frac{3\ell - 1}{2}\,.$$

Posto $\ell_1 = \frac{\ell+1}{2} > 1$, si ha

$$\ell_1 < n\Big(\frac{a_n}{a_{n+1}} - 1\Big) \qquad \text{per ogni } n \geq n_0$$

ossia

$$\ell_1 + n < n\frac{a_n}{a_{n+1}} \qquad \text{per ogni } n \geq n_0$$

ossia (essendo $a_{n+1} > 0$ per ogni $n \in \mathbb{N}$)

$$(\ell_1 + n)\, a_{n+1} < n\, a_n \qquad \text{per ogni } n \geq n_0$$

ossia

$$(\ell_1 - 1)\, a_{n+1} < n\, a_n - (n+1)\, a_{n+1} \qquad \text{per ogni } n \geq n_0\,.$$

Allora, per ogni $n > n_0$, si ha

$$\sum_{k=n_0}^{n-1} (\ell_1 - 1)\, a_{k+1} < \sum_{k=n_0}^{n-1} (k\, a_k - (k+1)\, a_{k+1}) \,.$$

Poiché a secondo membro compare una somma telescopica e poiché $a_n > 0$ per ogni $n \in \mathbb{N}$, abbiamo

$$(\ell_1 - 1) \sum_{k=n_0+1}^{n} a_k < n_0\, a_{n_0} - n\, a_n < n_0\, a_{n_0} \qquad \text{per ogni } n > n_0$$

e quindi, essendo $\ell_1 - 1 > 0$, abbiamo

$$\sum_{k=n_0+1}^{n} a_k < \frac{n_0\, a_{n_0}}{\ell_1 - 1} \qquad \text{per ogni } n > n_0 \,.$$

Allora, per $n > n_0$, possiamo scrivere la somma parziale n-esima nella forma seguente

$$s_n = \sum_{k=0}^{n} a_k = \sum_{k=0}^{n_0} a_k + \sum_{k=n_0+1}^{n} a_k < s_{n_0} + \frac{n_0\, a_{n_0}}{\ell_1 - 1} = M$$

dove M è una costante positiva. Quindi, essendo $s_n < M$ per $n > n_0$, la successione $\{s_n\}_{n \geq 0}$ è limitata e quindi convergente. Segue che anche la serie è convergente.

2. Supponiamo ora che $\ell < 1$. In questo caso, possiamo scegliere $\varepsilon = 1 - \ell > 0$. Allora, per la definizione di limite, esiste un indice $n_0 \in \mathbb{N}$ tale che per ogni $n \geq n_0$ si ha

$$\left| n\Big(\frac{a_n}{a_{n+1}} - 1\Big) - \ell \right| < \varepsilon = 1 - \ell$$

ossia

$$2\ell - 1 < n\Big(\frac{a_n}{a_{n+1}} - 1\Big) < 1 \,.$$

Pertanto, abbiamo

$$n\Big(\frac{a_n}{a_{n+1}} - 1\Big) < 1 \qquad \text{per ogni } n \geq n_0$$

ossia (essendo $a_{n+1} > 0$ per ogni $n \in \mathbb{N}$)

$$n\Big(a_n - a_{n+1}\Big) < a_{n+1} \qquad \text{per ogni } n \geq n_0$$

ossia

$$n\, a_n < (n+1)\, a_{n+1} \qquad \text{per ogni } n \geq n_0$$

ossia (sostituendo $n-1$ al posto di n)

$$n\,a_n > (n-1)\,a_{n-1} \qquad \text{per ogni } n > n_0 .$$

Quindi, per ogni $n > n_0$, si ha

$$n\,a_n > (n-1)\,a_{n-1} > (n-2)\,a_{n-2} > \cdots > n_0\,a_{n_0}$$

ossia

$$a_n > \frac{n_0\,a_{n_0}}{n} \qquad \text{per ogni } n > n_0 .$$

Poiché la serie armonica è divergente, applicando il criterio del confronto abbiamo che la nostra serie diverge.

3. Supponiamo infine che $\ell = 1$. In questo caso, non possiamo dire nulla a priori. Infatti, la serie armonica $\sum_{n\geq 1}\frac{1}{n}$ diverge e

$$n\Big(\frac{a_n}{a_{n+1}}-1\Big) = n\Big(\frac{n+1}{n}-1\Big) = n\frac{1}{n} \to 1 \qquad \text{per } n \to +\infty ,$$

mentre la serie $\sum_{n\geq 1}\frac{1}{n\log^2 n}$ converge e ancora

$$\begin{aligned} n\Big(\frac{a_n}{a_{n+1}}-1\Big) &= n\left(\frac{(n+1)\log^2(n+1)}{n\log^2 n}-1\right) \\ &= \frac{(n+1)\log^2(n+1)-n\log^2 n}{\log^2 n} \to 1 \qquad \text{per } n \to +\infty , \end{aligned}$$

□

ESEMPI

1. Possiamo usare il creterio di Raabe per studiare il carattere delle serie armoniche $\sum_{n\geq 1}\frac{1}{n^p}$, con $p \neq 1$. Iniziamo con l'osservare che il criterio del rapporto non si applica in questo caso, poiché

$$\frac{a_{n+1}}{a_n} = \frac{n^p}{(n+1)^p} \to 1 \qquad \text{per } n \to +\infty .$$

Invece, possiamo usare il criterio di Raabe, poiché

$$\begin{aligned} n\Big(\frac{a_n}{a_{n+1}}-1\Big) &= n\left(\frac{(n+1)^p}{n^p}-1\right) = \frac{(n+1)^p-n^p}{n^{p-1}} = \frac{1}{n^{p-1}}\sum_{k=1}^{n}\binom{p}{k}n^{p-k} \\ &= \sum_{k=1}^{n}\binom{p}{k}\frac{1}{n^{k-1}} = p + \sum_{k=2}^{n}\binom{p}{k}\frac{1}{n^{k-1}} \to p \qquad \text{per } n \to +\infty . \end{aligned}$$

Pertanto, la serie converge per $p > 1$ e diverge per $p < 1$.

2. Consideriamo la serie

$$\sum_{n\geq 0} \binom{2n}{n} \frac{x^n}{2^{2n}} \qquad x > 0\,.$$

Iniziamo con l'osservare che

$$\binom{2n+2}{n+1} = 2\binom{2n+1}{n+1} = 2\binom{2n}{n}\frac{2n+1}{n+1}\,.$$

Allora, si ha

$$\frac{a_{n+1}}{a_n} = \frac{\binom{2n+2}{n+1}\frac{x^{n+1}}{2^{2n+2}}}{\binom{2n}{n}\frac{x^n}{2^{2n}}} = \frac{2\binom{2n}{n}\frac{2n+1}{n+1}}{\binom{2n}{n}}\frac{x}{4} = \frac{2n+1}{n+1}\frac{x}{2} \to x \qquad \text{per } n \to +\infty\,.$$

Quindi, per il criterio del rapporto la serie converge per $0 < x < 1$ e diverge per $x > 1$. Non possiamo dire nulla per $x01$. In questo caso, però, possiamo applicare il criterio di Raabe. Infatti, si ha

$$n\left(\frac{a_n}{a_{n+1}} - 1\right) = n\left(\frac{2n+2}{2n+1} - 1\right) = \frac{n}{2n+1} \to \frac{1}{2} < 1 \qquad \text{per } n \to +\infty\,.$$

Quindi, per $x = 1$, la serie diverge.

7.3.4 Criterio di condensazione

Il seguente criterio di condensazione, dovuto a Cauchy, è spesso utile perché permette di ridurre una serie a una serie più elementare con lo stesso carattere.

Teorema 552 (Criterio di condensazione, Cauchy)**.** *Sia* $\{a_n\}_{n\geq 1}$ *una successione di numeri reali non negativi, decrescente. Allora la serie* $\sum_{n\geq 1} a_n$ *converge se e solo se converge la serie condensata* $\sum_{n\geq 0} 2^n a_{2^n}$.

Dimostrazione. Consideriamo le somme parziali delle due serie

$$s_n = \sum_{k=1}^{n} a_k = a_1 + a_2 + \cdots + a_n$$

$$t_n = \sum_{k=0}^{n} 2^k a_{2^k} = a_1 + 2a_2 + 4a_4 + \cdots + 2^n a_{2^n}\,.$$

Poiché $a_n \geq 0$, entrambe queste somme parziali formano delle successioni crescenti. Pertanto, per il teorema delle successioni monotone, esse convergono se e solo se sono superiormente limitate. Si tratta, quindi, di dimostrare che se una delle due è superiormente limitata lo è anche l'altra.

1. Supponiamo che la serie condensata $\sum_{n\geq 0} 2^n a_{2^n}$ sia convergente. Allora anche la successione $\{t_n\}_{n\geq 0}$ delle sue somme parziali è convergente e quindi è anche superiormente limitata, ossia esiste un $M > 0$ tale che $t_n \leq M$ per ogni $n \in \mathbb{N}$. Per un fissato $n \in \mathbb{N}$, $n \geq 1$, consideriamo un $k \in \mathbb{N}$ talc che $2^k > n$. Allora $n < 2^k < 2^{k+1} - 1$ e quindi, essendo la successione $\{s_n\}_{n\geq 1}$ crescente, si ha

$$s_n \leq s_{2^{k+1}-1} = a_1 + (a_2 + a_3) + (a_4 + a_5 + a_6) + \cdots + (a_{2^k} + a_{2^k+1} + \cdots + a_{2^{k+1}-1}).$$

Possiamo raggruppare i termini di questa somma a gruppi di 1, 2, $4, \ldots$, 2^k termini. Poiché, per ipotesi, la successione $\{a_n\}_{n\geq 1}$ è decrescente, si ha $a_{n+1} \leq a_n$ per ogni $n \geq 1$. Quindi, si ha $a_3 \leq a_2$, $a_6 \leq a_5 \leq a_4, \ldots$, $a_{2^{k+1}-1} \leq \cdots \leq a_{2^k+1} \leq a_{2^k}$. Di conseguenza, si ha

$$\begin{aligned} s_n &\leq a_1 + (a_2 + a_2) + (a_4 + a_4 + a_4) + \cdots + (a_{2^k} + a_{2^k} + \cdots + a_{2^k}) \\ &= a_1 + 2a_2 + 4a_4 + \cdots + 2^k a_{2^k} = t_k \leq M\,. \end{aligned}$$

Quindi $s_n \leq M$ per ogni $n \geq 1$, ossia la successione $\{s_n\}_{n\geq 1}$ è superiormente limitata e quindi è convergente. Di conseguenza, è convergente anche la serie $\sum_{n\geq 1} a_n$.

2. Supponiamo ora che la serie $\sum_{n\geq 1} a_n$ converga. Allora anche la successione $\{s_n\}_{n\geq 1}$ delle sue somme parziali è convergente e quindi è anche superiormente limitata, ossia esiste un $N > 0$ tale che $s_n \leq N$ per ogni $n \geq 1$. Fissato un $k \in \mathbb{N}$, sia $n \in \mathbb{N}$ tale che $n > 2^k$. Allora si ha $n > 2^k > 2^{k-1} + 1$ e quindi, essendo la successione $\{s_n\}_{n\geq 1}$ crescente, si ha

$$s_n \geq s_{2^k} = a_1 + a_2 + (a_3 + a_4) + (a_5 + a_6 + a_7 + a_8) + \cdots + (a_{2^{k-1}+1} + \cdots + a_{2^k-1} + a_{2^k}).$$

Tralasciando il primo termine, possiamo raggruppare i termini di questa somma a gruppi di 1, 2, $4, \ldots$, 2^{k-1} termini. Poiché, per ipotesi, la successione $\{a_n\}_{n\geq 1}$ è decrescente, si ha $a_n \geq a_{n+1}$ per ogni $n \geq 1$. Quindi, si ha $a_3 \geq a_4$, $a_5 \geq a_6 \geq a_7 \geq a_8, \ldots$, $a_{2^{k+1}-1} \geq \cdots \geq a_{2^k-1} \geq a_{2^k}$. Inoltre, si ha $a_1 \geq \frac{1}{2} a_1$. Di conseguenza, si ha

$$\begin{aligned} s_n &\geq \frac{1}{2} a_1 + a_2 + (a_4 + a_4) + (a_8 + a_8 + a_8 + a_8) + \cdots + (a_{2^k} + \cdots + a_{2^k} + a_{2^k}) \\ &= \frac{1}{2} a_1 + a_2 + 2a_4 + 4a_8 + \cdots + 2^{k-1} a_{2^k} \\ &= \frac{1}{2}(a_1 + 2a_2 + 4a_4 + 8a_8 + \cdots + 2^k a_{2^k}) \\ &= \frac{1}{2} t_k \end{aligned}$$

ossia $t_k \leq 2s_n \leq 2N$. Quindi $t_k \leq 2N$ per ogni $k \in \mathbb{N}$, ossia la successione $\{t_k\}_{k\geq 1}$ è superiormente limitata e quindi è convergente. Di conseguenza, è convergente anche la serie condensata $\sum_{n\geq 0} 2^n a_{2^n}$.

□

ESEMPI

1. Il criterio di condensazione permette di studiare le serie armoniche generalizzate
$$\sum_{n\geq 1} \frac{1}{n^p} \qquad p \in \mathbb{R}.$$
Il termine generale $a_n = \frac{1}{n^p} > 0$ forma una successione decrescente per $p > 0$. In questo caso, la serie condensata è
$$\sum_{n\geq 0} \frac{2^n}{(2^n)^p} = \sum_{n\geq 0} \frac{2^n}{2^{pn}} = \sum_{n\geq 0} \frac{1}{2^{(p-1)n}} = \sum_{n\geq 0} \left(\frac{1}{2^{p-1}}\right)^n.$$
Questa serie è una serie geometrica di ragione $q = \frac{1}{2^{p-1}}$ che converge se e solo se $\frac{1}{2^{p-1}} < 1$, e questo accade se e solo se $p - 1 > 0$, ossia $p > 1$. Abbiamo così ritrovato che la serie armonica generalizzata converge per $p > 1$ e diverge per $p \leq 1$.

2. Più in generale, il criterio di condensazione permette di studiare la *serie di Abel*
$$\sum_{n\geq 1} \frac{1}{n^p(\log n)^q} \qquad p, q \in \mathbb{R}.$$
Il termine generale $a_n = \frac{1}{n^p(\log n)^q}$ è positivo e tende a 0, per $n \to +\infty$, solo per $p > 0$. Per mostrare che per $p > 0$ abbiamo una successione decrescente, consideriamo la funzione
$$f(x) = \frac{1}{x^p(\log x)^q} \qquad x > 1.$$
Poiché
$$f'(x) = -\frac{p\log x - q}{x^{p+1}(\log x)^{q+1}} < 0 \qquad \text{per } x > \mathrm{e}^{q/p},$$
la funzione f è definitivamente decrescente e quindi lo è anche la successione dove $a_n = f(n)$. Allora, per $p > 0$, possiamo applicare il criterio di condensazione. La serie condensata è
$$\sum_{n\geq 0} \frac{2^n}{(2^n)^p(\log 2^n)^q} = \frac{1}{\log^q 2} \sum_{n\geq 0} \frac{1}{(2^{p-1})^n n^q}.$$
Il termine generale $b_n = \frac{1}{(2^{p-1})^n n^q}$ è positivo. Possiamo quindi applicare il criterio del rapporto. Poiché, per $n \to +\infty$, si ha
$$\frac{b_{n+1}}{b_n} = \frac{(2^{p-1})^n n^q}{(2^{p-1})^{n+1}(n+1)^q} = \frac{1}{2^{p-1}} \frac{n^q}{(n+1)^q} \to \frac{1}{2^{p-1}}$$
la serie condensata converge per $p > 1$ e diverge per $p < 1$. Resta il caso $p = 1$, dove il termine generale si riduce a $b_n = \frac{1}{n^q}$. Quindi la serie condensata converge per $q > 1$ e diverge per $q \leq 1$. In conclusione, per il criterio di condensazione, abbiamo che la serie di Abel

(a) converge per $p > 1$ e per ogni $q \in \mathbb{R}$
(b) converge per $p = 1$ e per $q > 1$
(c) diverge per $p = 1$ e per $q \leq 1$
(d) diverge per $p < 1$ e per ogni $q \in \mathbb{R}$.

7.4 Serie a termini con segno variabile

Finora abbiamo considerato serie a termini con segno costante. Ma cosa accade quando i termini non hanno segno costante?

7.4.1 Convergenza assoluta

Una serie $\sum_{n\geq 0} a_n$ *converge assolutamente* quando converge la serie dei valori assoluti, ossia la serie $\sum_{n\geq 0} |a_n|$. Diremo anche che la serie $\sum_{n\geq 0} a_n$ *converge semplicemente* quando converge. A questo punto abbiamo due tipi di convergenza, la convergenza semplice e la convergenza assoluta. Il vantaggio di passare alla convergenza assoluta è che ci si riduce a una serie a termini positivi che puè essere studiata mediante i criteri che valgono per queste serie. Inoltre, come vedremo nel prossimo teorema, la convergenza assoluta implica la convergenza semplice.

Teorema 553 (Criterio della convergenza assoluta). *Se una serie* $\sum_{n\geq 0} a_n$ *converge assolutamente, allora converge anche semplicemente. Inoltre, si ha*

$$\left|\sum_{n\geq 0} a_n\right| \leq \sum_{n\geq 0} |a_n| .$$

Dimostrazione. Consideriamo le somme parziali $s_n = a_0 + a_1 + a_2 + \cdots + a_n$ e raggruppiamo i termini con segno positivo e quelli con segno negativo. In questo modo, possiamo scrivere $s_n = s_n^+ - s_n^-$, dove s_n^+ è la somma dei termini a_k positivi che compaiono in s_n e s_n^- è l'opposto della somma dei termini a_k negativi che compaiono in s_n.

Le successioni s_n^+ e s_n^- sono somme di termini positivi o nulli e quindi sono crescenti. Inoltre, sono superiormente limitate. Infatti, si ha

$$s_n^+ \leq \sum_{k=0}^{n} |a_k| \qquad \text{e} \qquad s_n^- \leq \sum_{k=0}^{n} |a_k| \qquad \forall n \in \mathbb{N} .$$

Per ipotesi, la serie converge assolutamente. Quindi, la successione $\sum_{k=0}^{n} |a_k|$ delle somme parziali dei valori assoluti converge. Poiché una successione convergente è sempre limitata, si ha che anche la successione $\sum_{k=0}^{n} |a_k|$ è limitata e, di conseguenza, le successioni s_n^+ e s_n^- sono superiormente limitate.

Per il teorema delle successioni monotone, le successioni s_n^+ e s_n^- sono convergenti. Pertanto, essendo $s_n = s_n^+ - s_n^-$, anche la successione s_n è convergente, ossia la serie $\sum_{n\geq 0} a_n$ è convergente. Infine, per la disuguaglianza triangolare, si ha

$$\left|\sum_{k=0}^{n} a_n\right| \leq \sum_{k=0}^{n} |a_n|, \qquad \text{per ogni } n \in \mathbb{N}.$$

Passando al limite per $n \to +\infty$, si ottiene la disuguaglianza tra le corrispondenti serie. □

OSSERVAZIONE 554. La convergenza assoluta implica la convergenza semplice, ma il viceversa non vale. Come vedremo in seguito, esistono delle serie che convergono assolutamente ma non semplicemente.

ESEMPI

1. La serie armonica generalizzata a segni alterni

   $$\sum_{n\geq 0} \frac{(-1)^n}{n^s}$$

   converge assolutamente per ogni $s > 1$. Infatti, la serie di termine generale

   $$|a_n| = \left|\frac{(-1)^n}{n^s}\right| = \frac{1}{n^s}$$

   converge per $s > 1$.

2. Consideriamo la serie

   $$\sum_{n\geq 1} \frac{\operatorname{sen} n}{n} \log\left(1 + \frac{1}{n}\right).$$

   In questo caso, si ha

   $$|a_n| = \left|\frac{\operatorname{sen} n}{n} \log\left(1 + \frac{1}{n}\right)\right| \leq \frac{1}{n} \log\left(1 + \frac{1}{n}\right) \sim \frac{1}{n^2} \qquad \text{per } n \to +\infty.$$

   Poiché la serie di termine generale $1/n^2$ converge, converge anche (per i criteri del confronto e del confronto asintotico) la serie di termine generale $|a_n|$. Pertanto, la serie di partenza converge assolutamente e quindi converge anche semplicemente.

7.4.2 Serie a segni alterni

Una *serie a segni alterni* è una della forma $\sum_{n\geq 0}(-1)^n a_n$ dove $a_n \geq 0$ per ogni $n \in \mathbb{N}$. Per queste serie abbiamo il seguente criterio.

Teorema 555 (Criterio di Leibniz, 1682). *Sia $\{a_n\}_{n\geq 0}$ una successione*

1. *di numeri reali non negativi, $a_n \geq 0$ per ogni $n \in \mathbb{N}$*

2. *infinitesima,* $a_n \to 0$ *per* $n \to +\infty$
3. *decrescente,* $a_{n+1} \leq a_n$ *per ogni* $n \in \mathbb{N}$.

Allora, la serie $\sum_{n\geq 0}(-1)^n a_n$ *è convergente. Inoltre, se* $\sum_{n\geq 0}(-1)^n a_n = S$, *il resto della serie è maggiorato, in valore assoluto, dal primo termine trascurato, ossia*

$$|R_n| = |S - s_n| \leq a_{n+1} \qquad \text{per ogni } n \in \mathbb{N}.$$

Dimostrazione. Invece di considerare la successione $\{s_n\}_{n\geq 0}$ delle somme parziali della serie, conviene considerare le due sottosuccessioni $\{s_{2n}\}_{n\geq 0}$ e $\{s_{2n+1}\}_{n\geq 0}$ delle somme parziali di indice pari e di indice dispari.

1. Nel primo caso, per ogni $n \in \mathbb{N}$, si ha

$$s_{2n+2} = \sum_{k=0}^{2n+2} (-1)^k a_k = s_{2n} - a_{2n+1} + a_{2n+2},$$

ossia

$$s_{2n+2} - s_{2n} = a_{2n+2} - a_{2n+1} \leq 0$$

essendo $\{a_n\}_{n\geq 0}$ una successione decrescente. Di conseguenza, si ha $s_{2n+2} \leq s_{2n}$ per ogni $n \in \mathbb{N}$, ossia la successione $\{s_{2n}\}_{n\geq 0}$ è decrescente.

2. Nel secondo caso, per ogni $n \in \mathbb{N}$, si ha

$$s_{2n+3} = \sum_{k=0}^{2n+3} (-1)^k a_k = s_{2n+1} + a_{2n+2} - a_{2n+3},$$

ossia

$$s_{2n+3} - s_{2n+1} = a_{2n+2} - a_{2n+3} \leq 0$$

essendo $\{a_n\}_{n\geq 0}$ una successione decrescente. Di conseguenza, si ha $s_{2n+3} \geq s_{2n+1}$ per ogni $n \in \mathbb{N}$, ossia la successione $\{s_{2n+1}\}_{n\geq 0}$ è crescente.

3. Osserviamo ora che, per ogni $n \in \mathbb{N}$, si ha $s_{2n+1} = s_{2n} - a_{2n+1}$, ossia $s_{2n+1} - s_{2n} = -a_{2n+1} \leq 0$, poiché, per ipotesi, $a_n \geq 0$ per ogni $n \in \mathbb{N}$. Quindi $s_{2n+1} \leq s_{2n}$ per ogni $n \in \mathbb{N}$. Inoltre, essendo $\{s_{2n}\}_{n\geq 0}$ decrescente, si ha $s_{2n} \leq s_0$. Analogamente, essendo $\{s_{2n+1}\}_{n\geq 0}$ crescente, si ha $s_{2n+1} \geq s_1$. Pertanto, abbiamo $s_1 \leq s_{2n+1} \leq s_{2n} \leq s_0$ per ogni $n \in \mathbb{N}$. Da questa semplice osservazione, abbiamo che la successione $\{s_{2n}\}_{n\geq 0}$ è inferiormente limitata mentre la successione $\{s_{2n+1}\}_{n\geq 0}$ è superiormente limitata. Quindi, per il teorema delle successioni monotone, le successioni $\{s_{2n}\}_{n\geq 0}$ e $\{s_{2n+1}\}_{n\geq 0}$ sono convergenti. Supponiamo che queste due successioni convergano rispettivamente a S_1 e a S_2. Tuttavia, poiché $s_{2n+1} = s_{2n} - a_{2n+1}$, ed essendo $\{s_{2n}\}_{n\geq 0}$ e $\{s_{2n+1}\}_{n\geq 0}$ convergenti e $\{a_n\}_{n\geq 0}$ infinitesima, si ha

$$\lim_{n\to+\infty} s_{2n+1} = \lim_{n\to+\infty} (s_{2n} - a_{2n+1}) = \lim_{n\to+\infty} s_{2n} - \lim_{n\to+\infty} a_{2n+1} = \lim_{n\to+\infty} s_{2n}$$

ossia $S_1 = S_2$. In conclusione, poiché le due successioni $\{s_{2n}\}_{n\geq 0}$ e $\{s_{2n+1}\}_{n\geq 0}$ convergono ad uno stesso limite S, anche la successione $\{s_n\}_{n\geq 0}$ converge ad S, ossia la serie $\sum_{n\geq 0}(-1)^n a_n$ è convergente.

Abbiamo così dimostrato che la successione $\{s_{2n}\}_{n\geq 0}$ converge a S per eccesso, mentre la successione $\{s_{2n+1}\}_{n\geq 0}$ converge a S per difetto. Di conseguenza, abbiamo

$$s_{2n+1} \leq S \leq a_{2n} \qquad \text{per ogni } n \in \mathbb{N}\,.$$

Consideriamo ora l'errore che si commette approssimando S con la somma parziale n-esima s_n. Tale errore è dato dal resto n-esimo in valore assoluto, ossia $E_n = |R_n| = |S - s_n|$. Usando le disuguaglianze precedenti, si ha

$$E_{2n} = s_{2n} - S \leq s_{2n} - s_{2n+1} = s_{2n} - s_{2n} + a_{2n+1} = a_{2n+1}$$

e analogamente

$$E_{2n+1} = S - s_{2n+1} \leq s_{2n+2} - s_{2n+1} = s_{2n+1} + a_{2n+2} - s_{2n} = a_{2n+2}\,.$$

In conclusione, si ha $E_n \leq a_{n+1}$, per ogni $n \in \mathbb{N}$. □

OSSERVAZIONE 556. Nella dimostrazione del teorema precedente, abbiamo visto che la successione $\{s_{2n}\}_{n\geq 0}$ delle somme parziali di indice pari è decrescente e quindi approssima S per eccesso, mentre la successione $\{s_{2n+1}\}_{n\geq 0}$ delle somme parziali di indice dispari è crescente e quindi approssima S per difetto. In articolare, abbiamo le disuguaglianze

$$s_1 \leq S \leq s_0\,, \qquad \text{ossia} \qquad a_0 - a_1 \leq S \leq a_0\,.$$

ESEMPI

1. Consideriamo la serie

$$\sum_{n\geq 1} \frac{(-1)^n}{n^\alpha} \qquad \alpha \in \mathbb{R}\,.$$

Per $\alpha \leq 0$, la serie non può convergere poiché il termine generale non è infinitesimo. invece, per $\alpha > 0$, la successione $a_n = \frac{1}{n^\alpha}$ è positiva, infinitesima e decrescente. Quindi, per il criterio di leibniz, la serie converge. In conclusione, abbiamo che

- per $\alpha \leq 0$, la serie non converge,
- per $0 < \alpha \leq 1$, la serie converge semplicemente, ma non assolutamente,
- per $\alpha > 1$, la serie converge assolutamente e semplicemnete.

2. Consideriamo la serie

$$\sum_{n\geq 1} (-1)^n \frac{2n+1}{n(n+1)}\,.$$

I termini $a_n = \frac{2n+1}{n(n+1)}$ sono positivi e tendono a zero per $n \to +\infty$. Inoltre, la successione $\{a_n\}_{n\geq 1}$ è decrescente, essendo

$$\begin{aligned} a_{n+1} \le a_n \quad &\iff \quad \frac{2n+3}{(n+1)(n+2)} \le \frac{2n+1}{n(n+1)} \\ &\iff \quad \frac{2n+3}{n+2} \le \frac{2n+1}{n} \\ &\iff \quad n(2n+3) \le (n+2)(2n+1) \\ &\iff \quad 2n^2+3n \le 2n^2+5n+2 \\ &\iff \quad 0 \le 2n+2 \end{aligned}$$

e quest'ultima condizione è sempre verificata. Possiamo allora applicare il criterio di Leibniz e concludere che la serie converge. Osserviamo infine che, essendo $a_n \sim \frac{2}{n}$ per $n \to +\infty$, la serie non converge assolutamente.

3. Consideriamo la serie

$$\sum_{n\ge1} \frac{(-1)^n}{n}\Big(1+\frac{1}{n}\Big)^n .$$

I termini $a_n = \frac{1}{n}\big(1+\frac{1}{n}\big)^n$ sono positivi e tendono a zero per $n \to +\infty$. Inoltre, la successione $\{a_n\}_{n\ge1}$ è decrescente. Infatti, per ogni $n \ge 1$, si ha

$$\begin{aligned} a_{n+1} \le a_n \quad &\iff \quad \frac{1}{n+1}\Big(1+\frac{1}{n+1}\Big)^{n+1} \le \frac{1}{n}\Big(1+\frac{1}{n}\Big)^n \\ &\iff \quad \frac{1}{n+1}\Big(\frac{n+2}{n+1}\Big)^{n+1} \le \frac{1}{n}\Big(\frac{n+1}{n}\Big)^n \\ &\iff \quad \Big(\frac{n+2}{n+1}\Big)^{n+1} \le \Big(\frac{n+1}{n}\Big)^{n+1} \\ &\iff \quad \frac{n+2}{n+1} \le \frac{n+1}{n} \\ &\iff \quad n(n+2) \le (n+1)^2 \\ &\iff \quad n^2+2n \le n^2+2n+1 \\ &\iff \quad 0 \le 1 \end{aligned}$$

e quest'ultima condizione è ovviamente vera. Possiamo allora applicare il criterio di Leibniz e concludere che la serie converge. Osserviamo infine che, essendo $a_n \sim \frac{2}{n}$ per $n \to +\infty$, la serie non converge assolutamente.

4. Consideriamo la serie

$$\sum_{n\ge1} \frac{(-1)^n}{n+\operatorname{sen} n} .$$

I termini $a_n = \frac{1}{n+\operatorname{sen} n}$ sono positivi e tendono a zero per $n \to +\infty$. In questo caso, per studiare la monotonia della successione $\{a_n\}_{n\ge1}$ conviene consideriamo la funzione

$$f(x) = \frac{1}{x+\operatorname{sen} x} \qquad \text{per } x \ge 1 .$$

Infatti, essendo

$$f'(x) = -\frac{1+\cos x}{x+\operatorname{sen} x} \leq 0 \qquad \text{per } x \geq 1,$$

abbiamo che la funzione f è decrescente. Quindi, anche la successione $\{a_n\}_{n\geq 1}$ è decrescente. Possiamo allora applicare il criterio di Leibniz e concludere che la serie converge. Osserviamo infine che, essendo $a_n \sim \frac{1}{n}$ per $n \to +\infty$, la serie non converge assolutamente.

5. Consideriamo la serie

$$\sum_{n\geq 1} (-1)^n a_n$$

dove

$$a_n = \begin{cases} \dfrac{1}{n^2} & \text{per } n \text{ pari} \\ \dfrac{1}{n^3} & \text{per } n \text{ dispari.} \end{cases}$$

Si ha una serie a segni alterni, poiché $a_n > 0$. Inoltre, si ha $a_n \to 0$ per $n \to +\infty$. Tuttavia, la successione $\{a_n\}_{n\geq 0}$ non è decrescente, poiché

$$\frac{1}{(2k)^2} > \frac{1}{(2k+1)^3} < \frac{1}{(2k+2)^2} \qquad \text{per } k \geq 1.$$

Questo significa che non possiamo usare il criterio di Leibniz. In questo caso, però, basta osservare che

$$a_n \leq \frac{1}{n^2} \qquad \text{per ogni } n \geq 1.$$

Per il criterio del confronto, la serie converge assolutamente, e quindi anche semplicemente.

6. Consideriamo la serie

$$\sum_{n\geq 1} (-1)^n a_n$$

dove

$$a_n = \begin{cases} \dfrac{2}{n} & \text{per } n \text{ pari} \\ \dfrac{2}{(n+1)^2} & \text{per } n \text{ dispari.} \end{cases}$$

Anche in questo caso, si ha una serie a segni alterni, essendo $a_n > 0$. Inoltre, si ha $a_n \to 0$ per $n \to +\infty$. Tuttavia, la successione $\{a_n\}_{n\geq 0}$ non è decrescente, poiché

$$a_{2k} = \frac{2}{2k} = \frac{1}{k} \qquad \text{e} \qquad a_{2k+1} = \left(\frac{2}{2k+1-1}\right)^2 = \frac{1}{k^2} \qquad \text{per } k \geq 1$$

e quindi

$$a_{2k} > a_{2k+1} < a_{2k+2}\,, \qquad \text{ossia} \qquad \frac{1}{k} > \frac{1}{k^2} < \frac{1}{k+1} \qquad \text{per } k \geq 2\,.$$

Anche in questo caso non possiamo usare il criterio di Leibniz. Consideriamo invece le somme parziali di indice pari

$$s_{2n} = \sum_{k=1}^{2n}(-1)^k a_k = \sum_{k=1}^{n} a_{2k} - \sum_{k=1}^{n} a_{2k-1} = \sum_{k=1}^{n}\frac{1}{k} - \sum_{k=1}^{n}\frac{1}{k^2}$$

Se la serie iniziale convergesse, allora si avrebbe

$$\sum_{n\geq 1}(-1)^n a_n = \sum_{n\geq 1}\frac{1}{n} - \sum_{n\geq 1}\frac{1}{n^2} \qquad \text{ossia} \qquad \sum_{n\geq 1}(-1)^n a_n + \sum_{n\geq 1}\frac{1}{n^2} = \sum_{n\geq 1}\frac{1}{n}\,.$$

Questo, però, non è possibile, poiché a primo membro abbiamo la somma di due serie convergenti (ossia un numero reale), mentre a secondo membro abbiamo una serie divergente. Quindi, la serie $\sum_{n\geq 1}(-1)^n a_n$ non è convergente.

OSSERVAZIONE 557. Nel criterio di Leibniz, l'ipotesi fondamentale è che la successione $\{a_n\}_{n\geq 0}$ sia monotona decrescente. La condizione $a_n \geq 0$ serve per avere una serie a segni alterni, mentre la condizione $a_n \to 0$ per $n \to +\infty$ è la condizione necessaria per la convergenza. Se la successione $\{a_n\}_{n\geq 0}$ non è monotona, a priori non si può dire nulla, come abbiamo visto negli ultimi due esempi. In particolare, il criterio di Leibniz fornisce una condizione sufficiente, ma non necessaria, per la convergenza di una serie.

Nei prossimi esempi calcoleremo esplicitamente la somma di alcune classiche serie a segni alterni.

ESEMPI

1. La serie a segni alterni

$$\sum_{n\geq 1}\frac{(-1)^{n-1}}{n}$$

converge per il criterio di Leibniz. Per calcolarne la somma, consideriamo le somme parziali

$$\begin{aligned} s_n &= \sum_{k=1}^{n}\frac{(-1)^{k-1}}{k} = \sum_{k=1}^{n}(-1)^{k-1}\int_0^1 t^{k-1}\mathrm{d}t = \int_0^1 \sum_{k=1}^{n}(-t)^{k-1}\mathrm{d}t = \int_0^1 \frac{1-(-t)^n}{1+t}\,\mathrm{d}t \\ &= \int_0^1 \frac{\mathrm{d}t}{1+t} - \int_0^1 \frac{(-t)^n}{1+t}\,\mathrm{d}t = \big[\log(1+t)\big]_0^1 - x_n = \log 2 - x_n \end{aligned}$$

dove

$$x_n = \int_0^1 \frac{(-t)^n}{1+t}\,\mathrm{d}t\,.$$

Usando la disuguaglianza triangolare, si ha

$$|x_n| = \left|\int_0^1 \frac{(-t)^n}{1+t}\,dt\right| \le \int_0^1 \left|\frac{(-t)^n}{1+t}\right| dt = \int_0^1 \frac{t^n}{1+t}\,dt = \int_0^1 t^n\,dt = \frac{1}{n+1} \to 0$$

per $x \to +\infty$.
Di conseguenza, si ha $x_n \to 0$ per $x \to +\infty$, e quindi

$$\sum_{n\ge 1} \frac{(-1)^{n-1}}{n} = \lim_{n\to+\infty} s_n = \lim_{n\to+\infty} (\log 2 - x_n) = \log 2 - \lim_{n\to+\infty} x_n$$

ossia

$$\sum_{n\ge 1} \frac{(-1)^{n-1}}{n} = \log 2\,.$$

Questa formula era già nota ai tempi di Mengoli e di Leibniz e permette di approssimare $\log 2$. Esiste un'altra formula analoga a questa che può essere ottenuta mediante la stessa tecnica di calcolo. Consideriamo la serie a termini positivi

$$\sum_{n\ge 1} \frac{1}{2^n n}$$

che converge per il criterio del confronto. per calcolare la somma di questa serie, consideriamo le somme parziali

$$\begin{aligned} s_n &= \sum_{k=1}^{n} \frac{1}{2^k k} = \sum_{k=1}^{n} \frac{1}{2^k} \int_0^1 t^{k-1} dt = \int_0^1 \sum_{k=1}^{n} \frac{t^{k-1}}{2^k} dt \\ &= \frac{1}{2} \int_0^1 \sum_{k=1}^{n} \left(\frac{t}{2}\right)^{k-1} dt = \frac{1}{2} \int_0^1 \sum_{k=0}^{n-1} \left(\frac{t}{2}\right)^{k} dt = \frac{1}{2} \int_0^1 \frac{1-(t/2)^n}{1-t/2}\,dt \\ &= \frac{1}{2} \int_0^1 \frac{dt}{1-t/2} - \frac{1}{2} \int_0^1 \frac{(t/2)^n}{1-t/2}\,dt = \left[\log \frac{1}{1-t/2}\right]_0^1 - x_n = \log 2 - x_n \end{aligned}$$

dove

$$x_n = \frac{1}{2} \int_0^1 \frac{(t/2)^n}{1-t/2}\,dt\,.$$

Poiché la funzione integranda è positiva sull'intervallo $[0, 1]$, si ha $x_n > 0$ per ogni $n \ge 1$. Quindi

$$x_n = \frac{1}{2} \int_0^1 \frac{(t/2)^n}{1-t/2}\,dt \le \frac{1}{2} \int_0^1 (t/2)^n\,dt = \frac{1}{2^{n+1}(n+1)} \to 0 \qquad \text{per } x \to +\infty$$

ossia $x_n \to 0$ per $x \to +\infty$. Pertanto

$$\sum_{n\ge 1} \frac{1}{2^n n} = \lim_{n\to+\infty} s_n = \lim_{n\to+\infty} (\log 2 - x_n) = \log 2 - \lim_{n\to+\infty} x_n$$

ossia

$$\sum_{n\geq 1} \frac{1}{2^n n} = \log 2 .$$

Supponiamo ora di voler usare le somme parziali n-esime di queste serie per calcolare il valore di $\log 2$ con un errore inferiore a 10^{-4}. L'errore che si commette approssimando la somma s di una serie con la somma parziale s_n è dato da $E_n = |R_n| = |s - s_n|$. Nel primo caso, avendo una serie a segni alterni, si ha $E_n = |R_n| \leq a_{n+1}$. Quindi, basta porre

$$\frac{1}{n+1} < 10^{-4}$$

per ottenere $n > 10^4 - 1$. Possiamo allora scegliere $n = 10^4$ e ottenere

$$s_{10000} = \sum_{n=1}^{10000} \frac{(-1)^{n-1}}{n} \approx 0.693097 .$$

Nel secondo caso, possiamo considerare la maggiorazione

$$R_n = \sum_{k\geq n+1} \frac{1}{2^k k} \leq \sum_{k\geq n+1} \frac{1}{2^k} = \sum_{k\geq 0} \frac{1}{2^{k+n+1}} = \frac{1}{2^{n+1}} \sum_{k\geq 0} \frac{1}{2^k} .$$

Abbiamo così una serie geometrica convergente, essendo di ragione $1/2$. Quindi, si ha

$$R_n \leq \frac{1}{2^{n+1}} \frac{1}{1-\frac{1}{2}} = \frac{1}{2^n} .$$

In questo caso, basta porre

$$\frac{1}{2^n} < 10^{-4} \qquad \text{ossia} \qquad 2^n > 10^4 \qquad \text{ossia} \qquad n > \frac{4 \log 10}{\log 2} \approx 13.2877 .$$

Quindi, scelto $n = 14$, si ha

$$s_{14} = \sum_{k=1}^{14} \frac{1}{2^k k} \approx 0.693143 .$$

Come si vede, la prima serie converge molto più lentamente della seconda serie. Il valore reale di $\log 2$ è

$$\log 2 \approx 0.693147 .$$

2. La serie

$$\sum_{n\geq 0} \frac{(-1)^n}{2n+1}$$

converge per il criterio di Leibniz. Per calcolarne la somma, consideriamo le somme parziali

$$\begin{aligned} s_n &= \sum_{k=0}^{n} \frac{(-1)^k}{2k+1} = \sum_{k=0}^{n} (-1)^k \int_0^1 t^{2k} \mathrm{d}t = \int_0^1 \sum_{k=0}^{n} (-t^2)^k \mathrm{d}t = \int_0^1 \frac{1-(-t^2)^{n+1}}{1+t^2} \mathrm{d}t \\ &= \int_0^1 \frac{\mathrm{d}t}{1+t^2} - \int_0^1 \frac{(-t^2)^{n+1}}{1+t^2} \mathrm{d}t = \left[\operatorname{artg} t\right]_0^1 - x_n = \frac{\pi}{4} - x_n \end{aligned}$$

dove

$$x_n = \int_0^1 \frac{(-t^2)^{n+1}}{1+t} \mathrm{d}t .$$

Usando la disuguaglianza triangolare, si ha

$$\begin{aligned} |x_n| &= \left| \int_0^1 \frac{(-t^2)^{n+1}}{1+t^2} \mathrm{d}t \right| \le \int_0^1 \left| \frac{(-t^2)^{n+1}}{1+t^2} \right| \mathrm{d}t = \int_0^1 \frac{t^{2n+2}}{1+t^2} \mathrm{d}t \\ &= \int_0^1 t^{2n+2} \mathrm{d}t = \frac{1}{2n+3} . \end{aligned}$$

Di conseguenza $|x_n| \le \frac{1}{2n+3} \to 0$ per $x \to +\infty$ e pertanto $x_n \to 0$ per $x \to +\infty$. Quindi

$$\sum_{n\ge 0} \frac{(-1)^n}{2n+1} = \lim_{n\to+\infty} s_n = \lim_{n\to+\infty} (\frac{\pi}{4} - x_n) = \frac{\pi}{4} - \lim_{n\to+\infty} x_n$$

ossia

$$\sum_{n\ge 0} \frac{(-1)^n}{2n+1} = \frac{\pi}{4} .$$

Questa somma è stata trovata da Leibniz nel 1974 ed è nota come *formula di Leibniz per* π (o anche come *serie di Gregory per* π). Questa formula, naturalmente, può essere usata per calcolare il valore di $\pi/4$ (o di π, se si moltiplica tutto per 4). Supponiamo di voler calcolare $\pi/4$ mediante la somma parziale n-esima s_n, commettendo un errore inferiore a 10^{-4}. Poiché questo errore è dato da $E_n = |R_n| \le a_{n+1}$, basta porre

$$\frac{1}{2n+3} < 10^{-4} \qquad \text{ossia} \qquad n > \frac{10^4-3}{2} = \frac{9997}{2} = 4998.5 .$$

Quindi, scelto $n = 4999$, abbiamo

$$s_{4999} = \sum_{k=0}^{4999} \frac{(-1)^n}{2n+1} \approx 0.785348$$

mentre il valore reale è

$$\frac{\pi}{4} \approx 0.785398 .$$

Il valore approssimato ottenuto mediante la somma parziale s_{4999} coincide col valore esatto fino alla quarta cifra decimale. In realtà questa serie converge molto lentamente (come abbiamo appena visto) e non viene usata per approssimare $\frac{\pi}{4}$. Per questo tipo di calcoli si usano altre serie che convergono molto più rapidamente.

7.4.3 Irrazionalità del numero e

Come abbiamo visto, il numero e è dato dalla serie

$$\mathrm{e} = \sum_{n \geq 0} \frac{1}{n!} .$$

Iniziamo col vedere una stima dell'errore che si compie approssimando e con la somma parziale n-esima

$$e_n = \sum_{k=0}^{n} \frac{1}{k!} .$$

Teorema 558. *Valgono le disuguaglianze*

$$0 < \mathrm{e} - e_n < \frac{1}{n \cdot n!} \qquad n \geq 1 . \tag{7.6}$$

Dimostrazione. Poiché e_n è una successione strettamente crescente che converge a e, abbiamo $e_n < \mathrm{e}$, ossia abbiamo la prima disuguaglianza in (7.6). Inoltre, si ha

$$\begin{aligned}
\mathrm{e} - e_n &= \sum_{k \geq 0} \frac{1}{k!} - \sum_{k=0}^{n} \frac{1}{k!} = \sum_{k \geq n+1} \frac{1}{k!} \\
&= \frac{1}{(n+1)!} + \frac{1}{(n+2)!} + \frac{1}{(n+3)!} + \frac{1}{(n+4)!} + \cdots \\
&= \frac{1}{(n+1)!} \left(1 + \frac{1}{n+2} + \frac{1}{(n+3)(n+2)} + \frac{1}{(n+4)(n+3)(n+2)} + \cdots \right) \\
&< \frac{1}{(n+1)!} \left(1 + \frac{1}{n+1} + \frac{1}{(n+1)^2} + \frac{1}{(n+1)^3} + \cdots \right) \\
&= \frac{1}{(n+1)!} \sum_{k \geq 0} \frac{1}{(n+1)^k} = \frac{1}{(n+1)!} \frac{1}{1 - \frac{1}{n+1}} = \frac{1}{(n+1)!} \frac{n+1}{n} \frac{1}{n \cdot n!} .
\end{aligned}$$

Abbiamo così la seconda disuguaglianza in (7.6). □

Possiamo ora dimostrare la seguente proprietà.

Teorema 559 (Eulero, 1737). *Il numero* e *è irrazionale.*

Dimostrazione. Supponiamo, per assurdo, che e sia razionale, ossia che $\mathrm{e} = p/q$ per due numeri interi positivi p e q. Allora, per la (7.6), si ha

$$0 < \mathrm{e} - e_q < \frac{1}{q \cdot q!} , \qquad \text{ossia} \qquad 0 < q! \, (\mathrm{e} - e_q) < \frac{1}{q} .$$

Il numero

$$q! \, \mathrm{e} = q! \, \frac{p}{q} = p(q-1)!$$

è intero. Inoltre, anche il numero

$$q!\,e_q = \sum_{k=0}^{q} \frac{q!}{k!} = \sum_{k=0}^{q} \frac{q!}{k!(q-k)!}(q-k)! = \sum_{k=0}^{q} \binom{q}{k}(q-k)!$$

è intero. Quindi, anche il numero $q!\,(\mathrm{e} - e_q)$ è intero. Ma allora, essendo $q \geq 1$, si ha $1/q \leq 1$, e quindi

$$0 < q!\,(\mathrm{e} - e_q) < 1\,.$$

Questo però non è possibile, poiché l'intervallo $(0,1)$ non contiene numeri interi. □

Osservazione 560. Esiste un'altra dimostrazione [66] dell'irrazionalità di e, simile a quella che abbiamo appena visto, ma che sfrutta le proprietà delle serie che soddisfano il criterio di Leibniz. Supponiamo ancora che e sia razionale, ossia che $\mathrm{e} = p/q$ con p e q interi positivi. Questa volta, consideriamo

$$\mathrm{e}^{-1} = \sum_{n \geq 0} \frac{(-1)^n}{n!}$$

e le corrispondenti somme parziali

$$\bar{e}_n = \sum_{k=0}^{n} \frac{1}{k!}\,.$$

Allora, si ha

$$\mathrm{e}^{-1} - \bar{e}_n = \sum_{k \geq 0} \frac{(-1)^k}{k!} - \sum_{k=0}^{n} \frac{1}{k!} = \sum_{k \geq n+1} \frac{(-1)^k}{k!}$$

e quindi

$$(-1)^{p+1} p!\,(\mathrm{e}^{-1} - \bar{e}_p) = (-1)^{p+1} p! \sum_{k \geq p+1} \frac{(-1)^k}{k!}$$

ossia

$$(-1)^{p+1} p! \left(\frac{q}{p} - \sum_{k=0}^{p} \frac{1}{k!} \right) = \sum_{k \geq p+1} (-1)^{k+p+1} \frac{p!}{k!}$$

ossia

$$(-1)^{p+1} \left(q\,(p-1)! - \sum_{k=0}^{p} \frac{p!}{k!} \right) = \sum_{k \geq 0} (-1)^k \frac{p!}{(p+k+1)!}$$

ossia

$$(-1)^{p+1} \left(q\,(p-1)! - \sum_{k=0}^{p} \binom{p}{k}(p-k)! \right) = \frac{1}{p+1} - \frac{1}{(p+2)(p+1)} + \frac{1}{(p+3)(p+2)(p+1)} - \cdots\,.$$

A primo membro abbiamo un numero intero s, mentre a secondo membro abbiamo una serie a segni alterni che soddisfa le condizioni del criterio di Leibniz e che ha somma s. Per l'osservazione 556, abbiamo

$$\frac{1}{p+1} - \frac{1}{(p+2)(p+1)} \leq s \leq \frac{1}{p+1}$$

ossia

$$0 < \frac{1}{p+2} \leq s \leq \frac{1}{p+1} < 1$$

e questo è assurdo, poiché s è intero.

7.4.4 Criteri di Abel e di Dirichlet

Il criterio di Leibniz può essere generalizzato in vari modi. Qui ci limitiamo a vedere il criterio di Abel e il criterio di Dirichlet. Iniziamo col dimostrare la seguente proprietà.

Lemma 561 (Sommazione per parti, Abel, 1826). *Siano* $\{a_n\}_{n\geq 0}$ *e* $\{b_n\}_{n\geq 0}$ *due successioni di numeri reali e sia* $\{s_n\}_{n\geq 0}$ *la successione delle somme parziali* $s_n = a_0 + a_1 + \cdots + a_n$. *Allora, si ha la formula*

$$\sum_{k=0}^{n} a_k b_k = s_n b_{n+1} - \sum_{k=0}^{n} s_k (b_{k+1} - b_k) . \tag{7.7}$$

Dimostrazione. Poiché $a_k = s_k - s_{k-1}$ per ogni $k \geq 1$ e $s_0 = a_0$, si ha

$$\begin{aligned}
\sum_{k=0}^{n} a_k b_k &= a_0 b_0 + \sum_{k=1}^{n} a_k b_k = a_0 b_0 + \sum_{k=1}^{n} (s_k - s_{k-1}) b_k = s_0 b_0 + \sum_{k=1}^{n} s_k b_k - \sum_{k=1}^{n} s_{k-1} b_k \\
&= \sum_{k=0}^{n} s_k b_k - \sum_{k=0}^{n-1} s_k b_{k+1} = \sum_{k=0}^{n} s_k b_k - \sum_{k=0}^{n} s_k b_{k+1} + s_n b_{n+1} \\
&= s_n b_{n+1} - \sum_{k=0}^{n} s_k (b_{k+1} - b_k) .
\end{aligned}$$

Confrontando il primo e l'ultimo membro, abbiamo la formula (7.7). □

Come immediata conseguenza del lemma di Abel, si ha la seguente semplice, ma importante, proprietà.

Teorema 562. *Siano* $\{a_n\}_{n\geq 0}$ *e* $\{b_n\}_{n\geq 0}$ *due successioni di numeri reali e sia* $\{s_n\}_{n\geq 0}$ *la successione delle somme parziali* $s_n = a_0 + a_1 + \cdots + a_n$. *Se*

1. *la successione* $\{s_n b_{n+1}\}_{n\geq 0}$ *converge, e*
2. *la serie* $\sum_{n\geq 0} s_n (b_{n+1} - b_n)$ *converge,*

allora anche la serie $\sum_{n\geq 0} a_n b_n$ *converge.*

Dimostrazione. Dalla formula (7.7), si ha immediatamente la convergenza della serie $\sum_{n\geq 0} s_n(b_{n+1}-b_n)$. Più precisamente, si ha

$$\sum_{n\geq 0} a_n b_n = \lim_{n\to+\infty}\sum_{k=0}^{n} a_k b_k = \lim_{n\to+\infty}\left(s_n b_{n+1} - \sum_{k=0}^{n} s_k(b_{k+1}-b_k)\right)$$

$$= \lim_{n\to+\infty} s_n b_{n+1} - \sum_{n\geq 0} s_n(b_{n+1}-b_n)\,.$$

□

Teorema 563 (Criterio di Abel). *Siano* $\{a_n\}_{n\geq 0}$ *e* $\{b_n\}_{n\geq 0}$ *due successioni di numeri reali. Se*

1. *la serie* $\sum_{n\geq 0} a_n$ *converge, e*

2. *la successione* $\{b_n\}_{n\geq 0}$ *converge ed è monotona,*

allora la serie $\sum_{n\geq 0} a_n b_n$ *converge.*

Dimostrazione. Per il Teorema 562, basta mostrare che la successione $\{s_n b_{n+1}\}_{n\geq 0}$ e la serie $\sum_{n\geq 0} s_n(b_{n+1}-b_n)$ convergono. Poiché, per ipotesi, la serie $\sum_{n\geq 0} a_n$ converge, converge anche la successione $\{s_n\}_{n\geq 0}$ delle somme parziali. Inoltre, sempre per ipotesi, anche la successione $\{b_n\}_{n\geq 0}$ converge. Di conseguenza, si ha che anche la successione $\{s_n b_{n+1}\}_{n\geq 0}$ converge (essendo prodotto di successioni convergenti).

Passiamo ora a considerare la serie $\sum_{n\geq 0} s_n(b_{n+1}-b_n)$. Indichiamo con t_n le somme parziali di questa serie. Poiché la successione $\{s_n\}_{n\geq 0}$ converge, essa è anche limitata, ossia esiste un numero $M\in\mathbb{R}$, $M>0$ tale che $|s_n|\leq M$ per ogni $n\in\mathbb{N}$. Allora, usando la disuguaglianza triangolare, si ha

$$|t_n| = \left|\sum_{k=0}^{n} s_k(b_{k+1}-b_k)\right| \leq \sum_{k=0}^{n} |s_k(b_{k+1}-b_k)| = \sum_{k=0}^{n} |s_k||b_{k+1}-b_k| \leq \sum_{k=0}^{n} M|b_{k+1}-b_k|$$

$$= M\sum_{k=0}^{n} |b_{k+1}-b_k|\,.$$

Per ipotesi, la successione $\{b_n\}_{n\geq 0}$ è monotona. Se è crescente, ossia $b_{n+1}\geq b_n$ per ogni $n\in\mathbb{N}$, allora si ha

$$|t_n| = M\sum_{k=0}^{n}(b_{k+1}-b_k) = M(b_{n+1}-b_0)\,.$$

Se, invece, è decrescente, ossia $b_{n+1}\leq b_n$ per ogni $n\in\mathbb{N}$, allora si ha

$$|t_n| \leq M\sum_{k=0}^{n}(b_k-b_{k+1}) = M(b_0-b_{n+1})\,.$$

Poiché le successioni $\pm M(b_0 - b_{n+1})$ sono entrambe convergenti, sono anche limitate. In ogni caso, la successione $|t_n|$ è limitata superiormente, e quindi è convergente. Di conseguenza, la serie $\sum_{n\geq 0} s_n(b_{n+1} - b_n)$ converge assolutamente e, quindi, converge semplicemente.

In conclusione, per il Teorema 562, la serie $\sum_{n\geq 0} a_n b_n$ converge. □

Più in generale, abbiamo il seguente criterio.

Teorema 564 (Criterio di Dirichlet, 1862). *Siano* $\{a_n\}_{n\geq 0}$ *e* $\{b_n\}_{n\geq 0}$ *due successioni di numeri reali e sia* $\{s_n\}_{n\geq 0}$ *la successione delle somme parziali* $s_n = a_0 + a_1 + \cdots + a_n$. *Se*

1. *la successione* $\{s_n\}_{n\geq 0}$ *è limitata, e*
2. *la successione* $\{b_n\}_{n\geq 0}$ *è infinitesima e decrescente,*

allora la serie $\sum_{n\geq 0} a_n b_n$ *converge.*

Dimostrazione. Per il Teorema 562, basta mostrare che la successione $\{s_n b_{n+1}\}_{n\geq 0}$ e la serie $\sum_{n\geq 0} s_n(b_{n+1} - b_n)$ convergono. Poiché, per ipotesi, la serie s_n è limitata, esiste un numero $M \in \mathbb{R}$, $M > 0$ tale che $|s_n| \leq M$ per ogni $n \in \mathbb{N}$, ossia

$$-M \leq s_n \leq M \qquad \text{per ogni } n \in \mathbb{N}.$$

Di conseguenza, si ha

$$-Mb_{n+1} \leq s_n b_{n+1} \leq Mb_{n+1} \qquad \text{per ogni } n \in \mathbb{N}.$$

Per ipotesi, la successione $\{b_n\}_{n\geq 0}$ è infinitesima. Quindi anche le due successioni agli estremi $-Mb_{n+1}$ e $-Mb_{n+1}$, sono infinitesime, ossia convergono allo stesso valore. Di conseguenza, per il teorema del confronto, anche la successione $s_n b_{n+1}$ converge (e, più precisamente, converge a 0).

Consideriamo ora la serie $\sum_{n\geq 0} s_n(b_{n+1} - b_n)$, e indichiamo con t_n le sue somme parziali. Allora, usando la disuguaglianza triangolare, si ha

$$\begin{aligned}|t_n| &= \left|\sum_{k=0}^{n} s_k(b_{k+1} - b_k)\right| \leq \sum_{k=0}^{n} |s_k(b_{k+1} - b_k)| = \sum_{k=0}^{n} |s_k||b_{k+1} - b_k| \leq \sum_{k=0}^{n} M|b_{k+1} - b_k| \\ &= M\sum_{k=0}^{n} |b_{k+1} - b_k|.\end{aligned}$$

Per ipotesi, la successione $\{b_n\}_{n\geq 0}$ è decrescente, ossia $b_{n+1} \leq b_n$ per ogni $n \in \mathbb{N}$. Quindi, si ha

$$|t_n| \leq M\sum_{k=0}^{n}(b_k - b_{k+1}) = M(b_0 - b_{n+1}).$$

Poiché la successione $M(b_0 - b_{n+1})$ è convergente, è anche limitata. Di conseguenza, la successione $|t_n|$ è limitata superiormente, e pertanto è convergente. Così, la serie $\sum_{n\geq 0} s_n(b_{n+1} - b_n)$ converge assolutamente e, quindi, converge semplicemente.

In conclusione, per il Teorema 562, la serie $\sum_{n\geq 0} a_n b_n$ converge. □

Il criterio di Leibniz è un caso particolare del criterio di Dirichlet. Infatti, le somme parziali $s_n = \sum_{k=0}^{n}(-1)^k$ sono certamente limitate. In modo analogo, possiamo estendere il criterio di Leibniz a serie con segno semialternato.

Teorema 565. *Sia* $\{a_n\}_{n\geq 0}$ *una successione di numeri reali non negativi, infinitesima, decrescente. Allora, la serie*

$$\sum_{n\geq 0}(-1)^{\lfloor n/2 \rfloor} a_n = a_0 + a_1 - a_2 - a_3 + a_4 + a_5 - a_7 - a_8 + a_9 + \cdots$$

è convergente.

Esempio 566. Il criterio di Dirichlet permette di studiare la convergenza delle serie trigonometriche

$$\sum_{n\geq 1}\frac{\operatorname{sen} nx}{n^p} \qquad \text{e} \qquad \sum_{n\geq 1}\frac{\cos nx}{n^p} \qquad p > 0\,,\ x \in \mathbb{R}\,.$$

Osserviamo innanzitutto che per $p \leq 0$ queste due serie non possono convergere. Inoltre, si ha

$$\left|\frac{\operatorname{sen} nx}{n^p}\right| = \frac{|\operatorname{sen} nx|}{n^p} \leq \frac{1}{n^p} \qquad \text{e} \qquad \left|\frac{\cos nx}{n^p}\right| = \frac{|\cos nx|}{n^p} \leq \frac{1}{n^p} \qquad \text{per ogni } n \geq 1\,.$$

Quindi, per $p > 1$, le due serie convergono assolutamente e, di conseguenza, convergono anche semplicemente.

Consideriamo la prima serie e poniamo $a_n = \operatorname{sen} nx$ e $b_n = \frac{1}{n^p}$. La successione $\{b_n\}_{n\geq 0}$ è infinitesima e decrescente. Si tratta ora di dimostrare che le somme parziali

$$s_n = \sum_{k=1}^{n} \operatorname{sen} kx$$

sono limitate. Per fare questo, consideriamo la formula di Werner

$$2\operatorname{sen}\alpha \cdot \operatorname{sen}\beta = \cos(\alpha-\beta) - \cos(\alpha+\beta)\,.$$

Allora, si ha

$$2\operatorname{sen}\frac{x}{2}\cdot s_n = \sum_{k=1}^{n} 2\operatorname{sen} kx \cdot \operatorname{sen}\frac{x}{2} = \sum_{k=1}^{n}\left(\cos\left(k-\frac{1}{2}\right)x - \cos\left(k+\frac{1}{2}\right)x\right)\,.$$

Poiché questa è una somma telescopica rispetto a $B_n = \cos\left(k-\frac{1}{2}\right)x$, si ha

$$2\operatorname{sen}\frac{x}{2}\cdot s_n = B_1 - B_{n+1} = \cos\frac{x}{2} - \cos\left(n+\frac{1}{2}\right)x$$

ossia

$$s_n = \frac{\cos\frac{x}{2} - \cos\left(n+\frac{1}{2}\right)x}{2\operatorname{sen}\frac{x}{2}} \qquad x \neq 2k\pi\,,\ k \in \mathbb{Z}\,.$$

Quindi, per la disuguaglianza triangolare, si ha

$$|s_n| \leq \frac{|\cos\frac{x}{2}| + |\cos\left(n+\frac{1}{2}\right)x|}{2|\operatorname{sen}\frac{x}{2}|} \leq \frac{1}{|\operatorname{sen}\frac{x}{2}|}\,.$$

La successione s_n delle somme parziali è pertanto limitata (per ogni x fissato). Quindi, per il criterio di Dirichlet, la prima serie converge.

Consideriamo ora la prima serie e poniamo $a_n = \cos nx$ e $b_n = \frac{1}{n^p}$. La successione $\{b_n\}_{n\geq 0}$ è infinitesima e decrescente. Si tratta di dimostrare che le somme parziali

$$s_n = \sum_{k=1}^{n} \cos kx$$

sono limitate. Per fare questo, consideriamo la formula di Werner

$$2\operatorname{sen}\alpha \cdot \cos\beta = \operatorname{sen}(\alpha+\beta) + \operatorname{sen}(\alpha-\beta)\,.$$

Allora, si ha

$$2\operatorname{sen}\frac{x}{2}\cdot s_n = \sum_{k=1}^{n} 2\operatorname{sen}\frac{x}{2}\cdot\cos kx = -\sum_{k=1}^{n}\left(\operatorname{sen}\left(k-\frac{1}{2}\right)x - \operatorname{sen}\left(k+\frac{1}{2}\right)x\right)\,.$$

Abbiamo ancora una somma telescopica, ma questa volta rispetto a $B_n = \operatorname{sen}\left(k-\frac{1}{2}\right)x$. Quindi, si ha

$$2\operatorname{sen}\frac{x}{2}\cdot s_n = -(B_1 - B_{n+1}) = \operatorname{sen}\left(n+\frac{1}{2}\right)x - \operatorname{sen}\frac{x}{2}$$

ossia

$$s_n = \frac{\operatorname{sen}\left(n+\frac{1}{2}\right)x - \operatorname{sen}\frac{x}{2}}{2\operatorname{sen}\frac{x}{2}} \qquad x \neq 2k\pi\,,\ k\in\mathbb{Z}\,.$$

Quindi, per la disuguaglianza triangolare, si ha

$$|s_n| \leq \frac{|\operatorname{sen}\left(n+\frac{1}{2}\right)x| + |\operatorname{sen}\frac{x}{2}|}{2|\operatorname{sen}\frac{x}{2}|} \leq \frac{1}{|\operatorname{sen}\frac{x}{2}|}\,.$$

La successione s_n delle somme parziali è pertanto limitata (per ogni x fissato). Quindi, per il criterio di Dirichlet, anche la seconda serie converge.

In conclusione, le due serie convergono per ogni $p\in\mathbb{R}$, $p>0$ e per ogni $x\in\mathbb{R}$. Per $p>1$ convergono anche assolutamente.

7.5 Alcune proprietà delle serie

In generale, in una serie non si possono sommare gli elementi in modo arbitrario. Infatti, la somma di una serie è calcolata mediante un procedimento ben preciso, ossia come limite delle somme parziali:

$$\sum_{n\geq 0} a_n = ((((a_0 + a_1) + a_2) + a_3) + \cdots$$

Ne segue che alcune delle proprietà delle somme finite, come l'associatività e la commutatività, non valgono necessariamente anche per le serie infinite. Nei prossimi paragrafi, vedremo quando è possibile garantire queste proprietà.

7.5.1 Raggruppamenti di termini: proprietà associativa

Iniziamo col vedere la seguente semplice, ma spesso utile, proprietà relativa al raggruppamento dei termini di una serie.

Teorema 567. *Sia* $\{a_n\}_{n\geq 0}$ *una successione infinitesima. La serie* $\sum_{n\geq 0} a_n$ *converge se e solo se converge la serie* $\sum_{n\geq 0}(a_{2n} + a_{2n+1})$. *Se convergono, le due serie hanno la stessa somma.*

Dimostrazione. Siano $s_n = \sum_{k=0}^{n} a_k$ e $t_n = \sum_{k=0}^{n}(a_{2k}+a_{2k+1})$ le somme parziali delle due serie.

1. Se la serie $\sum_{n\geq 0} a_n$ converge e ha per somma s, allora la successione $\{s_n\}_{n\geq 0}$ delle sue somme parziali converge ad s. Poiché

$$\begin{aligned} t_n &= \sum_{k=0}^{n}(a_{2k} + a_{2k+1}) = (a_0 + a_1) + (a_2 + a_3) + \cdots + (a_{2n} + a_{2n+1}) \\ &= a_0 + a_1 + a_2 + \cdots + a_{2n+1} = s_{2n+1}\,, \end{aligned}$$

   abbiamo che ogni somma parziale della seconda serie è una particolare somma parziale della prima serie, ossia la successione $\{t_n\}_{n\geq 0}$ è una sottosuccessione della successione $\{s_n\}_{n\geq 0}$. Poiché ogni sottosuccessione di una successione convergente è anch'essa convergente e converge allo stesso limite, anche la seconda serie converge e ha per somma s.

2. Se la serie $\sum_{n\geq 0}(a_{2n} + a_{2n+1})$ converge e ha per somma t, allora la successione $\{t_n\}_{n\geq 0}$ delle sue somme parziali converge a t. Poiché $t_n = s_{2n+1}$, abbiamo che la successione $\{s_{2n+1}\}_{n\geq 0}$ converge a t. Inoltre, essendo $s_{2n} = s_{2n-1}+a_{2n} = t_{n-1}+a_{2n}$ ed essendo $\{a_n\}_{n\geq 0}$ una successione infinitesima, si ha che la successione $\{s_{2n}\}_{n\geq 0}$ converge a t. Quindi, entrambe le successioni $\{s_{2n}\}_{n\geq 0}$ e $\{s_{2n+1}\}_{n\geq 0}$ convergono e convergono allo stesso limite t. Questo implica che anche la successione $\{s_n\}_{n\geq 0}$ converge a t. In conclusione, anche la serie $\sum_{n\geq 0} a_n$ converge e ha per somma t.

In ogni caso, le due serie hanno la stessa somma. □

ESEMPI

1. Poiché la serie a segni alterni

$$\sum_{n\geq 1} \frac{(-1)^{n-1}}{n} = \log 2$$

converge, abbiamo (per il Teorema 567)

$$(0+1)+\sum_{n\geq 1}\left(-\frac{1}{2n}+\frac{1}{2n+1}\right)=\log 2$$

ossia

$$\sum_{n\geq 1}\frac{1}{2n(2n+1)}=1-\log 2\,.$$

2. Poiché la serie a segni alterni

$$\sum_{n\geq 0}\frac{(-1)^n}{2n+1}=\frac{\pi}{4}$$

converge, abbiamo (per il Teorema 567)

$$\sum_{n\geq 0}\left(\frac{1}{4n+1}-\frac{1}{4n+3}\right)=\frac{\pi}{4}$$

ossia

$$\sum_{n\geq 0}\frac{1}{(4n+1)(4n+3)}=\frac{\pi}{8}\,.$$

Analogamente, dalla serie

$$\sum_{n\geq 0}\frac{(-1)^n}{(2n+1)^2}=G$$

si ha

$$\sum_{n\geq 0}\left(\frac{1}{(4n+1)^2}-\frac{1}{(4n+3)^2}\right)=G$$

ossia

$$\sum_{n\geq 0}\frac{2n+1}{(4n+1)^2(4n+3)^2}=\frac{G}{8}\,.$$

Il Teorema 567 dice che se la serie converge, allora possiamo raggruppare ogni termine di indice pari con il termine di indice dispari successivo. In realtà, questa proprietà associativa vale più in generale. Se la serie è convergente, allora possiamo raggruppare un numero qualsiasi di termini consecutivi della serie, purché questo numero sia finito (e non si alteri l'ordine dei termini).

Teorema 568. *Sia* $\sum_{n\geq 0} a_n$ *una serie converge con somma* S. *Sia* $\{n_k\}_{k\geq 0}$ *una qualsiasi sottosuccessione strettamente crescente della successione dei numeri naturali e siano*

$$b_k = a_{n_{k-1}+1}+a_{n_{k-1}+2}+\cdots+a_{n_k} \qquad k\geq 1$$

i corrispondenti raggruppamenti dei termini della serie iniziale. Allora, la serie $\sum_{n\geq 0} b_n$ *converge e ha somma* S.

Dimostrazione. Le somme parziali della nuova serie sono particolari somme parziali della serie iniziale. Quindi formano una sottosuccessione della successione delle somme parziali della serie iniziale, che converge a S per ipotesi. Poiché ogni sottosuccessione di una successione convergente converge allo stesso limite, anche la nuova serie converge e ha la stessa somma. □

Questa proprietà vale solo per le serie convergenti e non può essere usata al contrario per dissociare i termini di una serie. Consideriamo, ad esempio, la serie a segni alterni

$$\sum_{n\geq 0}(-1)^n = 1-1+1-1+1-1+\cdots$$

che, come sappiamo, è indeterminata. Questa serie, apparentemente innocua, ha generato innumerevoli discussioni all'inizio del settecento, quando non era ancora chiaro cosa si dovesse intendere per somma di infiniti numeri. Infatti, se raggruppiamo i termini a due a due nel modo seguente

$$\sum_{n\geq 0}(-1)^n = (1-1)+(1-1)+(1-1)+\cdots = 0+0+0+\cdots = 0$$

otteniamo una serie convergente. Analogamente, se raggruppiamo i termini in quest'altro modo

$$\sum_{n\geq 0}(-1)^n = 1+(-1+1)+(-1+1)+(-1+1)+\cdots = 1+0+0+0+\cdots = 1$$

otteniamo ancora una serie convergente ma con una somma diversa. Infine, se raggruppiamo i termini a tre a tre in questo modo

$$\sum_{n\geq 0}(-1)^n = (1-1+1)+(-1+1-1)+(1-1+1)+\cdots = 1-1+1-1+\cdots$$

riotteniamo esattamente la stessa serie.

Guido Grandi, nel 1703, ottenne un'ulteriore valore per la somma di questa serie (ed è per questo che è chiamata *serie di Grandi*). Infatti, se indichiamo con S questa somma, si ha

$$S = 1-1+1-1+1-\cdots = 1-(1-1+1-1+\cdots) = 1-S \qquad \text{ossia} \qquad S = 1/2\,.$$

In conclusione, tutte queste operazioni non sono lecite quando la serie non è convergente.

7.5.2 Riordinamenti dei termini: proprietà commutativa

La teoria delle serie ha portato a innumerevoli paradossi. Consideriamo, ad esempio, la serie convergente

$$\log 2 = \sum_{n\geq 1}\frac{(-1)^{n-1}}{n} = 1-\frac{1}{2}+\frac{1}{3}-\frac{1}{4}+\frac{1}{5}-\frac{1}{6}+\frac{1}{7}-\frac{1}{8}\cdots$$

Moltiplicando per 2, si ha

$$\begin{aligned}2\log 2 &= 2 - 1 + \frac{2}{3} - \frac{1}{2} + \frac{2}{5} - \frac{1}{3} + \frac{2}{7} - \frac{1}{4}\cdots\\&= (2-1) - \frac{1}{2} + \left(\frac{2}{3} - \frac{1}{3}\right) - \frac{1}{4} + \left(\frac{2}{5} - \frac{1}{5}\right) - \frac{1}{6}\cdots\\&= 1 - \frac{1}{2} + \frac{1}{3} - \frac{1}{4} + \frac{1}{5} - \frac{1}{6}\cdots\\&= \log 2\,.\end{aligned}$$

Abbiamo così un assurdo. Quali sono le operazioni che non sono lecite? Abbiamo visto che i raggruppamenti in una serie convergente sono leciti. Tuttavia, qui abbiamo anche commutato alcuni termini ed è proprio questa l'operazione che qui non è lecita e che porta a un assurdo. Qui di seguito vedremo brevemente cosa accade quando si riordinano i termini di una serie.

Una *permutazione* di $\mathbb{N}$ è una funzione biunivoca $\sigma : \mathbb{N} \to \mathbb{N}$. Un *riordinamento* di una serie $\sum_{n\geq 0} a_n$ è una qualunque serie che si ottiene riordinando (permutando) i termini della serie, ossia è una serie $\sum_{n\geq 0} a_{\sigma(n)}$ dove $\sigma : \mathbb{N} \to \mathbb{N}$ è una qualsiasi permutazione dell'insieme degli indici. Si noti che la serie di partenza è essa stessa una riordinata della serie riordinata (basta prendere la permutazione inversa). Pìi in generale, la relazione di riordinamento è una relazione di equivalenza.

Che cosa accade quando si riordinano i termini di una serie? Se la serie è convergente ed è a termini non negativi, i riordinamenti non cambiano le cose, ossia si ottiene ancora una serie convergente con la medesima somma.

Teorema 569. *Sia* $\sum_{n\geq 0} a_n$ *una serie convergente a termini non negativi con somma* S. *Allora, per ogni permutazione* $\sigma : \mathbb{N} \to \mathbb{N}$, *la serie riordinata* $\sum_{n\geq 0} a_{\sigma(n)}$ *converge e ha per somma* S.

Dimostrazione. Consideriamo le somme parziali $s_n = \sum_{k=0}^{n} a_k$ e $t_n = \sum_{k=0}^{n} a_{\sigma(k)}$. Poiché i termini a_n sono non negativi, le due successioni delle somme parziali sono crescenti. Inoltre, poichè la prima serie converge e ha somma S, allora si ha $s_n \to S$, per $n \to +\infty$. Fissato $n \in \mathbb{N}$, sia $m = \max\{\sigma(0), \sigma(1), \ldots, \sigma(n)\}$.

$$t_n = a_{\sigma(0)} + a_{\sigma(1)} + \cdots + a_{\sigma(n)} \leq a_0 + a_1 + \cdots + a_m = s_m \leq S \qquad \text{per ogni } n \in \mathbb{N}\,.$$

Abbiamo così che la successione delle somme parziali t_n è crescente e superiormente limitata. Quindi, per il teorema delle successioni monotone, tale successione converge. Se $t_n \to S'$ per $n \to +\infty$, allora $S' \leq S$.

Analogamente, essendo $\sum_{n\geq 0} a_n$ un riordinamento di $\sum_{n\geq 0} a_{\sigma(n)}$, si ottiene $S \leq S'$, e quindi $S' = S$. □

Le cose continuano ad andare bene anche quando la serie non è a termini non negativi, ma converge assolutamente.

Teorema 570. *Sia* $\sum_{n\geq 0} a_n$ *una serie assolutamente convergente con somma* S. *Allora, per ogni permutazione* $\sigma : \mathbb{N} \to \mathbb{N}$, *la serie riordinata* $\sum_{n\geq 0} a_{\sigma(n)}$ *converge assolutamente e ha per somma* S.

Dimostrazione. Poiché la serie $\sum_{n\geq 0} a_n$ è assolutamente convergente, allora anche la serie $\sum_{n\geq 0} |a_n|$ a termini non negativi converge, e, per il Teorema 569, anche la serie riordinata $\sum_{n\geq 0} |a_{\sigma(n)}|$ converge. Quindi, converge anche la serie $\sum_{n\geq 0} a_{\sigma(n)}$. Supponiamo che $\sum_{n\geq 0} a_{\sigma(n)}$ abbia somma T.

Indichiamo con p_n e con q_n rispettivamente i termini positivi e i termini negativi della serie $\sum_{n\geq 0} a_n$ (presi nello stesso ordine), e poniamo $P = \sum_{n\geq 0} p_n$ e $Q = \sum_{n\geq 0} |q_n|$. Allora, si ha $S = P - Q$. Ora, un riordinamento della serie $\sum_{n\geq 0} a_n$ induce un riordinamento delle serie $\sum_{n\geq 0} p_n$ e $\sum_{n\geq 0} |q_n|$. Poiché queste due serie sono a termini non negativi, i loro riordinamenti hanno le stesse somme e quindi $T = P - Q$. Di conseguenza, si ha $S = T$. □

Rimane il caso delle serie che convergono semplicemente, ma non assolutamente. Questo è il caso in cui le cose si complicano. In questo caso, infatti, si può sempre riordinare la serie in modo da ottenere tutto ciò che si vuole. Più precisamente, si ha il seguente risultato.

Teorema 571 (Riemann, 1852; Dini). *Sia $\sum_{n\geq 0} a_n$ una serie che converge semplicemente, ma non assolutamente. Allora, per ogni $T \in \mathbb{R} \cup \{\pm\infty\}$, esiste almeno una permutazione $\sigma : \mathbb{N} \to \mathbb{N}$ tale che la serie riordinata $\sum_{n\geq 0} a_{\sigma(n)}$ abbia per somma T. Inoltre, esiste almeno una permutazione $\sigma : \mathbb{N} \to \mathbb{N}$ per cui la serie riordinata $\sum_{n\geq 0} a_{\sigma(n)}$ sia indeterminata.*

ESEMPIO 572. Consideriamo ancora la serie

$$\sum_{n\geq 1} \frac{(-1)^{n-1}}{n}$$

che converge semplicemente, ma non assolutamente. Riordiniamola nel modo seguente

$$\sum_{n\geq 1} \left(\frac{1}{2n-1} - \frac{1}{2(2n-1)} - \frac{1}{4n} \right) = 1 - \frac{1}{2} - \frac{1}{4} + \frac{1}{3} - \frac{1}{6} - \frac{1}{8} + \frac{1}{5} - \frac{1}{10} - \frac{1}{12} + \cdots$$

Allora, si ha

$$\sum_{n\geq 1} \left(\frac{1}{2(2n-1)} - \frac{1}{4n} \right) = \frac{1}{2} \sum_{n\geq 1} \left(\frac{1}{2n-1} - \frac{1}{2n} \right) = \frac{1}{2} \sum_{n\geq 1} \frac{(-1)^{n-1}}{n} = \frac{1}{2} \log 2 .$$

Questo risultato può essere generalizzato, come si vede nel seguente teorema.

Teorema 573. *Siano p e q due numeri interi positivi. Riordiniamo la serie*

$$\sum_{n\geq 1} \frac{(-1)^{n-1}}{n}$$

prendendo i primi p termini positivi e poi i primi q termini negativi, i successivi p termini positivi e poi i successivi q termini negativi, e così via. La serie riordinata in questo modo converge e converge a

$$\log 2 + \frac{1}{2} \log \frac{p}{q} .$$

Come abbiamo visto, la convergenza semplice, non assoluta, è una convergenza molto particolare, poichè dipende dall'ordine con cui si calcola la somma. Siamo così portati alla seguente definizione. Una serie $\sum_{n\geq 0} a_n$ *converge incondizionatamente* quando converge e ha somma S, e per ogni permutazione $\sigma : \mathbb{N} \to \mathbb{N}$ la serie riordinata $\sum_{n\geq 0} a_{\sigma(n)}$ converge e ha somma S. Le serie che convergono incondizionatamente possono essere caratterizzate nel modo seguente.

Teorema 574. *Una serie converge incondizionatamente se e solo se converge assolutamente.*

Dimostrazione. Se la serie converge assolutamente, allora, per il Teorema 570, converge incondizionatamente. Viceversa, se la serie converge incondizionatamente, allora converge. Se convergesse solo semplicemente, ma non assolutamente, allora, per il teorema di Riemann-Dini, potremmo riordinare la serie in modo da ottenere una serie con somma diversa, contro l'ipotesi. Quindi, la serie deve convergere assolutamente. □

7.6 Prodotto di serie

Date due serie convergenti $\sum_{n\geq 0} a_n$ e $\sum_{n\geq 0} b_n$, è possibile esprimere il loro prodotto $\sum_{n\geq 0} a_n \cdot \sum_{n\geq 0} a_n$ come una serie $\sum_{n\geq 0} c_n$? Supponiamo che le due successioni $\{a_n\}_{n\geq 0}$ e $\{b_n\}_{n\geq 0}$ siano definitivamente nulle. Allora, si ha

$$\sum_{i\geq 0} a_i \sum_{j\geq 0} b_j = \sum_{i,j\geq 0} a_i b_j = \sum_{n\geq 0} \sum_{\substack{i,j\geq 0 \\ i+j=n}} a_i b_j = \sum_{n\geq 0} \sum_{i=0}^{n} a_i b_{n-i} .$$

Tutte le operazioni che abbiamo fatto sono lecite poiché le somme sono finite. Nel caso delle serie, le cose sono più complesse, ma questa semplice osservazione ci permette di dare la seguente definizione.

Siano $\{a_n\}_{n\geq 0}$ e $\{b_n\}_{n\geq 0}$ due successioni di numeri reali. Il *prodotto di convoluzione* (di Cauchy) di queste due successioni è la successione $\{c_n\}_{n\geq 0}$ dove

$$c_n = \sum_{k=0}^{n} a_k b_{n-k} .$$

Analogamente, date due serie $\sum_{n\geq 0} a_n$ e $\sum_{n\geq 0} b_n$, la *serie prodotto* è la serie $\sum_{n\geq 0} c_n$ dove

$$c_n = \sum_{k=0}^{n} a_k b_{n-k} .$$

Sotto opportune ipotesi, la serie prodotto di due serie convergenti è a sua volta una serie convergente e converge al prodotto delle due serie. Più precisamente, si ha la seguente proprietà.

Teorema 575 (Mertens). *Siano* $\{a_n\}_{n\geq 0}$ *e* $\{b_n\}_{n\geq 0}$ *due successioni di numeri reali e sia* $\{c_n\}_{n\geq 0}$ *il loro prodotto di convoluzione. Se le due serie* $\sum_{n\geq 0} a_n$ *e* $\sum_{n\geq 0} b_n$ *convergono e almeno una di esse converge assolutamente, allora anche la serie prodotto* $\sum_{n\geq 0} c_n$ *converge e*

$$\sum_{n\geq 0} a_n \cdot \sum_{n\geq 0} b_n = \sum_{n\geq 0} c_n \,.$$

Dimostrazione. Supponiamo che $\sum_{n\geq 0} a_n$ converga assolutamente e che

$$\sum_{n\geq 0} a_n = A\,, \qquad \sum_{n\geq 0} b_n = B\,, \qquad \sum_{n\geq 0} |a_n| = A'\,.$$

Consideriamo poi le somme parziali

$$s_n = \sum_{k=0}^{n} a_k\,, \qquad t_n = \sum_{k=0}^{n} b_k\,, \qquad u_n = \sum_{k=0}^{n} c_k\,.$$

Allora, si ha

$$\begin{aligned} u_n &= \sum_{k=0}^{n} c_k = \sum_{k=0}^{n}\sum_{i=0}^{k} a_i b_{k-i} = \sum_{i=0}^{n}\sum_{k=i}^{n} a_i b_{k-i} = \sum_{i=0}^{n} a_i \sum_{k=i}^{n} b_{k-i} \\ &= \sum_{i=0}^{n} a_i \sum_{k=0}^{n-i} b_k = \sum_{i=0}^{n} a_i t_{n-i}\,. \end{aligned}$$

Poniamo $T_n = t_n - B$. Allora $t_n = B - T_n$ e quindi

$$u_n = \sum_{i=0}^{n} a_i(B - T_{n-i}) = \sum_{i=0}^{n} a_i B - \sum_{i=0}^{n} a_i T_{n-i} = s_n B - U_n$$

dove abbiamo posto

$$U_n = \sum_{i=0}^{n} a_i T_{n-i}\,.$$

Poiché $s_n \to A$ per $n \to +\infty$, si ha $s_n B \to AB$ per $n \to +\infty$. Si tratta ora di dimostrare che $U_n \to 0$ per $n \to +\infty$. Per fare questo, iniziamo con l'osserviamo che, poiché $t_n \to B$ per $n \to +\infty$, si ha $T_n \to 0$ per $n \to +\infty$. Pertanto, la successione $\{T_n\}_{n\geq 0}$ è limitata, ossia esiste una costante $M > 0$ tale che $|T_n| \leq M$ per ogni $n \in \mathbb{N}$. Inoltre, sempre perché $T_n \to 0$ per $n \to +\infty$, si ha che per ogni $\varepsilon > 0$ esiste un indice $n_1 \in \mathbb{N}$ tale che per ogni $n \geq n_1$ si ha $|T_n| < \varepsilon$. Analogamente, poiché la serie $\sum_{n\geq 0} |a_n|$ converge, si ha che i resti $R_n = \sum_{k>n} |a_k|$ sono infinitesimi, ossia $R_n \to 0$ per $n \to +\infty$. Quindi, per ogni $\varepsilon > 0$ esiste un indice $n_2 \in \mathbb{N}$ tale che per ogni $n \geq n_2$ si ha $R_n < \varepsilon$. Scegliendo $n_0 = \max(n_1, n_2)$, possiamo dire che per ogni $\varepsilon > 0$ esiste un indice $n_0 \in \mathbb{N}$ tale che per ogni $n \geq n_0$ si ha $|T_n| < \varepsilon$ e $R_n < \varepsilon$.

Scegliamo ora un $n \geq 2n_0 \geq n_0$. Allora, si ha

$$\begin{aligned}|U_n| &= \left|\sum_{i=0}^{n} a_i T_{n-i}\right| \\ &= \left|\sum_{i=0}^{n-n_0} a_i T_{n-i} + \sum_{i=n-n_0+1}^{n} a_i T_{n-i}\right| \leq \sum_{i=0}^{n-n_0} |a_i||T_{n-i}| + \sum_{i=n-n_0+1}^{n} |a_i||T_{n-i}|.\end{aligned}$$

Nella prima sommatoria, si ha $i \leq n - n_0$, ossia $n - i \geq n_0$. Quindi, per ogni indice della somma, abbiamo $|T_{n-i}| < \varepsilon$. Inoltre, per ogni indice della seconda sommatoria, abbiamo $|T_{n-i}| < M$. Pertanto, si ha

$$\begin{aligned}|U_n| &< \sum_{i=0}^{n-n_0} |a_i|\, \varepsilon + \sum_{i=n-n_0+1}^{n} |a_i|\, M \leq \sum_{i\geq 0} |a_i|\, \varepsilon + \sum_{i\geq n-n_0+1} |a_i|\, M \\ &= A'\, \varepsilon + R_{n-n_0+1}|a_i|\, M.\end{aligned}$$

Poiché $n - n_0 + 1 \geq 2n_0 - n_0 + 1 = n_0 + 1 > n_0$, si ha $R_{n-n_0+1} < \varepsilon$. Quindi, abbiamo

$$|U_n| < A'\, \varepsilon + \varepsilon\, M = (A' + M)\, \varepsilon.$$

Per l'arbitrarietà di ε, si ha che $U_n \to 0$ per $n \to +\infty$. In conclusione, abbiamo che $u_n \to AB$ per $n \to +\infty$, ossia abbiamo che la serie prodotto converge e converge al prodotto delle due serie iniziali. □

OSSERVAZIONI

1. Se nessuna delle due serie $\sum_{n\geq 0} a_n$ e $\sum_{n\geq 0} b_n$ converge assolutamente, allora la serie prodotto può non essere convergente. Consideriamo la serie

$$\sum_{n\geq 0} \frac{(-1)^n}{\sqrt{n+1}}$$

che converge (per il criterio di Leibniz), ma non assolutamente. Allora la serie prodotto di questa serie con se stessa ha per termine generale

$$c_n = \sum_{k=0}^{n} \frac{(-1)^k}{\sqrt{k+1}} \frac{(-1)^{n-k}}{\sqrt{n-k+1}} = (-1)^n \sum_{k=0}^{n} \frac{1}{\sqrt{(k+1)(n-k+1)}}.$$

Poiché

$$\sqrt{(k+1)(n-k+1)} = \sqrt{\left(\frac{n}{2}+1\right)^2 - \left(\frac{n}{2}-k\right)^2} \leq \frac{n}{2} + 1 = \frac{n+2}{2},$$

si ha

$$|c_n| = \sum_{k=0}^{n} \frac{1}{\sqrt{(k+1)(n-k+1)}} \geq \sum_{k=0}^{n} \frac{2}{n+2} = \frac{2(n+1)}{n+2} > 2.$$

Quindi il termine generale c_n non è infinitesimo e la serie $\sum_{n\geq 0} c_n$ non può convergere.

2. Si osservi che anche nel caso in cui nessuna delle due serie $\sum_{n\geq 0} a_n$ e $\sum_{n\geq 0} b_n$ converga assolutamente la serie prodotto può comunque essere convergente. Consideriamo, ad esempio, la serie

$$\sum_{n\geq 1} \frac{(-1)^{n-1}}{n} = \log 2$$

che converge (per il criterio di Leibniz), ma non assolutamente. In questo caso, la serie prodotto di questa serie con se stessa ha per termine generale

$$\begin{aligned} c_n &= \sum_{k=1}^{n-1} \frac{(-1)^{k-1}}{k} \frac{(-1)^{n-k-1}}{n-k} = (-1)^n \sum_{k=1}^{n-1} \frac{1}{k(n-k)} = \frac{(-1)^n}{n} \sum_{k=1}^{n-1} \left(\frac{1}{k} + \frac{1}{n-k}\right) \\ &= \frac{(-1)^n}{n} \sum_{k=1}^{n-1} \frac{1}{k} + \frac{(-1)^n}{n} \sum_{k=1}^{n-1} \frac{1}{n-k} = \frac{(-1)^n}{n} \sum_{k=1}^{n-1} \frac{1}{k} + \frac{(-1)^n}{n} \sum_{k=1}^{n-1} \frac{1}{k} \\ &= (-1)^n 2 \, \frac{\mathcal{H}_{n-1}}{n} \, . \end{aligned}$$

Pertanto, al serie prodotto

$$\sum_{n\geq 2} (-1)^n 2 \, \frac{\mathcal{H}_{n-1}}{n}$$

è convergente. Poiché tutte e tre le serie sono convergenti, si ha (per il Teorema 578)

$$\sum_{n\geq 2} (-1)^n 2 \, \frac{\mathcal{H}_{n-1}}{n} = \log^2 2$$

da cui si ottiene l'identità

$$\sum_{n\geq 2} (-1)^n \, \frac{\mathcal{H}_{n-1}}{n} = \frac{1}{2} \log^2 2 \, .$$

Si noti che anche la serie prodotto non converge assolutamente.

3. Se la serie $\sum_{n\geq 0} a_n$ converge assolutamente e la serie $\sum_{n\geq 0} b_n$ converge, ma non assolutamente, allora la serie prodotto può convergere, ma non assolutamente. Consideriamo, ad esempio, le serie

$$\sum_{n\geq 0} a_n = \sum_{n\geq 1} \frac{(-1)^{n-1}}{n} = \log 2 \qquad \text{e} \qquad \sum_{n\geq 0} b_n = \sum_{n\geq 1} \frac{(-1)^{n-1}}{n^2} = \frac{\pi}{12} \, .$$

Allora, la serie prodotto ha per termine generale

$$
\begin{aligned}
c_n &= \sum_{k=1}^{n-1} \frac{(-1)^{k-1}}{k^2} \frac{(-1)^{n-k-1}}{n-k} = (-1)^n \sum_{k=1}^{n-1} \frac{1}{k^2(n-k)} = \frac{(-1)^n}{n} \sum_{k=1}^{n-1} \frac{k+n-k}{k^2(n-k)} \\
&= \frac{(-1)^n}{n} \left(\sum_{k=1}^{n-1} \frac{1}{k(n-k)} + \sum_{k=1}^{n-1} \frac{1}{k^2} \right) = \frac{(-1)^n}{n} \left(\frac{1}{n} \sum_{k=1}^{n-1} \left(\frac{1}{k} + \frac{1}{n-k} \right) + \sum_{k=1}^{n-1} \frac{1}{k^2} \right) \\
&= \frac{(-1)^n}{n} \left(\frac{2}{n} \mathcal{H}_{n-1} + \mathcal{H}^{(2)}_{n-1} \right) = \frac{(-1)^n}{n} \left(\frac{2}{n} \mathcal{H}_n - \frac{2}{n^2} + \mathcal{H}^{(2)}_n - \frac{1}{n^2} \right) \\
&= (-1)^n \left(2 \frac{\mathcal{H}_n}{n^2} + \frac{\mathcal{H}^{(2)}_n}{n} - \frac{3}{n^3} \right).
\end{aligned}
$$

Pertanto, si ha

$$
\sum_{n \geq 1} (-1)^n \left(2 \frac{\mathcal{H}_n}{n^2} + \frac{\mathcal{H}^{(2)}_n}{n} - \frac{3}{n^3} \right) = \frac{\pi}{12} \log 2 .
$$

Questa serie, però, non converge assolutamente, poichè

$$
|c_n| = 2 \frac{\mathcal{H}_n}{n^2} + \frac{\mathcal{H}^{(2)}_n}{n} - \frac{3}{n^3} \sim \frac{\pi^2}{6} \frac{1}{n} \qquad \text{per } n \to +\infty .
$$

4. Infine, si osservi che anche nel caso in cui le due serie $\sum_{n \geq 0} a_n$ e $\sum_{n \geq 0} b_n$ divergono è possibile che la serie prodotto converga. Consideriamo ad esempio le due serie dove

$$
a_n = \begin{cases} 2 & \text{se } n = 0 \\ 2^n & \text{se } n \geq 1 \end{cases} \qquad \text{e} \qquad b_n = \begin{cases} -1 & \text{se } n = 0 \\ 1 & \text{se } n \geq 1 . \end{cases}
$$

Allora, si ha $c_0 = a_0 b_0 = -2$ e, per $n \geq 1$, si ha

$$
\begin{aligned}
c_n &= \sum_{k=0}^{n} a_k b_{n-k} = a_0 b_n + \sum_{k=1}^{n-1} a_k b_{n-k} + a_n b_0 = 2 + \sum_{k=1}^{n-1} 2^k - 2^n \\
&= 1 + \sum_{k=0}^{n-1} 2^k - 2^n = 1 + (2^n - 1) - 2^n = 0 .
\end{aligned}
$$

Di conseguenza, la serie prodotto converge.

ESEMPIO 576. Consideriamo la serie geometrica

$$
g(q) = \sum_{n \geq 0} q^n = \frac{1}{1-q} \qquad |q| < 1 .
$$

Poiché converge assolutamente, il loro prodotto di questa serie con se stessa coincide con la serie prodotto. Quindi, essendo

$$
c_n = \sum_{k=0}^{n} q^k q^{n-k} = q^n \sum_{k=0}^{n} = (n+1) q^n ,
$$

si ha

$$g(q)^2 = \sum_{n\geq 0}(n+1)\,q^n = \frac{1}{(1-q)^2} \qquad |q|<1\,.$$

Consideriamo ora le due serie $g(q)$ e $g(q)^2$. Poiché convergono assolutamente, il loro prodotto coincide con la serie prodotto. Quindi, essendo

$$c_n = \sum_{k=0}^{n}(k+1)\,q^k q^{n-k} = q^n\sum_{k=0}^{n}(k+1) = q^n\sum_{k=1}^{n+1}k = \binom{n+2}{2}q^n\,,$$

si ha

$$g(q)^3 = \sum_{n\geq 0}\binom{n+2}{2}q^n = \frac{1}{(1-q)^3} \qquad |q|<1\,.$$

Possiamo ora considerare le due serie $g(q)$ e $g(q)^3$. Poiché convergono assolutamente, il loro prodotto coincide con la serie prodotto. Quindi, essendo

$$\begin{aligned}
c_n &= \sum_{k=0}^{n}\binom{k+2}{2}q^k q^{n-k} = q^n\sum_{k=0}^{n}\binom{k+2}{2} = q^n\sum_{k=0}^{n}\frac{(k+2)(k+1)}{2}\\
&= \frac{1}{2}q^n\sum_{k=0}^{n}(k^2+3k+2) = \frac{1}{2}q^n\left(\sum_{k=0}^{n}k^2 + 3\sum_{k=0}^{n}k + 2\sum_{k=0}^{n}1\right)\\
&= \frac{1}{2}q^n\left(\frac{n(n+1)(2n+1)}{6} + 3\frac{n(n+1)}{2} + 2(n+1)\right)\\
&= \frac{(n+1)(n+2)(n+3)}{6}\,q^n = \binom{n+3}{3}q^n\,,
\end{aligned}$$

si ha

$$g(q)^3 = \sum_{n\geq 0}\binom{n+3}{3}q^n = \frac{1}{(1-q)^4} \qquad |q|<1\,.$$

A questo punto, sembra che, per ogni $m\in\mathbb{N}$, si abbia la seguente formula

$$\sum_{n\geq 0}\binom{n+m}{m}q^n = \frac{1}{(1-q)^{m+1}} \qquad |q|<1\,.$$

In effetti questa formula è vera e può essere dimostrata in modo molto semplice usando gli sviluppi di Taylor della funzione potenza, come vedremo nel prossimo capitolo.

ESEMPIO 577. Per ogni $x\in\mathbb{R}$, l'esponenziale e^x può essere rappresentato mediante una serie nel modo seguente

$$\mathrm{e}^x = \sum_{n\geq 0}\frac{x^n}{n!}\,.$$

Poiché questa serie converge sempre assolutamente, il prodotto di due esponenziali può sempre essere rappresentato attraverso la serie prodotto. Quindi, abbiamo

$$\mathrm{e}^x \mathrm{e}^y = \sum_{n \geq 0} c_n$$

dove

$$c_n = \sum_{k=0}^{n} \frac{x^k}{k!} \frac{y^{n-k}}{(n-k)!} = \frac{1}{n!} \sum_{k=0}^{n} \frac{n!}{k!(n-k)!} x^k y^{n-k} = \frac{1}{n!} \sum_{k=0}^{n} \binom{n}{k} x^k y^{n-k} = \frac{(x+y)^n}{n!} .$$

Quindi, abbiamo

$$\mathrm{e}^x \mathrm{e}^y = \sum_{n \geq 0} \frac{(x+y)^n}{n!}$$

ossia abbiamo la ben nota l'identità

$$\mathrm{e}^x \mathrm{e}^y = \mathrm{e}^{x+y} \qquad x, y \in \mathbb{R}$$

che caratterizza gli esponenziali.

Come abbiamo osservato, il teorema di Mertens dà solo una condizione sufficiente per la convergenza della serie prodotto. Ma cosa si può dire quando la serie prodotto converge? Quando tutte e tre le serie convergono, allora la serie prodotto converge necessariamente al prodotto delle serie. Questa proprietà è una conseguenza del Teorema 590 (il teorema di Abel sulla continuità delle serie di potenze).

Teorema 578 (Abel). *Siano* $\{a_n\}_{n \geq 0}$ *e* $\{b_n\}_{n \geq 0}$ *due successioni di numeri reali e sia* $\{c_n\}_{n \geq 0}$ *il loro prodotto di convoluzione. Se le serie* $\sum_{n \geq 0} a_n$, $\sum_{n \geq 0} b_n$ *e* $\sum_{n \geq 0} c_n$ *convergono, allora*

$$\sum_{n \geq 0} a_n \cdot \sum_{n \geq 0} b_n = \sum_{n \geq 0} c_n .$$

Abbiamo visto che il prodotto di una serie assolutamente convergente con una serie convergente, ma non assolutamente convergente, può essere convergente, ma non assolutamente convergente. Tuttavia, si ha la seguente proprietà.

Teorema 579. *Il prodotto di due serie assolutamente convergenti è una serie assolutamente convergente.*

Dimostrazione. Siano $\sum_{n \geq 0} a_n$ e $\sum_{n \geq 0} b_n$ due serie assolutamente convergenti. Allora convergono anche le serie $\sum_{n \geq 0} |a_n|$ e $\sum_{n \geq 0} |b_n|$ e quindi, per il teorema di Mertens, converge anche la serie prodotto $\sum_{n \geq 0} c'_n$, dove

$$c'_n = \sum_{k=0}^{n} |a_k||b_{n-k}| = \sum_{k=0}^{n} |a_k b_{n-k}| .$$

Poiché la due serie $\sum_{n\geq 0} a_n$ e $\sum_{n\geq 0} b_n$ convergono assolutamente, converge anche la serie prodotto $\sum_{n\geq 0} c_n$, dove

$$c_n = \sum_{k=0}^{n} a_k b_{n-k} .$$

Pertanto, per la disuguaglianza triangolare, si ha

$$|c_n| = \left| \sum_{k=0}^{n} a_k b_{n-k} \right| \leq \sum_{k=0}^{n} |a_k b_{n-k}| = c'_n .$$

Di conseguenza, la serie $\sum_{n\geq 0} |c_n|$ converge per il criterio del confronto. □

8
Serie di potenze

8.1 Serie di potenze

In una serie si sommano infiniti termini. Questi termini possono essere di varia natura. Nel caso delle serie numeriche, che abbiamo appena visto, si sommano infiniti numeri reali (o, più in generale, complessi). Nel caso più generale delle serie di funzioni si sommano infinite funzioni. Qui, ci limiteremo a considerare il caso delle serie di potenze.

Una *serie di potenze centrata in un punto* $x_0 \in \mathbb{R}$ è una serie della forma

$$\sum_{n \geq 0} a_n (x - x_0)^n$$

dove i coefficienti a_n sono numeri reali e dove x è una variabile reale. Il punto x_0 è il centro della serie. In particolare, se $x_0 = 0$, abbiamo una serie della forma

$$\sum_{n \geq 0} a_n x^n .$$

Una serie di potenze $\sum_{n \geq 0} a_n (x - x_0)^n$ converge in un punto $\xi \in \mathbb{R}$ quando converge la serie numerica

$$\sum_{n \geq 0} a_n (\xi - x_0)^n .$$

L'*insieme di convergenza* di una serie di potenze è l'insieme C dei punti $\xi \in \mathbb{R}$ in cui la serie converge. Questo insieme non è mai vuoto poiché la serie converge sempre almeno nel punto x_0. L'insieme di convergenza, però, non può essere arbitrario. Infatti, si ha la seguente semplice, ma fondamentale, propretà.

Lemma 580 (Abel, 1826). *Se una serie di potenze* $\sum_{n \geq 0} a_n (x - x_0)^n$ *converge in un punto* $x_1 \in \mathbb{R}$, $x_1 \neq x_0$, *allora converge in ogni punto dell'intervallo* $(x_0 - \delta, x_0 + \delta)$, *dove* $\delta = |x_1 - x_0|$.

Dimostrazione. Poiché, per ipotesi, la serie $\sum_{n \geq 0} a_n (x_1 - x_0)^n$ converge, si ha che il termine generale tende a zero, ossia $a_n (x_1 - x_0)^n \to 0$ per $n \to +\infty$. Questo significa che la successione $\{a_n (x_1 - x_0)^n\}_{n \geq 0}$ è limitata, ossia che esiste una costante $M > 0$ tale che $|a_n (x_1 - x_0)^n| \leq M$ per ogni $n \in \mathbb{N}$. Pertanto, essendo $x_1 \neq x_0$, si ha

$$\begin{aligned}|a_n(x-x_0)^n| &= |a_n||x-x_0|^n = |a_n||x_1-x_0|^n \frac{|x-x_0|^n}{|x_1-x_0|^n} \\ &= |a_n(x_1-x_0)^n| \left|\frac{x-x_0}{x_1-x_0}\right|^n \leq M \left|\frac{x-x_0}{x_1-x_0}\right|^n\end{aligned}$$

Posto $q = \left|\frac{x-x_0}{x_1-x_0}\right|$, si ha

$$|a_n(x-x_0)^n| \leq Mq^n \qquad \text{per ogni } n \in \mathbb{N}.$$

La serie geometrica $\sum_{n\geq 0} q^n$ converge quando $|q| < 1$. Nel nostro caso, quindi, converge quando

$$\left|\frac{x-x_0}{x_1-x_0}\right| < 1 \qquad \text{ossia} \qquad |x-x_0| < |x_1-x_0| = \delta \qquad \text{ossia} \qquad x \in (x_0-\delta, x_0+\delta).$$

Pertanto, per ogni punto $x \in (x_0-\delta, x_0+\delta)$, la nostra serie converge assolutamente (per il criterio del confronto) e quindi converge semplicemente (per il criterio della convergenza assoluta). □

Il precedente lemma di Abel dice che se una serie di potenze converge in un punto x_1 allora converge in tutto l'intervallo simmetrico centrato un x_0 di raggio $\delta = |x_1 - x_0|$. Questa properità porta a definire il *raggio di convergenza* di una serie di potenze $\sum_{n\geq 0} a_n(x_1-x_0)^n$ come il più ampio raggio r per il quale la serie di potenze converge su tutto l'intervallo (x_0-r, x_0+r). Più precisamente, si ha

$$r = \sup_{x\in C} |x-x_0| \in [0,+\infty) \cup \{+\infty\}$$

dove C è l'insieme di convergenza della serie. In questo caso, l'estremo superiore è preso in $\mathbb{R}^* = \mathbb{R} \cup \{\pm\infty\}$. L'intervallo di convergenza della serie di potenze è l'intervallo (x_0-r, x_0+r).

Dal il lemma di Abel, si ha la seguente caratterizzazione del raggio di convergenza.

Teorema 581. *La serie di potenze* $\sum_{n\geq 0} a_n(x_1-x_0)^n$ *ha raggio di convergenza* r *se e solo se*

1. *la serie converge assolutamente in ogni punto* $x \in \mathbb{R}$ *tale che* $|x-x_0| < r$,
2. *la serie non converge nei punti* $x \in \mathbb{R}$ *tale che* $|x-x_0| > r$.

In altre parole, la serie di potenze converge assolutamente in ogni punto dell'intervallo di convergenza e non converge in ogni punto esterno alla chiusura dell'intervallo di convergenza. Restano però esclusi gli estremi dell'intervallo di convergenza. A priori, infatti, non si può dire nulla sulla convergenza della serie in questi punti. Come vedremo nei prossimi esempi, una serie di potenze può convergere in entrambi gli estremi, in uno solo degli estremi, oppure in nessuno degli estremi. La convergenza di una serie di potenze agli estremi dell'intervallo di convergenza deve quindi essere studiata di volta in volta.

ESEMPI

1. Come sappiamo, la serie geometrica $\sum_{n\geq 0} x^n$ converge per $|x| < 1$ e in questo caso si ha
$$\sum_{n\geq 0} x^n = \frac{1}{1-x}.$$
Pertanto, il raggio di convergenza è $r = 1$ e l'intervallo di convergenza è $(-1, 1)$. Inoltre, agli estremi dell'intervallo di convergenza, ossia per $x = \pm 1$, la serie non converge. Più precisamente, per $x = 1$ la serie diverge, mentre per $x = -1$ la serie è indeterminata.

2. Consideriamo la serie
$$\sum_{n\geq 1} \frac{x^n}{n}.$$
Posto $a_n = \frac{x^n}{n}$, abbiamo
$$\left|\frac{a_{n+1}}{a_n}\right| = \left|\frac{x^{n+1}}{n+1}\frac{n}{x^n}\right| = \frac{n}{n+1}|x| \to |x| \qquad \text{per } n \to +\infty.$$
Pertanto, se $|x| < 1$, la serie converge assolutamente (per il criterio del confronto) e quindi converge anche semplicemente. Se $|x| > 1$, allora il termine generale non è infinitesimo e la serie non può convergere. Quindi, anche in questo caso il raggio di convergenza è $r = 1$. Andiamo a vedere cosa succede agli estremi dell'intervallo di convergenza. Per $x = 1$, abbiamo la serie armonica $\sum_{n\geq 1} \frac{1}{n}$, che diverge. Per $x = -1$, abbiamo la serie $\sum_{n\geq 1} \frac{(-1)^n}{n}$, che invece converge per il criterio di Leibniz.

3. Consideriamo la serie
$$\sum_{n\geq 1} \frac{x^n}{n^2}.$$
Posto $a_n = \frac{x^n}{n^2}$, abbiamo
$$\left|\frac{a_{n+1}}{a_n}\right| = \left|\frac{x^{n+1}}{(n+1)^2}\frac{n^2}{x^n}\right| = \frac{n^2}{(n+1)^2}|x| \to |x| \qquad \text{per } n \to +\infty.$$
Pertanto, se $|x| < 1$, la serie converge assolutamente (per il criterio del confronto) e quindi converge anche semplicemente. Se $|x| > 1$, allora il termine generale non è infinitesimo e la serie non può convergere. Quindi, anche in questo caso il raggio di convergenza è $r = 1$. Andiamo a vedere cosa succede agli estremi dell'intervallo di convergenza. Per $x = 1$, abbiamo la serie armonica generalizzata $\sum_{n\geq 1} \frac{1}{n^2}$, che converge. Per $x = -1$, abbiamo la serie a segni alterni $\sum_{n\geq 1} \frac{(-1)^n}{n^2}$, che converge assolutamente.

4. Consideriamo la serie
$$\sum_{n\geq 0} \frac{x^n}{n!}.$$

Posto $a_n = \frac{x^n}{n!}$, abbiamo

$$\left|\frac{a_{n+1}}{a_n}\right| = \left|\frac{x^{n+1}}{(n+1)!}\frac{n!}{x^n}\right| = \frac{1}{n+1}|x| \to 0 < 1 \qquad \text{per } n \to +\infty .$$

Pertanto, la serie converge assolutamente, e quindi semplicemente, per ogni $x \in \mathbb{R}$. Quindi, in questo caso il raggio di convergenza è $r = +\infty$.

5. Consideriamo la serie

$$\sum_{n\geq 0} n!\, x^n .$$

Posto $a_n = n!\, x^n$, assumendo $x \neq 0$, si ha

$$\left|\frac{a_{n+1}}{a_n}\right| = \left|\frac{(n+1)! x^{n+1}}{n! x^n}\right| = (n+1)\,|x| \to +\infty \qquad \text{per } n \to +\infty .$$

Questo significa che la serie non converge in alcun punto $x \neq 0$. Pertanto, poiché la serie converge solo per $x = 0$, il raggio di convergenza è $r = 0$.

6. Consideriamo la serie

$$\sum_{n\geq 0} x^{n!}$$

dove i coefficienti sono 1 o 0. In questo caso, abbiamo

$$\left|\frac{a_{n+1}}{a_n}\right| = \left|\frac{x^{(n+1)!}}{x^{n!}}\right| = |x|^{(n+1)!-n!} = |x|^{n\cdot n!} \to \begin{cases} +\infty & \text{se } |x| > 1 \\ 1 & \text{se } |x| = 1 \\ 0 & \text{se } |x| < 1 \end{cases} \text{per } n \to +\infty .$$

Pertanto, la serie converge per $|x| < 1$ e quindi ha raggio di convergenza $r = 1$. Per $|x| = 1$, ossia per $x = \pm 1$, la serie non converge.

7. Si consideri una serie di potenze $\sum_{n\geq 0} a_n x^n$ dove i coefficienti a_n sono non negativi, formano una successione infinitesima e decrescente e sono tali che la serie $\sum_{n\geq 0} a_n$ diverga. Cosa si può dire sul raggio di convergenza r della serie di potenze data? Iniziamo con l'osservare che in $x = 1$ essa non converge perché, per ipotesi, la serie $\sum_{n\geq 0} a_n$ diverge. Questo significa, per il lemma di Abel, che $r \leq 1$. Inoltre, la serie di potenze converge in $x = -1$ perché in questo caso abbiamo la serie a segni alterni $\sum_{n\geq 0}(-1)^n a_n$ che converge per il criterio di Leibniz. Questo significa, sempre per il lemma di Abel, che $r \geq 1$. In conclusione, abbiamo $r = 1$.

Per calcolare il raggio di convergenza di una serie di potenze si può usare il criterio del rapporto (come abbiamo visto negli esempi precedenti) o il criterio della radice. In generale, si ha la seguente proprietà.

Teorema 582 (Cauchy, 1821; Hadamard, 1888). *Sia $\{a_n\}_{n\geq 0}$ una successione di numeri reali per la quale esiste il limite*

$$\lim_{n\to+\infty} \left|\frac{a_{n+1}}{a_n}\right| = \ell \in [0, +\infty]$$

oppure il limite

$$\lim_{n\to+\infty} \sqrt[n]{|a_n|} = \ell \in [0,+\infty]\,.$$

Allora il raggio di convergenza della serie di potenze $\sum_{n\geq 0} a_n(x_1-x_0)^n$ *è*

$$r = \begin{cases} +\infty & \textit{se } \ell = 0 \\ 1/\ell & \textit{se } \ell \in (0,+\infty) \\ 0 & \textit{se } \ell = +\infty\,. \end{cases}$$

Dimostrazione. Poniamo $A_n = a_n x^n$. Allora, nel primo caso, si ha

$$\left|\frac{A_{n+1}}{A_n}\right| = \left|\frac{a_{n+1}x^{n+1}}{a_n x^n}\right| = \left|\frac{a_{n+1}}{a_n}\right| |x| \to \ell\,|x| \qquad \text{per } n \to +\infty\,.$$

Quindi, per il criterio del rapporto, la serie converge assolutamente per $|x| < 1/\ell$.

Analogamente, nel secondo caso, si ha

$$\sqrt[n]{|A_n|} = \sqrt[n]{|a_n x^n|} = \sqrt[n]{|a_n|}\,\sqrt[n]{|x|^n} = \sqrt[n]{|a_n|}\,|x| \to \ell\,|x| \qquad \text{per } n \to +\infty\,.$$

Quindi, per il criterio della radice, la serie converge assolutamente per $|x| < 1/\ell$. □

Abbiamo poi la seguente semplice, ma utile, proprietà.

Teorema 583. *Sia* $\sum_{n\geq 0} a_n(x_1-x_0)^n$ *una serie di potenze con raggio di convergenza* $0 < r \leq 1$, *dove la successione* $\{a_n\}_{n\geq 0}$ *dei coefficienti è decrescente, infinitesima e* $a_n \geq 0$ *per ogni* $n \in \mathbb{N}$. *Allora, la serie converge anche nell'estremo* $x_0 - r$.

Dimostrazione. Per $x = x_0 - r$, abbiamo la serie a segni alterni

$$\sum_{n\geq 0} (-1)^n a_n r^n\,.$$

I termini $A_n = a_n r^n > 0$ formano una successione infinitesima e decrescente. Infatti, poiché la successione $\{a_n\}_{n\geq 0}$ è decrescente e $a_n \geq 0$ per ogni $n \in \mathbb{N}$, ed essendo $0 < r \leq 1$, si ha $a_{n+1} r \leq a_{n+1} \leq a_n$ e quindi $a_{n+1} r^{n+1} \leq a_n r^n$, ossia $A_{n+1} \leq A_n$ per ogni $n \in \mathbb{N}$. Pertanto, la serie converge in virtù del criterio di Leibniz. □

OSSERVAZIONE 584. Se il raggio di convergenza è maggiore di 1, la serie può non convergere nell'estremo $x_0 - r$. Si consideri, ad esempio, la serie

$$\sum_{n\geq 0} \frac{2^n+1}{3^n+1}\,x^n$$

dove i coefficienti $a_n = \frac{2^n+1}{3^n+1}$ formano una successione infinitesima, decrescente con termini non negativi. Poiché

$$\sqrt[n]{\left|\frac{2^n+1}{3^n+1}x^n\right|} = \sqrt[n]{\frac{2^n}{3^n}\frac{1+2^{-n}}{1+3^{-n}}}|x| = \frac{2}{3}\sqrt[n]{\frac{1+2^{-n}}{1+3^{-n}}}|x| \to \frac{2}{3}|x| \qquad \text{per } n \to +\infty\,,$$

la serie converge per $|x| < \frac{3}{2}$. Quindi, il raggio di convergenza è $r = \frac{3}{2} > 1$. Per $x = -\frac{3}{2}$, abbiamo la serie

$$\sum_{n\geq 0}(-1)^n \frac{3^n}{2^n}\frac{2^n+1}{3^n+1} = \sum_{n\geq 0}(-1)^n \frac{1+2^{-n}}{1+3^{-n}}$$

che non converge perché il termine generale non tende a zero.

In generale, però, anche se il raggio di convergenza è maggiore di 1, non si può dire nulla a priori sulla convergenza della serie nell'estremo $x_0 - r$. Si consideri, ad esempio, la serie

$$\sum_{n\geq 1}\frac{2^n+1}{3^n+1}\frac{x^n}{n}$$

dove i coefficienti $a_n = \frac{2^n+1}{3^n+1}\frac{1}{n}$ formano una successione infinitesima, decrescente con termini non negativi. Poiché

$$\sqrt[n]{\left|\frac{2^n+1}{3^n+1}\frac{x^n}{n}\right|} = \frac{2}{3}\sqrt[n]{\frac{1+2^{-n}}{1+3^{-n}}}\frac{|x|}{\sqrt[n]{n}} \to \frac{2}{3}|x| \qquad \text{per } n \to +\infty\,,$$

la serie converge per $|x| < \frac{3}{2}$. Quindi, anche in questo caso il raggio di convergenza è $r = \frac{3}{2} > 1$. Per $x = -\frac{3}{2}$, abbiamo la serie

$$\sum_{n\geq 1}(-1)^n \frac{3^n}{2^n}\frac{2^n+1}{3^n+1}\frac{1}{n} = \sum_{n\geq 1}(-1)^n \frac{1+2^{-n}}{1+3^{-n}}\frac{1}{n}\,.$$

Tuttavia, questa volta i termini $A_n = \frac{1+2^{-n}}{1+3^{-n}}\frac{1}{n} > 0$ formano una successione infinitesima e decrescente. Quindi, la serie converge per il criterio di Leibniz 8anche se non converge assolutamente).

8.2 Funzioni definite da serie di potenze

Data una serie di potenze $\sum_{n\geq 0} a_n(x_1 - x_0)^n$ con raggio di convergenza $r > 0$, possiamo considerare la funzione $f : (x_0 - r, x_0 + r) \to \mathbb{R}$ definita da

$$f(x) = \sum_{n\geq 0} a_n(x - x_0)^n\,.$$

Mediante una traslazione $t = x - x_0$, possiamo sempre ridurci a una serie centrata in 0, ossia a una funzione $f : (-r, r) \to \mathbb{R}$ definita da

$$f(x) = \sum_{n \geq 0} a_n x^n .$$

Questa riduzione non altera la generalità della situazione, ma spesso agevola le dimostrazioni.

Le funzioni definite mediante una serie di potenze sono molto regolari, come vedremo tra breve. Iniziamo col dimostrare la seguente fondamentale proprietà, dalla quale derivano poi tutte le altre.

Teorema 585 (di derivabilità termine a termine). *Sia* $f : (x_0 - r, x_0 + r) \to \mathbb{R}$ *la funzione definita dalla serie di potenze* $\sum_{n \geq 0} a_n (x - x_0)^n$ *avente raggio di convergenza* $r > 0$. *La funzione* f *è derivabile su tutto l'intervallo* $(x_0 - r, x_0 + r)$ *e*

$$f'(x) = \sum_{n \geq 1} n\, a_n (x - x_0)^{n-1} = \sum_{n \geq 0} (n+1)\, a_{n+1} (x - x_0)^n .$$

Inoltre, questa serie ha raggio di convergenza r.

Dimostrazione. Con una opportuna traslazione possiamo sempre ridurci a una serie di potenze $f(x) = \sum_{n \geq 0} a_n\, x^n$ con lo stesso raggio di convergenza. Derivando termine a termine, si ha la serie

$$F(x) = \sum_{n \geq 1} n\, a_n\, x^{n-1} = \sum_{n \geq 0} (n+1)\, a_{n+1}\, x^n .$$

Si tratta ora di dimostrare che $F(x) = f'(x)$ per ogni $x \in (-r, r)$. Iniziamo col dimostrare che le due serie $f(x)$ e $F(x)$ hanno lo stesso raggio di convergenza. Supponiamo che $F(x)$ abbia raggio di convergenza r'.

Poiché $r > 0$, possiamo scegliere un punto $x_1 \neq x_0$ tale che $|x_1| < r$, ossia un punto in cui la serie $f(x)$ converga. Possiamo poi scegliere un punto x_2 tale che $|x_1| < |x_2| < r$. Si ha

$$|(n+1) a_{n+1} x_1^n| = (n+1) \left| \frac{x_1}{x_2} \right|^n |a_{n+1} x_2^n| .$$

Poiché $\left|\frac{x_1}{x_2}\right| < 1$, si ha

$$\lim_{n \to +\infty} (n+1) \left| \frac{x_1}{x_2} \right|^n = 0$$

e quindi $(n+1)\left|\frac{x_1}{x_2}\right|^n < 1$ definitivamente. Allora, per n sufficientemente grande, risulta

$$|(n+1) a_{n+1} x_1^n| < |a_{n+1} x_2^n| .$$

Poiché la serie $f(x)$ converge in x_2, abbiamo che la serie $F(x)$ converge in x_1 (per il criterio del confronto). Abbiamo così che se la serie $f(x)$ converge in un punto x_1, allora anche la serie $F(x)$ converge in x_1. Di conseguenza, abbiamo $r' \geq r > 0$.

A questo punto, poiché $r' > 0$, possiamo scegliere un punto $x_1 \neq x_0$ tale che $|x_1| < r'$, ossia un punto in cui la serie $F(x)$ converga. Allora, per $n \geq 1$, si ha

$$|a_n x_1^n| \leq |n a_n x_1^{n-1}|\,.$$

Quindi, poiché la serie $F(x)$ converge in x_1, anche la serie $f(x)$ converge in x_1 (per il criterio del confronto). Abbiamo così che se la serie $F(x)$ converge in un punto x_1, allora anche la serie $f(x)$ converge in x_1. Di conseguenza, abbiamo $r \geq r'$.

In conclusione, si ha $r = r'$, ossia le due serie $f(x)$ e $F(x)$ hanno lo stesso raggio di convergenza.

Mostriamo ora che $f'(x)$ ed $F(x)$ definiscono la medesima funzione. Fissiamo un $x \in (-r, r)$ e consideriamo

$$\begin{aligned}
\left|\frac{f(x+h)-f(x)}{h} - F(x)\right| &= \left|\frac{1}{h}\left(\sum_{n\geq 0} a_n\,(x+h)^n - \sum_{n\geq 0} a_n\,x^n\right) - F(x)\right| \\
&= \left|\frac{1}{h}\sum_{n\geq 0} a_n\,((x+h)^n - x^n) - F(x)\right| \\
&= \left|\frac{1}{h}\sum_{n\geq 1} a_n\left(\sum_{k=0}^{n}\binom{n}{k}h^{n-k}x^k - x^n\right) - F(x)\right| \\
&= \left|\frac{1}{h}\sum_{n\geq 1} a_n\sum_{k=0}^{n-1}\binom{n}{k}h^{n-k}x^k - F(x)\right| \\
&= \left|\sum_{n\geq 1} a_n\sum_{k=0}^{n-1}\binom{n}{k}h^{n-k-1}x^k - \sum_{n\geq 1} n\,a_n\,x^{n-1}\right| \\
&= \left|\sum_{n\geq 1} a_n\left(\sum_{k=0}^{n-1}\binom{n}{k}h^{n-k-1}x^k - n\,x^{n-1}\right)\right| \\
&= \left|\sum_{n\geq 1} a_n\sum_{k=0}^{n-2}\binom{n}{k}h^{n-k-1}x^k\right| \\
&= \left|h\sum_{n\geq 1} a_n\sum_{k=0}^{n-2}\binom{n}{k}h^{n-k-2}x^k\right| \\
&\leq |h|\sum_{n\geq 1}|a_n|\sum_{k=0}^{n-2}\binom{n}{k}|h|^{n-k-2}|x|^k\,.
\end{aligned}$$

Scegliamo ora un $\delta > 0$ sufficientemente piccolo tale che $|x| + \delta < r$. Allora, per ogni h con $|h| < \delta$, si ha

$$\left|\frac{f(x+h)-f(x)}{h} - F(x)\right| < \frac{|h|}{\delta^2}\sum_{n\geq 1}|a_n|\sum_{k=0}^{n}\binom{n}{k}\delta^{n-k}|x|^k = \frac{|h|}{\delta^2}\sum_{n\geq 1}|a_n|(|x|+\delta)^n .$$

Poiché $|x| + \delta < r$, la serie che compare a ultimo membro è convergente. Supponiamo che converga a K. Allora, si ha

$$\left|\frac{f(x+h)-f(x)}{h} - F(x)\right| < \frac{|h|}{\delta^2}K$$

e quindi

$$\lim_{n\to+\infty}\left|\frac{f(x+h)-f(x)}{h} - F(x)\right| = 0$$

ossia

$$|f'(x) - F(x)| = 0$$

ossia $f'(x) = F(x)$. Per l'arbitrarietà di x possiamo concludere che $f'(x) = F(x)$ per ogni $x \in (-r, r)$. □

Come immediata conseguenza del Teorema 585, abbiamo la seguente proprietà.

Teorema 586 (di continutà). *Sia* $f : (x_0 - r, x_0 + r) \to \mathbb{R}$ *la funzione definita dalla serie di potenze* $\sum_{n\geq 0} a_n(x - x_0)^n$ *avente raggio di convergenza* $r > 0$. *La funzione* f *è continua su tutto l'intervallo* $(x_0 - r, x_0 + r)$.

In realtà, il Teorema 585 implica che le funzioni definite mediante una serie di potenze sono funzioni estremamente regolari, poiché risultano sempre di classe $\mathcal{C}^\infty$.

Teorema 587. *Sia* $f : (x_0 - r, x_0 + r) \to \mathbb{R}$ *la funzione definita dalla serie di potenze* $\sum_{n\geq 0} a_n(x - x_0)^n$ *avente raggio di convergenza* $r > 0$. *Per ogni* $m \in \mathbb{N}$, *la funzione* f *è derivabile* m *volte su tutto l'intervallo* $(x_0 - r, x_0 + r)$ *e*

$$\begin{aligned} f^{(m)}(x) &= \sum_{n\geq m} n(n-1)\cdots(n-m+1)\, a_n(x-x_0)^{n-m} \\ &= \sum_{n\geq 0}(n+1)(n+2)\cdots(n+m)\, a_{n+m}(x-x_0)^n . \end{aligned}$$

Inoltre, tutte queste serie hanno raggio di convergenza r.

Abbiamo poi la seguente proprietà relativa alle primitive di una funzione definita da una serie di potenze.

Teorema 588 (di integrabilità termine a termine). *Sia* $f : (x_0 - r, x_0 + r) \to \mathbb{R}$ *la funzione definita dalla serie di potenze* $\sum_{n\geq 0} a_n(x - x_0)^n$ *avente raggio di convergenza* $r > 0$. *Allora*

1. *la funzione* f *è integrabile su ogni intervallo* $[a,b] \subseteq (x_0 - r, x_0 + r)$,

2. *la funzione integrale di* f *relativa a* x_0 *è data da*

$$\int_{x_0}^{x} f(t)\,\mathrm{d}t = \sum_{n\geq 0} \frac{a_n}{n+1}(x-x_0)^{n+1} = \sum_{n\geq 1} \frac{a_{n-1}}{n}(x-x_0)^n$$

per ogni $x \in (x_0 - r, x_0 + r)$, *dove la serie ha raggio di convergenza* r.

Dimostrazione. Poiché la funzione f è continua su ogni intervallo $[a,b] \subseteq (x_0 - r, x_0 + r)$, essa à anche integrabile su tale intervallo. Poniamo ora $F(x) = \sum_{n\geq 0} \frac{a_n}{n+1}(x-x_0)^{n+1}$. In virtù del Teorema 585, possiamo derivare la serie $F(x)$ termine a termine ottenendo $F'(x) = f(x)$. Di conseguenza, la funzione F è una primitiva di f e quindi, per il teorema fondamentale del calcolo, si ha $F(x) = \int_{x_0}^{x} f(t)\,\mathrm{d}t + c$. Poiché $F(x_0) = 0$, si ha $c = 0$. Infine, sempre per il Teorema 585, le due serie hanno lo stesso raggio di convergenza. □

ESEMPI

1. Consideriamo la serie geometrica

$$\sum_{n\geq 0} x^n = \frac{1}{1-x} \qquad |x| < 1.$$

Per il Teorema 588, la funzione integrale si ottiene integrando termine a termine e la serie che si ottiene in questo modo ha lo stesso raggio di convergenza. Quindi, si ha

$$\int_0^x \frac{1}{1-t}\,\mathrm{d}t = \sum_{n\geq 0} \frac{x^{n+1}}{n+1} = \sum_{n\geq 1} \frac{x^n}{n} \qquad |x| < 1.$$

D'altra parte, si ha

$$\int_0^x \frac{1}{1-t}\,\mathrm{d}t = \left[\log\frac{1}{1-t}\right]_0^x = \log\frac{1}{1-x}.$$

Abbiamo cos' lo sviluppo del logaritmo, ossia

$$\log\frac{1}{1-x} = \sum_{n\geq 1} \frac{x^n}{n} \qquad |x| < 1.$$

In modo analogo, o più semplicemente sostituendo x con $-x$ (e moltiplicando tutto per -1), si ha

$$\log(1+x) = \sum_{n\geq 1} (-1)^{n-1}\frac{x^n}{n} \qquad |x| < 1.$$

In particolare, poiché entrambe le serie che abbiamo trovato convergono in $x = 1/2$ e in $x = 1/3$, abbiamo immediatamente le seguenti identità

$$\sum_{n\geq 1} \frac{1}{2^n n} = \log 2, \qquad \sum_{n\geq 1} \frac{(-1)^{n-1}}{2^n n} = \log\frac{3}{2}, \qquad \sum_{n\geq 1} \frac{1}{3^n n} = \log\frac{3}{2},$$

$$\sum_{n\geq 1} \frac{(-1)^{n-1}}{3^n n} = \log\frac{4}{3}.$$

Per $|x| < 1$, abbiamo

$$\begin{aligned}\log(1+x) + \log\frac{1}{1-x} &= \sum_{n\geq 1}(-1)^{n-1}\frac{x^n}{n} + \sum_{n\geq 1}\frac{x^n}{n} = \sum_{n\geq 1}((-1)^{n-1}+1)\frac{x^n}{n} \\ &= 2\sum_{n\geq 0}\frac{x^{2n+1}}{2n+1}\end{aligned}$$

ossia

$$\frac{1}{2}\log\frac{1+x}{1-x} = \sum_{n\geq 0}\frac{x^{2n+1}}{2n+1} \qquad |x| < 1.$$

In particolare, questa serie converge in $x = 1/3$. Quindi, si ha

$$\sum_{n\geq 0}\frac{1}{3^{2n+1}(2n+1)} = \frac{1}{2}\log\frac{1+1/3}{1-1/3} = \frac{1}{2}\log 2$$

o anche

$$\log 2 = \frac{2}{3}\sum_{n\geq 0}\frac{1}{3^{2n}(2n+1)}.$$

Analogamente, questa serie converge anche in $x = 1/2$. Quindi, si ha

$$\sum_{n\geq 0}\frac{1}{2^{2n+1}(2n+1)} = \frac{1}{2}\log\frac{1+1/2}{1-1/2} = \frac{1}{2}\log 3$$

o anche

$$\log 3 = \sum_{n\geq 0}\frac{1}{2^{2n}(2n+1)}.$$

2. La funzione arcotangente può essere vista come la funzione integrale di una funzione razionale nel modo seguente

$$\operatorname{artg} x = \int_0^x \frac{1}{1+t^2}\,dt.$$

Sostituendo x con $-x^2$ nella serie geometrica, si ottiene lo sviluppo

$$\frac{1}{1+x^2} = \sum_{n\geq 0}(-1)^n x^{2n} \qquad |x| < 1.$$

A questo punto, il Teorema 588 ci permette di ottenere lo sviluppo dell'arcotangente:

$$\operatorname{artg} x = \sum_{n\geq 0}(-1)^n \frac{x^{2n+1}}{2n+1} \qquad |x| < 1\,.$$

Poiché questa serie converge in $x = 1/\sqrt{3}$, si ha

$$\sum_{n\geq 0} \frac{(-1)^n}{3^n\sqrt{3}} \frac{1}{2n+1} = \operatorname{artg} \frac{1}{\sqrt{3}} = \frac{\pi}{6}$$

ossia

$$\sum_{n\geq 0} \frac{(-1)^n}{3^n(2n+1)} = \frac{\pi}{2\sqrt{3}}\,.$$

Abbiamo visto che la funzione definita da una serie di potenze è continua in tutto l'intervallo di convergenza. Ma cosa si può dire agli estremi di questo intervallo? Si ha il seguente teorema di Abel che, sotto opportune ipotesi, garantisce la continiutà (da destra o da sinistra) anche agli estremi dell'intervallo di convergenza. Iniziamo col dimostrare la seguente proprietà.

Teorema 589 (Abel, 1826). *Se la serie* $\sum_{n\geq 0} a_n$ *converge, allora la funzione* $f(x) = \sum_{n\geq 0} a_n x^n$ *è continua da sinistra in* $x = 1$*, ossia*

$$\lim_{x\to 1^-} \sum_{n\geq 0} a_n x^n = \sum_{n\geq 0} a_n\,.$$

Dimostrazione. Dobbiamo dimostrare che, se la serie $\sum_{n\geq 0} a_n$ converge a un numero reale s, allora

$$\lim_{x\to 1^-} f(x) = s\,.$$

Questo significa che per ogni $\varepsilon > 0$, deve esistere un $\delta > 0$ tale che per ogni $x \in (1-\delta, 1)$ si ha $|f(x) - s| < \varepsilon$. Consideriamo le somme parziali $s_n = a_0 + a_1 + \cdots + a_n$ e poniamo $s_{-1} = 0$. Allora possiamo scrivere $a_n = s_n - s_{n-1}$ per ogni $n \in \mathbb{N}$ e quindi

$$\begin{aligned}\sum_{k=0}^{n} a_k x^k &= \sum_{k=0}^{n} (s_k - s_{k-1})\, x^k = \sum_{k=0}^{n} s_k\, x^k - \sum_{k=1}^{n} s_{k-1}\, x^k = \sum_{k=0}^{n} s_k\, x^k - \sum_{k=0}^{n-1} s_k\, x^{k+1} \\ &= (1-x)\sum_{k=0}^{n-1} s_k\, x^k + s_n\, x^n\,.\end{aligned}$$

Poiché la serie $\sum_{n\geq 0} a_n$ converge as s, si ha che $s_n \to s$ per $n \to +\infty$. Assumiamo $|x| < 1$. Allora si ha $s_n x^n \to 0$ per $n \to +\infty$ e quindi

$$\lim_{n\to+\infty} \sum_{k=0}^{n} a_k x^k = \lim_{n\to+\infty} \Big((1-x)\sum_{k=0}^{n-1} s_k\, x^k + s_n\, x^n\Big)$$

ossia

$$f(x) = \sum_{n\geq 0} a_n x^n = (1-x)\sum_{n\geq 0} s_n\, x^n \qquad |x| < 1\,.$$

Poiché $s_n \to s$ per $n \to +\infty$, comunque fissato $\varepsilon > 0$, esiste un indice $n_0 \in \mathbb{N}$ tale che per ogni $n > n_0$ si ha $|s_n - s| < \varepsilon/2$. Inoltre, per $|x| < 1$ la serie geometrica converge e

$$(1-x)\sum_{n\geq 0} x^n = 1\,.$$

Pertanto, si ha

$$s = (1-x)\sum_{n\geq 0} s\, x^n$$

e quindi

$$f(x) - s = (1-x)\sum_{n\geq 0} s_n x^n - (1-x)\sum_{n\geq 0} s\, x^n = (1-x)\sum_{n\geq 0}(s_n - s)\, x^n$$

ossia

$$f(x) - s = (1-x)\sum_{k=0}^{n_0}(s_n - s)\, x^n + (1-x)\sum_{n>n_0}(s_n - s)\, x^n\,.$$

Pertanto, usando la disuguaglianza triangolare e assumendo $x \in (0,1)$, si ha

$$\begin{aligned}
|f(x) - s| &\leq |1-x|\sum_{k=0}^{n_0}|s_n - s|\,|x|^n + |1-x|\sum_{n>n_0}|s_n - s|\,|x|^n \\
&< (1-x)\sum_{k=0}^{n_0}|s_n - s| + (1-x)\sum_{n>n_0}\frac{\varepsilon}{2}x^n \\
&= (1-x)\sum_{k=0}^{n_0}|s_n - s| + (1-x)\frac{x^{n_0+1}}{1-x}\,\frac{\varepsilon}{2} \\
&= (1-x)\sum_{k=0}^{n_0}|s_n - s| + x^{n_0+1}\,\frac{\varepsilon}{2} \\
&< (1-x)M + \frac{\varepsilon}{2}
\end{aligned}$$

dove $M = \sum_{k=0}^{n_0}|s_n - s| > 0$. Scegliamo ora x in modo che $(1-x)M > \frac{\varepsilon}{2}$, ossia $1 - x < \frac{\varepsilon}{2M}$. Posto $\delta = \frac{\varepsilon}{2M} > 0$, abbiamo $1 - x < \delta$, ossia $x > 1 - \delta$. Pertanto, per ogni $x \in (1-\delta, 1)$, si ha

$$|f(x) - s| \leq \frac{\varepsilon}{2} + \frac{\varepsilon}{2} = \varepsilon\,.$$

Riassumendo, abbiamo trovato che, comunque fissato un $\varepsilon > 0$, deve esistere un $\delta > 0$ tale che per ogni $x \in (1-\delta, 1)$ si ha $|f(x) - s| < \varepsilon$, che è esattamente ciò che dovevamo dimostrare. □

Il Teorema 589 può essere riformulato nel modo seguente.

Teorema 590 (di continuità di Abel, 1826). *Sia* $f : (x_0 - r, x_0 + r) \to \mathbb{R}$ *la funzione definita dalla serie di potenze* $\sum_{n \geq 0} a_n (x - x_0)^n$ *avente raggio di convergenza* $r > 0$. *Se la serie* $\sum_{n \geq 0} a_n r^n$ *converge, allora la funzione* f *è continua anche nell'estremo* $x_0 + r$, *ossia*

$$\lim_{x \to (x_0 + r)^-} \sum_{n \geq 0} a_n (x - x_0)^n = \sum_{n \geq 0} a_n r^n .$$

Una proprietà analoga vale anche per l'estremo $x_0 - r$.

Dimostrazione. Una serie di potenze $\sum_{n \geq 0} a_n (x - x_0)^n$, con raggio di convergenza $r > 0$, può sempre essere ridotta a una serie di potenze $f(x) = \sum_{n \geq 0} a_n x^n$ centrata in 0, con raggio di convergenza 1. Infatti, con la traslazione $t = x - x_0$, ci riduciamo a una serie di potenze $\sum_{n \geq 0} a_n t^n$ centrata in 0 con lo stesso raggio di convergenza $r > 0$. Ponendo poi $x = t/r$, ci riduciamo a una serie di potenze $\sum_{n \geq 0} a_n r^n x^n$ centrata in 0 con raggio di convergenza 1. A questo punto, basta applicare il Teorema 589. □

ESEMPI

1. Consideriamo il logaritmo

$$\log(1 + x) = \sum_{n \geq 1} (-1)^{n-1} \frac{x^n}{n} \qquad |x| < 1 .$$

Per $x = 1$, la serie converge per il criterio di Leibniz. Pertanto, per il teorema di Abel, abbiamo

$$\sum_{n \geq 1} \frac{(-1)^{n-1}}{n} = \log 2 .$$

2. Consideriamo l'arcotangemte

$$\operatorname{artg} x = \sum_{n \geq 0} (-1)^n \frac{x^{2n+1}}{2n+1} \qquad |x| < 1 .$$

Per $x = 1$, la serie converge per il criterio di Leibniz. Pertanto, per il teorema di Abel, abbiamo

$$\sum_{n \geq 0} \frac{(-1)^n}{2n+1} = \operatorname{artg} 1 = \frac{\pi}{4} .$$

OSSERVAZIONE 591. Il teorema di continuità di Abel vale per le serie di potenze, ma può essere falso per altri tipi di serie di funzioni. Ad esempio, si può dimostrare che

$$\log(1 + x) = \sum_{n \geq 1} \left(\frac{x^{4n-3}}{4n-3} + \frac{x^{4n-1}}{4n-1} - \frac{x^{2n}}{2n} \right) \qquad |x| < 1$$

anche se, per $x = 1$, si ha

$$\sum_{n\geq 1} \left(\frac{1}{4n-3} + \frac{1}{4n-1} - \frac{1}{2n} \right) = \frac{3}{2} \log 2 .$$

8.3 Serie di Taylor

Le serie di Taylor sono particolari serie di potenze che possono essere associate alle funzioni arbitrariamente derivabili su un intervallo e che generalizzano la formula di Taylor che abbiamo studiato nei capitoli precedenti. Queste serie furono introdotte da Brook Taylor nel 1715 e furono poi ampiamente utilizzate da Colin MacLaurin nel caso in cui $x_0 = 0$.

Sia $f : (x_0 - \delta, x_0 + \delta) \to \mathbb{R}$ una funzione di classe $\mathcal{C}^\infty$. La *serie di Taylor* di f centrata nel punto x_0 è la serie di potenze

$$\sum_{n\geq 0} \frac{f^{(n)}(x_0)}{n!} (x - x_0)^n .$$

Se il centro è $x_0 = 0$, si ha una *serie di MacLaurin*.

Poiché la serie di Taylor di f è una serie di potenze, essa definisce una funzione. A priori, però, non possiamo dire nulla sulla convergenza di tale serie e, quando converge, non possiamo dire nulla sulla somma di tale serie. Per questo motivo, si dà la seguente definizione.

Una funzione $f : (x_0 - \delta, x_0 + \delta) \to \mathbb{R}$ di classe $\mathcal{C}^\infty$ è *sviluppabile in serie di Taylor* con centro in x_0 sull'intervallo $I = (x_0 - \delta, x_0 + \delta)$ quando

1. la serie di Taylor di f centrata in x_0 converge in ogni punto di I
2. la somma della serie di Taylor di f centrata in x_0 è $f(x)$ per ogni $x \in I$, ossia
$$f(x) = \sum_{n\geq 0} \frac{f^{(n)}(x_0)}{n!} (x - x_0)^n \qquad \forall x \in (x_0 - \delta, x_0 + \delta) .$$

Perché una funzione sia sviluppabile in serie di Taylor, non basta la convergenza della serie di Taylor associata. Infatti, esistono funzioni $f : \mathbb{R} \to \mathbb{R}$ di classe $\mathcal{C}^\infty$ per le quali $f^{(n)}(0) = 0$ per ogni $n \in \mathbb{N}$, come accade ad esempio nel caso delle seguenti funzioni:

$$f(x) = \begin{cases} e^{-1/x} & \text{se } x > 0 \\ 0 & \text{se } x \leq 0 \end{cases}, \quad f(x) = \begin{cases} e^{-1/|x|} & \text{se } x \neq 0 \\ 0 & \text{se } x = 0 \end{cases}, \quad f(x) = \begin{cases} e^{-1/x^2} & \text{se } x \neq 0 \\ 0 & \text{se } x = 0 . \end{cases}$$

La serie di Taylor centrata in $x_0 = 0$ è pertanto identicamente nulla e quindi non converge a f in tutto un intervallo $(-\delta, \delta)$. Di conseguenza, queste funzioni non sono sviluppabili in serie di Taylor con centro in 0.

Le funzioni definite mediante una serie di potenze sono sempre sviluppabili in serie di Taylor.

Teorema 592. *Sia* $\sum_{n\geq 0} a_n(x_1 - x_0)^n$ *una serie di potenze con raggio di convergenza* $r > 0$, *e sia* $f : (x_0 - r, x_0 + r) \to \mathbb{R}$ *la funzione definita da*

$$f(x) = \sum_{n\geq 0} a_n(x_1 - x_0)^n .$$

La funzione f *è sviluppabile in serie di Taylor con centro in* x_0 *su tutto l'intervallo* $(x_0 - r, x_0 + r)$.

Dimostrazione. La funzione f è di classe $\mathcal{C}^\infty$ e, per ogni $m \in \mathbb{N}$, si ha

$$f^{(m)}(x) = \sum_{n\geq m} n(n-1)\cdots(n-m+1)\, a_n\,(x - x_0)^{n-m} \qquad \forall x \in (x_0 - r, x_0 + r).$$

Pertanto

$$f^{(m)}(x_0) = m(m-1)\cdots 1\, a_m = m!a_m \qquad \text{per ogni } m \in \mathbb{N}$$

ossia

$$a_m = \frac{f^{(m)}(x_0)}{m!} \qquad \text{per ogni } m \in \mathbb{N}.$$

Possiamo così scrivere la funzione f come

$$f(x) = \sum_{n\geq 0} \frac{f^{(n)}(x_0)}{n!}(x - x_0)^n \qquad \text{per ogni } x \in (x_0 - r, x_0 + r).$$

Per ipotesi, questa serie converge in ogni punto dell'intervallo $(x_0 - r, x_0 + r)$ e definisce la funzione f. □

Più in generale, abbiamo il seguente criterio che garantisce la sviluppabilità di una funzione di classe $\mathcal{C}^\infty$ serie di Taylor.

Teorema 593. *Sia* $f : (x_0 - \delta, x_0 + \delta) \to \mathbb{R}$ *una funzione di classe* $\mathcal{C}^\infty$ *per la quale esiste due costanti* $\lambda > 0$ *e* $M > 0$ *tali che*

$$|f^{(n)}(x)| \leq \lambda M^n \qquad \forall x \in (x_0 - \delta, x_0 + \delta) \ \text{e} \ \forall n \in \mathbb{N}.$$

Allora, la funzione f *è sviluppabile in serie di Taylor con centro in* x_0, *ossia*

$$f(x) = \sum_{n\geq 0} \frac{f^{(n)}(x_0)}{n!}(x - x_0)^n \qquad \forall x \in (x_0 - \delta, x_0 + \delta).$$

Inoltre, il raggio di convergenza di questa serie è $r \geq \delta$.

Dimostrazione. Fissiamo un indice $n \in \mathbb{N}$. Poiché f è arbitrariamente derivabile nell'intorno $(x_0 - \delta, x_0 + \delta)$ di x_0, possiamo scrivere lo sviluppo di Taylor di ordine $n-1$ di f in x_0 con resto secondo Lagrange, ossia per ogni $x \in (x_0 - \delta, x_0 + \delta)$ si ha

$$f(x) = T_{n-1}(x) + \frac{f^{(n)}(\xi_n)}{n!}(x - x_0)^n$$

dove

$$T_{n-1}(x) = \sum_{k=0}^{n-1} \frac{f^{(k)}(x_0)}{k!}(x-x_0)^k$$

e $\xi_n \in (x_0, x)$ se $x > x_0$, oppure $\xi_n \in (x, x_0)$ se $x < x_0$. Allora, per ogni $x \in (x_0 - \delta, x_0 + \delta)$, si ha

$$|f(x)-T_{n-1}(x)| = \left|\frac{f^{(n)}(\xi_n)}{n!}(x-x_0)^n\right| = \frac{|f^{(n)}(\xi_n)|}{n!}|x-x_0|^n \leq \frac{\lambda M^k}{n!}\delta^n = \lambda\frac{(M\delta)^k}{n!}.$$

Poiché la serie $\sum_{n\geq 0} \frac{(M\delta)^k}{n!}$ converge (ad esempio, per il criterio del rapporto), si ha che il termine geniale tende a zero, ossia $\frac{(M\delta)^k}{n!} \to 0$ per $n \to +\infty$. Pertanto, per ogni $x \in (x_0 - \delta, x_0 + \delta)$, si ha

$$\lim_{n\to+\infty} |f(x) - T_{n-1}(x)| = 0$$

ossia

$$\lim_{n\to+\infty} (f(x) - T_{n-1}(x)) = 0$$

ossia

$$f(x) = \lim_{n\to+\infty} T_{n-1}(x) = \sum_{n\geq 0} \frac{f^{(n)}(x_0)}{n!}(x-x_0)^n.$$

Abbiamo così che la funzione f è sviluppabile in serie di Taylor con centro in x_0 su tutto l'intervallo $x \in (x_0 - \delta, x_0 + \delta)$. □

Il teorema precedente può essere usato per dimostrare la sviluppabilità in serie di Taylor di alcune funzioni elementari. Per semplicità, negli esempi che seguono, studieremo solo la sviluppabilità in serie di MacLauirn.

ESEMPI

1. Consideriamo la funzione esponenziale $f : \mathbb{R} \to \mathbb{R}$ definita da $f(x) = e^x$. Poiché $f^{(n)}(x) = e^x$ e $f^{(n)}(0) = 1$ per ogni $n \in \mathbb{N}$, la serie di MacLaurin della funzione esponenziale è $\sum_{n\geq 0} \frac{x^n}{n!}$. Questa serie converge su tutto $\mathbb{R}$. Inoltre, si ha $|f^{(n)}(x)| \leq e^\delta$ per ogni $x \in (-\delta, \delta)$ e per ogni $n \in \mathbb{N}$. Pertanto, per il Teorema 593 (con $\lambda = e^\delta$ e $M = 1$), la funzione esponenziale è sviluppabile su tutto l'intervallo $(-\delta, \delta)$. Per l'arbitrarietà di δ, possiamo concludere che la funzione esponenziale è sviluppabile su tutto $\mathbb{R}$, ossia

   $$e^x = \sum_{n\geq 0} \frac{x^n}{n!} \qquad \forall x \in \mathbb{R}.$$

   In particolare, si hanno i seguenti valori

   $$e = \sum_{n\geq 0}\frac{1}{n!}, \qquad e^2 = \sum_{n\geq 0}\frac{2^n}{n!}, \qquad \sqrt{e} = \sum_{n\geq 0}\frac{2^n}{n!}, \qquad e^{-1} = \sum_{n\geq 0}\frac{(-1)^n}{n!}.$$

2. Consideriamo la funzione seno $f : \mathbb{R} \to \mathbb{R}$ definita da $f(x) = \operatorname{sen} x$. In questo caso, si ha $f^{(2n)}(x) = (-1)^n \operatorname{sen} x$ e $f^{(2n+1)}(x) = (-1)^n \cos x$ per ogni $n \in \mathbb{N}$. Pertanto $f^{(2n)}(0) = 0$ e $f^{(2n+1)}(0) = (-1)^n$ per ogni $n \in \mathbb{N}$. Così la serie di MacLaurin del seno è $\sum_{n\geq 0}(-1)^n \frac{x^{2n+1}}{(2n+1)!}$. Questa serie converge su tutto $\mathbb{R}$. Inoltre, abbiamo $|f^{(n)}(x)| \leq 1$ per ogni $x \in (-\delta, \delta)$ e per ogni $n \in \mathbb{N}$. Pertanto, per il Teorema 593 (con $\lambda = M = 1$), la funzione seno è sviluppabile su tutto l'intervallo $(-\delta, \delta)$. Per l'arbitrarietà di δ, possiamo concludere che la funzione seno è sviluppabile su tutto $\mathbb{R}$, ossia

$$\operatorname{sen} x = \sum_{n\geq 0}(-1)^n \frac{x^{2n+1}}{(2n+1)!} \qquad \forall x \in \mathbb{R}.$$

In modo analogo, si dimostra che il seno iperbolico è sviluppabile in serie di MacLaurin su tutto $\mathbb{R}$ e

$$\operatorname{senh} x = \sum_{n\geq 0} \frac{x^{2n+1}}{(2n+1)!} \qquad \forall x \in \mathbb{R}.$$

3. Consideriamo la funzione coseno $f : \mathbb{R} \to \mathbb{R}$ definita da $f(x) = \cos x$. In questo caso, si ha $f^{(2n)}(x) = (-1)^n \cos x$ e $f^{(2n+1)}(x) = (-1)^{n+1} \operatorname{sen} x$ per ogni $n \in \mathbb{N}$. Pertanto $f^{(2n)}(0) = (-1)^n$ e $f^{(2n+1)}(0) = 0$ per ogni $n \in \mathbb{N}$. La serie di MacLaurin del coseno è $\sum_{n\geq 0}(-1)^n \frac{x^{2n+1}}{(2n+1)!}$ e tale serie converge su tutto $\mathbb{R}$. Poiché $|f^{(n)}(x)| \leq 1$ per ogni $x \in (-\delta, \delta)$ e per ogni $n \in \mathbb{N}$ si ha, per il Teorema 593 (con $\lambda = M = 1$), che la funzione coseno è sviluppabile su tutto l'intervallo $(-\delta, \delta)$. Per l'arbitrarietà di δ, la funzione coseno è sviluppabile su tutto $\mathbb{R}$, ossia

$$\cos x = \sum_{n\geq 0}(-1)^n \frac{x^{2n}}{(2n)!} \qquad \forall x \in \mathbb{R}.$$

In modo analogo, si dimostra che il coseno iperbolico è sviluppabile in serie di MacLaurin su tutto $\mathbb{R}$ e

$$\cosh x = \sum_{n\geq 0} \frac{x^{2n}}{(2n)!} \qquad \forall x \in \mathbb{R}.$$

Come si vede dagli esempi precedenti lo sviluppo di MacLauirn di una funzione pari contiene solo potenze pari, mentre lo sviluppo di una funzione dispari contiene solo potenze dispari.

Teorema 594. *Sia $f : (-r, r) \to \mathbb{R}$ una funzione sviluppabile in serie di MacLaurin.*

1. Se f è pari, allora lo sviluppo di MacLaurin ha la forma

$$f(x) = \sum_{n\geq 0} \frac{f^{(2n)}(0)}{(2n)!} x^{2n}.$$

2. *Se f. è dispari, allora lo sviluppo di MacLaurin ha la forma*

$$f(x) = \sum_{n\geq 0} \frac{f^{(2n+1)}(0)}{(2n+1)!} x^{2n+1}.$$

Dimostrazione. Se la funzione f è pari, allora tutte le derivate $f^{(2n+1)}$ sono funzioni dispari e quindi $f^{(2n+1)}(0) = 0$ per ogni $n \in \mathbb{N}$. Analogamente, se la funzione f è dispari, allora anche le derivate $f^{(2n)}$ sono funzioni dispari e quindi $f^{(2n)}(0) = 0$ per ogni $n \in \mathbb{N}$. □

Per dimostrare la sviluppabilità di alcune altre funzioni elementari, bisogna procedere in un modo diverso.

ESEMPIO 595. Consideriamo la funzione $f : (-1, +\infty) \to \mathbb{R}$ definita da $f(x) = (1+x)^\alpha$, con $\alpha \in \mathbb{R}$. Allora $f^{(n)}(x) = \alpha(\alpha-1)\cdots(\alpha-n+1)(1+x)^{\alpha-n}$ e $f^{(n)}(0) = \alpha(\alpha-1)\cdots(\alpha-n+1)$ per ogni $n \in \mathbb{N}$. Pertanto, la serie di Taylor di f centrata in 0 è data da

$$F(x) = \sum_{n\geq 0} \frac{\alpha(\alpha-1)\cdots(\alpha-n+1)}{n!} x^n = \sum_{n\geq 0} \binom{\alpha}{n} x^n.$$

Iniziamo col determinare il raggio di convergenza di questa serie. Posto $a_n = \binom{\alpha}{n} x^n$, si ha

$$\begin{aligned} \left|\frac{a_{n+1}}{a_n}\right| &= \left|\frac{\binom{\alpha}{n+1}x^{n+1}}{\binom{\alpha}{n}x^n}\right| \\ &= \left|\frac{\alpha(\alpha-1)\cdots(\alpha-n+1)(\alpha-n)}{(n+1)!}\,\frac{n!}{\alpha(\alpha-1)\cdots(\alpha-n+1)}\right| |x| = \left|\frac{\alpha-n}{n+1}\right| |x| \end{aligned}$$

e quindi

$$\lim_{n\to+\infty} \left|\frac{a_{n+1}}{a_n}\right| = |x|.$$

Di conseguenza, la serie $F(x)$ converge per $|x| < 1$, ossia ha raggio di convergenza $r = 1$.

Osserviamo ora che, per $x \in (-1, 1)$, si ha

$$F'(x) = \sum_{n\geq 0} \binom{\alpha}{n} n\, x^{n-1} = \alpha \sum_{n\geq 1} \binom{\alpha-1}{n-1} x^{n-1} = \alpha \sum_{n\geq 0} \binom{\alpha-1}{n} x^n.$$

Ricordando che i coefficienti binomiali soddisfano l'identità

$$\binom{\alpha}{n} = \binom{\alpha-1}{n-1} + \binom{\alpha-1}{n} \qquad n \geq 1,$$

abbiamo

$$\sum_{n\geq 1} \binom{\alpha}{n} x^n = \sum_{n\geq 1} \binom{\alpha-1}{n} x^n + \sum_{n\geq 1} \binom{\alpha-1}{n-1} x^n$$

ossia

$$\sum_{n\geq 0}\binom{\alpha}{n}x^n - 1 = \sum_{n\geq 0}\binom{\alpha-1}{n}x^n - 1 + \sum_{n\geq 0}\binom{\alpha-1}{n}x^{n+1}$$

ossia

$$F(x) = (1+x)\sum_{n\geq 0}\binom{\alpha-1}{n}x^n$$

da cui

$$\sum_{n\geq 0}\binom{\alpha-1}{n}x^n = \frac{F(x)}{1+x}.$$

Pertanto, abbiamo

$$F'(x) = \alpha\,\frac{F(x)}{1+x}.$$

Consideriamo ora la funzione

$$\varphi(x) = \frac{F(x)}{(1+x)^\alpha} \qquad |x| < 1.$$

Derivando, si ha

$$\varphi'(x) = \frac{F'(x)(1+x)^\alpha - \alpha(1+x)^{\alpha-1}F(x)}{(1+x)^{2\alpha}} = \frac{(1+x)F'(x) - \alpha F(x)}{(1+x)^{\alpha+1}} = 0$$

per ogni $x \in (-1,1)$. Pertanto, la funzione φ è costante sull'intervallo $x \in (-1,1)$, ossia $ff(x) = c$ per ogni $x \in (-1,1)$. Poiché $\varphi(0) = F(0) = 1$, si ha $c = 1$, ossia $\varphi(x) = 1$ per ogni $x \in (-1,1)$, ossia $F(x) = (1+x)^\alpha$ per ogni $x \in (-1,1)$. Quindi la funzione $f : (-1,1) \to \mathbb{R}$ è sviluppabile in serie di Taylor con centro in 0 e si ha l'identità

$$(1+x)^\alpha = \sum_{n\geq 0}\binom{\alpha}{n}x^n \qquad |x| < 1.$$

Da questo risultato possiamo ottenere, come casi particolari, alcuni altri sviluppi notevoli. Ad esempio, se ad α sostituiamo $-\alpha-1$ e se a x sostituiamo $-x$, allora abbiamo lo sviluppo

$$\frac{1}{(1-x)^{\alpha+1}} = \sum_{n\geq 0}\binom{-\alpha-1}{n}(-x)^n \qquad |x| < 1.$$

Il coefficiente binomiale può essere semplificato. Infatti, si ha

$$\begin{aligned}\binom{-\alpha-1}{n} &= \frac{(-\alpha-1)(-\alpha-2)\cdots(-\alpha-1-n+1)}{n!}\\ &= (-1)^n\frac{(\alpha+n)\cdots(\alpha+2)(\alpha+1)}{n!} = (-1)^n\binom{\alpha+n}{n}.\end{aligned}$$

Pertanto, abbiamo

$$\frac{1}{(1-x)^{\alpha+1}} = \sum_{n\geq 0} \binom{n+\alpha}{n} x^n \qquad |x| < 1\,.$$

In particolare, abbiamo gli sviluppi

$$\frac{1}{1-x} = \sum_{n\geq 0} x^n \qquad \text{e} \qquad \frac{1}{1+x} = \sum_{n\geq 0} (-1)^n x^n \qquad |x| < 1\,.$$

Ponendo $\alpha = 1/2$ e sostituendo x con $-x^2$, si ottiene lo sviluppo

$$\sqrt{1-x^2} = \sum_{n\geq 0} \binom{1/2}{n} (-x^2)^n \qquad |x| < 1\,.$$

Il coefficiente binomiale può essere semplificato. Infatti, si ha

$$\begin{aligned}
\binom{1/2}{n} &= \frac{1}{n!}\,\frac{1}{2}\left(\frac{1}{2}-1\right)\left(\frac{1}{2}-2\right)\cdots\left(\frac{1}{2}-n+1\right) \\
&= \frac{1}{n!}\,\frac{1}{2}\left(-\frac{1}{2}\right)\left(-\frac{3}{2}\right)\cdots\left(-\frac{2n-3}{2}\right) = \frac{(-1)^{n-1}}{n!2^n}\,1\cdot 3\cdots(2n-3) \\
&= \frac{(-1)^{n-1}}{n!2^n(2n-1)}\,\frac{1\cdot 2\cdot 3\cdot 4\cdots(2n-3)(2n-2)(2n-1)(2n)}{2\cdot 4\cdots(2n-2)(2n)} \\
&= \frac{(-1)^{n-1}}{n!2^n(2n-1)}\,\frac{(2n)!}{2^n(1\cdot 2\cdots(n-1)n)} = (-1)^{n-1}\frac{(2n)!}{n!n!}\,\frac{1}{2^{2n}(2n-1)}
\end{aligned}$$

ossia

$$\binom{1/2}{n} = (-1)^{n-1}\binom{2n}{n}\frac{1}{2^{2n}(2n-1)}\,.$$

Abbiamo così lo sviluppo

$$\sqrt{1-x^2} = -\sum_{n\geq 0}\binom{2n}{n}\frac{1}{2n-1}\,\frac{x^{2n}}{2^{2n}} \qquad |x| < 1\,. \tag{8.1}$$

Questa serie converge anche per $x = \pm 1$. Infatti, in questo caso, per $n \to +\infty$, si ha

$$\binom{2n}{n}\frac{1}{2^{2n}}\,\frac{1}{2n-1} \sim \frac{2^{2n}}{\sqrt{n\pi}}\,\frac{1}{2^{2n}}\,\frac{1}{2n} = \frac{1}{2\sqrt{\pi}}\,\frac{1}{n^{3/2}}\,,$$

e quindi la serie converge per il criterio del confronto. Quindi, per il teorema di Abel, si ha

$$0 = -\sum_{n\geq 0}\binom{2n}{n}\frac{1}{2n-1}\,\frac{1}{2^{2n}} = 1 - \sum_{n\geq 1}\binom{2n}{n}\frac{1}{2n-1}\,\frac{1}{2^{2n}}$$

ossia

$$\sum_{n\geq 1}\binom{2n}{n}\frac{1}{2n-1}\,\frac{1}{2^{2n}} = 1\,.$$

Si noti che possiamo usare lo sviluppo (8.1) anche per calcolare le radici numeriche. Ad esempio, si ha

$$\sqrt{3} = \sqrt{4-1} = \sqrt{4\left(1-\frac{1}{4}\right)} = 2\sqrt{1-\frac{1}{2^2}}\,.$$

Si tratta ora di valutare la (8.1) per $x = 1/2$, dove la serie converge. Così, si ha

$$\sqrt{3} = -2\sum_{n\geq 0}\binom{2n}{n}\frac{1}{2n-1}\,\frac{1}{2^{4n}} = 2 - \sum_{n\geq 1}\binom{2n}{n}\frac{1}{2n-1}\,\frac{1}{2^{4n-1}}\,.$$

Questa serie converge rapidamente. Ad esempio sommando solo i primi dieci termini abbiamo

$$s_{10} \approx 1.732050812$$
$$\sqrt{3} \approx 1.732050808\,.$$

Analogamente, ponendo $\alpha = -1/2$ e sostituendo x con $-x^2$, si ottiene lo sviluppo

$$\frac{1}{\sqrt{1-x^2}} = \sum_{n\geq 0}\binom{-1/2}{n}(-x^2)^n \qquad |x| < 1$$

ossia

$$\frac{1}{\sqrt{1-x^2}} = \sum_{n\geq 0}\binom{2n}{n}\frac{x^{2n}}{2^{2n}} \qquad |x| < 1\,.$$

Poiché questa funzione è la derivata dell'arcoseno, si ha

$$\operatorname{arsen} x = \int_0^x \frac{dt}{\sqrt{1-t^2}}\,.$$

Di conseguenza, per il Teorema 588, si ha

$$\operatorname{arsen} x = \sum_{n\geq 0}\binom{2n}{n}\frac{1}{2^{2n}}\,\frac{x^{2n+1}}{2n+1} \qquad |x| < 1\,.$$

In $x = 1$, abbiamo la serie

$$\sum_{n\geq 0}\binom{2n}{n}\frac{1}{2^{2n}}\,\frac{1}{2n+1}\,.$$

Poiché, per $n \to +\infty$, si ha

$$\binom{2n}{n}\frac{1}{2^{2n}}\,\frac{1}{2n+1} \sim \frac{2^{2n}}{\sqrt{n\pi}}\,\frac{1}{2^{2n}}\,\frac{1}{2n} = \frac{1}{2\sqrt{\pi}}\,\frac{1}{n^{3/2}}\,,$$

la serie converge per il criterio del confronto. Analogamente, la serie converge anche in $x = -1$. Quindi la serie converge su tutto l'intervallo $[-1, 1]$. In particolare, per $x = 1$, per il teorema di Aberl 590, si ha

$$\sum_{n\geq 0}\binom{2n}{n}\frac{1}{2^{2n}}\,\frac{1}{2n+1} = \operatorname{arsen} 1 = \frac{\pi}{2}\,.$$

Inoltre, per $x = 1/2$ la serie converge e quindi si ha

$$\sum_{n\geq 0} \binom{2n}{n} \frac{1}{2^{4n+1}} \frac{1}{2n+1} = \operatorname{arsen} \frac{1}{2} = \frac{\pi}{6}$$

ossia

$$\sum_{n\geq 0} \binom{2n}{n} \frac{1}{2^{4n}} \frac{1}{2n+1} = \frac{\pi}{3}.$$

Analogamente, la serie converge anche per $x = 1/\sqrt{2}$ e quindi

$$\sum_{n\geq 0} \binom{2n}{n} \frac{1}{2^{3n+1}\sqrt{2}} \frac{1}{2n+1} = \operatorname{arsen} \frac{1}{\sqrt{2}} = \frac{\pi}{4}$$

ossia

$$\sum_{n\geq 0} \binom{2n}{n} \frac{1}{2^{3n}} \frac{1}{2n+1} = \frac{\pi}{2\sqrt{2}}.$$

OSSERVAZIONE 596. Fu Isaac Newton, nel 1666, il primo a rendersi conto che il teorema binomiale poteva essere generalizzato a funzioni $(1+x)^\alpha$ con esponente razionale e più in generale con esponete reale. Tuttavia, il primo studio rigoroso della serie binomiale lo si deve ad Abel in un famoso articolo [1] del 1826. Abel sentiva la necessità di fondare lo studio delle serie in modo rigoroso, cosa che fino ad allora non era mai stata fatta[1], ed è per questo che, nell'articolo citato, dopo aver studiato la convergenza della serie binomiale, getta le basi della moderna teoria delle serie. Newton, invece, utilizzò lo sviluppo della serie binomiale per ottenere un'approssimazione di π, uno dei grandi problemi della matematica antica (e moderna). Il numero $\pi \approx 3.14159$ ha origini geometriche, essendo il rapporto tra la lunghezza e il diametro di una circonferenza o, equivalentemente, il rapporto tra l'area e il quadrato del raggio di un cerchio. Archimede, nel 250 a.C., inscrivendo e circoscrivendo a una circonferenza di raggio 1 un poligono regolare di 96 lati, ottenne le limitazioni $223/71 < \pi < 22/7$, ossia $3.14085 < \pi < 3.14286$. Nei secoli successivi si ottennero approssimazioni più precise, usando poligoni regolari con un numero di lati sempre maggiore. Ad esempio, Ludolph van Ceulen, all'inizio del 1600, riuscì a calcolare, in 25 anni di lavoro, le prime 35 cifre decimali di π utilizzando un poligono regolare di $2^{62} = 4611686018427387904$ lati. Newton utilizzò un metodo completamente diverso per calcolare π. L'idea fu quella di considerare l'arco superiore della circonferenza di centro $O \equiv (0,0)$ e raggio $r = 1$ (di equazione $x^2 + y^2 = 1$)

[1] È famoso il seguente passo scritto da Abel in una lettera del 16 Gennaio 1826 indirizzata a Holmboë: "Le serie divergenti sono l'invenzione del demonio ed è una vergogna basare su di esse una qualsiasi dimostrazione. Servendosene si può trarre a piacimento qualsiasi conclusione ed è questo il motivo per cui queste serie hanno prodotto tante fallacie e tanti paradossi. Sono diventato prodigiosamente attento a tutto ciò perché, ad eccezione della serie geometrica, non esiste in tutta la matematica una sola serie infinita la cui somma sia stata determinata rigorosamente. In altre parole, le cose in matematica che sono più importanti sono anche quelle che hanno il minor fondamento."

descritto dalla funzione $y = \sqrt{1-x^2} = (1-x^2)^{1/2}$ con $x \in [-1,1]$. Integrando da 0 a 1 (vedi Figura 8.1a), si trova l'area $\mathscr{A}$ di un quarto di cerchio, ossia

$$\mathscr{A} = \int_0^1 \sqrt{1-x^2}\,\mathrm{d}x\,.$$

Poiché l'area di un cerchio di raggio 1 è π, si ha $\mathscr{A} = \frac{\pi}{4}$. Dall'altra parte, possiamo sviluppare la funzione $\sqrt{1-x^2}$ in serie di potenze e integrare. Usando lo sviluppo (8.1), abbiamo

$$\int_0^1 \sqrt{1-x^2}\,\mathrm{d}x = -\int_0^1 \sum_{n\geq 0} \binom{2n}{n} \frac{1}{2n-1} \frac{x^{2n}}{2^{2n}}\,\mathrm{d}x = -\sum_{n\geq 0} \binom{2n}{n} \frac{1}{2n-1} \frac{1}{2^{2n}} \int_0^1 x^{2n}\,\mathrm{d}x$$

ossia

$$\int_0^1 \sqrt{1-x^2}\,\mathrm{d}x = -\sum_{n\geq 0} \binom{2n}{n} \frac{1}{4n^2-1} \frac{1}{2^{2n}}\,.$$

Abbiamo così l'identità

$$\pi = -4\sum_{n\geq 0} \binom{2n}{n} \frac{1}{4n^2-1} \frac{1}{2^{2n}} = 4 - \sum_{n\geq 1} \binom{2n}{n} \frac{1}{4n^2-1} \frac{1}{2^{2n-2}}\,.$$

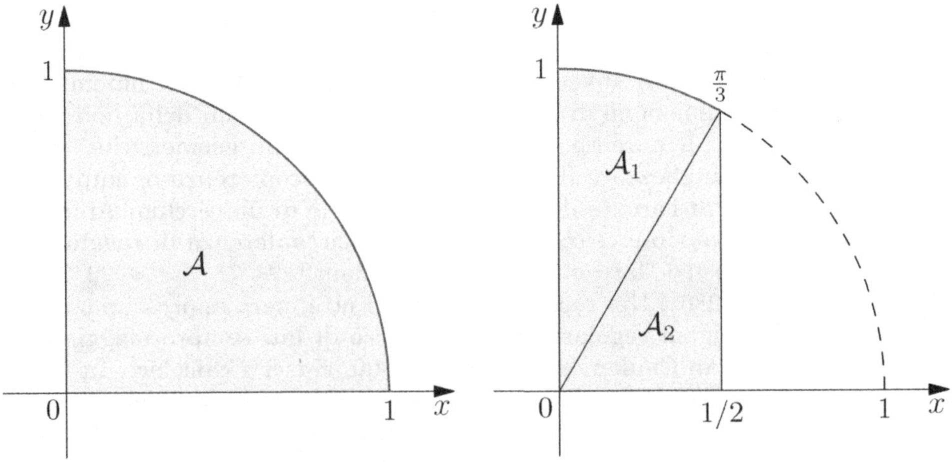

(a) Integrazione tra 0 e 1. (b) Integrazione tra 0 e $1/2$.

Figura 8.1: Metodo di Newton per il calcolo di π.

Questa serie non converge molto rapidamente. Così Newton cercò di migliorare questo risultato integrando da 0 a 1/2 (vedi Figura 8.1b). Questa volta si ha

$$\mathscr{A}_1 + \mathscr{A}_2 = \int_0^{1/2} \sqrt{1-x^2}\,\mathrm{d}x$$

dove $\mathscr{A}_1$ è l'area di un settore circolare con angolo al centro pari a $\pi/6$ e $\mathscr{A}_1$ è l'area di un triangolo rettangolo di lati $1/2$ e $\sqrt{3}/2$. Quindi $\mathscr{A}_1 = \frac{\pi}{12}$ e $\mathscr{A}_2 = \frac{3}{8}$. Inoltre, usando ancora lo sviluppo (8.1), si ha

$$\begin{aligned}\int_0^{1/2} \sqrt{1-x^2}\,\mathrm{d}x &= -\int_0^{1/2} \sum_{n\geq 0} \binom{2n}{n} \frac{1}{2n-1} \frac{x^{2n}}{2^{2n}}\,\mathrm{d}x \\ &= -\sum_{n\geq 0} \binom{2n}{n} \frac{1}{2n-1} \frac{1}{2^{2n}} \int_0^{1/2} x^{2n}\,\mathrm{d}x \\ &= -\sum_{n\geq 0} \binom{2n}{n} \frac{1}{2n-1} \frac{1}{2^{2n}} \left[\frac{x^{2n+1}}{2n+1}\right]_0^{1/2} \\ &= -\sum_{n\geq 0} \binom{2n}{n} \frac{1}{2n-1} \frac{1}{2^{2n}} \frac{1}{2^{2n+1}(2n+1)}\end{aligned}$$

ossia

$$\int_0^{1/2} \sqrt{1-x^2}\,\mathrm{d}x = -\sum_{n\geq 0} \binom{2n}{n} \frac{1}{4n^2-1} \frac{1}{2^{4n+1}}.$$

Abbiamo così l'identità

$$\frac{\pi}{12} + \frac{\sqrt{3}}{8} = -\sum_{n\geq 0} \binom{2n}{n} \frac{1}{4n^2-1} \frac{1}{2^{4n+1}}$$

ossia

$$\pi = -\frac{3\sqrt{3}}{2} - 6\sum_{n\geq 0} \binom{2n}{n} \frac{1}{4n^2-1} \frac{1}{2^{4n}} = 6 - \frac{3\sqrt{3}}{2} - 3\sum_{n\geq 1} \binom{2n}{n} \frac{1}{4n^2-1} \frac{1}{2^{4n-1}}.$$

Questa serie converge molto più rapidamente e permette di avere buone approssimazioni di π già con pochi termini. Ad esempio, per ottenere l'approssimazione di van Ceulen a 35 cifre decimali basta sommare i primi 50 termini di questa somma:

$$\begin{aligned} s_{50} &\approx 3.1415926535897932384626433832795028\,95965 \\ \pi &\approx 3.1415926535897932384626433832795028\,84197. \end{aligned}$$

Newton, però, usò questa formula per calcolare solo le prime 15 cifre decimali di π [13].

Oggi ci sono molte altre formule che permettono di calcolare milioni ci cifre decimali di π. Ad esempio, nel 1910, Ramanujan trovò la formula

$$\frac{1}{\pi} = \frac{2\sqrt{2}}{9801} \sum_{n\geq 0} \frac{(4n)!}{(n!)^4} \frac{1103+26390n}{396^{4n}}$$

che fu usata da Gosper nel 1985 per calcolare 17 milioni di cifre decimali. Nel 1989, David e Gregory Chudnovsky usarono la formula analoga

$$\frac{1}{\pi} = 12 \sum_{n \geq 0} (-1)^n \frac{(6n)!}{(3n)!(n!)3} \frac{13591409 + 545140134n}{640320 3^{n+3/2}}$$

per calcolare 1 miliardo di cifre decimali. Nel 1995, Simon Plouffe trovò la formula (di Bailey-Borwein-Plouffe)

$$\pi = \sum_{n \geq 0} \frac{1}{16^n} \left(\frac{4}{8n+1} - \frac{2}{8n+4} - \frac{1}{8n+5} - \frac{1}{8n+6} \right)$$

che fornisce un algoritmo efficiente per estrarre le cifre di π in base 16. Per un resoconto più dettagliato della storia del calcolo di π, da Archimede a oggi, si può vedere [13] (e [45]).

OSSERVAZIONE 597. Le serie di potenze sono il modo più semplice di rappresentare una funzione. Tuttavia, una funzione può essere rappresentata anche mediante serie di funzioni più complesse, come ad esempio le serie di Fourier che hanno importanti applicazioni in fisica. Qui, ci limitiamo a vedere un semplice esempio collegato all'ultimo esempio che abbiamo visto. Iniziamo con l'osservare che vale la seguente identità

$$\operatorname{artg} x = \operatorname{arsen} \frac{x}{\sqrt{1+x^2}} \qquad x \in \mathbb{R}\,.$$

Per dimostrare questa identità, consideriamo la funzione $g(x) = \operatorname{arsen} \frac{x}{\sqrt{1+x^2}}$. Derivando, si ha

$$g'(x) = \frac{1}{\sqrt{1 - \frac{x^2}{1+x^2}}} \frac{\sqrt{1+x^2} - \frac{2x^2}{2\sqrt{1+x^2}}}{1+x^2} = (1+x^2) \frac{1}{(1+x^2)\sqrt{1+x^2}} = \frac{1}{1+x^2}\,.$$

Di conseguenza, si ha $g(x) = \operatorname{artg} x + c$, con $c \in \mathbb{R}$. Poiché $g(0) = 0$, si ha $c = 0$ e quindi $g(x) = \operatorname{artg} x$.

A questo punto, possiamo usare lo sviluppo dell'arcoseno, osservando che $\left|\frac{x}{\sqrt{1+x^2}}\right| < 1$ per ogni $x \in \mathbb{R}$. Quindi, abbiamo lo sviluppo

$$\operatorname{artg} x = \sum_{n \geq 0} \binom{2n}{n} \frac{1}{2^{2n}} \frac{1}{2n+1} \left(\frac{x}{\sqrt{1+x^2}} \right)^{2n+1}$$

ossia

$$\operatorname{artg} x = \frac{1}{\sqrt{1+x^2}} \sum_{n \geq 0} \binom{2n}{n} \frac{1}{2^{2n}} \frac{1}{2n+1} \frac{x^{2n+1}}{(1+x^2)^n} \qquad x \in \mathbb{R}\,.$$

Si noti che questa serie converge per ogni valore reale di x e non solo per $|x| < 1$. Così per $x = 1$ e per $x = \frac{1}{\sqrt{3}}$ ritroviamo le serie che abbiamo trovato alla fine dell'esempio precedente. ma se consideriamo $x = \sqrt{3}$, abbiamo

$$\operatorname{artg} \sqrt{3} = \frac{1}{2} \sum_{n \geq 0} \binom{2n}{n} \frac{1}{2^{2n}} \frac{1}{2n+1} \frac{3^n \sqrt{3}}{4^n}$$

ossia

$$\sum_{n\geq 0}\binom{2n}{n}\left(\frac{3}{16}\right)^n\frac{1}{2n+1}=\frac{2\pi}{3\sqrt{3}}.$$

Concludiamo questa osservazione ricordando che Eulero ha trovato anche il seguente sviluppo dell'arcotangente

$$\operatorname{artg} x=\sum_{n\geq 0}\frac{2^{2n}}{\binom{2n}{n}}\frac{1}{2n+1}\frac{x^{2n+1}}{(1+x^2)^{n+1}}\qquad x\in\mathbb{R}.$$

Si noti che anche questa serie converge per ogni valore reale di x.

8.4 Somme e prodotti di serie di potenze

Le serie di potenze possono essere sommate e moltiplicate tra di loro e il risultato è ancora una serie di potenze. Più precisamente, abbiamo i seguenti teoremi.

Teorema 598. *La combinazione lineare delle due serie di potenze*

$$f(x)=\sum_{n\geq 0}a_n(x-x_0)^n\qquad |x-x_0|<r_1$$

$$g(x)=\sum_{n\geq 0}b_n(x-x_0)^n\qquad |x-x_0|<r_2$$

mediante i coefficienti $\alpha,\beta\in\mathbb{R}$ *è la serie di potenze*

$$\alpha f(x)+\beta g(x)=\sum_{n\geq 0}(\alpha a_n+\beta b_n)(x-x_0)^n\qquad |x-x_0|<r$$

dove $r=\min(r_1,r_2)$.

Teorema 599. *Il prodotto di due serie di potenze*

$$f(x)=\sum_{n\geq 0}a_n(x-x_0)^n\qquad |x-x_0|<r_1$$

$$g(x)=\sum_{n\geq 0}b_n(x-x_0)^n\qquad |x-x_0|<r_2$$

è la serie di potenze

$$f(x)g(x)=\sum_{n\geq 0}c_n(x-x_0)^n\qquad |x-x_0|<r$$

dove

$$c_n=\sum_{k=0}^{n}a_kb_{n-k}$$

e $r=\min(r_1,r_2)$.

Dimostrazione. Sia $r = \min(r_1, r_2)$. Allora le due serie $f(x)$ e $g(x)$ convergono assolutamente per ogni $x \in \mathbb{R}$ tale che $|x - x =| < r$. Quindi, per il teorema di Mertens (Teorema 575), la serie prodotto converge e converge al prodotto $f(x)g(x)$. Inoltre, il termine generale della serie prodotto è

$$C_n = \sum_{k=0}^{n} a_k(x - x_0)^k b_{n-k}(x - x_0)^{n-k} = \sum_{k=0}^{n} a_k b_{n-k}(x - x_0)^n = c_n(x - x_0)^n .$$

□

ESEMPI

1. Consideriamo le serie

$$\sum_{n\geq 0} x^n = \frac{1}{1-x} \qquad \text{e} \qquad \sum_{n\geq 1} \frac{x^n}{n} = \log \frac{1}{1-x} .$$

Entrambe hanno raggio di convergenza $r = 1$. Il loro prodotto ha anch'esso raggio di convergenza $r = 1$ ed è dato da

$$\frac{1}{1-x} \log \frac{1}{1-x} = \sum_{n\geq 0} c_n x^n$$

dove

$$c_n = \sum_{k=1}^{n} \frac{1}{k} = \mathcal{H}_n .$$

Quindi, abbiamo lo sviluppo

$$\frac{1}{1-x} \log \frac{1}{1-x} = \sum_{n\geq 0} \mathcal{H}_n x^n \qquad |x| < 1 .$$

Si noti che questa serie non converge né in $x = 1$ né in $x = -1$. Invece, ad esempio, converge in $x = 1/2$ e in $x = -1/2$ e si ha

$$\sum_{n\geq 1} \frac{\mathcal{H}_n}{2^n} = 2\log 2 \qquad \text{e} \qquad \sum_{n\geq 1} (-1)^{n-1} \frac{\mathcal{H}_n}{2^n} = \frac{2}{3} \log \frac{3}{2} .$$

2. L'esempio precedente puù essere generalizzato consideriamo le serie

$$\sum_{n\geq 0} x^n = \frac{1}{1-x} \qquad \text{e} \qquad \sum_{n\geq 1} \frac{x^n}{n^s} = \mathrm{Li}_s(x) \qquad |x| < 1 .$$

Il prodotto di queste due serie ha raggio di convergenza $r = 1$ ed è dato da

$$\frac{1}{1-x} \mathrm{Li}_s(x) = \sum_{n\geq 0} c_n x^n$$

dove

$$c_n = \sum_{k=1}^{n} \frac{1}{k^s} = \mathcal{H}_n^{(s)}\,.$$

Quindi, abbiamo lo sviluppo

$$\frac{1}{1-x}\,\mathrm{Li}_s(x) = \sum_{n\ge 0} \mathcal{H}_n^{(s)} x^n \qquad |x| < 1\,.$$

3. Consideriamo la serie

$$\sum_{n\ge 1} \frac{x^n}{n} = \log\frac{1}{1-x} \qquad |x| < 1\,.$$

Il suo quadrato ha anch'esso raggio di convergenza $r = 1$ ed è dato da

$$\log^2\frac{1}{1-x} = \sum_{n\ge 0} c_n x^n$$

dove

$$c_n = \sum_{k=1}^{n-1} \frac{1}{k(n-k)} = \frac{1}{n}\sum_{k=1}^{n-1}\left(\frac{1}{k} + \frac{1}{n-k}\right) = \frac{1}{n}\left(\sum_{k=1}^{n-1}\frac{1}{k} + \sum_{k=1}^{n-1}\frac{1}{n-k}\right) = 2\frac{\mathcal{H}_{n-1}}{n}\,.$$

Abbiamo così lo sviluppo

$$\frac{1}{2}\log^2\frac{1}{1-x} = \sum_{n\ge 1} \mathcal{H}_{n-1}\frac{x^n}{n} \qquad |x| < 1\,.$$

Da questo sviluppo possiamo ricavarne immediatamente un'altro. Infatti, essendo $\mathcal{H}_{n-1} = \mathcal{H}_n - \frac{1}{n}$, si ha

$$\frac{1}{2}\log^2\frac{1}{1-x} = \sum_{n\ge 1} \mathcal{H}_n\frac{x^n}{n} - \sum_{n\ge 1}\frac{x^n}{n^2}$$

ossia

$$\sum_{n\ge 1} \mathcal{H}_n\frac{x^n}{n} = \mathrm{Li}_2(x) + \frac{1}{2}\log^2\frac{1}{1-x} \qquad |x| < 1\,.$$

Si noti che per $x = 1$ la serie non converge mentre per $x = -1$ la serie converge per il criterio di Leibniz. Inoltre, per il teorema di Abel, si ha

$$\sum_{n\ge 1}(-1)^n\frac{\mathcal{H}_n}{n} = \mathrm{Li}_2(-1) + \frac{1}{2}\log^2\frac{1}{2}$$

ossia

$$\sum_{n\ge 1}(-1)^{n-1}\frac{\mathcal{H}_n}{n} = \frac{\pi^2}{12} - \frac{1}{2}\log^2 2\,.$$

4. Consideriamo le serie

$$\sum_{n\geq 0} x^n = \frac{1}{1-x} \qquad \text{e} \qquad \sum_{n\geq 0} \frac{x^n}{n!} = e^x .$$

La serie geometrica ha raggio di convergenza $r = 1$ mentre la serie esponenziale ha raggio di convergenza $r = +\infty$. Pertanto, il loro prodotto ha raggio di convergenza $r = 1$ ed è dato da

$$\frac{e^x}{1-x} = \sum_{n\geq 0} e_n x^n$$

dove

$$e_n = \sum_{k=0}^{n} \frac{1}{k!}$$

sono le somme parziali della serie esponenziale (con $x = 1$). Si noti che questa serie non converge né in $x = 1$ né in $x = -1$. In particolare, per $x = \pm 1/2$, si hanno le identità

$$\sum_{n\geq 0} \frac{e_n}{2^n} = 2\sqrt{e} \qquad \text{e} \qquad \sum_{n\geq 0} (-1)^n \frac{e_n}{2^n} = \frac{2}{3\sqrt{e}} .$$

OSSERVAZIONE 600. A questo punto possiamo dimostrare il Teorema 578: se due serie $\sum_{n\geq 0} a_n$ e $\sum_{n\geq 0} b_n$ convergono e converge anche la serie prodotto $\sum_{n\geq 0} c_n$, allora si ha

$$\sum_{n\geq 0} a_n \cdot \sum_{n\geq 0} b_n = \sum_{n\geq 0} c_n .$$

Consideriamo le serie di potenze

$$f(x) = \sum_{n\geq 0} a_n x^n , \qquad g(x) = \sum_{n\geq 0} b_n x^n \qquad \text{e} \qquad h(x) = \sum_{n\geq 0} c_n x^n \qquad \text{per } |x| \leq 1 .$$

Per il Teorema 599, abbiamo

$$f(x)g(x) = c(x) \qquad \text{per } |x| \leq 1 .$$

Per il teorema di Abel (Teorema 589), abbiamo

$$\lim_{n\to+\infty} f(x) = \sum_{n\geq 0} a_n , \qquad \lim_{n\to+\infty} g(x) = \sum_{n\geq 0} b_n \qquad \text{e} \qquad \lim_{n\to+\infty} c(x) = \sum_{n\geq 0} c_n .$$

Quindi

$$\lim_{n\to+\infty} (f(x)g(x)) = \lim_{n\to+\infty} c(x)$$

ossia

$$\lim_{n\to+\infty} f(x) \cdot \lim_{n\to+\infty} g(x)) = \lim_{n\to+\infty} c(x)$$

ossia

$$\sum_{n\geq 0} a_n \cdot \sum_{n\geq 0} b_n = \sum_{n\geq 0} c_n .$$

9

Equazioni differenziali del primo ordine

9.1 Introduzione

Le equazioni differenziali sono di estrema importanza nella geometria differenziale, nella fisica e nell'ingegneria, poiché usualmente descrivono la traiettoria di una particella o, più in generale, il comportamento di un sistema fisico.

In questo capitolo ci limiteremo a studiare le equazioni differenziali più elementari, che potranno essere trattate con gli strumenti sviluppati in precedenza. Iniziamo col vedere alcuni semplici esempi di problemi che portano a un'equazione differenziale.

9.1.1 Primitive

Un'equazione differenziale è un equazione in cui l'incognita è una funzione $y(x)$ e in cui compare almeno una derivata di $y(x)$. Ad esempio, l'equazione

$$y'(x) = f(x)$$

è un'equazione differenziale, poiché compare la derivata prima della funzione incognita. Risolvere questa equazione differenziale significa cercare tutte le primitive della funzione f. Come sappiamo, una funzione continua possiede infinite primitive, date da

$$y(x) = \int_{x_0}^{x} f(t)\ \mathrm{d}t + c$$

dove x_0 è un numero reale opportunamente fissato e c è una costante reale arbitraria. La costante c può essere espressa in funzione del valore che la funzione assume nel punto x_0 fissato: $c = y(x_0)$. Quindi, si ha

$$y(x) = \int_{x_0}^{x} f(t)\ \mathrm{d}t + y(x_0)\,.$$

Questo significa che esiste un'unica soluzione dell'equazione differenziale data che soddisfa l'ulteriore condizione $y(x_0) = y_0$.

9.1.2 Moto rettilineo

Consideriamo una particella che si muove lungo una retta di moto uniformemente accelerato. Questo significa che l'accelerazione è costante, ossia $a(t) = a$ con a costante. Poiché l'accelerazione è la derivata della velocità rispetto al tempo, si ha $v'(t) = a$. Integrando, si ottiene la velocità $v(t) = at + b$, per un'opportuna costante b. A questo punto, poiché la velocità è la derivata dello spazio rispetto al tempo, si ha $s'(t) = at + b$. Integrando, si ottiene la legge oraria che descrive il movimento della particella, ossia $s'(t) = \frac{1}{2}\, at^2 + bt + c$, per due opportune costanti b e c. Queste costanti non sono arbitrarie. Infatti, fissato l'istante di tempo $t = 0$ come inizio del movimento della particella, si ha $b = v(0) = v_0$ e $c = s(0) = s_0$, dove s_0 e v_0 sono, rispettivamente, la posizione iniziale e la velocità iniziale della particella. Pertanto, la legge oraria è

$$s(t) = \frac{1}{2}\, at^2 + v_0 t + s_0\,.$$

Supponiamo ora che la particella si muova con una accelerazione che dipende linearmente dal tempo. Questo significa che $a(t) = a_1 t + a_0$, ossia $v'(t) = a_1 t + a_0$. Integrando, si ha $v(t) = \frac{1}{2}\, a_1 t^2 + a_0 t + v_0$. Integrando ancora, si ha la legge oraria

$$s(t) = \frac{1}{6}\, a_1 t^3 + \frac{1}{2}\, a_0 t^2 + v_0 t + s_0\,.$$

In entrambi questi casi, data l'accelerazione, il moto dipende soltanto dalla posizione iniziale e dalla velocità iniziale. In altre parole, fissata la posizione iniziale e la velocità iniziale, il moto è completamente determinato. Questo fatto porta al *problema di Cauchy*, ossia al problema di stabilire quando un'equazione differenziale ammette esattamente una soluzione che soddisfa date condizioni iniziali.

9.1.3 Famiglie di curve a un parametro

In generale, una famiglia di curve (o un'insieme di traiettorie) dipendente da un parametro può essere rappresentato da un'equazione differenziale (del primo ordine). Si tratta di derivare opportunamente per eliminare la dipendenza esplicita dal parametro. Vediamo qualche semplice esempio.

ESEMPI

1. Consideriamo la famiglia di parabole $y^2 = kx$, dipendente dal parametro reale k. Supponiamo che la variabile y dipenda dalla variabile indipendente x. In questo modo, derivando rispetto a x, si ha $2yy' = k$. Sostituendo k nell'equazione di partenza, si ha $y^2 = 2yy'x$, ossia $2xy' = y$. Come vedremo più avanti, questa è un'equazione differenziale a variabili separabili e rappresenta tutte le parabole della famiglia considerata. In questa rappresentazione, però, non c'è più la dipendenza esplicita dal parametro.

2. Consideriamo la famiglia di curve

$$y = \frac{1+kx}{1+x^2} \qquad (k \in \mathbb{R}).$$

Considerando y funzione di x e derivando rispetto a x, si ha

$$y' = \frac{k(1-x^2)-2x}{(1+x^2)^2}.$$

Ricavando k dall'equazione iniziale, si ha

$$k = \frac{(1+x^2)y-1}{x}.$$

Sostituendo questa espressione nell'equazione che dà la derivata prima di y, si ottiene

$$y' = \frac{(1-x^2)y-1}{x+x^3}.$$

Come vedremo, questa è un'equazione differenziale lineare.

3. Consideriamo la famiglia di circonferenze $x^2+y^2-2kx=0$ con centro sull'asse x e tangenti nell'origine all'asse y. Considerando y funzione di x e derivando, si ha $2x+2yy'-2k=0$, ossia $k=x+yy'$. Sostituendo k nell'equazione di partenza, si ha $x^2+y^2-2x(x+yy')=0$, da cui si ricava

$$y' = \frac{y^2-x^2}{2xy}.$$

Questa equazione differenziale non è lineare né a variabili separabili.

9.2 Equazioni differenziali ordinarie

In generale, un'*equazione differenziale* è un'equazione del tipo

$$F(x, y, y', y'', \ldots, y^{(n)}) = 0$$

dove $F(x_0, x_1, x_2, \ldots, x_n)$ è una funzione di $n+1$ argomenti assegnata e $y = y(x)$ è la funzione incognita (dipendente dalla variabile indipendente x). In particolare, $y' = y'(x)$, $y'' = y''(x)$, ..., $y^{(n)} = y^{(n)}(x)$ sono rispettivamente la derivata prima, seconda, ..., n-esima della funzione incognita y.

L'*ordine* dell'equazione differenziale è l'ordine massimo delle derivate di y che compaiono nell'equazione. L'equazione differenziale è in *forma normale* quando è scritta nella forma

$$y^{(n)} = \varphi(x, y', y'', \ldots, y^{(n-1)})$$

dove n è l'ordine dell'equazione.

Una *soluzione*, o *curva integrale*, dell'equazione differenziale su un intervallo I è una funzione $f : I \to \mathbb{R}$, derivabile n volte su I, che soddisfi identicamente l'equazione differenziale, ossia tale che

$$F(x, f(x), f'(x), f''(x), \ldots, f^{(n)}(x)) = 0 \qquad \forall\, x \in I .$$

L'*integrale generale* dell'equazione differenziale è l'insieme di tutte le sue soluzioni. Un *integrale particolare* è una qualsiasi soluzione particolare.

Il *problema di Cauchy* associato a un'equazione differenziale consiste nello stabilire se (almeno localmente) esiste esattamente una soluzione del sistema

$$\begin{cases} F(x, y, y', y'', \ldots, y^{(n)}) = 0 \\ y(x_0) = c_0 \\ y'(x_0) = c_1 \\ y''(x_0) = c_2 \\ \ldots \\ y^{(n-1)}(x_0) = c_{n-1} \end{cases}$$

dove $c_0, c_1, c_2, \ldots, c_{n-1} \in \mathbb{R}$ sono numeri reali fissati. Le condizioni $y(x_0) = c_0$, $y'(x_0) = c_1$, $y''(x_0) = c_2$, ..., $y^{(n-1)}(x_0) = c_{n-1}$, sono le *condizioni iniziali* del problema. In generale, un problema di Cauchy può ammettere esattamente una soluzione, più soluzioni o nessuna soluzione. In alcuni casi, se l'equazione differenziale soddisfa opportune condizioni di regolarità, è possibile garantire l'esistenza e l'unicità (locale) della soluzione. In questo caso, la soluzione del problema di Cauchy è definita solo sul massimo intervallo che contiene il punto iniziale x_0 in cui vengono assegnate le condizioni iniziali. Questa restrizione permette alla variabile indipendente di variare con continuità nell'intervallo che contiene x_0.

In questo capitolo, studieremo solo il caso delle equazioni differenziali del primo ordine: $F(x, y, y') = 0$. Più precisamente, studieremo il caso delle *equazioni differenziali a variabili separabili* e il caso delle *equazioni differenziali lineari.* In entrambi i casi, prenderemo in esame il problema di Cauchy associato

$$\begin{cases} F(x, y, y') = 0 \\ y(x_0) = y_0 . \end{cases}$$

Geometricamente, risolvere questo problema di Cauchy significa determinare le eventuali curve integrali che passano per un dato punto (x_0, y_0).

9.3 Equazioni differenziali a variabili separabili

9.3.1 Ricerca dell'integrale generale

Un'*equazione differenziale a variabili separabili* è un'equazione del tipo

$$y'(x) = a(x)b(y)$$

dive $a : I \to \mathbb{R}$ e $b : J \to \mathbb{R}$ sono due funzioni continue, definite su due intervalli I e J. Per risolvere un'equazione differenziale di questo tipo possiamo procedere nel modo seguente. Iniziamo con l'osservare che ogni funzione della forma $y(x) = k$, con k soluzione dell'equazione $b(y) = 0$, è una soluzione (detta *soluzione singolare*). Infatti, si ha $y'(x) = 0 = a(x)b(k) = a(x)b(y)$. Se y non è una soluzione dell'equazione $b(y) = 0$, allora $b(y)$ non è identicamente nulla e quindi possiamo separare le variabili dividendo entrambi i membri dell'equazione differenziale per $b(y)$:

$$\frac{y'(x)}{b(y(x))} = a(x)\,.$$

Integrando, si ha

$$\int \frac{y'(x)}{b(y(x))}\,\mathrm{d}x = \int a(x)\,\mathrm{d}x\,,$$

ossia

$$\int \frac{1}{b(y)}\,\mathrm{d}y = \int a(x)\,\mathrm{d}x\,.$$

Se $B(y)$ è una primitiva di $1/b(y)$ e $A(x)$ è una primitiva di $a(x)$, allora si ha

$$B(y) = A(x) + c$$

dove c è un'arbitraria costante reale. Questa equazione definisce implicitamente la soluzione $y(x)$. Se la funzione B è invertibile rispetto alla composizione di funzioni, allora si può ricavare la soluzione in forma esplicita, ossia si ha

$$y(x) = \widehat{B}(A(x) + c)$$

dove $\widehat{B}$ è l'inversa composizionale di B.

ESEMPIO 601. L'equazione differenziale $y' = \alpha y$ ($\alpha \in \mathbb{R}$) è a variabili separabili, dove $a(x) = \alpha$ è costante e $b(y) = y$. Poiché l'equazione $b(y) = 0$ ha solo la soluzione $y = 0$, l'equazione differenziale ammette solo $y(x) = 0$ come soluzione particolare. Separando le variabili (dividendo per y), si ha

$$\frac{y'}{y} = \alpha \qquad \text{ossia} \qquad \frac{\mathrm{d}y}{y} = \alpha \mathrm{d}x\,.$$

Integrando, si ha

$$\log|y| = \alpha x + c$$

dove c è un'arbitraria costante reale. Pertanto

$$|y| = \mathrm{e}^{\alpha x + c} = \mathrm{e}^{c}\,\mathrm{e}^{\alpha x}$$

ossia

$$y = \pm\,\mathrm{e}^{c}\,\mathrm{e}^{\alpha x}\,.$$

Posto $k = \pm\,\mathrm{e}^{c}$, abbiamo

$$y(x) = k\mathrm{e}^{\alpha x}$$

dove k è un'arbitraria costante reale non nulla. Poiché per $k = 0$ si ottiene la soluzione particolare trovata all'inizio, l'integrale generale dell'equazione differenziale è

$$y(x) = k\mathrm{e}^{\alpha x}$$

dove k è una costante reale arbitraria. Le soluzioni trovate sono definite su tutto $\mathbb{R}$. Inoltre, sono derivabili ovunque.

ESEMPIO 602. La ricerca delle soluzioni di classe $\mathcal{C}^1$ dell'equazione integrale

$$x \int_0^x y(t)\,\mathrm{d}t = (x+1) \int_0^x ty(t)\,\mathrm{d}t$$

si riduce alla ricerca dell'integrale generale di un'equazione differenziale. Infatti, derivando entrambi i membri dell'equazione, si ha

$$\int_0^x y(t)\,\mathrm{d}t + xy(x) = \int_0^x ty(t)\,\mathrm{d}t + (x+1)xy(x)\,,$$

ossia

$$\int_0^x y(t)\,\mathrm{d}t = \int_0^x ty(t)\,\mathrm{d}t + x^2y(x)\,.$$

Derivando ancora una volta, si ha $y(x) = xy(x) + 2xy(x) + x^2y'(x)$, ossia $x^2y'(x) - (1-3x)y(x) = 0$. Quindi

$$y'(x) = \frac{1-3x}{x^2}\,y(x)\,.$$

Ci siamo così ridotti a un'equazione differenziale a variabili separabili, dove $a(x) = (1-3x)/x^2$ e $b(y) = y$. Poiché $b(y) = 0$ ha come unica soluzione $y = 0$, si ha la soluzione particolare $y(x) = 0$. Separando le variabili, si ha

$$\frac{y'(x)}{y(x)} = \frac{1-3x}{x^2}\,,$$

e quindi, integrando, si ha

$$\log|y(x)| = \int \frac{1-3x}{x^2}\,\mathrm{d}x = \int \left(\frac{1}{x^2} - \frac{3}{x}\right)\mathrm{d}x = -\frac{1}{x} - 3\log|x| + c$$

con $c \in \mathbb{R}$ parametro arbitrario. Posto $c = \log k$, si ha

$$\log|y(x)| = \log \mathrm{e}^{-1/x} - 3\log|x| + \log k = \log \frac{k\mathrm{e}^{-1/x}}{|x|^3}$$

da cui si ricava

$$|y(x)| = k\frac{\mathrm{e}^{-1/x}}{|x|^3} \qquad \text{ossia} \qquad y(x) = \pm k\frac{\mathrm{e}^{-1/x}}{x^3}$$

dove $k = \mathrm{e}^c > 0$. Per $k = 0$ si ha la soluzione particolare trovata all'inizio. Quindi, posto $K = \pm k$, si ha l'integrale generale

$$y(x) = K\frac{\mathrm{e}^{-1/x}}{x^3}$$

dove K è un parametro reale arbitrario. Le soluzioni trovate sono definite e derivabili solo per $x \neq 0$ (a eccezione della soluzione particolare che è definita e derivabile ovunque). Restringendoci al semiasse positivo, per $K = 1, 3/2, 2, 5/2, 3, 7/2, 4, 9/2$, si hanno le seguenti curve integrali

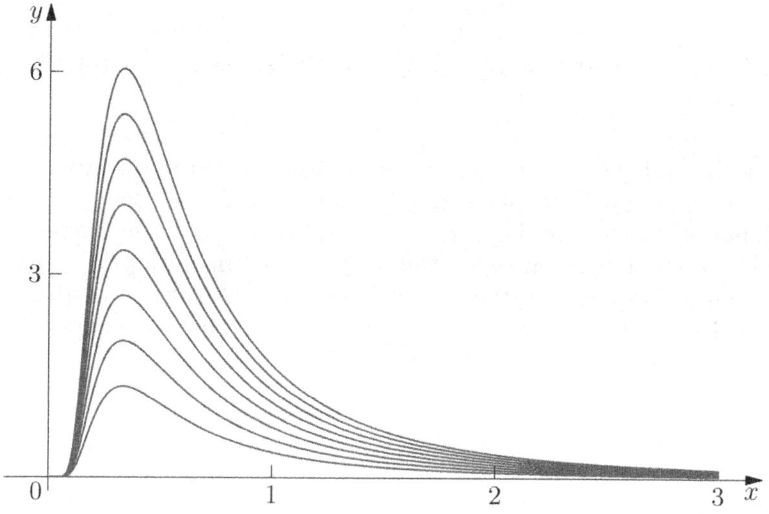

La curva più bassa corrisponde a $K = 1$, mentre quella più alta corrisponde a $K = 9/2$. In particolare, per $K \to 0$, si ottiene la soluzione particolare $y(x) = 0$.

9.3.2 Problema di Cauchy

Per quanto riguarda il problema di Cauchy associato a un'equazione differenziale a variabili separabili, si può dimostrare il seguente

Teorema 603 (Teorema di esistenza e unicità locale). *Siano x_0 e y_0 due numeri reali fissati. Sia $a(x)$ una funzione continua in un intorno di x_0 e sia $b(y)$ una funzione di classe C^1 in un intorno di y_0. Allora il problema di Cauchy*

$$\begin{cases} y' = a(x)b(y) \\ y(x_0) = y_0 \end{cases}$$

ammette esattamente una soluzione in un intorno di x_0.

La soluzione del problema di Cauchy è solo locale (ossia non è detto che il massimo intervallo di definizione coincida con il massimo intervallo in cui l'equazione differenziale ha senso). Inoltre, se le condizioni non sono soddisfatte, può cadere l'esistenza o l'unicità della soluzione.

ESEMPIO 604. L'equazione differenziale $yy' = 1$ è a variabili separabili, con $a(x) = 1$ e $b(y) = 1/y$. La funzione $a(x)$ è continua su tutto $\mathbb{R}$, mentre la funzione $b(y)$ è definita solo su $\mathbb{R} \setminus \{0\}$ dove è di classe C^1. Quindi, per il Teorema 603, il problema di Cauchy associato a questa equazione differenziale ammette esattamente una soluzione (locale) per ogni $x_0 \in \mathbb{R}$ e per ogni $y_0 \in \mathbb{R}$, $y_0 \neq 0$.

Determiniamo l'integrale generale dell'equazione data. Poiché $b(y) = 0$ non ha soluzioni, non ci sono soluzioni singolari. Integrando entrambi i membri dell'equazione $yy' = 1$, si ha $y(x)^2/2 = x + c$ dove c è una costante reale arbitraria. Questa equazione definisce l'integrale generale in forma implicita. Dividendo per 2 ed estraendo la radice quadrata, si ottiene l'integrale generale in forma esplicita:

$$y(x) = \pm\sqrt{2x + 2c} \qquad c \in \mathbb{R}.$$

Per ogni scelta del parametro c, si hanno due funzioni definite solamente per $x \geq -c$. Queste funzioni, però, non sono derivabili in $x = -c$. Quindi, le soluzioni, per essere funzioni derivabili, possono essere definite solo per $x > -c$. Geometricamente, l'integrale generale è dato da una famiglia di parabole con asse coincidente con l'asse x (ognuna delle quali ha tangente verticale nel punto in cui incontra tale asse, ossia nel vertice), come si vede nella seguente figura.

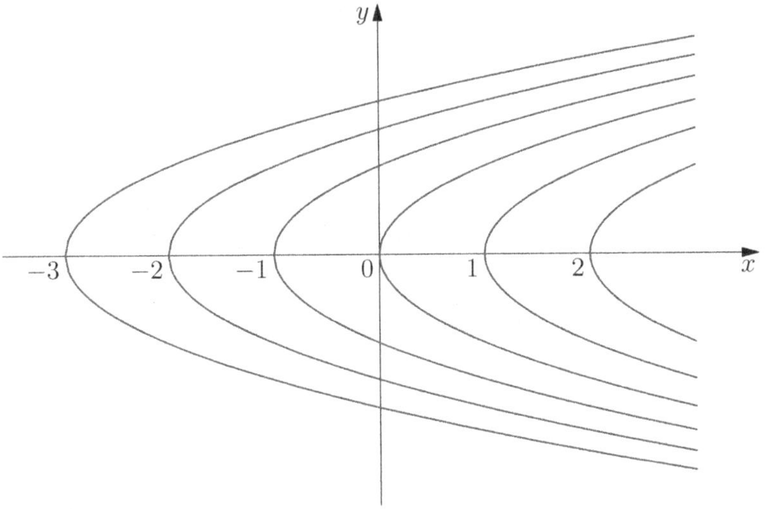

Consideriamo il problema di Cauchy

$$\begin{cases} yy' = 1 \\ y(0) = 2. \end{cases}$$

Poiché $y_0 = 2 \neq 0$, esiste localmente un'unica soluzione. Per determinare questa soluzione è sufficiente cercare tra le funzioni che formano l'integrale generale quella per cui $y(0) = 2$. Si deve avere $2 = \pm\sqrt{2c}$, ossia $c = 2$. In questo modo, si ottengono due soluzioni: $y(x) = \pm\sqrt{2x + 4}$. Poiché $y(0) = 2 > 0$, dobbiamo scegliere la funzione positiva, ossia $y(x) = \sqrt{2x + 4}$. La soluzione ottenuta è definita solo per $x > -4$.

Consideriamo ora il problema di Cauchy

$$\begin{cases} yy' = 1 \\ y(0) = 0. \end{cases}$$

In questo caso, non esiste alcuna soluzione. Più precisamente, non esiste alcuna funzione derivabile che sia soluzione di questo problema di Cauchy. Infatti, si dovrebbero avere le soluzioni $y = \pm\sqrt{2x}$, che non sono derivabili in $x = 0$. Geometricamente, tuttavia, esiste un'unica parabola della famiglia che passa per l'origine.

ESEMPIO 605. Consideriamo il problema di Cauchy

$$\begin{cases} y' = \sqrt[3]{y^2} \\ y(0) = 0\,. \end{cases}$$

L'equazione differenziale è a variabili separabili, con $a(x) = 1$ e $b(y) = \sqrt[3]{y^2}$. La funzione $a(x)$ è continua su tutto $\mathbb{R}$. La funzione $b(y) = y^{2/3}$ è continua su tutto $\mathbb{R}$, ma è di classe $\mathcal{C}^1$ solo per $y \neq 0$ (poiché $b'(y) = 2/(3y)$). In questo caso, quindi, non possiamo applicare il Teorema 603.

Determiniamo l'integrale generale dell'equazione differenziale data. Poiché $b(y) = 0$ ha come unica soluzione $y = 0$, si ha una soluzione particolare $y(x) = 0$. Dividendo l'equazione differenziale per $b(y)$, si ha $y'y^{-2/3} = 1$. Integrando, si ha $3y(x)^{1/3} = x + c$, con $c \in \mathbb{R}$ parametro arbitrario. Pertanto, l'integrale generale, in forma esplicita, è

$$y(x) = \left(\frac{x+c}{3}\right)^3 .$$

A queste soluzioni va aggiunta quella particolare trovata inizialmente, la cui forma non rientra in quella dell'integrale generale. Tutte le soluzioni trovate sono definite e derivabili su tutto $\mathbb{R}$.

Torniamo al problema di Cauchy iniziale. Sicuramente la soluzione particolare $y(x) = 0$ soddisfa la condizione iniziale. Tuttavia, anche la soluzione $y(x) = (x/3)^3$ che si ottiene per $c = 0$ soddisfa la stessa condizione iniziale. Questo problema di Cauchy, pertanto, possiede due soluzioni distinte.

ESEMPIO 606. Consideriamo il problema di Cauchy

$$\begin{cases} (1 + \mathrm{e}^x)yy' = \mathrm{e}^x \\ y(0) = 1\,. \end{cases}$$

L'equazione differenziale è a variabili separabili, con

$$a(x) = \frac{\mathrm{e}^x}{1 + \mathrm{e}^x} \qquad \text{e} \qquad b(y) = \frac{1}{y}\,.$$

La funzione $a(x)$ è continua su tutto $\mathbb{R}$ e la funzione $b(y)$ è di classe $\mathcal{C}^1$ solo su $\mathbb{R} \setminus \{0\}$. Quindi, per il Teorema 603, il problema di Cauchy dato ammette un'unica soluzione locale. Per determinare questa soluzione, integriamo l'equazione differenziale. Non ci sono soluzioni singolari, poiché $b(y)$ non si annulla mai. Separando le variabili, si ha

$$y(x)y(x)' = \frac{\mathrm{e}^x}{1 + \mathrm{e}^x} \qquad \text{ossia} \qquad y\,\mathrm{d}y = \frac{\mathrm{e}^x}{1 + \mathrm{e}^x}\,\mathrm{d}x\,.$$

Integrando, si ha

$$y(x)^2 = 2\log(1+\mathrm{e}^x) + c$$

con $c \in \mathbb{R}$ arbitraria. Imponendo la condizione iniziale, $y(0) = 1$, si ha $1 = 2\log 2 + c$, ossia $c = 1 - 2\log 2$. Pertanto, la soluzione cercata è definita implicitamente dall'equazione

$$y(x)^2 = 2\log(1+\mathrm{e}^x) + 1 - 2\log 2 = 1 + \log\left(\frac{1+\mathrm{e}^x}{2}\right)^2 .$$

Estraendo la radice quadrata, si ottengono le due funzioni

$$y(x) = \pm\sqrt{1 + \log\left(\frac{1+\mathrm{e}^x}{2}\right)^2} .$$

Poiché deve essere $y(0) = 1 > 0$, la soluzione cercata è

$$y(x) = \sqrt{1 + \log\left(\frac{1+\mathrm{e}^x}{2}\right)^2} .$$

Questa funzione è definita solo se $1 + 2\log\frac{1+\mathrm{e}^x}{2} \geq 0$. Quindi, si deve avere $\log\frac{1+\mathrm{e}^x}{2} \geq -\frac{1}{2}$, ossia $\mathrm{e}^x \geq 2\mathrm{e}^{-1/2} - 1$, ossia $x \geq \log(2/\sqrt{\mathrm{e}} - 1)$. Tuttavia, tale funzione è derivabile solo per $x > \log(2/\sqrt{\mathrm{e}} - 1)$. Il grafico della soluzione trovata è

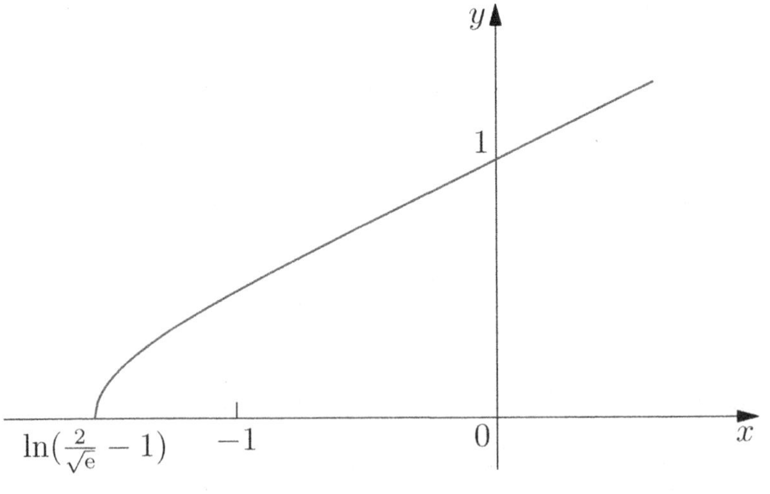

ESEMPIO 607. Consideriamo il problema di Cauchy

$$\begin{cases} 2y' = \dfrac{y^3}{1+x^2} \\ y(0) = 2/\sqrt{\pi} . \end{cases}$$

L'equazione differenziale è a variabili separabili, dove $a(x) = \frac{1}{1+x^2}$ è continua su tutto $\mathbb{R}$ e $b(y) = y^3/2$ è di classe $\mathcal{C}^1$ su tutto $\mathbb{R}$. Quindi, per il Teorema 603, esiste un'unica soluzione del problema dato. Si ha una sola soluzione particolare $y = 0$, che non soddisfa il problema. Allora, separando le variabili, si ha

$$2\frac{y'(x)}{y^3(x)} = \frac{1}{1+x^2} \qquad \text{ossia} \qquad 2\frac{\mathrm{d}y}{y^3} = \frac{\mathrm{d}x}{1+x^2}\,.$$

Quindi, integrando, si ha

$$-\frac{1}{y^2} = \operatorname{artg} x + c\,, \qquad \text{ossia} \qquad y(x)^2 = -\frac{1}{\operatorname{artg} x + c}\,.$$

Imponendo la condizione iniziale, si ha $4/\pi = -1/c$, ossia $c = -\pi/4$. Pertanto la soluzione cercata è definita implicitamente dall'equazione

$$y(x)^2 = \frac{1}{\pi/4 - \operatorname{artg} x}\,.$$

Poiché $y(0) > 0$, la soluzione è

$$y(x) = \frac{1}{\sqrt{\pi/4 - \operatorname{artg} x}}\,.$$

Questa funzione è definita solo quando $\operatorname{artg} x < \pi/4$, ossia solo per $x < 1$. Per $x \to 1^-$ la funzione presenta un asintoto verticale.

9.4 Equazioni differenziali lineari del primo ordine

9.4.1 Ricerca dell'integrale generale

Un'*equazione differenziale lineare del primo ordine* è un'equazione del tipo

$$y'(x) + p(x)y(x) = q(x)$$

dove $p(x)$ e $q(x)$ sono due funzioni continue su uno stesso intervallo I. La funzione $q(x)$ è detto *termine forzante*. Se il termine forzante è identicamente nullo, l'equazione è *omogenea*, in caso contrario è *completa*.

Teorema 608. *L'insieme S_0 di tutte le soluzioni di un'equazione differenziale lineare omogenea*

$$y'(x) + p(x)y(x) = 0$$

è chiuso rispetto alle combinazioni lineari, ossia comunque scelte due funzioni $f(x)$ e $g(x)$ appartenenti a S_0 e comunque scelti due numeri reali α e β, si ha che la funzione $\alpha f(x) + \beta g(x)$ appartiene a S_0.

Dimostrazione. Se $f, g \in S_0$, allora $f'(x) + p(x)f(x) = 0$ e $g'(x) + p(x)g(x) = 0$. Quindi, per la funzione $y(x) = \alpha f(x) + \beta g(x)$, si ha

$$\begin{aligned} y'(x)+p(x)y(x) &= (\alpha f(x)+\beta g(x))' + p(x)(\alpha f(x)+\beta g(x)) \\ &= \alpha f'(x)+\beta g'(x)+\alpha p(x)f(x)+\beta p(x)g(x) \\ &= \alpha(f'(x)+p(x)f(x))+\beta(g'(x)+p(x)g(x)) \\ &= \alpha\cdot 0+\beta\cdot 0 \\ &= 0\,. \end{aligned}$$

Poiché soddisfa l'equazione differenziale $y'(x)+p(x)y(x)=0$, la funzione $\alpha f(x)+\beta g(x)$ appartene anch'essa a S_0. □

Il prossimo teorema descrive la struttura della soluzione generale di un'equazione differenziale lineare del primo ordine (questa proprietà vale per ogni equazione lineare).

Teorema 609. *L'integrale generale dell'equazione lineare* $y'(x)+p(x)y(x)=q(x)$ *si può sempre scrivere come la somma dell'integrale generale dell'equazione omogenea associata* $y'(x)+p(x)y(x)=0$ *con un integrale particolare dell'equazione completa.*

Dimostrazione. Sia S l'insieme di tutte le soluzioni dell'equazione completa e sia S_0 l'insieme di tutte le soluzioni dell'equazione omogenea. Fissato un integrale particolare $\widetilde{y}(x)$ dell'equazione completa, possiamo definire un'operatore $\sigma : S \to S_0$ ponendo $\sigma(y)=y-\widetilde{y}$, per ogni $y\in S$. L'operatore σ è ben definito, poiché la differenza di due soluzioni dell'equazione completa é una soluzione dell'equazione omogenea. Infatti, per ogni $y\in S$, per la linearità della derivata, si ha

$$\begin{aligned} \sigma(y(x))'+p(x)\sigma(y(x)) &= (y(x)-\widetilde{y}(x))'+p(x)(y(x)-\widetilde{y}(x)) \\ &= y'(x)-\widetilde{y}'(x)+p(x)y(x)-p(x)\widetilde{y}(x) \\ &= (y'(x)+p(x)y(x))-(\widetilde{y}'(x)-p(x)\widetilde{y}(x)) \\ &= q(x)-q(x) \\ &= 0\,. \end{aligned}$$

Quindi $\sigma(y)\in S_0$. Inoltre, l'operatore σ è iniettivo, poiché per ogni $y_1, y_2 \in S$ si ha

$$\sigma(y_1)=\sigma(y_2) \quad\Longleftrightarrow\quad y_1-\widetilde{y}=y_2-\widetilde{y} \quad\Longleftrightarrow\quad y_1=y_2\,.$$

Infine, l'operatore σ è suriettivo, ossia per ogni funzione $z\in S_0$ esiste una funzione $y\in S$ tale che $z=\sigma(y)$. Se $z=\sigma(y)$, allora deve essere $z=y-\widetilde{y}$, ossia $y=z+\widetilde{y}$. Si tratta quindi di dimostrare che $z+\widetilde{y}\in S$. Per la linearità della derivata, si ha

$$\begin{aligned} (z(x)+\widetilde{y}(x))'+p(x)(z(x)+\widetilde{y}(x)) &= z'(x)+\widetilde{y}'(x)+p(x)z(x)+p(x)\widetilde{y}(x) \\ &= (z'(x)+p(x)z(x))+(\widetilde{y}'(x)-p(x)\widetilde{y}(x)) \\ &= 0+q(x) \\ &= q(x)\,. \end{aligned}$$

Pertanto l'operatore σ, essendo iniettivo e suriettivo, è una bijezione. □

Indichiamo con D l'operatore di derivazione. Fissata una funzione $p(x)$, indichiamo con $D+p(x)$ l'operatore definito dalla somma dell'operatore di derivazione con l'operatore di moltiplicazione per la funzione $p(x)$, ossia l'operatore definito da

$$(D+p(x))\,y(x) = y'(x) + p(x)y(x)$$

per ogni funzione derivabile $y(x)$. Si verifica facilmente che l'operatore $D+p(x)$ è lineare, ossia che

$$(D+p(x))(\alpha y_1(x) + \beta y_2(x)) = \alpha(D+p(x))\,y_1(x) + \beta(D+p(x))\,y_2(x)$$

per ogni $\alpha, \beta \in \mathbb{R}$ e per ogni funzione derivabile $y_1(x)$ e $y_2(x)$.

L'equazione differenziale $y'(x) + p(x)y(x) = q(x)$ può essere scritta nella seguente forma operatoriale

$$(D+p(x))\,y(x) = q(x)\,.$$

In questo modo, il problema di determinare le soluzioni dell'equazione di partenza diventa il problema di determinare tutte le controimmagini della funzione $q(x)$ mediante l'operatore lineare $D+p(x)$.

Teorema 610. *Sia* $p(x)$ *una funzione continua. Per ogni funzione derivabile* $y(x)$, *vale l'identità*

$$(D+p(x))\,y(x) = \mathrm{e}^{-\int p(x)\,\mathrm{d}x}\,D\left(\mathrm{e}^{\int p(x)\,\mathrm{d}x}y(x)\right).$$

Dimostrazione. Iniziamo con l'osservare che

$$\begin{aligned} D(\mathrm{e}^{f(x)}y(x)) &= f'(x)\mathrm{e}^{f(x)}y(x) + \mathrm{e}^{f(x)}y'(x) = \\ &= \mathrm{e}^{f(x)}(y'(x) + f'(x)y(x)) = \mathrm{e}^{f(x)}(D+f'(x))\,y(x) \end{aligned}$$

ossia

$$(D+f'(x))\,y(x) = \mathrm{e}^{-f(x)}D(\mathrm{e}^{f(x)}y(x))\,.$$

Quindi, posto $f'(x) = p(x)$, si ha $f(x) = \int p(x)\,\mathrm{d}x$ (poiché $p(x)$ è, per ipotesi, una funzione continua, è sicuramente integrabile). Infine, sostituendo questa espressione di $f(x)$ nell'equazione precedente, si ottiene la tesi. □

OSSERVAZIONE 611. Nell'identità che compare nel Teorema 610, l'integrale $\int p(x)\,\mathrm{d}x$ rappresenta una qualsiasi primitiva $f(x)$ di $p(x)$. Infatti, se sostituiamo $f(x)$ con $f(x)+c$, con $c \in \mathbb{R}$, la formula non cambia:

$$\begin{aligned} \mathrm{e}^{-f(x)-c}\,D\left(\mathrm{e}^{f(x)+c}y(x)\right) &= \mathrm{e}^{-f(x)-c}\,D\left(\mathrm{e}^{c}\mathrm{e}^{f(x)}y(x)\right) \\ &= \mathrm{e}^{-f(x)-c}\mathrm{e}^{c}\,D\left(\mathrm{e}^{f(x)}y(x)\right) \\ &= \mathrm{e}^{-f(x)}\,D\left(\mathrm{e}^{f(x)}y(x)\right). \end{aligned}$$

OSSERVAZIONE 612. Dal punto di vista dell'algebra lineare, l'identità ottenuta nel Teorema 610 afferma che l'operatore D di derivazione e l'operatore $D+p(x)$ sono *simili*.

Teorema 613. *Siano* $p(x)$ *e* $q(x)$ *due funzioni continue su un intervallo* I. *L'integrale generale dell'equazione differenziale lineare*

$$y'(x) + p(x)y(x) = q(x)$$

è

$$y(x) = \mathrm{e}^{-\int p(x)\,\mathrm{d}x} \left[\int q(x) \mathrm{e}^{\int p(x)\,\mathrm{d}x}\,\mathrm{d}x + c \right]$$

dove c *è una costante reale arbitraria.*

Dimostrazione. Scriviamo l'equazione differenziale data in forma operatoriale:

$$(D + p(x))\, y(x) = q(x)\,.$$

Per il Teorema 610, essa diventa

$$\mathrm{e}^{-\int p(x)\,\mathrm{d}x}\, D\left(\mathrm{e}^{\int p(x)\,\mathrm{d}x} y(x)\right) = q(x)\,,$$

ossia

$$D\left(\mathrm{e}^{\int p(x)\,\mathrm{d}x} y(x)\right) = q(x)\mathrm{e}^{-\int p(x)\,\mathrm{d}x}\,.$$

Integrando, si ha

$$\mathrm{e}^{\int p(x)\,\mathrm{d}x} y(x) = \int q(x)\mathrm{e}^{-\int p(x)\,\mathrm{d}x} + c\,,$$

da cui si ottiene la tesi. □

OSSERVAZIONE 614. Anche in questo caso, vale l'osservazione fatta per il Teorema 610, ossia l'integrale $\int p(x)\,\mathrm{d}x$ rappresenta una qualsiasi primitiva di $p(x)$.

OSSERVAZIONE 615. Se non si è in grado di integrare esplicitamente la funzione $q(x)\mathrm{e}^{\int p(x)\,\mathrm{d}x}$, l'integrale generale può essere espresso come funzione integrale

$$y(x) = \mathrm{e}^{-\int_{x_0}^{x} p(x)\,\mathrm{d}x} \left[\int_{x_0}^{x} q(t)\mathrm{e}^{\int_{x_0}^{t} p(u)\,\mathrm{d}u}\,\mathrm{d}t + y(x_0) \right]$$

dove x_0 è un punto opportunamente fissato.

ESEMPIO 616. L'equazione differenziale $y' + 2xy = 2x\mathrm{e}^{-x^2}$ è lineare del primo ordine. Per trovare l'integrale generale basta applicare la formula risolutiva data nel Teorema 613:

$$\begin{aligned} y(x) &= \mathrm{e}^{-\int 2x\,\mathrm{d}x} \left(\int 2x\mathrm{e}^{-x^2}\mathrm{e}^{\int 2x\,\mathrm{d}x}\,\mathrm{d}x + c \right) \\ &= \mathrm{e}^{-x^2} \left(\int 2x\mathrm{e}^{-x^2}\mathrm{e}^{x^2}\,\mathrm{d}x + c \right) \\ &= \mathrm{e}^{-x^2} \left(\int 2x\,\mathrm{d}x + c \right) \end{aligned}$$

ossia $y(x) = (x^2 + c)\, e^{-x^2}$ con $c \in \mathbb{R}$ costante arbitraria. Ogni soluzione è definita e derivabile si tutto $\mathbb{R}$. In particolare, $y(0) = c$. Nella figura seguente sono rappresentate le soluzioni corrispondenti ad alcuni valori del parametro c compresi tra -2 e 2.

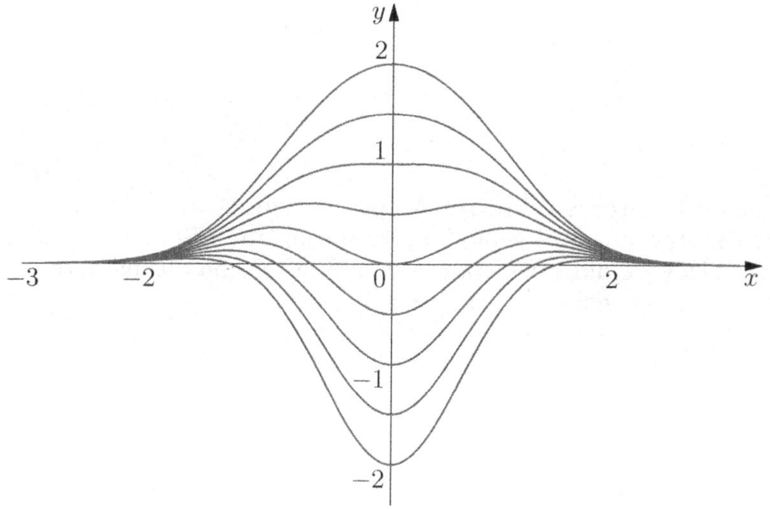

Esempio 617. L'equazione differenziale $y' - 2xy = 1$ è lineare del primo ordine. In questo caso, poiché non è possibile integrare esplicitamente, l'integrale generale resta in forma integrale:

$$y(x) = e^{\int 2x\, dx} \left(\int_0^x e^{-\int 2t\, dt}\, dt + c \right) = e^{x^2} \int_0^x e^{-t^2}\, dt + c\, e^{x^2} .$$

9.4.2 Problema di Cauchy

Teorema 618. *Il problema di Cauchy associato a un'equazione differenziale lineare del primo ordine ammette sempre un'unica soluzione (locale). Più precisamente, la soluzione del problema di Cauchy*

$$\begin{cases} y'(x) + p(x)y(x) = q(x) \\ y(x_0) = y_0 \end{cases}$$

è

$$y(x) = e^{-\int_{x_0}^x p(x)\, dx} \left[\int_{x_0}^x q(t) e^{\int_{x_0}^t p(u)\, du}\, dt + y_0 \right] .$$

Dimostrazione. Poiché la soluzione generale dell'equazione data può sempre essere scritta nella forma

$$y(x) = e^{-\int_{x_0}^x p(x)\, dx} \left[\int_{x_0}^x q(t) e^{\int_{x_0}^t p(u)\, du}\, dt + y(x_0) \right] ,$$

esiste esattamente una soluzione per cui $y(x_0) = y_0$. □

OSSERVAZIONE 619. Anche se il teorema precedente dà esplicitamente la soluzione del problema di Cauchy, a volte può essere più comodo determinare l'integrale generale dell'equazione differenziale e poi il valore della costante c per cui si ha la condizione iniziale data.

ESEMPIO 620. Consideriamo il problema di Cauchy

$$\begin{cases} y'(x) + \dfrac{2}{x}\, y(x) = \dfrac{1}{x^2} \\ y(-1) = 2\,. \end{cases}$$

L'equazione differenziale è lineare del primo ordine con $p(x) = 2/x$ e $q(x) = 1/x^2$. Queste due funzioni sono definite e continue solo in $\mathbb{R} \setminus \{0\}$. Poiché la condizione iniziale è data per $x_0 = -1$, ci limiteremo a considerare l'intervallo $(-\infty, 0)$. L'integrale generale è dato da

$$\begin{aligned} y(x) &= \mathrm{e}^{-\int \frac{2}{x}\,\mathrm{d}x} \left(\int \frac{1}{x^2}\, \mathrm{e}^{\int \frac{2}{x}\,\mathrm{d}x}\, \mathrm{d}x + c \right) \\ &= \mathrm{e}^{-2\log|x|} \left(\int \frac{1}{x^2}\, \mathrm{e}^{2\log|x|}\, \mathrm{d}x + c \right) \\ &= \frac{1}{|x|^2} \left(\int \frac{|x|^2}{x^2}\, \mathrm{d}x + c \right) \\ &= \frac{x+c}{x^2}\,. \end{aligned}$$

Le soluzioni trovate sono definite ovunque, tranne in $x = 0$. Imponendo la condizione iniziale, si ha $2 = -1 + c$, ossia $c = 3$. Quindi la soluzione cercata è $y(x) = (x+3)/x^2$.

ESEMPIO 621. Consideriamo il problema di Cauchy

$$\begin{cases} x(x-1)y'(x) + y(x) = x^2(2x-1) \\ y(2) = 4\,. \end{cases}$$

L'equazione differenziale è lineare del primo ordine con

$$p(x) = \frac{1}{x(x-1)} \qquad \text{e} \qquad q(x) = \frac{x(2x-1)}{x-1}\,.$$

La funzione $p(x)$ è definita e continua per $x \neq 0, 1$, mentre la funzione $q(x)$ è definita e continua per $x \neq 1$. Poiché la condizione iniziale è data per $x_0 = 2$, ci limitiamo all'intervallo $(1, +\infty)$. L'integrale generale è

$$\begin{aligned} y(x) &= \mathrm{e}^{-\int \frac{1}{x(x-1)}\,\mathrm{d}x} \left(\int \frac{x(2x-1)}{x-1}\, \mathrm{e}^{\int \frac{1}{x(x-1)}\,\mathrm{d}x}\, \mathrm{d}x + c \right) \\ &= \mathrm{e}^{-\log\left|\frac{x-1}{x}\right|} \left(\int \frac{x(2x-1)}{x-1}\, \mathrm{e}^{\log\left|\frac{x-1}{x}\right|}\, \mathrm{d}x + c \right) \end{aligned}$$

$$
\begin{aligned}
&= \left|\frac{x}{x-1}\right| \left(\int \frac{x(2x-1)}{x-1} \left|\frac{x-1}{x}\right| \mathrm{d}x + c \right) \\
&= \frac{x}{x-1} \left(\int \frac{x(2x-1)}{x-1} \frac{x-1}{x} \mathrm{d}x + c \right) \\
&= \frac{x}{x-1} \left(\int (2x-1)\, \mathrm{d}x + c \right) \\
&= \frac{x(x^2-x+c)}{x-1}\,.
\end{aligned}
$$

Imponendo la condizione iniziale, si ha $2(4-2+c)=4$, ossia $c=0$. Quindi la soluzione cercata è

$$
y(x) = \frac{x(x^2-x)}{x-1} = x^2
$$

che risulta essere definita si tutto $\mathbb{R}$. Si noti che la famiglia di funzioni che danno l'integrale generale (per $x>1$) sono tutte asintotiche a x^2 per $x \to +\infty$. La funzione $y(x)=x^2$ è l'unica soluzione non singolare in $x=1$.

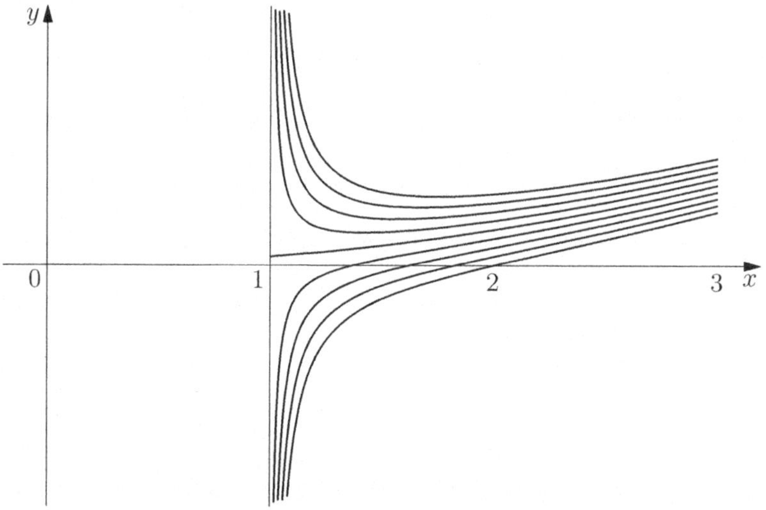

10 Geometria analitica nello spazio

10.1 Vettori

10.1.1 Coordinate, punti e vettori

Fissare un sistema di riferimento significa rappresentare gli oggetti geometrici in un qualche modo analitico. In generale, questo significa rappresentare ogni singolo punto dello spazio mediante opportune coordinate (ossia, mediante un'opportuna n-upla ordinata di numeri reali che identifica completamente il punto). All'interno di un dato sistema di riferimento, gli oggetti geometrici vengono rappresentati come luoghi di punti le cui coordinate soddisfano opportuni insiemi di equazioni. Esistono vari tipi di sistemi di riferimento e vari tipi di coordinate (*coordinate cartesiane*, *coordinate cilindriche*, *coordinate sferiche*). Per i nostri scopi, tuttavia, sarà sufficiente considerare gli usuali sistemi di riferimento cartesiani.

Un *sistema di riferimento cartesiano ortogonale monometrico* è formato da tre rette orientate r_1, r_2 ed r_3 (dette *assi* x, y e z) passanti per uno stesso punto O (detto *origine*), a due a due ortogonali, e munite di una medesima unità di misura. I *piani coordinati* del sistema di riferimento sono il piano xy determinato dagli assi x e y, il piano xz determinato dagli assi x e z e il piano yz determinato dagli assi y e z.

Fissato un sistema di riferimento cartesiano, lo spazio tridimensionale ordinario può essere identificato con l'insieme $\mathbb{R}^3$ di tutte le terne ordinate (x, y, z) di numeri reali.

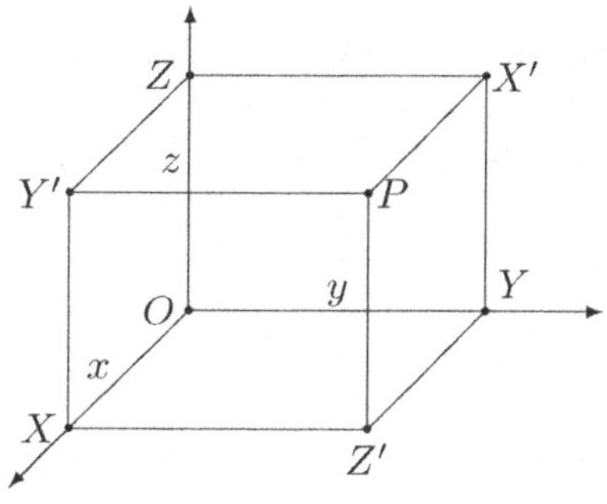

Infatti, per ogni punto P dello spazio si possono considerare le sue proiezioni ortogonali X, Y e Z rispettivamente sugli assi x, y e z. Le misure (con segno) x, y e z dei segmenti OX, OY e OZ sono le *coordinate* di P nel sistema di riferimento fissato e individuano completamente il punto P. Scriveremo $P \equiv (x, y, z)$ per dire che P ha coordinate x, y e z. In questo modo, le proiezioni ortogonali di P sui tre assi coordinati x, y e z sono $X \equiv (x, 0, 0)$, $Y \equiv (0, y, 0)$ e $Z \equiv (0, 0, z)$, mentre le proiezioni ortogonali di P sui tre piani coordinati xy, xz e yz sono $Z' \equiv (x, y, 0)$, $Y' \equiv (x, 0, z)$ e $X' \equiv (0, y, z)$. In particolare, $O \equiv (0, 0, 0)$.

Fissato un sistema di riferimento cartesiano, ogni punto $P \equiv (x, y, z)$ dello spazio può essere identificato con il vettore $\mathbf{x} = OP = P - O = (x, y, z)$ uscente dall'origine degli assi (ossia con il segmento orientato da O verso P, come nella figura qui sotto).

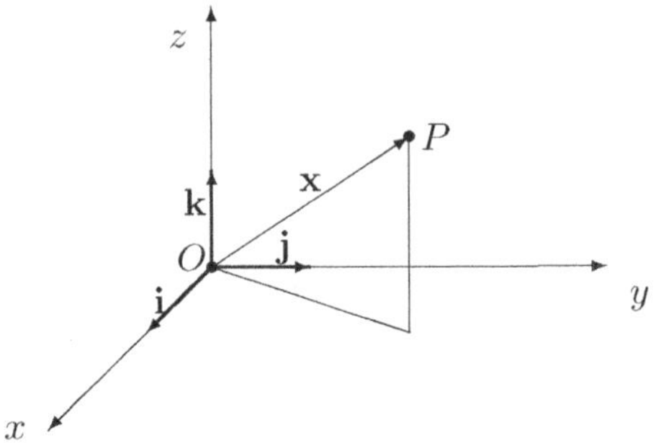

In particolare, l'origine O del sistema di riferimento corrisponde al *vettore nullo* $\mathbf{0} = (0, 0, 0)$. Inoltre, gli assi coordinati sono completamente individuati dai seguenti vettori di uguale direzione e verso: $\mathbf{i} = (1, 0, 0)$, $\mathbf{j} = (0, 1, 0)$ e $\mathbf{k} = (0, 0, 1)$. Avendo identificato i punti e i vettori dello spazio, possiamo usare indifferentemente i punti o i corrispondenti vettori che ne individuano la posizione (anche se, geometricamente, punti e vettori sono entità completamente differenti). Se si usano i vettori, si ha però il grande vantaggio di avere a disposizione numerose operazioni che agevolano notevolmente lo studio della geometria e la sua applicazione alla fisica.

10.1.2 Operazioni algebriche tra vettori

La *somma* di due vettori $\mathbf{x} = (x_1, x_2, x_3)$ e $\mathbf{y} = (y_1, y_2, y_3)$ di $\mathbb{R}^3$ è il vettore

$$\mathbf{x} + \mathbf{y} = (x_1 + y_1, x_2 + y_2, x_3 + y_3).$$

Per distinguere i vettori dai numeri, nel contesto della geometria vettoriale i numeri reali sono chiamati *scalari*. Il *prodotto di uno scalare* $\lambda \in \mathbb{R}$ per un vettore $\mathbf{x} = (x_1, x_2, x_3)$ è il vettore

$$\lambda\mathbf{x} = (\lambda x_1, \lambda x_2, \lambda x_3).$$

Geometricamente, la somma di due vettori si esegue con la *regola del parallelogramma*.

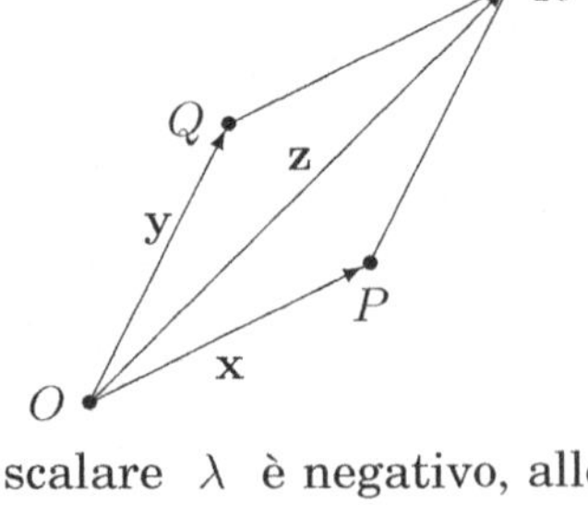

Siano P e Q i punti corrispondenti rispettivamente ai vettori $\mathbf{x}$ e $\mathbf{y}$. Sia R il quarto punto del parallelogrammo individuato dai tre punti O, P e Q e sia $\mathbf{z}$ il vettore corrispondente a R. Il vettore $\mathbf{z}$ coincide con il vettore somma $\mathbf{x} + \mathbf{y}$. Analogamente, il prodotto di uno scalare $\lambda > 0$ per un vettore $\mathbf{x}$ consiste nell'allungare (se $\lambda > 1$) o accorciare (se $\lambda < 1$) il vettore $\mathbf{x}$ di una quantità pari a λ. Se invece lo scalare λ è negativo, allora si considera il vettore simmetrico rispetto all'origine e lo si allunga o accorcia di una quantità uguale a $|\lambda|$.

OSSERVAZIONE 622. L'insieme $\mathbb{R}^3$ munito della somma e del prodotto per uno scalare possiede una struttura di *spazio vettoriale reale*. Questo significa che $\mathbb{R}^3$ rispetto alla somma è un gruppo abeliano, ossia che valgono le seguenti proprietà.

1. La somma è associativa: $\mathbf{x} + (\mathbf{y} + \mathbf{z}) = (\mathbf{x} + \mathbf{y}) + \mathbf{z}$, per ogni $\mathbf{x}, \mathbf{y}, \mathbf{z} \in \mathbb{R}^3$.
2. Esiste l'elemento neutro rispetto alla somma, dato dal *vettore nullo* $\mathbf{0} = (0, 0, 0)$ (corrispondente all'origine O del sistema di riferimento): $\mathbf{x} + \mathbf{0} = \mathbf{0} + \mathbf{x} = \mathbf{x}$, per ogni vettore $\mathbf{x} \in \mathbb{R}^3$.
3. Ogni vettore $\mathbf{x} = (x, y, z) \in \mathbb{R}^3$ possiede opposto, dato dal vettore $-\mathbf{x} = (-x, -y - z)$: $\mathbf{x} + (-\mathbf{x}) = (-\mathbf{x}) + \mathbf{x} = \mathbf{0}$.
4. La somma è commutativa: $\mathbf{x} + \mathbf{y} = \mathbf{y} + \mathbf{x}$, per ogni $\mathbf{x}, \mathbf{y} \in \mathcal{V}$.

Inoltre, per ogni scalare $\lambda, \mu \in \mathbb{R}$ e per ogni vettore $\mathbf{x}, \mathbf{y} \in \mathbb{R}^3$, valgono le seguenti proprietà di compatibilità tra la somma e il prodotto per uno scalare:

1. *Associatività mista*: $(\lambda\mu)\mathbf{x} = \lambda(\mu\mathbf{x})$
2. *Distributività mista del prodotto rispetto alla somma di vettori*: $\lambda(\mathbf{x} + \mathbf{y}) = \lambda\mathbf{x} + \lambda\mathbf{y}$
3. *Distributività mista del prodotto rispetto alla somma di scalari*: $(\lambda + \mu)\mathbf{x} = \lambda\mathbf{x} + \mu\mathbf{x}$.
4. *Elemento neutro*: $1\mathbf{x} = \mathbf{x}$.

Definizione 623. *Una* combinazione lineare *di k vettori $\mathbf{x}_1, \dots, \mathbf{x}_k \in \mathbb{R}^3$ è un qualunque vettore $\lambda_1\mathbf{x}_1 + \dots + \lambda_k\mathbf{x}_k$ con $\lambda_1, \dots, \lambda_k \in \mathbb{R}$.*

Fissati opportunamente tre vettori, è possibile ottenere ogni altro vettore di $\mathbb{R}^3$ come combinazione lineare dei tre vettori fissati. In particolare, si ha la

Proposizione 624. *Ogni vettore di $\mathbb{R}^3$ può essere scritto, in modo unico, come combinazione lineare dei vettori $\mathbf{i} = (1, 0, 0)$, $\mathbf{j} = (0, 1, 0)$ e $\mathbf{k} = (0, 0, 1)$.*

Dimostrazione. Se $\mathbf{x} = (x, y, z)$ è un generico vettore di $\mathbb{R}^3$, allora si ha

$$\mathbf{x} = (x, 0, 0) + (0, y, 0) + (0, 0, z) = x(1, 0, 0) + y(0, 1, 0) + z(0, 0, 1) = x\,\mathbf{i} + y\,\mathbf{j} + z\,\mathbf{k}.$$

Questa scrittura è unica. Infatti, se $\mathbf{x} = a\mathbf{i} + b\mathbf{b} + c\mathbf{k}$, allora $\mathbf{x} = (a, b, c)$ e quindi $a = x$, $b = y$, $c = z$. □

Poiché ogni vettore dello spazio può essere scritto in modo unico come combinazione lineare dei vettori $\mathbf{i}$, $\mathbf{j}$ e $\mathbf{k}$, si dice che l'insieme $\{\mathbf{i}, \mathbf{j}, \mathbf{k}\}$ forma la *base naturale*, o *base canonica*, di $\mathbb{R}^3$. Ogni altro insieme di vettori che possiede questa proprietà viene chiamato *base*.

I vettori $\mathbf{x}_1, \dots, \mathbf{x}_k$ di $\mathbb{R}^3$ sono *linearmente indipendenti* quando individuano una giacitura k-dimensionale, ossia quando nessuno di essi può essere scritto come combinazione lineare degli altri. Un vettore è linearmente indipendente quando individua esattamente una *direzione* (ossia una retta passante per l'origine). Questo è possibile solo quando il vettore è non nullo. Quindi un vettore è linearmente indipendente se e solo se è diverso dal vettore nullo. Analogamente, due vettori sono linearmente indipendenti quando individuano esattamente una *giacitura* (ossia un piano passante per l'origine). Questo è possibile quando i due vettori non sono paralleli. Quindi due vettori sono linearmente indipendenti se e solo se non sono paralleli. Tre vettori sono linearmente indipendenti quando formano una base di $\mathbb{R}^3$. Quattro o più vettori non sono mai linearmente indipendenti.

I vettori $\mathbf{x}_1, \ldots, \mathbf{x}_k$ di $\mathbb{R}^3$ sono *linearmente dipendenti* quando non individuano una giacitura k-dimensionale, ossia quando almeno uno di essi può essere scritto come combinazione lineare degli altri. Due vettori $\mathbf{x}$ e $\mathbf{y}$ sono linearmente dipendenti quando sono *paralleli*, ossia quando appartengono alla stessa retta, ossia quando esiste uno scalare $\lambda \in \mathbb{R}$ tale che $\mathbf{x} = \lambda\mathbf{y}$. Analogamente, tre vettori $\mathbf{x}$, $\mathbf{y}$ e $\mathbf{z}$ sono linearmente dipendenti quando sono *complanari*, ossia quando appartengono a uno stesso piano.

Una base è un insieme di vettori tali che ogni altro vettore dello spazio può essere scritto in modo unico come loro combinazione lineare. Si può dimostrare che una base è un insieme di vettori linearmente indipendenti tali che ogni altro vettore dello spazio può essere ottenuto mediante una loro combinazione lineare. In particolare, ogni terna di vettori linearmente indipendenti forma una base di $\mathbb{R}^3$.

10.1.3 Norma

Definizione 625. *La* norma *di un vettore* $\mathbf{x} = (x, y, z)$ *di* $\mathbb{R}^3$ *è il numero reale*

$$\|\mathbf{x}\| = \sqrt{x^2 + y^2 + z^2}\,.$$

Geometricamente, la norma di un vettore $\mathbf{x} \in \mathbb{R}^3$ coincide con la sua *lunghezza* $\ell(\mathbf{x})$. Sia P il punto corrispondente a $\mathbf{x}$, sia $\mathbf{x}'$ il vettore corrispondente alla proiezione ortogonale di P sul piano xy e infine sia P_1 la proiezione ortogonale di P' (o, equivalentemente, di P) sull'asse x. Poiché il triangolo OPP' è rettangolo in P', per il teorema di Pitagora, si ha $\ell(\mathbf{x}) = \sqrt{\ell(\mathbf{x}')^2 + z^2}$. Poiché il triangolo OP_1P' è rettangolo in P_1, ancora per il teorema di Pitagora, si ha $\ell(\mathbf{x}') = \sqrt{x^2 + y^2}$. Quindi, in conclusione, si ha l'identità $\ell(\mathbf{x}) = \sqrt{x^2 + y^2 + z^2} = \|\mathbf{x}\|$.

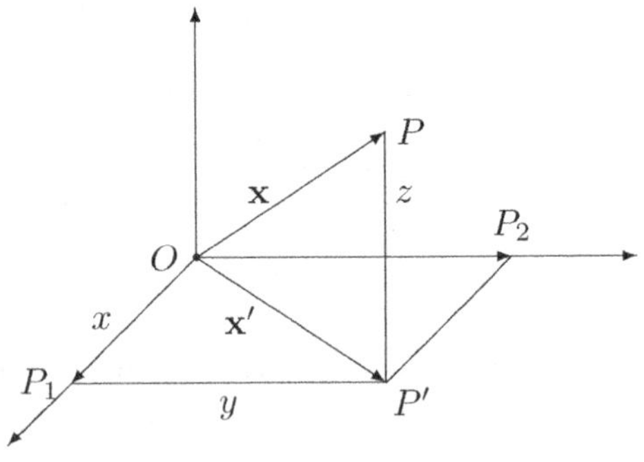

OSSERVAZIONE 626. Per ogni $\mathbf{x}, \mathbf{y} \in \mathbb{R}^3$ e per ogni $\lambda \in \mathbb{R}$, la norma possiede le seguenti proprietà:

1. $\|\mathbf{x}\| \geq 0$ e $\|\mathbf{x}\| = 0$ se e solo se $\mathbf{x} = \mathbf{0}$

2. $\|\lambda \mathbf{x}\| = |\lambda| \, \|\mathbf{x}\|$
3. $\|\mathbf{x} + \mathbf{y}\| \leq \|\mathbf{x}\| + \|\mathbf{y}\|$ (*disuguaglianza triangolare*).

Definizione 627. *Un* versore *è un vettore* $\mathbf{x} \in \mathbb{R}^3$ *tale che* $\|\mathbf{x}\| = 1$.

Geometricamente, un versore è un vettore di lunghezza 1. Ad esempio, i tre vettori $\mathbf{i}$, $\mathbf{j}$ e $\mathbf{k}$ della base naturale sono dei versori.

Definizione 628. *La* distanza *di due vettori* $\mathbf{x}_1 = (x_1, y_1, z_1)$ *e* $\mathbf{x}_2 = (x_2, y_2, z_2)$ *di* $\mathbb{R}^3$ *è il numero reale*

$$\mathrm{d}(\mathbf{x}, \mathbf{y}) = \|\mathbf{x} - \mathbf{y}\| = \sqrt{(x_1 - x_2)^2 + (y_1 - y_2)^2 + (z_1 - z_2)^2}\,.$$

OSSERVAZIONE 629. La norma di un vettore $\mathbf{x}$ è la distanza di $\mathbf{x}$ dal vettore nullo, ossia $\|\mathbf{x}\| = d(\mathbf{0}, \mathbf{x})$. Inoltre, per ogni $\mathbf{x}, \mathbf{y} \in \mathbb{R}^3$, la distanza possiede le seguenti proprietà:

1. $d(\mathbf{x}, \mathbf{y}) \geq 0$ e $d(\mathbf{x}, \mathbf{y}) = 0$ se e solo se $\mathbf{x} = \mathbf{y}$
2. $d(\mathbf{x}, \mathbf{y}) = d(\mathbf{y}, \mathbf{x})$ (*simmetria*)
3. $d(\mathbf{x}, \mathbf{y}) \leq d(\mathbf{x}, \mathbf{u}) + d(\mathbf{u}, \mathbf{y})$ per ogni $\mathbf{u} \in \mathbb{R}^3$ (*disuguaglianza triangolare*).

10.1.4 Prodotto scalare

Definizione 630. *Il* prodotto scalare *di due vettori* $\mathbf{x} = (x_1, x_2, x_3)$ *e* $\mathbf{y} = (y_1, y_2, y_3)$ *di* $\mathbb{R}^3$ *è il numero reale*

$$\langle \mathbf{x}, \mathbf{y} \rangle = x_1 y_1 + x_2 y_2 + x_3 y_3\,.$$

OSSERVAZIONE 631. Il prodotto scalare possiede le seguenti proprietà.

1. Il prodotto scalare è *simmetrico*: $\langle \mathbf{x}, \mathbf{y} \rangle = \langle \mathbf{y}, \mathbf{x} \rangle$, per ogni $\mathbf{x}, \mathbf{y} \in \mathbb{R}^3$.
2. Il prodotto scalare è *additivo* (*distributività del prodotto rispetto alla somma*): $\langle \mathbf{x}, \mathbf{y} + \mathbf{z} \rangle = \langle \mathbf{x}, \mathbf{y} \rangle + \langle \mathbf{x}, \mathbf{z} \rangle$, per ogni $\mathbf{x}, \mathbf{y}, \mathbf{z} \in \mathbb{R}^3$.
3. Il prodotto scalare è *omogeneo*: $\lambda \langle \mathbf{x}, \mathbf{y} \rangle = \langle \lambda \mathbf{x}, \mathbf{y} \rangle = \langle \mathbf{x}, \lambda \mathbf{y} \rangle$, per ogni $\lambda \in \mathbb{R}$ e per ogni $\mathbf{x}, \mathbf{y} \in \mathbb{R}^3$.
4. Il prodotto scalare è *definito positivo*: $\langle \mathbf{x}, \mathbf{x} \rangle \geq 0$, per ogni $\mathbf{x} \in \mathbb{R}^3$. Inoltre, $\langle \mathbf{x}, \mathbf{x} \rangle = 0$ se e solo se $\mathbf{x} = \mathbf{0}$. Infatti, se $\mathbf{x} = (x, y, z)$, allora $\langle \mathbf{x}, \mathbf{x} \rangle = x^2 + y^2 + z^2$. Quest'ultima quantità, essendo una somma di quadrati, è positiva o al più nulla ed è nulla se e solo se $x = y = z = 0$.

La norma di un vettore può essere espressa in funzione del prodotto scalare. Infatti, per ogni vettore $\mathbf{x} \in \mathbb{R}^3$, si ha $\|\mathbf{x}\| = \sqrt{\langle \mathbf{x}, \mathbf{x} \rangle}$.

Teorema 632. *La norma della somma di due vettori* $\mathbf{x}, \mathbf{y} \in \mathbb{R}^3$ *è*

$$\|\mathbf{x} + \mathbf{y}\| = \sqrt{\|\mathbf{x}\|^2 + 2\langle \mathbf{x}, \mathbf{y} \rangle + \|\mathbf{y}\|^2}\,.$$

Dimostrazione. Usando le proprietà della norma e del prodotto scalare, si ha

$$\|\mathbf{x} + \mathbf{y}\|^2 = \langle \mathbf{x} + \mathbf{y}, \mathbf{x} + \mathbf{y} \rangle = \langle \mathbf{x}, \mathbf{x} \rangle + \langle \mathbf{x}, \mathbf{y} \rangle + \langle \mathbf{y}, \mathbf{x} \rangle + \langle \mathbf{y}, \mathbf{y} \rangle = \|\mathbf{x}\|^2 + 2\langle \mathbf{x}, \mathbf{y} \rangle + \|\mathbf{y}\|^2\,.$$

□

10.1.5 Prodotto vettoriale

Definizione 633. *Un* determinate di ordine 2 *è un'espressione del tipo*

$$\begin{vmatrix} a & b \\ c & d \end{vmatrix} = ad - bc$$

dove $a, b, c, d \in \mathbb{R}$. *Analogamente, un* determinate di ordine 3 *è un'espressione del tipo*

$$\begin{vmatrix} a_{11} & a_{12} & a_{13} \\ a_{21} & a_{22} & a_{23} \\ a_{31} & a_{32} & a_{33} \end{vmatrix} = a_{11} \begin{vmatrix} a_{22} & a_{23} \\ a_{32} & a_{33} \end{vmatrix} - a_{12} \begin{vmatrix} a_{21} & a_{23} \\ a_{31} & a_{33} \end{vmatrix} + a_{13} \begin{vmatrix} a_{21} & a_{22} \\ a_{31} & a_{32} \end{vmatrix}$$

dove tutti i coefficienti a_{ij} *sono numeri reali.*

Definizione 634. *Il* prodotto vettoriale *di due vettori* $\mathbf{x} = (x_1, x_2, x_3)$ *e* $\mathbf{y} = (y_1, y_2, y_3)$ *di* $\mathbb{R}^3$ *è il vettore di* $\mathbb{R}^3$ *definito dal seguente determinante formale di ordine* 3*:*

$$\begin{aligned} \mathbf{x} \wedge \mathbf{y} = \begin{vmatrix} \mathbf{i} & \mathbf{j} & \mathbf{k} \\ x_1 & x_2 & x_3 \\ y_1 & y_2 & y_3 \end{vmatrix} &= \begin{vmatrix} x_2 & x_3 \\ y_2 & y_3 \end{vmatrix} \mathbf{i} - \begin{vmatrix} x_1 & x_3 \\ y_1 & y_3 \end{vmatrix} \mathbf{j} + \begin{vmatrix} x_1 & x_2 \\ y_1 & y_2 \end{vmatrix} \mathbf{k} \\ &= (x_2y_3 - x_3y_2, x_3y_1 - x_1y_3, x_1y_2 - x_2y_1) . \end{aligned}$$

OSSERVAZIONE 635. Per i versori $\mathbf{i}$, $\mathbf{j}$ e $\mathbf{k}$ della base naturale, valgono le seguenti relazioni:

$$\begin{array}{lll} \mathbf{i} \wedge \mathbf{i} = \mathbf{0} & \mathbf{j} \wedge \mathbf{j} = \mathbf{0} & \mathbf{k} \wedge \mathbf{k} = \mathbf{0} \\ \mathbf{i} \wedge \mathbf{j} = \mathbf{k} & \mathbf{j} \wedge \mathbf{k} = \mathbf{i} & \mathbf{k} \wedge \mathbf{i} = \mathbf{j} \\ \mathbf{j} \wedge \mathbf{i} = -\mathbf{k} & \mathbf{k} \wedge \mathbf{j} = -\mathbf{i} & \mathbf{i} \wedge \mathbf{k} = -\mathbf{j} . \end{array}$$

OSSERVAZIONE 636. Il prodotto vettoriale possiede le seguenti proprietà.

1. Il prodotto vettoriale è *antisimmetrico*: $\mathbf{x} \wedge \mathbf{y} = -\mathbf{y} \wedge \mathbf{x}$, per ogni $\mathbf{x}, \mathbf{y} \in \mathbb{R}^3$.
2. Il prodotto vettoriale è *distributivo rispetto alla somma*: $\mathbf{x} \wedge (\mathbf{y} + \mathbf{z}) = \mathbf{x} \wedge \mathbf{y} + \mathbf{x} \wedge \mathbf{z}$ e $(\mathbf{x} + \mathbf{y}) \wedge \mathbf{z} = \mathbf{x} \wedge \mathbf{z} + \mathbf{y} \wedge \mathbf{z}$, per ogni $\mathbf{x}, \mathbf{y}, \mathbf{z} \in \mathbb{R}^3$.
3. Il prodotto vettoriale è *omogeneo*: $(\lambda\mathbf{x}) \wedge \mathbf{y} = \mathbf{x} \wedge (\lambda\mathbf{y}) = \lambda(\mathbf{x} \wedge \mathbf{y})$, per ogni $\lambda \in \mathbb{R}$ e per ogni $\mathbf{x}, \mathbf{y} \in \mathbb{R}^3$.

Per ogni vettore $\mathbf{x} \in \mathbb{R}^3$, si ha $\mathbf{0} \wedge \mathbf{x} = \mathbf{0}$. Tuttavia, si può avere $\mathbf{x} \wedge \mathbf{y} = \mathbf{0}$ anche per vettori $\mathbf{x}$ e $\mathbf{y}$ non nulli. L'annullarsi del prodotto vettoriale ha un significato geometrico ben preciso.

Teorema 637. *Il prodotto vettoriale di due vettori* $\mathbf{x}, \mathbf{y} \in \mathbb{R}^3$ *è nullo, ossia* $\mathbf{x} \wedge \mathbf{y} = \mathbf{0}$, *se e solo se* $\mathbf{x}$ *e* $\mathbf{y}$ *sono paralleli.*

Dimostrazione. Poiché il prodotto vettoriale di due vettori $\mathbf{x} = (x_1, x_2, x_3)$ e $\mathbf{y} = (y_1, y_2, y_3)$ è dato da $\mathbf{x} \wedge \mathbf{y} = (x_2y_3 - x_3y_2, x_3y_1 - x_1y_3, x_1y_2 - x_2y_1)$, si ha

$\mathbf{x} \wedge \mathbf{y} = \mathbf{0}$ se e solo se

$$\begin{cases} x_2y_3 - x_3y_2 = 0 \\ x_3y_1 - x_1y_3 = 0 \\ x_1y_2 - x_2y_1 = 0 \end{cases}$$

da cui segue che $y_1 = kx_1$, $y_2 = kx_2$, $y_3 = kx_3$ per un opportuno scalare $k \in \mathbb{R}$. Quindi $\mathbf{y} = k\mathbf{x}$, ossia $\mathbf{x}$ e $\mathbf{y}$ sono paralleli. □

Teorema 638. *Per ogni vettore* $\mathbf{x}, \mathbf{y} \in \mathbb{R}^3$, *vale l'*identità di Lagrange

$$\|\mathbf{x} \wedge \mathbf{y}\|^2 = \|\mathbf{x}\|^2\|\mathbf{y}\|^2 - \langle \mathbf{x}, \mathbf{y} \rangle^2 .$$

Dimostrazione. Il prodotto vettoriale di due vettori $\mathbf{x} = (x_1, x_2, x_3)$ e $\mathbf{y} = (y_1, y_2, y_3)$ è dato da $\mathbf{x} \wedge \mathbf{y} = (x_2y_3 - x_3y_2, x_3y_1 - x_1y_3, x_1y_2 - x_2y_1)$. Quindi

$$\begin{aligned} \|\mathbf{x} \wedge \mathbf{y}\|^2 &= (x_2y_3 - x_3y_2)^2 + (x_3y_1 - x_1y_3)^2 + (x_1y_2 - x_2y_1)^2 \\ &= x_2^2y_3^2 - 2x_2x_3y_2y_3 + x_3^2y_2^2 + \\ &\quad x_3^2y_1^2 - 2x_1x_3y_1y_3 + x_1^2y_3^2 + \\ &\quad x_1^2y_2^2 - 2x_1x_2y_1y_2 + x_2^2y_1^2 \\ &= x_1^2(y_1^2 + y_2^2 + y_3^2) - x_1^2y_1^2 - 2x_2x_3y_2y_3 + \\ &\quad x_2^2(y_1^2 + y_2^2 + y_3^2) - x_2^2y_2^2 - 2x_1x_3y_1y_3 + \\ &\quad x_3^2(y_1^2 + y_2^2 + y_3^2) - x_3^2y_3^2 - 2x_1x_2y_1y_2 \\ &= (x_1^2 + x_2^2 + x_3^2)(y_1^2 + y_2^2 + y_3^2) - (x_1y_1 + x_2y_2 + x_3y_3)^2 \\ &= \|\mathbf{x}\|^2\|\mathbf{y}\|^2 - \langle \mathbf{x}, \mathbf{y} \rangle^2 . \end{aligned}$$

□

Teorema 639. *Per ogni vettore* $\mathbf{x}, \mathbf{y} \in \mathbb{R}^3$, *si ha la* disuguaglianza di Cauchy-Schwarz

$$|\langle \mathbf{x}, \mathbf{y} \rangle| \le \|\mathbf{x}\| \, \|\mathbf{y}\| .$$

In particolare, vale l'uguaglianza se e solo se $\mathbf{x}$ *e* $\mathbf{y}$ *sono linearmente dipendenti.*

Dimostrazione. La disuguaglianza di Cauchy-Schwarz è un'immediata conseguenza dell'identità di Lagrange, dalla quale si ha $\langle \mathbf{x}, \mathbf{y} \rangle^2 - \|\mathbf{x}\|^2\|\mathbf{y}\|^2 = -\|\mathbf{x} \wedge \mathbf{y}\|^2 \le 0$. Inoltre, vale l'uguaglianza se e solo se $\|\mathbf{x} \wedge \mathbf{y}\| = 0$, ossia $\mathbf{x} \wedge \mathbf{y} = \mathbf{0}$, e questo accade se e solo se $\mathbf{x}$ e $\mathbf{y}$ sono linearmente dipendenti.

La disuguaglianza di Cauchy-Schwarz può anche essere dimostrata nel seguente modo (senza utilizzare l'identità di Lagrange). Fissati i due vettori $\mathbf{x}$ e $\mathbf{y}$, sia λ un numero reale arbitrario. Utilizzando le proprietà del prodotto scalare, si ha

$$\begin{aligned} \|\lambda\mathbf{x} + \mathbf{y}\|^2 &= \langle \lambda\mathbf{x} + \mathbf{y}, \lambda\mathbf{x} + \mathbf{y} \rangle \\ &= \langle \lambda\mathbf{x}, \lambda\mathbf{x} \rangle + \langle \lambda\mathbf{x}, \mathbf{y} \rangle + \langle \mathbf{y}, \lambda\mathbf{x} \rangle + \langle \mathbf{y}, \mathbf{y} \rangle \\ &= \lambda^2\langle \mathbf{x}, \mathbf{x} \rangle + \lambda\langle \mathbf{x}, \mathbf{y} \rangle + \lambda\langle \mathbf{y}, \mathbf{x} \rangle + \|\mathbf{y}\|^2 \\ &= \|\mathbf{x}\|^2\lambda^2 + 2\langle \mathbf{x}, \mathbf{y} \rangle\lambda + \|\mathbf{y}\|^2 . \end{aligned}$$

L'espressione così ottenuta può essere considerata come un polinomio di secondo grado nell'indeterminata λ. Inoltre, tale polinomio assume valori positivi o nulli per ogni valore reale di λ. Questo è possibile quando il discriminante di questo polinomio è negativo o nullo, ossia quando

$$\langle \mathbf{x}, \mathbf{y} \rangle^2 - \|\mathbf{x}\|^2 \|\mathbf{y}\|^2 \leq 0$$

ossia quando

$$-\|\mathbf{x}\| \, \|\mathbf{y}\| \leq \langle \mathbf{x}, \mathbf{y} \rangle \leq \|\mathbf{x}\| \, \|\mathbf{y}\| .$$

Quest'ultima disuguaglianza è equivalente alla disuguaglianza $|\langle \mathbf{x}, \mathbf{y} \rangle| \leq \|\mathbf{x}\| \, \|\mathbf{y}\|$. □

Teorema 640. *Per ogni vettore* $\mathbf{x}, \mathbf{y} \in \mathbb{R}^3$, *valgono le idenità*

$$(\mathbf{x} \wedge \mathbf{y}) \wedge \mathbf{z} = \langle \mathbf{x}, \mathbf{z} \rangle \, \mathbf{y} - \langle \mathbf{y}, \mathbf{z} \rangle \, \mathbf{x} \qquad e \qquad \mathbf{x} \wedge (\mathbf{y} \wedge \mathbf{z}) = \langle \mathbf{x}, \mathbf{z} \rangle \, \mathbf{y} - \langle \mathbf{x}, \mathbf{y} \rangle \, \mathbf{z} .$$

Dimostrazione. Se $\mathbf{x} = (x_1, x_2, x_3)$, $\mathbf{y} = (y_1, y_2, y_3)$ e $\mathbf{z} = (z_1, z_2, z_3)$, allora si ha

$$\begin{aligned}
(\mathbf{x} \wedge \mathbf{y}) \wedge \mathbf{z} &= \begin{vmatrix} \mathbf{i} & \mathbf{j} & \mathbf{k} \\ x_2y_3 - x_3y_2 & x_3y_1 - x_1y_3 & x_1y_2 - x_2y_1 \\ z_1 & z_2 & z_3 \end{vmatrix} \\
&= (x_3y_1z_3 - x_1y_3z_3 - x_1y_2z_2 + x_2y_1z_2, \\
&\quad x_1y_2z_1 - x_2y_1z_1 - x_2y_3z_3 + x_3y_2z_3, \\
&\quad x_2y_3z_2 - x_3y_2z_2 - x_3y_1z_1 + x_1y_3z_1) \\
&= ((x_3z_3 + x_2z_2)y_1 - (y_3z_3 + y_2z_2)x_1, \\
&\quad (x_1z_1 + x_3z_3)y_2 - (y_1z_1 + y_3z_3)x_2, \\
&\quad (x_2z_2 + x_1z_1)y_3 - (y_2z_2 + y_1z_1)x_3) \\
&= ((x_1z_1 + x_2z_2 + x_3z_3)y_1 - (y_1z_1 + y_2z_2 + y_3z_3)x_1, \\
&\quad (x_1z_1 + x_2z_2 + x_3z_3)y_2 - (y_1z_1 + y_2z_2 + y_3z_3)x_2, \\
&\quad (x_1z_1 + x_2z_2 + x_3z_3)y_3 - (y_1z_1 + y_2z_2 + y_3z_3)x_3) \\
&= (x_1z_1 + x_2z_2 + x_3z_3)(y_1, y_2, y_3) - (y_1z_1 + y_2z_2 + y_3z_3)(x_1, x_2, x_3) \\
&= \langle \mathbf{x}, \mathbf{z} \rangle \, \mathbf{y} - \langle \mathbf{y}, \mathbf{z} \rangle \, \mathbf{x} .
\end{aligned}$$

Infine, usando l'anticommutatività del prodotto vettoriale e la formula appena dimostrata, si ha $\mathbf{x} \wedge (\mathbf{y} \wedge \mathbf{z}) = -(\mathbf{y} \wedge \mathbf{z}) \wedge \mathbf{x} = -\langle \mathbf{y}, \mathbf{x} \rangle \, \mathbf{z} + \langle \mathbf{z}, \mathbf{x} \rangle \, \mathbf{y} = \langle \mathbf{x}, \mathbf{z} \rangle \, \mathbf{y} - \langle \mathbf{x}, \mathbf{y} \rangle \, \mathbf{z}$. □

10.1.6 Angoli

Definizione 641. *L'*angolo *compreso tra i due vettori non nulli* $\mathbf{x}$ *e* $\mathbf{y}$ *di* $\mathbb{R}^3$ *è l'unico numero reale* $\vartheta \in [0, \pi]$ *tale che*

$$\cos \vartheta = \frac{\langle \mathbf{x}, \mathbf{y} \rangle}{\|\mathbf{x}\| \, \|\mathbf{y}\|} .$$

OSSERVAZIONE 642. La definizione precedente è ben data. Infatti, dalla disuguaglianza di Cauchy-Schwarz, si hanno le seguenti limitazioni

$$-1 \leq \frac{\langle \mathbf{x}, \mathbf{y} \rangle}{\|\mathbf{x}\| \, \|\mathbf{y}\|} \leq 1$$

per ogni vettore non nullo $\mathbf{x}, \mathbf{y} \in \mathbb{R}^3$. Pertanto, esiste esattamente un numero reale $\vartheta \in [0, \pi]$ in corrispondenza del quale la funzione coseno assume il valore $\frac{\langle \mathbf{x}, \mathbf{y} \rangle}{\|\mathbf{x}\| \, \|\mathbf{y}\|}$.

Naturalmente, due vettori non nulli determinano sempre due angoli. In base alla definizione data, ϑ è l'angolo minore (ossia quello compreso tra 0 e π). Inoltre, il prodotto scalare di due vettori può essere espresso nel modo seguente

$$\langle \mathbf{x}, \mathbf{y} \rangle = \|\mathbf{x}\| \, \|\mathbf{y}\| \, \cos \vartheta$$

dove ϑ è l'angolo formato dai due vettori $\mathbf{x}$ e $\mathbf{y}$.

Teorema 643. *Due vettori non nulli* $\mathbf{x}$ *e* $\mathbf{y}$ *di* $\mathbb{R}^3$ *sono ortogonali se e solo se è nullo il loro prodotto scalare, ossia* $\langle \mathbf{x}, \mathbf{y} \rangle = 0$.

Dimostrazione. I due vettori $\mathbf{x}$ e $\mathbf{y}$ sono ortogonali quando formano un angolo $\vartheta = \pi/2$, cioé quando $\cos \vartheta = 0$, e questo accade se e solo se $\langle \mathbf{x}, \mathbf{y} \rangle = 0$. □

OSSERVAZIONE 644. Poiché il prodotto scalare tra il vettore nullo e un qualsiasi altro vettore è sempre 0, si assume che il vettore nullo sia ortogonale a ogni altro vettore. Il vettore nullo è l'unico vettore di $\mathbb{R}^3$ che possiede questa proprietà.

Il teorema di Pitagora può essere generalizzato nel modo seguente.

Teorema 645 (Teorema di Carnot). *Per ogni vettore* $\mathbf{x}, \mathbf{y} \in \mathbb{R}^3$, *vale l'identità*

$$\|\mathbf{x} - \mathbf{y}\|^2 = \|\mathbf{x}\|^2 + \|\mathbf{y}\|^2 - 2\|\mathbf{x}\| \, \|\mathbf{y}\| \, \cos \vartheta$$

dove ϑ *è l'angolo formato dai due vettori* $\mathbf{x}$ *e* $\mathbf{y}$.

Dimostrazione. Per il Teorema 632, si ha $\|\mathbf{x}-\mathbf{y}\|^2 = \|\mathbf{x}\|^2 - 2\langle \mathbf{x}, \mathbf{y} \rangle + \|\mathbf{y}\|^2$. Poiché $\langle \mathbf{x}, \mathbf{y} \rangle = \|\mathbf{x}\| \, \|\mathbf{y}\| \, \cos \vartheta$, si ha l'identità di Carnot. □

Geometricamente il prodotto scalare può essere interpretato nel modo seguente.

Proposizione 646. *Sia* $\mathbf{u}$ *un vettore non nullo di* $\mathbb{R}^3$. *Per ogni vettore* $\mathbf{x} \in \mathbb{R}^3$, *la proiezione ortogonale di* $\mathbf{x}$ *sulla retta individuata da* $\mathbf{u}$ *è data dal vettore*

$$p_{\mathbf{u}}(\mathbf{x}) = \frac{\langle \mathbf{x}, \mathbf{u} \rangle}{\langle \mathbf{u}, \mathbf{u} \rangle} \, \mathbf{u}.$$

Dimostrazione. La proiezione ortogonale $p_{\mathbf{u}}(\mathbf{x})$ di $\mathbf{x}$ sulla retta individuata da $\mathbf{u}$ è un vettore parallelo a $\mathbf{u}$, orientato come $\mathbf{u}$ se $0 \leq \vartheta \leq \pi/2$ e di modulo uguale a $\|\mathbf{x}\| \cos \vartheta$.

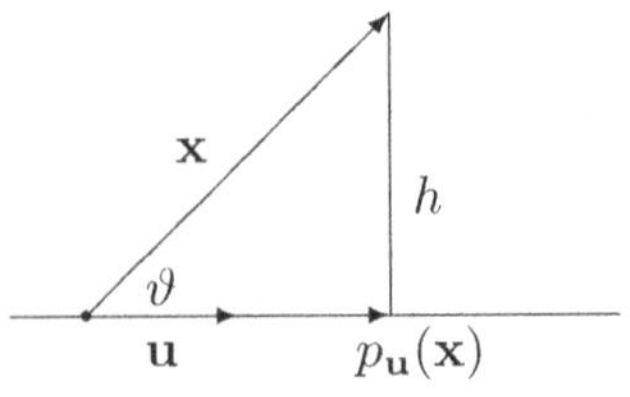

Poiché il versore che ha lo stesso verso di $\mathbf{u}$ è dato da $\mathbf{u}/\|\mathbf{u}\|$, si ha

$$p_{\mathbf{u}}(\mathbf{x}) = \|\mathbf{x}\| \cos\vartheta \, \frac{\mathbf{u}}{\|\mathbf{u}\|} = \|\mathbf{x}\| \, \|\mathbf{u}\| \cos\vartheta \, \frac{\mathbf{u}}{\|\mathbf{u}\|^2} = \langle \mathbf{x}, \mathbf{u} \rangle \, \frac{\mathbf{u}}{\langle \mathbf{u}, \mathbf{u} \rangle} .$$

□

Anche il prodotto vettoriale può essere interpretato geometricamente.

Proposizione 647. *Il prodotto vettoriale* $\mathbf{x} \wedge \mathbf{y}$ *di due vettori linearmente indipendenti* $\mathbf{x}, \mathbf{y} \in \mathbb{R}^3$ *è un vettore che ha direzione ortogonale sia a quella di* $\mathbf{x}$ *sia a quella di* $\mathbf{y}$ *e che ha lunghezza* $\|\mathbf{x}\| \, \|\mathbf{y}\| \operatorname{sen}\vartheta$*, dove* ϑ *è l'angolo compreso tra* $\mathbf{x}$ *e* $\mathbf{y}$*. In particolare, la lunghezza di* $\mathbf{x} \wedge \mathbf{y}$ *coincide con l'area del parallelogrammo individuato dai due vettori* $\mathbf{x}$ *e* $\mathbf{y}$*.*

Dimostrazione. Iniziamo col dimostrare che $\mathbf{x} \wedge \mathbf{y}$ è ortogonale a $\mathbf{x}$, ossia che $\langle \mathbf{x}, \mathbf{x} \wedge \mathbf{y} \rangle = 0$. Se $\mathbf{x} = (x_1, x_2, x_3)$ e $\mathbf{y} = (y_1, y_2, y_3)$, allora si ha

$$\langle \mathbf{x}, \mathbf{x} \wedge \mathbf{y} \rangle = x_1(x_2y_3 - x_3y_2) + x_2(x_3y_1 - x_1y_3) + x_3(x_1y_2 - x_2y_1) = 0 .$$

In modo analogo si dimostra che $\mathbf{x} \wedge \mathbf{y}$ è ortogonale a $\mathbf{y}$. Poiché l'angolo ϑ tra $\mathbf{x}$ e $\mathbf{y}$ è compreso tra 0 e π, si ha

$$\operatorname{sen}\vartheta = \sqrt{1 - \cos^2\vartheta} = \sqrt{1 - \frac{\langle \mathbf{x}, \mathbf{y} \rangle^2}{\|\mathbf{x}\|^2 \, \|\mathbf{y}\|^2}} = \frac{\sqrt{\|\mathbf{x}\|^2 \, \|\mathbf{y}\|^2 - \langle \mathbf{x}, \mathbf{y} \rangle^2}}{\|\mathbf{x}\| \, \|\mathbf{y}\|} .$$

Quindi, per l'identità di Lagrange (Teorema 638), si ha

$$\operatorname{sen}\vartheta = \frac{\|\mathbf{x} \wedge \mathbf{y}\|}{\|\mathbf{x}\| \, \|\mathbf{y}\|}$$

da cui $\|\mathbf{x} \wedge \mathbf{y}\| = \|\mathbf{x}\| \, \|\mathbf{y}\| \operatorname{sen}\vartheta$. □

10.1.7 Prodotto misto

Definizione 648. *Il* prodotto misto *di tre vettori* $\mathbf{x}, \mathbf{y}, \mathbf{z} \in \mathbb{R}^3$ *è il numero reale*

$$[\mathbf{x}, \mathbf{y}, \mathbf{z}] = \langle \mathbf{x}, \mathbf{y} \wedge \mathbf{z} \rangle .$$

Teorema 649. *Il prodotto misto di tre vettori* $\mathbf{x} = (x_1, x_2, x_3)$*,* $\mathbf{y} = (y_1, y_2, y_3)$ *e* $\mathbf{z} = (z_1, z_2, z_3)$ *di* $\mathbb{R}^3$ *è dato dal seguente determinante di ordine* 3*:*

$$[\mathbf{x}, \mathbf{y}, \mathbf{z}] = \begin{vmatrix} x_1 & x_2 & x_3 \\ y_1 & y_2 & y_3 \\ z_1 & z_2 & z_3 \end{vmatrix} .$$

Dimostrazione. Usando le formule che definiscono il prodotto scalare e il prodotto vettoriale, si ha

$$[\mathbf{x},\mathbf{y},\mathbf{z}] = x_1 \begin{vmatrix} y_2 & y_3 \\ z_2 & z_3 \end{vmatrix} - x_2 \begin{vmatrix} y_1 & y_3 \\ z_1 & z_3 \end{vmatrix} + x_3 \begin{vmatrix} y_1 & y_2 \\ z_1 & z_2 \end{vmatrix}.$$

Infine, sviluppando ogni determinate di ordine 2, si ha

$$[\mathbf{x},\mathbf{y},\mathbf{z}] = x_1y_2z_3 + x_2y_3z_1 + x_3y_1z_2 - x_3y_2z_1 - x_2y_1z_3 - x_1y_3z_2 .$$

□

Il prodotto misto possiede le seguenti proprietà.

Proposizione 650. *Per ogni* $\mathbf{x},\mathbf{y},\mathbf{z} \in \mathbb{R}^3$, *valgono le identità:* $[\mathbf{y},\mathbf{x},\mathbf{z}] = -[\mathbf{x},\mathbf{y},\mathbf{z}]$, $[\mathbf{z},\mathbf{y},\mathbf{x}] = -[\mathbf{x},\mathbf{y},\mathbf{z}]$, $[\mathbf{x},\mathbf{z},\mathbf{y}] = -[\mathbf{x},\mathbf{y},\mathbf{z}]$, $[\mathbf{x},\mathbf{y},\mathbf{z}] = [\mathbf{y},\mathbf{z},\mathbf{x}] = [\mathbf{z},\mathbf{x},\mathbf{y}]$.

Dimostrazione. Se $\mathbf{x} = (x_1,x_2,x_3)$, $\mathbf{y} = (y_1,y_2,y_3)$ e $\mathbf{z} = (z_1,z_2,z_3)$, allora

$$\begin{aligned} [\mathbf{y},\mathbf{x},\mathbf{z}] &= y_1x_2z_3 + y_2x_3z_1 + y_3x_1z_2 - y_3x_2z_1 - y_2x_1z_3 - y_1x_3z_2 \\ &= -x_1y_2z_3 - x_2y_3z_1 - x_3y_1z_2 + x_3y_2z_1 + x_2y_1z_3 + x_1y_3z_2 \\ &= -[\mathbf{x},\mathbf{y},\mathbf{z}] . \end{aligned}$$

Le altre proprietà seguono in modo del tutto analogo. □

Proposizione 651. *Il prodotto misto è trilineare, ossia è omogeneo e additivo in ogni argomento. Relativamente al primo argomento, si hanno le identità*

$$[\lambda\mathbf{x},\mathbf{y},\mathbf{z}] = \lambda[\mathbf{x},\mathbf{y},\mathbf{z}] \qquad e \qquad [\mathbf{x}_1+\mathbf{x}_2,\mathbf{y},\mathbf{z}] = [\mathbf{x}_1,\mathbf{y},\mathbf{z}] + [\mathbf{x}_2,\mathbf{y},\mathbf{z}]$$

per ogni $\lambda \in \mathbb{R}$ *e per ogni* $\mathbf{x},\mathbf{x}_1,\mathbf{x}_2,\mathbf{y},\mathbf{z} \in \mathbb{R}^3$.

Dimostrazione. L'omogeneità e l'additività sono una diretta conseguenza delle analoghe proprietà del prodotto scalare. Infatti si ha

$$[\lambda\mathbf{x},\mathbf{y},\mathbf{z}] = \langle \lambda\mathbf{x}, \mathbf{y}\wedge\mathbf{z}\rangle = \lambda\langle \mathbf{x}, \mathbf{y}\wedge\mathbf{z}\rangle = \lambda[\mathbf{x},\mathbf{y},\mathbf{z}]$$

$$[\mathbf{x}_1+\mathbf{x}_2,\mathbf{y},\mathbf{z}] = \langle \mathbf{x}_1+\mathbf{x}_2, \mathbf{y}\wedge\mathbf{z}\rangle = \langle \mathbf{x}_1, \mathbf{y}\wedge\mathbf{z}\rangle + \langle \mathbf{x}_2, \mathbf{y}\wedge\mathbf{z}\rangle = [\mathbf{x}_1,\mathbf{y},\mathbf{z}] + [\mathbf{x}_2,\mathbf{y},\mathbf{z}] .$$

Per la Proposizione 650 seguono le analoghe proprietà negli altri argomenti. □

Proposizione 652. *Per ogni vettore* $\mathbf{x},\mathbf{y} \in \mathbb{R}^3$, $[\mathbf{x},\mathbf{x},\mathbf{y}] = [\mathbf{x},\mathbf{y},\mathbf{x}] = [\mathbf{y},\mathbf{x},\mathbf{x}] = 0$.

Dimostrazione. Consideriamo il prodotto $[\mathbf{x},\mathbf{x},\mathbf{y}]$. Scambiando tra di loro i primi due vettori il segno cambia e quindi si ha $[\mathbf{x},\mathbf{x},\mathbf{y}] = -[\mathbf{x},\mathbf{x},\mathbf{y}]$, da cui $[\mathbf{x},\mathbf{x},\mathbf{y}] = 0$. Analogamente si dimostrano le altre identità. □

Proposizione 653. *Tre vettori* $\mathbf{x} = (x_1,x_2,x_3)$, $\mathbf{y} = (y_1,y_2,y_3)$ *e* $\mathbf{z} = (z_1,z_2,z_3)$ *di* $\mathbb{R}^3$ *sono linearmente dipendenti, ossia sono complanari, se e solo se* $[\mathbf{x},\mathbf{y},\mathbf{z}] = 0$, *ossia se e solo se*

$$\begin{vmatrix} x_1 & x_2 & x_3 \\ y_1 & y_2 & y_3 \\ z_1 & z_2 & z_3 \end{vmatrix} = 0 .$$

Dimostrazione. Se $\mathbf{x}$, $\mathbf{y}$ e $\mathbf{z}$ sono linearmente dipendenti, allora almeno uno di essi può essere scritto come combinazione lineare degli altri due. Supponiamo che sia $\mathbf{z} = \alpha\mathbf{x}+\beta\mathbf{y}$. Allora, usando la trilinearità e le proprietà di annullamento, si ha

$$[\mathbf{x}, \mathbf{y}, \mathbf{z}] = [\mathbf{x}, \mathbf{y}, \alpha\mathbf{x} + \beta\mathbf{y}] = \alpha[\mathbf{x}, \mathbf{y}, \mathbf{x}] + \beta[\mathbf{x}, \mathbf{y}, \mathbf{y}] = 0 .$$

Viceversa, supponiamo che $[\mathbf{x}, \mathbf{y}, \mathbf{z}] = 0$, ossia $\langle \mathbf{x}, \mathbf{y} \wedge \mathbf{z} \rangle = 0$. Se $\mathbf{y} \wedge \mathbf{z} = \mathbf{0}$ allora $\mathbf{y}$ e $\mathbf{z}$ sono paralleli e quindi $\mathbf{x}$, $\mathbf{y}$ e $\mathbf{z}$ sono complanari. Se invece $\mathbf{y} \wedge \mathbf{z} \neq \mathbf{0}$ allora $\mathbf{x}$ è ortogonale a $\mathbf{y} \wedge \mathbf{z}$ e quindi deve appartenere al piano individuato da $\mathbf{y}$ e da $\mathbf{z}$. Anche in questo caso $\mathbf{x}$, $\mathbf{y}$ e $\mathbf{z}$ risultano complanari. □

Per il prodotto misto abbiamo la seguente interpretazione geometrica.

Proposizione 654. *Il volume* $\mathcal{V}$ *del parallelepipedo individuato da tre vettori* $\mathbf{x}, \mathbf{y}, \mathbf{z} \in \mathbb{R}^3$ *coincide con il valore assoluto del loro prodotto misto, ossia* $\mathcal{V} = |[\mathbf{x}, \mathbf{y}, \mathbf{z}]|$.

Dimostrazione. Se i tre vettori sono complanari, basta usare la Proposizione 653. Se invece i tre vettori non sono complanari, possiamo calcolare il volume del parallelepipedo di lati $\mathbf{x}$, $\mathbf{y}$ e $\mathbf{z}$ come base per altezza. Scegliendo come base il parallelogrammo di lati $\mathbf{x}$ e $\mathbf{y}$ si ha che l'area della base è $\|\mathbf{x} \wedge \mathbf{y}\|$. Inoltre, poiché $\mathbf{x} \wedge \mathbf{y}$ è ortogonale sia a $\mathbf{x}$ sia a $\mathbf{y}$, l'altezza è data da $\|\mathbf{z}\| \, |\cos\vartheta|$, dove ϑ è l'angolo formato da $\mathbf{z}$ e $\mathbf{x} \wedge \mathbf{y}$. Quindi il volume in questione è

$$\mathcal{V} = \|\mathbf{x} \wedge \mathbf{y}\| \, \|\mathbf{z}\| \, |\cos\vartheta| = \|\mathbf{x} \wedge \mathbf{y}\| \, \|\mathbf{z}\| \frac{|\langle \mathbf{x} \wedge \mathbf{y}, \mathbf{z} \rangle|}{\|\mathbf{x} \wedge \mathbf{y}\| \, \|\mathbf{z}\|} = |[\mathbf{z}, \mathbf{x}, \mathbf{y}]| = |[\mathbf{x}, \mathbf{y}, \mathbf{z}]| .$$

□

10.1.8 Orientazione dello spazio

Il piano può essere orientato in due modi diversi in base al verso delle rotazioni attorno a un punto fissato. Usualmente si assume come positivo il verso di rotazione antiorario. Quando si passa allo spazio questa definizione diventa dipendente dalla posizione dell'osservatore rispetto al piano: il verso antiorario per un dato osservatore diventa orario per un osservatore che si trova dall'altra parte del piano. Per poter orientare lo spazio, a partire dall'orientazione di un piano, bisogna fissare anche la posizione dell'osservatore rispetto al piano. Poiché ci sono due scelte possibili, ci sono due possibili orientazioni per lo spazio. In generale, si può dare la seguente

Definizione 655. *Una base* $\{\mathbf{x}, \mathbf{y}, \mathbf{z}\}$ *di* $\mathbb{R}^3$ *è* destrorsa *quando* $[\mathbf{u}, \mathbf{v}, \mathbf{w}] > 0$ *ed è* sinistrorsa *quando* $[\mathbf{u}, \mathbf{v}, \mathbf{w}] < 0$. *Lo spazio è* orientato positivamente *quando è fissata una base destrorsa ed è* orientato negativamente *quando è fissata una base sinistrorsa.*

Lo spazio $\mathbb{R}^3$ è orientato positivamente rispetto alla base naturale $\{\mathbf{i}, \mathbf{j}, \mathbf{k}\}$ (che è destrorsa), ma è orientato negativamente rispetto alla base $\{\mathbf{i}, \mathbf{j}, -\mathbf{k}\}$ (che è sinistrorsa). Più in generale, nel caso delle basi ortonormali (ossia delle basi formate da versori a due a due ortogonali), si può dimostrare il seguente

Teorema 656. *Una base ortonormale* $\{\mathrm{x}, \mathrm{y}, \mathrm{z}\}$ *di* $\mathbb{R}^3$ *è* destrorsa *se e solo se* $\mathrm{x} \wedge \mathrm{y} = \mathrm{z}$, $\mathrm{y} \wedge \mathrm{z} = \mathrm{x}$, $\mathrm{z} \wedge \mathrm{x} = \mathrm{y}$, *ed è* sinistrorsa *se e solo se* $\mathrm{x} \wedge \mathrm{y} = -\mathrm{z}$, $\mathrm{y} \wedge \mathrm{z} = -\mathrm{x}$, $\mathrm{z} \wedge \mathrm{x} = -\mathrm{y}$.

Teorema 657. *Se* x *e* y *sono due versori ortogonali di* $\mathbb{R}^3$, *allora l'insieme* $\{\mathrm{x}, \mathrm{y}, \mathrm{x} \wedge \mathrm{y}\}$ *è una base ortonormale destrorsa.*

Dimostrazione. Il vettore $\mathrm{z} = \mathrm{x} \wedge \mathrm{y}$ è un versore. Infatti, essendo x e y due versori ortogonali, per l'identità di Lagrange (Teorema 638), si ha $\|\mathrm{z}\| = \|\mathrm{x} \wedge \mathrm{y}\| = \sqrt{\|\mathrm{x}\|^2 \, \|\mathrm{y}\|^2 - \langle \mathrm{x}, \mathrm{y} \rangle^2} = 1$. Inoltre, per il Teorema 640, si ha $\mathrm{y} \wedge \mathrm{z} = \mathrm{y} \wedge (\mathrm{x} \wedge \mathrm{y}) = \langle \mathrm{y}, \mathrm{y} \rangle \, \mathrm{x} - \langle \mathrm{y}, \mathrm{x} \rangle \, \mathrm{y} = \mathrm{x}$ e analogamente $\mathrm{z} \wedge \mathrm{x} = (\mathrm{x} \wedge \mathrm{y}) \wedge \mathrm{x} = \langle \mathrm{x}, \mathrm{x} \rangle \, \mathrm{y} - \langle \mathrm{y}, \mathrm{x} \rangle \, \mathrm{x} = \mathrm{y}$. □

10.2 Rette e piani

10.2.1 Equazioni parametriche della retta

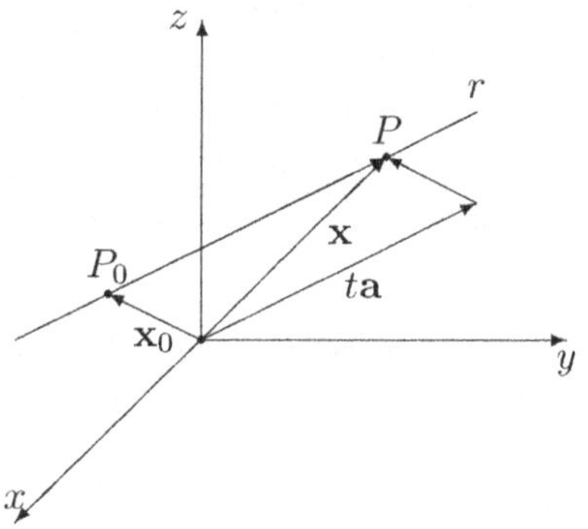

Una retta r nello spazio è completamente individuata una volta che si sia fissato un punto $P_0 \in r$ e la sua direzione. Sia $\mathrm{x}_0 = (x_0, y_0, z_0)$ il vettore che individua il punto P_0 fissato e sia $\mathrm{a} = (a, b, c) \neq \mathbf{0}$ un vettore qualunque che individua la direzione di r. Se $\mathrm{x} = (x, y, z)$ è il vettore che individua il generico punto P di r, allora l'*equazione vettoriale* della retta r è $\mathrm{x} = \mathrm{x}_0 + t\mathrm{a}$, dove t è un parametro reale arbitrario e a è il *vettore direttore*. Equivalentemente, si hanno le *equazioni parametriche* della retta r:

$$\begin{cases} x = x_0 + at \\ y = y_0 + bt \\ z = z_0 + ct \end{cases} \qquad t \in \mathbb{R}.$$

Al variare del parametro t, queste equazioni dànno le coordinate del generico punto di r. In particolare, i parametri a, b e c sono i *parametri direttori* della retta e ne individuano la direzione. Questi tre parametri, dovendo individuare una direzione, sono tre *parametri omogenei*, ossia non possono essere tutti nulli e sono definiti a meno di una costante non nulla di proporzionalità. Questo significa che i parametri a, b e c possono essere sostituiti con altri tre parametri ka, kb e kc, con $k \in \mathbb{R}$, $k \neq 0$. Con la notazione $(a : b : c)$ indicheremo la terna dei parametri direttori di r, ossia l'insieme di tutti i possibili vettori direttori di r. Pertanto, si hanno, ad esempio, le identità $(a : b : c) = (2a : 2b : 2c) = (-a : -b : -c)$. Ognuna di queste terne individua la medesima direzione.

Una stessa retta può essere rappresentata da diverse equazioni parametriche, poiché la parametrizzazione dipende dalla scelta di un punto P_0 appartenete alla retta r e da un vettore $\mathbf{a}$ che ne individua la direzione.

ESEMPI

1. La retta che passa per il punto $P \equiv (1,2,2)$ e che ha direzione data dal vettore $\mathbf{a} = (3,1,-2)$, ha equazioni parametriche

$$\begin{cases} x = 1 + 3t \\ y = 2 + t \\ z = 2 - 2t \end{cases} \qquad t \in \mathbb{R}.$$

2. Sia r la retta che passa per i due punti $P \equiv (1,1,-2)$ e $Q \equiv (3,-2,1)$. Per scrivere le equazioni parametriche di r è necessario conoscere la sua direzione. Poiché r passa per i punti P e Q, la sua direzione è individuata dal vettore $PQ = Q - P = (2,-3,3)$. Pertanto, scegliendo prima P e poi Q come punto su r, si hanno le equazioni parametriche

$$r: \begin{cases} x = 1 + 2t \\ y = 1 - 3t \\ z = -2 + 3t \end{cases} \qquad t \in \mathbb{R}, \qquad\qquad r: \begin{cases} x = 3 + 2u \\ y = -2 - 3u \\ z = 1 + 3u \end{cases} \qquad u \in \mathbb{R}.$$

Abbiamo così due rappresentazioni di r, diverse ma equivalenti (poiché i parametri t e u sono legati dalla relazione $t = 1 + u$).

10.2.2 Equazione cartesiana del piano

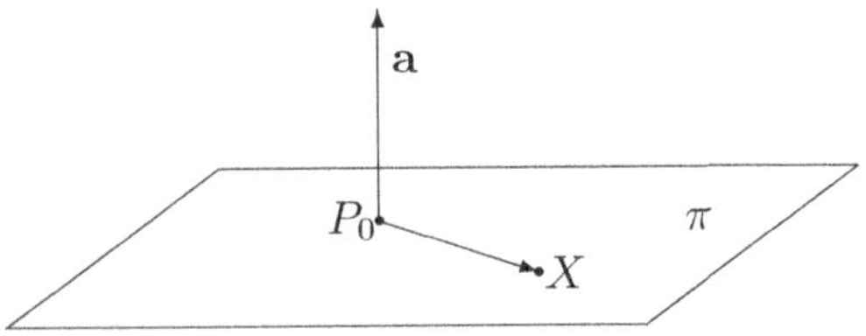

Un piano π nello spazio è completamente determinato da un punto $P_0 \in \pi$ e dalla sua direzione ortogonale, individuata da un vettore $\mathbf{a} \neq \mathbf{0}$. In questo modo, il piano π è il luogo di tutti i punti X dello spazio per i quali la retta XP_0 è ortogonale al vettore $\mathbf{a}$. Equivalentemente, π è il luogo dei punti X dello spazio per i quali il vettore $X - P_0$ è ortogonale ad $\mathbf{a}$.

Teorema 658. *L'equazione del piano che passa per il punto $P_0 \equiv (x_0, y_0, z_0)$ e che ha come direzione ortogonale la direzione individuata dal vettore $\mathbf{a} = (a,b,c) \neq \mathbf{0}$ è*

$$a(x - x_0) + b(y - y_0) + c(z - z_0) = 0\,.$$

Dimostrazione. Sia $X \equiv (x,y,z)$ il generico punto dello spazio. Allora $X \in \pi$ se e solo se il vettore $X - P_0$ è ortogonale al vettore $\mathbf{a}$, ossia se e solo se $\langle \mathbf{a}, X - P_0 \rangle = 0$. Scrivendo per disteso questa condizione, si ha la tesi. □

In generale, l'equazione cartesiana di un piano è data da un'equazione lineare del tipo

$$ax + by + cz + d = 0$$

dove, per il Teorema 658, i coefficienti a, b e c sono tre numeri reali non tutti nulli che dànno i parametri direttori della direzione ortogonale al piano.

ESEMPI

1. Sia π il piano che passa per il punto $P \equiv (1, 3, -1)$ ed è ortogonale alla retta

$$r : \begin{cases} x = 2 + 3t \\ y = 1 - 4t \\ z = 5 - 2t \,. \end{cases}$$

I parametri direttori della direzione ortogonale a π sono i parametri direttori della retta r stessa. Quindi, per il Teorema 658, l'equazione di π è

$$3(x - 1) - 4(y - 3) - 2(z + 1) = 0$$

ossia $3x - 4y - 2z + 7 = 0$.

2. Per trovare l'equazione del piano π che passa per i tre punti $A \equiv (1, 1, 1)$, $B \equiv (3, 2, 4)$ e $C \equiv (4, 5, 2)$ si può procedere in vari modi. Il modo più elementare (ma non necessariamente il più semplice), consiste nel considerare l'equazione del generico piano $\pi : ax + by + cz + d = 0$ e imporre il passaggio per i tre punti assegnati:

$$\begin{array}{lcl} A & : & a + b + c + d = 0 \\ B & : & 3a + 2b + 4c + d = 0 \\ C & : & 4a + 5b + 2c + d = 0 \,. \end{array}$$

In questo modo, si ottiene un sistema lineare omogeneo di tre equazioni in quattro incognite. Risolvendo tale sistema si ottiene, ad esempio, $a = 11d$, $b = -7d$, $c = -5d$, e quindi $\pi : 11x - 7y - 5y + 1 = 0$.

Un altro modo di risolvere questo problema, consiste nel determinare la direzione ortogonale a π. Per fare questo si fissa uno qualunque dei tre punti dati, ad esempio A, e si considerano i due vettori $\mathbf{x} = B - A = (2, 1, 3)$ e $\mathbf{y} = C - A = (3, 4, 1)$. Il prodotto vettoriale di questi due vettori dà la direzione ortogonale a π. Poiché

$$\mathbf{x} \wedge \mathbf{y} = \begin{vmatrix} \mathbf{i} & \mathbf{j} & \mathbf{k} \\ 2 & 1 & 3 \\ 3 & 4 & 1 \end{vmatrix} = (-11, 7, 5) \,,$$

i parametri direttori della direzione ortogonale a π sono $(-11 : 7 : 5)$, o anche $(11 : -7 : -5)$. Quindi, l'equazione di π è $11(x - 1) - 7(y - 1) - 5(z - 1) = 0$, ossia $11x - 7y - 5y + 1 = 0$.

Una retta r, nello spazio, può anche essere rappresentata da un sistema lineare

$$\begin{cases} a_1x + b_1y + c_1z + d_1 = 0 \\ a_2x + b_2y + c_2z + d_2 = 0 \end{cases}$$

formato da due equazioni indipendenti. Infatti, poiché entrambe le equazioni rappresentano un piano, il sistema rappresenta l'intersezione di due piani (piani non paralleli), ossia una retta. Questo sistema fornisce le *equazioni cartesiane* della retta r. Naturalmente, una retta può essere vista come intersezione di due piani in più modi. Di conseguenza, una stessa retta può essere rappresentata da sistemi lineari diversi (benché equivalenti)

ESEMPI

1. Consideriamo la retta r di equazioni parametriche

$$\begin{cases} x = 1 + 2t \\ y = 2 - 3t \\ z = 4 + t\,. \end{cases}$$

Per ottenere le equazioni cartesiane di r, basta eliminare il parametro t dalle equazioni parametriche. Ad esempio, dall'ultima equazione si ha $t = z - 4$. Sostituendo questa espressione di t nelle prime due equazioni, si hanno le equazioni cartesiane

$$\begin{cases} x = 1 + 2(z - 4) \\ y = 2 - 3(z - 4) \end{cases} \qquad \text{ossia} \qquad \begin{cases} x - 2z + 7 = 0 \\ y + 3z - 14 = 0\,. \end{cases}$$

Se si ricava la t da una delle altre due equazioni, si ottengono altre equazioni cartesiane di r.

2. Consideriamo la retta r di equazioni cartesiane

$$\begin{cases} 2x - 3y + 2z + 1 = 0 \\ 3x + 2y - z - 2 = 0 \end{cases}$$

vista come intersezione di due piani π_1 e π_2. Per determinare i parametri direttori di r, basta determinare le equazioni parametriche di r, ossia basta risolvere il sistema lineare che definisce r. Dalla seconda equazione si ha $z = 3x + 2y - 2$. Sostituendo nella prima equazione, si ricava $y = 3 - 8x$ e quindi $z = 4 - 13x$. Posto $x = t$, si hanno le equazioni parametriche di r:

$$\begin{cases} x = t \\ y = 3 - 8t \\ z = 4 - 13t\,. \end{cases}$$

Quindi, i parametri direttori di r sono $(1 : -8 : -13)$.

10.2.3 Condizioni di parallelismo e di ortogonalità

Le condizioni di parallelismo e di ortogonalità tra rette e piani sono ricondotte a condizioni sui vettori (non nulli) che determinano la direzione delle rette e sui vettori (non nulli) che determinano la direzione ortogonale dei piani. Più precisamente, si ha quanto segue.

1. Sia r_1 una retta con vettore direttore a_1 e sia r_2 una retta con vettore direttore a_2.
   (a) r_1 è parallela a r_2 se i corrispondenti vettori direttori sono paralleli, ossia se i vettori a_1 e a_2 sono proporzionali, ossia se esiste uno scalare $\lambda \in \mathbb{R}$ tale che $\mathrm{a}_1 = \lambda \mathrm{a}_2$.
   (b) r_1 è ortogonale a r_2 se i corrispondenti vettori direttori sono ortogonali, ossia se $\langle \mathrm{a}_1, \mathrm{a}_2 \rangle = 0$.
2. Sia π_1 un piano la cui direzione ortogonale è data dal vettore a_1 e sia π_2 un piano la cui direzione ortogonale è data dal vettore a_2.
   (a) π_1 è parallelo a π_2 se i corrispondenti vettori a_1 e a_2 sono paralleli, ossia se esiste uno scalare $\lambda \in \mathbb{R}$ tale che $\mathrm{a}_1 = \lambda \mathrm{a}_2$.
   (b) π_1 è ortogonale a π_2 se i corrispondenti vettori a_1 e a_2 sono ortogonali, ossia se $\langle \mathrm{a}_1, \mathrm{a}_2 \rangle = 0$.
3. Sia r una retta con vettore direttore a e sia π un piano la cui direzione ortogonale è data dal vettore b.
   (a) r è parallela a π se i corrispondenti vettori a e b sono ortogonali, ossia se $\langle \mathrm{a}, \mathrm{b} \rangle = 0$.
   (b) r è ortogonale a π se i corrispondenti vettori a e b sono paralleli, ossia se esiste uno scalare $\lambda \in \mathbb{R}$ tale che $\mathrm{a} = \lambda \mathrm{b}$.

ESEMPIO 659. Fissato un parametro reale k, consideriamo la retta r di equazioni parametriche

$$\begin{cases} x = 1 + 2kt \\ y = 2 - kt \\ z = 1 + 3t \end{cases}$$

e il piano π di equazione $2x - ky + (k+2)z - k + 1 = 0$. Il vettore direttore di r è $\mathrm{a} = (2k, -k, 3)$, mentre il vettore direttore della direzione ortogonale a π è $\mathrm{b} = (2, -k, k+2)$.

1. La retta r è parallela al piano π quando $\langle \mathrm{a}, \mathrm{b} \rangle = 0$, ossia quando $k^2 + 7k + 6 = 0$, ossia per $k = -1$ e per $k = -6$.

2. La retta r è ortogonale al piano π quando esiste uno scalare λ tale che $\mathrm{a} = \lambda \mathrm{b}$, ossia tale che $2k = 2\lambda$, $-k = -k\lambda$, $3 = \lambda(k+2)$. Dalla seconda relazione si ha $\lambda = 1$ e dalla prima relazione si ha $k = \lambda = 1$. L'ultima relazione è identicamente soddisfatta. Quindi, in conclusione, $r \perp \pi$ per $k = 1$.

Teorema 660. *I parametri direttori di una retta*

$$r : \begin{cases} a_1x + b_1y + c_1z + d_1 = 0 \\ a_2x + b_2y + c_2z + d_2 = 0 \end{cases}$$

sono

$$\left(\begin{vmatrix} b_1 & c_1 \\ b_2 & c_2 \end{vmatrix} : - \begin{vmatrix} a_1 & c_1 \\ a_2 & c_2 \end{vmatrix} : \begin{vmatrix} a_1 & b_1 \\ a_2 & b_2 \end{vmatrix} \right).$$

Dimostrazione. La retta r è data come intersezione di due piani π_1 e π_2, aventi rispettivamente $\mathbf{a}_1 = (a_1, b_1, c_1)$ e $\mathbf{a}_2 = (a_2, b_2, c_2)$ come vettori direttori delle direzioni ortogonali. Poiché r è contenuta sia in π_1 sia in π_2, si ha che essa è parallela a entrambi questi piani. Di conseguenza, il suo vettore direttore $\mathbf{a}$ è ortogonale sia ad $\mathbf{a}_1$ sia ad $\mathbf{a}_2$. Quindi, possiamo scegliere $\mathbf{a} = \mathbf{a}_1 \wedge \mathbf{a}_2$. □

ESEMPIO 661. Usando il Teorema 660, si ha che i parametri direttori della retta

$$r : \begin{cases} x + y + 2z - 1 = 0 \\ x - y - z + 2 = 0 \end{cases}$$

sono

$$a = \begin{vmatrix} 1 & 2 \\ -1 & -1 \end{vmatrix} = 1, \qquad b = - \begin{vmatrix} 1 & 2 \\ 1 & -1 \end{vmatrix} = 3, \qquad c = \begin{vmatrix} 1 & 1 \\ 1 & -1 \end{vmatrix} = -2.$$

10.2.4 Proiezioni ortogonali e distanze

La distanza tra due punti $P_2 \equiv (x_1, y_1, z_1)$ e $P_2 \equiv (x_2, y_2, z_2)$ è uguale alla distanza tra i due vettori che ne individuano la posizione, ossia

$$\mathrm{d}(P_1, P_2) = \sqrt{(x_1 - x_2)^2 + (y_1 - y_2)^2 + (z_1 - z_2)^2}\,.$$

La distanza di un punto P da una retta r verrà indicata con $\mathrm{d}(P, r)$ ed è definita come la minima delle distanze tra P e i punti $X \in r$. Per il teorema di Pitagora, si ha immediatamente che $\mathrm{d}(P, r) = \mathrm{d}(P, P')$ dove P' è la proiezione ortogonale del punto P sulla retta r. In modo del tutto analogo, la distanza di un punto P da un piano π verrà indicata con $\mathrm{d}(P, \pi)$ ed è definita come la minima delle distanze tra P e i punti $X \in \pi$. Per il teorema di Pitagora, si ha immediatamente che $\mathrm{d}(P, \pi) = \mathrm{d}(P, P')$ dove P' è la proiezione ortogonale del punto P sul piano π.

Vediamo, su semplici esempi, come si determina la proiezione ortogonale di un punto su una retta e la proiezione ortogonale di un punto su un piano.

ESEMPIO 662. Sia $P \equiv (4, -4, 2)$ e sia

$$r : \begin{cases} x = 1 + t \\ y = 3 - t \\ z = 1 + 2t\,. \end{cases}$$

Poiché la proiezione ortogonale P' di P su r appartiene al piano π che passa per P e che è ortogonale a r, si ha $P' = r \cap \pi$. Conoscendo le equazioni di r, si ha subito anche l'equazione di π. Infatti, la direzione ortogonale a π è determinata dai parametri direttori $(1 : -1 : 2)$ di r. Quindi, l'equazione di π è $(x-4)-(y+4)+2(z-2)=0$, ossia $x-y+2z-12=0$. Intersecando r con π, si trova $t=2$. Sostituendo questo valore del parametro nelle equazioni di r, si ha il punto $P' \equiv (3,1,5)$. Infine, si ha

$$\mathbf{d}(P,r) = \mathbf{d}(P,P') = \sqrt{(4-3)^2+(-4-1)^2+(2-5)^2} = \sqrt{1+25+9} = \sqrt{35}.$$

ESEMPIO 663. Sia $P \equiv (4,-1,-1)$ e sia $\pi : 3x+y-2z+1=0$. Poiché la proiezione ortogonale P' di P su π appartiene alla retta n che passa per P e che è ortogonale a π, si ha $P' = n \cap \pi$. Conoscendo l'equazione di π, si hanno subito anche le equazioni di n. Infatti, i parametri direttori di n sono i coefficienti di x, y e z nell'equazione di π, ossia sono $(3 : 1 : -2)$. Quindi

$$n : \begin{cases} x = 4+3t \\ y = -1+t \\ z = -1-2t. \end{cases}$$

Intersecando n con π, si trova $t=-1$. Sostituendo questo valore del parametro nelle equazioni di n, si trova il punto $P' \equiv (1,-2,1)$. Infine

$$\mathbf{d}(P,\pi) = \mathbf{d}(P,P') = \sqrt{(4-1)^2+(-1+2)^2+(-1-1)^2} = \sqrt{9+1+4} = \sqrt{14}.$$

Per la distanza di un punto da un piano nello spazio si può trovare una formula generale, che generalizza l'analoga formula della distanza di un punto da una retta nel piano. Più precisamente, si ha il

Teorema 664. *La distanza di un punto* $P \equiv (x_0,y_0,z_0)$ *da un piano* π *di equazione* $ax+by+cz+d=0$ *è*

$$\mathbf{d}(P,\pi) = \frac{|ax_0+by_0+cz_0+d|}{\sqrt{a^2+b^2+c^2}}.$$

Dimostrazione. Sia $\mathbf{x}_0 = (x_0,y_0,z_0)$ il vettore corrispondente al punto P e sia $\mathbf{a} = (a,b,c)$ il vettore che individua la direzione ortogonale a π. Allora, l'equazione del piano π è $\langle \mathbf{a}, \mathbf{x}\rangle + d = 0$ e l'equazione vettoriale della retta che passa per P ed è ortogonale a π è $\mathbf{x} = \mathbf{x}_0 + t\mathbf{a}$. Per trovare la proiezione ortogonale P' di P su π basta intersecare r con π: $\langle \mathbf{a}, \mathbf{x}_0 + t\mathbf{a}\rangle + d = 0$. Usando le proprietà del prodotto scalare, si ha $\langle \mathbf{a}, \mathbf{x}_0\rangle + t\langle \mathbf{a}, \mathbf{a}\rangle + d = 0$, da cui si ricava il valore del parametro

$$t = -\frac{\langle \mathbf{a}, \mathbf{x}_0\rangle + d}{\|\mathbf{a}\|^2} = t_0'.$$

Pertanto il punto P' è individuato dal vettore $\mathbf{x}_0' = \mathbf{x}_0 + t_0'\mathbf{a}$, dove t_0' è il valore di t appena trovato. Quindi, si ha

$$\mathbf{d}(P,\pi) = \mathbf{d}(P,P') = \mathbf{d}(P',P) = \|\mathbf{x}_0' - \mathbf{x}_0\| = \|\mathbf{x}_0 + t_0'\mathbf{a} - \mathbf{x}_0\| = \|t_0'\mathbf{a}\|$$

$$= |t_0'| \, \|\mathbf{a}\| = \left| \frac{\langle \mathbf{a}, \mathbf{x}_0 \rangle + d}{\|\mathbf{a}\|^2} \right| \|\mathbf{a}\| = \frac{|\langle \mathbf{a}, \mathbf{x}_0 \rangle + d|}{\|\mathbf{a}\|} = \frac{|ax_0 + by_0 + cz_0 + d|}{\sqrt{a^2 + b^2 + c^2}} .$$

□

ESEMPIO 665. Utilizzando il teorema precedente, la distanza del punto $P \equiv (4, -1, -1)$ dal piano $\pi \; : \; 3x + y - 2z + 1 = 0$ è

$$\mathbf{d}(P, \pi) = \frac{|12 - 1 + 2 + 1|}{\sqrt{9 + 1 + 4}} = \frac{14}{\sqrt{14}} = \sqrt{14} .$$

10.2.5 Fasci di piani

Definizione 666. *Un* fascio proprio di piani *è l'insieme* Φ_r *di tutte i piani passanti per una data retta* r. *La retta* r*, comune a tutti i piani del fascio, si dice* sostegno del fascio. *Un* fascio improprio di piani *è l'insieme di tutte i piani paralleli a un dato piano.*

Teorema 667. *Il fascio proprio di piani che ha come sostegno la retta*

$$r : \begin{cases} a_1x + b_1y + c_1z + d_1 = 0 \\ a_2x + b_2y + c_2z + d_2 = 0 \end{cases}$$

ha equazione

$$\lambda(a_1x + b_1y + c_1z + d_1) + \mu(a_2x + b_2y + c_2z + d_2) = 0$$

dove λ *e* μ *sono due parametri reali omogenei (ossia sono due parametri reali non entrambi nulli, definiti a meno di una costante di proporzionalità non nulla).*

Dimostrazione. La retta r è data come intersezione di due piani non paralleli, ossia $r = \pi_1 \cap \pi_2$, dove $\pi_1 \; : \; a_1x + b_1y + c_1z + d_1 = 0$ e $\pi_2 : a_2x + b_2y + c_2z + d_2 = 0$. Una qualunque combinazione lineare non nulla delle equazioni di questi due piani dà ancora un piano, ossia l'equazione $\lambda(a_1x + b_1y + c_1z + d_1) + \mu(a_2x + b_2y + c_2z + d_2) = 0$ rappresenta un piano $\pi_{\lambda,\mu}$ per ogni $\lambda, \mu \in \mathbb{R}$, $(\lambda, \mu) \neq (0, 0)$. Infatti, tale equazione può essere riscritta nel modo seguente:

$$(\lambda a_1 + \mu a_2)x + (\lambda b_1 + \mu b_2)y + (\lambda c_1 + \mu c_2)z + \lambda d_1 + \mu d_2 = 0$$

e questa equazione rappresenta un piano purché i coefficienti $\lambda a_1 + \mu a_2$, $\lambda b_1 + \mu b_2$ e $\lambda c_1 + \mu c_2$ non siano tutti nulli. Se tali coefficienti fossero tutti nulli, allora i due vettori (a_1, b_1, c_1) e (a_2, b_2, c_2) dovrebbero essere paralleli e quindi anche i due piani π_1 e π_2 dovrebbero essere paralleli, contro le ipotesi. Quindi l'equazione precedente definisce effettivamente un piano $\pi_{\lambda,\mu}$, per ogni $\lambda, \mu \in \mathbb{R}$ non entrambi nulli. Tuttavia, se $k \in \mathbb{R}$, $k \neq 0$, i parametri $(k\lambda, k\mu)$ definiscono lo stesso piano, ossia $\pi_{k\lambda,k\mu} = \pi_{\lambda,\mu}$. Infatti, l'equazione che definisce il piano $\pi_{k\lambda,k\mu}$ si riduce all'equazione che definisce il piano $\pi_{\lambda,\mu}$ dopo aver diviso entrambi i membri dell'equazione per k. Pertanto λ e μ sono due parametri omogenei.

A questo punto, dobbiamo dimostrare che il fascio Φ di piani che ha r come sostegno coincide con l'insieme Φ' dei piani $\pi_{\lambda,\mu}$, con λ e μ parametri reali omogenei.

Iniziamo a dimostrare che $\Phi' \subseteq \Phi$. Consideriamo un qualunque piano $\pi_{\lambda,\mu} \in \Phi'$. Allora, si ha

$$\pi_{\lambda,\mu} : \lambda(a_1x + b_1y + c_1z + d_1) + \mu(a_2x + b_2y + c_2z + d_2) = 0 .$$

Consideriamo ora un qualsiasi punto $P_0 \equiv (x_0, y_0, z_0)$ appartenente ad r. Allora, le coordinate di P_0 devono soddisfare le equazioni che definiscono r, ossia $a_1x_0 + b_1y_0 + c_1z_0 + d_1 = 0$ e $a_2x_0 + b_2y_0 + c_2z_0 + d_2 = 0$. Di conseguenza, le coordinate di P_0 soddisfano anche l'equazione che definisce $\pi_{\lambda,\mu}$. Questo significa che la retta r è contenuta nel piano $\pi_{\lambda,\mu}$, ossia che $\pi_{\lambda,\mu}$ appartiene al fascio di sostegno r. pertanto, $\Phi' \subseteq \Phi$.

Dimostriamo ora che $\Phi \subseteq \Phi'$. Consideriamo un qualunque piano $\pi : ax + by + cz + d = 0$ appartenente al fascio Φ. Dobbiamo dimostrare che $\pi \in \Phi'$, ossia che esistono due scalari non entrambi nulli tali che $\pi = \pi_{\lambda,\mu}$. Scegliamo un punto $P_0 \equiv (x_0, y_0, z_0)$ appartenente al piano π ma non alla retta r. Imponiamo che il punto P_0 appartenga a un qualche piano $\pi_{\lambda,\mu} \in \Phi'$, ossia imponiamo che

$$\lambda(a_1x_0 + b_1y_0 + c_1z_0 + d_1) + \mu(a_2x_0 + b_2y_0 + c_2z_0 + d_2) = 0 .$$

Abbiamo così un'equazione omogenea $a\lambda + b\mu = 0$ in λ e μ, dove i due coefficienti $a = a_1x_0 + b_1y_0 + c_1z_0 + d_1$ e $b = a_2x_0 + b_2y_0 + c_2z_0 + d_2$ non possono essere entrambi nulli. Infatti, se fossero entrambi nulli, allora il punto P_0 dovrebbe appartenere alla retta r, contro le ipotesi. Di conseguenza l'equazione $a\lambda + b\mu = 0$ ammette le soluzioni $\lambda = kb$ e $\mu = -ka$, dove $k \in \mathbb{R}$, $k \neq 0$. Abbiamo così trovati un solo piano $\pi_{\lambda,\mu} = \pi_{kb,-ka} = \pi_{b,-a}$ (essendo $k \neq 0$, e a e b non entrambi nulli). Il piano $\pi_{b,-a}$ trovato contiene sia la retta r sia il punto P_0. Di conseguenza, $\pi_{b,-a}$ deve contenere tutto il piano π, ossia deve coincidere con π. Pertanto $\pi \in \Phi'$ e quindi $\Phi \subseteq \Phi'$.

Poiché $\Phi' \subseteq \Phi$ e $\Phi \subseteq \Phi'$, si ha $\Phi = \Phi'$. □

Il teorema precedente afferma che, se si conoscono due piani distinti π_1 e π_2 di un fascio Φ, allora l'equazione di ogni altro piano π del fascio si può ottenere come combinazione lineare delle equazioni dei due piani π_1 e π_2. Simbolicamente, possiamo scrivere $\Phi : \lambda\pi_1 + \mu\pi_2 = 0$, con $\lambda, \mu \in \mathbb{R}$, $(\lambda, \mu) \neq (0, 0)$.

Per i fasci impropri si ha immediatamente il seguente

Teorema 668. *Il fascio improprio di piani paralleli a un piano* $\pi : ax + by + cz + d = 0$ *ha equazione*

$$ax + by + cz + k = 0$$

dove k *è un parametro reale arbitrario.*

ESEMPI

1. Determinare il piano π che passa per la retta

$$r : \begin{cases} x + y - z + 1 = 0 \\ x + 2y + 3z - 1 = 0 \end{cases}$$

e per il punto $P \equiv (1, 1, 1)$.

Iniziamo con l'osservare che il punto P non appartiene alla retta r (poiché le sue coordinate non soddisfano le equazioni che definiscono r). Sia Φ_r il fascio di piani che ha r come sostegno. Allora, il piano π è l'unico piano appartenente a Φ_r passante per P. L'equazione del fascio è

$$\lambda(x + y - z + 1) + \mu(x + 2y + 3z - 1) = 0 .$$

Imponendo il passaggio per il punto P, si ha

$$\lambda(1 + 1 - 1 + 1) + \mu(1 + 2 + 3 - 1) = 0 ,$$

ossia $2\lambda + 5\mu = 0$, da cui si ha $\lambda = 5k$ e $\mu = -2k$ per $k \in \mathbb{R}$, $k \neq 0$. Pertanto, posto $k = 1$, si ha

$$\pi \, : \, 5(x + y - z + 1) - 2(x + 2y + 3z - 1) = 0 ,$$

ossia $\pi \, : \, 3x + y - 11z + 7 = 0$.

2. Determinare il piano che passa per il punto $P \equiv (2, 1, 2)$ e che è parallelo al piano $\pi \, : \, 2x + 3y - 3z + 1 = 0$.

Poiché $P \notin \pi$, possiamo considerare il fascio di piani paralleli a π, di equazione

$$\Phi \, : \, 2x + 3y - 3z + k = 0 .$$

A questo punto cerchiamo il piano appartenente a questo fascio che passa per P. Imponendo che P appartenga al generico piano di Φ, si ha $4 + 3 - 6 + k = 0$, ossia $k = -1$. Pertanto, il piano richiesto è $\pi' \, : \, 2x + 3y - 3z - 1 = 0$.

3. Determinare la proiezione ortogonale r' della retta

$$r : \begin{cases} x - y + 2z + 3 = 0 \\ x + 2y - z + 1 = 0 \end{cases}$$

sul piano $\pi \, : \, x + y - 3z + 2 = 0$.

Sia Φ_r il fascio di piani che ha r come sostegno. La retta r' può essere determinata come l'intersezione del piano π con il piano $\pi' \in \Phi_r$ ortogonale a π. L'equazione del fascio è

$$\Phi_r \, : \, \lambda(x - y + 2z + 3) + \mu(x + 2y - z + 1) = 0 ,$$

ossia

$$\Phi_r \ : \ (\lambda + \mu)x + (-\lambda + 2\mu)y + (2\lambda - \mu)z + 3\lambda + \mu = 0 \, .$$

Il piano π' è il piano che ha un'equazione di questa forma e che è ortogonale al piano π. Imponendo la condizione di ortogonalità tra piani, si ottiene

$$1 \cdot (\lambda + \mu) + 1 \cdot (-\lambda + 2\mu) - 3 \cdot (2\lambda - \mu) = 0 \, ,$$

ossia $\lambda = \mu$. Quindi, si ha

$$\pi' \ : \ 1 \cdot (x - y + 2z + 3) + 1 \cdot (x + 2y - z + 1) = 0 \, ,$$

ossia $\pi' \ : \ 2x + y + z + 4 = 0$. Quindi, si ha

$$r' = \pi \cap \pi' : \begin{cases} x + y - 3z + 2 = 0 \\ 2x + y + z + 4 = 0 \, . \end{cases}$$

4. Stabilire se il piano $\pi \ : \ 5x - 4y + 7z + 7 = 0$ appartiene al fascio di piani che ha come sostegno la retta

$$r : \begin{cases} x + y - z + 2 = 0 \\ x - 2y + 3z + 1 = 0 \, . \end{cases}$$

Si tratta di stabilire se l'equazione del piano π può essere scritta come combinazione lineare delle equazioni dei piani π_1 e π_2 che definiscono la retta r. Consideriamo il fascio Φ_r di piani che ha r come sostegno e che ha equazione

$$\lambda(x + y - z + 2) + \mu(x - 2y + 3z + 1) = 0 \, .$$

Consideriamo il punto $P_0 \equiv (0, 0, 1)$ appartiene al piano π, ma non alla retta r, e imponiamo che appartenga a un piano del fascio Φ_r. Si ha

$$\lambda(0 + 0 + 1 + 2) + \mu(0 - 0 - 3 + 1) = 0 \, ,$$

ossia $3\lambda + 2\mu = 0$. Tale equazione ha soluzione $(\lambda, \mu) = (2k, 3k)$, per $k \in \mathbb{R}$, $k \neq 0$. Pertanto si ha il piano

$$\pi_{2,3} \ : \ 2(x + y - z + 2) + 3(x - 2y + 3z + 1) = 0$$

ossia il piano $\pi_{2,3} \ : \ 5x - 4y + 7z + 7 = 0$. Quindi $\pi = \pi_{2,3} = 2\pi_1 + 3\pi_2 \in \Phi_r$.

10.3 Sfere e circonferenze

10.3.1 Equazione cartesiana della sfera

Una *sfera* S è il luogo dei punti dello spazio P equidistanti da un punto assegnato C. Il punto C è il *centro* della sfera, mentre la distanza tra un punto qualsiasi $P \in S$ e il centro C è il *raggio* della sfera.

Teorema 669. *L'equazione della sfera S di centro $C \equiv (x_0, y_0, z_0)$ e raggio r è*

$$(x - x_0)^2 + (y - y_0)^2 + (z - z_0)^2 = r^2 .$$

Dimostrazione. Poiché la sfera S è l'insieme dei punti P dello spazio tali che $\mathrm{d}(P, C) = r$, si ha che un punto $P \equiv (x, y, z)$ dello spazio appartiene a S se e solo se le sue coordinate soddisfano l'equazione

$$\sqrt{(x - x_0)^2 + (y - y_0)^2 + (z - z_0)^2} = r .$$

Poiché $r \geq 0$, si ha equivalentemente la tesi. □

Teorema 670. *L'equazione $x^2 + y^2 + z^2 + ax + by + cz + d = 0$ rappresenta una sfera di centro $C \equiv (-a/2, -b/2, -c/2)$ e di raggio*

$$r = \frac{1}{2}\sqrt{a^2 + b^2 + c^2 - 4d} .$$

Affinché la sfera sia reale, deve essere $a^2 + b^2 + c^2 - 4d \geq 0$.

Dimostrazione. Consideriamo l'equazione $(x - x_0)^2 + (y - y_0)^2 + (z - z_0)^2 = r^2$ della sfera di centro $C \equiv (x_0, y_0, z_0)$ e raggio r. Sviluppando i quadrati, si ottiene l'equazione

$$x^2 + y^2 + z^2 - 2x_0x - 2y_0y - 2z_0z + x_0^2 + y_0^2 + z_0^2 - r^2 = 0 .$$

Pertanto, si ha un'equazione $x^2 + y^2 + z^2 + ax + by + cz + d = 0$ dove

$$\begin{cases} a = -2x_0 \\ b = -2y_0 \\ c = -2z_0 \\ d = x_0^2 + y_0^2 + z_0^2 - r^2 . \end{cases}$$

Dalle prime tre equazioni si ricavano le coordinate del centro: $x_0 = -a/2$, $y_0 = -b/2$, $z_0 = -c/2$. Dall'ultima equazione si ricava il raggio

$$r = \sqrt{x_0^2 + y_0^2 + z_0^2 - d} = \sqrt{\frac{a^2}{4} + \frac{b^2}{4} + \frac{c^2}{4} - d} = \frac{1}{2}\sqrt{a^2 + b^2 + c^2 - 4d} .$$

□

OSSERVAZIONE 671. Tra le sfere reali si considerano anche le sfere di raggio nullo, che degenerano in un solo punto (il loro centro).

ESEMPI

1. Per trovare il centro e il raggio della sfera

$$S : x^2 + y^2 + z^2 - 6x + 2y - 8z + 7 = 0$$

si possono usare le formule che compaiono nel Teorema 670, oppure si può usare il metodo del completamento a un quadrato. Questo metodo consiste nel completare un'espressione del tipo ax^2+bx a un quadrato, aggiungendo e togliendo un opportuna quantità:

$$ax^2 + bx = a\left(x^2 + 2\frac{b}{2a}\,x + \frac{b^2}{4a^2}\right) - \frac{b^2}{4a} = a\left(x + \frac{b}{2a}\right)^2 - \frac{b^2}{4a}\,.$$

Nel nostro caso, si ha

$$(x^2 - 6x + 9) - 9 + (y^2 + 2y + 1) - 1 + (z^2 - 8z + 16) - 16 + 7 = 0$$

ossia

$$(x - 3)^2 + (y + 1)^2 + (z - 4)^2 = 19\,.$$

Quindi il centro è $C \equiv (3, -1, 4)$ e il raggio è $r = \sqrt{19}$.

2. Consideriamo la sfera

$$S : x^2 + y^2 + z^2 + 4x - 4y + 2z + 10 = 0\,.$$

Usando il completamento a un quadrato, si ha

$$(x^2 + 4x + 4) - 4 + (y^2 - 4y + 4) - 4 + (z^2 + 2z + 1) - 1 + 10 = 0$$

ossia

$$(x + 2)^2 + (y - 2)^2 + (z + 1)^2 = -1\,.$$

Questa volta, la sfera dovrebbe avere raggio immaginario. Quindi, l'equazione data, non rappresenta una sfera reale.

10.3.2 Posizioni reciproche tra un piano e una sfera

Sia π un piano e sia S una sfera di centro C e di raggio r. Allora, si possono avere i seguenti casi.

1. Il piano π è *esterno* alla sfera S quando la loro intersezione è vuota, ossia quando $\mathrm{d}(C, \pi) > r$,
2. Il piano π è *tangente* alla sfera S quando la loro intersezione si riduce a un unico punto (contato due volte), ossia quando $\mathrm{d}(C, \pi) = r$,
3. Il piano π è *secante* la sfera S quando la taglia lungo una curva (che non si riduce a un solo punto), ossia quando $\mathrm{d}(C, \pi) < r$.

ESEMPI

1. Consideriamo la sfera

$$S \,:\, x^2+y^2+z^2-6x+2y-8z+7=0$$

e il piano $\pi \,:\, x+3y-3z+k=0$, dove k è un parametro reale arbitrario. La sfera S ha centro $C \equiv (3,-1,4)$ e raggio $r=\sqrt{19}$. Per determinare la posizione reciproca tra π e S, basta calcolare la distanza di C da π, ossia

$$\mathrm{d}(C,\pi)=\frac{|3-3-12+k|}{\sqrt{1+3^2+3^2}}=\frac{|k-12|}{\sqrt{19}}\,.$$

Pertanto, si ha

$$\mathrm{d}(C,\pi)\le r \iff \frac{|k-12|}{\sqrt{19}}\le\sqrt{19} \iff$$
$$|k-12|\le 19 \iff -19\le k-12\le 19 \iff -7\le k\le 31\,.$$

Quindi, il piano π è secante S per $-7<k<31$, è tangente a S per $k=-7$ e $k=31$, è esterno a S per $k<-7$ e per $k>31$.

2. Consideriamo ancora la sfera

$$S \,:\, x^2+y^2+z^2-6x+2y-8z+7=0\,.$$

Il punto $P\equiv(4,2,1)$ appartiene a S, poiché le sue coordinate soddisfano l'equazione di S. Per scrivere l'equazione del piano π tangente a S nel punto P basta scrivere l'equazione del piano che passa per P ed è ortogonale alla retta CP, dove $C\equiv(3,-1,4)$ è il centro di S. I parametri direttori della retta CP sono $(1:3:-3)$. Quindi l'equazione di π è $(x-4)+3(y-2)-3(z-1)=0$, ossia $x+3y-3z-7=0$.

10.3.3 Equazioni cartesiane della circonferenza

Nel piano, una *circonferenza* è il luogo dei punti P equidistanti da un punto fisso C. Nello spazio, si ha una definizione analoga. Si tratta solo di specificare il piano a cui la circonferenza appartiene. Una *circonferenza* è il luogo dei punti P appartenenti a un piano π equidistanti da un punto fisso $C\in\pi$, ossia è l'insieme dei punti $P\in\pi$ tali che $\mathrm{d}(P,C)=r$, dove $r\in\mathbb{R}$, $r\ge 0$. La circonferenza definita in questo modo ha *centro* C e *raggio* r.

Teorema 672. *Tutte le sezioni piane di una sfera sono circonferenze.*

Dimostrazione. Sia γ la curva che si ottiene intersecando una sfera S con un piano secante π. Sia C il centro della sfera e sia n la retta passante per C e perpendicolare a π. Sia C' il punto di intersezione della retta n con il piano π. Infine, sia P un qualunque punto di γ. Il triangolo $PC'C$ è retto in C', poiché $n\perp\pi$. Quindi per il teorema di Pitagora, si ha

$$\mathrm{d}(P,C')=\sqrt{\mathrm{d}(P,C)^2-\mathrm{d}(C,C')^2}\,.$$

Poiché $d(P, C)$ è il raggio r di S e $d(C, C')$ coincide con la distanza h del punto C con il piano π, si ha che $d(P, C') = \sqrt{r^2 - h^2}$ è costante. Quindi, la curva $\gamma = S \cap \pi$ è contenuta nella circonferenza di centro $C' = n \cap \pi$ e di raggio $r' = \sqrt{r^2 - h^2}$.

Viceversa, supponiamo che P appartenga alla circonferenza di centro C' e raggio r', giacente sul piano π. Allora la sua distanza da C è $d(P, C) = \sqrt{h^2 - r'^2} = r$, ossia $P \in S$. Poiché $P \in \pi$, si ha $P \in \pi \cap S$, ossia $P \in \gamma$. □

Per il Teorema 672, le circonferenze nello spazio possono essere caratterizzate come le curve che si ottengono intersecando una sfera con un piano. Infatti, ogni circonferenza è sempre contenuta in una sfera (ad esempio, la sfera che ha stesso centro e stesso raggio) e quindi può sempre essere vista come intersezione di una sfera con un piano. Viceversa, l'intersezione di una sfera con un piano è, per il Teorema 672, una circonferenza. Questa caratterizzazione permette anche di ottenere una rappresentazione analitica canonica per le circonferenze nello spazio, mediante un sistema di equazioni cartesiane del tipo

$$\begin{cases} x^2 + y^2 + z^2 + a_1 x + b_1 y + c_1 z + d_1 = 0 \\ a_2 x + b_2 y + c_2 z + d_2 = 0 \,. \end{cases}$$

Inoltre, la dimostrazione del Teorema 672, fornisce un metodo esplicito per determinare il centro e il raggio di una circonferenza.

ESEMPI

1. Consideriamo la circonferenza

$$\gamma : \begin{cases} x^2 + y^2 + z^2 - 2x - 4y + 2z - 9 = 0 \\ 2x + y - 3z + 7 = 0 \,. \end{cases}$$

La prima equazione definisce una sfera S, mentre la seconda equazione definisce un piano π. Per determinare il centro e il raggio di γ, iniziamo a determinare il centro e il raggio di S. Usando il metodo del completamento a un quadrato si ha

$$S \, : \, (x-1)^2 + (y-2)^2 + (z+1)^2 = 15 \,.$$

Quindi S ha centro $C \equiv (1, 2, -1)$ e raggio $r = \sqrt{15}$. La retta n passante per C e ortogonale al piano π ha equazioni parametriche

$$\begin{cases} x = 1 + 2t \\ y = 2 + t \\ z = -1 - 3t \,. \end{cases}$$

Sostituendo le coordinate del generico punto di n nell'equazione di π, si trova $t = -1$. Quindi il centro di γ è il punto $C' \equiv (-1, 1, 2)$. La distanza tra C e C' è $h = \sqrt{14}$. Quindi il raggio di γ è $r' = \sqrt{r^2 - h^2} = \sqrt{15 - 14} = 1$.

2. Consideriamo il sistema di equazioni

$$\begin{cases} x^2 + y^2 + z^2 - 2x - 2y + 4z + 4 = 0 \\ x^2 + y^2 + z^2 - 6x + 8y - 2z + 1 = 0 \end{cases}$$

che rappresenta l'intersezione di due sfere. Se alla seconda equazione sostituiamo la differenza delle due equazioni, si ottiene il sistema equivalente

$$\begin{cases} x^2 + y^2 + z^2 - 2x - 2y + 4z + 4 = 0 \\ 4x - 10y + 6z + 3 = 0 \end{cases}$$

che rappresenta l'intersezione di una sfera con un piano, ossia una circonferenza. In generale, l'intersezione di due sfere è una circonferenza, un punto o il vuoto.

3. Supponiamo di dover scrivere le equazioni della circonferenza che passa per i tre punti $A \equiv (1,2,4)$, $B \equiv (4,1,2)$ e $C \equiv (2,4,1)$. Questa situazione è molto particolare, poiché i tre punti assegnati hanno le medesime coordinate a meno dell'ordine. Questo significa che la loro somma e la somma dei loro quadrati è costante. Quindi le coordinate dei tre punti dati soddisfano le equazioni

$$\begin{cases} x^2 + y^2 + z^2 = 21 \\ x + y + z = 7 \end{cases}$$

che definiscono la circonferenza cercata.

11 Geometria differenziale delle curve

11.1 Funzioni vettoriali

Lo spazio $\mathbb{R}^n$ è l'insieme di tutte le n-uple ordinate di numeri reali, ossia è l'insieme

$$\mathbb{R}^n = \{(x_1, x_2, \ldots, x_n) \ : \ x_1, x_2, \ldots, x_n \in \mathbb{R}\}.$$

Per $n = 2$ e per $n = 3$, si ottengono gli spazi $\mathbb{R}^2$ ed $\mathbb{R}^3$ che abbiamo studiato nei capitoli precedenti. Anche $\mathbb{R}^n$ possiede una struttura di spazio vettoriale rispetto alle seguenti operazioni. La somma di due vettori $\mathbf{x} = (x_1, \ldots, x_n)$ e $\mathbf{y} = (y_1, \ldots, y_n)$ di $\mathbb{R}^n$ è il vettore $\mathbf{x} + \mathbf{y} = (x_1 + y_1, \ldots, x_n + y_n)$. Il prodotto di uno scalare λ per un vettore $\mathbf{x} = (x_1, \ldots, x_n)$ di $\mathbb{R}^n$ è il vettore $\lambda\mathbf{x} = (\lambda x_1, \ldots, \lambda x_n)$.

Il *prodotto scalare* di due vettori $\mathbf{x} = (x_1, \ldots, x_n)$ e $\mathbf{y} = (y_1, \ldots, y_n)$ di $\mathbb{R}^n$ è lo scalare

$$\langle \mathbf{x}, \mathbf{y} \rangle = x_1 y_1 + \cdots + x_n y_n .$$

La *norma* di un vettore $\mathbf{x} = (x_1, \ldots, x_n)$ di $\mathbb{R}^n$ è lo scalare

$$\|\mathbf{x}\| = \sqrt{\langle \mathbf{x}, \mathbf{x} \rangle} = \sqrt{x_1^2 + \cdots + x_n^2}.$$

Una *funzione vettoriale* è una funzione $f : I \to \mathbb{R}^n$, dove I è un intervallo di $\mathbb{R}$. La funzione f associa a ogni numero reale $t \in I$ un vettore di $\mathbb{R}^n$, ossia $f(t) = (f_1(t), f_2(t), \ldots, f_n(t))$, dove ogni componente è funzione del parametro t. Dare una funzione vettoriale $f : I \to \mathbb{R}^n$ è del tutto equivalente ad assegnare una n-upla ordinata di funzioni ordinarie $f_i : I \to \mathbb{R}$, per $i = 1, 2, \ldots, n$, dette *funzioni componenti*.

Anche per le funzioni vettoriali si può definire il concetto di limite, di continuità e di derivabilità. Qui daremo solo le definizioni principali, senza entrare nei dettagli.

Definizione 673. *Sia $f : I \to \mathbb{R}^n$ una funzione vettoriale. Sia t_0 un punto di accumulazione di I e sia $\mathbf{v}$ un vettore di $\mathbb{R}^n$. La funzione $f(t)$ tende al vettore $\mathbf{v}$ al tendere di t a t_0 se la distanza tra i due vettori $f(t)$ e $\mathbf{v}$ tende a 0 al tendere di t a t_0, ossia*

$$\lim_{t \to t_0} f(t) = \mathbf{v} \qquad \Longleftrightarrow \qquad \lim_{t \to t_0} \|f(t) - \mathbf{v}\| = 0 .$$

Si può dimostrare che il limite, se esiste, è unico. Inoltre, si può dimostrare il seguente teorema, che permette di ridurre i limiti delle funzioni vettoriali ai limiti ordinari delle funzioni componenti.

Teorema 674. *Sia* $f : I \to \mathbb{R}^n$ *una funzione vettoriale tale che* $f(t) = (f_1(t), \dots, f_n(t))$ *per ogni* $t \in I$. *Sia* t_0 *un punto di accumulazione di* I *e sia* $\mathbf{v} = (v_1, \dots, v_n)$ *un vettore di* $\mathbb{R}^n$. *Allora si ha*

$$\lim_{t \to t_0} f(t) = \mathbf{v} \qquad \Longleftrightarrow \qquad \lim_{t \to t_0} f_i(t) = v_i \qquad \text{per ogni} \quad i = 1, \dots, n .$$

Definizione 675. *Una funzione vettoriale* $f : I \to \mathbb{R}^n$ è continua *in un punto* $t_0 \in I$ *quando*

$$\lim_{t \to t_0} f(t) = f(t_0) .$$

La funzione f *è continua su tutto* I *quando è continua in ogni suo punto.*

Anche in questo caso, si può dimostrare il seguente teorema, che scarica la continuità di una funzione vettoriale sulla continuità delle funzioni componenti.

Teorema 676. *Sia* $f : I \to \mathbb{R}^n$ *una funzione vettoriale tale che* $f(t) = (f_1(t), \dots, f_n(t))$ *per ogni* $t \in I$. *Allora* f *è continua in* $t_0 \in I$ *se e solo se ogni funzione* f_i *è continua in* t_0.

Definizione 677. *Una funzione vettoriale* $f : (a, b) \to \mathbb{R}^n$ è derivabile *in un punto* $t_0 \in (a, b)$ *quando esiste finito il limite*

$$\lim_{h \to 0} \frac{f(t+h) - f(t)}{h} .$$

In questo caso, questo limite è la derivata di f *in* t_0 *e viene indicato con* $f'(t_0)$.

La funzione f *è derivabile su tutto l'intervallo* (a, b) *quando è derivabile in ogni suo punto.*

Anche la derivabilità di una funzione vettoriale può essere scaricata sulle funzioni componenti. Infatti, si può dimostrare il

Teorema 678. *Sia* $f : I \to \mathbb{R}^n$ *una funzione vettoriale tale che* $f(t) = (f_1(t), \dots, f_n(t))$ *per ogni* $t \in I$. *Allora* f *è derivabile in* $t_0 \in I$ *se e solo se ogni funzione* f_i *è derivabile in* t_0. *Inoltre,* $f'(t) = (f_1'(t), \dots, f_n'(t))$ *per ogni* $t \in I$.

Utilizzando il Teorema 678, si possono dimostrare le seguenti proprietà che generalizzano le analoghe proprietà per le funzioni ordinarie.

Teorema 679. *L'operatore di derivazione di funzioni vettoriali è un operatore lineare. Più precisamente, per ogni* $\lambda, \mu \in \mathbb{R}$ *e per ogni funzione vettoriale derivabile* $f : I \to \mathbb{R}^n$ *e* $g : I \to \mathbb{R}^n$ *si ha che la combinazione lineare* $\lambda f + \mu g$ *è ancora una funzione vettoriale derivabile e*

$$(\lambda f + \mu g)' = \lambda f' + \mu g' .$$

Dimostrazione. Se $f(t) = (f_1(t), \ldots, f_n(t))$ e $g(t) = (g_1(t), \ldots, g_n(t))$ per ogni $t \in I$, allora si ha

$$\begin{aligned}(\lambda f + \mu g)(t) &= \lambda f(t) + \mu g(t)\\ &= \lambda(f_1(t), \ldots, f_n(t)) + \mu(g_1(t), \ldots, g_n(t))\\ &= (\lambda f_1(t) + \mu g_1(t), \ldots, \lambda f_n(t) + \mu g_n(t))\end{aligned}$$

per ogni $t \in I$. Poiché le singole funzioni componenti $\lambda f_k + \mu g_k$ sono tutte derivabili (essendo tutte le funzioni componenti f_k e g_k derivabili per ipotesi), si ha che anche la funzione vettoriale $\lambda f + \mu g$ è derivabile. Inoltre, per il Teorema 678 e per la linearità dell'operatore di derivazione ordinario, si ha

$$\begin{aligned}(\lambda f + \mu g)' &= (\lambda f_1 + \mu g_1, \ldots, \lambda f_n + \mu g_n)'\\ &= ((\lambda f_1 + \mu g_1)', \ldots, (\lambda f_n + \mu g_n)')\\ &= (\lambda f_1' + \mu g_1', \ldots, \lambda f_n' + \mu g_n')\\ &= \lambda(f_1', \ldots, f_n') + \mu(g_1', \ldots, g_n')\\ &= \lambda f' + \mu g'\,.\end{aligned}$$

Pertanto, l'operatore di derivazione di funzioni vettoriali conserva le combinazioni lineari, ossia è un operatore lineare. □

Teorema 680. *Sia $f : J \to \mathbb{R}^n$ una funzione vettoriale derivabile e sia $\varphi : I \to J$ una funzione derivabile. Allora la funzione composta $f \circ \varphi : I \to \mathbb{R}^n$, definita da $(f \circ \varphi)(t) = f(\varphi(t))$ per ogni $t \in I$, è derivabile e*

$$f(\varphi(t))' = \varphi'(t) f'(\varphi(t))$$

per ogni $t \in I$.

Dimostrazione. Se $f(u) = (f_1(u), \ldots, f_n(u))$ per ogni $u \in J$, allora si ha

$$f(\varphi(t)) = (f_1(\varphi(t)), \ldots, f_n(\varphi(t)))$$

per ogni $t \in I$. Poiché le funzioni componenti $f_k(\varphi(t))$ sono tutte derivabili (essendo tutte le funzioni componenti f_k e la funzione φ derivabili per ipotesi), si ha che anche la funzione vettoriale composta $f \circ \varphi$ è derivabile. Inoltre, per il Teorema 678 e per il regola di derivazione di funzioni composte ordinarie (Teorema 337), si ha

$$\begin{aligned}f(\varphi(t))' &= (f_1(\varphi(t)), \ldots, f_n(\varphi(t)))'\\ &= (f_1(\varphi(t))', \ldots, f_n(\varphi(t))')\\ &= (\varphi'(t) f_1'(\varphi(t)), \ldots, \varphi'(t) f_n'(\varphi(t)))\\ &= \varphi'(t)(f_1'(\varphi(t)), \ldots, f_n'(\varphi(t)))\\ &= \varphi'(t) f'(\varphi(t))\,.\end{aligned}$$

□

Nel caso delle funzioni vettoriali, si possono dimostrare alcune ulteriori proprietà, di natura prettamente vettoriale. Qui ne vedremo alcune che saranno utili in seguito.

Teorema 681 (Regola di Leibniz per il prodotto scalare). *Siano* $f : I \to \mathbb{R}^n$ *e* $g : I \to \mathbb{R}^n$ *due funzioni vettoriali derivabili. Allora, per ogni* $t \in I$, *si ha*

$$\langle f(t), g(t)\rangle' = \langle f'(t), g(t)\rangle + \langle f(t), g'(t)\rangle$$

e

$$\|f(t)\|' = \frac{\langle f(t), f'(t)\rangle}{\|f(t)\|}.$$

Dimostrazione. Se $f(t) = (f_1(t), \ldots, f_n(t))$ e $g(t) = (g_1(t), \ldots, g_n(t))$ per ogni $t \in I$, allora, usando la linearità e la regola di Leibniz per l'operatore di derivazione ordinario, si ha

$$\begin{aligned}
\langle f(t), g(t)\rangle' &= \left(\sum_{k=1}^{n} f_k(t) g_k(t)\right)' \\
&= \sum_{k=1}^{n} (f_k(t) g_k(t))' \\
&= \sum_{k=1}^{n} (f_k'(t) g_k(t) + f_k(t) g_k'(t)) \\
&= \sum_{k=1}^{n} f_k'(t) g_k(t) + \sum_{k=1}^{n} f_k(t) g_k'(t) \\
&= \langle f'(t), g(t)\rangle + \langle f(t), g'(t)\rangle .
\end{aligned}$$

Inoltre, essendo $\|f(t)\| = \sqrt{\langle f(t), f(t)\rangle}$ una funzione ordinaria, derivando e usando la simmetria del prodotto scalare, si ha

$$\|f(t)\|' = \frac{\langle f(t), f(t)\rangle'}{2\sqrt{\langle f(t), f(t)\rangle}} = \frac{\langle f'(t), f(t)\rangle + \langle f(t), f'(t)\rangle}{2\sqrt{\langle f(t), f(t)\rangle}} = \frac{\langle f(t), f'(t)\rangle}{\|f(t)\|}.$$

□

Teorema 682. *Sia* $f : I \to \mathbb{R}^n$ *una funzione vettoriale derivabile tale che* $\|f(t)\|$ *sia costante per ogni* $t \in I$. *Allora* $f(t) \perp f'(t)$ *per ogni* $t \in I$.

Dimostrazione. Se $\|f(t)\|$ è costante per ogni $t \in I$, derivando si ha $\|f(t)\|' = 0$ per ogni $t \in I$, ossia $\langle f(t), f'(t)\rangle = 0$ per ogni $t \in I$. □

Teorema 683. *Un determinate di funzioni derivabili è una funzione derivabile. In particolare, la derivata di un determinate di ordine* 2 *è*

$$\begin{vmatrix} a(x) & b(x) \\ c(x) & d(x) \end{vmatrix}' = \begin{vmatrix} a'(x) & b'(x) \\ c(x) & d(x) \end{vmatrix} + \begin{vmatrix} a(x) & b(x) \\ c'(x) & d'(x) \end{vmatrix}$$

e la derivata di un determinante di ordine tre è

$$\begin{vmatrix} a(x) & b(x) & c(x) \\ d(x) & e(x) & f(x) \\ g(x) & h(x) & i(x) \end{vmatrix}' = \begin{vmatrix} a'(x) & b'(x) & c'(x) \\ d(x) & e(x) & f(x) \\ g(x) & h(x) & i(x) \end{vmatrix} + \begin{vmatrix} a(x) & b(x) & c(x) \\ d'(x) & e'(x) & f'(x) \\ g(x) & h(x) & i(x) \end{vmatrix} + \begin{vmatrix} a(x) & b(x) & c(x) \\ d(x) & e(x) & f(x) \\ g'(x) & h'(x) & i'(x) \end{vmatrix}.$$

Dimostrazione. Usando la definizione di determinate di ordine 2 (Definizione 633) e le proprietà della derivata, si ha

$$\begin{aligned} \begin{vmatrix} a(x) & b(x) \\ c(x) & d(x) \end{vmatrix}' &= (a(x)d(x) - b(x)c(x))' \\ &= a'(x)d(x) + a(x)d'(x) - b'(x)c(x) - b(x)c'(x) \\ &= a'(x)d(x) - b'(x)c(x) + a(x)d'(x) - b(x)c'(x) \\ &= \begin{vmatrix} a'(x) & b'(x) \\ c(x) & d(x) \end{vmatrix} + \begin{vmatrix} a(x) & b(x) \\ c'(x) & d'(x) \end{vmatrix}. \end{aligned}$$

Analogamente, usando la definizione di determinate di ordine 2 (Definizione 633), le proprietà della derivata e il risultato precedente, si ha

$$\begin{aligned} &\begin{vmatrix} a(x) & b(x) & c(x) \\ d(x) & e(x) & f(x) \\ g(x) & h(x) & i(x) \end{vmatrix}' = \\ &= \left(a(x) \begin{vmatrix} e(x) & f(x) \\ h(x) & i(x) \end{vmatrix} - b(x) \begin{vmatrix} d(x) & f(x) \\ g(x) & i(x) \end{vmatrix} + c(x) \begin{vmatrix} d(x) & e(x) \\ g(x) & h(x) \end{vmatrix} \right)' \\ &= a'(x) \begin{vmatrix} e(x) & f(x) \\ h(x) & i(x) \end{vmatrix} + a(x) \begin{vmatrix} e(x) & f(x) \\ h(x) & i(x) \end{vmatrix}' \\ &\quad - b'(x) \begin{vmatrix} d(x) & f(x) \\ g(x) & i(x) \end{vmatrix} - b(x) \begin{vmatrix} d(x) & f(x) \\ g(x) & i(x) \end{vmatrix}' \\ &\quad + c'(x) \begin{vmatrix} d(x) & e(x) \\ g(x) & h(x) \end{vmatrix} + c(x) \begin{vmatrix} d(x) & e(x) \\ g(x) & h(x) \end{vmatrix}' \\ &= a'(x) \begin{vmatrix} e(x) & f(x) \\ h(x) & i(x) \end{vmatrix} + a(x) \begin{vmatrix} e'(x) & f'(x) \\ h(x) & i(x) \end{vmatrix} + a(x) \begin{vmatrix} e(x) & f(x) \\ h'(x) & i'(x) \end{vmatrix} \\ &\quad - b'(x) \begin{vmatrix} d(x) & f(x) \\ g(x) & i(x) \end{vmatrix} - b(x) \begin{vmatrix} d'(x) & f'(x) \\ g(x) & i(x) \end{vmatrix} - b(x) \begin{vmatrix} d(x) & f(x) \\ g'(x) & i'(x) \end{vmatrix} \\ &\quad + c'(x) \begin{vmatrix} d(x) & e(x) \\ g(x) & h(x) \end{vmatrix} + c(x) \begin{vmatrix} d'(x) & e'(x) \\ g(x) & h(x) \end{vmatrix} + c(x) \begin{vmatrix} d(x) & e(x) \\ g'(x) & h'(x) \end{vmatrix} \\ &= \begin{vmatrix} a'(x) & b'(x) & c'(x) \\ d(x) & e(x) & f(x) \\ g(x) & h(x) & i(x) \end{vmatrix} + \begin{vmatrix} a(x) & b(x) & c(x) \\ d'(x) & e'(x) & f'(x) \\ g(x) & h(x) & i(x) \end{vmatrix} + \begin{vmatrix} a(x) & b(x) & c(x) \\ d(x) & e(x) & f(x) \\ g'(x) & h'(x) & i'(x) \end{vmatrix}. \end{aligned}$$

□

Teorema 684 (Regola di Leibniz per il prodotto vettoriale). *Siano* $f : I \to \mathbb{R}^3$ *e* $g : I \to \mathbb{R}^3$ *due funzioni vettoriali derivabili. Allora, per ogni* $t \in I$, *si ha*

$$(f(t) \wedge g(t))' = f'(t) \wedge g(t) + f(t) \wedge g'(t).$$

Dimostrazione. Supponiamo che $f(t) = (f_1(t), f_2(t), f_3(t))$ e $g(t) = (g_1(t), g_2(t), g_3(t))$ per ogni $t \in I$. Utilizzando la definizione di prodotto vettoriale (Definizione 634) e il Teorema 683, tenuto conto che i vettori della base naturale sono costanti, si ha

$$\begin{aligned}(f(t) \wedge g(t))' &= \begin{vmatrix} \mathbf{i} & \mathbf{j} & \mathbf{k} \\ f_1(t) & f_2(t) & f_3(t) \\ g_1(t) & g_2(t) & g_3(t) \end{vmatrix}' \\ &= \begin{vmatrix} \mathbf{i} & \mathbf{j} & \mathbf{k} \\ f_1'(t) & f_2'(t) & f_3'(t) \\ g_1(t) & g_2(t) & g_3(t) \end{vmatrix} + \begin{vmatrix} \mathbf{i} & \mathbf{j} & \mathbf{k} \\ f_1(t) & f_2(t) & f_3(t) \\ g_1'(t) & g_2'(t) & g_3'(t) \end{vmatrix} \\ &= f'(t) \wedge g(t) + f(t) \wedge g'(t) .\end{aligned}$$

□

Teorema 685 (Derivazione del prodotto misto). *Siano* $f : I \to \mathbb{R}^3$, $g : I \to \mathbb{R}^3$ *e* $h : I \to \mathbb{R}^3$ *tre funzioni vettoriali derivabili. Allora, si ha*

$$[f, g, h]' = [f', g, h] + [f, g', h] + [f, g, h'] .$$

Dimostrazione. Per la Definizione 648 e per i Teoremi 681 e 684, si ha

$$\begin{aligned}[f, g, h]' &= \langle f, g \wedge h \rangle' \\ &= \langle f', g \wedge h \rangle + \langle f, (g \wedge h)' \rangle \\ &= \langle f', g \wedge h \rangle + \langle f, g' \wedge h + g \wedge h' \rangle \\ &= \langle f', g \wedge h \rangle + \langle f, g' \wedge h \rangle + \langle f, g \wedge h' \rangle \\ &= [f', g, h] + [f, g', h] + [f, g, h']\end{aligned}$$

□

11.2 Curve

11.2.1 Rappresentazione parametrica delle curve

Una funzione vettoriale $f : I \to \mathbb{R}^n$ può essere interpretata come la traiettoria che una particella materiale descrive nello spazio al variare del tempo. Più precisamente, il vettore $f(t)$ può essere visto come il vettore posizione di una particella che si muove nello spazio al variare del tempo t in un dato intervallo I.

La traiettoria descritta da una funzione vettoriale $f : I \to \mathbb{R}^n$ può essere rappresentata mediante un'*equazione vettoriale*

$$f(t) = (f_1(t), f_2(t), \ldots, f_n(t)) \qquad t \in I ,$$

o, equivalentemente, mediante *equazioni parametriche*

$$\begin{cases} x_1 = f_1(t) \\ x_2 = f_2(t) \\ \dots \\ x_n = f_n(t) \end{cases} \qquad t \in I$$

dove t è il *parametro*.

Dal punto di vista geometrico, le traiettorie vengono chiamate curve (o, meglio, curve parametrizzate, visto che sono date mediante una loro parametrizzazione). Quindi, una *curva* γ in $\mathbb{R}^n$ è semplicemente una funzione vettoriale $f : I \to \mathbb{R}^n$. Equivalentemente, diremo che la curva γ è parametrizzata dalla funzione vettoriale $f : I \to \mathbb{R}^n$. In questo modo, per ogni valore del parametro $t \in I$, si ha un vettore $f(t)$ che individua la posizione di un punto P di $\mathbb{R}^n$ che appartiene alla curva γ.

Studieremo prevalentemente le curve nello spazio ordinario $\mathbb{R}^3$. Come caso particolare, avremo le curve nel piano $\mathbb{R}^2$. Infatti, una curva parametrizzata da una funzione vettoriale $f : I \to \mathbb{R}^3$ dove la terza coordinata è identicamente nulla può essere vista come una curva piana, giacente nel piano xy, parametrizzata da una funzione vettoriale $g : I \to \mathbb{R}^2$ definita da $g(t) = (f_1(t), f_2(t))$. Viceversa, una curva piana parametrizzata da una funzione vettoriale $g : I \to \mathbb{R}^2$, definita da $g(t) = (g_1(t), g_2(t))$, può sempre essere vista come una curva nello spazio $\mathbb{R}^3$ parametrizzata da una funzione vettoriale $f : I \to \mathbb{R}^3$ definita da $f(t) = (g_1(t), g_2(t), 0)$.

Alcune proprietà delle curve derivano direttamente dalle proprietà delle funzioni vettoriali che le parametrizzano. Una curva γ, rappresentata da una funzione vettoriale $f : I \to \mathbb{R}^n$, è continua, derivabile, di classe C^k quando la funzione f è continua, derivabile, di classe C^k su I, ossia quando ogni funzione componente f_i di f è una funzione continua, derivabile, di classe C^k su I.

11.2.2 Prime proprietà delle curve

Il *sostegno* della curva γ è l'immagine di f (ossia è l'insieme dei punti che appartengono alla curva). Si osservi che il sostegno di una curva non coincide necessariamente con la curva stessa.

Una curva γ, rappresentata da una funzione vettoriale $f : I \to \mathbb{R}^n$, possiede un *punto multiplo* in corrispondenza di $t_0 \in I$ quando esiste almeno un $t_1 \in I$, $t_1 \neq t_0$, tale che $f(t_0) = f(t_1)$. In particolare, la curva γ è *semplice* quando non possiede punti multipli, ossia quando la funzione f è iniettiva, ossia quando $f(t_1) \neq f(t_2)$ per ogni $t_1, t_2 \in I$, $t_1 \neq t_2$.

Una curva γ, rappresentata da una funzione vettoriale $f : [a, b] \to \mathbb{R}^n$, è *chiusa* quando $f(a) = f(b)$. Analogamente, una curva γ, rappresentata da una funzione vettoriale $f : [a, b) \to \mathbb{R}^n$, è chiusa quando $f(t) \to f(a)$ per $t \to b^-$.

ESEMPI

1. Consideriamo le due curve

$$\gamma_1 : \begin{cases} x = \cos\vartheta \\ y = \operatorname{sen}\vartheta \end{cases} \qquad \vartheta \in [0, 2\pi) \qquad \text{e} \qquad \gamma_2 : \begin{cases} x = \cos\vartheta \\ y = \operatorname{sen}\vartheta \end{cases} \qquad \vartheta \in [0, 4\pi)\,.$$

In entrambi i casi, il sostegno della curva è dato dalla circonferenza γ che ha centro nell'origine e raggio 1. Tuttavia, la curva γ_1 è semplice, mentre la curva γ_2 non lo è. Infatti, nel secondo caso il punto $(1,0)$ si ottiene per $\vartheta = 0$ e per $\vartheta = 2\pi$. In realtà, per ogni $\vartheta \in [0, 2\pi)$, si ha $f(\vartheta + 2\pi) = f(\vartheta)$. Da un punto di vista cinematico, questo significa che la particella percorre la circonferenza γ due volte. Nel caso di γ_1 questo non accade: per valori diversi del parametro, si hanno punti diversi della curva. In entrambi i casi, la curva è chiusa.

2. Consideriamo il *folium di Cartesio*, ossia la curva

$$\gamma : \begin{cases} x = t(t-1) \\ y = t(t-1)(2t-1) \end{cases} \qquad t \in \mathbb{R}\,.$$

Poiché per $t = 0$ e per $t = 1$ si ha lo stesso punto $(0,0)$, la curva γ non è semplice. Tuttavia (come si vede nella figura seguente) l'origine è l'unico punto multiplo di γ.

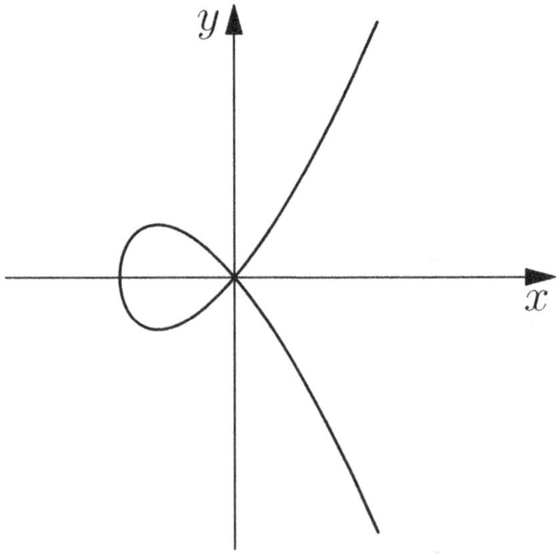

3. Fissato $n \in \mathbb{N}$, $n \geq 1$, sia γ_n la curva di equazioni parametriche

$$\begin{cases} x = \cos\vartheta\,(2\cos n\vartheta - 1) \\ y = \operatorname{sen}\vartheta\,(2\cos n\vartheta - 1) \end{cases} \qquad \vartheta \in [0, 2\pi)\,.$$

Entrambe le coordinate si annullano quando $\cos n\vartheta = 1/2$, ossia per

$$\vartheta = \frac{1}{n}\left(\frac{\pi}{3} + 2k\pi\right) \quad \text{e} \quad \vartheta = \frac{1}{n}\left(\frac{5\pi}{3} + 2k\pi\right), \qquad \text{con} \quad k = 0, 1, \ldots, n-1\,.$$

Ci sono quindi $2n$ valori del parametro ϑ in corrispondenza dei quali si ha l'origine, che pertanto è un punto multiplo di ordine $2n$. Per $n = 1, 2, 3, 4$, si hanno le seguenti curve

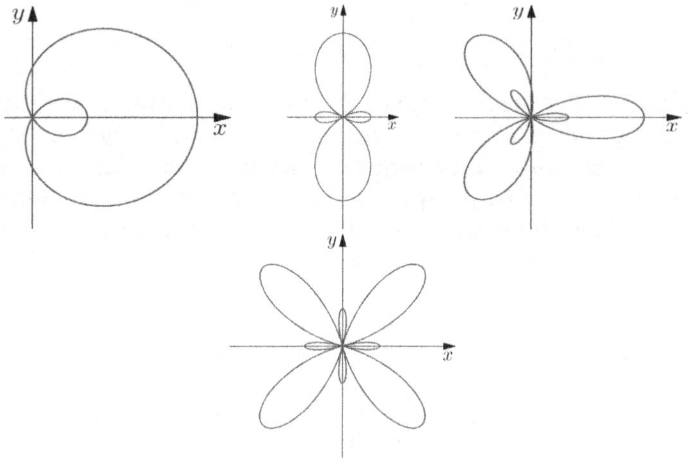

Una curva $\gamma \subseteq \mathbb{R}^3$ è *piana* quando esiste un piano π di $\mathbb{R}^3$ che contiene tutti i suoi punti, ossia $\gamma \subseteq \pi$. Una curva $\gamma \subseteq \mathbb{R}^3$ è *gobba* quando non è piana.

ESEMPI

1. Consideriamo la curva γ di equazioni parametriche

$$\begin{cases} x = 1 + t \\ y = 1 - t^2 \\ z = 1 + t + t^2 \end{cases} \qquad t \in \mathbb{R}\,.$$

Per stabilire se γ è piana, possiamo utilizzare il seguente metodo algebrico. Se γ è contenuta in un piano $\pi\ :\ ax + by + cz + d = 0$, allora le coordinate di ogni punto di γ devono soddisfare l'equazione di π, ossia

$$a(1+t) + b(1-t^2) + c(1+t+t^2) + d = 0 \qquad \forall t \in \mathbb{R}\,,$$

ossia

$$a + b + c + d + (a+c)t + (-b+c)t^2 = 0 \qquad \forall t \in \mathbb{R}\,.$$

Poiché questa identità deve valere per ogni $t \in \mathbb{R}$, si deve avere il seguente sistema

$$\begin{cases} a + b + c + d = 0 \\ a + c = 0 \\ -b + c = 0 \end{cases}$$

dal quale si ottiene $a = -c$, $b = c$ e $d = -c$. Poiché si ha almeno una soluzione non identicamente nulla, la curva γ è piana. In particolare, γ è contenuta nel piano di equazione $x - y - z + 1 = 0$. Si può dimostrare che γ è una parabola.

2. Consideriamo la curva γ di equazioni parametriche

$$\begin{cases} x = t \\ y = t^2 \\ z = t^3 \end{cases} \qquad t \in \mathbb{R}\,.$$

Per stabilire se questa curva è piana, imponiamo che tutti i suoi punti appartengano al piano π di equazione $ax + by + cz + d = 0$. Allora $at + bt^2 + ct^3 + d = 0$ per ogni valore di $t \in \mathbb{R}$ e questo è possibile solo se $a = b = c = d = 0$. In questo caso, si ha solo la soluzione identicamente nulla che non definisce alcun piano e quindi la curva γ non è piana. La curva γ è chiamata *cubica gobba*.

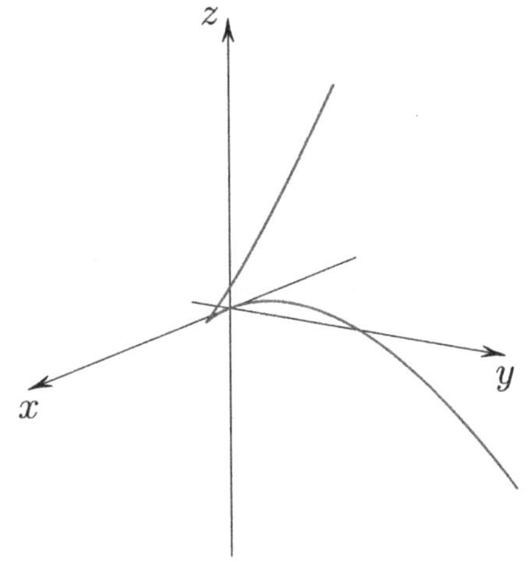

3. Fissati due numeri reali positivi r ed h, consideriamo la curva

$$\gamma : \begin{cases} x = r\cos\vartheta \\ y = r\,\mathrm{sen}\,\vartheta \\ z = h\vartheta \end{cases} \qquad \vartheta \in \mathbb{R}\,.$$

In generale, per dimostrare che una curva γ non è piana si può determinare il piano passante per tre punti non allineati di γ e cercare un quarto punto che non vi appartiene. Consideriamo l'equazione del generico piano $\pi : ax + by + cz + d = 0$ e imponiamo che passi per i seguenti tre punti

$$\begin{array}{lcll} f(0) = (r,0,0) & : & ar + d = 0 & d = -ar \\ f(\pi/2) = (0,r,h\pi/2) & : & br + ch\pi/2 + d = 0 & b = 0 \\ f(\pi) = (-r,0,h\pi) & : & -ar + ch\pi + d = 0 & c = \frac{2ar}{h\pi}\,. \end{array}$$

Si ha così il piano

$$\pi \; : \; x + \frac{2r}{h\pi}\, z - r = 0\,.$$

Consideriamo ora il punto $f(2\pi) = (r, 0, 2h\pi)$. Poiché $r \neq 0$, le sue coordinate non soddisfano l'equazione di π e quindi esso non vi appartiene. Di conseguenza, la curva γ non è piana. Tuttavia, dalle equazioni parametriche che definiscono γ, si vede subito che le coordinate di ogni punto della curva soddisfano l'equazione $x^2 + y^2 = r^2$, che, in $\mathbb{R}^3$, rappresenta un cilindro circolare retto che ha per asse l'asse delle z. Quindi la curva γ giace completamente su questo cilindro. Inoltre, la curva γ si avvita attorno a tale cilindro. Infatti, per ogni $\vartheta \in \mathbb{R}$, si ha

$$\begin{aligned} f(\vartheta + 2\pi) &= (r\cos(\vartheta + 2\pi), r\,\mathrm{sen}(\vartheta + 2\pi), h(\vartheta + 2\pi)) \\ &= (r\cos\vartheta, r\,\mathrm{sen}\,\vartheta, h\vartheta + 2h\pi) \\ &= f(\vartheta) + (0, 0, 2h\pi)\,. \end{aligned}$$

Questo significa che la curva γ interseca la retta parallela all'asse z passante per il punto $(r\cos\vartheta, r\,\mathrm{sen}\,\vartheta, 0)$ in infiniti punti, distanziati tra di loro di $2h\pi$. la curva γ è detta *elica cilindrica*.

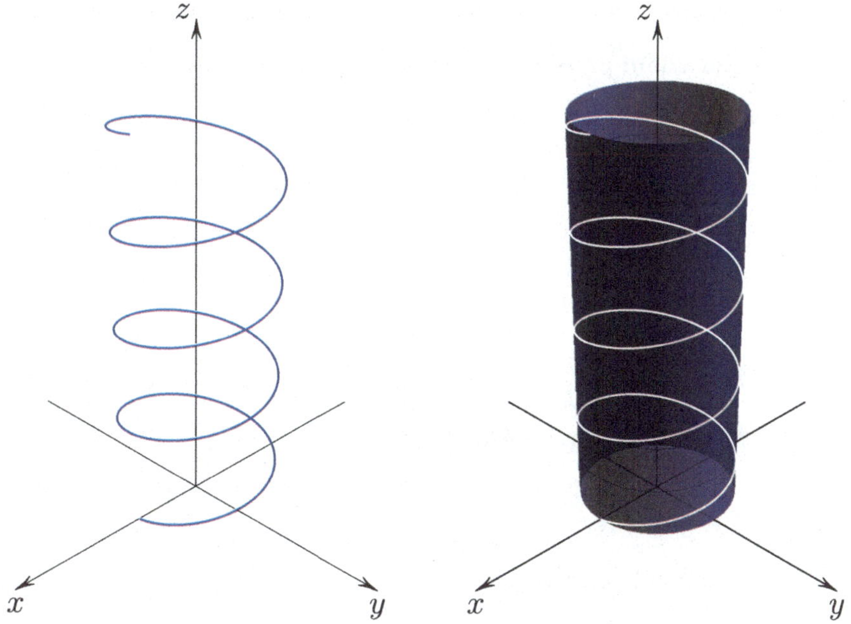

11.2.3 Curve regolari

Sia γ una curva rappresentata da una funzione vettoriale $f : I \to \mathbb{R}^n$. Se f è derivabile, allora $f'(t)$ è un vettore tangente a γ nel punto $f(t)$. Infatti, per definizione, si ha

$$f'(t) = \lim_{h \to 0} \frac{f(t+h) - f(t)}{h}$$

dove $f(t+h)-f(t)$ è il vettore che unisce i punti $f(t)$ e $f(t+h)$. Al tendere di h a 0, questo vettore tenderà a un vettore limite appartenente alla retta tangente a γ nel punto $f(t)$. Pertanto, la retta tangente a γ nel punto $f(t)$ è completamente individuata dal punto $f(t)$ e dal vettore tangente $f'(t)$, purché quest'ultimo vettore non si riduca al vettore nullo (che non individua alcuna direzione). Tuttavia, anche se la curva γ possiede retta tangente in un punto $f(t)$, è possibile che $f'(t) = \mathbf{0}$.

Sia γ una curva parametrizzata da una funzione vettoriale $f : I \to \mathbb{R}^n$ di classe C^1 su I. La curva γ è *regolare in un punto* $t_0 \in I$ quando $f'(t_0) \neq \mathbf{0}$. La curva γ è *regolare* se è regolare in ogni suo punto. I punti in cui γ non è regolare sono i *punti singolari* della curva.

OSSERVAZIONE 686. Se γ è una curva regolare in un punto t, allora $f'(t) \neq \mathbf{0}$ e, di conseguenza, $\|f'(t)\| \neq 0$. Pertanto, è possibile definire il *versore tangente* a γ nel punto $f(t)$ ponendo

$$\mathbf{t}(t) = \frac{f'(t)}{\|f'(t)\|}.$$

In un punto singolare, invece, non è possibile definire un versore tangente mediante la derivata prima della funzione vettoriale che parametrizza la curva.

Dalle osservazioni precedenti, segue immediatamente il

Teorema 687. *Sia γ una curva regolare parametrizzata da una funzione vettoriale $f : I \to \mathbb{R}^3$, tale che $f(t) = (f_1(t), f_2(t), f_3(t))$ per ogni $t \in \mathbb{R}$. La retta tangente a γ in un punto $f(t_0)$ ha equazione vettoriale*

$$\mathbf{x} = f(t_0) + u f'(t_0) \qquad u \in \mathbb{R}$$

o, equivalentemente, ha equazioni parametriche

$$\begin{cases} x = f_1(t_0) + f_1'(t_0)\,u \\ y = f_2(t_0) + f_2'(t_0)\,u \\ z = f_3(t_0) + f_3'(t_0)\,u \end{cases} \qquad u \in \mathbb{R}.$$

ESEMPI

1. Consideriamo la circonferenza

$$\gamma : \begin{cases} x = r\cos\vartheta \\ y = r\,\mathrm{sen}\,\vartheta \end{cases} \qquad \vartheta \in [0, 2\pi).$$

Poiché $f(\vartheta) = (r\cos\vartheta, r\,\mathrm{sen}\,\vartheta)$, si ha $f'(\vartheta) = (-r\,\mathrm{sen}\,\vartheta, r\cos\vartheta)$ e quindi

$$\|f'(\vartheta)\| = \sqrt{r^2\,\mathrm{sen}^2\,\vartheta + r^2\cos^2\vartheta} = r \neq 0 \qquad \forall\vartheta \in [0, 2\pi).$$

Pertanto γ è regolare in ogni punto.

2. Consideriamo l*astroide*, ossia la curva

$$\gamma : \begin{cases} x = r\cos^3\vartheta \\ y = r\,\mathrm{sen}^3\vartheta \end{cases} \qquad \vartheta \in [0, 2\pi)\,.$$

Questa volta, essendo $f(\vartheta) = (r\cos^3\vartheta, r\,\mathrm{sen}^3\vartheta)$, si ha

$$f'(\vartheta) = (-3r\cos^2\vartheta\,\mathrm{sen}\,\vartheta, 3r\,\mathrm{sen}^2\vartheta\cos\vartheta) = 3r\,\mathrm{sen}\,\vartheta\cos\vartheta(-\cos\vartheta, \mathrm{sen}\,\vartheta)$$

e $\|f'(\vartheta)\| = 3r|\mathrm{sen}\,\vartheta||\cos\vartheta|$. Pertanto, $\|f'(\vartheta)\| = 0$ per $\vartheta = 0, \pi/2, \pi, 3\pi/2$. In questi quattro punti la curva γ non è regolare, mentre in tutti gli altri punti è regolare. Il grafico di γ è

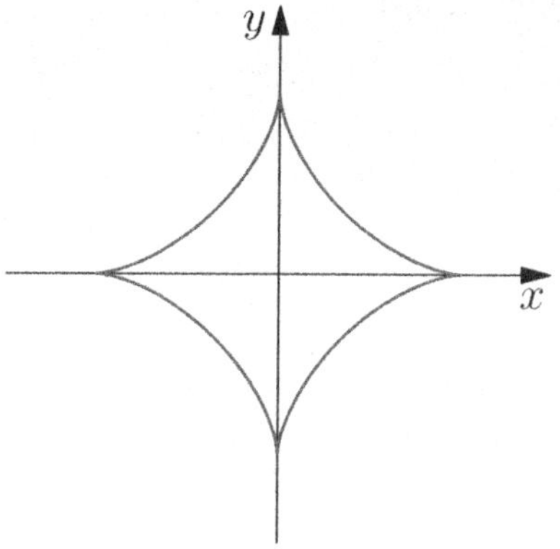

3. Consideriamo la curva

$$\gamma : \begin{cases} x = t^3 \\ y = t^5 \end{cases} \qquad t \in \mathbb{R}\,.$$

Poiché $f'(t) = (3t^2, 5t^4)$, la curva γ non è regolare per $t = 0$, ossia non è regolare nell'origine, dove ha un flesso a tangente orizzontale.

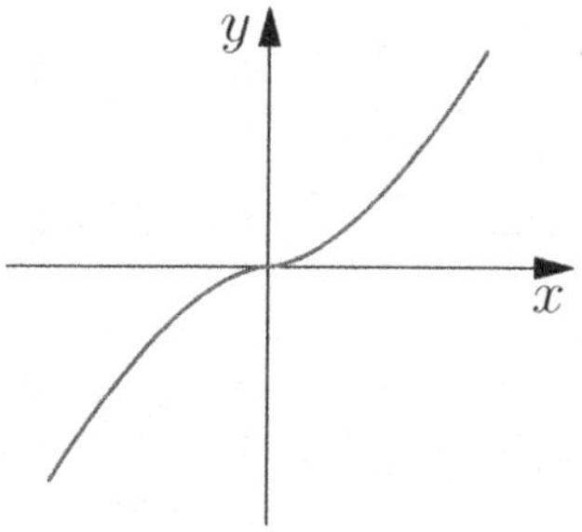

4. Consideriamo la cubica gobba

$$\gamma : \begin{cases} x = t \\ y = t^2 \\ z = t^3 \end{cases} \qquad t \in \mathbb{R}\,.$$

Poiché $f'(t) = (1, 2t, 3t^2)$, possiamo dire subito che γ è una curva regolare. In particolare, la retta tangente a γ in un dato punto $f(t)$ ha equazioni parametriche

$$\begin{cases} x = t + u \\ y = t^2 + 2tu \\ z = t^3 + 3t^2 u \end{cases} \qquad u \in \mathbb{R}.$$

In queste equazioni, il parametro t individua il punto sulla cubica gobba, mentre il parametro u individua il punto sulla retta tangente. In generale, il parametro t è fissato, mentre il parametro u varia arbitrariamente.

5. Consideriamo l'elica cilindrica

$$\gamma : \begin{cases} x = r\cos\vartheta \\ y = r\,\mathrm{sen}\,\vartheta \\ z = h\vartheta \end{cases} \qquad \vartheta \in \mathbb{R}$$

dove $r, h \in \mathbb{R}$, $r, h > 0$. Poiché $f'(\vartheta) = (-r\,\mathrm{sen}\,\vartheta, r\cos\vartheta, h)$, si ha

$$\|f'(\vartheta)\| = \sqrt{r^2\,\mathrm{sen}^2\,\vartheta + r^2\cos^2\vartheta + h^2} = \sqrt{r^2 + h^2} \neq 0 \qquad \forall\vartheta \in \mathbb{R}.$$

Pertanto, l'elica cilindrica è regolare in ogni punto.

11.2.4 Il teorema di Cauchy e il teorema di Peano

Il teorema degli incrementi finiti di Cauchy (Teorema 361) può essere interpretato geometricamente in termini di curve piane regolari.

Teorema 688 (Teorema di Cauchy per curve regolari). *Se γ è una curva piana regolare, non chiusa, di equazioni parametriche*

$$\begin{cases} x = f(t) \\ y = g(t) \end{cases} \qquad t \in [a, b],$$

allora esiste almeno un punto di γ in cui la tangente è parallela alla retta AB che unisce gli estremi $A \equiv (f(a), g(a))$ e $B \equiv (f(b), g(b))$ della curva stessa.

Dimostrazione. Consideriamo la funzione ausiliaria $\varphi(t) = \alpha f(t) + \beta g(t)$, dove α e β sono due numeri reali fissati. Si ha $\varphi(a) = \varphi(b)$ se e solo se $\alpha f(a) + \beta g(a) = \alpha f(b) + \beta g(b)$, ossia $\alpha(f(a) - f(b)) + \beta(g(a) - g(b)) = 0$. Questa condizione è sicuramente verificata per $\alpha = g(b) - g(a)$ e $\beta = f(a) - f(b)$. Per questa scelta di α e β, la funzione φ è derivabile su $[a, b]$ e $\varphi(a) = \varphi(b)$. Quindi, per il teorema di Rolle, esiste un punto $\xi \in (a, b)$ tale che $\varphi'(\xi) = 0$. Pertanto $\alpha f'(\xi) + \beta g'(\xi) = 0$, ossia

$$(g(b) - g(a))f'(\xi) + (f(a) - f(b))g'(\xi) = 0.$$

Questo significa che è nullo il prodotto scalare tra il vettore tangente $\mathbf{t}(\xi) = (f'(\xi), g'(\xi))$ e il vettore $\mathbf{u} = (g(b) - g(a), f(a) - f(b))$, ossia $\mathbf{t}(\xi) \perp \mathbf{u}$. Poiché il vettore $\mathbf{u}$ è ortogonale al vettore direzione $\mathbf{a} = (f(b) - f(a), g(b) - g(a))$ della retta AB, si ha che $\mathbf{t}(\xi)$ e $\mathbf{a}$ sono paralleli. □

I *punti di Cauchy* di una curva sono i punti in cui è verificato il Teorema 688.

ESEMPI

1. Consideriamo la curva

$$\gamma : \begin{cases} x = t(t-1) = t^2 - t \\ y = t(t-1)(2t-1) = 2t^3 - 3t^2 + t \end{cases} \qquad t \in [-1/8, 7/6].$$

Per trovare i punti di Cauchy di questa curva bisogna risolvere l'equazione

$$\frac{f'(t)}{g'(t)} = \frac{f(-1/8) - f(7/6)}{g(-1/8) - g(7/6)} \qquad \text{ossia} \qquad \frac{2t-1}{6t^2 - 6t + 1} = \frac{12}{97}.$$

Si ottiene così un'equazione di secondo grado $72t^2 - 266t + 109 = 0$, che ha radici

$$t_1 = \frac{133 - \sqrt{9841}}{72} \approx 0.5, \qquad t_2 = \frac{133 + \sqrt{9841}}{72} \approx 3.2.$$

Tuttavia, soltanto t_1 appartiene all'intervallo $[-1/8, 7/6]$. Quindi, come si vede nella seguente figura, esiste una sola retta tangente a γ (nel punto P) parallela alla retta AB.

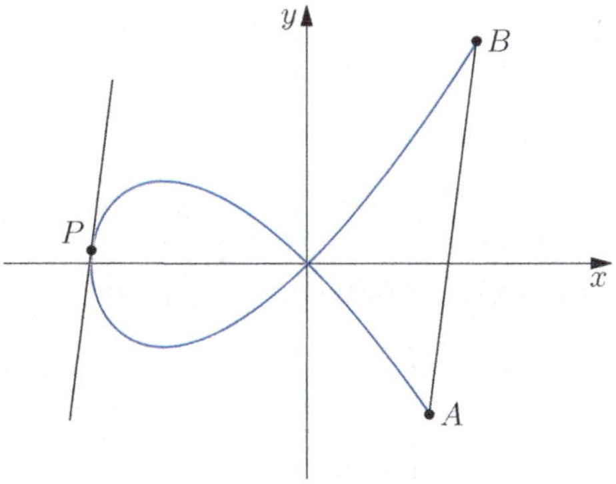

2. Consideriamo, ora, la curva

$$\gamma : \begin{cases} x = t(t-1)(t-2) = t^3 - 3t^2 + 2t \\ y = t(t-1)(t-2)(2t-1) = 2t^4 - 7t^3 + 7t^2 - 2t \end{cases} \qquad t \in [-1/8, 17/8].$$

I punti di Cauchy di questa curva soddisfano l'equazione

$$\frac{f'(t)}{g'(t)} = \frac{f(-1/8) - f(17/8)}{g(-1/8) - g(17/8)} \qquad \text{ossia} \qquad \frac{3t^2 - 6t + 2}{8t^3 - 21t^2 + 14t - 2} = 1.$$

Si ottiene così l'equazione $2t^3-6t^2+5t-1=0$, ossia $(t-1)(2t^2-2t+1)=0$, che ha radici

$$t_1 = 1\,, \qquad t_2 = \frac{2-\sqrt{2}}{2} \approx 0.3\,, \qquad t_3 = \frac{2+\sqrt{2}}{2} \approx 1.7\,.$$

Tutte e tre queste radici appartengono all'intervallo $[-1/8, 7/6]$. Quindi, come si vede nella seguente figura, esistono tre tangenti a γ (rispettivamente nei punti P, Q ed R) parallele alla retta AB.

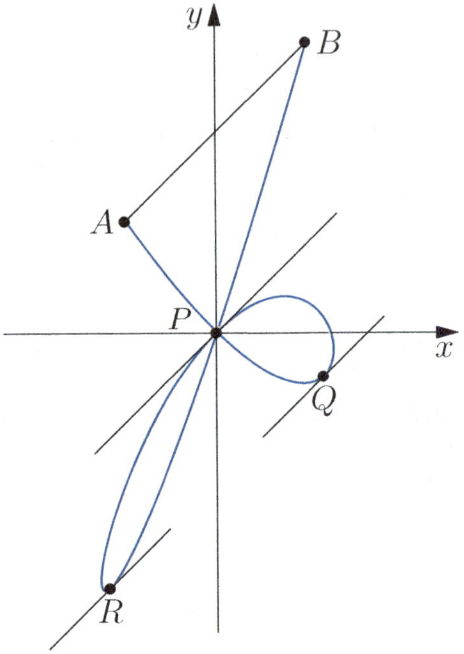

OSSERVAZIONE 689. Il teorema di Cauchy vale solo per le curve piane. Infatti se, ad esempio, consideriamo l'arco di cubica gobba

$$\gamma : \begin{cases} x = t \\ y = t^2 \\ z = t^3 \end{cases} \qquad t \in [0,1]\,,$$

di estremi $A \equiv (0,0,0)$ e $B \equiv (1,1,1)$, la retta AB ha parametri direttori $(1:1:1)$ e il generico vettore tangente è $(1, 2t, 3t^2)$. Come si vede, non esistono valori del parametro t che rendono il vettore $(1, 2t, 3t^2)$ proporzionale al vettore $(1,1,1)$.

Tuttavia, il teorema di Cauchy può essere generalizzato nel modo seguente al caso delle curve spaziali.

Teorema 690 (Teorema di Peano). *Siano* $f : [a,b] \to \mathbb{R}$, $g : [a,b] \to \mathbb{R}$ *e* $h : [a,b] \to \mathbb{R}$ *tre funzioni continue, derivabili sull'intervallo aperto* (a,b). *Allora* *esiste almeno un punto* $\xi \in (a,b)$ *tale che*

$$\begin{vmatrix} f'(\xi) & g'(\xi) & h'(\xi) \\ f(a) & g(a) & h(a) \\ f(b) & g(b) & h(b) \end{vmatrix} = 0\,.$$

Dimostrazione. Consideriamo la funzione ausiliaria $\varphi : [a,b] \to \mathbb{R}$ definita da

$$\varphi(x) = \begin{vmatrix} f(x) & g(x) & h(x) \\ f(a) & g(a) & h(a) \\ f(b) & g(b) & h(b) \end{vmatrix}$$

per ogni $x \in [a,b]$. Questa funzione è continua su $[a,b]$ e derivabile su (a,b). Inoltre $\varphi(a) = 0$ e $\varphi(b) = 0$. Quindi, per il teorema di Rolle, esiste un punto $\xi \in (a,b)$ tale che $\varphi'(\xi) = 0$. Poiché, per il Teorema 683 si ha

$$\varphi'(x) = \begin{vmatrix} f'(x) & g'(x) & h'(x) \\ f(a) & g(a) & h(a) \\ f(b) & g(b) & h(b) \end{vmatrix},$$

il teorema è dimostrato. □

Geometricamente, il teorema di Peano può essere riformulato nel modo seguente.

Teorema 691 (Teorema di Peano per curve regolari). *Se* γ *è una curva regolare, non chiusa, parametrizzata da una funzione vettoriale* $f : [a,b] \to \mathbb{R}^3$*, allora esiste almeno un punto* $P \in \gamma$ *in cui il vettore tangente alla curva appartiene al piano generato dai due vettori posizione* $f(a)$ *e* $f(b)$.

Dimostrazione. Supponiamo che $f(t) = (x(t), y(t), z(t))$, per ogni $t \in [a,b]$. Allora $f(a) = (x(a), y(a), z(a))$, $f(b) = (x(b), y(b), z(b))$ e il generico vettore tangente a γ è $f'(t) = (x'(t), y'(t), z'(t))$. Il vettore $f'(t)$ appartiene al piano generato dai due vettori $f(a)$ e $f(b)$ se e solo se è una loro combinazione lineare, e questo (per il Teorema 653) avviene se e solo se

$$\begin{vmatrix} x'(t) & y'(t) & z'(t) \\ x(a) & y(a) & z(a) \\ x(b) & y(b) & z(b) \end{vmatrix} = 0$$

Il teorema di Peano garantisce l'esistenza di almeno un valore del parametro t per cui questa condizione è verificata. □

I *punti di Peano* di una curva sono i punti in cui è verificato il Teorema 691.

ESEMPI

1. Consideriamo l'arco di elica cilindrica

$$\gamma : \begin{cases} x = r\cos\vartheta \\ y = r\,\mathrm{sen}\,\vartheta \\ z = h\vartheta \end{cases} \qquad \vartheta \in [0, 2\pi] .$$

   Per determinare i punti di Peano di questa curva bisogna risolvere l'equazione

$$\begin{vmatrix} -r\,\mathrm{sen}\,\vartheta & r\cos\vartheta & h \\ r & 0 & 0 \\ r & 0 & 2h\pi \end{vmatrix} = 0$$

   ossia $2hr\cos\vartheta = 0$. Abbiamo cosí due punti di Peano, per $\vartheta = \frac{\pi}{2}$ e per $\vartheta = \frac{3}{2}\pi$.

2. I punti di Peano dell'arco di cubica gobba

$$\gamma : \begin{cases} x = t \\ y = t^2 \\ z = t^3 \end{cases} \qquad t \in [1, 2]$$

   sono determinati dall'equazione

$$\begin{vmatrix} 1 & 2t & 3t^2 \\ 1 & 1 & 1 \\ 2 & 4 & 8 \end{vmatrix} = 0$$

   ossia dall'equazione $3t^2 - 6t + 2 = 0$, che ammette come soluzioni $t_1 = (3 - \sqrt{3})/3$ e $t_2 = (3 + \sqrt{3})/3$. Tuttavia è accettabile solo la soluzione t_2, poiché $t_1 \notin [1, 2]$.

OSSERVAZIONE 692. Il teorema di Cauchy si ottiene come caso particolare del teorema di Peano, scegliendo $h(x) = 1$. Geometricamente, questo significa considerare la curva γ di equazioni parametriche $(x(t), y(t), 1)$. Per il teorema di Peano, esiste un punto P_0 di γ in cui la tangente appartiene al piano π generato dai vettori $(x(a), y(a), 1)$ e $(x(b), y(b), 1)$. Tuttavia, essendo γ una curva che giace su un piano parallelo al piano xy, ogni suo vettore tangente deve appartenere al piano xy. Quindi il vettore tangente a P_0 deve appartenere all'intersezione del piano π con il piano xy, ossia deve appartenere alla retta individuata dai due punti $(x(a), y(a), 0)$ e $(x(b), y(b), 0)$.

11.3 Curve equivalenti

Definizione 693. *Sia* γ *una curva parametrizzata dalla funzione vettoriale* $f : [a, b] \to \mathbb{R}^n$ *e sia* η *una curva parametrizzata dalla funzione vettoriale*

$g : [c,d] \to \mathbb{R}^n$. *Le due curve* γ *ed* η *sono* equivalenti *quando esiste una funzione* $\varphi : [a,b] \to [c,d]$ *derivabile, strettamente monotona, con* $\varphi'(t) \neq 0$ *per ogni* $t \in [a,b]$ *e tale che*

$$f(t) = g(\varphi(t))$$

per ogni $t \in [a,b]$.

La funzione φ definisce un *cambiamento di parametro*. In particolare, essendo strettamente monotona, la funzione φ risulta invertibile. Inoltre, poiché la sua derivata prima non si annulla mai, si ha che anche la funzione inversa di φ è derivabile. Se la funzione φ è strettamente crescente, allora il cambiamento di parametro conserva l'orientazione della curva, mentre se la funzione φ è strettamente decrescente, allora il cambiamento di parametro inverte l'orientazione della curva.

Teorema 694. *Siano* γ *ed* η *due curve equivalenti, rispettivamente parametrizzazione dalle funzioni vettoriali* $f : [a,b] \to \mathbb{R}^n$ *e* $g : [c,d] \to \mathbb{R}^n$ *tali che* $f(t) = g(\varphi(t))$ *per un opportuno cambiamento di parametro* φ. *Allora valgono le seguenti proprietà.*

1. γ *ed* η *hanno lo stesso supporto.*

2. γ *è regolare se e solo se* η *è regolare.*

3. *I vettori tangenti* $f'(t)$ *e* $g'(\varphi(t))$ *sono paralleli, per ogni* $t \in [a,b]$. *In particolare,* $f'(t)$ *e* $g'(\varphi(t))$ *hanno lo stesso verso quando* $\varphi'(t) > 0$ *per ogni* $t \in [a,b]$, *e hanno verso opposto quando* $\varphi'(t) < 0$ *per ogni* $t \in [a,b]$.

Dimostrazione.
1. Poiché $\varphi : [a,b] \to [c,d]$ è una funzione biunivoca, si ha $\varphi([a,b]) = [c,d]$. Quindi $f([a,b]) = g(\varphi([a,b])) = g([c,d])$, ossia γ ed η hanno lo stesso supporto.

2. Derivando l'identità $f(t) = g(\varphi(t))$, si ottiene $f'(t) = \varphi'(t)g'(\varphi(t))$ per ogni $t \in [a,b]$. Poiché $\varphi'(t) \neq 0$ per ogni $t \in [a,b]$, si ha $f'(t) = \mathbf{0}$ se e solo se $g'(\varphi(t)) = \mathbf{0}$, per ogni $t \in [a,b]$. Quindi γ è regolare se e solo se η è regolare.

3. Dall'identità $f'(t) = \varphi'(t)g'(\varphi(t))$, si ha che i due vettori $f'(t)$ e $g'(\varphi(t))$ sono sempre paralleli.

□

11.4 Integrazione lungo una curva

11.4.1 Lunghezza di una curva

Teorema 695. *La lunghezza di una curva regolare* γ, *rappresentata da una funzione vettoriale* $f : [a,b] \to \mathbb{R}^n$ *tale che* $f(t) = (f_1(t), f_2(t), \cdots, f_n(t))$ *per ogni* $t \in [a,b]$, *è*

$$L = \int_a^b \|f'(t)\| \, dt = \int_a^b \sqrt{f_1'(t)^2 + f_2'(t)^2 + \cdots + f_n'(t)^2} \, dt .$$

Dimostrazione. Indichiamo con $\mathrm{d}s$ lo spostamento infinitesimale lungo la curva γ. Allora, si ha

$$\begin{aligned} \mathrm{d}s &= \sqrt{(\mathrm{d}x_1)^2 + (\mathrm{d}x_2)^2 + \cdots + (\mathrm{d}x_n)^2} \\ &= \sqrt{f_1'(t)^2(\mathrm{d}t)^2 + f_2'(t)^2(\mathrm{d}t)^2 + \cdots + f_n'(t)^2(\mathrm{d}t)^2} \\ &= \sqrt{f_1'(t)^2 + f_2'(t)^2 + \cdots + f_n'(t)^2}\ \mathrm{d}t\,, \end{aligned}$$

ossia $\mathrm{d}s = \|f'(t)\|\ \mathrm{d}t$. Integrando, si ottiene la tesi. □

OSSERVAZIONE 696. Interpretando il vettore tangente $f'(t)$ come il vettore velocità di una particella che si muove lungo la curva γ con legge oraria $f(t)$, l'identità $\mathrm{d}s = \|f'(t)\|\ \mathrm{d}t$ dice che, a livello infinitesimale, lo spazio è uguale alla velocità (scalare) per il tempo.

OSSERVAZIONE 697. La formula data nel Teorema 695 continua a valere anche se la curva non è regolare agli estremi.

ESEMPI

1. Per la circonferenza γ di equazioni parametriche $f(\vartheta) = (r\cos\vartheta, r\,\mathrm{sen}\,\vartheta)$, con $\vartheta \in [0, 2\pi)$, si ha

$$L = \int_0^{2\pi} \|f'(\vartheta)\|\ \mathrm{d}\vartheta = \int_0^{2\pi} r\ \mathrm{d}\vartheta = r\big[\vartheta\big]_0^{2\pi} = 2\pi r\,.$$

Tuttavia, per la curva γ_k di equazioni parametriche $f(\vartheta) = (r\cos\vartheta, r\,\mathrm{sen}\,\vartheta)$, con $\vartheta \in [0, 2k\pi)$, dove $k \in \mathbb{N}$, si ha

$$L = \int_0^{2k\pi} \|f'(\vartheta)\|\ \mathrm{d}\vartheta = \int_0^{2k\pi} r\ \mathrm{d}\vartheta = r\big[\vartheta\big]_0^{2k\pi} = 2k\pi r\,.$$

La curva γ_k ha per sostegno la circonferenza di centro O e raggio r. La lunghezza di una curva non coincide necessariamente con la lunghezza del suo sostegno.

2. Per l'arco di elica cilindrica di equazioni parametriche $f(\vartheta) = (r\cos\vartheta, r\,\mathrm{sen}\,\vartheta, h\vartheta)$, con $\vartheta \in [0, 2\pi]$, si ha

$$L = \int_0^{2\pi} \|f'(\vartheta)\|\ \mathrm{d}\vartheta = \int_0^{2\pi} \sqrt{r^2 + h^2}\ \mathrm{d}\vartheta = \sqrt{r^2 + h^2}\ \big[\vartheta\big]_0^{2\pi} = 2\pi\sqrt{r^2 + h^2}\,.$$

3. L'astroide di equazioni parametriche $f(\vartheta) = (r\cos^3\vartheta, r\,\mathrm{sen}^3\,\vartheta)$, con $\vartheta \in [0, 2\pi)$, non è una curva regolare e quindi non possiamo applicare direttamente la formula data nel Teorema 695. Tuttavia, la curva in questione è regolare a pezzi. Questo significa che possiamo applicare la formula data

nel Teorema 695 lungo ogni arco regolare. Poiché l'astroide è simmetrico rispetto all'origine, per calcolare la sua lunghezza è sufficiente calcolare la lunghezza dell'arco per $0 < \vartheta < \pi/2$, che è regolare. Quindi

$$\begin{aligned} L &= 4 \int_0^{\pi/2} \|f'(\vartheta)\| \, \mathrm{d}\vartheta = 4 \int_0^{\pi/2} 3r \operatorname{sen} \vartheta \cos \vartheta \, \mathrm{d}\vartheta \\ &= 6r \int_0^{\pi/2} \operatorname{sen} 2\vartheta \, \mathrm{d}\vartheta = 6r \left[-\frac{1}{2} \cos 2\vartheta \right]_0^{\pi/2} = 3r(-\cos \pi + \cos 0) = 6r \, . \end{aligned}$$

11.4.2 Parametro arco

Il *parametro arco*, o *parametro naturale*, di una curva regolare γ, parametrizzata da una funzione vettoriale $f : [a, b] \to \mathbb{R}^3$ tale che $f(t) = (x(t), y(t), z(t))$ per ogni $t \in [a, b]$, è dato dalla funzione integrale

$$s(t) = \int_{t_0}^{t} \|f'(u)\| \, du = \int_{t_0}^{t} \sqrt{x'(u)^2 + y'(u)^2 + z'(u)^2} \, du$$

per un opportuno valore iniziale $t_0 \in [a, b]$.

Le equazioni parametriche di una curva γ possono essere riscritte in funzione del parametro arco. Per far questo, si determina il parametro arco $s = s(t)$ in funzione del parametro iniziale, si esprime il parametro t in funzione del parametro arco e infine si sostituisce quest'espressione nelle equazioni parametriche di partenza. In generale, però, non è detto che si riesca a ottenere un'espressione esplicita del parametro arco.

ESEMPI

1. Consideriamo una retta

$$r : \begin{cases} x = x_0 + at \\ y = y_0 + bt \\ z = z_0 + ct \end{cases} \qquad t \in \mathbb{R} \, .$$

Per $t = 0$ si ha il punto $P_0 \equiv (x_0, y_0, z_0)$. Calcoliamo il parametro arco a partire da questo punto:

$$s(t) = \int_0^t \|f'(t)\| \, \mathrm{d}t = \int_0^t \sqrt{a^2 + b^2 + c^2} \, \mathrm{d}t = \sqrt{a^2 + b^2 + c^2} \, t \, .$$

Pertanto, esprimendo il parametro t in funzione del parametro arco, si ha

$$t = \frac{s}{\sqrt{a^2 + b^2 + c^2}}$$

e quindi si hanno le equazioni parametriche

$$\begin{cases} x = x_0 + \dfrac{a}{\sqrt{a^2+b^2+c^2}}\, s \\ y = y_0 + \dfrac{b}{\sqrt{a^2+b^2+c^2}}\, s \\ z = z_0 + \dfrac{c}{\sqrt{a^2+b^2+c^2}}\, s \end{cases} \qquad s \in \mathbb{R}\,.$$

Abbiamo semplicemente cambiato i parametri direttori della retta: al vettore direttore $\mathbf{a} = (a, b, c)$ abbiamo sostituito il vettore direttore normalizzato

$$\frac{\mathbf{a}}{\|\mathbf{a}\|} = \frac{(a, b, c)}{\sqrt{a^2+b^2+c^2}}\,.$$

2. Il parametro arco della circonferenza

$$\gamma : \begin{cases} x = r\cos\vartheta \\ y = r\,\mathrm{sen}\,\vartheta \end{cases} \qquad \vartheta \in [0, 2\pi)$$

a partire da $\vartheta_0 = 0$ è

$$s(\vartheta) = \int_0^{\vartheta} \|f'(u)\|\, \mathrm{d}u = r\int_0^{\vartheta} \mathrm{d}u = r\vartheta\,.$$

Quindi $\vartheta = s/r$ e

$$\gamma : \begin{cases} x = r\cos(s/r) \\ y = r\,\mathrm{sen}(s/r) \end{cases} \qquad s \in [0, 2\pi r)\,.$$

3. Il parametro arco dell'elica cilindrica

$$\gamma : \begin{cases} x = r\cos\vartheta \\ y = r\,\mathrm{sen}\,\vartheta \\ z = h\vartheta \end{cases} \qquad \vartheta \in \mathbb{R}$$

a partire da $\vartheta_0 = 0$ è

$$s(\vartheta) = \int_0^{\vartheta} \|f'(u)\|\, \mathrm{d}u = \sqrt{r^2+h^2}\int_0^{\vartheta} \mathrm{d}u = \sqrt{r^2+h^2}\,\vartheta\,.$$

Quindi

$$\vartheta = \frac{s}{\sqrt{r^2+h^2}}$$

e

$$\gamma : \begin{cases} x = r\cos\dfrac{s}{\sqrt{r^2+h^2}} \\ y = r\,\mathrm{sen}\,\dfrac{s}{\sqrt{r^2+h^2}} \\ z = h\dfrac{s}{\sqrt{r^2+h^2}} \end{cases} \qquad s \in \mathbb{R}\,.$$

Teorema 698. *Sia* γ *una curva regolare parametrizzata mediante il parametro arco. Se* f *è la funzione vettoriale che parametrizza* γ, *allora* $f'(s)$ *è un versore per ogni valore di* s.

Dimostrazione. Il parametro naturale è legato a ogni altro parametro t che permetta di parametrizzare γ, dalla relazione fondamentale $\mathrm{d}s = \|f'(t)\|\ \mathrm{d}t$. Quindi, se $t = s$, deve essere $\|f'(s)\| = 1$. □

11.4.3 Integrali di linea

Il concetto di integrale definito per funzioni reali di variabile reale può essere esteso anche a funzioni definite su una qualunque curva regolare.

Definizione 699. *Sia* γ *una curva regolare, parametrizzata da una funzione vettoriale* $f : [a, b] \to \mathbb{R}^n$. *Sia* $F : A \to \mathbb{R}$ *una funzione continua su un aperto* A *di* $\mathbb{R}^n$ *contenente* γ. *L'integrale della funzione* F *lungo la curva* γ *è*

$$\int_\gamma F\ \mathrm{d}s = \int_a^b F(f(t))\, \|f'(t)\|\ \mathrm{d}t\,.$$

Questi integrali vengono chiamati *integrali di linea* (*di prima specie*[1]). Come si vede dalla definizione, un integrale di linea si riduce a un integrale ordinario dipendente dalla parametrizzazione della curva (oltre, che, ovviamente, dalla funzione integranda).

Un esempio importante di integrale di linea è dato dalla lunghezza di una curva:

$$L(\gamma) = \int_\gamma \mathrm{d}s = \int_a^b \|f'(t)\|\ \mathrm{d}t\,.$$

Nei paragrafi successivi vedremo alcune altre applicazioni fisiche degli integrali di linea, dati dalla massa, dal baricentro e dal momento di inerzia di una curva.

ESEMPI

1. Consideriamo gli integrali di linea

$$I_1 = \int_\gamma F_1\ \mathrm{d}s \qquad \text{e} \qquad I_2 = \int_\gamma F_2\ \mathrm{d}s$$

dove $F_1(x, y, z) = x + y + z$, $F_2(x, y, z) = x^2 + y^2 - z$ e

$$\gamma : \begin{cases} x = r\cos\vartheta \\ y = r\,\mathrm{sen}\,\vartheta \\ z = h\vartheta \end{cases} \qquad \vartheta \in [0, \pi]$$

[1]Esistono anche gli *integrali di linea di seconda specie*, che esprimono il lavoro di un campo di forze lungo una curva

è un arco di elica cilindrica. Poiché γ è una curva regolare, si ha

$$\begin{aligned} I_1 &= \int_0^\pi F_1(f(\vartheta))\, \|f'(\vartheta)\|\, \mathrm{d}\vartheta \\ &= \int_0^\pi (r\cos\vartheta + r\,\mathrm{sen}\,\vartheta + h\vartheta)\sqrt{r^2+h^2}\,\mathrm{d}\vartheta \\ &= \sqrt{r^2+h^2}\left[r\,\mathrm{sen}\,\vartheta - r\cos\vartheta + \frac{h}{2}\,\vartheta^2\right]_0^\pi \\ &= \frac{4r+h\pi^2}{2}\sqrt{r^2+h^2} \end{aligned}$$

e

$$\begin{aligned} I_2 &= \int_0^\pi F_2(f(\vartheta))\, \|f'(\vartheta)\|\, \mathrm{d}\vartheta \\ &= \int_0^\pi (r^2\cos^2\vartheta + r^2\,\mathrm{sen}^2\,\vartheta - h\vartheta)\sqrt{r^2+h^2}\,\mathrm{d}\vartheta \\ &= \sqrt{r^2+h^2}\left[r^2\vartheta - \frac{h}{2}\,\vartheta^2\right]_0^\pi \\ &= \frac{2\pi r^2 - h\pi^2}{2}\sqrt{r^2+h^2}\,. \end{aligned}$$

2. Consideriamo l'integrale di linea

$$I = \int_\gamma \frac{x^2+y^2+z^2}{\sqrt{x^2+y^2+2}}\,\mathrm{d}s$$

dove

$$\gamma : \begin{cases} x = t\cos t \\ y = t\,\mathrm{sen}\,t \\ z = t \end{cases} \qquad t \in [0,\pi]\,.$$

Poiché

$$\begin{cases} x' = \cos t - t\,\mathrm{sen}\,t \\ y' = \mathrm{sen}\,t + t\cos t \\ z' = 1 \end{cases}$$

si ha $\|f'(t)\| = \sqrt{1+t^2}$. Quindi γ è una curva regolare e

$$I = \int_0^\pi \frac{2t^2}{\sqrt{1+t^2}}\sqrt{1+t^2}\,\mathrm{d}t = \int_0^\pi 2t^2\,\mathrm{d}t = \left[\frac{2}{3}\,t^3\right]_0^\pi = \frac{2}{3}\,\pi^3\,.$$

3. Consideriamo l'integrale di linea

$$I = \int_\gamma (2xy+1)\,\mathrm{d}s$$

dove γ è la curva data dal segmento che unisce i punti $A \equiv (-1,0)$ e $B \equiv (1,0)$ e dall'arco di circonferenza che si trova nel semipiano $y \geq 0$ e che ammette A e B come estremi di un diametro:

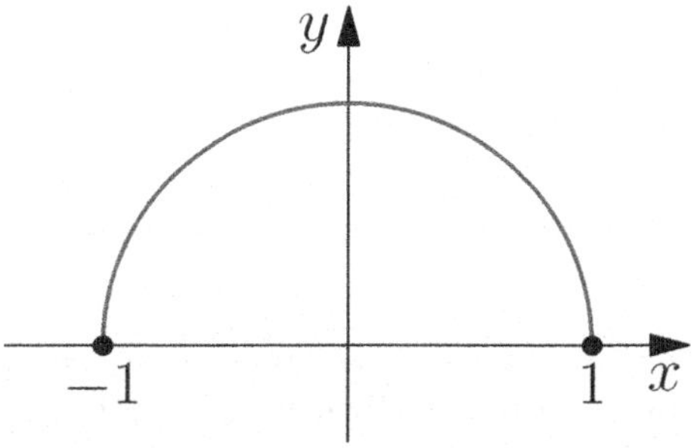

In questo caso la curva non è regolare, ma è formata da due archi regolari

$$\gamma_1 : \begin{cases} x = t \\ y = 0 \end{cases} \quad t \in [-1, 1] \quad \text{e} \quad \gamma_2 : \begin{cases} x = \cos\vartheta \\ y = \operatorname{sen}\vartheta \end{cases} \quad \vartheta \in [0, \pi] .$$

L'integrale I pertanto deve essere calcolato lungo questi due archi regolari, ossia si ha $I = I_1 + I_2$ dove

$$I_1 = \int_{\gamma_1} (2xy + 1)\, \mathrm{d}s = \int_{-1}^{1} \mathrm{d}t = \big[t\big]_{-1}^{1} = 2$$

$$I_2 = \int_{\gamma_2} (2xy + 1)\, \mathrm{d}s = \int_0^{\pi} (\operatorname{sen} 2\vartheta + 1)\, \mathrm{d}\vartheta = \left[-\frac{1}{2}\cos 2\vartheta + \vartheta\right]_0^{\pi} = \pi .$$

In conclusione, $I = 2 + \pi$.

Teorema 700 (Teorema della media per gli integrali di linea). *Sia γ una curva regolare parametrizzata dalla funzione vettoriale $f : [a, b] \to \mathbb{R}^n$. Sia $F : A \to \mathbb{R}$ una funzione continua su un aperto A di $\mathbb{R}^n$ contenente γ. Allora esiste un $t_0 \in [a, b]$ tale che*

$$\int_{\gamma} F\, \mathrm{d}s = F(f(t_0))\, L(\gamma)$$

dove $L(\gamma)$ è la lunghezza di γ.

Dimostrazione. Per definizione si ha

$$\int_{\gamma} F\, \mathrm{d}s = \int_a^b F(f(t))\, \|f'(t)\|\, \mathrm{d}t = \int_a^b g(t)\, p(t)\, \mathrm{d}t$$

dove $g(t) = F(f(t))$ è una funzione reale continua sull'intervallo $[a, b]$ (essendo composizione di funzioni continue) e $p(t) = \|f'(t)\| = \sqrt{x_1(t)^2 + \cdots + x_n(t)^2}$ è una funzione reale continua e positiva sull'intervallo $[a, b]$ (essendo γ regolare). Quindi, per il teorema della media generalizzato (Teorema 462), esiste un $t_0 \in [a, b]$ tale che

$$\int_{\gamma} F\, \mathrm{d}s = g(t_0) \int_a^b p(t)\, \mathrm{d}t = F(f(t_0)) \int_a^b \|f'(t)\|\, \mathrm{d}t = F(f(t_0)) \int_{\gamma} \mathrm{d}s = F(f(t_0))L(\gamma) .$$

□

Gli integrali di linea dipendono solo dalla curva lungo la quale si integra, ma non dalla loro parametrizzazione. In altre parole, integrando lungo curve equivalenti, si ottiene lo stesso risultato.

Teorema 701. *Gli integrali di linea (di prima specie) non dipendono dalla parametrizzazione della curva.*

Dimostrazione. Siano γ ed η due curve regolari equivalenti, rappresentate rispettivamente dalle funzioni vettoriali $f : [a, b] \to \mathbb{R}^n$ e $g : [c, d] \to \mathbb{R}^n$. Allora, per la Definizione 693, esiste una funzione $\varphi : [a, b] \to [c, d]$ derivabile, strettamente monotona, con $\varphi(t) \neq 0$ per ogni $t \in [a, b]$, tale che $f(t) = g(\varphi(t))$ per ogni $t \in [a, b]$.

Sia $F : A \to \mathbb{R}$ una funzione continua su un aperto $A \subseteq \mathbb{R}^3$ contenente γ ed η. Si tratta di dimostrare che i due integrali di linea

$$I = \int_\gamma F \, \mathrm{d}s = \int_a^b F(f(t)) \, \|f'(t)\| \, \mathrm{d}t$$

$$J = \int_\eta F \, \mathrm{d}s = \int_c^d F(g(u)) \, \|g'(u)\| \, \mathrm{d}u \, .$$

sono uguali. Poiché $f(t) = g(\varphi(t))$ per ogni $t \in [a, b]$, si ha $f'(t) = \varphi'(t) g'(\varphi(t))$ e

$$I = \int_a^b F(g(\varphi(t))) \, \|\varphi'(t) g'(\varphi(t))\| \, \mathrm{d}t = \int_a^b F(g(\varphi(t))) \, \|g'(\varphi(t))\| \, |\varphi'(t)| \, \mathrm{d}t \, .$$

Posto $u = \varphi(t)$, si ha $\mathrm{d}u = \varphi'(t) \, \mathrm{d}t$. A questo punto, essendo φ strettamente monotona, dobbiamo distinguere due casi.

1. Se φ è strettamente crescente, allora $\varphi'(t) > 0$ per ogni $t \in [a, b]$ e $\varphi(a) = c$ e $\varphi(b) = d$. Quindi, si ha

$$I = \int_a^b F(g(\varphi(t))) \, \|g'(\varphi(t))\| \, \varphi'(t) \, \mathrm{d}t = \int_c^d F(g(u)) \, \|g'(u)\| \, \mathrm{d}u = J \, .$$

2. Se φ è strettamente decrescente, allora $\varphi'(t) < 0$ per ogni $t \in [a, b]$ e $\varphi(a) = d$ e $\varphi(b) = a$. Quindi, si ha

$$\begin{aligned} I &= -\int_a^b F(g(\varphi(t))) \, \|g'(\varphi(t))\| \, \varphi'(t) \, \mathrm{d}t \\ &= -\int_d^c F(g(u)) \, \|g'(u)\| \, \mathrm{d}u = \int_c^d F(g(u)) \, \|g'(u)\| \, \mathrm{d}u = J \, . \end{aligned}$$

In entrambi i casi, si ha $I = J$. □

11.4.4 Baricentro di una curva

Come esempio di applicazione degli integrali di linea (di prima specie), vedremo ora il calcolo della *massa totale* e delle coordinate del *baricentro* di una curva.

Sia γ una curva regolare, rappresentata da una funzione vettoriale $f : [a,b] \to \mathbb{R}^3$. Supponiamo che γ abbia una massa e supponiamo che la distribuzione della massa lungo γ sia descritta da una funzione δ di *densità lineare di massa*. Questo significa che l'elemento di massa della curva è dato da $\mathrm{d}M = \delta(s)\,\mathrm{d}s$, dove s è il parametro arco di γ. Per ottenere la *massa totale* della curva, basta integrare questa equazione lungo la curva stessa, ossia

$$M = \int_\gamma \delta \,\mathrm{d}s = \int_a^b \delta(f(t))\,\|f'(t)\|\,\mathrm{d}t\,.$$

Supponiamo di avere un sistema formato da n punti P_k di massa m_k. Se ogni punto P_k è individuato da un vettore $\mathbf{x}_k$, allora il baricentro del sistema è il punto G individuato dal vettore

$$\mathbf{x}_G = \frac{1}{M}\sum_{k=1}^{n} m_k \mathbf{x}_k$$

dove $M = m_1 + \cdots + m_k$ è la massa totale del sistema. Supponiamo ora di avere un sistema di infiniti punti che si distribuiscono lungo una curva regolare γ. Analogamente al caso finito, il *baricentro* della curva γ è il punto G individuato dal vettore

$$\mathbf{x}_G = \frac{1}{M}\int_\gamma \delta\,\mathbf{x}\,\mathrm{d}s$$

dove δ è la densità lineare di massa di γ, $\mathbf{x}$ è il vettore posizione dei punti di γ e M è la massa totale di γ. In particolare, se la parametrizzazione di γ è $f(t) = (x(t), y(t), z(t))$ per $t \in [a,b]$, allora le coordinate del baricentro sono

$$x_G = \frac{1}{M}\int_\gamma \delta x\,\mathrm{d}s = \frac{1}{M}\int_a^b \delta(f(t))x(t)\,\|f'(t)\|\,\mathrm{d}t$$

$$y_G = \frac{1}{M}\int_\gamma \delta y\,\mathrm{d}s = \frac{1}{M}\int_a^b \delta(f(t))y(t)\,\|f'(t)\|\,\mathrm{d}t$$

$$z_G = \frac{1}{M}\int_\gamma \delta z\,\mathrm{d}s = \frac{1}{M}\int_a^b \delta(f(t))z(t)\,\|f'(t)\|\,\mathrm{d}t\,.$$

Se non viene data esplicitamente la distribuzione di massa, significa che siamo nel caso geometrico in cui la distribuzione è costante e vale 1. In questo caso, la massa totale coincide con la lunghezza e le coordinate del baricentro sono

$$x_G = \frac{1}{L}\int_\gamma x\,\mathrm{d}s = \frac{1}{L}\int_a^b x(t)\,\|f'(t)\|\,\mathrm{d}t$$

$$y_G = \frac{1}{L}\int_\gamma y \, \mathrm{d}s = \frac{1}{L}\int_a^b y(t)\,\|f'(t)\|\,\mathrm{d}t$$
$$z_G = \frac{1}{L}\int_\gamma z \, \mathrm{d}s = \frac{1}{L}\int_a^b z(t)\,\|f'(t)\|\,\mathrm{d}t\,.$$

ESEMPI

1. Consideriamo un arco di circonferenza

$$\gamma : \begin{cases} x = r\cos\vartheta \\ y = r\,\mathrm{sen}\,\vartheta \end{cases} \qquad \vartheta \in [0, \vartheta_0]\,.$$

La lunghezza di γ è

$$L = \int_0^{\vartheta_0} r \, \mathrm{d}\vartheta = r\vartheta_0$$

e le coordinate del baricentro sono

$$x_G = \frac{1}{L}\int_0^{\vartheta_0} r\cos\vartheta \; r\,\mathrm{d}\vartheta = \frac{r^2}{r\vartheta_0}\,\big[\,\mathrm{sen}\,\vartheta\big]_0^{\vartheta_0} = \frac{r}{\vartheta_0}\,\mathrm{sen}\,\vartheta_0$$
$$y_G = \frac{1}{L}\int_0^{\vartheta_0} r\,\mathrm{sen}\,\vartheta \; r\,\mathrm{d}\vartheta = \frac{r^2}{r\vartheta_0}\,\big[-\cos\vartheta\big]_0^{\vartheta_0} = \frac{r}{\vartheta_0}\,(1-\cos\vartheta_0)\,.$$

Quindi, il baricentro di γ è

$$G \equiv \left(\frac{\mathrm{sen}\,\vartheta_0}{\vartheta_0}\,r, \frac{1-\cos\vartheta_0}{\vartheta_0}\,r\right).$$

In particolare, si ha

$$G = \left(\frac{2r}{\pi}, \frac{2r}{\pi}\right) \qquad \text{per} \quad \vartheta_0 = \tfrac{\pi}{2}$$

$$G = \left(0, \frac{2r}{\pi}\right) \qquad \text{per} \quad \vartheta_0 = \pi$$

$$G = \left(-\frac{2r}{3\pi}, \frac{2r}{3\pi}\right) \qquad \text{per} \quad \vartheta_0 = \tfrac{3}{2}\,\pi$$

$$G = (0,0) \qquad \text{per} \quad \vartheta_0 = 2\pi\,.$$

Al variare del parametro ϑ_0, i baricentri si distribuiscono lungo la curva γ_G di equazioni parametriche

$$\begin{cases} x = r\dfrac{\mathrm{sen}\,\vartheta}{\vartheta} \\ y = r\dfrac{1-\cos\vartheta}{\vartheta} \end{cases} \qquad \vartheta \in (0, 2\pi]\,.$$

Nella seguente figura, è rappresentata la circonferenza γ di partenza e la curva γ_G dei baricentri:

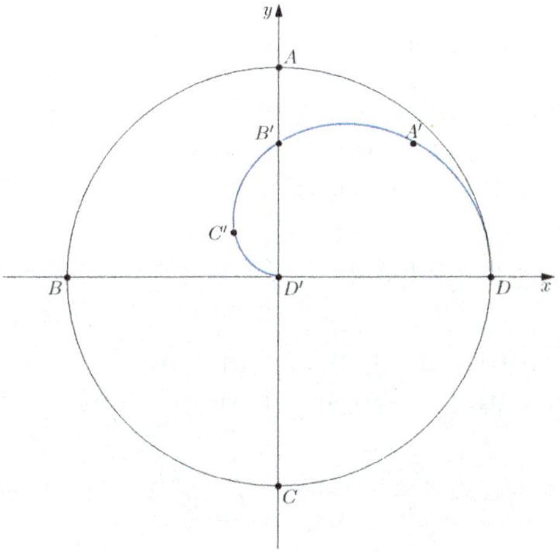

2. Consideriamo l'arco di circonferenza

$$\gamma : \begin{cases} x = r\cos\vartheta \\ y = r\,\mathrm{sen}\,\vartheta \end{cases} \qquad \vartheta \in [0, \pi/2]$$

munito della densità di massa data dalla funzione $\rho(x,y) = (x+y)^2$. La massa totale di γ è

$$\begin{aligned} M &= \int_\gamma \rho\, \mathrm{d}s = \int_0^{\pi/2} \rho(r\cos\vartheta, r\,\mathrm{sen}\,\vartheta)\|f'(\vartheta)\|\, \mathrm{d}\vartheta \\ &= \int_0^{\pi/2} (r\cos\vartheta + r\,\mathrm{sen}\,\vartheta)^2 r\, \mathrm{d}\vartheta = r^3 \int_0^{\pi/2} (1 + \mathrm{sen}\, 2\vartheta)\, \mathrm{d}\vartheta \\ &= r^3 \left[\vartheta - \frac{1}{2}\cos 2\vartheta\right]_0^{\pi/2} = \frac{\pi+2}{2}\, r^3 . \end{aligned}$$

Le coordinate del baricentro sono

$$\begin{aligned} x_G &= \frac{1}{M}\int_\gamma \rho x\, \mathrm{d}s = \frac{1}{M}\int_0^{\pi/2} \rho(r\cos\vartheta, r\,\mathrm{sen}\,\vartheta) r\cos\vartheta \|f'(\vartheta)\|\, \mathrm{d}\vartheta \\ &= \frac{r^4}{M}\int_0^{\pi/2} (1 + 2\,\mathrm{sen}\,\vartheta\cos\vartheta)\cos\vartheta\, \mathrm{d}\vartheta = \frac{r^4}{M}\int_0^{\pi/2} (\cos\vartheta + 2\,\mathrm{sen}\,\vartheta\cos^2\vartheta)\, \mathrm{d}\vartheta \\ &= \frac{r^4}{M}\left[\mathrm{sen}\,\vartheta - \frac{2}{3}\cos^3\vartheta\right]_0^{\pi/2} = \frac{2r^4}{(\pi+2)r^3}\left(1 + \frac{2}{3}\right) = \frac{10\,r}{3(\pi+2)} \end{aligned}$$

$$\begin{aligned} y_G &= \frac{1}{M}\int_\gamma \rho y\, \mathrm{d}s = \frac{1}{M}\int_0^{\pi/2} \rho(r\cos\vartheta, r\,\mathrm{sen}\,\vartheta) r\,\mathrm{sen}\,\vartheta \|f'(\vartheta)\|\, \mathrm{d}\vartheta \\ &= \frac{r^4}{M}\int_0^{\pi/2} (1 + 2\,\mathrm{sen}\,\vartheta\cos\vartheta)\,\mathrm{sen}\,\vartheta\, \mathrm{d}\vartheta = \frac{r^4}{M}\int_0^{\pi/2} (\mathrm{sen}\,\vartheta + 2\cos\vartheta\,\mathrm{sen}^2\vartheta)\, \mathrm{d}\vartheta \\ &= \frac{r^4}{M}\left[-\cos\vartheta + \frac{2}{3}\,\mathrm{sen}^3\vartheta\right]_0^{\pi/2} = \frac{2r^4}{(\pi+2)r^3}\left(\frac{2}{3} + 1\right) = \frac{10\,r}{3(\pi+2)} . \end{aligned}$$

11.4.5 Momenti di inerzia di una curva

Sia γ una curva regolare parametrizzata mediante una funzione vettoriale $f : [a, b] \to \mathbb{R}^3$ e munita di una densità lineare di massa δ. Il *momento di inerzia* di γ rispetto a una retta r è la quantità

$$I_r(\gamma) = \int_\gamma d^2\, \delta \,\mathrm{d}s = \int_a^b d(f(t))^2 \delta(f(t))\, \|f'(t)\|\, \mathrm{d}t$$

dove d indica la distanza del generico punto di γ dalla retta r. In particolare, rispetto agli assi coordinati, abbiamo i tre momenti di inerzia

$$I_x = I_x(\gamma) = \int_\gamma (y^2 + z^2)\, \delta \,\mathrm{d}s = \int_a^b (y^2(t) + z^2(t))\, \delta(f(t))\, \|f'(t)\|\, \mathrm{d}t$$

$$I_y = I_y(\gamma) = \int_\gamma (x^2 + z^2)\, \delta \,\mathrm{d}s = \int_a^b (x^2(t) + z^2(t))\, \delta(f(t))\, \|f'(t)\|\, \mathrm{d}t$$

$$I_z = I_z(\gamma) = \int_\gamma (x^2 + y^2)\, \delta \,\mathrm{d}s = \int_a^b (x^2(t) + y^2(t))\, \delta(f(t))\, \|f'(t)\|\, \mathrm{d}t .$$

ESEMPIO 702. Consideriamo l'arco di elica cilindrica

$$\gamma : \begin{cases} x = r\cos\vartheta \\ y = r \operatorname{sen}\vartheta \\ z = h\vartheta \end{cases} \qquad \vartheta \in [0, 2\pi]$$

dove $r, h \in \mathbb{R}$, $r, h > 0$. I momenti di inerzia rispetto agli assi coordinati sono

$$\begin{aligned} I_x &= \int_0^{2\pi} (r^2 \operatorname{sen}^2\vartheta + h^2\vartheta^2)\, \sqrt{h^2 + r^2}\, \mathrm{d}\vartheta \\ &= \sqrt{h^2 + r^2} \left[\frac{r^2}{2}\vartheta - \frac{r^2}{2} \operatorname{sen}\vartheta\cos\vartheta + h^2 \frac{\vartheta^3}{3} \right]_0^{2\pi} \\ &= \frac{\pi}{3}\, (8h^2\pi^2 + 3r^2)\sqrt{h^2 + r^2} \\ I_y &= \int_0^{2\pi} (r^2 \cos^2\vartheta + h^2\vartheta^2)\, \sqrt{h^2 + r^2}\, \mathrm{d}\vartheta \\ &= \sqrt{h^2 + r^2} \left[\frac{r^2}{2}\vartheta + \frac{r^2}{2} \operatorname{sen}\vartheta\cos\vartheta + h^2 \frac{\vartheta^3}{3} \right]_0^{2\pi} \\ &= \frac{\pi}{3}\, (8h^2\pi^2 + 3r^2)\sqrt{h^2 + r^2} \\ I_z &= \int_0^{2\pi} (r^2 \cos^2\vartheta + r^2 \operatorname{sen}^2\vartheta)\, \sqrt{h^2 + r^2}\, \mathrm{d}\vartheta \\ &= r^2\sqrt{h^2 + r^2} \int_0^{2\pi} \mathrm{d}\vartheta \\ &= 2\pi r^2 \sqrt{h^2 + r^2} . \end{aligned}$$

In particolare, se poniamo $h = 0$, otteniamo la circonferenza di centro O e raggio r nel piano xy. I momenti di inerzia, rispetto agli assi coordinati, di questa curva sono $I_x = I_y = \pi\, r^3$ e $I_z = 2\pi r^3$.

Teorema 703. *Il momento di inerzia di una curva rispetto a una retta r è invariante per rotazioni attorno alla retta r.*

Dimostrazione. Scegliamo il sistema di riferimento in modo che la retta r coincida con l'asse z. Per le equazioni ricavate a pagina 32, le equazioni di una generica rotazione attorno all'asse z sono

$$\begin{cases} x' = \cos\vartheta\; x - \operatorname{sen}\vartheta\; y \\ y' = \operatorname{sen}\vartheta\; x + \cos\vartheta\; y \\ z' = z\,. \end{cases}$$

Pertanto, se la curva γ è parametrizzata dalla funzione vettoriale $f : [a,b] \to \mathbb{R}^3$, dove $f(t) = (x(t), y(t), x(t))$, allora la curva η che si ottiene facendo ruotare γ attorno all'asse z di un angolo ϑ è parametrizzata dalla funzione vettoriale $g : [a,b] \to \mathbb{R}^3$ definita dalle equazioni

$$\begin{cases} x = \cos\vartheta\; x(t) - \operatorname{sen}\vartheta\; y(t) \\ y = \operatorname{sen}\vartheta\; x(t) + \cos\vartheta\; y(t) \\ z = z(t)\,. \end{cases}$$

Derivando rispetto al parametro t, si ha

$$\begin{cases} x' = \cos\vartheta\; x'(t) - \operatorname{sen}\vartheta\; y'(t) \\ y' = \operatorname{sen}\vartheta\; x'(t) + \cos\vartheta\; y'(t) \\ z' = z'(t)\,. \end{cases}$$

Quindi $\|g'(t)\| = \sqrt{x'(t)^2 + y'(t)^2 + z'(t)^2} = \|f'(t)\|$. Di conseguenza, si ha

$$\begin{aligned} I_z(\eta) &= \int_a^b ((\cos\vartheta\; x(t) - \operatorname{sen}\vartheta\; y(t))^2 + (\operatorname{sen}\vartheta\; x(t) + \cos\vartheta\; y(t))^2)\, \|g'(t)\|\; dt \\ &= \int_a^b (x(t)^2 y(t)^2)\, \|f'(t)\|\; dt \\ &= I_z(\gamma)\,. \end{aligned}$$

□

11.5 Geometria intrinseca di una curva

11.5.1 Riferimento intrinseco

Sia γ una curva di classe $\mathcal{C}^2$, parametrizzata dalla funzione vettoriale $f : I \to \mathbb{R}^3$. La curva γ è *biregolare* quando $f'(t) \wedge f''(t) \neq \mathbf{0}$ per ogni $t \in I$, o, equivalentemente, quando $\|f'(t) \wedge f''(t)\| \neq 0$ per ogni $t \in I$.

Una curva biregolare è anche regolare. Infatti, se la curva non fosse regolare, allora dovrebbe esistere almeno un valore del parametro t per il quale $f'(t) = \mathbf{0}$. Di conseguenza, si avrebbe anche $f'(t) \wedge f''(t) = \mathbf{0}$ e quindi la curva non può essere biregolare.

Sia γ una curva biregolare parametrizzata da una funzione vettoriale $f : I \to \mathbb{R}^3$ tale che $f(t) = (x(t), y(t), z(t))$ per ogni $t \in I$. In ogni punto $f(t)$ di γ possono essere definiti i seguenti versori:

$$\mathbf{t} = \frac{f'(t)}{\|f'(t)\|} \qquad \textit{versore tangente}$$

$$\mathbf{b} = \frac{f'(t) \wedge f''(t)}{\|f'(t) \wedge f''(t)\|} \qquad \textit{versore binormale}$$

$$\mathbf{n} = \mathbf{b} \wedge \mathbf{t} \qquad \textit{versore normale}.$$

Il versore binormale $\mathbf{b}$ è ortogonale al versore tangente $\mathbf{t}$, essendo ortogonale al vettore $f'(t)$. Il versore normale $\mathbf{n}$ è ortogonale sia $\mathbf{t}$ sia $\mathbf{b}$, essendo il prodotto vettoriale di due versori ortogonali. Infatti, essendo $\|\mathbf{t}\| = \|\mathbf{b}\| = 1$ e $\langle \mathbf{t}, \mathbf{b} \rangle = 0$, per l'indentità di Lagrange (Teorema 638) si ha

$$\|\mathbf{n}\| = \|\mathbf{b} \wedge \mathbf{t}\| = \sqrt{\|\mathbf{b}\|^2 \|\mathbf{t}\|^2 - \langle \mathbf{b}, \mathbf{t} \rangle^2} = 1 .$$

L'insieme $\{\mathbf{t}, \mathbf{n}, \mathbf{b}\}$, dove i vettori devono essere considerati nell'ordine dato, è la *terna intrinseca* alla curva γ nel punto $f(t)$. Questa terna si muove lungo γ al variare del punto considerato e, in ogni punto, forma un sistema di *riferimento locale*. In particolare, per il Teorema 657, la terna $\{\mathbf{t}, \mathbf{n}, \mathbf{b}\}$ è una base ortonormale destrorsa. Inoltre, si ha

$$\mathbf{t} \wedge \mathbf{n} = \mathbf{b}, \qquad \mathbf{n} \wedge \mathbf{b} = \mathbf{t}, \qquad \mathbf{b} \wedge \mathbf{t} = \mathbf{n}.$$

La terna intrinseca definisce tre *piani intrinseci*, ossia i tre piani coordinati del riferimento intrinseco.

1. Il *piano normale* alla curva γ nel punto $P = f(t)$ è il piano che passa per il punto P e che ha come direzione ortogonale quella data dal versore tangente $\mathbf{t}$. Equivalentemente, è il piano che passa per il punto P e che ha per giacitura quella individuata dai versori $\mathbf{n}$ e $\mathbf{b}$. Quindi, se $\mathbf{x} = (x, y, z)$ è il generico vettore dello spazio, la sua equazione cartesiana è

   $$\langle f'(t), \mathbf{x} - f(t) \rangle = 0$$

   ossia

   $$x'(t)(x - x(t)) + y'(t)(y - y(t)) + z'(t)(z - z(t)) = 0 .$$

2. Il *piano osculatore* di γ nel punto $P = f(t)$ è il piano che passa per il punto P e che ha come direzione ortogonale quella data dal versore binormale $\mathbf{b}$. Equivalentemente, è il piano che passa per il punto P e che ha per giacitura quella individuata dai versori $\mathbf{t}$ e $\mathbf{n}$. Quindi, la sua equazione cartesiana è

   $$\langle \mathbf{b}, \mathbf{x} - f(t) \rangle = 0 \qquad \text{ossia} \qquad \langle f'(t) \wedge f''(t), \mathbf{x} - f(t) \rangle = 0 .$$

Poiché $\langle f'(t) \wedge f''(t), \mathbf{x} - f(t) \rangle = [\mathbf{x} - f(t), f'(t), f''(t)]$, quest'equazione è equivalente all'equazione determinantale

$$\begin{vmatrix} x - x(t) & y - y(t) & z - z(t) \\ x'(t) & y'(t) & z'(t) \\ x''(t) & y''(t) & z''(t) \end{vmatrix} = 0 .$$

3. Il *piano rettificante* di γ nel punto $P = f(t)$ è il piano che passa per il punto P e che ha come direzione ortogonale quella data dal versore normale $\mathbf{n}$. Equivalentemente, è il piano che passa per il punto P e che ha per giacitura quella individuata dai versori $\mathbf{t}$ e $\mathbf{b}$. Quindi, la sua equazione cartesiana è
$$\langle \mathbf{n}, \mathbf{x} - f(t) \rangle = 0 .$$

ESEMPI

1. Consideriamo l'elica cilindrica
$$\gamma : \begin{cases} x = r\cos\vartheta \\ y = r\operatorname{sen}\vartheta \\ z = h\vartheta \end{cases} \qquad \vartheta \in \mathbb{R}$$
dove $r, h \in \mathbb{R}$, $r, h > 0$. In questo caso, si ha $f(\vartheta) = (r\cos\vartheta, r\operatorname{sen}\vartheta, h\vartheta)$, $f'(\vartheta) = (-r\operatorname{sen}\vartheta, r\cos\vartheta, h)$, $f''(\vartheta) = (-r\cos\vartheta, -r\operatorname{sen}\vartheta, 0)$ e
$$f'(\vartheta) \wedge f''(\vartheta) = \begin{vmatrix} \mathbf{i} & \mathbf{j} & \mathbf{k} \\ -r\operatorname{sen}\vartheta & r\cos\vartheta & h \\ -r\cos\vartheta & -r\operatorname{sen}\vartheta & 0 \end{vmatrix} = (rh\operatorname{sen}\vartheta, -rh\cos\vartheta, r^2) .$$
Pertanto, essendo $\|f'(\vartheta)\| = \sqrt{r^2 + h^2}$ e $\|f'(\vartheta) \wedge f''(\vartheta)\| = \sqrt{r^2h^2 + r^4} = r\sqrt{r^2 + h^2}$, i versori della terna intrinseca sono
$$\mathbf{t} = \frac{f'(\vartheta)}{\|f'(\vartheta)\|} = \frac{(-r\operatorname{sen}\vartheta, r\cos\vartheta, h)}{\sqrt{r^2 + h^2}}$$
$$\mathbf{b} = \frac{f'(\vartheta) \wedge f''(\vartheta)}{\|f'(\vartheta) \wedge f''(\vartheta)\|} = \frac{(h\operatorname{sen}\vartheta, -h\cos\vartheta, r)}{\sqrt{r^2 + h^2}}$$
$$\mathbf{n} = \mathbf{b} \wedge \mathbf{t} = \frac{1}{r^2 + h^2} \begin{vmatrix} \mathbf{i} & \mathbf{j} & \mathbf{k} \\ h\operatorname{sen}\vartheta & -h\cos\vartheta & r \\ -r\operatorname{sen}\vartheta & r\cos\vartheta & h \end{vmatrix} = (-\cos\vartheta, -\operatorname{sen}\vartheta, 0) .$$
Siano $\alpha = \operatorname{ang}(\mathbf{t}, \mathbf{k})$, $\beta = \operatorname{ang}(\mathbf{n}, \mathbf{k})$ e $\gamma = \operatorname{ang}(\mathbf{b}, \mathbf{k})$. Allora, si ha
$$\cos\alpha = \langle \mathbf{t}, \mathbf{k} \rangle = \frac{h}{\sqrt{r^2 + h^2}}$$
$$\cos\beta = \langle \mathbf{n}, \mathbf{k} \rangle = 0$$
$$\cos\gamma = \langle \mathbf{b}, \mathbf{k} \rangle = \frac{r}{\sqrt{r^2 + h^2}} .$$

Di conseguenza, gli angoli α, β e γ sono costanti, ossia non dipendono da ϑ. In particolare, $\beta = 0$.

Il piano normale, nel generico punto $f(\vartheta) \in \gamma$, è

$$\pi_n \; : \; -r \operatorname{sen} \vartheta(x - r\cos\vartheta) + r\cos\vartheta(y - r\operatorname{sen}\vartheta) + h(z - h\vartheta) = 0$$

ossia

$$\pi_n \; : \; r \operatorname{sen} \vartheta \; x - r\cos\vartheta \; y - hz + h^2\vartheta = 0 \, .$$

Analogamente, il piano osculatore è

$$\pi_o \; : \; h \operatorname{sen} \vartheta(x - r\cos\vartheta) - h\cos\vartheta(y - r\operatorname{sen}\vartheta) + r(z - h\vartheta) = 0$$

ossia

$$\pi_o \; : \; h \operatorname{sen} \vartheta \; x - h\cos\vartheta \; y + rz - hr\vartheta = 0 \, .$$

Infine, il piano rettificante è

$$\pi_r \; : \; -\cos\vartheta(x - r\cos\vartheta) - \operatorname{sen}\vartheta(y - r\operatorname{sen}\vartheta) + 0(z - h\vartheta) = 0$$

ossia

$$\pi_r \; : \; \cos\vartheta \; x + \operatorname{sen}\vartheta \; y - r = 0 \, .$$

2. Consideriamo la cubica gobba

$$\gamma : \begin{cases} x = t \\ y = t^2 \\ z = t^3 \end{cases} \qquad t \in \mathbb{R} \, .$$

Allora $f(t) = (t, t^2, t^3)$, $f'(t) = (1, 2t, 3t^2)$, $f''(t) = (0, 2, 6t)$, $\|f'(t)\| = \sqrt{1 + 4t^2 + 9t^4}$,

$$f'(t) \wedge f''(t) = \begin{vmatrix} \mathbf{i} & \mathbf{j} & \mathbf{k} \\ 1 & 2t & 3t^2 \\ 0 & 2 & 6t \end{vmatrix} = (6t^2, -6t, 2) = 2(3t^2, -3t, 1)$$

e $\|f'(t) \wedge f''(t)\| = 2\sqrt{9t^4 + 9t^2 + 1}$. Quindi, i versori della terna intrinseca sono

$$\begin{aligned} \mathbf{t} &= \frac{f'(t)}{\|f'(t)\|} = \frac{(1, 2t, 3t^2)}{\sqrt{1 + 4t^2 + 9t^4}} \\ \mathbf{b} &= \frac{f'(t) \wedge f''(t)}{\|f'(t) \wedge f''(t)\|} = \frac{(3t^2, -3t, 1)}{\sqrt{1 + 9t^2 + 9t^4}} \\ \mathbf{n} = \mathbf{b} \wedge \mathbf{t} &= \frac{1}{\sqrt{1 + 4t^2 + 9t^4}} \, \frac{1}{\sqrt{1 + 9t^2 + 9t^4}} \begin{vmatrix} \mathbf{i} & \mathbf{j} & \mathbf{k} \\ 3t^2 & -3t & 1 \\ 1 & 2t & 3t^2 \end{vmatrix} \\ &= \frac{(-9t^3 - 2t, -9t^4 + 1, 6t^3 + 3t)}{\sqrt{(1 + 4t^2 + 9t^4)(1 + 9t^2 + 9t^4)}} \, . \end{aligned}$$

Inoltre, il piano normale, il piano osculatore e il piano rettificante sono

$$\begin{aligned}
\pi_n &: (x-t)+2t(y-t^2)+3t^2(z-t^3)=0\\
\pi_o &: 3t^2(x-t)-3t(y-t^2)+(z-t^3)=0\\
\pi_r &: (9t^3+2t)(x-t)+(9t^4-1)(y-t^2)-(6t^3+3t)(z-t^3)=0\,.
\end{aligned}$$

11.5.2 Curvatura e torsione

Sia γ una curva biregolare di classe $\mathcal{C}^3$, parametrizzata rispetto al parametro arco dalla funzione vettoriale $f : I \to \mathbb{R}^3$. La variazione della terna intrinseca, data dalla terna $\{\mathbf{t}', \mathbf{n}', \mathbf{b}'\}$, permette di determinare le proprietà intrinseche della curva stessa.

La derivata prima $\mathbf{t}'$ del versore normale $\mathbf{t}$ rispetto al parametro arco è il *vettore curvatura* ed esprime la rapidità di variazione del versore tangente rispetto al parametro arco, cioé dà una misura della rapidità con cui la curva γ si discosta dall'andamento rettilineo. In generale, il vettore $\mathbf{t}'$ non è più un versore. La *curvatura* (o *flessione*) κ di γ in un punto $P = f(s)$ è la norma del vettore $\mathbf{t}'$, ossia $\kappa = \|\mathbf{t}'\|$. Il *raggio di curvatura* della curva γ in un punto $P = f(s)$ è definito come il reciproco della curvatura in quel punto, ossia $\rho = \frac{1}{\kappa}$. I punti in cui la curvatura è nulla (o, equivalentemente, il raggio di curvatura è infinito) si chiamano *flessi*, o *punti di flesso*.

Analogamente, la derivata prima $\mathbf{b}'$ del versore binormale $\mathbf{b}$ rispetto al parametro arco esprime, come vedremo più avanti (Teorema 711), la rapidità con cui la curva γ si discosta dall'andamento piano. Nel Teorema 704 mostreremo che esiste uno scalare τ (dipendente dal parametro arco) tale che $\mathbf{b}' = -\tau\,\mathbf{n}$. Lo scalare τ è la *torsione* di γ.

La variazione dei vettori della terna intrinseca, espressa in funzione della terna intrinseca stessa, dipende solo dalla curvatura e dalla torsione della curva (Teorema 704). Inoltre, si può dimostrare (Teorema 706) che la curvatura e la torsione caratterizzano completamente una curva, a meno della sua posizione nello spazio.

Iniziamo col dimostrare il seguente

Teorema 704 (Formule di Frenet-Serret). *Sia γ una curva biregolare di classe $\mathcal{C}^3$, parametrizzata rispetto al parametro arco s. Allora, esistono due quantità scalari $\kappa = \kappa(s) > 0$ e $\tau = \tau(s)$ per le quali valgono le seguenti identità:*

$$\begin{cases}\mathbf{t}' = \kappa\,\mathbf{n}\\ \mathbf{n}' = -\kappa\,\mathbf{t} + \tau\,\mathbf{b}\\ \mathbf{b}' = -\tau\,\mathbf{n}\,.\end{cases}$$

Dimostrazione. Sia $f : I \to \mathbb{R}^3$ una funzione vettoriale che parametrizza la curva γ rispetto al parametro arco.

1. Poiché γ è parametrizzata rispetto al parametro arco, per il Teorema 698, si ha $\mathbf{t} = f'(s)$ e quindi $\mathbf{t}' = f''(s)$. Poiché $\mathbf{t} = f'(s)$ è un versore, si ha

$\|f'(s)\| = 1$ per ogni $s \in I$. Quindi, per il Teorema 682, si ha $f'(s) \perp f''(s)$, ossia $\mathbf{t} \perp \mathbf{t}'$.

Rispetto al parametro arco, il versore binormale è dato da

$$\mathbf{b} = \frac{f'(s) \wedge f''(s)}{\|f'(s) \wedge f''(s)\|} = \frac{\mathbf{t} \wedge \mathbf{t}'}{\|\mathbf{t} \wedge \mathbf{t}'\|}.$$

Quindi, poiché $\mathbf{t}' \perp \mathbf{t} \wedge \mathbf{t}'$, si ha $\mathbf{t}' \perp \mathbf{b}$.

Poiché $\mathbf{t}' \perp \mathbf{t}$ e $\mathbf{t}' \perp \mathbf{b}$, il vettore $\mathbf{t}'$ è parallelo al vettore $\mathbf{b} \wedge \mathbf{t} = \mathbf{n}$. Quindi, esiste uno scalare $\kappa = \kappa(s)$ tale che $\mathbf{t}' = \kappa\,\mathbf{n}$. Inoltre, essendo $\mathbf{t} \wedge \mathbf{t}' = \|\mathbf{t} \wedge \mathbf{t}'\|\,\mathbf{b}$, si ha $\mathbf{t} \wedge \kappa\,\mathbf{n} = \|\mathbf{t} \wedge \kappa\,\mathbf{n}\|\,\mathbf{b}$, ossia $\kappa\,\mathbf{b} = \|\kappa\,\mathbf{b}\|\,\mathbf{b}$, ossia $\kappa\,\mathbf{b} = |\kappa|\,\mathbf{b}$, ossia $\kappa = |\kappa|$, Quindi $\kappa(s) > 0$ per ogni $s \in I$.

2. Il versore binormale è dato da $\mathbf{b} = \mathbf{t} \wedge \mathbf{n}$. Quindi, utilizzando la regola di Leibniz per il prodotto vettoriale e il risultato ottenuto nel punto precedente, si ha

$$\mathbf{b}' = (\mathbf{t} \wedge \mathbf{n})' = \mathbf{t}' \wedge \mathbf{n} + \mathbf{t} \wedge \mathbf{n}' = \kappa\,\mathbf{n} \wedge \mathbf{n} + \mathbf{t} \wedge \mathbf{n}' = \mathbf{t} \wedge \mathbf{n}'.$$

Quindi $\mathbf{b}'$ è ortogonale a $\mathbf{t}$. Inoltre, essendo un versore, $\mathbf{b}$ ha sempre norma uguale a 1 e quindi, per il Teorema 682, $\mathbf{b}'$ è ortogonale a $\mathbf{b}$. Dovendo essere ortogonale sia a $\mathbf{t}$ sia a $\mathbf{b}$, il vettore $\mathbf{b}'$ deve essere parallelo al versore normale $\mathbf{n}$. Questo significa che esiste uno scalare $\tau = \tau(s)$ tale che $\mathbf{b}' = -\tau\,\mathbf{n}$.

3. Infine, poiché $\mathbf{n} = \mathbf{b} \wedge \mathbf{t}$, si ha

$$\mathbf{n}' = (\mathbf{b} \wedge \mathbf{t})' = \mathbf{b}' \wedge \mathbf{t} + \mathbf{b} \wedge \mathbf{t}' = -\tau\mathbf{n} \wedge \mathbf{t} + \mathbf{b} \wedge \kappa\mathbf{n} = \tau\mathbf{b} - \kappa\mathbf{t}.$$

□

OSSERVAZIONE 705. Le formule di Frenet-Serret possono essere scritte in forma matriciale nel modo seguente

$$\begin{bmatrix} \mathbf{t}' \\ \mathbf{n}' \\ \mathbf{b}' \end{bmatrix} = \begin{bmatrix} 0 & \kappa & 0 \\ -\kappa & 0 & \tau \\ 0 & -\tau & 0 \end{bmatrix} \begin{bmatrix} \mathbf{t} \\ \mathbf{n} \\ \mathbf{b} \end{bmatrix}.$$

Si può dimostrare il seguente teorema di caratterizzazione.

Teorema 706 (Teorema di esistenza e unicità delle curve). *Comunque assegnate due funzioni continue $\kappa(s) \geq 0$ e $\tau(s)$ su un intervallo $[a, b]$, esiste esattamente una curva γ (determinata a meno della posizione nello spazio) che ammette s come parametro arco, $\kappa(s)$ come curvatura e $\tau(s)$ come torsione.*

In generale, la curvatura e la torsione di una curva parametrizzata con un parametro qualsiasi sono date dalle formule che compaiono nei seguenti teoremi.

Teorema 707. *Sia* γ *una curva regolare di classe* C^2*, parametrizzata dalla funzione vettoriale* $f : I \to \mathbb{R}^3$*. La curvatura di* γ *nel punto* $f(t)$ *è data da*

$$\kappa(t) = \frac{\|f'(t) \wedge f''(t)\|}{\|f'(t)\|^3}.$$

Dimostrazione. Derivando il versore tangente rispetto al parametro t, si ha

$$\mathbf{t}' = \left(\frac{f'(t)}{\|f'(t)\|}\right)' = \frac{\|f'(t)\|\, f''(t) - \|f'(t)\|'\, f'(t)}{\|f'(t)\|^2}.$$

Per il Teorema 681, si ha

$$\mathbf{t}' = \frac{\|f'(t)\|\, f''(t) - \dfrac{\langle f'(t), f''(t)\rangle}{\|f'(t)\|}\, f'(t)}{\|f'(t)\|^2} = \frac{\|f'(t)\|^2\, f''(t) - \langle f'(t), f''(t)\rangle\, f'(t)}{\|f'(t)\|^3}.$$

Pertanto, per il Teorema 632, la norma di questo vettore è

$$\begin{aligned}\|\mathbf{t}'\| &= \frac{\sqrt{\|f'(t)\|^4\, \|f''(t)\|^2 - 2\|f'(t)\|^2 \langle f'(t), f''(t)\rangle^2 + \langle f'(t), f''(t)\rangle^2\, \|f'(t)\|^2}}{\|f'(t)\|^3} \\ &= \frac{\|f'(t)\| \sqrt{\|f'(t)\|^2\, \|f''(t)\|^2 - \langle f'(t), f''(t)\rangle^2}}{\|f'(t)\|^3}.\end{aligned}$$

Per l'identità di Lagrange (Teorema 638), si ha

$$\|\mathbf{t}'\| = \frac{\|f'(t) \wedge f''(t)\|}{\|f'(t)\|^2}.$$

La curvatura, rispetto al parametro naturale s, è data da $\kappa(s) = \|\mathbf{t}'(s)\|$. Quindi, rispetto al parametro t, si ha

$$\kappa(t) = \left\|\frac{\mathrm{d}\mathbf{t}}{\mathrm{d}s}\right\| = \left\|\frac{\mathrm{d}\mathbf{t}}{\mathrm{d}t}\,\frac{\mathrm{d}t}{\mathrm{d}s}\right\| = \frac{\|\mathbf{t}'\|}{\|f'(t)\|} = \frac{\|f'(t) \wedge f''(t)\|}{\|f'(t)\|^3}.$$

□

OSSERVAZIONE 708. Per definire la curvatura, basta che la curva sia regolare di classe C^2. Inoltre, come si vede dalla formula ottenuta nel Teorema 707, la curvatura può anche annullarsi in qualche punto. Pertanto, possiamo dire che una curva è biregolare se e solo se la sua curvatura è sempre positiva.

Teorema 709. *Sia* γ *una curva biregolare di classe* C^3*, parametrizzata dalla funzione vettoriale* $f : I \to \mathbb{R}^3$*. La torsione di* γ *nel punto* $f(t)$ *è data da*

$$\tau(t) = \frac{[f'(t), f''(t), f'''(t)]}{\|f'(t) \wedge f''(t)\|^2}.$$

ESEMPI

1. Consideriamo l'elica cilindrica

$$\gamma : \begin{cases} x = r\cos\vartheta \\ y = r\,\mathrm{sen}\,\vartheta \\ z = h\vartheta \end{cases} \qquad \vartheta \in \mathbb{R}$$

dove $r, h \in \mathbb{R}$, $r, h > 0$. Usando i risultati ottenuti nell'Esempio 1 a pagina 517, si ha

$$\kappa(\vartheta) = \frac{\|f'(\vartheta) \wedge f''(\vartheta)\|}{\|f'(\vartheta)\|^3} = \frac{r\sqrt{r^2+h^2}}{\sqrt{(r^2+h^2)^3}} = \frac{r}{r^2+h^2}\,.$$

Inoltre, si ha $f'''(\vartheta) = (r\,\mathrm{sen}\,\vartheta, -r\cos\vartheta, 0)$ e

$$[f'(\vartheta), f''(\vartheta), f'''(\vartheta)] = \langle f'(\vartheta) \wedge f''(\vartheta), f'''(\vartheta)\rangle = r^2h\,\mathrm{sen}^2\,\vartheta + r^2h\cos^2\vartheta = r^2h\,.$$

Quindi la torsione è

$$\tau(\vartheta) = \frac{[f'(\vartheta), f''(\vartheta), f'''(\vartheta)]}{\|f'(\vartheta) \wedge f''(\vartheta)\|^2} = \frac{r^2h}{r^2(r^2+h^2)} = \frac{h}{r^2+h^2}\,.$$

Come si vede, la curvatura e la torsione dell'elica cilindrica sono costanti in ogni punto e il loro rapporto è dato da

$$\frac{\kappa(\vartheta)}{\tau(\vartheta)} = \frac{r}{r^2+h^2}\,\frac{r^2+h^2}{h} = \frac{r}{h}\,.$$

2. Consideriamo la cubica gobba di equazioni parametriche $f(t) = (t, t^2, t^3)$. Usando i risultati ottenuti nell'Esempio 2 a pagina 518, si ha $f'''(t) = (0, 0, 6)$,

$$[f'(t), f''(t), f'''(t)] = \langle f'(t) \wedge f''(t), f'''(t)\rangle = 12$$

e quindi

$$\kappa(t) = \frac{2\sqrt{1+9t^2+9t^4}}{(1+4t^2+9t^4)^{3/2}} \qquad \text{e} \qquad \tau(t) = \frac{3}{1+9t^2+9t^4}\,.$$

La curvatura e la torsione non si annullano in alcun punto. Tuttavia

$$\lim_{t\to\pm\infty} \kappa(t) = \lim_{t\to\pm\infty} \tau(t) = 0\,.$$

Inoltre, si può dimostrare che la curvatura e la torsione assumono il loro valore massimo nello stesso punto, ossia nell'origine ($t = 0$). In particolare, la curvatura massima è $\kappa(0) = 2$, mentre la torsione massima è $\tau(0) = 3$. I grafici delle funzioni che danno la curvatura e la torsione sono riportati nella seguente figura.

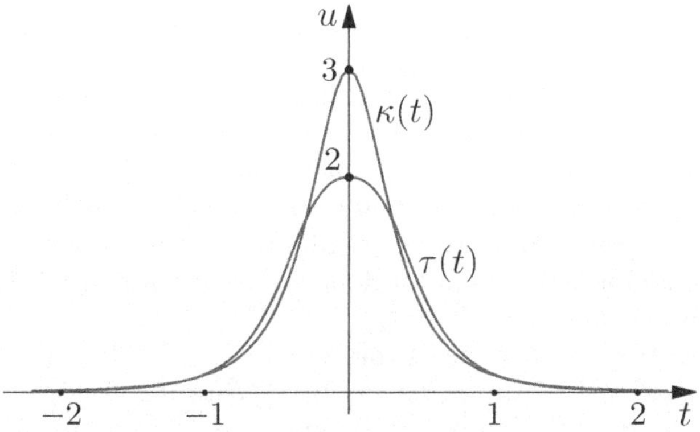

11.5.3 Proprietà intrinseche di una curva

La curvatura e la torsione permettono di caratterizzare intrinsecamente le rette e le curve piane.

Teorema 710. *Una curva regolare* γ *di classe* C^2 *è un arco di retta se e solo se la sua curvatura è identicamente nulla.*

Dimostrazione. Supponiamo che γ sia parametrizzata rispetto al parametro arco, mediante una funzione vettoriale $f : I \to \mathbb{R}^3$. Allora, si ha

$$\begin{aligned} \kappa(s) = 0 \qquad \forall s \in I \quad &\iff \quad f''(s) = 0 \qquad \forall s \in I \\ &\iff \quad f'(s) = \mathbf{a} \qquad \forall s \in I \\ &\iff \quad f(s) = \mathbf{x}_0 + s\,\mathbf{a} \qquad \forall s \in I \\ &\iff \quad r \quad \text{è un arco retta.} \end{aligned}$$

□

Teorema 711. *Una curva biregolare* γ *di classe* C^3*, senza punti di flesso, è piana se e solo se il versore binormale è costante (ossia la torsione è identicamente nulla).*

Dimostrazione. Supponiamo che γ sia parametrizzata rispetto al parametro arco, mediante una funzione vettoriale $f : I \to \mathbb{R}^3$.

Se γ è piana, allora esiste un piano π tale che $\gamma \subseteq \pi$. Quindi, se $\pi : \langle \mathbf{a}, \mathbf{x} \rangle + d = 0$, dove $\mathbf{a} \in \mathbb{R}^3$, $\mathbf{a} \neq \mathbf{0}$, allora si ha

$$\langle \mathbf{a}, f(s) \rangle + d = 0 \qquad \forall s \in I\,.$$

Derivando rispetto al parametro arco (mediante la regola di Leibniz per il prodotto scalare), tenuto conto che $\mathbf{a}$ è costante, si ha

$$\langle \mathbf{a}, f'(s) \rangle = 0 \qquad \forall s \in I\,.$$

Derivando ancora rispetto al parametro arco (mediante la regola di Leibniz per il prodotto scalare), si ha

$$\langle \mathbf{a}, f''(s) \rangle = 0 \qquad \forall s \in I\,.$$

Quindi $\mathbf{t} = f'(s)$ e $\mathbf{t}' = f''(s)$ sono ortogonali al vettore $\mathbf{a}$, per ogni valore di s. Poiché $\mathbf{t}' = \kappa\,\mathbf{n}$ e, per ipotesi, $\kappa(s) \neq 0$ per ogni $s \in \mathbb{R}$, anche $\mathbf{n}$ è ortogonale al vettore $\mathbf{a}$. Di conseguenza, il vettore $\mathbf{a}$ deve essere parallelo al versore binormale $\mathbf{b}$, ossia $\mathbf{b} = \lambda\mathbf{a}$ per un opportuno scalare $\lambda \in \mathbb{R}$ (che, a priori, dipende da s). Poiché $\mathbf{b}$ è un versore, si ha $1 = \|\mathbf{b}\| = \|\lambda\mathbf{a}\| = |\lambda|\,\|\mathbf{a}\|$, ossia $\lambda = \pm\frac{1}{\|\mathbf{a}\|}$. Quindi $\mathbf{b} = \pm\frac{\mathbf{a}}{\|\mathbf{a}\|}$. Poiché $\mathbf{a}$ è costante, anche il versore binormale $\mathbf{b}$ è costante e quindi $\mathbf{b}' = \mathbf{0}$ per ogni valore di s. Poiché $\mathbf{b}' = -\tau\,\mathbf{n}$, questo è equivalente a chiedere che la torsione sia identicamente nulla, ossia $\tau(s) = 0$ per ogni valore di s.

Viceversa, supponiamo che la torsione di γ sia identicamente nulla. Allora $\mathbf{b}' = \mathbf{0}$ per ogni valore di s, ossia $\mathbf{b}$ è costante. Fissato un valore s_0 del parametro arco, consideriamo la funzione $\varphi : I \to \mathbb{R}$ definita ponendo

$$\varphi(s) = \langle \mathbf{b}, f(s) - f(s_0)\rangle$$

per ogni $s \in I$. Allora, essendo $\mathbf{b}$ costante, si ha

$$\varphi'(s) = \langle \mathbf{b}, f'(s)\rangle = \langle \mathbf{b}, \mathbf{t}\rangle = 0 \qquad \forall s \in I\,.$$

Quindi la funzione φ è costante. Poiché $\varphi(s_0) = 0$, si ha che φ è identicamente nulla, ossia

$$\langle \mathbf{b}, f(s) - f(s_0)\rangle = 0 \qquad \forall s \in I\,.$$

Questo significa che la curva γ appartiene al piano di equazione $\langle \mathbf{b}, \mathbf{x} - f(s_0)\rangle = 0$. □

OSSERVAZIONE 712. Per il Teorema 711, una curva è piana se e solo se il piano osculatore è costante. Quindi, una curva piana giace sempre nel suo piano osculatore, ossia il versore binormale $\mathbf{b}$ è sempre ortogonale al piano che contiene la curva.

11.5.4 Circonferenza osculatrice

Definizione 713. *La* circonferenza osculatrice *a una curva γ in un punto $P \in \gamma$ è la circonferenza che ha un contatto con γ in P di molteplicità (almeno) 3.*

Si può dimostrare il seguente

Teorema 714. *Sia γ una curva biregolare e sia $P \in \gamma$. Allora esiste un'unica circonferenza osculatrice a γ in P e questa circonferenza*

1. *ha come raggio il raggio di curvatura $\rho(P) = \frac{1}{\kappa(P)}$;*

2. *ha come centro il centro di curvatura $C(P) = P + \rho(P)\,\mathbf{n}(P)$;*

3. *giace sul piano osculatore a γ nel punto P.*

OSSERVAZIONE 715. Dal teorema 714 si possono ricavare le equazioni cartesiane della circonferenza osculatrice. Infatti, la circonferenza osculatrice Γ a una curva γ in un punto P può essere vista come l'intersezione della sfera S, che ha centro nel centro di curvatura $C(P)$ e che ha per raggio il raggio di curvatura $\rho(P)$, con il piano osculatore π a γ in punto P. Quindi, si ha

$$\Gamma = S \cap \pi : \begin{cases} \|\mathbf{x} - C(P)\| = \rho(P) \\ \langle \mathbf{b}(P), \mathbf{x} - P \rangle = 0 . \end{cases}$$

ESEMPIO 716. Consideriamo l'elica cilindrica

$$\gamma : \begin{cases} x = r\cos\vartheta \\ y = r \operatorname{sen}\vartheta \\ z = h\vartheta \end{cases} \qquad \vartheta \in \mathbb{R}$$

con $r, h \in \mathbb{R}$, $r, h > 0$. Per l'Esempio 1 a pagina 522, il raggio di curvatura è

$$\rho(\vartheta) = \frac{1}{\kappa(\vartheta)} = \frac{h^2 + r^2}{r} .$$

Pertanto il centro di curvatura è

$$\begin{aligned} C(\vartheta) &= f(\vartheta) + \rho(\vartheta)\,\mathbf{n}(\vartheta) \\ &= (r\cos\vartheta, r\operatorname{sen}\vartheta, h\vartheta) + \frac{h^2 + r^2}{r}(-\cos\vartheta, -\operatorname{sen}\vartheta, 0) \\ &= \left(-\frac{h^2}{r}\cos\vartheta, -\frac{h^2}{r}\operatorname{sen}\vartheta, h\vartheta\right) . \end{aligned}$$

Si osservi che, al variare di ϑ, il punto $C(\vartheta)$ descrive la curva

$$\gamma_C : \begin{cases} x = -\frac{h^2}{r}\cos\vartheta \\ y = -\frac{h^2}{r}\operatorname{sen}\vartheta \\ z = h\vartheta \end{cases} \qquad \vartheta \in \mathbb{R}$$

che a sua volta è un'elica cilindrica (con lo stesso asse di γ).

Il piano osculatore dell'elica cilindrica è stato ottenuto nell'Esempio 1 a 517. Quindi, le equazioni cartesiane della circonferenza osculatrice sono

$$\begin{cases} \left(x + \dfrac{h^2}{r}\cos\vartheta\right)^2 + \left(y + \dfrac{h^2}{r}\operatorname{sen}\vartheta\right)^2 + (z - h\vartheta)^2 = \left(\dfrac{h^2 + r^2}{r}\right)^2 \\ h\operatorname{sen}\vartheta\; x - h\cos\vartheta\; y + rz - hr\vartheta = 0 \end{cases}$$

ossia

$$\begin{cases} x^2 + y^2 + z^2 + 2\dfrac{h^2}{r}\cos\vartheta\; x + 2\dfrac{h^2}{r}\operatorname{sen}\vartheta\; y - 2h\vartheta\; z + h^2\vartheta^2 - 2h^2 - r^2 = 0 \\ h\operatorname{sen}\vartheta\; x - h\cos\vartheta\; y + rz - hr\vartheta = 0 . \end{cases}$$

11.5.5 Curve piane

Quanto visto per le curve spaziali può essere particolarizzato alle curve piane. Tuttavia, poichè la torsione di una curva piana è sempre nulla, l'unico parametro intrinseco significativo è la curvatura. In questo paragrafo, ci limiteremo alle curve che giacciono nel piano xy. In questo modo, il versore binormale coincide con $\pm\mathbf{k}$ e quindi, il riferimento intrinseco si riduce essenzialmente ai versori tangente e normale.

Teorema 717. *Sia* γ *una curva piana regolare di classe* C^2, *di equazioni parametriche*

$$\begin{cases} x = x(t) \\ y = y(t) \end{cases} \qquad t \in I .$$

La curvatura di γ *nel punto* $P \equiv (x(t), y(t))$ *è*

$$\kappa(t) = \frac{|x'(t)y''(t) - x''(t)y'(t)|}{(x'(t)^2 + y'(t)^2)^{3/2}} .$$

Dimostrazione. Consideriamo la curva γ come una curva spaziale parametrizzata dalla funzione vettoriale $f : I \to \mathbb{R}^3$ definita da $f(t) = (x(t), y(t), 0)$ per ogni $t \in I$. Allora $f'(t) = (x'(t), y'(t), 0)$ e $f''(t) = (x''(t), y''(t), 0)$. Quindi $\|f'(t)\| = \sqrt{x'(t)^2 + y'(t)^2}$ e

$$f'(t) \wedge f''(t) = \begin{vmatrix} \mathbf{i} & \mathbf{j} & \mathbf{k} \\ x'(t) & y'(t) & 0 \\ x''(t) & y''(t) & 0 \end{vmatrix} = \begin{vmatrix} x'(t) & y'(t) \\ x''(t) & y''(t) \end{vmatrix} \mathbf{k} = (x'(t)y''(t) - x''(t)y'(t))\,\mathbf{k} .$$

Quindi

$$\kappa(t) = \frac{\|f'(t) \wedge f''(t)\|}{\|f'(t)\|^3} = \frac{|x'(t)y''(t) - x''(t)y'(t)|}{(x'(t)^2 + y'(t)^2)^{3/2}} .$$

□

In particolare, se la curva γ è il grafico di una funzione reale di una variabile reale, allora si ha il seguente

Teorema 718. *Sia* γ *il grafico di una funzione* $f : I \to \mathbb{R}$ *di classe* C^2. *La curvatura di* γ *nel punto* $P \equiv (x, f(x))$ *è*

$$\kappa(x) = \frac{|f''(x)|}{(1 + f'(x)^2)^{3/2}} .$$

Dimostrazione. In questo caso, la curva γ ha equazioni parametriche

$$\begin{cases} x = t \\ y = f(t) \end{cases} \qquad t \in I .$$

Poiché

$$\begin{cases} x' = 1 \\ y' = f'(t) \end{cases} \qquad \text{e} \qquad \begin{cases} x'' = 0 \\ y'' = f''(t) , \end{cases}$$

applicando la formula data nel Teorema 717, si ottiene l'enunciato. □

Vediamo ora una semplice applicazione alle coniche. Ricordiamo che le coniche (irriducibili) sono la *parabola*, l'*ellisse* e l'*iperbole* e che ognuna di queste coniche può sempre essere rappresentata mediante un'equazione canonica nel modo seguente:

$$\begin{array}{lll} \text{parabola} : & y = ax^2 & (a \in \mathbb{R}\,,\ a > 0) \\ \text{ellisse} : & \dfrac{x^2}{a^2} + \dfrac{y^2}{b^2} = 1 & (a, b \in \mathbb{R}\,,\ a, b > 0) \\ \text{iperbole} : & \dfrac{x^2}{a^2} - \dfrac{y^2}{b^2} = 1 & (a, b \in \mathbb{R}\,,\ a, b > 0)\,. \end{array}$$

I *vertici* di una conica sono i punti di intersezione della conica stessa con i sui assi di simmetria. La parabola ha un solo vertice, l'ellisse ne ha quattro e l'iperbole ne ha due.

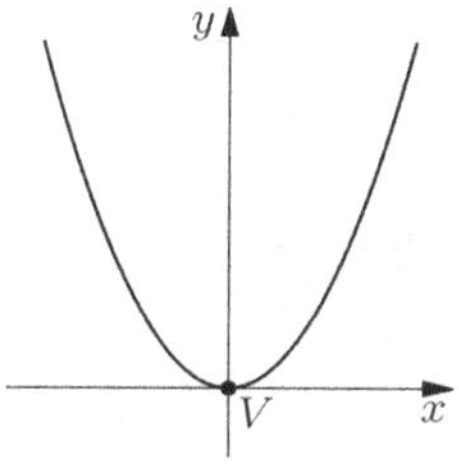

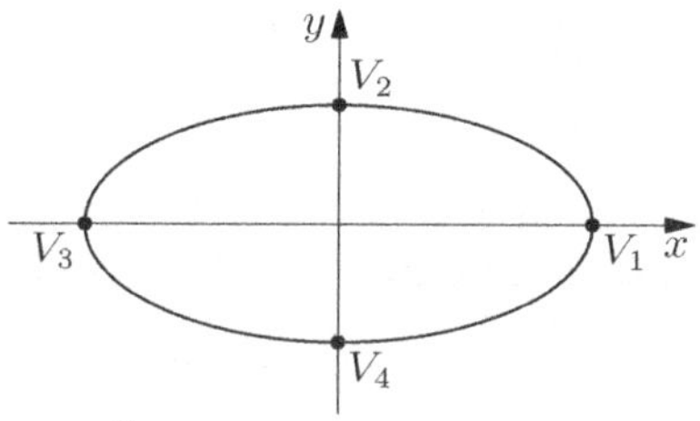

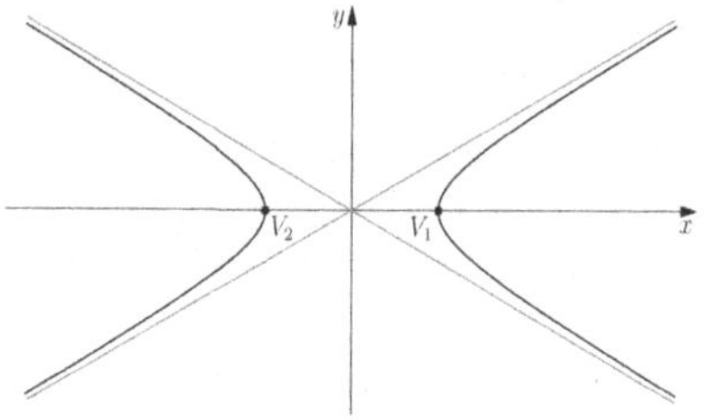

Teorema 719. *I vertici di una conica (irriducibile) coincidono con i punti di massima e minima curvatura.*

Dimostrazione. Consideriamo la parabola di equazione $y = ax^2$, con $a > 0$. Poiché questa curva coincide con il grafico della funzione definita da $f(x) = ax^2$, per il Teorema 718, si ha

$$\kappa(x) = \frac{2a}{(1 + 4a^2x^2)^{3/2}}\,.$$

Derivando, si ha

$$\kappa'(x) = -\frac{24a^3x}{(1 + 4a^2x^2)^{5/2}}\,.$$

Poiché $\kappa'(x) \geq 0$ se e solo se $x \leq 0$, la curvatura assume valore massimo per $x = 0$. Quindi la curvatura massima è $\kappa(0) = 2a$ e viene assunta nel vertice $V \equiv (0, 0)$.

Consideriamo ora l'ellisse di equazione cartesiana

$$\frac{x^2}{a^2} + \frac{y^2}{b^2} = 1$$

con $a, b \in \mathbb{R}$ e $a > b > 0$. Questa curva ha equazioni parametriche

$$\begin{cases} x = a\cos\vartheta \\ y = b\,\mathrm{sen}\,\vartheta \end{cases} \qquad \vartheta \in [0, 2\pi)\,.$$

Si ha $(x', y') = (-a\,\mathrm{sen}\,\vartheta, b\cos\vartheta)$, $(x'', y'') = (-a\cos\vartheta, -b\,\mathrm{sen}\,\vartheta)$ e

$$\begin{vmatrix} x' & y' \\ x'' & y'' \end{vmatrix} = \begin{vmatrix} -a\,\mathrm{sen}\,\vartheta & b\cos\vartheta \\ -a\cos\vartheta & -b\,\mathrm{sen}\,\vartheta \end{vmatrix} = ab\,\mathrm{sen}^2\,\vartheta + ab\cos^2\vartheta = ab\,.$$

Quindi si ha

$$\kappa(\vartheta) = \frac{ab}{(a^2\,\mathrm{sen}^2\,\vartheta + b^2\cos^2\vartheta)^{3/2}} \qquad \text{e} \qquad \kappa'(\vartheta) = -\frac{3}{2}\,\frac{ab(a^2 - b^2)\,\mathrm{sen}\,2\vartheta}{(a^2\,\mathrm{sen}^2\,\vartheta + b^2\cos^2\vartheta)^{5/2}}\,.$$

Per le ipotesi fatte, si ha $ab(a^2 - b^2) > 0$. Quindi $\kappa'(\vartheta) \geq 0$ se e solo se $\mathrm{sen}\,2\vartheta \leq 0$. Questo accade per $\pi \leq 2\vartheta \leq 2\pi$ e $3\pi \leq 2\vartheta \leq 4\pi$, ossia $\pi/2 \leq \vartheta \leq \pi$ e $3\pi/2 \leq \vartheta \leq 2\pi$:

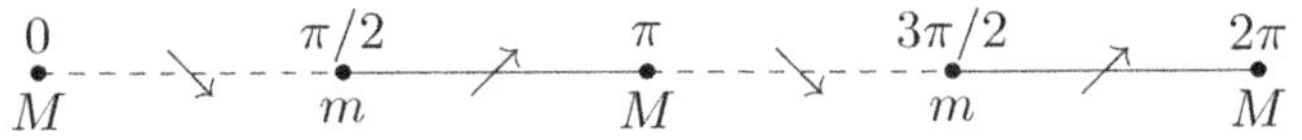

Si ha un valore massimo della curvatura per $\vartheta = 0, \pi$, ossia nei vertici $V_{1,3} \equiv (\pm a, 0)$, e si ha un valore minimo della curvatura per $\vartheta = \pi/2, 3\pi/2$, ossia nei vertici $V_{2,4} \equiv (0, \pm b)$. La curvatura massima è $\kappa(0) = a/b^2$ e la curvatura minima è $\kappa(\pi/2) = b/a^2$.

Consideriamo infine l'iperbole di equazione cartesiana

$$\frac{x^2}{a^2} - \frac{y^2}{b^2} = 1$$

con $a, b \in \mathbb{R}$ e $a > b > 0$. Il ramo destro di questa curva ha equazioni parametriche

$$\begin{cases} x = a\cosh t \\ y = b\,\mathrm{senh}\,t \end{cases} \qquad t \in \mathbb{R}\,.$$

In questo caso, si ha $(x', y') = (a\,\mathrm{senh}\,t, b\cosh t)$, $(x'', y'') = (a\cosh t, b\,\mathrm{senh}\,t)$ e

$$\begin{vmatrix} x' & y' \\ x'' & y'' \end{vmatrix} = \begin{vmatrix} a\,\mathrm{senh}\,t & b\cosh t \\ a\cosh t & b\,\mathrm{senh}\,t \end{vmatrix} = ab\,\mathrm{senh}^2\,t - ab\cosh^2 t = -ab\,.$$

Pertanto

$$\kappa(t) = \frac{ab}{(a^2\,\mathrm{senh}^2\,t + b^2\cosh^2 t)^{3/2}} \qquad \text{e} \qquad \kappa'(t) = -\frac{3ab(a^2 + b^2)\,\mathrm{senh}\,t\cosh t}{(a^2\,\mathrm{senh}^2\,t + b^2\cosh^2 t)^{5/2}}\,.$$

Poiché $ab(a^2+b^2)\cosh t$ è sempre positivo, si ha $\kappa'(t) \geq 0$ se e solo se $\operatorname{senh} t \leq 0$, ossia se e solo se $t \leq 0$. Pertanto si ha un solo valore massimo per $t = 0$, ossia in corrispondenza del vertice $V_1 \equiv (a, 0)$. Il valore massimo della curvatura è $\kappa(0) = a/b^2$. □

OSSERVAZIONE 720. La curvatura della parabola e dell'iperbole assume un solo valore massimo e poi diminuisce gradualmente fino a tendere a 0.

ESEMPIO 721. Poiché avere curvatura massima o minima è una proprietà geometrica (ossia indipendente dal sistema di riferimento), il Teorema 719 può anche essere usato per determinare i vertici di una conica nello spazio tridimensionale. Consideriamo, ad esempio, la curva γ di equazioni parametriche

$$\begin{cases} x = 1 + t^2 \\ y = 1 - t \\ z = 1 + t + t^2 . \end{cases}$$

Poiché $z - x = t = 1 - y$, la curva γ giace sul piano π di equazione $x - y - z + 1 = 0$. Eliminando il parametro t dalle prime due equazioni, si trova che γ giace sulla superficie di equazione $x = 1 + (y-1)^2$, che è un cilindro parabolico. Quindi, essendo l'intersezione di un piano con un cilindro parabolico, γ è una parabola. Per determinare il centro di γ basta determinare il punto in cui la curvatura è massima. Poiché

$$\kappa(t) = \sqrt{\frac{3}{2}}\,\frac{1}{(1+2t+4t^2)^{3/2}} \qquad \text{e} \qquad \kappa'(t) = -\frac{3\sqrt{3}}{\sqrt{2}}\,\frac{1+4t}{(1+2t+4t^2)^{5/2}},$$

il vertice si ottiene per $t = -1/4$ e quindi è il punto

$$V \equiv \left(\frac{17}{16}, \frac{5}{4}, \frac{13}{16}\right) .$$

Possiamo anche determinare l'asse. Per far questo basta determinare il piano π' ortogonale alla retta tangente a γ in V e intersecarlo con il piano π che contiene la curva. Un vettore tangente a γ in V è dato da $f'(-1/4) = (-1/2, -1, 1/2)$. Quindi π' ha equazione

$$-\frac{1}{2}\left(x - \frac{17}{16}\right) - \left(y - \frac{5}{4}\right) + \frac{1}{2}\left(z - \frac{13}{16}\right) = 0$$

ossia $4x + 8y - 4z - 11 = 0$. L'asse di γ è pertanto la retta di equazioni

$$\begin{cases} x - y - z + 1 = 0 \\ 4x + 8y - 4z - 11 = 0 . \end{cases}$$

12 Tavole

12.1 Serie di MacLaurin

$$e^x = \sum_{n\geq 0} \frac{x^n}{n!} \qquad r = +\infty$$

$$\operatorname{sen} x = \sum_{n\geq 0} (-1)^n \frac{x^{2n+1}}{(2n+1)!} \qquad r = +\infty$$

$$\cos x = \sum_{n\geq 0} (-1)^n \frac{x^{2n}}{(2n)!} \qquad r = +\infty$$

$$\operatorname{senh} x = \sum_{n\geq 0} \frac{x^{2n+1}}{(2n+1)!} \qquad r = +\infty$$

$$\cosh x = \sum_{n\geq 0} \frac{x^{2n}}{(2n)!} \qquad r = +\infty$$

$$(1+x)^\alpha = \sum_{n\geq 0} \binom{\alpha}{n} x^n \qquad r = 1$$

$$\frac{1}{(1-x)^{\alpha+1}} = \sum_{n\geq 0} \binom{n+\alpha}{n} x^n \qquad r = 1$$

$$\frac{1}{1-x} = \sum_{n\geq 0} x^n \qquad r = 1$$

$$\frac{1}{1+x} = \sum_{n\geq 0} (-1)^n x^n \qquad r = 1$$

$$\sqrt{1-x^2} = -\sum_{n\geq 0} \binom{2n}{n} \frac{1}{2n-1} \frac{x^{2n}}{2^{2n}} \qquad r = 1$$

$$\frac{1}{\sqrt{1-x}} = \sum_{n\geq 0} \binom{2n}{n} \frac{1}{2^{2n}} x^n \qquad r = 1$$

$$\log(1+x) = \sum_{n\geq 1} (-1)^{n-1} \frac{x^n}{n} \qquad r = 1$$

$$\log \frac{1}{1-x} = \sum_{n\ge 1} \frac{x^n}{n} \qquad r = 1$$

$$\frac{1}{1-x} \log \frac{1}{1-x} = \sum_{n\ge 0} \mathcal{H}_n x^n \qquad r = 1$$

$$\mathrm{Li}_2(x) = \sum_{n\ge 1} \frac{x^n}{n^2} \qquad r = 1$$

$$\frac{1}{1-x} \mathrm{Li}_2(x) = \sum_{n\ge 1} \mathcal{H}_n^{(2)} x^n \qquad r = 1$$

$$\frac{1}{2} \log^2 \frac{1}{1-x} = \sum_{n\ge 1} \mathcal{H}_{n-1} \frac{x^n}{n} \qquad r = 1$$

$$\mathrm{Li}_2(x) + \frac{1}{2} \log^2 \frac{1}{1-x} = \sum_{n\ge 1} \mathcal{H}_n \frac{x^n}{n} \qquad r = 1$$

$$\operatorname{artg} x = \sum_{n\ge 0} (-1)^n \frac{x^{2n+1}}{2n+1} \qquad r = 1$$

$$\operatorname{artgh} x = \frac{1}{2} \log \frac{1+x}{1-x} = \sum_{n\ge 0} \frac{x^{2n+1}}{2n+1} \qquad r = 1$$

$$\operatorname{arsen} x = \sum_{n\ge 0} \binom{2n}{n} \frac{1}{2^{2n}} \frac{x^{2n+1}}{2n+1} \qquad r = 1$$

$$\operatorname{arsinh} x = \sum_{n\ge 0} \binom{2n}{n} \frac{(-1)^n}{2^{2n}} \frac{x^{2n+1}}{2n+1} \qquad r = 1$$

$$\frac{\operatorname{arsen} x}{\sqrt{1-x^2}} = \sum_{n\ge 0} \frac{2^{2n}}{\binom{2n}{n}} \frac{x^{2n+1}}{2n+1} \qquad r = 1$$

$$\frac{\operatorname{arsinh} x}{\sqrt{1+x^2}} = \sum_{n\ge 0} \frac{(-1)^n 2^{2n}}{\binom{2n}{n}} \frac{x^{2n+1}}{2n+1} \qquad r = 1$$

$$\operatorname{arsen}^2 x = \sum_{n\ge 1} \frac{2^{2n-1}}{\binom{2n}{n}} \frac{x^{2n}}{n^2} \qquad r = 1$$

$$\operatorname{arsinh}^2 x = \sum_{n\ge 1} \frac{(-1)^{n-1} 2^{2n-1}}{\binom{2n}{n}} \frac{x^{2n}}{n^2} \qquad r = 1$$

12.2 Matematici

1. Niels Henrik ABEL (1802-1829), matematico norvegese
2. Roger APÉRY (1916-1994), matematico francese
3. ARCHIMEDE di Siracusa (ca. 287 a.C.-212 a.C.), matematico, fisico e filosofo siracusano
4. Jean-Robert ARGAND (1768-1822), matematico svizzero
5. Isaac BARROW (1630-1677), matematico e teologo inglese
6. Daniel BERNOULLI (1700-1782), matematico e fisico svizzero
7. Jacob BERNOULLI (1654–1705), matematico e scienziato svizzero
8. Johann BERNOULLI (1667-1748), matematico svizzero
9. Friedrich Wilhelm BESSEL (1784-1846), matematico e astronomo tedesco
10. Jacques Philippe Marie BINET (1786-1856), matematico e astronomo francese
11. Bernard Placidus Johann Nepomuk BOLZANO (1781-1848), matematico, filosofo, e logico boemo
12. Rafael BOMBELLI (1526-1572), matematico e ingegnere italiano
13. George BOOLE (1815-1864), matematico e logico inglese
14. Félix Edouard Justin Émile BOREL (1871-1956), matematico e politico francese
15. Francesco BRIOSCHI (1824-1897), matematico e politico italiano
16. Georg Ferdinand Ludwig Philipp CANTOR (1845-1918), matematico tedesco
17. Lazare CARNOT (1753-1823), matematico, fisico e politico francese
18. Eugène Charles CATALAN (1814-1894), matematico belga
19. Augustin-Louis CAUCHY (1789-1857), matematico e ingegnere francese
20. Ernesto CESÀRO (1859-1906), matematico italiano
21. Pafnuty Lvovich CHEBYSHEV (1821-1894), matematico russo
22. Jean Baptiste Le Rond D'ALEMBERT (1717-1783), matematico, fisico, filosofo e astronomo francese
23. Jean Gaston DARBOUX (1842-1917), matematico francese
24. Guillaume François Antoine de Sainte Mesme, marchese DE L'HÔPITAL (1661-1704), matematico francese
25. Abraham DE MOIVRE (1667–1754), matematico francese
26. Augustus DE MORGAN (1806-1871), matematico e logico inglese
27. Julius Wilhelm Richard DEDEKIND (1831-1916), matematico tedesco
28. René DESCARTES, Renato CARTESIO (1596-1650), matematico e filosofo francese
29. Ulisse DINI (1845-1918), matematico e politico italiano
30. Johann Peter Gustav Lejeune DIRICHLET (1805-1859), matematico tedesco
31. EUCLIDE (IV secolo a.C.-III secolo a.C.), matematico e filosofo greco
32. Leonhard EULER, EULERO (1707-1783), matematico e fisico svizzero
33. Pierre de FERMAT (1601-1665), matematico e magistrato francese
34. Leonardo Pisano FIBONACCI (1170-1250), matematico italiano

35. Jean Baptiste Joseph FOURIER (1768-1830), matematico e fisico francese
36. Jean Frédéric FRENET (1816-1900), matematico e astronomo francese
37. Augustin Jean FRESNEL (1788-1827), ingegnere e fisico francese
38. Évariste GALOIS (1811-1832), matematico francese
39. Johann Carl Friedrich GAUSS (1777-1855), matematico, astronomo e fisico tedesco
40. Guido GRANDI, pseudonimo di Francesco Lodovico Grandi (1671-1742), matematico e filosofo italiano
41. Hermann Günther GRASSMANN (1809-1877), matematico e linguista tedesco
42. Paolo GULDINO (1577-1643), matematico e astronomo svizzero
43. Jacques Solomon HADAMARD (1865-1963), matematico francese
44. Helmut HASSE (1898-1979), matematico tedesco
45. Heinrich Eduard HEINE (1821-1881), matematico tedesco
46. Charles HERMITE (1822-1901), matematico francese
47. David HILBERT (1862-1943), matematico tedesco
48. Christiaan HUYGENS (1629-1695), matematico, astronomo e fisico olandese
49. Carl Gustav Jacob JACOBI (1804-1851), matematico tedesco
50. Felix Christian KLEIN (1849-1925), matematico tedesco
51. Leopold KRONECKER (1823-1891), matematico e logico tedesco
52. Joseph-Louis LAGRANGE, nato Giuseppe Luigi Lagrangia (1736-1813), matematico e astronomo italiano
53. Johann Heinrich LAMBERT (1728-1777), matematico, fisico e astronomo svizzero
54. Pierre-Simon de LAPLACE (1749-1827), matematico, fisico, astronomo francese
55. Gottfried Wilhelm von LEIBNIZ (1646-1716), filosofo, matematico, logico, teologo, diplomatico tedesco
56. Édouard LUCAS (1842-1891), matematico francese
57. Colin MACLAURIN (1698-1746), matematico scozzese
58. Lorenzo MASCHERONI (1750-1800), matematico e letterato italiano
59. Pietro MENGOLI (1626-1686), matematico italiano
60. August Ferdinand Möbius (1790-1868), matematico e astronomo tedesco
61. John NAPIER, NEPERO (1550-1617), matematico, astronomo e fisico scozzese
62. Isaac NEWTON (1642-1727), matematico, fisico, filosofo, astronomo, teologo e alchimista inglese
63. Nicola d'ORESME (ca. 1323-1382), matematico, fisico, astronomo e filosofo francese
64. Blaise PASCAL (1623-1662), matematico, fisico, filosofo e teologo francese
65. Giuseppe PEANO (1858-1932), matematico e logico italiano
66. PITAGORA di Samo (ca. 569 a.C.- ca. 475 a.C.), matematico, astronomo e filosofo greco

67. Jules Henri POINCARÉ (1854-1912), matematico e fisico francese
68. Joseph Ludwig RAABE (1801-1859), matematico svizzero
69. Srinivasa Aiyangar RAMANUJAN (1887-1920), matematico indiano
70. Georg Friedrich Bernhard RIEMANN (1826-1866), matematico e fisico tedesco
71. Michel ROLLE (1652-1719), matematico francese
72. Paolo RUFFINI (1765-1822), matematico e medico italiano
73. Karl Hermann Amandus SCHWARZ (1843-1921), matematico tedesco
74. Joseph Alfred SERRET (1819-1885), matematico francese
75. James STIRLING (1692-1770), matematico scozzese
76. Otto STOLZ (1842-1905), matematico austriaco
77. Niccolò Fontana TARTAGLIA (ca. 1499-1557), matematico italiano
78. Brook TAYLOR (1685-1731), matematico inglese
79. Evangelista TORRICELLI (1608-1647), matematico e fisico italiano
80. Francesco Giacomo TRICOMI (1897-1978), matematico italiano
81. John WALLIS (1616-1703), matematico inglese
82. Karl WEIERSTRASS (1815-1897), matematico tedesco

Bibliografia

[1] N. H. Abel, *Untersuchungen über die Reihe:* $1 + \frac{m}{1}x + \frac{m\cdot(m-1)}{1\cdot 2}x^2 + \frac{m\cdot(m-1)\cdot(m-2)}{1\cdot 2\cdot 3}x^3 + \cdots$ *u.s.w.*, J. Reine Angew. Math. **1(4)** (1826), 311–339.

[2] M. Abramowitz, I. A. Stegun, (Eds.), *Handbook of mathematical functions with formulas, graphs, and mathematical tables*, 9th printing, Dover, New York 1972.

[3] V. Adamchik, *33 representations for Catalan's constant*, Carnegie Mellon University (2000).

[4] M. Aigner, G. M. Ziegler, *Proofs from The Book*, Sixth edition, Springer, Berlin 2018.

[5] G. E. Andrews, R. Askey, R. Roy, *Special functions*, Cambridge University Press, Cambridge 1999.

[6] T. M. Apostol, *Calculus. One-variable calculus with an introduction to linear algebra*, John Wiley & Sons, New York 1967. Traduzione italiana: *Calcolo. Volume primo: Analisi 1*, Bollati Boringhieri, 1985.

[7] R. L. Baker, *An exceedingly short proof that the harmonic series diverges*, Missouri J. Math. Sci. **27** (2015), 95–96.

[8] E. T. Bell, *Men of mathematics*, Simon & Schuster, New York 1937. Traduzione italiana: *I grandi matematici*, BUR Biblioteca Univ. Rizzoli 2010.

[9] J. Bernoulli, *Positiones arithmeticae de seriebus infinitis*, Basel 1689.

[10] J. Bernoulli, *Ars conjectandi, opus posthumum*, Thurneysen Brothers, Basileæ 1713. English translation: *The art of conjecturing, together with Letter to a friend on sets in court tennis*, Johns Hopkins University Press, Baltimore 2006.

[11] B. Bolzano, *Rein analytischer Beweis des Lehrsatzes dass zwischen je zwey Werthen, die ein entgegengesetztes Resultat gewaehren, wenigstens eine reele Wurzel der Gleichung liege*, Prague, 1817. English translation in S. B. Russ, *A translation of Bolzano's paper on the intermediate value theorem*, Hist. Math. **7**, 156–185, 1980.

[12] G. Boros, V. Moll, *Irresistible integrals. Symbolics, analysis and experiments in the evaluation of integrals*, Cambridge University Press, Cambridge 2004.

[13] J. M. Borwein, *The life of* π*: from Archimedes to ENIAC and beyond*, In: Sidoli N., Van Brummelen G. (eds), *From Alexandria, Through Baghdad*, Springer, Berlin, Heidelberg 2014, pp. 531–561.

[14] C. B. Boyer, A History of mathematics, John Wiley & Sons, New York-London-Sydney 1968. Traduzione italiana: *Storia della matematica*, Mondadori 2017.

[15] D. Brannan, M. Esplen, J. Gray, *Geometry*, Cambridge University Press, Cambridge 2012.

[16] H. J. Brothers, J. A. Knox, *New closed-form approximations to the logarithmic constant* e, Math. Intelligencer **20** (1998), 25–29.

[17] F. Cajori, *A history of mathematics*, Fourth edition, Chelsea, Bronx 1985.

[18] E. Catalan, *Mémoire sur la transformation des séries et sur quelques intégrales définies*, Mém. Acad. R. Sci. Belgique **33** (1865), 1–50.

[19] E. Catalan, *Recherches sur la constant G, et sur les integrales euleriennes*, Mémoires de l'Academie imperiale des sciences de Saint-Pétersbourg **31** (1883), 1–51.

[20] A.-L. Cauchy, *Cours d'analyse de l'École Royale Polytechnique*, L'Imprimerie Royale, Debure frères, Libraires du Roi et de la Bibliothèque du Roi, Paris 1821.

[21] J. L. Coolidge, *The story of the binomial theorem*, Amer. Math. Monthly, **56(3)** (1949), 147-157.

[22] J. L. Coolidge, *The number* e, Amer. Math. Monthly **57** (1950), 591–602.

[23] G. F. A. de L'Hospital, *Analyse des infiniment petits pour l'intelligence des lignes courbes*, Imprimerie Royale, Paris 1696.

[24] L. Debnath, *The legacy of Leonhard Euler. A tricentennial tribute*, Imperial College Press, London 2010.

[25] J. Edwards, A Treatise on integral calculus, Volumes I-II, MacMillan, London 1921-22.

[26] C. H. Edwards Jr. *The historical development of the calculus*, Springer-Verlag, New York-Heidelberg 1979.

[27] L. Euler, *De summis serierum reciprocarum*, Comm. acad. sci. Petrop. **7** (1734/35), 1740, 123–134.

[28] L. Euler, *De progressionibus harmonicis observationes*, Comm. Acad. Sci. Imper. Petropol. **7** (1734/1735), 150–161.

[29] L. Euler, *De seriebus quibusdam considerationes*, Comm. acad. sci. Petrop. **12** (1740), 1750, 53–96.

[30] L. Euler, *Introductio in analysin infinitorum*, M.-M. Bousquet, Lausanne 1748. English transation: *Introduction to analysis of the infinite. Book I and Book II*, Springer-Verlag, New York 1988/1990.

[31] L. Euler, *Institutiones calculi differentialis cum eius usu in analysi finitorum ac doctrina serierum*, Acad. Imp. Sci. Petrop. 1755.

[32] Leonardi Bigolli Pisani Fibonacci, *Liber abaci*, 1202.

[33] J. V. Grabiner, *Who gave you the epsilon? Cauchy and the origins of rigorous calculus*, Amer. Math. Monthly *90* (1983), 185–194.

[34] I. S. Gradshteyn, I. M. Ryzhik, *Table of integrals, series, and products*, Seventh edition, Elsevier/Academic Press, Amsterdam 2007.

[35] S. R. Finch, *Mathematical constants*, Cambridge University Press, Cambridge 2003.

[36] S. R. Finch, *Mathematical constants. II*, Cambridge University Press, Cambridge 2019.

[37] I. Gerst, *Some series for Euler's constant*, Amer. Math. Monthly **76** (1969), 273–275.

[38] J. W. L. Glaisher, *On the history of Euler's constant*, Messenger Math. **1** (1872), 25–30.

[39] R. L. Graham, D. E. Knuth, O. Patashnik, *Concrete mathematics*. Addison-Wesley, Reading, MA, 1989. Traduzione italiana: *Matematica discreta*, Hoepli 1992.

[40] P. R. Halmos, *Finite dimensional vector spaces*, Princeton University Press, Princeton 1942.

[41] G. H. Hardy, *A course of pure mathematics*, University Press, Cambridge 1908.

[42] J. Havil, *Gamma: exploring Euler's constant*, Princeton University Press, Princeton 2003.

[43] J. E. Hofmann, *On the discovery of the logarithmic series and its development in England up to Cotes*, Natl. Math. Mag. **14** (1939), 37–45.

[44] L. B. W. Jolley, *Summation of series*, Dover, New York 1961.

[45] André Joyal, *Le calcul du nombre* π, MATerials MATemàtics **5** (2008), 27 pp.

[46] S. J. Kifowit, T. A. Stamps, *The harmonic series diverges again and again*, AMATYC Review **27.2** (2006), 31–43.

[47] M. Kline, *Mathematical thought from ancient to modern times*, Oxford University Press, New York 1972. Traduzione italiana: *Storia del pensiero matematico*, Volumi I e II, Einaudi 1999.

[48] M. Kline, *Euler and infinite series*, Math. Mag. **56** (1983), 307–314.

[49] K. Knopp, *Theory and application of infinite series*, Blackie & Son, Glasgow 1954.

[50] K. Knopp, *Infinite sequences and series*, Dover, New York 1956.

[51] S. Lang, *Complex analysis*, Springer, NewYork-Berlin 1999.

[52] S. Mac Lane, G. Birkhoff, *Algebra*, Macmillan, New York; Collier-Macmillan, London 1967. Traduzione italiana: Algebra, Mursia 1985.

[53] C. Maclaurin, *Treatise of fluxions*, T. W. and T. Ruddimans, Edinburgh 1742.

[54] E. Maor, *e: the story of a number*, Princeton University Press, Princeton 1994.

[55] L. Mascheroni, *Adnotationes ad calculum integralem Euleri, in quibus nonnulla problemata ab Eulero proposita resolvuntur*, Galeati, Ticini 1790.

[56] P. Mengoli, *Novae quadraturae arithmeticae seu de additione fractionum*, ex typographia I. Montij, Bononiae 1650.

[57] P. J. Nahin, *Inside interesting integrals*, Springer, New York 2015.

[58] J. Napier, *Mirifici logarithmorum canonis descriptio*, Edinburgh 1614.

[59] J. Napier, *Mirifici logarithmorum canonis constructio*, Edinburgh 1619.

[60] I. Niven, *Irrational numbers*, John Wiley and Sons, New York, 1956.

[61] I. Niven, *Numbers: rational and irrational*, Random House, New York 1961.

[62] Isaac Newton, *Philosophiae naturalis principia mathematica*, iussu Societatis Regiae ac typis Josephi Streater, Londini 1687.

[63] Ivan Niven, *A simple proof that* π *is irrational*, Bull. Amer. Math. Soc. **53** (1947), 509–509.

[64] N. Oresme, Quastiones super geometriam Euclidis, ca. 1360.

[65] I. Papadimitriou, *A simple proof of the formula* $\sum_{k=1}^{\infty} k^{-2} = \pi^2/6$, Amer. Math. Monthly **80** (1973), 424–425.

[66] L. L. Pennisi, *Elementary proof that* e *is irrational*, Amer. Math. Monthly **60** (1953), 474.

[67] A. P. Prudnikov, Yu. A. Brychkov, O. I. Marichev, *Integrals and series. Vol. 1. Elementary functions*, Gordon & Breach Science Publishers, New York 1986.

[68] J. L. Raabe, *Untersuchungen über die Convergenz und Divergenz der Reihen*, Z. für Physik und Mathematik **10** (1832), 41–74.

[69] W. Rudin, *Principles of mathematical analysis*, Third edition, McGraw Hill, New York 1976.

[70] G. F. Simmons, *Calculus with analytic geometry*, 2nd ed., McGraw-Hill, New York 1996.

[71] S. M. Stewart, *A Catalan constant inspired integral odyssey*, Math. Gaz. **104** (2020), 449–459.

[72] J. Stirling, *Methodus differentialis, sive tractatus de summatione et interpolatione serierum infinitarum*, Londini 1730. English translation: J. Holliday, *The differential method: A treatise of the summation and interpolation of infinite series*, 1749.

[73] B. Taylor, *Methodus incrementorum directa et inversa*, Gulielmi Innys, Londini 1715.

[74] Francesco Tricomi, *Lezioni di analisi matematica*, Cedam, Padova 1965.

[75] E. T. Whittaker, G. N. Watson, *A course of modern analysis*, Fifth edition. Cambridge University Press, Cambridge 2021.

Made in the USA
Coppell, TX
10 November 2026

11820428R00308